# Vorträge über Geschichte

der

# Technischen Mechanik

und

# Theoretischen Maschinenlehre

sowie der

damit in Zusammenhang stehenden

mathematischen Wissenschaften.

---

Zunächst

für technische Lehranstalten bestimmt

von


**Dr. M. Rühlmann,**

Königlich preussischem Geheimen Regierungsrath und Professor
an der technischen Hochschule in Hannover.


Mit zahlreichen Holzschnitten
und Portraits in Stahlstich.

---

**Erster Theil: Technische Mechanik.**

---


**Leipzig 1885.**

Baumgärtner's Buchhandlung.

J. V. Poncelet.

# Vorträge über Geschichte

der

# Technischen Mechanik

und der

damit in Zusammenhang stehenden

# mathematischen Wissenschaften.

---

Zunächst

für technische Lehranstalten bestimmt

von

**Dr. M. Rühlmann,**

Königlich Preussischem Geheimen Regierungsrath und Professor
an der technischen Hochschule in Hannover.

Mit 85 in den Text eingedruckten Holzschnitten
und 5 Portraits in Stahlstich.

---

**Leipzig 1885.**

Baumgärtner's Buchhandlung

Seiner

geliebten, hochverehrten Frau,

**Mathilde**

geborene **Grosse**,

widmet dies Buch

als Zeichen innigster Dankbarkeit

für die geduldige, unermüdliche Mitwirkung

bei dessen Bearbeitung

**Der Verfasser.**

# Vorrede.

Die Idee zu gegenwärtigem Buche, dessen erster Theil hiermit nun abgeschlossen vorliegt, verdanke ich dem besonderen Lobe, welches Herr Geheimrath etc. Grashof in Karlsruhe, im Jahre 1862, in der ‚Zeitschrift deutscher Ingenieure' (Bd. VI, S. 58), der dritten Auflage meiner ‚Grundzüge der Mechanik' etc. ertheilte und zwar vorzüglich einer Stelle, welche daselbst folgendermaaßen lautet:

„Was aber ganz besonders hervorgehoben zu werden verdient und wodurch sich dieses Buch vor den meisten ähnlichen Werken vortheilhaft auszeichnet, das ist die Sorgfalt, mit welcher die betreffenden historischen Notizen beigefügt wurden".

Dies gütige Urtheil war aber auch zugleich Veranlassung, in meinen sämmtlichen Vorträgen über technische Mechanik, Theoretische und Allgemeine Maschinenlehre, geschichtliche Notizen noch viel mehr einzuflechten, als dies früher bereits der Fall war. Der Lehrerfolg war überraschend und erfreulich, indem ich überall wahrnehmen konnte, daß ich durch die Geschichte auch solche Studirende für meine Fächer interessirte, bei denen zuvor kein besonderer Antrieb und Eifer zu wissenschaftlichen Dingen zu erkennen gewesen war.

Nach solchen Erfahrungen vermehrte ich die geschichtlichen Notizen in der 2. Auflage meiner ‚Hydromechanik' und bildete namentlich in der ‚Allgemeinen Maschinenlehre' besondere Abschnitte für den geschichtlichen Theil, wodurch mir zugleich Gelegenheit geboten wurde, auf das gesammte Maschinenwesen der Gegenwart, als einem der gewichtigsten Theile von Kulturgeschichte der civilisirten Menschheit, hinzuweisen.

Schließlich kam ich noch auf den glücklichen Gedanken, in meinen ‚Vorträgen über theoretische Maschinenlehre', gleichsam als Einleitung, eine geschichtliche Uebersicht der gesammten reinen Mathematik und Mechanik aufzunehmen, natürlich überall mit Rücksicht auf den vorgeschriebenen Kreis der technischen Anwendung, der nicht überschritten werden durfte.

Die Größe des Radius dieses Kreises bestimmte ich nach dem Satze, daß die Begründung der wissenschaftlichen Disciplinen der höheren Technik, der Hauptsache nach, dieselbe sein muß wie bei den Studien auf unseren alten Universitäten, daß dagegen der Aufbau ganz anders, d. h. stets mit Rücksicht auf das Gebiet der Anwendung zu geschehen hat.

Dem Geiste des Gründers unserer heutigen wissenschaftlich-theoretischen Maschinenlehre, des unvergeßlichen Poncelet entsprechend, war diese ganze Disciplin als „Mécanique appliquée aux machines" zu bezeichnen, doch brachte mich die weitere Ausführung des Grundgedankens bald dahin, dass ganze Werk in zwei Bände zu trennen, nämlich in

1. Die Technische Mechanik und in
2. Die (specielle) theoretische Maschinenlehre.

Daß dabei, wie bereits im Vorstehenden bemerkt, die wesentlichsten Theile der technischen reinen Mathematik (insbesondere Geometrie und Analysis) nicht ohne Berücksichtigung bleiben konnten, war eigentlich selbstverständlich, indeß freue ich mich doch, daß zwei der gewichtigsten Recensenten (der ersten zwei Lieferungen) des Buches diese Art der Auffassung nicht nur gebilligt, sondern für nothwendig erachtet haben.

Freilich habe ich, in dieser Richtung fortschreitend, zu bekennen, daß ich mich hinsichtlich der Schwierigkeit, welche die Bewältigung des kolossalen Stoffes mit sich führen mußte, vollständig getäuscht, d. h. die Lösung der an einen einzigen Menschen gestellten Aufgabe bei Weitem unterschätzt habe und daß dadurch namentlich das Uebel entstanden ist mein Versprechen nicht erfüllen zu können, das ganze Werk bereits mit Ende 1882 zu vollenden.

Für die vielfachen Anerkennungen und nachsichtigen Beurtheilungen der bereits erschienenen zwei Hefte seitens gewichtiger

Sachverständigen habe ich nicht nur besten Dank zu erstatten, sondern ich halte mich auch verpflichtet, einige besonders beachtenswerthe Stellen aus betreffenden Recensionen hier wieder zu geben, deren Verfasser mir leider persönlich unbekannt sind. Namentlich äußert sich Herr Professor Weyrauch in Stuttgart in gedachter Beziehung (Bd. 4, der ‚Zeitschrift für Baukunde‘, S. 179) folgendermaaßen:

„Wenn irgend etwas an den technischen Hochschulen mit Unrecht fehlt, so sind es Vorträge über die Geschichte der technischen Wissenschaften. Und doch böten diese ein so wirksames Hülfsmittel, dem jungen Techniker eine ideale Auffassung seines Berufes zu erschließen und ihm Interesse an mehr als dem Brodstudiem beizubringen. Was jetzt nicht unbedingt für letzteres dient, wird weggelassen!“

In fast gleichem Sinne spricht sich ein anderer gütiger Recensent im ‚Centralblatte der preußischen Bauverwaltung‘ aus (mit dem Buchstaben Z. unterzeichnet [1]) Nr. 48, Jahrgang 1883, S. 444), indem dieser Nachstehendes bemerkt:

„Nichts trägt wohl so sehr dazu bei, den Blick des Studirenden über das Handwerksmäßige und lediglich Nützliche hinaus auf den idealen Gehalt der technischen Wissenschaften zu lenken, wie das Studiren ihrer Geschichte. Je mehr die Massenhaftigkeit des Stoffes zur Specialisirung der Studien drängt, desto näher rückt die Gefahr, daß den Studirenden das geistige, die Einzelheiten umfassende Band verloren geht und daß er sich an ein kritikloses Arbeiten nach Recepten gewöhnt!“

Höchst erfreulich war mir der Schlußsatz des geehrten Recensenten, wo er hervorhebt, „daß die reichhaltigen Anmerkungen des Buches als Repetitorium benutzt werden können“. In der That werden diese in der technischen Hochschule in Hannover hierzu benutzt und zwar, wie ich versichern kann, mit vorzüglichem Erfolge.

Die Bemerkung einiger dieser Herren Recensenten, wie bei der an sich schon gewaltigen Ueberhäufung von Stoff, womit sich

---

1) Nach mir überbrachten Nachrichten (wahrscheinlich:) Herr Baurath Zimmermann im Deutschen Reichsministerium.

der studirende Techniker an unseren Technischen Hochschnlen beschäftigen muß, noch Zeit zu besonderen geschichtlichen Vorträgen gefunden werden soll, habe ich theilweise schon oben beantwortet, stimme aber in dieser Beziehung auch Herrn Professor Steiner an der Deutschen Technischen Hochschule in Prag bei, der (in der Vorrede zu seinem Buche ‚Bilder aus der Geschichte des Verkehrs', Prag 1880) sich über diesen Punkt wie nachstehend äußert: „Möge man den Studirenden von Seite der technischen Institute durch die Einstellung außerordentlicher Vorlesungen aus der Geschichte der Technik die Möglichkeit bieten, tiefer in dieses so reiche Feld der Belehrung eindringen zu können" [1]).

Dankend zu erwähnen habe ich Rath und That, womit mich Herr Geheimrath Dr. Zeuner in Dresden, Herr Professor Dr. Ernst Schering in Göttingen, Herr Professor Dr. Stern ebendaselbst und meine Herren Kollegen an der Hannoverschen Technischen Hochschule die Herren Professoren Dolezalek, Keck und Müller-Breslau unterstützten. Ebensolcher Dank gebührt den thätigen Correcturlesern, den Herren Regierungs-Maschinenbauführern Mangelsdorf und Pels-Leusden, sowie endlich ganz besonders dem Herrn Bibliothekar Rommel und dessen Assistenten Herrn Cleeves, welche beide mit unermüdlichem Eifer mein Suchen und Finden, in den reichen Quellen der Bibliothek unserer Hochschule, wesentlich unterstützten.

Der zweite Theil, mit welchem das Werk seinen Abschluß findet, soll so bald wie möglich folgen.

Hannover, im Monat Juni 1885.

**M. Rühlmann.**

---

[1]) Es läßt sich auch durch rechte und passende Beschränkung oft viel zu weit ausgedehnter theoretischer Entwickelungen recht gut Zeit für das Einweben der Geschichte finden, wie dies die Vorträge des Verfassers zeither lehrten.

# Inhaltsverzeichniss.

§ Seite

## Sechstes Capitel.

### Vom letzten Drittel des achtzehnten Jahrhunderts bis zum ersten Drittel des neunzehnten Jahrhunderts.



Zustand der technischen Mechanik in Deutschland im ersten Drittel des neunzehnten Jahrhunderts und etwas darüber hinaus.



## Erstes Zusatz-Capitel.



## Zweites Zusatz-Capitel.



## Drittes Zusatz-Capitel.

# Einleitung.

## §. 1.

Die Wissenschaft, deren Geschichte in ihren ersten Grundzügen hier niedergeschrieben wurde, hat vornehmlich die Anwendung der rationellen (synthetischen und analytischen) Mechanik auf in Bewegung begriffene Maschinen zum Gegenstande [1]).

Bekanntlich wird vielfach angenommen, daß mit dem Erscheinen von Lagrange's ‚Mécanique analytique' (1788) das (1638) von Galilei gegründete Gebäude einer wissenschaftlichen Dynamik vollendet [2]) oder, noch weiter fassend, gleichsam der letzte Grundstein der gesammten Generalisationsperiode der analytischen Mechanik gesetzt worden sei [3]).

---

1) In dem ersten selbständigen Werke über theoretische Maschinenlehre, welches bekanntlich den Meister Grashof zum Verfasser hat, wird im Vorworte (S. IX) über diesen Zweig der angewandten Mathematik u. A. Folgendes gesagt:

„Die theoretische Maschinenlehre hat die Aufgabe, im Wesentlichen theoretisch, auf Grund der Gesetze der Mechanik zu untersuchen, wie der in einer bestimmten mechanischen Arbeitsverrichtung bestehende Zweck der Maschine auf die einfachste Weise und mit möglichst wenig Verlust an disponiblem Arbeitsvermögen erreicht werden kann; sie hat die Bewegung der Maschine, sowohl in Betreff ihres geometrischen Charakters und der damit zusammenhängenden Geschwindigkeitsverhältnisse, als auch in Betreff der durch die bewegten Massen und die bewegenden Kräfte bedingten absoluten Grössen dieser Geschwindigkeiten zu untersuchen etc. etc."

Auch Reuleaux in seiner ‚Kinematik' (§. 2) erklärt die theoretische Maschinenlehre als eine nothwendige, selbständige Wissenschaft, die einen wichtigen Theil der gesammten praktischen Mechanik bildet.

2) Dühring, ‚Kritische Geschichte der allgemeinen Principien der Mechanik' (erste Auflage), S. 310, §. 133 und S. 426, §. 171.

3) Klein, ‚Die Principien der Mechanik', S. 15 etc. etc. Dr. Suter,

Ohne hier die Richtigkeit dieser Annahme zu erörtern[1]) heben wir für unsere Zwecke aus dem nachherigen Fortbaue der Mechanik hervor, daß nach Lagrange besonders zweierlei in der betreffenden Geschichte zu verzeichnen ist, nämlich erstens das Schaffen der wünschenswerthen, ja nothwendigen Klarheit in gewisse Fundamentalprincipien der Mechanik und zweitens die systematische Anwendung der letzteren auf die Technik der Industrie und namentlich auf die in Bewegung begriffenen Maschinen[2]).

In beiden Richtungen gelangte man jedoch erst, vom ersten Viertel dieses Jahrhunderts, ab zu entschiedenen Resultaten und zwar (vorzugsweise) nicht durch Männer der reinen Wissenschaft, sondern durch solche, welche die gegenwärtige, mechanische, wissenschaftliche Technik gründeten und wovon vor Allen aus der französischen Schule Navier, Coriolis und Poncelet[3]), so wie von deutscher Seite besonders Redtenbacher und Weisbach in der Geschichte zu verzeichnen sind[4]).

## §. 2.

Naturgemäß (Note 1, §. 1) hängt die Geschichte der theoretischen Maschinenlehre derartig mit derjenigen der reinen Mathematik und Mechanik (als deren Hülfsmittel, Werkzeuge) zusammen, daß die Geschichte der letzteren Wissenschaften, hauptsächlich der Mechanik, in ihren Grundzügen, der der speciellen Maschinenlehre vorausgehen muß.

Hierbei wird jedoch der bestimmte (specielle) Zweck dieses

---

‚Geschichte der Mathematischen Wissenschaften‘, Th. II, S. 378 (zweite Auflage.)

1) Jolly, ‚Die Principien der Mechanik‘, Stuttgart 1852, S. 81, 141 und 171. Redtenbacher, ‚Geistige Bedeutung der Mechanik und geschichtliche Entdeckung ihrer Principien‘. (Nach einem Vortrage, der vom Verfasser 1859 gehalten wurde.) München 1879, S. 112.

2) Auch Jolly a. a. O., S. 142 ist der bestimmten Ansicht, daß mit Lagrange's ‚Mécanique analytique‘ eine Erschöpfung des Gegenstandes noch nicht eingetreten war.

3) Jolly, a. a. O. S. 81, 141, 168 und 171.

4) Die mehr oder weniger großen Verdienste noch lebender Männer um die Sache werden, aus wohlbegreiflichen Rücksichten, sowohl hier wie im ganzen Buche absichtlich verschwiegen.

Buches zum Maaßstabe genommen und demgemäß die Mechanik des Himmels und die mathematische Physik (so weit als angemessen) ausgeschlossen.

Hierauf soll der im Nachstehenden zu erörternde Stoff, in folgender Eintheilung behandelt werden:

**Erster Theil.**

Kurze Geschichte der Mechanik und der damit zusammenhängenden reinen Mathematik, mit besonderer Berücksichtigung technischer Zwecke.

**Zweiter Theil.**

Geschichte der theoretischen Maschinenlehre.

Erster Abschnitt.

Die ersten Maschinentheorien, von den ältesten Zeiten bis Ende des 17. Jahrhunderts. (Die Maschinen im Gleichgewichtszustande.)

Zweiter Abschnitt.

Die ersten Elemente zu einer theoretischen Maschinenlehre. Vom Ende des 17. Jahrhunderts bis zum Anfange des 19. Jahrhunderts. (Die Maschinen im Bewegungszustande.)

Dritter Abschnitt.

Begründung und Aufbau einer theoretischen Maschinenlehre. Vom Anfange des 19. Jahrhunderts bis zur Gegenwart. (Die Maschinen im wissenschaftlichen Systeme.)

---

# Erster Theil.

# Kurze Geschichte der reinen Mathematik und Mechanik.

## Erstes Capitel.

### Aelteste Zeit.

### §. 3.

Wie die Anfänge der Arithmetik und Geometrie mit der ersten Culturperiode der Menschen zusammenfallen, Rechnen und Messen[1]) auf der Erde und am Himmel mit zunehmender

---

1) Anfänglich rechnete man mit den Fingern, mit Körnern, kleinen Steinen etc., später mit auf Saiten gezogenen Kugeln, noch später führte man bestimmte Zahlzeichen ein. Zu letzteren benutzten die Griechen ihre 24 Alphabet-Buchstaben, die Römer nur gewisse Buchstaben, bis die heutigen indischen Zahlzeichen durch die Araber zu uns gelangten. Das Wort **Ziffer** (Stellen-Zeichen) leitet man von dem arabischen Worte „cifron = leer" ab. Näheres hierüber findet sich in Whewell's ‚Geschichte der inductiven Wissenschaften' (deutsch von Littrow). Th. I, S. 199, sowie in

R. Wolf's ‚Geschichte der Astronomie' (Bd. XVI der ‚Geschichte der Wissenschaften in Deutschland') S. 106 etc., unter der Ueberschrift „Die ersten Messungen und Berechnungen".

Dann ebendaselbst S. 166 Weiteres unter der Ueberschrift „Die ersten Erdmessungen." In letzterer Quelle wird in Bezug auf Cantor's Buch ‚Mathematische Beiträge zum Culturleben der Völker', (Halle 1863) und auf Friedlein's Schrift ‚Die Zahlzeichen und das elementare Rechnen der Griechen und Römer' (Erlangen 1869) verwiesen.

Man sehe endlich auch die Einleitung zu Cantor's ‚Vorlesungen über Geschichte der Mathematik', Bd. I, S. 3 bis 14, Leipzig 1880.

Bildung und Civilisation der Völker sich als eine Nothwendigkeit herausstellte; so findet man auch bei den ersten Culturvölkern der Erde Spuren von Anwendungen der Mechanik; natürlich fast ohne wissenschaftliches Bewußtsein, mehr oder weniger ohne Kenntniß der betreffenden Gesetze.

Das erste (leider gänzlich verloren gegangene) Buch über Mechanik soll Archytas von Tarent [1]), einer der scharfsinnigsten Mathematiker aus Pythagoras' [2]) Schule, verfaßt haben. Archytas lebte circa 400 Jahre vor Christi Geburt, zählte Plato [3]) zu seinen Schülern, soll speciell die Rolle und die

---

1) Tarent (das heutige Taranto) eine alte griechische Pflanzstadt in Unteritalien. Sie war eine der blühendsten und mächtigsten Städte Groß-Griechenlands. 272 v. Chr. wurde die Stadt den Römern unterworfen.

2) Pythagoras von Samos (lebte etwa 580 bis 500 v. Chr.) darf als Vater der Mathematik bezeichnet werden. (Näheres in Hankel's ‚Geschichte der Mathematik', S. 92.)

Des Pythagoras' Satz vom rechtwinkligen Dreiecke wird von neueren Schriftstellern dem griechischen Meister abgesprochen und als eine Erfindung der Indier bezeichnet. (Auch hierüber sehe man Hankel a. a. O., S. 97 und S. 209.)

3) Plato, Sokrates' Schüler, 429 v. Chr. zu Athen geboren und 348 daselbst gestorben, war nicht nur der Gründer einer neuen Philosophenschule, unter dem Namen „Akademie", sondern auch ein trefflicher Mathematiker. Das Alterthum gab ihm den Namen des Göttlichen. Goethe (in seinen Werken Bd. XXXV, S. 51 ‚Materialien zur Geschichte der Farbenlehre') sagt von Plato: „er verhalte sich zur Welt wie ein seliger Geist, dem es beliebt, einige Zeit auf ihm zu herbergen".

Noch dürfte es von Interesse und Werth sein, Folgendes aus R. Wolf's ‚Geschichte der Astronomie' S. 32 hier aufzunehmen.

In seinem ‚Timäus' schrieb Plato: „Die Erde, unsere Ernährerin, welche gedreht ist um die durch das All ausgespannte Achse, macht er zur Wächterin und Hervorbringerin von Nacht und Tag," und dann wieder als er auf die Wohnsitze der Seelen zu sprechen gekommen: „Einige versetzt der Weltschöpfer auf die Erde, andere auf den Mond, andere auf die übrigen Instrumente der Zeit"; ferner stellt er am Schlusse seiner ‚Republik' folgendes Weltsystem auf: „Die Weltachse geht durch die Pole und durch den Mittelpunkt der Erdkugel, welche erst dann ruht. Um diese Weltachse nun kreisen eine Anzahl von acht concentrischen, in einander geschachtelten Sphären, die äußerste für die Fixsterne, die anderen sieben aber für die Planeten. Diese Sphären kreisen um dieselbe Achse mit dem Fixsternhimmel; der ganze Unterschied besteht darin, daß sie ungleiche Bewegung haben, obwohl auch in derselben Richtung bewegt".

Schraube erfunden [1]) und insbesondere zuerst den Umfang der Erde bestimmt haben.

Horaz verewigte sein Andenken in einer seiner Oden (I, 28) mit folgenden Worten:

„Dich Ausmesser des Meeres und der Erde und unzählbaren Sandes, Archytas [2]).“

Die einzige aus dieser Zeit uns verbliebene Schrift über Mechanik rührt von Aristoteles dem Schüler Plato's her und ist betitelt:

‚Quaestiones Mechanicae‘ (oder ‚Problema mechanicae‘) [3]). In dieser 38 Capitel (Problema) umfassenden Arbeit behandelt Aristoteles bereits die Fundamentalsätze der Mechanik, wie das Parallelogramm der Bewegungen (Zusammensetzung der Geschwindigkeiten oder Kräfte), den Hebel, den Keil, sowie den ebenfalls gewöhnlich (außer mehreren anderen) der Erfindung Huyghen's zugeschriebenen wichtigen Satz, daß sich jede Bewegung eines Punktes im Kreisumfange aus zwei Bewegungen zusammensetzt (‚Probleme‘, Cap. II), wovon die eine nach der Tangente, die andere nach dem Mittelpunkte des Kreises (später die Centripetalkraft genannt) gerichtet ist.

Fourier, im ‚Pariser journal de l'école polytechnique‘ vom Jahre 1796 (année IV, cahier 5, p. 20), behauptet demnach nicht mit Unrecht, daß dem Aristoteles einige der wichtigsten mechanischen Principien bereits bekannt gewesen wären und nennt seine Erklärung vom Hebel sinnreich, obgleich unvollständig.

Sehr ausführlich über die Frage des Werthes der ‚Quaestiones

---

1) Die Angabe, daß Archytas die Rolle und Schraube erfunden haben soll, ist in Bezug auf die erstere Maschine falsch, in Bezug auf die letztere mindestens ungewiß. Irre ich nicht, so hat Young (in seinem ‚Cours of lectures on nat. phil. and mechanical arts‘, I, p. 239) diese Angabe zuerst gemacht, nachher hat sie Poggendorff (in seiner ‚Geschichte der Physik‘, S. 12) nach Young copirt. In meiner ‚Allgemeinen Maschinenlehre‘, Bd. IV, S. 19 wird nachgewiesen, daß die Rolle bereits bei den alten ägyptischen Schiffen benutzt wurde. Die Schraube scheint vor Archimedes wenig bekannt gewesen zu sein.

2) „Te maris et terrae, numeroque carentis arenae mensorem cohibent, Archyta etc.“

3) Dem Verfasser liegt zunächst die mit griechischem und lateinischem Texte, sowie mit werthvollen Commentaren (auch Abbildungen) versehene Ausgabe des van Capellen vor, welche 1812 in Amsterdam gedruckt wurde.

mechanicae' handelte zuerst Bürja in den ‚Mémoires de l'académie royale des sciences et belles-lettres' (de Berlin) Jahrg. 1790 und 1791, p. 257 bis p. 296, unter der Ueberschrift „Sur les connaissances mathématiques d'Aristote."

Bürja behauptet (p. 263, p. 270 etc. etc.) geradezu, daß dem Aristoteles zweifellos das Verdienst zuerkannt werden müsse, zuerst wichtige Principien der Mechanik aufgestellt zu haben [1].

Was Bürja noch übrig läßt, irgend Zweifel in der Hauptfrage zu erheben, beseitigt einige 30 Jahre später (der Berliner Professor der Mathematik) Poselger in einer werthvollen Arbeit, welche ebenfalls in den ‚Abhandlungen der königlichen Akademie der Wissenschaften' zu Berlin jedoch aus dem Jahre 1829 von S. 56 bis mit S. 92 abgedruckt und betitelt ist: ‚Ueber Aristoteles' Mechanische Probleme.' Indem der Verfasser auf diese (erste) Quelle in deutscher Sprache verweist [2], hat er für angemessen gehalten, folgende Aeußerung Poselger's, den Zweck der Probleme betreffend, hier wörtlich aufzunehmen.

Es heißt nämlich hier unter der Ueberschrift „Zweck" in gedachter Beziehung also:

„Man darf wohl mit Recht behaupten, daß kein Grund vorhanden sei, dem Verfasser der ‚Mechanischen Probleme' ausschließlich die Absicht beizulegen, eine Theorie zu geben von den Gesetzen des Gleichgewichts und der Bewegung. Vielmehr läßt sich damit sehr wohl die zweite Absicht vereinigen, wohl auch als die überwiegende ansehen, der Dialektik einen Vorrath verfänglicher Fragen (Aporieen) und Mittel zu deren Auflösung zu überliefern, hierzu aber besonders die Eigenschaften des Hebels zu benutzen, und die dabei sich ergebenden wunderbaren Erscheinungen, als vorzüglich geeignet die Art und das Verfahren anschaulich zu machen."

Bemerkenswerth ist endlich noch das, was Grant in seinem

---

1) Pag. 266 (a. a. O.) bemerkt Bürja u. A. Folgendes: „Les auteurs qui ont écrit l'histoire des mathématiques ne me paroissent pas avoir fait assez d'attention aux ouvrages d'Aristote. Montucla ‚Histoire des mathématiques', Vol. I, pars 1, liv. 3 p. 187 glisse assez légèrement sur cet article, et Savérin dans son ‚Histoire des progrès de l'esprit humain', semble ne parler d'Aristote que pour le tourner en ridicule."

2) Jetzt abgedruckt bei Schmorl & v. Seefeld in Hannover (1881) erschienen.

kleinen, aber höchst empfehlenswerthen Buche ‚Aristoteles‘ S. 36 (der deutschen Uebersetzung)[1]) über die Mathematik des Aristoteles sagt und was folgendermaßen lautet:

„Aristoteles spricht häufig von der Mathematik als von einer großen und anziehenden Wissenschaft, welche einen hohen geistigen Genuß zu bieten vermöge, doch scheint er sie als in seiner Zeit bereits so ziemlich vollendet und abgemacht angesehen zu haben, welche darum seine Aufmerksamkeit weniger als andere Erkenntnißgebiete erfordere. Wäre ihm das Leben bis zu dem von Plato oder Alexander von Humboldt erreichten Alter verlängert worden, so würde er möglichen Falls eine Darstellung der mathematischen Wissenschaft unternommen haben.“

Zum Schlusse folgt hier noch Einiges über das Leben des Aristoteles und über seine Werke[2]).

Aristoteles wurde 384 v. Chr. (im ersten Jahre der neunundneunzigsten Olympiade) zu Stagira (oder Stageira) einer griechischen Colonie und Hafenstadt am Strymonischen Golf in Thracien (Macedonien) geboren.

Seinem Geburtsorte verdankt er dem weltberühmten Beinamen des Stagiriten, den ihm Scholiasten und Scholastiker in späteren Tagen gegeben haben. Sein Vater Nikomachus war Arzt und Freund des Königs Amyntas von Macedonien, wodurch der junge Aristoteles schon frühzeitig an den Hof kam und seinem künftigen Gönner, dem ihm ungefähr gleichalterigen Philipp von Macedonien bekannt wurde. Als er 17 Jahr alt (367 v. Chr.) und sein Vater gestorben war, wurde er von seinem Vormund Proxenus zu Plato nach Athen, dem damaligen „Mittelpunkt der Weisheit“ gebracht und trat daselbst in die Schule, welche Plato in dem Olivenhaine des Akademus am Ufer des Kephissos gegründet hatte. Unter seinen Mitschülern soll er den Beinamen „der Leser“ gehabt haben, während ihn sein Lehrer Plato selbst, in Anerkennung seiner schnellen und kräftigen Intelligenz, „den Geist der Schule“ nannte[3]).

---

1) ‚Aristoteles‘ von Sir Alexander Grant „Principal“ der Universität Edinburg. Autorisirte Uebersetzung von Dr. Immelmann, Berlin 1878.

2) Ziemlich vollständig und übersichtlich bei Grant, S. 1, Capitel I und S. 25, Capitel II. Die vortreffliche Immelmann'sche Uebersetzung umfaßt in zehn Capiteln, nur 168 (klein) Octavseiten, kostet nur 2,75 Mark und ist namentlich den Studirenden technischer Lehranstalten recht sehr zu empfehlen. Das erste Capitel dieses Buches handelt ausführlich vom Leben des Aristoteles.

3) Bei Grant-Immelmann (a. a. O. S. 4) wird erzählt, daß Aristoteles, um Zeit zu gewinnen, das Mittel erfunden habe, mit einem Ball in der Hand zu schlafen, den er über einen metallenen Tisch hielt, so daß, so bald die Hand nachließ, der Ball beim Herabfallen einen starken Schall veranlaßte und ihn zur Wiederaufnahme seiner Arbeiten weckte.

Nachdem Aristoteles etwa 20 Jahre die Akademie in Athen besucht (in den letzten Jahren sich allerdings nicht gut mit Plato vertragen)[1]) hatte, wurde er in seinem 40. Jahre vom König Philipp von Macedonien als Lehrer seines damals dreijährigen Sohnes Alexander[2]) berufen. Bei letzterem verblieb er bis ein Jahr nach deßen Thronbesteigung (336 v. Chr.), selbstverständlich nicht mehr als Erzieher, da Alexander's Geist bereits mit Herrschergedanken und Plänen zur Unterwerfung aller Völker des Orients beschäftigt war.

Als im Jahre 335 v. Chr. ernstliche Vorbereitungen für Alexander's orientalische Feldzüge getroffen wurden, begab sich Aristoteles wieder nach Athen, woselbst er bald im Osten der Stadt, in den Anlagen am Tempel des lyceischen Apollo, eine eigene Schule (Lykeion, Lyceum genannt) eröffnete. Da er hier seine Vorträge meistens im Auf- und Abgehen in den bedeckten Gängen der betreffenden Anlagen (peripatoi) mit seinen Schülern hielt, so bekamen diese den Beinamen „Peripatetiker" (Herumwandler).

Theils seiner Lehren, theils seiner Beziehungen zu Alexander wegen (dessen veränderte Sitten er übrigens freimüthig getadelt haben soll) hatte er (durch Mißverständniß) den Zorn der Athener derartig erregt, daß er es für angemessen hielt, sich nach Chalkis in Euboea zu begeben, damit, wie er gesagt haben soll, „die Athener keine Gelegenheit hätten, sich zum zweiten Male an der Philosophie zu versündigen," d. h. um der Todesart des Sokrates zu entgehen.

Bald nachher (322 v. Chr.) ward er von einer Krankheit ergriffen, an der er plötzlich zu Chalkis, in seinem 63. Lebensjahre starb[3]).

Aristoteles' Leistungen in fast allen Gebieten der Wissenschaften (Rhetorik, Poetik, Ethik, Politik, Physik, Biologie, Metaphysik etc. etc.) sind vielfach falsch beurtheilt worden und werden es hin und wieder noch heute. Man bezeichnet ihn als Compilator, als Plagiarius und wie die hämischen Titel alle lauten, vergißt aber dabei, daß wenn dieses theilweise auch nicht unbegründet ist, die menschlichen Wissenschaften und Künste überhaupt den Culturweg durchlaufen müssen, um zu einer gewissen Höhenstufe zu gelangen, daß sich fast überall die Nachfolger auf Vorgänger stützen und sich nur der allmächtige Gott allein den Ruhm vorbehalten hat, gleich ursprünglich Vollkommenes zu schaffen. Aristoteles hat unstreitig das große Verdienst, die vor ihm zerstreut vorgetragenen menschlichen Kenntnisse in Zu-

---

1) Aristoteles soll sich in der Regel geäußert haben: „Amicus Plato, sed magis amica veritas."

2) Alexander lebte von 356 bis 323 v. Chr.

3) In Grant-Immelmann's Buche ‚Aristoteles' wird S. 22 bemerkt, daß die Erzählung, Aristoteles sei vergiftet worden, eine Fabel und keiner Erwähnung werth sei. R. Wolf in seiner ‚Geschichte der Astronomie' berichtet noch (S. 41), daß der Stagirit „an Gift" gestorben sei.

sammenhang zu bringen, wodurch er wissenschaftlichen Stoff, nach Form und System zusammenstellte, den selbst noch die gegenwärtige Zeit nützlich verwenden kann.

Nach Grant-Immelmann (a. a. O., S. 25, 35 und 41) füllen die sämmtlichen (auf uns gekommenen) Werke des Stagiriten nicht weniger als 3786 Octavseiten. Sind davon auch vielleicht 925 Seiten unächt, so bleibt doch immer noch der stattliche Rest von 2861 Seiten übrig [1]). Davon füllt das am meisten angegriffene Werk ‚Die Physik', richtiger die Naturwissenschaften im weitesten Sinne, nicht weniger als 1447 Seiten [2]). Falsch ist darin allerdings die wichtige Lehre vom freien Falle der Körper, indem Aristoteles behauptete, „daß derjenige Körper der schwerere ist, der bei gleichem Inhalte schneller abwärts geht." Bekanntlich verbanden die Aristoteliker zu Galilei's Zeiten damit den (gleich falschen) Satz: „daß die Körper genau in demselben Verhältnisse schneller fallen, je größer ihr Gewicht ist [3])." Später sahen sich die bloßen Nachbeter des Aristoteles gezwungen, für ihre physikalischen Erklärungen ein eigenes Princip, eine unbekannte Kraft (qualitas occulta) aufzustellen, (welche man den Abscheu der Natur vor dem leeren Raume) (horror vacui) nannte (Whewell-Littrow, II, S. 72) und worauf man das Saugen, Athmen, die Wirkung des Blasbalges, den Widerstand eines Körpers gegen das Zerbrechen etc. etc. zurückführte. Man sehe hierüber besonders auch Dr. Caspar's ‚Galileo Galilei' S. 12 bis 15, woselbst Galilei's Versuch erörtert wird, den horror vacui zu messen.

Letztere Thatsache mag (zur Charakteristik des Mannes) benutzt werden, daß sich Aristoteles das Verdienst erworben hat, im Gegensatze zu den Akademikern, die Nothwendigkeit

---

1) Ueber das betreffende, gesammte Material, berichtet ausführlich Bonitz, im ‚Index Aristotelicus', Berlin 1870.

2) Whewell in seiner ‚Geschichte der inductiven Wissenschaften' (deutsch von Littrow), Th. I, S. 67, behauptet wörtlich: „Die Physik des Aristoteles kann nicht anders als ein ganz mißglücktes Werk betrachtet werden."

Redtenbacher in der oben bereits citirten Schrift (von 1859) S. 102 ‚Geistige Bedeutung der Mechanik' behauptet in gleicher Weise „Aristoteles habe von den einfachsten mechanischen oder physikalischen Vorgängen, entweder keine, oder doch eine irrige Vorstellung gehabt." Die ‚Quaestiones Mechanicae' hat Redtenbacher wahrscheinlich nie gelesen.

3) Ausführlich erörtert bei Whewell-Littrow, I, S. 54 etc. etc.

von Beobachtungen hervorgehoben zu haben. In seiner Schrift: ‚De generatione animalium‘ III, 10, äußert er sich hierüber in folgenden Worten [1]):

„Man muß der Beobachtung mehr Glauben schenken, als der Theorie, und dieser nur, wenn sie zu den gleichen Resultaten führt wie die Erscheinung“.

Hierzu dürfte ein passender Schluß unserer kurzen Biographie des Aristoteles das sein, was Grant (a. a. O. S. 121), gleichsam zur Entschuldigung mancher Unvollkommenheiten seiner Leistungen im Gebiete der Mechanik und Physik [2]) anführt und der folgendermaßen lautet:

„Die eigentlichen Hülfsmittel der Erweiterung und Verification des Wissens, Instrumente, wie Teleskop und Mikroskop, Barometer und Thermometer, Spectroskop und unzählige andere; die Kenntniß einer Reihe großer Naturgesetze; die Gewohnheit genauer Beobachtung und sorgfältiger Aufzeichnungen — sie fehlten sämmtlich in den Tagen des Aristoteles. Darum ist es absurd, ihn wie einen modernen Gelehrten zu behandeln, welcher einer fehlerhaften Methode folgt. Man mag es einen Mißgriff nennen, daß er so viel unternahm, immer bleibt erstaunlich, was er geleistet hat, selbst wenn man es für weiter nichts als eine Landkarte der Wissenschaft des vierten Jahrhunderts v. Chr. mit vielen eigenen Zusätzen und Berichtigungen ansieht [3])“.

Es dürfte hier (wenigstens hinsichtlich der chronologischen Folge), der passende Ort sein, der Verdienste der griechischen Mathematiker Euklid und Apollonius zu gedenken.

---

1) Deutsche Bearbeitung des Aristoteles'schen Werkes ‚Von der Zeugung und Entwickelung der Thiere‘ durch Aubert und Wimmer in Breslau. Leipzig, Engelmann.

2) Daß die Neueren dennoch aus der Physik des Aristoteles Manches lernen konnten, erhellt beispielsweise aus Bd. I, S. 207 (der Prantl'schen Uebersetzung), woselbst der Begriff „Zeit“ als Zahl einer Bewegung mit Beachtung des continuirlichen, definirt ist, d. h. fast ganz so wie bei Herbart und Hartenstein (des letzteren ‚Metaphysik‘, S. 410, §. XX), welche die Zeit als „Zahl des Wechsels“ erklären.

3) Der Verfasser hält es für Pflicht, hier noch folgendes Urtheil Schlosser's, aus dessen ‚Weltgeschichte für das deutsche Volk‘ (zweite Ausgabe, Bd. II), nachzutragen. Daselbst heißt es (S. 128 und 216 zusammenfaßend) also:

„Kein Mensch hat einen so gewaltigen Einfluß auf das geistige Leben des ganzen Menschengeschlechts ausgeübt, als der größte Philosoph, welcher jemals gelebt hat, Aristoteles, der Lehrer Alexander des Großen“ etc. etc.

Euklid lebte ungefähr 300 Jahr vor Christi Geburt, zur Zeit des ägyptischen Königs Ptolemäus Soter; mit ihm beginnt eine bedeutende Epoche in der Geschichte der reinen Mathematik. Durch die Herausgabe seines Hauptwerkes „Die Elemente der Arithmetik und Geometrie“ in dreizehn Büchern, übte er einen Einfluß auf den Abschluß dieses Theiles der Mathematik aus, der größer ist, als irgend einer anderen seiner Zeit. Zugleich ist dies die erste mathematische Schrift des Alterthums, die in späteren Jahrhunderten noch gelesen zu werden pflegt und als klassisches Muster synthetischer Methode noch heute gilt [1]). Euklid erwarb sich auch Verdienste um das sogenannte Exhaustionsverfahren, worauf wir später (S. 18) zurückkommen werden [2]).

Apollonius von Perga aus Pamphilien gebürtig, lebte von 300 bis 200 vor Christi zu Alexandrien unter Ptolemäus Evergetes und erlernte die Mathematik von den Schülern des Euklid. Unter den vielen Schriften des Apollonius über Mathematik, hat ihm besonders ein Werk über die Kegelschnitte in 8 Büchern einen Namen gemacht, das theils Alles enthält, was schon vor ihm geschrieben wurde, theils über Erfindungen (dieses großen Mathematikers, wie ihn Zeitgenossen und Nachkommen nannten) berichtet, worunter sich auch (im 5. Buche), zum ersten Male, Untersuchungen über das Größte und Kleinste befinden [3]).

## §. 4.

Eingedenk des Planes, welcher bei Abfassung unserer „Geschichte“ wiederholt hervorgehoben wurde, in gegenwärtigem „Ersten Theile“, besonders die „Mechanik“ im Auge behalten zu wollen, knüpfen wir wieder bei Aristoteles an und bemerken, daß wie immer dieser ausgezeichnete Mann von einer rationellen Auffassung der Mechanik entfernt war, wie unzulänglich man

1) Ausführliches über Euklid findet sich in Hankel's ‚Geschichte der Mathematik im Alterthum und Mittelalter‘, S. 381 bis 404 und noch Weiteres in Cantor's ‚Vorlesungen über Geschichte der Mathematik‘, Bd. I, S. 223.

2) Klügel's ‚Mathematisches Wörterbuch‘, Th. II, S. 153 unter der Ueberschrift „Exhaustionsmethode.“

3) Man sehe über Apollonius, Chasles (a. a. O., §. 11 und §. 13, sowie ausführlicher Cantor's ‚Vorlesungen über Geschichte der Mathematik‘, Bd. I, S. 287 bis 300.

namentlich auch seinen Beweis des Hebelprincipes und manches Andere dieses Gebietes, bezeichnen mag: es jedenfalls zweifellos ist, daß er für spätere Zeiten Manches angeregt und eingeleitet hat, was der Weiterbildung fähig war. Letztere Thatsache ist hervorzuheben, wenn man, wie ganz richtig, den mehr als 100 Jahre später lebenden Archimedes als den eigentlichen Gründer der wissenschaftlichen Mechanik (richtiger der Statik) bezeichnet[1]). Dabei erstrecken sich Archimedes' scharfsinnige Leistungen auf bloße Statik und, was noch mehr sagt, auf rein statische Methoden. Das was uns Archimedes über Mechanik hinterlassen hat, beschränkt sich daher ausschließlich auf eine Lehre vom Schwerpunkte, einschließlich des Hebelprinzipes und auf eine Ausführung der Gewichts- und Stabilitätsverhältnisse eingetauchter schwimmender Körper.

Gleich an der Spitze des ersten Buches seiner noch vorhandenen Werke[2]) über Geometrie und Mechanik[3]), wo über

---

1) Fourier sagt in seinem bereits oben citirten ‚Mémoires sur la statique' (5. cahier des Journal de l'école polytechn., p. 20) über Archimedes Folgendes:

„Archimède appliqua la géometrie à la statique et même la statique à la géometrie; il trouva de cette manière la première quadrature d'une aire curviligne. Ses découvertes en mécanique servent de fondement à cette science".

Dühring a. a. O., § 6 (erste Auflage) drückt sich (sehr richtig) über Archimedes' Methode wie nachstehend aus:

„Von dem Schritte, durch welchen die statischen Verhältnisse gleich im Eingange der neueren Zeit auf eventuell mögliche Bewegungen zurückgeführt wurden, ist bei Archimedes keine Spur anzutreffen, und hieraus erklärt sich, warum die eigentlichen Principien der Mechanik im Alterthum noch keine Rolle spielen konnten. Die tiefer greifenden Principien müssen den Gleichgewichts- und Bewegungsverhältnissen gemeinschaftlich sein".

2) Man sehe auch Cantor's ‚Vorlesungen über Geschichte der Mathematik' Bd. I, S. 278.

3) Dem Verfasser stehen nachbemerkte zwei Bücher, welche von den überhaupt noch vorhandenen Schriften des Archimedes handeln, zu Gebote:

I. ‚Des unvergleichlichen Archimedes Kunstbücher, oder heutigs Tags befindliche Schriften', aus dem Griechischen übersetzt von J. C. Sturm. Nürnberg 1670. Fol.

II. Ernst Nizze, ‚Archimedes' von Syrakus vorhandene Werke', aus dem Griechischen übersetzt und mit Erläuterungen und kritischen Anmerkungen begleitet, Stralsund 1824. Quart.

Da letztere Bearbeitung, wegen der vielen Erläuterungen, Anmerkungen und reichhaltigen Literaturangaben der ersteren (abgesehen von der weit rich-

das Gleichgewicht der schweren Ebenen oder von den Schwerpunkten derselben (wohl verstanden, der ebenen Flächen, nicht der Körper) gehandelt wird, steht die axiomatische Voraussetzung:

„Gleich schwere Größen in gleicher Entfernung wirkend, sind im Gleichgewichte".

Mit Hülfe dieser Annahme beweist er ebenso sinnreich wie einfach (im Satze 6, S. 3 und 4 der unten notirten Nizze'schen Ausgabe): „daß am Hebel ungleiche Gewichte nur dann im Gleichgewichte stehen, wenn sie umgekehrt den Hebelarmen proportional sind, an denen sie aufgehangen werden [1])".

---

tigeren Uebersetzung in gutes Deutsch) bei Weitem vorzuziehen ist, so berücksichtigen wir hier nur diese und notiren deren Inhalt wie folgt:

1. Vom Gleichgewicht der Ebenen oder von den Schwerpunkten derselben, S. 1 bis mit 41 (hier Prop. VI. und VII. Das Grundgesetz vom Gleichgewicht und Hebel).
2. Von der Kugel und dem Cylinder (Geometrie dieser Körper), S. 42 bis 109.
3. Kreismessung $\left(\pi > 3\frac{10}{71}\right)$, S. 110 bis 115.
4. Von den Schneckenlinien, S. 116 bis 150.
5. Von den Konoiden und Sphäroiden, S. 151 bis 208.
6. Sandeszahl (die sogenannte Sandrechnung), S. 209 bis 223.
7. Von schwimmenden Körpern, S. 224 bis 253.
8. Wahlsätze (Probleme aus der ebenen Geometrie), S. 254 bis 262.
9. Kritische Anmerkungen (des Uebersetzers), S. 263 bis 292.

1) Jolly in seinem eben so einfach wie klar dargestellten Buche ‚Die Prinzipien der Mechanik', Stuttgart 1852, giebt S. 26 den Beweis des Archimedes vom Hebelgleichgewichte noch übersichtlicher (sprachlich besser) wie der Erfinder des Satzes selbst.

Jolly erwähnt dabei (a. a. O., S. 25) den bekannten Ausspruch des Archimedes: „Gieb mir einen festen Punkt außerhalb der Erde und ich hebe sie Dir aus ihren Angeln", als einen solchen, der unter den Laien zur Erhaltung und Ausbreitung des Rufes von Archimedes mehr beigetragen habe, als seine Forschungen selbst und sein bewunderungswürdiger Scharfsinn.

Bei Plutarch in den vergleichenden Lebensbeschreibungen, Th. III, übersetzt von Kaltwasser (Magdeburg 1801), findet sich im Abschnitte „Marcellus", S. 253 etc. über gedachten Ausspruch des Archimedes Folgendes:

„Archimedes schrieb einst an den König Hiero; daß er mit der gegebenen Kraft jede gegebene Last bewegen könne; ja im stolzen Vertrauen auf die Stärke seines Beweises soll er sogar behauptet haben, er wollte selbst diese Erde fortbewegen, wenn er nur eine andere hätte, worauf er treten könnte.

Ebendaselbst ermittelt Archimedes (auf synthetischem Wege) insbesondere die Schwerpunkte ebener Flächen. Die betreffenden Ableitungen zeugen ebenfalls von großem Scharfsinne.

Die zweite der aus dem Gebiete der Mechanik erhaltenen Schrift des Archimedes (No. 7, Note 3), welche von den im Wasser schwimmenden Körpern handelt, hat das Schicksal gehabt, nicht in griechischer Sprache, sondern durch arabische Vermittlung und zwar in höchst defecter Gestalt auf uns zu gelangen [1]).

Wir copiren hier einige Hauptpunkte dieser Schrift:

1. Die Oberfläche einer jeden zusammenhängenden Flüssigkeit im Zustande der Ruhe ist sphärisch und der Mittelpunkt der zugehörigen Kugel ist einerlei mit dem Mittelpunkte der Erde.

2. Feste Körper, welche schwerer als eine Flüssigkeit, in diese eingetaucht werden, sinken, so lange sie noch tiefer kommen können, und werden in der Flüssigkeit um so viel leichter, als das Gewicht einer Masse Flüssigkeit von der Größe der eingetauchten Körper beträgt [2]).

---

Der König hierüber verwundert, ließ ein Frachtschiff schwer beladen und stellte an Archimedes das Ansinnen, dasselbe mit seiner eigenen Kraft aus dem Wasser an das Land zu ziehen. Archimedes setzte sich, nach getroffenen Anordnungen, in einiger Entfernung vom Schiffe nieder und bewegte sachte und ohne Anstrengung mit der Hand das Ende eines Flaschenzuges, womit er das Schiff, ohne den geringsten Anstoß, so sanft nach sich hinzog, als wenn es über das Meer hinglitte. Der König, der darüber erstaunte, und die außerordentliche Wirkung dieser Kunst einsah, beredete den Archimedes, ihm allerhand Belagerungsmaschinen, sowohl zum Angriff, als zur Vertheidigung zu verfertigen.

In unserer Quelle wird nun weiter berichtet, wie Archimedes diesem Befehle des Königs nachgekommen ist und Maschinen construirte, welche den Römern bei der Belagerung von Syrakus unter Marcellus' Führung höchst verderblich wurden. Im Nachstehenden noch ein Curiosum:

Gerstner, in seiner ‚Mechanik', Bd. I, S. 77, bemühte sich seiner Zeit (für österr. Maße und Gewichte) die Länge des zur Hebung der Erde erforderlichen Kraft-Hebelarmes unter der Voraussetzung zu berechnen, daß die betreffende Kraft das Gewicht eines Menschen, im Betrage von 150 Pfd. und die Länge des Lasthebels 1 Zoll sei. Vorher ermittelte er das Gewicht der Erde ($2^1/_4$ Centner pro Cubikfuß) zu 82 707 950 738 396 198 724 012 Centner. Das betreffende Resultat war: 191 453 589 672 213 423 Meilen als Krafthebellänge.

1) Dühring, a. a. O. §. 7.

2) In den gegenwärtigen Lehrbüchern der Hydrostatik wird dieser Satz kürzer in folgender Weise ausgedrückt:

„Ein in eine Flüssigkeit getauchter Körper verliert so viel an seinem Gewichte, als das Gewicht der von ihm verdrängten Flüssigkeit beträgt".

In Bezug auf des Archimedes nachher folgenden Stabilitätsuntersuchungen fester im Wasser schwimmender Körper machte seiner Zeit Lagrange die Bemerkung[1]), „daß zu diesen Sätzen die Neueren wenig hinzugefügt haben[2])“.

Zur Auffindung einer passenden Gelegenheit auf Archimedes' Verdienste um die mathematischen Wissenschaften, außer-

---

Man sehe deshalb u. A. auch des Verfassers „Hydromechanik“, §. 28 unter der Ueberschrift: „Archimedes' Princip“.

1) ‚Mécanique analytique‘, 2. Ausgabe 1811, Bd. I, Abtheilung 1. Sect. VI.

2) Von dem oben erörterten Archimedes'schen Principe, machte der Erfinder dieses Satzes selbst schon Anwendungen zur Ermittelung des specifischen Gewichtes der Körper. In dem 2. Bande der vier Bücher des Aristoteles, welche vom Himmelsgebäude handeln, macht ein deutscher Bearbeiter (Prantl in München), in den Anmerkungen zum 4. Buche, S. 333 die richtige Bemerkung, daß bei Aristoteles „der Begriff ‚specifisches Gewicht‘ gänzlich fehlte“.

Das Interessanteste aus diesem Gebiete ist die Erzählung, welche sich bei Vitruv (‚Baukunst‘, Bd. II, 9. Buch, S. 188 der vortrefflichen Rode'schen Uebersetzung) über die goldene Krone des Königs Hiero vorfindet und also lautet:

„Als Hiero zu Syrakus wegen seines Wohlverhaltens zur königlichen Würde erhoben wurde, wollte er in irgend einem Tempel den unsterblichen Göttern eine goldene Krone als Weihgeschenk verehren. Er wird mit einem Goldschmiede wegen der Verfertigung derselben einig, und wägt ihm das Gold dazu genau zu. Zur bestimmten Zeit bringt der Künstler sein vollendetes Werk. Der König ist mit der Arbeit zufrieden, findet auch das Gewicht richtig; allein kurz darauf verlautet, es sei dennoch Gold dabei unterschlagen und an dessen Statt gleich viel Silber an Gewicht beigemischt worden. Hiero hält sich dadurch für compromittirt und wird sehr ungehalten. Da er jedoch nicht weiß, wie er mit Zuverlässigkeit hinter den Betrug kommen könne, so ersucht er den Archimedes, es auf sich zu nehmen und darüber nachzudenken. Während der Zeit nun, daß dieser sich mit der Sache trägt, kommt er einmal von ohngefähr ins Bad und bemerkt, als er in die Wanne steigt, daß gerade so viel Wasser überfließt, als er Raum darin einnimmt. Da hat er den gesuchten Aufschluß! Flugs springt er voller Freude aus der Wanne wieder heraus, läuft nackend wie er ist, nach Hause, und hört nicht auf im Laufen laut zu rufen: „gefunden, gefunden!“

Weiter erzählt Vitruv das von Archimedes zur Lösung der Aufgabe angewandte Verfahren, dessen Endresultat der Nachweis des Betruges Seitens des Goldschmiedes war.

Mit wenig Worten erzählt dieselbe Geschichte Plutarch (Bd. VIII, S. 314 seiner ‚Moralischen Abhandlungen‘, Uebersetzung von Kaltwasser).

Sturm, in seinem bereits früher erwähnten ‚Archimedes‘ bemüht sich, Bogen 22, zu zeigen, daß die Krone 10 Pfund gewogen und Archimedes nachgewiesen habe, daß nur $7\frac{7}{9}$ Pfund Gold, dagegen $2\frac{2}{9}$ Pfund Silber beigemischt waren.

halb des Umfanges der Mechanik (Statik und Hydrostatik) hinweisen zu können, reihen wir hier eine kurze Biographie des verdienstvollen Mannes an und benutzen dazu sowohl Plutarch's ‚Lebensbeschreibungen', deutsch von Kaltwasser, Th. III. (Artikel ‚Marcellus'), S. 258, sowie Eschenburg's ‚Handbuch der klassischen Literatur' [1]).

Archimedes, um das Jahr 287 v. Chr. zu Syrakus geboren, bereicherte durch seinen Erfindungsgeist sehr viele Theile der Mathematik (und des Maschinenwesens) mit wichtigen Entdeckungen.

Dabei hatte Archimedes eine so edle und erhabene Gesinnung [2]) und besaß zugleich einen solchen Reichthum theoretischer Kenntnisse, daß er sich nicht entschließen konnte, über jene Dinge, die ihm Ruhm einer göttlichen, nicht bloß menschlichen Einsicht verschafft hatten, eine eigene Schrift zu hinterlassen; vielmehr betrachtete er die Beschäftigung mit mechanischen Arbeiten und überhaupt jede Kunst, die sich mit nothwendigen Bedürfnissen abgiebt, als ein unedles und niedriges Handwerk, und wendete daher seinen ganzen Eifer nur auf solche Kenntnisse, die das Gute und Schöne unvermischt mit dem Nothwendigen erhalten, die keine Vergleichung mit den Anderen zulassen, und zwischen der Materie und Demonstrationen eine Art von Wettstreit erregen, da jene die Größe und Schönheit, diese die Gründlichkeit und überzeugende Stärke aufweist. Denn in der ganzen Geometrie wird man keine schwerere und verwickeltere Aufgabe in einfache und deutliche Elemente aufgelöst finden (als in Archimedes' Schriften). Einige schreiben dies der natürlichen Geschicklichkeit und Anlage des Mannes zu, andere aber halten es für die Wirkung seines außerordentlichen Fleißes, wiewohl alles so ganz leicht und ohne Anstrengung ausgearbeitet zu sein scheint. Denn wenn man mit aller Mühe den Beweis eines Satzes für sich selbst nicht finden kann, und sich nun beim Archimedes Raths erholt, so fällt einem gleich ein, daß man ihn wohl selbst hätte finden können; einen so leichten und kurzen Weg führt er zu dem, was er beweisen will.

In so fern ist auch das, was man von ihm erzählt, nicht so ganz zu verwerfen, daß er nämlich, von einer ihm immer umschwebenden Sirene bezaubert, Essen und Trinken vergessen, und alle Pflege des Lebens hintenan gesetzt; daß er, wenn er einmal mit Gewalt zum Baden und Salben hingezogen wurde, in dem Kohlenbecken geometrische Figuren gezeichnet, und selbst auf seinem Leibe beim Salben mit dem Finger Linien gezogen habe, weil er im eigentlichen Verstande vor Vergnügen entzückt und von den Musen begeistert gewesen. Ungeachtet er so viele schöne Dinge erfunden hatte, soll

1) Auch Schlosser in Bd. II. seiner ‚Weltgeschichte für das deutsche Volk', giebt von S. 381 ab eine sehr gute Biographie des Syrakuser, wobei sich unter anderem Lobe S. 383 die Bemerkung findet, „daß Archimedes in Betreff der mechanischen Wissenschaft (und deren Anwendungen) durch das ganze Alterthum hindurch, unübertroffen, ja einzig dastand".

2) Wörtlich nach Plutarch a. a. O., S. 258 etc.

er seine Freunde und Verwandte gebeten haben, ihm nach seinem Tode nur einen Cylinder mit einer darin enthaltenen Kugel auf das Grab zu setzen, und darunter das Verhältniß der Größe zwischen den enthaltenden und enthaltenen Körper zu schreiben[1]).

Bei der Einnahme seiner Vaterstadt durch den römischen Feldherrn Marcellus, im Jahre 212 v. Chr., wurde Archimedes von einem römischen Soldaten getödtet[2]).

Obgleich das Hervorheben der Verdienste des Archimedes um die Geometrie nicht direct hierher gehört, so dürfte es aus mehrfachen Gründen nicht unangemessen sein, seinen Antheil an der Ausbildung des sogenannten Exhaustionsverfahrens, der Integrationsmethode der Alten, hier kurz zu skizziren, welche ihre Analysis des Unendlichen ausmachte.

Unbekannt mit der heutigen Differenzial- und Integralrechnung, bedienten sich nämlich die Alten zur Rectification der krummen Linien und der Quadratur ebener und krummer Oberflächen eines Verfahrens, welches darin bestand, die krummlinigen Figuren als Grenzen von gradlinigen zu betrachten, denen sie zwar nicht bis zum Erschöpfen (exhaustio), aber doch so nahe gebracht werden können, daß der Unterschied kleiner wie jede angebbare Größe wird. Beispielsweise bewies auf diesem Wege Archimedes in seiner ‚Kreismessung', daß der Umfang eines jeden Kreises das Dreifache des Durchmessers um weniger als $^1/_7$ (= 0,1428), aber mehr als $^{10}/_{71}$ (= 0,1408) des Durchmessers übertrifft.

Er gelangte hierzu dadurch, daß er nachwies, der Kreisumfang sei größer als jedes eingeschriebene und kleiner als jedes umschriebene Vieleck von noch so großer Seitenzahl. Auf diesem Wege führt er die Theilung der Kreisperipherie bis zum 96-Eck fort, berechnet zuweilen das Verhältniß der eingeschriebenen und umschriebenen Vielecksseiten zum Durchmesser und findet schließlich die vorbezeichneten Grenzzahlen.

---

1) Dies Denkmal wurde Archimedes auch wirklich errichtet, scheint aber sehr bald in Vergessenheit gerathen zu sein, bis es, 137 Jahr nachher, Cicero (als Quästor in Sicilien) nach vieler angewandter Mühe, mit Dornensträuchen überwachsen, endeckte. (Plutarch's ‚Marcellus', S. 260.)

2) Ausführlich Plutarch's ‚Marcellus', a. a. O., S. 264. Hier wird auch erzählt, daß Marcellus den Tod des Archimedes sehr betrauert, den Mörder desselben als einen Bösewicht verabscheut, bestraft und den Verwandten des Archimedes, die er auffinden konnte, große Ehre erwiesen habe.

Klügel bemerkt hierzu[1]), daß der Weg, den Archimedes bei allen diesen Beweisen (für die Oberfläche des Kegels, der Kugel, der Konoide etc.) genommen habe, zwar lang und für ungeduldige Leser nicht gemacht sei, allein zur Uebung des mathematischen Geistes, wegen des Scharfsinnes, bei Anwendung geringer Hülfsmittel, nicht genug empfohlen werden könne.

Anmerkung 1. Es dürfte von Interesse sein, hier noch der Sandrechnung des Archimedes, oder seiner Schrift ‚Sandeszahl' zu gedenken, worin er zeigt, daß es nicht nur fälschlich sei, die Anzahl der Sandkörner auf der Erde als unzählbar zu bezeichnen, sondern auch nachweist, daß man sogar die Anzahl der Körner eines Sandhaufens berechnen könne, dessen Größe dem Weltall gleich ist.

Archimedes macht hierzu folgende Annahme:

1) Es sind $10000 = 10^4$ (eine Myriade) Sandkörnchen erforderlich, um den Raum eines Mohnkörnchens auszufüllen[2]).

2) Auf einen Zoll (dactylus), richtiger auf eine Fingerbreite kommen 40 Mohnkörner. Bezeichnet man daher den Durchmesser eines Mohnkörnchens mit $\delta$, so ist 1 Zoll $= 40 \,.\, \delta$.

3) 10000 Zoll sind gleich einem Stadium, daher auch ein Stadium $= 10^4 \,.\, 40\delta = 4 \,.\, 10^5\delta$.

4) Der Durchmesser $= d$ der Erde sei höchstens $10^6$ Stadien, d. h. es ist $d = 10^6 \,.\, 4 \,.\, 10^5\delta = 4 \,.\, 10^{11}\delta$ zu setzen.

5) Der Abstand $= a$ der Erde von der Sonne sei höchstens

$$10^4 d, \text{ d. i. } a = 10^4 \,.\, 4 \,.\, 10^{11} \,.\, \delta = 4 \,.\, 10^{15}\delta.$$

6) Der Durchmesser $= D$ des Weltalls (der Fixsternsphäre) läßt sich aus der Proportion bestimmen.

$$D : a = a : d.$$

hieraus folgt:

$$D = \frac{a^2}{d}, \text{ d. i. nach (4 und 5):}$$

$$D = \frac{(4 \,.\, 10^{15}\delta)^2}{4 \,.\, 10^{11}\delta} = 4 \,.\, 10^{19}\delta.$$

Bezeichnet man daher schließlich die Anzahl der Sandkörner im Weltall mit $x$, beachtet, daß sich die Kugelinhalte wie die dritten Potenzen ihrer

---

1) „Mathem. Wörterbuch" Artikel ‚Exhaustions-Methode', S. 162. Man sehe hierüber auch in Montucla's ‚Histoire des mathématiques', T. I, p. 282, die Note E, welche die Ueberschrift trägt: „Sur les demonstrations ad absurdum, ou la méthode d'exhaustion employée par Archimède, et les géomètres anciens." Ferner in Suter's ‚Geschichte der mathem. Wissenschaften', Bd. I, S. 76 und Bd. II, S. 228.

2) Die Größe eines Sandkörnchens ist hiernach jedenfalls zu gering. In der obigen Behandlung der Frage folgt der Verfasser R. Wolf, ‚Geschichte der Astronomie' S. 36, Note 11.

Durchmesser verhalten und nimmt ferner auf Nr. 1 (oben) Rücksicht, so ergiebt sich die Proportion:

$$x : 10^4 = (4 \,.\, 10^{19}\delta)^3 : \delta^3 \quad \text{und hieraus:}$$
$$x = 4^3 \,.\, 10^{61} = 64 \,.\, 10^{61}.$$

Demnach kann man den Schluß bilden, daß $x$ jedenfalls kleiner als 1000 Decillionen ist[1]).

Anmerkung 2. Aeltere Schriftsteller[2]) wollten die Unerschöpflichkeit von Archimedes' Genie unter Anderen auch dadurch bezeugen, daß sie behaupteten, er habe seiner Zeit die im Hafen von Syrakus (unter Marcellus) liegende römische Flotte, mittelst Brennspiegeln in Brand stecken wollen[3]). Während weder Plutarch noch Livius etwas hiervon erwähnen, erklären neuere Physiker und geschichtliche Forscher die Erzählung für eine Fabel, oder mindestens doch für ein Mißverständniß.

Anmerkung 3. Zur Illustration des von Archimedes gemachten Ausspruches, er wolle die Erde aus ihren Angeln heben, wenn man ihm einen entsprechenden Stützpunkt außerhalb derselben gebe und zur Erinnerung an den sich im 17. Jahrhunderte um die Mechanik verdient gemachthabenden französischen Mathematiker Varignon, entlehnen wir letzterem Schriftsteller Figur 1, eine Vignette, welche sich am Kopfe (S. 1) seiner im Jahre 1787 zu Paris erschienenen Schrift: ‚Projet d'une nouvelle mécanique' vorgedruckt befindet. Das

1.

1) Setzt man um rund zu rechnen, $x = 100 \,.\, 10^{61} = 10^{63}$, so stimmt dies mit den Angaben von Sturm (a. a. O., S. 32 der ‚Sandrechnung') und von Klügel in dessen ‚Mathem. Wörterb.', Bd. I, S. 183 überein. Bei Nizze a. a. O., S. 223 wird $x$ kleiner als 1000 Myriaden der 8. Ordnung angegeben.

2) Montucla erzählt a. a. O., T. I, p. 230, daß man dem Archimedes nicht weniger als 40 mechanische Erfindungen zugeschrieben habe, darunter auch die sogenannte Wasserschraube, obwohl diese Maschine viel älter ist.

3) Ebendaselbst p. 232 und Suter, ‚Geschichte der mathem. Wissenschaften', Th. I, (2. Auflage), S. 80. Poggendorff, ‚Geschichte der Physik', S. 21 und S. 436. Endlich Schlosser, ‚Weltgeschichte für das deutsche Volk', Bd. II, S. 381.

beigefügte Motto möchte sich deutsch, am besten, wie folgt ausdrücken lassen:

„Faß an und Du wirst sie bewegen."

## §. 5.

Mehr oder weniger unrichtig, oder mindestens übertrieben, ist das Urtheil einiger sonst geachteter Geschichtsschreiber, welche wie insbesondere Whewell (Littrow's Uebersetzung, Bd. I, S. 84) behaupten: daß seit Archimedes von 212 v. Chr. bis zum 16. Jahrhunderte n. Chr., d. h. in einem Zeitraum von circa 1800 Jahren, „auch nicht ein einziger Schritt zur Vervollkommnung der Mechanik als Wissenschaft" gemacht worden wäre, oder welche diesen Zeitraum für die Mechanik eine geschichtliche Wüste nennen [1]). Als eine erste und vielleicht die rühmlichste Ausnahme hiervon, dürfte Heron von Alexandrien zu bezeichnen sein, der circa 120 v. Chr. (unter Ptolemäus VII.) lebte und Schüler des durch mancherlei mechanische Erfindungen bekannten Ktesibius [2]) gewesen sein soll [3]).

Henri Martin in der unten (Note 2) angegebenen Quelle, lieferte bis jetzt die ausführlichsten Nachrichten über Heron als Schriftsteller in einer 488 Quartseiten umfassenden Arbeit, welche betitelt ist: ‚Recherches sur la vie et les ouvrages d'Héron d'Alexandrie, disciple de Ctésibius et sur tous les ouvrages mathématiques grecs, conservés ou perdus, publiés ou inédits, qui ont été attribués à un auteur nommé Héron'.

Wie der Titel der weitläufigen, gründlichen Dissertation erkennen läßt, wird von allen 16 bis 18 besprochenen Herons, dem am meisten Raum gewidmet, welchen man Heron von

---

1) Auch Dühring a. a. O. §. 7, S. 10.

2) Ktesibius, eines Barbiers Sohn, der zu Alexandria fast 140 Jahre v. Chr. lebte, wird u. A. von Vitruv (in dessen ‚Baukunst', Buch 9, Cap. 6), als der Erfinder von Automaten (Maschine aus Hebel oder Radwelle zusammengesetzt), Wasseruhren, ferner (ebendaselbst Buch 10, Cap. 12), als Erfinder von Wasserpumpen (doppelt wirkend mit Windkessel etc.) bezeichnet.

Mehr über Ktesibius findet sich in der umfangreichen Arbeit des Henri Martin in den Pariser ‚Mémoires présentées par divers savants à l'académie des inscriptions et belles-lettres', T. IV, 1854, p. 22 etc.

3) Schlosser in seiner ‚Weltgeschichte für das deutsche Volk', Bd. II, S. 383, sagt über Heron, daß er der Einzige gewesen sei, welcher die theoretische Seite der Wissenschaften erweitert habe.

Alexandrien, Heron den Mechaniker oder Heron den Alten (Héron l'ancien) nennt und der hier allein in Betracht gezogen werden kann.

Nach einem gewissen Saint Grégoire de Nazianze (Martin a. a. O., p. 28) sollen seiner Zeit, als die größten griechischen Mathematiker, besonders drei genannt worden sein, nämlich Euklid als Geometer, Ptolemäus [1]) als Astronom und Heron als Mechaniker. (Weshalb Archimedes fehlt, ist leider nicht gesagt!)

Martin behauptet im Abschnitte ‚Conclusions' (résultant des six parties de cette dissertation) p. 387 etc. III, daß Heron fast sämmtliche Theile der Mathematik erörtert oder berührt (abordé) habe, insbesondere die Arithmetik, die Geometrie [2]), die Mechanik fester, flüssiger und gasförmiger Körper, die Optik und selbst die Astronomie. Indeß wäre die Mechanik Hauptgegenstand seiner Arbeiten gewesen und zwar sowohl in Bezug auf Theorie als zu nützlichen Anwendungen und zu vergnüglichen Dingen.

Ueber Mechanik fester Körper verfaßte Heron zwei verschiedene Werke. In dem ersten (‚Mechanica') zeichnete er die elementare Theorie der sogenannten fünf einfachen Maschinen und führte diese auf die Theorie des Hebels zurück; welche (Theorie) Martin a. a. O., p. 389 mit den Worten charakterisirt: „Identifié sans doute par lui comme par Aristote." Im zweiten Werke (‚Barulkon') behandelte Heron das Problem des Archimedes, darin bestehend, „ein beliebiges gegebenes Gewicht mittelst einer beliebigen gegebenen Kraft zu bewegen." Dies Problem versuchte er auf zweierlei Weise zu lösen, nämlich erstens mit Hülfe eines Systems gezahnter Räder und zweitens durch Combination der sogenannten fünf einfachen Maschinen (Hebel, Keil, Schraube, Flaschenzug und Rad an der Welle). Pappus [3]) berichtete später, daß Heron in diesem ‚Barulkon' insbesondere die Construction

---

1) Ptolemäus, aus Pelusium in Aegypten, lebte im 2. Jahrhundert n. Chr. Geburt. Seine bedeutsamste Arbeit, ein Capitel-Werk ‚Das erste förmliche System der Sternkunde' führt die Namen „Syntaxis," „Almagest" etc.

2) Eine besondere Ausgabe der Heron'schen ‚Geometrie' (in griechischer Sprache) hat in jüngster Zeit F. Hultsch unter dem Titel bearbeitet: ‚Heronis Alexandrini geometricorum et stereometricorum reliquiae', Berolini, MDCCCLXIV.

3) Gerhardt, ‚Die Sammlung des Pappus von Alexandrien', Buch 7 und 8, S. 331. Griechisch und deutsch. Halle 1871.

der Hebelanordnung deutlich auseinander gesetzt habe, welche sich auf den Ausspruch des Archimedes bezieht: „Gieb mir einen Standpunkt und ich bewege die Erde.“

Nach Martin's Versicherung (a. a. O., p. 390) soll das erste Werk in der Bibliothek von St. Marcus in Venedig und außerdem noch in der Bibliothek des Escurial existiren.

Von dem ‚Barulkon‘ soll eine arabische Bearbeitung in drei Büchern von Costha ben Luca vorhanden sein und eine von Golius besorgte lateinische Uebersetzung in der Bibliothek zu Leyden aufbewahrt werden.

Leider scheint auch Martin nicht das Glück gehabt zu haben, von dem ‚Barulkon‘ oder ‚Barulcus‘ gehörige Einsicht nehmen und eine Uebersetzung liefern zu können, indem er sich in Bezug auf den Gegenstand (a. a. O., p. 390) in folgenden Worten äußert: „Ainsi, ce qu'il faut espérer, c'est que la traduction arabe et la traduction latine des trois livres du ‚Barulcus‘ ne sont pas ensevelies pour toujours dans la bibliothèque de Leyde.“

Uebrigens verzeichnet Martin noch folgende Werke Heron's:

1. Ein (aus vier Büchern bestehendes) Werk über Wasseruhren, das als gänzlich verloren bezeichnet wird. Martin glaubt, daß nach dem wahrscheinlichen Umfange dieses Werkes, dasselbe die Theorie der damaligen hydrostatischen und hydraulischen Instrumente enthalten habe; außerdem sollen sich darin auch, nach dem Zeugnisse arabischer Schriftsteller, Abhandlungen über Maschinen zum Heben und Gewinnen (recueillir) des Wassers befunden haben.

2. Das berühmte ‚Pneumatica‘ betitelte Werk, worin allerlei Luft- und Wasserkünste erörtert werden und wovon man noch jetzt in allen physikalischen und mechanischen Sammlungen den Heronsball, den Heronsbrunnen und die Aeolipila (eine Luft- oder Wasser-Dampf-Reactionsmaschine) vorfindet, wurde zuerst 1575 von dem Italiener Commandino [1]) aus dem Griechischen in das Lateinische übersetzt.

---

1) Commandino, geboren zu Urbino 1509 und gestorben zu Verona 1575, war besonders durch seine Uebersetzung und Commentare alter griechischer Mathematiker berühmt. Er war zuerst Kämmerer bei dem Papst Clemens VII. und nachher Lehrer beim Herzoge von Urbino zu Verona. Ausführlich in Kästner's ‚Geschichte der Mathematik‘, Bd. II. S, 42 etc.

Nachher 1589 folgte eine italienische Uebersetzung von Aleotti und 1688 eine deutsche von Carion, die auch mit den Zusätzen von Aleotti ausgestattet ist und im Verlage von Ammon in Frankfurt a. M. verlegt wurde.

3. Ein Werk über Katoptrik (Optik), worüber Martin (a. a. O., S. 392) ziemlich vollständig berichtet [1]).

4. Ebenso eine Abhandlung über Dioptrik, worin gleichzeitig die Construction der betreffenden Instrumente und deren Anwendung auf praktische Geometrie erörtert wird.

Abgesehen von Vitruv [2]), der um die Zeit von Christi Geburt lebte und auf den wir in einem späteren Abschnitte wieder zurückkommen müssen, verdient Pappus, (der um das Jahr 390 n. Chr. in Alexandrien lebte) [3]), als zweiter der Männer erwähnt zu werden, die sich um die Zusammenstellung zerstreuter Entdeckungen und um die Fortbildung der Geometrie [4]) und Mechanik [5]) bemühten.

---

1) Eines der wichtigsten Theoreme, welche in dieser Katoptrik aufgestellt und bewiesen worden, ist folgendes:

„Die Linien, welche unter gleichen Winkeln von einer Fläche reflectirt werden, sind kleiner, als alle anderen, die unter ungleichen Winkeln zwischen denselben Punkten gezogen werden können, so daß die Lichtstrahlen, wenn sie die Natur nicht einen vergeblichen Umweg machen lassen will, unter gleichen Winkeln reflectirt werden müssen" (nach Wilde, ‚Geschichte der Optik', Th. I, S. 49). Poggendorff in seiner ‚Geschichte der Physik', S. 23 und S. 318, giebt diesen Satz folgendermaßen: „Das Licht schlägt bei der Reflection immer den kürzesten Weg ein".

2) Im 10. Buche (Cap. I.) seiner bereits oben erwähnten ‚Baukunst' giebt Vitruv folgende Auskunft über die hierher gehörige Wissenschaft: „Die Mechanik ist von der Natur der Dinge erfunden und von dieser Meisterin und Lehrerin uns in der Umdrehung des Himmels gelehrt worden. Man betrachte nur die Beschaffenheit des Laufes der Sonne, des Mondes und der fünf Planeten" u. s. w.

3) Nach anderen Angaben (Cantor, a. a. O., S. 374 und ‚Zeitschr. f. Mathematik und Physik', Jahrg. 1876, S. 70) lebte Pappus von Alexandrien schon am Ende des 3. Jahrhunderts.

4) Pappus' Verdienste um die Geometrie erörtert ausführlich und anerkennenswerth Chasles in seiner ‚Geschichte der Geometrie', (deutsch von Sohncke, Halle 1839), §. 24 bis §. 42. Das Chasles'sche Original erschien in französischer Sprache 1837 in Brüssel.

5) Von den mathematischen Sammlungen des Pappus, die sich auf Geometrie, (einschließlich der Trigonometrie), sphärische Astronomie und Mechanik beziehen, besorgte zuerst der Italiener Commandino 1588 eine lateinische Ausgabe unter dem Titel: ‚Pappi Alexandrini collectiones mathematicae'. Diese Sammlung bestand aus acht Büchern, wovon Kästner in seiner ‚Geschichte der

Besondere Anerkennung erwarb sich Pappus um die Lehre vom Schwerpunkte, insofern er den Schwerpunkt von Körpern finden lehrte, während Archimedes nur die Schwerpunkte ebener Flächen bestimmte.

Zu den vorzüglichen Leistungen des Pappus gehört aber der Nachweis, wie man den cubischen Inhalt von Körpern bestimmen kann, welche durch Drehung von ebenen Flächen um feste Achsen und ebenso den Inhalt von Oberflächen finden kann, welche in gleicher Weise durch Drehung von Linien entstanden sind.

Nachricht hierüber gab zuerst (in Europa) Montucla im ersten Theile seiner ‚Histoire des mathématiques' p. 329, jedoch mit einigen Mängeln behaftet, worüber die neueste und umfänglichste Herausgabe der Schriften des Pappus durch Prof. Hultsch[1]) in Dresden erst Aufklärung gebracht hat.

In der Ausgabe von Hultsch (nach Buch 7 des Pappus) Bd. II, S. 682, Zeile 7 bis 22 lautet der erste betreffende Hauptsatz [ins Deutsche übersetzt] folgendermaßen[2]):

„Die durch vollständige Rotation entstandenen Figuren haben unter einander ein Verhältniß, welches aus den Rotirenden und aus den von den Schwerpunkten der Rotirenden an die Drehungsachse auf gleiche Weise gezogenen Geraden sich zusammensetzt" [3]).

„Bei den durch unvollständige Rotation entstandenen Körpern setzt sich das Verhältniß zusammen aus den rotirenden Figuren

---

Mathematik', Bd. II, von S. 80 bis 94 einen Auszug (in deutscher Sprache) liefert. Man sehe hierüber auch Cantor's ‚Vorlesungen über Geschichte der Mathematik'. Bd. I, S. 377 etc., sowie die nachher besprochenen Ausgaben von Hultsch.

1) Pappi, ‚Alexandrini collectiones, quae supersunt e libris manuscriptis, edidit, latina interpretatione et commentariis instruxit' Hultsch, Berlin bei Weidmann, Vol. I., II. u. III. (1875—1878).

2) In der vorher citirten Ausgabe Gerhardt's fehlen diese Sätze gänzlich.

3) Diese Ausdrucksweise ist unbestimmt, theils vielleicht, weil die alten Abschreiber die ursprünglichen Worte nicht genau wiedergegeben haben, theils vielleicht, weil Pappus damit zwei Lehrsätze zugleich hat aussprechen wollen, nämlich: Die Rauminhalte (beziehungsweise die Oberflächen) der Körper, welche durch vollständige Rotation der mit der Drehungsachse in einer Ebene liegenden Figuren hervorgebracht werden, stehen unter einander in einem Verhältnisse, das sich aus den Flächeninhalten (bezw. aus den Umfängen) der rotirenden Figuren und aus den von den Schwerpunkten der ebenen Flächenstücke (bezw. der Umfangslinien) der rotirenden Figuren an die Drehungsachse unter gleichen Winkeln gezogenen Geraden zusammensetzt.

und aus der Länge der Bögen, welche von den Schwerpunkten dieser Figuren bei der Rotation beschrieben werden."

„Das Verhältniß dieser Bögen setzt sich aber offenbar aus den nach den Achsen gezogenen Geraden und aus den Winkeln zusammen, welche die äußersten dieser Geraden zwischen sich enthalten, wenn diese zu den Achsen der durch Rotation entstandenen Körper rechtwinklig sind."

Pappus bemerkt hierzu noch Folgendes:

„In der That, diese Hauptsätze, welche vollständig in Einen vereinigt werden können, umfassen sehr viele und sehr verschiedene Theoreme über Linien, Flächen und Körper in der Art, daß durch einen und denselben Beweis sich alle ergeben, sowohl die noch nicht als auch die schon abgeleiteten, eben so wie auch die in dem 12. Buche dieser Elemente sich findenden."

Diese Methode (Centrobarica methodus)[1], den Inhalt oder die Oberfläche eines Körpers vermittelst des betreffenden Schwerpunktes zu berechnen, wird gewöhnlich (fälschlich) die Guldin'sche Regel genannt, weil Guldin (ein Jesuit aus St. Gallen gebürtig) sie in seinem Werke ‚De centro gravitatis trium specierum quantitatis continuae', lib. I, 1635, lib. II, 1640 Viennae, vorgetragen und auf viele Fälle angewandt hat[2].

Da die Pappus-Guldin'sche Regel auch für Maschinen- und Bau-Ingenieure von nicht geringer Bedeutung ist, so hält es der Verfasser für Pflicht, hierbei noch etwas zu verweilen.

Bekannt werden mußte der fragliche Satz von der Zeit an, wo der bereits oben (S. 23) genannte Italiener Commandino[3]) die folgende, jedoch erst nach seinem Tode 1588 veröffentlichte Uebersetzung aus dem Griechischen besorgt hatte, deren Titel also lautet:

‚Pappi Alexandrini mathematicae collectiones, a Frederico Commandino Urbinate in latinum conversae, et commentariis illustratae'. Pisauri apud Hieronymum Concordiam MDLXXXVIII.

In diesem Werke beginnt das 7. Buch mit dem fraglichen

---

1) Von κέντρον (kentron) der Mittelpunkt und βάρυς (barys) schwer.

2) Guldin 1577 in St. Gallen als Protestant geboren, ging 1597 zur katholischen Kirche über, war anfänglich Professor der Mathematik zu Graz und später zu Wien.

3) Ausführliches über Commandino's hinterlassene Werke findet sich in Kästner's ‚Geschichte der Mathematik' Bd. II, S. 80—91 und weiter S. 203.

Satze, der sich bei Hultsch (a. a. O.), wie vorher angegeben, vorfindet [1]).

Hierbei ist vor allem heraus zu heben, daß sich in der Pappus-Ausgabe von Commandino weder ein Commentar zu jener Stelle, noch auch ein Beweis des darin angedeuteten Lehrsatzes befindet.

Die Worte, welche Montucla [2]) dem Pappus in Beziehung auf den fraglichen Satz zuschreibt, sind keine Uebersetzung dessen, was Commandino davon giebt, sondern eine Uebersetzung der von Halley [3]) aufgestellten und ergänzten Stelle des Commandino-Pappus. Montucla hält es aber nicht für nöthig, das letztere zu sagen, vielmehr giebt er sich das Ansehen, als hätte er entdeckt, daß Guldin's Regel schon dem Pappus bekannt war und daß dies sicherlich aus des letzteren Schriften ersichtlich ist.

Es unterliegt keinem Zweifel, daß Pappus auch einen Beweis seines Satzes hatte, aber den ersten bekannt gewordenen Beweis hat doch Guldin gegeben, obwohl letzterer schwache Seiten hat, die auch Montucla erwähnen konnte [4]).

Der Verfasser kann die Nachrichten über Pappus nicht schließen, ohne aus dessen 8. Buche (wovon ihm allerdings nur die bereits oben citirte griechisch-deutsche Ausgabe von Gerhardt zu Gebote steht), welche von „verschiedenen interessanten mechanischen Problemen“ handelt, Nachstehendes aus der betreffenden Einleitung aufzunehmen, zumal es eine Anrede an seinen eigenen Sohn (Hermodorus) ist, die folgendermaßen lautet:

„Da die mechanische Wissenschaft für das Leben von Nutzen ist, indem sie für vieles Große die Grundlage bildet, so ist sie mit Recht von Seiten der Philosophen der zuvorkommendsten Aufnahme gewürdigt worden, und alle Mathematik Beflissene verwenden großen Fleiß auf sie, denn sie befaßt sich hauptsächlich mit der Physiologie der Materie der Elemente, die in der Welt

1) Da dem Verfasser das große Werk von Hultsch nicht zu Gebote stand, so hatte der Professor der Astronomie an der Universität Göttingen, Herr Dr. Schering die Güte, mir die betreffenden Excerpte zu machen und mehrfache nützliche Bemerkungen beizufügen.

2) ‚Histoire des mathématiques‘, T. I, p. 329.

3) Die Einleitung zum 7. Buche des Pappus gab der berühmte englische Astronom Edmund Halley (als Sohn eines Seifensieders 1656 in London geboren und in seinem 17. Jahre schon reif zum Besuche der Universität Oxford) in Verbindung mit Apollonius, ‚De sectio rationis‘ heraus.

4) Nach Littrow (Whewell, ‚Geschichte der inductiven Wissenschaften‘ Bd. II, S. 14) gab erst Cavalieri (geb. 1598; gest. 1647) einen genügenden Beweis.

vorkommen. Indem sie nämlich über das Stehen und Gehen der Körper und über die Bewegung nach einem Orte hin allgemeine Lehrsätze aufstellt, sucht sie von den natürlichen Vorgängen den Grund auf, das Unnatürliche aber zwingt sie aus seiner eigenthümlichen Lage heraus und bringt es in entgegengesetzte Bewegung und zwar dadurch, daß sie mit Hülfe der aus derselben Materie sich ergebenden Lehrsätze die Mittel gewinnt. Heron und seine Schüler meinen daß der eine Theil der Mechanik rational, der andere praktisch sei; der rationale bestehe aus Geometrie, Arithmetik, Astronomie und den physischen Wissenschaften, der praktische aus Erzbildnerkunst, Baukunst, Holzschneidekunst, Malerkunst und aus der Fertigkeit, welche die Hand darin erlangt; der in den erwähnten Künsten eine Geschicklichkeit erreicht habe und dazu von erfinderischer Naturanlage sei, wäre vorzüglich geeignet, mechanische Werke zu erfinden und zu bauen. Da es nicht möglich sei, so viele Wissenschaften sich zu eigen zu machen und zugleich die erwähnten Künste zu erlernen, so rathen sie dem, der sich mit mechanischen Werken befassen will, die geeigneten Künste zu treiben, die in den für ein jedes nöthigen Verrichtungen gebraucht werden. Vor allen aber sind die am meisten nothwendigen Künste die, welche für den Bedarf des Lebens sorgen: die Baukunst, welche den anderen vorangeht, die Kunst der Zauberer, die ebenfalls von den Alten Mechaniker genannt werden, denn diese heben große Lasten durch Maschinen auf unnatürliche Weise in die Höhe und zwar mittelst einer kleineren Kraft; die Kunst derer, die das zum Kriege Nothwendige zurüsten, welche auch Mechaniker heißen, denn Geschosse, Steine, Waffen und diesen Aehnliches werden auf eine weite Strecke durch die von ihnen construirten Wurfmaschinen fortgeschleudert. Außer diesen die Kunst derjenigen, die eigentlich Maschinenbauer genannt werden, aus großer Tiefe nämlich wird Wasser durch Schöpfmaschinen, welche sie anfertigen, emporgehoben. Die Alten nennen auch die Gaukler Mechaniker, von denen die einen mittelst Luft ihre Kunst treiben, wie Heron in den Pneumatikois, die anderen durch Sehnen und Stricke die Bewegung Lebendiger nachzuahmen scheinen, wie ebenfalls Heron in den Automatois, noch andere durch Maschinen, die vom Wasser bewegt werden, wie Archimedes, oder durch Wasseruhren, wie Heron, die jedoch auch etwas aus der Gnomonik entlehnt zu haben scheinen. Mechaniker nennt man auch diejenigen, welche Kugeln zu machen verstehen, aus welchen ein Bild des Himmels mittelst einer gleichmäßigen, kreisförmigen Wasserbewegung bereitet wird. Die Ursache von diesen allen und den Grund, sagt man, habe Archimedes aus Syrakus erkannt.“ etc.

Schließlich ist an einer anderen Stelle des Pappus (ebenfalls Buch 8, S. 331 der Gerhardt'schen Ausgabe) für uns die Angabe noch bemerkenswerth, daß Heron in dem sogenannten ‚Barulkon‘ (S. 49) auch über die fünf Kraftmaschinen gehandelt habe, nämlich über den Keil, Hebel, über die Schraube, über den Flaschenzug und über die Welle mit dem Rade. In dem ‚Barulkon‘ bewegte er die gegebene Last durch die gegebene Kraft mittelst gezahnter Scheiben etc.

Endlich muß hier noch der Thatsache gedacht werden, daß

Pappus im 8. Buche seiner Collectionen allerdings ohne Erfolg versucht hat, das Kraftverhältniß auf der schiefen Ebene zu bestimmen. Den sonstigen Leistungen des Pappus gegenüber, insbesondere auch in der Geometrie [1]), ist jedenfalls Whewell's Urtheil über den verfehlten Versuch das mechanische Problem der schiefen Ebene zu lösen, als viel zu hart zu bezeichnen, indem dieser Geschichtsschreiber hierüber Folgendes bemerkt [2]):

„Offenbar war sein (Pappus) Begriff von dem Gegenstande unbestimmt und schwankend; es fehlte ihm die auf Verstand gegründete Ueberzeugung; er begnügte sich mit bloßen Muthmaßungen und vagen Ansichten, die aber nie zu einer wahren, reellen Erkenntniß führen."

In den folgenden Sätzen sucht Whewell dies Urtheil einigermaßen zu verbessern, indem er sich folgendermaßen äußert:

„Pappus war ohne Zweifel einer der besten Mathematiker der Alexandrinischen Schule, allein über mechanische Gegenstände, über welche seine Ideen noch so unbestimmt waren, hatten auch alle seine Zeitgenossen keine bessere aufzuweisen."

## §. 6.

Während die Griechen der damaligen Zeit die Welt belehrten, wurde diese von den Römern beherrscht [3]), weshalb es auch erstere (und insbesondere die Jünger der Alexandrinischen Schule) waren, welche die Mathematik unter den Römern erhielten und cultivirten. Der Richtung und dem Geiste der Römer entsprechend, fand bei ihnen die praktische Anwendung der Mathematik und Mechanik (auf Kriegskunst, Baukunst und Feldmesskunst) besonderen Beifall und Unterstützung, weil hierdurch sowohl ihr Eroberungsgeist als ihre Prachtliebe befördert und begünstigt wurde [4]).

1) Chasles, ‚Geschichte der Geometrie'. Deutsch von Sohncke. Besonders S. 26, §. 24—42, auch S. 273 etc.

2) ‚Geschichte der inductiven Wissenschaften', deutsch von Littrow, Th. I, S. 206.

3) Man sehe hierüber auch folgende Bücher: Cantor, ‚Mathematische Beiträge zum Culturleben der Völker', Halle 1863, S. 168—180 und besonders: Hankel, ‚Zur Geschichte der Mathematik im Alterthum und Mittelalter', Leipzig 1874. Abschnitt „Mathematik der Römer" von S. 294—303.

4) Ueber die Mathematik der Römer und deren mathematische Literatur, berichtet ausführlich Cantor in seinen ‚Vorlesungen über Geschichte der Mathematik', Bd. I, S. 439—501.

Von den wenigen Römern, welche sich um Theile der mathematischen Wissenschaften und speciell um Hydraulik und Maschinenwesen einiges Verdienst erwarben, sind daher, nächst Vitruv, nur folgende drei zu nennen: Erstens Sextus Julius Frontinus, der am Ausgange des ersten Jahrhunderts (christlicher Zeitrechnung), im Jahre 74 Consul, nachher unter Nerva Aufseher der Wasserleitungen zu Rom war und endlich (106) als Augur (Vogeldeuter) in Rom starb [1]). Zweitens Vegetius Renatus, der im vierten Jahrhundert zu Rom und Constantinopel lebte, wahrscheinlich Christ geworden war und namentlich fünf Bücher vom Kriegswesen schrieb [2]). Drittens endlich Julius Firmicus Maternus, der aus Sicilien stammte, bis 336 Sachwalter unter Constantin dem Großen war und vornehmlich eine Mathesis in 8 Büchern schrieb, deren Inhalt jedoch meist Astrologie enthalten soll [3]).

Leider behandelten die ersten Christen die Wissenschaften, insbesondere Mathematik und Physik, mit großer Geringschätzung, oder eigentlich mit völliger Nichtachtung [4]). In der That wurde durch mehrere Jahrhunderte hindurch alles Studium der Mathematik und Naturwissenschaften, selbst von den ersten und ausgezeichnetsten Schriftstellern der christlichen Kirche, nicht bloß vernachlässigt, sondern selbst als schädlich widerrathen [5]). Ueberhaupt sind wir hierzu einem Abschnitte gelangt, wo die Cultur des Alterthums eigenthümlichen Verhältnissen erlag. Die irrigen Ansichten der ersten Christen, in Bezug auf Wissenschaft und Kunst, die innere Schwäche und Faulheit des römischen Weltreichs, der heftige Andrang der nordischen Völker [6]) und endlich die neu-

1) Ausführlicher (mit verschiedenen Quellenangaben) in der 2. Aufl. der ‚Hydromechanik' des Verfassers, S. 336 und 337.

2) Dem Verfasser liegt Renatus' Schrift ‚De re militari' vor, welche 1607 in Antwerpen erschien.

3) Wolf, ‚Geschichte der Astronomie', S. 203.

4) Whewell-Littrow I, S. 223.

5) Wolf, in seiner ‚Geschichte der Astronomie' erzählt S. 65, daß einmal sogar ein Haufe fanatischer Christen, unter Anführung des Erzbischofs Theodosius in Alexandrien, die heidnischen Tempel stürmte und einen Theil der berühmten Bibliothek verbrannte. Suter (a. a. O. I, S. 123) bemerkt hierzu, daß dies im Jahre 391 geschehen sei.

6) Um hier sofort den Faden der Weltgeschichte erfassen zu können, bringen wir folgende wichtige Ereignisse in Erinnerung:

Im Jahre 323 wurde unter dem Alleinherrscher Constantin dem Großen

entstandene Religion des Mohamed, wurden Ursachen, daß man den nun folgenden Zeitabschnitt, mehr oder weniger als die stationäre Periode für Kunst und Wissenschaft bezeichnen mußte.

Merkwürdiger Weise waren es die Araber, welche in diese Zeit, mindestens für die Wissenschaften, Erhaltung und Fortschritte brachten. Die Stämme der Beduinen (Bewohner der Wüste Arabiens) ein der übrigen Erde ganz unbekanntes Hirtenvolk, erhob sich durch die gewaltige Kraft eines einzigen Mannes, des vorgenannten Mohamed (geb. 571, gest. 632, aus einer Kaufmannsfamilie in Mekka stammend), zu einer erobernden, weltbeherrschenden Nation.

Der Nachfolger des Propheten (Chalifen) bemächtigte sich der Geist der Eroberung, und da sich bei ihren Anhängern Tapferkeit mit Fanatismus paarte, verbreiteten sie sich wie ein reißender Strom, so daß sich ihr Reich bald von Aegypten bis nach Indien ausdehnte [1]).

Bei der Eroberung Aegyptens durch des Chalifen Omar's Feldherrn Amru (im Jahre 641) wurde auch in dem Hauptorte griechischer Bildung, in Alexandrien, die bereits vorerwähnte Bibliothek verbrannt, in welcher bekanntlich die größten Schätze der damaligen Wissenschaften aufbewahrt lagen [2]).

Indessen verbreiteten die Araber bald nachher Wissenschaft über alle Länder, die ihrer Herrschaft unterworfen waren, selbst unter benachbarten Völkern und stifteten die gelehrten Schulen von Bagdad, Samarkand, Damaskus und Cordova, so daß sie eigentlich als die Vermittler zu bezeichnen sind, wodurch antike Gelehrsamkeit den christlichen Staaten überliefert wurde.

Zweifellos ist es, daß die Araber auch an der Vervollkommnung mathematischer Wissenschaften Theil genommen haben, wohin außer der Astronomie insbesondere Arithmetik, Algebra und selbst auch Geometrie gehören, obwohl sie in letzterer Beziehung

---

das Christenthum vom römischen Staate anerkannt. Im Jahre 375 begann die große Völkerwanderung und das Jahr 476 kann als die Untergangszeit des römischen Westreichs bezeichnet werden.

1) Wolf, a. a. O., S. 65.

2) Nach Suter (a. a. O. I, S. 123) soll Omar den barbarischen Act durch die Worte entschuldigt haben: „Wenn diese Bücher nur das enthalten, was im Koran steht, so sind sie unnütz, wenn sie etwas Anderes enthalten, so sind sie schädlich; sie sind deshalb in beiden Fällen zu verbrennen.“

die Griechen zu keiner Zeit erreichten und noch weniger diese übertrafen.

In der Arithmetik war es das von ihnen cultivirte, wenn auch aus Indien stammende (bereits oben, S. 4, Note 1 erwähnte) Ziffersystem, was unnennbaren Nutzen brachte und weder den Griechen noch den Römern bekannt war.

Auch die Ausbildung der Buchstabenrechnung und die Erfindung der Algebra schreiben Manche den Arabern zu, während sie nach Anderen letztere von den Indiern entlehnt haben sollen, endlich sind noch Andere der Ansicht, daß man den griechischen Meister Diophant als den Lehrmeister der Araber in der Algebra bezeichnen müsse [1]).

Gewöhnlich nennt man den Astronomen Mohamed ben Musa (Sohn des Mose) als den arabischen Mathematiker, welcher sich um die Ausbildung der Algebra besonderes Verdienst erwarb, obwohl die Behauptung Cardans falsch ist, daß er der Erfinder der Auflösungen von Gleichungen 2. Grades gewesen sei, indem dieser Ruhm ebenfalls den Indiern, besonders Brahmegupta und Bhâskara Acârya gebühren soll [2]). Chasles in seiner ‚Geschichte der Geometrie' [3]) behauptet ebenfalls, daß erst durch Mahomed ben Musa die den Indiern entlehnte Algebra in weitere Kreise verbreitet wurde und daß sein Werk ‚Behandlung der Algebra' [4]) gewisse Vergleichspunkte mit den Schriften der Indier darbiete, jedoch nicht mit den betreffenden Arbeiten des Diophantus.

---

1) Diophantus oder Diophantes lebte in Alexandrien und zwar wahrscheinlich im vierten Jahrhundert nach Christi Geburt. Sein unter dem Namen ‚Arithmetisches' verfaßtes Werk, enthält 13 Bücher über Buchstabenrechnungen und algebraische Gleichungen, von so epochemachender Stellung, daß man ihn gewöhnlich als den Vater der Arithmetik und Algebra bezeichnet. Ausführlich über Diophant und seine mathematischen Arbeiten berichten Hankel in seiner ‚Geschichte der Mathematik', S. 157 etc., sowie Cantor in seinen ‚Vorlesungen über Geschichte der Mathematik'. Letzterer Autor widmet dem griechischen Meister ein ganzes Capitel (von S. 388—416) unter der Ueberschrift „Diophantus von Alexandria". Ueber den Antheil (der Priorität) der Griechen an der Erfindung der Algebra spricht sich Cantor (a. a. O. S. 620) zu Gunsten der Griechen aus.

2) Hankel a. a. O. S. 180 und ausführlicher wieder Cantor a. a. O., Bd. I, S. 530.

3) In der deutschen (Sohncke'schen) Bearbeitung. S. 562—566.

4) Nach Hankel (a. a. O. S. 260) bezieht sich der Name Algebra richtiger Al gébr w'al mukābala auf die zwei einfachsten Operationen von Gleichungen:

Im neunten Jahrhundert (880?) soll der arabische Prinz Mohamed ben Gabir al Battani, von den Lateinern Albategnius genannt, der bedeutendste Astronom seiner Zeit (der Ptolemäus der Araber), bei den trigonometrischen Rechnungen, anstatt der bis dahin gebräuchlichen Sehnen, die halben Sehnen, den doppelten Winkel, d. i. die Sinus eingeführt haben, wogegen Hankel behauptet[1]), daß die Indier bereits vorher immer nur mit dem Sinus gerechnet hätten.

Demselben Albategnius schreiben Chasles[2]) und Hankel (a. a. O., S. 281) auch die Auffindung derjenigen Fundamentalformel der sphärischen Trigonometrie zu, welche die Beziehung zwischen den drei Bogenseiten a, b, c und dem körperlichen Winkel A darstellt, nämlich: $\cos a = \cos b \cos c + \sin b \sin c \cos A$ [3]).

---

## Zweites Capitel.

## Mittelalter.

### §. 7.

Bis auf Karl den Großen[4]) (768—814) war der größte Theil Europas, durch die Völkerwanderung und unaufhörlich ver-

---

al gébr (von gabar = herstellen, einrichten, restaurare) bedeutet das Ergänzen einer Negation, d. h. das Versetzen eines negativen Gliedes einer Gleichung auf die andere Seite; almukâbala (= oppositio, Vergleichung) bedeutet die Vereinigung gleichartiger Glieder beider Seiten mit einander. Man vergleiche hiermit Cantor's Erörterungen a. a. O., S. 620, der beide gedachte Verfahren mit Herstellung und Gegenüberstellung übersetzt.

1) ‚Zur Geschichte der Mathematik im Alterthum und Mittelalter', Leipzig 1874, S. 217. Nach Wolf in seiner ‚Geschichte der Astronomie', S. 120 wurde die gedachte halbe Sehne bei den Arabern Gaib oder Busen und dann bei Uebersetzung ins Lateinische Sinus genannt.

2) Chasles, S. 571. An dieser Stelle wird auch bemerkt, daß man in Albategnius' Werken die erste Idee zu den Tangenten der Bögen und den Ausdruck $\frac{cosinus}{sinus}$ vorfindet, dessen sich die Griechen nicht bedienten.

3) Ptolemäus verstand es übrigens schon, jedes beliebige sphärische Dreieck auf das rechtwinklige Dreieck zurückzuführen (Wolf, a. a. O., S. 118 etc.).

4) Gewöhnlich wird angenommen, daß Karl der Große für das christliche

wüstende Kriege in die größte Barbarei versunken. Karl gebührt das Lob, daß er in seinen weitläufigen Staaten, vorzüglich nach dem Rath und durch thätige Mitwirkung des Engländers Alcuin [1]) wissenschaftliche Kenntnisse zu verbreiten suchte. Insbesondere schuf Karl Klosterschulen [2]) und berief eine größere Anzahl von Gelehrten aus verschiedenen Ländern, mit denen er eine von Alcuin dirigirte Art Akademie bildete.

Leider hatte die Förderung gelehrter Schüler durch Karl den Großen nicht den erwünschten Erfolg, da sein großes Reich nach seinem Tode zerfiel und der in den Klosterschulen aufkommende Geist der Pedanterie, der Einseitigkeit, der absprechenden Anmaßung, den Fortschritten der besseren, freien Erkenntniß nicht anders als hinderlich sein konnte [3]).

Ueberhaupt blieb die Ausbreitung der geistigen Bildung den Geistlichen und insbesondere den Mönchen anvertraut, so daß man sich in den Schulen auch der alten (römisch-gothischen) Eintheilung der Wissenschaften bediente, welche die sogenannten sieben freien Künste [4]) bildeten.

Etwas bessere Zeit für die Wissenschaften begann am Ende des 10. Jahrhunderts unter den Ottonen und war es insbesondere Gerbert, desen wissenschaftliche Thätigkeit schöne Früchte trug [5]).

---

Abendland dasselbe war, was sein Freund Harun-al-Raschid (786—809) für das heidnische Morgenland (Wolf, a. a. O., S. 75, §. 27).

1) Beachtenswerth ist der über Alcuin's Wissen und Wirken erstattete Bericht Schlosser's in dessen ‚Weltgeschichte für das deutsche Volk', Bd. IV., S. 396 (Ausgabe von 1876).

2) Ueber Karl's Klosterschulen berichten u. A. auch Hankel, a. a. O., S. 309 recht gut. Noch ausführlicher wird Alcuin' und der Klosterschulen in Cantor's ‚Vorlesungen über Geschichte der Mathematik', Bd. I, Capitel XXXVIII, S. 703—727 unter der Ueberschrift gedacht: „Klostergelehrsamkeit bis zum Ausgange des zehnten Jahrhunderts".

3) In dieser Zeit bildete sich auch die sogenannte „Scholastik" (Schulweisheit), die spitzfindige Begriffslehre der christlichen Philosophen des Mittelalters, welche vermittelst der Philosophie des Aristoteles das Lehrgebäude der christlichen Kirche zu befestigen suchte.

4) Drei, mehr elementare Wissenschaften, die Logik (Dialektik), Grammatik und Rhetorik hießen das Trivium, während aus den vier, höher geachteten, nämlich Arithmetik, Geometrie, Astronomie und Musik, das Quadrivium bestand.

5) Empfehlenswerth zu lesen sind die Abschnitte XXI (S. 303) „Gerbert's Leben" und XXII (S. 314) „Gerbert's Mathematik" in Cantor's Buche ‚Mathematische Beiträge zum Kulturleben der Völker', Halle 1863. Ferner auch in

Gerbert wurde am Anfang des 10. Jahrhunderts, von armen Aeltern niederer Herkunft in den Gebirgen der Auvergne und zwar in der Nähe des Klosters Aurillac geboren, in welchem letzteren er auch seine ersten Lehrer und Freunde fand. Nachher durch Reisen (namentlich nach Spanien zu den dortigen Arabern) gebildet, ward er Lehrer an der Klosterschule zu Rheims, von wo aus er sich bald einen hochgefeierten Namen als Gelehrter erwarb und gewöhnlich wegen dessen, was er in den philosophischen und mathematischen Wissenschaften erreichte, der „reparator studiorum“ [1]) genannt wurde. Durch den Einfluss seines Schülers, Kaiser Otto III. gelangte Gerbert am 22. April 999 auf den päpstlichen Stuhl, den er, unter dem Namen Sylvester II., jedoch nur vier Jahre verwaltete, da ihn schon 1003 der Tod ereilte.

Leider nahmen in den darauf folgenden Zeiten die Kreuzzüge (von 1096 ab) fast die ganze Kraft der Völker in Anspruch, so daß von eigentlichen Fortschritten in den Wissenschaften keine Rede sein konnte. Noch fast 50 Jahre vor dem letzten Kreuzzuge (dem 7., im Jahre 1270) begannen bessere Zeiten; namentlich war es der im 12. Jahrhundert (wahrscheinlich 1180) zu Pisa geborene Leonardo Fibonacci (d. h. Sohn des Bonaccio), auch Leonardo Pisano genannt, der sich um die mathematischen Wissenschaften hoch verdient machte [2]). Leonardo hatte sich bei Studienreisen in Aegypten, Syrien, Griechenland etc., namentlich von den Mohamedanern derartig in der Mathematik unterrichten lassen, daß er, in seine Vaterstadt wieder zurückgekehrt, in den Jahren 1202 bis 1228, sein berühmtes Werk ‚Liber Abaci‘ verfassen und veröffentlichen konnte. Es war dies das erste von einem Christen geschriebene Werk, durch welches die arabische Ziffernrechnung, die Rechnung mit allgemeinen Größen (Buchstabenrechnung), und die Algebra in Europa eingeführt und in selbständiger Darstellung wiedergegeben wird.

Leider fand nach Leonardo wieder ein Rückgang in dem Gebiete der Mathematik Statt, woran namentlich die im 14. Jahr-

---

dessen ‚Vorlesungen über Geschichte der Mathematik‘, Bd. I, S. 728, unter der Ueberschrift „Gerbert“.

1) Hankel, a. a. O., S. 313 unter der Ueberschrift: „Die mathematische Schule Gerbert's“.

2) Ausführlich Cantor in seinen ‚Mathematischen Beiträgen‘, Nr. XXIV, S. 341 etc. Ferner bei Hankel a. a. O., S. 342 etc.

hundert wieder die Oberhand gewonnene scholastische Philosophie die Hauptschuld trug.

Neue Hoffnung zum Besserwerden schöpfte man allerdings im christlichen Europa mit der Entstehung der Universitäten, 1206 zu Paris, 1221 zu Padua, 1249 zu Oxford und Cambridge, 1348 zu Prag, 1365 zu Wien, 1409 zu Leipzig etc.

Nach Hankel[1]) scheint man, was die mathematischen Wissenschaften betrifft, beispielsweise in Paris, dem Haupte der damaligen Universitäten, nicht über das erste Buch des Euklid hinausgekommen zu sein, was wohl der Scherzname „magister matheseos“ beweisen dürfte, welchen man bekanntlich zu jener Zeit dem sogenannten Pythagoräischen Lehrsatz[2]) gegeben hatte.

Eine bessere Stelle als in Paris nahm die Mathematik gleich anfänglich an der Universität Wien ein, deren erster Rector Albertus de Saxonia[3]) (Sohn eines Bauern zu Rickmersdorf in Sachsen) als mathematischer Schriftsteller auftrat und dessen Lehrbücher wahrscheinlich in Wien gebraucht wurden[4]).

Unter den damaligen Docenten der Mathematik und Astronomie zeichnete sich besonders Heinrich von Hessen, genannt Langenstein aus, über den gleichfalls Gerhardt in der so eben notirten ‚Geschichte‘ berichtet. Ein würdiger Nachfolger des Langenstein war der Professor der Astronomie Johannes[5]) (Joannes de Gamundia, zwischen 1375 und 1385 zu schwäbisch Gmünd in Württemberg geboren), welcher als Verfasser guter astronomischer Schriften, vor Allem aber als ein vortrefflicher Lehrer bezeichnet wird.

Vielleicht der Ausgezeichnetste seiner Schüler war Georg von Peurbach (Purbach), 1423 zu Peurbach in Ober-Oesterreich geboren, der bereits 1440 (also 17 Jahre alt) Magister wurde und dem man, nach zehnjährigen Studien in Italien, im Jahre 1450 den

---

1) a. a. O., S. 355.

2) Der Verfasser erwähnt hier absichtlich den Satz des Pythagoras vom rechtwinkligen Dreieck S. 5, Note 2 nochmals, um nachzutragen, daß dieser auch den Chinesen (Hankel, a. a. O., S. 406) bekannt gewesen sein soll.

3) Albertus de Saxonia war später, von 1366—1390, Bischof von Halberstadt.

4) Gerhardt, ‚Geschichte der Mathematik‘, S. 3, München 1877.

5) Wolf (a. a. O., S. 86) erzählt, daß Johannes an der Universität Wien studirte, 1406 Magister der freien Künste und der Philosophie wurde, dann zum Domherrn von St. Stephan aufrückte und 1442 starb.

Lehrstuhl der Mathematik und Astronomie an der Wiener Universität übertrug. Von der beträchtlichen Zahl der Peurbach'schen Schriften über Geometrie, vorzugsweise aber über Astronomie, wurden nach seinem Tode nur einige gedruckt, deren Verzeichniß und Inhaltsangabe in den unten notirten Büchern zu finden ist [1]). Bemerkt werden muß, daß Peurbach nicht, wie seine Vorgänger, zu denen gehörte, welche meist Anfangsgründe der Astronomie vortrugen und erläuterten, sondern daß er diese Wissenschaft auch erweiterte.

Als vierter in der Reihe von Professoren der Wiener Universität, welche sich um Fortschritte im Gebiete der mathematischen Wissenschaften verdient machten, ist noch in hervorragender Weise Johannes Müller zu nennen, der am 6. Juni 1436 zu Königsberg bei Stassfurt in Unterfranken geboren wurde und am 6. Juli 1476 zu Rom starb. Nach seinem Geburtsort wird Müller gewöhnlich Regiomontanus oder Kungsperger genannt. Nachdem er 12 Jahre alt bereits die Universität Leipzig bezogen hatte, studirte er unter Peurbach Astronomie und wurde später (1461) sein Nachfolger an der Universität Wien. Besonderes Verdienst erwarb sich Regiomontan um die Verbesserung der zu seiner Zeit wieder vernachlässigten Algebra, gab der Trigonometrie eine höhere wissenschaftliche Vollkommenheit, sowie er sich auch um die Mechanik, ganz besonders aber um die Astronomie verdient machte [2]). Von den zahlreichen Arbeiten im Gebiete letzterer Wissenschaft [3]) sind insbesondere seine ‚Ephemeriden' zu nennen. Diese sollen es namentlich veranlaßt haben, daß Regiomontan im Jahre 1475 vom Papste Sixtus IV. zum

---

1) Kästner, ‚Geschichte der Mathematik', Bd. I, S. 529 und Bd. II, S. 319. Ferner Poggendorff's ‚Biograph.-literar. Handwörterbuch', Bd. II, S. 422, sowie Gerhardt, a. a. O., S. 8.

2) Ein sehr vollständiges Verzeichniß der Werke Regiomontan's findet sich in Poggendorff's so eben citirtem Handwörterbuche, sowie in Mädler's ‚Astronomie', Bd. I, S. 130.

3) Die berühmte Buchdruckerei von Anton Coburger soll es gewesen sein, welche 1471 (im Geburtsjahre Albrecht Dürer's) unseren Regiomontan nach Nürnberg lockte, wo ein reicher Patrizier und Rathsherr Bernhard Walter sein Schüler in der Astronomie wurde. Walter ließ in seinem Hause, in der Rosengasse, mit wahrhaft fürstlicher Freigebigkeit, eine Sternwarte errichten, welche als die erste derartige Anstalt im Deutschen Reiche zu bezeichnen ist. Ausführlich hierüber Mädler a. a. O., Bd. I, S. 126, ferner Wolf in seiner ‚Geschichte der Astronomie', S. 92.

Behufe der Kalenderrevision nach Rom berufen wurde, leider aber auch dort schon 1476 starb, unentschieden ob an einer Vergiftung oder an der Pest.

Vor dem Eintritte in die nächste geschichtliche Periode dürfte noch die Frage zu beantworten sein, welchen Einfluss auf die Entwicklung der Wissenschaften das byzantinische Reich geübt hat, welches ja während des ganzen Mittelalters noch fortbestand. Eine passende und richtige Antwort hierauf scheint u. A. Kolb in seiner ‚Culturgeschichte der Menschheit' (zweite Auflage von 1872), S. 258 gegeben zu haben, welche folgendermaßen lautet:

Im byzantinischen Reich besaß man zwar die Reste der alten besonders der griechischen Literatur; allein Pfafferei und Absolutismus erschöpften alle geistigen Kräfte, so daß die Entwicklung einer höheren Intelligenz nicht zu erwarten war. Nur zu bezeichnend ist der Ausruf, den der Versmacher Manuel Philo an den Kaiser Andronikus II. richtete:

„Ich will ja ein dem Herrn getreuer Hund nur sein,
Nur nach den Brocken schauend von des Herrn Tisch."

## §. 8.

Von Anfang des fünfzehnten Jahrhunderts ab ist zwar die Thatsache nicht abzuleugnen, daß durch die entstandenen Universitäten erfreuliche Lichtfunken in das Wiederaufleben und auf den Fortbau von Wissenschaft und Kunst gedrungen waren, indeß konnte man doch überall erkennen, daß die drei hochgekommenen bösen Geister des Fortschrittes, Scholastik[1]), Mysticismus[2]) und Dogmatismus[3]) noch harte Kämpfe veranlaßten[4]) und gewaltige, welterschütternde Ereignisse, gleichsam mächtige Cultur-

1) Man beachte die vorhergehende Note 3, S. 34, §. 7.

2) Whewell-Littrow, ‚Geschichte der inductiven Wissenschaften', Th. I, S. 257 etc.

3) Ebendaselbst, S. 288.

4) Littrow erzählt a. a. O., Bd. I, S. 216, daß im 10. und 11. Jahrhundert das Ansehen der (meist falsch verstandenen) Philosophie des Aristoteles so hoch gestiegen war, daß es einer Menge von Bullen und kirchlichen Bannflüchen kräftig widerstehen konnte und endlich wurde der Triumph so groß und die Verehrung, die man für den Stagiriten hegte, so abgöttisch, daß die Professoren beim Antritte ihres Lehramtes einen Eid ablegen mußten, in ihren Vorträgen sich nie, weder von dem Evangelium, noch von den Schriften des Aristoteles,

revolutionen, zu Hülfe kommen mußten, bevor ein erkennbar besserer Zustand eintreten konnte. Zu den erwähnten Ereignissen gehörte in erster Linie die Erfindung der Buchdruckerkunst (1440—1450) durch Johann Gutenberg[1]), indem sie den Werken der Alten eine immense Verbreitung gab und nächst dem (1453) die Eroberung von Constantinopel durch den osmanischen Kaiser Mohamed II. und die daraus folgende gänzliche Auflösung des byzantinischen Reiches. Durch die Tausende hierdurch flüchtig gewordenen Griechen breitete sich rasch und in größeren Kreisen die Kenntniß der griechischen Sprache und hiermit zugleich das (bessere) Verständniß der Quellen aus, aus welchen ihrer Zeit die Araber geschöpft hatten. In der That trat die Entwicklung der exacten Wissenschaften, der Mathematik, Mechanik und Astronomie, erst dann recht ein, nachdem durch die altgriechische Literatur wieder ein kräftiger wissenschaftlicher Sinn geweckt und der scholastische Bann gebrochen war.

Bevor wir jedoch in diese neue Periode der mathematischen Wissenschaften eintreten, müssen wir noch zweier Männer mit bahnbrechenden Eigenschaften und darunter insbesondere eines der größten Genies des 15. Jahrhunderts, des Italieners Leonardo da Vinci gedenken. Letzterer war ebenso berühmt als Maler[2]),

---

zu entfernen. Noch am Ende des 16. Jahrhunderts war es gefährlich, sich dem Ansehen des Aristoteles zu widersetzen, oder auch nur einige seiner Sätze nicht anzunehmen. Beispielsweise hatte es der Franzose Petrus Ramus (1551 Professor der Philosophie und Beredsamkeit am Collège roy. de France in Paris) gewagt, einige Behauptungen des Stagiriten für falsch zu erklären. Die Folge dieser Frevelthat war eine allgemeine Revolte seiner Schule, ja der ganzen Stadt. Das Parlament von Paris machte die Sache des Aristoteles zu seiner eigenen Angelegenheit. Ramus wurde entlassen, der König Karl IX. proscribirte seine Schriften, und er selbst konnte sich der allgemeinen Verfolgung nur durch eine schleunige Flucht entziehen. Später wurde dieser Anti-Aristoteles, nach Paris zurückgekehrt, von einem der philosophischen Banditen in der Bartholomäusnacht (vom 23.—24. August 1572) ermordet.

1) Ausführlich in Falkenstein's ‚Geschichte der Buchdruckerkunst', Leipzig 1840.

Hierbei darf die Erfindung der Herstellung des Papiers aus Leinenstoff nicht unerwähnt bleiben, die im 13. Jahrhundert erfolgte, nachdem man bereits im 10. Jahrhundert Papier aus Baumwollenstoffen zu verfertigen verstanden hatte. Dies sogenannte „gefilzte" Papier brachten zuerst die Araber nach Europa und zwar nach Spanien. Viel früher sollen die Chinesen und Indier die Fabrikation von Filzpapier ausgeübt haben.

2) Wer kennt nicht Leonardo's Abendmahl Christi in irgend welcher Darstellung, nach dem berühmten Wandgemälde im Refectorium des Dominicaner-

wie als Mathematiker, Architekt, Ingenieur, Philosoph, Dichter und Musiker, obwohl keines seiner Werke direct auf uns gekommen ist, vielmehr nur aus vereinzelten Handschriften Noten und Capiteln später zusammengesetzt, gesammelt und gedruckt wurde, was in den unten (Note 1) verzeichneten Quellen zu finden ist.

Leonardo's hohen Werth hat in jüngster Zeit Dr. Dühring in seinem werthvollen Werke ‚Kritische Geschichte der allgemeinen Prinzipien der Mechanik', derartig gut gezeichnet, daß es der Verfasser für angemessen hält, einige der betreffenden Stellen hier wörtlich aufzunehmen.

Zuerst urtheilt Dühring §. 10 wie folgt: „Jener italienische Maler hat sich nicht bloß in besonderen Wissenszweigen, wie in der technischen Lehre der Wasserbewegung[2]) oder in der Anatomie und Bewegungslehre der menschlichen Körpertheile, sowie in mehreren anderen Spezialrichtungen als bedeutender und vielfach bahnbrechender Geist erwiesen, und er hat nicht etwa bloß die tieferen Gründe mechanischer Vorgänge zum Theil mit Erfolg

---

Klosters S. Maria delle Grazie zu Mailand. Der Künstler hat den Zeitpunkt gewählt, wo Christus sagt: „Einer ist unter Euch, der mich verräth!" Ausführliches über dieses Kunstwerk findet sich u. A. in der Schrift des Grafen von Gallenberg ‚Leonardo da Vinci', S. 87 etc., welche 1834 in Leipzig bei F. Fleischer erschienen ist.

1) Das älteste aus seinem Nachlasse zusammengestellte Hauptwerk über Malerei hat (nach Gallenberg a. a. O., S. 162) folgenden Titel:

‚Trattato della pitura di Lionardo da Vinci, nuovamente dato in luce con la vita dell' autore, scritta da Raffaele Dufresne etc. Parigi 1651.'

Für Mathematik, Hydraulik, Maschinen- und Ingenieurwesen sind folgende Schriften wichtig:

Venturi ‚Essai sur les ouvrages physico-mathématiques de Léonardo da Vinci', Paris 1797.

Libri, ‚Histoire des sciences mathématiques en Italie', 4 vol., Paris 1837 – 41.

H. Grothe, ‚Leonardo da Vinci als Ingenieur und Philosoph. Ein Beitrag zur Geschichte der inductiven Wissenschaften und der Technik des Maschinenwesens'. (Mit 77 Holzschnitten und einer autographirten Tafel.) Abgedruckt in den ‚Verhandlungen des Vereins zur Beförderung des Gewerbfleißes in Preußen', Jahrg. 1875, S. 96—189 u. Jahrg. 1877, S. 254—260.

Eine fleißige nach (meist ungedruckten) italienischen Quellen bearbeitete Abhandlung, die insbesondere Mechanikern, Maschinen- und Bau-Ingenieuren empfohlen werden kann.

Der Abhandlung von 1875 sind S. 114 mehrere (meist vorher unbekannte) Quellen von Arbeiten des Leonardo beigefügt.

2) Man sehe auch über Leonardo's Verdienste um die wissenschaftliche Hydraulik und Hydrotechnik des Verfassers ‚Hydrodynamik', 2. Auflage, S. 337.

erforscht; sondern er ist auch der Repräsentant richtiger Vorstellungen über die allgemeinen Methoden der Erlangung eines richtigen Naturwissens.

Höchst beachtenswerth sind manche hierhergehörige Aussprüche Leonardo's, worüber besonders Grothe a. a. O., S. 117 ausführlich berichtet.

Unter Anderem sagt Leonardo: „Es giebt keine Gewißheit in den Wissenschaften, wo man nicht einige Theile der Mathematik anwenden könnte, oder die nicht davon in gewisser Beziehung abhinge."

Ferner charakterisirt er das Verhältniß der Mechanik zur Mathematik durch folgenden Ausspruch [1]): „Die Mechanik ist das Paradies der mathematischen Wissenschaften, weil man mit ihr zur Frucht des mathematischen Wissens gelangt".

Den Schluß dieser Aussprüche mag seine goldene Regel bilden:

„Wolle immer was du sollst" [2]).

Leonardo wurde 1452 in dem Flecken Vinci bei Florenz geboren, zeichnete sich schon früh durch sein vielseitiges Talent aus und trat 1482 als Maler in den Dienst des Herzogs Sforza in Mailand, wo er das bereits oben erwähnte Abendmahl fertigte, das später von Raphael Morghen so trefflich in Kupfer gestochen wurde. Im Jahre 1513 begab sich Leonardo zu Leo X. nach Rom und folgte endlich 1516 einem Rufe Franz I. nach Frankreich, wo er am 2. Mai 1519 im Schlosse Cloux bei Amboise starb und in der Kirche St. Florentin daselbst begraben wurde [3]).

Von den weiteren mächtigen Triebfedern (siehe vorher S. 39), zu der in der Mitte des 15. Jahrhunderts begonnenen Culturrevolution, dürfen vor allen drei der allerwichtigsten nicht unerwähnt bleiben, nämlich erstens (1498) die Entdeckung von Amerika durch Columbus (geb. 1456; gest. 1506), zweitens (1498) die Auffindung des Seewegs nach Ostindien, ums Cap der guten Hoffnung, durch Vasco da Gama (geb. 1469; gest. 1524) und drittens (1517) die Reformation durch Dr. Martin Luther (geb. 1483; gest. 1546).

Während diese Ereignisse, im Allgemeinen, zur Beförderung

---

1) Dühring a. a. O., §. 11, S. 14 (erste Auflage) und Grothe a. a. O., S. 117.

2) „Vogli semper quel che tu debbi".

3) Nach Gallenberg (a. a. O., S. 154—157) ist es falsch, wenn behauptet wird, daß Leonardo in Fontainebleau seinen Geist in den Armen des Königs aufgegeben habe.

einer freien Weltanschauung und eines neuen geistigen Lebens dienten, ist es vorzugsweise der Reformation zuzuschreiben, daß man von hier ab anfing, die lebenden Sprachen zu Organen der Wissenschaft zu machen.

Nach diesem Hinweise kehren wir zu unserer speciellen Geschichte zurück und gedenken zunächst noch, in chronologischer Folge, des berühmten deutschen Malers, Bildhauers, Kupferstechers etc., Albrecht Dürer (geb. 1471 zu Nürnberg, gest. ebendaselbst 1528) und zwar besonders deshalb, weil er der erste war, welcher eine Art darstellende Geometrie in deutscher Sprache schrieb, die 1525 zu Nürnberg unter dem Titel erschien:

‚Underweysung der messung mit dem zirkel und richtscheyt, in linien, ebenen und gantzen corporen'.

Dies Werk wurde auch in das Lateinische übersetzt und erschien 1532 in Paris [1]).

Wir gelangen hiermit zu einem Zeitabschnitte, wo Copernicus (geb. 1473 am 19. Februar zu Thorn in Preußen) an der Spitze einer Reihe großer Denker (nächst ihm Galilei und Kepler) auftritt, welche jene Theorien und Gesetze schufen, deren gewaltige Kraft und Wahrheit die Herrschaft des so lange fest gehaltenen Ptolemäischen Weltsystems stürtzten [2]).

Das Wesentliche des Copernicanischen Weltsystemes besteht bekanntlich in dem Satze:

„Daß sich die Erde und mit ihr die übrigen Planeten um die Sonne als Centrum bewegen," weshalb man auch Plato und Aristarch als Vorläufer des Copernicus bezeichnen kann, obwohl diesen Griechen der begründende Nachweis der Behauptung fehlte. Copernicus betreffendes 1543 in Nürnberg gedrucktes (einziges größeres) Werk hat folgenden Titel: ‚De revolutionibus orbium coelestium'. Unter den Fachschriftstellern berichtet hierüber Mädler in seiner ‚Geschichte der Astronomie' Bd. I, S. 153 etc. am ausführlichsten. Hierbei wird der Herausgeber des Werkes Osiander (seiner Zeit Professor der Theologie in Königsberg) mit Recht getadelt, daß er zu dem Buche eine eigene Vorrede schrieb, nicht aber die des Meisters lieferte. Die Vor-

---

1) Ausführliches über Albrecht Dürer's Verdienste um mathematische Wissenschaften (als Lehrer weniger als Entdecker) liefert Gerhardt in seiner ‚Geschichte der Mathematik', S. 25—27.

2) Suter a. a. O., Bd. I, S. 178—182.

rede des Copernicus wurde erst 1854 von Baronowsky in der zu Warschau erschienenen Prachtausgabe des Werkes lateinisch gedruckt und hiernach von Mädler in dem bezeichneten Bande seiner ‚Geschichte der Astronomie', S. 154 aufgenommen.

Leider wurde dem Copernicus das erste Exemplar seines vollendeten Werkes erst wenig Stunden vor seinem Tode überreicht. Er sah das Buch, nahm es in die Hand und ein letzter Strahl der Freude durchzuckte sein Auge, als er (am 24. Mai 1543, 70¼ Jahr alt) verstarb.

Mädler (in seiner ‚Geschichte der Astronomie' Bd. I, §. 59) widmet dem Copernicus einen gerechten Nachruf, der im Eingange folgendermaßen lautet:

„In Copernicus sehen wir den Mann der echten Naturforschung und echten Religiosität so innig und unzertrennlich verbunden, daß bei ihm eins ohne das andere gar nicht gedacht werden kann; den Mann, der in der Astronomie mehr eine göttliche als menschliche Wissenschaft erkennt, da sie Gottes Ruhm und Ehre verkündet und der, wenn man von seinem Systeme sprach stets einfiel mit den Worten: „Nicht mein System, sondern Gottes Ordnung" [1]).

Wie es gewöhnlich ganz ausgezeichneten Männern zu gehen pflegt, so bekämpfte man anfänglich auch das Copernicanische System mit den Waffen der Dialektik, der Sophistik und des religiösen Mysticismus. Einer der größten Gegner war (anfänglich) der dänische Astronom Tycho Brahe (geb. 1546 zu Knudstrup bei Helsingborg, gest. 1601 zu Prag), der sogar ein anderes System aufstellte, was jedoch bald wieder zerfiel. Nichtsdestoweniger wird er als der erste und genaueste Beobachter seiner Zeit angesehen, wozu ihm besondere Gelegenheit, erst durch Erbauung und Einrichtung einer großartigen Sternwarte (Uranienborg) auf der zwischen Seeland und Schonen, im Sunde, vier Meilen nördlich von Kopenhagen gelegenen fruchtbaren Insel Hoen und nachher (1599) in Prag geboten wurde, als er durch gehässige Persönlichkeiten gezwungen worden war, Dänemark zu verlassen.

---

1) Copernicus soll sich selbst folgende Grabschrift verfaßt haben:

| | |
|---|---|
| NON PAREM PAULO GRATIAM REQUIRO | „Nicht die Gnade begehre ich, o Gott, die |
| VENIAM PETRI NEQUE: POSCO, SED QUAM | Du dem Petrus und Paulus erwiesen. |
| IN CRUCIS LIGNO DEDERAS LATRONI. | Nur die Gnade, die Du dem Schächer |
| SEDULUS ORO. | am Kreuz erzeigt hast." |

In Prag wurde ihm nicht nur durch die hochherzige Freigebigkeit Kaiser Rudolf's II. der Bau einer neuen Sternwarte übertragen, sondern auch ein Jahrgehalt von 3000 Dukaten als Astronom zugebilligt. Leider konnte er hier nur zwei Jahre lang wirken, indem ihn 1601 bereits der Tod ereilte.

Noch zur rechten Zeit berief Tycho den deutschen Astronom Kepler nach Prag und übergab diesem seinen ganzen Reichthum von Himmelsbeobachtungen.

Nach zwanzigjährigem unermüdlichen Forschen findet Kepler endlich, der Hauptsache nach auf empirischem Wege, die noch heute nach ihm benannten drei wichtigen Gesetze, welche die Basis der sogenannten theoretischen Astronomie bilden, wodurch allein schon Kepler einen unsterblichen Namen erlangen mußte und welche also lauten:

1. Die Bahnen, welche die Planeten um die Sonne beschreiben, sind alle Ellipsen und die Sonne befindet sich in einem der Brennpunkte dieser Ellipsen.

2. Der Leitstrahl (radius vector), vom Brennpunkte nach dem jedesmaligen Orte des Planeten gezogen, beschreibt in gleichen Zeiten gleiche Flächenräume.

3. Die Quadrate der Umlaufszeiten, in welchen zwei verschiedene Planeten ihren Umlauf um die Sonne vollenden, verhalten sich wie die dritten Potenzen ihrer mittleren Entfernungen von der Sonne.

Kepler's Verdienste um die Astronomie allein sind so groß und mannigfaltig, daß Alles, was er sonst auf dem Gebiete der Mathematik leistete, recht wohl unbeachtet gelassen werden könnte. Nichts destoweniger müssen wir seiner neuen Stereometrie (Nova Stereometria doliorum etc. Linci 1615) gedenken, worin er zuerst den Gebrauch des Unendlichen lehrte, eine tiefsinnige Idee, welche nach der Exhaustionsmethode (S. 18) des Archimedes der zweite Schritt zu den Infinitesimalmethoden wurde. Auch war es Kepler, welcher den Grund für die zwanzig Jahre später von Fermat[1]) gegebene analytische Regel: „De maximis

1) Fermat, geb. 1608 (oder 1590) zu Beaumont bei Toulouse, starb 1665 in Toulouse. Seine Verdienste um die Geometrie schildert Chasles (deutsche Uebersetzung, S. 62 bis mit 65). Auch in der Zahlentheorie hat sich Fermat große Verdienste erworben. Man sehe u. A. Klügel's ‚mathem. Wörterbuch', Abschnitt „Fermat's Lehrsätze". Er wird auch als der erste Erfinder

et minimis" legte. (Näheres hierüber namentlich bei Chasles II. §. 4 und §. 10.)

In Kepler's 1609 erschienenen Arbeit ‚Commentarius de stella martis' findet sich auch die noch heute seinen Namen tragende Aufgabe [1]) behandelt: „Die Fläche eines Halbkreises aus einem gegebenen Punkte des Durchmessers nach einem gegebenen Verhältnisse einzutheilen".

Ausführliche Verzeichnisse von Kepler's hinterlassenen Schriften und Werken finden sich in Poggendorff's ‚Biographisch-liter. Handwörterbuch' und in Gerhardt's ‚Geschichte der Wissenschaften in Deutschland', S. 100 etc.

Johann Kepler wurde am 27. December 1571 zu „Weil der Stadt" im Würtembergischen geboren und zwar in so ärmlichen Verhältnissen, daß er keine sorgfältige Erziehung erhalten konnte. Dennoch bestand er 1583 in Stuttgart ein Landesexamen, worauf er schon 1584 in die Klosterschule zu Adelberg aufgenommen werden konnte. Weitere Ausbildung erhielt er von 1586 ab in der höheren Schule zu Maulbronn, worauf er 1589 die Universität Tübingen bezog, um daselbst Theologie zu studiren. Da Kepler dem fanatischen Treiben der damaligen Tübinger Theologen unmöglich Geschmack abgewinnen konnte, so verdarb er sich seine theologische Carriere so gründlich, daß er es für angemessen hielt, sich dem mathematischen Lehrfache zu widmen. Durch seinen Lehrer Möstlin erhielt er auch bald (1593) die Stelle eines Professors der Mathematik am Gymnasium zu Graz, woselbst er auch anfing sich mit Astronomie zu beschäftigen. Drei Jahre später (1596) erschien sein erstes größeres Werk ‚Prodomus dissertationum cosmographicarum etc.', welches zugleich seinen wissenschaftlichen Ruf begründete. In diesem Werke nimmt Kepler das Copernicanische System in seinen Schutz, wobei er viel Scharfsinn entwickelte, aber noch mehr Phantasie vorherrschen ließ. 1599 ging Kepler auf Tycho's Einladung nach Prag, um mit diesem gemeinschaftlich astronomische Arbeiten auszuführen. Bald nachher erhielt er nicht nur die Stelle eines kaiserlichen Mathematikers, sondern er wurde nun auch officiell zu Tycho's Mitarbeiter ernannt. Durch äußere Verhältnisse gezwungen, mußte sich Kepler auch mit Astrologie beschäftigen, zeigte aber auch auf diesem Gebiete so viel Talent, daß er bald, bei seinen gläubigen Zeitgenossen als ein „astrologisches Licht erster Größe" galt. Die dem 30jährigen Kriege vorausgehenden Bedrängnisse führten die Nichtauszahlung seiner Besoldung mit sich, wodurch er genöthigt wurde, eine Professur der Mathematik in Linz anzunehmen. Nach hier wiederum in großer Dürftigkeit verlebten 15 Jahren ging er 1625 nach Ulm, von wo er um seinen immer noch rückständigen Gehalt zu erhalten, zu Wallenstein nach Sagan geschickt wurde, der ihn mit einer Professur in Rostock entschädigen wollte.

---

der Infinitesimalrechnung und (mit Pascal) als der Begründer der Wahrscheinlichkeitsrechnung bezeichnet.

1) Klügel, ‚Mathematisches Wörterbuch', Artikel „Kepler's Aufgabe."

Kepler lehnte letzteres Anerbieten ab und suchte dafür 1630 auf dem Reichstage zu Regensburg die Realisirung seiner Forderungen an den Kaiser persönlich zu betreiben.

Kummer und Anstrengungen vereint veranlaßten jedoch am 15. November 1630 seinen Tod. Es ist erwiesen falsch, wenn behauptet wird, daß der Hunger sein frühes Lebensende (im noch nicht vollendeten 59. Jahre) herbeigeführt habe.

Vor dem Eintritte in die wichtigste Periode der ganzen Mechanik, in die des großen Italieners Galilei, müssen wir, sollen anders bedeutsame Nebeneinflüsse auf den ganzen großen Bau nicht unbeachtet bleiben, einiger wichtigen Fortschritte gedenken, die so wohl dem Gebiete der reinen Mathematik als Mechanik angehören.

In der Algebra machte sich besonders Cardano (oder Cardanus), geb. 1501 zu Pavia; gest. 1576 zu Rom durch die Auflösung der cubischen Gleichung $x^3 + ax = b$ bemerkbar, die er freilich dem Italiener Tartaglia entlehnt hatte, weshalb sie den Namen des letzteren tragen und nicht die Cardani'sche Regel heißen sollte. Letztere Benennung ist wohl deshalb geblieben, weil Cardano manche andere Verdienste um Mathematik und Physik zuerkannt werden müssen. Beispielsweise in ersterer Beziehung die Feststellung des wahren Begriffes der negativen Wurzeln der Gleichungen. (Ueber Cardano's Verdienste um die Physik berichtet Poggendorff in der wiederholt citirten Geschichte S. 122.) Uebrigens war Cardano ein excentrisches Genie voll selbstgefälliger Thorheit und Mysticismus, von Gelehrsamkeit und Geistesgewandtheit, welch letztere beiden Eigenschaften ihn dennoch nicht vor kindischem Aberglauben und Lächerlichkeiten schützten. Seine zahlreichen hinterlassenen Schriften füllen nicht weniger als 10 Folio-Bände und erstrecken sich auf Mathematik, Physik, Astrologie, Medicin und Moral.

Auf dem Gebiete der Mechanik wird, unter den nächsten Vorgängern Galilei's besonders Benedetti genannt (geb. 1530 zu Venedig; gest. 1590 zu Turin). Dieser Mathematiker kannte bereits 1585 die Grundlage der Theorie der statischen Momente, er wußte, daß die Körper im leeren Raume, unabhängig von ihrer Masse mit gleicher Geschwindigkeit fallen, er kannte die Centrifugalkraft und sprach es deutlich aus, daß die Körper sich selbst überlassen, in der Tangente ihrer Bahn fortgehen, ferner ahnte er das Wesen einer accelerirten Bewegung, während er das Gesetz der Trägheit ordentlich auffaßte etc.

In diese Zeit hinein fällt auch die Erfindung der Logarithmen durch den Schotten John Napier (geb. 1550; gest. 1617), obwohl behauptet wird, daß sie der Schweizer Jost Bürgi schon vor Napier gekannt habe. Jedenfalls gebührt Napier der Ruhm die höchst praktische Bedeutung der Logarithmen für den Rechner zuerst erkannt zu haben, weshalb hier nur noch in Erinnerung gebracht werden mag, daß Napier zur Basis seines Logarithmensystemes die Zahl 2,71828 ... annahm und zwar deshalb, weil sich dann deren Berechnung durch Reihen am einfachsten (natürlichsten) gestaltete und weshalb diese Logarithmen selbst auch die natürlichen genannt wurden. Wegen einer Beziehung zur gleichseitigen Hyperbel nannte man sie wohl auch hyperbolische Logarithmen. Bald nachher erkannte die praktische Unzulänglichkeit der Napier'schen Logarithmen der Professor der Mathematik am Gresham-College zu London, Henry Briggs (geb. 1556; gest. 1630). Briggs wählte deshalb 10 als Grundzahl des logarithmischen Systemes, dessen Logarithmen noch heut zu Tage nach ihm benannt oder wohl auch als gemeine Logarithmen bezeichnet werden. Die ersten vollständigen Tafeln der Briggs'schen Logarithmen erschienen 1624.

Drei um die Mechanik verdienstvolle Männer der nächsten Vorzeit Galilei's sind endlich der Franzose Vieta, der Italiener Guido Ubaldi (Marquis del Monte) und der Holländer Stevin[1]).

---

1) In gewisser Beziehung als einen Vorgänger Galilei's kann man auch den, in der Mitte des 16. Jahrhunderts zu Nola in Campanien geborenen, Dominicaner Giardino Bruno bezeichnen, der, zunächst wegen Religionszweifel, sein Vaterland (Italien) verließ und dann an verschiedenen Universitäten, Paris, London, Helmstedt und namentlich von 1586—1588 auch in Wittenberg Vorlesungen, als Gegner und leidenschaftlicher Bekämpfer der Aristoteles'schen Philosophie, hielt. Unbesonnenheit und Stolz führten ihn 1592 wieder nach Italien zurück, wo seine Feinde ihn abermals mit Erfolg bekämpfen konnten, ihn 1598 in Venedig der Inquisition überlieferten und wo er nach zweijähriger Haft als Ketzer und abtrünniger Mönch in Rom, am 7. Februar 1600, auf dem Scheiterhaufen lebendig verbrannt wurde.

Noch weit mehr verdient der Engländer Francis Baco, oder Baco von Verulam (nicht zu verwechseln mit dem Mathematiker und Astronomen Roger Baco, der von 1214—1294 in England lebte) als ein Vorgänger und Zeitgenosse Galilei's erwähnt zu werden. Im Jahre 1561 in London von hohen Aeltern geboren, erhielt er, nach dem Besuche der Universität Cambridge, schon im 28. Lebensjahre die Stelle eines außerordentlichen Rathes bei der Königin Elisabeth von England, stieg rasch von einer Höhenstufe zur anderen; 1619 wurde er Lordgroßkanzler von England, und erhielt den Titel Baron von Verulam, 1620 Viscount von St. Albans. Schon 1621 wurde er vom Parlamente,

Vieta wurde 1540 in Fontenay le Comte geboren und starb 1603 zu Paris. Bis 1567 Advokat seiner Vaterstadt, wurde er nachher Rath in verschiedenen Departement-Parlamenten Frankreichs, im Jahre 1580 maître des requêtes ordinaires de l'hôtel du roi in Paris und später unter Heinrich IV. Mitglied des conseil privé daselbst.

Die zahlreichen von ihm hinterlassenen Schriften, welche sich namentlich in fruchtbarer Weise auf das Gebiet der Geometrie [1]) und Arithmetik erstrecken, wurden 1646, in besonders vollkommener und guter Ausstattung, von dem Leydener Professor Franciscus van Schooten herausgegeben, Verzeichnisse davon liefern sowohl Kästner in seiner ,Geschichte der Mathematik' Bd. III.,

---

wegen Unterschleife, aller seiner Aemter entsetzt und zur Haft im Tower verurtheilt. Allerdings begnadigte ihn sein Gönner König Jacob I., setzte ihm sogar eine Pension aus, allein seine Würden erhielt er dessenungeachtet nicht wieder. Er starb am 9. April 1626 zu Highgate (London).

Trotz des verfehlten Lebensweges gehört Baco von Verulam doch mit zu den Männern, die (wie Wolf ganz richtig, S. 222 seiner ,Geschichte der Astronomie' sagt) „das Schwerste gethan, nämlich die erste Bresche in die gewaltige und wohl gehütete Festung gelegt haben, welche die Gefangenen umgab.

Baco's Hauptwerk ,Novum organon' erschien 1620, ein Jahr vor dem Falle des Verfassers. Mit Recht wird Verulam's Satz:

| | |
|---|---|
| „Homo naturae minister et interpres tantum facit et intelligit, quantum de naturae ordine re vel mente observaverit nec amplius scit aut potest." (Novum organum scientiarum; lib. I, aphorismus 1.) | „Daß der Mensch als Diener und Ausleger der Natur nur so viel und nicht mehr von der Beschaffenheit der Dinge wisse, als er durch angestellte Versuche und Beobachtungen kennen gelernt habe." |

nicht in jeder Beziehung so günstig für die Entwickelung der hier vor Allem zu beachtenden Prinzipien der Mechanik gehalten, wie es die Meinung der zu weit gehenden Verehrer Baco's sehr oft war. Unter Anderem bemerkt in dieser Hinsicht Dühring in seiner ,Geschichte der allgemeinen Prinzipien der Mechanik' (erste Auflage), S. 104 Folgendes, dem eigentlich Jedermann beistimmen müßte: „Der Antheil einer echten Speculation ist, gerade in Rücksicht auf die mechanischen Prinzipien so überwiegend, daß empirische Grundsätze in der Weise Baco's der Behandlung der Mechanik (Statik und Dynamik) nur hätten hinderlich sein können, wenn sie oder etwas Aehnliches zum Leitfaden genommen worden wären.

Uebrigens zeigt auch Libri in seiner ,Histoire des sciences mathématiques' IV, p. 160, 466, dass Baco bereits ein Jahr vor dem Erscheinen des ,Novum organon', die bis dahin publicirten und nicht publicirten Schriften Galilei's kennen gelernt hatte.

1) Chasles, ,Geschichte der Geometrie', S. 49 etc.

S. 162, als (in kürzerer Fassung) Poggendorff, ‚Biographisch-literarisches Handwörterbuch', Bd. II.

Vieta verdankt man vor Allem die Einführung der Buchstabenrechnung in die Algebra und zugleich deren Anwendung auf die Geometrie.

Durch seine analytischen, geometrischen Untersuchungen legte er gleichsam den Grund zur nachherigen analytischen Geometrie, deren Ausbildung zu einem vollständigen Systeme allerdings Descartes vorbehalten blieb [1]).

## §. 9.

Zum Hauptgegenstande unseres Buches, zur Geschichte der Mechanik zurückkehrend, gedenken wir Guido Ubaldi's, der als der Erste [2]) bezeichnet wird, welcher das bereits von Aristo-

---

1) Suter, ‚Geschichte der mathematischen Wissenschaften', Th. I, S. 167, 171. ‚Um die Art der Bezeichnung im Gebiete der Buchstabenrechnung und Algebra in Erinnerung zu bringen, deren sich Vieta bediente, indem man weder das heutige Gleichheitszeichen noch die Exponenten und eben so wenig die Multiplikationszeichen hatte, entlehnen wir der angegebenen Geschichte Suter's folgende zwei Beispiele:

1. Der Ausdruck $a^3 + 3a^2b + 3ab^2 + b^3 = (a+b)^3$ wurde folgendermaßen dargestellt:

$a$ cubus $+ b$ in $a$ quadr. 3 $+ a$ in $b$ quadr. 3 $+ b$ cubo aequalia $a + b$ cubo.

2. Die Gleichung

$$x^3 - 8x^2 + 16x = 40$$

wurde geschrieben:

$$1C - 8Q + 16N \text{ aequal } 40$$

entsprechend der Annahme, daß man die (einfache) unbekannte Größe durch $N$, deren Quadrat mit $Q$, ihren Cubus durch $C$ u. s. w. darstellt.

Bemerkt werde hierbei zugleich, daß später der Engländer Harriot (geb. 1560; gest. 1621) die Potenzen durch die Wiederholung der Grundzahl, wie $a$, $aa$, $aaa$ etc. jedoch erst Descartes die heute noch üblichen Exponenten einführte, also im letzteren Falle schrieb: $a$, $a^2$ $a^3$ etc.

Ausführliches über die Potenzen-Bezeichnungen in Klügel, ‚Mathematisches Wörterbuch' Artikel: „Potenzen".

2) Lagrange, ‚Mécanique analytique' (Ausgabe von 1811), S. 7 und 20. Del Monte, Guido Ubaldo (Ubaldi), geb. 1545 zu Pesaro, gest. 1607(?). Generalinspector der Festungen Toscana's in dem Werke: ‚Mechanicorum liber', Pisauris 1577. Ubaldo war ein Schüler von Commandino und ein Beförderer Galilei's. (Man sehe die hier nachfolgende Biographie Galilei's).

teles angedeutete[1]) und von Leonardo da Vinci[2]) wieder erörterte Princip der virtuellen Geschwindigkeiten (Princip der Momente) mit Erfolg auf das Rad an der Welle, den Hebel und den Flaschenzug anwandte. Ubaldi's betreffendes Werk ,Mecanicorum liber' erschien 1577 zu Pesaro, worin er leider von der schiefen Ebene und den von ihr abhängigen Maschinen, wie der Keil und die Schraube, eine nur unvollständige, wenig genaue Theorie lieferte.

Die allererste richtige statische Theorie der schiefen Ebene, die zugleich völlig unabhängig von der Theorie des Hebels war, stellte 1586 der holländische Mathematiker und Ingenieur Simon Stevin (geb. 1548 zu Brügge, gest. 1620 zu Haag) auf.

Lagrange[3]) nennt diese Theorie Stevin's nicht bloß neu, sondern auch ingeniös, weshalb sie hier kurz mitgetheilt werden mag.

Es sei $ABC$ (Figur 2) ein vertical gestelltes ebenes Dreieck mit horizontal gelegter Hypotenuse $AC$, wobei die Cathete $AB$ doppelt so lang ist als die andere $BC$. Ueber die dadurch gebildeten zwei schiefen Ebenen werde eine aus 14 Kugeln von gleichem Gewichte gebildete Kette gehangen, deren Abstände gleich groß sind. Endlich sei die Länge der beiden schiefen Ebenen so bemessen, daß auf der Ebene $AB$ stets vier, auf der $BC$ aber stets zwei Kugeln zu liegen kommen.

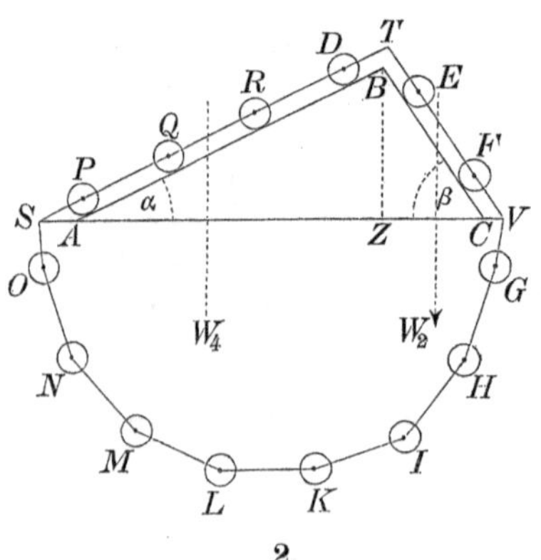

2.

Wollte man bei dieser Anordnung des Kugel- oder Ketten-Systems nicht Gleichgewicht, sondern Bewegung, also ein Gleiten der Kugeln auf den schiefen Ebenen nach einer der Seiten hin voraussetzen, so würde solches (da von allen Reibungen abgesehen wird) continuirlich fortdauern, da wie bereits hervorgehoben, die Zahl der auf den schiefen Ebenen placirten Kugeln stets dieselbe bleibt, eine solche Bewegung also ein Unding ist.

---

1) Poselger, in der Abhandlung „Aristoteles' mechanische Probleme" (Abdruck aus den ,Abhandlungen der Berliner Akademie der Wissenschaften', Jahrg. 1829). Hannover 1881 bei Schmorl u. v. Seefeld.

2) Grothe, „Leonardo da Vinci", in den ,Verhandlungen des Vereins zur Beförderung des Gewerbfleißes in Preußen', Jahrg. 1875, S. 129.

3) A. a. O. S. 8.

Da ferner der unterhalb der Basis $AC$ frei herabhängende mit 8 Kugeln belastete Theil der Kette, ganz weggenommen werden könnte, ohne das Gleichgewicht zu stören, so folgt einfach, daß sich für den Gleichgewichtszustand die Gewichte der auf den schiefen Ebenen liegenden Kugeln wie deren Längen verhalten, d. h. daß, wenn man die betreffenden Gewichte beziehungsweise mit $W_4$ und $W_2$ bezeichnet, die Proportion stattfindet:

$$1.\quad W_4 : W_2 = \overline{AB} : \overline{BC}.$$

Werden daher die Neigungswinkel der schiefen Ebenen beziehungsweise (und mit Bezug vgl. Figur 2) mit $\alpha$ und $\beta$, so wie deren gemeinschaftliche Höhe $BZ$ mit $h$ bezeichnet, so daß also $\overline{AB} = \frac{h}{sin\,\alpha}$ und $\overline{BC} = \frac{h}{sin\,\beta}$ ist, so erhält man $W_4 : W_2 = sin\,\beta : sin\,\alpha$ also, wie es sein muß:

$$2.\quad W_4\, sin.\,\alpha = W_2\, sin.\,\beta.$$

Aus dieser Theorie leitete Stevin noch den Satz ab, daß wenn drei Kräfte $P$, $Q$ und $W$, Figur 3 einen gemeinsamen Angriffspunkt haben und mit ihren Richtungen $\overline{CH}, \overline{CK}$ und $\overline{CI}$ in einer Ebene liegen, zwischen denselben Gleichgewicht vorhanden ist, wenn die nach Sinn, Ordnung und Größe den drei Seiten eines der Dreiecke, wie $CHI$ proportional sind, sich also verhält: $P : Q : W = \overline{HC} : \overline{CK} : \overline{CI}$. Offenbar ist dies der Satz vom Parallelogramm der Kräfte, allerdings (abgesehen von den Mängeln des Beweises an sich) nur für den speciellen Fall, daß die Richtungen zweier Kräfte $P$ und $Q$ einen rechten Winkel mit einander bilden [1]). Leider hat Stevin weder die Allgemeinheit, noch Fruchtbarkeit, noch alle Vortheile des Satzes vom Parallelogramm der Kräfte erkannt!

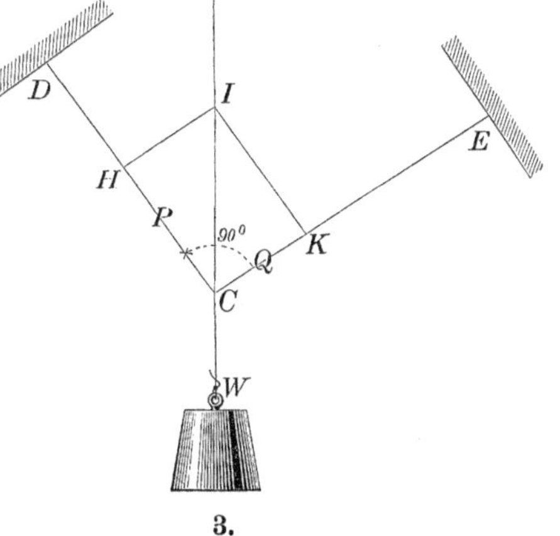

3.

1) Ausführlicher bei Lagrange a. a. O., S. 9 und insbesondere im ‚Mé-

In sinniger, völlig verständlicher Weise behandelte dafür Stevin die Elemente der Statik fester und flüssiger Körper überhaupt, so daß es nur verdientes Lob ist, wenn man diese Arbeiten „ausgezeichnete Leistungen" nennt[1]). Besonders hervorzuheben ist in letzterer Beziehung noch, daß Stevin namentlich die Hydrostatik wesentlich erweiterte, nicht nur den Satz vom Bodendruck erklärte, den man gewöhnlich das hydrostatische Paradoxon zu nennen pflegte, sondern auch den Druck der Flüssigkeiten auf die Seitenwände völlig richtig bestimmte[2]).

Ein anderes großes Verdienst Stevin's besteht noch darin, daß er seine Werke in der Sprache seines Volkes, d. h. holländisch schrieb. Als Grund hierzu hob Stevin hervor, „daß, wenn die Wissenschaften fortschreiten sollen, sich recht viele Männer mit der Einsammlung von Erfahrungen beschäftigen müssen und eben deshalb ist es gut, daß die Gelehrten in ihrer Muttersprache schreiben, wie es ja Griechen und Römer auch gethan haben."

Bereits 1586 erschien in Leyden sein Buch: ‚De Beghinselen der Weegkonst s. Statica' und nachher mehrere andere, die später (1643) Girard gesammelt unter dem Titel: ‚Les oeuvres mathématiques de Simon Stevin' herausgab. Girard hat das ganze Werk in sechs Bände getheilt, worin erörtert wird: Arithmetik (einschließlich der praktischen Rechnenkunst und wobei Stevin die Decimalbrüche einführt), Cosmographie, praktische Geometrie, Statik, Optik und Castrametation (Befestigungskunst, Schleusen etc.).

Den besten vollständigsten Auszug (in deutscher Sprache) über diese Gesammtwerke Stevin's giebt Kästner in seiner ‚Geschichte der Mathematik'[3]). In der überschwänglichsten Weise wird der Verdienste Stevin's gedacht in dem vorher citirten sonst guten Buche ‚Mémoire sur la vie et les travaux de Simon Stevin', par Dr. Steichen, Professeur de mécanique rationelle et de mécanique appliquée à l'école militaire, Bruxelles 1846.

---

moire sur la vie et les travaux de Simon Stevin', par Steichen, Bruxelles 1846, S. 17 und 175.

1) Dühring, ‚Principien der Mechanik' (erste Auflage), S. 63.

2) Des Verfassers ‚Hydromechanik' (zweite Auflage), S. 3.

3) Bd. III, S. 392—418 unter der Ueberschrift: „Stevin's Werke", französisch von Girard herausgegeben.

## Drittes Capitel.

## Fünfzehntes bis siebzehntes Jahrhundert.

### §. 10.

### Die Galilei-Periode.

So höchst anerkennenswerth auch die bahnbrechenden Arbeiten Stevin's namentlich im Gebiete der Mechanik genannt werden müssen, so beschränkten sich diese doch ausschließlich auf die Statik. Zur rechten Begründung der Dynamik, als der „Lehre von den Ursachen und Gesetzen der Bewegung gehörte ein so eminentes Talent wie Gott der Herr im Jahre 1564 in Galilei ins Leben rief.

Wie wir wissen, haben allerdings auch in der Dynamik einige Vorgänger Galilei's (beispielsweise Aristoteles, Leonardo da Vinci, Benedetti etc.) manche Einzelheiten dieser Wissenschaft erörtert, indeß fehlte doch allen diesen die Klarheit des Bewußtseins, mit welchen das neue Wissen bei Galilei auftritt und vor allem das Gesetz vom freien Falle der Körper. Daher schließt sich der Verfasser, in erster Linie, dem Ausspruche des ausgezeichneten Analytikers Lagrange an, welcher die Verdienste Galilei's in folgenden Worten charakterisirt[1]):

„Die Dynamik ist eine moderne Wissenschaft und Galilei ist deren Begründer. Bei seinen Zeitgenossen machten ihn seine astronomischen Entdeckungen berühmt, aber heute ist die Dynamik der größte Theil seines Ruhmes. Zu den astronomischen Entdeckungen (wie Jupiterstrabanten, Venusphasen, Sonnenflecke etc.) gehörte nur Fernrohr und Fleiß, aber um die Naturgesetze zu finden bei Phänomenen, welche man immer vor Augen hatte, deren Erklärung aber allen Philosophen entgangen war, dazu gehörte ein außerordentliches Genie.“

Dieser Ausspruch ist durch das Urtheil Dühring's zu vervollständigen, der sich über Galilei's besondere Verdienste um Feststellung der Principien also äußert[2]):

1) ‚Mecanique analytique‘. (Ausgabe von 1811). Tome I, Partie II, p. 221.

2) ‚Principien‘, §. 17, S. 20 (erste Auflage).

„In einem gewissen Sinne kann man bereits von Galilei sagen, daß er die Statik und die Dynamik in engster Vereinigung mit einander behandelt und in den Principien bei der Begründung seiner neuen Wissenschaft keineswegs jene Trennung zugelassen hat, in welcher man nach ihm die beiden Zweige einander entfremdete, um sie dann später, nämlich erst im Laufe des letzten Jahrhunderts, einander wieder annähern zu müssen“.

Die wichtigsten Schriften Galilei's, welche speciell die Mechanik betreffen, oder doch dahin einschlagen, sind folgende vier[1]):

1) 1612. ‚Discorso intorno alle cose che stanno in su l'acqua o che in quella si muovono‘[2]).

Der Inhalt dieser Schrift betrifft vorzugsweise die Anwendung des Principes der virtuellen Geschwindigkeiten auf Fragen des Gleichgewichts flüssiger Körper.

2) 1632. ‚Dialogo intorno ai due massimi systemi del mondo Tolemaico e Copernicano‘[3]).

Hier bildet die Nachweisung der Richtigkeit des Copernicanischen Welt-Systems den Hauptgegenstand.

3) 1638. ‚Discorsi e dimostrazioni matematiche intorno a due nuove scienze attenenti alla meccanica ed ai movimenti locali etc.‘

Diese ebenfalls wieder in Form von Gesprächen, auf sechs Tage vertheilte (giornata prima — giornata sesta) Abhandlung, ist das berühmteste Werk Galilei's über Mechanik, welches er selbst am meisten schätzte. Die erste Ausgabe hiervon erschien 1638 in Leyden (Holland). Bei Albéri ist ihr der ganze XIII. Band gewidmet, welcher 1855 erschien.

Das erste und zweite Gespräch erstreckt sich vorzugs-

---

1) Die hier benutzte, seiner Zeit beste und möglichst vollständige Gesammtausgabe der Galilei'schen Werke, ist die vom Professor Eugenio Albéri zu Florenz veranstaltete. Es besteht diese Ausgabe aus 16 schön gedruckten Octavbänden, die mit Abbildungen auf Kupfertafeln versehen ist und in den Zeitraum 1842 bis 1856 erschien.

2) Albéri a. a. O. Tomo XII, pag. 9—96. (Die Zeit der ersten Auflage 1612 giebt Albéri an.) Die Bolognaer Ausgabe (als 2. Auflage), datirt von 1855.

3) Desgl. Tomo I, pag. 13—503. Das Ganze ist in Gestalt von Gesprächen auf vier Tage vertheilt (giornata prima — giornata quarta) abgefaßt, welche zwischen drei Personen Salviati (ein Copernicaner), Simplicius (ein Ptolemäer) und Sagredos (ein Zwischenredner) geführt wurden. Specielleres hierüber in der nachher folgenden Biographie Galilei's.

*Galileo Galilei.*

weise auf Festigkeit der Körper, wobei er auch Versuche anstellte, um die Größe des Abscheues vor leerem Raume (S. 10), als Ursache des Widerstandes gegen Trennung (Zerreißen und Zerbrechen) messen zu können. In der That maß Galilei unbewußt die Größe des Luftdruckes [1]). Hierbei wies er auch nach, daß deshalb in der Saugröhre einer Pumpe das Wasser höchstens auf 18 Braccien (etwas über 10 Meter) steigen könne [2]).

Im dritten und vierten Gespräche verliest die eine der drei im Gespräche begriffenen Personen (Salviati) einen lateinischen Aufsatz ,de motu locali', über den die Gesellschaft sich italienisch unterredet. Die betreffende Abhandlung umfaßt die drei Abschnitte, gleichförmige Bewegung, natürlich beschleunigte und die Bewegung geworfener Körper.

Auch wird bewiesen, daß eine frei aufgehangene Kette eine Parabel bilde, ferner, daß ein Seil mit endlichen Kräften an beiden Enden nicht horizontal gestellt werden kann. Zuletzt folgt die Beantwortung von Fragen, welche den Schwerpunkt verschiedener fester Körper betreffen.

Im fünften Gespräche [3]) werden verschiedene Sätze der Euklid'schen Elemente erörtert.

Das sechste Gespräch (di giornata sesta) endlich handelt von der Kraft des Stoßes (forza della percossa). Diese Erörterungen enthalten viele Irrthümer. Beispielsweise hält es Galilei für falsch, den Stoß mit einem Drucke vergleichen zu wollen. Der Stoß sei von unendlicher Kraft etc. [4]).

4) 1649. ,Della scienza meccanica e delle utilità che si traggons dagl' instrumenti di quella con on frammento sopra la forza della percossa' [5]).

In diesem erst nach Galilei's Tode erschienenen Werke

---

1) Giornata prima, pag. 18. Figuro 4, Tav. I.

2) Ebendaselbst, S. 21. Die einzige, leider zu kurz gefaßte deutsche (selbständige) Arbeit über diese wichtigen Theile der Mechanik hat (1854) Dr. Caspar unter dem Titel geliefert: ,Galileo Galilei. Zusammenstellung der Forschungen und Entdeckungen Galilei's auf dem Gebiete der Naturwissenschaften'. Stuttgart bei Ebner u. Seubert.

3) Nach Albéri (Tomo XIII, Avvertimento) enthielt die Original-Leydener Ausgabe nur vier Gespräche (le sole quattro prime giornate).

4) Man sehe hierüber auch Dr. Caspar a. a. O., S. 36.

5) Albéri, Tomo XI (1854), pag. 85. Die erste Ausgabe in italienischer Sprache datirt, nach Albéri a. a. O., p. 83, vom Jahre 1649 und erschien in

wird vorzugsweise das Gleichgewicht der Kräfte an den sogenannten einfachen Maschinen, oder den mechanischen Potenzen (nach Pappus, S. 28) behandelt, und zwar mit durchgängiger Anwendung des Principes der virtuellen Geschwindigkeiten.

Nach vorstehender Uebersicht wenden wir uns zur Betrachtung und Erörterung einiger der wichtigsten Sätze aus genannten Schriften, von welchen letzteren die Gesetze des freien Falles der Körper oben an stehen, **da sie den Ausgangspunkt aller dynamischen Forschungen bilden!**

Zweifellos ist es, daß Galilei zur Entdeckung der Fallgesetze durch die Vereinigung von Speculation und Empirie gelangt ist [1]), daß er zuerst die Sätze über gleichförmige Bewegung feststellte und hierauf die Sätze über gleichförmig beschleunigte Bewegung basirte. Der Hauptinhalt dieser Sätze ist im Wesentlichen folgender:

Da bei der gleichförmigen Bewegung in gleichen Zeiten ($t$) gleiche Räume ($s$) zurückgelegt werden und bei gleichen Zeiten sich die Geschwindigkeiten ($v$) wie die durchlaufenen Räume verhalten, so muß sich der bei gleichförmiger Bewegung beschriebene Raum $s$ durch die Gleichung $s = vt$ messen und folglich auch durch den Inhalt eines Rechteckes $AB\ CD$ (Figur 4) darstellen lassen, dessen Seiten die Geschwindigkeit $AB = v$ und die Zeit $AC = t$ sind.

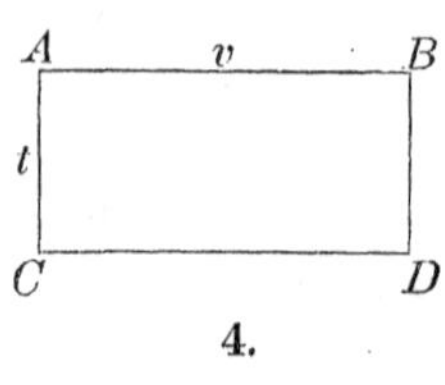

4.

Dies vorausgesetzt zeigt Galilei [2]), daß sich beim freien Falle und überhaupt bei einer gleichförmig beschleunigten Bewegung die Zeit, in welcher ein (aus der Ruhe) fallender Körper einen bestimmten Weg zurücklegt, der Zeit gleich ist, in welcher er, mit der halben Endgeschwindigkeit gleichförmig bewegt, denselben Weg zurücklegen würde.

---

Ravenna nach Galilei's Tode (der 1642 erfolgte). Nach Manuscripten hatte schon früher 1634 der Pater Mersenne in Paris eine französische Uebersetzung unter dem Titel besorgt: ‚Les mécaniques de Galiléo mathématicien et ingenieur du duc de Florence'. In den bereits erwähnten Bolognaer Ausgaben der Galilei'schen Werke datirt diese Schrift vom Jahre 1855.

1) Man sehe hierüber namentlich Dühring, ‚Geschichte der Mathematik', Capitel 3, S. 33, 37 (erste Auflage).

2) Bei Albéri Tomo XIII unter der Ueberschrift: ‚De motu naturaliter acceleratio', p. 167, fig. 46 (von letzterer ist unsere Figur 4 eine Copie).

Hierzu stellt er durch $AB$ (Figur 5) die Zeit einer gleichförmig beschleunigten Bewegung und die in $B$ auf $\overline{AB}$ errichtete Normale $\overline{BE}$ die am Ende dieser Zeit erlangte Geschwindigkeit dar. Theilt $\overline{AB}$ in gleiche Theile und zieht durch die Theilpunkte Parallelen mit $\overline{BE}$, so daß die Größen der Linien, welche innerhalb des Dreieckes $ABE$ fallen, die Geschwindigkeiten darstellen, die den einzelnen Zeitmomenten entsprechen. Hierauf halbirt er die Linie $\overline{BE}$ in $F$ und vollendet das Parallelogramm $ABFG$, so daß letzteres als Rechteck eine mit der halben Endgeschwindigkeit ($v$) während der Zeit $\overline{AB}$ ausgeführte gleichförmige Bewegung vorstellt. Die Summe der im Dreiecke $ABE$ enthaltenen Geschwindigkeiten ist aber gleich der Geschwindigkeitssumme, welche das Parallelogramm $ABFG$ enthält, so daß auch die vermöge beider zurückgelegten Wege dieselben sein müssen. Bezeichnet man daher $\overline{BE}$ mit $v$ und $\overline{AB}$ mit $t$, so hat man, nach Vorstehendem, wenn $s$ wieder den gesammten Weg vorstellt, die Gleichung:

$$\text{I.} \quad s = \frac{vt}{2}.$$

Hierauf zeigt Galilei ferner, daß sich bei dieser Bewegung überdies die Wege ($s$) wie die Quadrate der Fallzeiten ($t$) verhalten. Er beweist dies folgendermaßen:

Es sei $HL$ (Figur 6) der Weg ($s_1$), den ein Körper in der

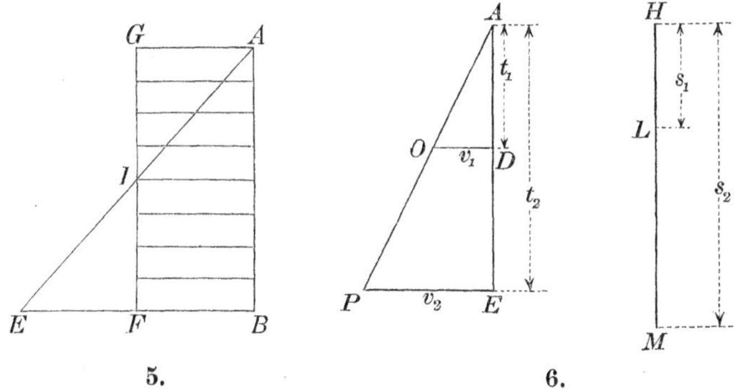


5. 6.

Zeit $\overline{AD}$ ($t_1$) bei gleichförmig veränderter Bewegung durchfällt, so wie in gleicher Weise $\overline{HM}$ ($s_2$) der Weg sei, den derselbe Körper bei solcher Bewegung in der Zeit $\overline{AE}$ ($t_2$) zurücklegte; ferner mögen $\overline{DO}$ und $\overline{EP}$ die nach den Zeiten $\overline{AD}$ und $\overline{AE}$ erlangten Endgeschwindigkeiten (resp. $v_1$ und $v_2$) sein. Sodann ist nach dem vorigen Satze auch $\overline{HL}$ der Weg, den der Körper mit der Geschwindigkeit $\frac{1}{2}\ \overline{OD}$, so wie $\overline{HM}$ der Weg, den er mit der Geschwindigkeit $\frac{1}{2}\ \overline{EP}$ in gleichförmiger Bewegung zurücklegen würde.

Bei gleichförmiger Bewegung verhalten sich aber die Wege (Räume) wie die Producte aus Zeit und Geschwindigkeit, wonach man die Proportion hat:

$$\text{(I.)} \begin{cases} \overline{HL} : \overline{HM} = \overline{AD} \,.\, \frac{1}{2}\,\overline{DO} : \overline{AE} \,.\, \overline{EP}, \text{ d. i.} \\ \qquad\qquad\;\; = \overline{AD} \,.\, \overline{DO} : \overline{AE} \,.\, \overline{EP}. \end{cases}$$

Da sich aber auch verhält:

$$\overline{AD} : \tfrac{1}{2}\,\overline{DO} = \overline{AE} : \tfrac{1}{2}\,\overline{EP}, \text{ also}$$

$$\overline{DO} = \frac{\overline{AD} \,.\, \overline{EP}}{\overline{AE}} \text{ ist, so}$$

hat man auch zufolge (I):

$$\overline{HL} : \overline{HM} = \frac{\overline{AD} \,.\, \overline{AD} \,.\, \overline{EP}}{\overline{AE}} : \overline{AE} \,.\, \overline{EP}, \text{ d. i.}$$

$$\overline{HL} : \overline{HM} = \overline{AD}^2 : \overline{AE}^2,$$

oder mit Bezug auf die in Figur 5 eingeschriebenen Buchstaben:

$$s_1 : s_2 = t_1{}^2 : t_2{}^2, \text{ w. z. b. w.}$$

Hiernach erhält man auch:

$$s_1 = \left(\frac{s_2}{t_2}\right) t_1{}^2.$$

Hat man nun $\frac{s_2}{t_2}$ durch Versuche zu $\frac{g}{2}$ ermittelt, so folgt ferner:

$$\text{II. } s_1 = \frac{g t_1{}^2}{2}.$$

Entfernt man aus dieser Gleichung mit Hülfe von I die Zeit $t_1$, so ergiebt sich weiter:

$$\text{III. } s_1 = \frac{v_1{}^2}{2g}.$$

Aus der Vergleichung von II und III folgt endlich noch:

$$\text{IV. } v_1 = g t_1, \text{ d. i.}$$

in Worten ausgedrückt:

Beim freien Falle und bei jeder gleichförmig beschleunigten Bewegung sind die Geschwindigkeiten den Fallzeiten proportional, oder es verhalten sich die Geschwindigkeiten wie die Zeiten.

---

1) Die Ermittelung des Zahlenwerthes für $g$ (der Acceleration oder Beschleunigung der Schwerkraft) gelang Galilei nicht (man sehe u. A. Kästner's ‚Mechanik' S. 57), sondern erst Huyghens, worauf wir nachher zurückkommen.

Galilei bemühte sich zuerst, diese theoretischen Sätze durch direkte Versuche mit senkrecht frei fallenden Körpern zu beweisen, gelangte indessen der großen Geschwindigkeiten und anderen Schwierigkeiten wegen, nicht zu den erwünschten Resultaten und kam deshalb auf den Gedanken, daß der Verlauf der Bewegung auf einer schiefen Ebene (der Hauptsache nach) derselbe sein müsse wie beim freien Falle.

Er schloß namentlich, daß ein Körper, welcher senkrecht durch die Höhe $CB$ (Figur 7) einer schiefen Ebene fällt, dieselbe Geschwindigkeit erlangen müsse, als wenn er auf den Längen der schiefen Ebenen $CA$, $CB$ hinabrollt, deren Endpunkte $A$, $D$ mit $B$ in derselben Horizontalebene liegen. Um dies nachzuweisen, ersann Galilei folgendes geistreiche Experiment [1]:

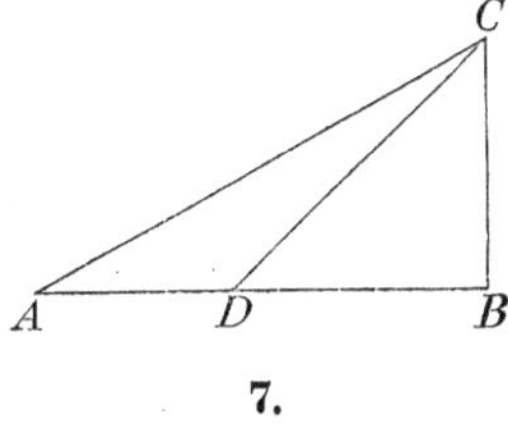

7.

Er bildete aus einer kleinen Bleikugel $B$ und aus einem dünnen, biegsamen Faden, ein sogenanntes einfaches Pendel $AB$, fixirte dessen Aufhängepunkt $A$ mittelst eines an einer Wand eingeschlagenen Nagels so, daß das Pendel ungehindert in einem Kreisbogen $DBC$ schwingen konnte. Bei diesem Schwingen des Pendels fand er, daß dasselbe, wenn es von $D$ aus nach $B$ herabgegangen war, in letzterem Punkte angekommen, auf der anderen Seite bis zum Punkte $C$ seinen Weg fortsetzte, wobei $C$ mit $D$ in einer Horizontalen lag, d. h. daß die Bleikugel $B$ auf eine Höhe stieg, welche der Fallhöhe gleich war. Hierauf schlug er an irgend einer Stelle $E$ der Vertikale $AB$ einen (zweiten) Nagel derartig ein, daß der Pendelfaden $AB$ sobald er diesen Nagel traf, eingebogen und die Kugel $B$ gezwungen wurde, einen anderen Weg, nämlich den $GB$ zu nehmen, während der Weg auf der freien Seite (also rechts in Figur 8) ungehindert $BC$ blieb. Die Geschwindigkeiten, welche die Kugel $B$ vermöge des Fallens durch $DB$, $GB$ etc.

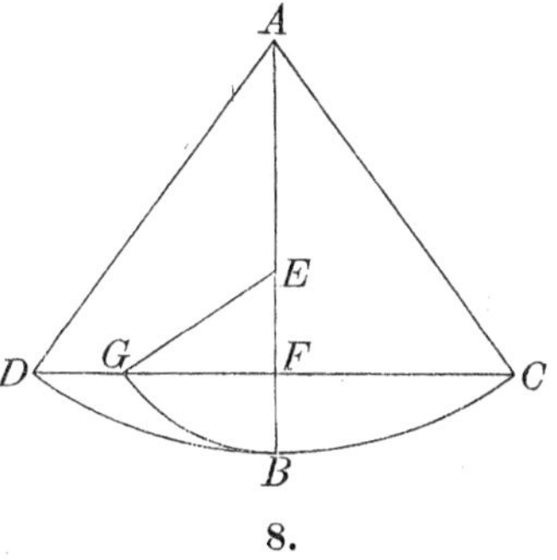

8.

1) Dialoghi delle nuove scienze. Giornate terza. Tomo XIII, S. 164, Figur 45

erlangte, war also stets die gleiche, sobald die Höhe $FG$ des Fallens durchaus dieselbe blieb.

Diesem Experimente (und ähnlichen) zufolge erkannte Galilei die Bewegung des Pendels lediglich als eine Wirkung der Schwerkraft, als ein Fallen und zwar zugleich als ein solches, aus welchem man schließen könnte, daß, entgegen der Ansicht des Aristoteles[1]) (S. 10), von Natur alle Körper mit gleicher Geschwindigkeit fallen.

Von den Fallgesetzen ausgehend, bewies Galilei auch die Richtigkeit des von ihm an den aufgehängten Lampen im Dome zu Pisa (nach der hier später folgenden Biographie Galilei's bereits in seiner Studentenzeit) erkannten Gesetzes der Pendelschwingungen, wonach die Dauer dieser Schwingungen von den Längen der betreffenden Pendel abhängen und zwar daß, wenn man die Längen der letzteren mit $l_1$ und $l_2$, die correspondirenden Schwingungszeiten aber resp. mit $t_1$ und $t_2$ bezeichnet, dann die Proportion stattfindet:

$$l_1 : l_2 = t_1^2 : t_2^2.$$

Die Gleichung für die Schwingungszeit $= t$ eines mathematischen Pendels von der Länge $= l$, unter der Voraussetzung, daß die Erhebungswinkel (Elongationswinkel) unendlich klein sind, nämlich:

$$t = \pi \sqrt{\frac{l}{g}}$$

kannte Galilei nicht. Erst Huyghens (von dem später ausführlich die Rede sein wird) gelangte zu diesem Ausdrucke[2]).

---

der Albéri'schen Ausgabe Tomo XIII. In derselben Quelle, p. 172 werden auch Galilei's Versuche mit einem 12 Brazzias langen, mit einem ausgehöhlten Canale (Rinne) versehenen Balken als schiefe Ebene angeordnet, ausführlich besprochen. In der Rinne ließ er messingene Kugeln laufen, wobei die Neigung der schiefen Ebene verändert werden konnte.

1) Nach diesem Philosophen, Physiker etc. sollten sich die Geschwindigkeiten frei fallender Körper, wie deren Gewichte verhalten, so daß ein Körper von 10 Pfund zehnmal so schnell falle, als einer von einem Pfunde. Daß in der freien Luft ein Bleistück schneller als eine Feder fällt, hat seinen Grund im Luftwiderstande. Im luftleeren Raume sind die Fallzeiten gleich. Nach Dühring ‚Geschichte der Mathematik', §. 13 (erste Auflage), soll übrigens der Italiener Benedetti (geb. 1530; gest. 1590) bereits gewußt haben, daß die Körper unabhängig von ihrer Masse mit gleicher Geschwindigkeit fallen, d. h. von denselben Höhen bei den verschiedenen Massen in gleichen Zeiten zur Erde gelangen.

2) Dühring sagt ganz richtig, daß Galilei den ersten entscheidenden Schritt zur Theorie des Pendels vornehmlich nur in empirischer Weise that (‚Geschichte der Mathematik', §. 32).

Dagegen bewies Galilei zuerst den Satz „daß ein Körper in derselben Zeit durch die Sehnen eines Halbkreises läuft, in der er durch den verticalen Durchmesser fällt“ [1]).

Ebenfalls durch die Fallgesetze wurde Galilei zum Probleme von der Bahn geworfener Körper (im luftleeren Raume) geleitet.

Vorher machte sich jedoch Galilei folgende zwei Sätze (Principien) klar:

1) Daß das Fortdauernde und Unzerstörbare der gleichförmigen Bewegung eines Körpers in einer horizontalen Ebene (das

---

1) Nach II S. 58 ist nämlich die Zeit $t_1$ zum Durchfallen des Durchmessers $\overline{AB}$ Figur 9:

$$(a)\ t_1 = \sqrt{\frac{2 \cdot \overline{AB}}{g}}$$

Für eine schiefe Ebene $AC$ vom Neigungswinkel $ACD = \alpha$ ist dagegen $g \sin \alpha$ statt $g$ zu setzen, so daß man für die Zeit $t_2$ erhält, binnen welcher derselbe Körper die schiefe Ebene $AC$ durchläuft:

$$t_2 = \sqrt{\frac{2\,\overline{AC}}{g \sin \alpha}}.$$ Da jedoch auch

$$\sin \alpha = \frac{\overline{AC}}{\overline{AB}}$$ ist, so folgt:

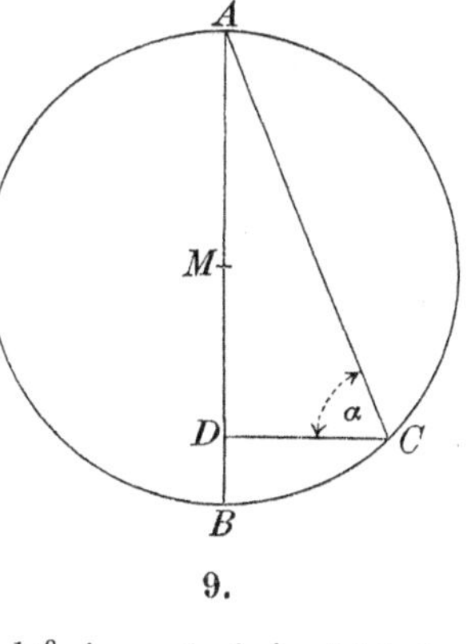

9.

$t_2 = \sqrt{\frac{2\,\overline{AC} \cdot \overline{AB}}{g \cdot \overline{AC}}}$, d. i. $t_2 = \sqrt{\frac{2\,\overline{AB}}{g}}$, so daß $t_2 = t_1$ d. i. gleich dem unter $(a)$ gefundenen Werthe ist.

Noch läßt sich in ähnlicher Weise zeigen, daß das Verhältniß der Zeit eines im unendlich kleinen Kreisbogen $\widehat{AB} = l \cdot \beta$ (Figur 10) und eines auf der zugehörigen Sehne $AB$ laufenden (fallenden) Körpers $= \frac{\pi}{2} : 2$ ist.

Bezeichnet $t_3$ die Zeit zum Durchlaufen der Sehne $\overline{AB}$, so hat man, wie vorher, $t_3 = \sqrt{\frac{2 \cdot \overline{AB}}{g \sin {}^1\!/_2\, \beta}}$, da $\angle BAC = \angle DBA = {}^1\!/_2 \angle AMB = {}^1\!/_2\, \beta$ ist. Nun kann man auch setzen: $\sin {}^1\!/_2\, \beta = \frac{{}^1\!/_2\, \overline{AB}}{\overline{AM}}$, so daß sich ergiebt $t_3 = \sqrt{\frac{4 \cdot \overline{AM}}{g}}$, d. i. $t_3 = \sqrt{\frac{l}{g}}$. Daher mit dem Huyghens'schen Werthe für $\frac{t}{2}$ verglichen, in der That folgt: $t : t_3 = \frac{\pi}{2} : 2$.

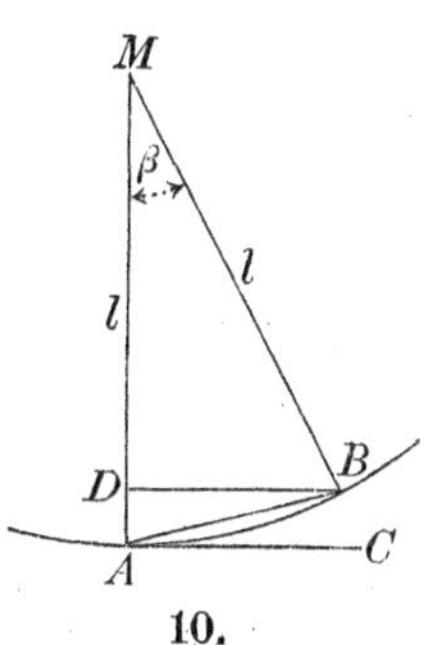

10.

Beharrungsprincip)[1]) eine Naturthatsache sei. (Gleichsam als Erläuterung hierzu).

2) Daß in allen Fällen die Bewegung, welche aus der Wirkung einer Kraft entsteht, mit derjenigen verbunden wird, die der Körper schon hatte[2]).

Sodann nahm Galilei die hier genau aus unserer Quelle copirte (Figur 11) zu Hülfe und schloß, der Hauptsache nach, folgendermaßen.

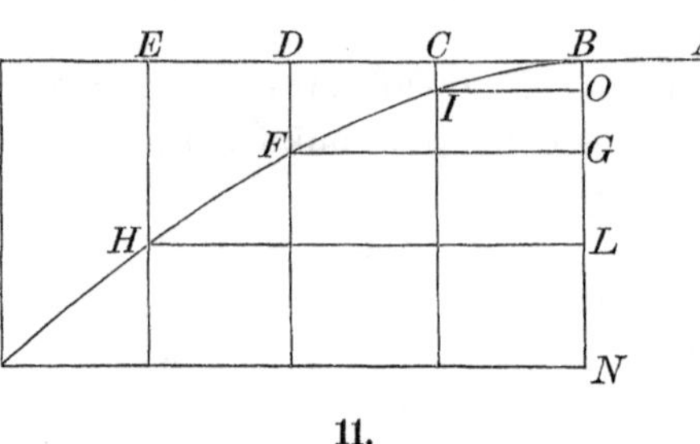


11.

Wird einem Körper in horizontaler Richtung $ABE$ eine mehr oder weniger große Geschwindigkeit ertheilt (wobei man sich beispielsweise $B$ als die Mündung eines Gewehr- oder Geschützrohres und den Körper als Kugel denken kann), so bleibt dem Körper, wenn andere Kräfte nicht wirken und kein Luftwiderstand vorhanden ist, diese Geschwindigkeit und er wird in der ersten Secunde einen Weg $BC$, in der zweiten Secunde den eben so großen Weg $CD$ .... durchlaufen. Da in gegenwärtigem Falle aber der Körper auch der Schwerkraftswirkung unterworfen ist, so wird er das gleichzeitige Bestreben haben, entsprechend der Gleichung II (S. 58) folgende Wege zu durchlaufen $\overline{BO} = \left(\frac{g}{2}\right)$ am Ende der ersten Secunde, $\overline{BG} = \left(\frac{g}{2}\right) . 4$ am Ende der zweiten Secunde, $\overline{BL} = \left(\frac{g}{2}\right) . 9$ am Ende der dritten Secunde etc. etc.

Nach den beiden vorgenannten Principien wird aber der Körper weder der horizontalen Richtung $ABE$, noch der verticalen $BN$, sondern einer ganz besonderen Richtung folgen und zwar einer solchen, wovon die Bahn dem Gesetze entspricht, daß sich die horizontalen Abscissen im Verhältnisse der natürlichen Zahlenreihe, also wie 1, 2, 3, 4 ...., die verti-

1) Albéri, ‚Opere complete', T. XIII, p. 221 unter der Ueberschrift: „De motu projectorum".

2) Ebendaselbst, p. 227. Wir werden später erfahren, daß Newton diese Aussprüche als Grundsätze der Bewegung (mit wenig anderen Worten) an die Spitze seiner Mechanik (‚Principia') stellte.

kalen Ordinaten aber wie die Quadrate dieser Zahlenwerthe, also wie 1, 4, 9, 16 .... gleichzeitig verändern. Diesem Gesetze entspricht aber diejenige Curve, welche schon den Mathematikern des Alterthums [1]) als Parabel bekannt war.

Der Verfasser kann sich nicht zu der Ansicht verstehen, daß Galilei zur Ermittlung der Bahn geworfener Körper das Parallelogramm der Kräfte in Anwendung gebracht habe. In keiner einzigen anderen Untersuchung Galilei's, im Gebiete der Mechanik, hat er die Anwendbarkeit des Satzes vom Parallelogramme der Kräfte auch nur angedeutet!

Von dem Gesichtspunkte des technischen Zweckes ausgehend, welchem gegenwärtiges Buch gewidmet ist, entlehnen wir den ‚Discorsi etc.' [2]) noch die Theorie der Bruchfestigkeit prismatischer Körper. Galilei setzt einen aus harter, unbiegsamer Substanz bestehenden parallelepipedischen Balken $ABCD$ (Figur 12) von rechteckigem Querschnitte voraus, der mit einem Ende wagerecht in einer verticalen Wand $NN$ befestigt und am freien Ende mit einem Gewichte $Q$ belastet ist. Wir bezeichnen die Länge des Balkens, von der Wand an gerechnet bis zum Haken $HJ$, woran $Q$ aufgehangen ist, mit dem Buchstaben $l$, ferner die Breite $\overline{BF} = \overline{AE}$ mit $b$ und die Höhe $\overline{AB} = \overline{FE}$ mit $h$. Nimmt man dann (mit Galilei) an, daß alle Fasern, die zugleich auf der Brechungsebene $AF$ rechtwinklig stehen, der Trennung oder dem Abreißen im Augenblicke des Bruchs mit durchaus gleicher Kraft widerstehen, so kann man sich den Gesammtwiderstand aller Fa-

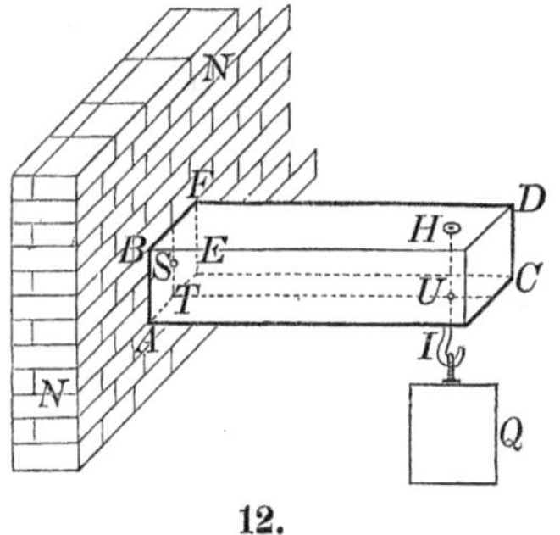

12.

1) Nach Cantor ‚Geschichte der Mathematik', S. 211 hat Apollonius von Perga (S. 12 dieses Buches) den Namen Parabel für die Begrenzungslinie der parallel zur Seite des geraden Kegels geführten Schnittfläche eingeführt, während der Entdecker der Kegelschnitte Menächmus, ein Schüler des Plato. gewesen sein soll. Plato lebte aber (S. 5) circa 400 Jahre vor Christi Geburt, Man sehe über die Lehre von den Kegelschnitten auch Hankel's ‚Geschichte der Mathematik', S. 150.

2) Albéri'sche Ausgabe, Tomo XIII, giornata seconda, p. 117 (Figur 17). Unsere Figur 11 ist wieder eine Copie des Originales, mit einigen Abänderungen zum Verständniß der Sache.

sern im Schwerpunkte $S$ der Fläche $AF$ und demgemäß in der halben Höhe $h$ vereint vorstellen. Bezeichnet man diesen Widerstand mit $k$ und betrachtet $STU$ als einen Winkelhebel, dessen Drehpunkt $T$ ist, so hat man offenbar

$$Q . l = (k . bh) \frac{h}{2}, \text{ d. i. } Q = {}^1\!/_2\, k \frac{bh^2}{l}.$$

Das Gewicht $Q$ pflegt man die Bruchfestigkeit (relative Festigkeit) des Balkens zu nennen [1]).

Galilei erstreckte seine Festigkeitsuntersuchungen auch noch auf Körper von sogenanntem gleichen Widerstande, in welcher Hinsicht jedoch auf die angegebene Quelle verwiesen werden muß.

Noch ist auf einen anderen auch für die technische Mechanik wichtigen Satz, auf den Galilei'schen Hebelbeweis aufmerksam zu machen.

Galilei giebt den Beweis für das Gleichgewichtsgesetz von Kräften am Hebel in zweierlei Weise. Erstens in dem mechanischen Hauptwerke ‚Discorsi etc.' [2]) und dann in der älteren Schrift (dem posthumen Werke) ‚Della scienca meccanica' [3]).

An erster Stelle formulirt Galilei den Hebelbeweis eigentlich ganz in der Weise des Archimedes (S. 14 dieses Buches) [4]), während er an zweiter Stelle hierzu das Princip der virtuellen (möglichen) Geschwindigkeiten benutzt. Der Hauptsache nach kommt letzterer Beweis bei Galilei darauf hinaus, das virtuelle Princip als einen Grundsatz der Mechanik (ohne jeglichen Beweis) vorauszusetzen, d. h. auzunehmen, daß sich bei den einfachen Maschinen die Kräfte stets wie umgekehrt die gleichzeitigen Wege verhalten, oder daß stets nur so viel an Kraft gewonnen, als am Wege verloren wird.

Greifen zwei Kräfte $P$ und $Q$ (Figur 13) rechtwinklig an den Armen $AB$ und $AC$ eines Hebels $BAC$ mit $C$ als Drehpunkt

---

1) Die heutige Mechanik findet $Q = \frac{1}{6} k \frac{bh^2}{l}$, also im Wesentlichen dasselbe, nur mit dem Unterschiede, daß man den Balken als aus elastischen Fasern bestehend annimmt. Wir kommen auf diesen ganzen Gegenstand in der Folge wiederholt zurück.

2) Tomo XIII, giornata seconda, p. 113 (Albéri'sche Ausgabe).

3) Tomo XI, p. 92. (Dieselbe Ausgabe).

4) Eine ausführliche Kritik dieses Beweises findet sich in Dühring's ‚Kritische Geschichte etc. der Mechanik', S. 77 etc. (erste Auflage).

an und denkt man sich das System um ein sehr kleines Bogenstück $\beta$ um $C$ gedreht, so würde nach dem bezeichneten Princípe sein:

$$P.\overline{AD} = Q.\overline{BE}.$$

Da jedoch $AD = \overline{AC}\,.\,\beta$ und $\overline{BE} = \overline{BC}\,.\,\beta$ gesetzt werden kann, so erhält man auch:

$P.\overline{AC}.\beta = Q.\overline{BC}.\beta$, d. i.
$P.\overline{AC} = Q.\overline{BC}$, w. z. b. w.

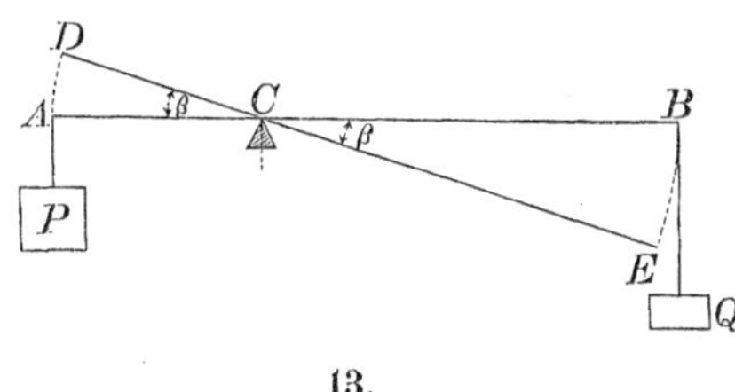

13.

Unter derselben Voraussetzung beweist Galilei das Verhältniß zwischen Kraft ($P$) und Last (Q) am sogenannten Flaschenzuge (Figur 14), welcher Beweis zugleich zur Aufstellung des Principes der virtuellen Geschwindigkeiten (für einen besonderen Fall) dienen kann. Es mögen $AB$ und $DE$ die Rollen der losen, sowie $GH$ und $OM$ die Rollen der zugehörigen festen Flasche sein. Ferner sei ein völlig biegsamer Faden zum sogenannten Einschnüren benutzt, an der unteren Flasche ein Gewicht $Q$ aufgehangen, während am freien Fadenende $N$ ebenfalls ein Gewicht $P$ (oder eine Kraft) angebracht ist. Hierbei denken wir uns die Seilstücken unter einander parallel [1]) und vertical, endlich Zapfenreibungen und Seilbiegungswiderstände als nicht vorhanden.

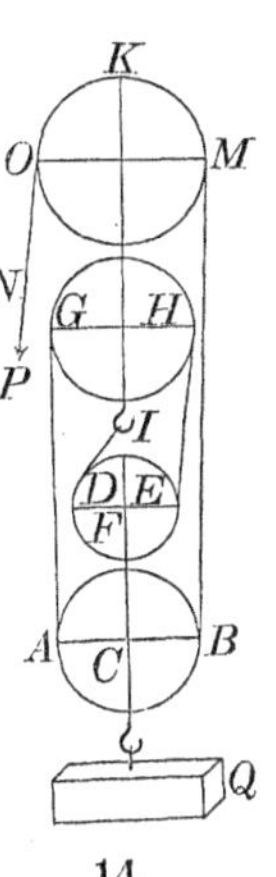

14.

Da offenbar jeder vom Gewichte $Q$ gespannte Faden eine gleich große Spannung erfährt, so muß wenn $n$ parallele, gespannte Seile (Galilei nahm 4 solche Seile an) vorhanden sind, die Gleichung stattfinden:

$$P = \frac{Q}{n}.$$

Denkt man sich nun das Gleichgewicht aufgehoben und steigt oder senkt sich $Q$ um den Weg $w$, so werden sich alle Seilstücke, die nach der beweglichen Flasche gehen, um dieselbe Größe, beziehungsweise verkürzen oder verlängern.

Da jedoch die gesammte Fadenlänge dieselbe bleiben muß so wird sich der Theil $N$, an welchem $P$ befestigt ist, um eine Größe $s$ erheben oder senken, für welche man hat:

1) Völlig parallele Seile erhält man immer dann, wenn man die Radien der aufeinander folgenden Rollen um den Radius der allerersten Rolle $DE$ wachsen läßt.

$$s = n \cdot w.$$

Verbindet man nun diese beiden Gleichungen (durch Elimination von $n$) so ergiebt sich:

$$Qw = Ps.$$

Hierdurch ist aber das, vorher beim Hebel in Anwendung gebrachte, Princip bewiesen, was später im Jahre 1717 (von Johann Bernoulli) in allgemeinerer Weise [1]) geschah und wobei man auch zuerst für die Wege $w$ und $s$ den Namen „virtuelle Geschwindigkeiten“ und für die Producte $Qw$ und $Qs$ den Namen „virtuelle Momente“ [2]) brauchte.

Aus letzterer Gleichung folgt außerdem noch die Proportion:

$$P : Q = w : s, \text{ d. h.}$$

„wenn zwei Kräfte vermittelst eines festen Widerstandes im Gleichgewichte sind, so verhalten sich ihre Intensitäten umgekehrt wie die gleichzeitigen Wege.“

Dieser Satz ist in der Mechanik unter dem Namen des Cartesianischen Grundsatzes bekannt [3]), während er eigentlich Galilei zugeschrieben werden muß.

Cartesius wandte allerdings den Flaschenzug in vorerörterter Weise zur Ermittelung der statischen Grundverhältnisse überhaupt an, indeß ist es unrichtig, wenn man den französischen Philosophen als den Erfinder dieses Satzes bezeichnet. Spätere Mathematiker z. B. Carnot [4]) nennen das Princip der virtuellen Geschwindigkeiten kurzweg „das Princip Galilei's“ [5]).

---

1) Unserem Zwecke entsprechend, werde hier hervorgehoben, daß überall die Wege (virtuellen Geschwindigkeiten) mit den Richtungen der Kräfte $P$ und $Q$ als zusammenfallend angenommen sind, während der allgemeinere Beweis (des Johann Bernoulli) stets die Projectionen der Wege auf die Kraftrichtungen substituirt.

2) Der Begriff „Moment“ scheint zuerst von dem Italiener Benedetti beim nicht geraden Hebel, im heutigen Sinne als statisches Moment, in Anwendung gebracht zu sein. (Man vergleiche hiermit das, was bereits über Benedetti [S. 60, Note 1] berichtet wurde.)

3) Obiger Satz ist für die ganze Maschinenmechanik in sofern von größter Wichtigkeit als damit dargethan wird, daß das, was man mittelst einer Maschine an Kraft ersparen kann, nothwendig an Weg verloren gehen muß.

4) ‚Principes fondamentaux de l'équilibre et du mouvement‘, Paris 1783. (zweite Auflage 1803), hier p. 93.

5) Man sehe hierüber besonders auch Dühring in seinen ‚Principien der Mechanik‘ (erste Auflage), S. 98 und 332.

Nicht geringe Schwierigkeit fand Galilei bei dem Beweise des Satzes vom Gleichgewichte eines auf geneigter Ebene befindlichen festen Körpers.

In der ‚Scienzia meccanica‘ [1]) gründet er diesen Beweis auf den Hebel, jedoch in so umständlicher Weise, daß wir auf vorgenannte Quelle und auf Dühring's ‚Principien der Mechanik‘ [2]) verweisen und eigentlich diese Thatsache nur dazu benutzen müssen, daß er (wie bereits S. 63 hervorgehoben) den Satz vom Parallelogramm der Kräfte weder entschieden gekannt, noch allgemein anzuwenden verstanden hat.

Hierzu kommt noch, daß Galilei den fraglichen Beweis nur für den in Figur 15 angegebenen Fall geführt hat, wo die Kraft $S$ (= $P$) parallel zur Länge $GJ$ der schiefen Ebene wirkt, nicht aber für den Fall (Figur 16), wenn die Richtung von $P$ parallel der Basis $HJ$ ist [3]).

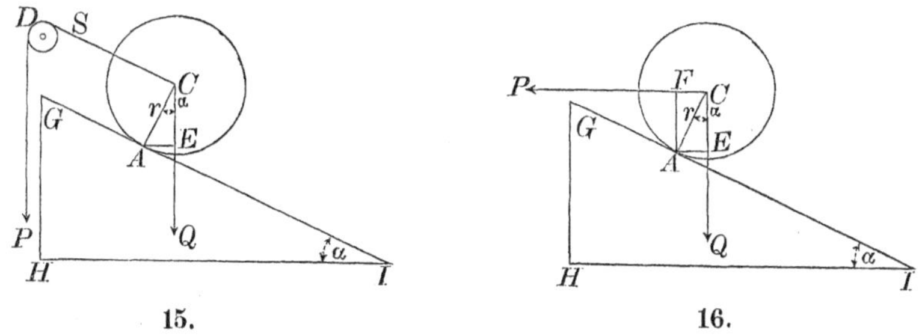


15. 16.

Es bleibt uns vor Allem jetzt noch übrig, der Bemühungen Galilei's um die Ausbildung der Hydrostatik zu gedenken. Dieser letzteren Wissenschaft ist die bereits 1612 erschienene

1) Tomo XI, p. 114—120 der Albéri'schen Ausgabe.

2) Erste Auflage §. 30, S. 47 und 48, ferner S. 94.

3) Wolff (geb. 1679; gest. 1754) in seiner 1750 zu Halle erschienenen ‚Mechanik‘, Th. II der ‚mathem. Wissenschaften‘, wendet zu diesen Beweisen ebenfalls den Satz vom Hebel an. Im ersteren Falle (Figur 15) erhält er daher für die am Winkelhebel $CAE$ wirkenden Kräfte $S$ und $Q$: $S.\overline{CA} = Q.\overline{AE}$ d. i., weil $S = P$ und $\frac{\overline{AE}}{\overline{CA}} = \sin\alpha$ ist: $P = Q \sin\alpha$. Im zweiten Falle (Figur 16) betrachtet er $FAE$ als diesen Winkelhebel und erhält: $P.\overline{FA} = Q.\overline{AE}$, also weil $\frac{\overline{FA}}{r} = \cos\alpha$ und $\frac{\overline{AE}}{r} = \sin\alpha$ ist, $P = Q\frac{\sin\alpha}{\cos\alpha} = Q\,tg\,\alpha$, w. z. B. w. Wir kommen später auf den vielgeprüften Hallenser Professor Wolff noch einmal zurück.

Schrift (S. 54 erwähnt) gewidmet: ‚Discorso intorno alle cose che stanno in su l'acqua o che in quella si muovono'. (‚Ueber die Gegenstände, welche sich auf dem Wasser befinden oder darin bewegen')[1]).

Galilei unternimmt in dieser Schrift eine Begründung der hydrostatischen Verhältnisse auf die allgemeinen Grundsätze der Statik und insbesondere auf das Princip der virtuellen Geschwindigkeiten, während im Rückblick auf Stevin (S. 50) letzterer in seinen hydrostatischen Erörterungen noch auf dem Standpunkte des Archimedes verblieb. Ueberdies scheint auch Galilei durch seine fragliche Schrift, wesentlich die Absicht gehabt zu haben, die Hauptsätze der Hydrostatik des Archimedes gegen Einwendungen zu vertheidigen[2]). In dieser der Hydrostatik gewidmeten Schrift findet sich zugleich die erste Auslassung Galilei's über den Begriff des Momentes[3]). Er versteht darunter jene Kraft (virtu, forza, efficacia), mit welcher der Motor bewegt und das Bewegte widersteht, „welche Kraft nicht allein von der einfachen Schwere, sondern von der Geschwindigkeit der Bewegung und von den verschiedenen Neigungen der Richtungen abhängt, in denen die Bewegung vor sich geht". Weiterhin heißt es: „Gleiche absolute mit gleicher Geschwindigkeit bewegte Gewichte haben gleiche Kräfte und Momente in ihren Wirkungen".

Im 6. Gespräche oder am 6. Tage, der bereits S. 54 übersichtlich erörterten ‚Discorsi', wo von der Kraft des Stoßes fester Körper gehandelt wird[4]), wird behauptet, „daß sich die Energie des Stoßes aus Zweierlei zusammensetze, nämlich aus Geschwindigkeit und Gewicht". Kurz zusammengefaßt, macht Galilei einen Unterschied zwischen dem Druck eines auf einer Unterlage ruhenden Körpers und der Kraft eines in Bewegung begriffenen Körpers und kommt endlich zu dem Schlusse,

---

1) Tomo XII, p. 9 der Albéri'schen Ausgabe der Galilei'schen Gesammtwerke, Abtheilung ‚Opere fisico-matematiche'.

Eine kritische Beurtheilung dieser Arbeit Galilei's giebt Dühring in seinen ‚Principien der Mechanik' (erste Auflage), S. 90, §. 46.

2) Dühring, a. a. O. S. 90.

3) Albéri's ‚Galilei', Tomo XII, p. 14. Hieraus Dühring, ‚Geschichte der Mechanik' (erste Auflage), S. 24—29.

4) Albéri a. a. O. Tomo XIII, p. 315 etc. Hiernach Dühring a. a. O., S. 158.

daß das Moment einer Kraft, sowohl von der Geschwindigkeit ($v$) als von der Masse ($m$) des bewegten Körpers abhänge und daß es dem Producte beider proportional sei. Hiernach ist $mv$ das Maaß der Kraft eines bewegten Körpers.

Dühring [1]) nennt alle derartigen Erläuterungen über Kraft, Moment, ferner die Doppeldefinition der Kraft, nämlich als Ursache der Bewegung oder aber nur des Bestrebens zur Bewegung etc., fundamentale Schwierigkeiten, welche sich durch die ganze Mechanik bis auf den heutigen Tag fortgepflanzt haben.

In der That beruht auf dieser lediglich sprachlichen Schwierigkeit der nachher zu erörternde Streit über das Kräftemaaß, zwischen den Anhängern des Cartesius und des Leibniz und basiren sich (noch 1859) hier auf Redtenbacher's [2]) Auslassungen gegen Lagrange, dessen Auffassungen (die ersten Principien der Mechanik) er als unklar bezeichnet, weil Lagrange Kräfte bald nach dem Drucke, bald nach dem Momente, bald nach lebendiger Kraft und endlich noch durch Stoßwirkungen mißt.

Nach unserem Wissen und übereinstimmend mit unbefangeneren wissenschaftlichen deutschen Autoritäten [3]), hat dieser Verwirrung erst der französische Geometer Poncelet im Jahre 1825 ein Ende gemacht, welcher Auffassung auch schon die Zeitgenossen dieses Begründers der industriellen Mechanik und der theoretischen Maschinenlehre (mécanique appliquée aux machines) folgten [4]), sowie deutsche Männer, welche der technischen Mechanik zu nutzen verstanden, wie Redtenbacher, Weisbach u. A.

Leider giebt es im deutschen Vaterlande noch jetzt Fachmänner, welche entgegengesetzter Meinung sind [5]), die der Verfasser, seinem Principe gemäß (S. 2, Note 4) nicht nennen will [6]).

---

1) ,Principien der Mechanik' (erste Auflage), S. 26, §. 21.

2) Geistige Bedeutung der Mechanik. In der Schrift des Sohnes „Rudolph Redtenbacher", München 1879, S. 112.

3) Jolly, ,Principien der Mechanik', S. 141 und 171.

4) Wir nennen hier schon die übrigen Männer der wackern französischen Schule, nämlich Navier, Coriolis, Poisson, Belanger und Delaunay etc., auf die wir später zurückzukommen Veranlassung finden werden.

5) Namentlich solche, welche noch Druckkräfte (continuirlich wirkende Kräfte) und Stoßkräfte (momentan wirkende Kräfte) unterscheiden!

6) Um die studirende Jugend der technischen Lehranstalten, schon hier vor verkehrten Auffassungen des wichtigen Gegenstandes, nämlich des „Kräftemaaßes",

Im Vorstehenden glaubt der Verfasser die Verdienste, welche sich der große Galilei speciell um die Mechanik (soweit es sich um die constante Kraft der Schwere handelt) erworben hat, dem hier gesteckten Ziele gemäß, hinreichend gewürdigt zu

---

zu schützen, entlehnen wir (im Voraus) dem vorbenannten Poncelet'schen Werke (Sect. 1, §. 11) folgende Betrachtung:

„Wenn man zwei Kräfte successive auf denselben Körper wirken läßt, welcher dieser Wirkung frei folgen kann, indem er sich nach der Richtung dieser Wirkung seiner eigenen Richtung parallel bewegt; so ertheilen sie diesem Körper in demselben Zeitelemente $dt$ unendlich kleine Geschwindigkeiten, welche den Intensitäten dieser Kräfte proportional und von der bereits früher angenommenen Bewegung unabhängig sind. Wenn daher $q$ das absolute Gewicht irgend eines Körpers an einem Orte bezeichnet, worin dieser Körper vermöge der Schwerkraftswirkung am Ende der ersten Secunde seines freien Falles die Geschwindigkeit $g$ oder in der Zeit $dt$ die Geschwindigkeit $gdt$ erlangt und $p$ irgend eine andere bewegende Kraft, welche demselben Körper im Zeitelemente $dt$ einen Geschwindigkeitszuwachs $dv$ zu ertheilen vermag, so hat man nach dem vorbemerkten Gesetze die Proportion:

$$p : q = dv : gdt, \text{ folglich:}$$

$$\text{I. } p = \frac{q}{g} \cdot \frac{dv}{dt}.$$

Eben so sei $q_1$ das absolute Gewicht desselben Körpers an irgend einem anderen Orte, wo $g$ zu $g_1$ wird. Dann hat man ebenfalls:

$$p = \frac{q_1}{g_1} \cdot \frac{dv}{dt}, \text{ folglich } \frac{q}{g} = \frac{q_1}{g_1} = \text{Const.} = m.$$

Das Verhältniß $m$, welches von der Intensität der Schwere an jedem Orte unabhängig ist, pflegt man die Masse des Körpers zu nennen, bei welcher Definition durchaus keine physikalischen oder metaphysischen Begriffe, welche man zuweilen damit verbindet, in Betracht gezogen zu werden brauchen, so daß man vermöge einer bloßen Uebereinkunft hat:

$$q = mg \text{ oder } m = \frac{q}{g}.$$

Statt I kann man daher auch setzen:

$$\text{II. } p = m\frac{dv}{dt}, \text{ so wie}$$

$$\int p\,dt = \int m\,dv + \text{Const.}$$

Integrirt man zwischen den Grenzen 0 und $t$ und bezeichnet den Werth von $v$, welcher der Zeit $t = 0$ entspricht mit $v_0$, so ist:

$$\text{III. } \int_0^t p\,dt = mv - mv_0 = m(v - v_0).$$

Ist keine Anfangsgeschwindigkeit vorhanden und ist $p$ eine constante Kraft, so hat man

$$\text{IV. } pt = mv \text{ und}$$

$$\text{V. } p = \frac{mv}{t}.$$

Das Product $mv$ nennt man nach Cartesius die Größe der Bewegung. Ein späterer Zeitgenosse Poncelet's (der Chef-Ingenieur und Professor Belanger

haben und verweist hinsichtlich der wichtigsten Entdeckungen des italienischen Meisters im Gebiete der Physik und Astronomie auf die hier folgende Biographie.

---

in Paris) führte für das Integral $\int_0^t p\,dt$ und für $pt$ (je nachdem die Kräfte von veränderlicher oder constanter Intensität sind) die Benennung Antrieb (impulsion) der Kraft während der Zeit $t$ ein.

Bezeichnet $ds$ den während der Zeit $dt$ vom Beweglichen durchlaufenen Weg, so ist $ds = v\,dt$, daher, wenn letzterer Werth benutzt wird um $v$ aus II zu entfernen, folgt:

$$\text{VI.}\quad p = m\frac{d^2 s}{dt^2},$$

was voraussetzt, daß die Zeit $t$ als unabhängige Variable betrachtet wird also ihr Differenzial $dt$ constant ist.

Beachtet man endlich, daß aus II das $dt$ mittelst $dt = \frac{ds}{v}$ entfernt werden kann, so findet sich noch ein dritter Werth für $p$, nämlich:

$$\text{VII.}\quad p = m\frac{v\,dv}{ds}.$$

Bezeichnet man jetzt die Acceleration oder Beschleunigung (der veränderlichen Bewegung) mit $j$, so hat man überhaupt:

$$\text{VIII.}\quad j = \frac{\text{Kraft}}{\text{Masse}} = \frac{dv}{dt} = \frac{d^2 s}{dt^2} = \frac{v\,dv}{ds}.$$

Man kann dies die Varignon'schen Grundgleichungen der veränderlichen Bewegung nennen, weil dieser Geometer sie zuerst in Gestalt solcher Differenzialgleichungen aufstellte und 1700 in den ‚Memoiren der Pariser Akademie der Wissenschaften' (p. 22—27) bekannt machte.

In synthetischer Auffassung lieferte sie zunächst Newton in seinen ‚Principien der Naturlehre', Buch I, Abschnitt 7 (S. 134 der Wolfers'schen Uebersetzung).

Integrirt man die aus VII zu entnehmende Gleichung:

$$p\,ds = m\,v\,dv,$$

so erhält man

$$\text{IX.}\quad \int_{s_0}^{s} p\,ds = \tfrac{1}{2}\,mv^2 - \tfrac{1}{2}\,mv_0^2,$$

Hierbei ist $v_0$ die Geschwindigkeit der Masse $m$ (des materiellen Punktes), welche dieselbe besitzt, wenn sie um einen Weg $= s_0$ von einem festen Punkte der geradlinigen Bahn entfernt ist. Das Product $mv^2$ nannte zuerst Leibniz die lebendige Kraft der Masse $m$. Poncelet fand diese Bezeichnung unpassend, weil in der Mechanik jetzt Kraft nur noch Druck bedeutet.

Das Integral $\int_{s_0}^{s} p\,ds$ wurde zuerst von der französischen Schule (Poncelet, Navier und Coriolis) die mechanische Arbeit der Kraft $p$ innerhalb der Zeit genannt, welche $m$ braucht um den Weg $s - s_0$ zu durchlaufen.

Die Gleichung IX hat für die theoretische Maschinenlehre eine viel größere Wichtigkeit, als die, welche vorher mit III bezeichnet wurde.

Ist die Bahn des Beweglichen keine gerade Linie, sondern irgend eine Curve, so bildet die Richtung der Kraft $p$ mit der Richtung von $ds$ (mit der Tangente der Curve) irgend einen Winkel $\alpha$, in welchem Falle dann $ds \,.\, \cos\alpha$ statt $ds$ in Rechnung zu bringen ist. Wir kommen nachher auf diesen letzteren Fall zurück,

Galileo Galilei[1]) wurde am 18. Februar 1564, dem Tage, wo Michel Angelo zu Rom die Augen schloß, in Pisa geboren. Sein Vater, ein Florentiner Edelmann in nicht glänzenden Vermögensverhältnissen, bestimmte den jungen Mann zum Kaufmannsstande (Tuchhandel). Da jedoch der Sohn ungewöhnliches Talent für Wissenschaft, Kunst und praktische Mechanik zeigte, entschied sich der Vater, trotz der Schwierigkeit die hierzu nothwendigen Mittel zu beschaffen, schließlich dazu, dem Sohne eine gelehrte Ausbildung geben zu lassen. Er sollte Arzt werden. Erst $17^1/_2$ Jahre alt wurde Galilei (1581) an der Universität Pisa immatriculirt, wo er seine Studien mit Mathematik und der Metaphysik des Aristoteles begann. Schon bei dem jungen Studiosus bäumte sich der Genius gegen das starre Festhalten an einem antiquirten Standpunkt himmelhoch auf, er rang nach eigner Erkenntniß und griff deshalb, kühn und entschlossen, zum Entsetzen der ob solcher unerhörten Verwegenheit ganz verblüfften Aristoteliker, so manchen bisher für unantastbar gehaltenen Orakelspruch ihres großen Meisters in öffentlichen Disputationen an, welche „Naseweisheit" ihm schon damals zahlreiche Feinde und den Beinamen „der Zänker" einbrachte. Ebenfalls als Student entdeckte er den Isochronismus der Pendelschwingungen und zwar durch die aufmerksame Betrachtung der Schwingungen einer Lampe in der Cathedrale zu Pisa, die an einem langen Seile herabhing. Die Zeiten der Schwingungen dieses Pendels maß er mittelst Beobachtung seiner eignen Pulsschläge. Leider mußte Galilei, erst 21 Jahr alt, wegen unzulänglicher Mittel die Universität verlassen; jedoch stand er bereits derartig auf eigenen Füßen, daß er seine selbständigen Untersuchungen der Naturerscheinungen zu Hause eifrig fortsetzen konnte. Schon damals nannte ihn der Marquis del Monte (Guido Ubaldi) „den modernen Archimedes", empfahl den jungen Gelehrten dem derzeitigen Großherzoge Ferdinand I. von Toscana aus dem Hause Medici, in Folge dessen ihm 1589 eine Professur der Mathematik an der Universität Pisa anvertraut wurde, allerdings mit dem sehr geringen Gehalte von 60 Scudi (260 Mark) pro Jahr. In dieser Zeit war es, wo er seine epochemachenden Forschungen über die Gesetze des freien Falles der Körper anstellte, welche heute unter dem Namen der „Galilei'schen Gesetze" bekannt sind. Zugleich trat er offen gegen die mächtige Schule der Aristoteliker auf, was ihm viele Feinde zuzog, denen sich auch bald Johann von Medici (natürlicher Sohn von Cosmus I.) zugesellte, so daß er es für angemessen hielt, erst nach Florenz zurück zu pilgern, dann aber im Herbst 1592 in den Freistaat Venedig überzusiedeln, wo er, vorläufig auf 6 Jahre, als Professor der Mathematik in Padua angestellt wurde.

Hier erfand er (1594) den Proportionalzirkel, dann (1597) das Thermometer und als er 1609 bei einer Reise in Holland von den dort erfundenen Fernröhren hörte, erfand er bald nachher ein weit schärferes Fernrohr mit tausendfacher Vergrößerung, während das des Holländers nur eine 25fache Flächen-

---

1) Diese Biographie wurde vorzugsweise (an mehreren Stellen wörtlich) mit Hülfe folgender zwei Quellen verfaßt:

a) Cantor, Zeitschrift für Mathematik und Physik und

b) Karl v. Gebler, Galileo Galilei und die römische Curie. Stuttgart 1876.

vergrößerung erzeugte. Der Senat von Venedig belohnte diese wichtige Vervollkommnung mit der lebenslänglichen Anstellung als Professor, und von dieser Zeit an datirt auch Galilei's lebhafter Briefwechsel mit Kepler, der erst mit des Letzteren Tode endigte.

Mit seinem neuen Fernrohre entdeckte Galilei am 7. Januar 1610 die Jupitersmonde, erkannte den Planeten Saturn als dreigestaltig und entdeckte die sogenannten Sonnenflecke.

In demselben Jahre wurde Galilei von dem jungen Großherzoge Cosmus II. in Florenz als Professor der Mathematik nach Pisa zurückberufen, jedoch ohne zu Vorlesungen verpflichtet zu sein, oder auch nur in Pisa wohnen zu müssen. Kaum in Florenz angekommen, entdeckte er hier die Phasen des Planeten Venus, wodurch er zugleich eine kräftige Stütze für die Lehre von der Bewegung der Erde um die Sonne, also für die Richtigkeit des von ihm lebhaft vertretenen Weltsystemes des Copernicus gewann. Bekanntlich war es immer einer der stärksten Einwürfe gegen das Copernicanische System, daß diese Venus-Lichtgestalten (wie die des Mondes) und des Merkurs, nicht statt hatten, oder vielmehr nicht gesehen werden konnten.

Galilei's Erklärung für die Copernicanische Weltordnung erhöhte die Macht seiner Feinde, er wurde als Ketzer erklärt, weil man durch sein System das Ansehen der Bibel für höchst gefährdet hielt.

Im Frühjahr 1611 reiste Galilei nach Rom, vorzugsweise um daselbst einflußreiche Persönlichkeiten zu veranlassen, seine Beobachtungen zu prüfen, was jedoch nicht in rechter Weise gelang, im Gegentheil die römische Curie, insbesondere Jesuiten und Dominicaner, veranlaßte, eine wetteifernde Polemik gegen Galilei zu beginnen. Anfänglich ließ Galilei den harten Streit durch seine Freunde, insbesondere durch seinen Schüler, den edlen Benedictiner Pater Castelli, führen, bis er sich am 31. December 1613 verleiten ließ, einen Brief an Castelli zu schreiben, in welchem zum ersten Male theologische Abschweifungen vorkamen und wobei er vorzüglich die Beweise seiner Ansichten in der Bibel suchte. Leider hatte Castelli ohne Galilei's Wissen von diesem Briefe Abschriften nehmen lassen, nicht ahnend, daß er damit seinen großen Freund ins Verderben stürzte. Allerdings konnte ihm die blinde kirchliche Partei anfänglich nichts anhaben, indeß war Galilei auch starrköpfig genug, dem Rathe seines Gönners Cardinal Maffeo Barberini in Rom (selbst Jesuit) nur die heilige Schrift aus dem Spiele zu lassen, nicht zu folgen, ging vielmehr voll Siegesgewißheit im December 1615 zum zweiten Male nach Rom, seine Sache beim Papste Paul V. persönlich zu vertreten.

Während Galilei's Anwesenheit wurden die Qualificatoren des heiligen Officiums zu einer Begutachtung der zwei Sätze berufen, erstens, daß die Sonne still stehe und zweitens, daß die Erde nicht das Centrum der Welt und nicht unbeweglich sei. Das Urtheil lautete nicht wie Galilei's Feinde erwartet hatten, jene Lehre als dem Glauben zuwider und für ketzerisch bezeichnet zu sehen, vielmehr sprach sich die heilige Congregation blos dahin aus „jene Meinung stimme mit der heiligen Schrift nicht überein" und wären demzufolge nur die Bücher zu verbieten, welche ex professo behaupten wollten, die Copernicanische Lehre stehe mit der Bibel nicht im Widerspruche, woraus folgt, daß für Galilei kein specieller Befehl absoluten Schweigens betreffs der Copernicanischen Theorie bestand[1]), sobald diese im Sinne einer Hypothese genommen wurde. Durch Decret vom 5. März 1616 war dem Galilei dieser Beschluß bekannt geworden und er hatte sich diesem in Demuth gefügt.

Sowohl dieses Ereigniß als der Tod des Papstes Paul V. (Januar 1621) hinderten vorerst ein weiteres Vorgehen seiner Feinde. Noch mehr erhöhten sich die Hoffnungen Galilei's auf einen großartigen Umschwung in der freien Entwicklung der Wissenschaft und sein Verhältniß zu ihr, als am 8. Juli 1623 sein bisheriger Gönner, Cardinal Maffeo Barberini als Papst Urban VIII., den heiligen Stuhl bestieg. Demgemäß stellte sich Galilei dem neuen Papste wiederholt persönlich vor, was wenigstens zur Folge hatte, daß man ihn von Seiten der Inquisition in Ruhe ließ. Im Jahre 1632 erschien Galilei's berühmtes Buch: ‚Dialoge über die beiden wichtigsten Weltsysteme, das Ptolemäische und das Copernicanische‘[2]), in welchem drei fingirte Personen auftreten: Salviati ein Copernicaner, Sagredo ein Zwischenredner und Simplicius ein Ptolemäer, welch letzterer (als „der Einfache“ oder eigentlich „der Einfältige“) von den beiden ersteren durch Scherz und Ernst in die Enge getrieben wird.

So sehr auch die hervorragendsten Gelehrten aller Länder dem Galilei wegen dieser wissenschaftlichen That beglückwünschten, so gut verstanden es seine lauernden Feinde, die Jesuiten und Dominicaner, solche zu Anklagen zu gestalten. Zugleich bestrebten sie sich darzuthun, daß Simplicius, der alberne Vertheidiger des Ptolemäischen Systemes in den Dialogen, Niemand anders sei als Urban VIII selbst und Galilei demnach die heilige Person des Papstes verspottet und verhöhnt habe.

Ein Mann von so großer Eitelkeit wie Urban, war natürlich an dieser schwachen Seite höchst empfindlich und richtig hielt er sich schließlich für persönlich beleidigt; es wurde eine Specialcommission von 10 hohen geistlichen Herren in Rom niedergesetzt und der traurige Inquisitionsproceß gegen Galilei begann. Bereits am 23. September 1632 erhielt der Inquisitor von Florenz den Auftrag, Galilei im Namen der heiligen Congregation zu bedeuten, daß er im Laufe des Monats October in Rom vor dem Generalcommissair des heiligen Officiums zu erscheinen habe. Nachdem alle Bemühungen seiner Freunde und Gönner diese Citation zu umgehen an der Macht seiner Feinde gescheitert waren, trat am 20. Januar 1633 der siebzigjährige gichtbrüchige Greis, in einer Sänfte getragen, die beschwerliche Reise nach Rom an, wo er (mit Einschluß einer zwanzigtägigen Quarantäne) am 13. Februar in der päpstlichen Residenz eintraf.

---

1) v. Gebler a. a. O., S. 107 und S. 122 berichtet über diese wichtigen Acte anders wie viele seiner Vorgänger, namentlich auch anders wie Cantor a. a. O. Die Ursache davon ist einfach die, daß v. Gebler Einsicht in Actenstücke des Vaticans nehmen konnte, die bis zum Jahre 1870 unzugänglich waren. Man sehe deshalb insbesondere S. 101 und 102 des v. Gebler'schen Buches.

2) ‚Dialogo di Galileo Galilei: dove nei congressi di quattro giornate si discorre sopra i due Massimi Sistemi del Mondo Tolemaico e Copernicano, proponendo indeterminatamente le ragioni filosofiche e naturali tanto per l'una parte, che per l'altra‘. Firenze 1632.

Am 12. April 1633 hatte Galilei, innerlich bereits völlig gebrochen, das erste Verhör im Palaste des heiligen Officiums zu bestehen, wobei er entweder eine große Unkenntniß fingirte, oder von dem Gedanken an den 1600 verbrannten Bruno (S. 47) geschreckt wurde. Nach diesem eigentlich resultatlosen Verhöre wurde der alte gebrechliche Mann, aus Mangel an Bewegung und zufolge der moralischen Aufregung, krank, so daß ein zweites Verhör erst am 30. April stattfinden konnte. In diesem zweiten Verhöre erklärte Galilei die Abfassung seiner Dialoge für einen Irrthum, den er aus Ehrgeiz, reiner Unwissenheit und Unachtsamkeit begangen habe, offenbar eine demüthigende Erklärung, die geradezu widerwärtig berührt. Als man ihn zum dritten Male (am 10. Mai) vor das heilige Tribunal forderte, wurde ihm die Abfassung einer Vertheidigungsschrift aufgegeben, die er jedoch sofort überreichte. Diese Schrift (hebt Gebler a. a. O., S. 273 ganz besonders hervor) war ein rührender Appell an die Gnade der Richter des heiligen Tribunals, die man nicht lesen konnte, ohne das regste Mitleid mit dem unglücklichen alten Manne zu empfinden, der am Abend seines Lebens, aus Furcht vor dem Scheiterhaufen, seine wissenschaftliche Ueberzeugung verläugnete.

Dies Alles reichte jedoch den wüthenden Finsterlingen noch nicht aus, vielmehr drängte man ihn, unter Androhung der Tortur, zu noch weitergehendem Widerrufe, allerdings ohne daß er jemals in die Kerkergewölbe der Inquisition geworfen wurde. Den Widerruf leistete er aber am 22. Juni 1633 in der Kirche des Dominicanerklosters Santa Maria sopra la Minerva, vor seinen Richtern und einer großen Versammlung von Cardinälen, Prälaten etc. der heiligen Congregation.

Demüthig knieend vor seinen Richtern mußte er eine derartig entwürdigende Abschwörung aussprechen, daß der Verfasser froh ist, hier keinen Raum zu deren Aufnahme zu haben und genöthigt wird auf S. 301 des von Geblerschen Buches zu verweisen.

Demzufolge ist es nicht wahr, daß Galilei, im Augenblicke der gezwungenen Abschwörung empört ausgerufen haben soll: „E pur si muove! — Und sie bewegt sich doch!“ — Ebenso ist es unwahr, wenn behauptet wird, man habe ihn in die furchtbaren Gewölbe des heiligen Gerichts geworfen, habe ihm die Augen ausgestochen u. s. w., er wurde in kein eigentliches Gefängniß eingeschlossen, erhielt auch die Erlaubniß nach Arcetri zurückzukehren und selbst zuweilen auch Florenz besuchen zu dürfen; indeß wurde er von der Aufsicht und Controle der Jesuiten nie wieder befreit. Im December 1636 erblindete er leider auf beiden Augen, in welcher Zeit er dessenungeachtet seine berühmten Dialogen [1]) beendete, die aber aus Furcht vor seinen Verfolgern in Italien kein Verleger drucken wollte und daher erst 1638 in Holland und zwar zu Leyden erschienen und woraus bereits S. 54 referirt wurde.

In Arcetri, welches der blinde Greis nie wieder verließ, zeigte sich sein gewaltiges Genie stets in staunenswerther Weise, sobald die körperlichen Schmerzen nur einigermaßen nachließen und er sich mit wissenschaftlichen Speculationen beschäftigen konnte. Galilei's ganze Hoffnungslosigkeit und

1) ‚Discorsi e dimostrazioni matematiche intorno a due nuove scienze attenenti alla meccanica ed ai movimenti locali‘, Leida 1638.

fromme Resignation in dieser Zeit sprechen sich am deutlichsten in dem kurzen Satze aus, den er oft an Castelli zu schreiben pflegte: „Gefällt es Gott, so muß es auch uns so gefallen“ [1]). Am 8. Januar 1642, im Geburtsjahre Newton's, endete Galilei 67 Jahre 10 Monate und 20 Tage alt, sein irdisches Leben.

Seine Feinde verhinderten übrigens nicht nur, das Andenken des Verstorbenen öffentlich gebührend zu ehren, sondern respectirten auch nicht seinen letzten Willen, in der Gruft seiner Ahnen, in der Kirche Santa Croce in Florenz bestattet zu werden. Vielmehr musste die Leiche des großen Todten in einer Nebencapelle jener Kirche, ohne alle Auszeichnung, Platz finden. Erst im Jahre 1737 wurden die vergänglichen Ueberreste Galilei's in der Kirche Santa Croce selbst (dem Pantheon der Florentiner) untergebracht. Die betreffende Stelle ist noch heute durch ein schönes Denkmal bezeichnet.

## §. 11.

So unbestritten es auch ist, daß die Verdienste Galilei's um die Grundlegung einer wissenschaftlichen Dynamik (durch die Entdeckung der Gesetze des freien Falles der Körper) nicht hoch genug geschätzt werden können; so war doch eine recht rüstige Fortführung des begonnenen Baues erforderlich, um schließlich zu den Endresultaten zu gelangen, deren sich die Gegenwart, gleichsam als der Ernte einer mehr denn tausendjährigen Saat, erfreut und woraus auch die theoretische Maschinenlehre so außerordentlichen Nutzen zieht.

Von denen, welche sich um die gedachte Baufortführung hoch verdient machten, ist in erster Linie der französische Philosoph [2]), Physiker und Mathematiker René Descartes oder Cartesius (man sehe dessen nachher folgende Biographie) zu nennen. Ihm verdanken wir vor Allem die Schöpfung (die Principien) der analytischen Geometrie, die Verbindung der letzteren Wissenschaft mit der Analysis und die Anwendung der Algebra auf die Theorie der Curven, wobei man die Behauptung aussprechen darf, daß dieses Verdienst Descartes mehr als seine sämmtlichen übrigen Leistungen das Andenken an ihn für alle Zeiten unvergänglich machten.

Nach Descartes' Methode kann man durch eine einzige algebraische Formel, allgemeine Eigenschaften ganzer Gruppen von

1) „Piace cosi a Dio, due piacere cosi ancora a noi“ (v. Gebler a. a. O., S. 363).

2) Gewöhnlich als der einzige streng systematische Philosoph der Franzosen bezeichnet.

Curven ausdrücken, die sogenannten Kegelschnittslinien treten, ohne an den Kegel zu denken, als Linien zweiten Grades, in der Ebene liegend auf etc.

Bemerkenswerth ist hierbei, daß Descartes in seiner Geometrie nur die Curven aufgenommen hatte, deren Gleichungen nach seinem Coordinatensysteme von einem bestimmten endlichen Grade waren, welche er zugleich geometrische Curven nannte, während er den übrigen den Namen mechanische gab und wohin namentlich die Kettenlinie, die Gleichgewichtslinie und die elastischen Linien gehören, Linien worauf wir, als für die technische Mechanik von besonderer Wichtigkeit, später zurückkommen.

Die ‚Geometrie‘ des Descartes erschien 1637[1]), worin er zugleich eine richtige Vorstellung von der Bedeutung negativer Wurzeln der Gleichungen gab. Man verdankt ihm auch die (seinen Namen tragende) Regel, die dazu dient, aus der Zeichenfolge einer gegebenen Gleichung zu entscheiden, ob dieselbe nur reelle Wurzeln enthält und zu bestimmen, wie viel positive und negative Wurzeln vorhanden sind.

Ebenso hat er gezeigt, wie eine biquadratische Gleichung in zwei quadratische zerlegt werden kann, welches Verfahren noch jetzt als die Methode des Descartes aufgeführt wird[2]).

Daß er es auch war, der zuerst zur Bezeichnung der Potenzen den Exponenten an die Spitze der Grundzahl als Symbol setzte, also beispielsweise $a \cdot a = a^2$, $a \cdot a \cdot a = a^3$ etc., wie es seitdem üblich ist[3]), schrieb, wurde bereits vorher (S. 49 in einer Note) erwähnt.

Endlich ist noch hervorzuheben, daß Descartes auch als Erfinder der Methode der unbestimmten Coëfficienten bezeichnet werden muß, wovon er bei der Construction der körperlichen Oerter einen glücklichen Gebrauch machte und die noch gegenwärtig bei der Entwicklung der Functionen in Reihen als ebenso wichtig wie fruchtbar bezeichnet wird[4]).

---

1) Näheres in der nachher folgenden Biographie des Cartesius.

2) Klügel, ‚Mathematisches Wörterbuch‘, Th. II, Artikel „Gleichung“, S. 404.

3) Ebendaselbst. Th. III, Artikel „Potenz“, S. 859.

4) Ebendaselbst. Th. V, Artikel „Unbestimmte Coëfficienten“, S. 479—506.

René Descartes (Cartesius)[1]) wurde zu La Haye in dem ehemaligen Departement Touraine den 31. März 1596 geboren und stammt aus einer adeligen bretagnischen begüterten Familie. Im Jesuitencollegium zu La Flèche erzogen, studirte er mit besonderem Eifer klassische Literatur, Mathematik und Philosophie. Hier schloß er mit Mersenne eine Jugendfreundschaft, die bis an das Ende seines Lebens dauerte. Zum Unterschiede von seinem Bruder wurde er nach dem Familiengute Perron genannt; in der gelehrten Welt latinisirte sich dieser Name in „Renatus Cartesius".

Im August des Jahres 1612 schließt Descartes mit dem Verlassen der Schule von La Flèche die Periode der Schulbildung, welcher letzteren die Periode der Selbstbildung und zwar einer Selbstbildung im buchstäblichen Sinne folgt. Indeß bestimmte ihn der Vater nach der Familiensitte zur militärischen Laufbahn, weshalb er sich, um seinen Körper zu stärken, von 1612 bis 1613 im väterlichen Hause zu Rennes in einer den Wissenschaften abgekehrten Muße den ritterlichen Künsten widmete.

Im Jahre 1613 kommt er nach Paris, lebt dort erst in allerlei Zerstreuungen, deren er jedoch bald überdrüssig wird und verschwindet glücklich aus der vornehmen Gesellschaft. Nun lebte er von 1614 bis 1616 in der Weltstadt selbst vor seinen Eltern tief verborgen nur mit Mathematik beschäftigt und im Verkehr mit einigen wissenschaftlichen Freunden, die seinen Aufenthalt geheim hielten.

Zu dieser Zeit waren die Zustände des französischen Hofes die schlimmsten unter der Herrschaft der Maria von Medici, ihrer Günstlinge Richelieu und Marschall d'Ancre und des bevormundeten, schwachen Königs Ludwig XIII. Natürlich daß unter solchen Umständen Descartes die französische Armee mied und im Mai 1617 nach Holland ging, wo er in Breda als Freiwilliger in die Dienste des Statthalters der Niederlande trat. Im Jahre 1619 verlässt er den holländischen Militärdienst und nimmt Dienste im baierischen Heere, welch letzteres sich mit der kaiserlichen Armee vereinigt, 1620 in der Schlacht bei Prag (Schlacht auf dem weissen Berge) den böhmischen Aufstand besiegt und den Wahlkönig Friedrich V. von der Pfalz seiner Länder verlustig macht. Descartes diente dann noch in der österreichischen Armee in Ungarn mit Auszeichnung. Indessen ist von der kriegerischen Laufbahn Descartes' nicht viel Aufhebens zu machen; seine Kriegsdienste waren im Grunde nichts anderes als ein Mittel sich in der Welt umzusehen und von seinen mechanischen Erfindungen und seiner wissenschaftlichen Kunst auf Befestigungen und Belagerungen Anwendung machen zu können. Er verläßt 1621 die Kriegsdienste, bereist namentlich Norddeutschland und Holland und kehrt im März 1622 nach Frankreich zurück. Von 1623 an lebt er mit wenigen Unterbrechungen in Paris. Sein Hauptstudium in dieser Zeit ist nicht mehr die Mathematik, sondern die menschliche Natur, nachdem „er so vieler Menschen Städte gesehen und Sinne erkannt hat"[2]).

Indeß überzeugte er sich bald, daß Paris nicht der Ort sei, an welchem er seinen Lebensplan, ein festes philosophisches System auszubilden, ausführen

---

1) Vorzugsweise bearbeitet nach Kuno Fischer, ‚Geschichte der neueren Philosophie', Bd. I, „Descartes und seine Schule", (zweite Auflage), 1865.

2) Fischer, a. a. O., S. 167.

könne, er begab sich daher im Jahre 1629 wieder nach Holland zurück, wo er die ersehnte Unabhängigkeit mehr als in jedem anderen Lande zu finden hoffte.

Acht Jahre darauf (1637) erscheint zu Leyden das erste seiner berühmten Werke unter dem Titel: ,Discours de la méthode, pour bien conduire sa raison, et chercher la vérité dans les sciences. Plus la dioptrique, les météores et la géométrie, qui sont des essais de cette méthode'.

In der Methodenlehre, welche diese erste Schrift aufstellt, entwickelt Descartes die Grundzüge seiner Logik. Die drei hinzugefügten Versuche enthalten Anwendung der Methode auf das Gebiet der mathematischen und physikalischen Wissenschaften. Rein mathematisch ist die ,Geometrie', worüber bereits oben berichtet wurde, rein physikalisch die ,Meteore' und mathematisch physikalisch der Versuch über ,Dioptrik'. In der Abhandlung von den Meteoren bringt Descartes namentlich die Theorie des Regenbogens ihrer Vollendung nahe. In der ,Dioptrik' erörterte Descartes die Natur des Lichtes, auf die sogenannte Emanationshypothese gestützt. Nach dieser ist in der leuchtenden Sonne ein Lichtstoff vorhanden, der aus kleinen, zarten, ungemein feinen Theilchen besteht, die von der Sonne durch eine unbekannte Kraft mit einer ganz außerordentlich großen Geschwindigkeit ausgesendet (emanirt) werden. Diese Lichttheilchen durchfahren den Raum zwischen Sonne und Auge in wenigen Minuten, gelangen mit enormer Geschwindigkeit an das Auge, dringen in dasselbe ein und erwecken in demselben die Empfindung von Helle, Licht und Farbe [1]).

In der ,Dioptrik' giebt Descartes auch zum ersten Male das Gesetz über den constanten Werth des Verhältnisses zwischen den Sinus der Einfalls- und Brechungswinkel. Allerdings wird behauptet, daß diese wichtige Entdeckung nicht dem Descartes, sondern dem Holländer Snellius zuzuschreiben sei [2]).

Die zweite von den berühmteren Schriften des Descartes sind seine Meditationen, die 1641 in Amsterdam unter dem Titel erschienen: ,Meditationes de prima philosophia, in quibus Dei existentia et animae humanae immortalitas demonstrantur'. Während er diese Meditationen als das grundlegende Werk seiner Philosophie betrachtete, führte er ein gesammtes Lehrgebäude auf in seinem dritten Werke ,Principia philosophiae', welches 1644 in Amsterdam erschien und der Prinzessin Elisabeth von der Pfalz gewidmet war [3]).

---

1) In Bezug auf eine zweite derartige (bessere) Hypothese, die Undulations- oder Vibrations-Hypothese, die erst von Huyghens mit grosser Klarheit ausgesprochen und fortgebildet wurde, werde bemerkt, daß schon Aristoteles die Emanations-Hypothese bezweifelte.

2) Ausführliches hierüber in Wilde's ,Geschichte der Optik'. Th. I, S. 227.

3) Diese Prinzessin war die Enkelin Jakobs I. und die älteste Schwester der Kurfürstin Sophie von Hannover. Sie wird als Freundin und Schülerin Descartes bezeichnet, der ihretwegen 1642 seinen Aufenthalt in einem Dorfe bei Leyden nahm.

Da der Zweck gegenwärtigen Buches das Eingehen auf die Cartesianische Philosophie nicht zuläßt, so werde hier nur berichtet, daß einige ihrer hervorstechendsten Aussprüche in den Mund der Leute derartig übergegangen sind, daß man sie unauflöslich mit dem Namen Descartes vereinigt annehmen kann. Es sind dies namentlich die Sätze: „Ich zweifle an Allem", und „ich denke, also ich bin[1])".

In Descartes' drittem Werke befindet sich auch seine Theorie des Weltsystems, worin er seine bekannte Wirbellehre vorträgt. Beispielsweise denkt er sich die Planetenbewegungen als kreisende Himmelsströmungen, in denen diese Weltkörper begriffen sind und deren Mittelpunkt die Sonne bildet. Je näher diese Weltkörper letzterem Mittelpunkte sind, um so schneller ist die Wirbelbewegung, um so geschwinder der Umlauf; je weiter entfernt, um so langsamer etc.[2]).

Während Descartes' Philosophie in seinem Vaterlande Frankreich mit raschem und allgemeinem Beifall aufgenommen wurde, entstanden in Holland namentlich mit den Theologen der Universitäten Utrecht und Leyden höchst unangenehme Zwistigkeiten (indem man ihn auf Atheismus angeklagt), die so lange dauerten, bis er von der jungen, gelehrten Königin Christine von Schweden (Tochter Gustav Adolf's) die ihn durch Briefe über die Liebe und das höchste Gut kennen gelernt hatte, im Jahre 1649 nach Stockholm berufen wurde. Leider unterlag sein ohnedies schwächlicher Körper schon im folgenden Jahre dem rauhen Klima seines neuen Vaterlandes, indem er am 11. Februar 1650 im Alter von 54 Jahren starb.

Abgesehen von seinen Leistungen in der Mathematik (von denen vorher bereits die Rede war), ist namentlich seine Philosophie (besonders der metaphysische Theil), mehr als hämisch kritisirt worden und zwar sowohl von Gassendi[3]) als insbesondere von Montucla[4]). Parteiloser und deshalb richtiger ist folgendes Urtheil[5]): „Descartes verfolgte den durch seine unsterblichen Vorgänger Baco von Verulam und Galilei angebahnten Weg einer gründlichen Reformation der Gedankenwelt, gestützt auf die gänzliche Zerstörung der Herrschaft der Scholastik und die auf Erfahrung basirte Forschung im großen Reiche der Wissenschaften".

An vorstehende Biographie anschließend, werde hier nochmals des bereits S. 65, Note 5 als Uebersetzer der älteren Galileischen Schrift über Mechanik genannten Pater Mersenne[6]) gedacht, des bekannten Freundes und Correspondenten Descartes', der übrigens mit fast allen damals lebenden Naturforschern in Briefwechsel stand.

---

1) Fischer, Bd. I, S. 306 etc.

2) Fischer, a. a. O. S. 410 etc.

3) Arago, sämmtliche Werke, (deutsch von Hankel), Bd. III, S. 248.

4) Montucla, 'Histoire des mathématiques', T. II, p. 209.

5) Suter, 'Geschichte der Mathematischen Wissenschaften', Th. II, S. 16.

6) Mersenne wurde im Jahre 1588 zu Soultière bei Bourg d'Oizé le main geboren und starb 1648 zu Paris.

Von Mersenne's hierher gehörigen Schriften liegen dem Verfasser die ,Cogitata physico-mathematica' vor, welche 1644 in Paris erschienen (worin sich u. A. vorfindet: „De hydraulico-pneumaticis phaenomenis; De arte nautica; De musica theoretica et practica et de harmonia; Phaenomena mechanica; Phaenomena ballistica" etc.)

Darin behandelt der Verfasser die Elasticität [1]), das Gewicht und den Widerstand der atmosphärischen Luft, den Ausfluß des Wassers aus Gefäßen (in einigen Dingen mit einer glücklicheren Arbeit von Torricelli zusammenfallend), wobei auch die vom ausfließenden Wasserstrahle gebildete Parabel erörtert wird u. s. w.

Ebenso enthält das Buch rohe Versuche zur Bestimmung der Länge des Secundenpendels, Erörterungen über zusammengesetzte (physische) Pendel, über schwingende Saiten, über verschiedene Fragen der Akustik, eine Theorie der Spiegelteleskope etc.

Aus dem Abschnitte „Phaenomena mechanica" (p. 43, propositio XII) ist die daselbst gegebene Theorie des Keiles insofern von einigem Interesse, als nicht nur spätere deutsche Schriftsteller [2]), sondern sogar noch solche aus dem ersten Drittheile dieses Jahrhunderts [3]), derselben einen gewissen Werth beilegen.

Die Mechanik der Gegenwart muß diese Mersenne'sche Theorie des Keiles für falsch erklären, indem sie auf dem unrichtigen Satze beruht „der Widerstand sei mit dem Rücken des Keiles parallel". Richtig ist allein die Regel des Borelli [4]), welcher zuerst den Widerstand auf den Seiten des Keiles normal annahm.

Zu den hervorragenden mathematischen Talenten, welche in Frankreich rasch auf die Seite Galilei's traten, gehört in erster

---

1) Mersenne bespricht hierbei auch die Windbüchse und bemerkt, daß ein französischer Künstler, Namens Marin, eine solche für Heinrich IV. angefertigt habe. In Gehler's (neuem) ,Physikal. Wörterbuch' wird der Nürnberger Hans Lobsinger als Erfinder der Windbüchse bezeichnet, der bereits 1560 die erste gefertigt haben soll.

2) Karsten, ,Lehrbegriff der gesammten Mathematik'. Th. III (Statik fester Körper), S. 132 und 133.

3) Brix, ,Elementarlehrbuch der Statik fester Körper' §. 215 und §. 216.

4) Borelli (geb. 1608 zu Castelnuovo bei Neapel, gest. 1679 zu Rom) war einer der neun Mitglieder der seiner Zeit berühmten Accademia del Cimento: erst Professor der Mathematik in Messina, nachher in Pisa. Sein berühmtestes Werk ,De motu animalium', 1685, neue Auflage, Neapel 1734, wird noch heute mit Nutzen gelesen. Varignon in seinem ,Projet d'une nouvelle mécanique' (Paris 1687), erwähnt, diese Borelli'sche Arbeit, p. 85, hinsichtlich der werthvollen Erörterungen über an Seilen aufgehangene Gewichte.

Linie der bereits (S. 44) genannte Fermat[1]), einer der gelehrtesten Männer seiner Zeit, der auch mit beinahe allen damals berühmten Mathematikern, wie Descartes, Roberval, Pascal, Huyghens, Wallis, Leibniz etc., durch eine ausgebreitete Correspondenz in der innigsten Verbindung lebte.

Wie Galilei von der Zusammensetzung der Geschwindigkeiten zur Ermittlung der Gesetze für den Wurf der Körper, so machte Roberval[2]) eine sehr sinnreiche Anwendung auf die Construction der Curventangenten. Roberval spricht sein Princip in folgenden Worten aus[3]):

„Nach den gegebenen speciellen Eigenschaften einer krummen Linie untersuche man die verschiedenen Bewegungen, welche der die Curve beschreibende Punkt an jener Stelle hat, für welche die Tangente gezogen werden soll; nachdem man alle diese Bewegungen in eine einzige zusammengesetzt hat, ziehe man die Linie für die Richtung dieser zusammengesetzten Bewegung, so hat man die Tangente der Curve" [4]).

Im Jahre 1667 legte Roberval seine noch gegenwärtig nach ihm benannte Waage den Mathematikern und Physikern als ein mechanisches Paradoxon vor [5]), weil bei ihr, scheinbar, an einem ungleicharmigen Hebel gleiche Gewichte in ungleichen Entfernungen vom Drehpunkte, im Zustande des Gleichgewichts befindlich sein sollten [6]).

---

1) Eine kurze Biographie Fermat's findet sich bereits S. 44, Note 1. Eine vortreffliche ausführlichere Biographie Fermat's hat Arago verfaßt. Man sehe Bd. III, S. 416 der Hankel'schen Uebersetzung von Arago's Werken.

2) Roberval wurde 1602 zu Roberval bei Beauvais geboren und starb 1675 zu Paris. Von armen Eltern abstammend, nahm er in seiner Jugend Soldatendienste, ging 1629 nach Paris, wo er sich bald mit Mersenne und anderen Mathematikern verband. 1631 wurde er Professor am Collège Gervais zu Paris und später Professor am Collège de France daselbst. Er war Mitglied der Academie der Wissenschaften und starb zu Paris 1675.

3) Chasles, ‚Geschichte der Geometrie' (deutsch von Sohncke), S. 55, §. 8.

4) Beispiele hierzu finden sich in folgenden Schriften: Suter, ‚Geschichte der mathematischen Wissenschaften', Th. II, S. 7. Delaunay, ‚Lehrbuch der analyt. Mechanik' (deutsch von Krebs), §. 53. Schell, ‚Theorie der Bewegung und der Kräfte' etc. (zweite Auflage), Bd. I, S. 206.

5) Im Pariser ‚Journal des Savans pour l'année MDCLXVII' (1667), p. 36. Ferner im alten ‚Physikalischen Wörterbuche' von Gehler (1791), Artikel „Waage des Roberval", Th. IV, S. 619 etc.

6) Wir kommen später bei den Poinsot'schen Kräftepaaren auf diesen Gegenstand zurück.

Endlich machte sich Roberval auch um die Lösung der vom Pater Mersenne 1646 gestellten Aufgabe „den Mittelpunkt des Schwunges“ d. h. den Punkt eines nicht um seinen Schwerpunkt oscillirenden Körpers aufzufinden, in welchem die ganze schwingende Masse des Körpers vereinigt zu denken ist. Für einige Fälle löste Roberval diese Aufgabe glücklicher wie Descartes, mit dem er deshalb in heftige literarische Streitigkeiten gerieth. Beide verwechselten übrigens den gedachten Punkt mit dem Mittelpunkte des Stoßes, der zufälliger Weise in den von beiden behandelten Fällen, mit dem Mittelpunkte des Schwunges einerlei ist. Erst Huyghens lehrte die richtige Bestimmung des Mittelpunktes des Schwunges.

Durch den Vorgang Galilei's, das Princip der virtuellen Geschwindigkeit zur Auflösung hydrostatischer Probleme zu verwenden, war Pascal, ein Zeitgenosse Fermat's (diesen noch an Genialität und Erfindungsgeist übertreffend), auf die Idee gekommen, dasselbe Princip zur Ableitung der Haupteigenschaft der flüssigen Körper[1]) zu benutzen, welche darin besteht, daß jeder Druck, der an irgend einem Punkte der Oberfläche einer Flüssigkeit (der man das Ausweichen verwehrt hat) angebracht wird, sich sofort gleichförmig über alle Punkte der Flüssigkeit erstreckt. In dem ,Traité de l'équilibre des liqueurs et de la pesanteur de la masse de l'air' (1653 geschrieben, doch erst 1663 erschienen) wird hiernach jede Flüssigkeit, die sich in einem Gefäße befindet, von Pascal als eine Maschine betrachtet, welche in ähnlicher Weise wie der Hebel, der Flaschenzug etc., die gegenseitige Wirksamkeit der angreifenden Kräfte regelt und für deren Gleichgewicht bestimmte Verhältnisse vorschreibt. Als methodischen Hauptgesichtspunkt stellt dann Pascal den Satz fest, daß es offenbar dasselbe ist, wenn man 100 Pfund Wasser 1 Zoll Wegs, oder 1 Pfund Wasser 100 Zoll Wegs machen läßt[2]). Für unseren speciellen Zweck besonders wichtig ist ferner die Thatsache, daß Pascal 1642 eine Rechenmaschine erfand, welche zwar sehr primitiver Art war, jedoch zum Addiren und Subtrahiren benutzt werden konnte. Die übrigen Verdienste Pascal's mögen in nachstehender Biographie zusammengefaßt werden.

---

1) Noch gegenwärtig das Pascal'sche Gesetz genannt. Man sehe deshalb des Verfassers ,Hydromechanik' (2. Auflage), S. 7.

2) Dühring, ,Kritische Geschichte der Mechanik' (erste Auflage), S. 92.

Blaise Pascal, einer der ausgezeichnetsten Schriftsteller Frankreichs auf dem Gebiete der Mathematik, Physik und Philosophie, wurde am 19. Juni 1623 zu Clermont in der Auvergne geboren und starb schon am 29. August 1662, also erst 39 Jahre alt. Sein Vater, ein hochgebildeter Mann, Président à la cour des aides in Clermont, leitete persönlich die Erziehung seines einzigen Sohnes, mit dem er 1631 nach Paris zog. Dieser trat hier bald mit den vorzüglichsten Geistern der Hauptstadt in die engste Verbindung, namentlich mit Mersenne, Roberval und Anderen.

Erst 16 Jahre alt machte er bereits den Entwurf zu einer vollständigen Behandlung der Kegelschnitte, welche Arbeit 1640 unter dem Titel: ‚Essai pour les coniques' veröffentlicht wurde. 1647 erschien von ihm eine Schrift unter dem Titel: ‚Experiences nouvelles touchant le vuide', worin er noch der herrschenden Meinung huldigte und die Erscheinungen vom Luftdrucke dem Horror vacui zuschrieb. Bald hierauf lernte jedoch Pascal die Torricelli'sche Erklärung vom Luftdruck kennen, welche derselbe durch die im Barometer abgeschlossene Quecksilbersäule gegeben hatte. Pascal schloß weiter, daß, wenn jene Quecksilbersäule vom Luftdruck getragen wird, ihre Länge auf Bergen offenbar kürzer sein muß, weil dort der Luftdruck nothwendig geringer ist, als in der Ebene. Pascal bat 1647 seinen Schwager Périer zu Clermont einmal zu versuchen, ob nicht auf der Spitze des Puy-de-Dôme, an dessen Fuße Clermont liegt, das Barometer niedriger stehe als in der Stadt. Périer verstand sich hierzu und man fand, daß die Quecksilbersäule des Barometers auf der Spitze des etwa 3000 Fuß hohen Berges nur 23″ 2‴ stand, während es am Fuße des Berges 26″ 3½‴ Quecksilberhöhe also 3″ 1½‴ mehr zeigte. Vom 19. September 1648 ab konnte daher kein Vernünftiger mehr an der Existenz des Luftdrucks zweifeln, welche auch noch dadurch vollständig bestätigt wurde, daß ein in Paris von Pascal selbst wiederholter Versuch auf dem Thurme St. Jacques de la Boucherie dieselben Resultate gab.

Im Jahre 1658 erschien seine berühmte Abhandlung über die Radlinie oder Cykloide (‚Histoire de la Roulette'), worüber sich u. A. Chasles in seiner ‚Geschichte der Geometrie'[1]) ausführlich verbreitet. In derselben Quelle[2]) werden auch Pascal's übrige Leistungen um die Geometrie als Staunen erregende Entdeckungen bezeichnet.

Ferner legte Pascal (zugleich mit Fermat) den Grund zur heutigen Wahrscheinlichkeitsrechnung und löste oft schwere mathematische Probleme in wenigen Minuten auf, an denen Andere Monate gearbeitet hatten.

Sein schwächlicher, kranker Körper bereitete ihm viel Leiden und machte ihn zu einem höchst enthaltsamen, streng frommen Menschen. Dabei betete er häufig und las in der heiligen Schrift derartig viel, daß er diese beinahe ganz auswendig lernte. In dieser Zeit schrieb er seine ‚Pensées sur la religion', die erst 1692 (d. i. 30 Jahre nach seinem Tode) erschienen. Sein Werk (Briefe), welches mehr als sechzig Auflagen erlebte: ‚Les provinciales, ou lettres écrites par Louis de Montalte à un provincial de ses amis', wird als die schärfste Satire bezeichnet, auf die laxe Moral der Jesuiten, deren An-

---

1) In der Sohncke'schen Uebersetzung S. 66.

2) A. a. O. §. 16—19.

sehen dadurch mächtiger erschüttert wurde, als durch die heftigsten Angriffe ihrer erklärten Gegner. Diese Briefe werden zugleich als Muster des didaktischen Briefstils in der französischen Literatur geschätzt.

Pascal's ‚Oeuvres complètes' (par Bossut), erschienen 1779 und 1819 in fünf Bänden. Die neuesten Ausgaben seiner Werke besorgte Lemercier, Paris 1830.

Eine 125 Quartseiten umfassende Biographie unter der Ueberschrift „Pascal's Leben und Wirken", findet sich als Anhang im 2. Th. des Bossut'schen ‚Versuches einer allgemeinen Geschichte der Mathematik'. Mit Anmerkungen und Zusätzen begleitet, aus dem französischen übersetzt von Reimer, Professor an der Universität Kiel. Hamburg 1804.

Vor dem gänzlichen Verlassen der Galilei-Periode, ist noch in Kürze, dreier seiner beachtenswerthesten Schüler Castelli, Torricelli und Viviani zu gedenken [1]).

Castelli [2]) ist der Verfasser des ersten wissenschaftlichen Werkes über Hydraulik, welches 1628—1629 in Rom unter dem Titel erschien: ‚Della misura del l'acque correnti'. In dieser Schrift findet sich der gegenwärtig noch richtige Satz vor, daß sich in einem regelmäßig gestalteten Canale die Querschnitte des darin im Beharrungszustande fließenden Wassers umgekehrt wie die Geschwindigkeiten verhalten. Leider hatte Castelli über die Abhängigkeit zwischen Geschwindigkeit und Tiefe eines Flusses eine falsche Ansicht, indem nach ihm die Geschwindigkeiten der Wasserfäden den Tiefen (Druckhöhen) proportional sein müssen und daher das Gesetz der Veränderung, die sogenannte Geschwindigkeitsscala, durch ein Dreieck dargestellt wird, dessen Spitze im Wasserspiegel und dessen Basis am Boden liegt. Castelli bediente sich schon zur Abmessung der Zeit bei der Bewegung des Wassers in Canälen eines Pendels, da er von Galilei gelernt hatte, daß ein sogenanntes einfaches Pendel Secunden schlagen könne, man möge die Schwingungsbogen groß oder klein machen.

Castelli war es auch, der seit 1615 die hydrostatischen

1) Ein vierter berühmt gewordener Schüler Galilei's, Cavalieri aus Bologna, ist bereits vorher (S. 27) erwähnt.

2) Castelli (Benedetto) wurde geboren 1577 zu Brescia und starb 1644 zu Rom. Im Jahre 1597 wurde er Mönch und später Abt eines Benedictinerklosters von der Congregation des Monte Cassino. Er lehrte die Mathematik mit ausgezeichnetem Erfolge, erst an der Universität zu Pisa und nachher am Collegio della sapienza in Rom. Der großen Freundschaftsdienste, welche Castelli seinem berühmten Lehrer und Freunde Galilei leistete, wurden bereits vorher S. 73 in der Biographie Galilei's gedacht.

Lehren Galilei's vertheidigte, namentlich gegen die ungerechten Angriffe von Delle Combe und Vicenzo di Grazia.

Torricelli[1]) widersprach Castelli in seinem 1644 gedruckten Buche ‚Del moto dei gravi' hinsichtlich des Gesetzes, nach welchem Wasser fließt, indem er behauptete und nachwies, daß sich die Geschwindigkeiten des aus Bodenöffnungen fließenden Wassers wie die Quadratwurzeln aus den Druckhöhen verhielten.

Sind also $v$ und $v_1$ Geschwindigkeiten und $h$, $h_1$ die correspondirenden Druckhöhen, so liefert der Torricelli'sche Satz die Proportion[1]):

$$v : v_1 = \sqrt{h} : \sqrt{h_1}$$

Galilei's Gesetze des freien Falles[3]) und der Wurfbewegung entwickelte Torricelli in seiner Schrift ‚De motu gravium natu-

1) Torricelli (Evangelista) geboren 1608 zu Faenza (nach Anderen zu Piancaldoli in der Romagna fiorentina), kam in seinem 18. Jahre nach Rom, wo Benedetto Castelli sein Lehrer wurde. Das Lesen der Schriften Galilei's machte ihn zu einem der eifrigsten Anhänger desselben, und gaben ihm Veranlassung Galilei's Lehren von der Bewegung der Körper in noch ausführlicherer Weise darzustellen. Castelli schlug daher dem 78. Jahr alten, blinden und mit vielen Beschwerden beladenen Galilei vor, Torricelli (1641) nach Florenz kommen und unter seiner Leitung das fünfte der berühmten Gespräche (‚Discorsi'), S. 55, redigiren zu lassen. Bekanntlich starb Galilei nicht viel über 3 Monate nach Torricelli's Ankunft; derselbe wurde Galilei's Nachfolger in Aemtern und Würden. Leider überlebte Torricelli seinen Lehrer und Meister nur 5 Jahre, da er schon 1647, erst 39 Jahre alt, starb, offenbar viel zu früh für die Wissenschaft, der er als erfinderischer Kopf, in noch erhöhterem Maße hätte nützlich werden können.

2) Aus dieser Proportion folgt:

$$v = \left(\frac{v_1}{\sqrt{h_1}}\right) \sqrt{h},$$

woraus man

$$v = \psi \sqrt{h}$$

finden konnte, wenn $v_1$, $h_1$ und auch $\psi$ zuvor aus Versuchen bekannt waren.

Den heute noch durch die Gleichung

$$v = \sqrt{2gh}$$

dargestellten Satz, für die Geschwindigkeit des Wassers, wenn $h$ die Druckhöhe und $g$ die Acceleration (Beschleunigung) der Schwerkraft ist, hat Torricelli nicht aus den Grundprincipien der Mechanik abgeleitet, vielmehr gelang dies erst später Johann und Daniel Bernoulli, worauf wir nachher zurückkommen werden.

Man sehe hierüber auch die 2. Auflage der ‚Hydromechanik' des Verfassers S. 189 und 190.

3) Ueber Versuche, zur Bestätigung der Galilei'schen Fallgesetze, von Riccioli, Grimaldi und Dechales, wird berichtet in Fischer's ‚Geschichte

raliter descendentium et projectorum', welche 1641 in Florenz erschien.

Am berühmtesten wurde Torricelli durch seine bereits vorher (S. 84) erwähnte Erfindung der Luftwaage oder des (Quecksilber-) Barometers (1643) und der damit gemachten Entdeckung vom Drucke der atmosphärischen Luft.

Torricelli hat aber auch in noch anderen Zweigen der Physik Forschungen gemacht, in welcher Beziehung hier wenigstens seine Untersuchungen über die Gläser zu Fernröhren und Mikroskopen erwähnt werden mögen.

Ausführlich berichten über sämmtliche Arbeiten Torricelli's: Kästner in seiner ‚Geschichte der Mathematik', Bd. III, S. 458—466 und Poggendorff in seiner ‚Geschichte der Physik', von §. 145—147, sowie §. 166, S. 375.

Viviani[1]), der Liebling Galilei's, wurde 1639, also 3 Jahr vor dessen Tode, sein Schüler. Die Biographen bezeichnen ihn

---

der Physik', Göttingen 1801, Bd. I, S. 277 und in Gehler's (neuem) ‚Physikal. Wörterbuch' (1827), Bd. IV, S. 15.

1) Viviani (Vincenzo) geb. zu Florenz 1622 und gest. ebendaselbst 1703, stammte aus einem alten patricischen Geschlechte, zeigte schon frühzeitig große Anlagen zur Mathematik. In letzterer Wissenschaft machte er solche Fortschritte, daß der große Galilei sich bewogen fand, ihn gewissermaßen als Sohn anzunehmen und ihn in besonders sorgfältiger Weise zu unterrichten. Durch Viviani (wie zuletzt auch gleichzeitig durch Torricelli) wurde Galilei, der als Greis immer noch seine völlige Geisteskraft besaß, der Genuß bereitet, wenigstens noch seine letzten Lebenstage in liebenswürdiger Umgebung und passender Unterhaltung zuzubringen. Nach Galilei's Tode (1642) folgte Viviani der Aufforderung des Fürsten Leopold von Toscana, eine Biographie Galilei's zu schreiben, die zwar schätzbare Nachrichten enthält, aber auch deutlich zeigte, wie wenig er es (dem Clerus gegenüber) wagen durfte, seine wahre Ueberzeugung auszusprechen.

Zur Bestätigung dieser letztgenannten Verhältnisse entlehnt der Verfasser noch sowohl Mädler's, als Wolf's ‚Geschichte der Astronomie' nachstehende Mittheilungen.

Viviani hatte sich alle Mühe gegeben, möglichst viele Manuscripte seines Meisters zu sammeln, sah sich jedoch später genöthigt, seinen Schatz in einem „Silo" zu vergraben, um ihn vor den Nachforschungen der unter Cosmus III. allmächtigen Mönche zu sichern. Nach seinem Tode blieben die Manuscripte längere Zeit ruhig in ihrem Verstecke liegen, bis sie ein Bedienter dort auffand und die Papiere als Maculatur an einen Wursthändler zu verkaufen begann. Senator Nelli, der bei diesem etwas kauft, wirft nachher zufällig einen Blick auf das zum Einwickeln gebrauchte Papier und kehrt auf der Stelle wieder um, um dem Händler alles abzukaufen, was von diesen Papieren noch vorhanden war, oder anderwärts wieder erlangt werden konnte. Es waren Galilei'sche Manuscripte,

als einen ausgezeichneten Mathematiker, der namentlich im Gebiete der Geometrie schon in seinem 16. Jahre nicht geringes Aufsehen erregte, was wohl auch die Ursache gewesen sein mag, daß ihn Galilei gewissermaßen als Sohn annahm.

Viviani war es auch, dem Torricelli seine Idee vom Luftdrucke mittheilte und welchen er als seinen Freund und Mitschüler bat, die Ausführung derselben, d. h. die Construction eines Barometers, vorzunehmen. Demnach ist es richtig [1]), daß man das Barometer die Torricellische Röhre und nicht die Vivianische nennt, weil hier offenbar die Idee höher angeschlagen werden muß, als die Ausführung.

Nach Galilei's Tode verfolgte Viviani den Plan, die verloren gegangenen Bücher des Aristäus über die Kegelschnitte und das denselben Gegenstand behandelnde, bis dahin für verloren gehaltene 5. Buch des Apollonius wieder herzustellen [2]). Viviani löste diese Aufgabe in der ausgezeichnetsten Weise und verschaffte ihm dieser glückliche Erfolg den vorzüglichen Ruf, den seine Zeitgenossen in ungetheiltem Maße ihm zugestanden.

Im Jahre 1666 wurde Viviani erster Mathematiker des Großherzogs Ferdinand II. zu Florenz, in welcher Stellung er das ganze Vertrauen dieses liberalen Beförderers der Wissenschaft und Künste gewann.

Viviani war das neunte Mitglied der seiner Zeit berühmten Accademia del Cimento [3]), ferner war er Mitglied sowohl der Royal Society in London, als auch der Akademie der Wissenschaften in Paris, welcher letzteren Auszeichnung Ludwig XIV. noch eine Pension hinzufügte [4]).

---

die sodann in einer Bibliothek zu Florenz untergebracht wurden und endlich in den Jahren 1842 bis 1856 durch den Professor Eugenio Albèri in Florenz zur Vervollständigung der aus 16 Octavbänden bestehenden ‚Opere complete' di Galileo Galilei' verwendet werden konnten, von denen auch der Verfasser dieses Buches vielfachen Gebrauch zu machen vermochte.

1) Poggendorff, ‚Geschichte der Physik', S. 324.

2) Man sehe hierüber Chasles' ‚Geschichte der Geometrie'. Uebersetzung von Sohncke, S. 4, Note 4.

3) Ausführliches über diese vom Großherzoge Ferdinand im Jahre 1657 gestiftete, leider aber auch (durch den Einfluß der Jesuiten) schon 1667 aufgehobene Akademie berichtet ausführlich Poggendorff in seiner ‚Geschichte der Physik' von S. 350 bis 403.

4) Viviani benutzte die französische Pension zu einem Monumente für Galilei. Hierzu ließ er in Florenz ein Haus bauen und darin Zimmer mit vor-

## §. 12.

### Die Huyghens-Periode.

Nach dem Vorstehenden muß zwar zugestanden werden, daß sich die Schüler Galilei's an der Erweiterung der (damaligen) inductiven Wissenschaften (Mathematik, Physik und Astronomie) nicht ohne Erfolg betheiligten; indeß hatten sie doch keine epochemachenden Erfindungen aufzuweisen.

Zur eigentlichen wirksamen Fortführung des von Galilei begonnenen Baues, mußten die Wissenschaften aus Italien nach Holland und England wandern, wo namentlich zwei Männer Huyghens und Newton die Weiterführung derartig erfaßten, daß erst durch sie der unermeßliche Gewinn erkannt wurde, welchen die dynamischen Forschungen den Naturwissenschaften gewähren. Ein besonderer Grund dieser merkwürdigen Thatsache lag jedenfalls mit darin, daß der neue Geist der modernen Wissenschaften in beiden genannten Ländern, frei von aller mittelalterlichen Beimischung, (gepflegt durch die Principien des Protestantismus) in der Masse der Gelehrten ausgebildet und zur herrschenden Ansicht erhoben wurde.

In Frankreich fehlten ebenfalls wie in Italien die rechten Männer zur Ausbildung der Principien der Dynamik [1]), während

trefflichen Basreliefs verzieren, welche die hauptsächlichsten Erfindungen seines Lehrers und Meisters veranschaulichten.

Bemerkenswerth dürfte noch sein, daß im Jahre 1841 der Großherzog Leopold II. dem Galilei noch im Museum für Naturgeschichte zu Florenz eine monumentale Statue errichten ließ, welche von seinen vier berühmten Schülern Cavalieri, Castelli, Torricelli und Viviani umgeben ist.

1) Um nicht dem Vorwurf ausgesetzt zu werden, der Verfasser hätte wenigstens Descartes' Verdienste um die Mechanik nicht unbemerkt lassen sollen, copirt derselbe aus Jolly's bereits wiederholt gerühmten ‚Principien der Mechanik‘ S. 169 folgendes Urtheil und gesteht dabei seine völlige Uebereinstimmung damit zu. Jolly sagt: „Descartes ‚Principien‘ wären in der Geschichte der Dynamik gar nicht zu erwähnen, wenn nicht die Bedeutung des genialen Mannes für seine Zeit der Art gewesen wäre, daß selbst seine unbegründeten Behauptungen Veranlassung zu lebhaften Controversen gegeben hätten, die ihrerseits auf die Ausbildung der Dynamik einigen Einfluß äußerten.“ (Wir kommen später auf letzteren Gegenstand zurück.)

Ein höchst ungünstiges (wohl etwas zu scharfes) Urtheil fällt Montucla über Descartes' Lehrsätze der Dynamik, im 2. Theile seiner ‚Histoire des mathématiques‘, indem er p. 209 Folgendes sagt:

in dem von Religionskriegen zerrütteten lieben deutschen Vaterlande, die Neigung zu philosophischen Spekulationen dem raschen Eindringen des neuen Geistes, wenigstens auf kurze Zeit hinderlich war. Später, mit und nach Newton, lieferte Deutschland allerdings um so reichlicheren Ersatz für das Versäumte.

Der erste erfolgreiche Schritt zur Erweiterung und Ausbildung der Principien der Dynamik geschah durch den bereits im Vorstehenden genannten genialen Holländer Huyghens, den Newton nie ohne den Beinamen des Großen (Summus Hugenius) erwähnte [1]) und von dessen Entdeckungen er immer mit großer Bewunderung sprach. [2])

Mit Arago [3]) ist diese Auszeichnung durch das Urtheil zu ergänzen, „daß Huyghens zugleich einer jener vorzüglichen Männer war, denen die Natur das seltene Vorrecht erwiesen hatte, die Theorie und ihre Anwendungen in gleicher Weise zu fördern“.

Das für die technische Mechanik wichtigste Werk dieses holländischen Meisters erschien 1673 in Paris unter dem Titel:

‚Christiani Hugenii Horologium oscillatorium sive de motu pendulorum ad horologia aptato demonstrationes geometricae‘.

Dasselbe besteht aus fünf Abtheilungen, deren Stoff im Nachstehenden, so weit es Zweck und Raum unseres Buches gestatten, kurz erörtert werden soll.

Die erste Abtheilung ist der Beschreibung der Pendeluhr gewidmet, welcher eine große Tafel Abbildungen (in Holzschnitt)

---

„Nous trouvons effectivement dans ces règles toute sorte de défauts, principes hasardés, contradictions, manque d'analogie et de liaison; c'est, pour le dire en un mot, un tissu d'erreurs qui ne mériteroient pas d'être discutées sans la célébrité de leur auteur“.

(Man vergleiche hiermit das; was bereits S. 77 über Descartes gesagt wurde.)

1) Chasles (Sohncke) ‚Geschichte der Geometrie‘, S. 99.

2) Ebendaselbst, S. 99. Hiernach hielt Newton den Huyghens für den gewandtesten Schriftsteller unter den damaligen Mathematikern und für den ausgezeichnetsten Nachahmer der Alten, die nach seiner Meinung, wegen ihres Geschmacks und wegen der Form ihrer Beweise, Bewunderung verdienen.

3) ‚Franz Arago's sämmtliche Werke‘, deutsch von Hankel, Bd. III, S. 255.

beigegeben ist. Der dabei angewandte Hemmungsmechanismus [1]) ist die Verbindung vom Steigrad (Rad mit Sägezähnen) mit der Lappenspindel, der Spindelgang [2]) und zwar in der Weise angeordnet, daß das Steigrad horizontal liegt, seine Drehachse aber vertical gerichtet ist und die Lappenspindel eine horizontale Lage hat.

Die zweite Abtheilung, welche betitelt ist: „De descensu gravium et motu in eorum in cycloide" ergänzt zuerst die wichtige Entdeckung Galilei's von der beschleunigten Bewegung, wenn Körper frei fallen, oder sich auf zusammenstoßenden Ebenen verschiedener Neigung bewegen und wobei der Fall schneller oder langsamer erfolgt, je nachdem die Neigungen größer oder kleiner sind. Letzteres Princip diente Huyghens dazu, die Bewegung, den Fall auf verschiedenen Theilen einer vertical gestellten cykloidischen Bahn zu untersuchen, wobei er die wichtige Eigenschaft der Cykloide nachwies, daß diese Curve im luftleeren Raume eine Tautochrone oder Isochrone (Linie des gleichzeitigen Falles) sei. Der unterste Punkt der Curve wird hiernach beim Herabfallen stets in derselben Zeit erreicht, von welchem Punkte $m$ der (hohlen) Curve $AB$ (Figur 17), das Herabgleiten (Fallen) auch immer beginnen mag.

Von besonderem Interesse und Werthe ist der Satz, womit die zweite Abtheilung schließt, indem Huyghens hier die Zeit $t$ ermittelt, in welcher ein Körper beim freien Falle (in der Luft, ohne auf deren Widerstand Rücksicht zu nehmen) den Durchmesser $a = 2r$ des erzeugenden Kreises der Cykloide durchfällt. Diese Zeit vergleicht er dann mit der Zeit $T$ des Nieder- und Auf-

---

1) Unter Hemmung versteht man bei allen Uhren denjenigen Mechanismus, mittelst welches eine rotirende Bewegung in eine oscillatorische umgesetzt und wodurch zugleich dem Regulator das ersetzt wird, was er zufolge der Reibung verliert.

2) Die ältesten Räderuhren hatte man zur Regulirung der ungleichförmig wirkenden Triebfedern oder Gewichte, mit sogenannten Windfängen (Windflügeln) ausgestattet, wie solche sich noch heute bei den Schlagwerken der Uhren, bei Spieluhren etc. in Anwendung befinden. Der Windfang wurde später durch die Bilanz (das Libramentum) verdrängt, die anfänglich aus Schwungkolben bestand, nachher aber zu dem kleinen Schwungrade umgestaltet wurde, wie dies noch gegenwärtig (namentlich bei allen tragbaren Uhren) als Unruh vorkommt.

ganges in derselben Cykloide und gelangt zu dem Endresultate: $T : t = \pi : 1$ [1]), d. i. in Worten ausgedrückt:

Es verhält sich die Zeit eines Nieder- und Aufganges in der Cykloide, zur Zeit des freien Falles durch eine Höhe gleich dem Durchmesser des Erzeugungskreises, wie der Umfang eines Kreises zum Durchmesser desselben.

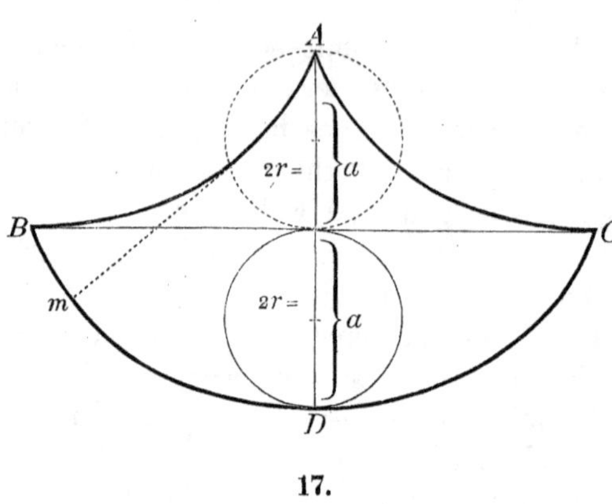


17.

Die dritte Abtheilung mit der Ueberschrift: „De linearum curvarum evolutione und dimensione“ enthält die berühmte Theorie der Evoluten. Huyghens bewies dadurch eine Menge von neuen und merkwürdigen Sätzen, z. B. verschiedene Theoreme über die Rectification der Curven, so-

1) Zufolge dieser Proportion läßt sich die Zeit $= T$ finden, welche ein materieller Punkt bedarf, um bis zum tiefsten Punkte $D$ eines Cykloidenbogens $BmD$ (Figur 17) herabzusteigen und auf der entgegengesetzten Seite $DC$ wieder aufzusteigen, überhaupt um eine Art Pendelschwingung in der Cykloide zu verrichten.

Nach S. 58 hatte man die Zeit $= t$ des freien Falles durch einen Raum $s$ die Gleichung $t = \sqrt{\frac{2s}{g}}$, daher wenn $s = a$ angenommmen wird auch $t = \sqrt{\frac{2a}{g}}$, demnach also $T : \sqrt{\frac{2a}{g}} = \pi : 1$, also:

$$T = \pi \sqrt{\frac{2a}{g}} \text{ und für } 2a = l:$$

$$T = \pi \sqrt{\frac{l}{g}},$$

d. i. derselbe Werth, welcher bereits S. 60 für eine ganze Schwingungszeit des einfachen (mathematischen) Kreis-Pendels, unter der Voraussetzung angegeben wurde, daß dessen Schwingungsbögen sehr klein sind. Bemerkt werde hierzu noch Folgendes:

Die Zeit, welche der materielle Punkt braucht, um von irgend einem Punkte $m$ (Figur 16) der cykloidischen Bahn $BD$ bis zur tiefsten Stelle $D$ herabzusteigen, ist unabhängig von der Länge des Bogens und gleich

$$\frac{T}{2} = \frac{\pi}{2} \sqrt{\frac{2a}{g}} = \pi \sqrt{\frac{r}{g}} . \; (a = 2r \text{ gesetzt}).$$

wie namentlich die Eigenschaft der Cykloiden $AB = AC$ (Figur 17), daß sie zur Evolute eine zweite gleiche Cykloide $BDC$ haben, welche man als die nämlichen Cykloiden betrachten kann, die nur aus ihrer Stelle gerückt sind[1]). Wie bereits in der Note 2, S. 90 hervorgehoben wurde, führte Huyghens seine Beweise überall auf synthetischem Wege und ist die Annahme[2]) wahrscheinlich richtig, daß Newton in seinem berühmten Werke ‚Principia naturalis' vorzugsweise aus Bewunderung für die geometrische (synthetische) Schreibart des Huyghens, zur Nachahmung veranlaßt worden sei, obwohl ihm (Newton) bereits alle Hülfsmittel der höheren Analysis bekannt waren.

In der vierten Abtheilung, welche die Ueberschrift trägt:

---

Für beliebige (nicht sehr kleine) Schwingungs- oder Elongationswinkel $= \alpha$ ist die Schwingungszeit $T_1$ des einfachen Kreispendels von der Länge $= l$ (wie hier als bekann vorausgesetzt werden muß):

$$T_1 = \pi \sqrt{\frac{l}{g}} \left\{ 1 + \left(\frac{1}{2}\right)^2 \sin^2 {}^1\!/_2\,\alpha + \left(\frac{1.3}{2.4}\right)^2 \sin^4 {}^1\!/_2\,\alpha + \left(\frac{1.3.5}{2.4.6}\right)^2 \sin^6 {}^1\!/_2\,\alpha \text{ etc.} \right\}.$$

Letzteren Ausdruck hat wahrscheinlich zuerst (?) Leonhard Euler ermittelt. Derselbe findet sich in seiner 1736 erschienenen Mechanik. (Wolfer's Uebersetzung, Bd. II, §. 161—164.

1) Um einem Uhrpendel die Bewegung in einer Cykloide zu ertheilen, d. h. also das Kreispendel auch für größere Schwingungsbogen isochron (vom Elongationswinkel unabhängig) zu machen, schlug Huyghens die in Figur 17 abgebildete Anordnung vor, d. h. er hing das Pendel $E$ an einem biegsamen Fadenpaare $D$ zwischen zwei Evoluten $AB$, $AC$ der Cykloide auf. Bei den Schwingungen des Pendels wickelt sich das Fadenpaar wechselweise an diesen aus Blech sorgfältig und genau gebildeten Curven (Backen) auf und ab, wodurch der Schwingungspunkt des Pendels gezwungen wird, sich in der vorgeschriebenen Cykloide zu bewegen.

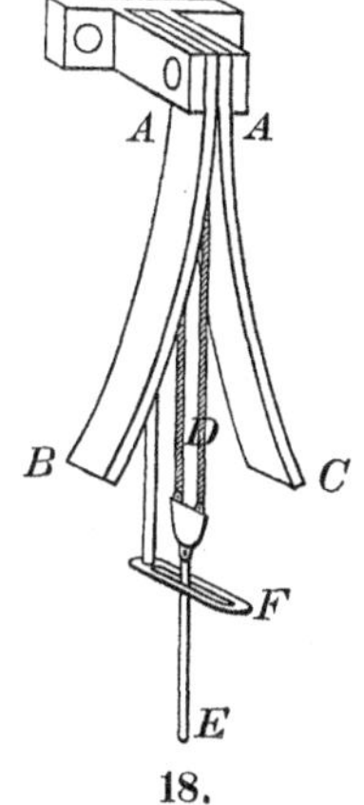

18.

Ueber Versuche, diese Huyghens'sche Idee praktisch zu machen, handelt ein von Stampfer in Wien (seiner Zeit) verfaßter Artikel im 20. Bande (1839) der ‚Jahrbücher des k. k. polytechnischen Institutes in Wien', S. 78 unter der Ueberschrift: „Ueber Verbesserungen an Thurm-Pendel-Uhren." Stampfer hat sich bemüht, bei der Construction einer Schlaguhr für den Rathhausthurm zu Lemberg, in erwähnter Weise, von den cykloidischen Backen (Figur 18) Anwendung zu machen, was auch (allerdings nach höchst mühseligen Arbeiten für Elongationswinkel von 6 Grad) glückte, so daß diese Uhr bis zu ihrer Zerstörung durch den Blitz, einen ganz vorzüglichen Gang zeigte.

2) Chasles (Sohncke), ‚Geschichte der Geometrie', S. 99, Note 6.

„De centro oscillationis“ löst Huyghens ganz allgemein das berühmte Problem über den Mittelpunkt des Schwunges[1]), das Oscillations- oder Agitationscentrum. Bereits 1646 legte Mersenne den Mathematikern seiner Zeit die Aufgabe von den Schwingungen zusammengesetzter (materieller) Pendel von bestimmter Gestalt zur Auflösung vor und forderte namentlich Descartes und Roberval, sowie den damals noch jungen (17 Jahre alten) Huyghens hierzu besonders auf. Descartes und Roberval versuchten die Lösung der Aufgabe für einzelne Fälle, während sich Huyghens (später) mit der ganz allgemeinen Lösung der Aufgabe beschäftigte, und endlich in viel gründlicherer Weise wie alle seine Vorgänger in seinem ‚Horologium oscillatorium‘ vollständig löste.

Er gründete seine Theorie auf den Satz (die Hypothese), daß der gemeinschaftliche Schwerpunkt einzelner mit einander verbundener Massen nicht höher steigen könne, als er durch den Fall herabgesunken war. Da offenbar die Höhen, welche die Massen im Steigen erreichen, proportional den Quadraten der Geschwindigkeiten sind, welche sie beim Herabsinken erlangten, so konnte man das von Huyghens aufgestellte Theorem so aussprechen, „daß die Summe der Producte der Massen und der Quadrate der von ihnen erreichten Geschwindigkeiten dieselbe bleibt, die Massen mögen sich verbunden mit einander fortbewegen, oder isolirt dieselben Höhen ersteigen.“

Später zeigte Johann Bernoulli, daß dieses Theorem ein allgemeines Naturgesetz sei, welches er „das Princip von der Erhaltung der lebendigen Kräfte“ nannte, wobei er unter lebendiger Kraft, nach Leibniz' Vorgange, das Product

---

1) Mit dem Namen „Schwingungsmittelpunkt“ bezeichnet man (bekanntlich) den Punkt eines um eine feste horizontale, nicht durch seinen Schwerpunkt gehende Achse schwingenden Körpers, in welchem man die Gesammtmasse des Körpers concentrirt denken kann, ohne dadurch die Beschaffenheit und die Dauer der Schwingungen zu ändern. Leonhard Euler giebt §. 542 seiner Mechanik von 1765 (‚Theoria motus corporum solidorum‘), Uebersetzung von Wolfers, Th. III folgende Erklärung: Der Schwingungsmittelpunkt in einem zusammengesetzten Pendel hat die Eigenschaft, daß, wenn in ihm die ganze Masse des Körpers vereinigt wäre, sich dieselbe schwingende Bewegung ergeben würde. Man nimmt diesen Punkt aber auf der geraden Linie an, welche durch den Mittelpunkt der Trägheit des Körpers geht und normal auf der Drehachse ist.

aus der Masse und dem Quadrate der Geschwindigkeit verstand, womit diese Masse bewegt wurde. Lagrange[1]) bezeichnet Huyghens, ohne Weiteres, als den Erfinder des Principes von der Erhaltung der lebendigen Kräfte, ohne sich daran zu kehren, daß (wie erwähnt) sowohl die Namengebung als die Hervorhebung als durchgreifendes Gesetz von späterem Datum sind[2]).

Für ein materielles Pendel, welches als eine gewichtslose gerade Linie $AH$ (Figur 19) gedacht werden kann, an welcher man verschiedene Körper $B, C, D \ldots$ befestigt hat, deren Massen in derselben Ordnung $m_1$, $m_2, m_3 \ldots$ sind, während ihre Entfernungen vom Aufhängepnnkte $A$ betragen $AB = a_1$, $AC = a_2$, $AD = a_3 \ldots$, erhält man für die Entfernung $AO = z$, wenn $O$ der gesuchte Schwingungsmittelpunkt ist:

$$z = \frac{m_1 a_1^2 + m_2 a_2^2 + m_3 a_3^2 \ldots}{m_1 a_1 + m_2 a_2 + m_3 a_3 \ldots},$$

oder mit Benutzung des bekannten Summenzeichens $\Sigma$:

$$z = \frac{\Sigma(ma^2)}{\Sigma(ma)}.$$



19.

Da man nun (nach L. Euler[3]) das Product aus Masse in das Quadrat einer bestimmten Entfernung das Trägheitsmoment nennt, so ergiebt sich hieraus folgender Satz:

Man findet die Entfernung des Schwingungspunktes vom Aufhängepunkte eines materiellen Pendels, wenn man die Summe der Trägheitsmomente

---

1) ‚Mécanique analytique'. Tome I. Seconde Partie, Sect. I, p. 232 (der Ausgabe von 1811).

2) Nach der jetzt gebräuchlichen Schreibweise läßt sich das Princip von der Erhaltung der lebendigen Kräfte (oder das Princip der Aequivalenz zwischen Arbeit und lebendiger Kraft) unter der Form darstellen:

$$\frac{1}{2} \Sigma m v_n^2 - \frac{1}{2} \Sigma m v_0^2 = \int_{e_0}^{e_n} F ds \cos. \varepsilon = \int_{e_0}^{e_n} F de$$

In dieser Gleichung bezeichnen $v_0$ und $v_n$ die Geschwindigkeiten der bewegten Massen im Anfange und am Ende der Bahn $= s$ und $F ds \cos. \varepsilon = F de$ die elementaren Arbeiten der vorhandenen Kräfte, die betreffenden $e$ Wege im Sinne der Kraftrichtungen genommen, so daß $ds . \cos. \varepsilon = de$ und $\varepsilon$ der Winkel ist, den das Wegelement $ds$ mit der Richtung von $dv$ einschließt.

3) ‚Theoria motus corporum solidorum' (1765), in der deutschen (Wolfersschen) Bearbeitung. Th. III, S. 175, §. 363.

durch die Summe der statischen Momente aller Massen dividirt, woraus das materielle Pendel besteht[1]).

Am Ende der vierten Abtheilung bestimmt Huyghens die Länge $= l$ des einfachen Kreis-Secunden-Pendels für sehr kleine

---

1) Auf analytischem Wege läßt sich der Beweis dieses wichtigen Satzes folgendermaßen führen:

Bezeichnet $r$ die Entfernung eines beliebigen Punktes des materiellen Pendels von der Schwingungsachse aus gerechnet, und $\omega$ die Winkelgeschwindigkeit am Ende einer Zeit $t$ so ist $v = r\omega$ und in gleicher Weise (mit Bezug auf die Rechnungen S. 95, Anmerkung 2) $v_n = r\omega_n$, sowie $v_0 = r\omega_0$.

Ist ferner $d\varphi$ ein Element des Schwingungsbogens, so läßt sich $de = a\,d\varphi$ setzen und wenn man letztere Werthe in die vorher differencirte Gleichung S. 95 Note 2 substituirt, überhaupt schreiben:

$\Sigma\, mr^2\, d\omega = \Sigma\,(F a\, d\varphi)$ oder auch, und mit Beachtung, daß $\omega = \frac{d\varphi}{dt}$ ist:

$$\frac{d\omega}{dt}\,\Sigma\, mr^2 = \Sigma\,(Fa), \text{ also:}$$

$$\text{I. } \frac{d\omega}{dt} = \frac{\Sigma\,(Fa)}{\Sigma\, mr^2}.$$

Hiernach wird also die betreffende Bogen-Acceleration (Bogenbeschleunigung) gefunden, wenn man die Summe der statischen Momente der vorhandenen Kräfte, durch die Summe der Trägheitsmomente der in oscillirender (oder in drehender) Bewegung befindlichen Massen dividirt.

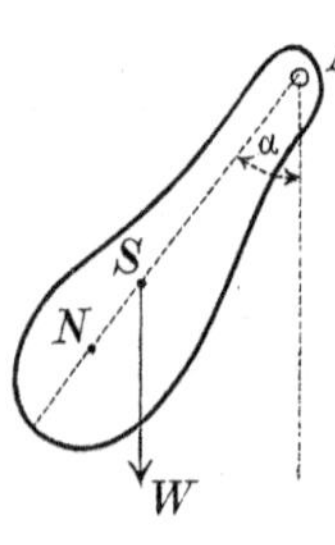


20.

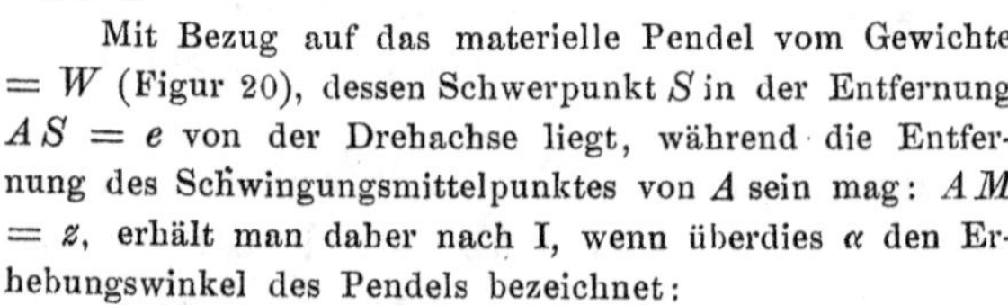

Mit Bezug auf das materielle Pendel vom Gewichte $= W$ (Figur 20), dessen Schwerpunkt $S$ in der Entfernung $AS = e$ von der Drehachse liegt, während die Entfernung des Schwingungsmittelpunktes von $A$ sein mag: $AM = z$, erhält man daher nach I, wenn überdies $\alpha$ den Erhebungswinkel des Pendels bezeichnet:

$$(1)\ \frac{d\omega}{dt} = \frac{W.e \sin\alpha}{\Sigma\, mr^2}.$$

Ebenso erhält man für das einfache Pendel (Figur 21) von $z$ Länge und wenn $q$ das Gewicht einer bei $N$ befestigten kleinen Kugel bezeichnet, sobald letzteres ebenso schnell wie ersteres schwingen soll:

$$(2)\ \frac{d\omega}{dt} = \frac{q.z \sin\alpha}{q\, z^2} = \frac{\sin\alpha}{z}$$

Aus dem Vergleiche von (1) mit (2) folgt daher:

$$z = \frac{\Sigma\, mr^2}{W.e}.$$

Da sich der Nenner dieses Ausdrucks auch auf die Gestalt $\Sigma\, mr$ bringen läßt, so hat man auch:

$$z = \frac{\Sigma\,(mr^2)}{\Sigma\,(mr)}, \text{ w. z. B. w.}$$

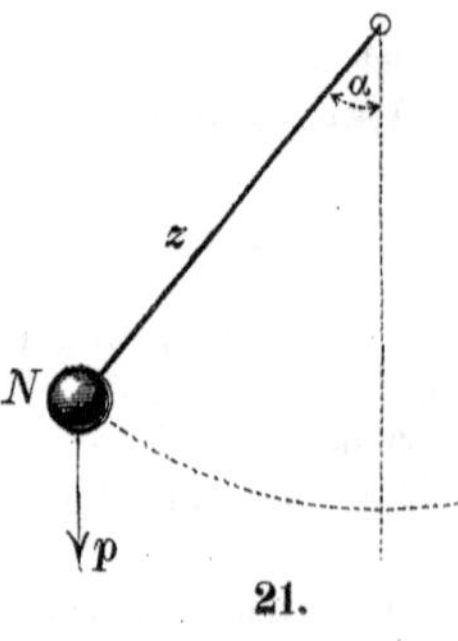


21.

Schwingungsbogen, welche letztere als mit einem Cykloidenbogen zusammenfallend angenommen werden können und findet dieselbe zu $l = 3{,}0565$ Pariser Fuß.

Hiermit gelangt aber Huyghens zur Bestimmung der Acceleration oder Beschleunigung $g$ der Schwerkraft, oder, da man zu Huyghens' Zeit mit $g$ noch die Größe des im freien Falle am Ende der ersten Secunde durchlaufenen Weges bezeichnete, zu $\frac{g}{2}$. War also (nach S. 60) für besagtes Pendel die Zeit $= t$ eines sehr kleinen Schwunges $t = \pi \sqrt{\frac{l}{2g}}$, so ergab sich für das Secundenpendel $g = \pi^2 \frac{l}{2}$, d. i. wenn man obigen Werth für $l$ substituirt $g = \frac{\pi^2}{2} \,.\, 3{,}0565 = 15{,}0833$ Pariser Fuß, oder wie Huyghens setzt: $g = 15$ Fuß 1 Zoll [1]).

Die fünfte Abtheilung endlich enthält (vorzugsweise) unter der Ueberschrift: „De vi centrifuga ex motu circulari, theoremata“, dreizehn berühmt gewordene Sätze über die Centrifugalkraft[2]) bei Kreisbewegungen, jedoch ohne Beweise.

---

1) Nach jetziger Setzung also $\frac{g}{2} = 15{,}0833$ Fuß, d. i. $g = 30{,}1666$ Fuß $=$ 32,151 Fuß engl. $=$ 9,824 Meter. Für mittlere geographische Breiten, nimmt man gegenwärtig, in der technischen Mechanik, genau genug, $g = 9{,}809$ Meter.

2) Um auch hier (ähnlich wie S. 70 in der Note), Studirende vor Mißverständnissen möglichst zu schützen, erörtern wir das Capitel von der Centrifugalkraft schon jetzt in der Weise, welche sich später (nach der Erfindung der Differenzialrechnung und der analytischen Mechanik und zwar besonders nach L. Euler und Maclaurin) als naturgemäß herausstellte.

Hierzu werde bemerkt, daß die Centrifugalkraft stets als ablenkende Kraft (Centripetalkraft) auftritt, wenn sich ein materieller Punkt (Körper) aus irgend einer Ursache in krummliniger Bahn bewegt. Bei völlig freier Bewegung läßt sich zeigen, daß, welche Anzahl von Kräften auch immer auf das Bewegliche einwirken mögen, diese Bewegung (zunächst als in der Ebene stattfindend angenommen) genau so erfolgt, als würde sie durch zwei auf den materiellen Punkt wirkende Kräfte hervorgebracht, wovon die eine $= T$ in der Richtung der Tangente, die andere $= N$ nach der Richtung des Krümmungshalbmessers der beschriebenen Bahn thätig ist. Wählt man die Bezeichnungen, sowie in (Figur 22) angegeben ist, beachtet zuerst, daß nach VI, S. 71 statt der vorhandenen resultirenden Kraft zu setzen ist:

$$\overline{af} = m\,\frac{d^2x}{dt^2} \text{ und } \overline{ah} = m\,\frac{d^2y}{dt^2}$$

sodann aber eine Zerlegung in der Weise stattfinden kann, daß man hat

$$T = \overline{ae} + \overline{ad} \text{ und } N = \overline{ac} - \overline{ab} \text{ d. i.}$$

$$T = m\left(\frac{d^2x}{dt^2}\cos\alpha + \frac{d^2y}{dt^2}\sin\alpha\right) \text{ und } N = m\left[\frac{d^2y}{dt^2}\cos\alpha - \frac{d^2x}{dt^2}\sin\alpha\right].$$

Die von Huyghens aufgestellten Gesetze der Centrifugal- oder Schwungkräfte lassen sich, ohne Weiteres, aus der Gleichung II der Note 2 auf S. 97 entnehmen, sobald man namentlich die Zeit $= t$ eines Umlaufes im Kreise vom Halbmesser $r$ einführt, also setzt $v = \frac{2\, r\, \pi}{t}$.

---

Da jedoch $\cos\alpha = \frac{dx}{ds}$, $\sin\alpha = \frac{dy}{ds}$ ist, so erhält man auch:

$$T = m\left(\frac{dx\; d^2x + dy\; d^2y}{ds\; dt^2}\right);\; N = m\left(\frac{dx\; d^2y - dy\; d^2x}{ds\; dt^2}\right).$$

Nach bekannten Sätzen der analytischen Geometrie hat man für den Krümmungshalbmesser $= \varrho$ den Werth:

$$\varrho = \pm \frac{ds^3}{dx\; d^2y - dy\; d^2x},$$ folglich auch bei gleichzeitiger Zusammenziehung des Werthes für $T$:

$$T = \frac{m}{2}\, \frac{d(dx^2 + dy^2)}{ds\; d^2t} \text{ und } N = \frac{m}{\varrho}\, \frac{ds^3}{ds\; dt^2},$$ d. i. wenn $v$ die Geschwindigkeit in der Bahn bezeichnet:

$$\text{I. } T = m\,\frac{d^2s}{dt^2} \text{ und II. } N = m\,\frac{v^2}{\varrho}.$$

Huyghens untersuchte nun (auf synthetischem Wege) die Bedingung einer gleichförmigen Bewegung auf der Peripherie eines Kreises vom Radius $= r$, in welchem Falle vorstehende Gleichungen die Form annehmen:

$$\text{III. } T = o \text{ und IV. } N = m\,\frac{v^2}{r}.$$

Die allgemeine Auffassung, welche den Gleichungen I und II entspricht, rührt von Newton her, der jedoch zur Ableitung den synthetischen Weg einschlug.

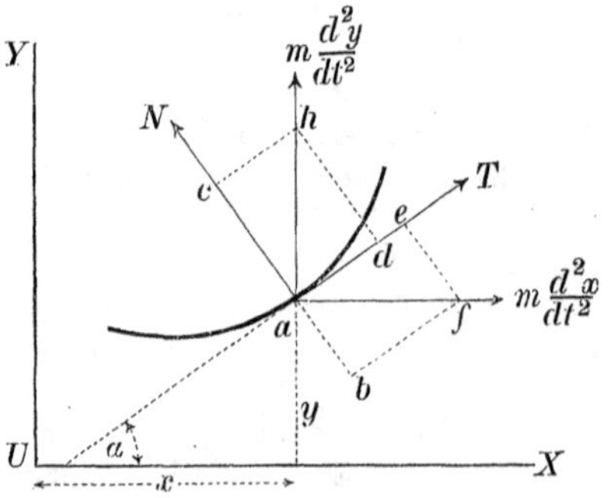

22.

Bei gezwungener Bewegung in verticaler Kreisbahn erfährt letztere, oder das Verbindungsmittel des Beweglichen mit dem Centrum, einen Druck (oder Zug) $= N_1$, welcher zusammengesetzt ist aus der Centrifugalkraft und der mit dem Kreishalbmesser $r$ zusammenfallenden Componente des Gewichtes $q = m\,g$. Bezeichnet daher $\varphi$ den spitzen Winkel, welchen das Element des beschriebenen Kreises mit der Verticalen bildet, so ist V. $N_1 = N \pm q\cos\varphi = \frac{q}{g}\,\frac{v^2}{r} \pm q\cos\varphi$.

Hierbei gilt $+$ für den Druck im unteren Halbkreise und $-$ ebenso für den oberen. Wir werden später Gelegenheit finden, auf diesen Gegenstand, in allgemeinerer Auffassung, zurückzukommen.

Man erhält sodann:

$$\left\{N = m\,\frac{4\,r\,\pi^2}{t^2} \text{ und } N_1 = m_1\,\frac{4\,r_1\,\pi^2}{t_1^{\,2}} \text{ etc.}\right\}$$

Für $m = m_1$ ergeben sich daher die Proportionen:

$$N : N_1 = \frac{r}{t^2} : \frac{r_1}{t_1^{\,2}} \text{ und für } t = t_1$$

$$N : N_1 = r : r_1 \text{ etc.}$$

Unter Voraussetzung, daß gleiche Körper mit gleichen Schwungkräften in ungleichen Kreisen herum geführt werden, erhält man

$$t : t_1 = \sqrt{r} : \sqrt{r_1}$$

In der nach Huyghens' Tode 1703 veröffentlichten Abhandlung über die Gesetze der Schwungbewegung im Kreise („Tractatus de motu centrifuga") behandelte er auch das Centrifugal- oder conische Pendel, d. i. ein Pendel, welches sich nicht in der verticalen Ebene, sondern im Raume bewegt und eine Kegelfläche beschreibt.

Zu den verschiedenen Sätzen, die Huyghens hier hervorhebt, gehört auch folgender:

Bei gleichen Schwingungswinkeln verhalten sich die Schwingungszeiten wie die Quadratwurzeln aus den Längen [1]).

Noch ist einer andern Untersuchung Huyghens' zu gedenken, welche sich auf die Einwirkung der Centrifugalkraft in Bezug auf

---

1) Mit Hülfe des Parallelogrammes der Kräfte läßt sich dieser Satz wie folgt beweisen. Es sei $AO = l$ die Erzeugungslinie und $OC = h$ die Höhe des Kegels, $q$ das Gewicht einer kleinen in $A$ befestigten Kugel.

Für eine gleichförmige Bewegung muß $\overline{AF} = \overline{AB}$ sein. Da nun zufolge V (im Texte) $\overline{AF} = \frac{q}{g}\,\frac{4\,r\,\pi^2}{t^2}$ und, nach Figur 23, $\overline{AB} = q\,tg\,\alpha$, ferner $r = \overline{AC} = l\,sin\,\alpha$ ist, so ergiebt sich:

$$\frac{4\,l\,sin\,\alpha\,\pi^2}{g\,t^2} = tg\,\alpha, \text{ d. i. } t = 2\,\pi\sqrt{\frac{l\,cos\,\alpha}{g}}$$

wodurch obiger Satz bewiesen ist. Mit Beachtung, daß $l\,cos\,\alpha = h$, folgt noch:

$$t = 2\,\pi\sqrt{\frac{h}{g}}.$$

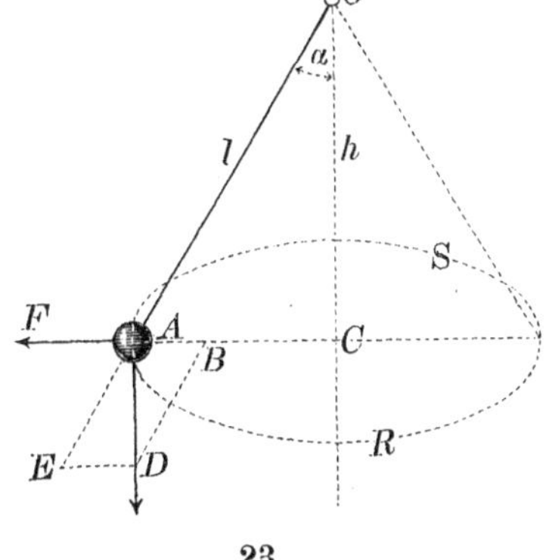

23.

Hiernach ist die Zeit einer Umdrehung des conischen Pendels doppelt so groß, als die Zeit eines Schwunges, beim Kreispendel (S. 60), sobald die Länge des letzteren gleich der Höhe des conischen Pendels ist.

die Gestalt der Erde bezieht, die einen rotirenden, wohl nirgends ganz harten Körper bildet. Da die Centrifugalkraft (Schwungkraft) am Aequator am stärksten und an den Polen am geringsten ist, so muß an ersterer Stelle die Schwerkraft am kleinsten sein. Huyghens wies hierdurch nach, daß die Erde ein an den Polen abgeplattetes Sphäroid bilde und daß die Abplattung mindestens $^1/_{587}$ betragen müsse.

Uebrigens veröffentlichte Huyghens seine betreffende Theorie in einem 1690 in Leyden erschienenen kleinen Werke „Discours de la cause de la pesanteur", nachdem Newton bereits früher denselben Gegenstand aus einem allgemeineren und richtigeren Gesichtspunkte behandelt und die Abplattung zu $^1/_{289}$ berechnet hatte [1]).

Zur Vervollständigung vorstehenden Berichtes über Huyghens und seine außerordentlichen Leistungen, mag nachstehende kurze Biographie desselben dienen.

Christian Huyghens (Hugenius) wurde am 14. April 1629 zu Haag als zweiter Sohn von Constantin Huyghens (Herrn von Zelem und Zuylichem) geboren. Sein vermögender und sehr wissenschaftlich gebildeter Vater war sein erster Lehrer in der Musik, Mathematik und Maschinenkunde, für welche letztere der Sohn schon früh große Anlagen zeigte. Bereits in seinem 16. Jahre (1645) bezog er die Universität zu Leyden, um Jura zu studiren, wo schon damals Descartes das besondere Talent des Jünglings für Mathematik öffentlich rühmte. Im Jahre 1649 machte er Reisen durch mehrere Länder Europas, nach deren Beendigung er nach Holland zurückkehrte und sein erstes Werk (Leyden 1651) veröffentlichte: ‚Theoreme über die Quadratur der Hyperbel, der Ellipse und des Kreises'. Vom Jahre 1655 ab beschäftigte er sich sammt seinem älteren Bruder, mit der Verbesserung der Objective zu Fernrohren. Hiermit entdeckte er den sechsten Saturnusmond und 1657, wo er ein Objectiv von 22 Fuß Brennweite zu Stande gebracht hatte, erkannte er zuerst den merkwürdigen Ring des Saturns.

In demselben Jahre nahm er ein Patent auf die Erfindung der Pendeluhren [2])

---

1) ‚Principia', Lib. III, Prop. XIX, Problema III und in Wolfers' Uebersetzung, §. 23, S. 401.

2) Nach Wolff, ‚Geschichte der Astronomie', §. 117 scheint es zweifellos, daß schon Galilei versucht hat, eine Pendeluhr zu construiren und daß sein Sohn, der 1649 zu Florenz verstorbene Stadtrichter Vincenzio Galilei, diese Versuche fortsetzte, ebenfalls jedoch ohne damit wirklich zu Stande zu kommen. Bezeichnet man daher Huyghens als den dritten Erfinder der Pendeluhren, so ist er eigentlich dennoch der Erste, dem es gelang, seine Erfindung bleibend ins Leben einzuführen. Wolff berichtet auch über von Bürgi im 16. Jahrhundert verfertigte Pendeluhren, sowohl zu astronomischen als zu bürgerlichen Zwecken. Die Bürgi'sche Erfindung scheint jedoch bald wieder vergessen worden zu

über welche letztere er später (1673) in seinem vorher besprochenen Werke ‚Horologium oscillatorium‘ ausführlich berichtete [1]).

In den Jahren 1660 und 1663 machte Huyghens Reisen nach Paris und London, um die persönliche Bekanntschaft der großen Gelehrten dieser beiden Hauptstädte zu machen. Im Jahre 1666, also in seinem 37. Lebensjahre, wurde er von Ludwig XIV. mit einem ansehnlichen Jahresgehalte als Mitglied der (ebenfalls 1666) errichteten Akademie der Wissenschaften nach Paris geladen, wo er auch in den Gebäuden der königlichen Bibliothek seine Wohnung erhielt. Hier schrieb er 1666 sein berühmtes Werk über Optik [2]), worin er als Erfinder der bereits S. 79, Note 1 erörterten Vibrations-Hypothese (Undulationstheorie) auftritt, die Gesetze der doppelten Strahlenbrechung im Kalkspath (isländischen Krystall) entwickelt und noch andere optische Gesetze mathematisch begründet. Ausführliches über alle diese Frfindungen und Arbeiten des Huyghens liefert namentlich Wilde in seiner ‚Geschichte der Optik‘ Th. I, S. 236 und Th. II, S. 248.

Wahrscheinlich würde Huyghens bis zu seinem Tode die vornehmste Zierde der Pariser Akademie geblieben sein, wenn sich der König nicht zum Widerrufe des Edicts von Nantes (22. October 1685) hätte bestimmen lassen. Ungeachtet man ihm für seine Person den ungekränkten Genuß seiner früheren, religiösen Freiheit versprach, so mochte er dennoch in einem Lande, in welchem die Religion nicht mehr eine Sache der freien Ueberzeugung sein sollte, um so weniger bleiben, da er täglich Zeuge der Verfolgungen seiner Glaubensgenossen sein mußte. Huyghens kam deshalb der Aufhebung jenes Edicts zuvor und kehrte im Jahre 1681 in sein Vaterland zurück. Hier lebte er größtentheils nur seinen Studien, deren literarische Ergebnisse in Poggendorff's ‚Biographisch-literarischem Wörterbuche‘ verzeichnet sind.

Anfang des Jahres 1695 veranlaßten Kummer in seiner Familie (obwohl er nie verheirathet war) und übermäßige Geistesanstrengung eine schnelle Abnahme seiner Verstandeskräfte, deren er schließlich nur so viel behielt, um über sein Vermögen und seine nachgelassenen Manuscripte verfügen zu können, welche letztere er der Bibliothek zu Leyden überließ. Am 8. Juni 1695 endete sein segenvolles der Mit- und Nachwelt theures Leben.

Im Jahre 1700 veröffentlichten zwei Professoren der Universität Leyden die erste Sammlung seines literarischen Nachlasses. Später gab 's Gravesande eine vollständige Sammlung der Huyghens'schen Schriften in vier Theilen heraus, die zuerst 1724 in Leyden und 1728 in Amsterdam erschienen.

---

sein, da er von den eigentlichen Gesetzen des Pendels wie sie Galilei entdeckte, keine Idee hatte.

1) Die Erfindung der Spiralfeder wird von Einigen ebenfalls Huyghens zugeschrieben, von Anderen aber der Engländer Hooke als der bezeichnet, welcher schon vor 1658 die Spiralfeder in Anwendung gebracht habe. Man sehe hierüber insbesondere Poggendorff's ‚Geschichte der Physik‘, §. 237.

2) Huyghens ‚Tractatus de lumine‘ wurde zuerst der Akademie der Wissenschaften zu Paris in französischer Sprache mitgetheilt, seine lateinische Uebersetzung erschien erst 1690 im Haag.

## §. 13.

### Die Gesetze des Stoßes fester Körper.

Bekanntlich stellte Aristoteles bereits die Frage auf, wie es komme, daß ein kleiner Stoß auf einen Keil sehr viel ausrichten könne [1]), während ein bloßer Druck gegen denselben Keil ausgeübt, verhältnißmäßig äußerst wenig leiste. Galilei bemühte sich diese Frage damit zu beantworten [2]), daß er die Kraft des Stoßes im Vergleich zum Drucke als unendlich groß annahm. Zu einer richtigen Auffassung der Sache gelangte man jedoch erst dann, als man unter Stoß einen sehr großen beständigen oder mit der Zeit veränderlichen Druck verstand, der während einer sehr kleinen Zeit auf die Oberfläche eines als ruhend angenommenen Körpers wirkt, folglich den Unterschied zwischen Stoß oder momentan wirkenden Kräften und Druck oder continuirlich wirkenden Kräften aufgab [3]). Gesetze des Stoßes fester Körper aufzustellen, versuchte zuerst Descartes und zwar in seinem bereits vorher (S. 79) notirten Werke ‚Principien der Philosophie' (Th. II, Nr. 46 etc.) [4]). Enthalten diese Gesetze auch viel Falsches, so dienten sie doch als Bahnbrecher und sind überdies von nicht geringem geschichtlichen Interesse [5]).

Zu richtigen Stoßgesetzen gelangte man erst auf Veranlassung der englischen Gesellschaft (Royal Society) und zwar war es der Engländer Wallis [6]), welcher demzufolge am 26. Novem-

---

1) Aristoteles ‚Mechanische Probleme', deutsch von Poselger, Hannover 1881, S. 34. Ferner Aristoteles' ‚Acht Bücher über Physik', deutsch von Prantl, München 1854, VII, 2, S. 345.

2) S. 55 gegenwärtigen Buches.

3) Ebendaselbst S. 69, Note 5, wo ebenfalls die Unterscheidung von Druck- und Stoßkräften als falsch bezeichnet wurde. Der Stoß hat eine Dauer und es giebt daher keine momentan wirkenden Kräfte!

4) In sehr gutem Auszuge theilt Kuno Fischer, in seinem wiederholt citirten Werke ‚Geschichte der neueren Philosophie', Bd. I, Th. I, S. 402, unter der Ueberschrift: „Gesetz des Stoßes" die Descartes'schen Erörterungen etc. mit.

5) Dühring, ‚Geschichte der Principien der Mechanik', §. 72 (erste Aufl.).

6) John Wallis, geboren 1616 zu Ashford in der Grafschaft Kent, seiner Zeit als ausgezeichneter Mathematiker bekannt, war mehrere Jahre Prediger und verfaßte als solcher verschiedene theologisch-polemische und philosophische Schriften. In den bürgerlichen Kriegen (unter Karl I.) zeichnete er sich durch die Kunst aus, den Schlüssel zu den verwickeltsten Chiffreschriften zu finden. 1649 ward er Professor der Mathematik an der Universität Oxford. In dieser Stellung

ber 1668 der gedachten Corporation eine betreffende Arbeit einreichte, welche die Ueberschrift trug: ‚A Summary Account given by Dr. John Wallis, of the general laws of motion‘ und die (in lateinischer Sprache) in den ‚Philosophical Transactions‘ vom 11. Jan. 1669 abgedruckt wurden. Während Descartes die Beschaffenheit des Materials der sich stoßenden Körper ganz unbeachtet ließ, beschränkte sich Wallis auf die Ermittlung der Stoßgesetze völlig unelastischer Körper [1]) und nahm hierzu (wie Galilei und Descartes) das Produkt aus Masse und Geschwindigkeit als Maaß der betreffenden Bewegungsgröße (S. 69 und 70) an.

Unter der Voraussetzung völlig kugelförmiger aus homogenen Schichten zusammengesetzter Körper, deren Schwerpunkte sich in derselben Geraden nach gleicher Richtung und zwar hinter einander bewegen, gelangte Wallis (für den geraden, centralen Stoß) durch nachbemerkte Schlüsse, zu richtigen Resultaten:

Es habe von zwei Massen $m$ und $m_1$ im Augenblicke des Stoßes erstere die größere Geschwindigkeit $V$ und letztere die kleinere $V_1$, so daß die betreffenden Bewegungsgrößen ungleich sind und zwar $m\, V > m_1\, V_1$.

Vom Augenblicke der Berührung an wird daher die schneller laufende Masse $m$ die langsamer gehende $m_1$ zur größeren Bewegung antreiben, folglich $m$ einen Theil ihrer Bewegungsgröße verlieren, dagegen $m_1$ einen entsprechenden Theil gewinnen. Diese Action wird so lange fortdauern, bis sich beide Massen $m + m_1$ mit derselben Geschwindigkeit $u$ bewegen. Da nun hierbei an Bewegungsgröße nichts verloren gehen kann, so ergiebt sich für das fragliche Gesetz und Gleichung:

$$m\, V + m_1\, V_1 = (m + m_1)\, u, \text{ woraus folgt:}$$

$$\text{I. } u = \frac{m\, V + m_1\, V_1}{m + m_1}.$$

Bewegen sich die Körper unter sonst gleichen Umständen gegen

(die er bis zu seinem 1703 erfolgten Tode bekleidete) schrieb er u. a. (1655) sein berühmtes Werk ‚Arithmetica infinitorum‘, worin er die kräftige Cartesische Analysis auf die Methode des Untheilbaren von Cavalieri anwandte und wodurch er die Geometrie in allen Untersuchungen, welche heute Gegenstand der Integralrechnung sind, ungemein viel weiter brachte. Ein ziemlich vollständiges Verzeichniß seiner schriftstellerischen Arbeiten findet sich in Poggendorff's ‚Biographisch-literar. Handwörterbuche‘.

1) Später hat Wallis auch den Stoß elastischer Körper behandelt, worüber nachzulesen ist in dem Werke ‚Opera mathematica‘, 3 Vol., Oxon 1695—99.

einander und ist wieder $V > V_1$, ist also auch $mV > m_1 V_1$, so hat man unter denselben Schlüssen wie im ersten Falle

$$mV - m_1 V_1 = (m + m_1)\, u, \text{ also}$$

$$\text{II. } u = \frac{mV - m_1 V_1}{m + m_1}.$$

Wallis betrachtete auch zuerst den Mittelpunkt des Stoßes [1]), welchen er centrum percussionis maximae nannte. Fast unmittelbar nach Wallis reichte zuerst Wren [2]) (am 17. December 1668) und im Anfange des folgenden Jahres (am 4. Januar 1669) auch Huyghens der Royal Society noch ausführlichere Arbeiten über die Stoßgesetze ein. Beide Aufsätze enthielten die Gesetze des Stoßes elastischer Körper zwar ohne Beweis, indeß zeichneten sie sich durch eine sehr kurze, gefällige und doch allgemeine Darstellung der Sache aus. Wren's Resultate finden sich abgedruckt in den ‚Philosophical Transactions', Nr. 42 vom 14. December 1668 p. 867, während Huyghens betreffende Regeln („Regulae

---

1) Mit dem Namen „Mittelpunkt des Stoßes" bezeichnet man denjenigen Punkt eines sich um eine feste Achse drehenden Körpers (welche nicht durch seinen Schwerpunkt geht), in welchem dieser Körper gestoßen werden muß, damit die Drehachse keinen Druck erfahre.

Es läßt sich zeigen, daß letzteres in der That eintritt, wenn erstens die Richtung der stoßenden Kraft rechtwinklig auf der Ebene steht, welche durch die Achse und durch den Schwerpunkt des Körpers geht; zweitens die Achse eine der Hauptachsen des Körpers in Bezug auf den Punkt ist, in welchem sie von derjenigen Ebene geschnitten wird, welche auf ihr senkrecht steht und die Stoß-Richtung enthält; drittens der Abstand der stoßenden Kraft von der Drehachse derselbe sei, wie derjenige des Schwingungsmittelpunktes (S. 94).

Hieraus erhellt zugleich, daß letzterer Punkt und der Mittelpunkt des Stoßes zwei Punkte von ganz verschiedenen mechanischen Eigenschaften sind und daß man sie deshalb nicht mit einander verwechseln darf. Wir werden später Gelegenheit finden, auf diesen Gegenstand zurückzukommen.

L. Euler behandelte die Lehre vom Mittelpunkte des Stoßes zuerst richtig in der Uebersetzung von Robin's ‚Artillerie', S. 182.

2) Christoph Wren, gelehrter Mathematiker, Astronom und berühmter Baumeister, wurde 1632 in Wiltshire geboren, wo sein Vater Pfarrer war. Bereits in seinem 13. Jahre erfand er ein neues astronomisches Instrument, das er, sowie eine Abhandlung vom Ursprung der Flüsse, seinem Vater in geistreichen lateinischen Versen widmete. Mit seinem 14. Jahre besuchte er die Universität Oxford und that sich hier durch große Fortschritte in den mathematischen Wissenschaften hervor. Erst 25 Jahre alt, wurde er 1657 zum Lehrer der Astronomie in Gresham-College ernannt, vertauschte aber schon 1660 diese Stelle mit dem Lehrstuhle der Astronomie zu Oxford. Seitdem zeichnete er sich durch Arbeiten

de motu corporum ex mutuo impulsu") als Inhalt eines Briefes an die Royal Society sich ebenfalls in den ‚Philosophical Transactions' vorfinden und zwar in Nr. 46 vom 12. April 1669 p. 925 [1]).

Indem der Verfasser nach Zweck und Umfang gegenwärtigen Buches, hinsichtlich einer ausführlichen Darstellung der Stoßgesetze der drei genannten Meister (Wallis, Wren und Huyghens) sich genöthigt sieht, auf die angegebenen Quellen zu verweisen, entlehnt er der im Februar 1669 der Royal Society nachgesandten Abhandlung des Huyghens folgende zwei merkwürdige, für den Stoß elastischer Körper gültige Sätze:

Erstens, daß die Größe der Bewegung zwar vermehrt oder vermindert werden könne, aber doch immer nach einerlei Seite zu unveränderlich bleibe, wenn man die nach der entgegengesetzten Seite gerichteten davon subtrahire [2]).

---

in allen Theilen der Mathematik und Naturwissenschaften aus, so daß ihn die Royal Society zu ihrem Mitgliede ernannte. Am merkwürdigsten aber ist die seltene Verbindung theoretischer Wissenschaft mit einem hervorragenden praktischen Genie, in Folge dessen er sich später durch zahlreiche Denkmäler der Baukunst auszeichnete. In letzterer Beziehung scheint die Vollendung des Baues der Peterskirche in Rom (1660?) nicht ohne Einfluß auf unseren Wren gewesen zu sein. Der große Brand in London (1666), wobei auch die prächtige gothische Kathedrale zerstört wurde, eröffnete seinen eminenten Talenten ein neues Feld großartiger Thätigkeit. Er entwarf sowohl den Plan zu einer neuen Stadt, als auch zur Paulskirche, ein Werk, das nach der Peterskirche in Rom zu den vollkommensten Denkmälern der neueren Baukunst gerechnet wird und in 35 Jahren (1675 bis 1710) vollendet wurde. Man zählt überhaupt 60 Kirchen und öffentliche Gebäude, die nach Wren's Plan oder unter seiner Aufsicht entstanden. Welchen ehrenvollen Namen Wren in der Geschichte der mathematischen Gesetze des Stoßes der Körper einnimmt, findet sich oben im Texte hinreichend erörtert.

Im Jahre 1672 wurde er zum Sir erhoben, war mehrmals Parlamentsmitglied und von 1680 bis 1682 Präsident der Royal Society. Er setzte seine Arbeiten bis zu seinem 86 Jahre (1718) fort, wo er durch Hofränke verdrängt wurde. Seitdem lebte er abgeschieden und den Wissenschaften ergeben, in seinem Hause zu Hamptoncourt. Er endete sein durch Mäßigkeit und Arbeitsamkeit weit über die gewöhnliche Grenze hinaus verlängertes Leben, am 25. Februar 1723, also über 90 Jahre alt und wurde in der Paulskirche begraben.

1) Huyghens' Hauptlösung des Stoßproblemes mit sorgfältigen und strengen synthetischen Beweisen wurde erst nach seinem Tode veröffentlicht und zwar im Jahre 1703 unter dem Titel: ‚De motu corporum ex percussione'. Man sehe hierüber auch die Mittheilungen aus letzterem Werke, welche sich in Dühring's ‚Geschichte der Principien der Mechanik' (erste Auflage), §. 74 vorfinden.

2) Descartes folgerte aus der Unveränderlichkeit des göttlichen Wesens und Wirkens: „daß die Größe der Bewegung in der Natur constant bleibt". (Kuno Fischer, a. a. O., S. 400). Offenbar ist dieser Grundsatz in

Zweitens, daß die Summe der Produkte aus den Massen in die Quadrate der Geschwindigkeiten vor und nach dem Stoße gleich groß sei [1]).

Hierbei muß an das erinnert werden, was S. 71 (Note) über die spätere Einführung des Namens „Lebendige Kraft" bemerkt wurde. Die Gesetze des excentrischen und schiefen Stoßes behandelten erst später L. Euler und die Bernoullis.

Dafür bemühte man sich fast unmittelbar nach Aufstellung richtiger Stoßgesetze durch die genannten drei Meister, die Richtigkeit dieser Gesetze durch Versuche zu prüfen.

---

solcher Allgemeinheit ausgesprochen, hier nicht ganz richtig, indem er lediglich für unelastische Körper und zwar nur dann gilt, wenn sich beide Massen vor und nach dem Stoße nach einerlei Richtung bewegen. (Man beachte hierzu die vorher S. 103 und 104 entwickelten mit I und II bezeichneten Formeln).

1) Der Nachweis dieser Sätze, sowie die mathematische Auffassung des ganzen Gegenstandes überhaupt, läßt sich auch gegenwärtig nicht besser geben, als dies 1745 bereits von L. Euler in den ‚Memoiren der Berliner Akademie der Wissenschaften' geschehen ist, welches hier nur noch in die Navier'sche Form gekleidet werden mag.

Unter Beibehaltung der obigen Bezeichnungen nehmen wir daher an, daß am Ende einer Zeit $t$ der Abstand der Schwerpunkte beider Kugeln $m$ und $m_1$ von einem festen Punkte in der Bewegungsrichtung beziehungsweise $x$ und $x_1$ sind und $P$ der Werth des Druckes ist, den beide Körper am Ende gedachter Zeit auf einander ausüben. Sodann erhält man nach S. 71, VI die beiden Gleichungen:

$$1.\ m\,\frac{d^2x}{dt^2} = -P \text{ und } m_1\,\frac{d^2x_1}{dt^2} = +P,$$

oder, wenn $v$ und $v_1$ die Geschwindigkeit der Schwerpunkte der beiden Körper am Ende der vom Anfange des Stoßes ausgerechneten Zeit $t$ sind:

$$2.\ m\,\frac{dv}{dt} = -P \text{ und } m_1\,\frac{dv_1}{dt} = +P, \text{ oder endlich auch:}$$

$$3.\ m\,\frac{v\,dv}{dx} = -P \text{ und } m_1\,\frac{dv_1}{dt} = +P.$$

Aus (2) folgt ohne Weiteres

$$m\,dv + m_1\,dv_1 = 0,$$

sowie durch Integration

$$mv + m_1 v_1 = \text{Const.}$$

Da aber Const. $= mV + m_1 V_1$ sein muß, so hat man

$$\text{I. } mv + m_1 v_1 = mV + m_1 V_1.$$

Für völlig unelastische Körper ist $v = v_1 = u$ und daher:

$$\text{II. } u = \frac{mV + m_1 V_1}{m + m_1}.$$

Ferner erhält man aus den Gleichungen (1):

$$m\,\frac{dx\,d^2x}{dt^2} + m_1\,\frac{dx_1\,d^2x_1}{dt^2} = -P\,(dx - dx_1),$$

oder wenn $i$ und $i_1$ die Tiefen der in beiden Körpern in demselben Augenblicke gemachten sehr kleinen Eindrücke sind:

Besonders beachtenswerth sind in dieser Beziehung die Forschungen Mariotte's[1]), der zum experimentellen Nachweise der von Wallis, Wren und Huyghens theoretisch aufgefundenen Gesetze eine besondere Vorrichtung ersann (gewöhnlich Perkussions oder Stoß-Maschine genannt), die, namentlich früher, als man sich für diesen Zweig der Physik noch lebhaft interessirte, eine gewisse Berühmtheit erlangte.

---

$$\frac{1}{2}\left[\frac{m\,d(dx^2) + m_1\,d(d^2x_1)}{dt^2}\right] = -P\,(di + di_1) \text{ und}$$

integrirt:

$$\frac{mv^2}{2} + \frac{m_1 v_1{}^2}{2} = -\int P\,(di + di_1) + \text{Const.}$$

Da jedoch Const. $= \frac{m V^2}{2} + \frac{m_1 V_1{}^2}{2}$ ist, so hat man

$$mv^2 + m_1 v_1{}^2 - (m V^2 + m_1 V_1{}^2) = -2\int P\,(di + di_1).$$

Für vollkommen elastische Körper also, weil hier der rechte Theil der Gleichung Null ist: III. $m v^2 + m_1 v_1{}^2 = m V^2 + m_1 V_1{}^2$.

Bei völlig unelastischen Körpern ist $v = v_1 = u$, daher wenn man zugleich für $u$ den Werth aus II einführt:

$$\text{IV. } \int P\,(di + di_1) = \frac{1}{2}\,\frac{m m_1}{m + m_1}\,(V - V_1)^2.$$

Obwohl für technische Anwendungen Formeln ohne Werth sind, welche vollkommen elastische Körper voraussetzen, so werde doch (für einen Fall) notirt, daß sich hier noch der Satz nachweisen läßt, daß $v - v_1 = V_1 - V$ ist und dann aus I erhalten wird:

$$v = \frac{(m - m_1)\,V + 2\,m_1 V_1}{m + m_1} \text{ und } v_1 = \frac{(m - m_1)\,V_1 + 2\,m\,V}{m + m_1}.$$

1) Edme Mariotte wurde 1620 zu Bourgogne (Departement Saône et Loire) geboren, trat frühzeitig in den geistlichen Stand, ward später Prior zu St. Martin sous Beaume in der Nähe von Dijon und 1666 Mitglied der (in demselben Jahre gestifteten) Pariser Akademie der Wissenschaften. 1676 erschien sein Werk ‚Essai de la nature de l'air', an dessen Spitze der nach ihm benannte Satz steht, daß sich bei Gasen, welche Pressungen unterworfen sind, die Volumina umgekehrt wie diese Pressungen verhalten. Allerdings klärte sich später auf, daß bereits 10 Jahre früher der Engländer Boyle (geb. 1626; gest. 1691) denselben Satz gekannt und in Anwendung gebracht hat. Die größten Verdienste erwarb sich Mariotte um sorgfältige und gewissenhaft angestellte Versuche über auch technisch wichtige Gegenstände der mechanischen Physik, Hydrostatik und Hydraulik, so daß die betreffenden Schriften zu ihrer Zeit in klassischem Ansehen standen. Unter anderen rührt von ihm die erste Formel zu barometrischen Höhenmessungen her, nämlich $h = 63\,z + \frac{3}{8}\left(\frac{z - 1}{2}\right)$, worin h die zu messende Höhe in Pariser Fußen bezeichnet und $z$ die Differenz der Quecksilbersäulen ($z = b_0 - b$) an der unteren und oberen Station in Pariser Linien ist. Ebenso stellte er zuerst eine Formel für die Wanddicke cylindrischer Röhren auf, wenn diese Druck von innen erfahren, worüber u. A. in der Hydromechanik des Verfassers S. 40 Zusatz 1 berichtet wird. Letzterer Gegenstand findet sich

Es besteht diese Vorrichtung aus einer Reihe neben einander in der verticalen Ebene an dünnen Fäden aufgehangener, sich berührender kleinerer oder größerer Elfenbeinkugeln, deren Mittelpunkte im Ruhezustande in derselben geraden Linie liegen. Erhebt man die Kugeln und überläßt sie dann sich selbst, so gehen sie pendelartig nieder und erlangen Geschwindigkeiten, welche den correspondirenden Fallhöhen porportional sind. In der tiefsten Stelle stoßen sich die Kugeln und gehen sodann je nach der einen oder anderen Richtung zurück etc. Bei Anwendung kleiner Fallhöhen erhält man mindestens mit den Formeln genäherte Resultate, weil bei geringen Geschwindigkeiten der Luftwiderstand ebenso vernachlässigt werden kann, wie die Steifheit der Fäden, an welchen die Kugeln aufgehangen sind [1]). Nollet [2]) führte diese Vorrichtung in noch zweckmäßigerer Weise aus und richtete sie überhaupt so ein, daß sich Versuche über den centralen Stoß sowohl elastischer als unelastischer Körper anstellen lassen. Auch zur Erläuterung der Gesetze über den schiefen Stoß der Körper hat Nollet geeignete Anordnungen zu treffen verstanden.

In ähnlicher Weise und zwar mit Pendeln von 10 Fuß Länge, hat Newton Stoßversuche elastischer Körper mit Berücksichtigung der durch den Widerstand der Luft bewirkten Verzögerung angestellt, worüber ausführlich in Newton's Werke

---

ausführlich behandelt in dem ,Traité du mouvement des eaux et des autres corps fluides', 1686 in Paris erschienen und ferner in den ,Memoiren der Pariser Akademie' von 1666 bis 1699 Tome I, endlich auch in den ,Oeuvres de Mariotte' 2 Volumes, Leyden 1717. Von letzterem Werke übersetzte Dr. Meinig in Leipzig die 1723 erschienenen ,Grundlehren der Hydrostatik und Hydraulik'. Man findet darin die ersten beachtenswerthen Angaben über das Messen der Geschwindigkeiten fließender Wässer (in Flüssen und Canälen), über den Ausfluß des Wassers aus Gefäßen, über die Bewegung des Wassers in Röhren, über springende Wasserstrahlen, über den Stoß bewegten Wassers u. dgl. mehr. Ueberdies behandelt Mariotte in demselben Werke, bei Gelegenheit der Berechnung von Röhrenwandstärken, auch den Bruchwiderstand prismatischer Körper (S. 400 der Meinig'schen Uebersetzung) und zwar in richtigerer Weise, als dies Galilei (S. 63), versucht hatte und worauf wir in einem späteren Paragraphen zurückkommen, in welchem über Leibniz und seine Leistungen berichtet werden wird. Mariotte starb 1684 zu Paris.

1) ,Oeuvres de Mariotte', à la Hage 1740, T. I, p. 1.

2) ,Leçons de physique expérimentale', T. I, p. 360. Hiernach, in sehr gut abgefaßter Uebersicht, in Gehler's großem ,Physik. Wörterbuche', Bd. VIII, S. 1088 (Artikel: „Stoß").

*‚Philosophiae naturalis principia mathematica‘* berührt wird und zwar in den Axiomata (Grundsätze oder Gesetze der Bewegung) nach Corollarium VI im Scholium (Anmerkung, S. 40 der Wolfers'schen Uebersetzung).

---

## Viertes Capitel.

## Von Mitte des siebzehnten bis Anfang des achtzehnten Jahrhunderts.

### §. 14.

### Newton.

Nachdem Galilei das Beharrungsgesetz (S. 61, Nr. 1) zwar ausgesprochen, aber nicht entscheidend erörtert hatte, Huyghens (S. 98) das Gesetz der Centralbewegung (Centrifugalkraft) viel besser als Aristoteles (S. 6) nachzuweisen vermochte, jedoch ebenfalls nur auf Kreisbahnen beschränkte und Wren, Halley [1]) und Hooke [2]) das Gravitationsgesetz zwar mehr oder weniger ahnten, jedoch bestimmt nicht nachzuweisen im Stande waren; fehlte es an einer gewaltigen geistigen Größe, welche Alles, was Vorgänger und Zeitgenossen einzeln in den mathematischen, physischen, astronomischen und optischen Wissenschaften gedacht, aufgestellt und entdeckt hatten, in einen Brennpunkt zu vereinigen verstand. Diese Größe war der Engländer Isaac Newton (geb. 1643; gest. 1727). Indem wir hinsichtlich der Specialitäten Newton's sämmtlicher Leistungen, auf dessen später folgende Biographie und auf die übrigens angegebene Literatur verweisen, werde hier besonders das hervorgehoben, was vor Allem die technische Mechanik dem Newton zu verdanken hat. Diese Verdienste bestehen hauptsächlich in der ganz entschiedenen

---

1) Halley, geb. 1656 in Haggerston bei London, gest. 1724 zu Greenwich, Astronom, Professor in Oxford, zuletzt kgl. Astronom der Sternwarte zu Greenwich.

2) Hooke, geb. 1635 auf der Insel Wight, gest. 1703 zu London. Auf der Universität Assistent von Wallis und Boyle, nachher Professor der Geometrie in London, später Secretär der königl. Societät etc. Er hatte die schwache Seite sich so ziemlich jede zu seiner Zeit gemachte Entdeckung anzueignen!

Feststellung der mechanischen Principien und Fundamentalsätze und in der universellen Theorie der krummlinigen Bewegungen, welche durch beliebige Kräfte von veränderlichen Intensitäten erzeugt werden.

In diesen beiden Beziehungen (und selbstverständlich im Gebiete der Gravitations-Mechanik) wird sein S. 108 bereits genanntes Werk ,Philosophiae naturalis principia mathematica' (welches erst 1687 veröffentlicht wurde) für alle Zeiten hoch zu achten sein, obwohl die darin eingeschlagene, schwer verständliche geometrische Behandlungsweise das Studium derselben sehr erschwerte und deshalb auch der erste Erfolg der ,Principia' nicht so groß war als man hätte erwarten sollen. Bezeichnete doch selbst Leonhard Euler[1]) Newton's gelehrtes Werk als eine schwierige Lecture, so daß es lange dauerte, ehe es zur verdienten allgemeinen Anerkennung gelangte.

Zu bedauern war es namentlich, daß Newton in den ,Principien' nirgends von der von ihm wahrscheinlich schon 1666 erfundenen Fluxionsrechnung (Method of Fluxions), Gebrauch machte, da diese Methode im Wesentlichen (für gewisse einfache Fälle) dasselbe leistete, wie die nachher (von Leibnitz) erfundene Differenzialrechnung.

Mit vortrefflichen Erläuterungen und mit Anwendungen der Differenzialrechnung versehen erschienen von 1739—1760 (in zwei Auflagen) die ,Principia' in drei Quartbänden von den Franzosen Le Seur und Jacquier herausgegeben, eine Arbeit, die noch heute die Beste ihrer Art genannt zu werden verdient[2]).

1) Welches Urtheil beispielsweise die Astronomen Mädler und Wolf über dieses Werk haben, erhellt aus des letzteren ,Geschichte der Astronomie', wo es S. 462, wie folgt lautet:

„Newton's ,Philosophiae naturalis principia mathematica' enthalten die Grundlage seiner Attractionstheorie, in der alles, was bis dahin Wahres und Richtiges in Beziehung auf Bewegung der Weltkörper gefunden war, seinen vollständigen und entscheidenden Beweis, seinen allgemeinen Zusammenhang, seine innere Begründung fand, und wodurch eine Menge bis dahin ungekannter und ungeahnter Wahrheiten, die sonst nur in Zwischenräumen von Jahrhunderten ans Licht getreten wären, wie mit einem Schlage entdeckt wurden".

2) Merkwürdiger Weise erschien erst 1872 eine deutsche Ausgabe der ,Principien' (mit Bemerkungen und Erläuterungen) von Wolfers, wobei nur bedauert werden muß, daß in dieser sonst sehr guten, verdienstvollen Arbeit die einzelnen Sätze mit Paragraphen versehen wurden, was das Nachschlagen ungemein erschwert, während anderwärts überall nach der Newton'schen Originaleintheilung citirt wird.

An die Spitze seiner ‚Principia' stellte Newton ausdrücklich folgende drei Grundgesetze der Bewegungs- oder Erfahrungsaxiome (axiomata sive leges motus wie er sie nannte):

1) „Jeder Körper beharrt in seinem Zustande der Ruhe oder der gleichförmigen geradlinigen Bewegung, wenn er nicht gezwungen wird, seinen Zustand zu ändern (Princip der Trägheit an der Materie)".

2) „Die Aenderung der Bewegung ist der Einwirkung der bewegenden Kraft proportional und geschieht nach der Richtung derjenigen geraden Linie, nach welcher jene Kraft wirkt".

3) „Die Wirkung ist stets der Gegenwirkung gleich oder die Wirkungen zweier Kräfte auf einander sind stets gleich und von entgegengesetzter Richtung".

Die ersten beiden dieser Principien wurden bereits von Galilei in den ‚Discorsen' [1]) ausgesprochen, während das dritte Princip, das der Gleichheit zwischen Wirkung und Gegenwirkung von Huyghens in seinem ‚Horologium oscillatorium' zwar nicht ausdrücklich genannt, jedoch in der Aufstellung der Gesetze der Centrifugalkraft und in der Berechnung des Schwingungsmittelpunktes des physischen Pendels, stillschweigend gebraucht wurde.

Gestützt auf diese Principien, welche die Grundlage der Dynamik bilden, brachte Newton in mehr als hundert Theoremen alle wichtigen Fragen der Dynamik zur Erörterung und berührt in beinahe eben so vielen Problemen, die er vorlegt und löst, fast alle Zweige der Physik des Himmels und der Erde.

Unter derselben Ueberschrift („Grundsätze oder Gesetze der Bewegung") erörtert Newton noch mehrere Zusätze (Corollarien), wovon hier zwei, als für uns besonders wichtig, Platz finden mögen [2]):

Zusatz 1. „Ein Körper beschreibt in derselben Zeit durch Verbindung zweier Kräfte die Diagonale eines Parallelogrammes, in welcher er, vermöge der einzelnen Kräfte die Seiten beschrieben haben würde".

Newton fügt diesem Satze folgende Erläuterung bei: „Wird der Körper durch eine Kraft $M$ allein von $A$ (Figur 24) nach $B$,

---

1) Man sehe vorher S. 62, Note 2.

2) Der Verfasser giebt hier die Wolfers'sche Uebersetzung unverändert wieder.

und durch eine Kraft $N$ allein von $A$ nach $C$ gezogen, so vollende man das Parallelogramm $ABCD$, und es wird der Körper durch beide vereinte Kräfte in derselben Zeit von $A$ nach $D$ gezogen. Da nämlich die Kraft $N$ längs der Linie $AC \parallel BD$ wirkt, so wird diese Kraft, nach den zweiten der vorstehenden Gesetze, nichts an der Geschwindigkeit ändern, mit welcher sich der Körper

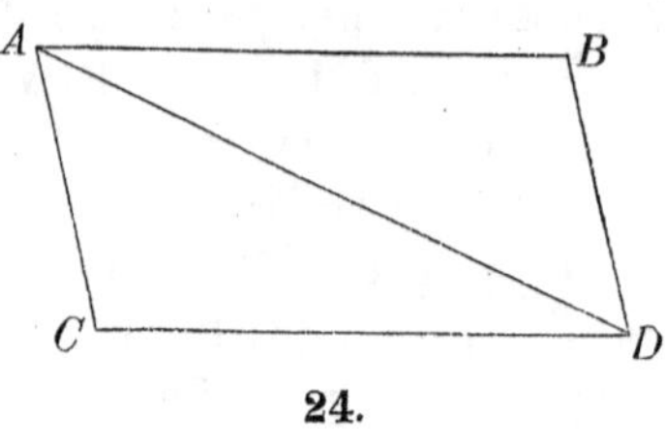

**24.**

vermöge der Kraft $M$, jener Linie $BD$ nähert. Der Körper wird daher in derselben Zeit zur Linie $BD$ gelangen, die Kraft $N$ mag einwirken oder nicht, und wird daher am Ende jener Zeit sich irgendwo auf $BD$ befinden. Auf dieselbe Weise folgt, daß er am Ende jener Zeit sich irgendwo auf der Linie $CD$ befinden wird; er muß sich also nothwendig in dem Punkte $D$ befinden, wo beide Linien zusammentreffen. Nach dem 1. Gesetze der Bewegung wird er geradlinig von $A$ nach $D$ fortgehen".

Zusatz 2. Hieraus ergiebt sich die Zusammensetzung der geradlinig wirkenden Kräfte $AD$, aus irgend welchen zwei schiefwirkenden $AB$ und $BD$ und umgekehrt die Zerlegung einer geradlinigen Kraft $AD$ in die beliebigen schiefen $AB$ und $BD$. Diese Zusammensetzung und Zerlegung wird in der Mechanik vollständig bestätigt.

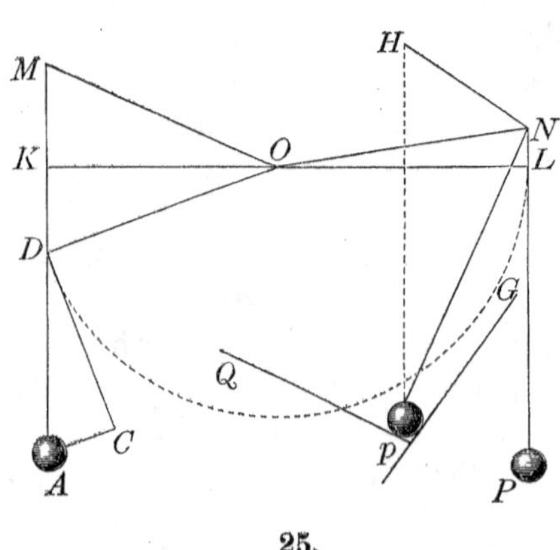

**25.**

Newton reiht hieran folgende Bemerkungen:

„Gehen vom Mittelpunkte $O$ (Figur 25) eines Rades ungleiche Radien $OM$[1]) $ON$ aus und tragen dieselben an Fäden $MA$, $NP$ die Gewichte $A$ und $P$, so werden die Kräfte gesucht, welche diese Gewichte zur Bewegung des Rades hervorbringen. Hierzu ziehe man durch den Mit-

1) Durch ein Versehen ist $\overline{MO}$ zu groß gezeichnet. Es sollte $MO \angle NO$ sein.

telpunkt $O$ die gerade Linie $KOL$, welche in $K$ und $L$ auf der Richtung der Fäden normal ist. Aus $O$ beschreibe man mit $OL$ als Radius einen Kreis, welcher den Faden $MA$ in $D$ schneidet. Ferner ziehe man $AC \parallel OD$ und $DC$ rechtwinklig auf $DO$. Da es gleichgültig ist, ob die Punkte $K$, $L$, $D$ der Fäden an die Ebene des Rades befestigt sind oder nicht, so werden die Gewichte dasselbe bewirken, man mag sie an den Punkten $K$ und $L$ oder an denen $D$ und $L$ anfügen. Die Kraft des Gewichtes $A$ werden durch die Länge $AD$ ausgedrückt und dieselbe in die beiden Seitenkräfte $AC$ und $CD$ zerlegt, von denen $AC$ den Radius $DO$ geradlinig vom Centrum fortzieht und daher nichts zur Umdrehung des Rades beitragen kann, $DC$ hingegen den Radius $DO$ normal angreift und dasselbe bewirkt, als wenn sie rechtwinklig auf $OL = OD$ wirkte. Ihre Wirkung wird daher derjenigen der Kraft $P$ gleich sein, wenn sich verhält:

$$P : A = CD : DA.$$

Da nun $\triangle ADC \sim \triangle DOK$ ist, so haben wir:

$$CD : DA = KO : OD = KO : OL.$$

Demnach werden die Gewichte $A$ und $P$, welche sich umgekehrt wie die in gerader Linie liegenden Radien $OK$ und $OL$ verhalten, gleiche Intensität besitzen, und so im Gleichgewicht stehen. (Dies ist die sehr bekannte Eigenschaft der Waage, des Hebels und der Winde). Ist eins von beiden Gewichten größer, als diesem Verhältnisse entsprechend, so wird seine Kraft, in Bezug auf Drehung des Rades, um so größer sein".

Vorstehende Untersuchung ist insofern von nicht geringer Wichtigkeit, als sie die erste ihrer Art ist, welche zeigt wie man das Hebelgesetz aus dem Satze vom Parallelogramme der Kräfte ableiten kann. Allerdings muß Newton um das Gleichgewicht der Kräfte $A$ und $P$ am geradlinigen Hebel $KOL$ nachzuweisen, letzteren erst in einen Winkelhebel $LOD$ verwandeln.

In ähnlicher Weise leitet Newton noch die Gesetze der schiefen Ebene und des Keiles aus dem Satze vom Parallelogramm der Kräfte ab, indem er sich ein Gewicht $p = P$ (Figur 25) zwischen zwei schiefen Ebenen $pQ$ und $pG$ in einer Lage befindlich denkt wie ein Keil zwischen den inneren Flächen eines gespaltenen Körpers [1]) etc.

---

1) Hierzu gehören auch die übrigen Theile der Figur 25. Insbesondere

Uebrigens hat Newton durch vorstehende Sätze zwar das Parallelogramm der Kräfte als Basis der ganzen Mechanik bezeichnet, hierdurch aber keineswegs Ansprüche auf eine wichtige Entdeckung gemacht, vielmehr zu erkennen gegeben, daß die Entdeckung dieser bedeutsamen Wahrheit durchaus nicht einer einzigen Persönlichkeit zugeschrieben werden kann.

Newton selbst spricht sich über den Inhalt seiner in drei Bücher getheilten ‚Mathematische Principien der Naturlehre', wie folgt aus ):

„In den ersten beiden Büchern haben wir die allgemeinen Sätze der Dynamik entwickelt[2]) und im dritten Buche[3]) ein Bei-

---

denkt sich Newton $pN$ als einen Faden, woran das Gewicht $p$ befestigt wurde, $pH$ als eine Senkrechte auf dem Horizonte etc.

1) ‚Principia, Auctoris Praefatio' XII und Wolfers S. 2.

2) Soweit es hier Zweck und Raum gestatten, entlehnen wir den beiden ersten Büchern einige der beachtenswerthesten Sätze und Angaben.

a) Lib. I, Sect. III, Prop. XI (W., §. 29) löst Newton die Aufgabe der Centralkräfte, d. h. er findet aus der gegebenen Bahn des beweglichen Körpers, das Gesetz der Kraft, welches also lautet:

„Bewegt sich der Körper in einer Ellipse und ist die Centripetalkraft nach dem Brennpunkte der Ellipse gerichtet, so verhält sich die Centripetalkraft umgekehrt wie das Quadrat der Entfernung".

b) Ebenfalls Lib. I, Sect. VII, Prop. XXXIX (W., §. 79) leitet Newton auf synthetischem Wege den bereits vorher S. 71 unter Nr. VIII (nach Varignon analytisch) entwickelten Werth $j$ für die Acceleration oder Beschleunigung (der veränderlichen Bewegung) $j = \frac{v\,dv}{ds}$ ab.

Im 2. Buche, welches besonders vom Widerstande bewegter Körper in flüssigen Mitteln und von der Hydraulik handelt, finden sich für die techn. Mechanik u. A. folgende interessante und werthvolle Abschnitte.

c) Sect. VII, Prop. XXXVI (W., S. 326, §. 49). „Ausfluß und Stoß des Wassers, wenn solches aus Bodenöffnungen cylindrischer Gefäße fließt und zwar mit Beachtung der Contraction des Wassers in der Ausflußmündung."

Die hier zu stellende Aufgabe löste Newton leider nicht glücklich (man sehe deshalb die 2. Auflage der ‚Hydromechanik' des Verfassers, S. 188 und S. 575) und bestätigte recht eigentlich den Erfahrungssatz, daß Niemand so hoch steht, um sich nicht einmal irren zu können.

Von Prop. XXXVII bis LX incl. (W., S. 334, §. 50 bis S. 353) behandelt Newton den Widerstand der Körper bei ihrer Bewegung im Wasser und in der atmosphärischen Luft, vorzugsweise unter der Annahme, daß dieser Widerstand dem Quadrate der Geschwindigkeit proportional ist, wobei über auch selbst angestellte Versuche berichtet wird. (Auch hierüber sehe man die ‚Hydromechanik' des Verfassers, S. 732).

3) Im 3. Buche erörtert er u. A. (Prop. XXIV, W., §. 28) den Lehrsatz:

spiel dieser Sache durch die Erklärung des Weltsystems vorgelegt [1]). Denn dort wird nämlich aus den Erscheinungen am Himmel mit Hülfe der, in den ersten Büchern mathematisch bewiesenen Sätze die Kraft der Schwere abgeleitet, vermöge welcher die Körper sich bestreben, der Sonne und den einzelnen Planeten sich zu nähern. Aus derselben Kraft werden dann, gleichfalls in mathematischer Entwicklung, die Bewegungen der Planeten, Kometen, des Mondes und des Meeres als Folgen abgeleitet".

Gleichsam zur Ergänzung des Vorstehenden und als Schluß der Mittheilungen über Newton folgt hier noch eine (möglichst) kurze Biographie dieses ausgezeichneten Mannes.

Isaac Newton wurde geboren [2]) am 25. December 1642 altenglischen, oder 5. Januar 1643 neuen Stiles, zu Woolsthorpe, einem Dörfchen im Kirchspiel Colsterworth in Lincolnshire, ungefähr 6 Meilen südlich von Grantham. Bei seiner Geburt (die nach dem Tode seines Vaters erfolgte), war er so klein und schwach, daß man wenig Hoffnung für ein langes Leben hatte. In seinem zwölften Jahre besuchte er die Stadtschule zu Grantham, wo er weder für fleißig noch talentvoll galt. Ein Streit mit seinen Mitschülern wurde Veranlassung, daß er anhaltend fleißig zu arbeiten anfing. Während sich dann seine Mitschüler in den Erholungsstunden mit ihren Spielen belustigten, beschäftigte er sich mit der Anfertigung von kleinen Maschinen, worunter seine Biographen [3])

---

„Die Ebbe und Fluth des Meeres werden durch die Wirkungen der Sonne und des Mondes hervorgebracht." Ferner

Prop. XIX bis XXXV die geometrische Auflösung des „Problemes der drei Körper", ursprünglich die Störungen umfassend, welche die Anziehung der Sonne in der Bewegung des Mondes um die Erde hervorbringt. Allgemein betrachtet enthält dies Problem die Bestimmung der Bewegung von drei Körpern, die sich gegenseitig im Verhältniß ihrer Massen und verkehrt, wie die Quadrate ihrer Entfernungen anziehen.

Obwohl dies Problem in seiner Allgemeinheit analytisch noch nicht gelöst ist, so kann man doch die geometrische Auflösung desselben ausschließlich Newton zuerkennen.

1) Als eine der kostbarsten Früchte der von Newton aufgestellten Lehre der allgemeinen Anziehung, ist der Nachweis von Leverrier und Adams, aus den Störungen, welche sich im Laufe des Uranus durch Beobachtungen gezeigt hatten, den Ort eines noch unbekannten Planeten herzuleiten. Es gelang nämlich (1846) den genannten zwei Astronomen, mit Hülfe der Rechnung, den Ort des Planeten Neptuns so genau anzugeben, daß es nur einer Nachsuchung an betreffender Stelle bedurfte, um den bis dahin unbekannten Planeten aufzufinden. Letzteres gelang zuerst dem Dr. Galle in Berlin. (Man sehe deshalb auch Mädler's ‚Geschichte der Astronomie Bd. II, S. 150).

2) Ein Jahr nach dem Tode Galilei's, der nach S. 76 am 8. Januar 1642 starb.

3) Brewster, ‚The Life of Sir Isaac Newton', London 1831, p. 5 etc.

eine Windmühle, eine Wasseruhr und einen Karren hervorheben, der von einer sitzenden Person in Bewegung gesetzt wurde. Auch soll er ein Laufrad erbaut haben, welches durch eine Maus in Umdrehung gesetzt wurde, sowie Papierdrachen verfertigt haben, wobei er die beste Form und Proportion zu ermitteln suchte, sowie die vortheilhafteste Lage und Zahl der Punkte, woran die Zugschnur befestigt werden mußte.

Die Unvollkommenheit seiner Wasseruhr hatte ihn wahrscheinlich auf den Gedanken gebracht, ein genaueres Zeitmaaß zu schaffen, was er auch in der Herstellung von Sonnenuhren fand, die er an den Wänden mehrerer Gebäude zu Woolsthorpe zeichnete; dieselben sollen noch nach seinem Tode existirt haben.

Obwohl von seiner Mutter zur Landwirthschaft bestimmt, überzeugte man sich doch bald von seiner Abneigung und Unfähigkeit zu diesem Stande und schickte ihn deshalb nach einiger Vorbereitung, im Juni 1660, also 18 Jahre alt, auf die Universität Cambridge. Hier studirte er besonders die Werke von Descartes, Wallis, Kepler und erwarb sich daselbst 1665 den Grad eines Baccalaureus.

Eins der wichtigsten Jahre in Newton's Leben war das von 1666, da er in dieser Zeit seine Gedanken auf jene drei wichtigen Entdeckungen richtete, die seinen Namen zu einem der gefeiertsten unter den Gelehrten aller Völker gemacht haben, nämlich auf die Entdeckung, daß das weiße Licht aus unzählig vielen (oder sieben) Farben von verschiedener Brechbarkeit bestehe, auf die Methode der Fluxionen und die Entdeckung der allgemeinen Gravitation der Massen.

Auf letzteres Gesetz soll er durch folgenden Vorfall geleitet worden sein: Eines Tages im Garten eines Landhauses in Woolsthorpe, wohin er sich von Cambridge, um der herrschenden Pest zu entfliehen zurückbegeben hatte, unter einem Apfelbaume ruhend, soll das Herabfallen eines Apfels von diesem Baume ihn zuerst auf den Gedanken geführt haben, daß die Ursache dieses Falles in einer von der Erdmasse ausgehenden Kraft liege, daß eine solche Anziehungskraft allen Massen des Universums eigen sein möchte und daß die Weltkörper durch eben diese Kraft in ihren Bahnen erhalten werden [1]).

1669 wurde Newton Professor der Mathematik in Cambridge [2]), wo er die Kraft seines Geistes vorzüglich der Optik und der physischen Astronomie

---

Deutsch von Goldberg, mit Anmerkungen von Brandes, Leipzig 1833, S. 2. Brewster's Biographie ist die umfangreichste und (abgesehen von etwas englischer Färbung) auch die beste. Nächstdem ist Biot's Lebensbeschreibung in der ‚Biographie universelle' von besonderem Werthe.

1) Die Richtigkeit dieser Erzählung ist von mehreren Seiten bezweifelt worden (u. A. von Gauß in Göttingen). Zuerst erzählt dieselbe Voltaire und zwar gestützt auf die Angaben der Nichte Newton's, einer Madame Conduit, worüber Wilde in seiner ‚Geschichte der Optik' (Th. II, S. 5) speciell berichtet. In den neuesten Werken über ‚Geschichte der Astronomie' von Mädler und Wolf findet sich die Erzählung ebenfalls. Mädler (Bd. I, S. 361) berichtet speciell, daß der merkwürdige Baum — von ihm ein Baum des Erkenntnisses genannt — noch im Anfange dieses Jahrhunderts existirt habe. Wolf (a. a. O. S. 447) erwähnt noch Newton's Freund, Henri Pemberton, als Erzähler der Sache.

2) Isaac Barrow (geb. 1630 zu London; gest. 1677 ebendaselbst) war als

zuwandte. Im Januar 1672 wählte man ihn zum Mitgliede der königlichen Societät der Wissenschaften in London.

Ungeachtet seiner Leistungen, trotz der ihm gewordenen Auszeichnungen und des Rufes seiner Gelehrsamkeit der weit über England hinaus reichte, hatte er so geringe Einnahmen, daß er fortwährend mit Nahrungssorgen kämpfen mußte. 1675 war Newton noch so arm, daß ihm die Personensteuer von wöchentlich einem Schilling, aus Rücksicht auf seine Dürftigkeit erlassen werden mußte [1]).

Im Monat Mai 1687 erfolgte auf Kosten der königlichen Societät der Druck seines ausgezeichneten Werkes ‚Philosophiae naturalis Principia mathematica', worüber vorher bereits ausführlich berichtet wurde.

Durch seinen Gönner Lord Montague wurde Newton im Jahre 1695 zur Regulirung des Münzwesens nach London gerufen, erst zum Aufseher der Münze und nachher 1699 zum Münzmeister mit einem bedeutenden jährlichen Gehalte (1200 bis 1500 Pfd. St.) ernannt.

In demselben Jahre wurde Newton auch Mitglied der Pariser Akademie der Wissenschaften.

Im Jahre 1701 wurde er Parlamentsmitglied für die Universität Cambridge und 1703 Präsident der königlichen Societät der Wissenschaften, welche Stellung er auch bei jährlich erneuter Wahl, bis an seinen Tod behielt. Erst 1704 erscheint Newton's berühmtes Werk über Optik in englischer Sprache unter dem Titel ‚Optics or a treatise of the reflections, refractions, inflections and colours of light' [2]). Im folgenden Jahre 1705 ehrte die Königin Anna Newton durch Verleihung der Ritterwürde.

Als Georg I. 1714 auf den Thron Großbritanniens gelangte, wurde Sir Isaac Newton Gegenstand besonderen Interesses am Hofe, wozu nicht nur seine hohe Stellung in der Verwaltung, sein glänzender wissenschaftlicher Ruhm, sondern vor Allem sein fleckenloser Charakter (namentlich gegenüber Leibniz) und seine ungeheuchelte Frömmigkeit wesentlich beitrugen. In letzterer Beziehung hat Newton viel falsche und ungerechte Beurtheilungen erfahren müssen und man hat namentlich seine theologischen Forschungen als Zeichen von Geistesabwesenheit zu erklären sich bemüht.

Von vielen Umständen, welche auf das Gegentheil letzterer Behauptungen schließen lassen, verdient die Thatsache besonders erwähnt zu werden, daß er noch 1726, wo er durch Dr. Pemberton eine dritte Auflage seiner ‚Principien' besorgen ließ, mancherlei nützliche Bemerkungen und Verbesserungen persönlich

---

Professor der Mathematik in Cambridge der Lehrer Newton's. 1669 entsagte Barrow seiner Professur zu Gunsten Newton's, um ganz der Theologie zu leben, 1670 ward Barrow Kaplan Karls II., Mitglied der Royal Soc. etc.

1) Littrow in der Uebersetzung von Whewell's ‚Geschichte der inductiven Wissenschaften', Th. II, S. 162.

2) Newton hat von seinen mathematischen Arbeiten selbst wenig veröffentlicht; sie sind größtentheils durch Andere, sogar erst nach seinem Tode dem Drucke übergeben worden. Aus seinem Werke über Optik ist zugleich zu entnehmen, daß die von Newton adoptirte Emanationstheorie (gegenüber der Undulationstheorie des Huyghens u. A. S. 79, Note 1) später nicht so entschieden vertheidigt wurde als dies früher der Fall war. (Man sehe hierüber auch Poggendorff's ‚Geschichte der Physik', S. 644 und 649).

anzubringen vermochte, welche zwar zuweilen von Abnahme des Gedächtnisses, nicht aber von Mangel an Geisteskraft zeugten.

Ungeachtet sich seit 1722 bei Newton mancherlei körperliche Leiden einstellten, versammelte er dennoch in seinem Hause in kleinen Kreisen die angesehensten und geistreichsten Männer um sich, deren Mittelpunkt allerdings seine Nichte Catharine Barton (nachherige Conduit) bildete.

Im Jahre 1725 verlegte er auf den Rath der Aerzte seinen Aufenthalt von London nach Kensington, wo sich sein Zustand zum Wohlbefinden besserte. Noch am 28. Febrnar 1727 konnte er sich nach London begeben, um einer Sitzung der königlichen Societät zu präsidiren. Indeß stellten sich die alten Uebel mit vergrößerter Heftigkeit bald wieder ein, demzufolge er am 20. März 1726, 85 Jahre alt, dem Gesetze der Natur unterlag, die sich gegen ihn so wohlthätig, wie gegen wenig andere Sterbliche erwiesen hatte.

Er wurde in der Westminster-Abtei zu London unter allgemeiner Trauer beigesetzt mit allen den Ehrenbezeugungen, welche man sonst nur den Mitgliedern des königlichen Hauses zu erweisen pflegt.

Im Jahre 1731 setzten ihm seine Verwandten in der genannten Abtei den Sarkophag als Denkmal, welcher heute noch an derselben Stelle zu finden ist[1]).

## §. 15.
## Leibniz.

Mit Vorstehendem sind wir bereits in eine der allerbedeutendsten Perioden eingetreten, welche in der Geschichte der reinen und angewandten Mathematik zu verzeichnen ist, zu der, worin Newton die Fluxionsrechnung und Leibniz die Differenzialrechnung erfand[2]) und wodurch eine gänzliche Um-

1) Die lateinische Inschrift dieses Denkmals lautet in deutscher Uebersetzung (nach Goldberg a. a. O., S. 271), folgendermaßen:

Hier ruht
Der Ritter Sir Isaac Newton
Welcher durch fast himmlische Geisteskraft der Planeten Bewegung, Gestalten,
Der Cometen Bahnen, des Oceans Ebbe und Fluth,
Indem seine Mathematik ihm den Weg zeigte,
Zuerst bewies;
Der Lichtstrahlen Ungleichheiten,
Der daraus entstehenden Farben Eigenthümlichkeiten,
Die keiner vorher auch nur gemuthmaßt hatte, erforschte.
Der Natur, der Alterthümer, der heiligen Schrift
Fleißiger, scharfsinniger und treuer Erklärer,
Des allmächtigen Gottes Majestät verherrlichte er in seiner Philosophie,
Die Einfalt des Evangeliums zeigte er in seinem Wandel.
Mögen die Sterblichen sich freuen, daß unter ihnen lebte
Diese Zierde des Menschengeschlechtes.
Geboren d. 25. December 1642, gestorben d. 20. März 1727.

2) Zur Differenzialrechnung bedurfte Leibniz den Begriff des Unendlich-

gestaltung der gesammten höheren mathematischen Wissenschaften erfolgte.

Newton hatte bald bemerkt, daß die Mathematik in dem Zustande, in welchem sie sich in der Mitte des siebzehnten Jahrhunderts befand, die wichtigsten Probleme nicht zu lösen vermochte und daß alle damaligen, eigenthümlichen Rechnungsmethoden (wie die des Archimedes, Kepler, Cavalieri, Roberval[1]), Fermat[2]), Pascal, Barrow[3]) u. A.) nicht hinreichten, um überall Rectificationen, Quadraturen, Cubaturen,

---

kleinen. Newton vermied letzteres, indem er die betreffenden mathematischen Größen wie durch eine Bewegung erzeugt, wachsend dachte und Fluentes nannte. Die Geschwindigkeiten, mit welchen die Fluenten durch die sie erzeugende Bewegung zunehmen, nannte er Fluxionen und bezeichnete sie durch Buchstaben für die Fluenten, mit Punkten darüber. Sind z. B. die veränderlichen Größen $x$ und $y$, so sind ihre Fluxionen $\dot{x}$ und $\dot{y}$. Ueberdies waren Newton's Fluxionen endliche den unendlich kleinen Veränderungen der Größen proportionale Glieder eines Verhältnisses. Während Newton durch Geometrie und allgemeine Bewegungslehre auf seine Fluxionsrechnung geführt wurde, gelangte Leibniz durch die Betrachtung der Unterschiede und Summen in den Reihen der Zahlengrößen auf seine Differenzialrechnung. Anfänglich bezeichnete Leibniz das Differenzial einer Veränderlichen durch $\frac{x}{d}$, wofür er später (wie jetzt gebräuchlich) $dx$ setzte.

1) Roberval's S. 82 erwähnte Methode der Tangenten, wozu er das Parallelogramm der Bewegungen in Anwendung brachte, hat eine merkwürdige Analogie mit der der Fluxionen.

2) Fermat (S. 82) gebrauchte bei seiner herrlichen Methode de maximis et minimis eine Rechnung, worin die Differenz zweier Größen, und dadurch mittelbar auch die Differenz zweier zugehöriger Größen, verschwindend gesetzt wird, zur Bestimmung des größten oder kleinsten Werthes einer Function, und der Berührenden an einer Curve. Diese Methode ist die Veranlassung, daß man Fermat als den ersten Erfinder der Infinitesimalrechnung oder der Analysis des Unendlichen betrachtet.

3) Mit Hülfe des sogenannten Differenzialen Dreiecks $NMR$ (Figur 26) (auch tri angulum characteristicum genannt), wenn man $\overline{NR} = dx$ und $\overline{MR} = dy$ setzt, fand Barrow (Gerhardt ‚Die Entdeckung der höheren Analysis', Halle 1855, S. 47) die Größe $\overline{QT}$, d. h. die Subtangente einer Curve $ANM$, durch die Proportion $\overline{QT} : \overline{NQ} = \overline{NR} : \overline{MR}$, woraus $\overline{QT} : y = dx : dy$, und ferner folgt: $\overline{QT} = \frac{y\,dx}{dy}$. Natürlich bezeichnet Barrow $\overline{NR}$ und $\overline{MR}$ noch nicht durch die Zeichen $dx$ und $dy$.

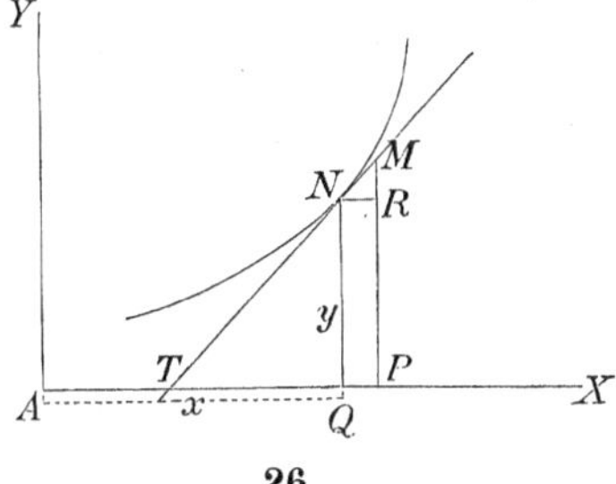

26.

Tangentenprobleme, Maxima und Minima, noch weniger aber um bedeutsame Themata aus der Mechanik des Himmels und der Erde entsprechend zu behandeln.

Newton scheint bereits 1665[1]) im Besitze aller derjenigen Hülfsmittel gewesen zu sein, welche er zur Auflösung schwieriger, mathematischer Probleme als Werkzeug bedurfte. Indeß behielt er diese Wissenschaft für sich, führte die Beweise (in der Regel synthetisch) durch die bis dahin allgemein bekannten Hülfsmittel der Mathematik, oder er theilte auch, wenn dies zuweilen nicht durchzuführen war, seine Resultate ohne Beweis mit, woher es auch kam, daß er in seinen ‚Principien der Naturphilosophie‘ von der höheren Analysis keinen Gebrauch machte. Es fallen deshalb auch viele Beweise, wie sie Newton in den ‚Principien‘ giebt, so weitläufig und schwierig aus, daß wohl ein Mann wie Newton hinterher solche Beweise ausdenken konnte, daß aber auch ein mehr als gewöhnlicher menschlicher Scharfsinn dazu gehört haben würde, die Wahrheiten selbst auf diesem Wege zu finden[2]).

Die Entdeckung des Algorithmus der höheren Analysis durch Leibniz datirt vom 29. October 1675, nach einem Manuscripte, welches später in seinen hinterlassenen Schriften (in der Archivbibliothek zu Hannover) aufgefunden wurde[3]). Daraus ergiebt sich, daß er zuerst die Integralrechnung fand, die er „Calculus summatorius“ (die summatorische Rechnung) nannte und alsdann den Algorithmus der Differenzialrechnung ausbildete. Erst später (1696) gab Leibniz (nach dem Vorgange Jacob Bernoulli's) die Benennung „summatio“ auf und ließ sich den Namen „integralis“ gefallen[4]). Das jetzt überall gebräuchliche Summenzeichen $\int$ ist durchaus Leibniz' Erfindung, was

1) Gerhardt, ‚Geschichte der Mathematik‘, S. 178. Auch Brewster, a. a. O., S. 14.

2) Karl Schnell, ‚Newton und die mechanischen Naturwissenschaften‘, Dresden und Leipzig, 1843, S. 59.

3) Gerhardt, ‚Leibnizens mathematische Schriften‘, erste Abth., Bd. III, S. 115 (Note). Ferner in desselben Autors ‚Geschichte der Mathematik‘, S. 117.

4) Ebendaselbst (Bd. III, S. 116) und in Klügel's ‚mathem. Wörterbuche‘, Artikel „Differenzialrechnung“, Th. I, S. 845, wird angegeben, daß die Benennung „integralis“ von Johann Bernoulli herrühre und zwar datire die betreffende Vereinigung mit Leibniz aus dem Jahre 1696. Diese Angaben sind dahin zu berichtigen, daß es Jacob Bernoulli war, der schon 1690 in den ‚Actis Eruditorum‘ und zwar in der Mai-Nummer p. 218 dieser Zeitschrift die Benennung „Integralia“ gebrauchte.

auch später Johann Bernoulli annahm, der anfänglich das Zeichen $I$. (als ersten Buchstaben des Wortes Integral) benutzte. Der wissenschaftlichen Welt allgemein bekannt wurden die beiden neuen Rechenmethoden die Differenzial- und die Integralrechnung (zusammen die Infinitesimalrechnung genannt) beziehungsweise jedoch erst in den Jahren 1684 und 1686. Die eine der beiden für alle Zeiten denkwürdigen Abhandlungen ist der Differenzialrechnung gewidmet und hat (in der unten notirten Zeitschrift)[1]) den Titel: „Nova methodus pro maximis et minimis, itemque tangentibus, quae nec fractas nec irrationales quantitates moratur, et singulare pro illis calculi genus“. In dieser Abhandlung trägt Leibniz die Differenzialrechnung in der Form vor, wie sie seitdem auf dem festen Lande üblich ist. Er zeigt, wie die Differenziale eines Products, eines Quotienten und einer Potenz von irgend einer Beschaffenheit ausgedrückt werden etc., lehrt die Differenziation einer Gleichung zwischen zwei veränderlichen Größen an einem verwickelten Falle, giebt für die Erfindung der Minimis ein Beispiel aus der Optik etc.

Zwei Jahre (1686) später veröffentlichte Leibniz in derselben Zeitschrift[2]) die ersten Andeutungen zur Integralrechnung unter der Ueberschrift: „De geometria recondita et analysi indivisibilium atque infinitorum“.

Hier zeigt er u. A., daß der Barrow'sche Satz, es sei die Summe der Rechtecke aus dem Intervall der Achse zwischen Ordinate und Normale jeden Curvenpunktes in das Element der Achse, dem halben Quadrate der Ordinate gleich, mit Hülfe seines Algorithmus sofort bewiesen werden könne.

Nach Figur 27 verhält sich nämlich $DG:DB = CE:BE$, d. i. wenn man $DG$ (die Subnormale) $= p$ setzt:

$$p : x = dx : dy, \text{ d. i.}$$

$$p = \frac{x\,dx}{dy} \text{ und daher}$$

$$\int p\,dy = \int x\,dx = \frac{x^2}{2}.$$ [3])

1) ‚Acta Eruditorum anno MDCLXXXIV‘ und daraus aufgenommen in ‚Leibnizens mathematischen Schriften‘, herausgegeben von C. J. Gerhardt, zweite Abth., Bd. I, S. 220.

2) ‚Acta Eruditorum, anno 1686‘ und Gerhardt, ‚Leibnizens mathematische Schriften‘, zweite Abth., Bd. I, S. 226.

3) Es werde die Gelegenheit benutzt, auf das sogenannte umgekehrte

Ferner hebt er hervor, wie man durch den Gebrauch seiner Bezeichnungsweise die Eigenschaften der Curven auf's vollständigste in Gleichungen ausdrücken, beispielsweise durch

$$y = \sqrt{2x - x^2} + \int \frac{dx}{\sqrt{2x - x^2}},$$

die Cykloide charakterisiren könne [1]), wenn $x$ und $y$ die rechtwinkligen Coordinaten dieser Curve sind.

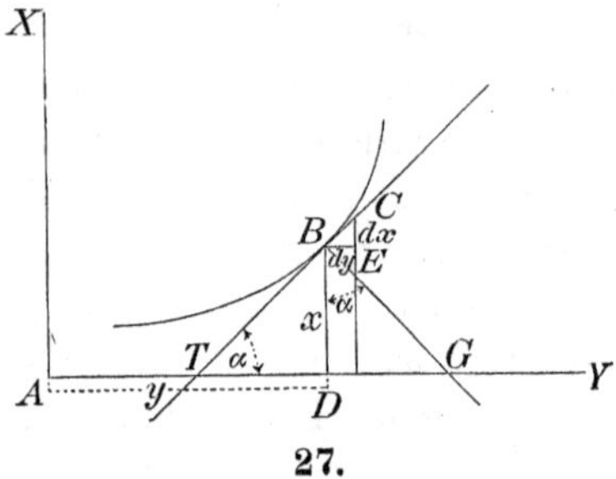

27.

In demselben Aufsatze erzählt **Leibniz** auch, wie ein Beweis des Satzes von der Größe der Oberfläche einer Kugel ihn auf das (hier bereits oben erwähnte) charakteristische Dreieck $BEC$ (Figur 27) geleitet habe u. s. w. [2]).

Um von den höchst vielseitigen Anwendungen, die **Leibniz** von der Infinitesimalrechnung machte, wenigstens ein einziges für die technische Mechanik

---

Tangentenproblem aufmerksam zu machen (d. h. auf das Verfahren aus gegebenen Eigenschaften der Tangente an eine Curve oder der Normalen die Gleichung der Curven zu finden), was sich nach der Erfindung der Infinitesimalrechnung so gestaltet wie aus nachstehendem Beispiel erhellt. Mit Bezug auf Figur 27 erhält man für die Subtangente $FD$, weil sich verhält: $FD : DB = BE : EC$, $FD = \frac{x\,dy}{dx}$. Soll man nun die Curve finden deren Subtangente $= \frac{x^2}{a + y}$ ist, so erhält man $\frac{x\,dy}{dx} = \frac{x^2}{a+y}$, d. i. $(a + y)\,dy = x\,dx$ und hieraus durch Integration: $x^2 = 2ay + y^2$. Die fragliche Curve ist sonach eine gleichseitige Hyperbel.

1) Wählt man den Scheitel der gemeinen Cykloide zum Ursprunge der rechtwinkligen Coordinaten, nimmt die Abscissen ($x$) vertikal und die Ordinaten ($y$) horizontal, so hat man bekanntlich, wenn der Halbmesser des Rollkreises $= 1$ gesetzt wird:

$$y = arc\ (sin\,vers. = x) + \sqrt{2x - x^2}. \text{ Da ferner}$$

$$d\,arc\ (sin\,vers. = x) = \frac{dx}{\sqrt{2x - x^2}} \text{ und}$$

$$arc\ (sin\,vers.) = \int \frac{dx}{\sqrt{2x - x^2}} \text{ ist, so hat man auch}$$

$$y = \int \frac{dx}{\sqrt{2x - x^2}} + \sqrt{2x - x^2}, \text{ wie oben.}$$

2) Bezeichnet man das Bogenelement $BC$ in Figur 27 mit $ds$, so erhält man aus dem Dreieck $BCE$ (auch Leibniz-Dreieck genannt nach **Gerhardt** ‚Die Entdeckung der höheren Analysis', S. 151) : $ds = \sqrt{dx^2 + dy^2}$.

wichtiges Beispiel in Erinnerung zu bringen [1]), entlehnen wir den betreffenden Stoff der ‚Act. Erud.' Jahrg. 1684, S. 385, welcher dort die Ueberschrift trägt: „Demonstrationes novae de Resistentia solidorum" [2]).

Wie bereits vorher Mariotte [3]), so erörtert Leibniz in dieser Abhandlung die Bruchfestigkeit prismatischer Körper unter der Voraussetzung, daß dem Bruche eines jeden Körpers eine größere oder kleinere Biegung vorausgehe und zwar nach dem schon 1661 vom Dr. Hooke ausgesprochenen Gesetze, daß (innerhalb gewisser Grenzen), die Ausdehnung der dehnenden Kraft proportional sei. Hiermit wurde zugleich die Behandlung desselben Gegenstandes von Galilei (S. 63, Figur 12) berichtigt, der die Körper als völlig unelastisch, d. h. die Fasern als unausdehnbar voraussetzte. Mit Galilei übereinstimmend legte jedoch Leibniz die Drehungsachse für den Augenblick des Bruchs wieder in die untere Kante $AD$ des Balkens (Figur 28) an der Stelle, wo er an der vertikalen Wand $WW$ befestigt ist.

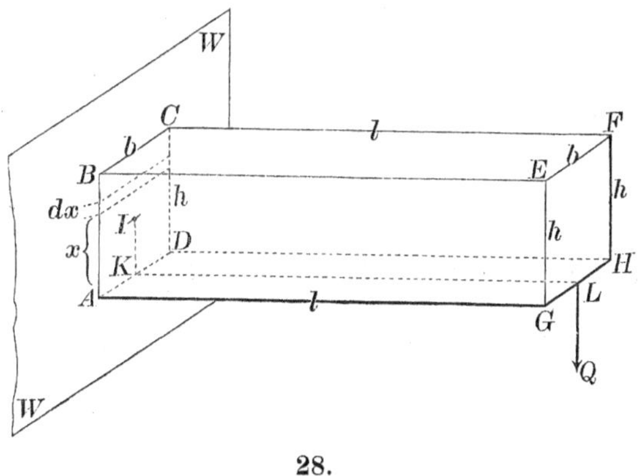


28.

Ist hier $k$ der Widerstand der Fasern vom Querschnitte $= 1$, im Augenblick des Zerreißens an der oberen Schicht $BC$, wo das Abreißen beginnen muß und $k_1$ dieser Widerstand der Faser in der Entfernung $IK = x$ von der

1) Ein gebildeter Ingenieur ersten Ranges im Gebiete der mathematischen Behandlung des Widerstandes elastischer Körper, Herr Professor Winkler an der technischen Hochschule in Berlin, erklärt in seinem werthvollen Artikel „Abriß der Geschichte der Elastizitätslehre" in der Zeitschrift ‚Technische Blätter', III. Jahrg. (1871), S. 26: „daß Leibniz der Elastizitätslehre, durch die Erfindung der Differenzialrechnung einen Dienst von unschätzbarer Wichtigkeit geleistet habe".

2) Gerhardt, ‚Leibnizens mathem. Schriften', Bd. II (1860), S. 106.

3) Grundlehren der Hydrostatik und Hydraulik, deutsch von Meinig, S. 394 etc. Mariotte machte von der Infinitesimalrechnung keinen Gebrauch.

Drehachse $AD$, so hat man, nach der erwähnten Voraussetzung $k_1 = k \frac{x}{h}$ (wenn wir übrigens die Bezeichnungen von Figur 12 beibehalten). Der Widerstand einer Schicht von der Höhe $dx$ und der Breite $b$ ist daher $k_1 b dx = k \frac{b}{h} x dx$ und das Widerstandsmoment, in Bezug auf die Achse $AD$: $k \frac{b}{h} x^2 dx$. Man erhält daher wie S. 63, die Gleichung

$$Ql = k \frac{b}{h} \int x^2 dx + \text{Const., d. i.}$$

$$Ql = \tfrac{1}{3} k \frac{bh^2}{l} \text{ und } Q = \tfrac{1}{3} k \frac{bh^2}{l}$$ [1]).

Obwohl hiernach die Bruchfestigkeit desselben Balkens in Bezug auf die Theorie Galilei's im Verhältnisse von 3 : 2 verschieden ausfällt, so stimmen sie doch unter einander mit der Erfahrung darin überein, daß sich die Bruchfestigkeiten parallelepipedischer Balken von einerlei Material, gerade wie die Breiten, und wie die Quadrate der Höhen, umgekehrt aber wie die Längen derselben verhalten. Dagegen erhält man nach beiden Theorien von der Erfahrung sehr abweichende Resultate, wenn man die Bruchfestigkeit prismatischer Balken bestimmt, deren Querschnitte unsymmetrische Figuren, beispielsweise etwa Dreiecke sind.

Zweck und Umfang dieses Buches verhindern leider über Leibniz specielle Leistungen im Gebiete der reinen und angewandten Mathematik, hier mehr als Vorstehendes aufzunehmen. Als nothdürftigen Ersatz verweist der Verfasser nochmals auf die Gerhardt'sche Ausgabe von ‚Leibnizens mathematischen Schriften‘, sieben Bände, Berlin 1849—1863, worin sich nicht nur die Abhandlungen abgedruckt vorfinden, welche Leibniz in den ‚Leipziger Acten‘ veröffentlichte, sondern auch sein Briefwechsel mit Huyghens, Oldenburg, Collins, Newton etc., sowie mit Wallis, Varignon, Herrmann, Tschirnhausen, den Bernoullis, dem Marquis de l'Hospital u. A. und endlich sehr viele Abhandlungen aus den Manuscripten der königlichen Archiv-Bibliothek zu Hannover.

---

1) Später (in den ‚Memoiren der Pariser Akademie‘ von 1708) ging zuerst Parent in Bezug auf die Frage nach der sogenannten Drehungs- oder neutralen-Achse von dem richtigen Satze aus, daß die Summe der Spannungen auf der ausgedehnten Seite gleich der auf der zusammengedrückten Seite sein müßte.

Wir gedenken daher nur noch zweier in den ‚Leipziger Acten' vom Jahre 1686 und 1695 abgedruckter Aufsätze [1]), wo Leibniz dem Descartes (S. 69) gegenüber, nicht nur ein neues Kräftemaaß aufstellte, sondern dabei auch behauptete, man müsse todte und lebendige Kräfte unterscheiden. Unter todter Kraft verstand er den Druck, den die Körper im Zustande des Gleichgewichts an ihren Berührungsstellen auf einander ausübten, dagegen unter lebendiger Kraft eine solche, welche mit wirklicher Bewegung verbunden ist. Die Alten, sagt er, hätten bloß todte Kraft betrachtet, ihre Mechanik sei daher nur Statik gewesen. Das Maaß der todten Kraft sei das Produkt $mv$ (S. 70, Note), als das der Masse in die Geschwindigkeit, das Maaß der lebendigen Kraft dagegen sei das Product der Masse in das Quadrat der Geschwindigkeit, also $mv^2$ (S. 71, Note). Merkwürdiger Weise gingen die Streitigkeiten hierüber erst nach Leibniz' Tode zu Ende, als im Jahre 1743 das berühmte Werk d'Alembert's ‚Traité de dynamique' erschien. In der Vorrede (Préface) dieses Werkes [2]), wies d'Alembert nach, daß die ganze Controverse nur auf Mißverständniß beruhe, oder gar auf Wortstreit hinauslaufe.

In der That erhellt ohne Weiteres aus der Note 6 (S. 69 bis 71), daß man setzen kann:

$$p : p_1 = mv : m_1 v_1,$$

sobald die Geschwindigkeiten $v$ und $v_1$ am Ende gleicher Zeiten erlangt werden, dagegen sich verhält

$$p : p_1 = mv^2 : m_1 v_1{}^2,$$

wenn die Geschwindigkeiten $v$ und $v_1$ nach Zurücklegung gleich großer Wege erreicht wurden.

Es ist also eine offenbare Ungereimtheit (in die gegenwärtig wohl Niemand mehr verfällt) wollte man setzen:

$$p : p_1 = mv : m_1 v_1 = mv^2 : m_1 v_1{}^2.$$

Wir wenden uns nunmehr zur Biographie Leibniz'.

Gottfried Wilhelm Leibniz [3]) wurde Sonntag den 21. Juli 1646 in der Universitätsstadt Leipzig geboren, welcher Ort seit der Reformation als

---

1) Gerhardt, ‚Leibnizens mathematische Schriften', zweite Abth., Bd. II, S. 117 und S. 234.

2) In der Pariser Ausgabe von 1743, S. XVI etc.

3) Bei Abfassung dieser Biographie wurden insbesondere folgende Quellen benutzt: Guhrauer, ‚Leben von Leibniz'. — Grote, ‚Leibniz und seine Zeit'. — Pfleiderer, ‚Gottfried Wilhelm Leibniz als Patriot, Staatsmann und Bil-

ein hervorragender Sitz deutscher Cultur und Wissenschaft galt. Leibniz' Vater war Professor der Moral, Subsenior der philosophischen Facultät und gleichzeitig Notar und in diesem doppelten Berufe als Gelehrter und Geschäftsmann bekannt als rechtschaffener Christ und frommer Hausvater. Leider starb der Vater schon 1652, so daß die Erziehung des Knaben der sorgsamen Mutter allein überlassen blieb.

Auf dem Gymnasium seiner Vaterstadt (der Thomasschule) that sich Leibniz bereits durch seine großen angeborenen Fähigkeiten hervor, zeigte sich aber auch hier schon, nicht bloß als gewandter Autodidakt, sondern namentlich als der zukünftige Polyhistor.

Seinen Talenten entsprechend kam es denn auch, daß er bereits Ostern 1661, also erst $14^3/_4$ Jahre alt, der Universität Leipzig immatrikulirt wurde. Während sich hier seine Fachstudien insbesondere auf philosophische und juristische Gegenstände erstreckten, blieb er in der Mathematik wie in noch anderen Wissenschaften Autodidakt.

Mit den Ehren des ersten akademischen Grades (eines Baccalaureus) geschmückt, ging Leibniz Ostern 1663 nach Jena, um dort unter Weigel[1]) Mathematik, namentlich niedere Analysis und Philosophie zu studiren. Bemerkenswerth ist hierbei, daß Weigel ein entschiedener Feind der Scholastik war, jedoch den Aristoteles nicht völlig verwarf, sondern sich bemühte, ihn mit der Philosophie und Physik der neueren Zeit zu versöhnen. Letztere Aufgabe hatte sich bekanntlich später auch Leibniz gestellt.

Nach Leipzig zurückgekehrt, konnte er dort nicht den für ihn höchsten akademischen Grad, den eines Doctors beider Rechte erlangen, woran allerlei ihm gespielte Ränke hinderten und als letzten Grund der Verweigerung, das einfältige „zu jung" hingestellt wurde.

Bereits 1666 (also 20 Jahre alt) verließ Magister Leibniz seine Vaterstadt gänzlich und ging auf Reisen „brennend vor Begierde größeren Ruhm in den Wissenschaften zu gewinnen und die Welt kennen zu lernen".

Gleich am Anfange der Reise erwirbt er sich bei der zur freien Reichsstadt Nürnberg gehörigen Universität Altdorf[2]), durch glanzvolle Disputationen (5. November 1666), den juristischen Doctorhut, lehnte jedoch die ihm angebotene Professur ab, da ihm die stille Laufbahn eines akademischen Lehrers widerstrebte. Leibniz wendete sich nach Nürnberg und machte dort die Bekanntschaft des Barons v. Boineburg, eines der bedeutendsten Gelehrten und Staatsmänner seiner Zeit, der ihn wieder dem Schauplatze der großen Welt zuführte. Boineburg's Einfluß brachte Leibniz 1670 nach Mainz und 1672

---

dungsträger. Ein Lichtpunkt aus Deutschlands trübster Zeit'. — Gerhardt, Geschichte der Mathematik in Deutschland'.

1) Man sehe die Specialschrift ‚Erhard Weigel, der Lehrer von Leibniz und Pufendorf. Ein Lebensbild aus der Universitäts- und Gelehrten-Geschichte des 17. Jahrhunderts'. Nach Quellen bearbeitet von Dr. Spieß, Leipzig 1881.

2) Südöstlich von Nürnberg 1578 gegründet, 1809 aufgehoben und mit Erlangen vereinigt.

im Auftrage des Kurfürsten von Mainz nach Paris, um Ludwig XIV. zur Eroberung Aegyptens zu bewegen und damit einerseits einen drohenden Krieg von Deutschland abzuwenden, anderseits zur Lösung der orientalischen Frage (Ausbreitung der christlichen Civilisation im Oriente) beizutragen.

In Paris widmete sich Leibniz (ernstlicher als bisher) dem speciellen Studium der höheren Mathematik, wobei er auch mit Huyghens bekannt wurde, der ihm ein Exemplar seines 1673 erschienenen Werkes ‚Horologium oscillatorium' schenkte [1]).

Eine Fülle von Anregungen und insbesondere das Studium der Cartesiani'schen Geometrie, hatte in ihm das Bedürfniß geeigneterer Mittel als die gebräuchlichen zur Ausführung höherer Rechnungen hervorgerufen, wobei er auf die Erfindung der Differenzial- und Integralrechnung, im October 1675 aber zuerst auf die höchst glücklichen Bezeichnungen dieser Rechnungsoperationen (auf die Erfindung des Algorithmus [2]) der höheren Analysis) gekommen sein soll.

Im October 1676 verließ Leibniz Paris, um nach Deutschland zurückzukehren. Er nahm seinen Weg über London, wo er die persönliche Bekanntschaft von Collins machte, der damals Secretair der Royal Society war und sich im Besitze einer Abhandlung von Newton: ‚De Analysi per aequationes numero terminorum infinitas' befand, von welcher Leibniz Kenntniß genommen haben soll [3]).

In demselben Jahre (December 1676) folgte Leibniz dem Rufe des gelehrten Herzogs Johann Friedrich von Calenberg, Göttingen und Grubenhagen (Fürstenthum Hannover) nach Hannover, um hier als Rath und Bibliothekar zu wirken.

Hier wurde er bald, wie früher zu Mainz, neben seinen bibliothekarischen Arbeiten in die höheren Staatsangelegenheiten eingeweiht, wobei die undeutsche Politik dieses Fürsten Leibniz sehr oft schmerzlich berührte. Indeß starb schon 3 Jahre nachher (1679) der Herzog und sein Bruder Ernst August gelangte zur Regierung. Diesem hochgebildeten, männlichen und deutschgesinnten Fürsten stand Sophie, die geistreiche und liebenswürdige Tochter des unglücklichen Kurfürsten von der Pfalz (Friedrich V.) zur Seite. Beide verstanden es Leibniz zu würdigen, der es seinerseits eben so verstand sich schnell bei ihnen in Gunst zu setzen.

Von hier ab entwickelte Leibniz eine bewunderungswürdige Thätigkeit, sowohl als treuer Diener seines Fürstenhauses, als auch in dem Gebiete der

---

1) Gerhardt, ‚Leibnizens mathematische Schriften', erste Abth., Bd. II, Briefwechsel zwischen Leibniz und Huyghens.

2) Mit dem Namen Algorithmus bezeichnet man (jetzt) jedes wiederkehrende zur Regel gewordene Rechnungswesen. (Man sehe hierüber auch Klügel's ‚mathem. Wörterbuch', Bd. I, S. 67).

3) Gerhardt a. a. O., S. 153 bemerkt, daß die Möglichkeit nicht bestritten werden kann es habe Leibniz von der Newton'schen Abhandlung Kenntniß genommen. Brewster in seinem Werke ‚Das Leben Newtons' bemerkt im 3. Capitel, daß dem Collins die Newton'sche Methode der Fluxionen bereits im Anfange des Jahres 1669 von Dr. Barrow mitgetheilt worden wäre.

Wissenschaften. Insbesondere war es Sophiens fein gebildeter Geist, welcher den großen Philosophen, den kenntnißreichen Gelehrten, gewandten Schriftsteller und Dichter zu schätzen verstand. Ueberhaupt beginnt von hier die glänzendste Laufbahn und die fruchtbarste Periode seines Wirkens.

In diese Zeit (October 1681), die trübste Deutschlands, fällt auch eine Hauptheldenthat Ludwig XIV. von Frankreich, nämlich der Raub Straßburgs, worüber Leibniz seinen Schmerz und seine tiefste Entrüstung aussprach, wo er immer nur konnte [1]).

Im Jahre 1682 begründet der Leipziger Professor Mencke die erste in Deutschland erschienene gelehrte Zeitschrift unter dem Titel ‚Acta Eruditorum', worin Leibniz die vorzüglichsten seiner mathematischen Arbeiten nach und nach veröffentlichte.

1684 erscheint in der Octobernummer dieser Zeitschrift die bereits vorher erörterte Abhandlung, welche die Entdeckung der Differenzialrechnung enthält [2]).

Neben seinen politischen, historischen und mathematischen Arbeiten finden wir Leibniz auch jahrelang beschäftigt mit der Construction einer Rechenmaschine [3]), mit Plänen zur Verbesserung der Harzbergwerke, mit Arbeiten über das Münzwesen und mit geologischen Studien, die er mit Beobachtungen

---

1) Leibniz machte auf jenen niederträchtigen Act folgenden Vers, den Straßburg an Deutschland richtet und welcher (nach Pfleiderer, a. a. O., S. 135) also lautet:

„Schandfleck, welchen der Rhein mit all' seinen Wogen nicht abwascht
Daß daliegen im Schlaf allzumal Kaiser und Reich!"

Der Verfasser bringt hier für die deutsche studirende Jugend in Erinnerung, daß Straßburg am 28. September 1870 nach siebenwöchentlicher regelmäßiger Belagerung von den Deutschen wiedergewonnen wurde.

Von Leibniz Bemühungen für den Ruhm und die seiner Zeit so sehr nothwendige Erhebung Deutschlands zu wirken, giebt u. a. auch eine Schrift Zeugniß, welche mein verstorbener Freund Archivrath Dr. Grotefend aus den Handschriften der königlichen Bibliothek zu Hannover im Jahre 1846 veröffentlichte. Diese Abhandlung trägt den Titel:

‚Ermahnung an die Teutschen, ihren Verstand und Sprache besser zu üben, sammt beigefügtem Vorschlag zur Stiftung einer Teutschgesinnten Gesellschaft'

und beginnt mit folgenden Worten:

„Es ist gewiß, daß nächst der Ehre Gottes einem jeden tugendhaften Menschen die Wohlfahrt seines Vaterlandes billig am meisten zu Gemüthe gehen sollte".

2) Diese gelehrte Zeitschrift wurde leider mit dem Jahrgange 1776 geschlossen, woran Kriegsunruhen und die sorglose Redaction die Hauptschuld trugen. In den mathematischeu Theilen derselben finden sich als fruchtbarste Mitarbeiter genannt: Leibniz, Huyghens, Jacob und Johann Bernoulli, l'Hospital u. A. Mit allen Supplementen und Registern bildet das Werk eine Reihe von 117 Quartbänden.

3) Leibniz lernte in Paris die primitive und nur zur Addition und Sub-

im Harz begann und deren Frucht seine Protogaea war, eine Theorie über die Entstehung und Bildung der Erde.

Um diese Zeit hatte auch der für die Entwicklung und den Ausbau der höheren Analysis wichtige Briefwechsel von Leibniz mit Huyghens, Wallis, Varignon, den Gebrüdern Bernoulli, dem Marquis de L'Hospital und Anderen begonnen [1]). Unter allen diesen Correspondenzen war die zwischen Leibniz und Johann Bernoulli die umfangreichste geworden; sie erstreckte sich ohne Unterbrechung von 1693 bis zum Tode Leibniz'. Vielleicht ist sie auch die wichtigste unter allen, da sie besonders der Integralrechnung, d. i. derjenigen Disciplin gewidmet war, die Johann Bernoulli die bedeutendsten Erweiterungen zu verdanken hat.

Während dieser Zeit (2. Sept. 1692) war der Herzog Ernst August zur Kurfürstenwürde gelangt, wozu Leibniz wesentlich in Wien mitwirkte.

Im Jahre 1698 starb Kurfürst Ernst August und es folgte ihm sein Sohn Georg Ludwig in der Regierung. Obwohl dieser neue Kurfürst Leibniz immer sein „lebendiges Dictionnaire" nannte, so herrschte doch zwischen Letzterem und seinem neuen Herrn eine Entfremdung, die es zwischen Beiden nie zu einer vertraulichen Annäherung und persönlichen Hingabe kommen ließ, wovon der Grund vorzugsweise in dem kalten, verschlossenen Charakter des Kurfürsten lag.

Dafür beginnt zu dieser Zeit die Entfaltung der geistigen Freundschaft zwischen Leibniz und der Tochter des Kurfürsten Ernst August, Sophie Charlotte, die sich inzwischen mit dem Kurfürsten Friedrich von Brandenburg verheirathet hatte. Letzterer Fürstin hatte man es auch mit zu verdanken, daß der Kurfürst von Brandenburg nicht nur einen von Leibniz entworfenen Plan zur Gründung einer Societät der Wissenschaften in Berlin genehmigte und am 11. Juli 1700 den Stiftungsbrief vollzog, sondern auch daß Leibniz zum beständigen Präsidenten der Societät ernannt wurde.

Nicht ohne Einfluß blieb Leibniz bei den Verhandlungen am kaiserlichen Hofe in Wien, welche von Berlin aus zur Gewinnung der Königskrone stattfanden und sich insofern nach Wunsch gestalteten, als schon am 18. Januar 1701 zu Königsberg die Krönung Friedrich's, als erster König von Preußen, erfolgen konnte.

Auch ging Leibniz' Wunsch, in unmittelbarer Nähe der neuen Königin von Preußen verweilen zu können, im Herbst und Winter des Jahres 1701 in

---

traction brauchbare Pascal'sche Rechenmaschine kennen und kam sofort auf den Gedanken, eine andere zu construiren die für alle vier Species eingerichtet war. Im Frühjahr 1673 war bereits ein Modell dieser Maschine fertig, während erst 1694 unter Mitwirkung des Pariser Mechanikers Olivier die Maschine selbst fertig wurde, die sich heute auf der königl. Bibliothek in Hannover vorfindet. Diese Maschine ist dem Principe nach gleich der des Mechanikers Thomas in Colmar. Man sehe hierüber einen Aufsatz des Ingenieur Gerke in Bd. IX der ‚Zeitschrift für Vermessungswesen', S. 305.

1) Diese Briefwechsel finden sich sämmtlich abgedruckt in der Gerhardtschen Ausgabe von ‚Leibnizens mathem. Schriften', erste Abth., Bd. I bis IV. 1849 bis 1859.

Erfüllung, wo er in Berlin und Lützenburg (Charlottenburg) die schönsten, innerlich reichsten Tage seines Lebens mit seiner königlichen Schülerin und Freundin in den Gebieten der Wissenschaften verlebte.

Die philosophischen Unterredungen, welche damals Leibniz mit der preußischen Königin führte, gaben die Veranlassung und bildeten die Grundlage zu Leibniz' populärstem Werke, zu seiner ,Theodicee', oder der Idee einer Rechtfertigung Gottes wegen des Uebels in der Welt'. Leider starb die erhabene Frau schon 1705 bei einem Besuche in Herrenhausen, so daß die ,Theodicee', welche erst 1710 erschien, gleichsam ein bleibendes Denkmal bildete, welches Leibniz seiner königlichen Freundin nach ihrem Tode setzte.

Ungeachtet des hohen Ansehens, in welchem Leibniz bei den damaligen Monarchen Europas (Peter dem Großen, dem deutschen Kaiser Karl VI. [1]) u. s. w.) stand, mußte Leibniz erfahren, daß ihn sein Kurfürst zwar schätzte, aber ihn niemals nach dem Beispiele seines Vaters, seiner Mutter und seiner Schwester, zu seinem Freunde erhob. Leider steigerte sich dieses Mißverhältniß ganz besonders, als seine erhabene Freundin die Kurfürstin Sophie am 8. Juni 1714 starb und auch der Tod der Königin Anna von England (12. August 1714) erfolgte, wonach der Kurfürst Georg Ludwig, unter dem Namen Georg I. den englischen Thron bestieg.

Von hierab betrachtete man Leibniz eigentlich nur als eine aus der fürstlichen Gunst gefallene Größe.

Zu mancherlei noch anderen geistigen Aufregungen, insbesondere seinem Streit mit Newton über die Erfindung der Infinitesimalrechnung, gesellten sich im Anfange des Jahres 1716 bei Leibniz auch kleinere und größere körperliche Leiden, die ihn allerdings nur selten hinderten, die Arbeit an der Vollendung seines geschichtlichen Werkes ,Origines Guelficae' zu unterbrechen.

Leider erfolgte sein Tod bereits am 14. November 1716 in Hannover (im Eckhause der Schmiede- und Kaiserstraße)[2]). Leibniz' Asche ruht in der Neustädter (St. Johannes) Kirche. Eine kupferne Platte in einem der Gänge der Kirche mit der Inschrift „Ossa Leibnitii" zeigt die betreffende Stelle an. Im Jahre 1790 wurde ihm am Waterlooplatze und zwar unweit der königlichen öffentlichen Bibliothek im Archivgebäude, welcher Leibniz vorstand, ein Denkmal errichtet.

Wir schließen unsere Biographie mit Leibniz' Wahlspruche, welcher seinen Sarg ziert und also lautet:

„Pars vitae, quoties perditur hora, perit".

(So oft eine Stunde verloren geht, verliert man einen Theil des Lebens).

---

1) Leibniz wirkte damals für die Gründung einer Societät der Wissenschaften in Wien, deren Errichtung sich jedoch gewisse ehrwürdige Väter derartig widersetzten, daß die Sache unterblieb. Es vergingen über 130 Jahre ehe sich Oesterreich einer Akademie der Wissenschaften erfreuen konnte. Erst am 30. Mai 1846 wurde dieselbe in Wien gegründet und von 1848 ab datiren sich ihre Sitzungsberichte.

2) Der König Ernst August von Hannover ehrte Leibniz' Andenken durch den Ankauf dieses Hauses, welches heute noch unverändert erhalten ist.

Obgleich der Verfasser dieses Buches der Ansicht ist, daß beide ausgezeichnete Männer Newton und Leibniz die Infinitesimalrechnung, ganz unabhängig von einander, von ganz verschiedenen Gesichtspunkten ausgehend, erfunden haben, so hält er es doch für angemessen, die Urtheile einiger später lebenden berühmten Mathematiker über diese Erfindung hier anzuführen.

Leonhard Euler sagt hierüber in dem unten genannten Werke [1]) Folgendes:

„Spuren von dieser Untersuchung (die Grenze zu finden denen das Verhältniß der Zunahme zweier Veränderlichen sich immer mehr nähert, je kleiner diese Zunahme wird) finden wir schon bei den ältesten Mathematikern, welchen man daher auch nicht alle Kenntniß in der Analysis des Unendlicheu absprechen kann. Nach und nach bekam diese Wissenschaft Wachsthum, und sie hat sich nicht plötzlich oder auf einmal zu der Größe empor geschwungen, in welcher wir sie jetzt erblicken; obgleich immer noch mehr in ihr zu entdecken als bereits wirklich gefunden ist. Denn da sich die Differenzialrechnung über alle Arten der Functionen verbreitet, sie mögen so zusammengesetzt sein, wie sie irgend wollen, so konnte die Methode, die verschwindenden Elemente aller Functionen untereinander zu vergleichen, nicht auf einmal entdeckt werden, sondern man sah sich gezwungen die zusammengesetzten Functionen nach und nach zu untersuchen. Was nämlich die rationalen Functionen betrifft, so kannte man das letzte Verhältniß ihrer verschwindenden Incremente schon lange vor Newton und Leibniz, so daß die Differenzialrechnung, insofern sie die rationalen Functionen zum Gegenstande hat, schon geraume Zeit vor ihrer Periode erfunden worden ist. Dagegen leidet es keinen Zweifel, daß wir denjenigen Theil der Differenzialrechnung, welcher sich mit den irrationalen Functionen beschäftigt, dem unsterblichen Newton verdanken und der binomische Lehrsatz war es vorzüglich, wodurch er der Differenzialrechnung diese glückliche Erweiterung verschaffte. Leibniz sind wir nicht weniger verpflichtet. Er brachte nämlich diesen Calcul, den man bis dahin bloß als einen besonderen Kunstgriff betrachtet hatte, in die Form einer Wissenschaft, bildete aus den Regeln derselben ein System und stellte dasselbe in einem hellen Lichte dar. Hiernach bekam man die schätzbarsten Hülfsmittel denselben zu erweitern und das Fehlende, aus gewissen Principien abgeleitet, hinzuzufügen. Bald darauf wurden durch die Bemühungen von Leibniz und der von ihm dazu ermunterten Bernoullis die transcendenten Functionen in das Gebiet der Differenzialrechnung aufgenommen und nun auch ein fester Grund zur Integralrechnung gelegt. Es hatte aber auch schon Newton sehr wichtige Versuche aus der Integralrechnung geliefert und man kann eigentlich den Ursprung dieser Wissenschaft, wegen ihrer so engen Verbindung mit der Differenzialrechnung gar nicht genau angeben“.

---

1) ‚Vollständige Anleitung zur Differenzial-Rechnung‘, aus dem lateinischen übersetzt von J. A. C. Michelsen, Professor der Mathem. etc. in Berlin, Th. I, S. LXXI der Vorrede.

Lagrange theilt in seinen ‚Leçons sur le calcul des functions' S. 321 ff. und 326, folgende Ansichten über den betreffenden Gegenstand mit:

„Man kann Fermat als den ersten Erfinder des neuen Calculs ansehen. Aber seine Zeitgenossen faßten den Geist dieser neuen Rechnungsart nicht ganz auf, sondern sahen sie nur als einen besonderen Kunstgriff, nur auf wenige Fälle mit Schwierigkeiten anwendbar an". —

Barrow führte unendlich kleine Größen ein und benutzte diese bereits 1674 in seiner Tangentenmethode unter Anwendung des bereits S. 119 (Note 3) erörterten kleinen Dreiecks. Allein seine Methode war nur einzeln dastehend, indem sie sich nur auf rationelle Functionen anwenden ließ und die Entwicklung einer Reihe erforderte, in welcher man die höheren Potenzen, der unendlich kleinen Größen wegließ. Es fehlte noch ein allgemeiner Algorithmus, anwendbar auf alle Arten von Ausdrücken, durch den man direct und ohne eine Reduction der algebraischen Formeln zu ihren Differenzialen übergehen konnte. Diesen stellte Leibniz (1675) auf und Newton scheint unstreitig etwas früher auf eben diese Abkürzungen der Rechnung für die Differenziationen gekommen zu sein. Aber in der Bildung der Differenzial-Gleichungen und ihrer Integration besteht das große Verdienst und die eigentliche Gewalt der neuen Rechnungsarten, und in diesem Punkte scheint mir der Ruhm der Erfindung fast einzig Leibniz zuzukommen und vornehmlich (surtout) den Bernoullis.

Endlich spricht sich Laplace in dem unten genannten Werke [1]) über diese Entdeckungen wie folgt aus:

„Ein hochwichtiger Gegenstand, den wir Leibniz verdanken, ist die höchst glückliche Bezeichnung, die sich fast von selbst auf die große Erweiterung anwandte, welche die Differenzial-Rechnung durch die Betrachtung der partiellen Differenziale erhielt". Und ferner: „Die Sprache der Analysis, die vollkommenste aller Sprachen, ist schon an sich selbst ein mächtiges Hülfsmittel und Werkzeug der Entdeckung und ihre Bezeichnungen, wenn sie glücklich gewählt sind und mit dem Gegenstande in nothwendiger Beziehung stehen, enthalten die Keime neuer Rechnungsweisen".

Schließlich citirt der Verfasser hier noch den etwas starken Ausdruck, welchen Gerhardt in seiner ‚Geschichte der Mathematik', S. 182, bei der Beurtheilung des Gegenstandes, braucht und der wie folgt lautet:

„Newton's Fluxionsrechnung verhält sich zu Leibnizens Differenzialrechnung, wie ein roher Marmorblock zu der durch Künstlerhand daraus geschaffenen Statue" [2]).

---

1) ‚Théorie analytique des probabilités'. Troisième Edition, Paris 1820. Introduction, p. XXX und XXXV.

2) Beachtenswerth ist dennoch Gerhardt's Schrift ‚Die Entdeckung der höheren Analysis', Halle 1855. In einer Note S. 86 dieser Schrift wird der An-

Aus Allem, was im Vorstehenden über Leibniz berichtet wurde, dürfte hervorgehen, daß der Schluß nicht falsch ist, diesen, zu seiner Zeit einzigen berühmten Gelehrten Deutschlands im Gebiete der Mathematik, Philosophie und der Staatswissenschaften, einen Polyhistor im wahren Sinne des Wortes und zwar „den deutschen Aristoteles" zu nennen, der gewiß noch viel mehr geleistet haben würde, wäre er so vom Glücke begünstigt worden, wie Aristoteles durch die Gunst Alexander's des Großen, dessen Begleiter er überall sein konnte beim Zuge durch die damalige civilisirte Welt und wären Leibniz' letzte Lebenstage nicht durch allerlei (hohe und niedrige) Intriguen, durch Einschränkungen und Zurücksetzungen verbittert worden, wie dies in der That der Fall war, die um so lähmender und verderblicher auf den großen Geist wirkten, als derselbe von dem Fehler einer gewissen Ruhmredigkeit und Eitelkeit[1]) nicht freigesprochen werden konnte.

## §. 16.

### Die Brüder Bernoulli und der Marquis de L'Hospital.

Wir haben jetzt zunächst der Männer zu gedenken, welche sich in der Leibniz-Zeit um die Weiterbildung und Anwendung der Differenzialrechnung und Integralrechnung ganz besonders verdient machten. Obenan stehen in dieser Beziehung die Brüder Jacob und Johann Bernoulli[2]) und nächst diesen der Marquis de L'Hospital.

---

merkung (des Scholium) gedacht, womit Newton die erste Section des ersten Buches seiner ‚Principien' schließt und worin derselbe erklärt, daß ihm Leibniz ungefähr zehn Jahr früher ein Rechnungsverfahren mitgetheilt habe, welches dasselbe leiste, als seine Fluxionsrechnung. In der 3. Ausgabe der ‚Principia', welche 1725 (also zwei Jahre vor Newton's Tode) erschien, entfernten die englischen Herausgeber dieses Scholium und ersetzten es durch ein anderes. (Man sehe auch die Wolfers'sche Uebersetzung, S. 598).

1) Gerhardt, ‚Geschichte der Mathematik in Deutschland', S. 175.

2) Die Familie Bernoulli verließ, wahrscheinlich um den Bedrückungen des grausamen Alba zu entgehen, 1568 Antwerpen, wo sie, dem Kaufmannsstande angehörig, glücklich gelebt hatte. Sie siedelte erst nach Frankfurt a. M. über, nachher (1622) vertauschte das damalige Haupt, ebenfalls ein Jacob, letztere Stadt mit Basel. Der älteste Sohn dieses Jacob, Nicolaus mit Namen, wurde Stammvater der berühmten Mathematiker, war ebenfalls Kauf-

Jacob Bernoulli[1]) gelangte, nachdem er Leibniz' Abhandlung (S. 121) von 1684 in den ‚Act. Erud.‘ kennen gelernt hatte, durch eigenes Nachdenken zur Einsicht in die Mysterien des Leibniz und eröffnete seine desfallsigen Arbeiten mit der

---

mann, zugleich aber auch Mitglied des großen Rathes der Stadt Basel. Er hinterließ 11 Kinder, von denen das fünfte unser Jacob und das zehnte der ebenfalls bereits genannte Johann war. Die bedeutendsten Männer dieser Familie bekleideten nach einander über 100 Jahre Lehrstühle der Mathematik an der Universität Basel und zeigten das höchst seltene Beispiel, wie auf berühmte Großväter ebenso tüchtige Söhne, Enkel und Urenkel folgen können. Folgende kleine Geschlechtstafel dieser Familie dürfte nicht überflüssig sein:

Nicolaus (! 1623; † 1708).

- Jacob I. (! 1654; † 1705)
  - Nicolaus.
- Nicolaus
  - Nicolaus I. (! 1687; † 1759).
- Johann I. (! 1667; † 1748)
  - Nicolaus II. (! 1695; † 1726);
  - Daniel I. (! 1700; † 1782);
  - Johann II. (! 1710; † 1790).
    - Johann III. (! 1744; † 1807);
    - Jacob II. (! 1759; † 1789).

Ausführlicher berichten Poggendorff im ‚Biograph-liter. Handwörterb.‘, ferner Wolf in seinen ‚Biographien‘ und Cantor in der ‚Allgem. deutsch. Biographie‘. Bd. II, S. 470 etc.

1) Jacob B. wurde am 27. December 1654 alten, oder am 6. Januar 1655 neuen Stiles, in Basel geboren und sollte nach dem Willen seines Vaters Theologie studiren, während ihn die Natur zum Mathematiker bestimmt hatte. In Bezug auf letztere Wissenschaft war daher Jacob B. lange Zeit Autodidakt, wozu noch kam, daß er sich auch anfänglich fast ohne literarische Hülfsmittel befand. Nach glücklich bestandenem theologischen Examen verließ er 1676 das väterliche Haus, unterrichtete erst in Genf und dann im südlichen Frankreich nach eigenen Methoden als Informator und als Privatlehrer, bereiste hierauf Holland, England und Deutschland und veröffentlichte 1681 eine die Kometentheorie betreffende mathematische Schrift, die allerdings eine Erstlingsprobe genannt werden mußte. Nach einer zweiten Reise, die besonders Holland und England umfaßte, kehrte er 1682 bleibend nach Basel zurück, wo er Vorlesungen über Experimentalphysik mit großem Erfolge hielt und dabei zugleich der Lehrer der Mathematik seines 13 Jahr jüngeren Bruders Johann wurde. Erst 1687 gelangte Jacob B. zur mathem. Professur, die ihm leider auf kurze Zeit deshalb wieder entzogen wurde, weil er sehr übele Missbräuche der Universisät Basel öffentlich gerügt hatte. Während dieser Zeit hatte der für die mathem. Wissenschaften so fruchtbare Briefwechsel zwischen ihm und Leibniz begonnen, der bis zum Jahre 1705 fortdauerte und der sich ziemlich vollständig in Gerhardt's Werke ‚Leibnizens mathem. Schriften‘ abgedruckt vorfindet. Nicht minder thätig war Jacob B. schon vom Jahre 1684 an, als Mitarbeiter der Leipziger ‚Acta Eruditorum‘, worin er eine Reihe von Abhandlungen veröffentlichte über Gegenstände aus fast allen Zweigen der reinen und angewandten Mathematik, deren Inhalt einen großen Theil seiner ‚Opera om-

Auflösung des von Leibniz 1687 eigentlich den Cartesianern gestellten Problems der isochronischen Curve um diesen die Vortheile seiner neuen Rechnungsmethode darzuthun. Unter dieser Curve (nicht mit der Tautochrone, S. 91 zu verwechseln) verstand man diejenige krumme Linie, auf welcher ein schwerer Körper mit gleicher (constanter) Geschwindigkeit lothrecht herabfällt, also in gleichen Zeiten um gleiche Räume in verticaler Richtung herabsinkt. Jacob B. löste dieses Problem mit Hülfe der höheren Analysis (wie schon vorher Huyghens auf synthetischem Wege) im Jahre 1690 und veröffentlichte die Lösung in der Mai-Nummer der ‚Acta Erud.' desselben Jahres, indem er zeigte, daß die erforderliche Curve eine cubische Parabel bildet, deren Gleichung $y^3 = ax^2$ ist, wenn man ihre Achse in die horizontale Ebene legt und ihre concave Seite aufwärts kehrt. Sie heisst der angegebenen Eigenschaft wegen auch „curva descensus aequabilis"[1]). Leibniz legte hierauf eine noch schwierigere Aufgabe vor, nämlich diejenige Curve zu finden, in welcher ein Körper fallen müßte, um sich in gleichen Zeiten einem gegebenen Punkte gleichförmig zu nähern oder sich von ihm eben so zu entfernen. Leibniz nannte diese Curve „isochrona paracentrica"[2]). Auch diese Aufgabe löste Jacob B. 1694 (analytisch) mit besonderem Erfolge.

Durch diese Probleme hatte Leibniz eine früher in der Geschichte der Mathematik wohlbekannte Sitte wieder wach gerufen,

---

nia' ausmachen, die allerdings erst nach seinem Tode und zwar 1744 in Genf erschienen. 1696 wurde Jacob B. Mitglied der Pariser Akademie der Wissenschaften und 1701 auch in die Berliner Akademie aufgenommen.

Leider war dem auch hinsichtlich seines Charakters vortrefflichen Manne kein langes Leben beschieden; schon am 16. Aug. 1705 raffte ihn der unerbittliche Tod, erst 51 Jahre alt, dahin.

Ausführlichere Biographien über Jacob Bernoulli, sind u. A. folgende:

a) ‚Histoire de l'Académie royale des sciences'. Année 1705, p. 139 unter der Ueberschrift: „Eloge de M. Jacques Bernoulli".

b) „Vita Jacobi Bernoulli", in dem vorgenannten posthumen (Genfer) Werke.

c) Wolf in ‚Grunert's Archiv der Mathematik' etc. Th. 25 (1855), S. 312.

d) Cantor in der ‚Allgem. deutsch. Biographie', Bd. II, S. 470.

1) Diese Curve ist zugleich diejenige, welche unter allen Curven zuerst rectificirt wurde und zwar von Neil, Fermat u. A. Auch ist sie die Evolute der gemeinen Parabel. Man sehe deshalb u. A.: Klügel's ‚mathem. Wörterbuch', Artikel „höhere Parabel". Th. III, S. 724.

2) Jacob Bernoulli ‚Opera omnia', p. 627 und ‚Act. Erud.' 1694, Aug., p. 364.

nämlich die Aufgaben öffentlich zu stellen, um dadurch in eigenthümlicher Weise zur Förderung der mathem. Wissenschaften beizutragen. In Anwendung dieses mächtigen Mittels, die Geister zu beleben und zu schärfen, wurde Leibniz durch die damaligen Meister bald kräftig unterstützt. Von vielen Seiten wurden neue Probleme aufgestellt, um deren Auflösung man sich in erfreulicher Weise bemühte.

Vom technischen Standpunkte aus ist in dieser Beziehung zuerst das Problem der Kettenlinie zu erwähnen. Jacob B. stellte die betreffende Aufgabe in den ‚Acta Eruditorum' von 1690 (Maiheft, S. 219) und schon im folgenden Jahre lieferten Johann Bernoulli [1]), Leibniz und Huyghens in derselben Zeitschrift (‚Acta Erud.', 1691) entsprechende Auflösungen. Höchst wahrscheinlich hatte Johann B. nicht ohne Einfluß des

---

1) Johann B. wurde am 27. Juli 1667 (alten Stiles) in Basel geboren und obgleich von seinem Vater zum Kaufmannsstande und nachher zum Mediciner bestimmt, fühlte er sich doch so zur Mathematik hingezogen, daß er bald ein eifriger Schüler seines älteren Bruders Jacob wurde, der ihn in die Principien der höheren Analysis einweihte und den er gewissermaßen einholte, indem er zum selbständigen Schaffen großes Talent zeigte. Nach einer Reise in Frankreich, wo er u. A. auch die Bekanntschaft von L'Hospital machte, arbeitete er von 1692 ab (als Johann nach Basel zurückgekehrt war) mit dem Bruder in erfreulicher Eintracht zusammen und wobei er in Correspondenz mit Leibniz trat, die auch bis zu des Letzteren Tode fortdauerte. Krankheit des älteren Bruders und das hohe Selbstgefühl des jüngeren, verbunden mit großer Eitelkeit und Neid, lockerten bald das brüderliche Band, was endlich in die bitterste Feindschaft ausartete. 1695 kam Johann B. auf Huyghens Empfehlung als Professor der Mathematik und Physik nach Gröningen, wo er bis 1705 verblieb. Mancherlei Umstände veranlaßten ihn nach Basel zurückzukehren, wo ihm auch nach dem Tode seines Bruders Jacob dessen Professur angetragen und von ihm angenommen wurde. Diese Stelle verwaltete er 42 Jahre lang, ungeachtet an ihn Berufungen von Leyden, Padua, Gröningen und Berlin ergingen, bis zu seinem Tode, der am 1. Januar 1748 in Basel erfolgte.

Johann B. war Mitglied der Akademie von Paris, Berlin, London, Bologna und St. Petersburg.

Seine Gesammtwerke (Johannis Bernoulli ‚Opera omnia', Tomus I—IV) erschienen 1742 in Lausanne und Genf.

Sein ausgedehnter Briefwechsel mit Leibniz findet sich in der Gerhardtschen Ausgabe der ‚mathem. Schriften' des Letztern, erste und zweite Abtheilung (Halle 1855 und 1856). Eine sehr gute Biographie schrieb in neuester Zeit M. Cantor, für die ‚Allgemeine deutsche Biographie', woselbst sich auch noch andere Abhandlungen über das Leben und Wirken Johann Bernoulli's angegeben finden.

älteren Bruders die Auflösung zu Stande gebracht, so daß das Urtheil der Geschichtsschreiber auch richtig sein wird, die Auflösung sei die Arbeit beider Brüder. Huyghens bewirkte die Auflösung nach eigner synthetischer Methode.

Zur Erinnerung an beide Bernoullis entwickeln wir im Nachstehenden das Differenzial der Kettenlinien-Gleichung in der Gestalt, wie es in den Werken sowohl des Jacob wie Johann B. zu finden ist [1]). Hierzu sei $AB$ (Figur 29) ein beliebiges Ketten- oder Seil-Stück, wovon die Längeneinheit überall das Gewicht $q$ besitzt. Ferner sei $BC$ ein Stück der Kette von der Länge $s$, ihr Gewicht also $qs$, außerdem sei das Element bei $B$ horizontal, das andere Endelement bei $C$ unter dem Winkel $DCB = \alpha$ geneigt, so wie die rechtwinkligen Coordinaten des Punktes $C$, d. i. $\overline{DB} = x$, $\overline{CD} = y$. Bezeichnet man dann mit $\mathfrak{H}$ die überall gleiche Horizontalspannung und die Achsenspannung bei $C$ mit $\mathfrak{S}$, so wie die Verticalspannung daselbst mit $\mathfrak{V}$, so ist bekanntlich:

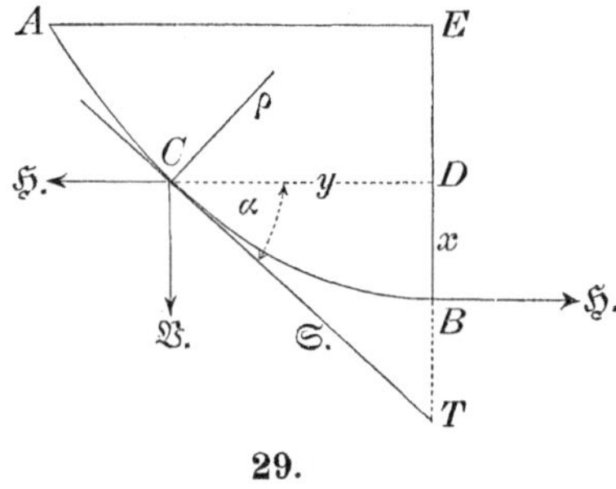

29.

$$\mathfrak{H} = \mathfrak{S}\, cos\, \alpha = \mathfrak{S}\, \frac{dy}{ds} \text{ und}$$

$$\mathfrak{V} = \mathfrak{S}\, sin\, \alpha = \mathfrak{S}\, \frac{dx}{ds}, \text{ also}$$

$$(1)\quad \frac{\mathfrak{H}}{\mathfrak{V}} = \frac{dx}{dy},$$

oder auch, da $\mathfrak{V} = qs$ ist und $\mathfrak{H} = qa$ gesetzt werden kann, sobald $a$ eine noch näher zu bestimmende constante Größe bezeichnet:

$$(2)\quad \frac{\mathfrak{H}}{\mathfrak{V}} = \frac{a}{s} = \frac{dy}{dx}$$

---

1) ‚Jacobi Bernoulli Opera', p. 426 und ‚Johannis Bernoulli Opera omnia'. T. III, p. 495.

Da die Bernoulli'sche Auflösung im Wesentlichen mit der des Huyghens übereinstimmte, so wurde die Lösung dieser Aufgabe, ganz angemessen, als ein vortrefflicher Prüfstein für die Richtigkeit der neuen (höheren) Analysis betrachtet. Die von Leibniz gebrachte Auflösung findet sich auch in dessen von Gerhardt herausgegebenen mathematischen Schriften. Bd. I, p. 243 etc., wobei auch die Auflösungen der beiden Bernoullis und die des Huyghens von Leibniz erörtert werden.

Addirt man jetzt zu beiden Seiten der aus (2) sich ergebenden Gleichung $a^2\, dx^2 = s^2\, dy^2$ den Werth $s^2\, dx^2$, so erhält man

$$dx^2\,(a^2 + s^2) = s^2\,(dx^2 + dy^2) = s^2\, ds^2$$

und hieraus wieder

$$dx = \frac{s\,ds}{\sqrt{a^2 + s^2}}.$$

Das bestimmte Integral dieses Werthes ist aber

$$x = -a + \sqrt{a^2 + s^2},$$

daher auch

$$s = \sqrt{2\,a\,x + x^2}.$$

Verbindet man letzteren Werth mit (2) so ergiebt sich

$$\text{I.}\quad dy = \frac{a\,dx}{\sqrt{2\,a\,x + x^2}}.$$

Dieses ist aber dieselbe Differenzialfunction, welche jeder der beiden Bernoullis an den vorher angegebenen Stellen der betreffenden Werke entwickelt hat [1]). Jacob B. zeigte später auch, daß für $s = qy$ die Kettenlinie eine gemeine Parabel bildet, indem dann aus (2) folgt: $q y d y = a d x$, d. i.

$$y^2 = \frac{2\,a}{q}\,x.$$

1) Die Integration der Gleichung I läßt sich leicht ausführen, wenn man $x + \sqrt{2\,a\,x + x^2} = z$ setzt, woraus $dy = \dfrac{a\,dz}{a + z}$ folgt und daher schließlich als bestimmtes Integral erhalten wird:

$$\text{II.}\quad y = a \text{ Lgnt.}\left(\frac{a + x + \sqrt{2\,a\,x + x^2}}{a}\right)$$

Um die Kettenlinie hiernach zu zeichnen, muß man $a$ (d. h. den Krümmungshalbmesser der Curve im Scheitel $B$) kennen. Ist aber dieser Werth unbekannt, so läßt er sich durch Annäherung wie folgt berechnen, sobald zwei zusammengehörige Coordinaten $\overline{BE} = m$ und $\overline{AE} = n$ gegeben sind.

Zunächst ist wegen II:

$$(\alpha)\quad n = a \text{ Lgnt.}\left(\frac{a + m + \sqrt{2\,a\,m + m^2}}{a}\right)$$

Ferner werde gesetzt: $(\beta)\ \dfrac{a + m + \sqrt{2\,a\,m + m^2}}{a} = w$, so daß aus $(\alpha)$ wird

$(\gamma)\ n = a \text{ Lgnt. } w$. Reducirt man daher aus $(\beta)$

$$a = \frac{2\,m\,w}{(w - 1^2)},$$ so folgt endlich aus $(\gamma)$:

$$n = \frac{2\,m\,w}{(w - 1)^2} \text{ Lgnt. } w$$ und schließlich:

$$(\delta)\quad \frac{n}{2\,m} = \frac{w}{(w - 1)^2} \text{ Lgnt. } w.$$

Ist beispielsweise $n = 8^m$, $m = 5^m$, also $\dfrac{n}{2\,m} = 0{,}8$, so erhält man zuerst für $w = 3$ und dann $w = 3{,}1$ aus $(\delta)$ Werthe, welche erkennen lassen, daß die erstere Satzung zu groß, die letztere zu klein ist und daher aus der Proportion der Differenzen für $w = 3{,}083$, richtiger folgt: $a = 7{,}105$.

Ebenfalls war es Jacob B. welcher das Problem auf ungleich schwere Ketten und Seile erweiterte, wo also das Gewicht der Längeneinheit nicht constant, sondern von einem Punkte der Curve zum andern veränderlich ist, worüber die unten notirten Werke Auskunft geben [1]).

An einer anderen Stelle [2]) (1691) findet Jacob B. zuerst, daß die sogenannte Segelcurve ebenfalls eine Kettenlinie ist, sobald der Wind, nachdem er die Segel in schiefer Richtung getroffen hat, auch völlige Freiheit besitzt wieder herauszukommen. Im folgenden Jahre (1692) brachte auch Johann B. eine Auflösung desselben Problems und zwar in dem Pariser ‚Journal des Savans' [3]), der er später (1714) eine zweite folgen ließ, die ein Theil seiner ‚Théorie de la manoeuvre des vaisseaux' bildet und welcher Briefe an Renau angeschlossen sind [4]). Naturgemäß wurde die Infinitesimalrechnung auch Veranlassung, daß man sich mit fernern Eigenschaften der Curven beschäftigte und war es Johann Bernoulli, der 1696 das desfallsige berühmte Problem der Brachistochrone [5]) vorlegte: „eine Curve von solcher Beschaffenheit zu finden, daß ein schwerer Körper, der auf ihrer concaven Seite herabfällt, von einem Punkte zu einem anderen, die beide nicht in einerlei Verticale liegen, in der möglichst kürzesten Zeit gelangt".

Leibniz soll die Auflösung sofort beschafft haben, verbarg jedoch dieselbe ebenso wie Johann B. selbst. Die von letzterem gestellte Frist von einem Jahre war noch nicht abgelaufen, als Newton, der Marquis de L'Hospital [6]) und Jacob B. ebenfalls

---

1) ‚Opera' p. 450 (Note) und ‚Acta Erud.' von 1691, p. 288.

2) ‚Opera', p. 481 und ‚Acta Erud.' von 161, p. 202.

3) Johann B. ‚Opera omnia', T. I, p. 59.

4) Ebendaselbst, T. II, p. 10 bis 107.

5) Von Bráchistos kürzeste (Superlativ von Bráchys, kurz) und chronos die Zeit. Also „Curve des schnellsten Falles".

6) L'Hospital (oder wie spätere Schriftsteller schreiben L'Hôpital wurde 1661 in Paris von vornehmen Eltern geboren, dem entsprechend er die Beinamen führte Chevalier Marquis de Sainte Mesme, Comte d'Entremont, Seigneur d'Ouques etc. Großes Talent und Vorliebe zur Mathematik setzten ihn in den Stand, sich im 15. Jahre mit Erfolg an der Lösung, der damals beliebten Probleme der Cycloide zu betheiligen. Nachdem er einige Jahre Rittmeister der französischen Cavallerie gewesen war, gab er diese Stellung gänz-

Auflösungen einsandten, die sämmtlich darin übereinstimmten, daß die verlangte Curve eine Cycloide ist, deren Basis eine horizontale Linie bildet. Während sich Newton und de L'Hospital begnügten, das Resultat kurz anzugeben, veröffentlichte Jacob B. seine Auflösung im Maihefte der ‚Acta Erud.' von 1697 [1]). Da-

---

lich auf und zwar sowohl wegen seiner Kurzsichtigkeit als seiner Neigung zur Mathematik. So kommt es, daß er bereits 1690 mit Huyghens in Briefwechsel tritt und noch in demselben Jahre, also 29 Jahre alt, Mitglied der Pariser Akademie der Wissenschaften wird. 1691 machte er in Paris die Bekanntschaft von Johann Bernoulli, mit dem er vier Monate lang auf seinem Landgute Ouques in Touraine verlebte. Im Jahre 1692 tritt er in Correspondenz mit Leibniz, wobei er gleich im ersten Briefe erklärt, daß er die Differenzialrechnung für vollendet (achevé) hielt und nur noch die Ausbildung der Integralrechnung als erforderlich bezeichnet. Die weitere Correspondenz zwischen Leibniz und de L'Hospital erstreckt sich u. A. auch über das Princip der Dynamik, wie es von Leibniz in dem Streite gegen die Cartesianer (S. 125) aufgestellt worden war. (Specielles über diese Correspondenzen findet sich in ‚Leibnizens mathematischen Schriften', herausgegeben von Gerhardt. Erste Abtheilung, Bd. II, S. 211 etc.).

1696 erscheint in Paris sein berühmtes Werk: ‚Analyse des infiniment petits, pour l'intelligence des lignes courbes'. Dies Werk war das erste seiner Art, welches als wirklich brauchbar für den Unterricht in der Differenzialrechnung bezeichnet werden konnte und das selbst noch heut zu Tage zu den klassischen Büchern gezählt werden kann*). In diesem Buche wird auch zuerst die sinnreiche Regel vorgetragen, den Werth eines Bruches zu finden, dessen Zähler und Nenner zu gleicher Zeit verschwinden, wenn man der veränderlichen Größe einen gewissen bestimmten Werth giebt. Nachher nahm de L'Hospital auch Theil an der Lösung des von Johann Bernoulli gestellten Problemes über die Brachistochrone, sowie er sich später ebenfalls mit der Ausbildung der Integralrechnung beschäftigt zu haben scheint.

In solchen Thätigkeiten überraschte ihn, am 2. Februar 1704 zu Paris der Tod. Unter seinen hinterlassenen Manuscripten hat sich auch eine bis auf den Schluß vollendete Dynamik aufgefunden, worüber u. A. Gerhardt a. a. O., S. 215 von ‚Leibnizens mathematischen Schriften' berichtet.

Die ausführlichste Biographie von de L'Hospital findet sich in der ‚Histoire de l'Académie des sciences de Paris', année 1704, p. 125.

1) In Jacob B. ‚Opera' T. II, p. 768 findet sich diese Arbeit abgedruckt. Jacob Bernoulli's Beweis ist besonders gut (gestützt auf die einfachsten Sätze der Differenzialrechnung) wiedergegeben in Belanger's ‚Cours de mécanique', Paris 1847. Der studirenden Jugend empfiehlt der Verfasser recht sehr die von Gugler in Stuttgart besorgte deutsche Bearbeitung der Belanger'schen ‚Mechanik', woselbst sich der fragliche Beweis S. 152 bis 154 vorfindet. Unter Benutzung der Variationsrechnung findet sich in Navier-Wittstein's ‚Differenzial- und Integralrechnung', S. 591 ein sehr schöner Beweis.

*) Bossut in seinem Versuche einer Geschichte der Mathematik bemerkt

bei legte er zugleich zwei neue Probleme vor, wovon das isoperimetrische für uns das wichtigste ist und wodurch er überdies den Grund zur sogenannten Variationsrechnung legte [1]).

Bei Stellung dieser Aufgabe hatte Jacob zugleich beleidigende Aeußerungen gegen seinen Bruder Johann hinzugefügt, dahin gehend, als zweifle er an seiner Fähigkeit zur Auflösung, welcher Umstand den eitlen und ruhmsüchtigen Johann derartig bewegten, daß ein Bruderzwist in der Weise entstand, wie er bis dahin in der Geschichte der Mathematik nicht vorgekommen war. Johann knüpfte Unwahrheiten an Schimpfworte und zeigte überall seinen niedrigen Charakter, der seinen nicht zu verkennenden Verdiensten um die Wissenschaft so oft schadete [2]).

Allerdings kam es so wie Jacob Bernoulli erwartet hatte. Johann löste die Aufgabe falsch, was Jacob veranlasste, seine Auflösung zu veröffentlichen in der Schrift: ‚Analysis magni pro-

---

hierzu (I, S. 163): „Das Werk des Marquis de L'Hospital entschleierte die ganze Wissenschaft der Differenzialrechnung".

1) Etwas allgemeiner als Bernoulli selbst giebt Bossut seiner ‚Geschichte der Mathematik', Th. II (deutsche Uebersetzung, S. 170) diese Aufgabe in folgenden Worten:

„Unter allen isoperimetrischen Curven zwischen gegebenen Grenzen eine Curve von der Beschaffenheit zu finden, daß, wenn man eine zweite Curve construirt, deren Ordinaten beliebige Functionen der Ordinaten oder der Bogen jener sind, der Flächeninhalt der zweiten Curve ein Größtes oder Kleinstes bildet. Diesem Hauptprobleme fügte er noch ein anderes dem von der Brachistochrone mehr analoges bei, worüber die vorbezeichnete Quelle Auskunft giebt".

Es werde hier die Gelegenheit benutzt die studirende Jugend auf einen vortrefflichen, einfach und leicht verständlich geschriebenen Artikel Schlömilch's in Dresden aufmerksam zu machen, der unter der Ueberschrift „Isoperimetrisch" im 25. Theile der ‚Encyklopädie von Ersch und Gruber', S. 83—90 enthalten ist. Als Beispiele löst Schlömilch folgende drei Aufgaben:

a) Welche ist unter allen isoperimetrischen Curven diejenige, die die größte Fläche einschließt? Die fragliche Curve ist natürlich die Kreislinie.

b) Von welcher unter allen isoperimetrischen Curven zwischen zwei Punkten liegt der Schwerpunkt am tiefsten? Es wird nachgewiesen, daß dieser Anforderung die gemeine Kettenlinie (Note 1, S. 138) entspricht.

c) Welche ist unter allen Curven von gleicher Länge und gleichem Flächeninhalte diejenige, die bei ihrer Umdrehung um die Abscissenachse den größten Rotationskörper erzeugt? Die Rechnung zeigt, daß die größte Curve die (einfachste) elastische Linie ist.

2) Bossut (‚Geschichte der Mathematik', Th. II, deutsche Uebersetzung, S. 380) vergleicht deshalb Jacob Bernoulli mit Newton und Johann Bernoulli mit Leibniz.

blematis isoperimetrici' (Basilae, 1701). Diese Schrift, die letzte wissenschaftliche That Jacob B.'s, wurde überall für ein Meisterstück der Erfindung und des Scharfsinns und für die genialste Schöpfung auf dem Gebiete der höheren Analysis gehalten. Erst 13 Jahre nach seines Bruders Tode (der 1705 erfolgte), gab Johann B. den Irrthum selbst zu und lieferte dabei eine richtige Auflösung, die jedoch im Grunde mit der seines Bruders ganz einerlei ist [1]).

Um im Sinne unseres Buches, die besonders technisch wichtigen Arbeiten der Brüder Bernoulli, so weit als möglich, zu besprechen, kehren wir zuerst zum Jahre 1691 zurück, wo Jacob seine schönen Arbeiten über die logarithmische Spirale in den Leipziger ‚Acten' [2]) veröffentlichte.

Wurde diese Curve auch bereits von Descartes [3]), Mersenne [4]), entfernter auch von Wallis und Barrow betrachtet [5]), so war es doch zuerst Jacob B., der zum Nachweise der Eigenschaften derselben die neuen analytischen Methoden in Anwendung brachte [6]), die Längen der Bogen und die Flächenräume

---

1) ‚Jacobi Bernoulli Opera', T. II, p. 895.

Ueber diese ganze Angelegenheit berichten namentlich folgende Quellen: ‚Jacobi B. Opera', von p. 814 ab, ferner ‚Joh. B. Opera omnia', T. II, p. 235 und Bossut a. a. O., S. 164—181.

2) ‚Acta Erud.' 1691, mensis junii, p. 282 und ‚Jacobi B. Opera', p. 442.

3) Montucla a. a. O., T. II, p. 45.

4) Ebendaselbst, S. 45.

5) Klügel's ‚mathem. Wörterbuch', Artikel „Spirale", S. 439.

6) Der Verfasser bringt hier zunächst eine der technisch wichtigsten Eigenschaften der log. Spirale, nämlich die in Erinnerung, daß in jedem Punkte $E$ (Figur 30) die Tangenten $\overline{ET}$ mit dem Leitstrahle $\overline{AE}$ (radius vector) einen constanten Winkel $\psi$ bildet.

Um dies nachzuweisen hat man zuerst, mit Bezug auf die Bezeichnungen der Figur: (1) $tg.\,\psi = \dfrac{\overline{EF}}{\overline{GF}} = \dfrac{z\,d\varphi}{dz}$. Ferner ist bekanntlich:

$z = a^\varphi$, also $dz = d\varphi a^\varphi$ Lgnt. $a = z\,d\varphi$ Lgnt. $a$ und

daher (2) $\dfrac{z\,d\varphi}{dz} = \dfrac{1}{\text{Lgnt. } a}$, demnach zufolge (1):

$$tg.\,\psi = \frac{1}{\text{Lgnt. } a}.$$

Verlangt man beispielsweise, daß $\psi$ constant $= 60^0$ sein soll, so wird $tg.\,60^0 =$

1,732 und Lgnt. $a = \dfrac{1}{1{,}732} = 0{,}577$, woraus folgt $a = 1{,}78$,

deshalb aber schließlich $z = 1{,}78^\varphi$,

wonach die Curve leicht gezeichnet werden kann.

Auf dem Satze von dem constanten Winkel, welchen die Tangenten der

bestimmte, den Zusammenhang dieser Curve mit der loxodromischen Linie auf der Kugel zeigte und ferner fand, daß die Evolute und die Caustica (Brennlinie)[1]) dieser Spirale dieselben Linien mit ihr sind und dass sie sich noch auf viererlei Art selbst erzeugt. Diese erzeugten Linien nannte Jacob B. Anticaustica, Pericaustica und Cycloidalis. Die Eigenschaft dieser Spirale sich auf vielerlei Arten selbst zu erzeugen, veranlaßte Jacob B. ihr den Namen „Spira mirabilis" zu geben.

Um der Nachwelt nicht nur eine seiner schönsten Arbeiten, sondern auch seinen Glauben an die Unsterblichkeit in Erinnerung zu bringen, bat er seinen Grabstein mit der Inschrift zu versehen:

„Eadem mutata resurgo".

(Zu deutsch etwa: „Ich selber ein Bild der Spirale werde auferstehen", oder „Trotz der Verwandlung erhebe ich mich wieder als dasselbe Wesen").

---

log. Spirale mit dem Lichtstrahle bilden, beruht die Construction der gekrümmten Messer, unter anderen der Häckselschneidemaschinen nach dem Systeme Lester (Rühlmann, ‚Allgem. Maschinenlehre', Bd. II, S. 675, zweite Auflage), die Bildung der gekrümmten Heuschläge auf den ebenen Flächen der Mühlsteine (Rühlmann, ebendaselbst, S. 228) etc.

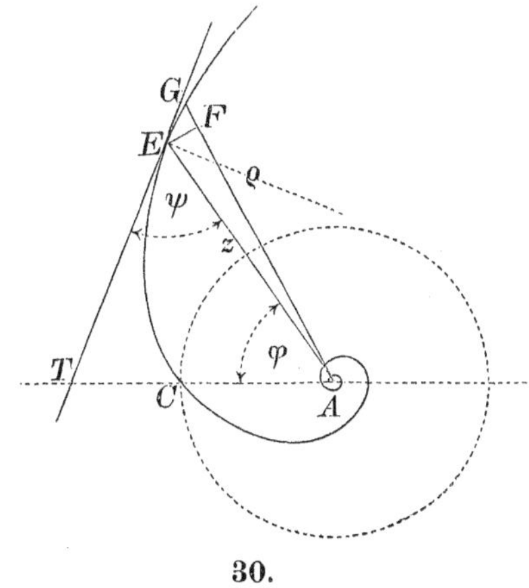

30.

Ferner läßt sich zeigen, daß die Flügel (Schaufeln) der Schiffsanker auf das vortheilhafteste nach einer logarithmischen Spirale gekrümmt werden, sobald die Flügel mit Leichtigkeit in den Grund einschneiden und zugleich den größten Widerstand gegen das Schiff leisten sollen. Die theoretische Auflösung dieser Aufgabe (die richtige Form der Schiffsanker zu bestimmen) hat zuerst der berühmte schwedische Admiral Chapmann gegeben. Ein Auszug dieser Arbeit findet sich in Gilbert's ‚Annalen der Physik', Bd. VI (1800), S. 81 bis 95, unter der Ueberschrift „Von der richtigen Form der Schiffsanker".

1) Mit dem Namen Caustica belegt man eine Curve, auf welcher die Durchschnittspunkte je zweier unmittelbar benachbarter, von einem Punkte ausgehender Lichtstrahlen liegen, welche von einer gegebenen Linie zurückgeworfen oder gebrochen werden, wenn man diese, wie die zugehörigen auffallenden Linien in steter Folge nimmt. Man sehe hierüber Klügel's ‚Mathem. Wörterbuch', Artikel „Brennlinie" und Wilde's ‚Geschichte der Optik', Th. I, S. 340.

Für die Ingenieur-Mechanik von großer Wichtigkeit ist noch das zuerst von Jacob B. gelöste Problem der elastischen Linie, d. h. die Auffindung der Gestalt derjenigen Curve, welche die Achse eines elastischen Stabes (Streifens oder einer Ruthe) annimmt, wenn dessen Biegung durch äußere Kräfte erfolgt.

Galilei hielt die elastische Linie (ebenso wie die Kettenlinie) für eine Parabel und noch derselben Meinung waren spätere Schriftsteller, wie Gasto Pardies und Franciscus Tertius de Lanis[1]). Erst Jacob B. löste die Aufgabe und zeigte in der soeben citirten Zeitschrift und in den ‚Memoiren der Pariser Akademie der Wissenschaften', daß die fragliche Curve von ganz eigenthümlicher Beschaffenheit sei[2]). Indeß ist der bei der Auflösung des Problemes von Jacob B. eingeschlagene Weg derartig, daß wir hier nur des von ihm benutzten (noch heute gültigen) Hauptsatzes gedenken, welcher also lautet:

Das statische Moment ($M$) der äußeren Kräfte, multiplicirt mit dem Krümmungshalbmesser ($\varrho$) des Punktes der Curve, worauf das Moment bezogen wurde, ist gleich einer Constanten $= W$[3]). Hiernach kann gesetzt werden:

$$M\varrho = W \text{ oder } \frac{W}{\varrho} = M,$$

d. h. das statische Moment verhält sich umgekehrt wie der Krümmungshalbmesser der elastischen Linie an dem bezeichneten Punkte.

Den Nutzen dieses Satzes für die Ermittlung des Widerstandes der Materialien, sowie aller Untersuchungen über die elastische Linie überhaupt, scheint Jacob B. offenbar nicht gekannt zu haben, wonach sich hier der Satz bestätigen würde, daß auch im Gebiete der Wissenschaften die Erfinder nicht immer die besten Anwendungen zu machen verstehen, vielmehr sich mit der Entdeckung neuer Wahrheiten begnügen und deren Anwendungen ihren Nachfolgern überlassen.

---

1) Nach Jacob Bernoulli's Angaben in den ‚Acta Erudit.' anno 1694, p. 263.

2) ‚Acta Erud.', ebendaselbst p. 263 und P. M. von 1705, p. 176. Auch in Jacob B.'s. ‚Opera', p. 576 unter der Ueberschrift „Curvatura laminae elasticae etc." und p. 987 als Problem „Trouver la courbure elastique etc."

3) Die Constante $W$ wird gegenwärtig das Elasticitätsmoment genannt und durch das Product $ET$, d. i. aus dem Elasticitätsmodul ($E$) multiplicirt mit dem Trägheitsmomente $T$ des normalen Querschnittes des betreffenden Körpers, dargestellt. Man sehe deshalb u. A. des Verfassers ‚Geostatik', 3. Aufl., S. 317.

Noch ist einer Reihe von Arbeiten Jacob Bernoulli's zu gedenken, welche sich auf die Theorie des Oscillationscentrums oder des Agitationscentrums (S. 94) beziehen und zwar aus folgenden besonderen Gründen: Erstens weil sich auch bei diesem ausgezeichneten Manne der Satz bestätigt, daß alle Menschen einmal irren können und zweitens weil Jacob B. von einem Satze Gebrauch machte, mittelst dessen später d'Alembert jede Aufgabe der Dynamik auf eine Aufgabe der Statik zurückführte. Mit der von Huyghens aufgestellten Behandlung des Problems vom Schwingungsmittelpunkte (S. 95) war man seiner Zeit nicht überall einverstanden, um so weniger als damals das Princip von der Erhaltung der lebendigen Kräfte noch nicht bewiesen war.

Daher versuchte auch Jacob B. eine andere Lösung, woraus jedoch nur erhellt, daß die gestellte Aufgabe nicht so leicht war, indem sich dieser sonst so ausgezeichnete Mathematiker in einem erheblichen Punkte irrte[1]). L'Hospital[2]) verbesserte den Irrthum, den Jacob B. begangen hatte. Nachher (1691) veröffentlichte auch Jacob B. neue Darstellungen seiner Auflösungsmethode[3]), die ihren Abschluß jedoch erst in den ausführlichen Darlegungen[4]) von 1703 und 1704 fanden. An letzteren Stellen löst Jacob B. das Problem nicht nur in seiner größten Allgemeinheit und (in der Abhandlung von 1704) mit Nachweisung der zufälligen Einerleiheit des Mittelpunktes des Schwunges mit dem des Stoßes (S. 104, Note 1), sondern auch unter Benutzung des Begriffes der verlorenen Kräfte, worauf nachmals (1743) d'Alembert das nach ihm benannte Princip der Dynamik gründete und worauf wir später zurückkommen.

Vorstehende Erwähnung L'Hospital's giebt uns Veranlassung, der Lösung einer Aufgabe dieses wackern Mannes zu gedenken, die ihm 1695 von Sauveur[5]) vorgelegt wurde und welche

---

1) Dühring, ‚Geschichte der Principien der Mechanik' (erste Auflage), S. 135, zweite Ausgabe S. 133. ‚Jacobi B. Opera'; T. I, p. 277 und ‚Acta Erud.' 1686, p. 356.

2) ‚Jacobi B. Opera', p. 454, nach der ‚Histoire des ouvrages des savans' von 1690, p. 440.

3) ‚Acta Erud.' 1691, p. 317.

4) ‚Mémoires de l'acad. des sciences de Paris' 1703, p. 78 und 1704, p. 1.

5) Sauveur, geb. 1653 zu La Flèche, gest. 1716 zu Paris, unterstützte Mariotte in seinen hydr. Versuchen, wurde darauf (1686) Professor der Mathe-

für die technische Mechanik eben so viel wissenschaftliches Interesse wie Werth für das Gebiet der Anwendung hat.

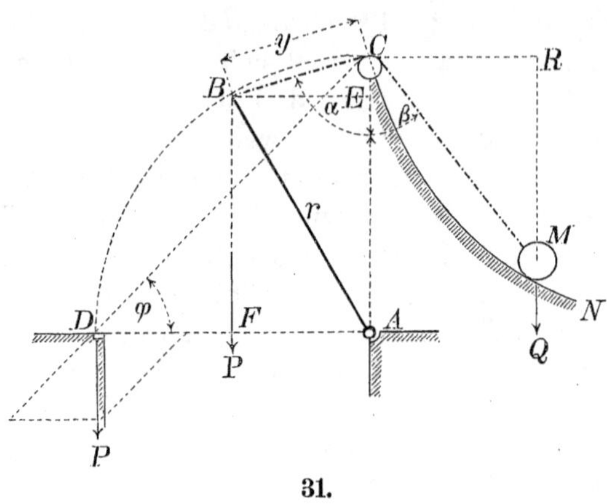

31.

Es ist dies folgende Aufgabe:

„Um einen Punkt $A$ (Figur 31) ist eine sogenannte Klappbrücke $AB$ drehbar, in deren einem Ende $B$ ein Seil (oder eine Kette) $BCM$ befestigt ist, welches man über eine vertical über dem Drehpunkt der Brücke befindliche feste Rolle $C$ geschlagen hat. Am freien Ende $M$ des Seiles wirkt ein Gewicht $Q$, man soll die Gleichung der krummen Linie $CN$ finden, auf welcher dies Gewicht mit der Brücke $AB$ überall im Gleichgewichte ist".

L'Hospital löste diese Aufgabe noch in demselben Jahre, veröffentlichte die betreffenden Resultate in den ‚Actis Erud.' von 1695, p. 56 und zeigte, daß die Gleichung der krummen Linie $CN$ vom vierten Grade ist. Fast unmittelbar nach L'Hospital gab Johann Bernoulli[1]) nicht nur eine viel allgemeinere Auflösung des Problems der Gleichgewichtscurve[2]), sondern zeigte auch, daß sie zur Familie der Cycloiden gehört. Auch Jacob B. und Leibniz beschäftigten sich mit dieser Aufgabe[3]). Nach den

matik am Collège royale und 1696 Mitglied der Akademie der Wissenschaften. Irrt der Verfasser nicht, so war Sauveur der erste, welcher eine Abhandlung über die Reibung eines Seiles, das über einen festliegenden Cylinder läuft, schrieb. Diese Arbeit ist im Jahrgange 1703 der ‚Memoiren' p. 305 der erwähnten Akademie abgedruckt.

1) ‚Acta Erud.' von 1695, p. 59.

2) Dabei dachte sich Johann B. an jeden der Seilenden $B$ und $M$ Gewichte auf Curven laufend, welche beide verschieden von der Kreislinie sind und wobei auch die feste Leitrolle $C$ in ganz beliebiger Höhe lag etc. Man sehe hierüber auch des Verfassers ‚Geostatik', 3. Auflage, S. 235, wo die betreffende Aufgabe in dieser Allgemeinheit gelöst ist.

3) ‚Acta Erud.' von 1695, p. 65 und p. 184.

Arbeiten dieser vier berühmten Autoren läßt sich die Gleichgewichtscurve, für den einfachsten Fall der Klappbrücke $AB$ (Figur 31) ableiten, daß der Drehpunkt der festen Rolle auch der Anfang der Gleitbahn für das Gewicht $Q$ ist, wie folgt: Es sei $l$ die ganze zwischen $B$ und $M$ befindliche Seil- oder Kettenlänge, wovon das Gewicht (hier) vernachlässigt werden soll. Für die in Figur 31 gezeichnete Lage der Klappe $AB$ sei $BC = y$ und $CM = z$, so daß sich $l = y + z$ und $y = l - z$ ergiebt. Für die gedachte Lage von $AB$ sei ferner $\angle BCE = \alpha$ und $\angle ECM = \beta$. Denkt man sich das Gewicht der Klappe $AB$ von deren Schwerpunkte nach dem Ende $B$ reducirt und zu $P$ ermittelt, so hat man nach einem zuerst von Johann B. aufgestellten Satze[1]):

$$(1)\quad P\,.\,\overline{BF} = Q z \cos\beta.$$

Nun ist aber $\overline{CE} = y \cos\alpha$ und daher $\overline{EA} = \overline{BF} = r - y \cos\alpha$ wenn man $\overline{AB} = r$ setzt.

Demnach aus (1):

$$(2)\quad P\,(r - y \cos\alpha) = Q z \cos\beta.$$

Da ferner $\cos\alpha = \frac{y}{2r} = \frac{l - z}{2r}$ ist, so läßt sich statt (2) auch schreiben:

$$(3)\quad P\left[r - \frac{(l-z)^2}{2r}\right] = Q z \cos\beta.$$

Ist $z =$ Null, so wird $y = l$ und $P$ gelangt nach $D$, so wie $Q$ nach $C$. Deshalb ist für diesen Fall $P = Q \sin\varphi$, wenn $\varphi$ den Winkel $CDA$ bezeichnet. Da nun $\varphi = 45^0$, also $\sin\varphi = \frac{1}{\sqrt{2}}$ und daher $P = \frac{Q}{\sqrt{2}}$ und $l = r\sqrt{2}$ ist, so ergiebt sich schließlich:

$$\text{I.}\quad z = 2r\sqrt{2}\,[1 - \cos\beta].$$

Dieser Ausdruck ist aber nichts anderes als die Polargleichung einer Epicykloide, wobei der Grundkreis gleich dem wälzenden Kreise ist[2]). Dem französischen Ingenieur Belidor war das letztere Resultat 39 Jahre nachher, noch unbekannt, da in dessen

1) Princip der virtuellen Geschwindigkeit, von dem nachher gleich die Rede sein wird.

2) Es sei $ACG$ (Figur 32) der Bogen einer Epicykloide, welche dem besonderen Falle entspricht, daß der Grundkreis $AM$ und der Rollkreis $ADE$ gleich groß sind und der Radius eines jeden dieser Kreise $= a$ ist. Nehmen wir den Berührungspunkt $A$ der beiden Kreise als Pol, setzen für einen Punkt $C$ des Bogens den Radius vector, d. i. $AC = z$ und den zugehörigen Polwinkel $CAH = \beta$, so läßt sich erst zeigen, daß auch $\angle HCA = \beta$ ist.

Werke über die Ingenieurwissenschaften, zweite Ausgabe. Haag 1734 die Curve $CN$ als Sinusoide aufgeführt wird [1]).

Zu L'Hospital's Arbeiten zurückkehrend heben wir noch hervor, daß dieser sich auch um die Theorie der Brennlinien (Katacaustica und Diacaustica) S. 143, verdient machte, die er ausführlich mit so großer Klarheit behandelte [2]),

---

Der Entstehung des Cykloidenbogens $ACG$ entsprechend, ist nämlich $AB = BC$, daher $\angle BMA = BFC$, folglich das $\triangle MHF$ gleichschenklig und folglich $MH = FH$. Weiter ist auch $AH = CH$ und demnach $\angle HCA = \angle CHA$ w. z. B. w.

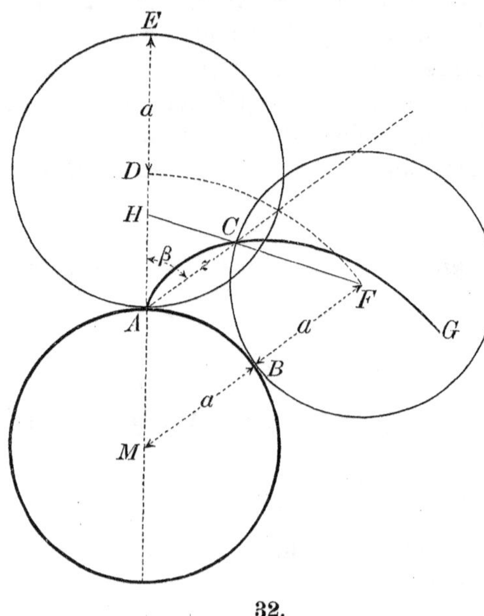


32.

Diesem zufolge verhält sich $z : AH = sin(180 - 2\beta) : sin\,\beta$), daher $AH = \frac{z}{2\cos\beta}$. Ferner hat man $\overline{MH} : \overline{AH} = \overline{MF} : \overline{AC}$ oder $a + AH : AH = 2a : z$ demnach $a + \frac{z}{2\cos\beta} : \frac{z}{\cos\beta} = 2a : z$, d. i. $z = 2a(1 - \cos\beta)$, die obige Gleichung I, sobald jeder der Radien der betreffenden Kreise $a = r\sqrt{2}$ genommen wird.

1) Mit Bezug auf Figur 31 hat man für den Gleichgewichtszustand

$$P \cdot \overline{BF} = Q \cdot \overline{MR} \text{ und da } \overline{BF} = r \sin \angle BAD\text{, auch}$$

$$\overline{MR} = \frac{P}{Q} r \sin \angle BAD.$$

Da hiernach die senkrechten Erhebungen $MR$ des Gegengewichtes $Q$ den Sinus des Erhebungswinkels $BAD$ der Brückenklappe proportional sind, so gab Belidor der Curve den oben bemerkten Namen.

Statt der Gleichgewichtscurven mit constantem Gewichte wendet man jetzt bei Klapp- oder Zug-Brücken (nach Poncelet) ein sinnreiches System veränderlicher Gegengewichte ohne irgend welche Curven an. Man sehe deshalb Poncelet, ‚Mécanique appliquée aux machines', Sect. VIII, Nr. 28. Dagegen macht man selbst in neuerer Zeit bei transportabeln Krahnen von den sogenannten Gleichgewichtscurven Gebrauch, worüber u. A. in des Verfassers ‚Allgemeiner Maschinenlehre', Bd. IV, S. 469 ff. nachzulesen ist.

2) L'Hospital, ‚Analyse des infiniment petits', S. 104 und 120 unter den Ueberschriften: ‚Usage du calcul des différences pour trouver les caustiques par réflexion et par réfraction'.

daß die neuere Zeit hier wohl manches hinzufügen, seine Methode aber nicht übertreffen konnte [1]).

Von Johann Bernoulli sind jetzt noch zwei für die rationelle Technik wichtige Arbeiten zu erwähnen, seine Bemühungen um die Klarstellung des Princips der virtuellen Geschwindigkeiten und seine Entwicklung der hydrodynamischen Grundgleichung für die Geschwindigkeit womit, im einfachsten Falle, das Wasser bei constanter Druckhöhe aus Bodenöffnungen der Gefäße fließt.

Das erstgenannte Princip erörterte Johann B. in einem im Jahre 1717 an Varignon [2]) gerichteten Briefe, woselbst es also heißt [3]): „Wenn irgend welche Kräfte auf irgend eine Art angebracht sind und zwar so, daß sie entweder mittelbar oder unmittelbar wirken, so ist Gleichgewicht vorhanden, wenn die Summe der positiven Energien gleich ist der Summe der negativen. Unter Energie ist zu verstehen das Produkt der Kraft in die Projection der Verschiebung auf die Kraftrichtung und diese ist negativ oder positiv zu nehmen, je nachdem die Projection auf die Verlängerung oder auf die Richtung der Kraft selbst fällt".

Hierbei ist noch auf den Umstand aufmerksam zu machen, daß Johann B. den Ausdruck virtuelle Geschwindigkeit (vitesse virtuelle) hier zum ersten Male gebraucht.

Varignon war es auch, der den großen Nutzen dieses Satzes zur Berechnung des Gleichgewichtszustandes der Maschinen an sehr vielen Beispielen nachwies, weshalb wir auch im zweiten Theile unseres Buches auf diesen zweiten französischen unter den zuerst auftretenden Kämpfern [4]) (nächst dem allerdings genialern L'Hospital) für die gute Sache der Infinitesimalrechnung zurückkommen mehrfach Veranlassung finden werden [5]).

Auch auf Johann Bernoulli's Verdienste um die Hydrodynamik kommen wir im Paragraph 18 (S. 162 u. 166) zurück.

---

1) Wilde, ‚Geschichte der Optik', Th. II, S. 342.

2) Varignon, geb. 1654 zu Caen, gest. 1722 zu Paris. Ursprünglich Theolog, dann 1688 Professor der Mathematik am Collége Mazarin, später auch am Collége royale in Paris. Mitglied der Akademie daselbst 1688.

3) Varignon, ‚Nouvelle mécanique ou statique', T. II, p. 174.

4) Man sehe hierüber auch das Lob, welches deshalb Montucla in seiner ‚Histoire des mathématiques', T. II, p. 397 und 489 dem Varignon ertheilt.

5) Zur Erläuterung und Illustration des Principes der virtuellen Geschwindigkeiten, wie es zuerst Johann B. bestimmt aussprach, erörtern wir nochmal den Stevin'schen Satz von der schiefen Ebene (S. 50, Figur 2). Wir fanden (S. 51), mit Bezug auf nebenstehende Figur 33:

(a) $W_4 \sin \alpha = W_3 \sin \beta$.

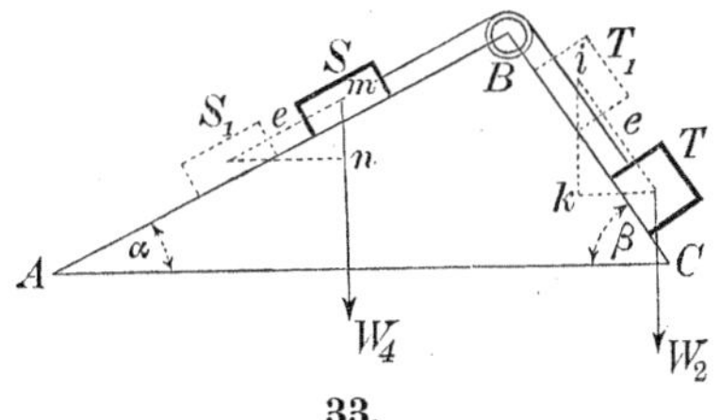


33.

## Fünftes Capitel.

# Das achtzehnte Jahrhundert.

## §. 17.

Während durch die großartigen Leistungen der Mathematiker der 2. Hälfte des 17. Jahrhunderts das Fundament des bewunderungswürdigen Gebäudes der neueren reinen und angewandten Mathematik gelegt wurde, verblieb dessen Auf- und Ausbau sowie seine Gestaltung für den Unterricht, als Aufgabe der darauf folgenden Zeit.

In dem Gebiete der reinen Mathematik, namentlich um die allererste Fortbildung der Integralrechnung, erwarb sich vor Allem Johann Bernoulli derartig große Verdienste, daß er von vielen Seiten als der eigentliche Begründer dieser Rechnung bezeichnet wird [1]).

Unter den Schweizern waren es zunächst Neffe und Sohn Johann's B., beziehungsweise Nicolaus I und II (S. 134), die sich um die Fortbildung der Integralrechnung, namentlich um die Integration der Differenzialgleichungen besonderes Verdienst erwarben, dann Herrmann [2]), der sich überdies noch da-

---

Denkt man sich nun eine Verschiebung der Gewichte $W_4$ und $W_2$ auf den betreffenden schiefen Ebenen und zwar um die beliebige aber gleiche Weggröße $SS_1 = TT_1 = e$, so sind dennoch die Verticalprojectionen dieser Wege verschieden, beziehungsweise $\overline{mn}$ und $\overline{ik}$. Da jedoch $\frac{\overline{mn}}{e} = \sin \alpha$ und $\frac{\overline{ik}}{e} = \sin \beta$ ist, so erhält man aus ($\alpha$):

$$W_4 \cdot \frac{\overline{mn}}{e} = W_3 \frac{\overline{ik}}{e}, \text{ d. i.}$$

$$W_4 \, \overline{mn} = W_3 \, \overline{ik_4}$$

Es sind aber $\overline{mn}$ und $\overline{ik}$ die Wege, welche beziehungsweise die Gewichte $W_4$ und $W_2$ gleichzeitig, im Sinne der Richtung ihrer Wirkung (also vertical) zurücklegten, so daß sich hiermit der Ausspruch Johann Bernoulli's bestätigt. Man beachte hierbei noch besonders die Note 1, S. 66 dieses Buches.

1) Gerhardt, ‚Leibnizens mathematische Schriften', erste Abth., Bd. III, S. 115 (Note) und Klügel's ‚Mathematisches Wörterbuch', Th. II, Artikel „Integralrechnung", S. 763 etc.

2) Jacob Herrmann, einer der vorzüglichsten Schüler Jacob Bernoulli's, wurde 1678 zu Basel geboren und starb daselbst 1733. Er hatte sich durch

durch einen Namen machte, daß er Leibniz' Differenzialrechnung gegen die Einwendungen und Anmaßungen des Holländers Nieuwentiit erfolgreich in der unten angegebenen Schrift zurückwies [1]). Herrmann's Abhandlungen über die Integration der Differenzialgleichungen findet man in den ersten Bänden der älteren Petersburger Commentarien (1728—1738). Letztere Quelle kann gleich als Veranlassung genommen werden des einzigen hier zu nennenden Deutschen „Goldbach" [2]) zu gedenken, der sich in gleicher Richtung auszeichnete.

Unter den italienischen Mathematikern machte sich zunächst

---

die (oben S. 151) erwähnte Schrift gegen Nieuwentiit Leibniz derartig bemerkbar gemacht, daß ihn dieser für eine Professur der Mathematik in Padua vorschlug, die er auch von 1707 bis 1713 bekleidete, wo er als Sturm's Nachfolger an die Universität zu Frankfurt a. d. Oder berufen wurde. Von hier ging er auf Einladung Peter's des Großen nach Petersburg, um die daselbst neu errichtete Akademie mit seinen Arbeiten aufrecht zu erhalten. Indeß verließ er schon 1731 Petersburg wieder und ging als Professor der moralischen Wissenschaften nach Basel zurück, wo er bis zu seinem letzten Lebensjahre verblieb. Als Hauptarbeit Herrmann's ist seine 1716 zu Petersburg erschienene ‚Phoronomie' zu bezeichnen, in welcher die gesammte Statik und Dynamik fester und flüssiger Körper mit viel Talent und Sachkenntniß, aber nicht mit der gehörigen Deutlichkeit und nicht ohne manche Irrthümer abgehandelt wird. Der Verfasser wählte überdies zur Darstellung vorzugsweise den synthetischen Weg Newton's.

Eine ausführlichere von Cantor verfaßte Lebensbeschreibung Herrmann's findet sich in der ‚Allgem. deutschen Biographie', Bd. XII.

1) ‚Responsio ad considerationes secundas cl. Nieuwentiitii circa calculi differentialis principia', Basil. 1700.

Man sehe hierüber auch Weißenborn's ‚Principien der höhern Analysis in ihrer Entwicklung von Leibniz bis auf Lagrange', Halle 1856, S. 123. Ferner:

‚Briefwechsel zwischen Leibniz und Herrmann' in der ersten Abtheilung von Gerhardt, ‚Leibnizens Schriften', Bd. IV, S. 255.

2) Christian Goldbach wurde 1690 zu Königsberg geboren und starb 1764 zu Moskau. Ueber sein Leben sind nur Nachrichten aus der Zeit des angehenden Mannesalters bekannt, namentlich, daß er, etwa 30 Jahre alt, ausgedehnte Reisen machte, wobei er sogenannte wissenschaftliche Größen aus dem Gebiete der Mathematik (namentlich der Familie Bernoulli) kennen lernte und mit mehreren derselben in einen fruchtbaren Briefwechsel trat. Als er einige Zeit hindurch in Berlin als preußischer Hofrath, jedoch ohne bestimmtes Amt, gelebt hatte, ging er 1725 nach Petersburg, wo er bald Mitglied der dortigen Akademie der Wissenschaften und nachher Secretär dieser gelehrten Corporation wurde. Im Jahre 1742 trat er als Collegienrath in das russische Ministerium des Auswärtigen, ward später Etatsrath und starb 1764 als Geheimer Rath. Specielles über seine Leistungen im Gebiete der Mathematik ist namentlich aus seiner Correspon-

die gräfliche Familie Riccati [1]) und aus dieser wieder besonders der Vater Jacopo bemerklich. Letzterer legte namentlich 1722 in den ‚Acta Erud.' (Supplem. T. III, p. 73) den gelehrten Fachgenossen die Differenzialgleichung $dy + ay^2 x^m dx = bx^n dx$ zur Auflösung vor, die auch alle Bernoullis, sowie Goldbach für besondere Fälle [2]) lieferten. Riccati selbst legte zuerst absonderungsfähige Fälle vor, weshalb man diese Gleichung noch heute die Riccati'sche zu nennen pflegt.

Nächstdem ist Gabriel Manfredi [3]) zu nennen, der 1707 eine Schrift über die Construction der Differenzialgleichungen vom ersten Grade herausgab, die wegen der Geschicklichkeit in der Behandlung gerühmt wird. Auch Giulio Carlo Fagnano [4]), Marchese (oder Conte) von Toschi und S. Onorio, zeichnete sich unter den italienischen Mathematikern in der 1. Hälfte des 18. Jahrhunderts, von 1718 ab, aus, insbesondere durch die Bestimmung solcher elliptischer und hyperbolischer Bögen, deren Unterschied eine algebraische Größe ist.

Sogar eine italienische Dame Maria Gaetana Agnesi [5])

---

denz mit Leonhard Euler zu entnehmen, die sich auf die Zeit von 1729 bis 1764 erstreckte und wovon nicht weniger als 177 Briefe von Fuss (dem Vater) in Bd. I (Petersburg 1843) der ‚Correspondance mathématique et physique de quelques célèbres géométres du XVIII. siècle', veröffentlicht wurden.

1) Der Vater, einer seiner Zeit berühmten Familie ausgezeichneter italienischer Mathematiker, Jacopo Riccati, Graf und reicher Privatmann, wurde 1676 zu Venedig geboren und starb 1754 in Trevigi. Nach Vollendung seiner Studien in Padua war er bis 1747 in Venedig und nachher in Trevigi wohnhaft. Von der Republik Venedig wurde Graf Jacopo mehrmals bei Wasserbauten consultirt. Er war Mitglied mehrerer gelehrten Gesellschaften und Vater von fünf Söhnen, wovon drei (Vicenzo, Giordano und Francesco) ebenfalls als vorzügliche Mathematiker bezeichnet werden. Ueber alle vier erstattet Poggendorff ausführliche Berichte in ‚Bibl.-Literar. Handwörterbuche', Bd. II.

2) Leonhard Euler behandelt im ersten Bande §. 436 seiner ‚Integralrechnung' (S. 254 der Salomon'schen Uebersetzung) die Riccati'sche Gleichung in der einfacheren Form von $dy + y^2 dx = ax^n dx$.

Man sehe auch in Klügel's ‚Mathem. Wörterbuch' die Artikel „Integralrechnung", Th. II, S. 770 und Th. II, S. 297 unter der Ueberschrift „Riccati's Gleichung.

3) Gabriello Manfredi, geb. 1681 zu Bologna und gest. 1761 ebendaselbst, war Professor der Mathematik an der Universität zu Bologna, auch Mitglied des Institutes und Secretär des Senats daselbst.

4) G. C. Fagnano wurde 1682 zu Sinigaglia geboren und starb 1766 wahrscheinlich ebendaselbst.

5) M. G. Agnesi wurde 1718 zu Mailand geb. und starb daselbst 1799.

ist unter denen zu nennen, welche sich um die Differenzial- und Integralrechnung verdient machten. Ihr betreffendes Buch, ‚Instituzioni analytiche etc.‘ das 1748 zu Mailand erschien und sogar ins Französische übersetzt wurde, wird wegen der Einfachheit und Klarheit der Behandlung des Gegenstandes gerühmt [1]).

Von französischen Mathematikern, die sich um Ausbildung und Anwendung der Infinitesimalrechnung verdient machten, ist nächst L'Hospital und Varignon zuerst Reyneau [2]) zu nennen, der 1708 ein Werk unter dem Titel herausgab: ‚Analyse démontrée ou manière de resoudre les problémes de mathématiques‘. Der Verfasser hatte sich das Doppelziel gesteckt, erstens mehrere Methoden der Algebra zu begründen und zu erläutern und zweitens, in eben derselben Weise, die Elemente der Differenzial- und Integralrechnung vorzutragen. Bossut [3]) hebt hervor, daß Reyneau lange Zeit in Frankreich der einzige Führer beim Unterrichte in den neuen Rechnungen gewesen sei. Nächstdem wird Nicole [4]) als ein ausgezeichneter französischer Mathematiker genannt [5]), welcher insbesondere (1717—1724) das erste methodische und lichtvolle Elementarwerk über die Integralrechnung endlicher Differenzen unter dem Titel lieferte: ‚Traité du calcul des différences finies‘. Ein längeres Verzeichniß seiner sonstigen mathem. Arbeiten liefert Poggendorff in dem ‚Biographisch-literarischen Handwörterbuche‘.

Später machten sich besonders Fontaine de Bertins [6])

---

Sie war die Tochter des Don Pietro di Agnesi, Lehnsvasallen von Monteveglia mit ungewöhnlichem Talente zur Mathematik begabt, so daß sie 1748 zum Professor an der Universität zu Bologna ernannt wurde. Sie ging zuletzt ins Kloster und starb als Nonne.

1) Ueber die vorbenannten Italiener wird ausführlicher berichtet in Montucla's ‚Histoire des mathématiques‘ T. III, p. 135 bis 188 und in Klügel's ‚Mathem. Wörterbuch‘, Bd. II, S. 770.

2) Reyneau, geb. 1656 zu Brissac bei Angers, gest. 1728 zu Angers. Priester vom Orden des Oratoriums, war R. nachher (von 1683 an) Professor der Mathematik zu Angers. Später (1716) war R. Associé libre der Pariser Akademie der Wissenschaften.

3) ‚Geschichte der Mathematik‘, Th. II, S. 271.

4) Nicole, geb. 1683 zu Paris und gest. 1758 ebendaselbst.

5) Bossut, a. a. O., S. 237.

6) Fontaine de Bertins, ein vermögender in Paris lebender Privatmann, wurde 1705 zu Clavaison (Dauphiné) geboren und starb 1771 zu Cuisseaux (Franche Comté). Er war seiner Zeit ein thätiges Mitglied der Pariser Akademie. Ueber

und Clairault[1]) in mehrfacher Beziehung um die Mathematik verdient. Hier werde nur besonders hervorgehoben, daß man diese beiden Männer in Frankreich als die bezeichnet, welche die Bedingungen der Integrabilität der Differenzialgleichungen entdeckten, während von anderer Seite in letzterer Beziehung dem Leonhard Euler die Priorität zugeschrieben wird[2]). Clairault ist überdies der Begründer der Theorie der Curven von doppelter Krümmung, da vor ihm alles hierhergehörige nur besondere Fälle betraf.

Was die englischen Mathematiker in dieser Zeit anbelangt, so ist hier vorerst nachzutragen, daß Leibniz' Differenzialrechnung in England früher bekannt wurde, als die Fluxionsrechnung Newton's. Namentlich war es der Schotte Craig[3]), der 1685 die Leibniz'sche Differenzialrechnung bei Auflösung einer Aufgabe zuerst brauchte und in einer späteren Schrift[4]), die 1693 in London erschien, Leibniz' Rechnungsmethode als eine herrliche Erweiterung der höheren Geometrie rühmt und dabei gesteht, daß ohne dieselbe seine Untersuchungen ihm sehr schwer geworden sein würden. Auch braucht Craig die Leibniz'sche Bezeichnungsart[5]).

Nichtsdestoweniger bemühte sich das Gros der mathem. Fach-

---

seine mathem. Leistungen berichtet ausführlich Montucla in Tome III, p. 44, 137 etc. seiner ‚Histoire des mathématiques'.

1) Clairault, geb. 1713 zu Paris, gest. ebendaselbst 1765. Ein mathematisches Wunderkind, da er schon 1731, also als 18 jähriger Jüngling, besonders wegen seiner 1730 gedruckten Abhandlung über die Curven von doppelter Krümmung, zum Mitgliede der Pariser Akademie der Wissenschaften ernannt wurde. Clairault war es auch, welcher die neue Rechnungsmethode auf die Bestimmung der Gestalt unserer Erde, auf die Mondtheorie und auf die Theorie der Cometenstörungen anwandte.

2) Man sehe hierüber besonders die Artikel „Differenzialrechnung", „Krumme Fläche" und „Integralrechnung" in Klügel's ‚Mathem. Wörterbuch'.

Auch die Capitel IX und X, Bd. II der Bossut'schen ‚Geschichte der Mathematik', enthalten hierüber beachtenswerthe Angaben.

3) John Craig, geb. (?) in Schottland, gest. (etwa) 1718, war Pfarrer zu Gillingham (?), jedoch meistens in Cambridge wohnhaft.

Seine erste Schrift hatte den Titel: ‚Methodus figurarum lineis rectis et curvis comprehensarum quadraturas determinandi', London 1685.

4) ‚De figurarum curvi linearum quadraturis et locis geometricis'.

5) Man sehe hierüber auch Montucla ‚Histoire des mathématiques', T. III, p. 127 und 130. Ferner Klügel's ‚Mathem. Wörterbuch', Th. II, Artikel „Differenzialrechnung", S. 846.

gelehrten Englands, die Leibniz'sche Differenzialrechnung herabzusetzen und einen Krieg zu führen, der schließlich zu ihrem eignen Nachtheil endete und überdies die englischen Mathematiker hinter den Leistungen der des europäischen Continents um Jahrzehnde zurückbleiben ließ.

Nichtsdestoweniger hat man den englischen Mathematikern dieser Periode mancherlei werthvolle Erweiterungen der Wissenschaft zu verdanken.

In letzterer Beziehung ist zunächst Brook Taylor[1]) zu nennen, der sich zwar bemühte, die Newton'sche Lehre der Fluxionen fester zu begründen und zu vervollkommnen, jedoch von den phoronomischen Sätzen Newton's keinen Gebrauch machte. Taylor's Hauptwerk erschien in London 1715 unter dem Titel ‚Methodus incrementorum directa et inversa'. Darin berücksichtigt Taylor ganz vorzüglich die endlichen Differenzen, oder wie er sie nennt Incremente[2]), dabei die Fluxionen behandelnd als proportional den entstehenden oder verschwindenden Incrementen. Letztere bezeichnet er durch Hinzufügung von Punkten unten an den Buchstaben, so daß das erste Increment von $x$ bezeichnet wird durch $\underset{.}{x}$, das zweite durch $\underset{..}{x}$, das dritte durch $\underset{...}{x}$ u. s. w.

Er leitet dann den berühmten Ausdruck ab, welcher heute noch den Namen „die Taylor'sche Reihe" trägt und der darin besteht, daß, wenn $y$ eine Funktion von $x$ [also $y = f(x)$] ist

---

1) Brook Taylor, geb. 1685 zu Edmonton (Middlesex), gest. 1731 zu London. Taylor wurde als Dr. juris und vermögender Privatmann in Cambridge zum Mathematiker gebildet. Ohne amtliche Stellung, war er seit 1712 Mitglied und von 1714 bis 1718 auch Secretär der Royal Society.

Außer dem oben (im Texte) erörterten nach ihm benannten Satze, zur Entwicklung einer Funktion nach ganzen Potenzen der unabhängigen Veränderlichen hat sich Taylor namentlich durch seine Untersuchungen über die Gesetze und Gestalt schwingender Saiten verdient gemacht. In den ‚Phil. Transact.' von 1713 zeigte er zuerst, daß die gedachte Curve eine längliche Trochoide (socca cycloidis elongata) ist und die Anzahl $= n$ von Schwingungen in einer bestimmten Zeit oder ihre Tonhöhe berechnet werden kann, mittelst der Formel: $n = \sqrt{\frac{pg}{lq}}$ wenn $p$ die spannende Kraft, $g$ die bekannte Zahl $9^{m},809$, $l$ und $q$ Länge und Gewicht der Saite bedeuten. Vollständigere und fehlerfreie Lösungen dieses Problems gaben später u. A. L. Euler und d'Alembert.

2) Ausführlich hierüber handelt Weißenborn in seinen ‚Principien der höheren Analysis', S. 147.

und $x$ in $x + h$ übergeht, wo $h$ eine willkürliche Größe bezeichnet, die Gleichung stattfindet:

$$f(x + h) = y + \frac{h}{1} \cdot \frac{\dot{y}}{x} + \frac{h^2}{1.2} \cdot \frac{\ddot{y}}{x^2} + \frac{h^3}{1.2.3} \cdot \frac{\dddot{y}}{x^3} \ldots \quad ^{1)}$$

Dieser Satz findet sich auch im ersten Theile des 1715 in London erschienenen etwas schwer verständlichen Hauptwerkes Taylor's, welches betitelt ist: ‚Methodus incrementorum directa et inversa' [2]. Der zweite Theil dieses Werkes enthält werthvolle Anwendungen auf Quadraturen, Rectificationen, Schwingungen von Saiten, Ermittlung des Schwingungsmittelpunktes [3], Bestimmung der astronomischen Refraction etc. etc.

Unter den Zeitgenossen Brook Taylor's machte sich auch Roger Cotes [4] um die Mathematik verdient. Er war namentlich der Erfinder eines geometrischen Satzes, wodurch die Binomien $x^n - a^n$ und $x^n + a^n$ in einfache Factoren zerlegt werden. Noch heute wird von dieser Zerlegung unter dem Namen „Cotesischer Lehrsatz" Gebrauch gemacht. Nächstdem hat Cotes auch den Weg gebahnt zu der gegenwärtigen Form der Integralrechnung für die Fälle, wo das Integral von Logarithmen oder Winkeln abhängt [5]. Die meisten der von Cotes hinterlassenen Schriften wurden erst nach dessen Tode, von seinem Vetter und Amtsnachfolger Robert Smith [6], herausgegeben, welcher auch, nach An-

---

1) Jetzt schreibt man bekanntlich:

$$f(x + h) = y + \frac{h}{1} \cdot \frac{dy}{dx} + \frac{h^2}{1.2} \cdot \frac{dy^2}{dx^2} + \frac{h^3}{1.2.3} \cdot \frac{d^3y}{dx^3} \ldots$$

oder (nach der Bezeichnung von Lagrange):

$$f(x + h) = f(x) + \frac{h}{1} \cdot f_1(x) + \frac{h^2}{1.2} f_2(x) + \frac{h^3}{1.2.3} \cdot f_3(x) \ldots$$

2) Bemerkenswerth dürfte es sein, daß L. Euler des Taylor's nicht als Erfinder des Satzes gedenkt. Andere behaupten sogar, daß er zuerst von dem Schotten Stirling gefunden wurde.

3) Ueber Taylor's Bestimmung des Schwingungsmittelpunktes handelt auch Dühring in der ‚Geschichte der Mathematik', §. 107 (erste Auflage).

4) Roger Cotes wurde 1682 zu Burbach geboren und starb 1716 zu Cambridge. Er war Professor der Astronomie und Physik an der Universisät Cambridge. Seiner Zeit wurde Cotes für einen der vorzüglichsten Mathematiker Englands gehalten. Newton soll seinen Tod mit den Worten betrauert haben: „Wenn Cotes länger gelebt hätte, würden wir noch von ihm etwas gelernt haben". Auch in „Gauss Werke", Bd. III, wird S. 202 über Cotes lobend berichtet.

5) Man sehe hierüber in Klügel's ‚Mathem. Wörterbuch' die Artikel „Cotesischer Lehrsatz" (Th. I, S. 561) und „Integralrechnung" (Th. II, S. 765).

6) Robert Smith, geb. 1689, gest. 1768 zu Cambridge. Smith war Dr.

leitung der von Cotes hinterlassenen Schriften, 1722 das Werk, welches als das erste vollständigere über Integralrechnung anzusehen ist, ‚Harmonia mensurarum, sive analysis et synthesis per rationum et angulorum mensuras promotae‘ herausgab und worin auch der Cotesische Lehrsatz enthalten ist.

Nicht unerwähnt ist der Schotte Stone[1]) deshalb zu lassen, weil er 1730 ein Buch unter dem Titel veröffentlichte: ‚The method of fluxions both direct and inverse‘, dessen erster Theil eine Uebersetzung von L'Hospital's Differenzialrechnung ist und der zweite Theil die Integralrechnung und deren Anwendungen enthaltend, von Johann Bernoulli, wegen seiner Ungenauigkeiten und Fehler sehr stark mitgenommen wurde[2]).

Zu den englischen Mathematikern, die sich um die Ausbildung der mathematischen Wissenschaften verdient machten, ist noch der nach England geflüchtete und dort seiner Zeit als Privatlehrer der Mathematik lebende Franzose Abraham de Moivre[3]) zu erwähnen. Er erweiterte namentlich den Cotesischen Lehrsatz auf die dreitheilige Function[4]):

$$x^{2n} \pm 2\, a^n x^n \cos \varphi + a^{2n},$$

in dem 1730 in London gedruckten Werke ‚Miscellanea analytica de scribus et quadraturis‘.

Am berühmtesten von allen englischen mathematischen Schriftstellern dieser Zeit hat sich der Schotte Maclaurin[5]) gemacht

---

der Theologie, Lehrer der Mathematik des Herzogs von Cumberland und „Master of Mechanics“ des Königs Georg II., dann nach Cotes' Tode Professor der Mathematik an der Universität Cambridge und Mitglied der Royal Society.

1) Edmund Stone, geb. ? zu Inverary (Schottland), gest. 1768 ebendaselbst. Von ihm ist Nichts weiter bekannt, als daß er Verfasser einiger mathem. Werke war, 1725 zum Mitgliede der Royal Society erwählt, jedoch 1742, aus unbekannten Gründen wieder gestrichen wurde.

2) ‚Opera omnia‘, T. IV, p. 169 bis 192 unter der Ueberschrift: „Remarques sur le calcul intégral de Mr. Stone“.

3) A. Moivre wurde 1667 zu Vitry (Champagne) geboren und starb 1754 zu London. Zufolge der Aufhebung des Edicts von Nantes verließ er Frankreich und lebte und wirkte in London. 1697 wurde er Mitglied der Royal Society. Ein Verzeichniß seiner Werke und Abhandlungen liefert namentlich Poggendorff im ‚Biographisch-literarischen Handwörterbuche‘, Bd. II.

4) Eine Construction der Moivre'schen Factoren findet sich u. A. in Klügel's ‚Mathem. Wörterbuche‘, Th. I, S. 564 bis 569.

5) Colin Maclaurin wurde 1698 zu Kilmoddan bei Inverary (Schottland) geboren und starb 1746 zu York. Er war Professor der Mathematik am Marishal College in Aberdeen bis 1725, dann dasselbe an der Universität Edinburgh. Im

durch sein Werk ‚A treatise on fluxions', welches 1742 (in zwei Bänden) in Edinburgh erschien und wovon der Professsor Pezenas in Marseille 1749 eine gute französische Uebersetzung lieferte. In diesem Werke richteten sich Maclaurin's Bemühungen vorzugsweise dahin, die Fluxionsmethode strenger als seine Vorgänger zu begründen. Er sucht zunächst die Fundamentalsätze dieser Methode ohne Zuhülfenahme des Unendlichkleinen, auf dem (synthetischen) Wege der alten Geometrie zu beweisen und löst dann die schwierigsten Probleme aus der Geometrie, Mechanik und Astronomie mit bewunderungswürdiger Eleganz und Ueberlegenheit [1]). Den mathematisch wissenschaftlich gebildeten Technikern ist Maclaurin besonders durch die nach ihm benannte Formel zur Entwicklung der Funktionen in Reihen und durch die Gleichung bekannt, mittelst welcher man im Stande ist, die richtige Sprossenlage der Windräder (mit horizontaler oder etwas geneigter Achse) zu berechnen [2]).

Da wir auf letzteren Gegenstand im zweiten Theile unseres Werkes zurückkommen, so werde hier nur Maclaurin's Reihe in der Gestalt mitgetheilt, wie er sie giebt, d. h. im Kleide der Fluxionsrechnung [3]). Hiernach ist [$f(o) = A_0$ gesetzt]:

$$y = A_0 + \frac{\dot{A}_0}{\dot{x}} \cdot \frac{x}{1} + \frac{\ddot{A}_0}{\dot{x}} \cdot \frac{x^2}{1.2} + \frac{\dddot{A}_0}{\dot{x}} \cdot \frac{x^3}{1.2.3} \cdots$$

Schließlich gedenken wir von betreffenden englischen Mathematikern des Professors Simpson [4]), dem die technische wissen-

---

Jahre 1740 theilte er mit Daniel Bernoulli und L. Euler den Preis der Pariser Akademie über die Ebbe und Fluth des Meeres. 1745 erhielt er den Auftrag, die Stadt Edinburgh gegen die anrückenden Rebellen zu befestigen, wodurch seine Gesundheit derartig untergraben wurde, daß er im Jahre darauf starb.

1) Ueber die Fluxionsmethode unter Maclaurin handelt sehr ausführlich Weißenborn in seiner bereits wiederholt citirten Schrift ‚Die Principien der höheren Analysis', S. 56 bis 69. Ueber Maclaurin's Verdienste um die Geometrie giebt Chasles (deutsche Uebersetzung von Sohncke, S. 160 etc.) Auskunft.

Höchst günstigen Bericht über Maclaurin's Leistungen im Gebiete der mathem. inductiven Wissenschaften erstattet ferner Bossut in seiner ‚Geschichte der Mathematik', Bd. II, S. 273 etc.

2) Man sehe hierüber auch des Verfassers ‚Hydromechanik' (2. Auflage), S. 704 und 733.

3) Nach der Bezeichnung von Lagrange schreibt man Maclaurin's Reihe wie folgt:

$$f(x) = f(o) + \frac{x}{1} f'(o) + \frac{x^2}{1.2} f''(o) + \frac{x^3}{1.2.3} \cdot f'''(o) \ldots$$

4) Thomas Simpson wurde 1710 zu Market-Bosworth (Leicestershire)

schaftliche Welt eine nach ihm benannte Formel verdankt, mittelst der man, annäherungsweise, den Inhalt ebener Flächen berechnen kann, wenn diese ganz oder theilweise von beliebigen Curven begrenzt sind [1]).

Simpson machte seine Formel zuerst 1743 in dem Werke bekannt:

„Mathematical dissertations on physical and analytical subjects".

## §. 18.

### Daniel Bernoulli.

Die Gesetze der Bewegung und Wirkungsweise des Wassers, sowie der atmosphärischen Luft, waren am Anfange des 18. Jahrhunderts, ungeachtet aller Bemühungen Galilei's, Torricelli's und anderer Italiener, ferner Newton's, Mariotte's etc., immer noch so wenig festgestellt, daß die Erscheinung eines Werkes,

---

geboren und starb 1761 ebendaselbst. Er war ursprünglich Weber, dann Schulmeister in Derby, nachher Privatlehrer der Mathematik in London und von 1743 an Professor an der Militärschule zu Woolwich. 1746 wurde er Mitglied der Royal Society. Von Simpson's mathematischen Werken und Arbeiten giebt Poggendorff in seinem ‚Biograph.-literar. Wörterbuch', Bd. II, S. 937 ein ziemlich vollständiges Verzeichniß.

1) Theilt man die betreffende Fläche durch rechtwinklige Ordinaten, die sämmtlich gleichweit um die Größe $b$ von einander abstehen, gehörig ein, ermittelt die Längen dieser Ordinaten, auf einander folgend zu $a_0$, $a_1$, $a_2 \ldots$, so stellt man nach Simpson den Inhalt $F$ der Fläche dar durch:

$$F = \frac{b}{3}\left[a_0 + 4\,a_1 + 2\,a_2 + 4\,a_3 + 2\,a_4 \ldots + 2\,a_{n-2} + 4\,a_{n-1} + a_n\right].$$

Navier in seiner Differenzial- und Integralrechnung (Wittstein'sche Bearbeitung) Bd. II, S. 215 (vierte Auflage), zeigt, daß der genaue Werth von $F$ dem Integrale entspricht:

$$\int_0^{n\Delta x} a\,dx =$$

$$\frac{\Delta x}{3}\left\{\begin{array}{l} a_0 + 4\,a_1 + 2\,a_2 + 4\,a_3 \ldots + 2\,a_{n-2} + 4\,a_{n-1} + a_n \\ -\frac{1}{30}\left(\Delta^4 a_0 + \Delta^4 a_2 + \Delta^4 a_4 \ldots + \Delta^4 a_{n-6} + \Delta^4 a_{n-4} + \Delta^4 a_{n-2}\right. \\ +\frac{1}{30}\left(\Delta^5 a_0 + \Delta^5 a_2 + \Delta^5 a_4 \ldots + \Delta^5 a_{n-6} + \Delta^5 a_{n-4} + \Delta^5 a_{n-2}\right. \\ -\frac{37}{1260}\left(\Delta^6 a_0 + \Delta^6 a_2 + \Delta^6 a_4 \ldots + \Delta^6 a_{n-6} + \Delta^6 a_{n-4} + \Delta^6 a_{n-2}\right. \\ + \;\ldots\ldots \end{array}\right\}$$

Man sehe hierüber auch den Artikel „Quadratur" in Klügel's ‚Mathem. Wörterbuche', S. 150.

welches sowohl in wissenschaftlicher wie technischer Beziehung als epochemachend bezeichnet werden muß, unter allen Betheiligten das größte Aufsehen erregte und mit großen Erfolgen begleitet war. Es ist dies die ‚Hydrodynamik'[1]) Daniel Bernoulli's, welche 1738 in Straßburg (Argentoratum) gedruckt wurde[2]) und auf deren Titel sich Daniel B. vor Allem als den „Sohn Johann Bernoulli's" bezeichnete[3]).

---

1) Dan. Bernoulli ‚Hydrodynamica, sive de viribus et motibus fluidorum commentarii'. Argentorati. Anno MDCCXXXVIII.

2) Bereits 1733 vollendet, als Daniel Bernoulli Petersburg verließ. Man vergleiche die nachstehende Biographie.

3) Daniel Bernoulli wurde am 29. Januar 1700 zu Gröningen geboren. In seinem fünften Jahre siedelten seine Eltern mit ihm von Gröningen nach Basel über, wo sein erster Lehrmeister in der Mathematik sein um 5 Jahre älterer Bruder Nicolaus II. war. Nach des Vaters Willen sollte Daniel Medicin studiren, weshalb er dahin schlagende Vorlesungen erst in Basel, dann in Heidelberg und in Straßburg hörte; erst später (1721—1723) wurde er Zuhörer seines Vaters, der stets große Anforderungen an ihn stellte. 1723 ging er nach Italien, wo er sich theils unter Leitung von Michelotti in Venedig in der praktischen Arzneikunde weiter bildete, theils mit mathematischen Untersuchungen beschäftigte. 1724 befiel ihn in Padua eine gefährliche Krankheit, von der er jedoch bald genas, worauf er gemeinsam mit seinem Bruder Nicolaus II., der ebenfalls Mathematiker war, im Jahre 1725 von der Kaiserin Katharina I. nach Petersburg berufen wurde und zwar als Mitglied der von Peter dem Großen ins Leben gerufenen Akademie der Wissenschaften. Erwähnt zu werden verdient das innige Freundschaftsband dieses Brüderpaares. Beispielsweise erzählt Daniel in einem Briefe an Goldbach (Fuss, ‚Correspondance mathématique et physique etc.', T. II. p. 291), daß sie gemeinschaftlich um mathematische Entdeckungen bemüht waren, deren schriftliche Resultate sie in ein und dasselbe Kästchen warfen, dort durch einander brachten ohne nähere Angabe des jedesmaligen Einzelverfassers, um sie später mit der Bemerkung „per fratrum Bernoulliorum" zu veröffentlichen. Daniel selbst äußert sich hierüber wörtlich folgendermaßen: „Il ne sera pas mauvais de s'arrêter un peu sur l'article de notre amitié, afin qu'on ne croie pas que les disputes de feu mon oncle et de mon père nous aient servi d'exemple".

Leider starb sein Bruder Nicolaus schon im Jahre 1726, so daß er 1730, als der fünfjährige Termin verstrichen war, für welchen er sich in Petersburg verpflichtet hatte, nach Basel wieder zurückzukehren wünschte. Glänzende Gehaltsverbesserungen veranlaßten ihn noch 3 Jahre in Petersburg zu bleiben, worauf er sich um die in Basel freigewordene Professur der Anatomie und Botanik bewarb, diese auch erhielt und noch im December 1733 in sein Vaterland zurückkehrte, das er bis zu seinem im Jahre 1782 erfolgten Tode nicht wieder verließ.

Daniel B. gewann nicht weniger als 10, von der Pariser Akademie der Wissenschaften ausgesetzte Preise, welche er wiederholt mit anderen berühmten

In Daniel B.'s ‚Hydrodynamik' war Alles, sogar der Name neu. Im ersten Abschnitte [1]), worin er die gemeinsamen Principien des Gleichgewichts und der Bewegung flüssiger Körper beleuchtet, hebt er ausdrücklich hervor, daß er seine mathematischen Theorien auf den Satz „der Gleichheit zwischen dem thatsächlichen (actuellen) Herabsteigen und dem möglichen (potentiellen) Aufsteigen basire" [2]), d. i. auf das Princip von der Erhaltung der lebendigen Kräfte (S. 94). Durch erstere Ausdrucksweise hat er wahrscheinlich den Anstoß vermeiden wollen, welchen er durch das Wort „lebendige Kraft" bei Vielen erregt haben würde. Uebrigens brauchte Daniel B. dies Princip wie ein Axiom d. h. als selbstverständlich, ohne daß ein Beweis desselben erforderlich war. Unter Voraussetzung des Parallelismus der Schichten und der Continuität der Flüssigkeiten, ermittelt er die Ausflußgesetze des Wassers und der atmosphärischen Luft aus Gefäßen bei constantem und veränderlichem Drucke, ferner die Gesetze über Stoß und Reaction des Wassers, den Druck des Wassers gegen die Wände der Gefäße, worin dasselbe fließt u. s. w.

Sehr viele seiner theoretischen Entwicklungen bestätigte Daniel B. durch Experimente.

Ueber alle diese werthvollen Arbeiten Daniel B.'s hat der Verfasser gegenwärtigen Buches, an den geeigneten Stellen der zweiten Auflage seiner ‚Hydromechanik', berichtet. Hier können, des Raummangels wegen nur einige noch heute als richtig und wichtig geltende Theorien Berücksichtigung finden. Ebenso muß

---

Mathematikern u. A. mit Leonhard Euler, Maclaurin und selbst mit seinem Vater theilte.

Dem 2. Bande von Fuss, ‚Correspondance mathém. et physique' ist ein schönes Portrait Daniel B.'s (in Stahlstich) beigegeben. Dieser Band enthält auch die werthvolle Correspondenz zwischen Leonhard Euler und Daniel B. im Ganzen 58 Briefe, die Zeit von 1726 bis 1755 umfassend. Von ausführlicheren Biographien sind zu nennen, die in Ersch und Gruber's ‚Allgemeiner Encyklopädie der Wissenschaften und Künste', Th. IX, S. 206 und die von Cantor in der ‚Allgemeinen deutschen Biographie', Bd. II, S. 478.

1) Sectio prima, p. 11, §. 18.

2) Im Originale heißt es: „Praecipuum est conservatio virium virarum, seu, ut ego loquor, aequalitas inter descensum actualem ascensumque potentialem".

Später nannte man das „potentielle Aufsteigen" „mechanische Arbeit" und ganz neuerdings auch „potentielle Energie".

in Bezug auf Daniel B.'s Theorien hydraulischer Maschinen (Wasser- und Windräder, Wasserpumpen und Schrauben zum Wasserheben), denen er den 9. Abschnitt seines Werkes gewidmet hat, auf den zweiten Theil meines Buches verwiesen werden [1]).

Zuerst werde hier an den Ausdruck für die Geschwindigkeit $v$ erinnert, womit Wasser bei constanter Druckhöhe $= h$ aus prismatischen Gefäßen von überall gleich großen Querschnitten $= A$ fließt, wenn die Ausflußmündung den Flächeninhalt $= a$ hat.

Daniel B. ersetzt die Ausflußgeschwindigkeit durch die entsprechende Druckhöhe $z = \frac{v^2}{2g}$, so daß sich ergiebt

$$z = \frac{A^2 h}{A^2 - a^2}\,^{2)},$$

mit Ausnahme der Bezeichnungen, genau der Werth, welcher sich auf S. 95 der ‚Hydrodynamica' als Ausdruck für den Beharrungszustand der Bewegung vorfindet.

Leider schätzte Daniel B. den Verlust an Druckhöhe $= y$ falsch, der beim Ausflusse (oder Durchflusse) durch eine Verengung vom Querschnitte $= a_1$ stattfindet, wenn der vor und nach der Verengung vorhandene Querschnitt $a > a_1$ ist, indem er fand:

$$y = \left(\frac{v_1^2}{2g} - \frac{v^2}{2g}\right) = \left(\frac{a^2}{a_1^2} - 1\right)\frac{v^2}{2g},$$

während er (richtig) hätte setzen sollen [3]):

$$y = \frac{1}{2g}(v_1 - v)^2 = \left(\frac{a}{a_1} - 1\right)^2 \frac{v^2}{2g}, \text{ d. h.}$$

der Verlust ist nicht gleich der Differenz der Quadrate der auftretenden Geschwindigkeiten, sondern dem Quadrate der Differenz der letzteren.

---

1) Behauptet wird, daß man Daniel B. auch das Fundament zur heutigen Theorie der Constitution der Gase verdanke und ihn deshalb den Vorläufer der mechanischen Wärmetheorie nennen könnte. Man sehe deshalb u. A. das ‚Handbuch der mechanischen Wärmetheorie' meines Neffen, des Professor Richard Rühlmann in Chemnitz, Bd. I, S. 72 Abschnitt XIV.

2) Mit Hülfe des Principes von der Erhaltung der lebendigen Kräfte, wird diese Gleichung in der ‚Hydrodynamik' des Verfassers, S. 208 (2. Auflage) abgeleitet, jedoch in der Gestalt:

$$v = \sqrt{\frac{2gh}{1 - \frac{a^2}{A^2}}}$$

Mittels der sogenannten dynamischen Grundgleichungen S. 71 (Note) will Johann B. obigen Werth für $z$ schon 1732 entwickelt haben. Man sehe deshalb Tomes IV seiner ‚Opera omnia' p. 400.

3) Wir kommen auf diesen wichtigen Gegenstand in der Folge wiederholt zurück.

Um die Ausflußgeschwindigkeit $= v$ der aus kleinen Gefäßmündungen pro Secunde strömenden atmosphärischen Luft, ebenfalls für den Beharrungszustand zu finden, verfolgt Daniel B. der Hauptsache nach, folgenden Weg [1]):

Zuerst ermittelt er einen Ausdruck für die potentielle Energie oder mechanische Arbeit $= \mathfrak{A}$, welche bei einem pro Secunde ausströmenden Luftvolumen $\mathfrak{V}$ von der Pressung $p$ frei wird, wenn dies Volumen in einen Raum strömt, in welchem die geringere Pressung $p_1 < p$ stattfindet; hierfür ergiebt sich:

$$(1)\ \mathfrak{A} = p\,\mathfrak{V}\ \text{Lgnt.}\ \frac{p}{p_1}$$

Da jedoch dieser ausfließenden Luft die lebendige Kraft (S. 71, Note) $\frac{1}{2}\, m v^2$ inne wohnt, so erhält man die Gleichung

$$(2)\ \tfrac{1}{2}\, m v^2 = p\,\mathfrak{V}\ \text{Lgnt.}\ \frac{p}{p_1}.$$

Bezeichnet ferner $\Delta$ die Dichte (das Gewicht der Cubikeinheit) der inneren Luft, so hat man auch $m = \frac{\Delta\,\mathfrak{V}}{g}$, so daß aus (2) für $v$ folgt:

$$(3)\ v = \sqrt{2\,g\,\frac{p}{\Delta}\ \text{Lgnt.}\ \frac{p}{p_1}}$$

Ist $p - p_1$ recht klein, so läßt sich annäherungsweise Lgnt. $\frac{p}{p_1} = \frac{p - p_1}{p_1}$ setzen und daher schreiben:

$$(4)\ v = \sqrt{2\,g\,\frac{p}{p_1}\,\frac{p - p_1}{\Delta}}$$

Setzt man endlich voraus, daß $\frac{p}{p_1} = 1$ angenommen werden kann, so ergiebt sich schließlich

$$(5)\ v = \sqrt{2\,g\,\frac{p - p_1}{\Delta}}.$$

Letzteren Werth pflegt man noch heute „die Formel des Daniel Bernoulli“ für die Geschwindigkeit des Ausflusses atmosphärischer Luft aus kleinen Gefäßmündungen bei constantem Druck zu nennen [2]).

1) Unter Einführung der jetzt gebräuchlichen Bezeichnungen, a. a. O., (Hydrodynamica) S. 229 und 233.

2) Auszugweise, in deutscher Sprache, hat seiner Zeit (1833) Munke in Gehler's ‚Physik. Wörterbuch‘, Artikel „Pneumatik“, von S. 602 ab, den Ausfluß der Luft aus Gefäßmündungen im Geiste Daniel B.'s behandelt und zwar sowohl unter Voraussetzung constanten wie veränderlichen Druckes. Man sehe übrigens auch des Verfassers ‚Hydromechanik‘, 2. Auflage, S. 662. Endlich ist auch das beachtungswerth, was Karsten im 6. Theile seiner Mathematik (die Pneumatik), §. 18, S. 324 über Daniel B.'s betreffende Arbeiten mittheilt.

Für den ersten Anfang einer neuen Theorie ist es erklärlich, wenn Daniel B. noch sich erlaubte für die Dichte $\Delta$ ein für allemal ein gewisses constantes Verhältniß anzunehmen, während doch in der That sich die Dichte mit der Temperatur und dem Barometerstande jederzeit ändert.

Nach dieser Auffassung Daniel B.'s würden überhaupt Gase beim Ausflusse aus Gefäßmündungen denselben Gesetzen folgen wie tropfbare Flüssigkeiten [1]).

Daniel B. war es auch, welcher zuerst das Gesetz des sogenannten Stoßes isolirter Flüssigkeitsstrahlen gegen feste, unbewegliche ebene Flächen richtig darstellte, d. h. auf theoretischem Wege zeigte, daß dieser Stoß (richtiger Druck) stets gleich ist: „dem Gewichte einer Flüssigkeitssäule, welche den Querschnitt des Strahles zur Basis und zur Höhe die doppelte Höhe der Geschwindigkeit hat, womit der Ausfluß erfolgt" [2]).

Daniel B. bewies letzteren Satz bereits 1736 (also vor dem Drucke der ‚Hydrodynamica') in den ‚Petersburger Commentarien' Tome VIII, p. 99 etc., darauf gestützt, daß jede krummlinige Bewegung (welche in einer Ebene vor sich geht) aus der Wirkung zweier Kräfte entstanden, angenommen werden kann, wovon die eine in der Richtung der Tangente der Curve, die andere normal auf letzterer, also in der Richtung des Krümmungshalbmessers thätig ist.

---

1) Statt vorstehender Formel (4) $v = \sqrt{2\,g\,\frac{p}{p^1}\,\frac{p - p_1}{\Delta}}$ bedient man sich (bei technischen Annäherungsrechnungen) nachstehender Gleichung, welche man erhält, wenn man für Metermaaße nach S. 112 der ‚Hydromechanik' des Verfassers, $\frac{p}{\Delta} = 7992{,}655\ (1 + \delta t)$ einführt und dann $\sqrt{2g} = 4{,}2918)$ setzt:

$$v = 396 \sqrt{(1 + \delta t)\left(\frac{p}{p_1} - 1\right)},$$ wo $t$ die Temperatur der ausströmenden atmosphärischen Luft und $\delta$ deren Ausdehnungscoefficienten $\frac{1}{273} = 0{,}003666$ bezeichnet.

Ist endlich noch $h$ der Manometerstand der im Gefäße eingeschlossenen Luft und $b$ der Barometerstand der äußeren Luft, beide in Quecksilbersäulen ausgedrückt, so hat man $\frac{p}{p_1} = \frac{b + h}{b}$, also $\frac{p}{p_1} - 1 = \frac{h}{b}$ und sodann

$$v = 396 \sqrt{(1 + 0{,}00366\ t)\ \frac{h}{b}}$$

2) Der Verfasser benutzt hier die Gelegenheit auf einen bösen Druckfehler seiner ‚Hydromechanik' (2. Auflage) aufmerksam zu machen, indem daselbst S. 575 bei Aufstellung des obigen Satzes, statt „Querschnitt des Flüssigkeitsstrahles", fälschlich „die gedrückte Fläche" gesetzt ist.

Nach den Bezeichnungen meiner Hydromechanik hat Daniel B.'s betreffender End-Ausdruck folgende Gestalt [1]):

$$(6)\ P = \frac{\gamma A}{g} \cdot v^2 \left(1 - \cos\delta \sqrt{\frac{h}{H}}\right)$$

Hierin bezeichnen $H$ und $h$ Geschwindigkeitshöhen, erstere die von $v$, letztere die, welche der Geschwindigkeit an der Stelle entspricht, wo der Tangentenwinkel der durch die Ablenkung der Flüssigkeitsstrahlen gebildeten Curve mit der ursprünglichen Strahlachse $= \delta$ und selbstverständlich $h < H$ ist. Daß auch hier mit $A$ der Querschnitt des Flüssigkeitsstrahles in der Gefäßmündung bezeichnet wird, bedarf wohl kaum der Erwähnung.

Für $\delta = 90^0$ erhält man:

$$(7)\ P = \gamma A \frac{v^2}{g} = \gamma A \,.\, 2 \left(\frac{v^2}{2g}\right),\ \text{d. h.}$$

den vorher angegebenen Satz, wenn sämmtliche Flüssigkeitsfäden die gestoßene (richtiger gedrückte) ebene Fläche normal treffen und der Abfluß parallel zu letztgedachter Fläche erfolgt.

Leider ist der Gang des von Daniel B. gewählten Beweises so breit und umständlich, an manchen Stellen in der That sogar unverständlich, daß wir dafür hier später einen von Leonhard Euler geführten Beweis mittheilen werden.

In gleicher Weise behandelte Daniel B. auch die Reaction des aus Gefäßmündungen fließenden Wassers und zwar im XIII. Abschnitte der ‚Hydrodynamica', wo er §. 4 zu demselben Ausdruck für diese Kraft gelangt, wie so eben Gleichung (7) für den Normalstoß des Wassers gegen ebene Flächen mitgetheilt wurde. In §. 21 desselben Abschnittes macht er den Vorschlag die Reactionskraft des aus geeigneten Röhren fließenden Wassers als Triebkraft zum Fortlaufe der Schiffe zu benutzen, wovon merkwürdiger Weise erst von der Mitte dieses Jahrhunderts ab thatsächlich nützliche Anwendung gemacht wurde [2]).

Einen völlig neuen Gegenstand bildet die Aufstellung von Formeln, welche den Druck angeben, womit durchfließendes Wasser auf die Wände von Gefäßen wirkt. Der betreffenden Unter-

---

1) Höchst interessant ist ein Brief Daniel B.'s an Leonhard Euler (datirt Basel, d. 26. October 1735), worin er seine Freude über den gewonnenen Ausdruck recht lebhaft ausspricht. Man sehe deshalb: Fuss, ‚Correspondance', T. II, p. 426.

2) Des Verfassers ‚Allgemeine Maschinenlehre' Bd. IV, S. 171 unter der Ueberschrift „Reactionspropeller".

suchung ist der XII. Abschnitt der ‚Hydrodynamica‘ unter der Ueberschrift „Hydraulico-statica“ gewidmet.

Das hierbei ermittelte Gesetz läßt sich in folgenden Worten ausdrücken:

Der hydraulische Druck an einer beliebigen Wandstelle des Gefäßes ist gleich dem hydrostatischen Drucke an derselben Stelle, letzteren vermindert um die Differenz der Geschwindigkeitshöhen ebendaselbst.

Bald nach dem Erscheinen der ‚Hydrodynamica‘ Daniel B.'s behauptete sein Vater Johann B., daß er nicht nur alle in dem gedachten Werke aufgestellten Sätze gekannt und auch bereits 1732 (also 6 Jahre früher) niedergeschrieben [1]), sondern auch dieselben aus den einfachen Grundgleichungen der Mechanik (S. 70 und 71 in den Noten) abgeleitet habe, ohne dabei das Princip von der Erhaltung der lebendigen Kräfte verwenden zu müssen, dessen Richtigkeit allerdings Daniel B. (wie bereits oben S. 161 erwähnt) nicht nachgewiesen hatte. Allerdings gelangt Johann B. auf seinem Wege nicht nur zu denselben Werthen wie Daniel B., sondern behandelt auch manche Sätze vollständiger und ausführlicher, indeß bestätigt dies ganze Verfahren des Vaters gegen den Sohn doch nur das bereits früher S. 136, Note 1 ausgesprochene Urtheil von der übertrieben hohen Meinung und großen Eitelkeit, die Johann B. namentlich seinem Bruder Jacob gegenüber zu erkennen gab. Der bescheidenere Sohn Daniel beklagt sich unter Anderm hierüber gegen Euler in einem Briefe, den er am 12. December 1742 von Basel aus an diesen schrieb und worin er insbesondere jeden Vorwurf, die hydraulischen Arbeiten seines Vaters benutzt zu haben, zurückweist [2]).

Von bedeutsamen Arbeiten Daniel B.'s, mehr oder weniger außerhalb des Gebietes der technischen Mathematik, heben wir besonders folgende drei hervor:

1) Seine Abhandlung von 1740 ‚Sur le flux et le reflux de la mer‘, die neben den Auflösungen desselben Problems durch Maclaurin und Leonhard Euler, von der Pariser Akademie der Wissenschaften gekrönt wurde [3]).

---

1) ‚Johannis Bernoulli Opera omnia‘, T. IV, p. 387. Ferner Karsten ‚Hydraulik‘, XI. Abschnitt, S. 211.

2) Fuss, ‚Corresp. mathématique et physique‘ etc., T. II, p. 508.

3) Abgedruckt in der Ausgabe von Newton's ‚Philosophiae naturalis, principia math.‘, welche Leseur u. Jacquier besorgten T. III, p. 133—246.

2) Desgleichen seine Abhandlung über die Inclinationsboussolen vom Jahre 1747, die der sachkundige Condorcet[1]) als diejenige Arbeit Daniel B.'s bezeichnet, „où il a deployé le plus finesse et d'esprit" [2]).

3) Desgleichen sein Aufsatz in den ‚Memoiren der Berliner Akademie der Wissenschaften' vom Jahre 1748, S. 356 unter der Ueberschrift: „Bemerkungen über das, in einem allgemeinen Sinne genommene Princip von der Erhaltung lebendiger Kräfte", worin er von einem großen Principe der Natur redet.

Ein (wahrscheinlich) ziemlich vollständiges Verzeichniß der von Daniel B. für die ‚Petersburger Commentarien' und für die Memoiren der Pariser und Berliner Akademie gelieferten Abhandlungen, findet man in Poggendorff's ‚Biographisch-literarischem Handwörterbuche', Bd. I, S. 160.

## §. 19.

### Leonhard Euler.

Die erste Hälfte des 18. Jahrhunderts hat ein Ereigniß zu verzeichnen, welches für die Mechanik des Himmels und der Erde und demgemäß auch für die später auftretende theoretische Maschinenlehre als von ausserordentlicher Tragweite zu bezeichnen ist, nämlich die völlig analytische Bearbeitung der Mechanik durch Leonhard Euler[3]) in seinem 1736 zu Petersburg erschienenen Werke: ‚Mechanica seu motus scientia' [4]). Hierbei muß zugleich erinnert werden, daß sich Euler außerdem in allen Gebieten der höheren Analysis mit einer Leichtigkeit bewegte, wie kein anderer

1) Marie Jean Antoine Nicolas Caritat, Marquis de Condorcet, geb. 1743 zu Ribemont bei St. Quintin, gest. 1794 zu Bourg-la-Reine, war von 1769 an Mitglied und von 1773 Secretär der Pariser Akademie der Wissenschaften. Condorcet war nicht nur ein berühmter Mathematiker, sondern auch Philosoph und Staatsmann. Zur Zeit der Revolution war er Conventmitglied und einer der Wenigen, welche gegen den Tod Ludwig's XVI. stimmten. Um der Guillotine zu entgehen, nahm er (1794) Gift. Seine ausführliche Lebensbeschreibung findet sich in Arago's ‚Sämmtlichen Schriften', Bd. II, von S. 95 (der Hankels'schen Uebersetzung) ab.

2) Wolf, ‚Geschichte der Astronomie', S. 472.

3) Man sehe dessen Biographie am Ende dieses Paragraphen, die zugleich eine Uebersicht der Gesammtleistungen dieses außerordentlichen Mannes in dem Gebiete aller Theile der Mathematik giebt.

4) Deutsch von Wolfers. Erster Theil 1848. Zweiter Theil 1850.

Mathematiker seiner Zeit [1]). In der Vorrede zu dieser Mechanik spricht er sich über die Ursache, welche ihn veranlaßte die analytische Methode in der Mechanik zu versuchen, folgendermaßen aus [2]):

„Bei den synthetisch-geometrischen Beweisen, nach Art der Alten, wird zwar der Leser von der Wahrheit der vorgetragenen Sätze überzeugt, allein er erlangt keine hinreichend klare und bestimmte Kenntniß derselben. Werden daher dieselben Fragen nur ein wenig abgeändert, so wird er sie mit eigenen Kräften kaum beantworten können; wenn er nicht zur Analysis seine Zuflucht nimmt und dieselben Sätze nach der analytischen Methode entwickelt. Dies war gerade bei mir der Fall als ich anfing Newton's ‚Principien' und Herrmann's ‚Phoronomie' zu studiren, wo ich zwar die Auflösung vieler Aufgaben genügend verstanden zu haben glaubte, allein solche Aufgaben, welche nur ein wenig verschieden waren, nicht auflösen konnte".

Die Erweiterungen, welche die Mechanik schon durch dies erste Werk Euler's erhielt, betrafen vorzugsweise die krummlinigen Bewegungen und die Bewegungen auf vorgeschriebenen Wegen (Bahnen) und zwar eines isolirten körperlichen (materiellen) Punktes, sowohl im leeren Raume als auch in sogenannten widerstehenden Mitteln, d. h. sie bezogen sich gerade auf solche Probleme, deren Behandlung der synthetischen Methode die größere Schwierigkeit darbieten.

Bei diesen mechanisch-analytischen Untersuchungen benutzte Euler kein festes Coordinatensystem von unveränderlicher Lage, sondern stets ein solches, welches nur für den Augenblick in bestimmter Lage befindlich und zwar dabei so gerichtet ist, daß die eine der Ordinatenachsen mit der Tangente der Curve zusammenfällt, während die beiden anderen normal zur Curve sind.

Die Kraft zur Erzeugung der Tangentialbewegung nannte er die Tangentialkraft, die beiden anderen, welche normal zu letzterer wirken die Normalkräfte. Geht die Bewegung in der Ebene vor sich, so reduciren sich diese Kräfte auf jene zwei, welche bereits S. 98, §. 12 als hinreichend zur Erzeugung irgend einer krummlinigen Bewegung erkannt und dargestellt wurden durch die Gleichungen (S. 98, Note):

---

1) Die rein mathematischen für unsere Zwecke bedeutsamsten Werke Euler's sind folgende drei:

a. ‚Institutiones calculi differentialis', Berlin 1755 (deutsch von Michelsen).

b. ‚Institutiones calculi integralis', Petersburg 1768—70 (deutsch von Salomon).

c. ‚Methodus inveniendi lineas curvas', Lausanne und Genf 1744. Mit dem Additamentum: „De curvis elasticis".

2) Wolfers, ‚Leonhard Euler's Mechanik', Th. I, S. 3.

*Leonhard Euler*

$$T = m \frac{d^2 s}{dt^2} = m \frac{v\,d\,v}{d\,s} \text{ und } N = m \frac{v^2}{\varrho}.$$

Um eine technisch wichtige Anwendung dieser **älteren** Euler-schen Methode zu zeigen, werde die Formel entwickelt, welche bereits vorher S. 165 für die Stoßwirkung eines isolirten Wasser- oder Luftstrahles von Daniel Bernoulli aufgestellt wurde. Euler giebt die betreffende Rechnung in seiner Uebersetzung von Benjamin Robins Buche ‚Neue Grundsätze der Artillerie', welches 1742 in London erschien, folgendermaßen:

Es sei $\overline{CD}$ (Figur 34) eine ebene, unbewegliche feste Fläche, gegen welche sich, von $A$ aus, eine flüssige Masse mit der Geschwindigkeit $\sqrt{b}$ ($= V$) bewegt, welche durch den Fall aus der Höhe $b$ erlangt wird[1]).

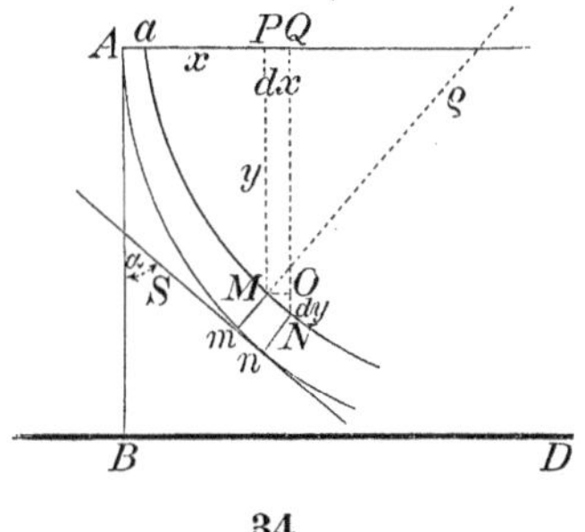


34.

Weil nun alle Theile des aus der Mündung $A$ tretenden Strahles, sobald sie sich der festen Fläche $CD$ nahen, genöthigt werden auszuweichen und sowohl ihre Geschwindigkeit als ihre Richtung zu verändern, so muß die Fläche $CD$ eine ebenso große Kraft empfinden, als zu dieser Veränderung sowohl in der Geschwindigkeit, als der Richtung der Theilchen, erfordert wird. Wir nehmen nun an, daß die flüssige Masse, welche bei $Aa$ mit ihrer Geschwindigkeit $= \sqrt{b}$ gegen die Fläche $CD$ bewegt wird, seitwärts nach $Aa\,Mm$ auszuweichen genöthigt wird, und zwar so als wenn dieselbe durch den krummen Canal $Aa\,Mm$ fortginge. In diesem Zustande wird nicht nur die Richtung der flüssigen Masse beständig verändert, sondern es wird auch, je nachdem sich dieser Canal erweitert oder verengt, die Geschwindigkeit kleiner oder größer. Es sei nun die anfängliche Weite $\overline{Aa} = a$, welche als unendlich klein angesehen werden muß, indem man sich jeden Flüssigkeitsfaden als einen besonderen Canal vorstellen kann. Ferner sei die Weite $Mm = z$ und die Geschwindigkeit daselbst $= \sqrt{v}$. Da sich nun die Geschwindigkeiten einer durch einen Canal bewegten flüssigen Masse (nach dem Satze vom Parallelismus der Schichten (S. 161) umgekehrt verhalten wie die normalen Querschnitte des Canales, so hat man auch $z\sqrt{v} = a\sqrt{b}$. Man ziehe nun ferner eine Achse $AP$ rechtwinklig auf $AB$ und nenne die Coordinaten $\overline{AP} = x$ und $\overline{PM} = y$; ferner werde $QN$ mit $PM$ parallel und unendlich nahe gezogen, so daß $\overline{PQ} = \overline{MO} = dx$ und $\overline{ON} = dy$ gesetzt werden kann. Für das Bogentheilchen $\overline{MN} = ds$ ergiebt sich dann $ds = \sqrt{dx^2 + dy^2}$ so daß das Element des Flüssigkeitsvolumens darzustellen ist durch $z\sqrt{dx^2 + dy^2}$.

1) Der Verfasser giebt möglichst wörtlich das Euler'sche Original wieder, schließt die jetzt (in seiner ‚Hydromechanik') gebräuchlichen Bezeichnungen hinter die von Euler gebrauchten in Paranthese, fügt einige Notizen zum Verständnisse des Rechnungsganges bei und läßt Figur 35 zur Erläuterung der Euler'schen Figur 34 folgen.

Nimmt man ferner $\frac{dy}{dx} = p$, so ergiebt sich $ds = dx\sqrt{1+p^2}$ und für den Krümmungshalbmesser $= \varrho$ bei $M$ erhält man:

$$\varrho = -\frac{dx\,(1+p^2)^{\frac{3}{2}}}{dp}\ [1]$$

Um nun den Lauf des Flüssigkeitstheilchens $MNmn = z\,ds = z\,dx\sqrt{1+p^2}$ nach dieser Krümmung zu beugen, wird nach der Richtung $MR$ des Krümmungshalbmessers eine Kraft $= dK$ erfordert, für welche man hat:

$$(1)\ dK = -\frac{2\,vz\,dp}{1+p^2}.\ [2]$$

Wird ferner die Canalweite von $A$ nach $M$ hin größer, so nimmt die Geschwindigkeit ab und wird hierzu eine Kraft $dT$ nach der tangentialen Richtung $ms$ erfordert, für welche man (nach I, S. 98, Note) hat:

$$(2)\ dT = -z\,dv\ [3].$$

Zerlegt man nun die in (1) und (2) ermittelten Kräfte beziehungsweise rechtwinklig und parallel zur festen Fläche $CD$ so bleiben, in Bezug auf Wirksamkeit, den Druck (Stoß) gegen diese Fläche, nur die ersteren Composanten übrig [4]), so daß man für die beiden rechtwinkligen Composanten (diese $= dR$ gesetzt) erhält: $dR = -[dK \sin\alpha + dT' \cos\alpha]$,
wenn, mit Bezug auf Figur 35 (Note 4), der Winkel, unter welchem die geometrische Tangente bei $M$ die Strahlachse $AB$ schneidet, mit $\alpha$ bezeichnet wird.

Statt vorstehenden Werthes für $dR$ schreibt Euler, nach den von ihm gewählten Bezeichnungen

$$dR = -\left[\frac{2\,dp\sqrt{v}}{(1+p^2)\sqrt{1+p^2}} + \frac{dv}{v} - \frac{p}{\sqrt{1+p^2}}\right] a\sqrt{b}$$

---

1) Nach S. 98 ist nämlich $\varrho = \pm\frac{ds^3}{dx\,d^2y - dy\,d^2x}$. Denkt man sich nun $dx$ constant, also $d^2x =$ Null und beachtet, daß die Curve $AM$ der Abscissenachse die concave Seite zukehrt, so hat man: $\varrho = -\frac{ds^3}{dx\,d^2y}$. Nach obiger Annahme ist aber $\frac{d^2y}{dx} = dp$, daher $\varrho = -\frac{dx^3\sqrt{(1+p^2)^3}}{dx^2\,dp}$

oder $\varrho = -\frac{dx\,(1+p^2)^{\frac{3}{2}}}{dp}$

2) Nach II S. 98 (Note) ist die betreffende ablenkende Kraft $dK = m\frac{v^2}{\varrho} = \frac{\gamma q}{g}\frac{v^2}{\varrho}$, wenn $q = z\,ds$ angenommen wird. Man erhält daher auch $dK = \gamma z\frac{ds}{\varrho}.2\left(\frac{v^2}{2g}\right)$, d. i. nach der hier gewählten Bezeichnung

$$dK = \gamma z.\frac{dx\sqrt{1+p^2}}{\varrho}.2v = -\frac{2zv\,dp}{1+p^2},$$

wenn man überdies $\gamma = 1$ setzt.

3) Es ist nämlich auch $dT = -m\frac{v\,dv}{ds}$, $dT = -\frac{\gamma}{g}z\,ds.\frac{\frac{1}{2}d(v^2)}{ds} = -\gamma z\,d\left(\frac{v^2}{2g}\right)$, oder wenn wider $\gamma = 1$ gesetzt und beachtet wird, daß nach der Euler'schen Bezeichnung $v$ statt $\frac{v^2}{2g}$ zu schreiben ist:

$$dT = -z\,dv, \text{ w. z. B. w.}$$

4) Einem Wasserelemente $M$ im Canalfaden $MN$ liegt offenbar genau

Hiervon ist das Integral:

$$R = -\frac{2ap\sqrt{bv}}{\sqrt{1+p^2}} + C,$$

oder wenn man beachtet, daß $\frac{p}{\sqrt{1+p^2}} = \cos\alpha$ ist:

$$R = -2a\sqrt{bv}\,.\,\cos\alpha + C.$$

Für $\alpha$ = Null ist aber auch $R$ = Null und $v$ wird zu $b$, daher

$$C = 2ab$$

und folglich das bestimmte Integral:

$$R = 2ab\left[1 - \cos\alpha\sqrt{\frac{v}{b}}\right]$$ [1],

derselbe Werth, welchen Euler findet a. a. O., S. 462.

Das heute allgemein gebräuchliche Verfahren, die Bewegungen der materiellen Punkte und Körper im Raume und in der Ebene, in anderer Weise wie Euler, nämlich durch Zerlegung nach drei (beziehungsweise zwei) festen rechtwinkligen Coordinatenachsen zu bestimmen, hat zuerst Maclaurin in Anwendung gebracht[2]), und damit einem Haupterfordernisse zur Verallgemeinerung der analytischen Behandlung mechanischer Probleme entsprochen.

L. Euler machte vom Maclaurin'schen Verfahren zuerst

---

gegenüber ein anderes Element in $M'$ (Figur 35), so daß sich die Horizontalcomponenten der Kräfte $dK$ und $dT$ ohne Weiteres aufheben.

Außerdem ist $\sin\alpha = \frac{dx}{ds} = \frac{dx}{dx\sqrt{1+p^2}} = \frac{1}{\sqrt{1+p^2}}$ u. $\cos\alpha = \frac{dy}{ds} = \frac{p\,dx}{dx\sqrt{1+p^2}} = \frac{p}{\sqrt{1+p^2}}$.

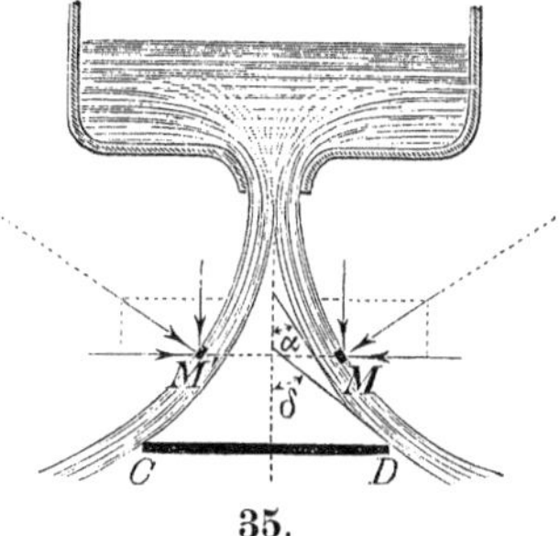

35.

1) Bezeichnet man die Summe von $R$ mit $P$ und setzt statt $a$ den Strahlquerschnitt $A = na$, bez. ferner die Geschwindigkeitshöhen an der Mündung des Gefäßes mit $H = \left(\frac{V^2}{2g}\right)$ und da wo der Strahl bei $D$ und $C$ (Figur 34) die Fläche $CD$ unter $\delta$ Winkel mit der Achse verläßt, mit $h$, führt endlich $\gamma$ als Dichte ein, so hat man:

$$P = 2na\gamma\frac{V^2}{2g}\left[1 - \cos\delta\sqrt{\frac{h}{H}}\right] = \gamma\frac{AV^2}{g}\left[1 - \cos\delta\sqrt{\frac{h}{H}}\right],$$

d. i. die Formel Daniel Bernoulli's (S. 165 und S. 576 der 2. Auflage meiner ‚Hydromechanik').

2) ‚A complete system of fluxions' und (in der französischen Uebersetzung) ‚Traité des Fluxions', T. II, p. 244 und ferner.

(allgemeinen) Gebrauch in seiner Mechanik der Körper [1]), bei welcher Gelegenheit er sich auch offen zu Gunsten dieser (neuen) Methode der Behandlungsweise der Bewegungsprobleme und zwar in folgender Weise ausspricht [2]):

„Die drei Geschwindigkeiten, welche wir (parallel den drei Coordinatenachsen) dem sich bewegenden Punkt beigelegt denken, werden die ganze Rechnung erleichtern und da ich mich dieses Hülfsmittels in den früheren Theilen der Mechanik nicht bedient habe, bin ich dort auf sehr verwickelte Rechnungen verfallen".

Nachdem hierauf Euler über die Zerlegung einer Bewegung, über die inneren Principien der letzteren, über die äußeren Ursachen der Bewegung oder die Kräfte ausführlichere Erörterungen angestellt hat, handelt er (Capitel V, a. a. O.) von der absoluten Bewegung kleiner, durch beliebige Kräfte angetriebener Körper, welchem Capitel wir folgende Aufgabe (16, §. 223) entlehnen, die besonders geeignet ist, den fraglichen Gegenstand zu erörtern. Diese Aufgabe ist folgende:

„Ein kleiner Körper bewegt sich frei und wird durch beliebige Kräfte angetrieben; man soll seine Bewegung, mittelst drei auf einander normaler Coordinaten, bestimmen.

Euler giebt die Auflösung wie folgt: „Es sind die drei welchselseitig auf einander normalen Achsen $OA$, $OB$ und $OC$ (Figur 36) aufgestellt und es bewege sich ein kleiner Körper von der Masse $m$ auf der Linie $ESF$. Nach Verlauf der Zeit $t$ sei er nach $S$ gelangt, sein augenblicklicher Ort sei durch die drei rechtwinkligen Coordinaten $x$, $y$ und $z$ festgestellt. Der bereits durchlaufene Weg $ES$ sei $= s$, also $ds = \sqrt{dx^2 + dy^2 + dz^2}$ und die Geschwindigkeit in $S = \frac{ds}{dt} = v$. Wie immer der kleine Körper in $S$ durch beliebige Kräfte angetrieben werden mag, so kann man sie doch auf dieselben drei Richtungen zurückführen. Er werde demnach durch die drei Kräfte $\overline{SP} = P$, $\overline{SQ} =$ und $SR = R$ angetrieben [3]), deren Wirkung nach S. 71 (Note) durch die drei folgenden Gleichungen:

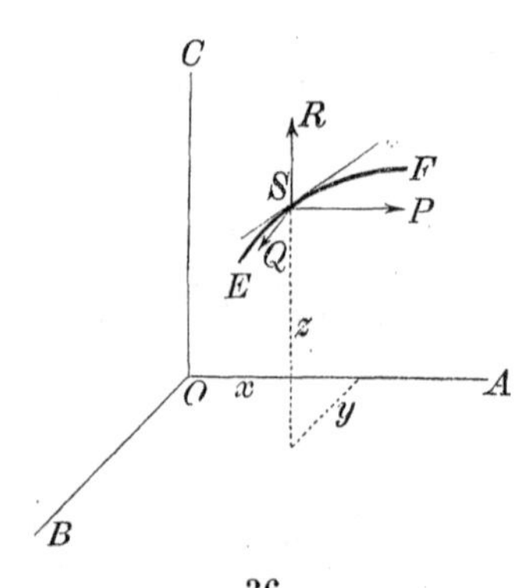

36.

1) ‚Theoria motus corporum solidorum', Greifswald 1765. Deutsch von Wolfers als „Dritter Theil der Leonhard Euler'schen ‚Mechanik', Greifswald 1853.

2) Wolfers' Uebersetzung. Th. III, S. 26, §. 60.

3) Wirken auf den materiellen Punkt beliebig viel Kräfte $p_1$, $p_2$, $p_3$ . . und schließen diese mit den drei Achsen beziehungsweise die Winkel $a_1$, $b_1$, $c_1$; $a_2$, $b_2$, $c_2$; $a_3$, $b_3$, $c_3$ . . . . ein, so hat man parallel der Achse $AO$: $p_1 \cos a_1 + p_2 \cos a_2 + p_3 \cos a_3 \ldots$, parallel der Achse $BO$: $p_1 \cos b_1 + p_2 \cos b_2 + p_3 \cos b_3 \ldots$ und parallel der Achse $CO$: $p_1 \cos c_1 + p_2 \cos c_2 + p_3 \cos c_3 \ldots$.

$$\frac{d^2x}{dt^2} = \frac{P}{m};\ \frac{d^2y}{dt^2} = \frac{Q}{m} \text{ und } \frac{d^2z}{dt^2} = \frac{R}{m}$$

bestimmt werden, wo man das Element $dt$ als constant angenommen hat.

Je nachdem also die Kräfte $P$, $Q$ und $R$ von den Coordinaten $x$, $y$ und $z$ oder auch von der Geschwindigkeit $\frac{ds}{dt} = v$ abhängig sind, hat man aus der Analysis die Hülfsmittel der Auflösung zu entnehmen. Inzwischen wird es angemessen sein zu bemerken, daß wegen

$$ds^2 = dx^2 + dy^2 + dz^2 \text{ und } v^2 = \frac{ds^2}{dt^2}$$

$$\text{also } v\,dv = \frac{ds\,d^2s}{dt^2} = \frac{dx\,d^2x + dy\,d^2y + dz\,d^2z}{dt^2},$$

wir haben: I. $m\,.\,v\,dv = P\,dx + Q\,dy + R\,dz$,
eine Differenzialgleichung, durch welche die Geschwindigkeit in jedem Punkte der Curve bestimmt wird.

Die drei Kräfte $P$, $Q$ und $R$, welche nach der Voraussetzung den kleinen Körper (materiellen Punkt) in $S$ antreiben, werden auf eine $= F$ zurückgeführt, welche ist: II. $F = \sqrt{P^2 + Q^2 + R^2}$.

Die Richtung von $F$ bildet mit den drei Linien $SP$, $SQ$ und $SR$ Winkel deren Cosinus, beziehungsweise sind $\frac{P}{F}$, $\frac{Q}{F}$ und $\frac{R}{F}$. Schließt ferner diese Kraft $F$ mit der Bewegungsrichtung in $Ss$ den Winkel $\varepsilon$ ein, so wird die längst $Ss$ antreibende Kraft $= F \cos \varepsilon$ und da dieselbe auch $\frac{P\,dx + Q\,dy + R\,dz}{ds}$ ist, erhalten wir III. $\cos \varepsilon = \frac{P\,dx + Q\,dy + R\,dz}{F\,ds}$

Daher aus I: IV. $m\,v\,dv = F\,ds\,.\cos \varepsilon$[1]).

L. Euler zeigt ferner noch (a. a. O., §. 225), wie man auch die Coordi-

---

Nach bekannter Bezeichnungsart kann man daher setzen:

$$\Sigma(p \cos a) = P;\ \Sigma(p \cos b) = Q \text{ und } \Sigma(p \cos c) = R.$$

1) Dieser Satz, der integrirt das bereits S. 95, Note 2 in Betracht gezogene Princip von der Erhaltung der lebendigen Kräfte ist, wird gegenwärtig aus I folgendermaßen abgeleitet.

Es mögen $\alpha$, $\beta$ und $\gamma$ die Winkel sein, welche am Ende einer Zeit $t$ die Richtung der Bewegung (also $ds$) mit den drei rechtwinkligen Coordinatenachsen einschließt, so daß $\cos \alpha = \frac{dx}{ds}$, $\cos \beta = \frac{dy}{ds}$ und $\cos \gamma = \frac{dz}{ds}$ ist. Ferner bezeichnen wir die Winkel, welchen die Resultirende $F$ mit denselben Achsen einschließt beziehungsweise mit $\lambda$, $\mu$, $\nu$, erhalten also $P = F \cos \lambda$, $Q = F \cos \mu$ und $R = Q \cos \nu$. Subst. man diese sechs Werthe in I, so ergiebt sich

$$m\,v\,dv = F\,ds\,[\cos \alpha \cos \lambda + \cos \beta \cos \mu + \cos \gamma \cos \nu].$$

Der im rechten Theile dieser Gleichung eingeschlossene Werth ist aber nicht anderes als $\cos \varepsilon$, so daß man ebenfalls erhält:

$$m\,v\,dv = F\,ds \cos \varepsilon.$$

Durch Integration dieser Gleichung und wenn wie (S. 95, Note 2) $ds\,.\cos \varepsilon = de$ gesetzt wird, ergiebt sich wie am angegebenen Orte:

$$\tfrac{1}{2}\,m\,v_n^2 - \tfrac{1}{2}\,m\,v_0^2 = \int_{e_0}^{e_n} F\,de.$$

natengleichung der doppelt gekrümmten Curve (die Gleichung der Trajectorie) aus vorstehenden Sätzen entwickeln kann.

Die Geschichte der Mechanik hat hier eine merkwürdige Thatsache, nämlich die zu verzeichnen, dass L. Euler von der Gleichung IV, d. h. von dem Principe der Erhaltung lebendiger Kräfte (worauf wir später ausführlich zurückkommen), namentlich in seinen mathematischen Theorien hydraulischer Maschinen nirgends Gebrauch machte [1]).

In einer zweiten Aufgabe (14, §. 211 der Mechanik fester Körper) [2]) zeigt L. Euler wie man im Falle einer nichtfreien (gezwungenen) Bewegung zu verfahren hat.

Speciell lautet die Aufgabe wie folgt: „Ein kleiner Körper ist in einem, in derselben Ebene gebildeten Canal $ESF$ (Figur 37) eingeschlossen und wird zugleich durch beliebige Kräfte angetrieben; man soll seine Bewegung im Canale und den Druck bestimmen, welche er gegen letzteren ausübt".

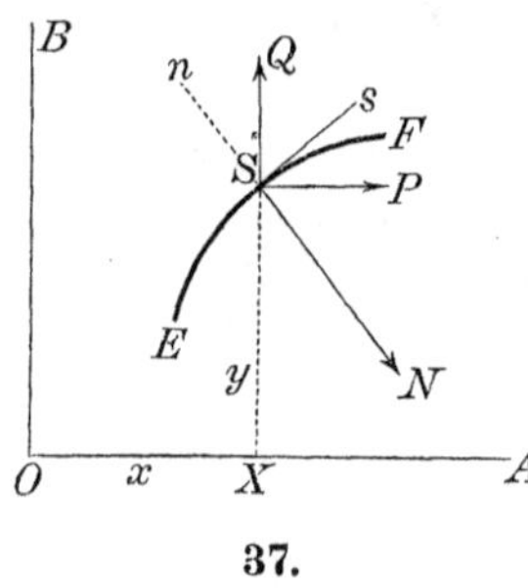

37.

Die Gestalt des Canales $ESF$ wird als gegeben betrachtet und man bezieht dieselbe auf je zwei auf einander normale Achsen $OA$ und $OB$. Wenn dann, nach Verlauf der Zeit $t$ der kleine Körper nach $S$ gekommen ist, so sei $OX = x$, $XS = y$ und $ES = s$, ferner seien die auf dieselben Richtungen bezogenen antreibenden Kräfte $SP = P$, $SQ = Q$ und die Masse des Körpers (materiellen Punktes) sei $= m$. In sofern nun der Canal die Richtung, welche der kleine Körper für sich verfolgen würde, verändert, übt er zu diesem Behuf Kräfte aus, welche zwar unbekannt, aber auf dieselbe Richtung reducirt, nämlich längst $SP = X$ und längst $SQ = Y$ seien; von diesen Kräften ist aber bekannt, daß sie die Bewegung des Körpers weder beschleunigen noch verzögern werden. Da nun die Kraft längst $SP = P + X$ und längst $SQ = Q + Y$ ist, so erhalten wir, wenn wir die Geschwindigkeit in $S = v$ und den Krümmungshalbmesser $= \varrho$ setzen, folgende Gleichungen:

$$m v\, dv = (P + X)\, dx + (Q + Y)\, dy \text{ und}$$

$$m v^2 ds = \varrho\, [(P + X)\, dy - (Q + Y)\, dx].$$

Da aber die Kräfte $X$ und $Y$ nichts zum Increment $dv$ der Geschwindigkeit beitragen, so wird $X dx + Y dy = o$ und wir erhalten aus der obigen zweiten Gleichung zur Bestimmung dieser Kräfte:

$$\frac{X dy - Y dx}{ds} = m\,\frac{v^2}{\varrho} - \frac{P dx - Q dx}{ds}.$$

1) Man sehe über diese Thatsache auch eine betreffende Arbeit Navier's in den ‚Annales de Chimie et de Physique', T. 9 (1818), p. 146, welche betitelt ist: „Details historique sur l'emploi du principe des forces vives dans la théorie des machines, et sur divers roues hydrauliques".

2) Wolfers' Uebersetzung, Th. III, S. 98.

Es wird darnach erstens die Bewegung längst des Canales bestimmt durch die Gleichung: V. $mvdv = (Pdx + Qdy)$[1]) woraus man die Geschwindigkeit $v$ des kleinen Körpers in jedem beliebigen Punkte kennen lernt. Zweitens übt der Canal selbst derartige Kräfte $X$ und $Y$, längst der Richtungen $SP$ und $SQ$ aus, daß wir haben:

$$\frac{Xdx + Ydy}{ds} = O \text{ und } \frac{Xdy - Ydx}{ds} = \frac{mv^2}{\varrho} - \frac{Pdy - Qdx}{ds}$$

Wenn man nämlich diese Kräfte auf die Richtung des Canales $Ss$ und die der Normale $SN$ reducirt, so entspringt in der ersten Richtung die Kraft = Null und in der zweiten eine Kraft

$$\text{VI. } N = m\frac{v^2}{\varrho} - \frac{Pdy - Qdx}{ds}.$$

Mit einer eben so großen Kraft drückt umgekehrt der kleine Körper gegen den Canal, nach der entgegengesetzten Richtung $Sn$ und dies ist der gesuchte Druck[2]).

1) Das Princip von der Erhaltung der lebendigen Kräfte findet daher eben sowohl für die gezwungene wie freie Bewegung statt, sobald von allen sogenannten passiven Widerständen abgesehen wird und plötzliche Geschwindigkeitsänderungen nicht statt finden.

2) Zum noch besseren Verständnisse der Euler'schen Rechnungen diene Nachstehendes:

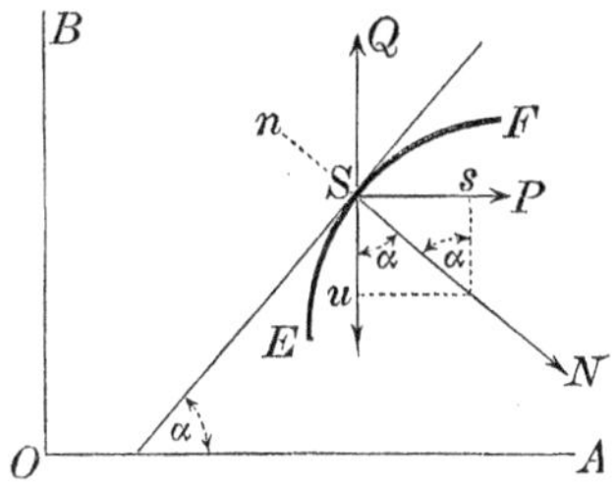

Es sei $N$ (Figur 38) der Druck des Beweglichen in der Richtung des Krümmungshalbmessers $= \varrho$ und $\alpha$ der Winkel, welchen die allgemeine Tangente bei $S$ mit der Abscissenachse bildet. Alsdann hat man, wenn sonst die Euler'schen Bezeichnungen beibehalten werden (da $\overline{Ss} = N \sin\alpha$ und $\overline{Su} = N\cos\alpha$ ist):

$$m\frac{d^2x}{dt^2} = P + N\sin\alpha;\; m\frac{d^2y}{dt^2} = Q - N\cos\alpha,$$

oder da $\sin\alpha = \dfrac{dy}{dx}$ und $\cos\alpha = \dfrac{dx}{ds}$ ist,

38.

$$(1)\; m\frac{d^2x}{dt^2} = P + N\frac{dy}{ds};\quad (2)\; m\frac{d^2y}{dt^2} = Q - N\frac{dx}{ds}.$$

Multiplicirt man die erste dieser letzteren Gleichungen mit $dx$, die zweite mit $dy$, so ergiebt sich

$$\frac{m\,dx\,d^2x}{dt^2} = Pdx + \frac{N\,dx\,dy}{ds} \text{ und } \frac{m\,dy\,d^2y}{dt^2} = Qdy - \frac{N\,dx\,dy}{ds}.$$

Hieraus aber durch entsprechende Addition:

$$m\left(\frac{dx\,d^2x + dy\,d^2y}{dt^2}\right) = Pdx + Qdy; \text{ oder}$$

$$\frac{m}{2}\,d\left(\frac{ds^2}{dt^2}\right) = Pdx + Qdy, \text{ d. i.}$$

$$\frac{m}{2}\cdot\frac{2\,ds\,d^2s}{dt^2} = mvdv = Pdx + Qdy; \text{ wie}$$

oben unter V gefunden wurde.

Multiplicirt man ferner die Gleichung (1) mit $dy$, (2) mit $dx$ und zieht die zweite von der ersteren ab, so findet sich:

Für unsere Zwecke müssen die beiden soeben behandelten Aufgaben, die sich auf die freie und nicht freie (gezwungene) Bewegung eines materiellen Punktes beziehen, genügen, um die allgemeine Behandlungsweise der Mechanik durch Euler, in Form von Aufgaben, hier so weit als möglich darzustellen.

Wie der Titel des Werkes, aus dem wir schöpfen ‚Theoria motus corporum solidorum' besagt, wird sodann auch in nicht weniger als 19 Capiteln über die Bewegung fester oder starrer Körper gehandelt. Leider macht Euler in einer Zugabe eine Bemerkung, die wir unten in der Note [1]) wörtlich mittheilen, daß wir noch weniger Veranlassung haben, fernere Aufgaben, in der Euler'schen Weise behandelt hier aufzunehmen. Wir beschränken uns daher auf folgende wenige Mittheilungen und Begriffsfeststellungen Euler's, die noch heute von hoher Bedeutung sind.

Im Capitel V, §. 446 wo von den Trägheitsmomenten (S. 95) gehandelt wird, giebt Euler folgende Erklärung der Hauptachsen [2]): „Hauptachsen eines jeden Körpers sind jene drei durch seinen Mittelpunkt der Trägheit (Schwerpunkt) gehenden Achsen, in Bezug auf welche die Momente der Trägheit entweder Maxima oder Minima sind".

Ferner steht am Kopfe des Capitels VIII die Erklärung einer freien Dreh-

---

$$\frac{m\,dy\,d^2x}{dt^2} = P\,dy + N\frac{dy^2}{ds} \text{ und } \frac{m\,dx\,d^2y}{dt^2} = Q\,dx - N\frac{dx^2}{ds^2}$$

Zieht man auch diese Werthe von einander ab, so folgt:

$$\frac{m}{dt^2}(dy\,d^2x - dx\,d^2y) = P\,dy - Q\,dx + N\frac{(dy^2 + dx^2)}{ds}$$

Nach S. 98 in der Note ist aber der links in der Klammer eingeschlossene Werth $\frac{ds^2}{\varrho}$, so daß aus letzterer Gleichung wird.

$$\frac{m\,ds^3}{\varrho\,dt^2} = P\,dy - Q\,dx + N\,ds, \text{ oder}$$

$$\frac{m}{\varrho}\left(\frac{ds}{dt}\right)^2 = P\frac{dy}{ds} - Q\frac{dx}{ds} + N$$

$$N = m\,\frac{v^2}{\varrho} - \frac{P\,dy - Q\,dx}{ds},$$ wie oben unter VI angegeben wurde und Euler a. a. O., §. 211, S. 99 findet.

1) Obgleich ich in meiner Abhandlung über die Bewegung starrer Körper diese Theorie mit hinreichend glücklichem Erfolge behandelt habe, muß ich doch gestehen, daß die von mir gegebenen Auflösungen nicht nur zu verwickelt sind, sondern daß auch ihre Anwendung auf beliebige besondere Fälle im höchsten Grade lästig und mit sehr vielen Schwierigkeiten verknüpft ist. Wolfers' Uebersetzung, S. 571, §. 989. Man sehe dafür die nachher (S. 178, Note 1) angegebenen sogenannten sechs Bewegungsgleichungen starrer vollkommen freier Körper.

achse, die wie folgt lautet: „Eine freie Drehachse[1]) ist in einem beliebigen starren Körper eine solche Achse, welche, während der Körper sich um sie dreht, keine Kräfte in Folge dieser Bewegung auszuhalten hat“[2]).

Im Capitel XV (S. 423, §. 784) hebt Euler Folgendes hervor:

„Auf welche Weise ein starrer durch beliebige Kräfte angetriebener Körper sich auch völlig frei bewegen mag, so wird seine Bewegung zu jeder Zeit in eine fortschreitende, mit welcher der Mittelpunkt der Trägheit fortrückt und in eine drehende Bewegung um eine beliebige, durch den Mittelpunkt der Trägheit gehende, Achse zerlegt. Daher enthält die Kenntniß dieser Bewegung folgende vier Elemente:

1) Die Geschwindigkeit des Mittelpunktes der Trägheit;

2) Die Richtung, in welcher er sich bewegt;

3) Die durch den Mittelpunkt der Trägheit gehende Achse, um welche der Körper sich dreht, und

4) Die Winkelgeschwindigkeit dieser Bewegung.

Hat man diese vier Umstände erkannt, so wird man von der Bewegung des Körpers in diesem Augenblicke eine vollständige Vorstellung haben etc.“

Bald am Ende des ganzen Werkes, §. 1015 und §. 1016, gelangt er endlich (unter der Ueberschrift: „Neue Methode, die Bewegung starrer Körper zu bestimmen“) zu sechs Gleichungen (Differenzialgleichungen), wodurch man die Gesetze der Bewegung eines starren, vollkommen freien Kör-

---

1) Die höchst wichtige Eigenschaft, daß es in jedem festen Körper, er sei gestaltet wie er wolle, drei freie Achsen giebt, die sich in seinem Schwerpunkt senkrecht durchschneiden, hat 1755 der Professor Segner in Göttingen entdeckt. Segner wurde 1704 in Preßburg geboren und starb 1777 zu Halle. Er war zuerst praktischer Arzt in Preßburg, dann Professor an der Universität Jena und nachher von 1735 bis 1755 Professor an der Universität Göttingen, von wo er nach Halle berufen zum Geheimen-Rath ernannt und zugleich geadelt wurde. In Göttingen war es besonders, wo er zu dem Glanze dieser neuen Universität durch seine mathematischen Arbeiten beitrug. Noch heute werden die von ihm erfundenen Reactions-Turbinen mit geraden Armen oder Canälen, als Segner-sche Wasserräder bezeichnet, wovon er bereits 1750 ein solches Rad zum Betriebe einer Getreidemühle zu Nörten unweit Göttingen auszuführen und in Gang zu bringen Gelegenheit fand. Eine Abbildung dieses Segner'schen Wasserrades findet sich in der ‚Allgemeinen Maschinenlehre‘ des Verfassers Bd. I, zweite Auflage, S. 364.

2) Jede freie Achse eines Körpers muß durch dessen Schwerpunkt gehen. Aber nicht jede durch den Schwerpunkt eines Körpers gehende Achse ist deshalb eine freie Achse, sondern nur die Achsen, welche zugleich Hauptachsen des Körpers sind. Dreht sich daher ein Körper um eine derjenigen seiner drei Hauptachsen, welche sich in seinem Schwerpunkte schneiden, so erzeugen die Centrifugalkräfte aller seiner materiellen Theile keinen Druck gegen die Umdrehachse.

Für den Astronomen ist das Capitel der freien Achsen von der größten Wichtigkeit, aber auch für die technische Mechanik geht die höchst zu beachtende Lehre hervor, daß man suchen muß die Drehachsen in Bewegung befindlicher Maschinentheile (möglichst) zu freien Achsen zu gestalten.

pers darstellen kann, und wovon sich drei auf die fortschreitende, die drei anderen aber auf die Drehbewegung des Körpers beziehen. Wir kommen in dem weiteren Verlauf der Geschichte mehrmals auf diese sechs Gleichungen zurück, weshalb hier die Bemerkungen in der unten stehenden Note[1]) zunächst als hinreichend angenommen werden mögen.

Euler's Verdienste um die Gesetze des Gleichgewichts und der Bewegung flüssiger Körper, sowohl hinsichtlich Aufstellung der sogenannten Grundgleichungen (meist Differenzialgleichungen) dieser Wissenschaft, als auch deren Anwendungen für technische Zwecke, hat der Verfasser in der zweiten Auflage seiner ‚Hydromechanik'[2]) derartig erörtert, daß er auf letztgedachte Arbeit verweisen muß. Als betreffende Ergänzung werde indessen bemerkt, daß Allen, welche sich eine ausführlichere Kenntniß der Euler'schen Arbeiten aus dem Gebiete der Hydromechanik verschaffen wollen, des Professor Brandes Uebersetzung: „Die Gesetze des Gleichgewichts und der Bewegung flüssiger Körper“ zu empfehlen ist, welche den Inhalt von vier Abhandlungen in sich faßt, die seiner Zeit Euler im 13., 14., 15. und 16. Bande der neuen ‚Commentarien der Petersburger Akademie' der Welt mittheilte.

In einem Geschichtsbuche wie das gegenwärtige, welches ausschließlich der technischen Mechanik gewidmet ist, dürfen die

---

1) Euler bezeichnet die den drei rechtwinkligen Coordinatenachsen parallel genommenen Componenten aller vorhandenen Kräfte mit $P$, $Q$ und $R$ und deren statischen Momente in Bezug auf dieselben Achsen, respective mit $S$, $T$ und $U$ und findet sodann

für die fortschreitende Bewegung:

$$\text{I.}\quad \int dm\left(\frac{d^2x}{dt^2}\right) = P;$$
$$\text{II.}\quad \int dm\left(\frac{d^2y}{dt^2}\right) = Q;$$
$$\text{III.}\quad \int dm\left(\frac{d^2z}{dt^2}\right) = R;$$

für die Drehbewegung:

$$\text{IV.}\quad \int z\,dm\left(\frac{d^2y}{dt^2}\right) - \int y\,dm\left(\frac{d^2z}{dt^2}\right) = S;$$
$$\text{V.}\quad \int x\,dm\left(\frac{d^2z}{dt^2}\right) - \int z\,dm\left(\frac{d^2x}{dt^2}\right) = T;$$
$$\text{VI.}\quad \int y\,dm\left(\frac{d^2x}{dt^2}\right) - \int x\,dm\left(\frac{d^2y}{dt^2}\right) = U.$$

Den letzteren drei Gleichungen gab Euler später (‚Mémoires de l'Académie' de Berlin pour 1758, pag. 170 und ‚Theoria motus corporum solidorum etc.' 1765, pag. 515) noch folgende für die Anwendung bequemere Gestalt:

$$\text{IV (a)}\quad A\frac{dp}{dt} = (B - C)\,qr + L$$
$$\text{V (b)}\quad B\frac{dq}{dt} = (C - A)\,rp + M$$
$$\text{VI (c)}\quad C\frac{dr}{dt} = (A - B)\,pq + N$$

Hierin bezeichnen $A$, $B$ und $C$ die Hauptträgheitsmomente des festen Körpers, $p$, $q$, $r$ die Drehgeschwindigkeiten und $L$, $M$, $N$ die Momentensummen der wirksamen Kräfte in Bezug auf die drei beweglichen Hauptachsen des rotirenden Körpers. Letztere drei Werthe ($\text{IV}^a$ — $\text{VI}^c$) werden noch heute die drei Euler-schen Gleichungen für die Drehung um den Massenmittelpunkt genannt.

2) A. a. O., S. 15 und 192.

Verdienste Euler's um die Fundamentirung und Ausbildung der Elasticitätslehre fester Körper nicht unerwähnt bleiben, wenn auch der Verfasser (des Raummangels wegen) genöthigt ist, sich hierüber ganz kurz zu fassen [1].

Euler vervollkommnete eigentlich zunächst die Theorieen der Bernoullis über diesen Gegenstand und zwar zuerst in der Schrift ‚De curvis elasticis', welche sich als Anhang (Additamentum I) in seinem berühmten Werke ‚Methodus inveniendi lineas curvas', vorfindet und welches 1744 in Lausanne und Genf erschien.

Auf den Bernoulli'schen Satz (S. 144) gestützt, daß $\frac{W}{\varrho} = M$, oder $\frac{ET}{\varrho} = M$ ist [2]) (d. h. daß das Product aus dem Krümmungshalbmesser eines bestimmten Punktes der elastischen Linie und dem statischen Momente der biegenden Kräfte eine constante Größe ist), entwickelt Euler (in rechtwinkligen Coordinaten) das Differenzial der Gleichung der elastischen Linie oder einer dünnen elastischen Ruthe von einfacher Krümmung, die ursprünglich eine ganz gerade Gestalt hatte [2]. Das Integral hiervon konnte (damals) nur durch eine unendliche Reihe dargestellt werden [3].

Je nach der Größe der Kraft, welche die Krümmung der elastischen Linie hervorbringt und nach der Richtung dieser Kraft gegen die Tangente im Angriffspunkte etc., unterscheidet Euler neun Gattungen elastischer Linien, wovon Nr. 9 sich auf den Fall bezieht, daß die elastische Linie ein Kreis wird.

Da für technische Zwecke die Weiterbildung und das Brauchbarmachen dieser (an sich vortrefflichen) Resultate erst später lebenden Mathematikern glückte, worauf wir in der Folge zurückkommen werden, so werde hier nur der ersten Gattung (jener

1) Ausführlicher wird Euler's Verdienste um die Theorie der elastisch festen Körper gedacht in Girard's ‚Analytischer Abhandlung vom Widerstande fester Körper'. Deutsch von Kröncke (Gießen 1803), S. 16 und 41 und in Saint-Venant's Bearbeitung von Navier's ‚Résumé des leçons etc.' Partie historique, Paris 1864, p. CXII. Endlich ist noch Winkler's ‚Abriß einer Geschichte der Elasticitätslehre' zu empfehlen, welcher sich im III. Jahrgange (1871) der Prager ‚Technischen Blätter', S. 22 und S. 232 abgedruckt vorfindet.

2) Euler ‚De curvis elasticis', §. 10, p. 253.

3) Später lernte man derartige Differenzialfunctionen vermittelst der elliptischen Functionen genau integriren. Man sehe deshalb u. A. Poisson, Lehrbuch der Mechanik', §. 310 (deutsch von Stern, Th. I, S. 484).

neun Gattungen) gedacht, wo die biegende Kraft in der Achsenrichtung der ursprünglich geraden Ruthe wirkt.

Für diesen Fall findet Euler das Differenzial

$$dy = \frac{a\,dx}{\sqrt{2(c^2 - x^2)}}$$ und das Integral zu

$$y = \frac{a}{\sqrt{2}}\, arc. \left(sin = \frac{x}{c}\right)$$ [1])

eine Gleichung, welche der länglichen Cykloide angehört.

Hiernach ermittelt Euler die Kraft $Q$, welche zur Erzeugung der kleinsten Krümmung der elastischen Ruthe erforderlich ist, wenn $l$ die ursprüngliche Länge (Höhe) der elastischen Ruthe bezeichnet und $W$ das sogenannte Elasticitätsmoment (S. 144, Note 3) ist: [2])

$$Q = W\,\frac{\pi^2}{l^2}.$$

Endlich ist noch darauf aufmerksam zu machen, daß Euler in §. 48 auch eine Theorie der bereits gekrümmten elastischen Stäbe giebt und zeigt, daß hier die Gleichung $M = W\left[\frac{1}{\varrho_1} - \frac{1}{\varrho}\right]$ stattfindet, sobald $\varrho$ der Halbmesser der ursprünglichen Biegung dagegen $\varrho_1$ der fernern Biegung ist.

Zum Schlusse werde noch kurz der Verdienste Euler's um die Mechanik des Himmels gedacht[3]), in welchem Gebiete er nicht weniger als sechs der von der Pariser Akademie ausgeschriebenen Preise gewann, obwohl er in seinem Freunde Daniel Bernoulli und den gleich im folgenden Paragraphen zu besprechenden Pariser Akademikern d'Alembert und Clairault ganz gewaltige Concurrenten fand.

Euler brach namentlich allseitig Bahn für die Untersuchung der planetarischen Störungen, war der Erste, welcher nachwies, daß streng genommen

---

1) Wie man gegenwärtig diese Gleichung ableitet, wird in allen Lehrbüchern der technischen Mechanik nachgewiesen. In des Verfassers ‚Geostatik' (3. Auflage), S. 330.

2) Für die Anwendung im Gebiete der Technik hat dieser Satz, — nach welchem die Last $Q$, die eine elastische (prismatische) Ruthe (oder Säule) zu biegen im Stande ist, sich umgekehrt wie das Quadrat der Länge der Ruthe (oder Säule) verhält — sehr wenig Werth. Nebenbei ergiebt sich nämlich das Paradoxon, daß bei verschiedenen Krümmungen der Ruthe einerlei Kraft erfordert wird, diese Krümmungen zu erzeugen. Da es auch später (selbst Lagrange) nicht gelangt, durch die Theorie bessere Resultate zu erhalten, so mußten die rationellen Praktiker zu Versuchen ihre Zuflucht nehmen, wovon die des Engländers Hodgkinson immer noch die besten sind, und worüber u. A. des Verfassers bereits citirte ‚Geostatik', S. 333 belehrt.

3) Wolf, ‚Geschichte der Astronomie', S. 473 etc. (wörtlich hier aufgenommen).

ein Planet in Folge des Gravitationsgesetzes nicht eine Ellipse um die Sonne beschreibe, sondern Planet und Sonne Ellipsen um ihren gemeinschaftlichen Schwerpunkt.

Ebenso war Euler einer der Ersten, welcher die schwierige Mondtheorie durch Lösung des Problems der drei Körper (S. 115, Note) in die Hände nahm, brauchbare Grundlage für zuverlässige Mondtafeln lieferte etc.

Manche andere Angaben über L. Euler's Leistungen auf allen Gebieten der reinen und angewandten Mathematik, finden sich in den Biographien Euler's, wovon wir hier eine folgen lassen, welche dem Zwecke und Umfange unseres Buches entsprechen dürfte [1]).

---

1) Leonhard Euler, der ausgezeichnetste Mathematiker des 18. Jahrhunderts, wurde am 15. April (N. St.) oder 4. April (A. St.) 1707 in Basel geboren und starb am 18. Sept. (N. St.) oder 7. Sept. (A. St.) 1783 zu Petersburg. Sein Vater Paul Euler, ein hochgebildeter Geistlicher, der zugleich den mathematischen Unterricht des großen Jacob Bernoulli genossen hatte, erzog sich in seinem Sohne Leonhard den lernbegierigsten Schüler in mathematischen Dingen, der auch bald diesen Wissenszweig zu seinem Berufe wählte. Während seines Studiums an der Universität Basel wurde er der Lieblingsschüler von Johann Bernoulli, der sich für den ebenso talentvollen wie bescheidenen jungen Mann lebhaft interessirte. Bereits 1723 erlangte Euler die Magisterwürde auf Grund einer in lateinischer Sprache vorgetragenen Vergleichung der Newton'schen und Cartesiani'schen Philosophie. Auf Veranlassung Daniel Bernoulli's wurde er 1727, also erst 20 Jahre alt, als Adjunct für das mathematische Fach an die Petersburger Akademie berufen. Euler betrat das russische Gebiet leider am Todestage Katharina's I., am 17. Mai 1727, von wo an die Regierung Peter's II. rein wissenschaftlichen Bestrebungen derartig entschieden ungünstig war, daß E. froh war, so lange als Schiffslieutenant in den russischen Flottendienst treten zu können, bis mit der Thronbesteigung Anna's I. (im Februar 1730) wieder bessere Zeiten begannen. Nach Herrmann's Abreise von Petersburg erhielt er die frei gewordene Professur der Physik und 1733 nach Daniel Bernoulli's Rückkehr in die Schweiz, die dadurch erledigte Stelle eines Mitgliedes der Akademie. Von der geistigen Kraftentfaltung des Mannes gab u. A. folgender Fall einige Kenntniß: 1735 sollten gewisse genaue astronomische Tafeln berechnet werden, zu deren Ausführung sich die Mathematiker der Akademie, jeder einzeln, bereit erklärten, wenn eine Frist von einigen Monaten gegeben würde. Euler machte sich anheischig, die Rechnung binnen 3 Tagen zu vollenden und hielt Wort. Am 28. October 1740 starb Anna I. und mit ihrem Tode begannen Palastrevolutionen, welchen erst nach Jahresfrist (16. December 1741) die Thronbesteigung der Kaiserin Elisabeth ein Ende machte. Während dieser Zeit gelangte an Euler ein Ruf an die Berliner Akademie, deren Erneuerung ein Lieblingsgedanke des großen königlichen Philosophen Friedrich II. war, der selbst mitten in den Unruhen des ersten schlesischen Krieges (1740—1742) den Wissenschaften die gebührende Aufmerksamkeit nicht entzog. Der König richtete selbst aus dem Feldlager zu Reichenbach am 4. September 1741 ein eigenhändiges Schreiben an Euler, worin er ihm nicht nur seines Wohlwollens ver-

## §. 20.
## D'Alembert.

Euler's vortreffliche Arbeiten über analytische Mechanik bestanden im Wesentlichen in der Lösung isolirter Aufgaben aus allen Theilen der angewandten Mathematik und zwar in solchem Umfange, daß es noch gegenwärtig verhältnißmäßig wenig Probleme giebt (Zeit und Umstände in Betracht gezogen), welche dieser ausgezeichnete Meister der mathematischen Wissenschaften nicht mindestens berührt hätte.

So groß aber auch Euler's Verdienste bezeichnet und hoch

---

sicherte, sondern auch eine Pension von 1600 Thalern anwies. Die Königin Mutter (Sophie Dorothea, geb. Prinzessin von Hannover, Tochter Georg's I. von England), die gern mit Gelehrten verkehrte, empfing an Stelle des abwesenden Königs, unsern Euler aufs Leutseligste. Euler, an Vorsicht in seinen Bemerkungen und Aeußerungen gewöhnt, war in dieser Unterredung so einsilbig, daß die Königin ihn darüber zur Rede stellte. Die Antwort Euler's lautete: „Ich komme aus einem Lande, wo man gehängt wird, wenn man spricht".

Im Jahre 1744 wird Euler zum Director der mathematischen Klasse der Berliner Akademie der Wissenschaften ernannt und 1755 dadurch ausgezeichnet, daß ihn Ludwig XV. von Frankreich zum überzähligen auswärtigen Mitgliede der Pariser Akademie beruft. Der Minister d'Argenson theilte ihm die Ernennung in folgenden Worten mit: „L'Académie désirait vivement de vous voir associé à ses travaux, et Sa Majesté n'a pu qu'adopter un témoignage d'estime que vous méritez à si juste titre".

Nach einer hier besonders benutzten Quelle*) nützte Euler während seines Aufenthalts in Berlin nicht nur der Wissenschaft, sondern auch der preußischen Staatsverwaltung, namentlich mit Gutachten über die Herstellung eines Canals zwischen der Havel und Oder, über die Wasserwerke zu Sanssouci etc., über Lotteriepläne und andere Finanzfragen. Da ihm die Geschicke der Petersburger Akademie immerfort am Herzen lagen und ihm eine unangenehme Reorganisation der Berliner Akademie Sorgen bereitete, so folgte er einem Rufe der Kaiserin Katharina II. nach Petersburg, wohin er auch im Juni 1766 zurückging.

Leider wurde ihm hier die Freude an einem hohen Jahresgehalte und einem Antrittsgeschenke zum Kaufe eines Hauses durch das Unglück verbittert, daß er noch im Herbste desselben Jahres sein zweites Auge verlor, nachdem er bereits 1735 schon auf einem Auge erblindet war.

*) Cantor in der ‚Allgemeinen deutschen Biographie', Bd. VI, S. 424 u. s. w. Die Quellen, woraus Cantor schöpfte, sind hier ebenfalls angegeben und darunter auch die treffliche Arbeit von Euler's Schwiegersohne, des nachherigen Staatsraths von Fuss in der ‚Correspondance mathématique et physique etc.' vol. I.

geschätzt werden müssen, so veranlaßte doch seine Methode zu dem Schlusse, daß die Lösung mechanischer Aufgaben mehr oder weniger besondere Kunstgriffe erfordere und eigentlich stets ein von Gott begnadigtes Talent vorhanden sein müsse, um mit rechtem Erfolge zum Ziele gelangen zu können.

---

Durch die Blindheit wurde seine wahrhaft kolossale literarische Fruchtbarkeit nicht gestört, vielmehr erhöht*), natürlich war er genöthigt, seine Arbeiten zu dictiren. Leider traf ihn 1771 ein zweites Unglück, indem eine Feuersbrunst sein Haus zerstörte und der alte blinde Mann wahrscheinlich in den Flammen umgekommen sein würde, hätte ihn nicht ein Fremder gerettet. Diesem allen ungeachtet fällt in den nachherigen Zeitraum (1773 – 1782) die größte Zahl der von ihm gelieferten Arbeiten, wie aus der untenstehenden Note erhellt.

Noch am 7./18 September 1783 hatte er die Bewegung eines Luftballons (einer Montgolfière) berechnet, als er Nachmittags am Theetische sitzend und mit einem seiner Enkel scherzend mit den Worten „ich sterbe" zusammensank; einige Stunden darauf hatte einer der größten Mathematiker, einer der edelsten und liebenswürdigsten Menschen zu leben aufgehört.

Der Verfasser kennt kein besseres Gesammturtheil über Euler als das, welches Jolly in seinen ‚Principien der Mechanik', S. 138 ausspricht und das wörtlich also lautet:

„Es hätte nicht leicht ein Talent wie das Euler'sche zur glücklicheren Stunde als im Anfange des 18. Jahrhunderts auftreten können. Die großen Entdeckungen in den mathematischen Wissenschaften lagen gerade in ihren ersten Begründungen vor; in der Analysis, in der Differenzial- und Integralrechnung, in der analytischen Geometrie, in der Mechanik, in der theoretischen Astronomie und in der mathematischen Physik waren eben erst die Ausgangspunkte gewonnen und erst die Anfänge zu wissenschaftlichen Entwicklungen waren gemacht. Die Fruchtbarkeit der aufgestellten Principien, der Reichthum von Folgerungen, zu denen sie hinführen konnten, und die Summe von Problemen, die durch sie zu lösen waren, waren noch nicht erkannt. Es fehlte an der Ausbildung der mathematischen Zeichensprache, die zur analytischen Darstellung unentbehrlich erscheint, die aber, einmal hergestellt, das mathematische Talent auch rasch zur Erweiterung aller Zweige der Mathematik führen mußte. Euler besaß

*) Nach Fuss a. a. O., p. XLI beträgt die Zahl seiner sämmtlichen Arbeiten (Werke und Abhandlungen) nicht weniger als 756, von denen er lieferte:

| | | |
|---|---|---|
| 24 von 1727 bis 1733 | | 99 von 1754 bis 1763 |
| 49 „ 1734 „ 1743 | | 104 „ 1764 „ 1773 |
| 125 „ 1744 „ 1753 | | 355 „ 1774 „ 1783 |

Fuss fügt diesen Angaben (a. a. O., p. LVII) ein vollständiges systematisches nach wissenschaftlichen Kategorien geordnetes Verzeichniß dieser Arbeiten bei, worauf hier verwiesen werden muß. Fuss' hinterlassene Söhne veröffentlichten vom Jahre 1862 an noch ungedruckte Arbeiten Euler's unter folgendem Titel:

‚Leonhardi Euleri opera posthuma mathem. et physica anno MDCCCXLIV detecta'.

Wollte man aber das Gebiet der Mechanik von solchen Anforderungen frei machen, so mußten außer den Grundprincipien der Mechanik (besonders der Dynamik) noch andere Principien, richtiger Lehrsätze aufgestellt werden, die man als allgemeine Resultate der dynamischen Gesetze zu betrachten hatte.

Allerdings waren am Anfange des 18. Jahrhunderts hierzu bereits gewichtige Andeutungen vereinzelt vorhanden — von Newton [1]) die Basis des Satzes von der Erhaltung des Schwerpunktes, von Huyghens und Daniel Bernoulli die Grundidee des Princips von der Erhaltung der lebendigen Kräfte und von Johann Bernoulli die richtige Auffassung des Principes der virtuellen Geschwindigkeiten; allein es fehlten mathematische Beweise hierzu, die jeden Zweifel an deren Richtigkeit und Allgemeinheit beseitigen mußten.

Dem französischen Mathematiker und Philosophen d'Alembert [2]) war es vorbehalten, den rechten Anstoß zur Aufstellung

---

jenes reich ausgestattete mathematische Talent, dem die exacten Wissenschaften diesen größten Zuwachs verdanken sollten. Er war von der Natur so glücklich organisirt, daß er mit einem vortrefflichen Gedächtniß, einem seltenen Scharfsinn und mit einer ausgezeichneten Erfindungsgabe eine Arbeitskraft verband, wie die gesammte mathematische Literatur das Gleiche nicht aufzuweisen hat".

Ein Verzeichniß verschiedener auf Leonhard Euler gehaltener Lobreden (Éloges), findet sich am Ende der sehr gut von Cantor verfaßten Biographie Euler's, in der bereits vorher citirten ‚Allgemeinen deutschen Biographie'.

Das hier beigegebene, in Stahlstich ausgeführte Portrait Euler's, ist eine Copie der Abbildung, welche Fuss in Bd. I. seiner ‚Correspondance mathémat. et physique' beifügte. Fuss, bemerkt dazu (a. a. O., Note, S. 25), daß dieses Portrait nach einem 1780 von Küttner gemalten Bilde copirt sei, folglich Euler in seinem späteren Lebensalter, also in der fruchtbarsten Periode seines Wirkens, darstellt.

Ein schöner Kupferstich, Euler in seinen jüngeren Jahren nach einem Gemälde von Handmann in Basel darstellend, ziert den ersten Band des von den Gebrüdern Fuss (1862) herausgegebenen Werkes ‚Leonhardi Euleri opera posthuma etc'.

1) Lagrange ‚Mécanique analytique', T. I, p. 243, §. 15.

2) Jean le Rond d'Alembert wurde am 16. November 1717 in Paris geboren. Sein Name stammt daher, daß er zu Paris auf den Stufen der Kirche Jean le Rond ausgesetzt gefunden und der Frau des Glasers Alembert zum Aufziehen übergeben worden war. Erst in späterer Zeit, als d'Alembert bereits ein berühmter Mann geworden war, zeigte sich, daß der Artilleriecommissair

und zum Beweise von Lehrsätzen gedachter Art zu geben, oder, wie sich Dühring in seiner ‚Geschichte der Mechanikprincipien' ausdrückt[1]), „die Einleitung zur Formgebung der Mechanik zu liefern".

---

Destouches sein Vater und die einst berühmte Schönheit Frau von Tensin Chanoinesse von Beaujeu, seine Mutter war. Nach dieser Entdeckung wollte aber auch der Sohn nichts mehr von seinen vornehmen Eltern wissen, blieb vielmehr seiner Pflegemutter treu, bei der er lange Jahre wohnte und sie nachher fortwährend unterstützte. 12 Jahre alt wurde A. in die Pensionsanstalt des Collège Mazarin aufgenommen, wo er die raschesten Fortschritte in den Wissenschaften und seine Lehrer erstaunen machte über die Vielseitigkeit und Gründlichkeit alles Gelernten. Anfänglich fesselte ihn das Studium der Theologie, nachher studirte er die Rechte und die Medicin, um sich eine gesicherte Zukunft zu verschaffen, fand aber schließlich noch mehr Interesse an philosophischen und mathematischen Studien, denen er auch bis an sein Ende treu blieb.

Im Jahre 1741 wurde d'Alembert Mitglied der Pariser und 1747 der Berliner Akademie der Wissenschaften. 1763 trug ihm Friedrich II. die Präsidentschaft der Berliner Akademie der Wissenschaften mit einem bedeutenden Gehalte an, welchen Antrag er ausschlug, um in seinem Vaterlande bleiben zu können. Bald nachher forderte ihn Katharina II. von Rußland auf, unter glänzenden Bedingungen die Erziehung ihres Sohnes Paul zu übernehmen, jedoch ebenfalls vergeblich. Im Jahre 1772 wurde er Secretair der Académie française, in welcher Stellung er die Biographien und die gebräuchlichen Éloges aller Akademiker seit dem Anfange des Jahrhunderts verfaßte, die noch heute als Muster dieser Art von Schriften gelten. Sein sanfter Charakter, seine Gutmüthigkeit und Munterkeit, verbunden mit hohen geistigen Fähigkeiten, machten ihn zum angenehmen Gesellschafter. Er war ferner ein unermüdlicher Wohlthäter der Armen und stets bereit, talentvolle Jünglinge mit Rath nnd That zu unterstützen, in deren Gesellschaft er in seinen letzten Lebensjahren am liebsten verweilte. Die Fehler, die man ihm vorgeworfen hat, entstanden aus einer großen Lebhaftigkeit und muthwilligen Laune, der er sich zuweilen überließ, ohne die Regeln der Mäßigung und Klugheit zu beobachten.

D'Alembert übernahm seiner Zeit den mathematischen Theil der berühmten ‚Encyclopédie' von Diderot, welches ein summarisches Archiv aller Kentnisse sein sollte, die sich der menschliche Geist bis um die Mitte des 18. Jahrhunderts erworben hatte. Leider verwickelten ihn die in der ‚Encyclopédie' ausgesprochenen philosophischen Ansichten in vielfache Streitigkeiten und wurden Veranlassung, ihn in religiöser Hinsicht als einen Naturalisten zu bezeichnen. Von allen Genüssen des Lebens schien er nur zwei zu kennen: die Arbeit und die Conversation, obwohl ihm auch die letzte, kurz vor seinem Ende, nicht mehr behagen wollte. Er starb am 29. October 1783 in Folge von Steinbeschwerden, insbesondere weil er sich einer Operation nicht unterwerfen wollte.

Seine vorzüglichsten mathematischen Schriften und Abhandlungen wurden in vorstehendem Texte genannt, eine vollständige Sammlung derselben ist nicht erschienen.

1) Erste Auflage S. 395, §. 162.

Hierzu stellte d'Alembert den bereits S. 145 erwähnten und schon von Jacob Bernoulli benützten Satz von den verlorenen Kräften in allgemeiner Weise auf und lieferte zugleich eine directe Methode, jede Aufgabe der Dynamik auf eine der Statik zurückzuführen, oder wenigstens eine hierzu dienende Gleichung aufstellen zu können. Zum gehörigen Verständnisse dieses Satzes diene Folgendes.

Betrachtet man mit einiger Aufmerksamkeit die Bewegung eines Systemes unabänderlich mit einander verbundener materieller Punkte oder Körper, so erkennt man bald, daß die Bewegung jedes einzelnen derselben, sowohl von der auf ihn wirkenden Kraft abhängt, als auch von der Reaction, welche die andern materiellen Punkte oder Körper des Systemes auf ihn ausüben, oder daß im Allgemeinen keiner derselben eine Bewegung annimmt, die er zufolge der einwirkenden Kräfte angenommen haben würde, hätte er diesen frei folgen können.

Um daher die wirklich statthabende Bewegung eines der materiellen Punkte oder Körper zu bestimmen, muß man die Veränderungen kennen lernen, welche diese Bewegung zufolge der Verbindung, als Theil eines Systemes, erfährt.

Die vollständige Auflösung dieser Aufgabe, gab d'Alembert in seinen 1743 in Paris erschienenen Werke: ‚Traité de dynamique', p. 50 durch Aufstellung eines Satzes, der in der Hauptsache, folgendermaßen lautet:

„Werden den verschiedenen materiellen Punkten oder Körpern eines Systemes Bewegungen mitgetheilt (eingeprägt), welche durch die gegenseitige Verbindung der materiellen Punkte oder Körper eine Abänderung erfahren, so ist klar, daß man diese Bewegung so betrachten kann, als wäre sie zusammengesetzt (resultirend) aus den Bewegungen, welche die materiellen Punkte oder Körper des Systemes wirklich annehmen, und aus den Bewegungen, welche zufolge der Verbindung vernichtet (verloren) wurden. Hieraus folgt zugleich, daß letztere Bewegungen von der Art sein müssen, daß, wenn die materiellen Punkte oder Körper des Systemes von ihnen allein angeregt werden, Gleichgewicht stattfinden muß".

Kurz zusammengefaßt ist sonach das Charakteristische des d'Alembert'schen Satzes: „Die Zerlegung der Kräfte in zwei Bestandtheile, von denen die einen im Gleichgewicht sein müssen, während die andern zur Bewegung beitragen".

Mit Hülfe dieses Lehrsatzes (Principes) kann daher jede Aufgabe der Dynamik auf eine der Statik zurückgeführt werden [1]).

1) Bei der Anwendung dieses Satzes (Principes) in der oben ausgesprochenen Form, ist es zuweilen schwierig (ja oft unmöglich) die sich vernichtenden (die verlorenen) Kräfte, also auch die Gesetze des Gleichgewichtes unter diesen Kräften zu bestimmen. Diese Schwierigkeit umgeht man nach Lagrange (‚Mec. analyt.') zum Theil, wenn man bedenkt, daß offenbar auch dann Gleichgewicht eintreten muß, sobald man jedem materiellen Punkte oder Körper des Systemes eine Bewegung ertheilt, welche derjenigen, die er wirklich annimmt, gleich und entgegengesetzt ist und dann den fraglichen Satz überhaupt auf folgende Art ausdrückt:

„In jedem in Bewegung begriffenen Systeme materieller Punkte oder Körper halten sich die mitgetheilten und die resultirenden, aber entgegengesetzten Sinnes genommenen Kräfte oder Bewegungsgrößen gegenseitig im Gleichgewichte, wenn man (überdies) auf die (besondere) Beschaffenheit des Systemes Rücksicht nimmt.

Zur Erläuterung dieses auch für die technische Mechanik wichtigen Satzes mag hier die Lösung zweier Aufgaben folgen:

Aufgabe 1. Zwei Körper vom Gewichte $P$ und $Q$ (Figur 39) sind gezwungen sich auf zwei schiefen Ebenen zu bewegen, die beziehungsweise unter den Winkeln $\alpha$ und $\beta$ geneigt sind. Dabei sind jedoch beide Körper an völlig biegsame Fäden $S$ und $S_1$ gebunden, die sich, unter der Voraussetzung daß $P > Q$ ist, beziehungsweise von zwei Rollen, deren Halbmesser $R$ und $r$ sind, ab- und aufwickeln, die man auf dem Gipfel der vereinigten schiefen Ebenen in der aus der Figur zu entnehmenden Weise befestigte und daselbst um horizontalliegende Zapfen drehbar gemacht hat.

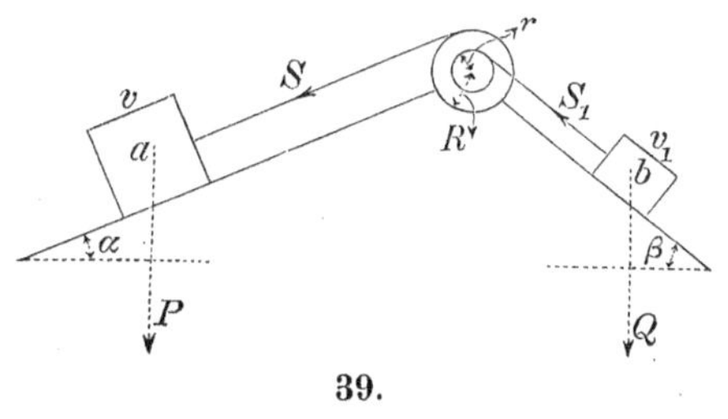

39.

Man soll die Gesetze der Bewegung dieser beiden Körper unter der Voraussetzung bestimmen, daß überall vom Gewichte der Rollen, von Reibungen und Fadenbiegungswiderstand abgesehen wird, auch die Bewegung beider Körper vom Zustande der Ruhe aus beginnt.

Auflösung. Es sind hier, wenn am Ende einer Zeit $t$ das Gewicht $P$ die Geschwindigkeit $v$ und das Gewicht $Q$ die Geschwindigkeit $v_1$ angenommen hat:

| die vorhandenen Massen | die eingeprägten Bewegungsgrößen | die resultirenden Bewegungsgrößen |
|---|---|---|
| $\frac{P}{g}$ | $g\left(\frac{P}{g}\right) \sin\alpha$ | $\frac{P}{g}\,\frac{dv}{dt}$ |
| $\frac{Q}{g}$ | $g\left(\frac{Q}{g}\right) \sin\beta$ | $\frac{Q}{g}\,\frac{dv_1}{dt}$ |

Nimmt man nun überdies auf die besondere Eigenthümlichkeit des Systemes, d. h. darauf Rücksicht, daß die Spannung $S$ des Fadens, woran $P$ befestigt ist,

**Lagrange**, der spätere Meister im Gebiete der analytischen Mechanik, bemerkt hierzu (‚Méc. analyt.' Tome I, Dynamique Nr. 10),

---

am Hebelarme $R$ und die $S_1$, welche von $Q$ erzeugt wird, am Hebelarme $r$ wirkt, so hat man am Ende der Zeit $t$ offenbar $v = R\omega$ und $v_1 = r\omega$ (sobald $\omega$ die betreffende Winkelgeschwindigkeit bezeichnet), folglich auch $\frac{v}{v_1} = \frac{R}{r}$ und $dv = dv_1 \frac{R}{r}$. Demnach liefert der d'Alembert'sche Satz die Gleichung:

$$\left(P \sin\alpha - \frac{P}{g}\frac{dv}{dt}\right) R = \left(Q \sin\beta - \frac{Q}{g}\frac{dv_1}{dt}\right) r.$$

Da ferner noch $\frac{dv_1}{dt} = -\frac{dv}{dt}\frac{r}{R}$ ist, so wird dieselbe zu

$$\left(P \sin\alpha - \frac{P}{g}\frac{dv}{dt}\right) R = \left(Q \sin\beta + \frac{Q}{g}\frac{dv}{dt}\frac{r}{R}\right) r, \text{ folglich}$$

$$\frac{dv}{dt} = gR\frac{PR \sin\alpha - Qr \sin\beta}{PR^2 + Qr^2}.$$

Die Integration giebt:

$$v = gR\frac{PR \sin\alpha - Qr \sin\beta}{PR^2 + Qr^2}.t.$$

Für die Spannungen $S$ und $S_1$ der tragenden Fäden erhält man daher:

$$S = g\frac{PQ\,[r^2 \sin\alpha + Rr \sin\beta]}{PR^2 + Qr^2} \text{ und } S_1 = g\frac{PQ\,[Rr \sin\alpha + R^2 \sin\beta]}{PR^2 + Qr^2}$$

Aufgabe 2. An den Enden eines über eine feste Rolle (Figur 40) gelegten Seiles, von der Länge $L$, sind die Gewichte $P$ und $Q$ befestigt und wobei vorausgesetzt werden soll, daß $P > Q$ ist. Das Gewicht der Längeneinheit des Seiles sei $q$, so daß dessen ganzes Gewicht $qL$ beträgt.

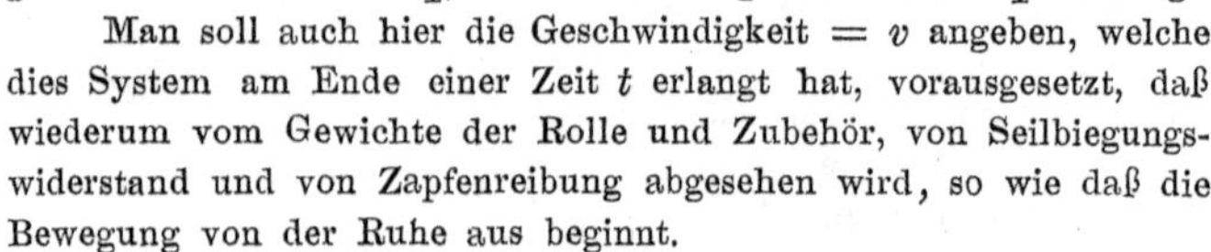

Man soll auch hier die Geschwindigkeit $= v$ angeben, welche dies System am Ende einer Zeit $t$ erlangt hat, vorausgesetzt, daß wiederum vom Gewichte der Rolle und Zubehör, von Seilbiegungswiderstand und von Zapfenreibung abgesehen wird, so wie daß die Bewegung von der Ruhe aus beginnt.

40.

Auflösung. Ermittelt man wie vorher die eingeprägten und ebenso die resultirenden Bewegungsgrößen, so erhält man, wenn, nach $t$ Zeit, links die Seillänge $\lambda$ und die rechts $L - \lambda$ beträgt:

$$\frac{P + q\lambda}{g}\left(g - \frac{dv}{dt}\right) = \frac{Q + q(L-\lambda)}{g}\left(g + \frac{dv}{dt}\right),$$

Dies giebt aber

$$\frac{dv}{dt} = g\frac{P - Q - qL + 2q\lambda}{P + Q + qL},$$

oder weil $d\lambda = v\,dt$ ist:

$$\frac{v\,dv}{d\lambda} = g\frac{P - Q - qL + 2q\lambda}{P + Q + qL}$$

hier $P - Q - qL = a$ und $P + Q + qL = b$ gesetzt, giebt:

$$v\,dv = \frac{g}{b}(a + 2q\lambda)\,d\lambda.$$

Diese Gleichung integrirt giebt:

$$\frac{v^2}{2} = \frac{g}{b}(a\lambda + q\lambda^2), \text{ folglich:}$$

$$v = \sqrt{\frac{2g}{b}(a\lambda + q\lambda^2)}.$$

daß die Bestimmung der verlorenen Kräfte, ebenso wie die Gleichgewichtsgesetze zwischen diesen Kräften, die Anwendung des Satzes oft beschwerlich und mühsam und die sich schließlich ergebenden Resultate fast immer complicirter macht, als wenn man sie mittelst minder einfachen und weniger directen Sätzen (Principien) abgeleitet hätte. Hierzu bemerkt Lagrange (in besonderer Note, a. a. O. Nr. 10), daß sich die Auflösungen überdies noch dadurch mehr compliciren, da d'Alembert es vermeiden wollte, das Element der Zeit ($dt$) constant zu nehmen [1]).

Eine vortheilhafte Anwendung machte d'Alembert von seinem Satze auf die Theorie der Bewegung flüssiger Körper in seinem Werke ‚Traité de l'équilibre et du mouvement des fluides', welches 1744 ebenfalls in Paris erschien. Mit einer gewissen Einfachheit und Eleganz löste er hier nicht nur alle Aufgaben seiner Vorgänger, sondern noch mehrere andere, die ganz neu und schwer waren.

Im d'Alembert'schen Geiste, doch mit den jetzt gebräuchlichen Formen und mit den heute üblichen Bezeichnungsweisen, hat der Verfasser in seiner ‚Hydromechanik' (2. Auflage) den Ausfluß des Wassers aus Gefäßen mit nicht verticaler Achse, wenn der Beharrungszustand noch nicht eingetreten ist, behandelt [2]) und ferner auch den Gesammtdruck des Wassers ermittelt, welchen dasselbe gegen die Wände enger Röhren ausübt, überhaupt das Problem der Reaction des Wassers gelöst [3]).

Die Anwendung des Principes von der Erhaltung der leben-

---

Endlich ist die Zeit $= t$, innerhalb welcher das bewegte System diese Geschwindigkeit erreicht, da

$$t = \int \frac{d\lambda}{v} + \text{Const. ist:}$$

$$t = \sqrt{\frac{b}{2g}} \int \frac{d\lambda}{\sqrt{a\lambda + q\lambda^2}} + \text{Const.}$$

Die Integration giebt, wenn $\lambda$ und $t$ gleichzeitig Null sein sollen:

$$t = \sqrt{\frac{b}{2gq}} \cdot \text{Lgnt.} \left[\frac{a + 2q\lambda + 2\sqrt{q}\sqrt{a\lambda + q\lambda^2}}{a}\right]$$

1) Der Verfasser gegenwärtigen Buches hat d'Alembert's Originalwerk ‚Traité de dynamique', mehrfach ganz ausgezeichneten und mit der höheren Mathematik wohl vertrauten Schülern zum Studium und zum Nachrechnen gelöster Aufgaben, in die Hand gegeben, immer aber die (selbst von einem Lagrange geführte) Klage des sehr schweren Verstehens von Neuem vernehmen müssen.

2) Zweite Auflage, §. 80.

3) Ebendaselbst §. 189.

digen Kräfte zur Ermittlung der Bewegungsgesetze der Flüssigkeiten nach Daniel Bernoulli hält d'Alembert besonders aus den beiden Gründen für unangemessen [1]), weil erstens damals in der That der Richtigkeitsbeweis des Satzes fehle und zweitens, weil es zu falschen Endresultaten in allen den Fällen führe, wo in der Bewegung der Flüssigkeit plötzliche Geschwindigkeitsänderungen auftreten, auf welchen letzteren Umstand wir bereits vorher (S. 162) aufmerksam machten. Zur Zeit d'Alembert's mußte man diese beiden Einwendungen allerdings für richtig erklären [2]).

Von den ebenfalls für die Ingenieur-Mechanik wichtigen, ferneren Arbeiten d'Alembert's, ist noch das 1752 erschienene Werk zu erwähnen „Essai d'une nouvelle théorie sur la résistance des fluides". Ungeachtet der vielfachen scharfsinnigen Untersuchungen, welche d'Alembert hierin führt, vermochte er es dennoch nicht, das Problem vom Widerstande im Wasser bewegter Körper (namentlich der Schiffe) zur Zufriedenheit der Betheiligten zu lösen. Wahrscheinlich von d'Alembert angeregt, trug deshalb Turgot, der bekannte Minister Ludwig's XIV., den drei Mitgliedern der Akademie der Wissenschaften d'Alembert, Bossut [3]) und Condorcet, die Vornahme geeigneter Versuche auf, entsprechend dem bis zur Gegenwart im ganzen Gebiete der technischen Hydraulik einzig richtigen Satze, daß die Rechnung zur Erlangung brauchbarer Resultate, stets Hand in Hand mit der Erfahrung gehen muß. Die Ergebnisse dieser mit Modell-Schiffen angestellten Versuche wurden 1777 in Paris unter dem Titel veröffentlicht ‚Nouvelles expériences sur la rési-

1) ‚Traité de l'équilibre et du mouvement des fluides', Préface p. XVIII und XIX, und unter der Ueberschrift ‚Du mouvement d'un fluide qui sort d'un vase qu'on entretient toujours plein à la même hauteur', p. 105 und besonders p. 108 von Nr. 123 bis mit Nr. 125.

2) Erst Borda brachte später das Princip von der Erhaltung der lebendigen Kräfte wieder zur Geltung und noch später lieferte Carnot die hierzu noch erforderlichen Beweise.

3) Charles Bossut wurde 1730 in Tartaras, Dep. Rhône geboren und starb 1814 in Paris. Von Jesuiten erzogen, widmete sich B. dem geistlichen Stande, wurde Abbé und Professor der Mathematik an der seiner Zeit berühmten École du genie zu Mézières. Letzteres Amt bekleidete er von 1752 bis zum Ausbruche der Revolution (1789), wo er dasselbe seiner antirepublikanischen Gesinnungen wegen verlor. Unter Napoleon I. wurde er Examinator der polytechnischen Schule, in welcher Stellung er bis zu seinem Tode verblieb. Von seinen

stance des fluides'. Der Verfasser gegenwärtigen Buches hat hierüber ausführlich in der zweiten Auflage seiner ,Hydromechanik' berichtet, worauf hier verwiesen werden muß.

Von den astronomischen Werken d'Alembert's verdienen in erster Linie die 1749 in Paris gedruckten ,Recherches sur la précision des équinoxes et sur la nutation de l'axe de la terre' genannt zu werden. D'Alembert leistete damit der physischen Astronomie und dem Systeme Newton's einen höchst wichtigen Dienst, indem er nach den Gesetzen einer strengen und tiefsinnigen Mechanik alle Kräfte beachtete, welche den Parallelismus der Erdachse ändern und dieser Achse zwei Bewegungen ertheilen, nämlich erstens die der rückgängigen Kreisbewegung um die Pole der Ekliptik und zweitens die der Schwankungen in Beziehung auf die Ebene der Ekliptik. Die Resultate der von d'Alembert entwickelten Formeln stimmen mit Bradley's[1]) Beobachtungen überein und gewähren eine neue sehr einleuchtende Bestätigung des Newton'schen Systemes der allgemeinen Gravitation.

Von manchen Seiten wird auch Werth auf d'Alembert's ,Opuscules mathématiques' (8 Volumes) gelegt, an welchen er von 1761 bis 1781 arbeitete und die eine Menge wichtiger Untersuchungen aus allen Theilen der reinen und angewandten Mathematik enthalten, die jedoch oft nur in ihren ersten Zügen angedeutet oder in einen Wald von Formeln begraben sind, die noch der letzten vollendenden Hand entbehren.

Ein Verzeichniß der von d'Alembert für die Memoiren der

---

technisch wichtigen literarischen Arbeiten verdient vor Allem das zuerst 1772 (2. Auflage 1777) veröffentlichte Werk ,Traité élément. d'hydrodynamique' genannt zu werden, dessen Werth Langsdorf in der Uebersetzung (1792) mit folgenden Worten schildert: „Bossut unternahm es, neues Licht über die Hydrodynamik zu verbreiten, den Gesetzen der Natur nachzuspüren, nicht ihre Gesetze vorzuschreiben, nicht hypothetische, sondern wirkliche Hydrodynamik zu lehren etc.". Nächstdem ist besonders sein „Essai sur l'histoire générale des mathématiques' zu erwähnen, welches in zwei Bänden in Paris erschien und von Reimer in Kiel ins Deutsche übersetzt wurde.

1) James Bradley, geb. 1692 zu Shireborn in Gloucestershire, gest. 1762 zu Chelford bei Gloucester, war einer der größten praktischen Astronomen, dem man namentlich die Entdeckungen der Aberration des Lichtes und die der Nutation verdankt, sowie die Bestimmung der Refraction. Im Jahre 1742 wurde Bradley als königl. Astronom in Greenwich angestellt, welches Amt er bis 1761 verwaltete. Ausführlich über Bradley berichtet Wolf in seiner ,Geschichte der Astronomie', §. 163 von S. 483—490.

Akademie von Paris und Berlin gelieferten Arbeiten, giebt Poggendorff in dem ‚Biographisch-literarischen Handwörterbuche‘.

## §. 21.

### Lagrange.

Dem größten Analytiker seiner Zeit, Joseph Louis Lagrange[1]) war die letzte Formgebung der Mechanik vorbehalten und scheinen es insbesondere die Gesichtspunkte d'Alembert's gewesen zu sein, welche dessen eminentes mathematisches Genie

---

1) Lagrange (Joseph Louis), einer der größten Mathematiker seiner Zeit, wurde am 25. Januar 1736 zu Turin geboren. Sein aus Frankreich stammender Vater war savoyischer Kriegsschatzmeister, der anfänglich in guten Verhältnissen lebte, später aber sein ganzes Vermögen durch unglückliche Speculationen verlor. Da überdies sein Vater 11 Kinder besaß, so wurde auch er (als das jüngste Kind) gezwungen, sich durch eigene Kraft ein unabhängiges Leben zu verschaffen. Letztern Umstand betrachtete Lagrange später als die Ursache seines Glücks, indem er die Bemerkung machte: „hätte ich Vermögen gehabt, würde ich die Mathematik nicht geliebt, vielleicht nicht einmal kennen gelernt haben". Während seines Studiums auf der Universität zu Turin wurde ihm seine wahre Bestimmung klar, welche in seinem eminenten Talente zur Mathematik wurzelte. So kam es, daß er bereits im Jahre 1753, also im Alter von 17 Jahren, Professor der Mathematik an der königlichen Artillerieschule zu Turin wurde, trotzdem er jünger als alle seine Schüler war. Am Ende der 50er Jahre wurde er Mitgründer der Turiner Akademie der Wissenschaften, die aus einer Privatgesellschaft hervorging. In den Akten der letzteren Gesellschaft erschienen von 1759 ab eine Reihe ausgezeichneter Arbeiten, die ihm die Mitgliedschaft der Akademie in Berlin verschafften. Als im Jahre 1766 Euler Berlin verlassen wollte, schlug d'Alembert dem König Friedrich II. Lagrange zum Präsidenten der Berliner Akademie vor, welche Stelle er auch erhielt. Lagrange blieb bis zum Jahre 1786 in Berlin, wo er sich leider vergeblich bemüht hatte, Deutsch zu lernen.

Nach Friedrich des Großen Tode (der bekanntlich den 17. August 1786 erfolgte) wurde Lagrange der Aufenthalt in Berlin durch den mächtigen Minister Hertzberg derartig verleidet, daß er sich nach Paris zurückbegab. In dieser Zeit schrieb Lagrange auch das berühmteste aller seiner Werke die ‚Mécanique analytique‘, für welche er aber merkwürdiger Weise in Paris erst 1788 einen Verleger fand und auch dann nur unter der Bedingung, daß er in einigen Jahren die übrig gebliebenen Exemplare käuflich zurücknehme. Obgleich er in Paris von der Königin Marie Antoinette sehr günstig aufgenommen wurde und auch freie Wohnung im Louvre erhalten hatte, so schienen die üblen Erfolge mit seiner Mechanik ihn doch derartig verstimmt zu haben, daß er zwei Jahre lang kein mathematisches Buch geöffnet haben soll.

in jene Richtung führten, die wahrscheinlich für alle Zeiten in dem Baue seiner zuerst 1788 erschienenen ‚Mécanique analytique' zu bewundern sein wird.

An die Spitze dieses epochemachenden Werkes stellte Lagrange das Princip der virtuellen Geschwindigkeiten [1]), aus dessen Verbindung mit dem d'Alembert'schen Satze er allgemeine Gleichungen ableitete, welche noch heute die sogenannten Hauptprincipien der allgemeinen Mechanik bilden und womit man, in Bezug auf Systematisirung der Mechanik, einen sehr wichtigen Culminationspunkt erreichte, allerdings ohne damit den Gegenstand in Hinsicht gewisser Fundamentalsätze und für das Gebiet der Anwendungen erschöpft zu haben [2]).

---

Wieder aufgeweckt wurde seine frühere Liebe zur Mathematik dadurch, daß man ihn 1789 bei dem Eintritte der Revolution mit zu der Commission wählte, welche das metrische Maaßsystem einführen sollte. Uebrigens ging die Schreckenszeit ruhig an ihm vorüber, da er still den Wissenschaften lebte und selbst in Gesellschaften nur wenig zu sprechen pflegte. Von den Republikanern wurde er erst zum Professor der École normale, und nachher auch zum Professor der École polytechnique ernannt. Bald darauf nahm er die Bearbeitung der zweiten Auflage seiner ‚Mécanique analytique' vor, die auch 1811 erschien, wodurch er aber seine Gesundheit derartig erschüttert hatte, daß er von hierab fortwährend kränklich blieb. Sein Tod erfolgte wie es schien schmerzlos am 10. April 1813.

Bemerkenswerth ist noch, daß er seinen Schülern immer Euler zu lesen empfahl, sie dagegen bedauerte, daß sie eine Wissenschaft von kaum mehr zu bewältigendem Umfange studiren müßten, wobei er sich einst speciell folgendermaßen äußerte: „Si j'avais à commencer, je n'étudierais pas, car ces gros in-quarto me feraient trop peur".

1) S. 65 und 66, sowie besonders S. 149 mit Beachtung von Figur 33.

2) Jolly, in seinen ‚Principien der Mechanik', Stuttgart 1852, S. 142, vorzüglich aber Ferdinand Redtenbacher in seinem 1859 gehaltenen Vortrage ‚Ueber die geistige Bedeutung der Mechanik', dessen auch bereits S. 2 unseres Buches gedacht wurde, sagt, am Ende des Abschnittes „Geschichte der Grundbegriffe der Mechanik" (S. 112) in oben gedachter Beziehung Folgendes:

„Lagrange spricht von Trägheitskraft und mißt die Kräfte bald nach dem Druck, bald nach dem Momente, bald nach lebendiger Kraft und endlich noch durch Stoß-Wirkungen".

Auch Bertrand, der Herausgeber der 3. Auflage der ‚Mécanique analytique' (Paris, 1853), hat vielfache, corrigirende und erläuternde Noten für erforderlich gehalten. Beispielsweise wird pag. 25, bei Erörterung der allgemeinen Formel der Statik für das Gleichgewicht eines beliebigen Systemes von Kräften, die Bemerkung gemacht: „Ce raisonnement n'est exact etc." In der Fortsetzung pag. 58 beginnt die betreffende Note mit den Worten: „Cette assimilation n'est

In der ersten Auflage der ‚Mécanique analytique' (von 1788) stellte Lagrange das Princip der virtuellen Geschwindigkeit als ein Axiom an die Spitze der ganzen Mechanik, während er nachher selbst das Bedürfniß eines Beweises fühlte.

Lagrange bediente sich zur Führung seines Beweises des (ideellen) Flaschenzuges, wobei der Gedanke nicht unterdrückt werden kann, daß er hierzu durch einen Vorgang des Cartesius[1]) veranlaßt wurde[2]).

Dieser Beweis erschien zuerst in dem (Pariser) ‚Journal de l'école polytechnique', Tome II, 5. cahier (Prairial an VI, oder 1796), p. 115, unter der Ueberschrift: „Sur le principe des vitesses virtuelles" und nachher (1811) auch in der zweiren Auflage der ‚Mécanique analytique', die übrigens Lagrange selbst[3]) als ein „Ouvrage nouveau sur le même plan, mais plus ample" bezeichnet.

---

pas permise etc.". Ebenso finden sich im 2. Theile, in der ‚Dynamik' u. A. folgende Bemerkungen:

„Cette manière de raisonner n'est pas admissible etc." (pag. 166, Note zu §. 12), ferner bei den Theorien über die Oscillationen des einfachen Pendels (pag. 177, §. 21):

„Cette formule est inexacte. M. Bravais, qui m'a fait remarquer cette inadvertance de Lagrange, m'a remis le calcul rectifié etc."

Noch weiter gehen die Urtheile eines Dr. Bley in Bernburg, welche sich unter der Ueberschrift: ‚Bemerkungen über Lagrange's analytische Mechanik' im 35. Theile (1860) von Grunert's ‚Archiv der Mathematik und Physik' auf S. 275 bis S. 407 (also auf 132 Oktavseiten) abgedruckt vorfinden.

Dr. Bley sagt in der Einleitung zu seiner interessanten kritischen Arbeit u. A.: „Die analytische Mechanik Lagrange's ist zwar ein anerkanntes Meisterwerk, dessenungeachtet finden sich in demselben manche Fehler und Nachlässigkeiten, wie schon die Noten in der Bertrand'schen Ausgabe beweisen".

Weiter bemerkt Dr. Bley, „daß die unter dem Texte befindlichen Noten Bertrand's meistens recht zweckmäßig sind und von großer Belesenheit zeugen; doch habe ich bisweilen seine Ansichten nicht theilen können etc."

1) S. 65 und 66 dieses Buches.

2) Dühring, ‚Principien der Mechanik', S. 332 (erste Auflage). In der 2. Auflage wird diese Muthmaßung nicht mehr ausgesprochen.

3) Avertissement p. II in der 2. Ausgabe von 1811 und p. IV in der Bertrand'schen 3. Ausgabe von 1853.

Als die letzte vollendete Fassung des Flaschenzugbeweises wird gewöhnlich die angesehen (Dühring, a. a. O., §. 139 der ersten Auflage und §. 133 der zweiten Auflage), welche Lagrange im 5. Capitel, des dritten Theiles seiner ‚Théorie des fonctions analytique' (Paris 1813 und ‚Oeuvres', Tome IX, 1881) giebt.

In der Section II, première Partie „La statique“ §. 1 dieses Werkes stellt er dann das Princip in der Gestalt dar:

$$\text{I.}\quad Pdp + Qdq + Rdr \ldots = 0,$$

wobei er letztere Gleichung zugleich als die allgemeinste Formel der Statik, für das Gleichgewicht eines beliebigen Systemes von Kräften bezeichnet.

Um allen ungünstigen Urtheilen[1]) über den Lagrange'schen Beweis, mit Anwendung des Flaschenzuges, möglichst aus dem Wege zu gehen und doch geschichtlich treu berichten zu können, lassen wir den Wortlaut des analytischen Meisters in der Sprache folgen, in welcher der Beweis geschrieben ist[2]).

Im ersten Theile der ‚Mécanique analytique‘, Section 1, §. 18 trägt hierzu Lagrange Folgendes vor:

„Si plusieurs poulies sont jointes ensemble sur une même chape, on appelle cet assemblage polispaste, ou moufle, et la combinaison de deux moufles, l'une fixe et l'autre mobile, embrassées par une même corde dont l'une des extrémités est fixement attachée, et l'autre est tirée par une puissance, forme une machine dans laquelle la puissance est au poids porté par la moufle mobile, comme l'unité est au nombre des cordons qui aboutissent à cette moufle, en les supposant tous parallèles et faisant abstraction du frottement et de la roideur de la corde; car il est évident qu'à cause de la tension uniforme de la corde dans toute sa longueur, le poids est soutenu par autant de puissances égales à celle qui tend la corde, qu'il y a de cordons qui soutiennent la moufle mobile, puisque ces cordons sont parallèles et qu'ils peuvent même être regardés comme n'en faisant qu'un, en diminuant si l'on veut à l'infini le diamètre des poulies.

En multipliant ainsi les moufles fixes et mobiles, et les faisant toutes embrasser par la même corde, au moyen de différentes poulies fixes de renvoi, la même puissance appliquée à son extrémité mobile pourra soutenir autant de poids qu'il y a de moufles mobiles, et dont chacun sera à cette puissance, comme le nombre des cordons de la moufle qui le soutient est à l'unité.

Substituons, pour plus de simplicité, un poids à la place de la puissance, après avoir fait passer sur une poulie fixe le dernier cordon qui soutient ce poids, que nous prendrons pour l'unité; et imaginons que les différentes moufles mobiles, au lieu de soutenir des poids, soient attachées à des corps regardés comme des points et disposés entre eux ensorte qu'ils forment un système quelconque donné. De cette manière, le même poids produira, par le moyen de la corde qui embrasse toutes les moufles, différentes puissances qui agiront sur les différens points du systéme, suivant la direction des cordons qui aboutissent aux moufles attachées à ces points, et qui seront au poids comme le nombre des

1) Dühring, ‚Principien der Mechanik‘, §. 139 der ersten Auflage und §. 133 der zweiten Auflage, Note 1.

2) Hier werde zugleich die Gelegenheit benutzt, daß Lagrange in demselben Werke (‚Théorie des fonctions analytiques‘, quatrième edition, Partie III, p. 337, §. 1) den merkwürdigen Satz ausspricht: „Ainsi, on peut regarder la mécanique comme une géométrie à quatre dimensions, et l'analyse mécanique comme une extension de l'analyse géometrique“.

cordons est à l'unité; ensorte que ces puissances seront représentées elles-mêmes par le nombre des cordons qui concourent à les produire par leur tension.

Or il est évident que, pour que le système tiré par ces différentes puissances demeure en équilibre, il faut que le poids ne puisse pas descendre par un déplacement quelconque infiniment petit des points du système; car le poids tendant toujours à descendre, s'il y a un déplacement du système qui lui permette de descendre, il descendra nécessairement et produira ce déplacement dans le système.

Désignons par $\alpha$, $\beta$, $\gamma$, etc. les espaces infiniment petits que ce déplacement ferait parcourir aux différens points du système suivant la direction des puissances qui les tirent, et par $P$, $Q$, $R$, etc. le nombre des cordons des moufles appliquées à ces points, pour produire ces mêmes puissances; il est visible que les espaces $\alpha$, $\beta$, $\gamma$, etc. seraient aussi ceux par lesquels les moufles mobiles se rapprocheraient des moufles fixes qui leur répondent, et que ces rapprochemens diminueraient la longueur de la corde qui les embrasse, des quantités $P\alpha$, $Q\beta$, $R\gamma$, etc.; de sorte qu'à cause de la longueur invariable de la corde, le poids descendrait par l'espace $P\alpha + Q\beta + R\gamma +$ etc. Donc il faudra, pour l'équilibre des puissances représentées par les nombres $P$, $Q$, $R$, etc., que l'on ait l'équation

$$P\alpha + Q\beta + R\gamma + \text{etc.} = 0,$$

ce qui est l'expression analytique du principe général des vîtesses virtuelles".

Um diesen Beweisgang noch verständlicher zu machen, haben später namentlich französische Mathematiker[1]) andere Darstellungen im Geiste Lagrange's versucht, von denen wohl kein hier passender anzuführen sein dürfte als die, welche Navier in seinem ‚Résumé des leçons de mécanique' etc. §. 237 giebt, die in deutscher Uebersetzung folgendermaßen lautet und wobei der Verfasser besonders nachstehende Figur 40 noch deutlicher darzustellen bemüht gewesen ist.

„Es seien $a, d, g \ldots$ (Fig. 40) die Angriffspunkte der Kräfte $P_1$, $P_2$, $P_3 \ldots$ Man kann nun stets die Wirkung dieser Kräfte, vermittelst mehrerer Flaschenzüge $AD$, $BE$, $CF \ldots$, welche nach Richtung dieser Kräfte wirken, dadurch, daß um alle ein einziger Faden herumläuft, durch die eines einzigen Gewichts $Q$ ersetzen, welches am freien Ende des Fadens befestigt ist. Nimmt man das Gewicht $Q$ als Einheit an, so sind die Größen $P_1$, $P_2$, $P_3 \ldots$ bezüglich gleich der Zahl der parallelen Seile, welche an jedem der in den Punkten $a, d, g \ldots$ angebrachten beweglichen Flaschenzüge wirken[2]). Wenn wir alsdann an-

1) Poisson, ‚Lehrbuch der Mechanik', §. 338, deutsch bearbeitet von Stern Th. I, S. 533.

Duhamel, ‚Lehrbuch der analytischen Mechanik', deutsch herausgegeben von Schlömilch, Bd. I, S. 101, Note.

2) Nach bekanntem Satze vom Flaschenzuge (S. 65, Figur 14) und mit Bezug auf nachstehende Figur 40 ist, wenn man mit $i_1$, $i_2$, $i_3 \ldots$ die Zahl der parallelen Seile in den auf einander folgenden Flaschenzügen bezeichnet: $k_1 = \frac{P_1}{i_1}$ $k_2 = \frac{P_2}{i_2}$, $k_3 = \frac{P_3}{i_3} \ldots$ Da ferner $k_1 = k_2 = k_3 \ldots = Q$, so ist auch, wenn man $Q =$ der Einheit annimmt, $P_1 = i_1$, $P_2 = i_2$, $P_3 = i_3 \ldots$

nehmen, daß sich das System im Gleichgewichtszustande befindet, das Gewicht $Q$ also unbeweglich ist und wir im Systeme eine sehr kleine Verschiebung eintreten lassen[1]), derzufolge $\delta p_1$, $\delta p_2$, $\delta p_3 \ldots$ die dieser Verschiebung, in

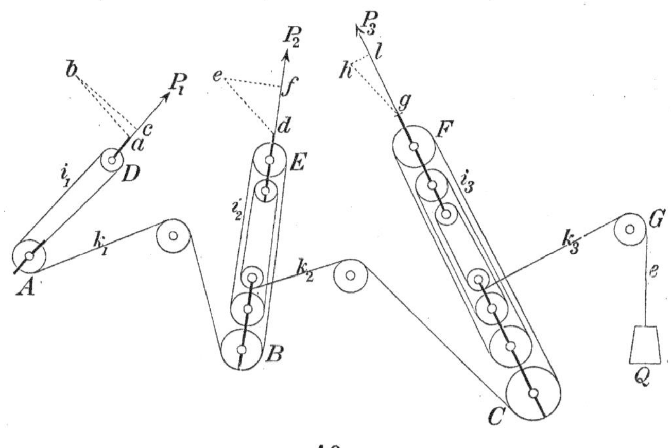


40.

der Richtung der wirkenden Kräfte, durchlaufenen Wege der Angriffspunkte $a$, $d$, $g \ldots$ sind — so durchläuft das Gewicht $Q$ offenbar den Raum $= e$:

$$e = P_1 \delta p_1 + P_2 \delta p_2 + P_3 \delta p_3 \ldots .$$

Dieser Raum muß aber gleich Null sein, wenn das System im Gleichgewichte ist. In der That kann er nicht positiv sein; denn wenn das Gewicht $Q$ in Folge der gedachten Verschiebung sinkt, so kann es nicht mehr der Voraussetzung gemäß unbeweglich bleiben, weil ja das Bestreben zu sinken immer existirt. Eben so wenig kann der Raum negativ sein; denn wenn in einem Systeme eine Verschiebung möglich ist, so ist auch eine gleiche Verschiebung nach der entgegengesetzten Richtung möglich und wenn die Größe

$$e = P_1 \delta p_1 + P_2 \delta p_2 + P_3 \delta p_3 \ldots$$

für die eine Seite negativ ist, so ist sie für die andere positiv. Wenn folglich Gleichgewicht besteht, so ist $e$ nothwendig $=$ Null, umgekehrt, wenn sie gleich Null ist, muß, nach welcher Richtung hin man die sehr kleine Verschiebung statthaben läßt, nothwendig das Gleichgewicht bestehen, weil die Punkte $a$, $d$, $g \ldots .$ eben so wenig streben nach der einen, als nach der entgegengesetzten Richtung sich zu bewegen".

Lagrange stellt die allgemeine Gleichung für das Gleichgewicht eines beliebigen Systemes von Körpern (I, S. 194) im weiteren Verlaufe seiner Untersuchungen Section IV, §. 10—16) unter folgender Gestalt dar:

---

1) Werden die sehr kleinen überall gleichen Verschiebungen dargestellt durch $\overline{ab}$, $\overline{de}$, $\overline{hg} \ldots$, so sind die an Größe ungleichen Projectionen derselben auf die Kraftrichtungen $\overline{ac}$, $= \delta p_1$, $\overline{df} = \delta p_2$, $\overline{gl} = \delta p_3 \ldots .$

$$\text{II.}\quad \Sigma\, dm\, (P\delta p + Q\delta \varrho + R\delta r + \ldots) = 0\,^{1)},$$

wobei er aufmerksam macht, daß man in der analytischen Mechanik überhaupt zwei verschiedene Arten von Differenzialien zu unterscheiden habe. Die einen, oder die sogenannten geometrischen Differenziale, welche sich bloß auf die (geometrische) Ausdehnung der Körper, auf die verschiedenen Elemente, aus welchen dieselben bestehen, beziehen; die andern aber, oder die mechanischen Differenziale, welche von der Ausdehnung und Gestalt der Körper ganz unabhängig sind und sich bloß auf die unendlich kleinen Räume beziehen, welches jedes Element der Körper in jedem Augenblicke durch die Wirkung der auf dieselben angebrachten Kräfte zurücklegt.

Deshalb räth Lagrange die ersteren durch die schon von Leibniz gebrauchte, alte Charakteristik $d$ (S. 118, Note 2) und letztere durch den griechischen Buchstaben $\delta$ zu bezeichnen, den man auch in der Variationsrechnung anwendet und womit das, um welches es sich hier handelt, einen innigen und nothwendigen Zusammenhang hat.

Was aus dem ersten Theile der analytischen Mechanik, der Statik, für unsere speciellen technischen Zwecke (die nach Seite 3 immer im Auge zu behalten sind), noch hervorzuheben wäre, dürfte sich höchstens noch auf die Differenzialgleichungen beziehen, welche Lagrange zur Begründung der Theorie elastischer Körper in Section V, §. III, Artikel 46 bis mit 52 entwickelt, wären diese nicht durch spätere Arbeiten von Poisson, Binet, Wantzel, Cauchy, St. Venant u. A.[2]) überflüssig geworden.

Die Gelegenheit benutzend ist noch einer technisch wichtigen Arbeit Lagrange's zu erwähnen, welche er bereits in den ‚Memoiren der Turcine‘ vom Jahre 1770 bis 1773 unter der Ueberschrift: „Sur la figure des colonnes“ veröffentlichte und die sowohl zur Bestätigung als Vervollständigung der Arbeit L. Euler's über denselben Gegenstand (S. 180) dienen sollte. Obgleich die erlangten Resultate dem praktischen Bedürfnisse (zur Berechnung der Dimensionen von Säulen, Ständern, Lenkstangen etc.) eben so wenig (völlig) genügen, wie die bereits von Euler erlangten

---

1) Bley macht (a. a. O. S. 278, in Bezug auf §. 16) hierbei die Bemerkung, daß die sich im Gleichgewicht haltenden Kräfte einander entgegenwirken müssen.

2) Man sehe hierüber besonders Saint-Venant's ‚Historique abrégé des recherches sur la résistance et sur l'élasticité des corps solides‘ (Anhang zur 2. Auflage von Navier's ‚Resumé des leçons‘. Paris 1864) pag. CXXX etc.

Resultate, so enthalten sie doch manches Bemerkenswerthe, so u. A. daß der vertikal (in der Achsenrichtung) belastete Stab, unter Umständen mehr als eine Biegung annehmen, eine Art Wellenlinie bilden kann, daß sich ferner die belastete Säule auch nach oben verjüngt, als Körper von gleichem Widerstande, mit bestimmter Begrenzungscurve nachweisen lässt u. dgl. m.

In dem zweiten Theile der ‚analytischen Mechanik, der Dynamik' gelingt es Lagrange[1]), aus der bereits Seite 193 angedeuteten Verbindung des d'Alembert'schen Principes mit dem Principe der virtuellen Geschwindigkeiten, eine Gleichung abzuleiten, welche er (Partie II, Section II, Nr. 5), interessant und merkwürdig genug, bezeichnet als „la formule générale de la dynamique pour le mouvement d'un système quelconque de corps[2])".

Er gab dieser Formel folgende Gestalt[3]):

$$\text{I.}\quad \Sigma m\left(\frac{d^2x}{dt^2}\delta x+\frac{d^2y}{dt^2}\delta y+\frac{d^2z}{dt^2}\delta z\right)+\Sigma(P\delta p+Q\delta q+R\delta r+..)=0.$$

---

1) In der bereits vorher notirten geschichtlichen Arbeit Saint-Venant's, wird über die Lagrange betreffende Abhandlung pag. CXVI ausführlich berichtet. In den ‚Oeuvres' von Lagrange findet sich derselbe Gegenstand in Bd. II, Buch XIII, pag. 125.

2) Nicht unrichtig pflegt man wohl zu sagen, daß durch diese Gleichung die gesammte Mechanik des Himmels und der Erde dargestellt wird. Mindestens hat hierdurch Lagrange die Auflösung aller mechanischen Aufgaben, oder wenigstens die Bildung der Differenzialgleichungen, von welchen sie abhängen, auf ein einförmiges Verfahren zurückgeführt.

3) In den Lehrbüchern führte man diese Formel nachher (und noch jetzt) in folgender Gestalt auf:

$$\text{II.}\quad \Sigma m\left(\frac{d^2x}{dt^2}\,\delta x+\frac{d^2y}{dt^2}\,\delta y+\frac{d^2z}{dt^2}\,\delta z\right)=\Sigma m(X\delta x+Y\delta y+Z\delta z),$$

hierbei bezeichnen $X_1$, $Y_1$, $Z_1$; $X_2$, $Y_2$, $Z_2$ . . . die den drei rechtwinkligen Coordinaten parallelen Composanten, beziehungsweise der Kräfte $P$, $Q$ . . .

Statt II kann man ferner schreiben:

$$\text{III.}\quad \Sigma\left\{m\left(X-\frac{d^2x}{dt^2}\right)\delta x+m\left(Y-\frac{d^2y}{dt^2}\right)\delta y+m\left(Z-\frac{d^2z}{dt^2}\right)\delta z\right\}=0.$$

Im Falle, daß das System ausschließlich nur eine fortschreitende Bewegung anzunehmen vermag, und die mechanischen Differenziale $\delta x$, $\delta y$ und $\delta z$ alle drei von einander unabhängig sind, kann man sie auch so nehmen, dass sich noch folgende drei Gleichungen ergeben:

$$\text{IV.}\quad \Sigma m\,\frac{d^2x}{dt^2}=\Sigma mX;\ \Sigma m\,\frac{d^2y}{dt^2}=\Sigma mY;\ \Sigma m\,\frac{d^2z}{dt^2}=\Sigma mZ.$$

Hat man statt eines Systemes von Körpern, einen einzigen Körper von der

Nebenbedingungen der Aufgabe wurden in der Gleichung I noch nicht ausdrücklich angezeigt (z. B. wenn der materielle Punkt $m$ auf einer Oberfläche bleiben soll, welche allmälig ihre Gestalt ändert, oder sich im Raume fortbewegt). Geschieht dies, so nimmt die allgemeine Gleichung noch eine andere Gestalt an, welche ebenfalls zuerst von Lagrange gegeben wurde [1]) und die man deshalb „die Differenzialgleichungen der Bewegung von Lagrange" zu nennen pflegt [2])".

Die dritte Section der Dynamik (Partie II, pag. 239 der ‚Méc. analyt.') widmet Lagrange den vier sogenannten Principien (Gesetzen) der Dynamik oder den Sätzen von umfassender Anwendbarkeit dieser Wissenschaft [3]), nachdem er vorher denselben Gegenstand einleitend und vorzugsweise geschichtlich (in der Section I unter der Ueberschrift „Sur les principes de la Dynamique") erörterte.

Diese vier Principien oder Gesetze sind

1. Das Princip von der Erhaltung der Bewegung des Schwerpunktes.

2. Das Princip von der Erhaltung der Rotationsmomente der Flächen.

3. Das Princip der Erhaltung der lebendigen Kräfte und

4. Das Princip der kleinsten Wirkung.

Das Princip Nr. 1, dessen erste Aufstellung Lagrange dem Newton zuschreibt und dem später d'Alembert noch eine

---

Gesammtmasse $M$ und bezeichnet $dm$ ein beliebiges Element dieses Körpers, so hat man:

$$\text{V.}\quad M\frac{d^2x}{dt^2} = \int X dm;\quad M\frac{d^2y}{dt^2} = \int Y dm;\quad M\frac{d^2z}{dt^2} = \int Z dm.$$

1) ‚Mécanique analytique', Tome I, Partie II. La dynamique. Section IV, unter der Ueberschrift: „Equations différentielles pour la solution de tous les problèmes de dynamique". (Insbesondere pag. 292, Nr. 11).

2) Da diese allgemeine Darstellung die Grenzen unseres, vorzugsweise für Anfänger bestimmten Buches (insbesondere vom technischen Standpunkte betrachtet) weit überschreitet, so verweisen wir hinsichtlich dieser Differenzialgleichungen des Lagrange auf folgende Werke:

Poisson, ‚Mechanik' (deutsch von Stern), Theil II, S. 307 etc. und

Schell, ‚Theorie der Bewegung und der Kräfte', Bd. II (2. Auflage, 1880), S. 499 und S. 544.

3) Charakteristische Hauptsätze der Dynamik in der Rolle von Principien (Dühring, a. a. O.).

größerere Allgemeinheit gab, drückt Lagrange in vollkommenster Fassung folgendermaßen aus[1]):

„Die Bewegung des Schwerpunktes eines völlig freien Systemes von Körpern, die unter einander wie immer angeordnet sein mögen, ist dieselbe, als wären alle Körper in einem einzigen Punkte vereinigt und als wenn gleichzeitig jeder von denselben accelerirenden Kräften so zur Bewegung veranlaßt würde, wie in dem natürlichen Zustande der letzteren[2]).

Der mathematische Beweis dieses Satzes giebt Lagrange (der Hauptsache nach) folgendermaaßen:

Nehmen wir an, daß $x$, $y$, $z$ die Coordinaten des Schwerpunktes aller materiellen Punkte des Systemes am Ende der Zeit $t$ sind, ferner mit $\xi$, $\eta$, $\zeta$ die vom Schwerpunkte $S$ aus gezählten Ordinaten des Ortes eines Punktes, dessen Masse $m$ ist, für dieselbe Zeit bezeichnet werden, wobei erinnert wird, daß wir auch hier durch $x$, $y$, $z$ die auf den festen Achsen $UX$, $UY$ und $UZ$ gezählten Ordinaten des Ortes ausdrücken, in welchem sich $m$ am Ende der Zeit $t$ befindet, so hat man

$$x = x_1 + \xi;\; y = y_1 + \eta;\; z = z_1 + \zeta.$$

Ferner ist, nach bekannten Sätzen vom Schwerpunkte:

$$\Sigma m\xi = 0;\; \Sigma m\eta = 0;\; \Sigma m\zeta = 0, \text{ daher auch}$$

$$\Sigma m \frac{d^2\xi}{dt^2} = 0;\quad \Sigma m \frac{d^2\eta}{dt^2} = 0 \text{ und } \Sigma m \frac{d^2\zeta}{dt^2} = 0.$$

Sodann ist auch:

$$\Sigma m \frac{d^2x}{dt^2} = \Sigma m \frac{d^2x_1}{dt^2} + \Sigma m \frac{d^2\xi}{dt^2},$$

folglich, da das letzte Glied dieser Gleichung = Null ist

$$\Sigma m \frac{d^2x}{dt^2} = \Sigma m \frac{d^2x_1}{dt^2}, \text{ wofür}$$

man auch schreiben kann:

$$\Sigma m \frac{d^2x}{dt^2} = \frac{d^2x_1}{dt^2} \Sigma m.$$

In ganz gleicher Weise findet sich auch

$$\Sigma m \frac{d^2y}{dt^2} = \frac{d^2y_1}{dt^2} \Sigma m \text{ und}$$

$$\Sigma m \frac{d^2z}{dt^2} = \frac{d^2z_1}{dt^2} \Sigma m.$$

1) ‚Mécanique analytique‘, Partie II, Section III, §. I, Nr. 3.

2) Folglich bewegt sich ein völlig freies System stets so, als wenn alle Massen im Schwerpunkte (Massenmittelpunkte) vereinigt wären und auf diesen alle äußeren Kräfte, je nach ihrer Richtung wirkten. (Alle inneren Kräfte heben sich auf). Ausführlich, vom geschichtlichen und philosophischen Standpunkte aus betrachtet, erörtert besonders den modernen Satz von der Bewegung des Schwerpunktes, Dühring, ‚Principien der Mechanik‘ und zwar im dritten Capitel, Nr. 111 bis mit Nr. 113. (Zweite Auflage).

Letztere drei Gleichungen in Verbindung mit den Gleichungen Nr. IV, Note 5, Seite 199 gebracht, liefert folgende drei Werthe:

$$\frac{d^2 x_1}{dt^2} \Sigma m = \Sigma m X; \quad \frac{d^2 y_1}{dt^2} \Sigma m = \Sigma m Y; \quad \frac{d^2 z_1}{dt^2} \Sigma m = \Sigma m Z,$$

womit der Satz bewiesen ist [1]).

Das zweite Princip lautet bei Lagrange folgendermaßen [2]): „Die Summe der Produkte aus den Maßen des bewegten Systemes in die um den Schwerpunkt beschriebenen und auf eine beliebige Ebene projectirten Flächen, ist immer der Zeit proportional“.

Lagrange bemerkt hierzu, daß dies Princip fast zu gleicher Zeit (1746 bis 1752) von Euler, Daniel Bernoulli und d'Arcy [3]), jedoch in verschiedenen Formen aufgestellt worden sei.

Lagrange leitet zum analytischen Nachweise dieses Principes zuerst aus seiner allgemeinen Gleichung der Dynamik (I, S. 200) folgende drei Gleichungen ab, welche sich beziehungsweise auf die Drehung des Systemes um die rechtwinkligen Coordinatenachsen $X$, $Y$ und $Z$ beziehen:

$$\text{VI.}\begin{cases} \Sigma m \left[\dfrac{x d^2 y - y d^2 x}{dt^2}\right] = \Sigma m [Yx - Xy], & \text{Drehung um die } Z\text{-Achse;} \\ \Sigma m \left[\dfrac{z d^2 x - x d^2 z}{dt^2}\right] = \Sigma m [Xz - Zx], & \text{„ „ „ } Y\text{- „ ;} \\ \Sigma m \left[\dfrac{y d^2 z - z d^2 y}{dt^2}\right] = \Sigma m [Zy - Yz], & \text{„ „ „ } X\text{- „ ;} \end{cases}$$

Wirken auf das System keine äußeren Kräfte oder nur ihre gegenseitigen Attractionen, oder nur Kräfte, die nach dem Anfangspunkte der Coordinaten gerichtet sind, so werden die rechten

---

1) Hat man es statt mit einem Systeme von Körpern mit einem einzigen Körper von der Masse $M$ zu thun und bezeichnet ferner $dm$ ein beliebiges Element dieses Körpers, so erhält man:

$$M\frac{d^2 x_1}{dt^2} = \int X dm; \quad M\frac{d^2 y_1}{dt^2} = \int Y dm \text{ und } M\frac{d^2 z_1}{dt^2} = \int Z dm.$$

2) A. a. O. Partie II, Section I, Nr. 16.

3) d'Arcy, geb. 1725 zu Galloway (in Irland), gest. 1779 zu Paris. d'Arcy war französischer Feldmarschall und Pensionnaire - Géomètre der Akad. d. Wissensch. zu Paris, Verfasser werthvoller Schriften über astronomische, physikalische, mechanische und artilleristische Gegenstände. Ein Verzeichniß der letzteren findet sich in Poggendorff's ‚Biographisch-literar. Handwörterbuch‘ Höchst werthvoll sind die Erörterungen Dühring's über das Princip der Flächen in der allgemeinen Geschichte seiner ‚Principien der Mechanik‘ von Nr. 117 (der 2. Auflage) an.

Theile dieser Gleichung zu Null, d. h. sie reduciren sich auf folgende drei:

$$\Sigma m \left(\frac{x\,d^2 y - y\,d^2 x}{d\,t^2}\right) = 0\,^{1)};$$

$$\Sigma m \left(\frac{z\,d^2 x - x\,d^2 z}{d\,t^2}\right) = 0;$$

$$\Sigma m \left(\frac{y\,d^2 z - z\,d^2 y}{d\,t^2}\right) = 0.$$

Integrirt man diese Gleichung in Bezug auf die Zeit $t$, so erhält man:

$$\text{VII.}\begin{cases} \Sigma m \left(\dfrac{x\,d\,y - y\,d\,x}{d\,t}\right) = C; \\ \Sigma m \left(\dfrac{z\,d\,x - x\,d\,z}{d\,t}\right) = B; \\ \Sigma m \left(\dfrac{y\,d\,z - z\,d\,y}{d\,t}\right) = A. \end{cases}$$

L a g r a n g e bemerkt nun ohne Weiteres, daß diese Gleichungen das Princip oder den Grundsatz von der Erhaltung der Flächen in sich fassen [2]).

---

1) Für die studirende Jugend zur Erläuterung Folgendes:

Bei der Drehung um $Z$ als Achse hat man, für einen Punkt $a$, dessen Coordinaten $x$ und $y$ (Figur 41) sind, für den unendlich kleinen Weg $\overline{ab} = \delta s$ (wenn der betreffende Radius Vektor $Za = r$ mit der Abscissenachse den Winkel $\alpha$ einschließt)

$$\delta x = -\delta s\,.\,\sin\alpha = -\delta s\,\frac{y}{r} \text{ und}$$

$$\delta y = +\delta s\,.\,\cos\alpha = +\delta s\,\frac{x}{r}.$$

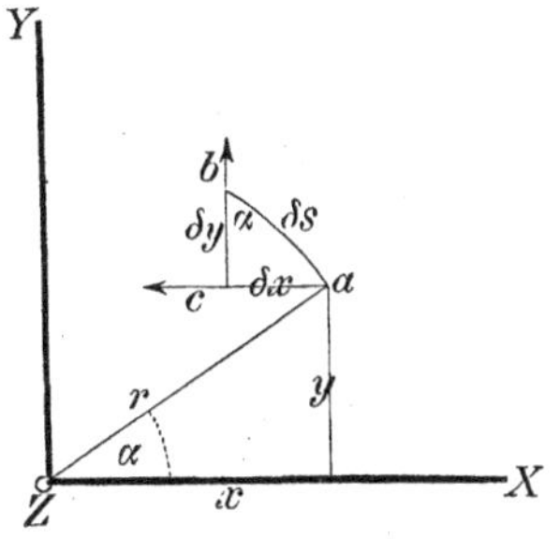

41.

Aus der allgemeinen Gleichung (II, S. 199) folgt dann:

$$\Sigma m\,\frac{\delta s}{r}\left[\frac{-y\,d^2 x + x\,d^2 y}{d\,t^2}\right] = \Sigma m\,\frac{\delta s}{r}\,[-y\mathrm{X} + x\,Y]$$

oder

$$\Sigma m \left[\frac{x\,d^2 y - y\,d^2 x}{d\,t^2}\right] = \Sigma m\,[x\,Y - y\,X],$$

wonach sich die übrigen Gleichungen von selbst verstehen.

2) So richtig die Angabe des Meisters ist, so wird doch für die studirende Jugend folgende Erörterung nicht überflüssig sein. Hierzu suchen wir zunächst Kenntniß von einem der Differenziale, beispielsweise von $x\,dy - y\,dx$ zu verschaffen, was mit Benutzung von Figur 42 sofort zu erlangen ist. Offenbar ist:

**Lagrange** erörtert hierauf noch (nach dem Vorgange von **Laplace**) das **Gesetz von der unveränderlichen Ebene**, d. h. der Ebene, welche das **Maximum** der Flächenstücke enthält [1]).

Hinsichtlich dieses Satzes müssen (für unseren technischen Zweck) die unten stehenden Notizen genügen, während wir dafür **zwei** andere Ergänzungen liefern, welche beide für die technische Mechanik von Wichtigkeit sind [2]).

---

$x = r\cos\varphi,\ dx = -r\,d\varphi \sin\varphi$ und

$y = r\sin\varphi,\ dy = r\,d\varphi \cos.\ \varphi.$ Demnach also:

$$x\,dy - y\,dx = [r^2 d\varphi \cos^2\varphi - (-r^2 d\varphi \sin^2\varphi)] = r^2 d\varphi.$$

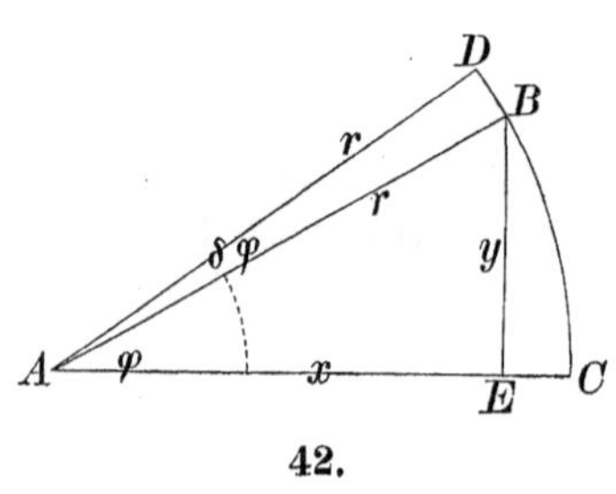

42.

Letzterer Werth ist aber der doppelte Inhalt der unendlich kleinen Fläche $ADB$ $\left(\frac{AD\,.\,DB}{2} = \frac{r\,.\,r\,d\varphi}{2} = \frac{r^2\,d\varphi)}{2}\right)$, daher auch $x\,dy - y\,dx$ das Doppelte der Fläche ist, welche bei der Drehung um den Anfangspunkt der Coordinaten, während der Zeit $dt$ durch die Projection des Radius Vektor $r$ von $m$ auf der Ebene der $xy$ beschrieben wird. Aehnliches läßt sich naturgemäß von den beiden andern Differenzialen sagen, welche beziehungsweise die Flächen sind, welche auf den Ebenen der $xz$ und $yz$ beschrieben werden.

Schreibt man nun die drei Lagrange'schen Gleichungen wie folgt:

$$\Sigma m\,(x\,dy - y\,dx) = C\,dt;\ \Sigma m\,(z\,dx - x\,dz) = B\,dt;\ \Sigma m\,(y\,dz - z\,dy) = A\,dt,$$

so ergiebt sich ohne Weiteres, daß jede dieser Summen dem Elemente der Zeit, oder für eine endliche Zeit dieser Zeit selbst proportional ist.

1) Das Gesetz von der unveränderlichen Ebene rührt von **Laplace** her, der vorschlug, dasselbe in der Astronomie anzuwenden, um auf ihre constante Richtung die veränderliche Richtung der Planetenbahnen zu beziehen. In allerjüngster Zeit hat der scharfsinnige **Ritter** in Aachen dies Gesetz in seinem ‚Lehrbuche der analytischen Mechanik' (Hannover 1873, S. 229) in eben so verständlicher wie eleganter Weise (unter Beifügung von Figuren) behandelt.

2) Wir betrachten zunächst wieder nur (wie in Note 1, S. 203) eine Drehung des Systemes um die Coordinatenachse $UZ$ (Figur 41) und setzen so wie auf S. 201 $x = x_1 + \xi$ und $y = y_1 + \eta$ (wo wieder $\xi$ und $\eta$ die vom Schwerpunkte aus gezählten Ordinaten eines Massenelementes $m$ sind). Substituirt man diese Werthe von $x$ und $y$ in die erste der drei Gleichungen unter Nr. VI, so erhält man (wenn man vorerst die Differentiale noch läßt):

$$\Sigma m \left[\frac{(x_1 + \xi)\,d^2y}{dt^2} - \frac{(y_1 + \eta)\,d^2x}{dt^2}\right] = \Sigma m\,[(x_1 + \xi)\,Y - (y_1 + \eta)\,X].$$

Hieraus läßt sich aber folgende Gleichung formiren:

Das dritte der S. 200 genannten Principe, das der Erhaltung der lebendigen Kräfte, wurde bereits S. 94 und 95

---

$$x_1\left[\Sigma m\left(\frac{d^2y}{dt^2}-Y\right)\right]-y_1\left[\Sigma m\left(\frac{d^2x}{dt^2}-X\right)\right]+\Sigma m\left(\xi\frac{d^2y}{dt^2}-\eta\frac{d^2x}{dt^2}\right)=\Sigma m(\xi Y-\eta X).$$

Nach IV, Note 3, Seite 199 heben sich aber hier die mit $x_1$ und $y_1$ multiplicirten Glieder auf, so daß sich ergiebt:

$$\Sigma m\left(\xi\frac{d^2y}{dt^2}-\eta\frac{d^2x}{dt^2}\right)=\Sigma m(\xi Y-\eta X).$$

Hier nun für $d^2y$ und $d^2x$ die Werthe substituirt, welche man nach zweimaliger Differentiation von $x = x_2 + \xi$ und $y = y_1 + \eta$ ergeben, folgt:

$$\frac{d^2y_1}{dt^2}\Sigma m\xi-\frac{d^2x_1}{dt^2}\Sigma m\eta+\Sigma m\left[\frac{\xi d^2\eta-\eta d^2\xi}{dt^2}\right]=\Sigma m(\xi Y-\eta X).$$

Da jedoch (wie S. 120) $\Sigma m\xi = 0$ und $\Sigma m\eta = 0$ sind, erhält man schließlich:

$$\Sigma m\left[\frac{\xi d^2\eta-\eta d^2\xi}{dt^2}\right]=\Sigma m(\xi Y-\eta X).$$

Es sind also in Vergleich mit VI, an die Stelle der allgemeinen Coordinaten $x$, $y$ die Coordinaten $\xi$ und $\eta$ des Schwerpunktes getreten, so daß sich allgemein der Satz ergiebt:

„Die Bewegung ist dieselbe, als wäre der Schwerpunkt ein fester Punkt und die vorhandenen Kräfte, die auf alle Punkte des Systemes wirken, erzeugten eine Drehung um den Schwerpunkt, ohne sich geändert zu haben".

Mit Bezug auf das Princip von der Erhaltung des Schwerpunktes Nr. 1, S. 200, läßt sich daher der allgemeine Satz aufstellen:

„Daß man jede Bewegung eines Systemes materieller Punkte in zwei einfache Bewegungen zerlegen kann, in eine progressive oder fortschreitende des Schwerpunktes (Mittelpunktes der Masse) und in eine rotirende oder drehende des Systemes um den Schwerpunkt (Mittelpunkt).

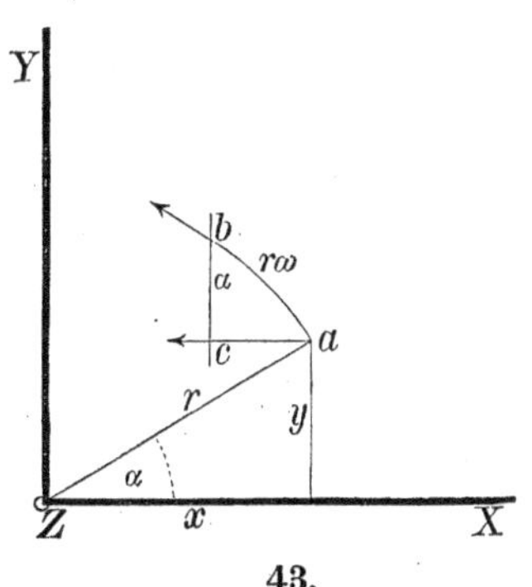


43.

Der zweite der erwähnten technisch wichtigen Sätze ergiebt sich aus obiger Gleichung wie folgt:

Es sei $\omega$ die variable Winkelgeschwindigkeit des Systems und $a$ der augenblickliche Ort eines Massenpunktes $m$ am Ende der Zeit $t$. Den Bezeichnungen der Figur 43 zufolge, wenn man ausschließlich eine Drehung um die $Z$-Achse voraussetzt: $\overline{ac} = -\frac{dx}{dt} = -r\omega\sin\alpha = -r\omega\frac{y}{r} = -\omega y.$

Ebenso $\overline{bc} = \frac{dy}{dt} = +r\omega\cos\alpha = r\omega\frac{x}{r} = \omega x.$

geschichtlich erörtert, so daß wir hier nur den Lagrange'schen Beweis zu geben haben [1]).

Hierzu macht derselbe in Bezug auf die allgemeine Gleichung I, S. 199 darauf aufmerksam, daß wenn der analytische Ausdruck für die Bedingung der Verbindung der materiellen Punkte die Zeit nicht enthält, die Variationen $\delta x$, $\delta y$ und $\delta z$ den Differentialen $dx$, $dy$ und $dz$ (welche die in der Zeit $dt$ von dem Körper wirklich durchlaufenen Räumen repräsentiren) gleich gesetzt werden können.

Lagrange schreibt daher ohne Weiteres:

$$\Sigma m\left(\frac{dx\,d^2x + dy\,d^2y + dz\,d^2z}{dt^2}\right) + \Sigma\,(P dp + Q dy + R dr \ldots) = 0,$$

wofür wir (für unsere Zwecke) analog II, S. 199 wieder setzen:

$$\Sigma m\left(\frac{dx\,d^2x + dy\,d^2y + dz\,d^2z}{dt^2}\right) = \Sigma m\,(X dx + Y dy + Z dz),$$

daher ergiebt sich, nach Seite 173:

$$\Sigma m v dv = \Sigma m\,(X dx + Y dy + Z dz) \text{ und integrirt:}$$

$$\text{IX.}\quad \Sigma\frac{mv^2}{2} = \int \Sigma m\,(X dx + Y dy + Z dz) = \text{Const., oder}$$

$$\frac{1}{2}\,\Sigma m v^2 = \int m R ds \,.\, \cos\Sigma + \text{Const., mit}$$

Bezug auf Note 1, S. 173 gegenwärtigen Werkes [2]).

---

Für ein Differential $\frac{x dy - y dx}{dt}$ (nach VII, S. 203) erhält man daher, wenn man vorstehende Werthe substituirt:

$$\frac{x dy - y dx}{dt} = \frac{\omega(x^2 + y^2)}{dt} = \omega r^2.$$

Differenzirt man hier nochmals, so folgt:

$$\frac{x d^2y + dx\,dy - y d^2x + dy\,dx}{dt} = \frac{x d^2y - y d^2x}{dt} = d\omega r^2,$$

d. i. nach VI, S. 25: $\Sigma m\,\frac{d\omega}{dt}\,r^2 = \Sigma m(Yx - Xy)$, wofür man auch setzen kann, wenn man die Resultirende der beiden Kräfte $Y$ und $X$ mit $P$ und die normale Entfernung der Richtung derselben von der Drehachse mit $p$ bezeichnet:

$$\text{VIII.}\quad \frac{d\omega}{dt} = \frac{\Sigma(Pp)}{\Sigma m r^2}.$$

Diese Gleichung giebt an, wie sich die Winkelgeschwindigkeit mit der Zeit ändert. Offenbar ist dieselbe der II, Seite 70 analog.

1) ‚Mécanique analytique', Partie II, Section III, §. V, Nr. 33.

2) Lagrange bezeichnet den Winkel, welchen die Resultirende $R$ mit dem Wegelemente $ds$ einschließt mit $\sigma$ und schreibt daher:

$$\cos\sigma = \cos l \cos\lambda + \cos m \cos\mu + \cos n \cos\nu,$$

wofür wir bereits Seite 173 fanden:

$$\cos\varepsilon = \cos\alpha\cos\lambda + \cos\beta\cos\mu + \cos\gamma\cos\nu.$$

Auf die bereits an letzterer Stelle entwickelten Formen dieses für die technische Hydrodynamik und für die theoretische Maschinenlehre so hoch wichtigen Satzes kommen wir später ausführlich zurück [1]).

Das vierte der von Lagrange erörterten Principe, das der kleinsten Wirkung, wurde zuerst von Maupertuis [2])

---

1) Mit Bezug auf Note 1, S. 173 läßt sich die allgemeine Gleichung IX auch folgendermaßen schreiben:

$$\frac{1}{2}\Sigma m v^2_n - \frac{1}{2}\Sigma m v^2_0 = f(x, y, z) - f(a, b, c),$$

wenn $x$, $y$, $z$ die Coordinaten des Schwerpunktes des Systemes am Ende einer Zeit $t$ sind, wo die Geschwindigkeit $v_n$ erreicht ist, während $a$, $b$, $c$ die anfänglichen Coordinaten sind und $v_0$ die correspondirende Geschwindigkeit bezeichnet.

Es folgt hieraus der auch für die technische Mechanik wichtige Satz, daß der Unterschied der Summen der lebendigen Kräfte eines bewegten Systemes nicht von dessen Verbindungen oder den durchlaufenen Wegen, sondern nur von den Coordinaten der Körper in den betreffenden zwei Zeittheilen abhängen.

2) Maupertuis wurde 1698 auf St.-Malo geboren und starb 1759 in Basel. Ursprünglich Dragonerofficier in der französischen Armee, widmete er sich nicht ohne Erfolg den mathematischen Wissenschaften und machte sich namentlich zuerst durch eine Abhandlung: „Sur la figure de la terre et sur les moyens que l'astronomie et la géographie fournissent pour la déterminer“ bekannt, die ihn 1723 einen Platz in der Pariser Akademie der Wissenschaften verschafft zu haben scheint. In dieser Abhandlung trat er der Ansicht Newton's bei, daß die Erde an den Polen nicht erhaben, sondern abgeplattet sei, entgegen anderen damaligen französischen Gelehrten, welche das Gegentheil behaupteten. Durch seinen Einfluß bei Maurepas, dem damaligen Minister Ludwig XV. (nach Montucla, III, pag. 149, durch sein Guitarrenspiel mit Gesangbegleitung) brachte er die berühmten Gradmessungen am Aequator und am Nordpole zu Stande, durch welche der erwähnte Streit über die Gestalt der Erde zu Gunsten der Newtonianer entschieden wurde.

Die erste betreffende Expedition nach Peru (Quito) kam 1735 zu Stande und bestand aus den berühmten französischen Akademikern Condamine, Bouguer, Godin, den Spaniern Don George Juan und Antonio de Ullao, sowie dem Pariser Botaniker B. Jussieu.

Bei der zweiten Expedition nach Lappland (Schweden) betheiligte sich Maupertuis als Leiter derselben, während die gelehrten Akademiker Clairault, Camus, Le Monnier und Outhier die Hauptpersonen bildeten, deren sich noch der Schwede Celsius anschloß.

Die 1741 am Aequator beendete Messung ergab die Länge eines Grades zu 56731 Toisen, während bei der lappländischen Messung, in der mittleren Breite von 60° 20′, sich diese Länge zu 57438 Toisen, also beträchtlich größer herausstellte.

Wird der Halbmesser des Aequators zu 860 geographische Meilen, die halbe Rotationsachse zu 856,3 Meilen angenommen, so ergiebt sich die Abplattung zu

formulirt, obwohl es der Idee nach bereits Fermat ausgesprochen hatte. Lagrange drückt dasselbe folgendermaßen aus:

„Bei jeder Bewegung eines Systemes von Körpern irgend einer Art, ist die Summe der Produkte der Massen in das Integral der Geschwindigkeit, multiplicirt mit dem Differenziale des durchlaufenen Raumes, alle Zeit entweder ein Maximum oder ein Minimum".

Bezeichnet man daher mit $ds$ die Bahn einer der Massen $m$ des Systemes und deren Geschwindigkeit mit $v$, so hat man nach dem aufgestellten Principe:

$$\text{X.} \quad \delta \Sigma m \int v\,ds = 0$$ [1], d. h.

die Variation der Größe $\Sigma m \int v\,ds$ ist gleich Null [2]).

---

3,70 Meilen oder zu $\frac{3,7}{860} = \frac{1}{231}$ (Littrow, ‚Theoretische und praktische Astronomie', Theil III, S. 450. Ausführlich auch in Wolf's ‚Geschichte der Astronomie', §. 211).

Zu Maupertuis speziell zurückkehrend werde noch bemerkt, daß er das Princip der kleinsten Wirkung zuerst auf Untersuchungen über die Reflexion und Refraction des Lichtes anwandte (Wilde, ‚Geschichte der Optik', Bd. II, S. 234) und daß sich die betreffenden Abhandlungen in den Memoiren der Pariser Akademie von 1744 und (allgemeiner) in den der Berliner Akademie von 1746 abgedruckt vorfinden. In dem letzten Artikel wird dies Princip über alle anderen so hoch gestellt, daß ihm die Gesetze des Gleichgewichts, der gleichförmigen Bewegung des Schwerpunktes beim Stoße und das Princip von der Erhaltung der lebendigen Kraft nur Unterabtheilungen bilden.

Nach der Rückkehr aus Lappland wurde Maupertuis 1741 von Friedrich dem Großen nach Berlin berufen, wo er während einer langen Reihe von Jahren der Akademie nicht nur präsidirte, sondern sie auch tyrannisirte. Bei seinem ersten Besuche, den er Friedrich II. in Schlesien abstattete, wurde er in der Schlacht von Mollwitz von österreichischen Husaren gefangen und nach Wien transportirt, indeß von Maria Theresia gütig aufgenommen und in Freiheit gesetzt. In Berlin hatte Maupertuis unangenehme Streitigkeiten mit Samuel König und Voltaire, worauf er 1756 nach Frankreich zurückkehrte und 1759 auf einer Reise in Basel starb.

1) Zuerst aufgestellt von L. Euler im Additamentum II seines 1742 erschienenen Werkes: ‚Methodus inveniendi lineas curvas', pag. 309, unter Anwendung auf die Parabel als Wurflinie.

2) Euler brachte die Gleichung X, auch auf die Form

$$\text{XI.} \quad \delta \Sigma m \int dt \, . \, v^2 = 0,$$

wobei er $mv^2 dt$ die augenblickliche lebendige Kraft nannte. Der obige Grundsatz läßt sich daher auch so aussprechen: Das in Beziehung auf die Zeit genommene Integral der lebendigen Kräfte des Systems zwischen zwei gegebenen Lagen ist stets das Größt- oder das Kleinstmögliche.

Der von Lagrange geführte Beweis der Gleichung X setzt die einfachsten Regeln der Variationsrechnung voraus, auf welche wir später zurückzukommen Gelegenheit finden werden.

In unserer Quelle (‚Mécanique analytique dynamique‘, §. VI, Nr. 40) zeigt Lagrange noch, wie man aus X die allgemeine Gleichung der Dynamik (I, S. 199), sonach also die ganze Lehre der Bewegung, allein aus dem Princip der kleinsten Wirkung ableiten kann [1]).

---

1) Folgende Notizen dürften noch von geschichtlichem Interesse sein. Maupertuis' Abhandlung in den ‚Memoiren der Berliner Akademie der Wissenschaften‘ vom Jahre 1746, pag. 265, trägt die Ueberschrift: „Les loix du mouvement et du repos déduites d'un principe métaphysique“. In der Einleitung bemerkt er, daß er seine erste denselben Gegenstand betreffende Arbeit der Pariser Akademie der Wissenschaften im April 1744 übergeben habe, während Euler's Werk ‚Methodus inveniendi lineas curvas etc.‘, worin dieser ausgezeichnete Mathematiker das Princip der kleinsten Wirkung zuerst für einen einzelnen Körper unter den beiden Gestalten X und XI mathematisch entwickelte und auf Fragen der Wurfbewegung anwendet, am Ende des Jahres 1744 erschien. Nach längeren metaphysischen Erörterungen der Sache gelangt Maupertuis (a. a. O., p. 290) unter der Ueberschrift „Principe général“ zu dem Satze: „Lorsqu'il arrive quelque changement dans la nature, la quantité d'action, nécessaire pour ce changement, est la plus petite qu'il soit possible“. Hierauf schreitet er zur Lösung der Aufgabe „Das Bewegungsgesetz beim Stoße harter Körper zu finden“, was er folgendermaßen bewirkt.

Er setzt voraus die Körper $m_1$ und $m_2$ bewegen sich vor dem Stoße mit ihren Schwerpunkten in gerader Linie, beziehungsweise hinter einander und besitzen dabei respective die Geschwindigkeiten $v_1$ und $v_2$, wobei $v_2 \angle v_1$ ist. Ferner setzt er die gemeinschaftliche Geschwindigkeit nach dem Stoße $= u$, mißt die betreffenden Actionsgrößen durch $m_1(v_1 - u)^2$ und durch $m_2(u - v_2)^2$, erörtert für welchen Werth von $u$ die Summe letzterer bei den Größen so klein als möglich sei und bildet demnach die Gleichung:

$$m_1(v_1 - u)^2 + m_2(u - v_2)^2 = \text{Minimum}.$$

In der That findet sich hieraus (ganz wie bereits Seite 103 und S. 106 nachgewiesen wurde) nach bekannten Sätzen der Differenzialrechnung:

$$u = \frac{m_1 v_1 + m_2 v_2}{m_1 + m_2}.$$

In gleicher Weise behandelt er auch den Stoß völlig elastischer Körper und gelangt ebenfalls zu Gleichungen, welche bereits S. 167 entwickelt wurden.

Nach demselben Princip wollte Maupertuis auch ein Gesetz der Ruhe aufstellen, natürlich wieder hauptsächlich auf naturphilosophische Ideen gestützt. Letzteres wurde von Lagrange gerügt (‚Méc. analyt.‘, Tome I, Partie II, Section I, Nr. 17) gänzlich bei Seite gesetzt und die Sache nach dem Vorgange L. Euler's nur vom Standpunkte der analytischen Mechanik behandelt. Schließ-

Es erübrigt jetzt noch, so weit es hier Zweck und Raum gestatten, derjenigen wichtigsten Verdienste Lagrange's um die Ausbildung solcher Zweige der reinen Mathematik zu gedenken, welche für wissenschaftliche Techniker von besonderer Wichtigkeit sind, wohin vornehmlich seine Erfindung der Variationsrechnung, seine Interpolationsmethode, seine Theorie der analytischen Functionen und mehreres Andere gehört.

Die Zeitfolge dieser Arbeiten zum Führer nehmend, werde zuerst Lagrange's Verdienst um die Variationsrechnung erörtert und als Einleitung mit der Bemerkung begonnen, daß bereits S. 141 unseres Buches das von Jacob Bernoulli (1697) aufgestellte isoperimetrische Problem als das bezeichnet wurde, wodurch man den Grund zur Variationsrechnung legte.

Ungemeine Erweiterungen gewannen diese Untersuchungen durch L. Euler von 1739 an, insbesondere aber durch sein ebenfalls schon S. 179 genanntes Werk: ‚Methodus inveniendi lineas curvas maximi minimive proprietate gaudentes, sive solutio problematis isoperimetrici latissimo sensu accepti'.

Indeß war es erst Lagrange, welcher Probleme dieser Art als eine specielle Anwendung der Analysis der Functionen behandelte und damit die Variationsrechnung erfand.

Diese allgemeine analytische Methode (keine neue Analysis)

---

lich macht Lagrange darauf aufmerksam, daß er bereits im zweiten Bande der Turiner Memoiren (1759) das Princip der kleinsten Wirkung zur Auflösung schwieriger Probleme der Dynamik in Anwendung gebracht habe.

Schon hier dürfte der Ort sein, aufmerksam zu machen, daß (1866) der deutsche Mathematiker Jacobi in seinem Werke: ‚Vorlesungen über Dynamik' (S. 43 und 44) über das erörterte Princip, unter Anderen Folgendes besonders hervorhob:

„Euler ist nur durch Mißverständniß des Namens „kleinste Wirkung" zu diesem Ausspruch veranlaßt worden. Maupertuis wollte mit diesem Namen ausdrücken, daß die Natur ihre Wirkungen mit dem kleinsten Kraftaufwand erreiche, und dies ist die wahre Bedeutung des Namens „principe de la moindre action".

„Das Princip wird fast in allen Lehrbüchern, auch in den besten, in denen von Lagrange, Laplace und Poisson, so dargestellt, daß es nach meiner Ansicht nicht zu verstehen ist etc."

Letzteres Urtheil ist wahrscheinlich Ursache geworden, das Princip der kleinsten Wirkung gänzlich hinten anzusetzen und in den neueren Lehrbüchern (wie namentlich bei Delaunay und Ritter) völlig zu ignoriren.

machte Lagrange zuerst 1761 (also, nach S. 192 im Alter von kaum 25 Jahren) zuerst in den Turiner Memoiren (,Miscellanea Taurensia', Tome IV, für 1766 bis 1769, Abtheilung II, S. 163) unter der Ueberschrift bekannt: „Essai d'une nouvelle méthode pour déterminer les maxima et les minima des formules intégrales".

Schon vorher (1755) hatte Lagrange seine Methode Euler mitgetheilt und dieser sie belobt und so vortrefflich gefunden, daß er sie selbst in mehreren Abhandlungen zu erläutern und auf deren Nutzen hinzuweisen bemüht war [1]).

Das bereits oben S. 198 benutzte Zeichen $\delta$ für die Variation führte Lagrange ein [2]), während der Name „Variationscalcul" von L. Euler herrührt, mindestens nach dem, was hierüber im Supplemente, Bd. IV, S. 552 der Salomonschen Uebersetzung zu finden ist [3]). Anlangend die Darstellung der Variationsrechnung für Lehrzwecke, so sind die betreffenden Arbeiten L. Euler's über Alles erhaben, so daß man dieselben noch heute den Anfängern für das erste Studium empfehlen kann [4]).

---

1) In L. Euler's ,Institutiones calculi integralis'. St. Petersburg. 1768 bis 1770. Deutsch von Salomon (seiner Zeit Professor an dem polytechnischen Institute in Wien) unter dem Titel: ,Leonhard Euler's vollständige Anleitung zur Integralrechnung'. Vier Bände. Wien 1828 bis 1830, sagt (Bd. III, S. 385, §. 11) Euler selbst Folgendes: „Der berühmte de la Grange, der scharfsinnigste Geometer aus Turin, dem wir die ersten Untersuchungen über die Variationsrechnung zu danken haben, hat diese Methode auf eine höchst geniale Weise auf zusammenhängende Linien (Polygone) angewendet etc.".

2) Strauch, ,Theorie und Anwendung der Variationsrechnung', Bd. I, S. VIII. Zürich, 1849.

3) Es heißt hier wörtlich: „Wenn $y$ irgend eine Function von $x$ ist und dabei $x$ in $x + dx$ übergeht, so wird in der Variationsrechnung der Veränderlichen $y$ noch ein anderes Increment $\delta y$ beigelegt, welches ganz von unserer Willkür abhängt und nicht durch $x$ bestimmt wird. Diesem Incremente habe ich den Namen Variation beigelegt etc.".

4) In Bd. III, S. 392 der genannten Salomon'schen Uebersetzung giebt L. Euler folgende Erklärung der Variationsrechnung: „Die Variationsrechnung ist die Methode, die Aenderung aufzufinden, welche ein aus beliebig vielen Veränderlichen zusammengesetzter Ausdruck erleidet, wenn man entweder alle, oder nur einige Variabeln sich ändern läßt".

Dann sagt er in der Fortsetzung S. 394 in Bezug auf die betreffende Rechnungsoperation, daß sich Alles gerade so wie bei der Differenzialrechnung verhält, und wenn $V$ irgend eine Function von $x$, $y$ und $z$ ist, so nehme man das Differenziale derselben auf gewöhnliche Weise und vertausche dann bloß durchaus den Buchstaben $d$ mit $\delta$, so wird man die Variation $\delta V$ erhalten.

Den **zweiten** für die technische Mathematik wichtigen **Gegenstand** betrifft **Lagrange's Interpolationsformel** für den Fall, daß die Intervalle (Unterschiede) ungleich sind, eigentlich vollkommen willkürlich wachsen [1]).

Die betreffende (erste) Abhandlung hat **Lagrange** in den ‚Memoiren der Pariser Akademie' für 1771 geliefert. Nachher behandelte er dieselbe in den ‚Leçons élémentaires sur les mathématiques données à l'école normale en 1795' und in dem ‚Journal de l'école polytechnique', cahiers VII et VIII, T. II, 1812, und

---

Das was **Lagrange** (‚Mécanique analytique', Partie I, Section IV, Nr. 14 und 15) als die **beiden Fundamentalsätze der Variationsrechnung** bezeichnet, behandelt **Euler** als Lehrsätze, die er beweist und wovon er den ersten (a. a. O. Bd. III, S. 396) folgendermaßen ausdrückt:

„Die Variation des Differenzials ist immer dem Differenziale der Variation gleich, oder es ist $\delta d V = d\delta V$, wie auch die Größe $V$ beschaffen sein mag, welche auch eine Variation erleidet, während sie durch die Differenzialien wächst".

Der zweite Lehrsatz (a. a. O. Bd. III, S. 414) lautet also: „Die Variation der Integralformel $\int W$ ist immer gleich dem Integrale der Variation desselben Differenzialausdrucks, dessen Integral gegeben ist, oder es ist $\delta \int W = \int \delta W$". Wird also $W = V dx$ gegeben, so hat man auch $\delta \int V dx = \int \delta (V dx)$.

Weiterhin (a. a. O., S. 421) zeigt Euler noch, wie es die Natur der **größten** und **kleinsten** Werthe erfordert, daß die Variation der Formel $\int V dx$ verschwindet, also in diesem Falle zu setzen ist:

$$o = \delta \int V dx = \int \delta (V dx).$$

Hiermit erklären sich zugleich die Seite 212 zur Darstellung des Principes der kleinsten Wirkung gewählten Formen:

$$o = \delta \Sigma m \int v d s = \delta \Sigma m \int dt v^2.$$

1) Die nach **Newton** (‚Principia' III, Lemma V) gebildete Interpolationsformel für **gleiche** oder doch ziemlich gleiche **Intervalle**, erörtert **Lagrange** in seinem ‚Leçons sur le calcul des fonctions' (Ausgabe von 1806), pag. 313 und schreibt schließlich (indem wir zugleich auf S. 218 verweisen):

$$y^{\left(\frac{\omega}{i}\right)} = y + \omega \frac{\Delta y}{i} + \frac{\omega(\omega - i)}{1 \,.\, 2} \frac{\Delta^2 y}{i^2} + \frac{\omega(\omega - i)(\omega - 2i)}{1 \,.\, 2 \,.\, 3} \frac{\Delta^3 y}{i^3} \text{ etc.}$$

Für die meisten technischen Zwecke genau genug, wenn man überdies $y$ statt $y^{\left(\frac{\omega}{i}\right)}$, $\omega = x - x_1$, $\Delta y = y_2 - y_1$ und $i = x_2 - x_1$, setzt, läßt sich die einfache Gleichung verwenden:

$$y = y_1 + (x - x_1) \frac{y_2 - y_1}{x_2 - x_1} \text{ oder}$$

$$y = y_1 + (y_2 - y_1) \frac{x - x_1}{x_2 - x_1}.$$

Eine Anwendung letzterer Gleichung findet sich u. A. in der Hydromechanik des Verfassers. Zweite Auflage, S. 312.

endlich findet sich dieselbe in den ‚Oeuvres de Lagrange', Tome VI (1875), pag. 284 etc.

Da der Entwicklung einer Interpolationsformel vorzüglich die Bedingung zum Grunde liegt, daß für $x = x_1, x_2, x_3 \ldots$ die Größe $y$ respective die Werthe $y_1, y_2, y_3 \ldots$ erhalten soll, so kann man setzen: $y = Ay_1 + By_2 + Cy_3 \ldots,$ sobald nur $A$, $B$, $C \ldots$ solche Functionen von $x$ sind, daß für $x = x_1$

$A = 1, B = 0, C = 0, D = 0 \ldots$ stattfindet.

Letztere Eigenschaft vorausgesetzt, findet Lagrange[1]):

$$y = \begin{cases} y_0 \dfrac{(x - x_1)(x - x_2)(x - x_3)\ldots}{(x_0 - x_1)(x_0 - x_2)(x_0 - x_3)\ldots} \\ + y_1 \dfrac{(x - x_0)(x - x_2)(x - x_3)\ldots}{(x_1 - x_0)(x_1 - x_2)(x_1 - x_3)\ldots} \\ + y_2 \dfrac{(x - x_0)(x - x_1)(x - x_3)\ldots}{(x_2 - x_0)(x_2 - x_1)(x_2 - x_3)\ldots} \\ + y_3 \dfrac{(x - x_0)(x - x_1)(x - x_2)\ldots}{(x_3 - x_0)(x_3 - x_1)(x_3 - x_2)\ldots} \\ + \text{etc. etc.} \end{cases}$$

Ein noch anderes Interpolationsverfahren, welches Lagrange am 3. September 1778 der Berliner Akademie mittheilte, wurde von einem gewissen Schulze ins Deutsche übersetzt und in dem Berliner astronomischen Jahrbuche von 1783 veröffentlicht. In den „Oeuvres de Lagrange" findet sich das Original im VII. Bande (1877), pag. 535[2]).

---

1) Uebungsbeispiele für Studirende finden sich u. A. in Littrow, ‚Elemente der Geometrie'. Wien 1827, S. 178—183. Für Techniker aber insbesondere geeignet in einer Arbeit Weisbach's, welche sich in Hülße's ‚Maschinen-Encyclopädie', Bd. I, S. 874 etc. abgedruckt vorfindet.

2) In einer werthvollen Arbeit des Herrn Professor Ernst Schering in Göttingen, betitelt: ‚Das Anschließen einer Function an algebraische Functionen in unendlich vielen Stellen', welche sich im XXVII. Bande (1879) der Göttinger Gesellschaft der Wissenschaft abgedruckt vorfindet, wird S. 5 hervorgehoben, daß die Interpolationsformel, welche man jetzt die Lagrange'sche zu nennen pflegt, schon vor Lagrange von Waring (seiner Zeit Professor der Mathematik an der Universität Cambridge) aufgestellt worden sei.

In derselben Abhandlung des Herrn Professor Schering findet sich S. 36, als Artikel XI auch eine Abhandlung, welche die Ueberschrift trägt: ‚Verallgemeinerung von Newton's Interpolation' und wobei folgende einleitende Bemerkung gemacht wird: „Die hier durchgeführte Ableitung der Newton'schen Interpolations-Formel zeigt unmittelbar, wie die letztere zu verallgemeinern ist, damit

Es erübrigt jetzt noch, als dritten für den wissenschaftlichen Theil der technischen Mathematik beachtenswerthen Gegenstand der Lagrange'schen Derivationsrechnung (Ableitungsrechnung), mindestens in so weit zu gedenken, als dies hier Zweck und Raum gestatten [1]).

Lagrange hielt keine der ihm bekannt gewordenen drei Methoden, welche die Basis der höheren Analysis bilden, für tadellos und ausreichend. Newton's Fluxionsrechnung (S. 110) genügte ihm deshalb nicht, weil diese die Begriffe „Bewegung" und „Geschwindigkeit" erforderlich machte; ebenso wenig Leibniz' Differenzialrechnung (S. 118), weil sie die Idee des Unendlichkleinen zu Grunde legte und er Maclaurin's, d'Alembert's u. A. Grenzmethode [2]) für zu metaphysisch, dem Geiste der Analysis zu fremd hielt [3]). Er erfand deshalb die Derivationsrechnung (Ableitungsrechnung) [4]).

---

nicht nur zu gegebenen Argument-Werthen beliebig gegebene Werthe der Function sondern auch beliebig gegebene Werthe der Derivaten der letzteren dargestellt werden".

1) ‚Théorie des fonctions analytiques, contenant les principes du calcul différentiel, dégagés de toute considération d'infiniment petits ou d'évanouissans, de limites et de fluxions et réduits à l'analyse algébrique des quantités finies'. Erste Ausgabe von 1797 (Prairial, an V.). Zweite Ausgabe von 1806 und in den ‚Oeuvres de Lagrange', Tome IX (1881), p. 16.

Eine deutsche Uebersetzung (nach der ersten Ausgabe) besorgte (1798) der Professor Grüson in Berlin.

Diesem Werke folgten die ‚Leçons sur le calcul des fonctions'. Die erste Ausgabe erschien 1801 in dem ‚Recueil de leçon de l'école normale' und dann im ‚Journ. de l'école polytechn.', Nr. XII (1804). In den ‚Oeuvres de Lagrange' bildet dies Werk den Band X. In der Vorrede giebt der Verfasser selbst den Zweck wie folgt an:

„Les leçons destinées à servir de commentaire et du supplément à la première partie de la théorie des fonctions analytiques, offrent un cours d'analyse sur cette partie du calcul etc.".

2) ‚Encyclopédie, ou dictionnaire raisonné des sciences, des arts et des métiers'. 36 tomes et 3 tomes de planches. Lausanne et Bern 1781. Daselbst Tome 20, Abschnitt „Limite".

3) ‚Leçons sur le calcul des fonctions', pag. 2.

4) In der Vorrede zur ‚Théorie des fonctions' (‚Oeuvres', pag. 19) berichtet Lagrange hierüber Folgendes:

„In einem von mir verfaßten Memoire der Berliner Akademie der Wissenschaften vom Jahre 1772 behauptete ich, daß die Entwickelung der Functionen in eine Reihe die wahren Principien der Differenzialrechnung enthalten, und zwar unabhängig von der Betrachtung unendlich kleiner Größen oder der Grenzen.

Lagrange gründete diese Rechnung einfach auf die Theorie der Functionenentwickelung in Reihen. An die Stelle der Differenzialquotienten der verschiedenen Ordnungen setzt er die abgeleiteten Functionen (fonctions derivées) und rechnet mit reinen Differenzialcoëfficienten ohne infinitesimale Beimischung. Genannte Functionen entwickelt er aus einer Fundamentalreihe, die zwar mit der Taylorschen Reihe (S. 155) zusammenfällt, jedoch ohne daß letztere selbst mit Hülfe der Differenzialrechnung bewiesen wird.

Für die technische Mathematik ist es übrigens gleichgültig, ob man, wenn beispielsweise $y = f(x)$ ist, mit dem ersten, zweiten .... Differenzialquotienten, also mit $\frac{dy}{dx}, \frac{d^2y}{dx^2} \ldots$, oder mit den aus der primitiven (ursprünglichen) Function $f(x)$ abgeleiteten (derivirten), beziehungsweise mit $f_1(x), f_2(x)$ rechnet, worauf übrigens bereits in der Note 1 auf Seite 156 dieses Buches aufmerksam gemacht wurde [1]).

Ich bewies durch diese Theorie den Lehrsatz des Taylor, welchen man als (Fundament der Reihenmethode) Hauptprincip dieses Calculs ansehen kann, und den man bis dahin nicht anders als durch Hülfe eben dieses Calculs, oder durch die Betrachtung der unendlich kleinen Differenzen, bewiesen hat. Nachher übergab Arbogast (! 1759; † 1803, ein geborener Elsasser, Prof. und Rector der Universität Straßburg) der Akademie der Wissenschaften im Jahre 1800 ein Memoire unter dem Titel: ‚Calcul des dérivations', worin jedoch von meiner Auffassung abgewichen wird, wie der Verfasser selbst am Ende der Vorrede zu seinem Buche hervorhebt". (Letztere Bemerkung findet sich jedoch erst in den ‚Oeuvres', Tome IX, pag. 19, als Note).

1) Es mag hier noch folgende Bemerkung Platz finden, welche seiner Zeit der ausgezeichnete, liebenswürdige Lehrer des Verfassers (‚Der Geschichte der theoretischen Maschinenlehre'), der jetzige Geheime Hofrath, Prof. Dr. Drobisch an der Universität Leipzig, in seinem vortrefflichen Buche ‚Grundzüge der Lehre von den höheren numerischen Gleichungen' (Leipzig 1834), in der Vorrede, S. VIII machte und welche also lautet:

„Lagrange's Functionentheorie, obgleich unbequem und unnatürlich in den Anwendungen auf Geometrie und Mechanik, brachte doch, als natürliche Verallgemeinerung der Methode der unbestimmten Coëfficienten, das, was früher fast für heterogen gehalten worden war, in eine nähere Berührung; einen gleichen Zweck hatten Arbogast's Derivationsrechnung und andere ähnliche Versuche: der Differenzialrechnung eine neue, den allgemeinen algebraischen Operationen näher liegende Seite abzugewinnen und sie damit den Elementen anzureihen".

Irrt der Verfasser nicht, so hat letzteren Weg (in Deutschland) zuerst Littrow (der Aeltere) in seinem 1827 erschienenen, recht empfehlenswerthen Buche ‚Elemente der Algebra und Geometrie' eingeschlagen, welches 1827 in Wien, im Verlage von Heubner erschien.

Aus bereits erörterten Gründen werde jetzt noch auf Lagrange's treffliches Werk: ‚Traité de la résolution des équations numériques de tous les degrés, avec des notes sur plusieurs points de la théorie des équations algébriques' aufmerksam gemacht, welche 1797 zuerst erschien und jetzt Tome VIII der ‚Oeuvres de Lagrange' bildet. Unter den vielen beachtenswerthen Gegenständen dieses Werkes mögen als Beispiele nur zwei hervorgehoben werden.

Erstens die Berechnung der reellen Wurzeln einer höheren Gleichung aus ihren Grenzen, wovon allerdings Newton[1]) zuerst eine Auflösung von sehr einfacher Art gab, die sich aber nicht in allen Fällen ausreichend erwies und wofür Lagrange eine andere Auflösung einführte, welche sich auf die Eigenschaften der Kettenbrüche gründete.

Zweitens Versuch des Beweises, daß die Wurzeln einer jeden Gleichung, in welcher die Exponenten der unbekannten Größe alle ganze Zahlen sind, entweder reelle Größen, oder imaginäre von der Form $A \pm B\sqrt{-1}$ sind, $A$ und $B$ als reelle Größen vorausgesetzt. Lagrange gab diesen Beweis zuerst in den Berliner Memoiren von 1772, worin er auch zugleich zwei Mängel hervorhebt, welche Euler's Beweis desselben Satzes in denselben Memoiren von 1749 besitzt[2]).

Endlich werde noch des sogenannten Lehrsatzes des Lagrange gedacht, welcher sich auf die Entwickelung einer gegebenen Function nach steigenden Potenzen der unabhängigen Veränderlichen in eine Reihe für den Fall bezieht, daß eine Function in unentwickelter Gestalt gegeben vorliegt, in welchem Falle die Reihen von Taylor (S. 155) und von Maclaurin (S. 158) nicht ausreichen.

Ein Fall dieser Art wird (u. A.) durch die Gleichung dargestellt[3]):

$$z = x + yf(z),$$

in welcher $z$ als unentwickelte Function der unabhängigen Veränderlichen $x$ und $y$ erscheint. Lagrange zeigt, wie man in

1) Man sehe hierüber auch Klügel's ‚Mathem. Wörterbuch'. Zweiter Theil. Artikel „Gleichung", S. 441. Ferner Drobisch' vorher citirtes Buch über höhere Gleichungen. S. 258 etc.

2) ‚Oeuvres', Tome III, pag. 479 unter der Ueberschrift „Sur la forme des racines imaginaires des équations". Später wurde allerdings auch dieser Beweis als nicht gelungen bezeichnet.

3) ‚Oeuvres', Tome IX, p. 163, Nr. 85. In der Gruson'schen Uebersetzung, S. 161 (1881), Nr. 97.

diesem Falle den Werth $z$ nach steigenden Potenzen der unabhängigen Veränderlichen $y$ entwickeln kann, ohne daß es nöthig wird, die gegebene Gleichung zuvor für $y$ aufzulösen.

Dieser Lagrange'sche Satz ist zugleich von großem Nutzen für die sogenannte Umkehrung der Reihen[1]).

Bis ein vollständiges Verzeichniß sämmtlicher mathematischer Arbeiten Lagrange's nach Vollendung der jetzt bis zu Bd. X vorgeschrittenen ‚Oeuvres' überflüssig werden wird, ist in dieser Beziehung, besonders auf folgende zwei Quellen zu verweisen:

1) Lindenau, ‚Zeitschrift für Astronomie'. Mai und Juni 1816, S. 484.

2) Poggendorff's ‚Biographisch-litterarisches Handwörterbuch', Bd. I, S. 1343.

## §. 22.

### Wolff — Kästner — Lambert — Hindenburg — Pfaff und Andere.

Wollten wir uns mit den Kenntnissen der allernothwendigsten Mittel begnügen, welche dem technischen Rechner im 18. Jahrhundert zu Gebote gestellt wurden, so könnten wir, was den Umfang der rein wissenschaftlichen Mathematik anlangt, mit L. Euler und Lagrange die Reihe der epochemachenden Männer als geschlossen betrachten. Allein der künftige, höhere Maschinen- und Bau-Ingenieur hat erstens auch ideale Zwecke zu verfolgen[2]) und deshalb jener zu gedenken, welche

1) Man sehe deshalb u. A. auch ‚Klügel's Mathem. Wörterbuch', Th. V, S. 406 unter der Ueberschrift „Zusammenhang des Lagrange'schen Satzes mit der Reversion der Reihen. Laplace hat Lagrange's Satz später noch erweitert. Man sehe hierzu u. A. Navier-Wittstein, ‚Differenzial- und Integralrechnung' Bd. I, S. 334.

2) Kepler (S. 45) sagte Denjenigen, welche ihn von scheinbar unfruchtbaren Studien abhalten wollten, einmal Folgendes:

„Dem hungrigen Bauch nützt freilich die Erkenntniß der Natur und die ganze Astronomie nichts, edlere Menschen aber hören nicht auf solche Stimmen der Barbarei, die deshalb diese Studien verschreien wollen, weil sie nicht ernähren. Maler und Tonkünstler, die unsere Augen und Ohren erfreuen, bringen uns auch weiter keinen Nutzen; aber das Vergnügen, das man aus ihren Werken schöpft, hält man nicht nur für menschlich, sondern auch für edel. Wie unmenschlich also, wie einfältig, dem Geiste sein edleres Vergnügen zu mißgönnen, das man doch den Sinnen, dem Auge und Ohr gönnt! Wie der menschliche Leib durch

durch Erweitern und Vervollkommnen der reinen Wissenschaft mindestens indirect den technischen Kreisen nützten; zweitens aber das Andenken der Männer hoch zu halten, welche mehr oder weniger den ersten Grund zu einer technisch-wissenschaftlichen Mechanik und damit zur theoretischen Maschinenlehre zu legen bemüht waren.

Um insbesondere den Verdiensten der wenigen deutschen Mathematiker dieser Periode gerecht werden zu können, müssen wir etwas weit und zwar auf die spätere Lebenszeit unseres (1716 verstorbenen) Leibniz zurückgreifen und vor Allem Christian Wolff's [1]) gedenken, dessen Verdienste um die

---

Speise und Trank erhalten wird, so ernährt sich, wächst und kräftigt sich der Geist durch diese Erkenntnißspeise. Nach Rudolph Wolff's ‚Geschichte der Astronomie', S. 286, §. 92.

1) Mit Benutzung von ‚Christian Wolff's eigener Lebensbeschreibung', herausgegeben von H. Wuttke (Leipzig 1841) ergänzen wir die S. 67 gemachten Notizen durch nachstehende, ausführlichere Angaben.

Wie Wolff selbst (a. a. O., S. 109) angiebt, wurde er am 24. Januar 1679 in Breslau geboren (d. h. an demselben Tage, an welchem 1712 Friedrich der Große das Licht der Welt erblickte, was er selbst gern hervorhob). Der Vater unseres Wolff (Christoph) war durch ein widriges Geschick aus der glücklichen Bahn wissenschaftlicher Studien herausgerissen worden, hatte das Lohgerberhandwerk ergreifen müssen, aber gelobt, daß, wenn ihm Gott in seiner Ehe mit Kindern segnen würde, ein gehörig fähiger Sohn durchaus studiren solle. Daher kam es, daß Christoph nichts sparte, was nachher diesen Vorsatz fördern konnte.

Christian erhielt den ersten Unterricht auf dem Gymnasium zu Breslau, wo sich leider die Mathematik auf die Erklärung der üblichen geometrischen Figuren und einige hergebrachte Definitionen beschränkte. Dafür suchte er durch Selbststudium seinen Eifer für Mathematik zu befriedigen, wozu er namentlich die Elemente des Euklides auf einer öffentlichen Bibliothek (vermuthlich wegen Mittellosigkeit seiner Eltern) studirte. Im Jahre 1696 verschaffte ihm einer seiner Mitschüler die 1695 in Leipzig erschienene ‚Elementa arithmeticae vulgaris et litteralis von Horches', die ihn zu den ersten (glücklichen) Versuchen eigener Ausarbeitungen veranlaßte.

Im Jahre 1699 ging Wolff nach Jena, um Theologie (als Erfüllung eines Gelübdes und zum künftigen Broderwerb) zu studiren, obwohl er gesteht, daß ihm insbesondere die Begierde, die Mathesin und Physicam von dem Professor Hambergern zu erlernen, nach dieser Universität gezogen hatte. Des sächsischen Grafen von Tschirnhausen's (geb. 1651; gest. 1708) mathematische Arbeiten in den ‚Leipziger Acten' (S. 128) und besonders dessen Hauptwerk ‚Medicina mentis, sive tentamen genuinae logicae', worin sich dieser der leeren Wortphilosophie seiner Zeit widersetzte und auf die Vereinigung mathematischer und philosophischer Studien hinwies — brachte Wolff mit diesem ausgezeichneten Mathematiker, Naturforscher und Philosophen zusammen, welcher

Elemente der mathematischen Wissenschaften bereits S. 67 (Note 3) unseres Buches erwähnt worden.

---

ihn veranlaßte 1702 nach Leipzig zu reisen und sich dort zur Erlangung der Magisterwürde examiniren zu lassen. 1703 ward Wolff Docent der Mathematik und Philosophie an der Universität Leipzig, bald nachher auch Professor und Mitarbeiter der genannten Leipziger Acten, die ihn in nähere Berührung mit Leibniz brachten. Auf Empfehlung des letzteren erhielt Wolff gegen Ende des Jahres 1706 den Ruf als Professor an die Universität Halle, wo er zuerst Mathematik, dann aber auch Physik und Philosophie und zwar überall mit Beifall und Erfolg docirte. Durch verschiedene Werke, die er über einzelne Theile der Mathematik herausgab, wurde sein Name auch im Auslande bekannt, so daß er (1711) nach einander Mitglied der königlichen Societät zu London und der Akademie der Wissenschaften in Berlin, endlich 1733 Mitglied der Pariser Akademie wurde.

Durch Wolff lernte die Philosophie deutsch reden und deutsch schreiben, er brachte die Leibnizische Philosophie in ein System und führte überhaupt ein Lehrgebäude aus, was Leibniz entworfen hatte und weshalb man auch seiner Zeit die Philosophie beider in den gemeinsamen und seitdem gebräuchlichen Namen der Leibniz-Wolff'schen zusammenfaßte. Kuno Fischer (in seiner ‚Geschichte der neueren Philosophie', Bd. II, S. 749) bemerkt hierüber, daß sich beide zu einander verhielten, „wie das Genie zum Talent, wie der Erfinder zum Techniker". Ueberdies ist hervorzuheben, daß Wolff zuerst ein reines, wenn auch noch kein elegantes Deutsch schrieb, was namentlich von Leibniz nicht gesagt werden kann.

Leider wurde Wolff den Haller Theologen, wegen seiner aufrichtigen und freisinnigen Weise bald ein Gräuel, man klagte ihn nicht nur der Irreligosität an und denuncirte ihn als Fatalisten, sondern ging so weit, daß man dem König Friedrich Wilhelm I. die grobe Unwahrheit auftischte: „Wolff behaupte, wenn einer von des Königs großen Grenadieren in Potsdam durchgehe, so habe der König kein Recht ihn zu bestrafen, weil er ja nur gethan habe, was das Schicksal über ihn verhängte". (Nach Zeller's in Marburg Aufsatze: „Wolff's Vertreibung aus Halle; der Kampf des Pietismus und der Philosophie". ‚Preußische Jahrbücher', Bd. X (1862), S. 47. Damit war der König an seiner empfindlichsten Seite getroffen; er sah in Wolff nur einen Mann, der alle Grundlagen der Ordnung im Staate und in der Armee untergrabe und im frischen Zorne erließ er folgende Cabinetsordre, die sich bei Wuttke, a. a. O. S. 28 abgedruckt vorfindet und also lautet:

„Von Gottes Gnaden Friedrich Wilhelm König in Preußen u. s. w. Würdige, Veste, Hoch- und Wohlgelehrte Räthe, Liebe, Getreue. Demnach uns hinterbracht worden, daß der dortige Professor Wolff in öffentlichen Schriften und Lectionen solche Lehren vortragen soll, welche der im göttlichen Worte geoffenbarten Religion entgegenstehen und Wir denn keinesweges gemeynet sind, solches ferner zu dulden, sondern eigen höchsthändig resolviret haben, daß derselbe seiner Profession gänzlich entsetzet sein und ihm ferner nicht mehr verstattet werden soll, zu dociren: Als haben Wir auch solches hierdurch bekannt machen wollen, mit allergnädigstem Befehl den bemeldeten Professor Wolff daselbst ferner nicht

Trug auch Wolff nichts Wesentliches zur Erweiterung der mathematischen Wissenschaften bei, so wirkte er doch mit außerordentlichem Erfolge für die Verbreitung derselben durch Lehre und Schrift. Seine ‚Anfangsgründe aller mathematischen Wissenschaften‘ erschienen in vier Octav-Bänden zuerst 1710 in der Renger'schen Buchhandlung in Halle und erlebten bis zum Jahre 1772 nicht weniger als zehn Auflagen.

Der erste Theil dieses Werkes, welches seiner Zeit eine gewisse Berühmtheit erlangt hatte, umfaßte, außer einem kurzen Unterrichte über mathematische Methode oder Lehrart, in rechter Ordnung: Die Rechenkunst, Geometrie, Trigonometrie und Baukunst.

Der zweite Theil ist der Artillerie, Fortification, Mechanik, Hydrostatik, Aerometrie und Hydraulik gewidmet.

Der dritte Theil behandelt die Optik, Katoptrik, Dioptrik, Perspective, ferner die sphärische Trigonometrie, Astronomie, Chronologie, Geographie und Gnomik.

Der vierte und letzte Theil endlich begreift die Algebra, die Anfangsgründe der Differenzial- und Integralrechnung, nebst einem Anhange, welcher (recht angemessen) die bis zum Jahre 1710 erschienenen, vornehmsten, mathematischen Schriften bespricht.

Sowohl durch dieses Werk als durch die von 1713 (in Halle)

---

zu dulden noch ihm zu dociren zu verstatten. Wie ihr denn auch gedachtem Wolff anzudeuten habt, daß er binnen 48 Stunden nach Empfang dieser Ordre die Stadt Halle und alle unsere übrige Königl. Lande bey Strafe des Stranges räumen solle.

Berlin, den 8. November 1723.

Fr. Wilhelm".

Glücklicher Weise fand Wolff in Cassel günstige Aufnahme und bei der Universität Marburg eine ehrenvolle Anstellung. Nachdem Wolff einen Ruf nach Utrecht ausgeschlagen hatte, rief der große Berliner Philosoph Friedrich II. gleich nach seiner Thronbesteigung (1740) den vertriebenen Wolff unter großen Ehrenbezeigungen nach Halle zurück, wo er am 6. December 1740 wieder eintraf, leider aber in seinen Vorträgen nicht der hochgespannten Erwartung entsprach, welche man vorher hegte. Dessenungeachtet wurden ihm Hochschätzungen in mannigfacher Weise kund gegeben; er wurde 1743 Kanzler der Universität und 1745 erhob ihn der Kurfürst von Bayern, während des Reichsvicariats, in den Freiherrnstand. Am Charfreitage, den 9. April 1754 segnete Wolff das Zeitliche, im 76. Jahre seines Alters.

erschienenen ‚Elementa matheseos universae‘, auch die lateinische Mathematik genannt (in Genf 1735 allerdings in vorzüglicher Ausstattung in Quartformat nachgedruckt) und durch ein 1716 (in Leipzig) erschienenes ‚Mathematisches Lexikon‘ hat sich Wolff ein Verdienst um die Verbreitung mathematischer Kenntnisse erworben, welches man nicht so gering schätzen darf, als dies später von mehreren Seiten aus geschehen ist. Erwähnt zu werden verdient noch, daß es Christian Wolff war, der bereits in der ersten Auflage (1710) seiner ‚Anfangsgründe der mathematischen Wissenschaften‘, Theil I, S. 408 unter der Ueberschrift „Eine Wind-Waage zu machen“, ein radförmiges Anemometer zum Messen der Geschwindigkeit bewegter Luft, ein Windrad in Vorschlag brachte, dem man später (und noch heute) Woltmann's Flügel zu nennen pflegt [1]).

Als ein Nachfolger Wolff's, auf dem Gebiete der Mathematik, ist Kästner [2]) zu bezeichnen, der durch eine große An-

1) Ausführliches über „Geschichte der Anemometer“ findet sich in der 2. Auflage der ‚Hydromechanik‘ des Verfassers, S. 712—725.

2) Abraham Gotthelf Kästner wurde 1719 zu Leipzig geboren und starb 1800 zu Göttingen. Ohne eine öffentliche Schule besucht zu haben und vorzugsweise von seinem Vater unterrichtet, der Professor der Jurisprudenz an der Universität Leipzig war, zeigte Kästner so viel Talent und Fleiß, daß er schon 1731 (genau 12 Jahr alt) als Student der Rechte in das Universitätsalbum eingetragen werden konnte, wobei zu erwähnen ist, daß sein Körper unter der Frühreife des Geistes durchaus nicht gelitten hatte. Bereits 1733 wurde Kästner zum Notar und 1734 zum Canditaten der Rechte ernannt. Inzwischen hatte Kästner recht sehr seine Lieblingsstudien, Mathematik und Philosophie, verfolgt, dem entsprechend er 1739 Docent und 1746 außerordentlicher Professor in diesen wissenschaftlichen Disciplinen wurde. Nach Veröffentlichung mehrerer werthvoller mathematischer Arbeiten wurde Kästner 1749 zum auswärtigen Mitgliede der Berliner Akademie der Wissenschaften ernannt, wo damals Maupertuis (S. 210) Präsident der physikalischen Klasse war. Als 1756 Segner (S. 177) einem Rufe nach Halle folgte, wurde Kästner an dessen Stelle, als Professor der Mathematik und Physik an die Universität Göttingen berufen, wo u. A. Siemon Klügel und Wilhelm Albros seine Schüler waren und Cantor (in der ‚Allgemeinen deutschen Biographie‘, Bd. 15, S. 445) berichtet, daß für die beiden Jahrzehnte, 1760 bis 1780, Kästner's Vorlesungen in Göttingen epochemachend gewesen wären. Jedenfalls hat Kästner es nicht verdient, wenn es wahr wäre, daß sich Gauß später (dem 76jährigen Greis gegenüber) die Redewendung bedient haben soll: „Kästner war unter den Dichtern seiner Zeit der beste Mathematiker, und unter den Mathematikern der beste Dichter“. Ueber Kästner's Leistungen als Dichter (namentlich im Gebiete der Abfassung witziger und humoristischer Epigramme) hat Minor in dem soeben citirten Bande 15 der ‚Allgemeinen deutschen Biographie‘ (von S. 446—451) berichtet.

zahl Lehrbücher über fast alle mathematischen Disciplinen, in der zweiten Hälfte des 18. Jahrhunderts so zu sagen den mathematischen Unterricht in Deutschland beherrschte. Gehörte Kästner auch nicht zu den Männern, welche im Gebiete der Mathematik als epochemachend zu bezeichnen sind, so hat er dennoch manche Verdienste um die Wissenschaft, wie u. A. das Verzeichniß seiner wichtigsten Arbeiten und Lehrbücher (in Poggendorff's ‚Biographisch-litterarisches Handwörterbuch', Band I, S. 1217 bis 1219) erkennen läßt.

Recht brav ist daher Wolff's Urtheil in der ‚Geschichte der Astronomie', S. 705, wenn er die Behauptung Einiger, „Kästner habe für die Mathematik überhaupt nichts geleistet", als unbegreiflich hart und ungerecht bezeichnet, und Cantor in der ‚Allgemeinen deutschen Biographie' (Lieferung 73, S. 445) Kästner's besonders als Lehrer lobend gedenkt. Ein wesentliches Verdienst erwarb sich Kästner noch in seinen letzten Lebensjahren durch die Abfassung einer vierbändigen ‚Geschichte der Mathematik', die von 1796 bis 1800 erschien, leider aber nur bis zur Mitte des 17. Jahrhunderts reicht. Noch heute hat diese (ihrer literarischen Quelle und mancher interessanten Details wegen) einen gewissen Werth, obwohl es keine Geschichte der Mathematik ist, wie man sie hätte verlangen können und wünschen mußte.

Zur Charakteristik Kästner's und seiner Zeit wird es nicht unangemessen sein, hier noch eine beißende Bemerkung zu notiren, welche sich in der Vorrede zur ersten Auflage (von 1758) seiner ‚Anfangsgründe der Mathematik' vorfindet und die also lautet:

„Deutschland wird den Freiherrn von Wolff noch mit Hochachtung nennen, wenn die Namen der meisten seiner Verächter nur noch in den Insektenverzeichnissen dauern werden".

Viel bedeutender und berühmter als die beiden zuletzt genannten deutschen Mathematiker ist Lambert[1]), den man wohl

1) Johann Heinrich Lambert wurde 1728 zu Mülhausen (im Elsaß) geboren und starb 1777 zu Berlin. Als Sohn eines armen Schneiders, zur Profession seines Vaters gezwungen, mußte er sich schon in frühester Jugend seinen Unterhalt selbst erwerben. Dessenungeachtet trieb ihn sein reger Geist zu verschiedenen Selbststudien, so daß er namentlich ohne alle Anleitung die ersten Elemente der Mathematik gründlich erlernte. Das Glück wollte, daß er Secretär bei dem Professor Iselin in Basel wurde, der das vorzügliche Talent des Jünglings bald

auch wegen seiner Vielseitigkeit, Scharfsinnigkeit, Genialität und Arbeitskraft den zweiten Leibniz zu nennen pflegt.

Von seinen zahlreichen Arbeiten und Werken, von denen wieder Poggendorff (a. a. O. Bd. I, S. 1355) ein ziemlich vollständiges Verzeichniß liefert, gedenken wir insbesondere seiner 1759 in Zürich erschienenen ‚Freien Perspective', die er 1773 um einen zweiten Theil vermehrte, worin er Eigenschaften der Figuren nachwies, welche man jetzt zur Theorie der Transversalen zählt und worin sich auch die Elemente desjenigen Theils der Geometrie vorfinden, welche man nachher die Geometrie des Lineals genannt hat. Diesem zweiten Theile hat Lambert auch eine sorgfältig bearbeitete ‚Geschichte der freien Perspective' beigefügt.

Bedeutsamer sind aber noch drei andere Werke, nämlich 1) die 1760 erschienene ‚Photometria', 2) seine ‚Insigniores orbitae cometarum proprietates' von 1761 und 3) die in demselben Jahre veröffentlichten ‚Cosmologischen Briefe über die Einrichtung des Weltbaues'.

Ferner verdient von seinen philosophischen Schriften genannt zu werden ‚Das neue Organon oder Gedanken über die Erforschung und Bezeichnung des Wahren und dessen Unterscheidung von Irrthum und Schein', welches Werk 1764 in Leipzig gedruckt wurde, sowie die ‚Anlage zur Architektonik oder Theorie des

---

erkannte und ihn dem Grafen Peter von Salis in Chur zum Erzieher und Lehrer seiner Söhne empfahl. In dieser Stellung benutzte Lambert die reichhaltige Bibliothek des Grafen, so wie ihm namentlich Gelegenheit geboten wurde, mit seinen Zöglingen, in den Jahren 1756 bis 1758, Deutschland, die Niederlande, Frankreich und Oberitalien bereisen zu können, wobei er mit den bedeutendsten damaligen Mathematikern und Physikern persönlich bekannt wurde.

Nachdem sich Lambert von 1759 bis 1764 in verschiedenen Städten der Schweiz und Deutschland aufgehalten und daselbst die oben (im Texte) genannten Werke redigirt hatte, gewann er 1765 eine feste Stellung in Berlin, wo er sich der besonderen Gunst Friedrichs des Großen zu erfreuen hatte, der ihn nach einander zum Oberbaurath und zum Mitgliede der Akademie der Wissenschaften ernannte, welche Aemter er auch bis zu seinem Tode verwaltete.

Nach Wolff (‚Geschichte der Astronomie', S. 503) war Lambert ein sehr positiver Christ und sprach wiederholt aus „daß es ein elender Grundsatz sei, nichts glauben zu wollen, als was man beweisen könne, welches man doch in so vielen anderen Dingen täglich thun müsse".

Eine ausführliche Biographie Lambert's enthalten die ‚Memoiren der Berliner Akademie' vom Jahre 1778, von S. 72 bis 90 unter der Ueberschrift: „Éloge de Monsieur Lambert".

Einfachen und Ersten in der philosophischen und mathematischen Erkenntniß', Riga 1771.

Für die technische Mathematik und für Astronomie finden sich werthvolle Arbeiten Lambert's in dem dreibändigen, aus vier Theilen bestehenden Werke: ,Beiträge zum Gebrauche der Mathematik und deren Anwendungen', was er zugleich in einer gewissen populären Form schrieb, um solches einem größeren Leserkreise zugänglich zu machen.

Beachtenswerth für technische Zwecke ist endlich noch eine Abhandlung Lambert's, in den ,Memoiren der Berliner Akademie' vom Jahre 1772, Seite 33, welche betitelt ist: ,Sur la fluidité du sable, de la terre et d'autres corps mous'.

Wir entlehnen hieraus denjenigen Theil der Anwendungen, welche Lambert auf die Theorie des Einrammens der Pfähle macht.

Wird hiernach das Gewicht des Bären mit $M$, das Gewicht des Pfahles mit $m$ und mit $h$ die Fallhöhe des Bären bezeichnet, so findet er zunächst die Geschwindigkeit $= v$, womit Bär und Pfahl nach erfolgtem Schlage gemeinsam in Sand eindringen zu [1]):

$$v = \frac{M}{M + m} \sqrt{2gh}.$$

(Für Metermaaße $g = 9{,}809$ nach S. 97, Note 1 vorausgesetzt).

Bezeichnet ferner $b$ die Tiefe, zu welcher der betreffende Pfahl bereits eingeschlagen ist, so ermittelt Lambert ferner die größte Tiefe $= z$, bis zu welcher der Pfahl nach dem letzten Schlage eindringt, zu:

$$z = b + \sqrt{2bh\left(\frac{M}{M + m}\right)^2 + b^2}.$$

Da bei jedem Schlage das Gewicht des Bärs $M$ wieder auf die Höhe $h$ gehoben werden muß, $M$ aber der Arbeiterzahl anzupassen ist und $h$ als Repräsentant der Arbeitszeit betrachtet werden kann, so nimmt Lambert das Produkt $Mh$ constant, setzt es $= C$ und erhält dann

$$z = b + \sqrt{2b\,\frac{MC}{(M + m)^2} + b^2}.$$

Dieser Werth von $z$ wird aber ein Maximum für $M = m$, d. h. die Anordnung ist dann die vortheilhafteste,

---

1) Nach I, S. 103.

wenn das Gewicht des Bären gleich dem des Pfahles genommen wird [1]).

Genau 57 Jahre nach dem Erscheinen der Wolff'schen ‚Anfangsgründe aller mathematischen Wissenschaften' im Jahre 1767, veröffentlichte Karsten [2]) in Halle den ersten Theil seines ‚Lehrbegriffes der gesammten Mathematik' (wovon bis 1777 nicht weniger als acht Bände erschienen) und womit er sich die Aufgabe vorgezeichnet hatte, ein Werk für das Selbststudium und für den Unterricht zu liefern, welches die betreffende Wissenschaft auf der Höhe der Zeit behandelte und zugleich auch viel mehr bieten sollte als die Compendien Kästner's.

Ein besonderes Verdienst hierbei waren Karsten's Bemühungen, die in den Akten und Memoiren der wissenschaftlichen Gesellschaften dem größeren Publikum direct oder indirect verborgenen Arbeiten, insbesondere die Bernoulli's und L. Euler's, aus dem Gebiete der reinen und angewandten Mathematik zugänglich, übersichtlich und in Lehrform verständlich zu machen. Welche Anerkennung von rechter Seite dies mit Liebe zur Sache

1) Man sehe hierüber A. Woltmann, ‚Ueber den Effect des Rammens, zum Eintreiben der Pfähle', Göttingen 1804 und denselben in seinen ‚Beiträgen zur hydraulischen Architektur', Band IV, S. 383; hier auch eine Tabelle für Rammbärgewichte und Pfahldimensionen. Ferner Eytelwein's ‚Wasserbaukunst', Heft III, S. 144. Praktische Baumeister behaupten dagegen, daß man den Rammklotz so schwer machen müsse, als es die übrigen Umstände zulassen. Wir kommen nachher (bei Coriolis) auf diesen Gegenstand zurück.

2) Wenceslaus Johann Gustav Karsten wurde geboren 1732 zu Neubrandenburg in Mecklenburg-Strelitz und starb 1787 zu Halle an der Saale. Karsten's öffentlicher Unterricht scheint dürftig gewesen zu sein, indeß durch Privatstunden unterstützt hingereicht zu haben, daß er von 1750 ab auf der Universität Rostock Theologie studiren konnte. Nach der Rückkehr von der Universität bereitete er sich ernstlich zum Predigerstande vor, da jedoch alle Lehrstühle der Mathematik in Rostock verwaist waren, so folgte Karsten der Aufforderung seiner Freunde, promovirte 1755 zu Rostock und erhielt bereits 1758 die daselbst erledigte Professur der Mathematik. Aber schon zwei Jahre darauf verließ er diese Stelle und übernahm die gleiche Professur an der damals neu entstandenen Universität zu Bützow (Mecklenburg), an welcher er bis zum Jahre 1778 lehrte, dann als Segner's (S. 177, Note 1) Nachfolger nach Halle berufen wurde, wo er bis zu seinem Tode als Lehrer und Schriftsteller gleich bedeutend wirkte.

Ausführlichere Biographien Karsten's finden sich erstens in Karsten's (Neffen des Wenceslaus) ‚Archiv für Mineralogie, Geognosie, Bergbau und Hüttenkunde', Band XXVI, S. 199; zweitens in der ‚Allgemeinen Deutschen Biographie', Bd. XV, S. 430. Beide Quellen wurden hier entsprechend benutzt.

und mit verständlicher Gründlichkeit bearbeitete Werk seiner Zeit fand, dürfte daraus mit hervorgehen, daß noch nach des Autors Tode verschiedene Neubearbeitungen desselben veröffentlicht wurden.

Ueber Karsten's, von der Kopenhagener Societät der Wissenschaften gekrönte Preisschrift: ‚Abhandlung über die vortheilhafteste Anordnung der Feuerspritzen', welche 1773 in Greifswalde erschien, wird im zweiten Theile dieses Buches Bericht erstattet.

Schließlich ist noch zu erwähnen, daß Karsten von L. Euler mit der Herausgabe seines berühmten Werkes: ‚Theoria modus corporum solidorum' (S. 172 und S. 176) beehrt wurde, sowie er auch aus Lambert's Nachlasse, dessen (seiner Zeit berühmtes) Werk ‚Pyrometrie' oder ‚Vom Maaße des Feuers und der Wärme' veröffentlichte, ein Werk, welches 1779, also zwei Jahre nach Lambert's Tode in Berlin erschien.

Um keinen der wenigen beachtungswerthen Mathematiker ungenannt zu lassen, welche Deutschland im 18. Jahrhundert nach Leibniz aufzuweisen hatte, gedenken wir noch Hindenburg's[1]) als den Gründer der sogenannten combinatorischen Schule, zu der (zunächst) die Bearbeitung des polynomischen Lehrsatzes Veranlassung gegeben zu haben scheint.

Hindenburg selbst giebt (nach Klügel's ‚Mathematischem Wörterbuche', Abtheilung I, S. 475) von der „Combinatorischen Analysis" folgende Erklärung:

„Dieser Theil ist die allgemeine Anwendung der Combinationslehre auf die Analysis, wo bei der Aufsuchung und dem Vortrage der Formeln, bei der Entwickelung der Resultate, überall combinatorische Zusammensetzungen und Zeichen gebraucht, statt der algebraischen und transcendenten Operationen, die gleichgültigen (einfacheren und leichteren) combinatorischen gesetzt und benutzt werden".

---

1) Karl Friedrich Hindenburg wurde 1741 in Dresden geboren und starb 1808 in Leipzig. Sein Vater, ein wohlhabender Kaufmann, wandte Sorgfalt auf seine Erziehung und ließ dem Sohne die erste gelehrte Bildung auf dem Gymnasium zu Freiberg ertheilen. Von 1757 ab besuchte Hindenburg die Universität Leipzig, wo ihm Gellert ein besonderer Gönner wurde. 1771 promovirte er in Leipzig, erhielt 1781 die außerordentliche und 1786 die ordentliche Professur der Philosophie und Physik daselbst. Seine vorzüglichen Schriften finden sich in Poggendorff's ‚Biographisch-literarichem Handwörterbuche' verzeichnet.

Hindenburg's Hauptwerk, ‚Lehrbuch der combinatorischen Analysis' erschien 1801 in der Weingärdtner'schen Buchhandlung in Leipzig.

Seiner Zeit widmeten nicht nur Hindenburg's Schüler der neuen Disciplin ihre Kräfte, sondern auch eine nicht geringe Zahl der damaligen Mathematiker überhaupt[1]), unter denen wir besonders Pfaff[2]) hervorheben, da sich dieser auch anderweit um die Mathematik verdient machte[3]).

So wie man zur Zeit Hindenburg's den Werth und die Bedeutung der combinatorischen Analysis überschätzte, ebenso hat man sie nachher unterschätzt, ja ihrer (ungerechter Weise) nicht mehr gedacht. Erst in allerjüngster Zeit bemüht man sich nachträglich zu beweisen[4]), daß (wie ganz richtig) die jetzt, so zu sagen an ihre Stelle getretene Determinantenrechnung oder Determinanten-Theorie durchaus als ein Ausfluß der combinatorischen Analysis anerkannt werden muß.

Allerdings waren es vorzugsweise die Arbeiten der großen französischen Mathematiker Lagrange und Laplace, welche bereits zu Hindenburg's Zeit eine andere Behandlungsweise der mathematischen Probleme eingeführt hatten, die durch Eleganz und Gewandtheit in formeller Hinsicht ausgezeichnet, sich in der Wissenschaft behauptete und die fast gleichen Arbeiten der gleichzeitigen deutschen Mathematiker in Schatten stellte.

Allgemein anerkannt wird[5]), daß die erste Idee, der Algebra

---

1) Klügel's ‚Mathematisches Wörterbuch'. Abth. I., Artikel „Combinatorische Analysis", S. 508—511.

2) Johann Friedrich Pfaff, geb. zu Stuttgart 1765, gest. zu Halle 1825. Pfaff erhielt seine Vorbildung auf der von Herzog Karl von Würtemberg gegründeten Karls-Schule, studirte dann in Göttingen besonders unter Kästner's Leitung und erhielt schon 1788 die Professur der Mathematik an der Universität Helmstedt. Als letztere (1810) aufgelöst wurde, ernannte man Pfaff zum Professor in Halle, woselbst er auch bis zu seinem Tode erfolgreich wirkte. Bemerkt zu werden verdient noch, daß ihn 1817 die Berliner Akademie der Wissenschaften zu ihrem auswärtigen Mitgliede ernannte.

3) Man sehe hierüber Gerhardt's ‚Geschichte der Mathematik', S. 198 und Poggendorff's ‚Biographisch-literarisches Handwörterbuch', Bd. II, S. 424.

4) Dr. S. Günther, ‚Lehrbuch der Determinanten-Theorie für Studirende', Erlangen 1875, S. 7 und S. 21. (Der Verfasser kann dies treffliche Buch, namentlich strebsamen Studirenden technischer Hochschulen nicht genug empfehlen). Ferner: Gerhardt, ‚Geschichte der Mathematik in Deutschland', S. 205.

5) Baltzer, in der Vorrede zu seiner ‚Theorie und Anwendung der Determinanten'. (Erste Auflage 1857. Fünfte Auflage 1881).

durch Bildung combinatorischer Aggregate, die man heute Determinanten nennt, zu Hülfe zu kommen, von Leibniz[1]) herrührt, der ihnen jedoch eine so geringe Bedeutung beilegte, daß sie 1750 von Cramer[2]) gleichsam zum zweiten Male erfunden wurde; ferner daß Vandermonde[3]) 1771 den ersten Schritt zu einer selbständigen Bezeichnungsweise that und 1772 Laplace[4]) wie Lagrange[5]) die Determinanten praktisch zu verwerthen lehrten.

Den wichtigsten Anstoß zur weiteren Ausbildung der Rechnung mit Determinanten gab jedoch 1801 Gauß[6]) in seinen berühmten ,Disquisitiones arithmeticae' (art. 154), der auch den Namen „Determinante" zuerst brauchte, während man Cauchy[7]) im Jahre 1811 die erste systematische Behandlung der Determinanten verdankt, sowie auch Cauchy der erste war, welcher die durch zwei Nummern, doppelte Indices (Stellenzeiger) unterschiedenen Elemente, in der jetzt gebräuchlichen Weise anordnete. Demgemäß bezeichnet, wenn $a$ ein betreffendes Element ist und dies mit den Indices $m$ und $n$ versehen, also $a_{mn}$ geschrieben wird, der erste Stellenzeiger ($m$) die Horizontalreihe

---

1) Leibniz, ,Mathematische Schriften', herausgegeben von Gerhardt, II, S. 293 und V. S. 348.

2) Cramer (geb. 1704 in Genf; gest. 1752 in Bagnols bei Nismes) in dem Werke: ,Introduction à l'analyse des lignes courbes algébraïques', 4 vol., 4⁰.

3) Vandermonde (geb. 1735 zu Paris; gest. 1796 ebendaselbst), die betreffende Abhandlung, welche 1772 in den ,Memoiren der Pariser Akademie' erschien, trägt die Ueberschrift: „Memoire sur l'élimination des inconnues dans les équations".

4) Laplace (geb. 1749; gest. 1827) in den ,Memoiren der Pariser Akademie' vom Jahre 1772 unter der Ueberschrift: „Recherches sur le calcul intégral et sur le système du monde".

5) Lagrange in den ,Berliner Memoiren' in einer Abhandlung, welche betitelt ist: „Solutions analytiques de quelques problèmes sur les pyramides triangulaires.

6) Karl Friedrich Gauß, geb. am 30. April 1777 in Braunschweig, gest. am 23. Februar 1855 in Göttingen. Eine gebührende Biographie von Gauß folgt später, sowie ebenfalls weitere Mittheilungen seiner großen Verdienste um die Mathematik überhaupt.

7) Augustin Louis Cauchy, geb. 1789 in Paris; gest. 1857 ebendaselbst. Die betreffende Abhandlung im ,Journal de l'école polytechn.'. Tome X, cahier 17, pag. 51 trägt folgende Ueberschrift: „Mémoire sur les fonctions que ne peuvent obtenir que deux valeurs égales et de signes contraires par suite des transpositions opérées entre les variables qu'elles renferment". Speciell (pag. 51) noch: „Des fonctions symétriques désignées sous le nom de Déterminans".

(die Zeile, suite horizontale nach Cauchy) und der zweite ($n$) die Vertikalreihe (Colonne suite verticale)[1]).

Endlich kann man der Ansicht beistimmen, daß namentlich durch die von 1841 ab erschienene Abhandlung Jacobi's[2]) die Determinanten Gemeingut der Mathematiker wurden[3]).

Anmerkung: Um eines kürzlich verstorbenen Collegen an der K. Technischen Hochschule in Aachen, Herrn Professor Dr. Hattendorff[4]) ehrend gedenken zu können, entlehnt der Verfasser dessen werthvollem Buche ‚Einleitung in die Lehre von den Determinanten' folgende, zum Verständniß des Gegenstandes dienende Aufgabe, darin bestehend, aus der bei den linearen Gleichungen

$$1)\ a_{11}x_1 + a_{12}x_2 = c_1$$
$$2)\ a_{21}x_1 + a_{22}x_2 = c_2$$

die Unbekannten $x_1$ und $x_2$ zu berechnen.

Die Auflösung bewirkt man einfach dadurch, daß man zuerst findet:

$$3)\ x_1 = \frac{c_1 - a_{12}x_2}{a_{11}} = \frac{c_2 - a_{22}x_2}{a_{21}}$$

Hieraus ferner:

$$(a_{11}a_{22} - a_{21}a_{12})x_2 = a_{11}c_2 - a_{21}c_1, \text{ also}$$

1) Folgende Notiz dürfte für manchen Anfänger im Studium nicht überflüssig sein:

„Determinanten nennt man die bei der Auflösung eines Systems von linearen Gleichungen mit mehreren Unbekannten auftretenden Ausdrücke, welche die Zähler und den Nenner der einzelnen Brüche abgeben, wodurch die Unbekannten ausgedrückt werden. Sie sind Summen von ebenso viel positiven als negativen Producten, die durch combinatorische Operationen aus den Coëfficienten der einzelnen Unbekannten gebildet werden. Man betrachtet sie als selbständige mathematische Körper. Die Determinanten-Theorie lehrt sie bilden und mit ihnen rechnen. Der Hauptsatz desselben sagt aus, daß das Product zweier Determinanten wiederum eine Determinante ist. Die einfachsten Determinanten haben die Form einer Differenz von zwei Producten aus je zwei Factoren ($ad - bc$). Diese heißen 2. Grades. Solche vom 3. Grade erhält man, wenn man drei Determinanten 2. Grades, welche aus sechs Elementen zusammengesetzt sind, je mit einem neuen Factor multiplicirt und dann addirt. Determinanten 4. Grades erhält man, wenn man vier Determinanten 3. Grades, welche aus zwölf Elementen zusammengesetzt sind, je mit einem neuen Factor multiplicirt und dann addirt".

2) Karl Gustav Jacob Jacobi, geb. 1804 zu Potsdam; gest. 1851 zu Berlin. Seine betreffenden Hauptschriften sind:

‚De formatione et proprietatibus determinantium' und ‚De determinantibus functionalibus'. Beide abgedruckt in Crelle's ‚Journal der Mathematik', Bd. XXII (1841).

3) Eine vortreffliche Uebersicht der Geschichte der Determinanten-Theorie lieferte neuerdings (1874) Dr. Günther in München, in seinem Lehrbuche der ‚Determinanten-Theorie unter der Ueberschrift: „Historische Skizze der Entwickelung des Determinantencalculs" (31 Octav-Seiten).

4) Dr. Karl Hattendorff, geb. 1835 in Hannover, gest. 1882 in Aachen.

$$4)\ x_2 = \frac{a_{11}c_2 - a_{21}c_1}{a_{11}a_{22} - a_{21}a_{12}}.$$

Entsprechend der Note 1 (S. 229) wird der Ausdruck

$$a_{11}a_{12} - a_{21}a_{22}$$

eine Determinante zweiter Ordnung genannt.

Die abgekürzte Schreibweise dafür ist: 5) $\begin{vmatrix} a_{11} & a_{12} \\ a_{21} & a_{22} \end{vmatrix}$

Die vier Größen $a_{11}$, $a_{12}$, $a_{21}$, $a_{22}$ heißen die Elemente der Determinante. Jedes Element hat zwei Stellenzeiger, wodurch angegeben wird, welcher Reihe das Element in der Determinante (5) angehört etc.

## §. 23.

### Bossut, Dubuat, Borda und Coulomb.

Abgesehen von betreffenden Arbeiten der Franzosen Amontons und de la Hire, auf die wir in einem besonderen, mit Reibung und Seilbiegung überschriebenen Anhange am Ende des gegenwärtigen ersten Theiles unseres Buches zurückkommen werden, waren es besonders die vorstehend benannten vier Gelehrten, welche sich namentlich dadurch verdient machten, daß sie bemüht waren, die bis zur zweiten Hälfte des 18. Jahrhunderts gewonnenen theoretischen Resultate der Mechanik für technische Zwecke durch Experimente theils zu prüfen, theils zu ergänzen.

Speziell war es das Gebiet der Hydrodynamik, worauf sich die gedachten Experimente erstreckten und deren dringende Nothwendigkeit Bossut[1]) durch folgende denkwürdigen Worte

1) Bossut wurde geboren 1730 zu Tartaras (Dép. Rhône) und starb zu Paris 1814. Er studirte zuerst die theologischen Wissenschaften, ward Jesuit und nahm den Titel eines Abbé an. Bossut machte sich bald als Mathematiker rühmlichst bekannt, erhielt die Professur der Mathematik an der École du génie zu Mezières und wurde auch 1768 zum Mitgliede der Akademie der Wissenschaften zu Paris ernannt. Auch andere gelehrte Gesellschaften machten es sich zur Ehre, Bossut zu ihrem Mitgliede zu ernennen, darunter auch die Societät der Wissenschaften zu Göttingen. Die französische Revolution versetzte Bossut in die traurigste Lage und erst als Ruhe und Ordnung wiederkehrten, wurde er Professor der Centralschulen und unter dem Kaiserreiche Examinator an der polytechnischen Schule zu Paris. Seine nützliche, erfolgreiche Wirksamkeit als Lehrer, Akademiker und Herausgeber nützlicher Schriften setzte er fort bis zu seinem Tode, der am 14. Januar 1814 zu Paris erfolgte.

Bossut bearbeitete in Schriften und Abhandlungen fast alle Theile der Mathematik in allgemein verständlicher Weise und erwarb sich besondere Verdienste um den experimentellen Theil der Hydrodynamik, worüber u. A. nachzulesen ist in des Verfassers ‚Hydromechanik', zweite Auflage, S. 199, 583, 618 etc.

darlegte [1]): „Malheureusement ces calculs sont si compliqués par la seule nature de la chose, qu'on ne peut les regarder que comme des vérités géométriques, précieuses en elles-mêmes, mais non comme des symboles propre à peindre l'image sensible du mouvement actuel et physique d'un fluide".

Bossut's hydraulische Experimente erstreckten sich vornehmlich auf Ermittlung der Contractions- und Ausfluß-Coëfficienten bei der Bewegung des Wassers aus Gefäßmündungen [2]), auf die Gesetze des Stoßes isolirter Wasserstrahlen [3]) und auf den Widerstand der Schiffe bei ihrem Fortlauf im Wasser [4]), diese letzteren Versuche im Auftrage Turgot's des Ministers Ludwig XVI. von 1775 bis 1778 angestellt und zwar mit verhältnißmäßig großen Modellen. Auch die (damalige) Theorie der Wasserräder suchte Bossut durch Experimente zu vervollständigen, worauf wir im zweiten Theile unseres Buches zurückkommen werden. Bossut's Hauptwerk ‚Traité d'hydrodynamique', welches zuerst in zwei Bänden 1771 erschien, wurde 1792 von Langsdorf deutsch bearbeitet und mit vielen überflüssigen Anmerkungen ausgestattet.

In noch höherer erfolgreicher Weise bemühte sich Dubuat [5]),

---

Bossut's ‚Essai sur l'histoire générale de mathématique', Paris 1802, 2 volumes (deutsch von Reimer in Hamburg 1804) ist zwar keine vollständige Geschichte der Mathematik, wie Montucla's, enthält jedoch manche werthvolle Specialitäten über die Arbeiten einzelner Männer und historische Bemerkungen epochemachender Leistungen. Die deutsche Bearbeitung hat noch große Vorzüge vor dem französischen Originale.

Den Schluß des Werkes bildet eine ausführliche Biographie Pascal's.

Speziellere Angaben über Bossut's Leben und Wirken finden sich in Montucla's ‚Histoire de mathématiques', Vol. III, pag. 756 und Vol. IV, pag. 448, sowie in der ‚Encyclopädie' von Ersch und Gruber, Artikel „Bossut".

1) Des Verfassers ‚Hydrodynamik' oder ‚Die technische Mechanik flüssiger Körper'. Zweite Auflage (Hannover, 1880), S. 192.

2) Ebendaselbst, S. 222.

3) Desgleichen, S. 583.

4) Desgleichen, S. 618.

5) Dubuat oder Buat (Louis Gabriel, Graf von Nançay), geboren 1732 zu Nançay in Berry und gewöhnlich nach seinem Geburtsorte Buat-Nançay genannt, starb 1787 zu Nançay. Schon in seiner Jugend in den Malteserorden aufgenommen, hatte er das Glück, an den seiner Zeit berühmten Ritter Folard einen Freund zu finden, welcher seine wissenschaftliche Bildung sehr förderte, wozu ihm vorher, als Sohn eines armen Edelmanns die Mittel fehlten. Durch das Studium der Geschichte und Politik suchte sich Dubuat zu diplomatischen Geschäften vorzubereiten, hielt sich deshalb mehrere Jahre in München auf, war

um für die Praxis brauchbare Formeln zur Darstellung der Gesetze der Wasserbewegung in regelmäßigen Flußbetten (Canälen) und in Röhren.

---

bei Errichtung der dortigen kurfürstlichen Akademie der Wissenschaften thätig und wurde 1760 sogar Director der historischen Classe derselben.

Nachdem er hierauf mehrere deutsche Höfe besucht hatte, ging er nach Paris zurück, wurde königlicher Rath und darauf französischer Gesandter am kurfürstlichen Hofe zu Dresden, in welcher Stellung er auch Verfasser mehrerer politischer und geschichtlicher Schriften wurde, worunter namentlich sein 1772 in Paris erschienenes Werk ‚Histoire ancienne des peuples de l'Europe' als die wichtigste Arbeit bezeichnet wird. In Deutschland verheirathete er sich mit einer Baronin von Falkenberg, war jedoch mit den ihm übertragenen Geschäften unzufrieden, ging 1776 zurück, quittirte den öffentlichen Dienst und wandte seine Zeit auf solche hydraulische Versuche, welche insbesondere der praktischen Anwendung von Nutzen sein konnten und deren summarische Resultate er in seinem bereits oben im Text genannten, in erster Auflage 1786 in Paris erschienenen Werke: ‚Principes d'hydraulique et de pyrodynamique' veröffentlichte.

In der Vorrede zu dieser lange Zeit hindurch einzigen Quelle, worin sich (insbesondere für Gesetze der Wasserbewegung in Canälen, Flüssen und Röhrenleitungen) brauchbare Formeln vorfanden, auf welche gestützt, praktische Ausführungen mit Erfolg zu beschaffen waren, hebt Dubuat besonders hervor, daß er die betreffenden Versuche von 1780—1783 anstellte und zwar mit thätiger Unterstützung der königlich französischen Regierung. Er dankt in letzterer Beziehung besonders dem Kriegsminister Fürsten de Montbarrey, dem Director des königlichen Geniecorps de Fourcroy und dem Bureauchef der Artillerie und des Geniecorps Le Sanqueur.

Unterstützt wurde Dubuat, im technisch-wissenschaftlichen Theile seiner Untersuchung, besonders durch die Officiere im Ingenieurcorps, die Herren Dobenheim und Benezech und namentlich scheint sich der letztere ein ganz ausgezeichnetes Verdienst durch Aufstellung von jenen mathematischen Formeln erworben zu haben, welche die hydraulischen Gesetze in brauchbarer Weise darstellten.

Dubuat sagt über Benezech in letzterer Beziehung ausdrücklich (‚Discours préliminaire' pag. XX) Folgendes:

„La grande facilité avec laquelle il manie le calcul, a supplée à ce qui me manquait à cet égard, et il a embelli cet ouvrage de plusieurs beaux problèmes, et de quantité des recherches importantes".

Woltmann im ersten Bande (S. 142) seiner ‚Beiträge zur hydraulischen Architektur' (Göttingen 1791) ertheilt Dubuat's ‚Principes d'hydraulique' folgendes Lob: „Dieses Buch ist gewiß eines der nützlichsten und besten, die seit einiger Zeit über Hydraulik erschienen sind. Theorie und Erfahrungen gehen in demselben Schritt für Schritt beisammen und es zeugt von der Geschicklichkeit, dem Fleiße und der Wahrheitsliebe des Herrn Verfassers fast auf allen Seiten. Es herrscht bloß gemeine Buchstabenrechnung darin, der sublime Calcul ist fast ganz vermieden und das Buch zur Einsicht des Publici geschrieben".

Indem der Verfasser dieses Buches, hinsichtlich betreffender Specialitäten dieser höchst verdienstlichen Arbeiten Dubuat's, auf die zweite Auflage seiner ‚Hydromechanik' verweist, faßt er die allerwichtigsten Ergebnisse derselben in folgenden Sätzen zusammen:

Erstens: Die bewegende Kraft in Fluß- und Canalbetten strömenden Wassers rührt nur von der Neigung seiner Oberfläche her [1]).

Zweitens: Bewegt sich das Wasser gleichförmig in offenen Canälen, so ist der Widerstand, den es leidet, gleich seiner accelerirenden (beschleunigenden) Kraft [2]).

Auf diese beiden Sätze gestützt, leitete Dubuat aus an künstlichen Canälen angestellten Versuchen (mit Hülfe graphischer Darstellungen) folgende Formel für die mittlere Profilgeschwindigkeit $= v$ ab, wenn dabei $a$ der Querschnitt des Wasserprofiles (also wenn $Q$ die secundliche Wassermenge ist: $a = \frac{Q}{v}\Big)$, $p$ der Perimeter des benetzten Profilumfanges, $l$ die Länge der völlig geraden Canalstrecke und $h$ das Gefälle des Oberspiegels, also $\frac{h}{l}$ die sogenannte Rösche (das Gefälle pro Längeneinheit) ist:

$$v = \frac{297\left(\sqrt{\frac{a}{p}} - 0{,}1\right)}{\sqrt{\frac{l}{h}} - lgnt.\sqrt{\left(\frac{l}{h} + 1{,}6\right)}} - 0{,}3\left(\sqrt{\frac{a}{p}} - 0{,}1\right),$$

worin alle Größen in französischen Zollen ausgedrückt sind.

Ganz besonders hervorzuheben ist hierbei noch, daß Dubuat diese Formel ebensowohl für gerade Canalstrecken, wie für ganz gefüllte Röhren für anwendbar hielt und daß er zur Bestimmung der Zahlencoëfficienten auch Versuche von Couplet und Bossut benutzte.

Obwohl nun diese Formel mit den von Dubuat angestellten Versuchen gut übereinstimmte, so war doch ihre sehr complicirte

---

Von den drei Theilen des Werkes wurde nur der erste Theil deutsch bearbeitet und zwar vom Professor Kosmann in Berlin und vom Professor Lempe. Beide mit Zusätzen begleitete Uebersetzungen erschienen 1796. Ausführlichere Biographien über Dubuat finden sich in der Pariser ‚Bibliographie universelle' und in der ‚Allgemeinen Encyklopädie von Ersch und Gruber. Theil XIII.

1) Rühlmann's ‚Hydromechanik', S. 393. (Zweite Auflage).

2) Ebendaselbst, S. 396.

Gestalt, vor Allem aber der Umstand, daß Dubuat die Art und Weise ihrer Ableitung gänzlich verschwieg, wohlbegründete Ursache, sich um andere Formeln zu bemühen [1]).

Zu anderen nützlichen Formeln Dubuat's, die er für die Hydrotechnik ermittelte, gehören auch noch folgende drei, worin $v$ die mittlere Profilgeschwindigkeit, $w$ die Geschwindigkeit des Wassers am Boden des Canales und $V$ die größte Geschwindigkeit nahe oder an der Oberfläche (die Geschwindigkeit im Stromstriche) bezeichnet.

$$v = \frac{V + w}{2};\ v = \frac{1}{4} + \left(\sqrt{V} - \frac{1}{2}\right)^2 \text{ und } w = \left(\sqrt{V} - 1\right)^2.$$

Ferner stellte er für die sogenannte Stauweite $= l$ bei Verengungen, Brückendurchgängen, Wehren u. dergl. der Flüsse die Annäherungsformel auf:

$$l = \frac{1{,}9\ H}{s - s_1},$$

worin $H$ die Stauhöhe, $s$ die Rösche (Seite 233) des ungestauten, und $s_1$ die des gestauten Wasserspiegels bezeichnet.

Für den Verlust an Druckhöhe $= h^1$, welchen die Krümmung einer Röhre erzeugt, fand er den Ausdruck

$$h^1 = \frac{v^2 s^2}{3000},$$

worin $v$ die Geschwindigkeit bezeichnet, womit sich das Wasser gleichförmig in der Röhre bewegt und $s^2 = \Sigma(sin^2 \varphi)$ die Summe der Quadrate aller vorkommenden Anprallungs- oder Reflexionswinkel ist [2]) und wobei überall Pariser Zollmaaß vorausgesetzt wird.

Auch über den Stoß unbegrenzten Wassers gegen ebene Flächen stellte Dubuat Versuche an, deren Resultate unter Umständen noch heute benutzt werden können [3]).

---

1) Die erste für Praktiker brauchbare Formel für die gleichförmige Bewegung des Wassers in Canälen scheint der französische Ingenieur Chézy (geb. 1718 zu Châlons-sur-Marne; gest. 1798 zu Paris) und zwar unter der Gestalt entworfen zu haben: $a \frac{h}{l} - \frac{p v^2}{k^2}$, oder $v = k \sqrt{\frac{a}{p} \cdot \frac{h}{l}}$, worin $k$ einen Erfahrungscoëfficienten bezeichnet. In der ersten Zeit konnte sich diese Formel das Vertrauen der Praktiker nicht erwerben. Hierüber und wegen Prioritätsansprüche des Hannoverschen Hydrotekten Brahm sehe man des Verfassers ‚Hydromechanik', S. 396 (Note 4).

2) Betreffende Abbildungen (zur Ermittlung der Anprallwinkel) finden sich S. 511 und 512 in der zweiten Auflage der ‚Hydromechanik' des Verfassers.

3) Ebendaselbst, S. 595 und 607.

Ganz besondere Verdienste um den theoretischen Theil der Hydromechanik erwarb sich der dritte der in der Ueberschrift dieses Paragraphen genannten Franzosen, nämlich Borda [1]), indem er das Princip von der Erhaltung der lebendigen Kräfte wieder zur Geltung brachte, welches, wenigstens für das Gebiet der Hydromechanik, durch den von Daniel Bernoulli (S. 162) begangenen Fehler eine starke Erschütterung erlitten hatte und wobei er seine Rechnungsresultate durch entsprechende, sorgfältige Versuche zu bestätigen und durch Ermittlung von Erfahrungscoëfficienten praktisch brauchbar zu machen bemüht war.

Zur thatsächlichen Erinnerung an Borda entlehnen wir (als Beispiel) der unten angegebenen Quelle [2]) seine Ermittlung der Geschwindigkeit $v$, womit Wasser aus kurzen cylindrischen Ansatzröhren (Figur 44) bei constanter Druckhöhe $h$ strömt, unter

---

1) Jean Charles Borda (geb. 1733 zu Dax, Département Landes; gest. 1799 in Paris) studirte bei den Barnabiten in Dax und bei den Jesuiten in La Flèche und machte sich bald als Mathematiker berühmt, so daß er schon 1756 (1754?) zum Associe der Akademie der Wissenschaften in Paris ernannt wurde. Bald darauf trat er in den Militärdienst und nicht lange nachher in den Seedienst, wo er bald zum Schiffskapitän avancirte. Außerdem lieferte er für die ‚Memoiren der Akademie der Wissenschaften' mehrfach werthvolle Arbeiten, von denen wir hier besonders folgende erwähnen:

‚Expériences sur la résistance des fluides', 1763 und 1767. ‚Sur l'écoulement des fluides par les orifices des vases', 1766. ‚Sur les rous hydrauliques', 1767. ‚Sur les pompes', 1768.

Versuche über den Widerstand der Luft sollen in den ‚Berliner Memoiren' von 1763, S. 358 zu finden sein (Rühlmann's ‚Hydromechanik', S. 735). Poggendorff giebt die Pariser Memoiren von 1769 an, woselbst sich der Artikel finden soll unter dem Titel: „Sur la courbe décrite par les boutets et les pompes etc.".

In den Jahren 1771 und 1772 machte er als Chef d'éscadre eine Seereise nach verschiedenen Küsten von Europa und Afrika zur Erweiterung der Erd- und Schifffahrtskunde überhaupt, besonders aber zur Erprobung gewisser Instrumente zum Zweck der Bestimmung geographischer Länge und Breite. Auf einer dieser Reisen entwarf er (1776) eine schöne Karte der canarischen Inseln und machte 1777 und 1778 den amerikanischen Krieg als Seemann mit. Als Chef des Solitaire, eines Kriegsschiffes von 72 Kanonen, fiel er 1782 nach der tapfersten Gegenwehr in die Hände der Engländer, die ihn mit Achtung behandelten und auf sein Ehrenwort entließen. Obgleich seine Gesundheit unter den vielen Unruhen und Beschwerden sehr gelitten hatte, fuhr er doch unermüdet fort für die Wissenschaft und sein Vaterland thätig zu sein, bis am 20. Februar 1799 eine Brustwassersucht seinem erfolgreichen Leben in Paris ein Ende machte.

2) ‚Mémoires de l'académie des sciences' 1766, pag. 579 unter der Ueberschrift „Mémoire sur l'écoulement des fluides par les orifices des vases".

der Voraussetzung, daß der Durchmesser des cylindrischen Ansatzes etwa das Zwei- bis Dreifache der Länge ist, damit die in der Schicht $mn$ stattfindende Contraction des ausfließenden Wasserstrahles vor dem Ausflusse durch die Mündung $GH$ sich wieder ausgleichen, der Ausfluß also bei vollständigem Ausfüllen der Mündung statt haben kann.

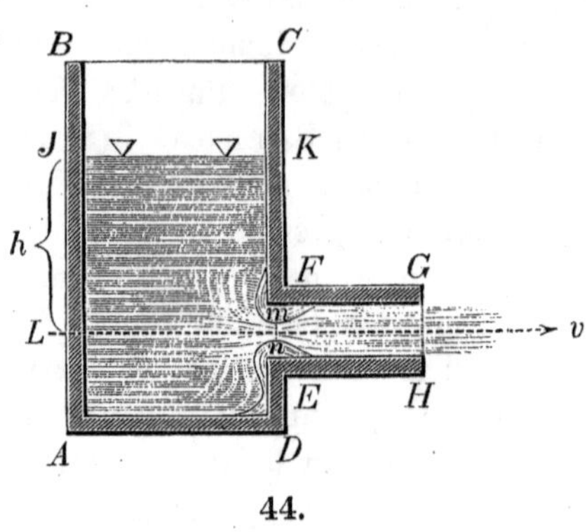


44.

Da im Querschnitte der großen Strahlzusammenziehung offenbar auch eine $n$ mal so große Geschwindigkeit als in der Mündung existirt, also $nv > v$ ist, so findet zufolge der Zusammenziehung ein Verlust an Geschwindigkeit statt, welcher gleich $(n - 1)v$ ist. Fließt daher pro Secunde stets $M$ Wasser zu und ab, so liefert das Princip von der Erhaltung der lebendigen Kräfte die Gleichung:

$$\frac{1}{2} Mv^2 + \frac{1}{2} M(n - 1)^2 v^2 = gMh,$$

woraus folgt:

$$v = \sqrt{\frac{2hg}{1 + (m - 1)^2}}.$$

Da nun **Borda** den Werth $m$ zu $\frac{1}{0{,}646} = 1{,}548$ ermittelte, so ergab sich schließlich:

$$v = 0{,}88 \sqrt{2gh}.$$

**Bossut** hatte früher durch directe Versuche [1]) den Coëfficienten 0,88 merklich **kleiner**, nämlich (für cylindrische Ansätze von $0^m{,}027$ Durchmesser und von Längen zwischen $0^m{,}041$ bis $0^m{,}108$) zu 0,804 gefunden, so daß dann wurde [2]):

1) Bossut, ‚Hydrodynamik‘. Bd. II, S. 51 etc. (der Langsdorf'schen Uebersetzung).

2) Der Borda'sche Coëfficient $m$ wird jetzt gewöhnlich mit $\alpha$ bezeichnet und der Contractionscoëfficient genannt, so daß für obiges Beispiel $\alpha = 0{,}646$ ist. Eine bessere Uebereinstimmung liefert erst später eine Weisbach'sche Formel: $h = \frac{v^2}{2g} + 0{,}0765 \frac{v^2}{2g\alpha^2} + \left(\frac{1}{\alpha} - 1\right)^2 \frac{v^2}{2g}$, wobei das Glied

$$v = 0{,}804 \sqrt{2\,gh}.$$

Andere Hydrauliker stellten später noch weiter gehende Versuche an, woraus (nach d'Aubuisson Hydraulik, Nr. 41 und Weisbach in der unten angegebenen Quelle) sich für $v$ als guter Mittelwerth ergiebt:

$$v = 0{,}817 \sqrt{2\,gh}.$$

Ueber andere ebenso interessante, wie praktisch brauchbare Resultate der Borda'schen Rechnungen, welche er stets mit der Erfahrung Hand in Hand gehend ausführte, wird in des Verfassers ‚Hydromechanik' berichtet [1]).

Der vierte der wackern Franzosen, welche sich um die technische Mechanik ganz besondere Verdienste erworben, ist Charles Augustin Coulomb [2]).

---

$0{,}0765 \dfrac{v^2}{2\,g\alpha^2}$ der durch die Druckhöhe gemessene Verlust an lebendiger Kraft ist, welcher Verlust sich auf den Geschwindigkeitsverlust des bei der Bewegung bis zum kleinsten Querschnitte in der Ansatzröhre contrahirten Flüssigkeitsstrahles bezieht. Man sehe hierüber Weisbach's ‚Versuche über die unvollkommene Contraction des Wassers'. Leipzig 1843, S. 97 und S. 74.

1) Zweite Auflage (von 1880), S. 197, S. 241 etc.

2) Charles Augustin Coulomb, geb. den 14. Juni 1736 in Angoulême, gest. den 23. August 1806 in Paris. Von Coulomb's Jugend ist nur bekannt, daß er sehr früh nach Paris kam und hier bald entschiedene Vorliebe für die Mathematik zeigte. Verschiedene Umstände hinderten ihn indeß, sich ganz dieser Wissenschaft zu widmen und wurden vielmehr Veranlassung, als Ingenieur ins Militär zu treten, in welcher Eigenschaft er nach den französischen Colonien in Westindien (Martinique) geschickt wurde. Dort baute er insbesondere das Fort Bourbon, kehrte jedoch aus Gesundheitsrücksichten bald nach Europa zurück. Nach dieser Zeit widmete er sich vorzugsweise technisch wissenschaftlichen Arbeiten, die bald derartig die Aufmerksamkeit der Betheiligten erregten, daß ihn bereits 1781 die Pariser Akademie der Wissenschaften zu ihrem ordentlichen Mitgliede ernannte. Ebenso wurde Coulomb von der Regierung mit Plänen zur Anlegung schiffbarer Canäle beauftragt, Arbeiten, die ihm mehr Unannehmlichkeiten als Vortheile brachten.

Beim Ausbruche der französischen Revolution (1789) war Coulomb Ritter des Ludwigsordens und Obristlieutenant im Geniecorps. In den Stürmen der Revolution, wo bekanntlich auch die Akademie der Wissenschaften aufgelöst wurde, verließ er Paris, entsagte allen seinen Stellen, zog sich auf ein kleines Besitzthum bei Blois zurück und lebte hier der Erziehung seiner Kinder und der Wissenschaft. Bei der Wiederherstellung der Akademie unter dem Namen des Institutes nahm Coulomb seinen früheren Platz wieder ein, füllte ihn würdig aus und wurde zugleich Generalinspector der Universität.

Thätig für sein Fach, welches er fortwährend mit ausgezeichneten, wissenschaftlichen Arbeiten schmückte, starb er 1806 in Paris, tief betrauert von

Von den betreffenden vielfachen Arbeiten, aus dem Gebiete der Mechanik, welche sich ziemlich vollständig in Poggendorff's ‚Biographisch-literarischem Handwörterbuch', Bd. I, S. 487 und 488 verzeichnet vorfinden, können wir hier nur der technisch allerwichtigsten gedenken, während wir auf noch andere im zweiten Theile unseres Buches (spezielle, theoretische Maschinenlehre) zurückzukommen bemüht sein werden.

Zunächst ist es eine Abhandlung über Festigkeit (cohésion) der Körper [1]), welche unsere Aufmerksamkeit in Anspruch nimmt und welche sich auf den Bruchwiderstand ursprünglich gerader, mit einem Ende, in horizontaler Lage eingemauerter elastischer Balken von rechteckigem Querschnitt bezieht.

Mit Bezug auf Behandlung desselben Gegenstandes (S. 63) von Galilei und (S. 123) von Leibniz, sowie unter Beibehaltung der an den gedachten Stellen gewählten Bezeichnungen findet Coulomb [2]):

$$Q = \frac{1}{6} k \frac{bh^2}{l}.$$

Seine Ableitung dieser Gleichung stimmt bereits vollständig mit der überein, welche noch heute (für den beschränkten Fall) in unseren Lehrbüchern gebräuchlich ist [3]), d. h. er nimmt die Richtungen aller einwirkenden und widerstehenden Kräfte als in einer Ebene wirkend an, stellt die für solchen Fall erforderlichen drei Gleichungen auf [4]) (zwei gegen fortschreitende Bewegung, eine gegen Drehbewegung) und nimmt schließlich an, daß die Summe der Verticalcomposanten (also die Schubspannung oder der Abscheerungswiderstand) außer Betracht gelassen wird.

An einer anderen Stelle derselben Abhandlung [5]) erörtert Coulomb die Festigkeit steinerner Säulen, wenn diese in ihrer

---

Allen, die den talentvollen, verdienten Mann kannten und ihn auch wegen seines biederen Charakters hoch achteten.

1) Zuerst abgedruckt in den ‚Memoiren der Pariser Akademie der Wissenschaften' vom Jahre 1776 unter dem Titel: „Application des règles de maximis et minimis à quelques problèmes de statique relatifs à l'Architecture". Auch enthalten in Coulomb's ‚Théorie des machines simples'. Zweite Auflage (1821), pag. 318.

2) ‚Théorie des machines simples', pag. 327.

3) A. Ritter, ‚Lehrbuch der Ingenieur-Mechanik', S. 9 und Rühlmann, ‚Grundzüge der Mechanik' etc. Dritte Auflage, S. 308 und S. 312.

4) Rühlmann, a. a. O., S. 301.

5) ‚Théorie des machines simples', pag. 329, unter der Ueberschrift: „Résistance des piliers de maçonnerie".

Achsenrichtung einen Druck $P$ erfahren, wobei er schließlich zu der Gleichung

$$P = 2\delta . F$$

gelangt, worin $\delta$ der Festigkeitscoëfficient gegen Abscheeren und $F$ der normale Querschnitt der Säule ist. Außerdem zeigt er gleichzeitig, daß das Abscheeren in einer gegen die Kraft $P$ unter 45 Grad geneigten Fläche am leichtesten erfolgt [1]).

Zu den Arbeiten Coulomb's, welche vom technischen Standpunkte aus ganz besondere Beachtung verdienen, gehören die, welche zuerst im Jahre 1773 erschienen und sich in den ‚Mémoires des savants étrangers de l'Académie de Paris' unter dem Titel abgedruckt vorfinden: „Application des règles de maximis et minimis à quelques problèmes de statique relatifs à l'architecture".

In diesen Abhandlungen stellt Coulomb analytische Theorien über Erddruck gegen Futtermauern [2]) und über das Gleichgewicht der Gewölbe [3]) auf, welche sich beide auf die Lehre von den Eminenzien der Functionen (des Druckes) stützen und heute noch (abgesehen von synthetischen Behandlungen des Gegenstandes) die Basis unserer (brauchbaren) Gewölbetheorien bilden.

In der Erddrucktheorie nahm Coulomb in richtiger Weise auf die Cohäsion der Erde Bedacht und gelangte auch schon zum Nachweise des „Prismas vom größten Drucke", sowie er bei der hierauf gestützten Berechnung der Futtermauerdicken ebenfalls die Reibung der Erde gegen das Mauerwerk in Betracht zog. Ferner wies er auch die Veränderungen nach, welche eintreten, sobald die Erdmasse auf ihrer Oberfläche noch durch ein besonderes Gewicht belastet oder eine constante Ueberhöhung von beliebiger, aber von der Größe des Bruchprismas unabhängiger Form vorhanden ist. Endlich zeigte er auch noch, wie man verfahren muß, wenn die Rißfläche des gedachten Prismas keine ebene, sondern eine gekrümmte Fläche (das Prisma vom größten Drucke, also im Längenprofile kein Dreieck) bildet.

In der Theorie der Gewölbe verließ Coulomb vollständig

---

1) Man vergleiche hiermit namentlich Ritter, ‚Lehrbuch der Ingenieur-Mechanik', S. 91 etc. und Winkler, ‚Die Lehre von der Elasticität und Festigkeit', Th. I, S. 46.

2) Auch abgedruckt in der ‚Théorie des machines simples', pag. 334 unter der Ueberschrift: „De la pression des terres et des revêtemens".

3) Ebendaselbst, pag. 549, Nr. 16 unter der Ueberschrift: „Des voûtes".

die Auffassungen Lahire's[1]) und Belidor's[2]), welche beide annahmen, daß der Bruch eines Gewölbes immer in der Mitte zwischen Schlußstein und Anfänger stattfinde, ferner daß der obere Theil des Gewölbes als ein Keil zu betrachten sei, der zwischen beiden geneigten Bruchflächen herabzusinken strebt. Endlich suchten sie den Druck rechtwinklig auf beide Flächen, sowie daraus die Stärke der Widerlager zu bestimmen etc.

Coulomb zeigte dagegen, daß ein Gewölbe sowohl durch Gleiten als durch Drehen außer Gleichgewicht kommen oder einstürzen könne und wobei er für den betreffenden Rechnungsgang die eine Hälfte des Gewölbes durch eine Horizontalkraft $F$ im Scheitel ersetzte und für letztere Kraft die beiden Gleichungen entwickelte:

$$1)\ F_1 = Q\frac{x}{y} \text{ und } 2)\ F_2 = \frac{Q}{tg.(\alpha + \varphi)}.$$

Dabei bezeichnete er mit $\alpha$ den Winkel, welcher die Richtung einer beliebigen Gewölbsteinfuge mit der Verticalen bildet, mit $\varphi$ den Reibungswinkel des Mauerwerkes, mit $Q$ das Gewicht des Gewölbestückes von der genannten Fuge bis zum Scheitel, so wie er durch $x$ den Hebelarm von $Q$ und durch $y$ den von $F$ ausdrückte.

Von beiden Ausdrücken (1 und 2) bestimmte er die Eminenzien, indem er $\alpha$ als veränderlich betrachtete und den größten der Werthe als den wirklichen Druck (Horizontalschub des Gewölbes) im Scheitel annahm. Denjenigen Werth von $\alpha$, welcher dem Maximum entspricht, nannte er den Bruchwinkel und die betreffende Gewölbsteinfuge die Bruchfuge[3]).

Auch in der Geschichte der Hydromechanik verdient Coulomb genannt zu werden, insofern als er sich bemühte, durch Versuche die Cohäsion und überhaupt die Widerstände zu ermitteln, welche Flüssigkeiten zeigen, wenn man in ihnen feste

---

1) ‚Mémoires de l'Académie des Sciences' 1712.

2) ‚Sciences des Ingenieurs'. In der von Navier (1813 und 1830) besorgten Ausgabe.

3) Man sehe hierüber auch Lahmeyer's „Geschichtliche Notizen über die Theorie der Kreisgewölbe" im 18. Bande des Crelle'schen ‚Journales für die Baukunst', S. 207. Später lieferte Poncelet (‚Comptes rendus des séances de l'Académie des sciences', tome XXXV, 2. Novembre 1852) eine ausführlichere geschichtliche Abhandlung unter der Ueberschrift: „Examen historique et critique des principales théories concernant l'équilibre des voûtes", worauf wir im Folgenden wieder zurückkommen.

Körper langsam bewegt [1]). Dabei gelang es ihm nachzuweisen, daß ein mathematischer Ausdruck zur Darstellung dieser Erscheinungen vor Allem aus zwei Gliedern bestehen müsse, wovon das eine die erste Potenz, das andere die zweite Potenz der Geschwindigkeiten zu enthalten habe, womit sich die Körper in stillstehendem Wasser bewegten. Auf letzteren Satz gestützt, entwickelten bald nachher Girard und Prony ihre für die technische Hydrodynamik wichtigen Formeln zur Darstellung der Bewegungsgesetze des Wassers in Canälen und Röhren, worüber in der ‚Hydromechanik' (2. Auflage) des Verfassers ausführlich Bericht erstattet wird [2]). Auf noch andere werthvolle Versuche, wodurch sich Coulomb für die wissenschaftlich praktische Technik hoch verdient machte (über Reibung fester Körper, Seilbiegungswiderstand, Arbeitsleistungen der Menschen und der Windräder) finden wir später Gelegenheit zurückzukommen.

Dagegen sind wir verpflichtet, hier noch eines ebenso interessanten, wie besonders physikalisch wichtigen Apparates Coulomb's, nämlich der von ihm 1777 erfundenen Drehwaage (balance de torsion), oder des Torsionspendels, sowie der damit gewonnenen (auch technisch wichtigen) Gesetze zu gedenken und zwar in letzterer Beziehung namentlich solcher, welche sich auf die Torsion von Metalldrähten beziehen [3]).

Coulomb hing nämlich Haare, Seidenfäden und metallene Drähte lothrecht auf und befestigte sie mit ihrem oberen Ende,

---

1) ‚Mém. de l'Institut.' Prairial an IX (1800), pag. 246 unter der Ueberschrift: „Expériences destinées à déterminer la cohérence des fluides et les lois de leur résistance etc.".

2) Bezeichnet $h$ das Gefälle des Canales oder der Röhre auf $l$ Länge, $a$ den Wasserquerschnitt, $p$ den Wasserperimeter und $v$ die Geschwindigkeit der gleichförmigen Bewegung, so setzte:

Girard: $\frac{ah}{l} - K(v + v^2) = 0.$
Prony: $\frac{h}{l} \cdot \frac{a}{p} = Av + Bv^2.$
$K$, $A$ und $B$ constante Erfahrungscoëfficienten. A. a. O., S. 398 und 399.

3) Ausführlich auch zu finden in Coulomb's ‚Théorie des machines simples' (nouvelle édition, 1821), pag. 212 unter der Ueberschrift: „Sur la force de torsion et sur l'élasticité des fils de métal". Application de cette théorie à l'emploi des métaux dans les arts et dans differentes expériences de physique. Construction de différentes balances de torsion pour mesurer le plus petits degrés le force. Observations sur les lois de l'élasticité et de la cohérence". Auch im Artikel „Drehwaage", S. 591, Bd. II des Gehler'schen ‚Physikalischen Wörterbuches'.

brachte am unteren Ende einen in seinem Schwerpunkte aufgehangenen gleicharmigen Stab an, so daß gleichsam zwei horizontale (schwebende) Arme entstanden und der Apparat in der That den Namen einer Waage verdiente. Aus der Größe des von den Armenden der letzteren durchlaufenen Bogens berechnete Coulomb die Elasticität des um seine Achse gedrehten Fadens oder Drahtes. Da er denselben Apparat nachher auch zu elektrischen und magnetischen Forschungen in Anwendung brachte, so erhielt dieser den Namen „elektrische Waage". Später (von 1798 ab) benutzten andere Physiker das Torsionspendel auch zur Bestimmung der mittleren Dichte unserer Erde [1]).

Zusatz. Für manche Leser dieses Buches dürfte eine kurze Angabe derjenigen mathematischen Entwickelungen Coulomb's nicht ohne Interesse und Nutzen sein, welche sich auf die Theorie der Torsionswaage beziehen.

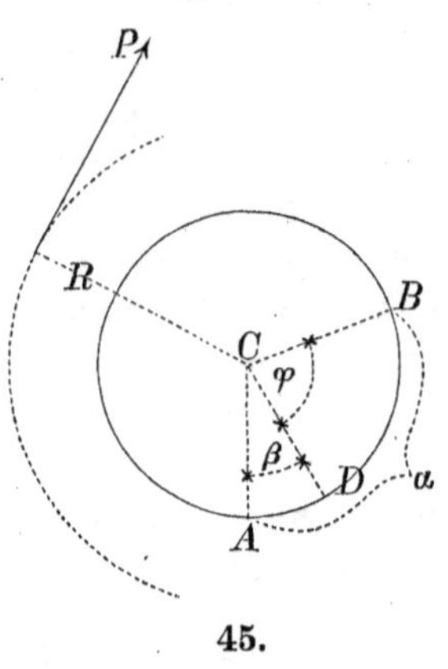

45.

Zuerst bestimmt er die Zeit der Oscillation des Cylinders oder Drahtes vom Radius $\overline{DC} = a$ (Figur 45), wenn derselbe in $C$ vertical aufgehangen, aus seiner ursprünglichen Gleichgewichtslage $\overline{AC}$ gebracht und um einen Winkel $\beta = \alpha - \varphi$ verdreht wurde, wobei $\alpha$ den größten Winkel bezeichnet, um den der gedachte Cylinder (Draht) durch eine vorhandene Kraft überhaupt zu verdrehen ist.

Ferner setzt Coulomb voraus, daß die Torsionskräfte den Verdrehungs- oder Torsions-Winkeln proportional sind, so daß, wenn eine Kraft $p$ eine Verdrehung um den Winkel (oder Bogen für den Radius $= 1$) $\lambda$ bewirkt, die Verdrehung um den erwähnten Bogen $\beta$ eine Kraft $\frac{p}{\lambda} \cdot \beta$ erfordert. Bezeichnet dann $\omega$ die veränderliche Winkelgeschwindigkeit der oscillatorischen Bewegung, so erhält man mittelst der Formeln I. S. 96 und VIII. S. 206 die Gleichung:

$$\frac{d\omega}{dt} = -\frac{pa}{\lambda} \cdot \frac{\beta}{\Sigma m r^2},$$

oder wenn man für $\beta$ den oben bemerkten Werth $\alpha - \varphi$ einführt und beachtet dass $\frac{d\omega}{dt} = \frac{d^2\beta}{df^2} = \frac{d^2\varphi}{dt^2}$, ist:

1) Ausführlich über die Bestimmung der mittleren Dichte der Erde mittelst der Torsionswaage handelt Gehler's ‚Physikalisches Wörterbuch', Bd. II, S. 596, Bd. III, S. 194 und neuerdings Wolff in seiner ‚Geschichte der Astronomie', S. 633, Nr. 228. Nach letzterer Quelle ergiebt sich diese mittlere Dichte (jetzt) zu 5,50, so daß sie so ziemlich in die Mitte fällt zwischen die Dichte der Gesteine und der gemeinen Metalle.

$$\frac{d^2\varphi}{dt^2} = \frac{p\,a}{\lambda} \cdot \frac{(\alpha - \varphi)}{\Sigma m r^2}.$$

Setzt man hier den, für jeden Körper von bestimmter Gestalt als constant anzunehmenden Werth $\frac{p\,a}{\lambda \,.\, \Sigma m r^2} = K^2$, so ergiebt sich

$$\frac{d^2\varphi}{dt} = K^2(\alpha - \varphi)$$

und hieraus

$$dt = \frac{d\varphi}{K\sqrt{2\,\alpha\varphi - \varphi^2}}.$$

Das bestimmte Integral dieser Gleichung ist aber

$$Kt = arc.\ cos.\left(= \frac{\alpha - \varphi}{\alpha}\right),$$

so daß man für die Zeit $\frac{\mathfrak{T}}{2}$ eines halben Schwunges (wegen $\alpha = \varphi$ für diesen Fall) erhält:

$$\frac{\mathfrak{T}}{2} = \frac{\pi}{2K}, \text{ daher}$$

$$\mathfrak{T} = \frac{\pi}{K} = \pi\sqrt{\frac{\lambda\,\Sigma m r^2}{p\,a}}.$$

Da jedoch für einen Cylinder vom Radius $= a$ und von $\varrho$ Gewicht das (polare) Trägheitsmoment $\Sigma m r^2 = \frac{1}{2}\,\frac{\varrho}{g}\,a^2$ ist, so folgt, wenn man außerdem noch $\frac{\lambda}{p\,a} = \frac{1}{n}$ setzt:

$$\text{I.}\quad \mathfrak{T} = \pi\sqrt{\frac{\varrho\,a^2}{2\,n\,g}}.$$

Bezeichnet man ferner mit $l$ die Länge des einfachen Kreispendels, welches mit dem cylindrischen Drahte oder Faden gleiche Schwingungen macht, so hat man nach S. 60 und S. 93: $\mathfrak{T} = \pi\sqrt{\frac{l}{g}}$, so daß man in Verbindung mit I erhält:

$$\text{II.}\quad l = \frac{\varrho\,a^2}{2\,n} \text{ oder}$$

$$\text{III.}\quad n = \frac{\varrho\,a^2}{2\,l}$$

wie Coulomb in seiner ‚Théorie des machines simples', pag. 216 und 217 unter Nr. V, VI und VII findet.

Für das statische Moment $P.R$ der Torsions-Kraft (réaction de la force de torsion) ermittelt Coulomb noch für einen cylindrischen Metalldraht von $D$ Durchmesser und $L$ Länge den Werth (a. a. O., pag. 231 unter XIV):

$$\text{IV.}\quad PR = \mu\,.\,\alpha\,\frac{D^4}{L},$$

wenn $\alpha$ den Torsionswinkel und $\mu$ einen Erfahrungscoëfficienten bezeichnet[1]).

1) Eine vollständige mathematische Ableitung dieser Gleichung gab zuerst Navier (auszugsweise in dessen ‚Resumé des Leçons', T. I. In der deutschen Uebersetzung, S. 92 und 93 etc.), wonach auch der Verfasser seine Ableitung bildete (dritte Auflage der ‚Geostatik' desselben, S. 339 und 340) und wo die Endgleichung die Gestalt hat: $M_t = P.R = G\,.\,\alpha\,\frac{\pi}{64}\,.\,\frac{d^4}{l}$, also wenn man $\frac{\pi}{64}\,.\,G = \mu$ setzt: $P.R = \mu\,\alpha\,\frac{d^4}{l}$, wie angegeben.

Die Werthe der Coëfficienten $n$ und $\mu$, in den Formeln I—IV, ermittelte Coulomb für Metalldrähte durch sorgfältige Versuche, worüber in der wiederholt hier angegebenen Quelle von S. 232 (Artikel XV) bis S. 237 berichtet wird.

---

## Sechstes Capitel.

## Vom letzten Drittel des achtzehnten Jahrhunderts bis zum ersten Drittel des neunzehnten Jahrhunderts.

### §. 24.

### Laplace, Legendre, Fourier und Andere.

Als treuer Anhänger des Kepler'schen Ausspruches (S. 217, Note 2), daß man einen großen Fehler begehen würde, wollte man, unter allen Umständen, junge Studirende von scheinbar unfruchtbaren Studien abhalten, erachtet es der Verfasser gegenwärtigen Buches für Pflicht, in diesem Paragraphen kurz der Arbeiten und Verdienste von Männern zu gedenken, welche sich nicht direct auf technische Mathematik, wohl aber auf Astronomie, Physik und auf den mehr oder weniger streng wissenschaftlichen Theil der reinen Mathematik erstrecken.

Von den drei in der Ueberschrift genannten Mathematikern ist, an Größe und Bedeutsamkeit, Laplace[1]) oben anzustellen.

---

1) Pierre Simon Laplace, geb. 1749 im Departement Calvados, Beaumont en Auge, gest. 1827 zu Paris, war der Sohn eines einfachen Landmannes, der sich schon in früher Jugend durch ein starkes Gedächtniß und große Fassungskraft auszeichnete. Daher kam es, daß er sehr frühe die alten Sprachen erlernte, mehrere Zweige der Literatur cultivirte und seine ersten Lorbeeren sogar in der Theologie sammelte. Verschiedene Arbeiten in der Mathematik, insbesondere seine von 1766 bis 1769 in den ‚Turiner Memoiren' veröffentlichten Abhandlungen über gewisse Theile der Integralrechnung, waren Veranlassung, daß er schon 1770(?) Lehrer der Mathematik an der Militärschule seines Geburtsorts wurde. Bald darauf erhielt er die Stelle eines Examinators beim königlichen Artilleriecorps in Paris, auch wurde er bereits 1773 (also 24 Jahre alt) Mitglied der Akademie der Wissenschaften. Unter der Consular-Regierung (1799) war Laplace auf kurze Zeit Minister des Innern, welche Stellung jedoch minder passend für den großen Mathematiker gewesen sein muß, indem aus den Unterredungen Napoleons (des ersten Consuls) mit Las Cases erhellt, daß man ein großer Astronom und ein schlechter Minister sein kann. Später wurde Laplace

Abgesehen von Arbeiten über gewisse Partien der Integralrechnung, womit er bereits in früher Jugend (von 1766 bis 1773) bedeutende Erfolge erlangte, beschenkte Laplace die gelehrte, mathematische Welt mit drei großartigen Productionen, nämlich erstens mit seiner ‚Mechanik des Himmels' (‚Traité de mécanique céleste'), wovon die ersten beiden Bände 1799 erschienen [1]); zweitens mit seiner ‚Darstellung des Weltsystems' und drittens mit seiner analytischen ‚Wahrscheinlichkeitsrechnung' (‚Théorie des probabilités). Die ‚Mécanique céleste' betrachten die Astronomen noch gegenwärtig [2]) als eine zweite, aber unendlich ausgedehnte und bereicherte Ausgabe von Newton's ‚Principien' (S. 110). In besonders neuer, glücklicher und erfolgreicher Behandlung tritt bei Laplace das Problem der drei Körper (S. 114, Note 3) auf und, als für die technische Hydrodynamik besonders wichtig, die Theorie der Ebbe und Fluth. Wenn in letzterer Beziehung auch Daniel Bernoulli, L. Euler und Maclaurin bereits viel geleistet hatten, so blieb doch noch manches im Unklaren und war es in der That Laplace, der, basirt auf die Gesetze der Hydrodynamik, unter Benutzung der aus langjährigen Beobachtungen in Brest erhaltenen Erfahrungsresultate, die theoretischen Untersuchungen über Ebbe und Fluth zu einem gewissen Abschluß brachte [3]).

Das zweite Hauptwerk die ‚Exposition du système du monde'

---

zum Kanzler des Sénat conservateur und zum Comte de l'empire ernannt. Im Jahre 1814 stimmte Laplace für die Entsetzung Napoleons und nahm während der hundert Tage kein Amt an. Nach der Restauration wurde er von Ludwig XVIII. zum Pair und nachher (1817) zum Marquis ernannt. Als an seinem Sterbetage die um ihn stehenden Freunde seiner großen Entdeckungen gedachten, soll er bitter lächelnd geantwortet haben: Ce que nous connaissons est peu de chose, mais ce que nous ignorons, est immense. Wenige Stunden darauf verschied er ohne Schmerz am 5. März 1827. Nach seinem Tode erwies man (unter Louis Philipp) ihm noch die Ehre, seitens des Staates eine Herausgabe seiner Gesammtwerke zu veranstalten und zwar durch Gesetz vom 15. Juni 1842. Seit dem Jahre 1878 wird auf Kosten seines Sohnes, des Generals Laplace, eine Herausgabe seiner noch vollständigeren Gesammtwerke unter der Aufsicht der Akademie der Wissenschaften veranstaltet.

1) Vom ersten Bande erschien 1800 eine von Burckhardt besorgte deutsche (mit Anmerkungen versehene) Uebersetzung unter dem Titel ‚Mechanik des Himmels'.

2) Wolff, ‚Geschichte der Astronomie', S. 510, Nr. 171.

3) Nach Wolff, a. a. O., S. 513 ist erst in den Jahren 1830—50 den englischen Mathematikern Lubbock und Whewell gelungen, die Theorien der Ebbe und Fluth noch etwas weiter zu führen.

(die Darstellung des Weltsystems), deren erste Ausgabe von 1796 datirt, ist die Mechanik des Himmels für Laien in der Mathematik, ohne jenen großen Aufwand von analytischen Formeln, durch welche unvermeidlicher Weise jeder Astronom sich hindurcharbeiten muß, der nach Plato's Ausdrucke [1]) zu erfahren wünscht, welche Zahlen die materielle Welt beherrschen. Aus der ,Darstellung des Weltsystems' kann der Mathematik Unkundige, eine genaue und genügende Vorstellung von dem Geiste der Methoden gewinnen, denen die physische Astronomie ihre staunenswerthen Fortschritte zu verdanken hat. Zum Schlusse enthält dies Buch noch eine vortrefflich abgefaßte, gedrängte „Uebersicht der Geschichte der Astronomie", der endlich (als sechstes Capitel) noch eine Betrachtung über das Weltsystem (den Bau des Himmels) beigefügt ist, in welcher letzteren Beziehung die Gelegenheit benutzt werden mag, auf die gleiche verdienstliche Arbeit [2]) des deutschen Philosophen Kant [3]) aus dem Jahre 1755 hinzuweisen.

Der wesentliche Unterschied zwischen den Theorien Kant's und Laplace besteht darin [4]), daß letzterer die Rotationsbewegung als gegeben annahm, ersterer dagegen sich abmühte, ihre innere Nothwendigkeit nachzuweisen, anstatt einfach mit Newton in dem Hinzutreten eines excentrischen Stoßes zur ursprünglichen fortschreitenden Bewegung, dem Systeme einen zeitlichen Anfang zu geben etc.

Das dritte der genannten Hauptwerke, die ,Wahrscheinlichkeitsrechnung', welche erst 1812 ans Licht trat, bildet noch heute die Grundlage und den Ausgangspunkt für alle tieferen Untersuchungen der Wahrscheinlichkeitsrechnung und enthält daneben eine Menge neuer analytischer Methoden, freilich setzt auch sehr gründliche Kenntnisse der höheren Analysis voraus [5]).

---

1) Franz Arago's sämmtliche Werke. Deutsch von Hankel, Bd. III, S. 412.

2) Kant, ,Allgemeine Naturgeschichte und Theorie des Himmels'. In Immanuel Kant's sämmtlichen Werken, Bd. I, S. 207 (Ausgabe von Hartenstein. Leipzig 1867).

3) Immanuel Kant, geb. 1724 zu Königsberg, gest. ebendaselbst 1804.

4) Wolff, ,Geschichte der Astronomie', S. 748.

5) Laplace's ,Traité du calcul des probabilités' empfing Napoleon I vom Verfasser während des russischen Feldzuges in Witepsk, von wo aus Laplace einen sehr belobenden Brief empfing, der mit dem Satze schließt: „Fortschritt und Ausbildung der Mathematik sind mit dem Gedeihen der Staaten aufs engste verknüpft". Arago über Laplace in des ersteren Schriften, Bd. III, S. 415.

Von Laplace's mehrfachen Arbeiten aus dem Gebiete der Physik gedenken wir hier noch seiner, auch technisch wichtigen Ermittlung der specifischen Wärme der Gase und der darauf gegründeten Correctionen der Newton'schen Theorie [1]) über die Fortpflanzung des Schalles in der atmosphärischen Luft durch Wellenbewegung der letzteren. Daß die Newton'sche Formel für die betreffende secundliche Geschwindigkeit $= u$ des Schalles (geschrieben in der jetzt üblichen Weise) [2]), nämlich

$$u = \sqrt{g R T}$$

nicht mit der Erfahrung im Einklange stand, war zwar bekannt [3]), jedoch bis auf Laplace vergeblich versucht worden, diesem Uebel abzuhelfen. Dem großen Mathematiker gelang die Lösung der vorliegenden Aufgabe, indem er die Hypothese aufstellte und benutzte, daß die Vermehrung der Schallgeschwindigkeit durch die Wärme entstehe, welche durch die Schallwellen selbst ausgeschieden und die Elasticität der Luft vermehrt würde.

Diesem gemäß zeigte Laplace, daß der obige Ausdruck Newton's mit einem Faktor $n = \frac{c_p}{c_v}$ multiplicirt werden muß, welcher das Verhältniß der specifischen Wärme ($c_p$) der Luft bei constantem Drucke zu ihrer specifischen Wärme ($c_v$) bei constantem Volumen ausdrückt, also zu schreiben sei:

$$u = \sqrt{n g R T}\ ^{4)}.$$

Der Laplace'schen Entwickelung liegt zugleich der wichtige Satz zum Grunde, daß bei jeder Verdichtung atmosphärischer Luft gleichzeitig eine Erwärmung, bei jeder Verdünnung aber Abkühlung stattfindet und daß demnach das Mariotte'sche

---

1) ‚Princ.' Lib. II, Sect. VIII, prop. 42—50.

2) $g$ die Acceleration $= 9^m,81$, $R = 29,27$ (S. 113 der zweiten Auflage der ‚Hydromechanik' des Verfassers), $T = 273 + t$ (ebendaselbst).

3) Gehler's ‚Physikalisches Wörterbuch', Bd. VIII, S. 412 etc.

4) Für atmosphärische Luft ist $n = 1,410$ (man sehe u. A. auch des Verfassers ‚Hydrodynamik', zweite Auflage, S. 125, 131 und 143), daher, wenn man diese Werthe in Note 2 einführt, einfach folgt:

$$u = \sqrt{1,41 \,.\, 9,81 \,.\, 29,27\,(273 + t)}.$$

Für den Fall, daß die Lufttemperatur $t =$ Null ist, ergiebt sich sonach die Schallgeschwindigkeit in der atmosphärischen Luft zu:

$$u = \sqrt{1,41 \,.\, 9,81 \,.\, 29,27 \,.\, 273} = 332^m,5,$$

was mit den neuesten Angaben (von Bravais und Martius) genügend übereinstimmt.

Gesetz (Seite 107, Note 1) $\frac{p_1}{p_2} = \frac{v_2}{v_1}$ eine Abänderung erfahren und so gestaltet werden müsse, dass sich verhält $\frac{p_1}{p_2} = \left(\frac{v_2}{v_1}\right)^n$.

Der zweite der in der Ueberschrift zu diesem Paragraphen genannten Meister, nämlich Legendre [1]), verschaffte sich einen berühmten Namen, insbesondere durch seine Theorie der elliptischen Functionen, welche er während seiner langen,

---

1) Adrien Marie Legendre, geb. 1752 zu Paris, gest. 1833 ebendaselbst. Legendre wirkte zu Paris als Professor der Mathematik anfänglich an der Militärschule, nachher an der Normalschule daselbst, vorher 1783 ward er in die Pariser Akademie der Wissenschaft als Mitglied aufgenommen. Im Jahre 1808 wurde Legendre Ehrenrath der Universität und später Mitglied der Commission des öffentlichen Unterrichts, 1816 Examinator an der polytechnischen Schule. Im Jahre 1824 verlor der 72jährige Legendre seine Pension von 3000 Franks, weil er bei der Besetzung einer Stelle an der Akademie nicht für den ministeriellen Candidaten gestimmt hatte.

Unter den wissenschaftlichen Arbeiten Legendre's sind besonders die über elliptische Functionen hervorzuheben, deren erste Abhandlung (,Mémoire sur les integrations par d'arcs d'ellipse') im Jahre 1786 erschien, während seine sämmtlichen Entdeckungen im Zusammenhange in dem großen Werke veröffentlicht wurden: ,Exercices de calcul intégral' etc., trois Volumes 1811 bis 1816. Dieses Werk wurde neu aufgelegt in den Jahren 1825 bis 1828 unter dem Titel: ,Traité des fonctions elliptiques et des intégrales Eulériennes'. Im Jahre 1806 veröffentlichte Legrendre eine Schrift unter dem Titel: ,Nouvelles méthodes pour la détermination des orbites des comètes', worin zum ersten Male die Methode der kleinsten Quadrate d. i. der Satz ausgesprochen wurde, daß wenn aus Beobachtungen mehr Gleichungen vorliegen als Unbekannte zu bestimmen sind, die richtigsten und bequemsten Werthe der letzteren diejenigen seien, für welche die Summe der Fehlerquadrate ein Minimum ist. Ob indeß dem Legendre die Priorität der Entdeckung dieser Methode zuerkannt werden kann, ist mindestens ungewiß (Wolff, a. a. O., S. 560), jedenfalls hat Gauß das Verdienst der wissenschaftlichen Begründung derselben. (Gauß veröffentlichte dieselbe Methode drei Jahre später in seinem Werke: ,Theoria modus corporum coelestium' etc. Hamburg 1809). Indeß wird bestimmt behauptet, daß Gauß das Princip der Methode der kleinsten Quadrate bereits im Jahre 1795 als Student in Göttingen gefunden habe (Gerhardt, ,Geschichte der Mathematik, S. 232). Später schlug Laplace in seiner ,Théorie analytique des probabilités', Paris 1812 einen anderen Weg als Gauß ein, wogegen jedoch nachher Gauß erhebliche Bedenken erhob und worüber ebenfalls in Gerhardt's ,Geschichte der Mathematik', S. 235 Auskunft ertheilt wird.

Ueber die vielfachen Arbeiten Legendre's, welche in den ,Memoiren der Akademie der Wissenschaften' in Paris erschienen, giebt namentlich Poggendorff Auskunft in seinem ,Biographisch-literarischen Handwörterbuche'. Ferner finden sich Angaben in der ,Biographie universelle'. Supplément S. 175.

rühmlichen, wissenschaftlichen Laufbahn nie aus den Augen verlor [1]).

Ferner machte sich Legendre um die Behandlung zweier Gattungen von Integralen verdient, womit sich seiner Zeit schon Euler beschäftigte [2]) und die jetzt unter dem Namen „Euler'sche Integrale der ersten und zweiten Art" aufgeführt werden [3]).

---

1) Nachdem L. Euler, Lagrange (Euler's ‚Integralrechnung'. Deutsch von Salomo, Bd. IV, S. 476) u. A. gezeigt hatten, daß das Integral

$$\int_0^x \frac{P\,dx}{\sqrt{\alpha + \beta x + \gamma x^2 + \delta x^3 + \varepsilon x^4}}$$

von der Rectification des Bogens eines oder mehrerer Kegelschnitte (namentlich der Ellipse) abhängen, sobald $P$ eine rationale Function von $x$ bedeutet, führte Legendre dieses Integral auf die folgenden drei einfachsten Formen zurück:

$$\text{I. } \int_0^\varphi \sqrt{1 - c^2 \sin^2 \varphi} = E(c, \varphi);$$

$$\text{II. } \int_0^\varphi \frac{d\varphi}{\sqrt{1 - c^2 \sin^2 \varphi}} = F(c, \varphi);$$

$$\text{III. } \int_0^\varphi \frac{d\varphi}{(1 + n \sin^2 \varphi)\sqrt{1 - c^2 \sin^2 \varphi}} = \Pi(n, c, \varphi).$$

Hierbei nennt Legendre den Bogen $\varphi$ die Amplitude und $c$ den Modulus des Integrales, $c$ immer $< 1$ vorausgesetzt.

Die Benutzung dieser Formeln hat Legendre durch Berechnung von Tabellen zu erleichtern gesucht.

Bemerkt werde noch, daß man jetzt (nach dem deutschen Mathematiker Jacobi) das, was Legendre als elliptische Functionen bezeichnet, „elliptische Integrale" zu nennen pflegt.

Von der ersten Form (I) hat Moseley (‚The mechanical principles of engineering and architecture'. London 1843. §. 182) eine praktische Anwendung bei der Bestimmung der Arbeit gemacht, welche zufolge der Zapfenreibung stehender Wellen zu überwinden ist.

2) Leonhard Euler's ‚Integralrechnung'. Deutsch von Salomon, Bd. IV, S. 282.

3) Legendre, ‚Exercices de calcul intégral', Partie IV, Sect. I unter der Ueberschrift: „Propriétés générales des intégrales Eulériennes".

Euler'sche Integrale der ersten Art nennt Legendre die in dem Ausdrucke $\int_0^1 \frac{x^{p-1}\,dx}{\sqrt[n]{(1-x^n)^{n-q}}}$ enthaltenen bestimmten Integrale, wo $n$, $p$ und $q$ ganze positive Zahlen bezeichnen, oder nach einer Transformation Legendre's:

$$\int_0^1 x^{p-1}\,dx\,(1-x)^{q-1} = (p, q).$$

Euler'sche Integrale der zweiten Art heißen die in dem Ausdrucke

Weiter erwarb sich Legendre ein Verdienst um die mathematischen Wissenschaften durch sein ‚Essai sur la théorie des nombres', wovon die erste Auflage 1799, (an VI), die zweite 1808 erschien und der zwei Supplemente 1816 und 1825 unter dem Titel ‚Théorie des nombres' folgten.

In diesen Werken lieferte Legendre einen vortrefflichen und sehr vollständigen Lehrbegriff der Zahlenlehre, der auch reich an eigenthümlichen Untersuchungen ist und nur von Gauß (1801 erschienenem) Werke ‚Disquisitiones arithmeticae' übertroffen wurde.

Endlich ist hervorzuheben, daß es Legendre's Verdienst ist, der mathematischen Welt das Princip der „Methode der kleinsten Quadrate" zuerst (bereits 1806) bekannt gemacht zu haben, obwohl es zweifelhaft zu sein scheint, ob ihm die Priorität der Entdeckungen gebührt, diese vielmehr (mit großer Wahrscheinlichkeit) Gauß zuzuschreiben sein dürfte [1]).

Der dritte von den bezeichneten französischen Mathematikern, „Joseph Fourier" [2]) ist besonders durch seine ‚Mathematische

---

$\int_0^1 dx \left(lgnt. \frac{1}{x}\right)^{a-1}$ enthaltenen bestimmten Integrale, wobei $a$ positiv genommen wird, sonst jede rationale Größe bezeichnen kann.

Durch geeignete Umformung erhält man für diese zweite, dann mit $\Gamma(a)$ bezeichnete (und dann Gamma-Function genannte) Art:

$$\int_0^1 dx \left(lngt. \frac{1}{x}\right)^{a-1} = \int_0^\infty x^{a-1} e^{-x} dx = \Gamma(a),$$

wozu noch die merkwürdige und wichtige Relation gehört:

$$\Gamma(a+1) = a\Gamma(a).$$

Für Anfänger in der Integralrechnung ist hier zu empfehlen: der Artikel „Bestimmtes Integral" in den Supplementen zu Klügel's ‚Mathem. Wörterb.', I, S. 185 und Navier-Wittstein's' Integralrechnung' II, S. 265, Zusatz V: „Die Euler'schen Integrale".

1) Man sehe die vorher (Note 1) mitgetheilte Biographie Legendre's.

2) Jean Baptiste Joseph Fourier, geb. 1768 zu Auxerre; gest. 1830 in Paris. Als Sohn eines Schneiders hatte er mit unsäglichen Mühen zu kämpfen, um seiner unersättlichen Wißbegierde genügen zu können. Sein Wunsch, in die Artillerieschule zu treten, konnte damals nicht erfüllt werden, da er nicht von Adel war, nichtsdestoweniger setzte er seine Studien in der Mathematik mit größtem Eifer fort, so daß ihm schon 1789 der erste Lehrstuhl für Mathematik an der Militärschule zu Auxerres übertragen werden konnte. 1796 wurde er Professor an der Kriegsschule und bald darauf auch an der polytechnischen Schule. In letzterer Stellung folgte er Bonaparte nach Aegypten, wo er Mitglied und Secretär des Institut d'Égypte wurde. Nach Europa zurückgekehrt, wurde er 1802 Präfect des Departements der Isère.

Théorie der Wärme', welche 1822 unter dem Titel ,Théorie de la chaleur' erschien, in den weitesten Kreisen der mathematisch physikalischen Welt bekannt geworden. In diesem Werke behandelte Fourier zuerst die Gesetze der Wärmefortpflanzung (Propagation de la chaleur) in festen Körpern. Hatte zwar schon Lambert in seiner ,Pyrometrie' die Wärmefortpflanzung in dünnen Metallstangen erörtert, so fehlte doch noch die Auflösung der weit schwierigeren Aufgabe, nämlich die dieser Fortpflanzung der Wärme in beliebig begrenzten Körpern von drei Dimensionen. Fourier löste diese Aufgabe mit Hülfe der höchsten Theile der mathematischen Analysis und seine Differenzialgleichungen für die Fortpflanzung der Wärme, sie, sowie die Integration dieser Gleichungen, wurden die Grundpfeiler aller später folgenden Erörterungen desselben Gegenstandes, wenn auch die Anschauungsweisen, diese ganze wichtige Frage vom mathematischen Standpunkte zu behandeln, später mehrfach andere wurden [1]).

Ungeachtet der großen Verdienste, welche sich Fourier durch seine mathematische Theorie der Wärme erwarb, können namentlich Anfänger nicht genug auf den Umstand aufmerksam gemacht werden, daß diese Theorie mit der neuen mechanischen Wärmetheorie (der Wärmemechanik) nicht im geringsten Zusammenhange steht, zur Aufstellung der letzteren vielmehr ganz besondere Vorstellungen und Entdeckungen gehörten, wohin namentlich die Feststellung des Begriffes „mechanische Arbeit" (durch Poncelet) und die Auffindung des „mechanischen Wärmeäquivalentes" (durch Robert Mayer) zu zählen sind.

---

Im Jahre 1807 beginnt Fourier mit der Herausgabe seines berühmten Werkes ,Traité de la chaleur' oder ,Théorie analytique de la chaleur', welches jedoch erst 1822 vollendet wird. Nach Napoleon's Rückkehr von Elba (1. März 1815) wurde Fourier vom Kaiser zum Präfecten des Rhône-Departements ernannt, welche Stelle er jedoch nur bis zum 1. Mai 1815 behielt.

Die zweite Restauration (7. Juli 1815) findet Fourier in der Hauptstadt ohne Stelle, bis ihn ein Herr von Chabrol, einer seiner ehemaligen Schüler an der polytechnischen Schule, die Oberleitung des statistischen Bureaus im Seine-Departement mit einem Einkommen von 6000 Franken verschaffte. Endlich wird er 1817 zum Mitgliede der Akademie der Wissenschaften ernannt, worauf er auch bald nachher deren beständiger Secretär wird. Sein Tod erfolgte am 16. Mai 1830.

Eine ausführliche Biographie Fourier's findet sich im ersten Bande von Franz Arago's sämmtlichen Werken (Deutsch von Hankel, S. 234 bis 296).

1) Man sehe in gedachter Beziehung insbesondere Poisson's ,Théorie mathématique de la chaleur'. Paris 1835.

Als durchaus richtig ist daher der Ausspruch zu bezeichnen [1]), „daß selten eine Vorhersagung über die Schranken eines Gebietes glänzender widerlegt worden ist, als folgender Ausspruch des berühmten Analytikers Fourier, den derselbe in Bezug auf die Zukunft einer „Wärmemechanik“ im heutigen Sinne des Wortes macht und welcher also lautet [2]):

„Mais quelle que soit l'étendue de théories mécaniques, elles ne s'appliquent point aux effets de la chaleur. Ils composent un ordre spécial de phénomènes qui ne peuvent s'expliquer par les principes du mouvement et de l'équilibre“.

Fourier's Werk über Wärmefortpflanzung hat dafür auch für das Gebiet der reinen Mathematik mehrfachen Werth. Hierher gehört in erster Linie die Ersetzung der Euler'schen Bezeichnung [3])

$$\int X dx \begin{bmatrix} x = a \\ x = b \end{bmatrix}$$

eines zwischen den Grenzen $a$ und $b$ zu nehmenden bestimmten Integrales, durch die weit einfachere Bezeichnung

$$\int_a^b X dx,$$

so daß, wenn $\int X dx = f$:

$$\int_a^b X dx = f(b) - f(a) \text{ ist.}$$

Hiervon ausgehend hat Fourier u. A. nachgewiesen, daß es zu gewissen physikalischen Betrachtungen, u. A. auch für die Theorie der schwingenden Saiten (a. a. O., pag. 249, Nr. 230) nothwendig ist, eine Function von $x$ nicht in Potenzen von $x$, sondern in einer Reihe darzustellen, welche nach dem Sinus des Vielfachen von $x$ fortgeht [4]).

1) Dühring, ‚Kritische Geschichte der allgemeinen Principien der Mechanik‘. Zweite Auflage, Nr. 181, S. 458.

2) ‚Théorie de la chaleur‘. Discours préliminaire, pag. II.

3) L. Euler's ‚Integralrechnung‘, deutsch von Salomon, Bd. IV, S. 306 etc.

4) Beispielsweise zeigt Fourier, daß die beliebige Function $\varphi(x)$, so lange $x$ zwischen den Grenzen Null und $\pi$ liegt, unter der Gestalt entwickelt werden kann:

$$a_1 \sin x + a_2 \sin 2x + a_3 \sin 3x \ldots + a_i \sin ix + \ldots$$

Der Werth des allgemeinen Coëfficienten $a_i$ ist dabei

$$\frac{2}{\pi} \int_0^\pi dx \, \varphi(x) \sin ix.$$

In eine einzige Gleichung zusammenstellend schreibt sodann Fourier:

$$\frac{\pi}{2} \varphi(x) = \sin x \int_0^\pi \varphi(x) \sin x \, dx + \sin 2x \int_0^\pi \varphi(x) \sin 2x \, dx + \sin 3x \int_0^\pi \varphi(x) \sin 3x \, dx \ldots + \sin ix \int_0^\pi \varphi(x) \sin ix \, dx + \ldots$$

Auf noch andere mathematische Arbeiten Fourier's hier einzugehen, gestattet Zweck und Raum unseres Buches nicht, weshalb nur noch seiner Verdienste um die annähernden Berechnungen der Wurzeln höherer Gleichungen[1]) und der damit zusammenhängenden Methode der geordneten Division[2]) durch Angabe der unten notirten Quelle ganz besonders gedacht werden mag.

---

oder
$$\frac{\pi}{2}\varphi(x) = \sum_{i=1}^{i=\infty} \sin i x \int_0^\pi dx\, \varphi(x) \sin x.$$

Ist $x$ die Function, deren Entwickelung in einer Reihe verlangt wird, so ergiebt sich:

$$x = \frac{2}{\pi}\left\{\sin x \int_0^\pi x \sin x\, dx + \sin 2x \int_0^\pi x \sin 2x\, dx + \sin 3x \int x \sin 3x\, dx \;.\;.\;.\;.\;.\right\}$$

Wird daher beachtet, daß $\int_0^\pi x \sin(ix)\, dx = \pm \frac{\pi}{i}$ ist und daß von den Zeichen $+$ genommen werden muß, sobald $i$ eine gerade Zahl ist, dagegen $-$ zu nehmen ist, wenn $i$ eine ungerade Zahl darstellt, so erhält man:

$$\frac{1}{2}x = \sin x - \frac{1}{2}\sin 2x + \frac{1}{3}\sin 3x - \frac{1}{4}\sin 4x + \frac{1}{5}\sin 5x - \frac{1}{6}\sin 6x + \ldots$$

Letztere Gleichung schließt den §. 222, pag. 238 in Fourier's ‚Theorie de la chaleur'.

Hierzu noch folgende geschichtliche Notiz, die Priorität dieser Reihenentwickelung seitens Fourier's betreffend, die wir Schlömilch's ‚Zeitschrift für Mathematik und Physik', Bd. XXV (1880), Supplementband, S. 231 entlehnen, woselbst also berichtet wird: „Das Verdienst Fourier's besteht nicht in der Auffindung der Coëfficientenbestimmung, sondern darin, daß er zuerst bemerkte, daß eine trigonometrische Reihe mit den nach ihn benannten Coëfficienten auch eine ganz willkürliche Function darstellen könne. Denn die Coëfficientenbestimmung an sich war nicht neu. Letztere Methode hatte Lagrange bereits 1766 in den ‚Miscellanea Taurinensia' (Tome III, pars mathem., pag. 251) gegeben, wenn auch ohne alle Angabe ihrer Bedeutung. Auch Leonhard Euler ist wegen der Coëfficientenbestimmung zu nennen, insofern er solche bereits 1777 (in der ‚Nova act. Acad. Scient. Petrop.', Tome XI, pag. 114) gegeben hatte. (Man sehe übrigens hierüber auch die von Fourier selbst geführten Erörterungen dieses Gegenstandes in dem ‚Traité de la chaleur', art. 428, Nr. 13).

1) Drobisch hat in seinem Werke ‚Grundzüge der Lehre von den höheren Gleichungen' den Fourier'schen Methoden die drei letzten Abschnitte seiner Schrift gewidmet, wobei er (in der Vorrede XV) noch besonders hervorhebt, daß er Fourier's Lehre zum ersten Male auf deutschen Boden verpflanzt habe.

2) Klügel's ‚Mathem. Wörterbuch'. Supplementband II, S. 1005 unter der Ueberschrift: „Ueber Fourier's Methode der geordneten Division".

## §. 25.

## Monge, Hachette, Lacroix und Carnot.

Seitdem Descartes 1637 (S. 77) den Grund zur heutigen „analytischen Geometrie“ legte, war die Geometrie durch keine neue Disciplin so bereichert worden, hat Niemand so viel für die weitere Entwickelung der Geometrie geleistet, als Gaspard Monge[1]), indem er die „Geometrie descriptive“ (dar-

1) Gaspard Monge, geb. 1746 zu Beaume, gest. 1818 zu Paris. Er war der älteste Sohn eines herumziehenden Handelsmannes, der sich harte Entbehrungen auferlegte, um seine drei Söhne auf die gelehrte Schule zu Beaume schicken zu können. Hier zeichnete sich G. Monge derartig aus, daß er bald nachher in die zweite Abtheilung der Militär-Ingenieurschule zu Mézières aufgenommen werden konnte. Auch hier machte er solche Fortschritte, daß er bereits im 16. Lebensjahre (1762) zum Professor der Physik an der berühmten Lehranstalt der Oratoristen zu Lyon angestellt wurde. 1768 wurde er Repetent und 1771 Professor an der General-Militärschule zu Mézières, in welcher letzteren Stellung er bis zum Jahre 1780 verblieb, wo er den Lehrstuhl der Hydraulik an der durch Turgot gegründeten Schule im Louvre zu Paris erhielt. Noch in demselben Jahre (also 34 Jahre alt) wurde Monge Mitglied der Akademie der Wissenschaften. Hierzu hatten wahrscheinlich sehr viel seine Arbeiten beigetragen, welche in den Denkschriften der Turiner Akademie aus den Jahren 1770 bis 1773 veröffentlicht wurden.

1783 wird er an der Stelle von Bezout Examinator der Marinezöglinge, in welcher letzteren Eigenschaft er bis zum Ausbruche der ersten Revolution wirkte. Nach der definitiven Beseitigung Ludwig's XVI. als König von Frankreich (10. August 1792) erhielt Monge in dem dafür eingesetzten conseil exécutif die Stelle eines Marineministers. Indessen sah sich Monge genöthigt, diese Stelle bereits am 10. April 1793 aufzugeben. Als der Convent die Aushebung von 900,000 Mann zur Vertheidigung Frankreichs angeordnet hatte, fehlten Waffen und Schießpulver. Zum Beschaffen dieser nothwendigen Mittel, um Krieg zu führen, ernannte man Monge zum Director der Gewehrfabriken, Geschützgießereien und Pulvermühlen der Republik, wobei man bald erkannte, daß man sich in den hierzu erforderlichen Fähigkeiten unseres Monge nicht getäuscht hatte. Er ließ schaffen, was man bedurfte und verfaßte überdies selbst ein Handbuch unter dem Titel: ‚L'art de fabriquer les canons‘, was in den besonderen Etablissements und in den Arsenalen des Staates von großem Nutzen war. Einen wesentlichen Antheil nahm Monge an der Gründung der berühmten polytechnischen Schule in Paris (den 28. September 1794 oder den 7. Vendémiaire an III), deren Professor er zugleich wurde und wo er insbesondere seine berühmte „géométrie descriptive“ lehrte, als deren Schöpfer (wissenschaftlichen Begründer) er mit Recht angesehen wird. In demselben Jahre (1794) wurden die aufgehobenen Akademien unter dem neuen Namen Institut de France wieder ins Leben gerufen, welches letztere die Obliegenheit hatte, alljährlich dem gesetzgebenden Körper von den

stellende Geometrie) schuf, wozu noch hinzukommt, daß Monge auch als der Vater der „neueren analytischen Geometrie" bezeichnet werden muß.

Monge selbst charakterisirt die darstellende Geometrie (bereits in der ersten 1794 erschienenen Ausgabe) folgendermaaßen:

Die darstellende Geometrie hat den doppelten Zweck:

Erstens zu lehren auf einem Zeichenblatte, das nur zwei Dimensionen hat, nämlich Länge und Breite, alle Naturkörper darzustellen, welche drei Dimensionen, Länge, Breite und Höhe besitzen, vorausgesetzt, daß diese Körper streng bestimmt werden können.

---

Fortschritten der Wissenschaften und den Arbeiten einer jeden Klasse Rechenschaft abzulegen. Es ist zweifellos, daß man bei der Gründung dieses Nationalinstitutes nicht versäumt hatte, Monge's Meinung zu Rathe zu ziehen.

Im Jahre 1796 sandte das Directorium ihn mit Berthollet (dem berühmten Chemiker) und verschiedenen Künstlern nach Italien, um dort die Gemälde und Statuen in Empfang zu nehmen, welche mehrere Städte an Frankreich abzutreten hatten, um sich von der Kriegscontribution zu befreien.

Bei der 1798 von Napoleon begonnenen Expedition nach Aegypten wurde das wissenschaftliche Personal derselben wieder besonders von Monge und Berthollet gebildet, deren Arbeiten namentlich durch den Eifer und die Sachkenntniß der beiden Genannten zu dem bekannten glücklichen Ende geführt wurden, welche schließlich in dem berühmten Werke: ‚Description de l'Égypte' ihren Abschluß fanden. Ebenso begleiteten die Beiden den Obergeneral auf seinem Zuge nach Syrien und nicht minder waren sie es, welche allein Bonaparte begleiten durften, als er sich zufolge übler Nachrichten von der italienischen Armee nach Frankreich zurück zu kehren entschließen mußte. Monge übernimmt nach seiner Rückkehr seine Professur an der polytechnischen Schule wieder, wird schon 1799 Senator, arbeitet für das Journal der polytechnischen Schule, und nimmt an den Verhandlungen der Commission thätigen Antheil, welche die Ausführung und Veröffentlichung des prachtvollen Werkes über die Expedition nach Aegypten zu leiten hatte. Im Jahre 1804 wird Monge von Napoleon zum Grafen von Pelusium ernannt, überhaupt fortwährend ausgezeichnet, bis nach Napoleon's Sturz auch an Monge die Reihe kam und er mit noch anderen ausgezeichneten Mitgliedern der Akademie (vornämlich Carnot) ausgeschlossen und allen seinen Aemtern entsetzt wurde. Monge starb am 18. Juli 1818 in Paris, verlassen von den charakterlosen Anhängern der Regierung, hochgeehrt und nie vergessen von den Männern der Wissenschaft und insbesondere von den damaligen Zöglingen der polytechnischen Schule.

Die ausführlichste Biographie von Monge hat Arago geliefert, die zugleich mit höchst interessanten und pikanten Episoden aus Monge's vielbewegtem Leben ausgestattet ist. In der Hankel'schen Uebersetzung von Arago's sämmtlichen Werken (Bd. II) reicht die Abhandlung von S. 346 bis 484.

Zweitens aus dieser Darstellung der Körper ihre mathematischen Beziehungen abzuleiten, welche aus ihrer Gestalt und ihrer gegenseitigen Lage entspringen.

Durch Monge's beschreibende Geometrie trat die synthetische Geometrie der Alten ganz in den Hintergrund[1]), es entstand eine vollständige Umwälzung der Anschauungen, so daß beispielsweise alle die Aufgaben, welche die Stereotomie (Lehre vom Durchdringen der Körper) die Perspective, Gnomonik, Fortification[2]) u. s. w. in spezieller, unsicherer Weise be-

---

1) Der leider zu früh von dieser Erde geschiedene Hankel, in seinen ‚Elementen der projectivischen Geometrie', drückt sich hierüber, recht treffend (a. a. O., S. 5) wie folgt aus: „Die alte Geometrie strotzt von Figuren, wimmelt von Buchstaben. Der Leser muß fortwährend vom Text auf die Figur hinüberschweifen, in dem Gewirr der Buchstaben den gewünschten tappend suchen. Das Raisonnement in diesen Schichten ist zwar einfach, aber dürr und geistlos. In dem Beispiele den Alten folgend unterließ man in geometrischen Schriften jede Vermittlung zwischen den Sätzen, verwischte meist jede Spur ihrer genetischen Entwickelung und überschüttete den Leser mit unvermittelnden Sätzen, mit Proportionen und Figuren.

Es war nothwendig, daß die Geometrie, wenn sie aus der engen Studirstube in den Hörsaal treten und damit ein neues Leben beginnen sollte, einen ähnlichen Fortschritt machte, wie die Analysis durch die Schöpfungen von Euler und Lagrange. Diesen Fortschritt verdankt man aber Monge; seine Werke sind wahre Muster eleganter fließender Darstellung, frei von all jenem veralteten Rüstzeuge. Monge, der Erfinder des wissenschaftlich begründeten Zeichnens war es, der den herkömmlichen Wust von Figuren aus der Geometrie hinausfegte, nicht weil er, wie Lagrange, die geometrische Anschauung zurückdrängen, sondern vielmehr, weil er sie gerade dadurch fördern wollte, daß er durch seine Beschreibung ein geistiges Bild entstehen ließ etc.".

2) Muß man Monge unbestritten auch als den Schöpfer der wissenschaftlich beschreibenden Geometrie anerkennen, so darf doch nicht vergessen werden, daß bereits lange vor ihm gewisse Verfahrungsarten dieser Wissenschaft und die Anwendung der Projectionen in Künsten und Gewerben besonders bei Steinmetzen und Zimmerleuten bekannt waren.

Vielleicht könnte man Albrecht Dürer's bereits 1525 erschienenes Werk: ‚Unterweisung der Messung mit Zirkel und Richtscheit' etc. (S. 42) als die erste hierhergehörige Schrift bezeichnen. Später überboten uns die Franzosen in der Steinmetzkunst und sind überdies längere Zeit hindurch als die einzigen Schriftsteller darin zu bezeichnen. Einige Verfahrungsarten dieser Kunst beschrieb Philibert de l'Orme, Almosenier und Architekt Heinrich's II. von Frankreich und seiner Mutter Maria von Medici, der gegen Ende des 16. Jahrhunderts die beiden Werke veröffentlichte: ‚Traité complet de l'art de batir' und ‚Nouvelles inventions pour bien bati et à frais'. Im Jahre 1643 belehrte Maturin Jousse in seinem Werke: ‚Secrets de l'architecture' auch über den Steinschnitt. Ungefähr um dieselbe Zeit veröffentlichte der Jesuit Derand ein Buch unter

handelt hatten, auf wenige allgemeine Principien zurückgeführt und ohne jede Anwendung der Analysis die wichtigsten Eigenschaften und Beziehungen von Linien, Oberflächen etc. abgeleitet wurden. Das Verfahren, womit Monge die Raumgestalten in ebene Figuren umwandelte, nämlich vermittelst senkrechter Projectionen auf zwei unter einander rechtwinkligen Ebenen, bot zugleich ein Mittel dar, um eine Menge von Sätzen aus der ebenen Geometrie an Figuren zu entnehmen, welche aus der Vereinigung dieser beiden Projectionen entstehen. Außer dieser Umwandlung von Eigenschaften der Gebilde dreier Dimensionen in Eigenschaften ebener Figuren, ist noch eine besondere Anwendung der beschreibenden Geometrie zu erwähnen, nämlich die, daß sie zu unendlich vielen Mitteln führt, in der Ebene Figuren derselben Art zu transformiren etc. [1]).

Monge's Verdienste um die analytische Geometrie wurden bereits vorher (S. 255) erwähnt, was hier noch durch die Angaben vervollständigt werden mag, daß er sich erstens bereits in den Jahren 1770 und 1773 durch vortreffliche Arbeiten über die Differenzialgleichungen der Oberflächen einen Namen machte und zweitens die Gleichung der geraden

---

dem Titel ‚Architectura fornicum‘ oder ‚Architecture des voûtes ou l'art des traits et coupe des pierres‘, ganz besonders aber Desargues (geb. 1593 in Lyon und gest. 1661 oder 1662 ebendaselbst), der in der Zeit von 1636 bis 1640 mehrere betreffende Werke herausgab, nämlich: ‚Traité de la section perspective‘; ‚Traité des sections conique‘; ‚Brouillon projet de la coupe des pierres‘ etc. 1728 erschien das ‚Traité de la coupe des pierres par de la rue‘, von welchem Werke viele Zeichnungen bei der ‚Collection des épures à l'usage de l'école polytechnique‘ zu Grunde gelegt wurden. Indeß ließen in Bezug auf Klarheit und Verständniß alle diese Arbeiten viel zu wünschen übrig, der betreffende Text beschränkte sich meistens auf eine Reihe graphischer Operationen für einzelne Fälle, und umfaßten eigentlich eine reine, meist von allen Beweisen entblößte Praxis. Erst Frézier's (geb. 1682 zu Chambery, gest. 1773 zu Brest) Werk: ‚La théorie et la pratique de la coupe des pierres et de bois‘ oder ‚Éléments de stéréotomie‘ beruhte auf rationellerer Basis und ließ erkennen, daß der Verfasser namentlich bemüht gewesen war, die theoretische und praktische Seite der ganzen Disciplin von einander zu trennen. Vom eigentlichen Aufbaue einer ganz neuen Wissenschaft auf vorher nicht benutzten Grundlagen, war natürlich auch bei Frézier keine Rede, dies war Monge vorbehalten!

1) Der Verfasser folgt in den letzteren Urtheilen Chasles in seinem ‚Aperçu historique etc.‘. (Sohncke's deutsche Uebersetzung als ‚Geschichte der Geometrie‘, S. 187 etc.). Noch andere derartige, Monge's Leistungen betreffende, Erörterungen lieferte Chasles in seinem später (1870) erschienenen Werke ‚Rapport sur les progrès de la géométrie‘.

Linie in die analytische Geometrie einführte und dadurch den Grund zur Verbannung aller Construction aus derselben legte, überhaupt ihr eine neue Form gab, durch welche ihre weitere Ausbildung möglich wurde. Gesammelt fanden sich diese Arbeiten erst in den 1795 von Monge veröffentlichten ‚Feuilles d'analyse appliquée à la géométrie'. Später (1805) erschien noch ‚Application d'algèbre à la géométrie'.

Aus dem Gebiete der technischen Mathematik ist noch Monge's Buch ‚Traité élémentaire de statique, à l'usage des écoles de la marine' ganz besonders zu erwähnen, dessen erste Auflage 1786 erschien, während die fünfte von Hachette (1810) besorgt wurde und bereits 1806 auch eine deutsche Uebersetzung (von Hahn in Berlin) erschien.

Auch diese Arbeit, wobei sich Monge die rein synthetische Behandlung der Statik fester Körper als Aufgabe gestellt hatte, wird als ein Meisterstück von Klarheit, Einfachheit und (schon von Hachette) als eine nothwendige Einleitung für das Studium von Werken über analytische Mechanik bezeichnet [1]). Wir werden später (in einem Zusatz-Capitel), wenn über die verschiedenen Beweise des Parallelogramms der Kräfte gehandelt wird, auf Monge's Statik zurück zu kommen Gelegenheit finden.

Schließlich verdient noch erwähnt zu werden, daß Monge mit zu den wirksamsten Begründern der berühmten Pariser polytechnischen Schule [2]) gehört, an der er auch 15 Jahre lang (1795 bis 1809) als ganz ausgezeichneter Lehrer wirkte.

---

1) Der berühmte Lagrange soll sich über Monge einmal mit den Worten geäußert haben: „Mit seiner Anwendung der Analysis auf die Darstellung der Oberflächen wird dieser verteufelte Mensch unsterblich werden". (Arago's sämmtliche Werke. Deutsch von Hankel. Bd. II, S. 364).

2) Nach dem Sturze der Pariser Schreckensherrschaft, am 27. Juli 1794 (9. Thermidor), wo man die Wiederbelebung des Unterrichts, namentlich für die technischen Zwecke des Staates, der Marine, des Artillerie- und Ingenieur-Wesens, des Bergwesens und des Straßen- und Brückenbaues als dringendes Bedürfniß erkannte, erfaßte Monge mit Enthusiasmus die Idee einer gemeinschaftlichen Schule für die genannten Zwecke. Er warb für diesen Plan bei den Mitgliedern des Wohlfahrtsausschusses, von denen Fourcroy (der berühmte Chemiker) zum Berichterstatter an den Nationalconvent ernannt wurde. Ein betreffendes Gesetz ging, ohne Widerspruch zu erfahren, am 28. September 1794 (7. Vendémiaire, an III) durch und die neue Lehranstalt trat unter dem Namen der „École normale" oder „École centrale des travaux publics" ins Leben. An dieser Schule wirkten die seiner Zeit berühmtesten Männer als Professoren, namentlich Lagrange,

Zwischen Napoleon I., der sich sehr gern mit Monge über wissenschaftliche Dinge unterhielt [1]), hatte sich (wahrscheinlich zuerst angeregt durch Monge's Handbuch: ‚L'art de fabriquer les canons') vom Jahre 1796 an ein Freundschaftsverhältniß gebildet, welches in Monge's Leben einen hervorragenden Platz einnahm und worüber Arago (a. a. O., S. 418 etc.) höchst beachtenswerthe Data mittheilt.

Während Monge's Aufenthalt in Aegypten (1798 bis 1799) wurde der Unterricht in der géométrie déscriptive in die Hände des bereits oben (S. 258, Note 2) genannten Hachette [2]) gelegt,

---

Laplace, Monge, Hauy, Bertholet u. A., sowie als Professeurs-adjoints für die géométrie descriptive Hachette und Lacroix. Ein Jahr darauf (15. Fructidor 1795) ertheilte man der Anstalt den Namen „École polytechnique". Eine definitive Organisation erhielt die Schule jedoch erst im Jahre 1799, wodurch sie zugleich als gemeinschaftliche Vorbereitungsschule für alle Zweige des technischen Militär- und Civil-Staatsdienstes bestimmt wurde und wobei sich der Unterricht besonders auf die wichtigen Grundlagen der höheren technischen Disciplinen, auf Mathematik und Naturwissenschaften, beschränkte. Noch heute ist der Zweck der Pariser polytechnischen Schule derselbe, d. h. sie bildet die Zöglinge vor für die école militaire, école de marine, école des mines und die école des ponts et chausées, ist also keineswegs eine polytechnische Hochschule im Sinne der deutschen Anstalten gleichen Namens, welche nicht nur für die allgemeinen Vorbereitungswissenschaften, sondern auch Fachschulen für Architektur, Bauingenieurwesen, Maschinenbau und technische Chemie sind. Ausführlich über alles Vorstehende berichtet Arago im zweiten Bande seiner sämmtlichen Werke (Deutsch von Hankel, S. 394) unter der Ueberschrift: „Wer ist der Gründer der (Pariser) polytechnischen Schule"?

1) Professor Hartenstein citirt in seiner ‚Allgemeinen Metaphysik' (Leipzig 1836, Seite XXVIII) folgende interessante Stelle aus einer Unterredung Napoleon's I. mit Monge (in Malmaison): „Ich frage Sie, Monge, wer hat noch auf den Charakter von Intensität und Attraction auf sehr kurze Entfernung der kleinsten Atome geachtet, wovon wir auf irgend eine Weise die gezwungenen Beobachter sind? Ich frage Sie, Monge, ist das Geheimniß gefunden, haben Sie oder Ihr Newton es gefunden?" „Newton hat das Problem der Bewegung im Allgemeinen durch die Entdeckung des Planetensystems gelöst. Aber wenn es mir gelungen wäre, die Menschen zu lehren, wie die Bewegung geschieht, die sich mittheilt und bestimmt wird durch die Dazwischenkunft der kleinsten Körper, so hätte ich das Problem des Lebens des Universums gelöst, und wenn das geschehen wäre, was ich für möglich halte, so hätte ich Newton gerade so weit übertroffen, als Materie und Intelligenz von einander entfernt sind. Mithin ist nichts Richtiges in dem Worte von Lagrange: Niemand wird Newton's Ruhm erreichen etc.".

2) Hachette wurde 1769 zu Mézières geboren und starb 1834 zu Paris. Außer den oben (im Texte) genannten Werken, machte sich Hachette durch viele andere Arbeiten aus dem Gebiete der reinen und angewandten Mathematik (einschließlich der Experimental-Hydraulik) wohl verdient. Auch war er Heraus-

der sein Schüler in der Militärschule zu Mézières gewesen, und als Professor der polytechnischen Schule Monge's College geworden war.

Hachette füllte wesentliche Lücken aus, welche Monge durch Ausschließung verschiedener complicirter Figuren und entsprechender Uebungsbeispiele in seiner beschreibenden Geometrie gelassen hatte und wodurch Hachette sowohl der mathematischen Wissenschaft als dem Gebiete der Anwendung derselben in der Praxis wesentliche Dienste leistete. Hachette's erste betreffenden Arbeiten erschienen als ‚Suppléments aux leçons de géométrie déscriptive de G. Monge', in den Jahren 1812 und 1818, dem 1828 das größere Werk folgte: ‚Traité de géométrie déscriptive, comprenant les applications de cette géométrie aux ombres, à la perspective et à la stéréotomie'. Die hier behandelte reine Geometrie ist eine vergrößerte Umarbeitung des ersten Supplementes zu Monge. Auf Hachette's ebenfalls sehr verdienstvolles Werk: ‚Traité élémentaire des machines' kommen wir im zweiten Theile unseres Buches ausführlich zurück.

Wenn vom Ursprunge der géométrie déscriptive gesprochen wird, darf man (neben Hachette) auch Lacroix[1]) nicht vergessen, der zuerst die Principien der darstellenden Geometrie in einer Weise behandelte, welche diese allen Lesern zugänglich machte. Die betreffenden Werke erschienen bereits 1795 und 1796 unter den Titeln: ‚Essai sur les plans et les surfaces' und ‚Complément d'éléments de géométrie'. Von letzterem Buche erschien 1806 in Berlin (von Hahn) eine deutsche Uebersetzung

---

geber und Mitarbeiter der ‚Correspondance sur l'école polytechnique' (von 1804 bis 1816). Verzeichnisse der Hachette'schen Arbeiten liefert Poggendorff in seinem ‚Biographisch-litterarischen Handwörterbuche' und Chasles in seinem Rapport von 1870, pag. 17 bis 20. Eine kurze Biographie Hachette's von Arago verfaßt enthält Bd. III, S. 466 der Hankel'schen Bearbeitung von Arago's Werken.

1) Sylvester François Lacroix, geb. 1765 in Paris, gest. 1843 ebendaselbst. An vielen Lehranstalten (École polytechnique, Collège de France etc.) Frankreichs als Professor der reinen Mathematik wirksam und zu seiner Zeit durch seine Lehrbücher berühmt, die auch mehrfach ins Deutsche übersetzt wurden. Von seinem ‚Traité d'arithmétique' von 1797 erschienen 19 Auflagen, von seinen ‚Éléments d'algèbre' 17 Auflagen (1799 bis 1842), ferner ‚Eléments de géometrie' 15 Auflagen u. s. w.

Ein Verzeichniß seiner vorzüglichsten Schriften findet sich in Poggendorff's ‚Biographisch-litterarischem Handwörterbuche', Bd. I, S. 1340.

unter dem Titel: ‚Weitere Ausführung zu Lacroix's Geometrie oder Versuch einer Geometrie über die ebenen und krummen Oberflächen, nebst Anfangsgründen der Perspective, zum besonderen Gebrauche für Architekten und für ausübende Meßkünstler überhaupt'.

Einen ganz besonderen Ruf erwarb sich Lacroix durch sein zuerst von 1797—1800 erschienenes dreibändiges Werk ‚Traité du calcul différentiel et du calcul intégral'. Eine vierte Auflage desselben datirt von 1828. (Auch deutsch bearbeitet von Dr. Baumann).

Zu den Männern, welche noch zu Monge's Zeit zu neuen Auffassungen, Erweiterungen und Entdeckungen im Gebiete der Geometrie und Mechanik beitrugen, gehört vornehmlich sein Schüler Carnot[1]), das berühmte Mitglied des Nationalconvents.

---

1) Lazare Nicolas Marguerite Carnot wurde am 13. Mai 1753 zu Nolay im Departement Côte-d'Or (im alten Herzogthume Burgund) geboren und starb (als Verbannter) am 2. August 1823 in Magdeburg. Carnot gehörte zu 18 Kindern, womit die Ehe seines Vaters, des Advokaten Claus Abraham Carnot, gesegnet war. Nach Absolvirung des Gymnasiums in Autun, wo er sich bereits durch seltenen Verstand auszeichnete, besuchte Carnot, erst 15 Jahr alt, das kleine Seminar desselben Ortes. Hier zeigte er bereits sein großes Talent für Mathematik und militärische Wissenschaften, neben welchen Disciplinen er sich jedoch auch gern mit theologischen Studien beschäftigte. 1771, also 18 Jahr alt, trat Carnot als Secondelieutenant in die Schule des Geniecorps zu Mézières, wo er unter Monge's Leitung insbesondere descriptive Geometrie und Physik erfolgreich studirte. 1773 ward Carnot Premierlieutenant (im Festungsdienst) und als solcher der Garnison von Calais zugetheilt, wo der zwanzigjährige junge Mann als ein Original und als Philosoph besonders deshalb galt, weil er an den mancherlei lustigen Unternehmungen seiner Cameraden nicht Theil nahm und mehr in den Bibliotheken als in den Kaffeehäusern lebte.

Im Anfange der Revolution war Carnot bereits Ingenieurhauptmann und 1791 wurde er zum Abgeordneten der gesetzgebenden Versammlung ernannt. Als Mitglied des Convents und Ultrarepublikaner stimmte Carnot für den Tod des Königs Ludwig XVI (21. Januar 1793). Noch in demselben Jahre ward Carnot Mitglied des Wohlfahrtsausschusses. In letzterer Stellung hatte er den größten Einfluß auf die militärischen Unternehmungen der Republik, die nach Siegen über die Oesterreicher und Holländer einen höchst bedenklichen Rückgang angenommen hatten. Carnot bot alle waffenfähigen Mannschaften Frankreichs zum Kriegsdienste auf und bald standen 14 Armeen unter den Waffen. Caen, Bordeaux, Marseille wurden von den Republikanern überwältigt. Lyon wurde erobert und zum Theil zerstört (10. October 1793), die Vendéer geschlagen etc.

Nach Robespierre's Sturz [9. Thermidor (27. Juli 1794)] klagte man Carnot mehrere Male an, mußte ihn aber immer wieder frei sprechen. 1795

Seine bald nach Monge's Hauptwerke ('Darstellende oder graphische Geometrie', S. 255) erschienene 'Geometrie der Stellung' ('Géométrie de position'. Paris 1803), deutsch bearbeitet von

---

ward Carnot Mitglied des Directoriums und erhielt einige Zeit ziemlichen Einfluß, bis er sich von Barras die Leitung des Kriegsministeriums nehmen ließ. Carnot's Plan, Barras zu stürzen, mißlang, so daß er nebst anderen am 18. Fructidor des Jahres V (4. September 1797) zur Deportation verurtheilt wurde. Gleichzeitig wird Carnot im Mitgliederverzeichnisse des Instituts von Frankreich gestrichen und durch den General Bonaparte ersetzt. Zwei Jahre lang war Carnot aus der politischen Welt verschwunden und lebte seitdem unter angenommenen Namen in Deutschland (vorzugsweise in Augsburg), ausschließlich mit Wissenschaften und Literatur beschäftigt. Als der General Bonaparte (am 9. October 1799) aus Aegypten zurückkehrte, um am 18. Brumaire (9. November 1799) durch einen Staatsstreich die Regierung (das Directorium) zu stürzen, gehörte die Zurückberufung Carnot's und dessen Ernennung zum Kriegsminister (im April 1800) zu Bonaparte's ersten Handlungen. Napoleon's antirepublikanisches System drängte jedoch Carnot zur baldigen Abschiedsnahme, er trat wieder ins Privatleben zurück, wurde indeß schon 1802 wieder in den Erhaltungssenat (Sénat conservateur) und dann zum Tribun gewählt. In letzterer Stellung blieb Carnot bis zur Auflösung des Tribunats, welche erfolgte als Napoleon (am 18. Mai 1804) die in seiner Familie erbliche Kaiserwürde angenommen hatte. Nach dieser Zeit zog sich Carnot abermals in die Stille des Privatstandes zurück, widmete sich besonders der Erziehung seiner Kinder und der Wissenschaft, wobei er oftmals vom Geldmangel daran erinnert wurde, daß ihm seine republikanische Tugend weder Reichthümer noch Rang verschafft und er es in seiner militärischen Aciennität nur bis zum Bataillonschef gebracht hatte! Erst 1809 erinnerte sich der Kaiser Napoleon seiner Verdienste, indem er ihm eine jährliche Pension von 10000 Franken decretirte, wahrscheinlich aber auch deshalb, um ihn zur Abfassung eines Werkes: 'De la défense des places fortes' zu veranlassen.

Erst als die Zeit eintrat, wo Napoleon von seiner Höhe herabzusinken begann, bot Carnot (24. Januar 1814) dem unglücklichen Kaiser seine Dienste wieder an, worauf ihn Napoleon zum Gouverneur von Antwerpen ernannte. Nach der Rückkehr Ludwig's XVIII. (1815) war Carnot der Einzige von allen Ministern des Exkaisers, den man auf die Proscriptionsliste setzte. Carnot wählte (mit Erlaubniß des Königs von Preußen) schließlich Magdeburg zu seinem Aufenthalte, widmete sich hier wieder den ernsten Wissenschaften und der Ausbildung eines seiner Söhne. Leider hatte das vielbewegte Leben seine Gesundheit (namentlich in den letzten Jahren) so sehr angegriffen, daß Carnot am 2. August 1823 das Zeitliche, im Alter von 70 Jahren, segnete.

Die ausführlichste Biographie Carnot's hat Arago verfaßt, die im ersten Bande seiner Gesammtwerke, von S. 400 bis 506 reicht. Nächstdem ist das Lesen des Artikels „Carnot" im 15. Theile von Ersch und Gruber's 'Allgemeine Encyklopädie', so wie Michaud's 'Bibliographie universelle', Tome VII, pag. 4 etc. zu empfehlen.

Schumacher umfaßte in eigenthümlicher Behandlung beinahe alle Resultate, die man Euklid, Desargues und Pascal verdankt, bereicherte aber auch außerdem die Geometrie mit mancherlei neuen Sätzen. Carnot hatte begriffen, dass die Wahrheiten der analytischen Geometrie eine viel allgemeinere Auffassung zuließen, wenn man davon abging, alle Eigenschaften nur vermittelst eines bestimmten Coordinatensystemes zu erhalten, vielmehr sich bestrebte, eine allgemeinere Auffassung der geometrischen Figuren von der Analysis aus zu erreichen [1]) und gleichzeitig die Unbestimmtheiten der letzteren bei mehreren Lösungen in einer Weise zu entfernen, welche schon von Leibniz und d'Alembert erstrebt wurde [2]).

---

1) Hankel in seinem bereits S. 256, Note 1 genannten Buche sagt über Carnot's ‚Géometrie de position‘ sehr treffend u. A. (S. 12 etc.) Folgendes:

„In einem gewissen Gegensatze zu Monge behandelte Carnot nicht die Gestaltsverhältnisse im Raume, sondern wesentlich die Größenverhältnisse der Figuren. Die alte Geometrie beschäftigte sich, wie bekannt, fast ausschließlich mit den geometrischen Größen und so kann es nicht Wunder nehmen, daß Carnot manche Sätze von Neuem erfand, welche dem Alterthume schon bekannt waren. Dennoch bereicherte Carnot auch die Wissenschaft mit gar manchen neuen Sätzen, denen er überdies durch Einführung des Negativen eine auf die verschiedensten Lagenverhältnisse sofort übertragbare Form gab. Deshalb nannte er seine Geometrie die der „Position“, weil sie eben alle Positionen mit einem Male behandelte; das Wort hat sich eben so wenig wie seine Methode in der Wissenschaft gehalten und hat nichts mit dem zu thun, was man heute „Geometrie der Lage“ nennt“.

Ueber Carnot's verfehltes Bemühen, die Bedeutung des Negativen klar zu legen, berichtet Hankel recht eingehend in einer anderen Schrift: ‚Ueber die Vieldeutigkeit der Quadratur und Rectification algebraischer Curven‘. Leipzig 1864, Seite 7, Note.

2) Schon Leibniz vermißte in der neuen Analysis noch eine Rechnung der Lage (calculum situs) und wollte deshalb, daß man in den Ausdruck der Bedingungen einer geometrischen Aufgabe die Verschiedenheit in der Lage der gleichnamigen Theile der verglichenen Figuren einführen sollte, damit man, wenn sie durch einen gut ausgezeichneten Charakter gesondert worden wären, man sie desto leichter in der Rechnung darstellen könnte. Es ist zu bedauern, daß Leibniz nicht selbst die in Rede stehende Idee in der betreffenden Schrift ‚De analysis situs‘ (Gerhardt, ‚Leibniz' mathematische Schriften‘. Abth. II, S. 433) ausgeführt hat.

d'Alembert in der ‚Encyclopédie‘, Art. situation bemerkt: „daß die Analysis der Lage Etwas sei, was der gewöhnlichen Algebra fehle und es deshalb zu wünschen wäre, daß man Mittel fände, die Lage mit in die Rechnungen zu bringen; dadurch würden diese meistens sehr abgekürzt werden“. Leider lieferte auch d'Alembert diese Mittel nicht. Alle diese Andeutungen zu

Zu den mancherlei von Carnot zuerst bemerkten geometrischen Eigenschaften gehörte auch die, daß er den Schwerpunkt (wie später Möbius ausführte) als wirklich zur Geometrie gehörig nachwies und geometrische Bewegungen als solche bezeichnete, deren Theorie den Uebergang von der Geometrie zur Mechanik bildete, einen Wissenschaftszweig, den erst später Ampère empfahl, ihn als Kinematik (Cinématique) in den Lehrbüchern zu behandeln.

Noch verdankt man Carnot eine Theorie der Transversalen, die den Schluß der Schumacher'schen (deutschen Uebersetzung) von Carnot's ‚Geometrie der Stellung' bildet (1806 selbständig in Paris erschien) und die als eine der schönsten Arbeiten betrachtet werden kann, womit seiner Zeit die Geometrie bereichert wurde [1]).

---

einer Analysis situs — auch die nicht, in welcher Carnot zugleich die Theorie der positiven und negativen Größen zu verbessern suchte — waren nicht darauf gerichtet, die von Messung unabhängige Geometrie der Lage darzustellen. Man sehe hierüber Scheffler's ‚Situatiouscalcul' (Braunschweig 1851), S. VIII, so wie auch Baltzer's ‚Analytische Geometrie', S. 79 (Leipzig 1882).

1) Im Eingange seines ‚Versuchs einer Theorie der Transversalen' erklärt Carnot zuerst, daß er unter einer Transversale eine gerade Linie oder eine Curve versteht, die auf irgend eine Art ein System von anderen Linien, Ebenen oder krummen Oberflächen durchschneidet.

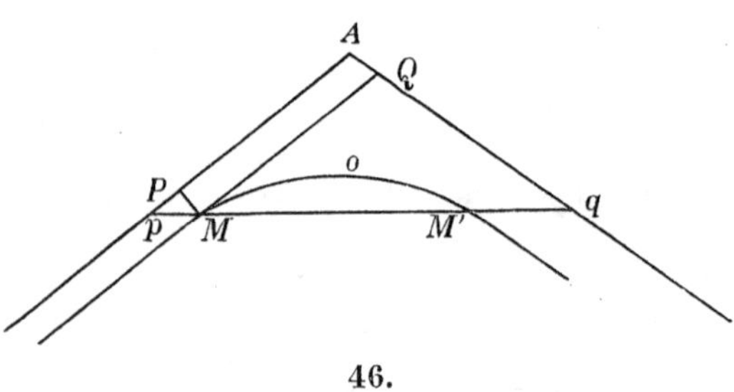

46.

Sodann erörtert er die Sache an folgendem Beispiele: Wenn $MOM^1$ (Figur 46) eine ebene Curve auf schiefwinklige Coordinaten bezogen, dabei $\angle\ pAq = \alpha$ ist und $M$ ein Punkt der Curve ist, dessen Coordinaten zu $\overline{AP} = x$ und $\overline{MP} = y$ gegeben sind, ferner durch $M$ zwischen den Achsen eine beliebige Transversale $pMq$ unter einem bestimmten Winkel $QMq = \beta$ gezogen und endlich $M\overline{q} = x_1$ und $M\overline{p} = y_1$ gesetzt wird, so hat man:

$$\text{I.}\quad y = y_1 \frac{\sin\beta}{\sin\alpha} \quad \text{und II.}\quad x = x_1 \frac{\sin(\alpha+\beta)}{\sin\alpha}.$$

Man sieht also (schließt Carnot), daß, wenn man für die Coordinaten $y$ und $x$ in der Gleichung der Curve $MOM^1$ diese Werthe setzt, man eine Gleichung von demselben Grade zwischen $x_1$ und $y_1$, d. h. zwischen den Theilen $Mq$ und $Mp$ der Transversale $pMM^1q$ erhalten wird.

Es ist also die Theorie der Transversalen eigentlich nur die Theorie der

Von schriftstellerischen Arbeiten Carnot's, welche ganz besonders für die Zwecke unseres Buches von Wichtigkeit sind, ist noch heute ein kleines Buch zu verzeichnen, welches zuerst 1783 unter dem Titel erschien ‚Essai sur les machines en général' in der zweiten Auflage von 1803 seine Aufschrift verändert hatte in ‚Principes fondamentaux de l'équilibre et de mouvement'. Carnot erörtert darin nicht nur die verschiedenen Grundprincipien der Mechanik in höchst einfacher bündiger Weise, liefert u. A. auch einen Beweis für das Princip der virtuellen Geschwindigkeit [1]), setzt das Gewicht eines Körpers ohne Weiteres gleich dem Producte aus Masse und Erdacceleration (eine Annahme, welche bereits oben S. 70 erörtert wurde), bespricht die bereits vorher (S. 264) erwähnten geometrischen Bewegungen und sucht ganz besonders das Princip der lebendigen Kräfte zur Geltung zu bringen, auf welches letztere bezogen er auch die Unmöglichkeit einer sich selbst bewegenden Maschine (des Perpetuum mobile) nachweist [2]).

Ganz allgemeine Anerkennung hat Carnot's Satz über den Verlust an lebendiger Kraft beim Stoße unelastischer Körper ge-

---

Coordinaten, welche man, statt sie einen Winkel bilden zu lassen, auf derselben Linie genommen hat. So vereinfacht man die Sache, weil der Grad der Gleichung nicht erhöht wird, und man den Ursprung und die Richtung der Transversalen verändern kann.

Später wandten zwei andere französische Mathematiker Servois und Brianchon die Transversalen mit glänzendem Erfolg zur Lösung von Aufgaben der praktischen Geometrie an (Chasles, ‚Geschichte der Geometrie', S. 210). Weitere geschichtliche und sachliche Auskunft giebt auch der Artikel „Transversale" in Klügel's ‚Mathematischem Wörterbuche'. Das erste selbständige Buch in deutscher Sprache, über denselben Gegenstand veröffentlichte 1843 C. Adams in Winterthur (geb. 1811, gest. 1839) unter dem Titel: „Die Lehre von den Transversalen in ihrer Anwendung auf die Planimetrie".

Betreffende Abhandlungen noch anderer Geometer finden sich in Crelle's ‚Journal für Mathematik' und in Gergonne's ‚Annales de mathématiques pures et appliquées'. Diese letztere ausgezeichnete Zeitschrift hat leider, nach dem Erscheinen des 21. Bandes, im Jahre 1831 zu erscheinen aufgehört.

1) In der Ausgabe von 1803 nennt er, am Ende des §. 121, das Princip der virtuellen Geschwindigkeit das „Princip Galilei's" und bezeichnet Galilei zugleich als den Erfinder des Satzes. Man sehe auch Seite 66, Note 4.

2) Die Unmöglichkeit des Perpetuum mobile zeigte neuerdings, auf das Princip von der Erhaltung der lebendigen Kräfte gestützt, mein Neffe, der Professor Richard Rühlmann in seiner Bearbeitung von Verdet's ‚Théorie mécanique de la chaleur', Bd. I, pag. 80 und pag. 154.

funden, welcher in der erwähnten Schrift von 1803 das Theorem XII (p. 145) bildet und also lautet:

Beim Stoße harter Körper, wie groß auch deren Zahl sein mag und gleichgültig, ob der Stoß direct (immédiat) oder indirect, ohne zwischengebrachte Federn erfolgt, ist die Summe der lebendigen Kräfte vor dem Stoße gleich derjenigen nach dem Stoße plus der Summe, welche für die einzelnen Kräfte statthaben würde, wenn sich dieselben frei und zwar jeder bloß mit der durch den Stoß verlorenen Geschwindigkeit bewegten".

Carnot beweist diesen Satz folgendermaßen:

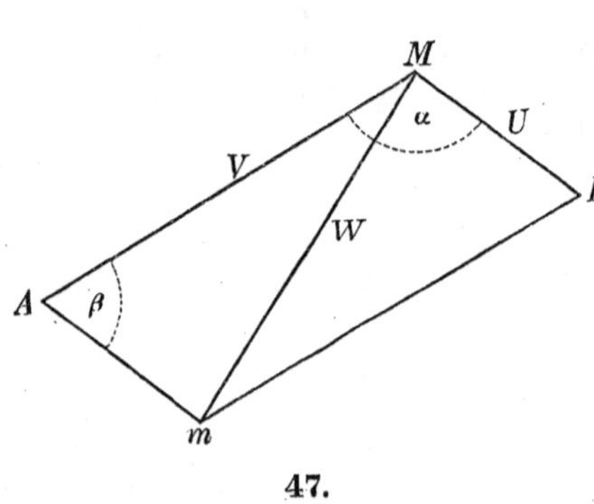

47.

Angenommen, daß $AMB$ in Figur 47 ein Parallelogramm ist, dessen Diagonale $Mm$ durch $W$ dargestellt wird und eben so die Seiten $MA$ und $MB$ beziehungsweise durch $V$ und $U$, ferner die Seiten mit einander die in der Figur angegebenen Winkel $\alpha$ und $\beta$ bilden.

Das $\triangle\, MAm$ liefert sodann:

$$\overline{Mm}^2 = \overline{MA}^2 + \overline{Am}^2 - 2\,\overline{MA}\,.\,\overline{Am}\cos.\beta,$$

oder, da $\beta$ das Supplement von $\alpha$ ist:

$$\overline{Mm}^2 = \overline{MA}^2 + \overline{Am}^2 + 2\,\overline{MA}\,.\,\overline{Am}\,.\cos.\alpha,$$

oder:

$$W^2 = V^2 + U^2 + 2\,VU\cos.\alpha,$$

folglich auch, wenn $M$ die Masse eines jeden der Körper des Systemes bezeichnet:

$$1.\ \Sigma M.\,W^2 = \Sigma M V^2 + \Sigma M U^2 + 2\,\Sigma M V U\cos.\alpha.$$

Da sich nun nachweisen läßt, daß das letzte Glied dieser Gleichung = Null ist [1]), so folgt:

1) Nach dem Principe d'Alembert's (S. 186 etc.) müssen sich die verlorenen Bewegungsgrößen $MU$ (IV, S. 70) im Gleichgewichte erhalten. Um aber die entsprechende Gleichgewichtsgleichung so zu bilden, daß sie uns Kenntniß über die Natur des erwähnten Gliedes verschafft, denken wir uns dem Systeme $\Sigma MU$ eine kleine Bewegung ertheilt, so zwar, daß der im Sinne von

$$2.\ \Sigma MW^2 = \Sigma MV^2 + \Sigma MU^2,$$

offenbar die algebraische Uebersetzung des bezeichneten Theorems, welches zu beweisen war und jetzt das Princip Carnot's genannt wird.

Statt 2. läßt sich auch schreiben:

$$3.\ \Sigma MU^2 = \Sigma MW^2 - \Sigma MV^2$$ [1]).

Hiernach entspricht also die Summe der durch den Stoß unelastischer Körper verlorenen lebendigen Kräfte denjenigen lebendigen Kräften, welche sich aus den verlorenen Geschwindigkeiten berechnen lassen[2]).

---

$U$ in der Zeit $dt$ durchlaufene Raum $U dt \cos. \alpha$ ist. (Vorausgesetzt, daß $W$ die Geschwindigkeit vor dem Stoße, $V$ die Geschwindigkeit nach dem Stoße und $U$ die Geschwindigkeit ist, welche durch den Stoß verloren ging).

Sodann erhält man aber, zufolge des Principes der virtuellen Geschwindigkeiten (S. 197 etc.), für das ganze System die Gleichung:

$$\Sigma m V U dt \,.\, \cos. \alpha = 0,$$

Wenn man demnach alle Glieder der Gleichung 1. mit $dt$ multiplicirt denkt, das letzte Glied als = Null wegläßt, so erhält man den Ausdruck 2.

1) Für den centralen, geraden Stoß (kugelförmige Körper von gleicher Dichte vorausgesetzt) läßt sich das Carnot'sche Princip sehr leicht mittelst der bereits S. 106 (Note 1) gewonnenen Sätze beweisen.

Aus II der betreffenden Formeln ergiebt sich zunächst:

$$0 = m_1 v_1 + m_2 v_2 - m_1 u - m_2 u.$$

Multiplicirt man hier links und rechts mit $u$, so erhält man ferner:

$$\text{a)}\ 0 = m_1 v_1 u + m_2 v_2 u - m_1 u^2 - m_2 u^2.$$

Nach S. 107 findet aber beim Stoße elastischer Körper stets ein Verlust an lebendiger Kraft statt, für dessen Größe = $W$ man auch schreiben kann:

$$\text{b)}\ W = \frac{1}{2} m_1 v_1{}^2 + \frac{1}{2} m_2 v_2{}^2 - \frac{1}{2}(m_1 + m_2)u^2.$$

Zieht man aber von b die Gleichung a ab, so ergiebt sich schließlich:

$$\text{c)}\ W = \frac{1}{2} m_1 (v_1 - u)^2 + \frac{1}{2} m_2 (u - v_2)^2.$$

Aus letzterer Gleichung folgt aber, „daß die durch Einwirkung eines Stoßes zwischen zwei unelastischen Körpern verlorene lebendige Kraft derjenigen lebendigen Kraft gleich ist, welche zu der respective von jeden der Körper verlorenen (oder gewonnenen) Geschwindigkeit gehört". Strengere Beweise des Carnot'schen Principes lieferten Lagrange, sowohl in seiner ‚Analytischen Mechanik' (I, Sect. IV, Art. 36) als auch in seiner ‚Functionen-Theorie'. 3. Abtheilung, Capt. VII, Art. 44; ferner auch Coriolis in der 2. Auflage seiner ‚Mechanik' (deutsch von Schnuse, S. 115).

2) In letzterem Sinne genommen (oder der Gleichung a in der Note 1 entsprechend) hat bereits vor Carnot, nämlich wie schon Seite 236 gezeigt wurde,

Dem Principe von der Erhaltung der lebendigen Kräfte (dem Erhaltungsprincipe), S. 173 (Note 1), ferner S. 205 und 206, wird durch den Carnot'schen Satz keineswegs widersprochen, da die verlorenen lebendigen Kräfte in der Regel zu Molekularwirkungen (zur Wärmeerzeugung etc.) verwandt werden [1].

## §. 26.

## Prony, Gerstner, Woltmann und Eytelwein.

Vorverzeichnete Männer sind als die bedeutendsten Vorgänger der wichtigen Epoche zu bezeichnen [1], welche die ersten Schritte zur Anwendung der Mechanik auf die Theorie des Bau-

---

1766 Borda in gleicher Weise die Verluste an lebendiger Kraft bei Behandlung solcher hydraulischer Fragen (Ausfluß des Wassers aus Gefäßen und Eintritt in letztere) gesetzt, wo plötzliche Geschwindigkeitsveränderungen eine wichtige Rolle spielen. Man sehe deshalb das Beispiel (hier im Buche) S. 236 und das §. 94 (S. 241) der 2. Auflage meiner ‚Hydromechanik'.

Wichtig ist übrigens die von Poncelet (‚Lehrbuch der Mechanik in ihrer Anwendung auf Maschinen'. Deutsch von Schnuse, Bd. I, S. 317) gemachte Bemerkung, daß das Carnot'sche Princip von keinem besonderen Nutzen ist, wenn die Geschwindigkeit nach dem Stoße nicht unmittelbar gegeben ist, weil man alsdann genöthigt ist, diese Geschwindigkeit vermittelst der aus dem d'Alembert'schen Principe abgeleiteten Gesetze des Stoßes direct zu suchen.

Bezeichnet man die bei der Bewegung eines Systemes überhaupt verlorene Summe an lebendigen Kräften mit $\Sigma u w^2$, so ergiebt sich jetzt als allgemeinste Form für das Princip von der Erhaltung der lebendigen Kräfte (nach S. 95, Note 2 und nach S. 206):

$$\frac{1}{2}\Sigma m v_n^2 - \frac{1}{2}\Sigma m v_0^2 + \frac{1}{2}\Sigma u w^2 = \int_{e_0}^{e_n} F\, d\, e.$$

1) Eine recht gute (metaphysische) Erörterung über das Carnot'sche Princip giebt Dühring in seiner ‚Kritischen Geschichte der allgemeinen Principien der Mechanik' (Nr. 113 und 114 der ersten und Nr. 108 und 109 der zweiten Auflage).

2) Nicht unerwähnt darf allerdings Bélidor (geb. 1697 in Catalonien, gest. 1761 zu Paris) bleiben, der zwar kein Mathematiker vom ersten Range, so doch ein sehr geschätzter Schriftsteller (seiner Zeit) im Ingenieurfache, in der Hydraulik und dem Maschinenwesen war. Als Hauptschriften sind folgende zu verzeichnen: ‚Le bombardier françois' etc. Paris 1731. — ‚Architecture hydraulique'. Paris 1737—53. (Ins Deutsche übersetzt 1740, mit einer Vorrede von Christian Wolff zur Zeit als dieser Professor in Marburg war. Die vier Quart-Bände des Originales sind acht Folio-Bände beim Uebersetzen geworden). Von diesem Werke und von dem Buche ‚La science des Ingénieurs' lieferte später Navier neue Ausgaben mit vortrefflichen Anmerkungen.

und Maschinenwesens in wissenschaftlichen Zusammenstellungen charakterisiren.

Prony [1]) eröffnete so zu sagen den Reigen durch die Herausgabe seiner ‚Nouvelle architecture hydraulique', deren erster Theil im Jahre 1790 zu Paris erschien, wobei jedoch (wie bei dem unter gleichem Titel 50 Jahr früher erschienenen Werke Belidor's) der Inhalt nicht der Benennung des Werkes entsprach, d. h. insofern in demselben nicht bloß die Hydraulik (und Hydrotechnik) sondern die gesammte Statik und Dynamik fester und flüssiger, so wie überdies „eine allgemeine Lehre von den Maschinen und den dabei anwendbaren Kräften" behandelt wird.

Der deutsche Uebersetzer dieses Werkes (welches 1795 zu Frankfurt a. M. erschien), der damalige Salineninspector und königlich preußischer Rath K. C. Langsdorf (zu Gersbronn im Ansbachischen) sagt in der Vorerinnerung über dasselbe Folgendes: „Dieser erste Theil enthält alles, was bis jetzt von den größten Köpfen in der Theorie der statischen und mechanischen Wissenschaften Brauchbares gesagt worden ist, und ist in Rücksicht auf die Theorie als ein vollständiger Lehrbegriff dieser Wissenschaften anzusehen". In letzterer Beziehung hat Langsdorf offenbar den praktischen Zweck des Prony'schen Werkes

---

1) Marie Riche de Prony wurde am 22. Juli 1755 zu Chamlet im französischen Departement du Rhône geboren und starb 1839 zu Asnières bei Paris. Prony's Vater war Mitglied des Parlementes zu Dombes. Seine Studien machte Prony am Gymnasium zu Toissey-en-Dombes und trat bereits am 5. April 1776 in die Pariser Schule für Straßen- und Brückenbau. Hier zeichnete Prony sich bald so aus, daß er verschiedene Preise empfing und schon 1780 zum Sous-Ingénieur des ponts et chaussées ernannt wurde. Bereits 1791 wird er Ingénieur en chef dieser berühmten Bauabtheilung Frankreichs und war ein Mitbegründer der berühmten Pariser polytechnischen Schule (11. März 1794 oder 21. Ventose, an II). Im Jahre 1795 ernannte ihn die Pariser Akademie der Wissenschaften zu ihrem Mitgliede und am 13. vendémiaire, an VII, wird ihm die Direction der école des ponts et chaussées übertragen. In der Zeit von 1805—1811 macht er im Auftrage Napoleon's drei Reisen im Interesse hydraulischer Untersuchungen nach Italien, welche besonders die Austrocknung der pontinischen Sümpfe und die Verbesserung (Wiederherstellung) des einst berühmten Hafens von Venedig, zum Zwecke hatten. 1817 wird Prony Mitglied des Längenbureaus, 1828 wird er baronisirt und 1835 zum Pair von Frankreich erhoben. Ausführlichere Biographien finden sich in Arago's sämmtlichen Werken, Bd. III, in den ‚Annales des ponts et chaussées', T. XVIII, Jahrg. 1839, Sect. III, pag. 394, so wie in Michaud's ‚Biographie universelle', T. 34, p. 399.

im Auge gehabt, indem sich dies Urtheil weder auf die rechnende Astronomie noch auf den mathematischen Theil der Physik beziehen kann und in der That war es Prony's directer Wirkungskreis als Ingenieur für Straßen- und Brückenbau, der ihm die Aufgabe stellte, die angewandten Theile der Mathematik speciell in diesen Richtungen zu verfolgen. Einige Jahre später verfaßte er für seine mehr wissenschaftlichen Vorträge an der neu errichteten polytechnischen Schule höher stehende Abhandlungen [1]), die er theilweise zuerst in dem ‚Journal de l'école polytechnique' cahiers I bis III veröffentlichte und nachher von 1810 ab, als besonderes Werk unter dem Titel ‚Leçons de mécanique analytique' drucken ließ [2]).

---

1) Die deutsche Uebersetzung von Prony's ‚Hydraulischer Architectur' dürfte zugleich die erste sein, welche das Princip d'Alembert's (S. 187) in weiteren Kreisen des deutschen Vaterlandes bekannt werden läßt. Daß dies früher nicht der Fall gewesen ist, scheint bestimmt aus dem 1802 in Berlin erschienenen, noch heute schätzenswerthen Buche: ‚System der reinen und angewandten Mechanik fester Körper' des Dr. Ide (geboren 1775 in Braunschweig, gestorben 1806 in Moskau), seiner Zeit Privatdocent an der Universität Göttingen hervorzugehen. In der Vorrede zum ersten Bande wird hier Folgendes ausdrücklich hervorgehoben:

„Was das d'Alembert'sche Princip betrifft, so scheint dies zur Zeit sich noch nicht weit über Frankreichs Grenzen hinaus verbreitet zu haben. Weder Kästner, Karsten noch sonst ein deutscher Schriftsteller gedenken seiner auch nur mit einer Silbe, und selbst L. Euler, der an der Erweiterung der Mechanik so thätigen Antheil nahm, fing erst bei seinen späteren Abhandlungen an, davon Gebrauch zu machen".

2) Prony's ‚Mécanique analytique' könnte man füglich als Lagrange's ‚Mécanique analytique' zum Gebrauche für Vorlesungen der polytechnischen Schule betrachten, indem der Verfasser sein Werk mit vielen Beispielen bereicherte, und vor Allem auch das Selbststudium durch zahlreiche, beigegebene Figuren unterstützte.

Außer zahlreichen Beispielen im ersten Theile fügte er letzteren auch eine besondere Abhandlung (Section IV) über Reibungen bei Maschinen und über Steifigkeit der Seile bei. Im zweiten Theile erörtert er (pag. 39) die für Techniker wichtige Beziehung $m = \frac{q}{g}$ (zwischen Masse $m$ und Gewicht $q$ eines Körpers, ähnlich wie dies S. 70 unseres Buches geschah), löst mittelst des d'Alembert'schen Principes in Nr. 1045 (pag. 289) für das Wellrad eine ähnliche Aufgabe, wie die 2. Seite 188 ebenfalls unseres Buches und behauptet in §. 1124 (pag. 356), daß er von den Kräftepaaren bereits vor Poinsot Gebrauch gemacht habe.

Unter Nr. 1191 (pag. 415) entwickelt Prony endlich auch die S. 178 unseres Buches aufgeführten berühmten Euler'schen Drehgleichungen und schließt den

Weit höheren Ruhm erwarb sich Prony durch seine hydraulischen Arbeiten. Seine erste betreffende Schrift erschien 1802 als ‚Mémoire sur le jaugeage des eaux courantes', welcher 1804 eine größere Arbeit unter dem Titel folgte: ‚Recherches physico-mathématiques sur la théorie des eaux courantes'. Von dieser Arbeit hat ebenfalls Langsdorf eine deutsche Uebersetzung geliefert, welche betitelt ist: ‚Theoretisch-praktische Abhandlung über die Leitung des Wassers in Canälen und Röhrenleitungen' und 1812 in Gießen erschien. Dies Werk Prony's ist lange Zeit hindurch als das beste seiner Art bezeichnet worden und giebt es selbst noch gegenwärtig Hydrotekten, welche die aus einer richtigen Verbindung von Theorie mit Experimenten gewonnenen Resultate und Formeln für brauchbar halten [1]).

Der Verfasser gegenwärtigen Buches hat hierüber derartig in der 2. Auflage seiner ‚Hydromechanik' berichtet, daß er auf diese Schrift hinweisen darf und hier folgende drei Hauptformeln Prony's (für Metermaße) als Gedenksteine hinsetzt [2]):

Für die Bewegung des Wassers in Canälen.

$$\text{I. } v = \frac{V(V + 2{,}372)}{V + 3{,}153};$$

$$\text{II. } \frac{h}{l} \cdot \frac{a}{p} = 0{,}0000444499 \,.\, v + 0{,}000309314 \,.\, v^2 \text{ und}$$

Für Röhrenleitungen.

$$\text{III. } \frac{1}{4} \cdot \frac{h}{l} d = 0{,}0000173314 \,.\, v + 0{,}000348259 \,.\, v^2$$

---

zweiten Band mit der Lösung verschiedener Aufgaben aus der Theorie schwingender Saiten, wobei er (Nr. 1261) nicht unterläßt, den deutschen Physiker Chladni gebührendes Lob zu ertheilen.

Referent benutzt hier die Gelegenheit, auf Francoeur's (geboren 1773, gestorben 1849) ‚Traité élémentaire de mécanique' aufmerksam zu machen, der nicht weniger als fünf Auflagen erlebte und wovon Opelt in Dresden (1825) eine gute mit Anmerkungen versehene deutsche Uebersetzung besorgte.

Prony gedenkt dieser Arbeit (in der Vorrede zum ersten Theile der ‚Leçons de mécanique analytique') unter dem Titel ‚Traité élémentaire de mécanique, d'après les méthodes de R. Prony' mit dem Zusatze, daß Francoeur sein „ancien élève de l'école polytechnique et un de plus assidus à ses leçons etc." gewesen wäre. Der genannte deutsche Uebersetzer hebt in der Einleitung hervor, „daß dies Buch, sowohl hinsichtlich seiner Reichhaltigkeit, als seiner oft eleganten Kürze wegen, neben den deutschen Werken dieser Gattung, einen ehrenvollen Platz verdiene".

1) Beispielsweise Redtenbacher's ‚Resultate für den Maschinenbau'. Sechste (1875) von Grashof besorgte Ausgabe, S. 121, Nr. 156.

2) Langsdorf's Uebersetzung der ‚Recherches' etc., S. 99 und S. 142.

In der Formel I bezeichnet $v$ (überall) die mittlere Geschwindigkeit des Wassers, $V$ die größte Geschwindigkeit des Wassers in der Mitte des Canals (im Stromstrich) und etwas unter der Oberfläche des Wassers.

In Formel II bezeichnet $h$ das Canalgefälle auf die Länge $l$ bezogen, $p$ den benetzten Umfang (Wasserperimeter) und $a$ den Querschnitt des Wassers im Canale, so daß, wenn mit $Q$ die secundliche Wassermenge bezeichnet wird $a = \frac{Q}{v}$ ist.

In der Formel III repräsentiren $h$, $l$ und $v$ dieselbe Werthe, während $d$ der Durchmesser einer Röhre von kreisförmigem Querschnitte ist.

Ein drittes Werk Prony's, welches auf die oben in seiner Biographie erwähnten Austrocknung der pontinischen Sümpfe Bezug hat, vornehmlich die Resultate seiner Untersuchungen, aber auch sonst viel Beachtenswerthes für den Hydrotekten enthält, erschien 1822 unter dem Titel ‚Déscription hydrographique et historique des marais Pontins'.

Das betreffende seiner Zeit berühmte Entwässerungsprofil Prony's, welches zu vielfachen Erörterungen Veranlassung gab und die dabei von Prony selbst geführten Rechnungen, so wie die späteren Berichtigungen derselben, finden sich in Rühlmann's ‚Hydromechanik', 2. Auflage, S. 422.

Noch ist einer besonderen Schrift Prony's zu gedenken, welche von geschichtlicher Bedeutung für die technische Mechanik ist und 1812 in Paris unter dem Titel erschien: ‚Recherches sur la poussée des terres'. Prony bemühte sich hierin, die betreffende Theorie Coulomb's (S. 239) zu vereinfachen und zu vervollständigen, wohin namentlich der Satz gehörte, nach welchem man „das Prisma des größten Druckes" sehr leicht auf dem Wege der Construction zu finden vermochte. Leider beging Prony den Fehler, daß er die Druckrichtung (auch bei nach Innen geböschten Futtermauern) unter allen Umständen horizontal nahm [1]).

1) Der Verfasser benutzt die Gelegenheit, beachtenswerthe mathematische Abhandlungen über die Theorie des Erddruckes zu verzeichnen, welche in die Geschichtszeit zwischen Prony und Navier fallen. Es sind dies namentlich die Arbeiten von 1) Français, „Recherches sur la poussée des terres" im ‚Mémorial de l'officier du génie', Nr. 4 (1820) und 2) Martony de Köszegh ‚Versuche über den Seitendruck der Erde'. Wien 1828.

Eine ziemlich vollständige Literatur der in besonderen Abhandlungen, Zeitschriften etc. erschienenen Arbeiten Prony's von geringerem Umfange liefert Poggendorff's ‚Biographisch-literarisches Handwörterbuch', Bd. II, S. 531. Hier findet sich auch eine Notiz über die zur Zeit der französischen Republik auf Befehl des National-Convents unter Prony's Leitung, in den Jahren 1792 bis 1794, berechneten neuen Tafeln der Logarithmen der Zahlen, der trigonometrischen Linien, der natürlichen Sinus, deren Logarithmen etc., erstere von 1 bis 10000 auf 19 Decimalstellen und von 10000 bis 200000 auf 14 Decimalstellen, berechnet etc. Leider ist das Riesenwerk nicht fertig geworden. Der Druck wurde angefangen, aber durch den Fall des Papiergeldes unterbrochen [1]).

Der zweite der in der Ueberschrift dieses Paragraphen genannten Männer, Franz Joseph Ritter von Gerstner [2]), ist

1) Ausführlicher wird über diese Tafeln in Klügel's ‚Mathematischem Wörterbuche', Theil III, S. 568 (unter Logarithmus) berichtet, wozu der Stoff entlehnt wurde aus der ‚Notice sur les grandes tables logarithmiques et trigonométriques calculées au bureau du cadastre à Paris', an IX.

2) Franz Joseph Gerstner, geboren 1756 zu Kommotau in Böhmen und gestorben den 25. Juni 1832 zu Mladiegov bei Gitschin, empfing den ersten wissenschaftlichen Unterricht von 1765 bis 1772 auf dem Gymnasium seiner Vaterstadt, und setzte seine Studien fünf Jahre lang auf der Prager Universität fort. Ungeachtet er seinen Unterhalt durch Orgelspielen und Privatunterricht erwerben mußte, machte er doch so bedeutende Fortschritte in der Mathematik, Physik und Technologie, daß er schon 1779 als Ingenieur beschäftigt werden konnte. 1784 übernahm er die Stelle eines Adjuncten bei der Sternwarte in Prag, in welcher Wirksamkeit er auch bei der Grundsteuerregulirungs-Vermessung in Böhmen betheiligt wurde. 1788 ward er Hülfslehrer der höheren Mathematik an der Universität zu Prag, worauf er 1789 zum ordentlichen Professor dieses Faches ernannt wurde. Gegen Ende des Jahres 1795 wurde er als Beisitzer der Studienrevisionscommission nach Wien berufen, wobei es ihm gelang, die Aufmerksamkeit der Regierung auf die Beförderung der technischen Studien derartig zu lenken, daß man ihn 1801 beauftragte, eine für diesen Zweck berechnete öffentliche Lehranstalt in Prag zu gründen. Es gelang Gerstner nach Bekämpfung mancher Schwierigkeiten im Jahre 1806 das ständische böhmische technische Institut in Prag eröffnen zu können, welche Lehranstalt daher als der erste Vorläufer aller polytechnischen Schulen in Deutschland zu gelten hat. Im Jahre 1807 erhielt Gerstner den Auftrag zu einem Projecte, die Moldau und Donau durch einen schiffbaren Canal zu verbinden, wobei sich jedoch solche Schwierigkeiten zeigten, daß das Project wieder fallen gelassen wurde.

Gerstner's Vorschlag, statt dieses Canals eine Eisenbahn zu bauen, wurde der Keim der ersten Continentaleisenbahn von Budweis nach Linz, welche auch in der Zeit von 1828 bis 1830 zur Ausführung gelangte. 1810 wurde Gerstner

als einer der im Bereiche deutscher Zunge, zu nennen, dem man ein selbständiges, erfolgreiches Auftreten im Anwendungsgebiete der allgemeinen Mechanik auf technische (gewerblich-industrielle) Gegenstände verdankt. Sein betreffendes dreibändiges Hauptwerk erschien zuerst 1831 unter dem bescheidenen Titel ‚Handbuch der Mechanik' und zwar von seinem Sohne, dem Ingenieur Anton von Gerstner redigirt.

Der erste Band ist der Mechanik fester Körper gewidmet, behandelt jedoch auch, in eigenthümlicher Weise, die menschlichen und thierischen Kräfte und damit im Zusammenhange die Statik der (sogenannten) einfachen Maschinen im Zustande gleichförmiger Bewegung, unter stillschweigender Voraussetzung der Anwendbarkeit des Cartesianischen Grundsatzes (siehe S. 66 gegenwärtigen Buches) [1]).

Während diese Gegenstände zwei Capitel einnehmen, wird in folgenden Capiteln, nach einander, behandelt: Die Festigkeit der Körper, die statische Baukunst, die Widerstände der Reibung und die Unbiegsamkeit der Seile, die ungleichförmige Bewegung und schließlich die Räderfuhrwerke für Straßen und Eisenbahnen, nebst verwandten Gegenständen.

Der Stoff, welcher vorzugsweise in dem zweiten und dritten Bande dieses Gerstner'schen Werkes behandelt wird, gehört nach der Eintheilung (S. 3) in den zweiten Theil unseres Buches.

---

in den erblichen Adelstand erhoben und 1811 zum Director des Wasserbaues ernannt, welcher für Böhmen organisirt werden sollte. Im Jahre 1823 erhielt er den Titel eines kaiserlichen Gubernialraths, worauf ihn Krankheit und Alter veranlaßte, 1831 das Lehramt der Mechanik am technischen Institute abzugeben, während er die Oberleitung desselben behielt. Im April 1832 erfolgte seine ehrenvolle Entlassung aus dem Staatsdienste und schon bald darauf, am 25. Juni 1832, sein Tod.

Eine ausführlichere Biographie Gerstner's lieferte Karmarsch, ‚Allgemeine deutsche Biographie', Bd. IX. Leipzig 1879.

1) Es ist hierbei erforderlich, eine Bemerkung zu machen, auf die wir im zweiten Theile unseres Buches ausführlich zurückkommen müssen.

Differencirt man nämlich die Gleichung IX, S. 206, so folgt:

$$\Sigma m v\, dv = \Sigma m R\, ds \,.\, \cos.\varepsilon.$$

Für den Fall einer gleichförmigen Bewegung kann offenbar von keinem $dv$ die Rede sein, vielmehr erhält man dann:

$$0 = \Sigma m R\, ds \,.\, \cos.\varepsilon,$$

nichts anderes als die allgemeine Lagrange'sche Formel der Statik für das Gleichgewicht eines beliebigen Systemes von Kräften, welche (unter anderen Bezeichnungen) ausfürlich in §. 21 erörtert wurde.

Einiger charakteristischer Gegenstände des ersten Theiles der Gerstner'schen Mechanik werde hier speciell gedacht und zwar erstens seiner Formel zur Schätzung der Kräfte von Menschen und Thieren, zweitens seiner Gleichung der Kettenbrückenlinie und drittens seines Ausdruckes für den Widerstand der Radfuhrwerke, bei deren Fortlauf auf nachgiebigem (zusammendrückbarem) Boden, oder bei der Bildung sogenannter Gleise (Spuren).

Bezeichnet man in Bezug auf Nr. 1 mit $k$ die sogenannte mittlere Kraft eines arbeitenden Menschen oder vierfüßigen Thieres und mit $c$ die mittlere Geschwindigkeit, womit diese Geschöpfe eine mechanische Arbeit zu verrichten im Stande sind, bezeichnet ferner mit $v$ die (wirkliche) Geschwindigkeit, womit in einem bestimmten Falle die Arbeit verrichtet werden soll, so ist nach Gerstner die Kraft $P$, die wirklich ausgeübt werden kann:

$$1)\quad P = k\left(2 - \frac{v}{c}\right),$$

hierbei zunächst von der Arbeitszeit abgesehen [1]).

Mit Beachtung der letzteren findet Gerstner aber:

---

1) Statt der Gerstner'schen Ableitung dieser Formel giebt der Verfasser folgende, die er bereits 1836 von Weisbach lernte.

Allgemein läßt sich nach der Methode der unbestimmten Coëfficienten (S. 77) setzen: $3)\ P = A + Bv + Cv^2 + \ldots$

Für mäßige Geschwindigkeit lehrt aber die Erfahrung, daß man dafür $P = A + Bv$ annehmen kann.

Für $v =$ Null folgt $P_{max} = A$, so daß offenbar $\frac{0 + P_{max}}{2} = k$, also $P_{max} = 2\,k$ und folglich auch $A = 2\,k$ ist.

Ebenso hat man für die mittlere Geschwindigkeit, wenn man die Maximalgeschwindigkeit mit $v_{max}$ bezeichnet: $c = \frac{0 + v_{max}}{2}$, d. i. $v_{max} = 2\,c$. Aus 3 erhält man für letzteren Werth

$$0 = A + Bv_{max},\ \text{d. i.}$$

$$v_{max} = -\frac{A}{B} = 2\,c,\ \text{also}\ B = -\frac{A}{2\,c} = -\frac{2\,k}{2\,c} = -\frac{k}{c}.$$

Hiernach ergiebt sich aus $P = A + Bv$ der Werth:

$$P = 2\,k - \frac{kv}{c} = k\left(2 - \frac{v}{c}\right).$$

In ähnlicher Weise läßt sich auch die umstehende Gleichung 2 ableiten, wo also nicht $z = t$ ist*).

*) Beachtungswerthe Formeln für $P$ haben vor Gerstner insbesondere Bouguer (‚Manoeuvre des vaisseaux', liv. I, Sect. II, pag. 141) und L. Euler (‚Commet. Nov. Petrop.', T. III (1747), pag. 270 und ‚Histoire de l'académie de Berlin', 1752, pag. 162) aufgestellt, nämlich

$$2)\quad P = k\left(2 - \frac{v}{c}\right)\left(2 - \frac{z}{t}\right),$$

wobei $t$ die mittlere und $z$ die veränderliche Arbeitszeit bezeichnet.

Den zweiten beachtenswerthen Gegenstand, die Kettenbrückenlinie, d. h. diejenige krumme Linie, welche bei einer Kettenbrücke, die Kette durch die Vereinigung ihres eigenen Gewichtes mit der Last der daran hängenden Brückenbahn und mit zufälligen Belastungen bildet, leitete Gerstner unter der Voraussetzung ab, daß man die Veränderlichkeit der Tragstangen als unerheblich betrachten kann. Ferner nimmt er an, daß die Kette einen Körper von überall gleichem Widerstand bildet, d. h. ihr Querschnitt von der tiefsten Stelle bis zu den Sätteln (den Auflagen auf den höchsten Stellen der Pfeiler) in gleichem Verhältnisse wie die Achsenspannung wächst.

Bezeichnet man hiernach mit $k$ das Gewicht der Brücken-

---

Bouguer: $P = k_1\left(1 - \frac{v}{c_1}\right)$

Euler: $P = k_1\left(1 - \frac{v^2}{c_1^2}\right)$ und $P = k_1\left(1 - \frac{v}{c_1}\right)^2$

In allen Fällen bezeichnet hier jedoch $k_1$ die größte Kraft ohne Geschwindigkeit und $c_1$ die größte Geschwindigkeit ohne Kraft.

Nach Gerstner hat einer seiner ehemaligen Schüler, Maschek mit Namen (in einer kleinen Schrift: ‚Theorie der menschlichen und thierischen Kräfte'. Prag 1842), folgende für die Extreme noch besser passende Formel aufgestellt:

$$P = k\left[3 - \frac{v}{c} - \frac{z}{t}\right].$$

Statt des schwerfälligen (eigentlich nicht mathematischen) Beweises dieser Formel durch Maschek selbst, könnte man in folgender Weise verfahren:

Man setzt 1) $P = A - Bv - Cz$ und die Arbeitsgleichung: 2) $L = (A - Bv - Cz)vz$, findet aus letzterem Werthe durch Differenziation: 3) $0 = A - 2Bv - Cz$ und 4) $0 = A - Bv - 2Cz$ und hieraus: $Bv = Cz$. Letzteren Werth in 3 und 4 gesetzt gibt $A = 3Bv$ und $A = 3Cz$. Ist nun $c$ die beste Arbeitsgeschwindigkeit und $t$ die vortheilhafteste Arbeitszeit, so geben letztere beiden Gleichungen die Werthe: $c = \frac{A}{3B}$ und $t = \frac{A}{3C}$.

Für letzteren Werth wird aber aus 1): $k = A - Bc - Ct$, d. i. $k = A - \frac{A}{3} - \frac{A}{3} = \frac{A}{3}$, also $A = 3k$ und mithin $B = \frac{A}{3c} = \frac{3k}{3c} = \frac{k}{c}$, so wie $c = \frac{k}{t}$, daher ist statt 1) zu setzen:

$$P = 3k - k\frac{v}{c} - \frac{kz}{t} = k\left(3 - \frac{v}{c} - \frac{z}{t}\right) \text{ w. z. b. w.}$$

bahn incl. der Tragstangen pro Längeneinheit und mit $a$ den Querschnitt der Kette in der tiefsten Stelle (im Scheitel) $B$ der Curve ($ACB$, Figur 29) und nimmt $q$ als das Gewicht der Längeneinheit der Kräfte, so hat man bekanntlich für die Horizontalspannung $= H$ und wenn $\varrho$ der Krümmungshalbmesser an letzterer Stelle ist: $H = \varrho\,(k + q\,a)$.

Behält man ferner die S. 137 gewählten Bezeichnungen bei, so erhält man leicht (wie Gerstner a. a. O., S. 476) die Differenzialgleichung [1]):

$$dy = \varrho\,\frac{d\,tg.\,\alpha}{1 + \mu\,tg.\,\alpha^2};\ \mu = \frac{q\,a}{k + q\,a}\ \text{gesetzt.}$$

Das Integral dieses Ausdruckes findet Gerstner zu:

$$y = \frac{\varrho}{\sqrt{\mu}}\ arc.\ tg.\ (= \mu^{1/2}\,tg.\,\alpha).$$

Statt dieses Integrales entwickelt derselbe das betreffende Differenzial in Reihen und erhält nach sinnreicher Umgestaltung schließlich:

$$\text{I. } y^2 = 2\,\varrho\,x - \frac{2}{3}\mu x^2 + \frac{4}{45}\mu^2\frac{x^3}{\varrho}.$$

Offenbar ist mittelst dieser Formel bequem zu rechnen und solche daher für die Anwendung (noch heute) wohl zu gebrauchen.

Hinsichtlich des dritten Gegenstandes von besonderer Eigenthümlichkeit im ersten Bande der Gerstner'schen Mechanik, betreffend die Ermittlung des Zugwiderstandes der Räderfuhrwerke in weichem (zusammendrückbarem) Boden, ist vorher zu bemerken, daß bereits früher als Gerstner, Lambert (S. 224) und namentlich Ide (a. a. O., S. 198 fg.) das Einsinken verschiedener cylindrischer und kegelförmiger Körper in weichen Boden behandelten, indeß Lambert gar nicht und Ide nur beiläufig die Nutzanwendung dieser Theorie auf Straßenfuhrwerke zeigten.

Gerstner stellt an die Spitze seiner Theorie die (allerdings nicht ganz richtige) Hypothese, daß das eingedrückte Volumen der Kraft zum Eindrücken proportional sei und verfährt dann folgendermaßen:

Es sei $ABD$ Figur 48 ein cylindrisches Rad vom Radius $A\bar{C}$

---

1) Man sehe hierzu meine ‚Grundzüge der Mechanik im Allgemeinen und der Geostatik im Besonderen'. Dritte Auflage, S. 247. Ferner noch ausführlicher: Tellkampf's ‚Theorie der Hängebrücken', Hannover 1856, S. 35 fg.

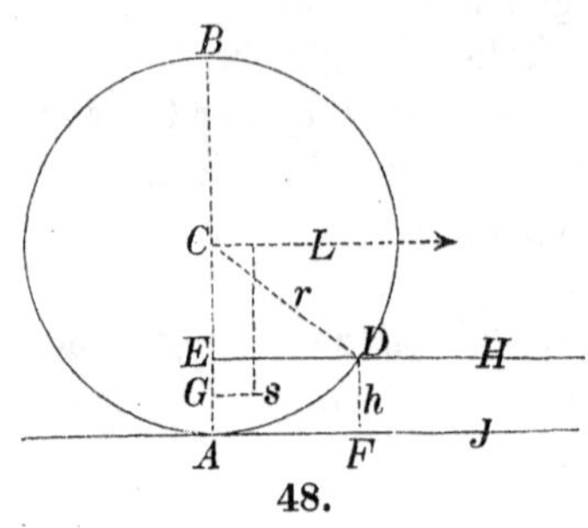

48.

$= \overline{CB} = r$, welches einen Verticaldruck $= Q$ erfährt oder auf welchem eine Last von diesem Gewichte ruht. Setzt man dann die Tiefe des Einsinkens $\overline{AE} = \overline{DF} = h$, die Radbreite normal zur Bildfläche der Figur (die Breite des Radkranzes oder die Felgenbreite) $= b$ und die Länge der halben Sehne, d. i. $\overline{ED} = l$, so erhält man für den kubischen Inhalt des eingedrückten Körpers $AEDA$ den Werth: $\frac{2}{3}\,hl.b$, sobald man die Fläche $AED$ als Parabelstück betrachtet. Bezeichnet daher $\mu$ einen entsprechenden Erfahrungscoëfficienten, so darf man schreiben:

$$1)\ Q = \frac{2}{3}\mu b h l.$$

Wegen der Kreisgleichung $l^2 = 2rh - h^2$ kann man aber (genau genug) für $h$ setzen: $h = \frac{l^2}{2r}$, so daß aus 1 wird $Q = \frac{{}^1\!/_3\, \mu b l^3}{r}$ und sich ergiebt:

$$2)\ l = \sqrt[3]{\frac{3\,Qr}{\mu b}}.$$

Nimmt man dann (mit Gerstner) an, daß $Q$ im Schwerpunkte $s$ des Parabelsegments $AEDA$, also in der Entfernung $\overline{Gs} = \frac{3}{8}\,\overline{ED} = \frac{3}{8}\,l$ angreift, so erhält man für das statische Moment $= M$ des Widerstandes

$$M = \frac{3}{8}\,Ql = \frac{3}{8}\,Q\sqrt[3]{\frac{3\,Qr}{\mu b}}.$$

Bezeichnet man endlich den hieraus entstehenden Zugwiderstand, auf den Umfang des Rades reducirt, mit $K$, so ergiebt sich

$$K.r = \frac{3}{8}\,Q\sqrt[3]{\frac{3\,Qr}{\mu b}},\ \text{folglich:}$$

$$\text{II. } K = \frac{3}{8}\,Q\sqrt[3]{\frac{3\,Q}{\mu b r^2}}.$$

Gerstner schließt nach diesem Werthe, daß es vortheilhaft ist, sowohl breitfelgige als hohe Räder in Anwendung zu bringen, außerdem aber auch besser ist, bei weichem Boden, die Last auf mehrere Wagen zu vertheilen, als einen Wagen übermäßig zu beladen.

Auf andere beachtenswerthe schriftstellerische technisch wichtige Arbeiten Gerstner's kommen wir im zweiten Theile unseres Buches zurück, können jedoch hier sein 1804 in Prag erschienenes (kleines) Buch (65 Seiten, kl. 8.) ‚Theorie der Wellen‘ [1]) sammt einer daraus abgeleiteten Theorie der Deichprofile unmöglich unerwähnt lassen.

Die Gebrüder Heinrich und Wilhelm Weber (in ihrem schätzbaren Werke ‚Wellenlehre auf Experimente gegründet‘, Leipzig 1825) bezeichnen die Gerstner'sche Wellentheorie (a. a. O., S. 338) als eine der einfachsten und erfolgreichsten, wobei indeß dieselben nicht unterlassen, zugleich ihre eigenen, sowie die Bedenken Anderer zu nennen, welche dagegen von verschiedenen Seiten erhoben wurden. Nach Gerstner [2]) bildet die Contour einer einfachen oscillirenden Welle eine verlängerte Cykloide (Trochoide), welche beschrieben wird, indem ein Kreis vom Halbmesser $= a$ längs einer geraden Linie rollt, während der beschreibende Stift im Abstande $= b$ vom Mittelpunkte angebracht ist [3]). Ungeachtet der wissenschaftlich bei weitem höher stehenden analytischen Wellentheorien von Laplace, Lagrange, Flaugergues, Poisson, Cauchy u. A. [4]) ist man für technische Zwecke immer wieder auf die Gerstner'sche Theorie zurückgekommen, was insbesondere

---

1) Bereits 1802 in den Abhandlungen der königlich böhmischen Gesellschaft der Wissenschaften abgedruckt.

2) A. a. O., §. 14.

3) Ist nach Gerstner die Länge einer Welle (die er übrigens noch die Breite nennt), von Scheitel (Gipfel) zu Scheitel gemessen: $\lambda = 2a\pi$ und die Zeit $= t$, in welcher das Wasser von dem Scheitel (Gipfel) einer Welle zum nächstfolgenden gelangt: $t = \pi\sqrt{\frac{2a}{g}}$ (man vergleiche hiermit S. 92, Note 1), so ergiebt sich die Geschwindigkeit $= v$ der Welle zu $v = \frac{\lambda}{t} = \sqrt{2ga} = \sqrt{\frac{g\lambda}{\pi}}$ etc.

4) Ueber alle diese Theorien giebt das Werk der Gebrüder Weber (mit Ausnahme der von Cauchy) gehörig Auskunft. Cauchy's betreffende Arbeit findet sich im ersten Bande, Serie I der ‚Oeuvres complètes d'Augustin Cauchy‘, von pag. 5 bis 318. (Der Pariser Akademie bereits 1827 präsentirt).

von Hagen [1]) und in jüngster Zeit von Lutschauning [2]) geschehen ist.

In Bezug auf die Deichprofile hat Gerstner die betreffende Begrenzung sehr ausführlich erörtert und dabei gefunden, daß man die äußere Dossirung nach einer convexen (nach auswärts gebogenen) Curve zu bilden habe, die jedoch verschieden sein müßte, je nachdem man es mit Steinböschungen oder mit Deichen aus Sand und lockerer Erde zu thun hat. Hagen [3]) setzt dieser Auffassung wichtige Bedenken entgegen.

Auch die Gerstner'sche Behandlung des Wellenschlages (des Wasserstoßes) gegen Bauwerke lässt viel zu wünschen übrig [4]).

Wir gelangen jetzt zu dem dritten der im Eingange zu diesem Paragraphen genannten Männer, zu Reinhard Woltmann [5]).

Dieser vortreffliche Mann gehört zu den ausgezeichneten Bautechnikern, welche sich in Deutschland zu allererst um die praktisch wissenschaftliche Hydraulik großes Verdienst erwarben und zwar auf dem doppelten Wege, indem er den deutschen

---

1) Ueber Wellen auf Gewässern etc. Besonderer Abdruck aus den ‚Verhandlungen der königlichen Akademie der Wissenschaften zu Berlin'. Berlin 1862. Dann in Hagen's ‚Handbuche der Wasserbaukunst', Bd. I, Th. III, S. 30.

2) ‚Lehrbuch der Schiffsbaukunst', Th. I: Theorie des Schiffes, §. 49, und 50 S. 82 fg. Triest 1879.

3) Hagen in dem Note 1 bezeichneten Bande der ‚Wasserbaukunst', S. 306.

4) Selbst gegenwärtig (Hagen, a. a. O., S. 97, unter der Ueberschrift: „Wirkung der Wellen") läßt die Theorie über die Hauptfragen noch im Stiche und sind für die Praxis fast allein die Angaben und Versuchsresultate brauchbar, welche man dem Engländer Stevenson verdankt. Man sehe deshalb meine ‚Hydromechanik'. Zweite Auflage, S. 604.

5) Reinhard Woltmann wurde geboren 1757 in dem hannoverschen Dorfe Axstedt (Landdrostei Stade, Amt Hagen) und starb am 20. April 1837 in Hamburg. Leider ist von seinem Jugendleben und Bildungsgange nichts bekannt. Von 1785 bis 1792 war Woltmann Conducteur beim Wasserbauwesen zu Ritzebüttel, sowie nachher Wasserbaudirector bis 1812 in Cuxhaven und zwar im Dienste der freien Stadt Hamburg. Von letzterer Zeit ab wird er Director der Strom- und Uferwerke zu Hamburg. Im Jahre 1836, also nur ein Jahr vor seinem Tode, trat Woltmann in den Ruhestand.

Woltmann war Mitglied der holländischen Societät der Wissenschaften zu Harlem und der königlich böhmischen Societät der Wissenschaften zu Prag; ferner war er Correspondent der batavischen Gesellschaft der Experimental-Philosophie zu Rotterdam und der königlichen Societät der Wissenschaften zu Göttingen.

Seiner vorzüglichsten mathematischen, hydrotechnischen Schriften und Arbeiten ist oben im Texte gedacht, noch andere sind verzeichnet in Poggendorff's ‚Biographisch-literarischem Handwörterbuche', Bd. II, S. 1364.

Collegen und Fachmännern die Werke italienischer und französischer Hydrotekten durch freie, mit scharfer (richtiger) Kritik begleiteten Uebersetzungen zugänglich machte, sowie durch selbstständige technisch wissenschaftliche Arbeiten.

Zuerst erschien von ihm 1790 (im Hamburger Verlage) eine Abhandlung betreffend ‚Theorie und Gebrauch des hydrometrischen Flügels', wobei hervorgehoben werden muß, daß Woltmann niemals beansprucht hat, er habe dies Instrument erfunden [1]). Zur allgemeineren Einführung desselben in die Technik hat er wesentlich beigetragen und seine Anwendung derartig durch die Praxis begründet, daß es nur angemessen ist, diesen Flügel noch heute mit seinem Namen zu bezeichnen.

Sodann veröffentlichte er ein größeres vierbändiges Werk, ‚Beiträge zur hydraulischen Architektur', welches von 1791 bis 1799 in Göttingen bei Dieterich erschien [2]). Von besonderem mathematischen Interesse ist hierin, als selbständige Arbeit Woltmann's, der Abschnitt im zweiten Bande, welcher von der besten Profilform der Deiche und der Wirkung des Wasserstoßes gegen dieselben handelt. Woltmann kommt, wie ebenfalls Gerstner (S. 279), darauf hinaus, für stark exponirte Seedeiche ein convexes Profil in Vorschlag zu bringen. Auch erzählt er (a. a. O., S. 119, Zusatz), er habe sehr viel Uferwerke bei Cuxhaven nach gekrümmten Dossirungslinien ausgeführt, dabei jedoch weder die an anderer Stelle (a. a. O., S. 107 und S. 118) vorgeschlagenen Parabeln, noch eine Hyperbel,

---

1) Woltmann bemerkt ohne Rückhalt selbst in der Vorrede zur gedachten Abhandlung, daß er seinen Flügel dem Anemometer eines Herrn Schober entlehnt habe, worüber im ‚Hamburger Magazin', Bd. IX, 2. Stück ausführlich berichtet wird.

2) Band I enthält Seedeichs-Wirthschaft, Uferbefestigung und literarische Beiträge. (Die hydraulischen Werke von Mari, Fossombroni, Bernard und du Buat werden ausführlich und kritisch besprochen).

Band II ist der Theorie des Deichbaues, der Uferbefestigung und des Stackbaues gewidmet. Den Schluß bilden wie im ersten Bande Berichte über den Inhalt hydraulischer Bücher von Bettoni, Mari, Bossut, Hube, Ypey u. A.

Band III umfaßt hydraulisch-architektonische Bemerkungen einer Reise Woltmann's nach Paris und den nördlichen Hafenplätzen Frankreichs, woran sich wieder kritische Auszüge aus zwei Werken des englischen Ingenieurs Smeaton über die Hafenanlage zu Ramsgate und den Edystone-Leuchtthurm schließen.

Band IV enthält vorzugsweise Reisebemerkungen, welche Woltmann in Holland zwischen der Schelde und Weser sammelte. Den Schluß bildet eine Abhandlung über Construction der Futtermauern.

sondern eine andere Curve in Anwendung gebracht, worüber er in der Fortsetzung des Buches (S. 126 fg.) Auskunft und Constructionsregeln giebt [1]).

Im Jahre 1802 veröffentlichte Woltmann seine ‚Beiträge zur Baukunst schiffbarer Canäle‘, wovon die erste Hälfte (164 Quartseiten dem berühmten französischen, 32 deutsche Meilen langen „Canal du midi“ oder „Canal de Languedoc“ gewidmet ist, der zweite Theil aber eine theoretisch-praktische Abhandlung über die Baukunst schiffbarer Canäle (218 Seiten) bildet, worin sich auch mehrere mathematische Erörterungen über Stabilität und Größe der Canalschiffe und über deren Fortschaffung mittelst Pferden, welche an Zugtauen wirken, vorfinden.

Als Dank, daß Woltmann von der Société batave des sciences à Harlem zum Ehrenmitgliede ernannt wurde, widmete er dieser Gesellschaft im Jahre 1804 eine kleine, in französischer Sprache abgefaßte Schrift, betitelt: ‚Recherches théoriques et expérimentales etc. sur l'effet du mouton‘ [2]), worin sich zum ersten Male eine richtige Theorie der Rammmaschine vorfindet, die hier im Auszuge Platz finden mag, insofern sie noch heute als die einzig (richtige) für die Praxis brauchbare Theorie ihrer Art zu bezeichnen ist.

Woltmann's Rechnungsgang ist folgender: Zuerst findet er mittelst der bekannten Formel (S. 103) für den centralen Stoß zweier unelastischer Körper, wenn der eine ($m_1$) vor dem Zusammentreffen ruht und der andere $m$ im Augenblicke des Stoßes die Geschwindigkeit $V$ besitzt, die Geschwindigkeit $= c$ nach dem Stoße, womit beide Körper (der Bär vom Gewichte $P$ und der Pfahl vom Gewichte $Q$) zu

$$1)\ c = \frac{P \cdot v}{P + Q} = \frac{P\sqrt{2gh}}{P+Q},$$

wobei noch $h$ die Fallhöhe des Bären bezeichnet.

---

1) Wie man gegenwärtig die Querprofile der Seedeiche ausführt, darüber berichtet besonders gut mein College, Herr Baurath und Professor Garbe, im Abschnitte „die Deiche“, Bd. III des ‚Handbuches der Ingenieurwissenschaften‘. Zweite Auflage (1882), S. 322 fg. Hier wird sowohl über Woltmann's Seedeiche mit convexen, als über später ausgeführte Rasendeiche mit concaven Profilen, Erforderliches mitgetheilt und zwar unter Beifügung vortrefflicher Abbildungen von Deichprofilen an der hannoverschen Nordseeküste und Nordhollands.

2) Woltmann selbst besorgte auch eine deutsche Uebersetzung dieser Arbeit, die wie das Original im Jahre 1804 in der Dieterich'schen Buchhandlung in Göttingen erschien.

Sodann setzt er $x$ einen Theil des Weges, um welchen der Pfahl in der Zeit $t$ in den Grund (Boden) eindringt, wenn die anfängliche Geschwindigkeit $c$ zu $v$ geworden ist und wenn überdies mit $R$ der Widerstand des Grundes bezeichnet wird, womit sich letzterer dem Eindringen des Pfahles entgegensetzt und schreibt:

$$\frac{\text{Kraft}}{\text{Masse}} = \frac{dv}{dt} = -g\frac{R}{P+Q},$$

woraus durch Integration folgt:

$$2)\ v = c - gt\,\frac{R}{P+Q}.$$

Weil aber auch $v = \frac{dx}{dt}$ ist, so hat man auch:

$$\frac{dx}{dt} = c - gt\,\frac{R}{P+Q} \text{ und hieraus wieder:}$$

$$3)\ x = ct - \frac{1}{2}\,gt^2\,\frac{R}{P+Q}.$$

Ist $T$ die Zeit, welche dem Gesammteindringen $= e$ des Pfahles entspricht, so liefert 3 sofort

$$e = cT - \frac{1}{2}\,gT^2\,\frac{R}{P+Q}.$$

Nun folgt aber aus 2 für $v =$ Null: $T = \frac{c(P+Q)}{gR}$, daher

$$4)\ e = \frac{c^2}{2g}\,\frac{P+Q}{R}.$$

Führt man endlich hier den Werth für $c$ aus 1 ein, so findet sich schließlich:

$$\text{I.}\ e = \frac{P^2 h}{R(P+Q)}, \text{ oder}$$

$$\text{II.}\ R = \frac{P^2 h}{e(P+Q)}.$$

Auf letztere Gleichung kommen wir im Folgenden noch mehrere Male zurück. Zunächst genüge es, an die Note 1, Seite 225 zu erinnern.

Schließlich haben wir noch Woltmann's werthvoller, 1826 in Hamburg erschienener Abhandlung ‚Beiträge zur Schiffbarmachung der Flüsse' zu erwähnen, welcher Arbeit der Verfasser in seiner ‚Hydromechanik die interessante Abhandlung über das Anschwellungsprofil mit gleichbleibender mittlerer Geschwindigkeit entlehnte [1]).

Hiermit sind wir aber zu dem vierten der in der Ueber-

1) Zweite Auflage, S. 436, §. 138.

schrift zu gegenwärtigem Parapraphen genannten Männer, nämlich zu Eytelwein[1]) gelangt, welcher in sofern noch eine bedeut-

1) Johann Albert Eytelwein wurde am 31. December 1764 zu Frankfurt am Main geboren und starb am 18. August 1848 in Berlin. Von seiner Jugend ist nichts bekannt, als daß er der Sohn eines dortigen Kaufmanns war, der wahrscheinlich sehr früh sein Vermögen verlor und daß sich der 15jährige Knabe im Jahre 1779 zum Eintritte in die preußische Artillerie beim General von Tempelhof als Bombardier meldete. (Bemerkt zu werden verdient vielleicht, dass damals ein Bombardier weder ein gemeiner Artillerist, noch Unterofficier war). Tempelhof's etwas rauhe Außenseite schreckte den Knaben nicht ab, er blieb fest bei seiner Bitte. Jedenfalls war es der energische Sinn, der sich durch die erste Weigerung nicht abschrecken ließ, welcher ihn auch bis ins hohe Alter hin nicht verließ und wesentlich zur Erreichung seiner Ziele beigetragen hat.

Von 1779 bis 1786 war Eytelwein ausschließlich beim ersten Artillerieregimente in Berlin amtlich beschäftigt, wobei er später immer erzählte, daß er sich seine theoretischen Kenntnisse als Autodidakt erwerben mußte.

Aber eben diese Nothwendigkeit, der eigenen Kraft allein zu vertrauen, hat auch seine Laufbahn bestimmt und ist sein Leben hindurch der vorherrschende Sporn gewesen.

Im Todesjahre Friedrich's des Großen (1786) ließ Eytelwein sich (wahrscheinlich heimlich) als Feldmesser examiniren. Im Jahre 1787 ward er zwar Lieutenant der Artillerie, ließ sich jedoch 1790 als Architekt vom Oberbaudepartement prüfen, welche Prüfung er glücklich bestand, die Militärcarrière aufgab und als Deichinspector des Oderbruchs in Küstrin angestellt wurde. Hierdurch war unserem Eytelwein, bereits im Alter von 24 Jahren, der Lebenslauf angewiesen, dem er ununterbrochen in angestrengtester Thätigkeit treu blieb.

Der damalige Mangel einer Unterrichtsanstalt für das preußische Bauwesen machte sich dadurch bemerklich, daß die betreffenden theoretischen Begründungen der Hauptlehren, selbst in der obersten Behörde, schwach vertreten waren. Daher kam es, daß nach Lambert's Tode (1777) unter den Mitgliedern der Oberbaudeputation, welcher auch die Examination der Baukandidaten zugewiesen war, der Professor Schultze als der hinlängliche Vertreter der Mathematik betrachtet wurde, obwohl sich derselbe nur durch die Herausgabe von Tafeln bekannt gemacht hatte.

Nach Schultze's Tode war es wahrscheinlich die erste von Eytelwein 1793 veröffentlichte Schrift: ‚Aufgaben größtentheils aus der angewandten Mathematik zur Uebung der Analysis', welche auf den befähigten jungen Mann aufmerksam machte, so daß er schon ein Jahr nachher (1794) in das Oberbaudepartement als Geheimer Oberbaurath berufen ward und sonach in dem lebenskräftigen Alter von 30 Jahren mit an die Spitze des preußischen Bauwesens trat. Von hier ab entstehen nun auch seine literarischen Arbeiten in den verschiedensten Zweigen des Ingenieurwesens und der betreffenden angewandten Mathematik, wovon die Hauptwerke oben im Texte unseres Buches soweit als möglich erörtert wurden.

Im Jahre 1797 finden wir Eytelwein als Mitbegründer des Berliner Bau-Journals unter dem Titel: ‚Sammlung nützlicher Aufsätze und Nachrichten die Baukunst betreffend', herausgegeben von mehreren Mitgliedern des Oberbau-

samere Stellung wie seiner Zeit Woltmann einnahm, als der Kreis, in welchem er sich um die technische Mechanik verdient

---

departements. Dieses erste Journal seiner Art in Deutschland, für welches Eytelwein eine bedeutende Reihe theoretischer und praktischer Abhandlungen lieferte, wurde später von Crelle unter dem Titel: ‚Journal für die Baukunst‘ fortgesetzt.

Auf welchem niedrigen Standpunkte damals noch das deutsche Civilbauwesen stand, dürfte einigermaßen daraus zu entnehmen sein, daß noch im Jahre 1806 in dem genannten Baujournale gegen Unternehmungen, wie Themse-Tunnel und Kettenbrücken, nicht nur Bedenken erhoben und als hoffnungslos hingestellt wurden, sondern der Tunnel (nach Lichtenberg's beißendem Witze) als eine negative Brücke und die positive Brücke, die jetzige Seil- oder Kettenbrücke, als ein Hirngespinnst bezeichnet wurde.

Inzwischen war am 13. April 1799 die Berliner Bauakademie ins Leben getreten, zu welcher die Geheimen Oberbaurāthe Riedel, Gilly und Eytelwein den Plan ausgearbeitet hatten und zu deren Director Eytelwein berufen wurde. Außer den Geschäften der Oberleitung dieses Institutes mußte Eytelwein auch Vorträge über Strom- und Deichbau, ferner über Mechanik, Hydrostatik, Hydraulik u. s. w. übernehmen.

Im Jahre 1803 ward Eytelwein zum wirklichen Mitgliede der Berliner Akademie der Wissenschaften ernannt. Später nach der Stiftung der Berliner Universität (1809) hielt er daselbst (von 1810 bis 1815) nicht nur Vorlesungen über die genannten technischen Fächer, sondern auch über Analysis, von welchem letzteren Wissenschaftszweige er später (1824) noch ein zweibändiges Werk (Quartformat) unter dem Titel ‚Grundlehren der höheren Analysis‘ veröffentlichte.

Bereits im Jahre 1809 ward Eytelwein Director der jetzt so benannten Ober-Baudeputation, wodurch er zugleich an die Spitze des gesammten preußischen Staatsbauwesens trat. Ein Jahr später (1810) ward er zum Mitgliede und vortragenden Rathe im Ministerium für Handel und Gewerbe ernannt und nach dem Befreiungskriege zum Oberlandesbaudirector befördert.

Schon im Jahre 1825 hatte Eytelwein in Folge seiner angestrengten Arbeiten mit großen körperlichen Beschwerden zu kämpfen, welche ihn bewogen, bald nach seinem 50jährigen Dienstjubiläum, im Jahre 1830, seine Entlassung aus dem Staatsdienste zu nehmen.

In den Kreis seiner Familie zurückgezogen, entsagte er dennoch nicht den literarischen Arbeiten, wovon u. A. seine letzte größere Schrift: ‚Anweisung zur Auflösung der höheren numerischen Gleichungen‘ Zeugniß giebt, welche er noch 1837, also in seinem 73. Lebensjahre, herausgab.

Den Rest seiner Tage verlebte Eytelwein theils in Merseburg, theils in Berlin. Im 80. Jahre trat ein Augenübel ein, welches zuletzt fast in völlige Blindheit ausartete, dennoch verstand er seine Zeit durch den Unterricht seiner Enkel in den mathematischen Elementen und durch den Entwurf zu einem Systeme der Krystallographie nützlich auszufüllen. Als in dem 85. Lebensjahre auch das Gehör seine Dienste versagte, und vielfache körperliche Beschwerden eintraten, ward der immer noch thätige Geist von der Last des Körpers am 18. August 1848 erlöst. Eytelwein hatte sich früh, in seinem 25. Jahre,

machte, ein bei weitem größerer und vielseitigerer war, auch er sich überdies die Lösung der Aufgabe gestellt hatte, nicht nur den rationell gebildeten Ingenieuren (Architekten wie man sie damals vorzugsweise in Deutschland noch nannte), sondern auch der studirenden Jugend durch vortrefflich abgefaßte Lehrbücher zu nützen.

Eytelwein's erste schriftstellerische Arbeiten (als Deichinspector zu Küstrin) waren Aufgaben, größtentheils aus der angewandten Mathematik, für angehende Feldmesser, Ingenieure und Baumeister, welche 1793 in Berlin erschienen. Noch gegenwärtig haben die hier aufgestellten Formeln für die Fälle praktischen Werth, wenn bei Rollen und Flaschenzügen die Gleichgewichtsfragen mit Bezug auf Zapfenreibung und Seilbiegung beantwortet werden sollen [1]).

Das erstere bedeutsamere Werk aus dem Gebiete der angewandten Mathematik war sein zuerst 1800 erschienenes ‚Handbuch der Mechanik fester Körper und der Hydraulik', welches er mit vorzüglicher Rücksicht auf ihre Anwendung in der Architektur (!) verfaßt hatte.

Abgesehen von der etwas zu flüchtig auf 80 Octavseiten abgehandelten „Mechanik fester Körper", welche die erste Abtheilung des Buches bildet, enthält die zweite Abtheilung, „die Hydraulik", so viel werthvolles, schätzbares und seiner Zeit praktisch brauchbares Material, daß man das Mangelhafte der ersten Abtheilung recht wohl darüber vergessen kann.

In der zweiten Auflage meiner ‚Hydromechanik' (Hannover, 1880) habe ich Eytelwein's großen Verdienstes um die technische

---

verheirathet und mit seiner Gattin 39 Jahre hindurch ein musterhaftes Familienleben geführt. Von sieben Töchtern und zwei Söhnen überlebten ihn vier Töchter und ein Sohn.

Noch ausführlichere Mittheilungen über Eytelwein's Leben und Wirken enthält die von Encke in der Akademie der Wissenschaften zu Berlin gehaltene Gedächtnißrede, welche hier zur Abfassung der Biographie benutzt wurde und die sich in den Abhandlungen gedachter Akademie, aus dem Jahre 1849, von Seite 15 bis mit Seite 34 abgedruckt vorfindet.

1) Wir kommen später in einem Anhangscapitel auf die Geschichte der genannten Widerstände überhaupt zurück, weshalb hier nur erwähnt werden mag, daß sein Ausdruck für den Widerstand $= F$ der Seilbiegung ist: $F = 18{,}6\,\frac{\delta^2}{r}\cdot Q$, worin (für Kilogramme und Meter) $\delta$ den Seildurchmesser, $r$ den Rollhalbmesser, und $Q$ das seilspannende Gewicht bezeichnet.

Hydraulik gebührend gedacht, insbesondere Seite 201, in Bezug auf dessen Versuche über den Ausfluß des Wassers bei Ueberfällen am Bromberger Canale, dann Seite 288 hinsichtlich seiner Versuche zur Bestimmung der Querschnittsform des zusammengezogenen Wasserstrahles beim Ausflusse durch Oeffnungen in dünner Wand, ferner Seite 291 über den Ausfluß durch conisch convergente Ansätze. Dann wurde nicht minder (S. 300) seiner Bemühung um eine praktisch brauchbare Formel [1]) für die gleichförmige Bewegung des Wassers in regelmäßigen Canälen (Mühlen- und Fabrik-Gräben) gedacht und endlich (S. 450, §. 145) erwähnt, daß er auch bereits um die Gesetze der ungleichförmigen Bewegung des Wassers bemüht war. Auf Eytelwein's Theorien der verticalen Wasserräder, der Wasserfördermaschinen u. dergl. kommen wir im zweiten Theile unseres Buches zurück.

Im Jahre 1808 erschien Eytelwein's ‚Handbuch der Statik fester Körper' in zwei Bänden, welches er mit besonderer Rücksicht auf die Anwendung dieser Wissenschaft in der Baukunst (Architektur) verfaßt hatte, wobei er sehr richtig hervorhob, daß dieser Theil der gesammten Mechanik für den Baumeister als Hülfswissenschaft am unentbehrlichsten sei.

Als besonders gelungen mußte die Bearbeitung des Stoffes für den gedachten Zweck im ersten Bande bezeichnet werden, worin er hauptsächlich die sogenannten Grundlehren der Statik behandelte und zwar gestützt auf den Lehrsatz vom Parallelogramm der Kräfte, dessen Beweis er in eigenthümlicher Weise, ohne Beihülfe des Hebels, lieferte [2]). Mit vielen Beispielen ausgestattet, hatte er das Capitel über die sogenannten einfachen Maschinen, mit Rücksicht auf Reibung und Seilbiegung, bearbeitet, so wie am Schlusse ein Capitel (das zehnte) angefangen, welches vom Räderwerke und der Gestalt der Zähne, Kämme und Daumen

---

1) Eytelwein's namentlich im Gebiete der deutschen Hydrotechnik berühmt gewordene Formel, für die mittlere Geschwindigkeit $v$ der gedachten Wasserbewegung ist:

$$v = 90{,}9\sqrt{\frac{a}{p}\cdot\frac{h}{l}} \text{ für preußische Maaße und } v = 50{,}9\sqrt{\frac{a}{p}\cdot\frac{h}{l}} \text{ für Meter,}$$

wobei $a$ das Wasserprofil, $p$ den Wasserperimeter und $h$ das Gefälle auf die Länge $l$ bezeichnet.

2) Wir kommen später auf diesen Gegenstand in einem besonderen Anhangs-Capitel (Geschichte des Parallelogramms der Kräfte) ausführlich zurück.

handelt. Auf letztere Gegenstände kommen wir im zweiten Theile unseres Buches zurück.

Der zweite Band von Eytelwein's Statik, worin er vorzugsweise die Festigkeit der Materialiën und die Statik der Gewölbe behandelt, ist als viel weniger gelungen zu bezeichnen, vielleicht mit Ausnahme des Capitels von den gespannten Seilen.

Dafür kann man einen später (1809) erschienenen dritten Band als wieder vortrefflich bearbeitet nennen, indem er hier mit eben so viel Gründlichkeit wie Einfachheit und Kürze die für den Ingenieur wichtigsten Curven (Cykloiden, Spirallinien, Kettenlinien und elastischen Linien) bearbeitete.

Von 1802 bis 1824 erschien in vier Heften die ‚Praktische Anweisung zur Wasserbaukunst', wovon die ersten beiden Hefte von Eytelwein und Gilly, die letzten Hefte jedoch von Eytelwein allein herausgegeben wurden.

So schätzbares Material auch dies Werk für den Fachmann enthält, so erfordert es doch der besondere Zweck unseres Buches, vorzugsweise denjenigen Stoff auch hier hervorzuheben, welcher, insbesondere von Eytelwein, mathematisch bearbeitet wurde.

Hierher gehören aus den ersten beiden Heften kurze (für praktische Zwecke abgefaßte) Theorien der Wasserfördermaschinen, worüber im zweiten Theile unseres Buches berichtet werden wird.

Im dritten Hefte folgen drei Abhandlungen:

1) Ueber den Druck der Erde gegen Futtermauern, nebst Bestimmung der Abmessungen dieser Mauern.

2) Bestimmung des Orts, wo die Ankerbalken bei Bollwerkspfählen angebracht werden müssen und

3) Ueber das Eindringen der Rammpfähle.

In ersterer Abhandlung macht Eytelwein denselben Fehler wie Prony (S. 272), daß er die Richtung des Erddruckes gegen die Stützmauer (Futtermauer oder Schleußenmauer) unter allen Umständen horizontal annimmt, ein Fehler, der auch in der zweiten Abhandlung, ja selbst im Anhange zum vierten Hefte (Bau der Schifffahrtsschleußen) bei der Bestimmung der Stärke der Schleußenmauern ebenfalls zu rügen ist.

Von besonderem Werthe ist noch die dritte Abhandlung, insofern Eytelwein der Rammmaschinen-Theorie Woltmann's bis auf den Umstand beistimmt, daß er die bewegende Kraft des eindringenden Pfahles $P + Q - R$ und nicht wie Woltmann nur $- R$ setzt. Eytelwein gelangt zu der Formel:

$$e = \frac{P^2 h}{(R - P - Q)(P + Q)},$$

wobei er noch besonders hervorhebt, daß Bär und Pfahl als völlig unelastische Körper vorausgesetzt sind.

Hierbei macht er auch für den praktischen Baumeister auf das Nutzlose aufmerksam, Klotz und Pfahl als elastische Körper anzunehmen [1]), räth daher die corrigirte Woltmann'sche Formel beizubehalten und schließlich nur den vierten Theil der theoretischen Belastung des Pfahles als zulässige Belastung anzunehmen, also zu setzen:

$$R = \frac{P^2 h}{4\, e\, (P + Q)} + Q + {}^1\!/_4\, P^{2}).$$

Ein ziemlich vollständiges Verzeichniß der Eytelwein-schen Werke und Schriften liefert wieder Poggendorff's ‚Biographisch-literarisches Wörterbuch', Bd. I.

## §. 27.

### Gauß.

Carl Friedrich Gauß [3]) ist einer der epochemachenden Männer in den mathematischen Wissenschaften, dem von den

---

1) Für vollkommen elastische Körper, wobei der Bär ($P$) zurückspringen, der Pfahl ($Q$) also allein niedergehen würde, hätte man für die Anfangsgeschwindigkeit $= c$ nach dem Stoße: $c = \frac{2\,P\,\sqrt{2\,gh}}{P + Q}$ und beim Rechnungsgange nach Woltmann: $e = \frac{c^2}{2\,g}\,\frac{Q}{(R - Q)}$, so daß, wenn man hier vorstehenden Werth von $c$ einführt, folgt (wie auch Brix, S. 170 seiner ‚Mechanik' findet):

$$e = \frac{4\,P^2\,Q\,h}{(R - Q)(P + Q)^2}.$$

Letztere Formel findet sich noch in zwölfter Auflage (1883, Seite 163) des von dem Verein „Hütte" herausgegebenen ‚Taschenbuches', wo nur $Q$ statt $R - Q$ gesetzt ist.

2) Die holländischen Ingenieure, die wohl am meisten Veranlassung haben dürften, einen nicht ganz unsichern Anhaltspunkt bei der Belastung $= R$ eingerammter Pfähle zu wählen, benutzen gewöhnlich für Handrammen die Formel:

$$R = \frac{1}{6}\,\frac{P^2 h}{e\,(P + Q)}.$$

3) Carl Friedrich Gauß, geboren den 30. April 1777 zu Braunschweig und gestorben am 23. Februar 1855 zu Göttingen. Gauß war der Sohn eines

Vorgängern eigentlich nur Archimedes, Newton und Leibniz an die Seite gestellt werden können. Gauß und der 1707 in

---

einfachen, rechtschaffenen aber unbemittelten Vaters, der verschiedene kleine Geschäfte betrieb (Gärtner, Maurer, Verwalter einer Todtenkasse, Kaufmannsgehülfe etc.) und dabei den Titel eines Wasserkunstmeisters führte. Seine Erziehung erhielt er von diesem thätigen, gewissenhaften und willensfesten Vater und von einer fleißigen und sorgsamen Mutter, welche letztere, beiläufig erwähnt, das hohe Alter von 97 Jahren erreichte, und erst 1839 auf der Göttinger Sternwarte starb.

Gauß war ein Kind von wunderbar frühreifer Entwicklung, dem deshalb von seinem 14. Jahre an die Unterstützung des Landesfürsten zu Theil wurde. Ebenfalls auf Kosten des Herzogs von Braunschweig konnte Gauß von 1792 bis 1795 das Collegium Carolinum besuchen. An letzterer Quelle der Wissenschaft studirte Gauß namentlich die Meisterwerke Newton's, Euler's und Lagrange's und waren es vornehmlich die ‚Principia' des Ersteren, welche sich Gauß zum Vorbilde der Behandlung mathematischer Probleme nahm. Von 1795 bis 1798 gehörte Gauß als Student der Universität Göttingen an. Hier entdeckte er bereits 1796 (also 19 Jahre alt) die Begründung der Fermat'schen Lehrsätze (S. 44, Note 1 dieses Buches), erfand ferner die Theorie der Kreistheilung, von welcher die Construction des Siebenzehnecks als ein specieller Fall erscheint, und endlich auch die Methode der kleinsten Quadrate, welche später (1806) von Legendre noch einmal erfunden wurde. Daß man letzterem sehr oft die Priorität dieser Erfindung zuschreibt, liegt darin, daß Legendre sie zuerst schon 1806 in seiner Bestimmung der Kometenbahnen veröffentlichte, Gauß aber erst 1809 einen Abriß seiner Methode bekannt machte und zwar in dem berühmten Werke: ‚Theoria motus corporum coelestium' (deutsch bearbeitet von Haase in Hannover und daselbst erschienen 1865), worin §. 186 Gauß selbst angiebt, daß er diese Methode seit 1795 angewandt habe.

In seiner Doctor-Dissertation gab Gauß 1799 den ersten Beweis für den seit langer Zeit schon durch verschiedene mißlungene Beweis-Versuche vergeblich umworbenen Satz, daß unter Anwendung der (weiter unten noch ausführlicher zu erwähnenden) imaginären Größen jede algebraische Gleichung ebenso viel Wurzeln besitzt, wie ihr Grad Einheiten enthält (‚Gauß' Werke', Bd. III, S. 3).

Das Jahr 1801 ist in Bezug auf Gauß' mathematische Leistungen von doppelter Wichtigkeit, insofern er in diesem Jahre erstens seine klassischen ‚Disquisitiones arithmeticae' vollendete und zweitens eine neue Methode zur Berechnung der Bahnen der Himmelskörper (Decemberheft von Zach's monatlicher Correspondenz) (‚Gauß' Werke', Bd. VI, S. 199 und 148) fand. Gauß wandte dieselbe zuerst mit eclatantem Erfolg zur Bahnbestimmung des 1801 von Piazzi entdeckten Planeten Ceres an. Seine Methode (‚Gauß' Werke', Bd. VI, S. 65) ermöglichte ihm unter anderen binnen einer Stunde die Bahn eines Kometen zu ermitteln, zu deren Ausrechnung Euler drei volle Tage gebraucht hatte. Sein Weltruf als ausgezeichneter Mathematiker und Astronom war hierdurch für alle Zeiten gesichert.

Am 9. October 1805 schloß Gauß mit einer Braunschweigerin, einer Demoiselle Johanne Osthoff, einen glücklichen Ehebund, der jedoch nur 4 Jahre dauerte. Am 4. August 1810 verheirathete er sich zum zweiten Male mit einer nahen

Basel geborene Leonhard Euler waren die Vertreter der deutschen Mathematiker im ganzen Jahrhundert nach 1716.

---

Freundin der Dahingeschiedenen, welche ihre übernommenen Pflichten aufs schönste zu erfüllen und Gauß aufs neue den Frieden einer glücklichen Häuslichkeit zu bereiten wußte.

Die nächstfolgenden Jahre privatisirte Gauß in Braunschweig und zwar mit Unterstützung des Herzogs Carl Wilhelm Ferdinand.

Im Jahre 1807 wird Gauß als Professor der Mathematik und Director der Sternwarte an die Universität Göttingen berufen, welchen Platz er auch nicht wieder verließ, obgleich ihm namentlich glänzende Anerbietungen für Berlin gemacht wurden.

Im Jahre 1809 veröffentlichte Gauß sein zweites klassisches Werk, die bereits angeführte ‚Theoria motus corporum coelestium', die heute noch maßgebend für die rechnende Astronomie ist.

Im Jahre 1810 wurde Gauß Mitglied der Akademie der Wissenschaften zu Berlin und 1820 der zu Paris. Von 1821 bis 1827 führte Gauß die sogenannte hannoversche Gradmessung zwischen Altona und Göttingen aus. Hierbei zeigte Gauß, wie seine Methode der kleinsten Quadrate auf die trigonometrischen Messungen anzuwenden sei und führte durch seine theoretischen Untersuchungen die Geodäsie und die analytische Geometrie (‚Gauß' Werke', Bd. IV, S. 189—301) einer großartigen und eigenthümlichen Entwicklung entgegen.

Im Anfange der dreißiger Jahre beginnen Gauß' elektromagnetische Arbeiten in Gemeinschaft mit dem im November 1830 in Göttingen eingetroffenen neuen Professor der Physik Wilhelm Weber. Das erste fruchtbringende praktische Resultat dieser Arbeiten ist die Erfindung des elektromagnetischen Telegraphen im Jahre 1833, eine Erfindung, zu welcher Gauß durch die von ihm construirten mit Fernrohr, Spiegel und Scale zu beobachtenden außerordentlich empfindlichen erdmagnetischen Apparate und durch seine theoretischen, erst nach seinem Tode zur Veröffentlichung gelangten, Untersuchungen der Elektrodynamik geführt wurde (‚Gauß' Werke', Bd. V, S. 601—630). Das zweite Resultat ist die Theorie des Erdmagnetismus (‚Gauß' Werke', Bd. V, S. 119) und der darnach hergestellte „Atlas des Erdmagnetismus, 1840". Außerdem sind von Gauß die für den Attractions-Calcul, für die Elektrostatik, für die Elektrodynamik, für die Lehre vom Magnetismus außerordentlich wichtigen Untersuchungen über das Potential, d. h. die charakteristische Function, deren partielle Differentialquotienten die Componenten der Kräfte darstellen, in jener Zeit veröffentlicht und zwar in den von 1836 bis 1841 herausgegebenen ‚Resultaten aus den Beobachtungen des magnetischen Vereins'.

Während Gauß bis an das Ende seiner Lebenstage fortfuhr, die Wissenschaft zu erweitern, gab es viele Umstände, welche ihm eine etwa vorhandene Lehrfreudigkeit verkümmerten. In den letzteren Jahren seines Lebens war er seinem Lehrberufe so entwöhnt, daß man ihn gleichsam nöthigen mußte, bereits angekündigte Vorlesungen, ab und zu, wirklich zu halten.

Im Anfange der fünfziger Jahre nahm eine schon lange eingetretene Krankheit, ein Herzleiden, derartig zu, daß er sich endlich bequemte, in die stets zurückgewiesene Zuziehung eines Arztes zu willigen. Leider vermochte auch die sorg-

Gauß gehört zu den höchsten Vertretern der Mathematik, welche in dem überkommenen wissenschaftlichen Materiale nicht nur Mängel entdeckten und nachwiesen, sondern dafür auch Neues an die Stelle setzten und zwar Mehreres von der Art, daß dadurch eine völlige Umgestaltung des betreffenden Wissenschaftszweiges bewirkt wurde.

Seine Hauptleistungen erstrecken sich namentlich auf das Gebiet der (rechnenden) Astronomie, auf reine Mathematik (insbesondere die Zahlenlehre) und auf mehrere Hauptgebiete der Physik (vornehmlich auf Elektricität und Magnetismus). Leider gestatten auch hier Zweck und Raum unseres Buches nicht, nur einigermaßen speciell auf alle diese Gegenstände einzugehen, vielmehr müssen wir uns auf eine Gesammtübersicht seiner Leistungen in vorstehender Biographie und auf die betreffenden literarischen Quellen beschränken, hier aber nur bei einigen seiner Arbeiten und zwar bei solchen verweilen, die sich auf Anwendungen der Wissenschaft auf irdische Verhältnisse beziehen, welche Gauß zwar nicht verschmähte, dennoch aber für Sachen

---

samste Pflege nicht, das Ende seiner Lebenstage länger als bis zum 23. Februar 1855 hinauszuschieben, an welchem Tage er starb, fast 75 Jahre alt.

Ueber Gauß' religiöse Ansichten geben Auskunft insbesondere sein Freund Sartorius von Waltershausen in der Schrift: ‚Gauß zum Gedächtniß' und Zöckler in seinem Buche ‚Gottes Zeugen im Reiche der Natur'. Ersterer berichtet u. A. (a. a. O., S. 103) Folgendes:

„Die unerschütterliche Idee von einer persönlichen Fortdauer nach dem Tode, der feste Glauben an einen letzten Ordner der Dinge, an einen ewigen, gerechten, allweisen, allmächtigen Gott, bildete das Fundament seines religiösen Lebens, das in Verbindung mit seinen unübertroffenen wissenschaftlichen Forschungen zu einer vollendeten Harmonie sich aufgelöst hatte".

Zöckler (a. a. O. Bd. II, S. 43) liefert einen Auszug aus einem von Gauß an Schumacher (1822) geschriebenen Condolenzbriefe, wo es u. A. heißt: „Ich unternehme nicht, Sie zu trösten, es giebt bei solchen Ereignissen keinen Trost, keinen, als die verstärkte Ueberzeugung, daß wir hier in Ultima sitzen, und dereinst der Reihe nach zu einer höheren Schule befördert werden".

Außer Sartorius von Waltershausen haben sich um die Biographie unseres Gauß namentlich verdient gemacht:

1. Ernst Schering in der Festrede zur Feier der hundertjährigen Wiederkehr von Carl Friedrich Gauß Geburtstage in der Göttinger Societät am 30. April 1877.

2. Gerhardt in seiner ‚Geschichte der Mathematik in Deutschland'. Von S. 208 bis S. 246.

3. Cantor in der ‚Allgemeinen Deutschen Biographie', Bd. VIII, S. 430 bis 345.

von untergeordneter Bedeutung hielt. Ausnahme in letzterer Beziehung machte jedenfalls die von ihm in den Jahren 1821 bis 1827 ausgeführte Gradmessung zwischen Altona und Göttingen, welche sich an die von seinem Freunde dem Astronomen Schumacher in Altona (des Uebersetzers der Carnot'schen ‚Géometrie de Position', S. 262) im Auftrage der dänischen Regierung bewirkte Triangulation der Herzogthümer Schleswig-Holstein anschloß. Von der trigonometrischen Vermessung, welche sich hierbei auf das ganze Königreich Hannover erstreckte, sagt Gauß selbst[1]), „daß bei derselben, sowohl in Beziehung auf die Art, wie die Messungen angestellt wurden, als noch mehr in Beziehung auf ihre nachherige mathematische Behandlung und ihre Verarbeitung zu Resultaten, Wege eingeschlagen wurden, die von den sonst gewöhnlichen abweichen".

Um hierbei die sphärischen Dreiecke so groß als möglich nehmen zu können, erfand Gauß das Heliotrop[2]), ein Instrument, welches reflectirtes Sonnenlicht einem entfernten Beobachter zuwirft.

Das größte hierbei gemessene sphärische Dreieck (das größte, dessen Winkel bis dahin überhaupt je direct gemessen wurden) mit den Winkelpunkten Brocken, Inselberg und Hohenhagen (bei Dransfeld) hatte die Seitenlängen 106702 Meter zwischen Brocken und Inselberg, 84957 Meter zwischen Inselberg und Hohenhagen und 69195 Meter zwischen Hohenhagen und dem Brocken[3]).

---

1) Untersuchungen über Gegenstände der höheren Geodäsie. Erste Abhandlung der Göttinger Societät, überreicht den 23. October 1843, Bd. IV, S. 259 von C. F. Gauß' Werken. Göttingen 1873.

2) Der Name ist genommen von ἥλιος, die Sonne, und von τρέπω, ich wende. Die Construction und der Gebrauch des Gauß'schen Heliotrops stützt sich auf den katoptrischen Satz, „daß wenn von einem unendlich entfernten, leuchtenden Punkte Lichtstrahlen auf zwei auf einander rechtwinklig stehende Spiegel fallen, die Lichtstrahlen dann nach entgegengesetzten Richtungen von den Spiegeln reflectirt werden".

Ausführlich beschrieben und durch schöne Abbildungen erläutert wird u. A. das Gauß'sche Heliotrop in Professor Hunäus Werke ‚Die geometrischen Instrumente'. Hannover 1864, S. 342 fg.

3) Gauß giebt S. 282 (‚Gesammtwerke', Bd. IV) die Logarithmen der Seiten des Dreiecks in Toisen (1 Toise = 1,949 Meter) wie folgt an:

Hohenhagen-Inselberg . . . 4,639 386 5
Inselberg-Brocken. . . . . . 4,735 392 9
Brocken-Hohenhagen . . . . 4,550 266 9

Die Genauigkeit der Messung war so groß, daß sich nur 0,2 (lies zwei Zehntheile) einer Secunde als Abweichung von der wirklichen Winkelsumme des sphärischen Dreiecks ergab, welche Summe übrigens 180 Grad 0 Minuten und 14,853 Secunden betrug, so daß der sphärische Exceß ($= E$) also durch letztere Zahl ausgedrückt wurde [1]).

Leider ist Gauß nicht dazu gelangt, seinen Vorsatz auszuführen, nach völliger Beendigung der Messungen diese selbst, nebst allen von ihm angewandten Verfahrungsarten in einem besonderen Werke darzulegen. Bruchstücke davon (einschließlich des Coordinaten-Verzeichnisses) finden sich in Bd. V seiner Gesammtwerke.

Ein zweiter Gegenstand, welcher auch für die technische Mechanik von Nutzen werden kann, ist sein unter dem Namen „Princip des kleinsten Zwanges“ aufgestelltes „Allgemeines Grundgesetz der Mechanik“, was er zuerst 1828 in Crelle's ‚Journale für Mathematik‘ (Bd. IV, S. 232) bekannt machte [2]).

Es dürfte nicht unangemessen sein, die in vorbemerkter Quelle von Gauß geschriebene Einleitung in den fraglichen Gegenstand wörtlich wiederzugeben. Er sagt folgendes:

„Bekanntlich verwandelt das Princip der virtuellen Geschwindigkeiten die ganze Statik in eine mathematische Aufgabe, und durch d'Alembert's Princip für die Dynamik ist diese wiederum auf die Statik zurückgeführt. Es liegt daher in der Natur der Sache, daß es kein neues Grundprincip für die Bewegungs- und Gleichgewichtslehre geben kann, welches der Materie nach nicht in jenen beiden schon enthalten und aus ihnen abzuleiten wäre. Inzwischen scheint doch wegen dieses Umstandes noch nicht jedes neue Princip werthlos zu werden. Es wird allezeit interessant und lehrreich bleiben, den Naturgesetzen einen neuen vortheilhaften Gesichtspunkt abzugewinnen, sei es, daß man aus demselben diese oder jene einzelne Aufgabe leichter auflösen könne, oder daß sich aus ihm eine besondere Angemessenheit offenbare. Der große Geometer, der das Gebäude der Mechanik auf dem Grunde des Principes der virtuellen Geschwindigkeiten auf eine so glänzende Art aufgeführt hat, hat es nicht verschmäht, Maupertuis' Princip der kleinsten Wirkung zu größerer Bestimmtheit und Allgemeinheit zu erheben, ein Princip, dessen man sich zuweilen mit vielem Vortheil bedienen kann.

---

1) ‚Gauß Werke‘, Bd. V, S. 258 und S. 347. Rechnet man den Durchmesser ($= 2R$) der Erde zu 1716,96 Meilen, so beträgt der Flächeninhalt ($= F$) des gemessenen sphärischen Dreiecks 53,070 Quadratmeilen. [Nach der Formel: $F = \frac{E}{2R} \cdot r^2 \pi$. In Wittstein's ‚Stereometrie‘ (6. Auflage), §. 190].

2) ‚Gauß' Werke‘, Bd. V, S. 23.

Der eigenthümliche Charakter des Principes der virtuellen Geschwindigkeiten besteht darin, daß es eine allgemeine Formel zur Auflösung aller statischen Aufgaben, und so der Stellvertreter aller anderen Principe ist, ohne jedoch das Creditiv so unmittelbar aufzuweisen, daß es sich, sowie es nur ausgesprochen wird, schon von selbst als plausibel empföhle.

In dieser Beziehung scheint das Princip, welches ich hier aufstellen werde, den Vorzug zu haben: es hat aber auch noch den zweiten, daß es das Gesetz der Bewegung und der Ruhe auf ganz gleiche Art in größter Allgemeinheit umfaßt.

Das neue Princip ist nun folgendes:

Die Bewegung eines Systemes materieller, auf was immer für eine Art unter sich verknüpfter Punkte, deren Bewegungen zugleich an was immer für äußere Beschränkungen gebunden sind, geschieht in jedem Augenblicke in möglichst größter Uebereinstimmung mit der freien Bewegung, oder unter möglichst kleinstem Zwange, indem man als Maaß des Zwanges, den das ganze System in jedem Zeittheile erleidet, die Summe der Producte aus dem Quadrate der Ablenkung jedes Punktes von seiner freien Bewegung in seine Masse betrachtet".

Da der Verfasser gegenwärtigen Buches in erster Linie die Studirenden technischer Hochschulen im Auge behalten muß, so unterläßt er die Aufnahme der von Gauß selbst geführten Herleitung seines Princips aus dem Princip der virtuellen Geschwindigkeiten und copirt dafür ein (richtiges) Urtheil des Herrn Oberbaurath Scheffler in Braunschweig über dasselbe unter gleichzeitiger Empfehlung des ganzen betreffenden Artikels und seiner Anwendungen [1]).

## Scheffler bemerkt als Einleitung folgendes:

„Daß sich das Gauß'sche Grundgesetz nicht einer allgemeinen Bekanntschaft erfreut, hat vielleicht seinen Grund in der dem Erfinder eigenen gelehrten Kürze der Darstellung, wodurch das eigentliche Wesen jenes Gesetzes und seine Beziehung zu den übrigen allgemeinen Grundgesetzen der Mechanik manchem nicht klar genug vor Augen getreten sein mag. Demnach dürfte es rathsam sein, die Aufmerksamkeit des mathematischen Publikums auf jenes wichtige Gesetz mit einigem Nachdruck zu lenken und zu diesem Ende das Gesetz selbst etwas ausführlicher zu erläutern [2]) und die Anwendungen desselben auf specielle Fälle zu veranschaulichen".

---

1) Scheffler's überhaupt empfehlenswerthe Abhandlung ist betitelt: ‚Ueber das Gauß'sche Grundgesetz der Mechanik". Abgedruckt in der ‚Zeitschrift für Mathematik und Physik' von Schlömilch und Witschel. 3. Jahrg. (1850), S. 196 und S. 260.

2) Scheffler nimmt (sehr zweckmäßig) zum Beweise des Grundgesetzes eine Figur zur Hülfe, erörtert dessen Beziehungen zu dem d'Alembert'schen Principe, sowie dem der virtuellen Geschwindigkeiten und wendet das Gauß'sche Gesetz auf die Pendelbewegung und auf das Gleichgewicht des Hebels an, ferner macht er interessante Rückblicke auf Maupertuis' Princip der kleinsten Wir-

Der bereits in Gauß' Biographie (S. 291, in der Note) gedachten, von ihm gemachten Erfindung des Telegraphirens durch Ablenkung der Magnetnadel fügen wir, der außerordentlich großen praktischen Bedeutung der Sache wegen, noch den Inhalt eines Briefes bei, welchen er unterm 20. November 1833 an Olbers in Bremen schrieb und der folgendermaßen lautet[1]):

„Ich weiß nicht, ob ich Ihnen schon früher von einer großartigen Vorrichtung, die wir hier gemacht haben, schrieb. Es ist eine galvanische Kette zwischen der Sternwarte und dem physikalischen Cabinet, durch Drähte in der Luft über die Häuser weg, oben zum Johannisthurm hinauf und wieder herab gezogen. Die ganze Drahtlänge wird etwa 8000 Fuß sein. An beiden Enden ist sie mit einem Multiplicator verbunden, bei mir von 170 Gewinden, bei Weber im physikalischen Cabinet von 50 Gewinden, die nach meiner Einrichtung aufgehängt sind. — Ich habe eine einfache Vorrichtung angebracht, wodurch ich augenblicklich die Richtung des Stromes umkehren kann, die ich einen Commutator nenne. Wenn ich tactmäßig an meiner galvanischen Säule operire, so wird in sehr kurzer Zeit (z. B. in 1 oder $1\frac{1}{2}$ Minuten) die Bewegung der Nadel im physikalischen Cabinet so stark, daß sie an eine Glocke anschlägt, hörbar in einem anderen Zimmer. Wir haben diese Vorrichtung bereits zu telegraphischen Versuchen gebraucht, die sehr gut mit ganzen Wörtern oder kleinen Phrasen gelungen sind. Diese Art zu telegraphiren hat das Angenehme, daß sie vom Wetter und Tageszeit ganz unabhängig ist; jeder, der das Zeichen giebt und der dasselbe empfängt, bleibt in seinem Zimmer, wenn er will bei verschlossenen Fensterläden. Ich bin überzeugt, daß unter Anwendung von hinlänglich starken Drähten auf diese Weise auf einen Schlag von Göttingen nach Hannover oder von Hannover nach Bremen telegraphirt werden könnte".

Nach Sartorius v. Waltershausen (a. a. O., S. 63) er-

---

kung etc. Von Lehrbüchern der Mechanik, welche vorzugsweise für studirende Techniker bestimmt sind, verdient zur Zeit allein dasjenige Ritter's in Aachen, ‚Die analytische Mechanik' hinsichtlich der Anwendung des Gauß'schen Princips des kleinsten Zwanges, empfohlen zu werden.

1) Nach Prof. Ernst Schering's ‚Festrede' (S. 15), am Tage der Wiederkehr (30. April 1877) des „hundertjährigen Geburtstages Carl Friedrich Gauß". Vorgetragen in der öffentlichen Sitzung der königlichen Gesellschaft der Wissenschaften zu Göttingen. (Verlag der Dieterich'schen Buchhandlung, 1877).

stattete in Folge dieser gelungenen Göttinger Versuche der Professor Ernst Heinrich Weber zu Leipzig im Sommer 1835 auf Veranlassung des Staatsministers von Lindenau einen Bericht an das Directorium der Leipzig-Dresdner Eisenbahn, worin der Vorschlag gemacht wurde, einen elektromagnetischen Telegraphen zwischen Dresden und Leipzig zu construiren. Leider kam damals durch manche Umstände veranlaßt (Herabgehen des Courses der Eisenbahnactien etc.) die Ausführung nicht zu Stande.

Trotz mehrfacher, anderweiter Ansprüche auf die Erfindung der elektromagnetischen Telegraphie, ist es jetzt zweifellos, daß Gauß und Weber es waren, welche zuerst einen solchen Telegraphen in größerem Maßstabe ausgeführt und wirklich in Betrieb genommen haben[1]).

Der Verfasser benutzt die Gelegenheit hier wenigstens noch folgende zwei berühmte, in den ‚Gesammtwerken', Bd. V abgedruckte wissenschaftliche Arbeiten des Meisters Gauß zu notiren, nämlich:

1) Intensitas vis magneticae terrestris ad mensuram absolutam revocata (1832)[2]) und

2) Allgemeine Theorie des Erdmagnetismus. Aus den Resultaten des magnetischen Vereins im Jahre 1838.

Um keine Richtung unberührt zu lassen, in welcher sich Gauß auch für technische Rechner verdient gemacht hat, erwähnen wir schließlich noch seine kleinen (sehr praktischen)

---

1) Professor Dr. Zetzsche, ‚Geschichte der elektrischen Telegraphie'. Berlin 1877, S. 72.

2) Diese Abhandlung ist hier auch noch aus dem Grunde besonders hervorzuheben, weil in ihr zuerst nach der von Galilei definirten Schwerkraft eine Methode zur Maaßbestimmung einer anderen fernwirkenden Kraft aufgestellt worden ist und weil diese Methode auch in der technischen Mechanik zur Kraftmessung der elektrodynamischen und der elektromagnetischen Maschinen angewendet wird. Beachtenswerth ist, daß Gauß hier (S. 98) zur Einheit der Masse das Milligramm wählt, was in der mathematischen Physik und Astronomie auch (bis jetzt) beibehalten worden ist, höchstens daß man neuerdings (um große Zahlen zu vermeiden) das Gramm oder Kilogramm an die Stelle des Milligramms setzt. In der technischen Mechanik (ausschließlich des Gebietes der elektrodynamischen und elektromagnetischen Maschinen) bedient man sich jetzt überall der von Prony und Poncelet eingeführten Masseneinheit (S. 70), d. i. der Masse eines Körpers, dessen Gewicht durch dieselbe Zahl ausgedrückt wird, wie die Beschleunigung (Acceleration) der Schwerkraft an demselben Orte gemessen.

Tafeln[1]), welche dazu dienen, Laplace's Formel[2]) für barometrische Höhenmessung zur logarithmischen Berechnung einzurichten, ferner seine Tafeln zur bequemen Berechnung der Logarithmen der Summe oder Differenzen zweier Größen, welche selbst nur durch ihre Logarithmen gegeben sind[3]), sowie endlich Tafeln zur Bestimmung des Zeitwerthes von einfachen Leibrenten und Verbindungsrenten[4]).

[Die unten folgende Notiz[5]) über complexe Zahlen und

---

1) Bode, ‚Astronomisches Jahrbuch', 1818, S. 170 und Gilbert, ‚Annalen der Physik', Bd. XXVI, S. 152 und 194, sowie Bd. LXII, S. 300 bis 308.

2) M. Rühlmann, ‚Hydromechanik'. Zweite Auflage, S. 173.

3) Gauß hat diese Tafeln zuerst in des Freiherrn von Zach's ‚Monatlicher Correspondenz zur Beförderung der Erd- und Himmels-Kunde', Bd. XXVI (1812) veröffentlicht, wo sie sich von S. 498 bis mit S. 528 abgedruckt vorfinden. In der Einleitung bemerkt Gauß hierzu folgendes:

„Die Idee zu derartigen Tafeln hat zuerst der Italiener Leonelli (geboren 1776 zu Cremona und gestorben 1847 zu Corfu) angegeben, allein seine Meinung war, solche Tafeln für Rechnungen mit 14 Decimalen zu construiren, und gerade dies kann ich nicht zweckmäßig finden, da entsprechende scharfe Rechnungen selten — in der eigentlichen praktischen Astronomie nie — vorkommen. Ich habe diese Tafeln zu meinem eigenen Gebrauch für Rechnungen mit 5 Decimalen construirt".

Am Schlusse seiner Erörterungen bemerkt Gauß, „es wäre wünschenswerth, ähnliche Tafeln in 10 oder 100 Mal so großer Ausdehnung für Rechnungen mit 7 Decimalen zu construiren etc.". Letzterem Wunsche ist in neuerer Zeit am besten Wittstein durch seine ‚Siebenstelligen Gaußischen Logarithmen' (Hannover 1866) nachgekommen. Worauf diese Logarithmen beruhen, erörtert Wittstein einfach und klar in seinem ‚Lehrbuche der Elementar-Mathematik'. Sechste Auflage (1881), S. 125.

4) ‚Gauß' Werke', Bd. IV, S. 174. Daselbst findet sich auch S. 119 (aus seinem Nachlasse): „Anwendung der Wahrscheinlichkeitsrechnung auf die Bestimmung der Bilanz für Wittwenkassen".

5) In den ‚Göttingischen gelehrten Anzeigen' vom 23. April 1831 (‚Gauß' Werke', Bd. II, S. 169) berichtet Gauß über die von ihm vorgelegte Abhandlung: „Theoria residuorum biquadraticorum, Commentatio secunda" (‚Gauß' Werke', Bd. II, S. 93—150). Hier wird über die oben im Texte bezeichneten Gegenstände folgendes gesagt:

Gauß nennt jede Größe $a + bi$, wo $a$ und $b$ reelle Größen bedeuten, und $i$ der Kürze wegen anstatt $\sqrt{-1}$ geschrieben ist, eine complexe ganze Zahl, wenn zugleich $a$ und $b$ ganze Zahlen sind. Die complexen Größen stehen also nicht den reellen entgegen, sondern enthalten diese als einen speciellen Fall, wo $b = 0$, unter sich etc.

Weiter bemüht sich dann Gauß in dieser Abhandlung (auch in den ‚Gesammtwerken', Bd. II, S. 177 abgedruckt) die imaginären Größen räumlich darzustellen, wozu wir hier, statt der bezeichneten Quelle, Prof. Witt-

imaginäre Größen wird hier, wo es sich um den Schluss der Aufzählung von Gauß' Verdiensten handelt, mindestens nicht als völlig überflüssig bezeichnet werden können].

## §. 28.

## Poinsot, Poisson, Charles Dupin und d'Aubuisson.

Poinsot[1]) (merkwürdiger Weise mit Gauß in einem Jahre geboren) trug insbesondere wesentlich zur Erweiterung des mecha-

stein's ‚Lehrbuch der Elementar-Mathematik', Bd. I. Erste Abtheilung (siebente Auflage, Hannover 1879), S. 121., benutzen, indem hier die bei Gauß fehlende Figur (49) beigegeben ist und die Sache wie folgt erörtert wird:

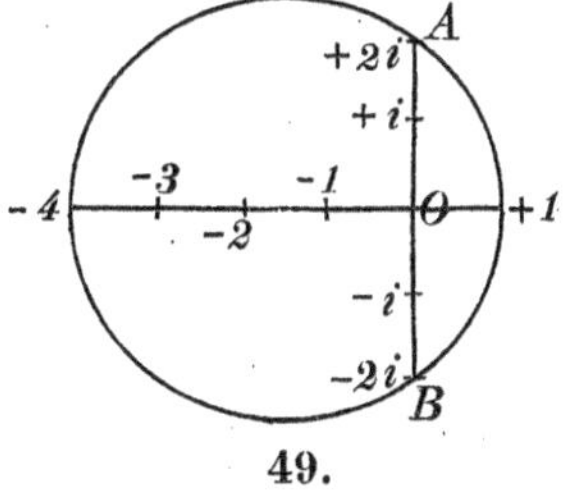

49.

Es sei in Figur 49 die Linie — 4, — 3, — 2 . . . . + 1 die sogenannte Zahlenlinie (d. h. diejenige Strecke, deren sämmtliche Punkte Zahlen vorstellen). Ueber dem Abschnitte — 4 + 1 als Durchmesser construire man einen Kreis und errichte in dem Punkte $O$ ein Perpendikel auf der Zahlenlinie, welche diesen Kreis in $A$ und $B$ trifft. Alsdann ist nach bekannten geometrischen Sätzen sowohl $OA$ als auch $OB$ die mittlere geometrische Proportionale zwischen den beiden Linien $O + 1$ und $O - 4$, oder jeder der beiden Punkte $A$ und $B$ in der Ebene stellt, seiner Lage nach, die mittlere geometrische Proportionale der beiden Zahlen + 1 und — 4, d. i. die Quadratwurzel aus — 4 dar. Nun hat diese Quadratwurzel überdies den Werth $\pm 2i$; folglich sind die beiden Punkte $A$ und $B$ der Ebene die Darstellungen der beiden imaginären Zahlen $+ 2i$ und $- 2i$, oder der imaginären Einheit muss man die Bedeutung unterlegen, man solle, vom Nullpunkte der Zahlenlinie aus und rechtwinklig auf die Zahlenlinie, sich einen Schritt seitwärts bewegen.

1) Louis Poinsot wurde 1777 in Paris geboren und starb 1859 ebendaselbst. Aus seinen Jugendjahren ist nur bekannt, daß er von 1794 bis 1796 die Pariser polytechnische Schule besuchte und dann sogleich Ingenieur des ponts et chaussées wurde. Nachher wurde er Professor der Mathematik am Lycée Bonaparte und 1809 Professor der Analysis und Mechanik an der polytechnischen Schule, welche Stelle er bis 1816 bekleidete. Inzwischen hatte ihn auch (1813) die Pariser Akademie der Wissenschaften (Section Géometrie) zu ihrem Mitgliede ernannt, und zwar an Stelle des in demselben Jahre verstorbenen Lagrange, 1846 wird er Großofficier der Ehrenlegion und 1852 Senator.

Ausführlichere Biographien finden sich in der ‚Correspondance sur l'école royale polytechnique', Jahrg. 1814 bis 1816, T. 3, pag. 93 fg. Ferner in Michaud's ‚Biographie universelle', T. 33, pag. 577. Bei den Quellen sind auch Verzeichnisse seiner vorzüglichsten Schriften und Arbeiten beigegeben. Seine bei

nischen Denkens durch Einführung eines neuen Begriffes des „der Kräftepaare“ (Couple) bei, eine Idee, wodurch er für das Verständniß aller Rotationseffecte viel Licht und Klarheit verbreitete [1]). Mit dem Namen „Kräftepaare“ bezeichnete er zwei gleiche, aber nach entgegengesetzten Richtungen wirkende Kräfte ($+ P$ und $- P$), welche nicht in einem und demselben Punkte angreifen. Dabei zeigte er Folgendes: Erstens daß die Wirkung (die Energie) eines solchen Paares durch das Product gemessen wird, welches man erhält, wenn eine der Kräfte mit der kürzesten Entfernung zwischen deren Richtungen (mit dem Hebelarme) multiplicirt. Zweitens zeigt er, dass man der Wirkung eines solchen Paares nie durch eine einzige Kraft das Gleichgewicht zu halten vermag, zu letzterem vielmehr ebenfalls ein Kräftepaar erforderlich ist.

Weiter behandelt Poinsot die Zusammensetzung der Paare und gelangt dabei zu einem Parallelogramm der Paare (oder der Drehungen), analog dem Parallelogramm der Kräfte und als Ergänzung desselben.

Zur Zusammensetzung von beliebig vielen Kräften, mit verschiedenen Angriffspunkten, die mit ihren Richtungen in derselben Ebene oder in verschiedenen Ebenen liegen, benutzt Poinsot die Idee der Paare und gelangt damit zum Satze der Verlegbarkeit einer Einzelnkraft, welcher also lautet:

„Jede Einzelkraft $P$ kann man parallel zu sich selbst, nach einem anderen beliebigen Angriffspunkt fortrücken, wenn man nur gleichzeitig in der Ebene der Richtung von $P$ ein Paar anbringt, dessen Moment (Drehenergie) dem statischen Momente der gegebenen Einzelkraft gleich ist und dessen Drehsinn durch die ursprüngliche Richtung von $P$ bestimmt ist“.

Mit Hülfe dieses Satzes läßt sich ferner nachweisen (Nr. 68 der Poinsot'schen Statik):

„Daß beliebig viele in irgend einer Weise auf einen Körper wirkende Kräfte sich immer auf eine Einzelkraft und auf ein einziges (resultirendes) Paar zurückführen lassen, dessen Ebene, im Allgemeinen, gegen die Richtung der Einzelkraft geneigt ist“.

---

Bachelier in Paris verlegten (Haupt-) Werke finden sich auch angegeben in der 1851 erschienenen ‚Théorie nouvelle de la rotation des corps‘.

1) ‚Éléments de statique‘. Paris 1804. (1848 schon die neunte Auflage).

Befindet sich aber das resultirende Paar nicht mit der Einzelkraft in derselben Ebene, so hat man nie eine einzige Resultante. Beliebig viele auf irgend eine Weise im Raume gerichtete Kräfte lassen sich sonach zum wenigsten auf zwei Kräfte zurückbringen, die nicht in derselben Ebene liegen.

Mit Hülfe dieser sämmtlichen Sätze gelangt Poinsot (Nr. 101 seiner Statik) schließlich, in der aller einfachsten Weise, zu den bekannten sechs Gleichungen des Gleichgewichts für jegliches starre System [1]).

Ein ebenso geschichtlich bemerkenswerthes wie instructives Beispiel für die Anwendung der Kräftepaare ist das bereits Seite 82 notirte „mechanische Paradoxon" von Roberval, dessen völlig zufriedenstellende Erklärung selbst d'Alembert ('Encyclopédie', Artikel „Levier") nicht gelang. Für gegenwärtigen Zweck wird es angemessen sein, Poinsot's Beweisführung ('Statique', Nr. 237, unter der Ueberschrift: „De la balance de Roberval") unverändert wiederzugeben, welche also lautet:

„Imaginez quatre règles deux à deux, égales et parallèles, et formant un parallélogramme $ABab$ (Figur 50 et 51), dont les côtés soint mobiles autour des angles $A$, $B$, $a$, $b$, comme sur des charnières. Supposez que les milieux $F$ et $f$ des deux côtés $AB$, $ab$, soient fixes, et, pour plus de clarté, que ces deux points tombent dans la même verticale $Ff$; vous aurez une machine formée par la réunion de deux balances égales et parallèles, qui se répondent dans un même plan vertical, et dont tous les mouvements autour de leurs appuis se suivent sans se nuire en aucune manière: car si l'une d'elles, $AB$ par exemple, tourne autour de son appui fixe $F$, l'autre $ab$ tourne en même temps sur le sien dans le même sens et

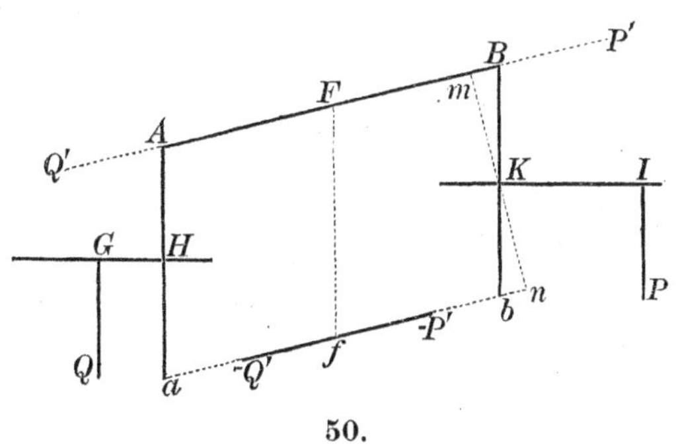

50.

1) Die betreffende Poinsot'sche Ableitung dieser sechs Gleichungen wird in den 'Grundzügen der Mechanik' des Verfassers S. 163 und S. 164 durch sorgfältig gezeichnete Figuren erläutert. Offenbar lassen sich diese sechs Gleichgewichtsgleichungen auch aus den Bewegungsgleichungen S. 202 entnehmen, wenn man die Accelerationen oder Beschleunigungen gleich Null setzt.

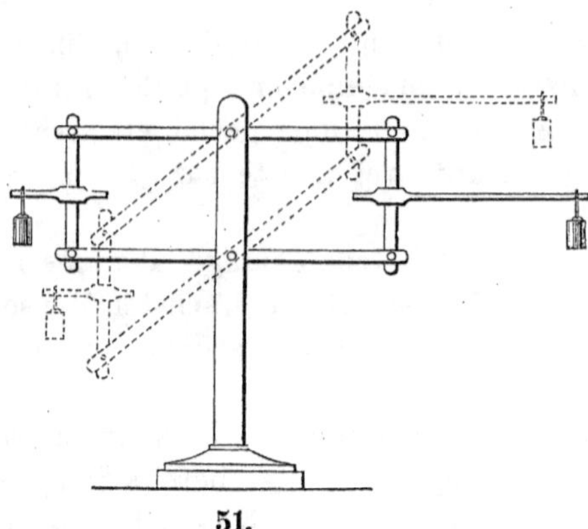
51.

d'une même quantité angulaire; et le parallélogramme $ABab$ prend toutes les figures qu'il peut affecter, en changeant ses angles, sans changer la longueur de ses côtés.

Si donc, à l'un de ces leviers tel que $AB$, et en des points quelconques de ce levier, ou même de son prolongement, étaient appliquées deux forces qui se fissent équilibre, il faudrait nécessairement que ces deux forces fussent réciproques à leurs distances au point d'appui $F$, comme si le levier $AB$ était seul et parfaitement libre, car ce levier est libre en effet, puisque l'autre $ab$ ne fait que suivre et, pour ainsi dire, répéter ses mouvements, sans y porter la moindre altération. Ainsi les moments devraient être egaux de part et d'autre autour du point fixe $F$, et il n'y aurait là rien qui ne fût entièrement d'accord avec la théorie.

Mais si, au lieu d'appliquer les forces ou les deux poids $P$ et $Q$ à l'un de ces leviers, on les applique, le premier $P$, à une barre $KJ$ invariablement fixée à angle droit sur le côté $Bb$ qui unit les deux balances, le second $Q$ à une barre $GH$, fixée de même sur le côté $Aa$, on trouve que ces deux poids, pourvu qu'ils soient égaux, se font toujours équilibre, quelles que soient les longueurs des bras $JK$ et $GH$ où ils sont suspendus; et c'est ce qu'il faut montrer ici comme une conséquence toute naturelle de notre théorie des moments.

Pour cela, qu'on transporte la force $P$ parallèlement à elle-même de $J$ en $K$ dans la droite $Bb$, et l'on a un couple $(P, -P)$ dont le bras de levier est $JK$. Mais ce couple est détruit par les deux points fixes; car il peut d'abord être changé en un autre équivalent d'un bras égal à la distance $mn$ des deux balances $AB$ et $ab$; ensuite, comme le bras $KJ$ est invariablement attaché au côté $Bb$, par l'hypothèse même, ce couple transformé $(P', -P')$ peut être tourné dans son plan, et appliqué exactement sur le côté $Bb$. Dans cette position, l'une des forces $P'$ se dirige vers le point $F$ qui est fixe, l'autre $-P'$ se dirige vers l'autre point fixe $f$, et le couple est détruit, quel que soit son moment $P' \times \overline{mn}$ ou $P \times JK$. Ainsi il ne reste, de ce côté de la machine, que la force $P$ transportée au point $K$.

Pareillement, la force $Q$ peut être transportée parallèlement à elle-même de $G$ en $H$, et le couple $(Q, -Q)$ qu'elle produit, pouvant être changé en un autre $(Q', -Q')$ appliqué sur le côté $Aa$, se trouve détruit, comme le précédent, par la résistance de deux points fixes.

Il ne reste donc que les deux forces $P$ et $Q$, mais appliquées maintenant aux points $K$ et $H$, ou, si l'on veut en $B$ et $A$, et qui, par l'équilibre de la balance $AB$, doivent être parfaitement égales entre elles. Ainsi, dans la balance de Roberval, la condition unique pour l'équilibre est l'égalité des deux poids, quelles que soient leurs distances aux points d'appui".

Die ganze Theorie der Roberval'schen Waage und zwar sogar der allgemeineren, welche auf beiden Seiten des Ständers verschieden lange Arme hat, kann mit Hülfe des Galilei'schen Princips der virtuellen Momente unter Anwendung der bekannten Form des Parallel-Lineals in wenigen Zeilen abgefaßt werden.

Ein außerordentliches Verdienst hat sich (hinsichtlich der klaren und einfachen Darstellung) Poinsot unter Benutzung der Kräftepaare, durch seine neue Theorie der Drehung fester Körper[1]) sowohl um eine Achse als um einen Punkt und endlich auch um die allgemeinste Bewegung erworben, welche ein völlig freier Körper im absoluten Raume haben kann.

Eines der unseren vorhergehenden geschichtlichen Mittheilungen am nächsten liegendes Hauptergebniß dieser Theorie ist die Vorstellung von dem Centralellipsoid bei der Erörterung der Hauptachsen (S. 176 bis 178) in Beziehung auf die Haupt-Trägheitsmomente, oder wie man die Sache jetzt auch nennt, von dem centralen Trägheitsellipsoid, durch dessen rollende Bewegung auf der unveränderlichen Ebene eines den Impuls ertheilenden Paares, die Umstände und Eigenschaften der Rotation eines Körpers um einen Punkt dargelegt und veranschaulicht werden.

Die Idee der Rotation eines Körpers um einen festen Punkt giebt er durch folgenden Satz:

„Die Bewegung eines Körpers, welcher in irgend beliebiger Weise sich um einen festen Punkt dreht, ist nichts anderes als die Rotation dieses Körpers um eine Achse, welche immer durch den festen Punkt geht, deren Richtung aber sich von einem Augenblicke zum anderen ändert und die daher die augenblickliche Drehachse genannt wird“.

Ein anschauliches Bild dieser Drehung giebt er durch folgenden Satz:

„Wie immer sich ein Körper um einen festen Punkt drehen mag, ist diese Bewegung nichts anderes als die eines ge-

---

1) Diese neue Theorie der Drehung fester Körper legte Poinsot der Pariser Akademie der Wissenschaften zuerst am 19. Mai 1834 vor. Verbessert und erweitert erschien dieselbe, als selbständiges Werk, im Jahre 1851 unter dem Titel: ‚Théorie nouvelle de la rotation des corps‘. Eine gute deutsche (leider zu sehr abgekürzte) Bearbeitung lieferte noch in demselben Jahre Professor Schellbach in Berlin, welche betitelt ist: ‚Neue Theorie der Drehung der Körper‘.

wissen Kegels, dessen Spitze in dem festen Punkte liegt und der ohne zu gleiten auf der Fläche eines anderen festen Kegels mit derselben Spitze fortrollt".

Die Idee der allgemeinsten Bewegung eines Körpers im absoluten Raume stellt er endlich durch den Satz fest:

Daß sich jede solche Bewegung eines Körpers auf eine Drehung um eine gewisse Achse und auf ein gleichzeitiges Gleiten längs dieser Achse zurückführen läßt, so daß sie also genau die Bewegung einer Schraube ist, welche sich in ihrer Mutter dreht.

Schließlich werde noch erwähnt, dass Poinsot zeigt, wie sich mittelst seiner Theorie, die drei sogenannten Euler'schen Drehgleichungen (S. 178, Note 1) in wahrhaft frappant einfacher Weise beweisen lassen (pag. 115, Nr. 74 der Hauptwerke).

Ein Rückblick auf die letzteren Paragraphen unserer Geschichte lehrt sofort, daß, streng genommen, am Anfange des 19. Jahrhunderts, für den Kreis der technischen Mathematik, bereits alles Material gewonnen war, was dieser Zweig der Wissenschaften als Fundament bedurfte. Indeß fehlte dennoch und namentlich für die Mechanik, diejenige einfache und übersichtliche Darlegung der Principien und des reichen Materiales, welche dasselbe für Lehrzwecke und für die Anwendungen im Gebiete der Physik, Technik und Gewerbe, geeignet zu machen im Stande war.

Von Männern, die sich in dieser Beziehung nützlich zu machen verstanden, ist zunächst Poisson[1]), Professor an der (damals)

---

1) Siméon Denis Poisson wurde 1781 in Pithiviers, Département Loiret geboren und starb 1840 in Paris. Seine erste Schulbildung erhielt er an der Centralschule zu Fontainebleau, wo er solche Fortschritte machte, daß er bereits 1798 (also 17 Jahre alt) in die polytechnische Schule aufgenommen werden konnte. Obgleich er sich kümmerlich behelfen mußte, erwarb er sich durch sein Talent und bescheidenes Wesen doch bald das Wohlwollen seiner Lehrer, von denen die vorzüglichsten waren Lagrange, Laplace, Hachette, Lacroix und Legendre.

Die erste bedeutsame Arbeit, durch welche sich Poisson wesentlich bekannt machte, war ein sehr kurzer Aufsatz über die Elimination, der sich im ‚Journal de l'école polytechnique', Heft 11, abgedruckt vorfindet. Ebenfalls noch als Zögling der polytechnischen Schule überreichte Poisson am 8. December 1800 der Akademie der Wissenschaften eine Abhandlung über die Zahl der vollständigen Integrale, deren die endlichen Differenzengleichungen fähig sind. Die Akademiker Lacroix und Legendre, welche mit der Prüfung beauftragt waren, erstatteten einen derartig lobenden Bericht, daß die Abhandlung in dem

neu errichteten polytechnischen Schule in Paris, zu nennen, in dem sich dieser ganz besonders durch sein 1811 in erster Auflage erschienenes ‚Lehrbuch der (analytischen) Mechanik‘ verdient machte, ein Werk, das auch in Deutschland gerechte Anerkennung fand und in zweiter Auflage (1833) vom Professor Stern an der Universität Göttingen (1835 und 1836) in vortrefflicher Weise deutsch bearbeitet wurde. Zu bedauern war allerdings, daß sich Poisson nirgends der Poinsot'schen Kräftepaare bediente[1]), obwohl wir wissen (S. 300), daß diese in wichtigen Fragen der Drehbewegungen vortreffliche Dienste leisten.

Nichtsdestoweniger hat Poisson's Mechanik, abgesehen von manchen Weitschweifigkeiten und etwas veralteten Formen, noch heute als Lehrbuch (besonders zum Selbststudium) einen nicht geringen Werth, da es die Principien der Mechanik (S. 200) in

---

‚Recueil des savants étrangers‘ abgedruckt wurde, bekanntlich der höchste Grad der Anerkennung, welche die Akademie Nichtmitgliedern gewährt. Eine derartige Auszeichnung war vorher niemals einem jungen Menschen von 19 Jahren zu Theil geworden.

Bald darauf wurde Poisson an der polytechnischen Schule folgeweise Repetent, Professor der Analyse und Mechanik und weiter Professor der rationellen Mechanik an der Facultät zu Paris, womit er überhaupt seine über 31 Jahre währende Lehrerthätigkeit beginnt.

Im Jahre 1812 wurde Poisson zum Mitgliede des Längenbureaus und fast gleichzeitig auch zum Mitgliede der Akademie der Wissenschaften ernannt. Außerdem war er auch Mitglied der gelehrten Gesellschaften zu London und Edinburg, der Berliner Akademie u. s. w.

Die Jugenderziehung Poisson's, vorzugsweise republikanisch, hatte in ihm eine Antipathie gegen Napoleon I. derartig erzeugt, daß sie auch während der Glanzperiode des ersten Kaiserreichs unveränderlich blieb und begreiflicher Weise durch die Ereignisse von 1812 bis 1815 nicht geschwächt wurde.

Erklärlich war es hiernach, daß die zweite Restauration (Ludwig XVIII. und seine Minister), voll Erkenntlichkeit gegen Poisson für seinen unveränderten Widerstand gegen die Herrschaft Napoleon's, ihn mit Gunstbezeugungen überhäufte.

Im Jahre 1825 wurde der berühmte Akademiker zum Baron ernannt, allein er hat diesen Titel nie geführt. König Louis Philipp machte ihn 1837 zum Pair von Frankreich. Der Tod ereilte ihn am 25. April 1840.

Lagrange sprach sich über Poisson stets höchst günstig aus, vor welchem Urtheile auch alle anderen verschwinden müssen, die Neid, Mißgunst und schlechte Charaktere über den verdienten Mann der Wissenschaft zu fällen bemüht gewesen waren.

Eine ausführlichere Biographie befindet sich in Michaud's ‚Biographie universelle‘, T. 33.

1) Es wird behauptet aus persönlicher Abneigung gegen Poinsot.

für Anfänger einfacheren Darstellungen wie Lagrange in seiner berühmten ,Mécanique analytique' erörtert und diese namentlich in der zweiten Ausgabe durch passende Aufgaben aus der Physik, Astronomie und Artillerie erläutert.

Abgesehen von seinem seiner Zeit belobten (analytischen) Beweise des Kräfteparallelogramms, worauf wir in einem Anhangs-Capitel zum ersten Theile unseres Buches ausführlich zurückkommen werden, ist es aus dem Gebiete der Physik vor allem der Satz vom sogenannten potenzirten Mariotte'schen Gesetze, welcher zuerst von Poisson eine ausgedehntere Anwendung erfuhr und dadurch in weiteren Kreisen bekannt wurde, während er durchaus von Laplace herrührt[1]), der von der Gleichung $\frac{p_1}{p_2} = \left(\frac{v_2}{v_1}\right)^n$ bei der Lösung der Frage über die Geschwindigkeit des Schalles Gebrauch machte, wenn man mit $p_1$ und $p_2$ die Pressungen und mit $v_1$ und $v_2$ die correspondirenden Volumen atmosphärischer Luft bezeichnet und $n$ (= 1,410) das Verhältniß der specifischen Wärme der atmosphärischen Luft bei constantem Drucke zu der specifischen Wärme bei constantem Volumen bezeichnet.

Poisson benutzte den Laplace'schen Satz zuerst in verschiedenen Abhandlungen[2]) über Dichtigkeit, Elasticität und Wärmecapacität der Gase und dann auch in seinem ,Lehrbuche der Mechanik', woselbst er (in der zweiten Auflage, §. 637) unter der Gestalt gebraucht wird: $\frac{p_1}{p_2} = \left(\frac{\Delta_1}{\Delta_2}\right)^n$, worin $\Delta_1$ und $\Delta_2$ die correspondirenden Dichten der atmosphärischen Luft bezeichnen[3]).

Poisson selbst hat übrigens dies Gesetz nie mit seinem

---

1) ,Oeuvres de Laplace', V. im zwölften Buche, chap. III, pag. 143 unter der Ueberschrift: „De la vitesse du son et du mouvement des fluides élastiques".

2) ,Annales de chimie et physique', T. XXIII (1823), pag. 337 und im ,Journal de l'école polytechnique', cah. XIV (1808), pag. 360.

3) Für manche Leser dürfte hier vielleicht das in Erinnerung zu bringen sein, was S. 107, Anmerkung 1 in Bezug auf das Mariotte'sche Gesetz gesagt wurde und was nach obiger Bezeichnung durch die Gleichungen ausgedrückt wird: $\frac{p_1}{p_2} = \frac{\Delta_1}{\Delta_2} = \frac{v_2}{v_1}$. Indeß gilt dasselbe nur unter der Voraussetzung constanter Temperaturen. Ist letzteres nicht der Fall, so ist das Laplace-Poisson'sche Gesetz in Anwendung zu bringen. Man sehe übrigens auch die mehrfachen technischen Beispiele, wo letzteres Gesetz zu benutzen ist in des Verfassers ,Hydromechanik' (zweite Auflage) S. 126 bis 128 und S. 641 bis 646

Namen bezeichnet und ist daher die Abfertigung, welche demselben, noch lange nach seinem Tode, von Jamin in dessen Physik ertheilt wird, mindestens als ungerechtfertigt zu bezeichnen [1]).

In den Paragraphen 358 und 359 seiner Mechanik giebt Poisson noch eine interessante Notiz über die Bewegung von Kugeln und Kanonen (den Rücklauf der letzteren) zufolge der Stoßkraft des entzündeten Schießpulvers im Rohre. Die betreffenden (besonders für die theoretische Artillerie interessanten) Erörterungen sind ein kurzer Auszug aus einer ausführlichen Abhandlung Poisson's, welche er 1832 im ‚Journal de l'école polytechnique', cah. 21 (T. XIII), pag. 187 unter der Ueberschrift veröffentlichte: „Relatives au mouvement du boulet dans l'intérieure du canon extraites de manuscrits de Lagrange".

Von §. 210 der Mechanik an bis mit 216 erörtert Poisson die Bewegung der kugelförmigen Wurfgeschosse mit Berücksichtigung des Luftwiderstandes, letzteren dem Quadrate der Geschwindigkeit in der Trajectorie proportional vorausgesetzt und von der Drehung der Kugel abgesehen [2]). Mit Beachtung der doppelten Bewegung der Kugel und sogar mit Rücksicht auf die tägliche Umdrehung der Erde behandelte er nachher dies Thema in zwei Heften (XXVI und XXVII) des ‚Journal de l'école polytechnique' und in der besonders (1839 in Paris) erschienenen Abhandlung, welche betitelt ist: ‚Recherches sur le mouvement des projectiles dans l'aire, en ayant égard à leur figure et leur rotation, et à l'influence du mouvement diurne de la terre'.

Endlich ist noch Poisson's, bereits 1816 der Pariser Akademie der Wissenschaften eingereichte, „Wellentheorie" (‚Mémoire sur la théorie des ondes') zu erwähnen, welche auch von den Gebrüdern Heinrich und Wilhelm Weber [3]) als eine sehr wichtige Arbeit bezeichnet und mit interessanten, werthvollen Bemerkungen begleitet wird.

---

1) Jamin, ‚Cours de physique', T. III (3 édit.), pag. 117. (Auch in der ‚Hydromechanik' des Verfassers, S. 144, Note 2).

2) Der Poisson'schen Art und Weise zu rechnen ist der Verfasser auch in seiner ‚Hydromechanik' (zweite Auflage, §. 209) gefolgt (unter der Ueberschrift: „Die ersten Elemente der Ballistik") und muß gestehen, daß er diese Art der Behandlung des schwierigen Gegenstandes für Anfänger noch jetzt für die beste hält.

3) ‚Wellenlehre, auf Experimente gegründet'. Leipzig 1825. (Der Poisson-schen Theorie und betreffenden Bemerkungen widmen die beiden berühmten deutschen Professoren in ihrem Werke nicht weniger als 57 Seiten, von S. 377 bis 434).

Schließlich verdient, für die Zwecke unseres Buches, noch Poisson's Antheil an der Ausbildung der Theorie elastischer Stäbe, Platten, des Gleichgewichts und der Bewegung elastischer Körper überhaupt, erwähnt zu werden, worüber er mit Navier (dessen wir im folgenden Paragraphen ausführlich gedenken werden) in einen unerquicklichen Streit gerieth [1]).

Im Ganzen hat Poisson mehr als 300 mathematische Abhandlungen geliefert, die sich vorzugsweise auf Gegenstände der reinen Mathematik, der Physik und Astronomie beziehen und wovon sich Verzeichnisse finden in Poggendorff's ‚Biographisch-literarischem Handwörterbuche', Bd. II, S. 488 bis 491 und in Michaud's ‚Biographie universelle', T. 33, pag. 588 bis 600.

Charles Dupin [2]), der zweite vorbenannter Männer ist für

---

1) Ausführlich erörtert (mit reicher Quellenangabe) in Saint-Venant's ‚Historique abrégé des recherches sur la résistance et sur l'élasticité des corps solides', pag. CLXV, Nr. XXXIX. Fasc. I der dritten Ausgabe (1864) von Navier's, Résistance des corps solides'.

2) Charles Dupin, geboren am 6. October 1784 zu Varzy, Département Nièvre, gestorben am 18. Januar 1873 zu Paris, wurde nach Absolvirung der polytechnischen Schule Marine-Ingenieur und später Ober-Ingenieur des Seewesens.

Während der Kriege Napoleon's diente er auf der Flotte und war 1805 sehr thätig bei Anlegung des Hafens von Antwerpen. In dieser Zeit begann er auch seine tiefsinnigen, geometrischen Untersuchungen, wovon die ersten im ‚Journal de l'école polytechnique' erschienen. Im Jahre 1808 ging er mit einem französischen Schiffs-Geschwader als Freiwilliger nach Corfu, blieb am letzteren Orte, wurde Secretär der damals errichteten jonischen Akademie und beschäftigte sich überhaupt eine Zeit lang mit philologischen und classischen Studien.

Im Jahre 1818 wurde Dupin zum Mitgliede der Pariser Akademie der Wissenschaften und 1819 zum Professor am Conservatoire des arts et métiers ernannt.

In Bezug auf letztere Anstalt ist zu erwähnen, daß diese bereits 1794 (8. Vendémiaire, an III) vom National-Convent beschlossen wurde und zwar als Sammlung werthvoller instructiver Modelle für mechanische und chemische Gewerbe. Eine königliche Ordonnanz vom Jahre 1819 (25. Nov.) bestimmte jedoch dieses Institut zu einer Anstalt für freie öffentliche Lehrvorträge (cours supérieurs publics et gratuits) über „Geometrie, Mechanik, Chemie und Nationalökonomie".

Im Geiste der neuen Unterrichtsanstalt wirkend, veröffentlichte Dupin zuerst zwei Reden (discourses), nämlich die eine 1820 unter dem Titel: ‚Introduction au cours de mécanique appliquée aux arts', die andere 1821 betitelt ‚Inauguration de l'amphithéâtre de conservatoire des arts et métiers'.

Seine eigenen Vorträge über Geometrie und Mechanik der Künste und Handwerke begann er, wie (S. 309) oben (im Texte) erwähnt, im November 1824.

Kurze Zeit hindurch war Dupin Marine-Minister, wurde später noch (1837) zum Pair von Frankreich ernannt und erreichte, seine geistigen Kräfte behaltend, das hohe Alter von 89 Jahren.

das Anwendungsgebiet der technischen Mathematik insofern von ganz besonderer Bedeutung, als er der Bahnbrecher für die heutige Ingenieur- und industrielle Mechanik genannt werden kann, durch welche letztere, im ersten Drittheile des 19. Jahrhunderts, in früher nicht gekannter Weise, fruchtbringend auf den Wohlstand der Völker, im Gebiete der mechanisch nützlichen Arbeiten gewirkt und das Glück der Menschen, fast aller civilisirten Theile der Erde, in rechter Weise begründet und gefördert wurde.

Dupin begann zuerst im Jahre 1804 im Geiste seines Lehrers Monge fortzuarbeiten [1]) und desfallsige werthvolle Artikel über höhere Geometrie in der ‚Correspondance sur l'école polytechnique' und im ‚Journal de l'école polytechnique' zu veröffentlichen, bis er 1813 den ersten Theil des in gleichem Geiste verfaßten Werkes herausgab: ‚Développements de géométrie, avec applications à la stabilité des vaisseaux, aux déblais et remblais au défilement, à l'optique etc.', dessen zweiter (1822 erschienener) Theil den Titel führte: ‚Applications de géométrie et de mechanique, à la marine, aux ponts et chaussées'.

Durch seine Reisen in Großbritannien [2]), und Irland in den Jahren 1816 bis 1819 im Auftrage der französischen Regierung, auf die hohe Wichtigkeit aufmerksam gemacht, die Leistungen der Arbeiter durch entsprechende populär-wissenschaftliche Vorträge zu erhöhen, begann Dupin, im November 1824 im Con-

---

1) Chasles in seinem ‚Rapport sur les progrès de la géométrie' sagt pag. 20 Folgendes: „A la tête des disciples de Monge, se distingue Monsieur baron Charles Dupin, dont les travaux ont eu la plus grande influence sur les progrès de la science, et sont encore invoqués constamment, de nos jours, dans les recherches de pure géométrie, comme dans celles de mécanique et de physique mathématique".

2) Dupin's Berichte über diese, in maritimer, commerzieller, industrieller und politischer Beziehung hoch wichtigen Reisen, füllten sechs Quartbände, die zum Theil ins Deutsche übersetzt wurden und von 1825 ab in Stuttgart (Verlag der Metzler'schen Buchhandlung) erschienen. Die Einleitung zum ersten Theile (Brücken- und Straßenwesen) beginnt folgendermaßen:

„England, stolz und klug, hält an den Zugängen aller festen Länder seine Vorposten, welche nach dem Wechsel des Glücks bald Stützpunkte für die Eroberung, bald Anhaltspunkte für den Rückzug bilden, immer aber Herbergen eines Handels sind, der allen Gefahren Trotz bietet und keine Ruhe kennt. Verweilen wir bei diesem Schauspiel, das in der Geschichte der Völker nicht seines Gleichen hat etc.".

Das Originalwerk ist betitelt: ‚Voyages dans la Grande-Bretagne en 1816—1819' 6 vol. 8⁰.

servatorium der Künste und Handwerke in Paris seine berühmten Vorlesungen über Geometrie und Mechanik, vor mehr als 600 Personen, Vorstehern von Werkstätten und Fabriken, Künstlern, Handwerkern und Arbeitern jedes Alters und Gewerbes, welche bald fruchtbringende Nachahmungen in ganz Frankreich fanden und bald auch segenbringenden Einfluß auf Deutschland äußerten.

Dupin ließ diese Vorlesungen von 1825 bis 1827 in drei Bänden unter dem Titel erscheinen: ‚Géométrie et mécanique des arts et métiers'. Eine recht gute Uebersetzung ins Deutsche erschien in Paris und Straßburg (Verlag von Levrault)[1]).

Noch gegenwärtig sind diese Vorlesungen den Lehrern beim Halten sogenannter populärer Vorträge, wegen der klaren, einfachen Art der Darstellung, sowie wegen der zahlreichen, aus dem Leben genommenen Beispiele von Anwendungen der geometrischen und mechanischen Principien, Lehrsätze etc. zu empfehlen.

Poncelet bezeichnete Dupin geradezu als den „fondateur et promoteur de l'éducation industrielle en France" in der Vorrede seines berühmten Werkes[2]), in welchem er die vor Künstlern und Arbeitern der Stadt Metz gehaltenen Vorträge über Mechanik zum Grunde gelegt hatte und worauf wir später zurückzukommen Gelegenheit finden werden[3]).

---

1) Aus Dupin's Vorrede zum ersten Bande ist die dort abgedruckte Ansprache an die französischen Handwerker und Arbeiter nicht ohne Interesse, worin er u. A. auch folgendes sagt:

„Ich bin in das Land unserer Nebenbuhler im Kunstfleiß gereist; ich habe gesehen, daß dort die Gelehrten und die Mächtigen ihre Anstrengungen vereinigen, um den englischen, schottischen, irländischen Arbeitern eine neue Art von Belehrung zu verschaffen, welche die Menschen geschickter und weiser macht und ihnen mehr Wohlstand schenkt. Ich habe für euch die nämlichen Güter und womöglich noch größere gewünscht etc. Wenn ihr die Anwendung der Geometrie und der Mechanik auf eure Künste und Handwerke studirt, so werdet ihr in diesem Studium ein Mittel finden, mit mehr Regelmäßigkeit, Genauigkeit, Verstand, Leichtigkeit und Schnelligkeit zu arbeiten. Ihr werdet besser und schneller zum Ziele gelangen; ihr werdet euere Arbeiten und Erfindungen vernünftig betrachten lernen".

2) ‚Cours de mécanique industrielle, fait aux artistes et ouvriers messins, pendant les hivers de 1827—1829'.

3) Der Verfasser gegenwärtigen Buches kann es nicht unterlassen, hier noch eine Bemerkung Dupin's, im dritten Bande (Dynamik) seines populären Werkes über Geometrie und Mechanik, aufzunehmen, welche als Commentar einer fast gleichen Aussprache Kepler's (Seite 217, Note 2) über „sogenannte un-

Der dritte, in der Ueberschrift zu gegenwärtigem Paragraghen genannten Männer, d'Aubuisson [1]), machte sich ganz besonders um (technische) erfahrungsmäßige und angewandte Hydraulik verdient und zwar sowohl durch Abfassung eines vortrefflichen ‚Handbuches der technischen Hydraulik' (‚Traité d'hydraulique), als auch durch sorgfältige, zuverlässige Experimente zur Vervollständigung der leider (auch jetzt noch) mangelnden, mathematischen Theorien.

Besonders hervorzuheben in letzterer Beziehung sind folgende Versuche, die d'Aubuisson unter seiner Leitung von Castel [2]) anstellen ließ:

---

fruchtbare Studien", dienen kann (a. a. O., S. 131 der deutschen Uebersetzung), welche folgendermaßen lautet:

„Nein, ich will mich nicht rechtfertigen vor meinen Zuhörern, daß ich zuweilen mit ihnen eine andere Sprache rede, als die von strengen Gesetzen des Gleichgewichts und der Bewegung. Ist es nicht im Gegentheil Pflicht für jeden Menschen, dem das Vaterland das wichtige Amt überträgt, die Fähigkeiten der Jugend zu bilden, daß er dafür sorge, zugleich die Regungen und Fähigkeiten des Verstandes und Herzens zu entwickeln? Verschönern wir womöglich unsere Reden und Thaten, wie unsere Gedanken und Schriften, durch jenes sittliche Gefühl, das, weit entfernt sich darauf zu beschränken, daß es für die Habsucht die größte Aufgabe der Selbstsucht löst: „Wie kann ich am schnellsten zum Zwecke gelangen, der mir der vortheilhafteste ist?" vielmehr jene andere, für die Gesellschaft weit nützlichere Frage löst: „Wie kann ich zu dem mir vortheilhaftesten Ziele gelangen, indem ich auf meinem Wege das meiste Gute verbreite?"

1) d'Aubuisson de Voisins wurde 1769 zu Toulouse geboren und starb ebendaselbst im Jahre 1841. Er studirte von 1797 bis 1802 auf der Bergakademie zu Freiberg in Sachsen, wurde bald darauf als Ingénieur des mines in Frankreich angestellt, wurde später Ingénieur en chef directeur au corps royal des mines, nachher secrétaire perpétuel de l'académie des sciences de Toulouse und endlich Correspondant de l'institut de France.

Eine seiner ersten beachtungswerthen größeren Arbeiten war sein ‚Traité de géognosie', welches in zwei Bänden 1819 in Paris erschien; nächstdem machte er sich verdient durch sein vortreffliches Werk ‚Traité d'hydraulique', welches zwei Auflagen 1834 und 1840 erlebte und wovon die erste Auflage vom Bergwerks-Ingenieur Fischer in Freiberg (1835) deutsch bearbeitet wurde. Eine Reihe höchst werthvoller Aufsätze über wichtige technische Fragen der Hydraulik und Aërodynamik, sowie betreffender Maschinen, verbunden mit höchst beachtungswerthen brauchbaren Experimenten, finden sich mitgetheilt (von 1802 ab) in ‚Journal des mines', ‚Annales des mines' und in ‚Annales chimie et physique'. Auch in des Verfassers ‚Hydrodynamik', zweite Auflage, ist überall d'Aubuisson's Verdienste um die technische Mechanik flüssiger Körper gebührend gedacht.

2) d'Aubuisson als Chef-Director des französischen Bergwerkcorps ließ unter seiner Leitung diese (und die folgenden) Versuche an den Wasserwerken der Stadt Toulouse durch Castel, den Ingenieur dieser Werke anstellen. Die

1) Ausfluß des Wassers unter constanter Druckhöhe bei Ueberfällen von 0m,01 bis 0m,74 Breite, wobei sich ergab, daß der Ausflußcoëfficient besonders auch mit der Ueberfallsbreite variirt und größer ist bei breiten Einschnitten, dagegen kleiner bei schmäleren.

2) Ausfluß des Wassers durch conisch convergente Ansätze von geringer Länge.

Hierbei wurden folgende Hauptresultate gewonnen:

a) Der Ausflußcoëfficient wächst anfänglich mit dem Convergenzwinkel, beträgt bei $2^1/_2$ Grad Convergenz 0,914; bei 6 Grad 54 Minuten 0,938 und erreicht bei $13^1/_2$ Grad Convergenz sein Maximum, nämlich 0,95. Sodann nimmt er wieder ab, beträgt bei 20 Grad Convergenz noch 0,92, bei 49 Grad nur noch 0,84 und bei Null Grad, wo der conische Ansatz zu einem Cylinder wird, nur 0,62 (wie beim Ausflusse durch eine dünne Wand).

b) Der Geschwindigkeitscoëfficient wächst mit dem Convergenzwinkel. Ist letzterer Null Grad (cylindrischer Ansatz), so beträgt dieser Coëfficient 0,83; dagegen bei 40 Grad ist er 0,98, nähert sich dann sehr bald der Einheit und erreicht letztere bei 180 Grad, d. i. beim Ausflusse durch eine dünne Wand[1]).

Versuche über den Ausfluß atmosphärischer Luft hat d'Aubuisson ebenfalls in großer Zahl angestellt, jedoch stehen diese bedeutend gegen spätere Versuche von Koch und Weisbach zurück. Am meisten Anerkennung finden immer noch seine Versuche über den Widerstand, welchen bewegte atmosphärische Luft bei ihrer Leitung in Röhren erfährt[2]).

## §. 29.

### Sonstige, um die technische Mechanik verdiente Männer.

Wir stehen nunmehr vor einem so bedeutsamen geschichtlichen Ereignisse im Gebiete der technischen Mechanik, vor dem Auftreten von Navier, Coriolis und Poncelet, denen wir die Begründung der heutigen Bau-, Maschinen- und Indu-

---

betreffenden Resultate wurden in den ,Annales de chimie et physique', T. 62 und in den ,Annales des ponts et chaussées, 1837, 2. Sem., pag. 113 veröffentlicht. Im Auszuge berichtet auch der Verfasser über diese Versuche in der zweiten Auflage seiner ,Hydrodynamik', S. 204 fg.

1) Ausführlich berichtet wird über diese Versuche in den ,Annales des mines' (1838), T. XIV, pag. 187. Hieraus im Auszuge in d'Aubuisson's ,Hydraulique', §. 50, ferner in dem von Weisbach bearbeiteten Artikel „Ausfluß" der Hülße'schen ,Maschinen-Encyklopädie', Bd. I, S. 506 und in des Verfassers ,Hydromechanik', zweite Auflage, S. 286.

2) d'Aubuisson in den ,Annales des mines' (années 1828 et 1829), T. III et IV. Hieraus auszugsweise in der zweiten Auflage seiner ,Hydraulique', pag. 590 fl.

strie-Mechanik verdanken, daß es angemessen ist, vorher noch einen Rückblick auf das 18. und auf die ersten Jahre des 19. Jahrhunderts zu werfen, um erstens noch (kurz) derjenigen gedenken zu können, deren Arbeiten und Wirken in den genannten Wissenschaftszweigen zwar nicht epochemachend, dennoch aber von solcher Art war, daß sie in der Geschichte nicht ungenannt bleiben dürfen, zweitens aber auch, um das Verdienst der drei genannten französischen Meister in rechter Weise hervorheben zu können.

Nationalität und Zeit der Haupt-Wirksamkeit der Betreffenden mögen hierbei die Folge bestimmen, in welcher die Personen genannt und ihre Leistungen erörtert werden.

Mit England beginnend, sind es hier besonders die Professoren Robison, Hutton, Young, Gregory und Barlow, sowie die Civilingenieure Tredgold und J. Rennie, deren wir, nach einander, gebührend gedenken müssen.

John Robison[1]) ist Verfasser eines seiner Zeit vortrefflichen, auch für die technische Mechanik wichtigen Werkes, wovon ein Theil (zu Edinburg 1804) im Buchhandel unter dem Titel erschien: ‚Elemens of mechanical philosophy', während eine vollständige Ausgabe (von vier Bänden) erst 1822 nach Robison's Tode von dem berühmten Optiker Dr. Brewster (dem Verfasser von ‚Newton's Leben', S. 115, Note 3) herausgegeben wurde. Auch war Robison einer der Haupt-Mitarbeiter an der ‚Encyclopaedia Britanica'.

Auf den zweiten Erfinder der Dampfmaschine James Watt übte Robison zweifellos einen vortheilhaften Einfluß aus, was u. A. aus Aeußerungen des letzteren über J. Watt erhellt, welche sich in ‚Arago's sämmtlichen Werken'[2]) abgedruckt vorfinden.

In physikalisch-technischer Beziehung machte sich Professor Robison noch besonders verdient durch seine Versuche zur Ermittlung des Abhängigkeitsgesetzes zwischen Temperatur und Pressung des Wasserdampfes, worüber, unter Beifügung einer

1) John Robison wurde 1739 in Boghall bei Glasgow geboren und starb 1805 in Edinburg. Robison diente zuerst in der englischen Kriegs-Marine, hielt darauf mehrere Jahre lang physikalische Vorlesungen in Glasgow, wurde 1770 General-Inspector des Seecadettencorps in Kronstadt und 1774 Professor der Physik an der Universität Edinburg, in welchem letzteren Wirkungskreise er auch bis zu seinem Tode verblieb.

2) Deutsche Ausgabe von Hankel, Bd. I, S. 305.

Skizze des betreffenden Versuchsapparates, in Tredgold's Werke ‚The steam engine' (Edit. 1838, pag. 63) berichtet wird. In demselben Werke wird auch Watt's Versuchen mit Dampf aus Salzwasser gedacht.

In noch mehr Gebieten der technischen Mathematik als Robison machte sich Charles Hutton[1]) bekannt, mit dem zugleich die Reihe beachtenswerther Professoren der Mathematik an der Militärakademie zu Woolwich beginnt.

Am meisten Verdienst erwarb sich Hutton durch sein dreibändiges Werk: ‚Tracts of mathematical and philosophical subjects; comprising among numerous important articles, the theory of bridges, also the results of numerous experiments on the force of gunpowder with applications of the modern practice of artillery', welches in London 1812 erschien, wobei indeß zu bemerken ist, daß die meisten der 38 Tracts, woraus dies Werk besteht, bereits vorher (von 1771 ab) anderweit (auch in den ‚Phil. transactions') veröffentlicht wurden.

Die wichtigsten dieser Tracts sind folgende:

Tract I. The principles of bridges.
Tract IV. History of iron bridges.
Tract XIV. History of trigonometrical tables.
Tract XX. The history of logarithms.

---

1) Charles Hutton wurde am 14. August 1737 zu New-Castle upon Tyne geboren und starb 1823 in London. Sein Vater, Administrator der ländlichen Besitzungen des Lord Ravensworth und zugleich Bergwerksinspector derselben, leitete den ersten Unterricht des Sohnes, der sich auch selbst eifrig mit den Studien der griechischen, lateinischen, französischen und deutschen Sprache und mit Mathematik beschäftigte. Von 1760 ab redigirte er sowohl die Zeitschrift ‚Ladies diary' als ‚Gentleman's diary', machte sich auch als Schriftsteller im Gebiete der Mathematik bekannt und schrieb insbesondere, nachdem gewaltige Wasserfluthen die Brücke über die Tyne bei New-Castle zerstört hatten, ein Buch unter dem Titel ‚The principles of bridges', was zuerst 1771 erschien und zwei Auflagen erlebte. Bereits im folgenden Jahre (1772) ging Hutton als Sieger aus der Concurrenz (von neun Bewerbern) um die Professur der Mathematik an der Militär-Akademie zu Woolwich hervor, in welcher Stellung er als Lehrer, Experimentator und Schriftsteller bis zum Jahre 1807, also 35 Jahre lang, erfolgreich wirkte. Später wurde Hutton Examinator am Collegium der englisch-ostindischen Compagnie zu Adiscombe, ferner war er nicht nur Mitglied der Royal Society, sondern auch eine Zeit lang Secretär dieser gelehrten Gesellschaft.

Verzeichnisse seiner schriftstellerischen Arbeiten und selbständigen Werke finden sich in Poggendorff's ‚Biographisch-literarischem Handwörterbuche' und in Michaud's ‚Biographie universelle', T. XX, pag. 216 bis 218.

Tract XXVI. Calculations to ascertain the density of the earth.
Tract XXXIV. Results of new experiments in Gunnery[1]).
Tract XXXV. On a new gunpowder eprouvette.
Tract XXXVI. Determination of the air's resistance to bodies in motion, as determind by the Whirling machine[2]).
Tract XXXVII. On the theorie and practice of gunnery, as dependent on the resistance of the air[3]).

Zu bedauern war, daß sich Hutton bei allen analytischen Entwickelungen noch des Newton'schen Fluxions-Calculs (S. 119) und nicht der Leibniz'schen Differenzial- und Integralrechnung (S. 120) bediente.

Der dritte Engländer, welcher in der bezeichneten Reihe genannt zu werden verdient, ist Thomas Young[4]). Sein vorzüg-

---

1) Hutton wandte hierbei das ballistische Pendel zuerst für Kanonenkugeln an, während Robison (S. 169) solches nur für Flintenkugeln benutzt hatte.

2) Um den Widerstand der Luft zu ermitteln, benutzte Hutton die Wirbelmaschine Robin's, wovon sich Abbildung und Beschreibung in der zweiten Auflage meiner ‚Hydromechanik', S. 733 und 734 vorfinden.

3) Die von Hutton aus seinen Versuchen entnommenen Formeln für den Widerstand der Luft gegen Geschützkugeln finden sich S. 736 der vorbenannten ‚Hydromechanik' des Verfassers.

4) Thomas Young wurde am 13. Juni 1773 zu Milverton in der Grafschaft Somerset geboren und starb 1829 im 56 Jahre seines Lebens. Young war das älteste von zehn Kindern, womit die Mutter den Vater beschenkte, welcher Kaufmann und außerdem Quäker war. Bereits als Kind durch ein seltenes Gedächtniß und durch Vorliebe für Mathematik ausgezeichnet, brachte man ihn mit dem neunten Jahre in ein Pensionat zu Compton in der Grafschaft Dorset, wo er nicht nur großen Eifer und viel Talent zum Studium der lateinischen und griechischen Sprache zeigte, sondern auch das Französische, Italienische, Deutsche, Hebräische, Persische und Arabische lernte. Von 1787 bis 1792 mußte er sich, beschränkter Vermögensverhältnisse wegen, mit dem Amte eines Hauslehrers begnügen. Bei der Bewerbung um diese Stelle wurde ihm die Aufgabe gestellt, mehrere Sätze zu copiren, weil man sich überzeugen wollte, ob er eine schöne Handschrift habe. Der kleine Quäker, wie man ihn nannte, hatte sich jedoch nicht mit der bloßen Abschrift begnügt, sondern überdies noch das Original in neun verschiedene Sprachen übersetzt.

Zum Lebensberufe wählte Young die Arzeneiwissenschaften, weshalb er von 1792 an Medicin in London, Edinburg und Göttingen studirte und an letzterer Universität 1795 als Doctor der Medicin promovirte. Nach mehreren Reisen, wobei er auch die Bergwerke des Harzes und Sachsens besuchte, ferner die Dresdener Gemälde-Gallerie und andere der bekannten dortigen werthvollen Sammlungen studirte, ließ er sich 1800 als praktischer Arzt in London nieder. Dabei war er von 1801 bis 1804 auch Professor der Physik an der Royal institution. Von 1809 bis 1810 Lector am Middlesex-Hospital und von 1811 bis zu seinem Tode Arzt am St. Georges Hospital. Bereits 1802 wurde Young Mitglied

lichstes Werk im Gebiete der Naturwissenschaften, ‚A course of lectures on natural philosophy and the mechanical arts', was 1807 (zweibändig) in London erschien und worin er fast alle Zweige der inductiven Wissenschaft auf eigenthümliche Weise behandelt, ist auch für die technische Mechanik insofern von Wichtigkeit, als hier Young zum ersten Male bei der Theorie elastischer, prismatischer Stäbe von dem Modul der Elasticität (Elasticitätscoëfficienten) Gebrauch machte. Im zweiten Bande Sect. IX, pag. 46, §. 319, giebt er davon folgende Erklärung:

„The modulus of the elasticity of any substance is a column of the same substance, capable of producing a pressure on its base which is to the weight causing a certain degree of compression as the length of the substance is to the diminution of its lenght" [1]).

---

der Royal Society, 1818 Secretär des Board of longitude. Young war auch auswärtiges Mitglied der Pariser Akademie der Wissenschaften, wo ihm am 26. November 1832 Franz Arago die Gedächtnißrede hielt, die sich im ersten Bande der (Hankel'schen) deutschen Uebersetzung von ‚Arago's Werken', S. 191 bis 233 abgedruckt findet.

Besonders berühmt machte sich Young noch durch seine „Theorie des Sehens", seine Entdeckung der „Interferenz des Lichtes und durch seinen Antheil (neben Champollion) an der „Entzifferung der Hieroglyphen".

Ausführlichere Biographien von Young lieferte (nächst Arago) Michaud in ‚Biographie universelle', Bd. XLV, pag. 278 bis 280, ferner Littrow in der Uebersetzung von Whewell's ‚Geschichte der inductiven Wissenschaften', Th. II, S. 431 bis 434.

Ein werthvolles Verzeichniß der schriftstellerischen Arbeiten Dr. Young's enthält wieder Poggendorff's ‚Biographisch-literarisches Handwörterbuch', Bd. II, S. 1384.

1) Diese Definition entspricht der Bestimmung des Elasticitätsmoduls nach Höhe oder Länge. Young empfahl jedoch auch dessen Bestimmung nach Gewicht. Folgende desfallige Erörterungen dürften für manche Leser unseres Buches nicht überflüssig sein. Bezeichnet man die Ausdehnung eines prismatischen Stabes von ursprünglich $l$ Länge und $a$ Querschnitt durch eine Kraft $p$ mit $\lambda$ und den Elasticitätsmodul nach Gewicht mit $E$, so hat man bekanntlich: $E = \frac{pl}{a\lambda}$, folglich wenn $\lambda = l$ und $a = 1$ angenommen wird: $E = p$. Bezeichnet man ferner das Gewicht der Cubikeinheit des Materiales des betreffenden elastischen Stabes mit $\gamma$ und denkt sich unter $H$ die Höhe eines Prismas vom Querschnitte $= 1$, dessen Gewicht durch $E$ dargestellt wird, so hat man offenbar $E = \gamma H$, also $H = \frac{E}{\gamma}$.

Ein specieller Fall wird die Sache noch besser erläutern, wozu wir Tredgold's Buch ‚Stärke des Gußeisens und anderer Metalle'. (Leipzig 1826, S. 242)

Dr. Young war es auch, der in den Lectures (Vol. I, pag. 143) zuerst auf die Wichtigkeit eines eigenthümlichen Widerstandes elastischer Körper aufmerksam machte, welche diese einem Stoße (an impulsive force) entgegenstellen, den er resistance of resilence nannte, der auch von Tredgold (a. a. O., S. 218 fg.) für praktische Zwecke ins Auge gefaßt, jedoch erst später von Poncelet (a. a. O., pag. 291 fg.) einer richtigen mathematischen Auffassung unterzogen wurde, wobei dieser auch den Namen „résistance vive d'élasticité" und „résistance vive de rupture" einführte. Wir kommen später auf diesen für die Praxis wichtigen Gegenstand zurück.

Ein ganz besonderes Verdienst erwarb sich Young durch Aufstellung einer einfachen praktischen Formel, welche die Beziehung zwischen Spannkraft (Druck) $= p$ und Temperatur $= t$ des gesättigten Wasserdampfes ausdrückt und welche die Gestalt hatte (Nat. Phil., II, pag. 400): $p = (a + bt)^m$, worin $a$, $b$ und $m$ durch Versuche zu ermittelnde Werthe sind. Leider war Young selbst in der Bestimmung der letzteren nicht glücklich. Als solches nachher (bei Tredgold u. A.) der Fall war, behielt man dennoch Young's allgemeine Gestalt der Formel bei. (Man sehe hierüber auch des Verfassers ‚Hydromechanik'. Zweite Auflage, S. 166).

---

benutzen. Daselbst wird für Schmiedeeisen $E = 24\,290\,000$ Pfd. englisch und das specifische Gewicht dieses Materials zu 7,6 angegeben. Da nun ein englischer Cubikfuß Wasser 62,5 Pfund wiegt, so wiegt vom gedachten Schmiedeeisen der Cubikfuß 475 Pfund und ein Stab desselben von einem Fuß Länge und einem Quadratzoll Querschnitt hat ein Gewicht $\gamma = \frac{475}{144} = 3{,}3$ Pfund. Demnach betrüge der betreffende Elasticitätsmodul nach Höhe: $H = \frac{24\,290\,000}{3{,}3} = 7\,550\,000$ Fuß, was mit Tredgold's Angabe übereinstimmt.

Aus Vorstehendem erklärt sich auch, wenn später Poncelet (in seiner ‚Introduction à la mécanique industrielle'. Metz und Paris 1841, pag. 280) den Elasticitätsmodul wie folgt erklärt:

„Le coëfficient d'élasticité d'une substance homogène quelconque, n'est autre chose que le poids qui serait capable d'accourcir ou d'allonger une barre prismatique, formée de cette substance et ayant l'unité de surface pour section transversale, d'une quantité précisement égale à sa longueur primitive".

Gegen diese allgemein gebräuchliche auf Unmöglichkeiten führende Definition wurden wiederholt (ganz angemessen) erhebliche Bedenken erhoben, ohne jedoch dem Uebel aufzuhelfen. Ganz neuerdings sprach sich wieder Herr Geheimer Finanzrath Köpke in Dresden gegen diese Annahme aus und machte geeignete Vorschläge zur entsprechenden Beseitigung. (Man sehe deshalb die Berliner ‚Deutsche Bauzeitung' vom 8. April 1882, S. 164).

Gregory[1]), der zweite (nächst Hutton) der besonders bemerkungswerthen Professoren der Woolwicher Militär-Akademie, machte sich im Gebiete der technischen Mechanik durch die Herausgabe eines Werkes ‚Treatise on mechanics' bekannt, das zuerst 1806 in drei Bänden erschien und wodurch er sich nicht nur für seine Landsleute[2]), sondern auch über Englands Grenzen hinaus, ein nicht unwesentliches Verdienst erwarb.

Gregory's Buch war eines der ersten englischen Werke, worin man (endlich) Newton's Fluxions-Calcul durch die Leibniz'sche Differenzial- und Integralrechnung ersetzt hatte, sowie auch überall der Einfluß der französischen Schule (Lagrange, Prony u. A.) zu erkennen war.

Dr. Dietlein, seiner Zeit Lehrer an der königlich preußischen Bauakademie zu Berlin, übersetzte Gregory's Werk unter dem Titel ‚Darstellung der mechanischen Wissenschaften' (nach der dritten Original-Ausgabe) mit Anmerkungen und Zusätzen versehen ins Deutsche (Halle 1828), zu einer Zeit, wo in Bezug auf derartige Bücher, an manchen Stellen des deutschen Vaterlandes noch gewissermaßen Ebbe war[3]).

---

1) Olinthus Gilbert Gregory wurde 1774 zu Jaxley (Huntingshire) geboren und starb 1841 zu Woolwich. Bald nach Beendigung der Schulstudien (1793) erst 19 Jahre alt, veröffentlichte er seine erste literarische Arbeit ‚Lessons astronomical and physical', die mehrere Auflagen erfuhr und wovon die vierte das Datum 1801 trägt. In letzterem Jahre erschien von ihm auch noch ein ‚Treatise on astronomie', sowie er auch um diese Zeit die Bekanntschaft Hutton's (in Woolwich) machte, von dem er nachher protegirt wurde. Nach einem vorübergehenden Aufenthalte in Cambridge, wo er als Privatlehrer der Mathematik und Astronomie wirkte, wurde er 1802 als Professor der Mathematik an die königliche Militär-Akademie zu Woolwich berufen, wo er bis zum Jahre 1838 nützlich wirkte, sich aber nachher ins Privatleben zurückzog.

Eine ausführlichere Biographie O. Gregory's findet sich in Michaud's ‚Biographie universelle', wobei auch die vorzüglichsten seiner literarischen Arbeiten notirt sind. Ergänzungen hierzu liefert Poggendorff's ‚Biographisch-literarisches Handwörterbuch', Bd. I, S. 948.

2) Wie es in England, gegen Ende des vorigen Jahrhunderts mit guten Lehrbüchern der technischen Mechanik und verwandter Fächer aussah, wird am besten durch ein Urtheil des Dr. Robison klar, welches O. Gregory in der Vorrede zu seinem Werke abdruckt und also lautet:

„Während uns das Festland mit dem höchsten Fleiße ausgearbeitete und äußerst nützliche Werke über verschiedene Theile der physischen Astronomie, der ausübenden Mechanik, Hydraulik und Optik geliefert hat, sind in England, während der letzten vierzig Jahre, nicht ein halbes Dutzend Bücher erschienen, die der Mühe werth wären, gelesen zu werden".

3) Weisbach im ersten (1835 erschienenen) Bande seines ‚Handbuches

Der vierte von den bezeichneten Woolwicher Professoren, Peter Barlow [1]) machte sich zuerst im Gebiete der technischen Mathematik in weiteren Kreisen bemerkbar durch seine Mitarbeiterschaft von ‚Rees' Cyclopaedia‘, noch mehr aber durch zahlreiche Versuche über Widerstand der Materialien (Metalle, Holz, Steine und Cement) für das Bauingenieur- und Maschinenwesen, worauf sich auch sein 1817 in erster Auflage erschienenes Werk: ‚Essay on the strength of timber and other materials‘ bezieht.

Von den in diesem Werke aufgestellten Formeln hat besonders die unter der Ueberschrift „On the strength of hydraulic presses“ (pag. 117, Nr. 121 der Auflage von 1867) seiner Zeit besondere Aufmerksamkeit erregt, da sie die erste war, welche mit Rücksicht auf die Elasticität des Materiales abgeleitet wurde und zwar auf den Satz gestützt, „daß für jede Ausdehnung der Röhre ihr Querschnitt immer denselben Flächeninhalt behalte. Bezeichnet dann $x$ die gesuchte Wanddicke der kreiscylindrischen Röhre, $p$ den Druck auf jeden Quadratzoll der Innenwand, $r$ den inneren Radius der Röhre und $k$ die absolute Festigkeit des Materiales, d. h. die Kraft, womit jeder

der Bergmaschinenmechanik‘ erwähnt (in der Vorrede, S. IX) anerkennend den Nutzen, welchen ihm Olinth Gregory's ‚Darstellung der mechanischen Wissenschaften‘ bei Abfassung seines Buches gewährte.

1) Peter Barlow wurde 1776 zu Norwich geboren und starb 1862 zu London. Nachdem er eine gute englische Erziehung genossen hatte, kam er zu einem Kaufmann in die Lehre, während welcher Zeit ihn jedoch der Drang nach wissenschaftlicher Bildung bestimmte, mit jungen Leuten seines Alters einen Klub zu stiften, welcher gegenseitige Belehrung über mathematische und physikalische Gegenstände zum Zwecke hatte. Dabei brachte es Barlow so weit, daß er erst Privatlehrer, nachher für eine Schulmeisterstelle geeignet befunden wurde. Als Autodidakt seine Studien fortsetzend, machte er Professor Hutton's Bekanntschaft, der ihn 1801 zu einer Hülfslehrerstelle an der Militär-Akademie zu Woolwich verhalf. Nachdem er zum Professor der Mathematik avancirt war, begann er seine eigentliche schriftstellerische Laufbahn, ganz besonders aber auch seine beachtenswerthen Versuche über Bau- und Maschinen-Materialien. Von 1819 wird er Mitarbeiter an der großen ‚Encyclopaedia metropolitana‘, beschäftigte sich mit elektrischen und magnetischen Arbeiten, bemühte sich um die beste Gestalt der Eisenbahnschienen, begutachtete (1842) Clegg's atmosphärische Eisenbahn, wird 1842 Mitglied der Maaß-Commission (Gauge-Commission) und legt 1847 sein Amt als Professor in Woolwich nieder, ohne jedoch aufzuhören, sich mit praktisch wissenschaftlichen Arbeiten zu beschäftigen. Ausführlich berichtet ein Artikel in der neuesten Ausgabe des ‚Festigkeitswerkes von 1817‘ unter der Ueberschrift: „Memoir of Peter Barlow“.

Quadratzoll der Trennung Widerstand leistet, so ergiebt sich die Gleichung:

$$x = \frac{pr}{k-p}.$$

Abgesehen von der zweifelhaften Hypothese, worauf sich die Ableitung dieser Formel stützt, gewährte ihre Gestalt schon deshalb wenig oder gar kein Vertrauen, weil sie für $k = p$ auf eine unendlich dicke Wand führt [1]).

Folgende Capitel im gedachten Werke Barlow's sind ebenfalls beachtenswerth:

1) Versuche über Material zu Ketten- und Drahtbrücken von Thomas Telford [2]), Capitain Brown u. A. nebst mathematischen Formeln von Barlow und Tabellen zur Berechnung solcher Brücken von Gilbert.

2) Widerstand des Eisens gegen Geschosse, ebenfalls mit betreffenden Formeln ausgestattet.

3) Festigkeit von schmiedeeisernen Röhren- und Gitterbrücken, besonders nach William Fairbairn's Versuchen bearbeitet.

4) Experimente über Festigkeit von Eisenbahnschienen verschiedener Gestalt und Größe.

5) Im besonderen Anhange eine Abhandlung von Robert Willis, über die Wirkung von Lasten, welche sich mit bestimmter Geschwindigkeit über eiserne Träger bewegen (mit Berücksichtigung betreffender Eisenbahnbrücken).

---

1) Eine Formel, die bei weitem mehr Vertrauen verdient, leitete 1834 der nachherige Geheime Regierungsrath Brix in Berlin (‚Verhandlungen des Vereins zur Beförderung des Gewerbfleißes in Preußen', Jahrgang 1834) ab. Diese hat die Gestalt:

$$x = r\,[e^{\frac{p}{k}} - 1], \text{ worin } e = 2{,}7188\ldots \text{ ist.}$$

Ueber andere neuere Formeln sehe man u. A. des Verfassers ‚Hydromechanik', zweite Auflage, S. 42 und 43.

2) Thomas Telford, geboren 1757 zu Westerkirk (Dumfriesshire), gestorben 1834 zu London. Als Sohn eines armen Dorfschafhirten, der überdies seinen Vater sehr früh verlor, erlernte Telford das Maurer- und Zimmermanns-Handwerk. 1780 begab er sich nach Edinburg, wo er als Maurer Beschäftigung und Gelegenheit zu Architekturstudien erhielt. In gleicher Art fand er nachher (1782) Arbeit in London und 1784 in Portsmouth Dockyard. 1788 wird er Feldmesser (Surveyor of public works) und 1790 etablirt er sich als Architekt und Civil-Ingenieur. 1793 beginnt Telford Canäle und Aquäducte zu bauen, bald darauf eiserne Brücken. Nachher baut er Straßen und Häfen. 1819 baute Telford die berühmte Kettenbrücke über die Menai-Straße bei Bangor (580 Fuß Spannweite, 100 Fuß über dem höchsten Fluthwasser), der 1822 die Conway-Kettenbrücke folgte. Telford war (1821) Stifter des London Institut of civil-engineers, welchem Institute er ein treuer Präsident bis zu seinem Tode blieb.

Ausführlicheres über Telford liefert Smiles, ‚Lives of the engineers', Bd. II und Telford selbst in seinem Werke: ‚Life of Thomas Telford'. London 1838.

Erwähnt zu werden verdient noch, daß sich einer von Barlow's Söhnen, der Civil-Ingenieur (auch Member of council of the institution of civil engineers) William Henry Barlow, durch eine theoretisch-praktische Abhandlung über Construction der Tonnengewölbe [1]) und durch Herstellung eines (nach ihm benannten) ganz eisernen Eisenbahn-Oberbausystemes, in weiteren Kreisen der rationellen Technik bekannt machte [2]).

Von den beiden oben genannten englischen Civil-Ingenieuren ist hier [3]) besonders Tredgold [4]) zu erwähnen, da er für die

---

1) „On the existence (practically) of the line of horizontal thrust in arches, and the mode of determining it by geometrical construction". Nach einem Vortrage im Institut of civil engineers im ‚Civil engineer', und ‚Architects journal' vom Jahre 1847, pag. 211 fg. abgedruckt. Scheffler in seiner ‚Theorie der Gewölbe' etc. (Braunschweig 1857) bemerkt (S. 224), daß Barlow die Mittellinie des Drucks mit der Richtungslinie des Drucks verwechsele, indem letztere eine Kettenlinie und für endliche Wölbsteinstücke ein Seilpolygon sei etc.

2) Barlow's Eisenbahn-Oberbausystem besteht darin, alles Holz bei der Herstellung des Schienenweges zu beseitigen, Schienen mit den Querschnitten direct auf die Bahnbettung zu legen u. s. w. Neuerdings (1868) hat der Geheime Oberbaurath Hartwig dies System (in veränderter Gestalt) wieder in Anwendung zu bringen gesucht. Man sehe über beide Constructionen etc. Heusinger's ‚Handbuch der speciellen Eisenbahn-Technik', Bd. I (4. Auflage 1877), S. 292.

3) George Rennie, Civil-Ingenieur in London und Sohn des berühmten Erbauers von Brücken, Canälen, Hafen, Docks etc., John Rennie, zu besprechen, wird sich in dem Zusatz-Capitel dieses Theiles unseres Buches, welches die Ueberschrift trägt: „Geschichtliche Notizen über Reibungsversuche mit festen Körpern", besondere Gelegenheit finden. Für des Vaters Biographie ist der vortrefflich geschriebene Abschnitt: „Life of John Rennie" in Smiles' ‚Lives of the engineers', Bd. II (pag. 93—284) zu empfehlen.

4) Thomas Tredgold wurde 1788 in Brandon bei Durham geboren und starb 1829 in London. Nachdem er eine sehr unvollständige Erziehung genossen hatte, widmete er sich im 14. Lebensjahre dem Tischler- und Zimmermanns-Handwerke, dem er sechs Jahre lang unausgesetzt treu blieb, sich jedoch auch mit Talent und Energie durch Privatstudien Kenntnisse in der Mathematik und Architektur verschaffte. Im Jahre 1808 nahm Tredgold seinen Aufenthalt in Schottland, wo er abwechselnd als Tischler und Zimmermann arbeitete. 1812 begab er sich nach London, wo er bei einem Verwandten, dem Regierungs-Architekten Atkinson, Beschäftigung und Gelegenheit fand, seinen steten Drang nach Bildung durch wissenschaftliche (mathematische und physikalische) Studien und Beschäftigungen im Gebiete der Architektur zu befriedigen. Bald nachher begann er sich als Schriftsteller (in den bezeichneten Gebieten) in verschiedenen Journalen zu zeigen, sowie er insbesondere den Artikel „Joinery" für die ‚Encyclopaedia Britannica' verfaßte. Ueber Tredgold's bedeutsamere Arbeiten wird oben im Texte berichtet, wozu noch bemerkt werden mag, daß das zweite der

technisch-rationelle Mechanik mindestens als ein achtungswerther Pionier zu bezeichnen ist.

In weiteren Kreisen machte sich Tredgold zuerst bekannt durch sein 1820 in London erschienenes Buch ‚Elementary principles of carpentry' und noch mehr durch ein zweites Buch, welches er im folgenden Jahre (1821) unter dem Titel veröffentlichte: ‚A practical essay on the strength of cast iron'. Letzteres Buch war das erste seiner Art in England, was — nach der Zeit, in welcher man das Gußeisen in großen Quantitäten und wohlfeil erzeugte [1]), sowie ferner die Beschaffung von Schmiedeeisen nach Einführung des Puddelprocesses und der Walzwerke [2]) in rechter Weise gelernt hatte — die Theorie über den Widerstand der Materialien des Thomas Young durch geeignete Versuche im Großen, unterstützte und damit Hülfsquellen für den Constructeur lieferte, die man früher noch nicht gekannt hatte [3]).

---

genannten Bücher 1826 in deutscher Uebersetzung unter dem Titel erschien: ‚Ueber die Stärke des Gußeisens und anderer Metalle'. Von sonstigen schriftstellerischen Arbeiten Tredgold's sind insbesondere seine Schriften über Wasserdampf, Dampfmaschinen und Lokomotiven hervorzuheben, wovon nach seinem Tode (1838 bei John Weale in London) das Gesammtwerk ‚The steam engine' erschien, welches noch heute in vielen Beziehungen (insbesondere geschichtlich) als beachtenswerth zu bezeichnen ist.

1) Nach Construction von großen Cylindergebläsen (durch Smeaton, von dem im zweiten Theile unseres Buches ausführlicher die Rede sein wird) von 1769 ab.

Die erste große eiserne Brücke Englands wurde nachher (1773—1779) zu Colebrookdale über den Fluß Severn erbaut, deren Körper einen einzigen Bogen von 30,62 Meter Spannweite bildet. Die Erbauer dieser Brücke waren die Engländer Wilkinson und Darley.

Den großen Werth des Eisens für Bau- und Maschinen-Constructionen hatte übrigens Smeaton bereits schon von 1750 ab in vollem Maaße erkannt.

2) Obwohl das erste Patent auf den Puddelproceß 1766 an die Engländer Thomas und George Cranage ertheilt wurde, blieb dies doch ohne praktischen Erfolg. Nach Karmarsch, ‚Geschichte der mechanischen Technologie', S. 247, wird daher Henry Cort als der wirkliche Erfinder des Puddelofens angesehen, der sein desfallsiges Patent 1784 erhielt.

Die Einführung größerer Walzwerke in die Eisenfabrikation datirt ebenfalls aus der Zeit von 1783 bis 1787 und werden hier insbesondere die englischen Ingenieure Cort und Purnel als die Pioniere bezeichnet.

3) In der Vorrede zu seinem Buch (S. 2 der deutschen Uebersetzung) macht Tredgold folgende nicht uninteressante, die Zeit gewissermaßen charakterisirende Bemerkung:

„Die Art und Weise, wie die meisten unserer gewöhnlichen Schriftsteller

Hiernach erklärt sich auch die Thatsache, daß Tredgold's Buch auch bereits 1825 (von Duverne in Paris) ins Französische und 1826 ins Deutsche übersetzt wurde.

Zu erwähnen ist noch, daß Tredgold selbst zahlreiche Versuche über den Widerstand der vorzüglichsten Baumaterialien (Gußeisen, Schmiedeeisen, Stahl, Hölzer und Steine) anstellte und Tabellen lieferte zu betreffenden Berechnungen [zur Entnahme der Zerreißungs-, Dehnungs-, Bruch-, Biegungs-, Torsions-Coëfficienten, sowie für das Maaß der Elasticität und des lebendigen Widerstandes (resilence, S. 317)].

Im Jahre 1824 veröffentlichte Tredgold ein drittes Buch ‚Principles of warming and ventilating public buildings etc.', das heute noch in mehrfacher Beziehung als brauchbar bezeichnet werden kann und ebenfalls schon 1825 von Duverne französisch und 1826 von Kühn (in Leipzig) deutsch bearbeitet wurde.

Ungefähr in der Mitte der zwanziger Jahre begann Tredgold seine erfolgreichen Arbeiten über die physikalischen und mechanischen Eigenschaften des Wasserdampfes und deren Anwendung auf Dampfkessel, Dampfmaschinen, Eisenbahnlokomotiven und Dampfschiffe. Sein Hauptwerk ‚The steam engine' erschien 1827, wurde jedoch neun Jahre nach Tredgold's Tode (1838) vervollständigt und mit Zusätzen von verschiedenen englischen Professoren und Ingenieuren (auch einem amerikanischen Gelehrten) herausgegeben und zwar unter der Redaktion eines gewissen Woolhouse, dem diese Arbeit wahrscheinlich vom be-

---

über Mechanik den Widerstand der Materialien behandeln und betrachten, hat auch einigermaßen die Praktiker, welche auf solchem Wege gehen wollen, auf falsche Wege geleitet und Gelegenheit zu der sarkastischen Bemerkung gegeben, daß „die Festigkeit eines Bauwerkes sich umgekehrt verhalte, wie die Gelehrsamkeit des Baumeisters".

Schließlich muß Tredgold's Festigkeitslehre noch in Bezug auf die vielen praktischen Rechnungs- und auch Zahlenbeispiele gerühmt werden, worin wir nur eins besonders, nämlich das Nr. 111, S. 115 und 116 der deutschen Uebersetzung, hervorheben wollen, wo er die Berechnung der Dicke $h$ von Stirnradzähnen begründet und dann S. 140 zu der Formel $h^2 = \frac{3\,P}{k}$ (u. A. S. 314 der ‚Geostatik' des Verfassers) gelangt, welche auch der scharfsinnige, streng rechnende Grashof, in seiner ‚Theorie der Elasticität und Festigkeit' (zweite Auflage, 1878), S. 75 unter der Voraussetzung Tredgold's entwickelt, daß der Druck $P$ an einer Zahnecke concentrirt ist. Für Millimeter nimmt Reuleaux in der vierten Auflage seines ‚Constructeurs' (S. 577) den Spannungswerth $k = 3$ Kilogramm.

kannten Verleger englisch-technischer Werke John Weale in London übertragen worden war.

Wir kommen auf dies Werk im zweiten Theile unserer Geschichte zurück, heben daher hier nur die noch heute für Dämpfe von geringer Spannung brauchbare Formel Tredgold's (a. a. O., pag. 57) hervor, welche in der einfachsten Weise die Beziehung zwischen Spannkraft und Temperatur gesättigten Wasserdampfes durch die Gleichung darstellt:

$$e = \left(\frac{100 + t}{177}\right)^6,$$

worin $e$ die Spannkraft des gesättigten Dampfes in englischen Zollen Quecksilbersäule und $t$ die correspondirende Temperatur in Fahrenheitsgraden bezeichnet [1]).

Schließlich ist noch zu erwähnen, daß sich Tredgold auch bemühte, einen auf eigene Versuche gegründeten Beitrag zur Bestimmung des Widerstandes der Schiffe zu liefern, in Bezug auf welche Arbeit er der Meinung war, einen ganz neuen Weg zur Lösung dieser bekannten schwierigen Frage eingeschlagen zu haben [2]). Der Verfasser gegenwärtigen Buches hat eine betreffende Formel Tredgold's in seiner ‚Hydromechanik' mitgetheilt [3]).

Von bis jetzt nicht genannten Engländern, die sich um die technische Mechanik verdient machten, nennen wir hier noch Brindley, Atwood, Vince und Leslie. Brindley [4]) machte sich, in Gemeinschaft mit dem bereits genannten Smeaton, um den Ausfluß des Wassers bei Ueberfällen von fast $1\frac{1}{2}$ Fuß Breite verdient, worüber in Rees' ‚Cyclopaedia', Artikel „Water" ausführlich berichtet wird [5]).

1) Der französische Uebersetzer des betreffenden Tredgold'schen Werkes, ein Ingenieur Mullet (1838 unter dem Titel: ‚Traité des machines à vapeur', pag. 108), reducirte diese Formel für Centigrade und $p$ den Druck in Kilogrammen pro Quadratcentimeter, um in $p = \left(\frac{75 + t}{174}\right)^6$. Man sehe hierüber und wegen mehr als 50 andere Formeln für gleichen Zweck, des Verfassers ‚Hydromechanik', zweite Auflage, S. 166.

2) ‚The philosophical magazine', vol. III, June 1828, pag. 251.

3) Zweite Auflage, S. 624.

4) Brindley (geb. 1716; gest. 1772) war besonders berühmt als Erbauer des Bridgewater-Canals, zur Wasser-Verbindung Manchesters mit Liverpool, sowie anderer englischer Canäle. Man sehe besonders Smiles, ‚Lives of the engineers', vol. I, pag. 307 bis 476.

5) Man sehe hierüber auch Weisbach's Artikel „Ausfluß" in Hülße's 'Maschinen-Encyklopädie', Bd. I, S. 466.

Atwood[1]) war der Erfinder der noch heute nach ihm benannten Fallmaschine, auf welche wir im zweiten Theile unseres Buches zurückkommen. Hier erwähnen wir insbesondere seine 1798 für die Londoner ,Philosophical transactions' geschriebene Abhandlung „On the stability of ships" [2]), während seine ,Theorie der Unruhschwingungen' ebenfalls im bereits bemerkten zweiten Theile dieses Buches besprochen werden wird.

Vince[3]) machte sich im Gebiete der technischen Mechanik besonders durch seine Abhandlung „Ueber die Bewegung und den Widerstand flüssiger Körper" verdient, die 1795 in den Londoner ,Philosophical transactions' erschien und die von Gilbert für dessen ,Annalen der Physik', Bd. II, S. 401 und Bd. III, S. 35 frei bearbeitet wurde[4]).

Leslie[5]) ist namentlich wegen seines 1823 in Edinburg erschienenen Werkes ,Elements of natural philosophy' zu nennen, worin er, in englisch-praktischer Weise, mehrere für die technische Mechanik und Physik wichtige Gegenstände nicht ohne Erfolg behandelte[6]). Hierher zu rechnen ist u. A. seine höchst einfache Formel für die (secundliche) Geschwindigkeit $v$, womit sich Wasser in langen Röhren vom Durchmesser $d$, bei $h$ Gefälle und von $l$ Länge bewegt, nämlich (für englische Maaße)[7]):

$$v = 50\sqrt{\frac{h \,.\, d}{l}},$$

wobei erinnert werden mag, daß sich nach Dubuat (S. 233) auch

1) George Atwood, geb. 1745, gest. 1807. (Im zweiten Theile folgt eine ausführliche Biographie).

2) Ein ziemlich vollständiger Auszug dieser Arbeit findet sich in der zweiten Auflage der ,Hydromechanik' des Verfassers, S. 82 fg.

3) Samuel Vince, geb. 1756, gest. 1821. Eine ausführliche Biographie dieses Professors der Astronomie und Physik an der Universität Cambridge findet sich in Michaud's ,Biographie universelle', T. XXXIV, pag. 533.

4) Unter der Ueberschrift „Dr. Matthews Young und Professor Vice's Untersuchungen" berichtet auch Gregory in seiner ,Darstellung der mechanischen Wissenschaften' über diese Versuche. (In der Dietlein'schen deutschen Uebersetzung, Bd. I, S. 518 fg.).

5) John Leslie, geb. 1766, gest. 1832, war erst (1805) Professor der Mathematik und dann (1819) der Physik an der Universität zu Edinburg. Auch von diesem englischen Mathematiker liefert Michaud eine Biographie.

6) Man sehe deshalb Gilbert's ,Annalen der Physik', Bd. V, X, XV und XLIII, sowie Gehler's ,Physikalisches Wörterbuch', Bd. II, IV, VII etc.

7) Gehler's ,Physikalisches Wörterbuch', Bd. VII, S. 1416.

schon Dr. Young um eine brauchbare Formel für die Bewegung des Wassers in langen Röhren bemühte [1]), die allerdings nicht so sehr complicirt wie Dubuat's Formel war, zu ihrer praktischen Benutzung jedoch immer noch (vorher berechnete) Hülfstabellen erforderlich machte.

Endlich ist noch zu erwähnen, daß Leslie es war, der zuerst, entschiedener wie Carnot in seiner ‚Geometrie der Position' (Bd. I, S. 41 der deutschen Bearbeitung), auftrat, die gesammte Mechanik in zwei wesentlich verschiedene Theile, in Phoronomie [2]) und Dynamik [3]), trennte, wovon der erste Theil diejenigen Fragen über die Bewegung behandelte, zu deren Lösung es nicht nöthig ist, den Stoff der Körper, ihre Trägheit und die zwischen den Theilen der Materie wirkenden Kräfte in Betracht zu ziehen, während der zweite Theil die Bewegungsgesetze stets unter Mitbeachtung von Kräften und Massen ermittelte.

Für den ersten Theil, den man jetzt gewöhnlich (nach Ampère [4]) Kinematik [5]) zu nennen pflegt, findet sich in der heutigen theoretischen Maschinenlehre ein ebenso interessantes wie praktisch-wichtiges Feld von Anwendungen, weshalb wir im zweiten Theile unseres Buches auf diesen Gegenstand zurückkommen werden und jetzt nur bemerken, daß man hiernach berechtigt ist, den gesammten Stoff des zweiten Theiles in die kinematische und dynamische Maschinenlehre zu trennen [6]).

---

1) Nach dem Artikel „Water" in Rees' ‚Cyclopaedia', Bd. XXXVIII und hier auch in Hülße's ‚Maschinen-Encyklopädie', Bd. I, S. 564 (von Weisbach bearbeitet).

Die Leslie'sche Formel entspricht übrigens einer noch jetzt gebräuchlichen (zweite Auflage der ‚Hydromechanik' des Verfassers, S. 496), nämlich $h = \eta \frac{l}{d} \frac{v^2}{2g}$, wo $\eta$ jetzt (nach Weisbach) aus der Gleichung zu ermitteln ist: $\eta = 0{,}01439 + \frac{0{,}0094711}{\sqrt{v}}$; Metermaaß vorausgesetzt.

2) Vom griechischen Worte φέρειν (pherein) tragen. Nach dem Vorgange Herrmann's (S. 151), der diesen Namen zuerst für seine geometrische Mechanik brauchte.

3) Von δύναμις, Kraft.

4) Ampère, geb. 1775, gest. 1836 (Biographie im zweiten Theile des Buches).

5) Von κινεῖν, bewegen.

6) Eine höchst beachtenswerthe Abhandlung hat der große Philosoph Kant (S. 246, Note 2 und 3) über Phoronomie geschrieben. Man sehe Kant's ‚Sämmtliche Werke' (von Hartenstein), Bd. IV, S. 369.

Von deutschen Männern sind, vor dem bemerkbaren Auftreten der drei französischen Reformatoren Navier, Coriolis und Poncelet, höchstens vier, nämlich Langsdorf, Wiebeking, Baader und Reichenbach zu nennen, welche sich Verdienste um die technische Mechanik erwarben.

Am meisten für mechanisch technisch-wissenschaftliche Zwecke geschrieben hat seiner Zeit Langsdorf[1]), wobei freilich das Quantum außer allen Verhältnissen mit dem Werthe des Inhaltes steht.

Wie es Pflicht eines jeden unbefangenen, ehrlichen Geschichtsschreibers ist, bemüht sich der Verfasser, im Nachstehenden aus den Langsdorf'schen Arbeiten einiges des Bemerkenswerthen hier kurz mitzutheilen.

Nachdem er 1791 bis 1792 Bossut's ‚Hydraulik'[2]) unter Beifügung vieler (meist überflüssiger) Noten übersetzt und damit dem deutschen Publikum (dem eine brauchbare, auf Erfahrung gestützte Hydrodynamik allerdings ein großes Bedürfniß war) nicht geringe Dienste geleistet hatte, fühlte sich Langsdorf veranlaßt schon 1794 ein selbständiges ‚Lehrbuch der Hydraulik' erscheinen zu lassen[3]), in welchem er die mathematische Theorie nach

1) Carl Christian von Langsdorf wurde 1757 zu Nauheim (zwischen Gießen und Frankfurt a. M.) geboren und starb 1834 in Heidelberg. Nach wahrscheinlich vorausgegangener guter Schulbildung und nachdem sich Langsdorf den Grad eines Doctors der Philosophie (in Gießen?) erworben hatte, wurde er 1771 Praktikant auf der Saline zu Salzhausen in der Wetterau, war von 1782 bis 1783 Docent an der Universität Gießen und 1784 wieder Inspector der Saline zu Gernbronn im Anspachschen. Von 1796 bis 1804 war Langsdorf Professor der mechanischen Wissenschaften an der Universität Erlangen, von 1804 bis 1806 Professor an der Universität Wilna und nachher bis zu seinem Tode ordentlicher Professor an der Universität Heidelberg.

2) Man sehe über Bossut's ‚Hydrodynamik' auch des Verfassers ‚Hydromechanik', S. 192, 199, 222, 242 fg. Langsdorf hebt ganz richtig (in der Vorrede VIII und IX) die großen Verdienste Bossut's um die technische Hydrodynamik hervor, welche darin bestehen, die Theorie nie allein, sondern immer nur Hand in Hand mit der Erfahrung, zu empfehlenswerthen Resultaten gelangen zu lassen.

Langsdorf bedauert dabei (ebenfalls richtig), daß sich deutscher Fleiß, deutsche Denkkraft, deutscher Beobachtungsgeist die Ehre habe rauben lassen, eine wirkliche Hydrodynamik und keine hypothetische zuerst gelehrt zu haben. Langsdorf behauptet, daß dies Deutschland nicht habe entgehen können, hätten diejenigen, welche nothwendige Versuche hätten unterstützen können, mehr Verständniß für die Beförderung nützlicher Kenntnisse gehabt etc.

3) In der Vorrede zu diesem Buche kritisirt er alle die Männer seiner Zeit,

den Versuchen und Beobachtungen, namentlich Dubuat's, Bossut's u. A., neben denen, die er selbst angestellt hatte, zu corrigiren bemüht war, leider nur nicht immer mit entschiedenem Glücke.

Als ein Beispiel der von Langsdorf entwickelten Formeln mag hier zunächst die Platz finden, welche er für die Secunde durch die horizontale Bodenöffnung von der Größe $= a$ eines prismatischen Gefäßes von $A$ Querschnitt, bei constanter Druckhöhe $h$, ausfließende Wassermenge $= Q$ (a. a. O., von §. 14 ab) aufstellte und welche folgende Gestalt hatte:

$$Q = \frac{a\sqrt{2gh}}{\sqrt{2 - \frac{a}{A}}},$$

wenn $g$ die bekannte Acceleration oder Beschleunigung der Schwerkraft bezeichnet. In dieser Formel sollte jedoch schon die Contraction des Wassers eingeschlossen, d. h. die Multiplication mit einem sogenannten Ausflußcoëfficienten $= \mu$ ausgeführt sein, womit man den Mündungsquerschnitt $a$ zu multipliciren hat, um nicht die theoretische, sondern die wirkliche (effective) Wassermenge zu erhalten, so daß also wenn $\mu = \frac{1}{\sqrt{2 - \frac{a}{A}}}$ gesetzt wird $Q = \mu a \sqrt{2gh}$ ist [1]).

---

welche Mechaniker und Hydrauliker zu sein glauben, dennoch aber auf tiefere Theorien schimpfen und höhere Mechanik mit dem aus ihr hergeleiteten Theilen der Hydraulik geradezu für völlig entbehrlich, für bloße Hirngespinnste erklären. Langsdorf bemerkt, daß solche Leute schwer zu bessern wären und auf sie der Vers 12 des 26. Capitels der Sprüche Salomonis passe, welcher also lautet: „Wenn du einen siehest, der sich weise dünket, da ist an einem Narren mehr Hoffnung, denn an ihm“.

1) In dem 1802 veröffentlichten Buche ‚Grundlehren der mechanischen Wissenschaften‘ setzte er, um bessere Uebereinstimmung mit den Erfahrungen zu erhalten:

$$1 - \mu = 1{,}3 \left\{1 - \frac{1}{\sqrt{2 - \frac{a}{A}}}\right\} \text{ für Oeffnungen in dünnen Wänden}$$

$$\text{und } 1 - \mu = 0{,}65 \left\{1 - \frac{1}{\sqrt{2 - \frac{a}{A}}}\right\} \text{ für kurze cylindrische Ansätze.}$$

Für $\frac{a}{A} =$ Null ergiebt sich für ersteren Fall $\mu = 0{,}615$ und für den zweiten $\mu = 0{,}810$ (was, unter besonderer Voraussetzung, mit der Erfahrung übereinstimmt).

Die für $Q$ von Langsdorf entwickelte Formel war seiner Zeit Veranlassung, Langsdorf zu denjenigen Hydraulikern zu zählen, welche die Formel Bernoulli's (S. 162, Note 2), nämlich

$$Q = a \sqrt{\frac{2gh}{1 - \left(\frac{a}{A}\right)^2}}$$

für unrichtig halten [1]), was jedoch nicht der Fall war, indem Langsdorf vielmehr die Bernoulli'sche Formel unter der Voraussetzung (§. 21, S. 21, a. a. O.) als richtig und mit der Erfahrung übereinstimmend erklärt, daß man die Contraction ausser Acht läßt.

Zu verdienstvollen, anzuerkennenden hydraulischen Arbeiten Langsdorf's müssen seine Versuche (‚Lehrbuch der Hydraulik', S. 189 fg.) unter den schiefen Stoß isolirter Wasserstrahlen gezählt werden, worüber der Verfasser gegenwärtiger Geschichte ausführlich in der zweiten Auflage seiner ‚Hydromechanik', S. 585 berichtet hat.

Im Capitel „Bewegung des Wassers in geraden, prismatischen Canälen" machte Langsdorf anfänglich lediglich von der umständlichen Formel Dubuat's (S. 233) Gebrauch, während er erst nach dem Erscheinen von Eytelwein's ‚Mechanik und Hydraulik' (also nach dem Jahre 1800), in den 1802 veröffentlichten ‚Grundlehren der mechanischen Wissenschaften', S. 253 fg. die Chézy-Eytelwein'sche Formel (S. 287, Note 1) $v = k \sqrt{\frac{a}{p} \frac{h}{l}}$ benutzt [2]).

1) Zu den Gegnern der Bernoulli'schen Formel gehörten zuerst der Pranzose Bernard in seinen 1787 zu Paris erschienenen ‚Principien der Hydraulik', dem jedoch schon Woltmann, ‚Hydraulische Architektur', Bd I, S. 129 fg., entgegentrat; dann 1797 Baader, auf den wir nachher zu sprechen kommen und (noch 1833!) Schitko in seinen ‚Beiträgen zur Bergmaschinenlehre', worauf wir im zweiten Theile gegenwärtigen Buches zurückkommen werden. Letzterer Schriftsteller giebt statt der Bernoulli'schen Formel für die Ausflußgeschwindigkeit $v$ folgende:

$$v = \frac{\sqrt{2gh}}{1 + \frac{a}{A}}$$

Schitko hält die Bernoulli'sche Formel besonders deshalb für falsch, weil sie für $a = A$, den Werth $v = \infty$ giebt. Letzteres ist jedoch ganz natürlich und richtig, weil dann auch die Geschwindigkeit des zufließenden Wassers unendlich groß sein muß.

2) Hinsichtlich der ausführlichen Geschichte aller dieser Formeln muß der Verfasser auf die zweite Auflage seiner ‚Hydromechanik' (1880), S. 398 und 399 verweisen.

Von letzterer Formel ausgehend, behandelt Langsdorf (a. a. O., S. 255) auch die ungleichförmige Bewegung des Wassers in Canälen, wobei er sich (S. 256) bemüht, Eytelwein's Rechnungen [1]) für den gleichen Fall (Canäle mit horizontalem Boden) zu verbessern, was ihm jedoch nicht gelang. Später, in dem 1816 erschienenen Buche ‚Neue Erweiterungen der mechanischen Wissenschaften', bemüht er sich (von §. 58 bis §. 71) ferner um diesen Gegenstand, integrirt in dem Sinne Eytelwein's, macht aber denselben Fehler wie letzterer, d. h. nimmt ebenfalls nicht Rücksicht auf die Geschwindigkeitsänderungen in den an Größen verschiedenen aufeinander folgenden Querschnittsprofilen des Wasserkörpers [2]).

Die im Vorstehenden nicht genannten literarischen Arbeiten Langsdorf's, aus dem Gebiete der Mechanik, verdienen in der That nicht der Erwähnung, da weder von einer scharfen noch eleganten Behandlung des betreffenden Stoffes wo irgend etwas zu finden ist und die bereits durch Lagrange und Prony ans rechte Licht gesetzten Principe der Mechanik, wie das der virtuellen Geschwindigkeit, das d'Alembert's und das der lebendigen Kräfte etc. gänzlich ignorirt werden [3]).

---

1) ‚Handbuch der Mechanik fester Körper und der Hydraulik'. Erste Auflage 1800, zweite Auflage 1823, S. 168.

2) In dem erwähnten Buche von 1816 nimmt Langsdorf endlich auch Rücksicht auf Prony's berühmte Arbeit: ‚Recherches physico mathématiques sur la théorie des eaux courantes' (wovon er auch 1812 eine deutsche Bearbeitung lieferte), tadelt diesen Hydrauliker aber eben so wie Chézy, daß ihre Formeln (siehe zweite Auflage meiner ‚Hydromechanik', §. 133) nicht für ungleichförmige Bewegungen des Wassers passen, obwohl beide französische Hydrauliker eben nur die Aufstellung von Formeln für gleichförmige Bewegung beansprucht haben. Wenn man weiß, daß die wichtige Frage der ungleichförmigen Wasserbewegung in Canälen, überhaupt mit Erfolg nur und zuerst von den Franzosen, insbesondere von Poncelet und Belanger (§. 145 der zweiten Auflage meiner ‚Hydromechanik') beantwortet wurde, so ist folgendes Urtheil Langsdorf's mindestens als unrichtig (wenn nicht anmaßend) zu bezeichnen, welches in den ‚Neuen Erweiterungen der mechanischen Wissenschaften', Note auf Seite 76, also lautet:

„Mögte es doch französischen Hydraulikern belieben, teutsch zu lernen und sich dann mit der teutschen Literatur bekannt zu machen, um sich selbst überzeugen zu können, daß trotz der von Seiten teutscher Regierungen fehlenden Aufmunterung und Unterstützung, die Hydraulik und Maschinenlehre in Teutschland auf einem höheren Standpunkte steht, als in Frankreich".

3) Das Princip d'Alembert's findet sich daher auch nur in Langs-

Nichtsdestoweniger sind wir im zweiten Theile unserer ,Geschichte' doch genöthigt, auf Langsdorf noch einmal zurückzukommen.

Die Verdienste des zweiten der oben genannten deutschen Männer, nämlich Wiebeking's[1]) um die mathematisch-technischen Wissenschaften, sind so gering, daß der Verfasser denselben eigentlich hier nur aus Achtung und Anerkennung seines Wirkens im praktischen Weg- und Wasserbaue, sowie insbesondere im Baue hölzerner (Bogen-) Brücken von großen Spannweiten, zu nennen, für Pflicht erachtet.

Im Gebiete der Hydrotechnik hielt Wiebeking alle mathematischen Theorien mehr oder weniger für unbrauchbar, so daß z. B. in seinem vielberühmten, vierbändigen Werke ,Theoretisch-praktische Wasserbaukunst' (München 1811 bis 1812), der Chézy-Eytelwein'schen Gleichung $v = k\sqrt{\frac{a}{p} \cdot \frac{h}{l}}$ nur ein einziges Mal (im zweiten Bande, S. 623, Note) und zwar bloß deshalb gedacht wird, um deren Nichtübereinstimmung mit ausgeführten Messungen darzuthun, da sie, bei einer Wehrfrage, die betreffende Wassergeschwindigkeit zu 19 Fuß pro Secunde giebt, während die Erfahrung 22 Fuß lieferte. Wiebeking hatte hierbei den

---

dorf's Uebersetzung von Prony's ,Architecture hydraulique', welche von 1795 bis 1801 in Gießen erschien, wobei man jedoch sofort erkennt, daß er weder von dessen Bedeutung noch Anwendung eine Idee hatte. Letztere Thatsache bestätigt übrigens nur Ide's Urtheil, indem dieser in der Vorrede zu seinem (1802) erschienenen ,System der Mechanik', S. XIII folgendes bemerkt:

„Was das Princip d'Alembert's überhaupt betrifft, so scheint sich dies zur Zeit nicht weit über Frankreichs Grenzen hinaus verbreitet zu haben. Weder Kästner noch Karsten noch sonst ein deutscher Schriftsteller gedenken dieses Principes mit einer Silbe".

1) Karl Friedrich Wiebeking wurde 1762 in Wollin (Pommern) geboren und starb 1842 in München. Nach vollendeten Schulstudien widmete er sich mit Erfolg der praktischen Geometrie, so daß ihm schon im Alter von 17 Jahren (1779) die Aufnahme der Karte des Herzogthums Meklenburg-Strelitz anvertraut werden konnte. Zu weiteren derartigen Aufnahmen wurde er nach Pommern, Gotha und Meklenburg-Schwerin berufen. Nach eifrigen Selbststudien im Gebiete der Hoch-, Land- und Wasserbaukunst trat Wiebeking 1788 erst in kurpfalzbayerische Dienste als Wasserbaumeister, nachher in darmstädtsche und 1802 als Hofrath in österreichische Dienste. 1805 ging er in bayerische Dienste zurück und blieb hier in einer ausgebreiteten Wirksamkeit bis zum Jahre 1818. Bereits im Jahre 1807 hatte man Wiebeking zum Mitgliede der bayerischen Akademie der Wissenschaften ernannt.

bereits oben (S. 438) gerügten Fehler, hinsichtlich der Anwendung dieser Formel gemacht, d. h. solche für den Fall einer ungleichförmigen Bewegung benutzt, während sie nur für gleichförmige Bewegungen gültig ist [1]).

Für praktische Zwecke hat das genannte Wiebeking'sche große Werk dennoch manchen Werth, weshalb es, vielfacher Versuchsresultate und Erfahrungswerthen zufolge, auch in der ,Hydromechanik' des Verfassers wiederholt (S. 359 und S. 363) citirt wurde.

Was die seiner Zeit viel gerühmten Wiebeking'schen hölzernen Brücken mit großen Spannweiten betrifft, so wird es genügen, über diese Heinzerling's Urtheil zu copiren, welches (ganz richtig) also lautet [2]):

„Wiebeking wandte in den Jahren 1807 bis 1811 die gebogenen Balken zu zahlreichen Ueberbrückungen bayerischer Ströme mit theilweis sehr bedeutenden Oeffnungen an, unter welchen namentlich hervorzuheben sind: die 1807 und 1809 erbauten Sprengwerksbrücken über den Inn zu Neuöttingen mit fünf Bogen von je 31,23 Meter Sehne und über die Regnitz in Bamberg mit einer Oeffnung von 71,8 Meter Spannweite und 5,11 Meter Pfeilhöhe, deren Träger aus dicht aufeinander gelegten Balken bestanden" [3]).

Der dritte deutsche Gelehrte, Baader [4]), welcher sich um

---

1) Die spätere Erfahrung, hinsichtlich des praktischen Werthes der Chézy-Eytelwein'schen Formeln, lehren, daß diese auch bei gleichförmiger Bewegung zu große Geschwindigkeiten liefern, weil beide die Rauhigkeit der Wände außer Acht lassen. Man sehe u. A. meine ,Hydromechanik', zweite Auflage, S. 412 fg.

2) ,Die Brücken der Gegenwart', III. Abtheil.: ,Hölzerne Brücken und Lehrgerüste'. Aachen 1876, S. 1 und 2.

3) Schöne Abbildungen und Beschreibungen dieser (seiner Zeit berühmten) Brücken finden sich in dem angegebenen Werke Wiebeking's.

4) Joseph von Baader wurde 1763 zu München geboren und starb ebendaselbst 1835. Ursprünglich hatte Baader Medicin studirt und auch in dieser Wissenschaft den Doctorgrad erworben, entsagte jedoch dieser Richtung bald und widmete sich dem Studium der Technologie und des Maschinenwesens. Bereits 1798 wurde er, wegen seiner großen Talente in den letztgenannten Fächern, zum Director der Maschinen und des Bergbaues in Bayern ernannt, in welcher Stellung er 1808 zum Geheimen Rath bei der General-Direction des Bergbaues und der Salinen avancirte. Wiederholte Reisen nach England und Frankreich machten ihn auf gewichtige Mängel im deutschen Maschinen- und Transportwesen aufmerksam, um deren Abhülfe er sich bemühte und über deren Erfolge im zweiten Theile unseres Geschichtswerkes berichtet werden wird.

Fortschritte im theoretischen und praktischen Gebiete der Mechanik bemühte, könnte hier vorerst unbeachtet bleiben und das Hervorheben seiner Leistungen für den zweiten Theil unseres Buches (für die Geschichte der speciellen Maschinenlehre) aufgespart werden, gehörte er nicht zu den Gegnern der Bernoulli-schen Darstellung der hydrodynamischen Grundgleichungen für den Ausfluß aus Gefäßen. In seinem (1797 in erster und 1820 in zweiter Auflage erschienenen) Werke: ‚Vollständige Theorie der Saug- und Hebe-Pumpen', von dem er selbst sagt, „daß einigen Lesern die sieben ersten Kapitel (von überhaupt funfzehn des ganzen Buches) mehr für ein „Lehrbuch der Hydraulik" passend erscheinen dürften, findet er (durch ein eigenthümliches Raisonnement) für die betreffende Ausflußgeschwindigkeit statt der Bernoulli'schen Formel (S. 162, Note 2 und S. 436):

$$v = \frac{\sqrt{2gh}}{\sqrt{1 + \left(\frac{a}{A}\right)^2 - \left(\frac{a}{A}\right)^3}}.$$

Nach dieser Formel wäre, sowohl für $a = A$ als auch $a = \frac{1}{\infty}$, die Geschwindigkeit eine und dieselbe, nämlich $v = \sqrt{2gh}$.

Daß hiernach Baader auch in den folgenden Capiteln seines Werkes, wo er in Hinblick auf die Bewegung des Wassers in zusammengesetzten Gefäßen, mit Verengungen, Erweiterungen und Krümmungen, wie bei Pumpenwerken etc., zu Formeln gelangt, welche die heutige Hydraulik [1]) ebenfalls als unrichtig bezeichnen muß, braucht nicht besonders hervorgehoben zu werden.

Der vierte deutsche Schriftsteller im Gebiete der technischen Mathematik, Georg von Reichenbach [2]), nicht mit

---

Baader war auch Mitglied der königlichen Akademie der Wissenschaften in München.

1) Man sehe u. A. des Verfassers ‚Hydromechanik' (2. Auflage), §. 83 fg.

2) Georg von Reichenbach wurde am 24. August 1772 zu Durlach (Großherzogthum Baden) geboren und starb am 21. Mai 1826 in München. Sein Vater, Oberstückbohrmeister in kurpfälzischen Diensten, leitete die praktische Ausbildung seines Sohnes, während er mehr wissenschaftlich in der Mannheimer Militärschule erzogen wurde. Kurfürst Karl Theodor ließ den jungen talentvollen Reichenbach 1791 bis 1793 England bereisen, worauf er 1794 als Lieutenant in der badischen Artillerie angestellt wurde, jedoch bald in die bayerische Artillerie übertrat.

Im Jahre 1804 gründete er mit Utzschneider und dem Mechaniker Lieb-

Unrecht „der deutsche Watt" oder auch „der große astronomische Mechaniker" genannt, würde seine Stelle in unserer Geschichte, besonders seiner heute noch berühmten Theilmaschine, seiner Wassersäulenmaschinen etc. wegen, im zweiten Theile unseres Buches erst finden, hätte er sich nicht um die mathematische Theorie gußeiserner Röhrenbrücken (im Jahre 1809 bis 1811) verdient gemacht. Er zeigte hierin, daß man mittelst Bogenrippen (aus Röhren von kreisförmigem Querschnitt zusammengesetzt, die durch Flantschen und Bolzen vereinigt werden), gußeiserne Brücken von 300 Fuß und mehr Spannweite (nach flachen Kreisbögen gebildet) solid, dauerhaft und wohlfeil genug herstellen könne.

Das hierüber verfaßte Werk erschien zuerst 1811 unter dem Titel ‚Theorie der Brückenbögen und Vorschläge zu eisernen Brücken'. Es ist dies zugleich der erste Versuch einer Theorie eiserner Röhrenbrücken, die nach flachen Kreisbögen gekrümmt sind[1]). Reichenbach behandelte die gußeisernen Bogen als Gewölbe und gelangt deshalb auch (a. a. O., S. 7, §. 5) zu der zuerst von Coulomb aufgestellten Gleichung (S. 240 unseres Buches) $F_2 = \frac{Q}{tg\,\alpha}$, wobei er den Reibungswinkel $\varphi$ außer Acht läßt. Die weiteren Rechnungen gründet er

herr das mathematisch-mechanische Institut zu München und 1809 mit Fraunhofer und Utzschneider die nachher weltberühmt gewordene optische Anstalt in Benediktbeuern, worüber sich in Gilbert's ‚Annalen der Physik', Bd. 59, S. 169 unter der Ueberschrift: „Die mechanisch-optische Werkstatt in Benediktbeuern" ein beachtenswerther Artikel vorfindet.

Im Jahre 1808 wird Reichenbach zum bayerischen Salinenrath ernannt. 1814 trennt er sich von Utzschneider und errichtet mit T. Ertel eine neue gleiche Anstalt, die er jedoch 1821 letzterem ganz allein überläßt, nachdem er 1820 Chef des bayerischen Wasser- und Strassenbau-Bureaus geworden war.

Nachdem sich Reichenbach auch durch seine Wassersäulenmaschinen (von 1808 bis 1817 etc.) einen neuen Weltruf verschafft und durch verschiedene andere Leistungen im Gebiete der Fein-Mechanik und des rationellen Maschinenbaues große Verdienste erworben und alle Intriguen Wiebeking's und Baader's überwunden hatte, war er schließlich königlich bayerischer Director des Ministerial-Bau-Bureaus, Oberst-Berg- und Salinenrath, Mitglied der königlich bayerischen Akademie der Wissenschaften, korrespondirendes Mitglied des königlich französischen Instituts in Paris und mehrerer Akademien Mitglied.

1) Eine zweite unveränderte Auflage dieser rühmlichen Arbeit des Meisters wurde in München im Jahre 1833, also circa sieben Jahre nach seinem Tode, veranstaltet. Dieser Ausgabe sind fünf schöne Kupfertafeln beigegeben.

(leider) nur auf den Bruchwiderstand des Gußeisens, gelangt also nicht zu Werthen wie später Navier unter sorgfältiger Beachtung der Elasticität des Materials und gegründet auf die Euler-sche Gleichung: $M = W\left(\frac{1}{\varrho_1} - \frac{1}{\varrho}\right)$ (S. 180)[1]).

Von hierhergehörigen Italienern sind insbesondere (nach chronologischer Folge) zu nennen: Michelotti (Vater und Sohn), Venturi, Venturoli, Morosi und Bidone.

Fast alle haben sich vorzugsweise durch ihre Experimente und Schriften im Gebiete der technisch-wissenschaftlichen Hydraulik einen Namen gemacht, in welcher Beziehung über dieselben ausführlich in dem geschichtlichen Theile der ‚Hydromechanik' (zweite Auflage) des Verfassers berichtet wird.

In der Meierei Parella bei Turin, zu deren Bewässerung eine Abzweigung des Flusses Dora dient, stellte bekanntlich sowohl Francesco Dominico Michelotti[2]) als dessen Sohn Giuseppe Terecio Michelotti[3]) von 1763 bis 1785 zahlreiche Versuche über den Ausfluß des Wassers durch größere Seitenöffnungen, bei verhältnißmäßig bedeutenden Druckhöhen an, welche sämmtliche bis dahin (namentlich von Bossut) angestellte Versuche weit hinter sich ließen. Der Verfasser hat über diese Versuche und deren Resultate in der zweiten Auflage seiner ‚Hydrodynamik' (S. 199) ausführlich berichtet und beschränkt sich

1) Eine der ersten, nach Reichenbach's Systeme ausgeführten Bogenbrücken war die im Jahre 1824 zu Zorge gegossene, in Braunschweig beim Bahnhofe aufgestellte Straßenbrücke über einen Arm der Oker, welche zugleich als Musterbrücke für eine im Jahre 1829 erbaute Brücke über den Hammerstrom zu Peitz (Regierungsbezirk Frankfurt) diente. (Nach Heinzerling's Buche ‚Die Brücken in Eisen'. Leipzig 1870, S. 100 fg.).

Statt des kreisförmigen Querschnitts der von Reichenbach in Anwendung gebrachten Röhren, welche, durch das Anziehen der Flantschenbolzen, eine meist ungleichförmige Spannung annahmen, wandte nachher Polonceau, französischer Ingenieur des ponts et chaussées, bei Erbauung der Carrousselbrücke (1834 bis 1836) über die Seine in Paris Röhren mit elliptischen Querschnitten und zwar mit stehender großer Achse an (Heinzerling, a. a. O., S. 107 bis 109, mit Abbildungen in Holzschnitt).

2) Francesco Dominico Michelotti wurde 1710 zu Cinzano geboren und starb 1770 zu Turin als Professor der Universität und Mitglied der Akademie der Wissenschaften daselbst.

3) Giuseppe Terecio Michelotti, geb. 1762, gest. 1819, Sohn und Nachfolger des Vorigen, dann Genie-Oberst in Portugal und zuletzt Director des Corps der Civil-Ingenieure in Turin.

überhaupt darauf zu erwähnen, daß die sämmtlichen Arbeiten beider (des Vaters und Sohnes) in den unten [1]) notirten Werken niedergelegt wurden. In einem Bande zusammengefaßt, lieferte 1808 Zimmermann in Berlin eine deutsche Bearbeitung derselben, wahrscheinlich auf Eytelwein's Veranlassung, welcher letzterer auch die Vorrede zur Uebersetzung schrieb.

Der zweite genannte Italiener, Venturi [2]), machte sich besonders bemerklich und verdient durch die 1797 in Paris erschienene Schrift: ‚Recherches expérimentales etc.'. Von Gilbert deutsch (in den ‚Annalen der Physik', Bd. II, S. 418 und Bd. III, S. 35) bearbeitet unter dem Titel: ‚Untersuchungen und Erfahrungen über die Seitenmittheilung der Bewegung in flüssigen Körpern, angewandt auf die Erklärung verschiedener hydraulischer Erscheinungen'. Unter den vielen hierin veröffentlichten hydraulischen Thatsachen hat die des Ansaugens von Flüssigkeiten, beim Ausströmen von Wasser durch conisch convergente Ansatzröhren, ganz besonders das Interesse, sowohl der wissenschaftlichen wie praktischen Männer der Hydraulik erregt, sowie Venturi selbst diese Erscheinung zur Austrocknung sumpfiger Gegenden bei Modena angewandt haben will [3]). Auch um die Theorie der Strudel und Wirbel, Erscheinungen, welche sich u. A. beim Ausflusse des Wassers aus Bodenöffnungen als trichterförmige Vertiefungen des Wasserspiegels zu erkennen geben, hat sich Venturi (in dem genannten Schriftstücke) [4]) verdient gemacht.

Besonders beachtenswerth in den ‚Recherches expérimen-

---

1) ‚Sperimenti idraulici, principalimente dieretti a confermare la teorica, e facilitare la pratica del misurare le acque correnti, di F. D. Michelotti'. Torino 1767 und ‚Mémoire physico-mathématique contenant les resultats des expériences hydrauliques, faites près de Turin en 1783 par J. T. Michelotti'.

2) Venturi, geb. 1746 in Bibiano bei Reggio, gest. 1822 in Reggio (Lombardei). Nach einander Professor der Philosophie und Physik, erst (1773) in Modena und dann (1800?) in Pavia, dazwischen (1796) in Paris lebend, über zwölf Jahre Geschäftsträger für Italien in Bern und zuletzt (1813) als Privatmann in seiner Heimath lebend.

3) Munke, ‚Handbuch der Naturlehre'. Heidelberg 1829. Th. I, S. 163.

4) Das Original trägt folgende Ueberschrift: „Recherches expérimentales sur le principe de communication latérale dans les fluides, appliqué à l'explication de différens phénomènes hydrauliques". Eine deutsche Uebersetzung dieser Schrift hat seiner Zeit Gilbert, ‚Annalen der Physik', Bd. II und III geliefert. Ueber diese Wirbelbildung verbreitet sich (nach Venturi) Weisbach (auszugsweise) in der ‚Maschinen-Encyklopädie', I, S. 599.

tales etc.' ist noch Venturi's mathematische Entwickelung der Gleichung derjenigen Curve, welche den Vertikalschnitt des Trichters begrenzt, der sich unter Umständen (als Form des Wirbels) bildet, wenn Wasser aus horizontalen Bodenöffnungen fließt. (Man sehe deshalb auch Gilbert's ,Annalen', Bd. III, S. 150). Mit größerer Klarheit hat Weisbach (in der ,Maschinenencyklopädie', Bd. I, S. 599) diese Venturi'sche Wirbelfrage behandelt.

Nicht ohne Werth ist eine Art Motto, womit Venturi die ,Recherches expérimentales etc.' überschrieben hat und welches also lautet:

„Man muß gegen jede hydraulische Theorie, auch gegen die meines Aufsatzes, mißtrauisch sein, wenn sie nicht durch die Erfahrung bewährt wird".

Der dritte italienische Schriftsteller im Gebiete der technischen Mechanik, Venturoli[1]), machte sich besonders einen Namen durch sein zuerst von 1806 bis 1807 (in Bologna) und dann 1847 in der siebenten Auflage erschienenes (zweibändiges) Buch: ,Elementi di meccanica e d'idraulica' bekannt, welches Buch sich dadurch auszeichnet, daß es in einfacher, aber mathematisch strenger Weise fundamentirt und dennoch mit Erfolg bestrebt ist, zu für die Praxis brauchbaren Resultaten zu gelangen. Im zweiten Bande widmet Venturoli das fünfte Buch den hydraulischen Maschinen, allerdings in sehr elementarer Behandlungsweise. Andere hydraulische Abhandlungen Venturoli's, welche namentlich Poggendorff[2]) verzeichnet, konnte der Verfasser nicht habhaft werden.

Ueber werthvolle Experimente, betreffend den Stoß isolirter Wasserstrahlen gegen ebene, eingefaßte (mit vorspringenden Rändern versehene) Flächen, unter sehr verschiedenen Umständen, des ebenfalls genannten Italieners Morosi[3]), hat der Verfasser

---

1) Giuseppe Venturoli, geb. 1768 zu Bologna, gest. 1846 ebendaselbst. Von 1795 an Professor der Mathematik an der Universität Bologna, nachher Director der Ingenieurschule in Rom und von 1817 an wieder in Bologna. Seine literarischen Arbeiten verzeichnet Poggendorff im ,Biographisch-literarischen Handwörterbuche'.

2) ,Biographisch-literarisches Handwörterbuch', Bd. II, S. 1194.

3) Giuseppe Morosi, geb. 1772 zu Ripafratti bei Lucca, gest. 1840 in Cocombola bei Ripafratti. Morosi war von 1801 ab Professor der Mechanik und später Director der k. k. Münze zu Mailand, sowie auch Mitglied d'Istituto del Regno Lombardo-Veneto.

in der zweiten Auflage (1880) seiner ‚Hydromechanik' (unter Beifügungen von Abbildungen) berichtet. Diese Versuche bestätigen im Allgemeinen die Richtigkeit der von Daniel Bernoulli und L. Euler (S. 271) theoretisch entwickelten Gesetze des Wasserstoßes.

Die Resultate der gesammten Morosi'schen (1812 und 1813 angestellten) Versuche wurden in der Schrift veröffentlicht: ‚Memorie dell' Imperiale Regio istituto del Regno Lombardo-Veneto'. Milano 1819.

Der vierte und bedeutendste unter den genannten Italienern, Bidone[1]), hat sich unter den Hydraulikern seiner Zeit durch zahlreiche Versuche und mannigfache mathematische Abhandlungen in diesem Specialfache besondere Verdienste erworben, deren in des Verfassers ‚Hydromechanik' (zweite Auflage) gedacht wird.

Diese Arbeiten sind übrigens fast sämmtlich in den ‚Turiner Memoiren', Bd. XVI (1809) bis XL (1831) abgedruckt[2]) und erstrecken sich hauptsächlich auf folgende specielle Gegenstände:

1) Untersuchungen über den Ausfluß bei partieller Contraction. Für technische Zwecke concentrirt sich das wichtigste dieser Versuche auf folgende Resultate:

Bezeichnet man mit $\mu_0$ den Ausflußcoëfficienten für eine Oeffnung in dünner Wand, bei vollständiger Contraction, so hat man (wenn der ganze Mündungsperimeter $p$ und $n$ der Theil derselben gesetzt wird, woselbst die Contraction durch eine Einfassung aufgehoben ist) für den Coëfficienten $\mu_{\frac{n}{p}}$ der partiellen Contraction[3]):

$$\mu_{\frac{n}{p}} = \mu_0 \left(1 + 0{,}15230 \frac{n}{p}\right) \text{ für rectanguläre Mündungen;}$$

$$\mu_{\frac{n}{p}} = \mu_0 \left(1 + 0{,}12799 \frac{n}{p}\right) \text{ für kreisförmige Mündungen.}$$

---

1) Giorgio Bidone wurde geboren 1781 zu Casal-Noceto (Provinz Tortone, Piemont) und starb 1839 zu Turin. Bidone war Professor der Hydraulik an der Universität Turin und Mitglied der Akademie daselbst.

2) Sehr gute Auszüge dieser Bidone'schen Arbeiten hat auch Weisbach in Hülße's ‚Maschinenencyklopädie', Bd. I, im Artikel „Ausfluß" geliefert.

3) Zu erwähnen ist hierbei, daß schon Fabre die Benennung partielle Contraction eingeführt hat. Man sehe dessen 1783 in Paris erschienenes Buch: ‚Essai sur la manière la plus avantageuse de construire les machines hydrauliques'.

Eine zweite Reihe werthvoller Versuche erstreckt sich auf die Fälle, wo die ganze Mündung eingefaßt ist, oder auf den Ausfluß durch kurze prismatische und cylindrische Ansatzröhren und zwar für die beiden Anordnungen, daß diese Röhren außerhalb und beziehungsweise innerhalb der Gefäße angebracht sind.

Weiter ist noch der, auch technisch sehr wichtige Erfahrungssatz Bidone's hervorzuheben, daß der Ausflußcoëfficient $\mu$ stets das Produkt aus Geschwindigkeitscoëfficienten $\psi$ und Contractionscoëfficienten $\alpha$ also

$$\mu = \psi \, . \, \alpha \text{ ist}$$ [1]).

Hervorzuheben ist überdies noch, daß Bidone sich auch bemühte, die Contractionscoëfficienten für beliebig gestaltete Mündungen theoretisch zu bestimmen [2]).

Unter andern entwickelt er in eigenthümlicher Weise folgenden Werth für $\alpha$, wobei $\beta$ den halben Convergenzwinkel der Gefäßwände bezeichnet:

$$\alpha = \frac{2}{3} \frac{(1 - \cos^3 \beta)}{\sin^2 \beta} = \frac{2}{3} \frac{(1 + \cos \beta + \cos^2 \beta)}{1 + \cos \beta} \text{ [3])}.$$

Poncelet (‚Expériences hydrauliques‘, Nr. 151) unterzog seiner Zeit diese Bidone'sche Theorie einer scharfen Kritik und gab einer Formel von Navier den Vorzug, worauf wir im folgenden Paragraphen zurückkommen werden.

Beachtenswerth sind noch Versuche Bidone's, betreffend Prüfung der Uebereinstimmung der Formel D. Bernoulli's und L. Euler's (S. 171), für den Stoß isolirter Flüssigkeitsstrahlen mit der Erfahrung. Leider haben diese Experimente nicht zur Auflösung der betreffenden Frage geführt, sondern nur gelehrt, daß das Glied $\cos \delta \sqrt{\frac{h}{H}}$ nothwendig Beachtung finden muß und daß in der unrichtigen Benutzung dieses Gliedes ein wesentlicher

---

1) Man sehe hierüber auch des Verfassers ‚Hydromechanik‘, 2. Auflage, S. 198 und 220, sowie Weisbach in Hülße's Maschinenencyklopädie (Artikel „Ausfluß“), Bd. I, S. 503.

2) In neuester Zeit hat Zeuner mittelst der Methode der kleinsten Quadrate für dieselben Ausflußcoëfficienten folgende Formel aufgestellt:

$$\mu = 0{,}63850 + 0{,}21207 \cos^3 \beta + 0{,}10645 \cos^4 \beta.$$

‚Civilingenieur‘, Neue Folge, Bd. II (1856), S. 53.

3) Für $\beta = 90^0$, d. i. für die Mündung in dünner Wand erhält man $\alpha = \frac{2}{3}$.

Grund der Nichtübereinstimmung zwischen Theorie und Erfahrung liegt [1]).

Endlich mögen noch höchst interessante Versuche Bidone's erwähnt werden, welche sich (wenn auch ohne praktischen Nutzen) auf das Studium der Strahlenformen beim Ausfluß des Wassers aus den verschiedenartigsten Mundstücken in Wandöffnungen und zwar außerhalb der Mündungen beziehen. Hierbei zeigen sich die merkwürdigsten Gestalten (mit Bäuchen, Knoten) und Verdrehungen, Wendungen (renversements ou inversions et redressements des veines), überhaupt Figuren und Thatsachen, die sich (leider) bis jetzt immer noch jeder theoretischen Bestimmung entzogen haben [2]).

Es verbleibt uns jetzt noch derjenigen Franzosen zu gedenken, deren Leistungen und Werke, mit dem oben bezeichneten Maßstabe gemessen, ebenfalls in der Geschichte der technischen Mechanik nicht unerwähnt gelassen werden können. Es sind dies, in chronologischer Folge, vornehmlich Belidor, Chézy, Gauthey, Girard, Francoeur und Christian.

Belidor [3]) hat das Verdienst, zuerst ein vierbändiges Werk, zur Belehrung der Civil- und Militär-Ingenieure, unter dem Titel ‚Architecture hydraulique', verfaßt zu haben, wovon er die beiden ersten Bände in Paris 1737 bis 1739, die beiden anderen ebendaselbst von 1750 bis 1753 veröffentlichte. Eine deutsche Uebersetzung dieses Werkes erschien von 1740 bis 1769 in Augsburg, wozu noch der aus Halle vertriebene Professor Wolff (S. 218), während seiner Wirksamkeit in Marburg, eine Vorrede schrieb. Eine neue Ausgabe des Originals, mit zahlreichen höchst

1) ‚Memoire della reale academia delle scienze di Torino', T. XL, pag. 81. Auszugsweise (mit schönen Abbildungen begleitet) auch in Weisbach's Artikel „Ausfluß", Bd. I, S. 438 der Hülße'schen ‚Maschinenencyklopädie'.

2) ‚Turiner Memoiren', T. XXXIV, pag. 229 unter der Ueberschrift: „Expériences sur la forme et la direction des veines et courans d'eau lancés par diverses ouvertures".

3) Belidor, geb. 1697 in Catalonien, gest. 1761 in Paris, verlor sehr früh seine Eltern, hatte aber das Glück, von einem mathematisch gebildeten Ingenieur erzogen zu werden, wurde deshalb noch sehr jung Professor der Mathematik an der Militärschule La Fère (wahrscheinlich nach Veröffentlichung der Schrift: ‚Sommaire d'un cours d'architecture militaire, civile et hydraulique', welche 1720 erschien). Später wurde Belidor Inspector des französischen Artillerie- und Ingenieurwesens und 1751 Mitglied der Pariser Akademie der Wissenschaften. Eine ausführlichere Biographie (nebst einer Liste von veröffentlichten Werken) findet sich in Michaud's ‚Biographie universelle', T. XXX.

werthvollen Zusätzen, wurde 1819 von Navier besorgt, worüber später Bericht erstattet werden wird.

Von einem früheren Werke Belidor's, betitelt ‚Science des ingénieurs etc.', verdankt man (1813 und 1830) Navier ebenfalls neue Bearbeitungen. Die hier beigegebenen Noten Navier's beziehen sich vornehmlich auf die Theorie des Erddruckes, auf Gewölbe und auf den Widerstand der Hölzer.

Das erstgenannte Werk (die ‚Architecture hydraulique') bot den Anfängern namentlich Gelegenheit, die Anwendung der Differenzial- und Integralrechnung auf technische Gegenstände studiren zu können.

Um wenigstens auf ein interessantes Beispiel dieser Abtheilung aufmerksam zu machen, werde hier der unter Nr. 527 des ersten Theiles (Erstes Buch, Capitel III) mathematisch behandelten Erscheinung der Bildung von Strudeln und Wirbeln beim Ausfluße des Wassers aus Bodenmündungen, gedacht, wobei Belidor zu dem Resultate kam, daß so lange die Druckhöhe mehr als $^3/_4$ vom Halbmesser, oder $^3/_8$ von der Mündungsweite beträgt, durch die eingebildete Röhre hinreichend Wasser zufließt, ist aber die Druckhöhe kleiner, so entsteht der Trichter oberhalb der Mündung und mit diesem eine Verminderung der Ausflußmenge [1]).

Irrt der Verfasser nicht, so ist Belidor der Erste, welcher (für technische Zwecke) den Ausfluß des Wassers aus vertikalen kreisförmigen Mündungen mit Hülfe der Differenzial- und Integralrechnung behandelte, wobei er allerdings große Mühe hatte (a. a. O., §. 555) die erforderlichen Integrationen durch Reihen zu bewirken [2]).

Interessant ist endlich noch im ersten Buche der ‚Architecture hydraulique' das, was (§. 613 und 614) Belidor über die Verwendung der Pitot'schen [3]) Röhre, als Instrument zur Ermitt-

---

1) Man sehe hierüber auch Weisbach's Artikel „Ausfluß" in Hülße's ‚Maschinenencyklopädie', I, S. 598.

2) Man vergleiche hiermit des Verfassers ‚Hydromechanik', 2. Auflage, S. 246, wo der Ausfluß des Wassers durch elliptische und kreisförmige Seitenöffnungen erörtert wird.

3) Pitot (geb. 1695, gest. 1771) hat seinen Hydrometer zuerst der Pariser Akademie der Wissenschaften im Jahre 1732 mitgetheilt. (Man sehe die ‚Memoiren' desselben Jahres).

lung der Geschwindigkeit fließender Wässer in verschiedenen Tiefen derselben sagt. Ob indeß Belidor mit der Pitot'schen Röhre [1]) selbst Geschwindigkeitsmessungen vorgenommen hat, wird nirgends erwähnt [2]).

Chézy [3]), der zweite genannte Franzose, war der rechnende (theoretische) Adlatus Perronet's [4]), des Erbauers kühner, steinerner Bogenbrücken über die Seine bei Neuilly und Mantes, über die Loire in Orleans und der berühmten Brücke von Nemours ($^1/_{16}$ der Spannweite als Pfeilhöhe) etc.

Auch war Chézy Geometer beim Entwerfen der Canäle von Bourgogne, von Yvette etc.

Im Gebiete der rationellen Hydraulik war Chézy der Erste, welcher zufolge Beobachtungen nachwieß, daß die Bewegung des Wassers in künstlichen Canälen nur dann gleichförmig sein könne, wenn der Widerstand, welchen die sich bewegenden Wassertheilchen an den Canalwänden und unter einander erfahren, der bewegenden Kraft gleich sind, welche aus der Acceleration der

---

1) Dubuat und nachher Reichenbach bemühten sich, die Pitot'sche Röhre zu verbessern. Ueber die jüngsten Verbesserungen derselben von Darcy und Amsler-Laffont, wird in der zweiten Auflage der ‚Hydromechanik' des Verfassers, S. 383, berichtet.

Bemerkt zu werden verdient vielleicht noch, daß in der (vom Verleger geschriebenen) Vorrede der Navier'schen Ausgabe von Belidor's ‚Architecture hydraulique' (1819) hervorgehoben wird, daß über Belidor's Originalwerk seiner Zeit von Bossut und Carnot folgende Urtheile gefällt worden wären:

Bossut, Vol. I „est rempli de fautes de théorie", sowie Carnot bemerkt „Belidor s'était trompé très-souvent". Wir werden erfahren, daß gerade in dieser letzteren Beziehung die erwähnte Navier'sche Ausgabe außerordentlichen Nutzen gestiftet hat.

3) Antoine de Chézy wurde 1718 zu Châlons-sur-Marne geboren und starb 1798 zu Paris. Nach Beendigung seiner Studien in der Congrégation de l'Oratoire besuchte er die Pariser École des ponts et chaussées, wurde 1761 Ingenieur des letztern Corps, 1763 Ingénieur en chef desselben. Chézy war auch der Lehrer Prony's. (Ausführlicher in Michaud's ‚Biographie universelle', T. VIII, pag. 127).

4) Jean Rodolphe Perronet, geb. 1708 in Surène bei Paris, gest. 1794 in Paris, war seiner Zeit Brücken- und Wegbaumeister, auch General-Inspector der Salinen in Frankreich. Hervorzuheben ist überdies noch, daß Perronet der erste Director der 1747 von Trudaine errichteten École des ponts et chaussées in Paris (rue de saints-pères 28) war. In der Fachliteratur ist Perronet durch ein berühmtes Werk bekannt: ‚Déscription des projets de la construction des ponts etc.'. Paris 1788. Von Dietlein (1820) zum Theil in deutscher Sprache herausgegeben.

Schwerkraft resultirt. Ein Satz, von dem auch Dubuat bei Begründung seiner Formel (S. 233) für gleiche Zwecke ausging, der jedoch vor Dubuat von Chézy in Anwendung gebracht wurde [1]).

Außerdem nahm Chézy an, daß der erwähnte Widerstand proportional sei der sogenannten Rösche (dem Canalgefälle pro Längeneinheit) $\frac{h}{l}$ multiplicirt mit dem Inhalte $a$ der normalen Querschnittsprofile, dem Producte aus dem Wasserperimeter $p$, und dem Quadrate der mittleren Geschwindigkeit $v$, so daß überhaupt die Proportion stattfände:

$$p v^2 : \frac{a h}{l} = p_1 v^2_1 : \frac{a_1 h_1}{l_1},$$

woraus die bereits S. 234, 287 und S. 331 erörterte Formel folgt:

$$v = k \sqrt{\frac{h}{l} \frac{a}{p}},$$

wenn $\frac{p_1 l_1 v_1{}^2}{a_1 h_1} = k^2$ als durch Versuche ermittelt, vorausgesetzt wird.

Der dritte vorbenannter Franzosen, Gauthey [2]) (der Onkel

1) Girard in seinem ‚Rapport à l'assemblée des ponts et chaussées sur le projet général du canal de l'Ourcq'. Paris, an XII (1803), pag. 33. Hiernach ist es unrichtig, wenn ich in der zweiten Auflage, S. 396 meiner ‚Hydromechanik' Dubuat als den bezeichnete, welcher gedachten Satz zuerst in Anwendung brachte.

2) Émilan-Marie Gauthey wurde 1732 zu Châlons-sur-Saône geboren und starb 1806 (74 Jahre alt) auf einer Reise in der Provence. Sein Vater war Arzt in Châlons, woselbst er auch den ersten Schulunterricht erhielt. Da Gauthey besonderes Talent zur Mathematik zeigte, nahm ihn ein Onkel zu sich, der Professor der Mathematik am Pageninstitute zu Versailles war und wodurch es ihm gelang, verhältnißmäßig früh in der école des ponts et chaussées aufgenommen werden zu können. Obwohl er hier nach und nach zum Professor avancirte, veranlaßte ihn doch seine Liebe zur Baupraxis 1758 die Stelle eines Unter-Ingenieurs bei den Ständen von Bourgogne anzunehmen, wobei ihm seine Vaterstadt zum Wohnorte angewiesen wurde. Hier machte er sich durch seine wissenschaftlichen Kenntnisse schnell so bekannt, daß er kurze Zeit nachher zum Mitgliede der Akademie von Dijon gewählt wurde.

Noch mit dem Projecte seines Hauptwerkes des Canals du centre beschäftigt, wurde er 1782 zum Ingenieur und General-Director der Canäle von Bourgogne erwählt, wobei er, ganz seinem Berufe und dessen Hülfswissenschaften lebend, allen Einflüssen der französischen Revolution vollständig widerstand und 1791 sogar als General-Inspector des Straßen- und Brückenbaues nach Paris berufen wurde. Hier zahllosen Geschäften sich widmend, ehrte ihn auch Napoleon I durch mehrfache Auszeichnungen, die auch sein Neffe Navier (pag.

Navier's), wurde seiner Zeit namentlich als Erbauer verschiedener Canäle Frankreichs, insbesondere des Canales du centre [1]), zur Verbindung der Saône mit der Loire, zu den ausgezeichnetsten Bau-Ingenieuren seines Vaterlandes gezählt. Aber auch um die technische Mechanik machte sich Gauthey durch das hinterlassene Manuscript eines Werkes verdient, welches zuerst, von 1809 bis 1813, in zwei starken Quartbänden, von Navier, als Herausgeber, mit vortrefflichen Noten versehen, unter dem Titel erschien: ‚Traité de la construction des ponts'. Das ganze Werk (dem kein ähnliches vorausging) besteht aus vier Büchern folgenden Inhalts: Geschichtliche Beschreibung der vorzüglichsten steinernen, älteren und neueren Brücken. — Allgemeine Constructionsprincipe steinerner Brücken, sowie der dem Erddruck widerstehenden Futtermauern. — Lehrbögen, Brücken aus Holz und Eisen, sowie bewegliche Brücken. — Constructionsdetails, Kostenanschläge etc.

Im nächsten Paragraphen, bei Erörterung der Verdienste Navier's, kommen wir auf dies Werk Gauthey's zurück.

Im Jahre 1816 veröffentlichte Navier hierzu (als Bd. III) noch die ‚Mémoires sur le canaux de navigation et particulièrement sur le canal du centre'. In neun Abschnitten wird hier sowohl die Geschichte als Bau der Canäle, mit besonderer Rücksicht auf die vorzüglichsten derartigen Werke Frankreichs und insbesondere des von Gauthey entworfenen und ausgeführten Canal du centre vorgeführt.

Ueber andere schriftstellerische Arbeiten Gauthey's (u. A. über ein 1772 in Dijon erschienenes Werk ‚Mémoire sur l'application de la mécanique à la construction des voûtes') wird speciell berichtet in Michaud's ‚Biographie universelle', Bd. XVI.

Girard [2]), der vierte S. 341 genannter Franzosen, machte

---

XXVII) in der ‚Éloge historique' erwähnt, welche die Vorrede des ersten Bandes des oben erwähnten Werkes ‚Traité de la construction des ponts' bildet, welches Navier nach des Onkels Tode herausgab.

1) Der Canal du centre beginnt in Châlons sur Saône und endet in Digoin an der Loire. Seine Gesammtlänge beträgt $114^1/_3$ Kilometer, mittelst 80 Schleußen überhaupt ersteigt er von der Saône aus die Höhe von $130^m,91$ und fällt nach Digoin hinab $77^m,60$. Nach langen Vorbereitungen wurde der Bau 1783 begonnen und (nach acht Jahren) 1791 vollendet. Ganz specielle Beschreibungen im oben bezeichnet Gauthey'schen Werke, Bd. III, S. 289 und 379 fg.

2) Pierre Simon Girard, geb. 1765 zu Caen, gest. 1836 zu Paris, machte seine ersten Studien in seiner Vaterstadt und brachte es bald, vom

sich im Gebiete der technischen Mechanik zuerst bekannt durch sein 1798 veröffentlichtes Werk: ,Traité analytique de la résistance des solides et des solides d'égale résistance, auquel on a joint une foule de nouvelles expériences sur la force et élasticité spécifique des bois de chêne et de sapin' (deutsch bearbeitet von Krönke. Gießen 1803). In diesem Werke reproducirte Girard vorzugsweise die Arbeiten desselben Gegenstandes der Bernoulli's und L. Euler's, wobei er sich bemühte, die betreffenden mathematischen Theorien einfacher darzustellen und für den rationellen Praktiker zugänglich zu machen, endlich auch die Resultate durch eigene Versuche zu bestätigen oder zu corrigiren. Leider benutzte er nicht sachgemäß die bereits von Coulomb (S. 238) gewonnenen Resultate, sowie das Ganze überhaupt mancherlei zu wünschen übrig ließ [1]), was alles auch erst durch Navier in erforderlicher Weise reformirt wurde.

Glücklicher war Girard in seinem 1803 erschienenen ,Rapport des ponts et chaussées sur le projet général du canal de

---

Wissenschaftsdrange getrieben, zum Ingénieur des ponts et chaussées. Bereits 1792 ertheilte ihm die Pariser Akademie der Wissenschaften einen Preis für eine Abhandlung über Schifffahrtsschleußen und 1798 folgte er Napoleon I. als Mitglied der bereits S. 255 (in der Note) erwähnten wissenschaftlichen Commission nach Aegypten, wobei er sich außerordentlich thätig und wirksam zeigte. Nach Frankreich zurückgekehrt, wurde er zum Ingénieur en chef des ponts et chaussées ernannt, in welcher Eigenschaft ihm die Ausführung des Canales de l'Ourcq übertragen wurde. Im Jahre 1819 wurde Girard vom Minister des Innern mit der Direction der Gasbeleuchtung von Paris und der größeren Theater dieser Stadt betraut, sowie auch nach London gesandt, um die dortigen Systeme und Einrichtungen für Gasbeleuchtung und Wasserversorgung zu studiren. Bereits 1815 wurde Girard Mitglied der Pariser Akademie der Wissenschaften. Ausführlichere Biographien finden sich in der vom Baron Charles Dupin am 3. December 1836 gehaltenen Grabrede, welche sich im zweiten Bande der ,Mémoires sur le canal de l'Ourcq' abgedruckt vorfindet, sowie in Michaud's ,Biographie universelle', Bd. XVI.

1) Saint-Venant in dem biographisch-historischen Theile der von ihm besorgten dritten Ausgabe des ersten Theiles von Navier's ,Résumé des Leçons', pag. 102, urtheilt über dies Girard'sche Werk folgendermaßen:

„Cet ouvrage est écrit avec une clarté élégante, et les nombreux calculs y sont assez bien faits. Mais leurs bases, et les conclusions sont souvent fausses; par exemple, pour solides encastrés aux deux bouts, quand la charge n'est pas à égale distance des encastrements etc. Aussi, son utilité se reduit-elle à celle des résultats des expériences sur la force et élasticité spécifique du chêne et du sapin".

l'Ourcq'. Hier bringt er den glücklichen Gedanken zur Ausführung, bei Aufstellung einer Gleichung um das vortheilhafteste Gefälle eines zu projectirenden Canales zu ermitteln, nicht die Chézy'sche Formel (S. 343) zu benutzen, sondern von dem Coulomb'schen zweigliedrigen Ausdruck für den Widerstand der Bewegung fester Körper im Wasser Gebrauch zu machen, also (wie bereits S. 241 in der Note 2 vermerkt wurde) zu setzen:

$$1)\ \frac{ah}{h \cdot l} - k(v + v^2) = 0.$$

Noch besser, hinsichtlich der Uebereinstimmung mit den Werthen, welche durch Experimente ermittelt wurde, zeigte sich allerdings nachher (1804) die bereits hier (S. 271) für gleichen Zweck aufgestellte Formel Prony's, der jedoch immerhin der Girard'sche Grundgedanke zur Basis gedient hatte.

Sowohl um die Beantwortung vorbenannter Fragen, als auch in Bezug auf die Fragen, welche sich auf die vortheilhafteste Vertheilung des Gefälles eines Canales bei gegebener Länge bezieht, machte sich Girard verdient, durch die im folgenden Jahre (1804) veröffentlichte Abhandlung: ‚Essai sur le mouvement des eaux courantes et la figure qu'il convient de donner aux canaux qui les conduisent'.

Alles, was sich auf Geschichte, Projekt, Berechnungen und praktische Angaben bei der Ausführung des Canales de l'Ourcq [1]) bezieht, faßte Girard in dem zwei Quartbände umfassenden Werke zusammen, welches von 1831 bis 1843 unter dem Titel erschien: ‚Mémoires sur le canal de l'Ourcq et la distribution de ses eaux sur le desséchement et l'assainissement de Paris, et les divers canaux navigables qui ont été mis a exécution ou projetés dans le bassin de la Seine pour l'extension du commerce de la capitale'.

---

1) Zweck und Bestimmung des Canals de l'Ourcq war, nach dem Gesetze vom 19. Floreal des Jahres X (19. Mai 1802) die Ableitung (dérivation) des Wassers des Flusses Ourcq von Mareuil aus bis in ein Sammelbassin in Paris, um sowohl letzterer Stadt Nutzwasser zuzuführen, als auch der Schifffahrt zu genügen. Die ganze Länge des Canals (in dessen Achslinie gemessen) beträgt 96000 Meter, mit einem Totalgefälle von 10,140 Meter (zwischen beiden Enden). Die dem Flusse Ourcq pro 24 Stunden entnommene Wassermenge betrug 250 820 Kiloliter, d. i. pro Secunde 2,903 Cubikmeter. Da die mittlere Wassergeschwindigkeit nie weniger als 0,35 Meter betragen sollte, so setzte dies einen mittleren Flächeninhalt des Querprofils von $\frac{2,903}{0,35} = 8,3$ Quadratmeter voraus. Die Schifffahrt des Canals wurde am 15. August 1813 eröffnet.

Unter den in diesem Werke enthaltenen theoretischen Erörterungen heben wir für die technische Mechanik folgende drei heraus.

Erstens bringt er (im ersten Bande) statt seiner Formel 1) für das Gesetz der gleichförmigen Bewegung des Wassers in Canälen die (etwas abgeänderte) Prony's (S. 271), nämlich

$$2)\ g \cdot \frac{a h}{p l} - (A v + B v^2) = 0 \text{ (a. a. O., pag. 331).}$$

in Anwendung und berechnet daher mittelst der Gleichung:

$$9{,}80877\ \frac{a h}{p l} = 0{,}000436\, v + 0{,}003034\, v^2,$$

unter der Annahme $v = 0^{\text{m}},35$ das mittlere relative Gefälle (die Rösche) für den Canal de l'Ourcq, d. i. $\frac{h}{l}$ zu:

$$\frac{h}{l} = 0^{\text{m}},0000556.$$

Zweitens sucht er pag. 263 und 344 (in ganz interessanter Weise) den Vortheil darzuthun, der sich darbietet, wenn man das Gefälle des Canales de l'Ourcq, auf dessen ganze Länge nicht gleichförmig, sondern, entsprechend den Coordinaten einer Kettenlinie, vertheilt. Um unter dieser Voraussetzung die Abscisse ($= z$) für jeden Kilometer Canallänge als Ordinate ($= y$) zu berechnen, setzt er genau genug ($y$ mit $s$ in der betreffenden Gleichung, S. 138 dieses Buches, vertauschend):

$$3)\ y = 2 c z + z^2$$

und hieraus

$$4)\ z = -c + \sqrt{c^2 + y^2}.$$

Da sich nun die Constante $c$ (nach 3) zu $c = \frac{y^2 - z^2}{2 z}$ berechnet, indem in unserem speciellen Falle, wo die ganze Canallänge 96 000 Meter und das Totalgefälle 10,140 Meter ist, also erhalten wird:

$$c = \frac{(96\,000)^2 - (10{,}14)^2}{2\,(10{,}14)} = 45\,437\,864{,}7525,$$

so konnte mit Hülfe der Gleichung 3) die fragliche Aufgabe, ohne weiteres, gelöst werden.

Drittens behandelt er in einfachen, praktischen Theorien (als Anhang zum zweiten Bande) die beste Vertheilung der Schifffahrts-Schleußengefälle vom Gesichtspunkte des geringsten Wasserverbrauchs und der wohlfeilsten Unterhaltungskosten, sowie die Ausgaben, welche die Durchführung der Schiffe mit sich führen [1]).

Von noch anderen Verdiensten Girard's um die technische Mechanik sind namentlich seine Versuche über die Gesetze der Bewegung des Leuchtgases in langen Röhrenleitungen zu erwähnen, wozu er (in Verbindung mit Cagniard de Latour) den

---

1) Navier sagt von diesem Werke (‚Rapport des ponts et chaussées'. 1831, III, pag. 74): „Cet ouvrage, dont la rédaction est toujours claire et intéressante, sera placé au premier rang parmi ceux qui contiennent les éléments de l'instruction des ingénieurs etc.“.

zur Erleuchtung des St. Louis-Hospitals in Paris gebrauchten Gasometer benutzte. Während über diese Versuche ausführlich in den unten angegebenen Qnellen [1]) berichtet wird, notiren wir hier nur deren Hauptresultate, welche folgende sind:

1. Leuchtgas und atmosphärische Luft bewegen sich in Röhrenleitungen vollkommen nach gleichen Gesetzen.

2. Es wächst der Widerstand mit dem Quadrate der mittleren Geschwindigkeit und mit der Länge der Leitung in gleichem Maaße. (Ueber den Einfluß der Röhrenweite konnte ein sicheres Resultat nicht gewonnen werden) [2]).

Ziemlich vollständige Verzeichnisse von Girard's schriftstellerischen Arbeiten liefert Poggendorff's ‚Biographisch-literarisches Handwörterbuch', Bd. I, S. 903 und Michaud's ‚Biographie universelle', t. XVI, pag. 528.

Von den ferner zu beachtenden Franzosen, in chronologischer Folge, ist Francoeur's [3]) zu gedenken, dessen Hauptverdienst

---

1) ‚Annales de chimie et de physique', t. XVI, pag. 129 und Poggendorff's ‚Annalen der Physik und Chemie', Bd. II, S. 59.

2) Man sehe hierüber auch des Verfassers ‚Hydromechanik', 2. Auflage, S. 687.

3) Louis Benjamin Francoeur wurde 1773 in Paris geboren und starb ebendaselbst 1849. Sein Vater, Musikdirector Ludwig's XVI. und 1792 Director der Pariser Großen Oper, wurde in letzterer Stelle politisch verdächtig verfolgt, womit auch der Sohn in große Noth versetzt und diese noch durch eine zu frühe Heirath vergrößert wurde. Um Vater und Frau sowie sich selbst ernähren zu können, warf sich Francoeur mit großer Energie auf das Studium der Mathematik und erwarb sich gleichzeitig durch Ertheilung von Privatunterricht die zur Existenz erforderlichen Geldmittel. 1795 trat Francoeur als Schüler in die neu errichtete Pariser Polytechnische Schule und erzielte hier solche Erfolge, daß ihm schon 1798 die Stelle eines Repetitors übertragen werden konnte. 1804 wird Francoeur Professor der Elementar-Mathematik an der École centrale der Straße St. Antoine und 1809 überträgt man ihm die Professur für höhere Analysis an der Faculté des sciences in Paris, dem bald darauf auch seine Ernennung zum Mitgliede der Commission für die Aufnahme-Prüfungen an der Polytechnischen Schule folgte. Der berühmte Komet von 1811 brachte Francoeur auf den Gedanken, seine oben erwähnte ‚Uranographie' zu schreiben. Die politischen Ereignisse von 1815 beraubten Francoeur der einträglichen Stelle eines Mitgliedes der vorgedachten Prüfungscommission, wofür er, gleichsam als Ersatz, zum Secretär der Société d'enseignement élémentaire ernannt und dieser recht bald eine vortreffliche Stütze wurde. Seine Vorträge über Geodäsie an der Faculté des sciences veranlaßten ihn 1835 zur Herausgabe eines Werkes über Geodäsie, dem schon 1833 ein Bnch über Technologie vorausgegangen war und 1839 sein ‚Enseignement du dessin linéaire' folgte. Zum großen 32bändigen ‚Dictionnaire technologique' lieferte Francoeur ungefähr den vierten Theil aller Artikel. Aus-

allerdings nur darin besteht, ein vortrefflicher Lehrer der Mathematik gewesen zu sein, dessen betreffende schriftstellerische Arbeiten (namentlich Lehrbücher) seiner Zeit zu denen gehörten, welche sich durch Einfachheit und Kürze der Darstellung auszeichneten, ohne dabei den wissenschaftlichen Boden zu verlassen. In dieser Beziehung ist (für unsere Zwecke) namentlich sein 1800 in erster Auflage erschienenes (zweibändiges Buch von geringem Umfange) ‚Traité élémentaire de mécanique' hervorzuheben, welches (bis 1825) fünf Auflagen erlebte und wovon Opelt in Dresden (1825) eine mit vortrefflichen Noten begleitete deutsche Bearbeitung lieferte [1]).

Nächst der Mechanik verdient noch Francoeur's ‚Uranographie' besonders auch deshalb Erwähnung, weil sich hier u. a. die Anfertigung von Sonnenuhren [2]) in einer für Techniker sehr verständlichen Weise übersichtlich behandelt vorfindet.

Wir reihen hier schließlich noch Christian [3]), einen Zeit-

---

führlichere Verzeichnisse von Francoeur's schriftstellerischen Arbeiten lieferten Michaud's und Poggendorff's bekannte Werke.

1) Francoeur's ‚Mechanik' wurde, bald nach seinem Erscheinen, von der Regierung zum Lehrbuche für die kaiserlichen Lyceen bestimmt und von den berühmtesten Professoren der kaiserlich Polytechnischen Schule (Lagrange, Laplace, Poisson u. A.) in die Zahl der classischen Schriften aufgenommen, deren Studium den Eleven dieser Schulen empfohlen wurde. Francoeur sagt selbst in der Vorrede seines Buches: „Ich vermied die synthetischen Methoden, weil sie bei complicirten Dingen gewöhnlich verwirrend wirken und weil sie unvereinbar sind mit dem Geiste der Erfindung und der Sprache der höheren Mathematik".

Der deutsche Uebersetzer der ‚Mechanik' (der oben genannte Opelt) bemerkt hierzu noch folgendes:

„Dieses, dem Verfasser der ‚Mécanique céleste' gewidmete Lehrbuch verdient sowohl hinsichtlich seiner Reichhaltigkeit als seiner oft eleganten Kürze wegen, neben unseren geachtetsten deutschen Werken dieser Gattung, einen ehrenvollen Platz".

2) Der Gesammttitel ist: ‚Uranographie ou traité élémentaire d'astronomie'. Paris 1830. Hier von pag. 330 an „Gnomonique ou art de construire les cadrans solaires".

3) Gérard Joseph Christian wurde 1776 zu Verviers geboren und starb 1832 zu Argenteuil bei Paris. Christian, zuerst Professor am Athenaeo zu Brüssel, wurde 1816 als Director des Conservatoire des arts et métiers nach Paris berufen (Molard ersetzend). Bei der Umgestaltung dieser Lehranstalt im Jahre 1819, wurde er Mitglied des Conseil de perfectionnement et d'administration derselben, zugleich mit Dupin, Clément, Desormes und Say. Als Pouillet im Jahre 1829 mit dem Lehrstuhle der Physik in ihrer Anwendung

genossen Francoeur's an, der zwar von Geburt ein Belgier ist, jedoch seiner Hauptwirksamkeit nach (von 1816 bis 1829), wo er Director des Pariser Conservatoire des arts et métiers war, immerhin als Franzose betrachtet werden kann. Von seinen schriftstellerischen Arbeiten ist hauptsächlich das von 1822 bis 1825 veröffentlichte dreibändige Werk: ‚Traité de mécanique industrielle' zu nennen, worin er bemüht war, gleichsam als Pionier, zum ersten Male der ‚Mécanique rationelle' (einer rein wissenschaftlichen Mechanik) die ‚Mécanique industrielle' (eine vorzugsweise auf Beobachtung und Versuche gegründete technische Mechanik) gegenüberzustellen [1]). Gelang ihm dies auch nicht so vollkommen wie später Poncelet, so darf in der Geschichte doch nicht vergessen werden, daß auch Poncelet die Verdienste Christian's nicht unterschätzte [2]). In letzterer Beziehung ist vor allem die von Christian redigirte Zeitschrift hervorzuheben, die er von 1826 bis 1830 (mit vortrefflichen Zeichnungen ausgestattet) unter dem Titel herausgab: ‚L'industriel, journal principalement destiné à répandre les connaissances utiles à l'industrie générale etc.'.

Ueber Christian's Verdienste um die theoretische Maschinenlehre wird im zweiten Theile unseres Buches berichtet.

---

auf Künste und Gewerbe an das Conservatorium berufen wurde, übertrug man ihm zugleich das Amt eines Sous-Directors des Institutes. Im Jahre 1830 zog sich Christian ins Privatleben zurück und Pouillet folgte ihm im Amte mit dem Titel: „Professeur-administrateur".

1) Christian erörtert, unter der Ueberschrift: „Idée générale de la mécanique industrielle", den erwähnten Unterschied folgendermaßen:

„Dans la mécanique rationelle, la force ou les causes motrices, ainsi que les effets, sont des quantités abstraites, auxquelles on attribue le qualités les qualités et les valeurs qu'on veut. Dans la mécanique industrielle, au contraire, la force motrice est une réalité; c'est une sorte de matière première, qu'on peut, s'il est permis de parler ainsi, emmagasiner, qu'on doit économiser, qu'on achète toujours et qu'on paye souvent fort cher. L'effet, c'est le travail même, avec toutes modifications matérielles et dans toutes ses relations avec nos volontés, nos besoins et nos goûts".

2) Poncelet in der Dedication zur ersten Ausgabe (Metz 1829) seines ‚Cours de mécanique industrielle' bezeichnet zwar Charles Dupin als fondateur et promoteur de l'éducation industrielle en France, gedenkt jedoch auch (in der Vorrede, pag. X) neben Monge, Coulomb, Prony, Hachette etc. unseres Christian's, als zu denen zählbar, welche „par leurs recherches expérimentales, leurs écrits ou leurs leçons, ont puissament contribué à éclairer, à entendre ou à propager les applications utiles et les saines doctrines de la mécanique".

Es erübrigt jetzt noch, zwei Französinnen ein Andenken zu gewähren, die als gelehrte Mathematiker in der Geschichte der technischen Mechanik nicht völlig ungenannt bleiben dürfen, es sind dies die Marquise Chastellet[1]) und Mademoiselle Sophie Germain[2]), letztere die Bedeutendste unter den in gegen-

1) Gabrièle Émilie le Tonnelier de Breteuil, Marquise du Chastelet und Gemahlin des General-Lieutenants Marquis du Chastelet-Lomont, wurde 1706 zu Paris geboren und starb 1749 zu Luneville. Geistig sehr begabt, erlernte Gabrièle schon in früher Jugend die lateinische, englische und italienische Sprache, widmete sich jedoch nachher hauptsächlich dem Studium der Physik und Mathematik und bewarb sich schon 1732 um einen Preis, den die Pariser Akademie der Wissenschaften für eine Abhandlung über die Natur des Feuers ausgesetzt hatte. Zwei Jahre darauf erschienen ihre ‚Institutions de physique' und nachher (1741) eine Erörterung über lebendige Kräfte, sowie nach ihrem Tode die von ihr besorgte französische Uebersetzung von Newton's ‚Principia' veröffentlicht wurde, wodurch sie eigentlich ihren gelehrten Ruf erst begründete. Leider scheint ihr sittliches Leben (zur Zeit Ludwig des XV!) nicht ohne Makel. Während der französische Biograph (Michaud, t. 44, pag. 86) ihr wüthende Putzsucht, Spielsucht, Gourmandise, Theaterlust und Streben nach Vergnügungen überhaupt vorwirft, citirt ein anderer (Ersch und Gruber, ‚Encyklopädie' Th. XVI, S. 196) folgenden Vers Voltaire's (mit welchem sie überdies in zweideutigem Verhältniß gelebt zu haben scheint):

„Son esprit est très philosophe,
Mais son coeur aime les pompons".

2) Sophie Germain, geb. 1776 zu Paris und gest. 1831 ebendaselbst. Vom 13. Jahre an hatte Sophie bereits autodidaktisch Mathematik betrieben und Montucla's ‚Histoire des mathématiques' studirt, als die traurigen Zeiten der französischen Revolution ganz besonders zu Befriedigungen durch ein inneres Leben hinwiesen und Sophie mit Eifer und Talent die Werke berühmter Meister, insbesondere von Euler, Lagrange, Fourier, Gauß etc. mit Erfolg studirte. Nach Entstehung der Pariser Polytechnischen Schule verschaffte sich Sophie Einsicht in die Hefte der Studirenden und setzte sich dann in Correspondenz mit den vorzüglichsten Professoren der genannten Anstalt, insbesondere mit Lagrange und selbst auch mit auswärtigen Mathematikern, namentlich von 1804 ab mit Gauß in Göttingen (Sartorius v. Waltershausen, ‚Gedenkschrift', S. 29), welchen sie sich anfänglich unter dem pseudonymen Namen eines Polytechnikers Le Blanc bekannt machte. Als Chladni mit seinen musikalischen Instrumenten (das Euphon und den Claviercylinder) Europa bereiste und diese (1809?) auch in Paris vor dem Kaiser Napoleon I. producirte, soll letzterer bedauert haben, daß man keine befriedigende Theorie über die von Chladni entdeckten Klangfiguren, überhaupt keine brauchbare mathematische Theorie über die Vibrationserscheinungen elastischer Platten besitze. Wahrscheinlich hierdurch veranlaßt, stellte (1809) die Pariser Akademie eine diesen Gegenstand betreffende Preisfrage auf, für die sich sogleich auch Sophie interessirte. Als selbst Lagrange die Auflösung dieses Problems „höchst schwierig" bezeichnete, soll Sophie geantwortet haben: „Eh bien! mon cher maître, moi je ne désespère

wärtigem Buche überhaupt genannten Damen, dem Fräulein Agnesi (S. 152) und der Marquise du Chastellet.

Mademoiselle Germain war nicht nur Mathematiker, sondern auch Philosophin von Bedeutung [1]). Am meisten Aufsehen erregte sie durch die 1820 in Paris veröffentlichte Arbeit ‚Recherches sur la théorie des surfaces élastiques' [2]), worin auch das in

---

pas du succès". Und in der That, Sophie hielt Wort. Nachdem sie mit zwei betreffenden Memoiren (das erste von 1812, das zweite von 1813) abgewiesen worden war (beim zweiten allerdings schon eine „mention honorable" erreicht hatte) löste Sophie die Aufgabe 1816 so vollständig, daß ihr der Preis zuerkannt wurde, wobei zu bemerken ist, daß die Berichterstatter der Akademie Poisson, Laplace, Legendre, Poinsot und der berühmte Physiker Biot waren.

Leider wurden Sophiens letzte Lebensjahre durch ein unheilbares Leiden sehr getrübt, worüber wir einen sehr ansprechend geschriebenen Artikel in ‚Westermann's Monatsschrift' (September 1882, S. 702 bis 712) nachzulesen bitten, welchen H. Göring verfaßte, der hierzu eine uns nicht zugängliche Quelle des Mathematikers Libri in Florenz benutzte und wo, nahe dem Schlusse, folgendes über Sophie berichtet wird:

„Wahre Herzensgüte und edle Selbstvergessenheit bildeten den Grundzug ihres Charakters, den sie auch während ihres langwierigen Leidens keinen Augenblick verleugnete. Alle ihre Handlungen trugen das Gepräge des reinen Wohlwollens. Es war ihr ein Lebensbedürfniß, Anderen Gutes zu erweisen. Die Tugend liebte sie „wie eine mathematische Wahrheit", denn sie verstand nicht, wie man die Idee der Ordnung auf einem Gebiete lieben, auf dem anderen vergessen könne. Sophie überragte nicht nur ihr Geschlecht, sondern kann auch den männlichen Vertretern der Wissenschaft als erhabenes Vorbild gelten".

1) Der gewöhnlich scharf und (leider) oft ungerecht urtheilende Dr. Dühring bemerkt über Sophie Germain (in seiner ‚Kritischen Geschichte der Philosophie', 2. Auflage, 1873, S. 510) u. A. folgendes:

„In der Beurkundung ihrer philosophischen Fähigkeit hat sie gezeigt, wie es möglich ist, in einer Abhandlung von noch nicht 100 Seiten (‚Considérations générales sur l'état des sciences et des lettres aux différentes époques de leur culture'. Paris 1833) in erheblichen Richtungen mehr Gedankengehalt sichtbar zu machen, als man in bändereichen Cursen antrifft. In dem bescheidensten Raume schließt diese Schrift nichts Geringeres ein, als ein logisch ästhetisches Programm für die Grundformen der zukünftigen exacteren Gestaltung aller Wissenschaft, sowie auch der literarischen und künstlerischen Thätigkeit.

2) Von geschichtlichem Werthe, in Bezug auf diese Arbeit der Sophie Germain, ist die Einleitung, womit Navier ein werthvolles, am 14. August 1820 der Pariser Akademie der Wissenschaften präsentirtes Memoire beginnt, welche überschrieben ist: „Recherches sur la flexion des plans élastiques". Dieselbe lautet wie folgt:

„Les curieuses expériences de Monsieur Chladni sur les vibrations des plaques ont donné l'idée d'appliquer le calcul aux loix des mouvements qui se

der Note (379) bezeichnete Memoire enthalten ist, wofür ihr die Pariser Akademie (1816) einen Preis ertheilte. Strebsamen Studirenden technischer Hochschulen ist aber vor Allem das Lesen einer werthvollen Abhandlung zu empfehlen, welche Sophie Germain im Jahre 1828 in den ‚Annales de chimie et de physique', Bd. XXXVIII, pag. 123 bis 131 unter der Ueberschrift veröffentlichte: „Examen des principes qui peuvent conduire à la connaissance des lois de l'équilibre et du mouvement des solides élastiques".

Noch andere werthvolle mathematische Arbeiten dieser Dame von so seltener Begabung sind in der unten stehenden Note [1]), so wie namentlich Correspondenzen in Stupuy's ‚Oeuvres philosophiques de Sophie Germain'. Paris 1879 verzeichnet.

## §. 30.

### Navier.

Navier [2]), der erste jener drei am Anfange des vorigen Paragraphen genannten epochemachenden Männer des 19. Jahr-

manifestaient dans ces expériences: ce fut le sujet d'un pris proposé par la première classe de l'institut, et remporté par mademoiselle Germain. Les recherches couronnées étaient fondées sur une hypothèse ingénieuse, qui consiste à admettre que la flexion fait naître, en chaque point d'un plan élastique, une force proportionnelle à la somme des valeurs inverses des deux rayons de courbure principaux. Mademoiselle Germain donna les équations différentielles de l'équilibre et des mouvements d'un plan élastique, et des intégrales de ces équations, analogues à celles qu'Euler avait données pour la lame élastique".

Merkwürdiger Weise wurde dies Memoire nicht veröffentlicht und gelangten nur einige lithographirte Copien in die Hände befreundeter Personen.

Die einzige noch vorhandene Quelle, worin man über diese Arbeit Navier's etwas findet, ist das ‚Bulletin des sciences par la société philomatique de Paris'. Année 1823, pag. 9, 36 und vorzüglich pag. 92 bis 102.

1) In Crelle's ‚Journal für die reine und angewandte Mathematik', Bd. VII (1831), finden sich folgende Abhandlungen (von Mademoiselle Sophie Germain à Paris) in französischer Sprache geschrieben:

1. Mémoire sur la courbure des surfaces (in der Abtheilung Geometrie) und

2. Note sur la manière dont se composent les valeurs de $y$ et $z$ dans l'équation $\frac{4(x^p - 1)}{x - 1} = y^2 \pm pz^2$, et celles de $Y'$ et $Z'$ dans l'équation $\frac{4(x^{p^2} - 1)}{x - 1} = Y_1^2 \pm pZ_1^2$ (in der Abtheilung Analysis).

Dann macht Michaud in seiner ‚Biographie universelle', Bd. XVI (S. 333) noch (außer zahlreichen bloß als Manuscript vorhandenen Abhandlungen derselben Verfasserin) aufmerksam auf „Divers théorèmes insérés par Legendre dans le supplement à la deuxième édition de sa ‚Théorie des nombres".

2) Louis Marie Henri Navier wurde am 15. Februar 1785 zu Dijon

hunderts im Gebiete der technischen Mechanik, ist zunächst als Begründer der heutigen wissenschaftlichen Elasticitätslehre

---

geboren und starb am 23. August 1836 in Paris. Sein Vater war ein angesehener Advokat in Dijon, er verlor ihn jedoch, als er erst 14 Jahre zählte. Dieser Verlust wurde ihm zum größten Theile ersetzt durch seinen würdigen Onkel, den berühmten Gauthey (S. 343), dessen Sorgfalt und Eifer er es mit verdankte, daß er bereits 1802 das schwere Examen zur Aufnahme in die Pariser école polytechnique glänzend bestand, 1804 in die école des ponts et chaussées eintreten konnte und sich schon 1808 den Grad eines ordentlichen Ingenieurs für Straßen- und Brückenbau erwarb.

In dieser Stellung machte er sich der technisch-mathematischen Welt (1813) zuerst durch die Herausgabe von Gauthey's ‚Traité des ponts', sowie durch die Bearbeitung von Bélidor's ‚Science des ingénieurs' (1813) und dessen ‚Architecture hydraulique' (1819) bekannt. Diesen Erstlingen folgte bald jene schöne Reihe von ebenso originellen als werthvollen Arbeiten, womit Navier rationelle Technik und Wissenschaft in fast gleicher Weise bereicherte. In ersterer Hinsicht muß Navier jedenfalls zu den Männern (Poncelet und Coriolis) gezählt werden, die in vorher nicht gekanntem Maaße die Anwendung der Mechanik auf Baukunst, Maschinen und Gewerbe zeigten und die Schöpfer der heutigen Industriellen- und Ingenieur-Mechanik genannt werden müssen.

Im Jahre 1819 wurde Navier Professeur suppléant der Mechanik an der école des ponts et chausées und bald nach dem Erscheinen (1823) seines jetzt noch unübertroffenen Werkes: ‚Mémoire sur les ponts suspendus', nämlich den 26. Januar 1824, Mitglied der Akademie der Wissenschaften in Paris.

Bereits früher (von 1810 ab) mit mehrfachen praktischen Arbeiten betraut (die Brücken von Choisy, Asnières, Argenteuil über die Seine und mehrere andere Bauten sind sein Werk), übertrug man ihm den Bau einer Kettenbrücke (155 Meter Spannweite) über die Seine in Paris, welche zur Verbindung der Esplanade des Invalidenhauses und der Champs-Elysées dienen sollte, wobei er das Unglück erleben mußte, daß, noch vor der Vollendung der Brücke (in der Nacht vom 6. bis 7. September 1826), einer der Landpfeiler etwas zu weichen begann und, durch andere ungünstige Umstände veranlaßt, die ganze Brücke wieder abgetragen werden mußte, ein Ereigniß, welches nach manchen Seiten hin über Navier mindestens so lange ein falsches Urtheil erzeugte, bis Prony die ganze Sache in klarer Weise auseinandersetzte.

Prony äußert sich im Résumé seines Urtheils über das ganze Ereigniß wörtlich folgendermaßen: (‚Annales des ponts et chaussées', 1837. 1. Semestre, pag. 13). 1. „Que l'évènement du pont des invalides devait être considéré seulement comme un de ces accidents plus ou moins graves que les ingénieurs rencontrent souvent dans les grands travaux". 2. „Que le remède était aussi facile que peu dispendieux, puisqu'il s'agissait seulement d'augmenter la résistance des contre-forts etc.".

1830 erhielt Navier die Professur für Analysis und Mechanik an der école royale polytechnique, in welcher Stellung er sich, durch die Methode und Klarheit seines Vortrags, die innigste Liebe und höchste Verehrung seiner Schüler und Zuhörer erwarb. 1834 wurde Navier inspecteur divisionnaire des ponts et

und der Baumechanik[1]), sodann aber auch als derjenige Mathematiker und Ingenieur zu bezeichnen, welcher sich (nach Borda's Vorgange, S. 235) zuerst bemühte, die Vielseitigkeit der Anwendung der sogenannten mechanischen Principien (S. 186, 193 und 200), insbesondere das von der Erhaltung der lebendigen Kräfte, im Gebiete der technischen Hydraulik und der theoretischen Maschinenlehre darzuthun.

Indeß gelangte Navier doch erst zu den schönen, für Ingenieure brauchbaren Resultaten, wodurch er die heutige Elasticitätslehre (nach Form und Inhalt) begründete, nachdem er, das Bernoulli-Euler'sche Fundament beibehaltend, den Aufbau in eigenthümlicher, selbständiger (elegant-wissenschaftlicher) Weise erfaßte.

Zuerst tritt seine Meisterschaft in einem Memoire hervor, welches er am 23. November 1819 der Pariser Akademie überreichte und das betitelt war: ‚Mémoire sur la flexion des verges élastiques courbes'. Merkwürdiger Weise wurden die hierin entwickelten, technisch höchst werthvollen Resultate erst nach der Zeit bekannt[2]), als Navier (1824) selbst Mitglied der genannten gelehrten Gesellschaft geworden war, dann aber auch nur auszugsweise im ‚Bulletin des sciences de la société philomatique de

---

chaussées. Leider ereilte ihn (1836) der Tod viel zu früh, ebensowohl für seine Gattin und beiden Töchter und seine zahlreichen Freunde, wie für die Wissenschaft, in deren Kreise sein Name niemals in Vergessenheit gerathen wird.

1) Bei allen Verdiensten, die Navier zuerkannt werden müssen, darf nicht vergessen werden, daß schon vor Navier der Deutsche Eytelwein (S. 288) bemüht war, die Bernoulli-Euler'sche Elasticitätslehre den Bauingenieuren zugänglich und praktisch brauchbar zu machen. Unter anderen finden sich in Eytelwein's (1808 erschienener) ‚Statik fester Körper', Bd. III, S. 129 fl. fast alle die elastische Linie betreffenden Gleichungen, für den Fall sehr wenig gebogener Ruthen, welche Navier in den Noten von Gauthey's ‚Traité de la construction des ponts' (1813), Bd. II, pag. 22 und ferner beifügt. Auch bei Bruch- oder Cohäsionsfragen der Materialien gelangt Navier (a. a. O., pag. 142) zu keiner bestimmteren Entscheidung, als daß er die sogenannte respective Festigkeit durch die Gleichung $Q = k\,\frac{bh^2}{l}$, also ganz wie Eytelwein (‚Statistik', Bd. II, S. 287), ohne sich dabei beim symmetrischen, rechteckigen Querschnitt, für $k = \frac{1}{6}$ (wie Coulomb, S. 238), zu entscheiden.

2) Es wird behauptet zufolge persönlicher Intrigue gewisser Mitglieder der Pariser Akademie der Wissenschaften. Der betreffende, von Fourier, Girard und Prony erstattete (günstige) Bericht findet sich abgedruckt in den ‚Annales de chimie et de physique' (1820), Bd. XV.

Paris' vom Jahre 1825, welches außerhalb Frankreichs nur in sehr beschränkten Kreisen bekannt war.

Navier behandelt hier die für Bau- und Maschineningenieure wichtigen Fragen über das Verhalten einer elastischen Ruthe (verge) in den beiden Fällen, daß diese Ruthe erstens ursprünglich (vor der Einwirkung äußerer Kräfte) gerade ist und schließlich von einem Gewichte $2P$ nur wenig gebogen wird, dabei mit Gewalt zwischen feste Stützen geklemmt, deren Entfernung kleiner als die natürliche Länge der Ruthe ist und zweitens, dass diese Ruthe bereits bedeutend gebogen ist, bevor äußere Kräfte auf sie einwirken.

Auf beide Fälle werde hier etwas näher eingegangen und zur Unterstützung des schnellen Verständnisses des ersten Falles folgende Figur 52 beigefügt (die im Navier'schen ‚Mémoire' fehlt).

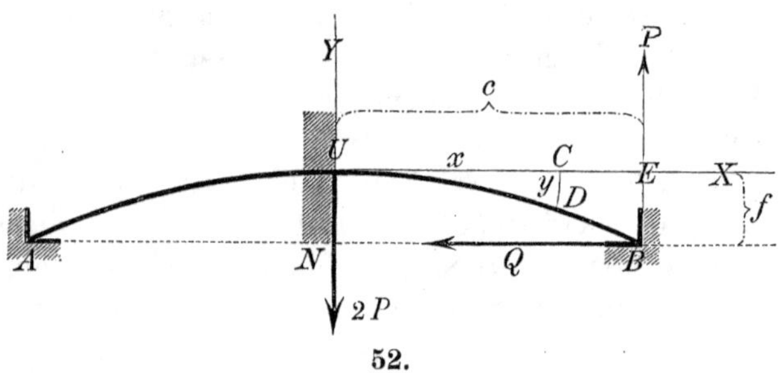


52.

Unter Benutzung der in der vorstehenden Figur angegebenen Bezeichnungen die Hälfte der Ruthe bei $UN$ eingemauert gedacht und angenommen, daß in $B$ die Kräfte $P$ und $Q$ wirken, mit Bezug auf die Seite 144 erörterte Bernoulli'sche Grundgleichung ergiebt sich dann nach Seite 144, wegen $\frac{W}{\varrho} = M$, wenn $M$ die Summe der statischen Momente der äußeren Kräfte bezeichnet: $$\frac{W}{\varrho} = -P(c-x) + Q(f-y), \text{ oder}$$ wenn für $\varrho = \frac{ds^3}{dx\,d^2y - dy\,d^2x}$, bei wenig gekrümmten Ruthen, wo man $ds = dx$ setzen kann und wenn man $d^2x =$ Null annimmt, der Annäherungswerth $\varrho = \frac{dx^2}{d^2y}$ eingeführt wird:

$$\text{I.} \quad W\frac{d^2y}{dx^2} = -P(c-x) + Q(f-y).$$

Setzt man hier $\frac{P}{W} = p^2$ und $\frac{Q}{W} = q^2$, so erhält man als Integral[1]):

---

1) Ueber die Herleitung dieses Integrales sehe man u. A. die durch Herrn

$$y = f + \frac{p^2}{q^3}\left[\frac{sin\, q\,(c - x)}{cos.\, q\, c} - q\,(c - x)\right];$$

so wie sich für die Constanten $p$ und $q$ ergiebt:

$$tg\, q\, c = q\, c - \frac{q^3 f}{p^2}, \text{ d. i.}$$

$$tg\, c \sqrt{\frac{Q}{W}} = c\sqrt{\frac{Q}{W}} - f\,\frac{Q}{P}\sqrt{\frac{Q}{W}}.$$

Aus letzterer Gleichung kann aber die Unbekannte $Q$ bestimmt werden.

Im zweiten Falle denkt sich Navier eine bereits gekrümmte, elastische Ruthe von bekannter Gestalt als gegeben und ermittelt die neue Gestalt, welche die Ruthe zufolge der Einwirkung äußerer Kräfte annimmt [1]).

Ferner denkt er sich die in der Ebene gebogene Ruthe mit dem einen (oberen) Ende in horizontaler Lage festgehalten (eingemauert), das andere (untere) freie Ende aber der Einwirkung zweier Kräfte $P$ und $Q$ unterworfen, deren beziehungsweise vertikalen und horizontalen Richtungen in derselben Vertikalebene liegen.

Als Gleichgewichtsbedingung stellt er dann die Gleichung auf [2]):

$$\text{II.} \quad W\left(\frac{d\varphi_1 - d\varphi}{ds}\right) = P\,(a - x) + Q\,(b - y).$$

$a$ und $b$ sind beziehungsweise die rechtwinkligen Coordinaten des freien Endpunktes der Ruthe, so wie $x$ und $y$ die allgemeinen Coordinaten eines beliebigen Punktes der letzteren.

Navier wendet nun die Formel II auf die beiden besonderen Fälle an, daß erstens die Ruthe ursprünglich die Gestalt einer Parabel und zweitens die eines Kreisbogens hat. Unter Voraussetzung sehr geringer Biegungen integrirt er die betreffenden

---

v. Kaven besorgte Uebersetzung des Ardant'schen Werkes: ‚Études théoriques et expérimentales sur l'établissement des charpentes à grande portée'. Metz 1840. Die deutsche Uebersetzung datirt vom Jahr 1847 und die betreffende Integration ist hier S. 111 ausgeführt.

1) Allerdings hat schon L. Euler elastische Ruthen mit ursprünglich gebogener Achse in Betracht gezogen (S. 180), eine für die praktische Anwendung brauchbare Theorie hat jedoch zuerst Navier aufgestellt.

2) Nach S. 180 ist $W\left(\frac{1}{\varrho_1} - \frac{1}{\varrho}\right) = M$. Bezeichnet man daher die correspondirenden Contingenzwinkel beziehungsweise mit $d\varphi_1$ und $d\varphi$, so ist bekanntlich, wenn das betreffende Bogenelement der elastischen Ruthe $ds$ gegesetzt wird:

$$\varrho_1 = \frac{d\varphi_1}{ds} \text{ und } \varrho = \frac{d\varphi}{ds}.$$

Differenzialgleichungen unter Anwendung von Reihen und bestimmt schließlich die horizontalen und vertikalen Verschiebungen der Endpunkte. In gleicher Weise behandelt er auch die Biegungen bogenförmiger, auf ihre ganze Länge (gleichförmig oder ungleichförmig) belasteter, sowie auch solcher gebogenen Ruthen, welche zwischen zwei in einer Horizontale liegenden Stützen eingespannt und in der Mitte belastet sind. Schließlich zeigt er die Benutzung aller dieser theoretischen Resultate auf die Praxis der Baukunst[1]).

Um die für elastische Ruthen (dünne und schmale Streifen) gewonnenen Resultate auf Stäbe von bestimmter Dicke, überhaupt auf gerade prismatische Körper von schon merklicher Höhe oder Stärke (letztere aber immerhin gering in Bezug auf ihre Länge) anwenden zu können, zeigt Navier zunächst (wie auch schon Coulomb, S. 238), daß sich beim Einwirken äußerer Kräfte auf elastische Körper genannter Art, im Inneren der letzteren, stets eine Faserschicht bildet, welche sich völlig passiv gegen jede Formänderung verhält und die er deshalb „die neutrale Faserschicht" nennt. Die Durchschnittslinie dieser Schicht mit einer Vertikalebene, welche normal durch die Längenachse des Körpers gelegt werden kann, ist dann die vorher bei der elastischen Ruthe erörterte elastische Linie, sowie ferner jede auf dieser Linie normal stehende Gerade, welche zugleich in der neutralen Faserschicht liegt (in welcher keine Faserspannung stattfindet), eine neutrale Achse genannt wird. Von dieser letzteren zeigt nun Navier ferner, daß sie durch den Schwerpunkt des normalen Querschnittes geht und endlich nimmt er noch an, daß diese Querschnitte bei der Biegung des Körpers ebene Flächen bleiben, welche auf der Längenachse des Körpers normal stehen[2]).

---

1) Ausführlich hierüber handelt das ganze sechste Kapitel von Navier's Resumé des leçons etc.', Bd. I (,Mechanik der Baukunst', deutsche Bearbeitung, §. 425 bis 489). Speciell auf Dach- und Brücken-Constructionen wandte diese Navier'schen Formeln vor Allem Ardant an, in seinem genannten Werke, dessen deutsche Bearbeitung v. Kaven (1847) unter dem Titel lieferte: ,Theoretisch-praktische Abhandlung über Anordnung und Construction der Sprengwerke von großer Spannweite'.

2) Spätere Autoren haben gezeigt, daß diese Annahmen nicht für alle Fälle richtig sind. Man sehe hierüber besonders eine Arbeit Poncelet's in dem folgenden Paragraphen (S. 398) und St. Venant in der von ihm besorgten dritten Auflage (§. 80, Noten) des betreffenden Navier'schen Werkes.

Indem er sodann die Summe der statischen Momente der inneren Kräfte (Spannungen) dem statischen Momente $M$ der äußeren Kräfte, beide auf die neutrale Achse bezogen, gleich setzt, gelangt er zur Gleichung:

$$\text{III. } Mv = RJ,$$

worin $R$ die Spannung derjenigen Faser darstellt, welche sich in $v$ Entfernung von der neutralen Achse des betreffenden Querschnittes befindet und $J$ die Summe der Produkte aus allen Flächenelementen $(du \,.\, dv)$ in das Quadrat $(v^2)$ ihres Abstandes von der neutralen Achse bezeichnet.

Die Aehnlichkeit vorstehender Gleichung III mit der Bernoulli'schen (S. 144 und 179) $M = \frac{W}{\varrho} = \frac{EJ}{\varrho}$[1]) ist unverkennbar, indem man im letzteren Werth nur $\frac{E}{\varrho}$ durch $\frac{R}{v}$ zu ersetzen braucht, um III zu erhalten[2]).

Einen geeigneten Ausdruck für den Bruch prismatischer Körper basirt nun Navier (§. 113, a. a. O.) auf die Annahme, „daß die Widerstände der Fasern, welche den Ausdehnungen und Zusammendrückungen proportional sind, so lange die Biegung sehr gering bleibt und daß dies auch noch in dem Augenblicke der Fall sei, in welchem der Bruch erfolgt"[3]).

---

1) Läßt sich die Figur des Querschnittes in zwei symmetrische Hälften theilen, so ist $J = \int\int du\, v^2\, dv + C$, ein rein analytisch-geometrischer Ausdruck, den zuerst Persy in seinem ‚Cours de stabilité des constructions' (nach Euler für Körper, S. 95), in der ersten Auflage von 1831 (Nr. 41), das Trägheitsmoment der Querschnittsfläche nannte. Navier hat diese jetzt allgemein adoptirte Benennung nie gebraucht, sondern stets das Produkt aus $J$ und dem Elasticitätsmoment $E$, also $EJ = W$ das Elasticitätsmoment genannt und überdies überall $EJ = \varepsilon$ gesetzt. (Navier, ‚Mechanik der Baukunst'. Deutsch von Westphal, §. 80 fl.).

2) Der Herausgeber der dritten Auflage des betreffenden Navier'schen Werkes, Saint-Venant, schlägt deshalb auch in Nr. 113, pag. 88, §. 1 vor, $R\frac{J}{v}$ „la deuxième expression du moment de flexion" und $\frac{EJ}{\varrho}$ „la première expression du moment de flexion" zu nennen.

3) Gegen diese Annahmen macht Saint-Venant (a. a. O., von pag. 88 an) so viel Einwendungen und bringt derartige werthvolle Erörterungen, daß er hierzu nicht weniger als 17 Paragraphen als Zusatz bedarf. Auf S. 93 (a. a. O., §. 6) nennt Saint-Venant auch mit Poncelet denjenigen Querschnitt des prismatischen Körpers, worin zuerst eine Trennung seiner kleinsten Theile durch

Bezeichnet man daher nach Navier mit $v'$ den Abstand der neutralen Achse (der Gleichgewichtsachse) von derjenigen Faser an der convexen oder concaven Seite des Körpers, welche zuerst auf dem Punkte steht, zerrissen oder zerquetscht zu werden und mit $R'$ die constante Kraft, deren man bedarf, um ein Prisma zu zerreißen (oder zu zerdrücken), dessen Querschnitt gleich der Flächeneinheit ist, so folgt aus III:

$$\text{IV.} \quad M = \frac{R'}{v'} J$$ [1],

einen Ausdruck, den Navier das Bruchmoment nennt. An einer anderen Stelle des betreffenden Navier'schen Werkes (§. 127, a. a. O.) räth der Verfasser, der Constante $R'$ stets einen solchen Werth beizulegen, welcher der Natur des Körpers entspricht und der aus Versuchen gefunden werden muß [2].

---

äußere Kräfte zu erwarten ist, den gefährlichen Querschnitt (section dangereuse).

1) Navier selber erklärt ganz bestimmt (§. 151 der Westphal'schen Uebersetzung seines betreffenden, wiederholt genannten Werkes), daß die zur Herleitung der Gleichung IV gewählten Hypothesen nicht der wahren Natur der Sache entsprechen, daß namentlich die Gleichgewichtsachse ihre ursprüngliche Lage verläßt und daher die Ausdrücke für das Bruchmoment nicht dem Zustande des Körpers entsprechen. Indeß (fährt er an der citirten Stelle fort) muß man beachten: daß die wichtigsten Ergebnisse der Formel IV nichtsdestoweniger wahr bleiben, so daß die Widerstände für rechteckige Querschnitte stets der Breite und dem Quadrate der Höhe proportional sind etc.

In Bezug auf letzteren Satz werde erinnert, daß für rechteckige Querschnitte, mit beziehungsweise horizontalen Breiten ($b$) und senkrechten Höhen ($h$), wenn die neutrale Achse als durch den Schwerpunkt gehend angenommen wird, $J = \frac{1}{12} b h^3$, $v = \frac{1}{2} h$ und daher $M' = \frac{1}{6} R' b h^2$ ist. Letzterer Werth wird oft als zuerst von Navier gefunden bezeichnet, was jedoch nicht der Fall ist, da er bereits (fast 50 Jahre) früher von Coulomb (S. 238) ermittelt wurde.

Weiteres über alle hier mehr oder weniger angedeuteten Erörterungen in der Fortsetzung unserer Geschichte.

2) Statt des Navier'schen Coëfficienten $\frac{1}{6}$ am Ende der Note 1 fand (1846) der Engländer Hodgkinson aus zahlreichen, mit gußeisernen Barren angestellten Bruchversuchen den Werth 2,63, so daß dann erhalten wird: $M = \frac{1}{2,63} R' b h^2$. Bezeichnet daher $P$ das Bruchgewicht, welches in $l$ Entfernung vom befestigten Ende des prismatischen Körpers aufgehangen ist, so erhält man $P = \frac{R'}{2,63} \cdot \frac{b h^2}{l}$. Um letzteren Werth durch Rechnung zu erhalten, legte Baumgarten (‚Annales des ponts et chaussées', Tome IX, 1855, 1. semestre, pag. 233)

Die vorher (S. 359) erwähnte Annahme Navier's bei seinen Untersuchungen über Elasticität und Festigkeit nur prismatische Körper vorauszusetzen, deren Länge die Querschnittsdimensionen bedeutend übertrifft, setzte ihn in den Stand, bei der Zerlegung der überhaupt in Betracht kommenden Kräfte alle die zu vernachlässigen, welche in die Ebene der Querschnittsflächen fallen, wie dies bereits auch von Coulomb (S. 238) geschah, der ebenfalls die Abscheerungs-Schub- oder Gleitungs-Elasticität und Festigkeit bei Herleitung der Gleichung (S. 238) $Q = \frac{1}{6} k \frac{b h^2}{l}$ vernachlässigte.

Um diese Lücke, im Gebiete der praktischen Anwendungen, für den Fall einigermaßen auszugleichen, daß die Länge des prismatischen Körpers dessen Querschnittsdimensionen nur wenig übertrifft, stellt Navier (§. 154, a. a. O.) zur Berechnung des

---

die Hypothese zu Grunde, daß die Faserspannungen eines beliebigen Querschnittes sich wie die Quadratwurzeln aus den Entfernungen $= x$ von der unteren Kante des Bruchquerschnittes $(b, h)$ verhalten, also die Gleichung stattfindet: $Pl = \frac{R'b}{\sqrt{h}} \int_0^h x^{\frac{3}{2}}\, dx = \frac{2}{5} R' b h^2$, woraus folgt $P = \frac{R'}{2{,}50} \frac{b h^2}{l}$, was allerdings gut genug mit dem von Hodgkinson gefundenen Werthe übereinstimmt.

Professor Winkler in seiner werthvollen, von mir mehrfach benutzten ‚Geschichte der Elasticitätslehre' (S. 179, Note 1 dieses Buches), unterscheidet (ganz richtig) Festigkeitscoëfficienten $(R)$ für Zug und Druck, so daß, wenn man den ersteren mit $R_z$ und letzteren mit $R_d$ bezeichnet und, damit correspondirend, den Abstand der am meisten gezogenen und gedrückten Faser von der neutralen Achse, beziehungsweise $v_z$ und $v_d$ setzt, für den Bruch entweder die Gleichung:

$$R_z = \frac{M v_z}{J}, \text{ oder die } R_d = \frac{M v_d}{J}$$

in Anwendung zu bringen sei.

Hierzu soll Navier noch folgende Bemerkung gemacht haben:

„Obwohl diesen Gleichungen eine nicht ganz gerechtfertigte Annahme zu Grunde liegt, werden sie dennoch angewandt werden können, wenn man $R_z$ und $R_d$ nicht durch Zerreißungs- oder Zerdrückungsversuche, sondern durch Bruchversuche bestimmt. Für die Berechnung der Stärken in Constructionen ist statt der Coëfficienten $R_z$ und $R_d$ nur ein bestimmter Theil derselben einzuführen".

Bedaure ich auch, letztere Bemerkung Navier's in dieser wörtlichen Ausdrucksweise in keiner der (vielen) mir zu Gebote stehenden Quellen gefunden zu haben, so ist mir die Winkler'sche Angabe dennoch deshalb sehr lieb, als mir hierdurch Gelegenheit geboten wurde, diesen für die Praxis nicht unwichtigen Zusatz hier anbringen zu können.

brechenden Gewichtes $P$, welches am freien Ende eines mit dem anderen Ende in horizontaler Lage befestigten prismatischen Stabes von $l$ Länge, $b$ Breite und $h$ Höhe aufgehangen ist, die Formel auf:

$$\text{V. } P = \psi \frac{bh}{\sqrt{\frac{1}{k^2} + \frac{36\,l^2}{E^2 h^2}}},$$

worin $\psi$ und $k$ Erfahrungscoëfficienten und $E$ der Elasticitätsmodul des betreffenden Körpermateriales ist.

Vernachlässigt man hier $\frac{1}{k^2}$, so folgt

$$P = \frac{1}{6}(\psi E)\frac{b h^2}{l},$$

d. h. ergiebt sich die in Note 1, S. 360 erörterte Formel, wenn $\psi E = R'$ gesetzt wird.

Läßt man dagegen das Glied unbeachtet, welches $E$ enthält, so wird:

$$\text{VI. } P = (k\psi)\,bh\,[1],$$

ein Werth, den man, beispielsweise im Maschinenbaue, noch gegenwärtig zu benutzen pflegt [2]).

Wie es weder L. Euler, noch Lagrange, Poisson, Cauchy u. A. (S. 198) gelang, einen mit den Versuchen übereinstimmenden Ausdruck für die Größe der Durchbiegung eines genau in der Achsenrichtung gedrückten, geraden Stabes zu ermitteln, so kam auch Navier zu keinem desfallsigen Resultate. Derselbe half sich jedoch (für praktische Zwecke) damit, die betreffende Druckrichtung excentrisch vorauszusetzen, wodurch er

---

1) Auch hier sind die von Saint-Venant bei der Bearbeitung der dritten Auflage des Navier'schen Werkes beigegebenen Noten, obigen Gegenstand betreffend, von eben so großem Interesse als von praktischer Wichtigkeit. Er hat deshalb für erforderlich gehalten, dem betreffenden Navier'schen Paragraphen (§. 152) nicht weniger als zehn Paragraphen als „Noten“ beizufügen. Dabei erörtert er geschichtlich die Verdienste Dr. Young's (S. 316 unseres Buches), um die Abscheerungs-Festigkeit, ganz besonders aber die noch höher zu schätzenden Verdienste Vicat's in einer besonderen Abhandlung über die force transverse bei Betrachtungen über gewisse Erscheinungen, welche (unter Umständen) dem Bruche der Körper vorausgehen (‚Annales des ponts et chaussées‘, T. VI, 1833, 2. semestre, pag. 201).

Außerdem berichtet auch Saint-Venant (a. a. O., pag. 203, §. 9), daß man den Coëfficienten $(k\psi) = \frac{4}{5}$ vom Coëfficienten der Zug- oder Druck-Festigkeit (Zug- oder Druck-Spannung) in Rechnung bringen könne.

2) Reuleaux' ‚Constructeur‘, 4. Auflage (1882), S. 7.

zugleich zu einer recht praktischen Behandlung derjenigen Fälle gelangte, wo ein Stab durch äußere Kräfte gleichzeitig auf Druck (Zug) und Drehung (Biegung) in Anspruch genommen wird.

In §. 387 seines Hauptwerkes über den Widerstand der Materialien, ‚Résumé des leçons etc.' (deutsch von Westphal), behandelt er diesen für die Praxis wichtigen Gegenstand zuerst für einen elastischen Stab, der in seiner Längenrichtung von der Kraft $Q$ zusammengedrückt und dadurch sehr wenig gebogen wird. Für diesen Fall hebt Navier hervor, daß man Folgendes zu beachten habe:

1. Daß die Längenfasern, wenn man sich die Kraft $Q$ gleichförmig auf der ganzen Querschnittsfläche $F$ des Stabes vertheilt denkt, einen Druck $\frac{Q}{F}$ auf jeder Flächeneinheit erleiden und dadurch um den Bruch $\frac{Q}{EF}$ ihrer Länge verkürzt werden ($E$ als betreffenden Elasticitätsmodul vorausgesetzt).

2. Daß in Folge der Biegung die Fasern auf der convexen Seite verlängert und auf der concaven Seite verkürzt werden und zwar um einen Theil ihrer Länge, der sich (unter Beibehaltung der bisherigen Bezeichnungen) durch den Bruch $\frac{v}{\varrho} = v\frac{d^2y}{dx^2}$ ausdrücken läßt. Da nun die beiden in Rede stehenden Wirkungen zu gleicher Zeit erfolgen, so ist die größte Zusammendrückung, welche eine Faser erleidet (wieder $v'$ statt $v$ gesetzt):

$$\frac{Q}{EF} + \frac{v'}{\varrho} = \frac{Q}{EF} + v'\frac{d^2y}{dx^2}.$$

Offenbar wird die zulässige Belastung eines Stabes durch den Grad der Ausdehnung oder Zusammendrückung bestimmt, welche die Fasern durch die Wirkung der Belastung erleiden, daher ergiebt sich, wenn $R'$ die größte zulässige Belastung pro Flächeninhalt bezeichnet[1]), die Gleichung:

---

1) Für Studirende mag hier folgende Erörterung (als Repetition) Platz finden: Innerhalb der Elasticitätsgrenze kann angenommen werden, daß sich die Verkürzungen (oder Verlängerungen) $\lambda$ und $\lambda_1$ der elastischen Fasern von $l$ und $l_1$ Länge, wie die drückenden (oder dehnenden Kräfte) $q$ und $q_1$ und umgekehrt wie die Querschnitte $a$ und $a_1$ der Fasern verhalten, so daß die Proportion stattfindet:

$$\lambda : \lambda_1 = \frac{ql}{a} : \frac{q_1 l_1}{a_1}.$$

$$\text{VII.} \quad \frac{R'}{E} = \frac{Q}{EF} + v' \frac{d^2 y}{d x^2}\text{[1]}$$

---

Hieraus folgt aber $\lambda = \left(\frac{\lambda_1 a_1}{q_1 l_1}\right) \frac{q l}{a}$, oder, da sich $\frac{q_1}{a_1} . \frac{l_1}{\lambda_1}$ als der Elasticitätsmodul (nach S. 316, Note 1) $= E$ nachweisen läßt: $\lambda = \frac{1}{E} . \frac{q l}{a}$, d. i. $\frac{\lambda}{l} = \frac{q}{E a}$ und für $a = 1 : \frac{\lambda}{l} = \frac{q}{E}$, woraus sich der linke Theil der Gleichung VII erklärt.

1) Bevor wir zu folgenden geschichtlichen Erörterungen dieser Formel schreiten, schicken wir eine Bemerkung voraus, welche sich auf das zweite Glied im rechten Theile der Gleichung VII bezieht. Hierzu sei in Figur 53 $m n = d s$ ein Längenelement der neutralen Faserschicht eines gebogenen prismatischen Stabes und zwar an einer Stelle $m$, wo der Krümmungshalbmesser $= \varrho$ ist, und ferner sei $\lambda$ die Ausdehnung einer Faser in der Entfernung $v$ von der neutralen Achse. In diesem Falle hat man $\frac{d s}{\varrho} = \frac{\lambda}{v}$ und $\frac{\lambda}{d s} = \frac{v}{\varrho}$, ein Werth, der mit $\varepsilon$ bezeichnet werden mag und wofür man auch, mit Bezug darauf, daß $\frac{1}{\varrho} = \frac{M}{W}$ ist, setzen kann $\varepsilon = v \frac{M}{W}$, sowie auch $\varepsilon' = v' \frac{M_{max}}{W}$

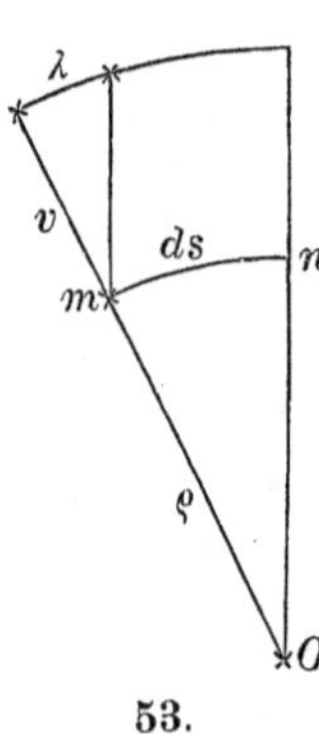

53.

Hiernach läßt sich VII auch folgendermaßen schreiben: $\frac{R'}{E} = \frac{Q}{EF} + v' \frac{M_{max}}{W}$, oder auch, da $W = EJ$ ist (nach Poncelet, von hier ab, das Trägheitsmoment statt bisher mit $T$ durch $J$ bezeichnet):

$$\text{VIII.} \quad R = \frac{Q}{F} + v' \frac{M_{max}}{J}.$$

Denkt man sich nun $Q$ excentrisch wirksam und setzt den betreffenden Abstand von der Stabachse $= u$, so erhält man aus VIII:

$$\text{IX.} \quad R' = \frac{Q}{F} + v' \frac{(Q u)}{J}.$$

Um aus dieser Gleichung das unbekannte $u$ zu eliminiren, beachte man, daß $\varepsilon' = v' \frac{Q u}{W}$, jedoch auch (nach S. 180) $Q = W \frac{\pi^2}{l^2}$ ist, demnach folgt $\varepsilon' = v' \frac{W}{W} \frac{\pi^2}{l^2} u = v' \frac{\pi^2}{l^2} u$, woraus sich für $u$ der Werth ergiebt: $u = \frac{\varepsilon'}{v'} \frac{l^2}{\pi^2}$.

Demnach wird aus IX:

$$R' = \frac{Q}{F} + \frac{Q}{J} . \varepsilon' \frac{l^2}{\pi^2},$$

sowie man ferner erhält:

$$\text{X.} \quad Q = \frac{F R'}{1 + \varepsilon \frac{F}{J} \frac{l^2}{\pi^2}}.$$

Wahrscheinlich ohne von der Navier'schen Begründung dieser Formel eine Idee gehabt zu haben, leitet dieselbe 1854 der Professor Schwarz in ganz eigenthümlicher Weise in Erbkam's ‚Zeitschrift für Bauwesen',

Navier macht von diesem Ausdrucke vielfach beachtenswerthe Anwendungen, worüber unsere Quelle Auskunft giebt.

Erwähnt werde jedoch noch, daß die Fälle, welche unter Anwendung dieser Formel der Rechnung unterworfen werden können, zu den Benennungen „zusammengesezte Elasticität" und „zusammengesetzte Festigkeit" Veranlassung gegeben haben. Navier verdankt man überdies auch zuerst eine Theorie der Torsionsfestigkeit, welche auf richtige Principien basirte.

Mit Bezug auf Figur 54 nimmt Navier zunächst an, daß der prismatische Stab mit seinem linken Ende bei horizontal gerichteter Achse $Cc$ fest eingemauert ist. Durch eine Kraft $P$, welche am äußersten freien Ende an einem Hebel $cB = a$ auf Drehung wirkt, werde der ursprünglich vertikale Durchmesser $bcb$ daselbst in die Lage $b'cb'$ gebracht, ferner alle rückwärtsliegenden Durchmesser wie $ded$ eine geringere (abnehmende) Verdrehung erfahren haben und endlich der Durchmesser $AA$ der eingemauerten Endfläche gar keine Verdrehung erlitten hat.

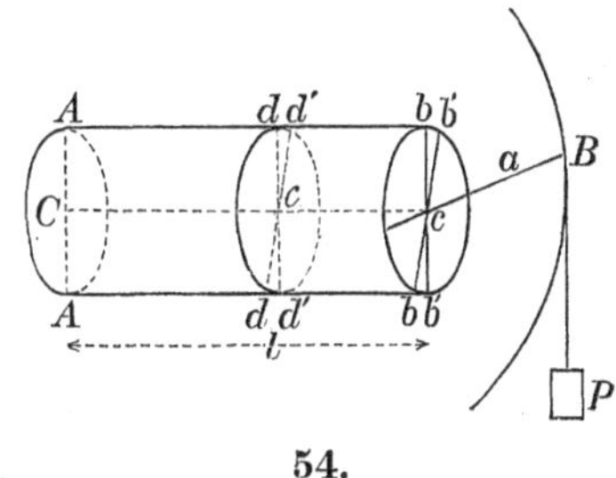


54.

Die Größe, um welche durch diese Verdrehungen die Mole-

---

Jahrg. IV, S. 518 unter der Ueberschrift ab: „Von der rückwirkenden Festigkeit der Körper" und räth dabei $\varepsilon$ wie folgt zu nehmen:

$\frac{1}{750}$ für Holz,

$\frac{1}{1400}$ für Schmiedeeisen und

$\frac{1}{1200}$ für Gußeisen.

Nachher (1857) bringen Laissle und Schübler in ihrem Werke: ‚Ueber den Bau der Brückenträger' (S. 55) dieselbe Formel, ohne weder Navier noch Schwarz zu erwähnen.

Ganz neuerdings ist sie wieder unter dem Namen „Gordon- und Rankine-Formel" von Steiner im österreichischen (officiellen) Berichte über die Philadelphia-Ausstellung von 1876 aufgetreten, worin die betreffenden Coëfficienten für numerische Rechnungen durch directe Versuche (?) bestimmt worden sein sollen. Man sehe hierüber den genannten Ausstellungsbericht, Heft XXII, S. 80 (datirt Wien 1877). Rankine in seinem ‚Manual of Civil-Engineering' (12. Auflage), pag. 233 scheint ebenfalls die ersten Aufsteller der fraglichen Formel nicht zu kennen!

küle in zwei auf einander folgenden Querschnitten von einander entfernt werden, nimmt er dann proportional an:

1) der Entfernung der Moleküle von der Körperachse $Cc$ und

2) der Differenz der von jedem Halbmesser in zwei auf einander folgenden Querschnitten durchlaufenen Winkel, welche Differenz im geraden Verhältnisse zu dem Winkel $bcb'$ und im umgekehrten Verhältnisse zur Länge $Cc$ des Stabes steht.

Bezeichnet man hiernach mit $x$ die Entfernung eines beliebigen Moleküls von dem Mittelpunkte $c$ der Drehachse $Ccc$, $dx$ deren radicalen und mit $x\,d\varphi$ deren peripherischen Zuwachs als Bogenmaaß, so daß $x\,dx\,d\varphi$ der Flächeninhalt eines Querschnittselementes bei $x$ ist, so hat man als Ausdruck für den Widerstand dieses Elementes gegen Torsion:

$$G\,.\,\frac{\beta}{l}\,d\varphi\,.\,x^2\,dx,$$

wenn $\beta$ den sehr kleinen Winkel $bcb'$, $G$ einen constanten, mit dem Materiale verschiedenen Coëfficienten für den Widerstand gegen Torsion bezeichnet und $l$ die Länge des Stabes ist, vom festen Querschnitte $AA$ bis zu dem Querschnitte $bb$, in welchem die Kraft $P$ wirkt.

Das Gleichgewicht zwischen der Momentensumme aller ähnlichen Widerstände und dem Momente der Kraft $P$ wird dann (sobald der Körper $Adcb$ einen Cylinder mit kreisförmigen Querschnitten bildet, dessen Radius $r$ ist) ausgedrückt durch

$$\text{XI.}\quad Pa = \frac{G\,.\,\beta}{l}\int_0^{2\pi} d\varphi \int_0^r x^3\,dx = \frac{1}{2}\,G\beta\,\frac{r^4\pi}{l}\ ^{1)}.$$

Bei Ableitung dieser Formel ist übrigens noch vorausgesetzt, daß bei der Verdrehung die Querschnitte noch ebene Flächen bleiben, was höchstens für den Kreis und das Quadrat richtig, jedoch für das Rechteck und andere Querschnitte ungültig ist. Navier bemerkt selbst hierzu, daß man sich bei anderen Querschnitten (als Kreisfläche und Quadrat) auch anderer Formeln bedienen müsse,

---

1) Für ein Prisma mit quadratischem Querschnitte von $b$ Seitenlänge findet Navier die Gleichung

$$\text{XII.}\quad Pa = G\,.\,\beta\,.\,\frac{b^4}{6\,l}.$$

Setzt man in XI $r = \frac{d}{2}$ und $\beta = \frac{\alpha}{2}$, so ergiebt sich:

$$Pa = G\alpha\,\frac{d^4\pi}{64\,l},$$

wie bereits S. 243 in der Note angegeben wurde.

wozu er auf Cauchy's ‚Excercises de mathématiques', 4. année (1829), pag. 59 verweist. Wir werden im folgenden Paragraphen erfahren, daß auch Poncelet auf den gedachten Umstand aufmerksam gemacht und die Aufstellung anderer Formeln als die Navier's versucht hat.

Saint-Venant, der bereits wiederholt genannte Bearbeiter von Navier's ‚Leçons' etc., Th. I. 3. Auflage widmet diesen Paragraphen (Nr. 156) so viel (werthvolle, theoretische) Zusätze, daß diese bald ein Buch (von 261 Quartseiten) für sich bilden [1]).

Den Widerstand prismatischer Körper gegen den Bruch durch Torsion betreffend, so gelangt Navier (genau genommen) auf demselben Wege zu einem entsprechenden Ausdrucke, wie er die Formel IV aus der III. ableitete.

Bezeichnet man daher auch hier mit $v^1$ den größten Werth der Entfernung $= x$ einer beliebigen Faser von der geometrischen Achse des Körpers (Cylinders) und mit $R_t$ ein Gewicht, welches für die Flächeneinheit den Widerstand gegen die Torsion im Augenblicke des Bruchs ausdrückt, so erhält man, analog XI:

$$\text{XIII.}\quad Pa = \frac{R_t}{v^1}\int_0^{2\pi} d\varphi \int_0^r x^3 dx = \frac{R_t}{r}\cdot\frac{r^4\pi}{2} = R_t\cdot\frac{r^3\pi}{2}\ ^{2)}.$$

---

1) Geschichtlich beachtenswerth sind insbesondere die ersten Paragraphen der gedachten Zusätze. In §. 1 macht Saint-Venant aufmerksam, daß das in XI vorkommende Integral $2\pi\int x^3\,dx = \int_0^r (2\,x\pi\,dx)x^2 = \frac{r^4\pi}{2}$, von Persy (in seinen ‚Leçons d'artillerie et du génie de Metz'. Erste Auflage vom Jahre 1831) zuerst mit dem vortrefflich charakteristischen Namen „Polares Trägheitsmoment" bezeichnet (und durch Poncelet $= J_p$ gesetzt) wurde, im Gegensatze zu dem „Aequatorialen Trägheitsmomente" ($= J$), wenn die Drehachse in der ebenen Querschnittsfläche selbst liegt.

Im §. 2 hebt Saint-Venant die zuerst von Thomas Young (S. 316) gemachte Bemerkung hervor, daß die Ursache des Torsions-Widerstandes nicht in den Längenveränderungen der zu Schraubenlinien gestalteten Längenfasern, sondern in dem Uebereinandergleiten (glissement) und dem dadurch hervorgerufenen Abscheerungswiderstande zu suchen sei.

Anlangend die Constante $G$ (den Elasticitätscoëfficienten für Gleitung), so setzt bereits Navier (§. 159, Note) $G = \frac{2}{5}E$, jedoch nur unter der von Cauchy gestellten Bedingung, daß die Körper isotrop, d. h. nach allen Richtungen hin gleich beschaffen (gleich elastisch) sind.

2) Ist der Quadratschnitt ein Quadrat mit der Seite $b$, so ist $v' = \frac{b}{\sqrt{2}}$,

Es erübrigt jetzt noch, von Navier's Arbeiten aus dem Gebiete der Elasticität und Festigkeit der Materialien seiner berühmten Abhandlung ‚Mémoire sur les lois de l'équilibre et du mouvement des corps solides élastiques' zu gedenken, welche er der Pariser Akademie der Wissenschaften am 14. Mai 1821 überreichte und die nachher (1827) im VII. Bande der Memoiren dieser gelehrten Gesellschaft (pag. 375 fl.) abgedruckt wurden.

Navier betrachtet hier, zum ersten Male, die festen elastischen Körper als Summen (assemblages) materieller, in außerordentlich geringen Distanzen neben einander befindlicher Theilchen (molécules), die aufeinander zweierlei Wirkungen ausüben, nämlich eine Attractivkraft und gleichzeitig eine Repulsivkraft, welche letztere durch die Wärme hervorgerufen wird. Die Beantwortung der hierbei zu stellenden Fragen faßt er in zwei Gruppen zusammen, wovon die erste die Aufstellung der Differenzialgleichungen zum Gegenstande hat, welche die Gesetze des Gleichgewichts und der Bewegung ausdrücken, die zweite aber sich mit der Integration dieser Gleichungen befaßt.

Hieraus erkennt man sofort, daß die Erörterung dieser wissenschaftlich eben so interessanten wie wichtigen Fragen bei Weitem die Grenzen des Gebietes überschreitet, welche sich der Verfasser gegenwärtigen Buches bei dessen Abfassung ziehen mußte [1]). Wir sind daher verpflichtet, auf diese Untersuchungen hier nicht weiter einzugehen und zwar um so mehr, als Navier selbst in seinem ‚Résumé des leçons', Th. I, Nr. 1 in dieser Beziehung folgenden Ausspruch macht: „Les recherches générales, fondées sur ces notions, sont trop compliquées pour qu'on puisse les présenter dans un cours élémentaire" [2]).

---

daher in diesem Falle: XIV. $Pa = R_t \frac{b^3}{3\sqrt{2}}$. Daß diese Formeln, der sogenannten Torsionsfestigkeit, nicht für alle Fälle mit den Versuchsresultaten übereinstimmen, scheint zuerst Vicat in seiner bereits oben (S. 362, Note 1) erwähnten Abhandlung nachgewiesen zu haben, in den ‚Annales des ponts et chaussées', Bd. VI (1833), pag. 227 fl.

1) In Saint-Venant's ‚Notice sur les ouvrages de Navier' findet sich pag. LXII folgende Bemerkung über diese Arbeit: „Ce beau mémoire fait époque, car il a fondé la mécanique moléculaire ou la théorie générale de l'élasticité, développée immédiament après par Cauchy, Poisson, Lamé et Clapeyron".

2) In einer Note zu §. 1 der ‚Leçons' etc. bemerkte Saint-Venant Folgendes: „Les recherches de mécanique dit moléculaire dont la première idée appartient Navier se trouvent résumées d'une manière élémentaire dans

Erfreulicher Weise haben wir noch über andere mathematische Arbeiten unseres Navier zu berichten, welche für die technisch-wissenschaftliche Mechanik von größter Wichtigkeit sind. Hierher gehört vor Allem das Werk: ‚Rapport et mémoire sur les ponts suspendus', welches 1823 in Paris erschien und wovon Ch. Dupin (S. 308) am Ende eines der Akademie hierüber (am 29. September 1823) erstatteten Berichtes sagt: „Grâces aux recherches de M. Navier, la France, entrée la dernière dans un nouveau genre de construction, se placera tout à coup au première rang".

Leider ist der Verfasser gegenwärtigen Geschichtswerkes außer Stande (allein des Raummangels wegen), ganz ausführlich über dieses vortreffliche (224 Quartseiten umfassende) Werk des Meisters zu berichten, was übrigens, beiläufig gesagt (merkwürdiger Weise), keinen deutschen Bearbeiter gefunden hat.

Aus vorbemerkten Gründen beschränkt sich der Verfasser, über den (wesentlichen) Inhalt folgender Abschnitte zu berichten:

Im ersten Abschnitte, unter der Ueberschrift „De l'équilibre des chaines", betrachtet Navier zunächst einen vollständig biegsamen Faden $A\,O\,M$, Figur 55, welcher im Punkte $A$ befestigt ist und nimmt zugleich diesen Punkt als den Ursprung der horizontalen Abscissen ($x$) und der vertikalen Ordinaten ($y$) eines rechtwinkligen Coordinatensystemes ($X\,A\,Y$) an. Am Endpunkte $M$ dieses Fadens denkt er sich eine Vertikalkraft $P$ und eine Horizontalkraft $Q$ angebracht, während er zugleich alle zwischen $M$ und $A$ liegenden Punkte der Curve $M\,O\,A$ mit Gewichten belastet voraussetzt. Die Achsenspannung (in der Tangentenrichtung) für einen beliebigen Punkt $m$ der Curve mit $T$ bezeichnet, stellt er dann für den Gleichgewichtszustand folgende zwei Gleichungen auf:

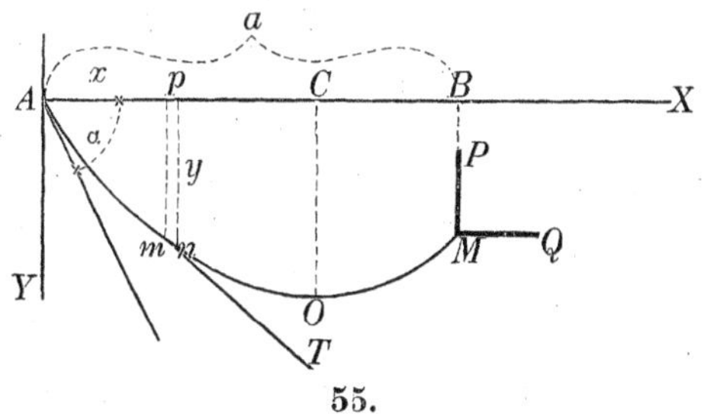

55.

$$1)\ T\frac{dx}{ds} = Q;\quad 2)\ T\frac{dy}{ds} = -P + \int_x^a dx'\,p',$$

wenn das Bogenelement $mn = ds$ und die Abscisse des letzten Punktes der

---

les premières ‚Leçons sur la théorie mathématique de l'élasticité de M. Lamé'. Paris 1852. Außerdem citirt er noch zwei Arbeiten von sich selbst, über Torsion aus dem Jahre 1855 und über Flexion aus dem Jahre 1856.

Curve, d. i. $AB = a$ gesetzt würde und $p'$ das Gewicht bezeichnet, welches sich an einem Punkte aufgehangen befindet, dessen Abscisse $x'$ ist.

Aus diesen beiden Gleichungen entwickelt er dann noch folgende dritte, welche die Variation der Spannung ausdrückt, wenn man von einem Punkte der Curve zum nächstfolgenden übergeht. Diese Gleichung hat die Gestalt:

$$3)\ dT = -p\,dx\,\frac{dy}{ds},$$

$p$ bezeichnet hierbei das in einem Punkte aufgehangene Gewicht, dessen Abscisse $x$ ist.

Navier denkt sich weiter die Belastung derartig gleichförmig über die Horizontalprojection der Curve, also über $AB$ verbreitet, daß auf die Längeneinheit das Gewicht $= p$ kommt, so daß er erhält:

$$4)\ T\frac{dx}{ds} = Q \text{ und } 5)\ T\frac{dy}{ds} = -P + p(a - x).$$

Diese Gleichungen durch einander dividirt, giebt

$$6)\ \frac{dy}{dx} = \frac{-P + p(a-x)}{Q}.$$

Für $x =$ Null liefert letzterer Ausdruck den Werth der trigonometrischen Tangente desjenigen Winkels, welchen die allgemeine Tangente am Punkte $A$ mit der Achse $AX$ bildet, so daß man erhält, wenn der gedachte Winkel mit $\alpha$ bezeichnet wird:

$$tg\,\alpha = \frac{-P + pa}{Q}.$$

Substituirt man diesen Werth in 6, so folgt:

$$7)\ \frac{dy}{dx} = tg\,\alpha - \frac{px}{Q}, \text{ d. i.}$$

wenn man integrirt:

$$8)\ y = x\,tg\,\alpha - \frac{px^2}{2Q},$$

wie Navier §. 109 seines Memoires findet.

Wird ferner für den Punkt $O$ der Curve die betreffende Abscisse, d. i. $\overline{AC} = h$ und die Ordinate, d. i. $CO = f$ gesetzt, so erhält man noch aus 7 und 8

$$9)\ \left\{tg\,\alpha = \frac{ph}{Q} \text{ und } f = \frac{ph^2}{2Q}.\right.$$

Nach Gleichung 4 ist die Spannung $T$ für den Punkt $O$ gleich $Q$ und für jeden anderen Punkt $T = Q\sqrt{1 + \frac{dy^2}{dx^2}}$, oder

$$10)\ T = Q\sqrt{1 + \left((tg\,\alpha - \frac{px}{Q}\right)^2}.$$

Hiernach erhält man zugleich für die Achsenspannungen in den extremen Punkten $A$ und $M$ beziehungsweise

$$\left.\begin{array}{l}(\text{für } A)\text{: } 11)\ T = Q\sqrt{1 + tg\,\alpha^2} = \dfrac{Q}{\cos\alpha} \text{ und} \\ (\text{für } M)\text{: } 12)\ T = Q\sqrt{1 + \left(tg\,\alpha - \dfrac{pa}{Q}\right)^2}\end{array}\right\} \text{(Navier §. 111).}$$

Im nächsten Paragraphen (Nr. 113) seines Memoires hebt Navier hervor, daß vorstehende (und noch andere) Entwickelungen sich wesentlich einfacher gestalten, wenn man den Ursprung der rechtwinkligen Coordinaten in den

Scheitel $O$ der Curve verlegt, was zugleich dem speciellen Falle Figur 56 entspricht, daß die Curve aus zwei symmetrischen, im Punkte $O$ (gleichsam) getrennten Theilen besteht. Für diesen Fall hat man, sobald $h$ und $f$ wieder die Coordinaten des Endpunktes $A$ bezeichnen, mit Bezug auf Figur 56 (wo $Ai = x$ und $im = y$ ist):

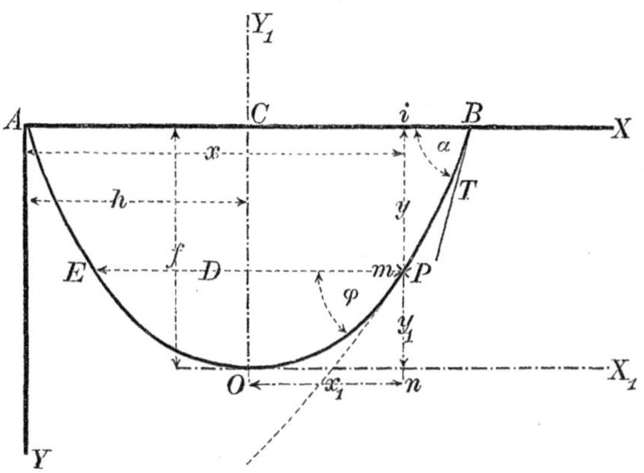

$$x = h + x_1 \text{ und}$$
$$y = f - y_1$$



56.

oder zufolge 9):
$$x = \frac{Q\,tg\,\alpha}{p} + x_1 \text{ und } y = \frac{p h^2}{2Q} - y_1$$

Eliminirt man mittelst letzterer Werthe $x$ und $y$ aus 8, so erhält man schließlich:

$$13)\ y_1 = \frac{p x^2_1}{2Q},$$

so wie, da diese Gleichung auch den Coordinaten $h$ und $f$ entspricht, auch:

$$14)\ y_1 = \frac{f}{h^2} x^2_1, \text{ so wie}$$

$$15)\ tg\,\alpha = \frac{2f}{h} \text{ und}$$

$$16)\ Q = \frac{p h^2}{2f}$$

daher auch

$$17)\ tg\,\alpha = \frac{p h}{Q}$$

Endlich erhält man noch für die Spannung $T$ in einem beliebigen Punkte der Curve:

$$18)\ T = \frac{p h^2}{2f} \sqrt{1 + \frac{4f^2}{h^4} x^2_1}$$

und für die Spannung im Punkte $A$:

$$19)\ T = \frac{p h}{2f} \sqrt{h^2 + 4f^2}$$

Für die Länge $= s_1$ eines beliebigen Stückes $m\,O$ der aufgehangenen Kette findet schließlich Navier (§. 114):

$$20)\ s_1 = x_1 + \frac{h^2}{2f} \left\{ \frac{1}{6} \left(\frac{2fx_1}{h^2}\right)^3 - \frac{1}{40} \left(\frac{2fx_1}{h^2}\right)^5 + - \dots \right\}$$ [1)]

---

1) Beachtenswerthe, für ausführende Ingenieure besonders wichtige Anwendungen von dieser letzteren Gleichung machte namentlich der französische Ingenieur Leclerc, dem Entwurf und Ausführung der Kettenbrücke zu St. Christophe bei Lorient seiner Zeit übertragen war. Man findet die betreffende

Fast am Ende seines Memoires (pag. 165 fl.) behandelt Navier das Gleichgewicht der Kettenbrücken von dem Gesichtspunkte aus, daß man auf das Gewicht der Kette $= w_1$, der Tragstangen $= w_2$ und der Brückenbahn $= w_3$ zugleich und besonders Bedacht zu nehmen hat.

Hierzu findet er zuerst, nach Nr. 20 der obigen Gleichungen:

$$\text{a)}\ w_1 = \sigma x_1 \left[1 + \frac{2}{3}\frac{y^2_1}{x^2_1} \ldots\right],$$

wobei $\sigma$ das Längeneinheitsgewicht der Kette ist.

Um $w_2$ zu ermitteln, nimmt er an, daß sich die Gewichte der Tragstangen in zwei Flächentheilen $ODP$ und $COB$ (Figur 56), wie die Inhalte dieser Flächen, also wie $\frac{2}{3}\, x_1 y_1$ zu $\frac{2}{3}\, hf$ verhalten, so daß man setzen kann, wenn $2\tau$ das, zufolge der Tragstangen über alle Punkte der Geraden $EDP$ gleichförmig verbreitete Gewicht bezeichnet:

$$\text{b)}\ w_2 = \tau\,\frac{x_1 y_1}{hf}.$$

In Bezug auf das dritte Gewicht schreibt er selbstverständlich:

$$\text{c)}\ w_3 = p x_1.$$

Mit Bezug auf Figur 56 und analog der obigen Gleichung Nr. 17 findet er sodann:

$$tg\,\varphi = \frac{dy_1}{dx_1} = \frac{1}{Q}\left\{p x_1 + \tau\,\frac{x_1 y_1}{hf} + \sigma x_1 \left(1 + \frac{2}{3}\frac{y^2_1}{x^2_1}\right)\right\},$$

sowie wenn man, mit Hülfe von Nr. 14 $y_1$ entfernt, folgt:

$$\frac{dy_1}{dx_1} = \frac{1}{Q}\left\{p x_1 + \tau\,\frac{x^3_1}{h^3} + \sigma x_1 \left(1 + \frac{2}{3}\frac{f^2}{h^4} x^2_1 \ldots\ldots\right)\right\}.$$

Die Integration liefert daher schließlich:

$$21)\ y_1 = \frac{1}{Q}\left\{\frac{p x^2_1}{2} + \tau\,\frac{x^4_1}{4h^3} + \sigma\left(\frac{x^2_1}{2} + \frac{1}{6}\frac{f^2 x^4_1}{h^4} \ldots\ldots\right)\right\},$$

wie Navier am Ende des §. 257 seines Memoires berichtet.

Zweck unseres Buches und der hier zu Gebote stehende Raum, beide zwingen den Verfasser, aus Navier's Memoire speciell jetzt nur noch einiges aus dem Abschnitte (de l'équilibre des supports sur lesquels reposent les chaînes, pag. 82 bis 91) aufzunehmen und besonders des Falles zu gedenken, daß die Ketten auf den sogenannten Sätteln der Pfeiler $ABCD$, Figur 57, nicht auf Walzen ruhen, so daß beim Hin- und Hergleiten der Kette $MAEN$ eine Reibung auftritt und $f$ der Coëfficient der betreffenden gleitenden Reibung ist.

Offenbar pflanzt sich sodann die Achsenspannung $T = \frac{Q}{\cos\alpha}$ in der Tragkette $EM$ nicht ganz auf die Spannkette $EN$ fort, sondern wird kleiner als $T$. Bezeichnet man den Winkel, welchen die Spannkette $EN$ mit dem Horizonte bildet mit $\beta$, so ergiebt sich nach bekannten Sätzen der

---

Abhandlung Leclerc's in den ‚Annales des ponts et chaussées', T. XX (1850), pag. 265.

Jedenfalls ist zu rathen, die Navier'sche Gleichung Nr. 21 (die der Kettenbrückenlinie) mit der betreffenden Gerstner'schen Gleichung, S. 277 unseres Buches, zu vergleichen.

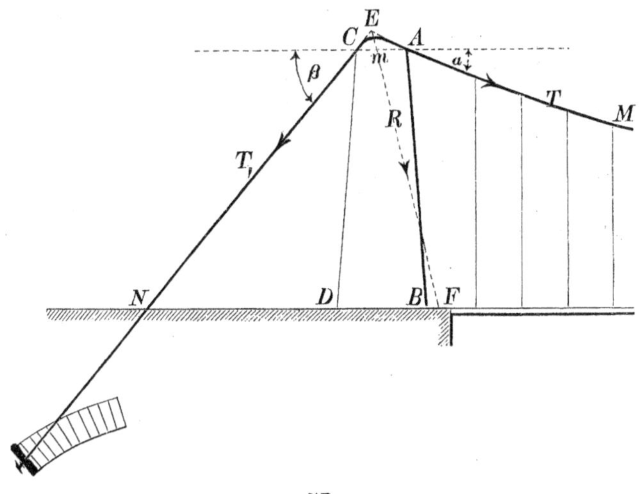


57.

Statik[1]), wenn die Achsenspannung in $EN$ mit $T_1$ bezeichnet wird, die Gleichung:

$$22)\ T_1 = Te^{-f\psi} = \frac{Q}{\cos\alpha} e^{-f\psi},$$

worin $\psi$ die Länge des Bogens (für den Radius = 1) bezeichnet, so weit die Ketten die Oberfläche des Pfeilersattels berühren.

Der Druck $R$, welchen hierbei die Pfeiler zu tragen haben, ist dann aber:

$$23)\ R = \sqrt{\frac{Q^2}{\cos^2\alpha} + T^2_1 - \frac{2\,QT_1}{\cos\alpha}.\cos(\alpha + \beta)}.$$

Der Winkel $\delta$, welchen die Richtung dieses Druckes mit der Vertikale bildet, ergiebt sich endlich zu

$$24)\ tg\,\delta = \frac{Q - R\cos\beta}{Q\,tg\,\alpha + R\sin\beta}.$$

Die im Vorstehenden aufgestellten 24 Formeln reichen hin, jede einfache Kettenbrücke (aus einer Oeffnung bestehend) im Detail zu entwerfen, weshalb wir hiermit das specielle Referat schließen und den noch übrigen Inhalt des bedeutsamen Memoires unseres Navier in nachstehenden Bemerkungen zusammenfassen[2]).

---

1) Wir kommen später auf die Geschichte und auf die Entwickelung des hier folgenden Ausdruckes, im Abschnitte „Reibung", im Anhange zum ersten Theile gegenwärtigen Buches zurück.

2) In Deutschland wurde Navier's Arbeit erst durch F. Schnirch in Prag, dem nachherigen Erbauer der Kaiser-Franzens-Kettenbrücke bekannt, da ihr Gerstner (S. 277) nicht das abzugewinnen vermochte, was sie verdiente. Schnirch's, im Jahre 1832 erschienenes, Buch ‚Beitrag für den Kettenbrückenbau' ist heute noch als brauchbar zu bezeichnen. Entwurf und Ausführung der Prager Moldau-Kettenbrücke behandelt Schnirch in einer besonderen, 1842 erschienenen Schrift.

Als in seiner Art eigenthümlich und ganz neu sind noch drei Abschnitte des Navier'schen Memoires (§. 200 bis 244), welche sich auf die verschiedenen, bei Kettenbrücken vorkommenden Oscillationen derselben beziehen, zu bezeichnen. Leider lag es in der Natur der Sache, daß Navier's betreffende Rechnungen als sehr verwickelt und theilweis etwas weitschweifig bezeichnet werden mußten, auf die wir hier nicht weiter eingehen können [1]).

Navier's Leistungen im Gebiete der Baumechanik überhaupt müssen uns veranlassen, nochmals zum Referate über den ersten Theil des ‚Resumé des leçons données à l'école des ponts

---

1) Fast gleichzeitig (Mai 1823) mit dem besprochenen Memoire Navier's erschien im ‚Bulletin des sciences par la société philomatique de Paris' (pag. 73 fl.) eine von ihm sehr einfach und klar abgefaßte Abhandlung unter dem Titel: „Note sur les effets des sécousses imprimées aux poids suspendus à des fils ou à des verges élastiques" und in derselben Zeitschrift (December 1825, pag. 178) eine andere, ebenfalls beachtenswerthe Arbeit, betitelt: „Solution de diverses questions relatives aux mouvements de vibration des corps solides".

Abgesehen von einer mehr verunglückten, denselben Gegenstand betreffenden Behandlung seitens Gerstner's hat, im Gebiete der deutschen Literatur, der bereits vorher genannte österreichische Ingenieur Friedrich Schnirch die Oscillationsfrage bei Kettenbrücken in einer praktisch brauchbaren Weise (1832) in der (auch schon S. 373 citirten) Schrift erörtert: ‚Beitrag für den Kettenbrückenbau' etc. Hierbei benutzt Referent die Gelegenheit, darauf aufmerksam zu machen, daß es ebenfalls Schnirch war, welcher den Kettenbrücken mit mehr als einer Oeffnung die gebührende Aufmerksamkeit widmete und die Wirkungen, welche bei solchen zusammengesetzten Kettenbrücken (bei verschiedenen Spannweiten) aus den ungleichen Belastungen mehrerer zusammenhängender Kettenbögen hervorgehen, in umfassender Weise behandelte. (Als ein schönes Beispiel, für betreffende Zahlenrechnungen, sind Schnirch's „Berechnungen der Kaiser-Franzens-Kettenbrücke zu Prag" in der bereits vorher (S. 373) citirten Schrift zu empfehlen).

Später (1839) widmete Poncelet in seiner ‚Indroduction à la mécanique industrielle', 2. Auflage demselben Gegenstande einige zwar elementare, aber immerhin werthvolle Betrachtungen und zwar speciell im §. 333 und 338 unter den Ueberschriften „Appréciation des effets produits, sur les tiges de suspension, par la racontre de voitures lourdement chargées" und „Calculs relatifs aux effets résultant, dans certains cas, du passage d'une troupe sur les ponts suspendus". Nachher folgten Carvallo in den ‚Annales des ponts et chaussées', T. IV (1852), pag. 211 und Tellkampf in seiner bescheidenen, aber für Studirende und Praktiker empfehlenswerthen Schrift: ‚Die Theorie der Hängebrücken, mit besonderer Rücksicht auf deren Anwendungen'. Hannover 1856. In sechs Paragraphen dieser Arbeit versucht der Verfasser (recht angemessen) die schwierigen Gesetze der Oscillationen einer Hängebrücke in möglichst einfacher und übersichtlicher Weise zu entwickeln.

et chaussées' zurückkehren, um den Verdiensten des Meisters in Bezug auf die Theorie des Erddruckes und der Gewölbe gedenken zu können.

Die erstere Theorie anlangend folgt Navier, der Hauptsache nach, Coulomb (S. 239), verbessert aber dabei die Theorien Prony's (S. 272) und Eytelwein's (S. 288) dahin, daß er (nach dem Vorgange von Français)[1]) die Kraft, womit eine Erdmasse gegen eine schräg gestellte ebene Fläche drückt, normal gegen letztere gerichtet annahm und überdies die Höhe einführte (a. a. O., §. 229), bei welcher sich Erde von selbst im Gleichgewichte zu erhalten vermag.

Die Theorie der Gewölbe stützt Navier ebenfalls auf Coulomb's betreffende Arbeiten (S. 240), so wie auf die Ausbildung der letzteren, insbesondere durch Audoy.

Wir kommen später nochmals auf alle diese Gegenstände zurück, bemerken jedoch hier noch, daß eigentlich Audoy als der zweite Erfinder der besseren Theorie der Gewölbe betrachtet werden kann.

Navier's Verdienste um die technische Hydrodynamik, wobei er überall das Princip von der Erhaltung der lebendigen Kräfte zur Geltung brachte, hat der Verfasser ausführlich in den geschichtlichen Abtheilungen der zweiten Auflage seiner ,Hydromechanik erörtert.

Zwei ganz besonders wichtige und Navier eigenthümliche Theorien hält der Verfasser namentlich für Pflicht hervorzuheben, nämlich erstens die (,Résumé des leçons' etc., Th. II, §. 63) versuchte Bestimmung der Dicke des Strahles, womit Wasser über die Kante eines Ueberfalles strömt und wobei er vom Principe der kleinsten Wirkung (S. 208 unseres Buches) Gebrauch machte und zweitens (,Résumé des leçons' etc., Partie II, pag. 152) die erste gründliche von ihm gelieferte Theorie über die Bewegung einer elastischen Flüssigkeit in langen Leitungsröhren.

## §. 31.

### Coriolis.

Coriolis[2]) wurde nach Navier's Tode (1836), an dessen Stelle, von der Pariser Akademie der Wissenschaften zum Mit-

1) ,Mémorial de l'officier du génie', Nr. 4 (1820), pag. 1—96.

2) Gustav Gaspard Coriolis, geb. 1792, gest. (zu Paris) 1843, zeigte

gliede erwählt und damit zugleich diejenige Anerkennung seiner Leistungen sowohl an sich ausgesprochen, als deren Gebiet bezeichnet, daß hier jede weitere Einleitung als überflüssig bezeichnet werden kann.

Als Coriolis' Hauptwerk ist sein ‚Traité de la mécanique des corps solides et du calcul de l'effet des machines'. Paris 1844 anzusehen, wovon die eine Hälfte, speciell der theoretischen Maschinenlehre gewidmet, bereits 1829 erschien.

Während die Erörterung der letzteren Hälfte in den zweiten Theil unseres Buches gehört, entlehnen wir der ersten Hälfte nachstehende Fundamente und Theorien [1]).

Nach eleganter, analytischer Erörterung von Geschwindigkeit, Kraft, Gewicht, Masse geradlinige und krummlinige Bewegung eines materiellen Punktes, gelangt er, §. 23, zu einem Abschnitte, welcher die Ueberschrift trägt: „Princip der Transmission oder Fortpflanzung der Arbeit", wobei er auch folgende neue Benennungen und Definitionen giebt.

Das Integral $\int F ds \cos\varepsilon = \int F de$, Seite 173 unseres Buches, welches aus der Summe von Elementen $Fde$ besteht, wovon jedes das Produkt aus Kraft $F$ und der Projection $de$ des unendlich kleinen Bogens $ds$ auf die Richtung dieser Kraft ist, nennt er „Bewegungsarbeit" oder kürzer gesprochen „Arbeit, so wie das Produkt $Fds$ elementare Arbeit oder Element der Arbeit. Letzterem entsprechend nennt er die Gleichung der lebendigen Kräfte (S. 173 und S. 206) die Gleichung der Trans-

---

bereits in frühester Jugend besondere Anlage zur Mathematik, so daß er schon mit dem 16. Jahre in die Polytechnische Schule aufgenommen werden konnte. Wenige Jahre nachher trat er in die école des ponts et chaussées, wurde Ingenieur dieser ausgezeichneten Bauabtheilung des französischen Staates und zuletzt Ober-Ingenieur des Brücken- und Wegebaues. Außerdem erhielt er noch die Professur der Hydraulik an der vorerwähnten Schule, so wie das Amt eines Repetitors an der Pariser polytechnischen Schule, welche letztere Stellungen er auch bis zu seinem Lebensende mit Ehre und Erfolg ausfüllte.

Coriolis' mathematisch-technische Arbeiten, sämmtlich ausgezeichnet durch große analytische Eleganz und (zuweilen etwas ermüdende) wissenschaftliche Strenge, werden noch heute, von Kennern der technisch-mechanischen Literatur, zu den besten Arbeiten ihrer Art des 19. Jahrhunderts gezählt. Ein Verzeichniß seiner vorzüglichsten schriftstellerischen Arbeiten und Werke folgt nachher.

1) Von dieser ersten Hälfte hat Dr. Schnuse eine deutsche Uebersetzung geliefert, die 1846 in Braunschweig (Verlag von Meyer sen.) erschien.

mission oder Uebertragung der Arbeit, Benennungen, die vollständig gerechtfertigt werden, wenn man sie auf ein System materieller Punkte ausdehnt.

Als die charakteristischen, eigenthümlichsten und für die technische Mechanik werthvollsten Abschnitte der ,Mechanik fester Körper' unseres Coriolis sind aber die Abschnitte: „Ueber relative Bewegung“ zu bezeichnen [1]).

Entsprechend dem hier zu Gebote stehenden Raume werde deshalb aus dem Abschnitte „Relative Bewegung eines materiellen Punktes (§. 27 bis 31, a. a. O.) Nachstehendes hervorgehoben.

Zuerst zeigt Coriolis unter der Ueberschrift „Ausdruck der Kraft bei der relativen Bewegung“, daß die analytische Behandlung derselben auf das Problem der Coordinatentransformation zurückkommt, indem man sich zwei Coordinatensysteme denkt, von denen das eine einem festen, das andere aber einem beweglichen Systeme angehört.

Hiervon ausgehend beweist er folgende Sätze:

1) „Daß man die relative Bewegung eines materiellen Punktes, in Beziehung auf bewegliche Coordinatenachsen, eben so behandeln kann, wie eine absolute Bewegung in Beziehung auf feste Achsen, sobald man annimmt, daß außer der wirklichen Kraft $F$ noch zwei fingirte (fictive oder scheinbare) Kräfte ($F_e$ und $F_2$) auf den materiellen Punkt wirken“.

2) „Daß die erste dieser fingirten Kräfte keine andere als die bereits S. 98 unter Nr. II erörterte und S. 175, Nr. VI nachgewiesene Ablenkungs- oder Normalkraft (im entgegengesetzten Sinne genommen, also die sogenannte Centrifugalkraft) der betreffenden Bewegung ist“.

3) „Daß die zweite fingirte Kraft [2]), welche man einführen muß, um die relative Bewegung wie eine absolute behandeln zu können, das Doppelte der Kraft ist, welche die Acceleration (Beschleunigung) hervorbringen könnte, die das Produkt ist aus der Winkelgeschwindigkeit der Rotationsbewegung um eine augenblickliche Achse und aus der Projection der relativen Geschwindigkeit auf eine auf dieser Achse senkrechten Ebene“.

4) „Daß das Princip der Uebertragung oder Fortpflanzung der Arbeit auch bei der relativen Bewegung eines materiellen Punktes stattfindet, wofern man zu der Arbeit der gegebenen Kräfte $F$ noch die hinzufügt, welche die

---

1) Die Theorie der relativen Bewegung wurde, unter Einführung fingirter (fictiver) Kräfte, allgemein zuerst von Clairaut in den ,Memoiren der Pariser Akademie von 1742' aufgestellt, nachher auch für specielle Fälle von Joh. Bernoulli und von Ampère (,Annales de Gergogne', T. XX) behandelt, allein von keinem dieser Männer in der vortrefflichen Weise, wie solches Coriolis gelang. Die ersten betreffenden Arbeiten unseres Coriolis finden sich in dem ,Journal de l'école polytechnique', Cahier XXI (1832) und Cahier XXIV (1835).

2) Coriolis nennt diese zweite fingirte Kraft ($F_2$) die „force centrifuge composée“, in seiner vortrefflichen Abhandlung „Sur les équations du mouvement relatif des systèmes des corps“, welche enthalten ist im ,Journal de l'école polytechnique', Cahier XXIV (1835), pag. 142.

Kräfte hervorbringen würden, die denen gleich und entgegengesetzt sind, welche auf den materiellen Punkt wirken müßten, wenn sich derselbe so bewegen sollte als wenn er mit den beweglichen Achsen auf eine unveränderliche Weise fest verbunden wäre.

Die verhältnißmäßig weitläufigen und umständlichen Transformationen von Raumcoordinaten, der Mangel jeder Figur bei Coriolis, um die Auffassung der Sache durch Mitwirkung der Anschauung zu erleichtern, veranlaßten den Verfasser, die relative Bewegung des materiellen Punkte, im Geiste des Meisters, in den nachstehenden Zusätzen für die Ebene aufzufassen. Hierzu kommt noch, daß die Betrachtung der Bewegung in der Ebene für den (wichtigsten) Fall der Praxis (die Turbinentheorie) völlig ausreichend ist.

Zusatz 1. Es mögen $x_1$ und $y_1$ die Coordinaten des beweglichen materiellen Punktes $P$ Figur 58 in Bezug auf feste rechtwinklige Coordinatenachsen $OX'$ und $OY'$, so wie $x$ und $y$ die Coordinaten desselben Punktes in Bezug auf be-

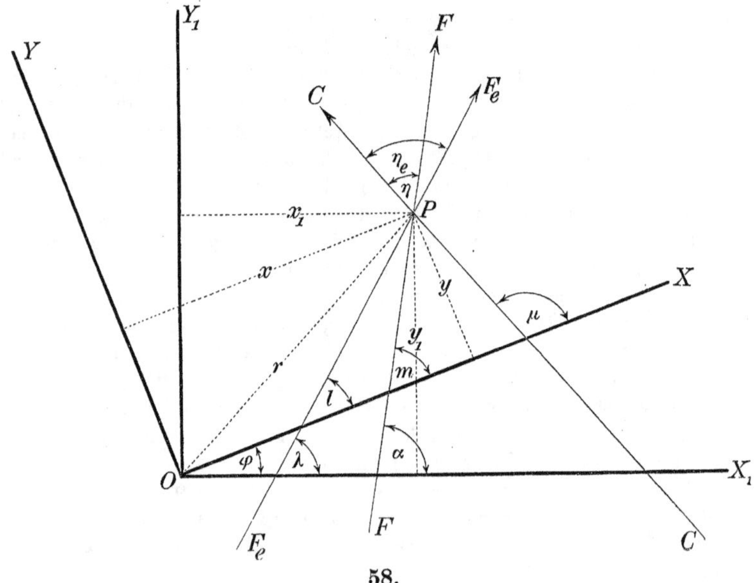


58.

wegliche rechtwinklige Achsen $OX$ und $OY$ sein, für beide Fälle einerlei Ursprung der Coordinaten vorausgesetzt.

Am Ende einer Zeit $t$ habe sich nun das bewegliche Coordinatensystem in Bezug auf das feste um einen Winkel $\varphi$ gedreht und dabei der materielle Punkt in Bezug auf die beweglichen Achsen eine Geschwindigkeit $C$ erlangt, welche dessen relative Geschwindigkeit sein wird. Die Componenten dieser relativen Geschwindigkeit parallel den beweglichen Achsen $OX$ und $OY$ bezeichnen wir respective mit $u$ und $v$, während die Componenten der absoluten Geschwindigkeit des materiellen Punktes in Bezug auf die festen Achsen $OX'$ und $OY'$ beziehungsweise $u_1$ und $v_1$ sein mögen.

Unsere erste Arbeit mag dahin gehen, die absoluten Geschwindigkeiten und Accelerationen beziehungsweise durch die relativen auszudrücken.

Hierzu bemerke man, daß sich die alten Coordinaten $x_1$ und $y_1$ durch die neuen $x$ und $y$ mit Zuziehung des Umdrehwinkels $\varphi$ ausdrücken lassen durch:

$$1)\ x_1 = x \cos\varphi - y \sin\varphi;\quad 2)\ y_1 = x \sin\varphi + y \cos\varphi.$$

Aus beiden Gleichungen folgt durch Differenziren nach $t$,

$$\text{da: } \frac{dx_1}{dt} = u_1 \text{ und } \frac{dy_1}{dt} = v_1 \text{ ist,}$$

beziehungsweise:

$$3)\ u_1 = \frac{dx}{dt}\cos\varphi - x\frac{d\varphi}{dt}\sin\varphi - \frac{dy}{dt}\sin\varphi - y\frac{d\varphi}{dt}\cos\varphi;$$

$$4)\ v_1 = \frac{dx}{dt}\sin\varphi + x\frac{d\varphi}{dt}\cos\varphi + \frac{dy}{dt}\cos\varphi - y\frac{d\varphi}{dt}\sin\varphi.$$

Differenziirt man diese beiden Werthe abermals nach $t$, so gewinnt man für die Accelerationen der absoluten Bewegung folgende Ausdrücke:

$$5)\ \frac{du_1}{dt} = \begin{cases} \dfrac{d^2x}{dt^2}\cos\varphi - \dfrac{d^2y}{dt^2}\sin\varphi \\ -2\dfrac{d\varphi}{dt}\left(\dfrac{dx}{dt}\sin\varphi + \dfrac{dy}{dt}\cos\varphi\right) \\ -x\left(\dfrac{d\varphi}{dt}\right)^2\cos\varphi + y\left(\dfrac{d\varphi}{dt}\right)^2\sin\varphi \\ -x\dfrac{d^2\varphi}{dt^2}\sin\varphi - y\dfrac{d^2\varphi}{dt^2}\cos\varphi; \end{cases}$$

$$6)\ \frac{dv_1}{dt} = \begin{cases} \dfrac{d^2x}{dt^2}\sin\varphi + \dfrac{d^2y}{dt^2}\cos\varphi \\ +2\dfrac{d\varphi}{dt}\left(\dfrac{dx}{dt}\cos\varphi - \dfrac{dy}{dt}\sin\varphi\right) \\ -x\left(\dfrac{d\varphi}{dt}\right)^2\sin\varphi - y\left(\dfrac{d\varphi}{dt}\right)^2\cos\varphi \\ +x\dfrac{d^2\varphi}{dt^2}\cos\varphi - y\dfrac{d^2\varphi}{dt^2}\sin\varphi. \end{cases}$$

Denkt man sich jetzt, daß der bewegliche materielle Punkt in dem betrachteten Augenblick plötzlich auf unabänderliche Weise mit den sich drehenden Achsen $OX$ und $OY$ verbunden würde, so sind für die Zeit $dt$ die Coordinaten $x$ und $y$ als constant anzusehen.

Bezeichnet man daher die Achsengeschwindigkeiten dieser fingirten Bewegung beziehungsweise mit $u_e$ und $v_e$, so ergeben sich diese sofort aus 3) und 4) zu:

$$7)\ u_e = -x\frac{d\varphi}{dt}\sin\varphi - y\frac{d\varphi}{dt}\cos\varphi;$$

$$8)\ v_e = +x\frac{d\varphi}{dt}\cos\varphi - y\frac{d\varphi}{dt}\sin\varphi.$$

Aus diesen Gleichungen erhält man durch Differenziren nach $t$ die betreffenden Accelerationen:

$$9)\ \frac{du_e}{dt} = -x\left(\frac{d\varphi}{dt}\right)^2\cos\varphi - x\frac{d^2\varphi}{dt^2}\sin\varphi + y\left(\frac{d\varphi}{dt}\right)^2\sin\varphi - y\frac{d^2\varphi}{dt^2}\cos\varphi;$$

$$10)\ \frac{dv_e}{dt} = -x\left(\frac{d\varphi}{dt}\right)^2\sin\varphi + x\frac{d^2\varphi}{dt^2}\cos\varphi - y\left(\frac{d\varphi}{dt}\right)^2\cos\varphi - y\frac{d^2\varphi}{dt^2}\sin\varphi.$$

Durch Einführung dieser Werthe in die Gleichungen 5) und 6 ergiebt sich daher:

$$11)\ \frac{du_1}{dt} = \frac{du}{dt}\cos\varphi - \frac{dv}{dt}\sin\varphi - 2\frac{d\varphi}{dt}\left(u\sin\varphi + v\cos\varphi\right) + \frac{du_e}{dt};$$

$$12)\ \frac{dv_1}{dt} = \frac{du}{dt}\sin\varphi + \frac{dv}{dt}\cos\varphi + 2\frac{d\varphi}{dt}\left(u\cos\varphi - v\sin\varphi\right) + \frac{dv_e}{dt}.$$

Ist nun $q$ das Gewicht des beweglichen materiellen Punktes und $F$ die Kraft, welche seine absolute Bewegung bewirkt, so hat man, wenn $\alpha$ den Winkel bezeichnet, welchen die Richtung von $F$ mit der festen $X^1$ Achse bildet:

$$F\cos\alpha = \frac{q}{g}\frac{du_1}{dt};\ F\sin\alpha = \frac{q}{g}\frac{dv_1}{dt},$$

d. i. wegen 11) und 12):

$$13)\ F\cos\alpha = \frac{q}{g}\left\{\frac{du}{dt}\cos\varphi - \frac{dv}{dt}\sin\varphi - 2\frac{d\varphi}{dt}\left(u\sin\varphi + v\cos\varphi\right) + \frac{du_e}{dt}\right\};$$

$$14)\ F\sin\alpha = \frac{q}{g}\left\{\frac{du}{dt}\sin\varphi + \frac{dv}{dt}\cos\varphi + 2\frac{d\varphi}{dt}\left(u\cos\varphi - v\sin\varphi\right) + \frac{dv_e}{dt}\right\}.$$

Multiplicirt man jetzt 13) mit $\cos\varphi$, 14) mit $\sin\varphi$ und addirt hierauf beide Werthe, so folgt:

$$15)\ F\cos(\alpha - \varphi) = \frac{q}{g}\left(\frac{du}{dt} - 2v\frac{d\varphi}{dt} + \frac{dv_e}{dt}\sin\varphi + \frac{du_e}{dt}\cos\varphi\right).$$

Wenn man ferner 13) mit $\sin\varphi$ und 14) mit $\cos\varphi$ multiplicirt und die erhaltenen Resultate von einander abzieht, so ergiebt sich:

$$16)\ F\sin(\alpha - \varphi) = \frac{q}{g}\left(\frac{dv}{dt} + 2u\frac{d\varphi}{dt} + \frac{dv_e}{dt}\cos\varphi - \frac{du_e}{dt}\sin\varphi\right).$$

Sodann erhält man aber aus 15) und 16):

$$17)\ \frac{q}{g}\frac{du}{dt} = F\cos(\alpha - \varphi) - \frac{q}{g}\left(\frac{du_e}{dt}\cos\varphi + \frac{dv_e}{dt}\sin\varphi\right) + 2\frac{q}{g}v\frac{d\varphi}{dt};$$

$$18)\ \frac{q}{g}\frac{dv}{dt} = F\sin(\alpha - \varphi) + \frac{q}{g}\left(\frac{du_e}{dt}\sin\varphi - \frac{dv_e}{dt}\cos\varphi\right) - 2\frac{q}{g}u\frac{d\varphi}{dt}.$$

Es sei nun $F_e$ die Kraft, welche die fingirten Geschwindigkeiten $u_e$ und $v_e$ erzeugt oder wodurch die Fortbewegung des materiellen Punktes mit den beweglichen Achsen bewirkt werden könnte, so wie $\lambda$ der Winkel sein mag, welchen die Richtung von $F_e$ mit der festen Achse $X'$ bildet.

Sodann ist:

$$F_e\cos\lambda = \frac{q}{g}\frac{du_e}{dt};\ F_e\sin\lambda = \frac{q}{g}\frac{dv_e}{dt}.$$

Multiplicirt man jede dieser Gleichungen einmal mit $\cos\varphi$ und ein anderes Mal mit $\sin\varphi$ und verbindet die erhaltenen Produkte entsprechend, so findet sich:

$$F_e\cos(\lambda - \varphi) = \frac{q}{g}\left(\frac{du_e}{dt}\cos\varphi + \frac{dv_e}{dt}\sin\varphi\right);$$

$$F_e\sin(\lambda - \varphi) = \frac{q}{g}\left(-\frac{du_e}{dt}\sin\varphi + \frac{dv_e}{dt}\cos\varphi\right);$$

oder, da $\lambda - \varphi$ der Winkel $l$ ist, welchen die Richtung von $F_e$ mit der beweglichen Abscissenachse $OX$ einschließt:

$$19)\ F_e\cos l = \frac{q}{g}\left(\frac{du_e}{dt}\cos\varphi + \frac{dv_e}{dt}\sin\varphi\right);$$

$$20)\ F_e\sin l = \frac{q}{g}\left(-\frac{du_e}{dt}\sin\varphi + \frac{dv_e}{dt}\cos\varphi\right);$$

jetzt diese letzteren Werthe in 17) und 18) eingeführt und beachtet, daß der Figur 58 nach $\alpha - \varphi = m$ ist:

$$\text{I. } \frac{q}{g}\frac{du}{dt} = F cos m - F_e cos l + 2\frac{q}{g} v \frac{d\varphi}{dt};$$

$$\text{II. } \frac{q}{g}\frac{dv}{dt} = F sin m - F_e sin l - 2\frac{q}{g} u \frac{d\varphi}{dt}.$$

Aus diesen Gleichungen folgt, daß man die relative Bewegung eines materiellen Punktes in Beziehung auf bewegliche Achsen eben so behandeln kann, wie eine absolute Bewegung in Beziehung auf feste Achsen, sobald man außer der wirklichen Kraft noch zwei fingirte Kräfte $F_e$ und $F_2$ auf den materiellen Punkt wirken läßt, wovon die Achsencomponenten der letzteren

$$2\frac{q}{g} v \frac{d\varphi}{dt} \text{ und } 2 \frac{q}{g} u \frac{d\varphi}{dt} \text{ sind.}$$

Zusatz 2. Um die erste fingirte Kraft $F_e$ für unseren speciellen Fall näher kennen zu lernen, nehmen wir die Umdrehbewegung als gleichförmig, also $\frac{d^2\varphi}{dt}$ gleich Null an und bezeichnen die Winkelgeschwindigkeit $\frac{d\varphi}{dt}$ mit $\omega$. Sodann wird aus 9) und 10):

$$\frac{du_e}{dt} = - x\omega^2 cos\varphi + y\omega^2 sin\varphi; \quad \frac{dv_e}{dt} = - x\omega^2 sin\varphi - y\omega^2 cos\varphi;$$

so wie aus 19) und 20) mit Beachtung letzterer Werthe.

$$F_e cos l = \frac{q}{g}\begin{Bmatrix} - x\omega^2 cos\varphi^2 + y\omega^2 sin\varphi\, cos\varphi \\ - x\omega^2 sin\varphi^2 - y\omega^2 cvs\varphi\, sin\varphi \end{Bmatrix};$$

$$F_e sin l = \frac{q}{g}\begin{Bmatrix} x\omega^2 cos\varphi\, sin\varphi - y\omega^2 sin\varphi^2 \\ - x\omega^2 cos\varphi\, sin\varphi - y\omega^2 cos\varphi^2 \end{Bmatrix}, \text{ d. i.:}$$

$$21)\ F_e cos l = - \frac{q}{g} x\omega^2; \quad 22)\ F_e sin l = - \frac{q}{g} y\omega^2.$$

$$\text{Demnach ist: } F_e = \frac{q}{g}\omega^2 \sqrt{x^2 + y^2},$$

oder, wenn mit $r$ die veränderliche Entfernung des materiellen Punktes von der Drehachse $O$ bezeichnet wird:

$$\text{III. } F_e = \frac{q}{g} r\omega^2.$$

Die erste fingirte Kraft, welche erforderlich ist, um die relative Bewegung wie eine absolute behandeln oder um dem materiellen Punkte dieselbe Drehbewegung ertheilen zu können, die er annehmen würde, wenn er plötzlich auf unveränderliche Weise mit den beweglichen Achsen verbunden würde, ist sonach nichts anderes, als die bereits S. 98, 170 fl. bekannte Ablenkungs- oder Normalkraft im entgegengesetzten Sinne genommen, d. h. es ist die Centrifugalkraft der betreffenden Bewegung.

Zusatz 3. Die Componenten der zweiten fingirten Kraft $F_2$ sind offenbar normal gegen einander gerichtet, so daß man erhält:

$$F_2 = 2\frac{q}{g}\omega \sqrt{u^2 + v^2}$$

Da aber $\sqrt{u^2 + v^2}$ nichts anderes als die resultirende relative Geschwindigkeit $C$ ist, so erhält man:

$$\text{IV. } F_2 = 2\frac{q}{g}\omega C.$$

Letzterer Ausdruck läßt sich auch auf nachstehende Weise direct ableiten.

Nehmen wir hierzu an, daß der bewegliche materielle Punkt, welcher am Ende der Zeit $t$ die relative Geschwindigkeit $C$ besitzt, in dem darauf folgenden Zeitelemente $dt$ in der Trajektorie den unendlich kleinen Weg $Cdt$ zurücklegt, gleichzeitig aber auch zufolge der stattfindenden Drehung um die $Z$-Achse mit der Trajektorie einen unendlich kleinen Kreisbogen beschreibt, dessen Centriwinkel $\omega dt$ ist, so wird die Länge $ds$ dieses Bogens sein:

$$ds = Cdt \, . \, \omega dt = C\omega (dt)^2.$$

Während $dt$ Zeit kann man jedoch die Bewegung als eine gleichförmig veränderte betrachten und daher setzen:

$$ds = \frac{F_2}{m} \frac{(dt)^2}{2},$$

wo $m = \frac{q}{g}$ ist.

Vergleicht man die jetzt gewonnenen zwei Werthe von $ds$ mit einander, so erhält man:

$$\text{IV.} \quad F_2 = 2mC\omega = 2\frac{q}{g}\omega C,$$

w. z. b. w. Hieraus folgt überdies, daß $F_2$ rechtwinklig auf der Richtung der relativen Geschwindigkeit $C$ steht und im entgegengesetzten Sinne der Umdrehung wirkt.

Im Falle einer beliebigen Bewegung des materiellen Punktes im Raume hat man sich in Bezug auf $F_2$ statt der festen Drehachse eine augenblickliche zu denken. Bezeichnet in diesem Fall $\delta$ den Winkel, unter welchem die Richtung der relativen Geschwindigkeit $C$ gegen die augenblickliche Drehachse geneigt ist, so findet man:

$$\text{V.} \quad F_2 = 2m\omega C \, . \, sin\, \delta.$$

Zusatz 4. Multiplicirt man die Gleichung I im Zusatze 1 mit $udt$ und II ebenfalls mit $vdt$, addirt die Producte und beachtet, daß der Figur nach $\alpha - \varphi = m$ ist, so folgt:

$$1) \; \frac{q}{g}(udu + vdv) = Fdt(u\cos m + v\sin m) - F_e dt(u\cos l + v\sin l).$$

Es ist aber $C^2 = u^2 + v^2$, also $CdC = udu + vdv$, sowie, wenn $\mu$ den Winkel bezeichnet, welchen die Richtung der resultirenden relativen Geschwindigkeit mit der beweglichen Abscissenachse $OX$ bildet, außerdem:

$$u = C\cos\mu \text{ und } v = C\sin\mu.$$

Daher wird aus 1) nach Einführung dieser Werthe und nachheriger Zusammenziehung:

$$2) \; \frac{q}{g}CdC = Fdt \, . \, C\cos(\mu - m) - F_e dt \, . \, C\cos(\mu - l).$$

Setzen wir endlich $\mu - m = \eta$ und $\mu - l = \eta_e$, so führt man die Winkel ein, welche die Richtung von $C$ beziehungsweise mit den Richtungen von $F$ und $F_e$ einschließt; daher wird aus 2):

$$\frac{q}{g} CdC = Fdt \, . \, C\cos\eta - F_e dt C\cos\eta_e$$

oder, wenn man $ds$ als den in relativer Bewegung während $dt$ Zeit durchlaufenen Weg des materiellen Punktes, also $ds = Cdt$ einführt:

$$\frac{q}{g} CdC = Fds\cos\eta - F_e ds\cos\eta_e.$$

Es sind aber $ds\cos\eta$ und $ds\cos\eta_e$ die Projectionen der Wegelemente auf die Richtungen von $F$ und $F_e$, die wir beziehungsweise durch $dw$ und $dw_e$ darstellen wollen und demnach erhalten:

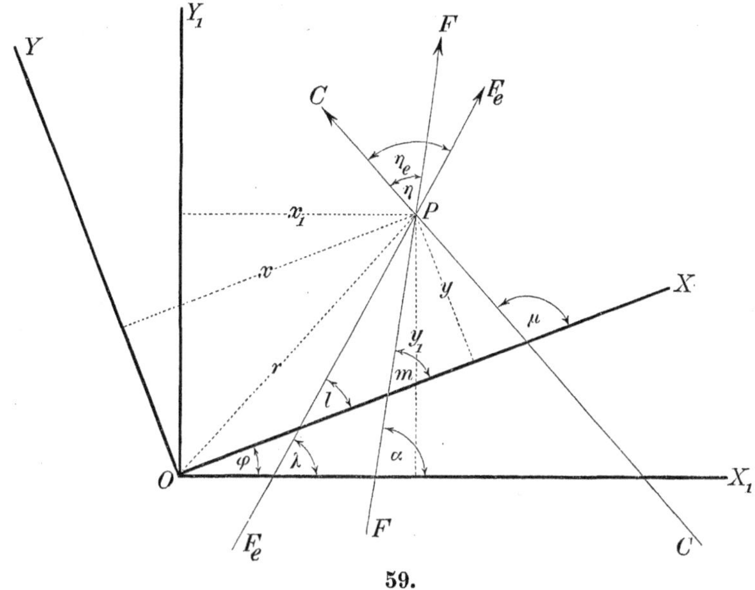


59.

$$\frac{q}{g}\, C\, dC = F\, dw - F\, d_e w_e.$$

Integrirt man hier zwischen zwei Zeitmomenten, für welche die relative Geschwindigkeit die Werthe $C_1$ und $C_0$ hat, so folgt endlich

$$\text{VI.}\quad \frac{1}{2}\frac{q}{g}\,(C_1^2 - C_0^2) = \int F\, dw - \int F_e\, d\, w_e.$$

Das Princip der lebendigen Kräfte oder richtiger der Transmission der Arbeit findet also auch bei der relativen Bewegung Statt, wofern man nur zur Arbeit der gegebenen Kräfte diejenigen Arbeiten fügt, welche die Kräfte hervorbringen würden, die denen gleich und entgegengesetzt sind, welche auf den materiellen Punkt wirken müßten, wenn sich derselbe so bewegen sollte, als wenn er mit den beweglichen Achsen auf eine unveränderliche Weise fest verbunden wäre.

Bemerkt zu werden verdient noch, daß die zweite (von Coriolis, wie erwähnt, zusammengesetzte Centrifugalkraft genannte) fingirte Kraft $F_2$ in der Gleichung VI nicht vorkommt, was sich nach Zusatz 3 erklärt, weil ihre Richtung rechtwinklig ist zur relativen Geschwindigkeit oder zum beschriebenen Wegelemente und folglich eine relative Arbeit durch sie nicht hervorgebracht werden konnte.

Zusatz 5. Um sowohl ein, S. 225 (Note 1) unseres Buches, gegebenes Versprechen zu erfüllen, als auch gleichzeitig die Richtigkeit (soweit überhaupt von einer solchen, nach der Beschaffenheit der Aufgabe, die Rede sein kann) der Rammmaschinen-Theorien von Woltmann (S. 283) und Eytelwein (S. 289, nebst Noten 1 und 2 daselbst) zu bestätigen, entlehnen wir dem Schlußparagraphen von Coriolis' Mechanik, dessen Theorie der Rammmaschine.

Mit Beibehaltung unserer S. 282 und 283, sowie S. 289 gewählten Bezeichnungen, wo $P$ das Gewicht des Bären (Rammklotzes), $Q$ das Gewicht des einzurammenden Pfahles und $v$ die Geschwindigkeit des Bären (Rammklotzes) in dem Augenblicke ist, wo dieser den Pfahl erreicht, findet er, Bär und Pfahl als unelastisch vorausgesetzt, daß letztere Beiden nach dem Stoße die gemeinsame Geschwindigkeit $= c$ besitzen:

$$c = \frac{Pv}{P + Q},$$

beiden also die lebendige Kraft innewohnt:

$$\frac{1}{2} \frac{(P + Q)}{g} c^2 \text{ oder } \frac{P^2}{P + Q} \cdot \frac{v^2}{2g}.$$

Bezeichnet nun $R$ den veränderlichen Widerstand des Pfahles, welcher während der ganzen Dauer seines Einsinkens wirkt, so liefert das Princip von der Transmission der Arbeit ohne Weiteres die Gleichung:

$$\frac{P^2}{P + Q} \cdot \frac{v^2}{2g} = \int_0^e R\,dx.$$

Hierbei bezeichnet $x$ das Element des Weges, um welchen der Pfahl in den Boden eindringt. Bezeichnet daher $h$ die Höhe, von welcher der Bär herabfällt, so hat man offenbar, da $e = \int dx$ ist, sobald angenommen wird, daß sich $R$ während des Eindringen des Pfahles nicht merklich ändert:

$$\frac{P^2}{P + Q} h = \int_0^e R\,dx = Re, \text{ woraus folgt:}$$

$$R = \frac{P^2}{(P + Q)} \cdot \frac{h}{e},$$

d. i. genau der von Woltmann (auf allerdings umständlicherem Wege, ohne vom Princip der Arbeit Gebrauch zu machen) S. 283 zuerst ermittelte Ausdruck.

Hiernach läßt Coriolis noch nachstehende Erörterung folgen:

Wenn $R$ desto größer wird, je tiefer der Pfahl in den Boden eindringt, oder wenigstens constant bleibt und $R_1$ bezeichnet den letzten Werth von $R$, welcher folglich der größte ist, so hat man:

$$\int R\,dx = \text{oder} < R_1 e, \text{ also:}$$

$$R_1 = \text{oder} > \frac{P^2}{(P + Q)} \cdot \frac{h}{e}.$$

In der vorhergehenden Voraussetzung wäre also der Widerstand des Bodens am Ende jeden Schlages wenigstens dem Producte $\frac{P^2}{P + Q} \cdot \frac{h}{e}$ gleich und der Pfahl könnte mit einem, durch dieses Product ausgedrückten Gewichte belastet werden, ohne tiefer in den Boden einzudringen. Wenn z. B. der Rammklotz 500 Kilogramm wiegt und aus 4 Meter Höhe auf einen Eichenholzpfahl von 300 Kilogramm Gewicht herabfällt, welcher bei jedem Schlage um 4 Millimeter eingetrieben wird, so ist $R_1 > 312\,500$ Kilogramm. Dieses Resultat beruht aber auf einer Voraussetzung, deren Richtigkeit nicht erwiesen und sogar zweifelhaft ist. Wenn man also, um die Untersuchung nicht zu beschränken, annimmt, daß die widerstehende Kraft $R$ während der Stoßdauer $(= t)$ gewirkt hat, und daß $\int R\,dt$ die dieser Kraft entsprechende Größe der Bewegung (den Antrieb), S. 70 unseres Buches, für die Dauer des Stoßes ausdrückt, so hat man:

$$P(c - v) = Qc + \int R\,dt, \text{ woraus folgt:}$$

$$c = \frac{Pv - \int R\,dt}{P + Q}.$$

Die lebendige Kraft des Systemes nach dem Stoße ist folglich

$$\frac{(Pv - \int R\,dt)^2}{P + Q} \text{ und } \frac{(Pv - \int R\,dt)^2}{P + Q} = \int R\,dx = R_1\,e.$$

Diese Gleichung würde für $R_1$ einen kleineren Werth, als der vorhergehende geben, allein man hat kein Mittel, den Werth von $R_1$ aus dieser Gleichung abzuleiten, indessen zeigt sie doch wenigstens, daß es nicht vortheilhaft sein würde, wenn man auf den Pfahl eine größere Last als $\frac{P^2}{P+Q} \cdot \frac{h}{e}$ wollte wirken lassen und daß man diese Last in der Praxis sogar kleiner nehmen müßte.

Die von den Praktikern von jeher gemachten Einwendungen in Bezug auf die Zuverlässigkeit aller dieser Formeln findet auch bei Coriolis seine Bestätigung. Der Hauptfehler der Nichtübereinstimmung liegt fast ausschließlich in der Unkenntniß des Werthes $R$, der offenbar wieder mit dem Mangel des Molekulargesetzes zusammenhängt, so daß auch hier noch immer der Rath Napoleons I gilt, den dieser seiner Zeit Monge (S. 259, Note 1 unseres Buches), in völlig richtiger Weise ertheilte! Wir kommen (aber zum letzten Male) beim Gedächtniß an Redtenbacher auf diesen Gegenstand zurück!

Zusatz 6. Obwohl wir im zweiten Theile unseres Buches noch andere Verdienste unseres Coriolis um die technische Mechanik zu besprechen Gelegenheit finden, liefern wir doch schon hier (der besseren Uebersicht wegen) ein Verzeichniß seiner übrigen vorzüglichsten schriftstellerischen Arbeiten und Werke und zwar nach der Zeitfolge ihres Erscheinens.

1) „Mémoire sur l'influence du moment d'instie du balancier d'une machine à vapeur, et de sa vitesse moyenne sur la régularité du mouvement de rotation que la va-et-vient du piston communique au volant". ‚Journale de l'école polytechnique', Cahier XXI, Tome XIII (1832), pag. 228.

2) „Mémoire sur le principe des forces vives dans les mouvements relatifs des machines". Ebendaselbst, pag. 268.

3) „Mémoire sur la manière d'établir les diflérens principes de mécanique pour des systèmes de corps, en les considérant comme des assemblages de molécules". Ebendaselbst, Cahier XXIV, Tome XV (1835), pag. 93.

4) „Mémoire sur l'évaluation des pertes de travail dues aux frottements dans les engrenages coniques". Ebendaselbst, pag. 126.

5) „Mémoire sur la théorie des moments considérés comme analyse des rencontres des lignes droites". Ebendaselbst, pag. 133.

6) „Mémoire sur les équations du mouvement relatif des systèmes de corps". Ebendaselbst, pag. 142.

7) „Mémoire sur la stabilité des voitures, avec applications aux messageries de France". Ebendaselbst, pag. 155.

8) ‚Théorie mathématique des effets du jeu de billard'. Paris 1835. 8.

9) „Sur l'établissement de la formule qui donne la figure des remous, et sur la correction qu'on doit y introduire pour tenir compte des differences de vitesse dans les divers points d'une même section d'un courant". ‚Annales des ponts et chaussées', Tome XI (1836), pag. 314—335.

10) Mémoire sur une manière simple de calculer la pression contre les parois

d'un canal dans lequel se meut une fluide incompressible". ‚Journal de mathématique'. Lionville. Vol. II, 1837.

Noch andere Arbeiten verzeichnet Poggendorff in seinem ‚Biographisch-literarischen Handwörterbuche' im Artikel „Coriolis".

## §. 32.

## Poncelet.

Poncelet[1]), der meist begabteste und genialste unter den drei, bereits S. 312, §. 29 genannten, epochemachenden Männern

---

1) Poncelet wurde am 1. Juli 1788 zu Metz geboren und starb am 22. December 1867 bei Paris. Arm und daher ausgeschlossen von dem Glücke eines guten Schulunterrichtes, war er vom Himmel mit den seltensten Geistesgaben ausgestattet und übertraf an Leistungen und Kenntnissen bald seine sämmtlichen Mitschüler. Es war daher auch möglich, dem befähigten jungen Mann einen Platz als Externe im Lycée impériale von Metz zu verschaffen. Nach nur zweijährigen Studien konnte Poncelet schon im November 1807 in die Pariser Polytechnische Schule aufgenommen werden, woselbst Ampère, Fourier, Lacroix, Legendre, Poinsot und Poisson seine Lehrer wurden. Bereits 1810 trat er in die école d'application de Metz als Sous-Lieutenant du génie ein, welche seiner Zeit eine berühmte Bildungsanstalt war, die er jedoch schon im Monat Februar 1812 wieder verließ und sofort als Ingenieur zu Fortificationsarbeiten auf der Insel Walchem commandirt wurde, wobei er sich nicht wenig auszeichnete.

Im Monat Juni desselben Jahres (1812) wurde der junge Ingenieurofficier der sogenannten „grande armée" zugetheilt, um an dem Feldzuge gegen Rußland Theil zu nehmen. Am 18. August 1812 ward er mit der militärischen Recognoscirung von Smolensk beauftragt, die er unter dem Feuer des Platzes mit Geschick ausführte und auch in der wirksamsten Weise an der Schlacht theilnehmen konnte, welche an demselben Tage geliefert wurde. Am folgenden Tage wurde ihm unterhalb Smolensk das Schlagen einer Schiffsbrücke über den Dniepr befohlen, welche Arbeit er ebenfalls mit kaltem Blute und richtigem Urtheile ausführte, ungeachtet des Feuers der russischen Batterien auf dem gegenüberliegenden Ufer. Bei dem unglücklichen Rückzuge der französischen Armee aus Rußland wurde er (zehn Tage vor dem Uebergange über die Beresina) am 11. November 1812 an einem Gefechte betheiligt, welches das nur noch 7000 Mann zählende Armeecorps des Marschalls Ney bei Krasnoï gegenüber dem Fürsten Miloradowitsch mit 50000 Mann frischen, wohlgenährten Truppen und 40 Kanonen zu bestehen hatte. Unser Poncelet gehörte zu denjenigen der Armee, welche sich zur Rettung der übrigen opfern mußte. Als er daher (in der Nacht) an der Spitze einer Sappeur- und Mineur-Colonne mit der Wegnahme russischer Batterien beauftragt und ihm dabei sein Pferd getödtet wurde, fiel er in russische Kriegsgefangenschaft. Schon am folgenden Tage mußte er zu Fuß die fürchterliche, vier Monate lang dauernde, Reise antreten, die ihn schließlich, erschöpft an

der technischen Mathematik, dessen Wirksamkeit sich über ein halbes Jahrhundert erstreckte, ist einfach als der L. Euler

---

Kräften, krank, entblößt von Allem, was der Mensch bedarf, nach Saratow an den Ufern der Wolga brachte, 900 Lieues von seinem Vaterlande entfernt. In dieser Kriegsgefangenschaft verblieb der junge Ingenieurofficier fast zwei Jahre. Weit entfernt, die traurigen Mußestunden des Exils mit geisttödtendem Nichtsthun auszufüllen, rief er sich seine ersten Studien in der polytechnischen Schule ins Gedächtniß, erinnerte sich namentlich der schönen Theorien von Monge und entwarf sich die ersten Grundzüge zu seinem nachher so hochberühmten Werke ‚Traité des propriétés projectives des figures', welches vielleicht ohne diese böse Zeit der Gefangenschaft nicht erschienen sein würde.

Bemerkt zu werden verdient es vielleicht, daß sich Poncelet schon vorher als Schriftsteller im Gebiete der Mathematik und zwar zuerst 1817 durch einige Artikel in Gergonne's ‚Annales des Mathématiques' bekannt machte. In den Jahren von 1820 bis 1824 erfand Capitain Poncelet, in seiner Eigenschaft als Platzingenieur von Metz, einen eigenthümlichen Mechanismus mit veränderlichen Gewichten zur möglichst gleichförmigen Bewegung von Klapp-Brücken (ponts-levis) und sein noch heute nach ihm benanntes unterschlägiges Wasserrad im eng anschließenden Kreisgerinne.

Durch eine Entscheidung des Kriegsministers wurde Poncelet 1824 beauftragt, einen Cours über mécanique appliquée aux machines an der école d'application de l'artillerie et du génie in Metz zu halten, in welcher Richtung er es verstand, mit eben so viel Eleganz, Einfachheit und Klarheit den Officieren die Anwendung der Mechanik auf die Ermittelung des Widerstandes der Materialien und auf die Theorie der Maschinen zu lehren. Mit ebenso großem Erfolge hielt Poncelet dem betreffenden Arbeiterstande der Stadt Metz populäre Abendvorträge über Geometrie und Mechanik und deren Anwendung auf Künste und Gewerbe. Im Jahre 1827 begann Poncelet in Verbindung mit seinem Collegen Lesbros die ausgezeichneten Versuche über den Ausfluß des Wassers aus Gefäßmündungen, deren praktische Nützlichkeit und Wichtigkeit für alle Zeiten anerkennenswerth bleiben wird und worüber der Verfasser gegenwärtiger Geschichte ausführlich in seiner ‚Hydromechanik' (2. Auflage, S. 203 und S. 249) berichtet hat. 1830 wurde Poncelet Mitglied des Metzer Stadtraths und Secrétair du conseil général du département de la Moselle, im folgenden Jahre (1831) Bataillonschef im Ingenieurcorps und 1834 Mitglied der Akademie der Wissenschaften in Paris, nachdem er diese Mitgliedschaft bereits 1831 aus verschiedenen Gründen ausgeschlagen hatte. Im Jahre 1838 wurde Poncelet zum Professor an der Faculté des sciences in Paris berufen, woselbst er bis zum Jahre 1848 mit Auszeichnung wirkte. In dieser Zeit erhöhte Poncelet seinen Ruf insbesondere durch folgende drei Arbeiten:

1) ‚Théorie des effets mécaniques de la turbine Fourneyron' (1838).

2) ‚Introduction à la mécanique industrielle' (1840 et 1841).

3) „Mémoire sur la stabilité des revêtements", 1843. (Im ‚Mémorial de l'officier du génie', Nr. 12).

Vom Juli bis September 1841 führte Poncelet wichtige hydraulische Versuche in der Wasserkunst (Château-d'eau) von Toulouse aus, betreffend die

(§. 19) des 19. Jahrhunderts zu bezeichnen. Poncelet war, wie Euler, Schöpfer ganz neuer Theorien, Förderer der abstracten und Erfahrungs-Wissenschaften, speciell im Gebiete der Geometrie, technischen Mechanik, Hydraulik und der theoretischen Maschinenlehre. Ihm war es zugleich vergönnt, in der allerwichtigsten Periode der Entstehung und Entwickelung der Indu-

---

Verluste an lebendiger Kraft, welche in den verschiedenen Verengungen und Erweiterungen der Wasserleitungsröhren stattfinden (die leider immer noch nicht veröffentlicht sind). Rasch nach einander wurde Poncelet Oberstlieutenant (1841), Oberst (1844) und 1848 Brigadegeneral. Noch in demselben Jahre wurde er zum Commandanten der École polytechnique in Paris ernannt, in welcher letzteren Eigenschaft man ihn zugleich (Juni 1848) die verantwortliche Stelle eines Obercommandanten der Nationalgarde des Seine-Departements übertrug. Für sein ausgezeichnetes Verhalten in diesen hohen und politisch bedeutsamen Stellungen wurde er zum Großofficier der Légion d'honneur ernannt. In den Jahren 1851 und 1855 war Poncelet von der französischen Regierung beauftragt, sich als Jury-Mitglied bei den beiden Weltausstellungen, beziehungsweise in London und in Paris, zu betheiligen, sowie auch 1862 nochmals in London.

Als Frucht der Zeit, welche er den Ausstellungen widmete, sind insbesondere zwei Arbeiten zu bezeichnen, wovon die eine den dritten Band des Werkes umfaßt: ‚Travaux de la commission française sur l'industrie des nations, publiées par ordre de l'empereur'. Paris 1851 und die andere betitelt ist: ‚Exposé historique des principales inventions concernant les machines et outils'. Paris 1857.

Leider waren Poncelet's letzte Lebenstage durch körperliche Leiden getrübt, vorzugsweise Folgen der durchlebten bösen Kriegsjahre und ausgebreiteter wissenschaftlicher Arbeiten in den Friedenszeiten. So viel als möglich gemildert wurden diese Leiden durch die liebenswürdige Aufopferung seiner edlen Gattin, die sich zugleich seiner wissenschaftlichen Thätigkeit widmete, ihm der geistreichste, scharfsinnigste Secretair war und eigentlich als sein vorzüglicher, seltener Mitarbeiter bezeichnet werden konnte.

Theilweis ausführlichere Biographien Poncelet's finden sich in seiner ‚Traité des propriétés projectives des figures', Bd. I und in seinen ‚Applications d'analyse et de géométrie', Bd. I, publié en 1866 (beide von ihm selbst verfaßt). Ferner sind dieselben aus den Reden zu entnehmen, welche an seinem Grabe gehalten wurden, insbesondere von seinem damals bereits 83jährigen Freunde Charles Dupin, dem Chemiker Dumas, dem Ingenieurgeneral de Chaband la Tour und Rolland (Directeur général des manufactures de l'état), welche sich theilweise abgedruckt finden in dem ‚Bulletin de la société d'encouragement' und zwar im 66 année (1867), pag. 790. Noch vollständiger aber sind alle Angaben über Poncelet (namentlich auch in Bezug auf seine wissenschaftlichen Neider und Gegner) in der „Éloge", welche ihm Bertrand, der Secrétaire perpétuel de l'académie des sciences, als Mitglied der letzteren, gehalten hat und die sich vollständig abgedruckt findet im ‚Bulletin de la société d'encouragement', Série III, Tome III, 1876, pag. 691 bis 703.

strie-, Bau- und Maschinen-Mechanik mitzuwirken, welche die Zeit vom Anfange der zwanziger bis Ende der sechziger Jahre in so hervorragender Weise charakterisirt und sie für alle Zeiten unauslöschlich in die Culturgeschichte der Menschheit eingereiht hat.

Wie Euler, war aber auch Poncelet zugleich ein vortrefflicher Lehrer, der mit den einfachsten Darstellungen und mit maaßhaltender Gründlichkeit seine Schüler für die Wissenschaft zu fesseln und zu begeistern verstand.

Von seinen zahlreichen hinterlassenen Schriften und Werken sind es namentlich folgende zwei, die hier zunächst und vor Allem als unvergängliche Denkmäler in der Geschichte der Mathematik bezeichnet werden müssen, nämlich sein ‚Traité des propriétés projectives des figures' und seine ‚Mécanique appliquée aux machines'.

Wir gedenken specieller zunächst des ersteren Werkes und bemerken, daß es in erster Auflage im Jahre 1822, in zweiter (vermehrter) Auflage von 1865 bis mit 1866 erschien.

In diesem Werke vereinigte Poncelet fruchtbare Einzelsätze der Alten, namentlich des Pappus, Desargues, Pascal u. A. mit den Methoden, die sich durch die Anschauung in Monge's ‚Géometrie déscriptive' und durch Rechnung in Carnot's ‚Géometrie des positions' ergeben, mit den geometrischen Arbeiten von Dupin, Servois, Brianchon[1]) u. A. zu derartigen Fundamentalsätzen und Grundprincipien vereinigte, wodurch er der Schöpfer der sogenannten neueren synthetischen oder richtiger der projectivischen Geometrie wurde.

Unter Projection der Figuren versteht Poncelet aber nicht die des Monge mittelst paralleler Linien, sondern ihr perspec-

---

1) Wie sehr sich Poncelet insbesondere Brianchon gegenüber verpflichtet hielt, ist aus der Erklärung zu entnehmen, die er in der Vorrede seines ‚Traité des propriétés projectives des figures', pag. XXIII in folgenden Worten giebt: „Enfin M. Brianchon a fait insérer dans le X. cahier (1810) du ‚Journal de l'école polytechnique' un mémoire qui présente, sur ce sujet, des réflexions à la fois neuves et étendues; je me fais un plaisir et un devoir de reconnaître que je dois l'idée première de mon travail à la lecture de cet écrit".

Brianchon's betreffende Arbeit findet sich abgedruckt im ‚Journal de l'école polytechnique', Tome IV, Cahier X (1810), pag. 1 bis 15. Beiläufig bemerkt, war Brianchon ebenfalls ein Zögling der Pariser Polytechnischen Schule und französischer Artillerie-Hauptmann, den man jedoch bereits 1823 als Bataillonscommandant in Ruhestand versetzte. Er wurde drei Jahr früher als Poncelet, nämlich 1785 in Sèvres bei Paris geboren.

tivisches Bild, d. h. die Figur, welche auf einer beliebigen Ebene (oder Fläche) entsteht, wenn man mittelst derselben die geraden Linien (Strahlen) schneidet, welche sich aus dem Auge nach den verschiedenen Punkten der gegebenen Figur ziehen lassen und welche man die Centralprojection oder die Perspective nennt. Vermittelst der Eigenschaften des perspectivischen Bildes, welches häufig einfachere Gesetze hat als die gegebene Figur, wird diese letztere untersucht[1]).

Wie fruchtbar diese Methode ist, kann derjenige, welcher sich nur mit den Principien der projectivischen Geometrie bekannt machen will, aus hierzu besonders geeigneten Beispielen in den unten angeführten Schriften entnehmen[2]).

Poncelet hat sich aber nicht bloß durch die Methode der Centralprojection allein in der Geschichte der Geometrie für alle Zeiten einen achtungswerthen Namen gemacht, sondern er hat auch noch andere fundamentale Lehren zuerst ausgebildet.

Hierzu gehört zunächst die als Supplement zur ersten Ausgabe (von 1822) seiner ‚Projectiven Geometrie‘ beigegebene schöne Abhandlung über Basrelief-Perspective[3]) unter der Ueberschrift

---

1) Der vortreffliche, bereits S. 256 (Note 1) und 263 (Note) genannte Hankel charakterisirt in seiner ‚Projectivischen Geometrie‘, S. 17 und 18, die neue geometrische Methode u. a. wie folgt:

In der analytischen Geometrie schieben sich die Coordinaten zwischen die an sich zu betrachtenden geometrischen Gebilde, in der descriptiven Geometrie ihr Aufriß und Grundriß als Vermittler hinein, während Poncelet's Methode mit den Objecten selbst (ohne jene Mittelglieder) operirt. Hiernach ist es begreiflich, wie gerade die Methode der Projectionen auf einen Reichthum von Sätzen führen konnte, welche die analytische Geometrie auf ihrem bisherigen Wege kaum jemals entdeckt hätte.

2) Poncelet selbst in seiner ‚Traité‘, Bd. I, pag. 6 und 7 erörtert die schnelle Ableitung des Werthes der Seite $AB$ im ebenen Dreieck $ABS$, nämlich $\overline{AB} = \sqrt{a^2 + b^2 - 2\,ab\cos ASB}$. Dann der Recensent des Poncelet'schen Werkes in Crelle's ‚Journal für Mathematik‘, Bd. I, S. 96 und Hankel a. a. O., S. 15 bis mit 19.

3) Von Anger in dessen Schrift ‚Analytische Darstellung der Basrelief-Perspective‘. Danzig 1834 wird behauptet, es sei die Erfindung der Perspective für Basreliefs bereits 1798 von J. A. Breysig gemacht worden, der eine Schrift unter dem Titel ‚Versuch einer Erläuterung der Reliefperspective für Maler‘ veröffentlichte. Nach desfallsigen Einsprüchen Poncelet's über die Priorität seiner „Relief-Perspective“ trat Anger im Jahre 1844 in Grunert's ‚Archiv‘ (Th. IV, S. 285) nochmals für Breysig in die Schranken. Hierbei braucht Anger die Wendung, daß er sagt, es stimme die Methode Breysig's nur im Wesent-

„Des figures homologique dans l'espace, ou de la perspective relief; application au tracé des bas-reliefs", ferner der ganze zweite Band der zweiten Auflage (von 1866). Der zweite Band der Ausgabe von 1866 enthält zwei Abhandlungen, welche zuerst in Crelle's ‚Journal für Mathematik' (beziehungsweise Bd. III, 1828 und Bd. IV, 1829) unter folgenden Ueberschriften erschienen:

„Mémoire sur les centres de moyennes harmoniques" und „Mémoire sur la théorie générale des polaires réciproques".

Eine dritte Abhandlung, ebenfalls zuerst in dem genannten Crelle'schen ‚Journale' (Bd. VIII, 1832) veröffentlicht, ist betitelt: „Mémoire sur l'analyse des transversales appliquée aux courbes et surfaces géometriques".

Während diese drei Abhandlungen die drei ersten Sectionen des zweiten Bandes vom ‚Traité des propriétés projectives des figures' bilden, trägt die vierte Section die Ueberschrift: ‚Propriétés communes aux systèmes de lignes et de surfaces géometriques d'ordre quelconque'.

Den Rest des zweiten Bandes bezeichnet Poncelet als „Section supplémentaire", worin er namentlich die Einreden, Ansprüche und Entgegnungen zu beleuchten und zu widerlegen bemüht ist, die gegen seine genannten genialen Arbeiten auf dem Gebiete der neueren Geometrie erhoben und gemacht wurden [1]).

Namentlich in Frankreich hatte Poncelet's ‚Projectivische Geometrie' vom Anfange an mit akademischen Intriguen zu kämpfen, in denen vor Allem der Analytiker Cauchy (S. 228 und S. 279) eine hervorragende Rolle spielte und Gergonne [2]) diesen mehr

---

lichen mit der von Poncelet überein. Man sehe hierüber auch Poncelet selbst in seiner ‚Traité des propriérés projectives', Bd. II, Section supplémentaire, pag. 350 fl.

1) Als Motto des zweiten Bandes seiner ‚Propriétés projectives des figures' hat Poncelet aus Reclamationen Poinsot's gegen Cauchy folgendes entlehnt:

„Il n'y a qu'une manière d'avancer les sciences, c'est de les simplifier, ou d'y ajouter quelque chose de nouveau: s'il pouvait y en avoir une de les faire rétrogarder, ce serait de compliquer ce qui avait été rendu simple, et de remettre un voile sur ce qui avait été découvert".

2) J. Gergonne, geb. 1771 zu Nancy, gest. 1859 zu Montbellier, ebenfalls Zögling der Pariser Polytechnischen Schule, dann Artillerie-Lieutenant und nachher, auf einander folgend, Professor der Mathematik zu Nismes und der Astronomie an der Facultät zu Montpellier, Correspondent der Pariser Akademie der Wissenschaften, erwarb sich namentlich ein besonderes Verdienst durch Herausgabe einer monatlich erscheinenden Zeitschrift ‚Annales de mathématiques pures et

oder weniger accompagnirte, indem er namentlich mit seinem allerdings umfassenden, aber nicht vollkommen begründeten Principe der Dualität Poncelet's ‚Theorie der reciproken Polaren‘ zu verdrängen suchte [1]) und Cauchy, mit offenbarem Uebelwollen, Poncelet's ‚Princip der Continuität‘ angriff, indem er vornehmlich die mangelnde Schärfe des betreffenden Beweises hervorhob [2]). Die vielen Einwendungen, Entgegnungen und hämischen Angriffe, welche Poncelet wegen seines (noch heute in seiner Art) unübertroffenen Werkes über projectivische Geometrie zu bestehen hatte, trugen hauptsächlich dazu bei, daß der geniale Mann das Gebiet der wissenschaftlichen Geometrie ganz verließ [3]), sich der angewandten Mathematik und vornehmlich der Hydromechanik und den Maschinentheorien widmete. Wie groß in diesem Gebiete Poncelet's Erfolge sind, ist Fachtheoretikern wie rationell gebildeten dahingehörigen Praktikern überall bekannt und hat Reuleaux [4]) ganz recht, wenn er (noch 1875) Poncelet's Arbeiten im Gebiete der technischen Mathematik „als Grundsäulen“, ja fast „als Glaubensartikel“ der Mechanik und theoretischen Maschinenlehre bezeichnet!

Damit sind wir aber zur Besprechung von Poncelet's in unserer Geschichte ganz besonders wichtigem Werke, zur ‚Mécanique appliquée aux machines‘ gelangt, dessen Stoff allerdings hauptsächlich in den zweiten Theil unseres Buches, in die specielle Geschichte der theoretischen Maschinenlehre gehört. Indeß ver-

---

appliquées‘, wovon er selbst einer der thätigsten Mitarbeiter war. Von 1810 bis 1831 erschienen 21 Bände, worauf die Zeitschrift aufhörte zu erscheinen, jedoch noch heute oft citirt und benutzt wird.

1) Der Verfasser folgt hier dem Urtheile des Professors Geiser am Züricher Polytechnikum, nach dessen (gedrucktem) Vortrage ‚Zur Erinnerung an Jacob Steiner‘, S. 19 fl. (Schaffhausen 1874).

2) Ueber diese unerquickliche Polemik, namentlich zwischen ihm, Cauchy und Gergonne, berichtet Poncelet selbst in seiner ‚Traité des propriétés projectives des figures‘, Bd. II. im Anhange (Section supplémentaire), pag. 310 bis 443.

3) Poncelet fühlte sich derartig gekränkt, daß er für Gergonne's ‚Annalen‘ gegen Ende der zwanziger Jahre gar nichts mehr schrieb, obwohl er vorher als ein sehr thätiger Mitarbeiter bezeichnet werden mußte. Deutschland stets sehr zugeneigt, namentlich Wohlthaten, die er bei seiner Rückkehr aus russischer Kriegsgefangenschaft in Hamburg empfing, nie vergessend, wählte er sich lange Zeit hindurch Crelle's ‚Journal für Mathematik‘ als wissenschaftliches Feld seiner schriftstellerischen Arbeiten.

4) ‚Theoretische Kinematik‘, S. 13.

dienen einige Abschnitte desselben auch bereits hier erörtert zu werden.

Dahin gehört zunächst ein für die Anwendungen in der technischen Mechanik vortheilhafter Satz, welcher einen hinreichenden Näherungswerth von $\sqrt{a^2 + b^2}$ finden lehrt und den man „das Poncelet'sche Theorem“ zu nennen pflegt.

Poncelet zeigte nämlich[1]), daß wenn $a > b$ ist, bis auf $\frac{1}{25}$ (4 Procent des wahren Werthes) gesetzt werden kann:

---

1) Es wird für unseren Zweck genügen, die Herleitung dieses Näherungswerthes in der Poncelet'schen Weise, der Hauptsache nach, wie folgt anzudeuten:

Er setzt zuerst $\sqrt{a^2+b^2} = \alpha a + \beta b$, wo $a$ und $b$ absolute positive und $\alpha$, $\beta$ unbestimmte Zahlen sind. Da sodann der absolute Fehler $\alpha a + \beta b - \sqrt{a^2+b^2}$ ist, so wird der relative oder verhältnißmäßige Fehler, den er $z$ nennt:

$$1)\quad z = \frac{\alpha a + \beta b}{\sqrt{a^2 + b^2}} - 1 = \frac{\alpha n + \beta}{\sqrt{1 + n^2}} - 1,$$

wenn $\frac{a}{b} = n$ oder $a = nb$ gesetzt wird.

Nach bekannten Sätzen der Differenzialrechnung findet er nun zunächst den Werth von $n$, welcher dem Maximum des Fehlers entspricht zu:

$$n = \frac{\alpha}{\beta} \text{ und daher } z_1 = -1 = \sqrt{\alpha^2 + \beta^2}.$$

Ferner ermittelt er die Ausdrücke des Fehlers $z$, welche den Grenzen $a = b$, d. i. $n = 1$ und $a = \infty = \frac{1}{0}$ entsprechen zu:

$$z_2 = \frac{\alpha + \beta}{\sqrt{2}} - 1 \text{ (für } a = b\text{) und } z_3 = \alpha - 1 \left(\text{für } a = \frac{1}{0}\right).$$

Nunmehr vertheilt er die Fehler so, daß er zunächst $z_2 = z_3$ nimmt, also setzt: $\alpha - 1 = \frac{\alpha + \beta}{\sqrt{2}} - 1$, woraus folgt:

$$\beta = 0{,}414\,.\,\alpha \text{ oder } \alpha = 2{,}415\,.\,\beta.$$

Sodann findet er eine fernere Gleichung, indem er den größten Fehler $z_1$, negativ genommen, jeden der beiden (positiven Fehler) $z_2$ und $z_3$ gleich setzt, also schreibt:

$$\alpha - 1 = \frac{\alpha + \beta}{\sqrt{2}} - 1 = 1 - \sqrt{\alpha^2 + \beta^2},$$

woraus erhalten wird:

$$\beta^2 + 9{,}66\,\beta = 4, \text{ d. i. } \beta = 0{,}398 \text{ und somit:}$$
$$\alpha = 0{,}961.$$

Der verhältnißmäßige Fehler ist daher nach 1) $z = \frac{0{,}961\,.\,n + 0{,}398}{\sqrt{1 + n^2}}$, d.i. wegen $n = \frac{\alpha}{\beta} = \frac{961}{398} = 2{,}41$:

$$z = 1{,}04 - 1 = 0{,}04.$$

Ausführlicher im ersten Bande, pag. 409 bis 427 der von Kretz besorgten Ausgabe des Poncelet'schen ‚Cours de mécanique appliquée aux machines‘.

$$\text{I. } \sqrt{a^2 + b^2} = 0{,}960 \,.\, a = 0{,}398 \,.\, b.$$

Dagegen, wenn man nicht weiß, ob $a$ größer oder kleiner als $b$ ist, auf $\frac{1}{6}$ (oder 17 Procent des wahren Werthes) genau zu nehmen ist:

$$\text{II. } \sqrt{a^2 + b^2} = 0{,}83\,(a + b).$$

Viel wichtiger ist der Abschnitt des Werkes, welcher denjenigen Theil der technischen Hydraulik behandelt, den die theoretische Maschinenlehre als völlig unentbehrlich bezeichnen muß. In diesem Gebiete hat sich Poncelet ganz besondere Verdienste dadurch erworben, daß er das Capitel vom Ausflusse des Wassers aus großen Seitenöffnungen durch Ermittlung von Erfahrungscoëfficienten für die praktische Anwendung brauchbarer gestaltete und der Begründer der Theorie der ungleichförmigen Bewegung des Wassers in Canälen (und regelmäßigen Flüssen) wurde.

In ersterer Hinsicht stellte Poncelet (unterstützt durch seinen militärischen Collegen, dem Ingenieurcapitän Lesbros) in den Jahren 1827 bis 1829 die seiner Zeit großartigsten Versuche in künstlich hergestellten Abflußcanälen der Metzer Festungsgräben, von der Ober- nach der Unter-Mosel an, welche sich ganz besonders auf die Correctionen (Bestimmung betreffender Ausflußcoëfficienten etc.) von nachstehenden Formeln bezogen, worin $Q$ die secundlichen Wassermengen bezeichnet, $b$ die horizontalen Breiten der rectangulären Mündungen, $h$ und $h_1$ die Wasserdruckhöhen beziehungsweise über der unteren und oberen Kante der Mündungen sind und $g$ die Acceleration der Schwerkraft ist.

Es sind dies folgende vier:

Für (sogenannte) Durchlaß-Oeffnungen),

$$1)\ Q_1 = b\,(h - h_1)\sqrt{2\,g\left(\frac{h + h_1}{2}\right)}$$

Nur so lange brauchbar als $\frac{h + h_1}{2} \gtreqless 2\,(h - h_1)$ ist.

$$2)\ Q_2 = \frac{2}{3}\, b\, \sqrt{2\,g}\,\left\{h^{\frac{3}{2}} - h_1^{\frac{3}{2}}\right\}$$ [1]

Die Geschwindigkeit des zufließenden Wassers sehr gering vorausgesetzt.

---

1) In dieser Gestalt scheint die Formel zuerst (1777) von Bossut in seiner ‚Hydrodynamik' (Bd. I, §. 216) und zwar nach Belidor's Vorgange (‚Architectura hydraulica', 1737, §. 518 bis 541) aufgestellt zu sein. Sodann noch Folgendes:

Ist die Geschwindigkeit $= c$, womit sich im Zufluß- (Sammel-) Gefäße das durch die Mündung fließende Wasser ersetzt, nicht sehr gering, so ist zu setzen:

Für (sogenannte) Ueberfälle. $\begin{cases} 3)\ Q_3 = bh\sqrt{2gh} & \text{Formel von Bernoulli, Dubuat und Bidone.} \\ 4)\ Q_4 = 2{,}5261\, b h^{\frac{3}{2}} & \text{Formel von Navier}^{1)}. \end{cases}$

Die betreffenden (Ausfluß-) Coëfficienten, womit diese Formeln multiplicirt werden müssen, sind aus von Poncelet und Lesbros berechneten Tabellen zu entnehmen und daher auch in der ‚Hydrodynamik' des Verfassers zu finden. Die betreffenden Versuche haben überdies gelehrt, daß diese Ausflußcoëfficienten zwischen weiten Grenzen (von 0,572 bis 0,795) schwanken können und daß sie nicht nur bei verschiedenen Druckhöhen, sondern auch bei verschiedenen Oeffnungshöhen verschieden ausfallen [2]).

Poncelet hat sich ferner noch dadurch verdient gemacht,

---

$$Q_2 = \frac{2}{3}\, b\sqrt{2g}\left\{\left(h + \frac{c^2}{2g}\right)^{\frac{3}{2}} - \left(h_1 + \frac{c^2}{2g}\right)^{\frac{3}{2}}\right\}.$$

1) Nach Navier (‚Résumé des leçons, mouvement des fluides', pag. 45, Nr. 62) ist die Summe der lebendigen Kräfte der Flüssigkeitstheilchen, welche durch den Querschnitt über der Abflußkante gehen, der Function proportional:

$$\frac{\left(h^{\frac{3}{2}} - h_1^{\frac{3}{2}}\right)^3}{(h - h_1)^2},$$

daher findet man leicht, daß dieser Werth ein Minimum ist für $h_1 = 0{,}2753\, h$, und somit die Wassermenge $Q_4$ wird:

$$Q_4 = \frac{2}{3}\sqrt{2g}\left[1 - (0{,}2753)^{\frac{3}{2}}\right] b h^{\frac{3}{2}}, \text{ d. i. } Q = 2{,}5261\, b h^3.$$

Man sehe hierüber auch des Verfassers ‚Hydromechanik' (2. Auflage), S. 296.

2) Ueber die von Poncelet und Lesbros in Metz angestellten hydraulischen Versuche betreffenden Anordnungen, Meßwerkzeuge und Zubehör wird ausführlich auch in des Verfassers ‚Hydromechanik' (2. Auflage), S. 203 und S. 249 fl. berichtet.

Um diese geschichtlich wichtige Versuchsstelle kennen zu lernen, begab sich der Verfasser im August 1878 mit besonderer Empfehlung an die Officiere des Generalstabes nach Metz. Leider waren die betreffenden Bemühungen fast vergeblich, da Veränderungen und Erweiterungen der Festungswerke die Versuchsstelle völlig unkenntlich gemacht hatten. Nur so viel war festzustellen, daß die fragliche Anlage auf dem Glacis der jetzigen Bastion III der Stadtbefestigung, links vom Ostende der Pontiffroy-Brücke, existirt hat.

Der Verfasser benutzt die Gelegenheit, hier insbesondere zwei Stabsofficieren, dem Herrn Oberst Bardenwerfer und dem Herrn Major Riemann, öffentlich den aufrichtigsten Dank für ihre beim Suchen aufgewandte große Mühe auszusprechen.

Eine Grundrißskizze der betreffenden Stelle, welche der Verfasser der Aufmerksamkeit des Herrn Major Riemann verdankt, findet sich (in lithographirter Abbildung) in der ‚Zeitschrift für technische Hochschulen', Jahrgang VI, Nr. 12 und 13 (1. Mai 1879), welche vom Akademischen Vereine der Polytechniker zu Hannover herausgegeben wird.

daß er für die Praxis brauchbare sehr einfache Formeln für die Bewegungsgesetze der Gase in Röhren aufstellte, welche für geringe Pressungsdifferenzen sehr gut mit Versuchen übereinstimmten. Die betreffenden Versuche wurden im Jahre 1845, bei Gelegenheit des Projektes einer atmosphärischen Eisenbahn zwischen Paris und St. Germain, vom Pariser Mechaniker Pecqueur im Verein mit Bontemps und Zambaux angestellt. Poncelet wollte damit auch beweisen, daß, wenn im genannten Falle die Pressungsdifferenzen constant sind, der Ausfluß der atmosphärischen Luft ganz wie bei nichtzusammendrückbaren Flüssigkeiten (also wie bei Wasser), d. h. mit constanter Dichte stattfinde, wie solches bereits Daniel Bernoulli (S. 164) voraussetzte [1]).

Was den anderen Theil der technischen Hydraulik anlangt, womit sich Poncelet ein großes Verdienst erworben hat, die Theorie der ungleichförmigen Bewegung des Wassers in Canälen (§. 79 bis §. 82 des genannten zweiten Theiles der Ausgabe von Kretz), so entwickelt er zuerst, mit Hülfe des Principes der lebendigen Kräfte und unter Anwendung der Prony-schen Formeln (S. 271) für den Widerstand des Wassers an den Canalwänden, die Gleichung:

$$\text{I. } \frac{v\,dv}{g} = dh - \frac{p}{a}\,(Av + Bv^2)\,dl,$$

wenn die S. 271 gewählten Bezeichnungen beibehalten und die Zahlenwerthe des dortigen Ausdruckes mit $A$ und $B$ bezeichnet werden [2]).

Poncelet zeigt nun, daß es für praktische Zwecke vortheilhaft ist, die Gleichung I in nachstehender Weise umzugestalten:

Es sei $abmnq$, Figur 60, das Längenprofil einer Canalstrecke von der Länge $\overline{mn} = dl$ und $\varphi$ der Neigungswinkel $mrq$ der betreffenden Bodenstelle. Ferner sei $y$ die größte Tiefe des Wasserprofiles, stromaufwärts, d. i. $\overline{am} = y$, die kleinste Tiefe stromabwärts $\overline{bn} = y - dy$, so daß $af$ die sehr kleine Größe $dy$

1) Die betreffenden Formeln finden sich theilweis schon in den lithographischen Ausgaben des ‚Cours de mécanique appliquée aux machines' vollständig, jedoch erst in der von Kretz besorgten Ausgabe von 1876 (Partie II, pag. 113 und zwar auszugsweise) dem ‚Comptes rendus etc.' vom 21. Juli 1845 entlehnt. Man sehe deshalb auch die zweite Auflage der ‚Hydrodynamik' des Verfassers, §. 200 und §. 202.

2) Ausführlicher wird die Ableitung dieser Gleichung erörtert in der ‚Hydromechanik' des Verfassers, S. 395 und 396.

darstellt [1]). Mit Bezug auf Figur 60 ist aber sodann:

$\overline{kb} = gf + ef$, d. i.

$dh = -dy.\cos\varphi + dl.\sin\varphi$,

so daß aus I wird:

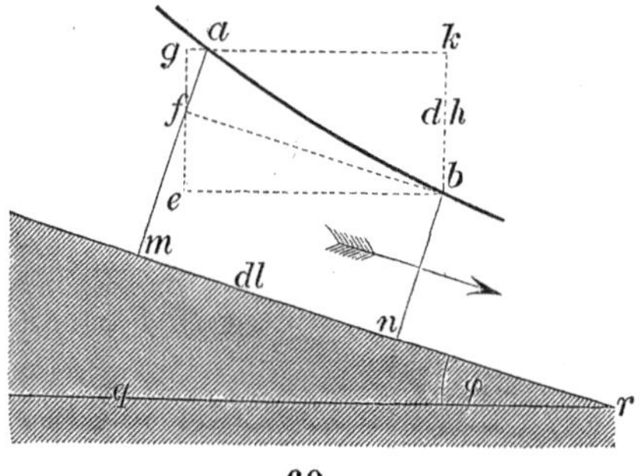

60.

$$\text{II.}\ \frac{v\,dv}{g} = -dy.\cos\varphi + dl.\sin\varphi - \frac{p}{a}(Av + Bv^2)\,dl.$$

Aus dieser Gleichung entfernt Poncelet $dv$ dadurch, daß er die secundliche (constante) Wassermenge $= Q$ des Canales einführt, also erhält:

$$v = \frac{Q}{a} \text{ und } dv = -\frac{Q\,da}{a^2} = -\frac{v}{a}\,da.$$

Bezeichnet nun $x$ die horizontale Breite des Profiles $a$, an der Oberfläche des Wassers gemessen, so ist offenbar $da = x\,dy$ und folglich $dv = -\frac{v\,.\,x}{a}\,dy$.

Daher wird aus I:

$$-\frac{v^2}{g}.\frac{x}{a}.dy + dy\cos\varphi = dl\sin\varphi - \frac{p}{a}(Av + Bv^2)\,dl, \text{ d. i.}$$

$$\text{III.}\ dl = \frac{\frac{v^2}{g}.\frac{x}{a} - \cos\varphi}{\frac{p}{a}(Av + Bv^2) - \sin\varphi}\,dy.$$

Hinsichtlich der höchst nützlichen Verwendung der letzteren Gleichung (vornehmlich zur Berechnung von Stauweiten) verweist Poncelet auf eine werthvolle Beispielssammlung von Bélanger, die kurze Zeit nach dem Bekanntwerden der bereits 1827 von Poncelet in seinen Vorträgen entwickelten Gleichung II, im Jahre 1828 in Paris unter dem Titel erschien: ‚Essai sur la solution numérique de quelques problèmes relatifs au mouvement permanent des eaux courantes‘ [2]).

---

1) Um Anfängern das Verständniß zu erleichtern, hat der Verfasser (gegenwärtiger Geschichte) die von Poncelet beigegebene Figur etwas abgeändert, wodurch jedoch die (möglichst) treue Wiedergabe des Originales nicht beeinträchtigt wird.

2) Kretz a. a. O. (Partie II), pag. 100, bezeugt, daß sich die Poncelet-sche Gleichung II früher in den Poncelet'schen lithographirten Heften be-

Es erübrigt jetzt noch, einiger Arbeiten Poncelet's aus dem Gebiete der Mechanik zu gedenken, welche sich in dem zuletzt besprochenen Werke nicht befinden.

Obenan stehen die lithographirten (leider niemals gedruckten) Hefte seiner im Jahre 1839 an der Faculté des sciences zu Paris gehaltenen Vorträge, welche, soweit diese in größeren Kreisen bekannt werden konnten, ein vortreffliches Zeugniß ablegen, daß der Meister auch das schwierige Capitel des Widerstandes der Materialien vortrefflich zu behandeln verstand. Morin in seinen ‚Leçons de mécanique pratique', Abtheilung „Résistance de matériaux" (Paris 1853) spricht die Hoffnung (pag. 1) aus, daß dies vortreffliche Material veröffentlicht werden möchte und erklärt nachher (pag. 226), daß er für einige (wenige) Fälle (von Nr. 213 bis mit 219) von den Poncelet'schen Heften Gebrauch gemacht habe.

Saint Venant in den Zusätzen zur dritten Ausgabe von Navier's ‚Résumé des leçons', Abtheilung „Résistance des corps solides" giebt einige Auszüge aus diesen ungedruckten Heften und zwar besonders pag. 374, Note 1 und pag. 381, Note 1, ferner im ‚Appendice', I, pag. 512 unter der Ueberschrift„ Divers points traité par M. Poncelet d'une manière élémentaire".

Was diese lithographischen Hefte überhaupt enthalten mögen, erhellt zum Theil aus einem Abschnitte, welchen der deutsche Uebersetzer der Poncelet'schen ‚Mécanique appliquée aux machines', Dr. Schnuse, letzterem Werke, dem zweiten Bande unter der Ueberschrift: „Von dem Widerstande fester Körper" von §. 220 bis mit §. 270 beigefügt hat. Die betreffende (als Note 1) abgedruckte, von Poncelet selbst geschriebene Einleitung [1]) dürfte von besonderem Interesse sein.

---

funden habe, bevor Bélanger's Arbeit erschienen war. Beiläufig gesagt, ist auch die Ableitung von II in Bélanger's ‚Essai', mindestens für Anfänger, sehr schwer verständlich.

1) Wenn man die Bedingungen des Gleichgewichtes der auf einen festen Körper (Stab) wirkenden äußeren Kräfte und der in einem Querschnitte desselben thätigen inneren Kräfte aufstellt, so kann man die Ausdehnungen und Zusammenziehungen seiner verschiedenen Theile, die Bedingungen des Widerstandes bei gegebenen Kräften und endlich die Verrückungen seiner materiellen Theile, sowie die daraus entspringenden Formveränderungen berechnen. Bekanntlich wird aber das Gleichgewicht zwischen im Raume wirkenden Kräften im Allgemeinen durch sechs Gleichungen, drei zwischen Componenten und drei zwischen Momenten,

Um wenigstens für einen speciellen Fall anzugeben, wie sich, namentlich unter Berücksichtigung der Schubelasticität, die

---

ausgedrückt und dennoch stellt Navier bei seinen für diesen Gegenstand so nützlichen und wichtigen Untersuchungen immer nur zwei Gleichungen auf; allein er umfaßt auch die Fälle nicht, wo der Körper doppelt gekrümmt ist, wo er zugleich gebogen und gedreht wird u. s. w. und er läßt selbst in den betrachteten Fällen mehrere wesentliche Umstände unbeachtet. — Diese Navier'sche Theorie setzt ferner voraus, daß die ebenen Querschnitte des Körpers auch eben bleiben und daß die Fasern, woraus man sich den Körper zusammengesetzt denkt, keine gegenseitige Wirkung auf einander ausüben und völlig unabhängig von einander sind. Diese beiden Voraussetzungen sind aber in mehreren Fällen nach neueren Untersuchungen, welche auf den Arbeiten von Navier selbst beruhen und deren Resultate durch die Beobachtungen von Savart und Cagniard de Latour als richtig bestätigt sind, nicht mehr zulässig. Auch hat man der Navier'schen Theorie den Vorwurf gemacht, daß sie zu complicirt sei, wenigstens scheinbar; denn sie giebt die Berechnung der Verrückungen der materiellen Punkte früher, als die Bedingungen des Nichtzerreißens. Diese Rechnung ist jedoch in den meisten Fällen überflüssig, und man kann die Gleichungen des Widerstandes, welche für die Praxis am wichtigsten sind, einfacher erhalten. Endlich giebt diese Theorie keine allgemeine Methode zur Bestimmung der Reactionen fester Punkte, sowie der unbekannten gegenseitigen Einwirkungen der verschiedenen Theile desselben Systems, so daß Navier, obgleich er viele neue Fälle genügend behandelt, in vielen anderen Fällen doch wieder auf die alten, rein hypothetischen Kräftezerlegungen zurückkommt. Wir wollen hier diese Lücken auszufüllen, diese Mängel zu berichtigen und jede unnütze Complication zu vermeiden suchen. Wir bringen auch die Wirkungen der sogenannten Schubelasticität mit in Rechnung, welche von den Transversalcomponenten herrühen, in deren Nichtbeachtung der Haupteinwurf besteht, welchen Vicat (S. 362, Note 1) gegen die ganze Theorie des Widerstandes fester Körper gemacht hat. Wir zeigen ferner, wie man vermittelst einer zweiten Gleichung der Transversalmomente den allgemeinen von Persy angegebenen Fall, wo das gewöhnliche Gleichgewicht nicht stattfinden kann und wo die Biegung des Körpers nothwendig in einer anderen Richtung stattfindet, als die, nach welcher man denselben zu biegen sucht, sehr einfach behandeln kann. Wir dehnen unsere Rechnungen auch auf die Fälle aus, wo zu gleicher Zeit Biegung und Drehung stattfindet und welche häufig vorkommen müssen, wenn man bemerkt, daß ein Körper fast niemals durch ein sogenanntes Kräftepaar gedreht wird. Endlich bringen wir den Umstand in Rechnung, daß die anfangs ebenen Querschnitte des Körpers windschief werden, sich also etwas gegen die Centralfaser (Achse) neigen und daß die Fasern auch eine gegenseitige Wirkung auf einander ausüben, welche nicht ganz vernachlässigt werden kann. Wir stellen für die kleinen Verrückungen der Theilchen doppelt gekrümmte Stäbe oder Stangen neue Differenzialgleichungen auf, sowie die sehr einfachen Integrale, welche sich aus diesen drei gleichzeitigen Differenzialgleichungen der dritten Ordnung mit veränderlichen Coëfficienten ergeben. Auch geben wir von den meisten der neuen Formeln praktische Anwendungsbeispiele und endlich eine allgemeine Methode zur Bestimmung der gegenseitigen Einwirkungen und Rück-

gewöhnlichen Formeln (ohne Beachtung der letzteren) anders gestalten, werde erinnert, daß die größte Durchbiegung $= u$ eines ursprünglich geraden prismatischen Stabes, dessen normaler Querschnitt $h$ Höhe und $b$ Breite hat, wenn derselbe an einem Ende unverrückbar befestigt und über seine Länge $l$ ein Gewicht $G$ gleichförmig verbreitet ist, ermittelt wird zu:

$$u = \frac{3}{2} G \frac{l^3}{E b h^3},$$

während Poncelet (§. 239, Schnuse) findet:

$$u = \frac{2 G l^3}{E b h^3} \left\{1 + \frac{9}{8} \frac{h^2}{l^2}\right\}.$$

Aus letzterem Werthe erhellt, daß die Schubelasticität nur bei Balken von geringer Länge von Einfluß ist.

Eine noch andere ganz besondere, glücklicher Weise gedruckte größere Arbeit Poncelet's ist seine (Metz 1829, in erster Auflage erschienene) ‚Introduction à la mécanique industrielle', die in der zweiten Auflage (Metz und Paris 1839) von 1839 erst die Gestalt annahm, in welcher (allerdings mit nicht unwerthen Noten) ebenfalls Kretz (1870) eine dritte Auflage besorgte [1]).

Die von Poncelet noch selbst redigirte Ausgabe, deren Druck erst 1839 beendet wurde, ist in folgende fünf Abschnitte getheilt:

1. Principes fondamentaux — 2. Applications diverses — 3. Résistance des solides. — 4. Frottement des solides und 5. Résistance des fluides.

Der erste und zweite Abschnitt (Notions générales sur la constitution et les propriétés physique des corps und Applications) ist der wörtliche Abdruck der Ausgabe von 1829 und umfaßt 198 Paragraphen oder Nummern.

---

wirkungen, welche sich nicht durch die gewöhnlichen Gleichungen der Statik aus den gegebenen Kräften ableiten lassen. Wenn man alle Gleichungen, auf welche unsere Theorie in jedem besonderen Falle führt, die zwar etwas zahlreich, aber alle vom ersten Grade sind, aufstellt und auflöst; so wird der Ausdruck der Bedingungen des Widerstandes in beliebigen Systemen der Zimmerkunst ebensowenig Unbestimmtheiten und Willkürlichkeiten darbieten, als bei den Hängebrücken.

1) In der Vorrede zur zweiten Auflage sagt Poncelet selbst, daß dies Buch nur der Abriß von Vorträgen sei, welche er von 1827 bis 1831 den Metzer Arbeitern gehalten habe. In dieser ersten Gestalt umfaßt das Buch nur 240 Octavseiten, während es 1839 fast den dreifachen Umfang erhielt, nämlich 698 zählte. Die jüngste Ausgabe (von 1870) enthält 745 Seiten.

Als besondere Eigenthümlichkeiten dieses Abschnittes sind hervorzuheben, die Einführung des Begriffes „travail mécanique“ [1]) und die Benutzung des „Principes der lebendigen Kräfte“ (wie er selber berichtet zugleich mit Coriolis) zum Beurtheilen und Messen gleichzeitig geleisteter mechanischer Arbeiten in allen nur irgend möglichen Fällen.

Die Behandlungsweise des Stoffes erfolgt überall mit der elementaren Analysis, vielfach auch mit Hülfe geometrischer Darstellungen. (Nach letzterer Methode werden namentlich §. 181 die Arbeiten erörtert, welche Pulvergase auf Projectile und §. 187 die, welche Wasserdämpfe auf Maschinenkolben übertragen etc.).

Der dritte Abschnitt „Résistance des solides“ fehlt in der Metzer Ausgabe von 1829 gänzlich, enthält aber bereits in der Ausgabe von 1839 (§. 217 bis §. 345) einen wahren Schatz der interessantesten und für die Lehre vom Widerstande der Materialien wichtigen und meist ganz neuen Erörterungen und Theorien, leider nur in elementarer Behandlungsweise [2]), wodurch die Darstellung oft sehr breit und das Lesen sehr ermüdend wird.

Ganz besonders hervorgehoben zu werden verdient jedoch immerhin der Inhalt derjenigen Paragraphen, welche sich auf die Widerstandsfähigkeit gegen häufig wiederholte Anstrengungen (Erschütterungen) und Stöße, sowie auf den Einfluß der Formänderung bei beginnenden Belastungen des „mise en charge“ beziehen [3]).

---

1) Poncelet bemerkt §. 70 seines Buches hierüber speciell Folgendes: „Travailler c'est vaincre ou détruire, pour le besoin des arts, des résistances telles que la force d'adhésion des molécules, des corps, la force des ressorts, celle de la pesanteur, l'inertie de la matière etc.“. Und ferner: „Le travail mécanique ne suppose pas seulement une résistance vaincue, une fois pour toutes, on mise en équilibre par une force motrice, mais une résistance constamment détruite, le long d'un chemin parcouru par le point où elle s'exerce et dans la direction propre de ce chemin“. In den folgenden Paragraphen 82 und 83 erörtert Poncelet die Frage nach der Einheit einer mechanischen Arbeit (mit Bezug auf die Dynamie von Montgolfier, Hachette, Clément etc.) folgt aber schließlich dem Vorgange Navier's, der als Arbeitseinheit ein Kilogramm auf einen Meter Höhe erhoben (das Kilogramm-Meter oder das Meter-Kilogramm) einführte.

2) Bereits kurz S. 374 in der dortigen Note erörtert.

3) Die letztere Benennung hat nach Wissen des Verfassers zuerst Combes

Nachdem der Verfasser in den Paragraphen 247 und 248 unter den Ueberschriften: „Notions sur la résistance vive des prismes“ und „Utilité de ces notions pour la science des constructions“, die von ihm eingeführten Namen „résistance vive d'élasticité“ und „résistance vive de rupture“ zu rechtfertigen bemüht war, auch auf den Nutzen der ganzen Auffassung für die Constructionspraxis hingewiesen und endlich Dr. Young (S. 317) und Tredgold (S. 321) als seine Vorgänger in der Behandlung dieser eigenthümlichen Inanspruchnahme der Materialien bezeichnet hat, tritt er an folgenden Stellen in die specielle Behandlung des fraglichen Gegenstandes ein, nämlich zuerst

Seite 385 in der Ausgabe von 1839 und Seite 419 in der Ausgabe von 1870 (welche Kretz besorgte) unter der allgemeinen Ueberschrift:

„Examen des principales circonstances du mouvement oscillatoire des prismes sous l'influences de charges constantes et de chocs vifs“.

Hierauf speciell in §. 312 bis §. 318 unter „Lois de ce mouvement, dans le cas où la charge ne possède aucune vitesse initiale“.

In §. 312 bis 332 unter „Lois du mouvement oscillatoire des prismes dans le cas où la charge possède une vitesse initiale“ und endlich

§. 323 bis 345 unter „Du mouvement oscillatoire des prismes dont la change permanente est soumise à l'action d'un choc vif“.

Wichtiger Anwendungen dieser Sätze wurde bereits S. 374 am Ende der Note 1 gedacht, auf noch andere gelangen wir später, wenn wir, im Verlauf unserer Geschichte, der Verdienste des Engländers Hodgkinson zu gedenken haben[1]).

---

gebraucht und zwar im ‚Traité de l'exploitation des mines‘, Bd. I. Paris 1844. Hier ist namentlich alles Betreffende, von S. 496 bis 510 und von S. 583 bis 588 Poncelet nachgebildet.

1) Der Verfasser benutzt hier die Gelegenheit, darauf aufmerksam zu machen, daß, ausser Stößen und Erschütterungen, wodurch die Widerstände der Materialien beeinträchtigt werden können, auch häufig wiederholte Anstrengungen durch (ruhigen) Druck, ebenfalls nachtheilige Wirkungen hervorbringen.

Es ist das Verdienst A. Wöhler's, zur Zeit kaiserlicher Eisenbahndirector in Elsass-Lothringen, hierüber sorgfältige Versuche in den Jahren 1859 bis 1870 (auf Veranlassung des preußischen Handelsministeriums) angestellt und bestätigt zu haben, daß durch wiederholte, umfassende ruhige Belastungen betreffender Eisen- und Stahlkörper ein allmäliges Zerstören des Zusammenhanges ihrer kleinsten Theile, ein Wechsel in der Gruppirung der Moleküle (Verschieben der Moleküle gegen einander) erzeugt wird, welcher ungünstig auf die Widerstandsfähigkeit des Materiales wirken und schließlich die Zerstörung des Zusammenhanges der körperlichen Theile veranlassen kann.

Wöhler gelangte dabei zur Aufstellung des folgenden allgemeinen Gesetzes:

Vom fünften Abschnitte der ,Introduction à la mécanique industrielle' (résistance des fluides, die Paragraphen 372 bis 454 umfassend) hat der Verfasser in seiner ,Hydromechanik', 2. Aufl., derartig vollständige Auszüge gegeben, daß er hier (des beschränkten Raumes wegen) auf diese seine Arbeit verweisen darf[1]).

Schließlich ist noch einer schönen Arbeit unseres Poncelet's, aus dem Gebiete der Baumechanik zu gedenken, die er im Jahre 1840 für das ,Mémorial de l'officier du génie' (Nr. 13, pag. 1 bis 262) schrieb und die betitelt ist: „Mémoire sur la stabilité des revêtements et de leurs fondations", welche vom Drucke (poussée) der Erde gegen Mauern und von der Hebekraft (butée) der Erde handelt und 1844 von Lahmeyer (einem talentvollen, hannoverschen Hydrotekten) ins Deutsche übertragen wurde[2]).

---

„Der Bruch des Materials läßt sich nicht nur durch eine die Tragfestigkeit überschreitende ruhende Belastung, sondern auch durch vielfach wiederholte Spannungen, von denen keine die Tragfestigkeit erreicht, herbeiführen. Die Differenzen der Spannungen sind dabei für die Zerstörung des Zusammenhanges insofern maßgebend, als mit ihrem Wachsen die Minimalspannung, welche den Bruch noch herbeiführen kann, sich verringert".

Die Beanspruchung eines Materiales, welche unter den vorerwähnten Umständen den Bruch herbeiführt, hat Launhardt mit dem Namen „Arbeitsfestigkeit" bezeichnet und dafür aus den Wöhler'schen Versuchen eine (empirische) Formel abgeleitet, welche in nachstehenden Quellen zu finden ist:

1. Launhardt „die Inanspruchnahme des Eisens". (,Zeitschrift des hannoverschen Architekten- und Ingenieur-Vereins', Jahrgang 1873, S. 139).

2. Weyrauch; ,Festigkeit etc. der Eisen- und Stahl-Constructionen'. Leipzig 1876 (§. 1 das Wöhler'sche Gesetz und §. 3 Launhardt's Formel). Die Wöhler'schen Versuche und deren Resultate werden behandelt in folgenden Jahrgängen der (Erbkam'schen) ,Zeitschrift für Bauwesen', 1860 (S. 583), 1863 (S. 234), 1866 (S. 67) und 1870 (S. 83). Letztere Abhandlung ist (vermehrt) auch separat unter dem Titel erschienen:

A. Wöhler, ,Ueber Festigkeitsversuche mit Eisen und Stahl'. Berlin 1870. (Hierbei die Beschreibung der betreffenden Versuchs-Apparate und drei Blatt sehr guter Abbildungen).

1) A. a. O. S. 611 (Schiffswiderstand), S. 700 (Fallschirm) und S. 735 (Borda's ,Versuche über den Widerstand atmosphärischer Luft').

2) Poncelet brachte in dieser Abhandlung die Theorie des Erddruckes zu einem bedeutenden Grade der Vollkommenheit, erstreckte sich auch auf Brustwehren oder Ueberhöhungen, d. h. auf die Fälle, wo die Erdkörper weit über die Zone der stützenden Mauern hinausragen, schuf eine Theorie der Mauerfundamente etc. Da in solcher Allgemeinheit die genannten, technisch wichtigen Fragen vor Poncelet nirgends behandelt worden waren, so machte dies Werk bedeutendes Aufsehen in dem Gebiete des Militär- und Civil-Ingenieurwesens aller Länder.

Noch 17 Jahre nachher (Februar 1857) wurde in einem Berichte des ,Comptes rendus' der Pariser Akademie (Tome 44, pag. 388, Note) über das Pon-

## §. 33.

## Zustand der technischen Mechanik in Deutschland im ersten Drittheil des 19. Jahrhunderts und etwas darüber hinaus.

Nach Ende des Napoleonischen Krieges (nach dem zweiten Pariser Frieden vom 20. November 1815) gelangte man auch in Deutschland zu der Ueberzeugung, daß man sich bemühen müsse, die Verluste am materiellen Wohlstande durch geeignete Mittel zu ersetzen. Mit Schrecken gewahrte man namentlich den Vorsprung Englands im Gebiete der Gewerbe, der Industrie und des Verkehrs durch Benutzung der Dampfkraft, sowie in der Verwendung der letzteren zur besseren Ausbeutung der Schätze an

---

celet'sche Werk Folgendes bemerkt: „Niemand hat dem, was Poncelet über diesen Gegenstand sagt, Etwas hinzugefügt, das der Mühe werth wäre" und ferner: „Diejenigen, welche sich seitdem mit dem Erddrucke beschäftigten, haben nur mit anderen Worten das von Poncelet Gesagte wiederholt, oder sind hinter ihm zurückgeblieben".

Mußte der unparteiische Beurtheiler auch zugestehen, daß in Bezug auf die scharfe Begründung der Erddrucktheorie des auch hier mangelnden Moleculargesetzes (S. 231 und S. 259, Note 1) wegen, manches zn wünschen übrig blieb, so verdiente Poncelet doch nicht solche hämische Urtheile, wie z. B. „daß wegen der darin enthaltenen Irrthümer Poncelet's Arbeit für ganz verfehlt zu erachten sei". Hoffentlich wird der noch lebende betreffende deutsche Ingenieur später selbst gewünscht haben, daß dieser Ausspruch von ihm nicht gemacht worden wäre! Sollte dies aber nicht der Fall sein, so empfehlen wir ihm das Lesen folgender zwei Stellen:

1. Ein sachverständiger Recensent der lobenswerthen Arbeit des Professors Winkler, „Neue Theorie des Erddrucks". Wien 1872, die sich im Jahrgang 1872 der ‚Zeitschrift des Hannoverschen Architekten- und Ingenieur-Vereins', S. 150 vorfindet, sagt u. A.: „Für die meisten Fälle der Praxis bietet die Anwendung der genauen Theorie große Schwierigkeiten und es muß deshalb auf die ältere, nur annähernd richtige Theorie zurückgegriffen werden.

2. An einer Stelle der vom Professor Herrmann bearbeiteten ‚Weißbach'schen Ingenieur- und Maschinen-Mechanik', 5. Aufl., Th. II, 1882, S. 33, §. 7 wird unter der Ueberschrift: „Graphische Druckermittelung" Folgendes gesagt: „Die rechnerische Bestimmung des Erddrucks führt für den allgemeinen Fall zu so verwickelten Formeln, daß es für alle Fälle der Praxis jedenfalls vorzüglicher erscheint, zu dieser Druckermittelung sich graphischer Methoden zu bedienen, welche in vergleichsweiser einfacher Art in fast allen Fällen zum Ziele führen". Deshalb soll hier noch das von Poncelet angegebene graphische Verfahren angeführt werden etc. Und letzterer Ausspruch geschieht genau 43 Jahr nach der Zeit, wo der Meister seine Arbeit veröffentlichte!

Steinkohlen und Eisen. Man bestrebte sich mit Ernst und Energie, das Versäumte nachzuholen und insbesondere den Mangel an den rechten materiellen und commerciellen Hülfsmitteln durch geistige Anstrengungen und speciell durch Begründung einer rationellen Technik zu ersetzen. Man schuf namentlich höhere und niedere technische Lehranstalten, polytechnische und Gewerbeschulen, und zwar war es Oesterreich, welches zuerst in höchst anzuerkennender Weise voranging [1]), indem hier bereits 1815, vorzugsweise durch Prechtl [2]), die Wiener k. k. polytechnische Schule ins Leben gerufen wurde. Der Wiener polytechnischen Schule folgte 1821 (durch Beuth's [3]) Bemühungen) das

---

1) Dem im Jahre 1860, zufolge F. J. Gerstner's Bemühungen, in Prag entstandenen „böhmisch-technischen Institute" wurde bereits S. 273 gegenwärtigen Buches als des Vorläufers aller polytechnischen Schulen Deutschlands gedacht.

2) Johann Joseph Prechtl wurde 1778 in Bischofsheim vor d. Rhön (in Franken) geboren und starb 1854 in Wien. Prechtl war zuerst Hofmeister beim Grafen Taffe in Brünn, dann (1809) Director der Real- und Navigations-Akademie in Triest und von hier ab 1814 bis zu seiner Emeritirung, im Jahre 1849, Director des k. k. polytechnischen Institutes in Wien. Im Jahre 1818 wurde Prechtl zum k. k. Regierungsrathe ernannt, 1848 erwählte ihn die Akademie der Wissenschaften in Wien zu ihrem Mitgliede und 1849 wurde er vom Kaiser in den Adelstand erhoben.

v. Prechtl's fruchtbringenden litterarischen Leistungen auf dem Gebiete der Chemie, Physik, Mechanik und (besonders) der mechanischen Technologie giebt das große Verzeichniß von derartigen Arbeiten aller Art (Anhang seiner Biographie) in dem hier oft citirten Handwörterbuche Poggendorff's (Bd. 2, S. 519 und 520) am besten Auskunft. Für unsere technischen Zwecke heben wir nur Folgendes hervor: 1. Seine 1828 in Wien erschienene ‚Praktische Dioptrik'; 2. Sein Buch: ‚Untersuchungen über den Flug der Vögel', Wien 1846; 3. Seine vielseitigen Artikel in den ‚Jahrbüchern des k. k. polytechnischen Instituts' in Wien (20 Bände, von 1819 bis 1839) und 4. Die von ihm herausgegebene ‚Technologische Encyklopädie' (Technologisches Handbuch in alphabetischer Ordnung) in 20 Bänden (1830 bis 1855). Darin über 90 Artikel von ihm und anderen technischen Schriftstellern wie Altmütter, Karmarsch, Hönig, Burg etc.

3) W. Beuth, geb. 1781 zu Cleve, gest. 1853 zu Berlin. Nachdem Beuth in Halle Jura und Cameralwissenschaften studirt hatte, trat er 1801 in den Staatsdienst, wurde nach einander Regierungsrath, Obersteuerrath und wirkte besonders mit zur Verbesserung der finanziellen und industriellen Zustände des preußischen Staates. Bei der allgemeinen Erhebung 1813 trat Beuth in das Lützow'sche Freicorps als gemeiner Reiter, avancirte hier zum Offizier und kam nach dem Frieden 1814 als geheimer Oberfinanzrath in das Ministerium, Abtheilung für Handel und Gewerbe. Zu den großen Verdiensten, welche sich

Gewerbeinstitut in Berlin, dann 1825 die polytechnische Schule in Karlsruhe, weiter 1827 die höheren technischen Schulen in München und Nürnberg, dann 1828 die technische Bildungsanstalt in Dresden, 1831 die höhere Gewerbeschule in Hannover und endlich 1840 die polytechnische Schule in Stuttgart.

Zu dieser Zeit war zwar in Deutschland die reine wissenschaftliche Mechanik bereits zu einem hohen Grade von Ausbildung gelangt (woran vorzugsweise die Uebersetzungen der Werke von Poisson und Francoeur einen wesentlichen Antheil hatten), allein fast alle damaligen deutschen Gelehrten, welche die eigentliche Brücke zwischen Wissenschaft und rationeller Praxis hätten schlagen helfen sollen, standen beinahe ohne Ausnahme der betreffenden Technik viel zu fern, als daß sie zur rechten

---

Beuth um die Entwickelung und Beförderung des Gewerbe- und Fabrikwesens in Preußen erwarb, gehört auch die von ihm ausgegangene Gründung des Berliner Gewerbeinstituts, welches von ihm selbst bis 1845 geleitet wurde, sowie die Errichtung der preußischen Provinzial-Gewerbeschulen. Beuth war auch Gründer und Leiter des Vereins zur Beförderung des Gewerbefleißes in Preußen, dessen Verhandlungen mehr als 50 von ihm geschriebene Abhandlungen und Aufsätze aus den verschiedensten Gebieten des Industrie- und Maschinenwesens enthalten. Außerdem bemühte er sich auch um die Erweiterung der Bauakademie, verbreitete kostbare Werke zur Bildung des Gewerbestandes und förderte die Industrie Preußens durch Herbeiziehung zahlreicher fremder, namentlich englischer Fabrikmaschinen. Bereits 1828 wurde Beuth Director der Ministerialabtheilung für Gewerbe, Handel und Bauwesen, 1830 Geheimer Oberregierungsrath, 1844 wirklicher Geheimer Rath. Im Jahre 1845 schied er zwar aus dem eigentlichen Staatsdienste, behielt jedoch die Stellung im Staatsrathe bis zu seinem Tode.

Wir schließen Beuth's Biographie mit der Wiedergabe einer Stelle aus seiner Rede bei der Eröffnungsfeierlichkeit des Vereins zur Beförderung des Gewerbefleißes in Preußen (1822), die in der Geschichte aufgezeichnet zu werden verdient und welche also lautet:

„Die Zeit der Bequemlichkeit ist dahin; die Zeit der Noth ist eingetreten, und zwingt, jene verlorenen Vortheile sich auf natur- und zeitgemäße Weise zu ersetzen. Es lebt sich nicht mehr so leicht, aber gleich sicher; es ist die Zeit der Anstrengung“ (Bd. I der Verhandlung etc. S. 15).

Von den drei erzenen Standbildern (Schinkel, Thaer und Beuth) auf dem Schinkel-Platze, nördlich hinter der Bauakademie in Berlin, ist das Beuth's nach Kiss' Entwurfe gegossen. Ein anderes einfacheres, jedoch nicht minder würdiges Denkmal wurde ihm 1855 von Kollegen und Freunden über seinem Grabe auf dem Kirchhofe errichtet, worüber in der ‚Zeitschrift des Vereins zur Beförderung des Gewerbefleißes in Preußen‘, Jahrgang 1855, S. 50 ff. Bericht erstattet wird.

Auffassung und Behandlung der ihnen obliegenden Aufgabe gelangen konnten.

War es auch höchst anerkennenswerth, was manche Lehrer ihren Zöglingen an betreffender mathematischer Bildung beizubringen sich bestrebten; für einen recht durchschlagenden Erfolg in der Sache, um im Allgemeinen die rechten Vermittler zwischen Wissenschaft und Praxis zu werden, fehlte es an geeigneten bahnbrechenden Capacitäten. Letztere Behauptungen sind leicht zu erweisen, wenn man einige der besten Lehrbücher zur Hand nimmt, welche damals in Deutschland als mehr oder weniger eine Rolle spielend, bezeichnet werden mußten.

Hierher gehören in erster Linie die auf Kosten des königlich preußischen Ministeriums des Innern (mit besonderer Rücksicht auf technische Anwendungen) herausgegebenen Lehrbücher der Statik und Dynamik von A. F. W. Brix[1]) in Berlin. Zunächst zum Gebrauch beim Unterricht im königlichen Gewerbe-Institute bestimmt (Berlin 1831).

---

1) Adolf Ferdinand Wenceslaus Brix wurde geboren 1798 zu Wesel und starb 1870 zu Charlottenburg. Von der ersten Zeit seines wirksamen Lebens ist bekannt, daß er 1827 Bauconducteur, nachher Landbaumeister und 1834 Fabriken-Commissionsrath wurde. Während dieser Zeit hatte man Brix zum Lehrer an das Berliner Gewerbe-Institut berufen, woselbst er bis zum Jahre 1850 erfolgreich wirkte. Im Jahre 1853 ertheilte man ihm das Prädicat „Geheimer Regierungsrath“ und 1866 (wo er aus dem Staatsdienste ganz zurücktrat) den Charakter „Geheimer Oberregierungsrath“.

Brix war zugleich Director der königlich preußischen Normal-Aichungs-Commission, sowie Mitglied der technischen Deputation für Gewerbe im Handelsministerium und der technischen Baudeputation.

Von Brix schriftstellerischen Arbeiten, außer den oben genannten Lehrbüchern, verdienen insbesondere Artikel (circa 36) in den ‚Verhandlungen des Vereins zur Beförderung des Gewerbefleißes in Preußen‘ hervorgehoben zu werden. Hierher gehört in erster Linie „Die Aufstellung einer neuen Formel zur Berechnung der Blechwanddicken bei Dampfkesseln“ (a. a. O., Jahrg. 1834, S. 124), ferner eine höchst fleißige, interessante Arbeit über Reibungswiderstände (Jahrg. 1837, S. 129, 182, 230 und 306), worauf wir später Gelegenheit finden werden, zurückzukommen. Auch für ‚Crelle's Journal der Baukunst‘, ‚Gruner's Archiv‘ und ‚Erbkam's Zeitschrift für Bauwesen‘ lieferte Brix lobenswerthe Aufsätze. Endlich ist noch einer selbständigen Arbeit zu gedenken, welche Brix bereits 1837 verfaßte und deren Titel ist: ‚Abhandlungen über die Cohäsions- und Elasticitätsverhältnisse einiger beim Baue der Hängebrücken angewandten Eisendrähte des In- und Auslandes‘.

In diesem Werke war der rein theoretische Theil der Statik im Geiste der französischen Lehrbücher von Poisson und Francoeur recht gut (wenn auch etwas breit) bearbeitet, im Abschnitte „Kettenlinie" selbst Poncelet benutzt, indeß blieb der wichtigste Theil der Anwendung, das Capitel vom Widerstande der Materialien unveröffentlicht. Leider war dem Verfasser zur Pflicht gemacht, die Anwendung der höheren Analysis (Differential- und Integralrechnung) auszuschließen, so daß er den 2. Band, die ‚Mechanik fester Körper' nur ungenügend behandeln konnte. Die wichtigen Abschnitte „Krummlinige Bewegung", „Centralbewegung" lieferten keine Einsicht in die wahre Natur des Gegenstandes; von den wichtigen dynamischen Principien (S. 200) wird nur das von der Erhaltung des Schwerpunktes erörtert, während das Princip d'Alembert's, das der lebendigen Kräfte, und endlich das Princip Carnot's (S. 266) nicht einmal erwähnt werden.

Nicht viel anders mußte man über das 1832 in Dresden erschienene ‚Handbuch der Mechanik für Praktiker' von J. A. Schubert [1]) urtheilen, indem dies fast ausschließlich die Arbeiten

---

1) Johann Andreas Schubert wurde am 19. März 1808 in Wernersgrün bei Auerbach im sächsischen Voigtlande geboren und starb am 6. October 1870 in Dresden. Als das fünfte Kind eines in sehr bedrängte Verhältnisse gerathenen Landmannes mußte er sich schon als kleiner Knabe seinen Lebensunterhalt selbst verdienen und zwar zuerst, kaum 7 Jahre alt, als Kuh- und Schafhirt, sodann als Hausirer mit sogenannten Rußbutten (Kienrußtönnchen).

Durch Gottes Fügung traf eines Tages der damalige Polizeidirector v. Rackel den fast zum Umfallen ermüdeten Knaben auf dem Trittbrett seiner Equipage, bei einer Fahrt zwischen Grimma und Leipzig, fand Gefallen an dem Jungen mit scheinbar aufgewecktem Geiste, erkundigte sich nach seinen Verhältnissen, ließ ihn zu sich nach Leipzig kommen und ihm hier Schulunterricht ertheilen. v. Rackel's früher Tod wurde Veranlassung, daß der junge Schubert auf dem rühmlichst bekannten Knabenerziehungsinstitute (der Freimaurer) zu Friedrichstadt-Dresden untergebracht wurde, von wo aus er, 16 Jahre alt, die Bauakademie zu Dresden bezog. Bereits im Jahre 1828, also erst 20 Jahre alt, wurde Schubert Lehrer der Mathematik an der neu errichteten technischen Bildungsanstalt (der jetzigen polytechnischen Schule). Im Jahre 1832 wurde Schubert zum Professor ernannt und erwarb sich hier, in der 41jährigen Lehrthätigkeit, die Liebe und das Vertrauen seiner Schüler im allerhöchsten Grade. 1834 stiftete Schubert den Dresdener Gewerbe-Verein, wurde Gründer der Maschinenbauanstalt zu Uebigau bei Dresden und erbaute hier die erste sächsische Eisenbahn-Locomotive. Im Jahre 1849 wurde Schubert mit der Beaufsichtigung der Dampfkessel im Königreiche Sachsen beauftragt und in der Zeit von 1852 bis

Eytelwein's und Gerstner's reproducirte und dem Verfasser die Leistungen der neueren französischen Schule damals (1832) ebenfalls noch nicht bekannt waren. Die in der Vorrede zugesagten Fortsetzungen (die Grundlehren der Dynamik, Hydrostatik und Hydrodynamik) sind leider nicht erschienen. Dafür hat Schubert andere werthvolle Arbeiten geliefert, die wir hier unten [1]) verzeichnen und auf die wir im zweiten Theile unseres Buches zurückzukommen Gelegenheit finden werden. Weisbach's erstes Werk über denselben Gegenstand, sein ‚Handbuch der Bergmaschinenmechanik', wovon der erste Band (Grundlehren der allgemeinen Mechanik) 1835 erschien, konnte ebenfalls nicht befriedigen. Zwar hebt Weisbach in der Vorrede hervor, daß ihm die Mechanik von Poisson und die von Coriolis nicht ohne Nutzen gewesen sei, daß er sich jedoch „mit dem Principe der lebendigen Kräfte nicht habe einlassen können". Ebenso bleiben die Principe d'Alembert's und Carnot's völlig unerwähnt. In der Lehre vom Widerstande der Materialien benutzte Weisbach vorzugsweise Eytelwein's Statik und Gerstner's Mechanik; der französischen Schule wird nicht, jedoch des Engländers Olinthus Gregory (S. 318), ferner Brewer und Lehmus u. A. gedacht. Weisbach giebt ferner an, daß ihm die Hydraulik von Langsdorff (S. 327) und vornehmlich die von d'Aubuisson (S. 311) von Nutzen gewesen

---

1853 Mitglied der Prüfungs-Commission für Techniker, sowie der technischen Deputation für Patentsachen. Schubert's Streben und rastlose Thätigkeit wurde von der sächsischen Regierung wiederholt anerkannt, indem er (1859) den königlich sächsischen Verdienstorden und (1863) das Prädicat eines Regierungsrathes erhielt. Seinen zahlreichen Schülern und Freunden wird Schubert unvergeßlich bleiben.

1) Die von Schubert verfaßten und im Buchhandel erschienenen Bücher sind folgende:

1. ‚Mathematische Uebungsaufgaben und deren Auflösungen' zum Gebrauche für Lehrer und Lernende. ‚Zahlenrechnung' (1830 bis 1839), ‚Buchstabenrechnung und Algebra' (1833). Dresden und Leipzig. Arnoldische Buchhandlung.

2. ‚Handbuch der Mechanik für Praktiker', Bd. I. ‚Statik fester Körper'. Dresden und Leipzig 1832.

3. ‚Elemente der Maschinenlehre'. Abtheilung 1 und 2. Dresden und Leipzig 1842 bis 1844.

4. ‚Theorie der Construction steinerner Bogenbrücken', Th. 1 und 2. Dresden und Leipzig 1847 und 1848.

5. ‚Beitrag zur Berichtigung der Theorie der Turbinen'. Dresden 1850.

sei, obwohl letzterer Franzose bekanntlich ebenfalls kein Freund vom Principe der Erhaltung der lebendigen Kräfte war.

Aus dieser Zeit hat die Geschichte noch der Werke Ohm's (in Berlin)[1]) und Minding's[2]) (damals ebenfalls in Berlin) zu gedenken. Nachdem sich Ohm (von 1822 bis 1837) durch gute Lehrbücher über die gesammte Elementar-Mathematik[3]) einen sehr vortheilhaften Ruf erworben hatte, verfaßte er (1836 bis 1838) ein dreibändiges ‚Lehrbuch der Mechanik'[4]), wovon der erste Band der Mechanik des Atoms, der zweite Band der Statik fester Körper und der dritte Band der Dynamik fester Körper gewidmet war. Ein vierter (mehr oder weniger zugesagter) Band sollte die Lehren der Hydrostatik, Hydraulik, Pneumatik und vielleicht

---

1) Martin Ohm, geb. 1792 zu Erlangen, gest. 1872 zu Berlin, war von 1811 bis 1817 Privatdocent an der Universität Erlangen, dann Oberlehrer der Mathematik und Physik am Gymnasium zu Thorn, sodann auf einander folgend an der Universität Berlin Privatdocent (1821), außerordentlicher Professor (1829) und ordentlicher Professor der Mathematik (1839). Während dieser Zeit (1824 bis 1852) war Ohm auch Lehrer an der königlichen Bauakademie, an der Artillerie- und Ingenieur-Schule etc. Beiläufig erwähnt, war Ohm der Bruder des bayrischen Professors und Akademikers Georg Simon Ohm, der 1854 in München starb. Letzterer Ohm war bekanntlich der Entdecker des heute noch nach ihm benannten Gesetzes, nach welchem die Metalle die Contact-Elektricität leiten.

2) Ferdinand Minding, geb. 1806 zu Kalisch (dem damaligen Südpreußen), war anfänglich Privatdocent an der Universität zu Berlin, dann Lehrer an der Bauakademie daselbst und zuletzt (von 1841) ab, Professor der Mathematik an der Universität Dorpat. In technischen Lehrkreisen hat sich Minding besonders durch sein Handbuch der Differential- und Integralrechnung, seine oben erwähnte Mechanik und durch eine (neue) Ausgabe von Meier-Hirsch's Integraltafeln einen Namen gemacht. Ueber seine vielen rein wissenschaftlichen Arbeiten berichtet (ziemlich ausführlich) Poggendorff in seinem ‚Biographisch-literarischen Handwörterbuche', Bd. II, S. 155.

3) Ein von Ohm auf dem Titelblatte seiner ‚Reinen Elementar-Mathematik' (Berlin 1825) abgedruckter Ausspruch verdient hier wiedergegeben zu werden. Derselbe lautet folgendermaßen:

„Die Analysis erfindet; die Synthesis begründet; und nur beide Methoden in Verbindung führen zum gründlichen und umfassenden Wissen".

4) In der Vorrede zu Bd. I, S. 6 sagt Ohm über den Zweck seiner Arbeit Folgendes: „Das Lehrbuch soll Vielen nützlich sein, dem im Calcul weniger Geübten, wie dem Geübteren, dem Architekten wie dem Soldaten, dem Physiker wie dem Astronomen; ja es soll dem Ungeübteren Gelegenheit geben, sich in den früheren Lehren zu erkräftigen und zu stärken; es soll das augenblickliche Bedürfniß befriedigen und zu tiefsten Studien vorbereiten.

auch die Bewegung der unwägbaren (?) Flüssigkeiten behandeln. Dieser Band ist der Oeffentlichkeit nicht übergeben worden. Wenn dies Werk auch der rationellen technischen Mechanik ebenfalls (direct) nicht wesentlichen Nutzen brachte, so war es doch das erste von einem deutschen Mathematiker selbständig bearbeitete Buch, worin unter Benutzung des höheren Calculs die betreffenden Arbeiten von Fourier, Poisson, Coriolis, Cauchy und Poinsot gehörige Berücksichtigung gefunden und namentlich die sogenannten Principien der Mechanik nach Gebühr gewürdigt worden waren.

Der Ohm'schen Mechanik wurde in der Darstellungsweise, nicht ganz mit Unrecht, eine ermüdende Breite und Mangel an Eleganz vorgeworfen, weshalb man Minding's, eines zweiten Berliner Professors ‚Handbuch der theoretischen Mechanik' (Berlin 1838) mit besonderer Freude begrüßte, da es den ganzen Stoff in einem kleinen Oktavbande von nur 348 Seiten mit wünschenswerther Kürze und erforderlicher Eleganz behandelte, wozu Ohm 1500 Seiten bedurfte, allerdings die letzteren mit zahlreichen Beispielen ausgestattet.

Bemerkenswerth ist noch, daß Minding außer den Werken der vorgenannten französischen Schriftsteller auch Navier's berühmtes Werk über technische Mechanik (S. 358, Note 1 und S. 363) „Resumé des leçons etc." benutzte (wohl das erste Mal seitens eines deutschen gelehrten Mathematikers). Von Anwendungen der theoretischen Mechanik auf bemerkenswerthe wichtige Fragen der rationellen Bau- oder Maschinen-Technik ist im ganzen Buche Minding's allerdings nicht die Rede. [Minding erwarb sich (1849) auch ein nicht geringes Verdienst durch eine neue, völlig umgearbeitete Ausgabe der bereits 1810 erschienenen Integraltafeln von Meier Hirsch].

Endlich ist aus dieser Zeit (1833) noch eines Werkes über reine Mathematik zu gedenken, welches für Deutschland den besseren Zeiten für technische Mechanik ein vorzüglicher Vorläufer wurde. Es ist dies das dreibändige ‚Ausführliche Lehrbuch der höheren Mathematik' von Adam Burg[1]), seiner Zeit

1) Adam Burg wurde am 28. Januar 1797 zu Wien als Sohn des k. k. Hof-Maschinisten Burg geboren und starb am 1. Februar 1882 ebendaselbst. Burg mußte in die Tischlerei seines Vaters als Lehrling eintreten und wurde ein geschickter Geselle. Unbezwingbare Neigung zur Kunst und Wissenschaft

Professor der höheren Mathematik am k. k. polytechnischen Institute in Wien. Hierbei muß (die Gelegenheit benutzend) hervorgehoben werden, daß sich Burg (namentlich später) auch nicht gering zu schätzende Verdienste im Literaturgebiete der

---

gab die Veranlassung, daß der kaum 15 Jahre alte (freigesprochene) Tischlergehülfe (1812) in die Architektur-Abtheilung der k. k. Akademie der bildenden Künste in Wien aufgenommen und nachher auch in die Hörsäle der Universität geführt wurde, wo er sich besonders unter dem Einflusse Littrow's der Mathematik zuwandte. Im Jahre 1815 trat Burg in das neu errichtete Wiener polytechnische Institut, dessen verschiedene Lehrzweige er mit Auszeichnung absolvirte, bereits 1820 provisorischer Assistent der Lehrkanzel für Mathematik und schon 1821 definitiver Assistent wurde, dem 1828 seine Ernennung zum ordentlichen Professor der höheren Mathematik folgte. Burg's schriftstellerische Erstlingswerke waren (1824) ‚Anfangsgründe der analytischen Geometrie' und (1826) ‚Lehrbuch der geradlinigen und sphärischen Trigonometrie', dem (1833) sein Hauptwerk, das ‚Ausführliche Lehrbuch der höheren (reinen) Mathematik' folgte, was noch heute in Bezug auf Einfachheit, Klarheit und entsprechende wissenschaftliche Strenge, namentlich den Anfängern im Studium der höheren Mathematik, empfohlen werden kann, wenn es auch manche der neueren (oft überflüssigen) Formen entbehrt.

Im Jahre 1836 vollzog sich eine Wandlung in der wissenschaftlich-technischen Richtung Burg's, die von vielen seiner Freunde bedauert wurde, indem er dem Gebiete der höheren Mathematik entzogen ward, worin er ungewöhnliche Erfolge erreicht hatte, und gezwungen die Lehrkanzel der Mechanik und Maschinenlehre übernehmen mußte.

Nichtsdestoweniger leistete Burg was er konnte im Gebiete der epochemachenden Literatur, gegenüber Weisbach und Redtenbacher, immerhin der höchsten Anerkennung werth. Von seiner Thätigkeit im neuen Lehrgebiete giebt sein ‚Compendium der populären Mechanik und Maschinenlehre' (1844 bis 1856 drei Auflagen), dem noch ein Supplement (zwei Auflagen, 1850 bis 1863) folgte, vortreffliches Zeugniß.

Außer diesen Hauptwerken sind noch zahlreiche andere literarische Arbeiten zu verzeichnen, in den ‚Jahrbüchern des k. k. polytechnischen Instituts', in Prechtl's technischer Encyklopädie', in der ‚Zeitschrift des Niederösterreichischen Gewerbevereins', in den ‚Berichten der Wiener Akademie der Wissenschaften' etc., worüber ausführlicher berichtet wird, sowohl in Poggendorff's ‚Bibliographisch-literarischem Handwörterbuche' als auch in der ‚Wochenschrift des Niederösterreichischen Gewerbevereins' vom 16. Februar 1882.

An letzterer Stelle wird schließlich Burg ganz richtig als ein „lehrender Gelehrter" und überdies als ein gerader Gegensatz von der Charakteristik einer anderen (österreichischen) gelehrten Persönlichkeit bezeichnet, die ein Journalist in folgenden Sätzen gab:

„So neidisch wie ein Professor, so dünkelhaft wie ein Gelehrter und so eitel wie ein Schriftsteller".

angewandten Mathematik erwarb, worüber in dessen Biographie, Seite 411 berichtet wird [1]).

## §. 34.

### Fortsetzung.

Um auch in Deutschland den hohen Werth der technischen Mechanik zur rechten Anerkennung zu bringen, wurde ein besonderer Impuls erforderlich, den man auch den Ausgangspunkt einer zweiten Periode (nach 1815) deutscher Culturgeschichte bezeichnen kann. Es ist dies die Zeit der Entstehung unserer Eisenbahnen für den Personenverkehr durch Locomotiven-Betrieb. Der Anfang dieser Periode datirt vom 7. December 1835, wo sich zwischen Nürnberg und Fürth, zum ersten Male auf deutschem Grund und Boden, ein von einer (Dampf-) Locomotive geführter Personenzug bewegte, und zwar nicht bloß als ein staunenswerthes Experiment, sondern fortab continuirlich, zum ernsten Zwecke des rationellen Landtransportes. Dieser erfreulichen Thatsache folgte 1837 die Eröffnung der Eisenbahn von Leipzig nach Dresden, 1838 von Wien nach Wagram, ebenfalls 1838 von Berlin nach Potsdam, ferner 1840 im Großherzogthum Baden, 1842 in Hamburg, 1843 in Hannover [2]) etc.

---

1) Folgende Stelle aus der Vorrede der ‚Höheren Mathematik', Bd. I des Verfassers dürfte, aus mancherlei Gründen, verdienen, hier geschichtlich notirt zu werden. Dieselbe lautet (a. a. O. S. X) folgendermaßen:

„Der Verfasser war bemüht, die Beweise der aufgestellten Lehrsätze überall, ohne der strengen mathematischen Methode etwas zu vergeben, so einfach und ungezwungen als möglich zu führen und zwischen der seichten Oberflächlichkeit und fruchtlosen, unleidlichen Rigorosität ohne Maß und Ziel den goldenen Mittelweg zu gehen. Am allermeisten aber war sein Streben dahin gerichtet, dem Vortrage durch und durch die größte Klarheit, Deutlichkeit und Bestimmtheit zu verschaffen. Und er hat dieses Ziel mit gleicher Beharrlichkeit selbst dort noch verfolgt, wo es nicht anders als auf Kosten der sonst so lobens- und wünschenswerthen Kürze zu erreichen war; weil er die Meinung hegt, daß man nicht schreibt um kurz, sondern um deutlich zu sein und verstanden zu werden; und weil ihm der traurige Unterschied zwischen dem musterhaften, vielleicht längeren, dafür aber natürlichen und faßlichen Vortrage eines L. Euler, der auch das Schwerste aufzuhellen verstand, und dem zwar kürzeren, dafür aber gezwungenen und unverständlichen Vortrag mancher Neuern, die auch das Leichteste zu verdunkeln wissen, nur zu lebhaft vorschwebte".

2) Am 29. August 1843 erfolgte die Eröffnung der Eisenbahn von Hannover nach Lehrte. Am 19. Mai 1844 wurde die Strecke Hannover-Braunschweig fahrbar.

Das erste Buch, worin die rechte Verbindung der rationellen (analytischen) Mechanik mit der technischen Mechanik versucht wurde, war Professor Kayser's[1]) ‚Handbuch der Mechanik mit Bezug auf ihre Anwendung', Karlsruhe 1842. Der Verfasser gesteht selbst in der Vorrede seines Buches, daß er zu der von ihm gewählten Auffassung und Behandlung der Mechanik für technische Kreise und Zwecke, erst nach dem Erscheinen seines ‚Handbuches der Statik fester Körper' (Karlsruhe 1836) und zwar von da ab gelangte, als ihm die betreffenden Arbeiten von Navier, Poncelet, Morin, Combes, Belanger, Vauthier, Taffe u. A. bekannt geworden waren. Kayser's Buch ist in der That auch als dasjenige zu bezeichnen, worin zum ersten Male in einem selbständigen deutschen Werke über Mechanik, vom Principe der lebendigen Kräfte und vom Principe Carnot's, zur Beantwortung dynamischer und hydraulischer technischer Fragen gehörig Anwendung gemacht wird.

Das gewichtigste Urtheil über Kayser's Buch fällte seiner Zeit Redtenbacher (sein College an der Karlsruher polytechnischen Schule), indem sich dieser in einem Briefe an Raabe in Zürich (im Sommer 1842) folgendermaßen äußert[2]):

„Die mathematischen Kenntnisse meiner Schüler am Karlsruher Polytechnikum lassen freilich manches zu wünschen übrig, was daher kommt, daß Ladomus eine alte schleppende Methode hat, mit der er nicht vorwärts kommt. Dagegen erhalten die Schüler eine solide Grundlage in der Statik und Mechanik durch Professor Kayser und das ist für mich viel werth".

---

1) E. H. A. Kayser wurde am 22. April 1798 zu Ottweiler in Rheinpreußen geboren und starb am 12. November 1870 in Heidelberg. Vom 4. November 1819 an wirkte Kayser als Lehrer an der Realklasse des Lyceums in Karlsruhe und am 28. December 1822 erhielt er die Professur für Mechanik an der Ingenieurschule des Polytechnikums ebendaselbst.

Während des Zeitraumes 1835 bis 1839 war Kayser Mitglied der Gewerbeschul-Commission in Baden, später ernannte ihn der Großherzog zum badischen Hofrathe, während er bis zum Jahre 1858 mit Erfolg an der Karlsruher polytechnischen Schule lehrte. Nachdem er sich hatte in den Ruhestand versetzen lassen, verlebte er seine Zeit bei mancherlei nützlichen Beschäftigungen in Heidelberg, wo ihn im Jahre 1870, also im Alter von 72 Jahren der Tod ereilte.

2) ‚Geistige Bedeutung der Mechanik und geschichtliche Entwickelung der Principien'. Vortrag von Ferdinand Redtenbacher. Herausgegeben von (seinem Sohne) Rudolph Redtenbacher. München 1879, S. 39.

Inzwischen hatte Weisbach (im Jahre 1839) bei einem längeren Aufenthalte in Paris persönliche Bekanntschaft mit Poncelet, Coriolis, Morin, Arago u. A. gemacht, dabei größere Einsicht in die epochemachenden Schriften dieser Meister der neueren technischen Mechanik gewonnen und hierdurch überhaupt jene Richtung erhalten, worin er (nachher) mit so großem Erfolge lehrte und schrieb.

Von dieser Zeit an treten Weisbach und bald nachher (1841) auch Redtenbacher in Deutschland als Begründer der neueren Bau- und Maschinen-Mechanik und zwar derartig auf, daß beider Name für alle Zeiten in der Geschichte der technisch-rationellen Mathematik eingezeichnet bleiben wird.

## §. 35.

### Julius Weisbach[1]).

Weisbach's bedeutsame Rolle in der Entwickelungsgeschichte der heutigen technischen Mechanik (der Bau- und

---

1) Julius Weisbach, geb. den 10. August 1806 zu Mittelschmiedeberg bei Annaberg im Königreiche Sachsen und gest. am 24. Februar 1871 zu Freiberg. Weisbach's Vater war Schichtmeister auf dem v. Elterlein'schen Eisenhüttenwerke, der ihn soweit als möglich in guter Elementarschule unterrichten ließ, so daß er von 1820 ab die Bergschule in Freiberg und darauf von 1822 bis 1826 die königliche Bergakademie daselbst besuchen konnte. Im Jahre 1827 bezog Weisbach die Universität Göttingen und hörte daselbst namentlich den Mathematiker Thibaut, den Physiker Tobias Mayer, den Chemiker Stromeyer und den Naturhistoriker Blumenbach. In Göttingen erwarb sich Weisbach derartig die Achtung seiner Lehrer und die Liebe seiner Commilitonen, daß er die Zeit zu der schönsten seines Lebens rechnete, welche er an der berühmten Georgia Augusta verbrachte. Von 1829 an vollendete er seine akademischen Studien in Wien, wo er namentlich die Vorlesungen der Physiker v. Ettingshausen und v. Baumgartner, sowie des Mineralogen Mohs besuchte. Im Jahre 1830 unternahm er eine halbjährige bergmännische Fußreise durch die österreichischen Länder Böhmen, Ungarn, Steiermark, Kärnthen und Salzburg. Nach seiner Rückkehr erhielt er den Antrag, in das Eisenhüttenwerk Lauchhammer (dem Grafen v. Einsiedel gehörig) als Beamter einzutreten, welchen Antrag er indeß ausschlug. Dieser Schritt war entscheidend für seine ganze Zukunft; er verzichtete auf das ihm gebotene sichere Einkommen und zog es trotz seiner Mittellosigkeit vor, sich in Freiberg als Privatgelehrter niederzulassen und seinen Unterhalt durch mühseliges Stundengeben zu erwerben. Im Jahre 1832 wurde Weisbach beauftragt, die Vorlesungen des Professors Hecht über Mathematik an der Bergakademie zu Ende zu führen, 1833 erhielt er definitiv

Maschinen-Mechanik), trat zuerst, für größere Kreise, im Jahre 1841 hervor, wo er die Artikel für Hülße's ‚Maschinen-Encyklopädie', „Abänderung der Bewegung", „Ausfluß" und „Beobachtung", lieferte, noch mehr aber im folgenden Jahre (1842), als er die erste Abtheilung seiner ‚Untersuchungen in dem Gebiete der Mechanik und Hydraulik' (Ausfluß des Wassers durch Schieber, Hähne, Klappen und Ventile) der Oeffentlichkeit übergab. Letzterer Arbeit folgten schon (1843) (als zweite Abtheilung der letzteren Abhandlung) seine ‚Versuche über die unvollkommene Contraction des Wassers beim Ausfluß desselben aus Röhren und Gefäßen'.

In allen diesen Arbeiten trat Weisbach's großes Talent hervor, womit er es verstand, die wissenschaftliche Mathematik, vornehmlich die Mechanik und Hydraulik, auf technische Dinge und Fragen anzuwenden und aus gewissenhaft und sorgfältig angestellten Experimenten vortreffliche Anhaltspunkte für die

---

den Lehrstuhl der angewandten Mathematik und der Bergmaschinenlehre, wozu im Laufe der Zeit noch folgende Vorträge kamen: 1835 Markscheidekunst, 1842 Krystallographie, 1851 descriptive Geometrie und 1855 Maschinenbaukunst. Im Jahre 1836 wurde Weisbach zum Professor ernannt, 1856 zum Bergrathe, sowie 1868 zum Oberbergrathe.

Weisbach war Ritter des königlich sächsischen Verdienstordens und des kaiserlich russischen St. Annen-Ordens, correspondirendes Mitglied der kaiserlichen Akademie der Wissenschaften zu St. Petersburg, auswärtiges Mitglied der königlichen Akademie der Wissenschaften zu Stockholm, Ehrenmitglied des Hannoverschen Architekten- und Ingenieur-Vereins, des Vereins deutscher Ingenieure etc.

Ein allgemeines Urtheil über Weisbach's Leistungen sprach (ganz richtig) der Verfasser seines (hier überall benutzten) Nekrologs im ‚Protokolle des Sächsischen Ingenieur- und Architekten-Vereins', vom 14. Mai 1871, S. 16 aus, dem Referent im vollen Maße beistimmt und welches also lautet:

„Weisbach war Meister in der Kunst wissenschaftlicher Beobachtungen, Meister in der rationellen Verarbeitung gewonnener Beobachtungsdaten, er war vor Allem Meister in der Aufhellung zahlreicher Aufgaben des Ingenieurwesens durch das Hülfsmittel der mathematischen Untersuchung. Geradezu populär wurde Weisbach in der technischen Welt durch das Geschick, der Durchschnitts-Begabung für Mathematik unter den Technikern seiner Zeit in seiner Darstellungsweise sich anzupassen, also nahezu für jeden verständlich zu schreiben".

Referent, der das Glück hatte, Weisbach's Schüler und Freund zu sein, fügt hinzu, daß dieser wackere Mann auch den edelsten Charakter besaß, Herz und Kopf auf dem rechten Flecke hatte und unvergeßlich allen denen bleiben wird, welche Gelegenheit hatten, den vortrefflichen Menschen näher kennen zu lernen.

Julius Weisbach.

Zwecke der Praxis zu entnehmen. Er trat gleichsam in die Fußtapfen Poncelet's, ohne dabei in den Fehler der oft sehr ermüdenden höheren Rechnungen eines Coriolis zu verfallen.

Ausführlichere Mittheilungen über diese wichtigen Ergebnisse für die technische Hydrodynamik finden sich in der zweiten Auflage meiner ‚Technischen Mechanik flüßiger Körper' Abth. III, Abschnitt 3, §. 166 fl.

Gedenken muß ich hier jedoch des Hauptwerthes für den Verlust an Druckhöhe $= z$, der entsteht, wenn sich Wasser in Röhren vom Querschnitte $= a$ mit der Geschwindigkeit $v$ bewegt und dabei gezwungen wird, eine Verengung vom Querschnitte $a_1 < a$ zu passiren, übrigens $\alpha$ der betreffende Contractionscoëfficient ist — nämlich

$$z = \left(\frac{a}{\alpha a_1} - 1\right)^2 \frac{v^2}{2g},$$

Dieser Werth erinnert offenbar an Borda's Rechnungen (S. 236) für gleiche Zwecke, nur daß letzterer Hydrauliker $\frac{a}{\alpha a_1} = n$ setzte und freilich diesen Werth unbestimmt ließ. In der Bestimmung von $n$ für den Ausfluß des Wassers durch Schieber, Hähne, Klappen und Ventile, woran früher Niemand gedacht hatte, liegt ein besonderes Verdienst Weisbach's[1]). Zur Abkürzung setzte Weisbach $\left(\frac{a}{\alpha a_1} - 1\right)^2 = \zeta$ und nannte diesen Werth den „Widerstandscoëfficienten", so daß sich der Verlust an Druckhöhe (der Gefällverlust) darstellt durch $z = \zeta \frac{v^2}{2g}$.

In der zweiten Abtheilung seiner ‚Hydraulischen Versuche' (Leipzig 1843), welche sich vorzugsweise auf den Ausfluß des

1) Wie manche der (rücksichtslosen) jugendlichen Heißsporne der Gegenwart die Verdienste Weisbach's um die technische Hydraulik herabsetzen, davon giebt die kürzlich gegen den Verfasser gemachte Aeußerung des Lehrers einer technischen Hochschule ein Zeugniß ab, welcher die oben erörterten Versuche Weisbach's in geringschätzender Weise bezeichnete und zwar besonders auch deshalb, weil Weisbach bei seinen Versuchen nur horizontalliegende Röhren verwandte, während allerdings in der Praxis Ventile, Klappen etc. vorzugsweise bei vertikal gestellten Röhren in Anwendung kommen. Was ein guter Theoretiker dennoch mit diesen Weisbach'schen Versuchen anzufangen versteht, hat vortrefflich „Meister Grashof" in seiner ‚Theoretischen Maschinenlehre', Th. I, S. 500 bis 508 gezeigt.

Wassers durch Mündungen in dünner Wand und durch kurze Ansatzröhren bezogen, gelangte Weisbach zu der wichtigen Thatsache, daß die sogenannten Ausflußcoëfficienten, unter sonst gleichen Umständen, um so größer werden, je schneller das Wasser der Ausflußmündung zuströmt, oder je größer die Ausflußöffnung in Bezug auf die vom Wasser bedeckte Wand ist, in welcher sich die Ausflußöffnung befindet. Weisbach hat diese Erscheinung die „unvollkommene Contraction" genannt, im Gegensatze zu der vollkommenen, bei welcher man das Wasser vor der Mündung als (fast) stillstehend annehmen kann [1]).

Bezeichnet man (mit Weisbach) für einen bestimmten Fall durch $\mu_o$ den Coëfficienten der vollkommenen Contraction, so ist der der unvollkommenen Contraction $= \mu_n$:

$$\mu_n = \mu_o \left[1 + 0{,}0760\,(9^n - 1)\right]$$

für rectanguläre Mündungen und

$$\mu_n = \mu_o \left[1 + 0{,}04564 \left\{(14{,}821)^n - 1\right\}\right]$$

für kreisförmige Mündungen. In beiden Fällen bezeichnet $n$ das Verhältniß des Flächeninhaltes der Mündung $a$ zum Inhalte der Wand $A$, worin sich die Mündung befindet, so daß $\frac{a}{A} = n$ ist.

Für Ueberfälle fand Weisbach:

$$\mu_n = \mu_o \left[1 + 1{,}718 \,.\, n^4\right],$$

sobald die Breite $b$ der Ueberfallskante merklich größer als die Breite $B$ des Zuflußcanales ist.

Dagegen ergab sich

$$\mu_n = \mu_o \left[1{,}041 + 0{,}3693 \,.\, n^2\right],$$

für den Fall, daß $b = B$ ist [2]).

Endlich ermittelte Weisbach noch den Einfluß von gekröpften (gebrochenen oder Knie-) Röhren und von ge-

---

1) Selbst bedeutsame technische Hydrauliker wie Castel und d'Aubuisson ahnten dies Gesetz nur, gelangten jedoch zu keiner Klarheit hierüber. Man sehe hierüber namentlich Weisbach's Angaben in der Vorrede zur zweiten Abtheilung seiner ‚Versuche', S. 6.

2) Gegen die allgemeine Anwendbarkeit dieser letzteren beiden Weisbach-schen Formeln hat man später mancherlei Bedenken erhoben. Man sehe deshalb sowohl Grashof's ‚Theoretische Maschinenlehre', Bd. I, S. 799 als auch des Verfassers ‚Hydromechanik', 2. Aufl., S. 301.

Zu letzteren vier Formeln gelangte Weisbach später, man findet sie daher zuerst in seinem ‚Lehrbuche der Ingenieur- und Maschinen-Mechanik', Bd. I, S. 315 und S. 419 (erste Auflage vom Jahre 1845).

krümmten Röhren aus späteren Experimenten und zwar fand er die betreffenden Widerstandscoëfficienten $\zeta$ wie folgt[1]):

$$\zeta = 0{,}9457\, sin^2 \delta + 2{,}047 \,.\, sin^4 \delta$$

für Knieröhren und

$$\zeta = 0{,}131 + 1{,}847 \left(\frac{r}{R}\right)^{\frac{7}{2}}$$

für gekrümmte Röhren.

Hierbei bezeichnet $\delta$ den Bricol- oder halben Ablenkungswinkel, $r$ die halbe Röhrenweite und $R$ den Krümmungshalbmesser der Mittel- oder Achs-Linie.

Noch verdankt man Weisbach schöne Versuche über die Steighöhe springender Wasserstrahlen, die er in den Jahren 1856 und 1859 anstellte und worüber er selbst in der ,Zeitschrift des Vereins deutscher Ingenieure', Bd. V (1861), S. 113 berichtet. Weisbach selbst räth übrigens die hier gewonnenen Resultate für verhältnißmäßig geringe Steighöhen und nur für Mündungsweiten bis zu $2\frac{1}{2}$ Centimeter Durchmesser zu benutzen[2]).

Auch um die Gesetze der Bewegung des Wassers in langer Röhrenleitung bemühte sich Weisbach bereits 1840 (,Polytechnisches Centralblatt', S. 863), indem er unter Berücksichtigung sämmtlicher alter und neuer Versuche über diesen Gegenstand, mit Hülfe der Methode der kleinsten Quadrate (und zwar zum ersten Male für diesen Zweck) die Coëfficienten $A$ und $B$ in der Formel (S. 271, III) bestimmte:

$$h = \frac{v^2}{2\, g \mu^2} + \frac{4\, A l}{d}\, v + \frac{4\, B l}{d}\, v^2$$ [3]).

Ebenso war Weisbach unablässig bemüht, die Gesetze für den Ausfluß der atmosphärischen Luft (namentlich für hüttenmännische, überhaupt technische Zwecke) mehr und mehr durch betreffende Versuche zu ermitteln und auf letztere gestützte Formeln abzuleiten.

Weisbach war es auch, welcher die von Koch (seiner

---

1) In der zuletzt genannten Quelle, §. 333 und §. 334.

2) Eine höchst werthvolle theoretische Abhandlung zur Ermittlung der Steighöhe springender Strahlen liefert Grashof in seiner ,Theoretischen Maschinenlehre', Bd. I, §. 142. Merkwürdiger Weise wird dabei einer ähnlichen Arbeit vom Oberbaurath Scheffler in Braunschweig nirgends gedacht, welche in dem ,Organ für die Fortschritte des Eisenbahnwesens', Jahrgang 1862, S. 143 abgedruckt ist.

3) Man sehe hierüber auch des Verfassers ,Hydromechanik', 2. Auflage, S. 495 und 499.

Zeit Eisenhüttengehülfe zu Königshütte am Harz, später Bergrath in Grünenplan) angestellten Versuche über den Ausfluß (gepreßter) atmosphärischer Luft aus Gefäßen (gegenüber den abweichenden Versuchsresultaten d'Aubuisson's, S. 312) wieder zur Geltung brachte [1]).

Ungefähr in der Mitte der funfziger Jahre entwickelte Weisbach in der dritten Auflage seines ‚Lehrbuches der Ingenieur- und Maschinen-Mechanik', Bd. I (S. 819) zuerst in Deutschland in eigenthümlicher Weise und ohne von vorausgegangenen Arbeiten der Franzosen St. Venant und Wantzel Kenntniß gehabt zu haben [2]) für die Geschwindigkeit $= v$, womit atmosphärische Luft aus Gefäßen fließt, wenn man (bei schneller Veränderung der Dichte) auf die Veränderung in der Temperatur der Luft Rücksicht nimmt:

$$v = \sqrt{2g\frac{p_1}{\gamma_1}\frac{k}{k-1}\left[1-\left(\frac{p}{p_1}\right)^{\frac{k-1}{k}}\right]},$$

worin $p_1$ und $p$ beziehungsweise die innere und äußere Spannung der Luft bezeichnen, $\gamma_1$ die Dichte der letzteren und $k = 1{,}419$ ist.

Bekanntlich ist dieser Werth derselbe, welcher (später) mit Hülfe der mechanischen Wärmetheorie abgeleitet wurde [3]).

Die ausgezeichneten, bis jetzt noch unübertroffenen Versuche Weisbach's über den Ausfluß atmosphärischer Luft aus Gefäßen stellte derselbe in den Jahren 1856 bis mit 1865 an, worüber ausführlich im ‚Civilingenieur', Bd. V (1859) und Bd. XII (1866) berichtet wird [4]).

Weisbach war der Ansicht [5]), daß nächst der Hydraulik es besonders die Elasticitäts- und Festigkeitslehre ist, welche sich das Material zu ihrem innern, dem praktischen Bedürfniß zu entsprechendem Ausbaue durch Versuche verschaffen muß. In diesem Sinne war es seine Absicht, (später) auch eine Experimental-Mechanik [6]) erscheinen zu lassen, in welchem Bestreben er leider von Gott unterbrochen und (zu früh) aus diesem irdischen Leben abberufen wurde.

---

1) Hülße's ‚Maschinen-Encyklopädie' (1841), Bd. I, S. 611 bis mit 635.

2) Man sehe hierüber die zweite Auflage meiner ‚Hydromechanik', S. 665 fl.

3) Man sehe des Verfassers ‚Hydromechanik', 2. Aufl., S. 642 bis 643.

4) Einen Auszug aus den von Weisbach noch selbst verfaßten Berichten.

5) ‚Civilingenieur', Bd. IX (1863), S. 283 und S. 294.

6) Eine für gleiche Zwecke von ihm verfaßte ‚Experimental-Hydraulik' erschien 1855.

Was er dessenungeachtet in dem Gebiete der Elasticität und Festigkeit der Körper geleistet hat, ist zunächst aus einer im Jahre 1848 gelieferten und in der ‚Zeitschrift der Ingenieure' (Vorläufer des ‚Civilingenieurs'), Bd. I, S. 252 bis 265 abgedruckten Abhandlung über die „Theorie der zusammengesetzten Festigkeit" und aus der vierten, noch von Weisbach selbst besorgten Auflage seines ‚Lehrbuches der Ingenieur- und Maschinen-Mechanik' (1863, S. 337 bis S. 538) zu entnehmen.

In der erstgenannten Abhandlung führt er die Benennung „zusammengesetzte Festigkeit" ein, wofür er in der ‚Ingenieur- und Maschinen-Mechanik' „zusammengesetzte Elasticität und Festigkeit" setzte, die Auffassung also ausdehnte, womit er die Wirksamkeit bezeichnete, mit welcher sich die Vereinigung von zwei oder mehr Elasticitäten und Festigkeiten zu erkennen giebt[1]).

Ueber die Leistungen Weisbach's im speciellen Gebiete der theoretischen Maschinenlehre wird der Verfasser im zweiten Theile gegenwärtigen Werkes berichten. Inzwischen folgt hier noch ein Verzeichniß der bedeutsamsten schriftstellerischen Arbeiten Weisbach's.

Man darf ohne Ueberhebung annehmen, daß Weisbach's Ruf als selbständiger technischer Schriftsteller hauptsächlich durch folgende Arbeiten begründet wurde[2]).

---

1) Grashof in seiner ‚Festigkeitslehre' von 1866 adoptirte wohl zuerst die von Weisbach eingeführte Benennung, indem er dem ganzen siebenten Capitel die Ueberschrift „Zusammengesetzte Elasticität und Festigkeit" gab und diesen Gegenstand von §. 229 bis §. 306 behandelte.

In der zweiten Auflage desselben Werkes (von 1878), mit der (veränderten) Ueberschrift „Theorie der Elasticität und Festigkeit", wird demselben Gegenstande der Raum von §. 99 bis 141 gewidmet und dabei auf den Umstand aufmerksam gemacht, daß sich überhaupt sechs Combinationen der einfachen Fälle (Zug- oder Druck-Elasticität — Biegungselasticität — Schubelasticität und Drehungselasticität) bilden lassen.

2) So sehr es der Verfasser bedauert, einer der Kränkungen (deren leider der vortreffliche Mann mehrere erfuhr) gedenken zu müssen, womit man namentlich von Seiten der abstrakten gelehrten, mathematischen Welt die Verdienste Weisbach's herabzuziehen bemüht war — so kann er doch, aus Pietät gegen seinen unvergeßlichen Lehrer, nicht anders als folgende Bemerkungen Weisbach's hier aufzunehmen, welche sich in der Vorrede zur dritten Auflage seiner ‚Ingenieur- und Maschinen-Mechanik' (S. 14) abgedruckt vorfinden. Diese lauten also:

„Auf den parteiischen, aus einer sehr anspruchsvollen Feder geflossenen

1831. ‚Die Fehlerquellen beim Messen der Krystallwinkel mittelst des Reflexionsgoniometers‘.

1835. ‚Leitfaden zum Unterricht in der niederen Mathemathik‘.

1835—36. ‚Handbuch der Bergmaschinen-Mechanik‘. 1. Bd. Grundlehren der allgemeinen Mechanik. 2. Bd. Mathematische Maschinenlehre.

1842. ‚Tafeln der vielfachen Sinus und Cosinus‘.

1842—43. ‚Untersuchungen in dem Gebiete der Mechanik und Hydraulik‘, auf eigene Beobachtungen und Versuche begründet. 2. Abth.

1845—62. ‚Lehrbuch der Ingenieur- und Maschinen-Mechanik‘. 3 Bände. (Dies Werk wurde ins Polnische, Russische, Englische und Schwedische übersetzt).

1848. ‚Der Ingenieur‘. Sammlung von Tafeln, Formeln und Regeln der Arithmetik, Geometrie und Mechanik.

1850—58. ‚Die neue Markscheidekunst und ihre Anwendung auf die Anlage des Rothschönberger Stollens‘. 2 Bände.

1851. ‚Versuche über die Leistung eines einfachen Reactionsrades an einem größeren Modelle‘.

1855. ‚Die Experimental-Hydraulik‘.

1857. ‚Anleitung zum axonometrischen Zeichnen‘.

1860. ‚Die ersten Grundlehren der höheren Analysis oder die Differential- und Integralrechnung‘.

Ferner durch mehr als 50 größere Abhandlungen:

1. Im ‚Polytechnischen Centralblatt‘.

1839 Ueber die Gestalt der Curve, nach welcher die Schaufeln der Kreiselräder construirt werden müssen.

1840. Das Wassersäulenrad.
Ueber den hydrometrischen Flügel.
Neue Entwickelung der Widerstandscoëfficienten für die Theorie der Bewegung des Wassers in Röhrenleitungen.
Einige Zusätze zur Theorie der Reibung.

---

Tadel in Grunert's ‚Archiv‘ erwidere ich hier nichts, um an diesem Orte nicht einen unnützen Streit zu führen. Uebrigens hat der Herr Professor Grunert in seinem ‚Archive der Mathematik‘ aus der physischen und praktischen Mechanik schon Unsinn genug drucken lassen — wie ich leicht beweisen kann — um dadurch seine Unfähigkeit zur Beurtheilung praktisch-mechanischer Schriften an den Tag zu legen! Das Buch ist für ein praktisches Publikum geschrieben, und würde sicherlich nicht den Beifall gefunden haben, wenn ich ihm, was mir allerdings viel leichter geworden wäre, ein ganz wissenschaftliches Gewand gegeben hätte. Von einem anderen Standpunkte aus läßt sich allerdings das Buch leicht, jedoch eben so sehr auch ungerecht, tadeln. Wer sich nur etwas in der Praxis umgesehen hat, wird wahrgenommen haben, wie wenig dieselbe noch von der Theorie Gebrauch macht, und wie nicht selten die Theorie von den Praktikern hinten angesetzt wird und im Mißcredit steht. Daran hat gewiß die sogenannte gelehrte Unterrichtsmethode, welche es als ein Verbrechen ansieht, die Wissenschaft ihrer Anwendung wegen zu studiren, ihren größten Antheil!“

1841. Ueber das Gurtdynamometer.

1843. Ueber die Theorie des Krummzapfens. S. 23, 97 und 145.

2. In ‚Karsten's Archiv für Bergbau und Hüttenwesen', Bd. XIV.

1840. Methode zur Ausmittelung des Hauptstreichens und Hauptfallens von Lagerstätten.

3. In den ‚Annalen der Physik und Chemie', Bd. L, 1.

1840. Neue Ausmittelung der Ausflußcoëfficienten für den Ausfluß der atmospärischen Luft aus Gefäßen.

4. In ‚Hülße's Allgemeiner Maschinen-Encyklopädie'.

1841. Die Artikel: Abänderung der Bewegung.
Aequidistante Curven.
Aufschlagwasser.
Ausfluß.
Beobachtung.
Bewegung des Wassers.

5. In ‚Volz und Karmarsch Polytechnischen Mittheilungen'.

1844. Zur Theorie des Zapfendrucks und der Zapfenreibung.
Die monodimetrische und anisometrische Projectionsmethode.

1845. Ueber das Wassersaugen des Holzes.

1846. Ueber die Zahnreibung bei conischen Räderwerken.

6. In der ‚Berg- und Hüttenmännischen Zeitung', 19. Jahrg.

1860. Eine neue und höchst einfache Näherungsformel zur Berechnung der einem gegebenen Manometerstande entsprechenden Windmenge eines Gebläses.

7. In der ‚Denkschrift zur Feier des 100jährigen Bestehens der Freiberger Bergakademie'.

1866. Die Fortschritte des Bergmaschinenwesens in den letzten 100 Jahren.

8. In der ‚Zeitschrift des k. sächsischen statistischen Bureaus'.

1870. Die mit der mitteleuropäischen Gradmessung verbundenen nivellistischen Höhenbestimmungen im Königreich Sachsen.

9. In der Zeitschrift ‚Der Ingenieur' (Vorläufer des ‚Civilingenieur').

1848. Versuche über die Steifigkeit der eisernen Treibeseile.
Die Theorie der zusammengesetzten Festigkeit.
Versuche über den Ausfluß des Wassers unter sehr hohem Druck, angestellt an der Einfallröhre einer Wassersäulenmaschine.

1850. Beschreibung einiger vervollkommneten Vermessungsinstrumente.
Versuche über die partielle und über die unvollkommene Contraction der Wasserstrahlen im Großen.

10. In der Zeitschrift ‚Civilingenieur' (Neue Folge).

1854. Beschreibung zweier neuen Theodoliten zum Gebrauch im Ingenieur-, Berg- und Forstwesen.
Die räumliche Aufnahme-Cubirung von Bergen und Halden.
Der hydrometrische Becher.

1856. Mechanik des Dampfwagens.
Beschreibung eines Gruben- und Compaß-Theodoliten.
Theorie der axonometrischen Projectionsmethode.

1858. Untersuchung über den Eintritt des Wassers in die Zellen verticaler Wasserräder.

1858. Ueber Amsler's Planimeter.

1859. Theorie des Auf- und Zumachens der Thüren.

Neue Bestimmung des Verhaltens der specifischen Wärme der Luft bei constantem Druck zur specifischen Wärme bei constantem Volumen, sowie des mechanischen Aequivalentes der Wärme.

Neue Versuche über den Ausfluß des Wassers unter sehr hohem Druck.

1861 u. 62. Versuche über den Stoß isolirter Wasserstrahlen.

1863. Bestimmung der magnetischen Declination mittelst eines Magnettheodoliten.

Versuche über den Ausfluß des Wassers unter hohem Druck.

Versuche bei Vorträgen über Elasticität und Festigkeit.

1864. Die verschiedenen Methoden der Versuche über den Ausfluß des Wassers unter constantem Druck.

1865. Die zusammengesetzten Ausflußverhältnisse theoretisch entwickelt und durch Versuche erläutert.

1866. Die Biegung eines in zwei Punkten unterstützten homogenen prismatischen Maaßstabes, sowie die durch dieselbe hervorgebrachte Verkürzung seines Längenmaaßes.

Versuche über die Ausströmung der Luft unter hohem Druck durch Mundstücke und Röhren.

1867. Hydrometrische Versuche über die Bernoulli'sche und Borda'sche Formel, über einen neuen Wassermesser, über conische Röhren und über springende Wasserstrahlen.

Vergleichende hydrometrische Messungen mittelst eines hydrometrischen Flügelrades, einer größeren rectangulären Ausflußmündung und eines größeren Ueberfalls.

1868. Versuche bei Vorträgen über Mechanik.

1869. Das Quecksilber-Differential-Piezometer auf seine Anwendung zur Bestimmung der Wasserdrucke in einer Rohrleitung.

Das Wasserpiezometer mit Mikrometer, sowie eine Anwendung zur Bestimmung des Luftdrucks in einer Gasleitung.

1870. Nivellitische Höhenbestimmungen im Königreich Sachsen.

Bestimmung der Mittellage einer Ebene aus mehr als drei gegebenen Punkten und ihre Anwendung bei Ermittelung des Hauptstreichens und Hauptfallens von Lagerstätten des Mineralreichs.

## §. 36.

### Ferdinand Redtenbacher[1]).

Während bereits am Ende des §. 34 Redtenbacher's epochemachender Leistungen im Gebiete der technischen Mechanik

1) Ferdinand Redtenbacher wurde am 25. Juli 1809 in der Stadt Steyr, dem alten Hauptsitz der Oberösterreichischen Eisen- und Stahlfabrikation, geboren und starb am 16. April 1863 in Karlsruhe. Sein Vater war Kaufmann

**im Allgemeinen gedacht wurde, heben wir hier speciell diejenigen Zweige hervor, worin sich dieser Meister besonders auszeichnete.**

---

und Vertreter der bekannten Großhandlungs-Firma J. Voith. Den ersten Unterricht genoß Ferdinand Redtenbacher in der Normalhauptschule zu Steyr, woselbst er bereits Talent und Begabung im Mechanischen, jedoch auch einen festen, fast eisernen Willen zeigte und endlich für einen der ausgelassensten Jungen in dem ganzen lieben Steyr galt. Eine andere Eigenthümlichkeit dieser Jugendperiode war die, daß der nachmalige Gelehrte eine solche Abneigung gegen den Schulzwang hatte, daß er die Schule schwänzte, wo er konnte und oft mit Gewalt hingeschleppt werden mußte. Nach Absolvirung dieser Schule brachte man Redtenbacher als Lehrling in ein Spezereigeschäft. Nach Beendigung dieser Lehrzeit fand er bei seinem Sinn und Talent für technische Dinge als Zeichner der kaiserlichen Baudirection zu Linz Beschäftigung, wo er nebenbei privatim eifrig Mathematik studirte. So vorbereitet trat er 1825 in die k. k. polytechnische Schule in Wien, wo er bis zum Jahre 1829 mit solchem Erfolge studirte, derartige Talente und ein so ernstes Streben zeigte, daß er 1829 zum Assistenten für Maschinenlehre am genannten Institute ernannt wurde, welche Lehrkanzel damals Professor Arzberger einnahm, der einer der beliebtesten und tüchtigsten Lehrer war. In dieser Stellung konnte er nur bis zum Jahre 1833 verbleiben, da das Gesetz keine längere Assistentenzeit als vier Jahre duldete. Eine kurze Zeit verging, wo Redtenbacher über seine Zukunft in Ungewißheit war, bis ihm im März 1834 durch die ‚Augsburger Allgemeine Zeitung' bekannt wurde, daß, zu dem frei gewordenen Lehramte der angewandten Mathematik an der oberen Industrieschule in Zürich, Bewerber gesucht wurden. Mit besonderen Zeugnissen von Prechtl, Arzberger und Ettingshausen ausgestattet, erhielt er im April 1834 diese Lehrerstelle. Letztere brachte ihm nicht nur sicheres Brot, sondern verschaffte ihm vor Allem den Umgang mit Ingenieuren der Firma Escher, Wyss u. Comp. in Zürich und hierdurch die Gelegenheit, in diesem berühmten Etablissement sich mit Studien, Aufnahmen und Berechnungen von Maschinen beschäftigen zu können. Daß hierdurch Redtenbacher's technisch wissenschaftliches Talent für Theorie und Construction der Maschinen in außerordentlicher Weise gefördert und gebildet wurde, war selbstverständlich. Bezeichnend ist es, daß Redtenbacher damals zugleich einen besonderen Drang nach Ausbildung in der Kunst, namentlich in der Malerei und Dichtkunst neben seiner speciellen Fachrichtung fühlte und dem Mangel hieran in seiner markigen Weise dadurch abzuhelfen suchte, daß er Reisen in die Hochgebirge machte, wo er oft bei halsbrechenden Excursionen Skizzen aufnahm und diese dann zu Hause in Farbe fixirte.

Im Jahre 1840 erhielt Redtenbacher einen Ruf als Professor an die polytechnische Schule in Karlsruhe (wahrscheinlich auf Jolly's Empfehlung, der damals Professor an der Universität Heidelberg war). Mancherlei Umstände, besonders aber der Einfluß des zeitherigen minder begabten Lehrers der Maschinenbaukunde Professor Volz, verzögerten seine Uebersiedelung nach Karlsruhe, welche jedoch endlich im Sommer 1841 erfolgte. Was Redtenbacher an der Karlsruher polytechnischen Schule als Lehrer und Schriftsteller leistete, wurde bereits

**Für eine rechte Charakteristik der Sache müssen wir jedoch hierzu dem Geschichtsgange vorgreifen und an die Spitze aller Verdienste Redtenbacher's dasjenige stellen, welches er sich um die wissenschaftliche Begründung des heutigen rationellen Maschinenbaues durch Einführung der Methode der Verhältnißzahlen erwarb und was alles naturgemäß im innigen Zusammenhange mit der technischen Mechanik und mit der theoretischen Maschinenlehre steht.**

**Ist auch nicht in Abrede zu stellen, daß Navier und Poncelet bereits angefangen hatten, die Maschinenlehre wissenschaft-**

---

oben im Texte soweit erörtert, als es hier der Raum gestattete. Nicht ohne Interesse dürfte es dagegen sein, noch aus einem Briefe an seinen Schwager Knörlein (vom 31. December 1857) folgende Stelle zu notiren, welche sich auf die saure Arbeit bezieht, die ihm anfänglich seine literarischen Arbeiten, wegen des gänzlichen Mangels an gehöriger allgemeiner Bildung, bereiteten. Diese Stelle ist folgende:

„Wie du weißt, habe ich in Oesterreich in jungen Jahren Stiefel geputzt und Papierdüten gedreht, statt die Classiker des Alterthums und der Neuzeit zu studiren. Ich habe mit mir entsetzlich zu schaffen gehabt, bis ich das in der Jugend freilich schuldlos Versäumte einigermaßen nachgeholt hatte, und wie schwer dies ist, kann nur derjenige ermessen, der sich ähnlich wie ich durch eigene Bestrebungen aus sich selbst herausarbeiten mußte".

Endlich verdient noch erwähnt zu werden, daß sich Redtenbacher im Jahre 1837 mit seiner Cousine Marie Redtenbacher verheirathete. Die Ehe war eine glückliche und entsprosseu ihr zwei Kinder, Marie und Rudolph.

Der jetzt noch lebenden Wittwe, Frau Hofräthin Redtenbacher in Karlsruhe, verdankt der Verfasser eine gute nach dem Leben genommene Photographie des Meisters, nach welcher der Verleger unseres Buches den vortrefflichen Stahlstich hat ausführen lassen, der hier aufgenommen wurde. Ein lithographirtes Portrait Redtenbacher's erhielt der Verfasser gegenwärtiger Geschichte im Jahre 1860 von Redtenbacher selbst zum Geschenk, was als sehr ähnlich bezeichnet wurde, trotzdem es in künstlerischer Beziehung sehr viel zu wünschen übrig läßt. Es trägt als Unterschrift folgendes von Redtenbacher selbst verfaßtes Motto: „Die allgemeinen Principien der Mechanik bilden die einzig wahre und dauernde Grundlage nicht nur für die Technik, sondern auch für das ganze weite Gebiet der erklärenden Naturwissenschaften".

Redtenbacher's beste und ausführlichste Biographie hat sein noch lebender Sohn, Herr Architekt Rudolph Redtenbacher verfaßt, die einen werthvollen Theil der Schrift bildet: ‚Geistige Bedeutung der Mechanik und geschichtliche Entdeckung ihrer Principien'. Vortrag, gehalten im Herbst 1859 von Ferdinand Redtenbacher. München 1879.

Eine kurze Biographie Ferdinand Redtenbacher's, der Karlsruher Zeitung vom Jahre 1863, Nr. 93 entlehnt, findet sich abgedruckt in Grunert's ‚Archiv der Mathematik und Physik', Th. XL, S. 5 des literarischen Berichtes.

J. F. Redtenbacher.

lich zu behandeln, so ist es doch entschiedene Thatsache, daß dies, in durchgreifender, epochemachender Weise, erst Redtenbacher gelang.

Da wir im zweiten Theile unseres Buches auf diesen Gegenstand speciell zurückkommen müssen, so beschränken wir uns hier [1]) auf Mittheilung eines Verzeichnisses der vorzüglichsten von Redtenbacher gelieferten literarischen Werke und gedenken (als schon hierhergehörig) nur dreier Arbeiten, welche in das Gebiet der rationellen Mechanik gehören, nämlich seiner ‚Principien der Mechanik‘ (1852), seines ‚Dynamiden-Systems‘ (1857) und des Abschnittes „Widerstand der Materialien“ (Elasticität und Festigkeit der Körper) in seinem letzten Werke ‚Der Maschinenbau‘ (1862), Bd. I.

Die Principien zu schreiben und zu veröffentlichen war, nach Redtenbacher's eigenen Angaben, durch das Bedürfniß entstanden, daß er im Gebiete der Mechanik oft sehr ungleich vorgebildete Schüler hatte, deren Bestreben es jedoch war, sich dem gründlichen Studium der theoretischen Maschinenlehre und des Maschinenbaues zu widmen.

Im Gegensatze zu Kaiser's ‚Mechanik‘ (S. 414) suchte Redtenbacher in seinem Buche mit so wenig Formeln als möglich zu operiren, dafür aber um so mehr durch scharfes, dialektisches Raisonnement zu wirken.

Vermöge seines großen Talentes der Darstellung durch Wort

---

1) 1. ‚Theorie und Bau der Turbinen und Ventilatoren‘. Mannheim 1844. 8. mit Atlas in gr. Fol. — 2. Auflage. Daselbst 1860.

2. ‚Theorie und Bau der Wasserräder‘. Mannheim 1846. 8. mit Atlas in gr. Fol.

3. ‚Resultate für den Maschinenbau‘. Mit 1 Heft Kupfertafeln. Mannheim 1848. Sechste (von Grashof erweiterte) Ausgabe von 1875.

4. ‚Principien der Mechanik und des Maschinenbaues‘. Mit fünf lithogr. Tafeln. Mannheim 1852. Zweite Auflage 1859.

5. ‚Die Luft-Expansions-Maschine‘. Mit drei Tafeln. 1858. 8. — Zweite Auflage. Daselbst 1853 unter dem Titel ‚Die calorische Maschine‘.

6. ‚Die Gesetze des Lokomotiv-Baues‘. Mit 18 Tafeln. Mannheim 1855. 4.

7. ‚Die Bewegungs-Mechanismen‘. Darstellung und Beschreibung eines Theiles der Maschinen-Modell-Sammlung der polytechnischen Schule in Karlsruhe. Mit 60 Tafeln. Mannheim 1857. Fol. — Neue Folge. 20 Tafeln. Daselbst 1861.

8. ‚Das Dynamiden-System‘. Grundzüge einer mechanischen Physik. Mit 1 Tafel. Mannheim 1857. 4.

9. ‚Der Maschinenbau‘. Mannheim 1862—65. 3 Bd. 8. mit 90 Tafeln.

und Skizzen, verbunden mit der natürlichen Lebhaftigkeit seines Geistes, verstand er es meisterhaft, die complicirtesten Dinge auch minder begabten Zuhörern verständlich zu machen und das Interesse in höchstem Grade zu wecken. Grashof berichtet daher auch in der unten notirten Schrift [1]), daß Redtenbacher's begeisterte Schüler gerade diesem Buche, als einem treuen Bilde ihres Lehrers, eine ganz besondere Zuneigung und Achtung bewahrt hätten.

In ganz eigenthümlicher Weise umgeht Redtenbacher in Nr. 76 der ‚Principien', unter der Ueberschrift: „Dynamik der relativen Bewegung eines Atoms", das von Coriolis (S. 377) angewandte analytische Kunststück der Einführung eines rotirenden Coordinatensystemes, zur Herleitung der für die Maschinenmechanik besonders wichtigen Gleichungen der relativen Bewegung III und IV (S. 381) und VI (383).

Den von Redtenbacher eingeschlagenen Weg muß man als originell, jedoch als weniger klar bezeichnen, der aber doch jedem verständlich ist, welcher die streng analytische Methode eines Coriolis bereits kennen gelernt hat [2]).

In dem zweiten der genannten Werke, betitelt ‚Das Dynamiden-System', bemühte sich Redtenbacher, „die Gesetze aller Erscheinungen der materiellen Welt auf die Gesetze der Mechanik zurückzuführen", so daß Physik und Chemie schließlich nichts anderes sein sollten als Statik und Dynamik der Molekularkräfte. Leider ist ihm die Lösung dieser wichtigen Aufgabe in durchschlagender Weise nicht gelungen.

Der Grundgedanke zu dieser Arbeit lag in der für ihn un-

---

1) ‚Redtenbacher's Wirken zur wissenschaftlichen Ausbildung des Maschinenbaues'. Festrede zur Enthüllungs-Feier des Denkmals „Ferdinand Redtenbacher's", am 2. Juni 1866 gehalten von Dr. F. Grashof. Heidelberg 1866, (Die betreffende Stelle findet sich S. 23).

2) Gustav Schmidt (geb. 1826 in Wien; gest. 1883 in Prag), von 1856 bis 1858 Schüler Redtenbacher's, später k. k. österreichischer Kunstmeister, 1862 Professor an der polytechnischen Schule in Riga, 1864 Professor an der deutschen technischen Hochschule in Prag, 1876 k. k. Regierungsrath etc. — verfaßte bereits 1861 eine kleine, aber werthvolle Schrift, betitelt: ‚Die Gesetze und Kräfte der relativen Bewegung in der Ebene', deren Studium, namentlich Anfängern, nicht genug empfohlen werden kann. Schmidt entwickelt darin die Redtenbacher'schen Gleichungen auf dem einfachsten und natürlichsten analytischen Wege.

zureichenden Basis für die Theorie solcher Motoren, deren Ausnutzung nicht in den bei der Bewegung endlicher Massen zur Erscheinung kommenden Kräften beruht (wie dies z. B. bei den hydraulischen Motoren der Fall ist), sondern wobei sich solche Kräfte geltend machen, welche das Resultat irgend einer Bewegungsart der Atome oder Moleküle (nach Redtenbacher einfache und zusammengesetzte Dynamide) sind und wozu sich jetzt die angewandte Mechanik (als vorläufiges Auskunftsmittel) der mechanischen Wärmetheorie bedient.

Leider wurde Redtenbacher's Aufstellung und Verwendung seiner Dynamiden-Theorie der Grund, daß er sich um Ausbildung und Anwendung der mechanischen Wärmetheorie (im gegenwärtigen Sinne des Wortes) für technische Zwecke fernerhin wenig oder gar nicht kümmerte, jedenfalls eine bedauernswerthe Thatsache, gegenüber den bedeutenden Talenten des Mannes!

Bemerkt zu werden verdient noch, daß Redtenbacher den Grundgedanken zu seiner Dynamiden-Theorie schon im Anfange der funfziger Jahre faßte und diese bereits in den vorgenannten Principen (a. a. O., S. 20 bis 41) übersichtlich (elementar) erörterte.

Originell mit einer für die Praxis hinlänglichen mathematischen Schärfe, zugleich aber auch in möglichst einfacher Darstellung behandelte Redtenbacher die wichtigsten Fragen über den Widerstand der Materialien, mit besonderer Rücksicht auf die Construction der Maschinenbestandtheile, in dem letzten nur wenige Jahre vor seinem Tode noch selbst für den Druck bearbeiteten ersten Bande seines Werkes ‚Der Maschinenbau'.

Referent bedauert, daß Umfang und Zweck seines geschichtlichen Buches keine speciellen Mittheilungen über gewisse, besonders wichtige Capitel dieses Buches gestattet und er sich darauf beschränken muß, folgende Abschnitte dem Studium zu empfehlen:

1. Allgemeinster Fall des Gleichgewichts eines im natürlichen Zustande krummen Stabes (a. a. O., S. 87 ff.).

2. Theorie der Stahlfedern (a. a. O., S. 100) und zwar aufeinander folgend der Schicht-Federn — Rechteckfederwerke — Trapezfederwerke — Hyperbelfederwerke. Ferner Theorie der cylindrischen Schraube als Tragfeder und als Schwungradhemmung (Spiralfeder) etc.

3. Ketten ohne Aussteifungen (ohne Stege) und mit Aussteifungen (a. a. O., S. 124 und S. 130).

Irrt Referent nicht, so war es ebenfalls Redtenbacher, welcher unter Zuziehung der Navier'schen Formel (S. 364) eine Gleichung für die vortheilhafteste Gestalt und für die Berechnung der Querschnittsdimensionen sogenannter Seil- und Kettenhaken unter der Voraussetzung anstellte, daß die Normalschnitte des Hakeneisens Kreise sind[1]).

## §. 37.

## Noch andere um die technische Mechanik verdiente Männer der Weisbach-Redtenbacher-Periode.

Unsere Geschichte, welche neben rein wissenschaftlichen Fundamenten und Reflexionen, doch immer und vor allem die technische Mechanik als Ziel im Auge behalten muß, tritt hier zum zweiten Male vor die Lösung einer etwas schweren Aufgabe nämlich (wie in §. 29 in Bezug auf eine frühere Zeitperiode) die Arbeiten und Wirksamkeit von Männern zu verzeichnen, denen zwar kein vollständig universeller (epochemachender) Standpunkt im Geschichtsgebiete der technischen Mathematik eingeräumt

---

1) Es dürfte nicht unangemessen sein, den betreffenden Redtenbacherschen Rechnungsgang hier zu notiren.

Bezeichnet $Q$ die auf den Haken $BFEC$ (Figur 61) wirkende Zugkraft, deren Richtung $\overline{AB}$ durch das Centrum des Kreises $ADE$ vom Radius $r$ und durch die Mitte des geraden Hakenschaftes bei $B$ geht, ist ferner $FAG = \alpha$ der Winkel, welchen irgend ein Normalschnitt $AJ$ mit der Richtung von $Q$ bildet und ist dabei $HJ = y$ der Durchmesser des Hakeneisens bei $HJ$, so liefert die Gleichung den Ausdruck:

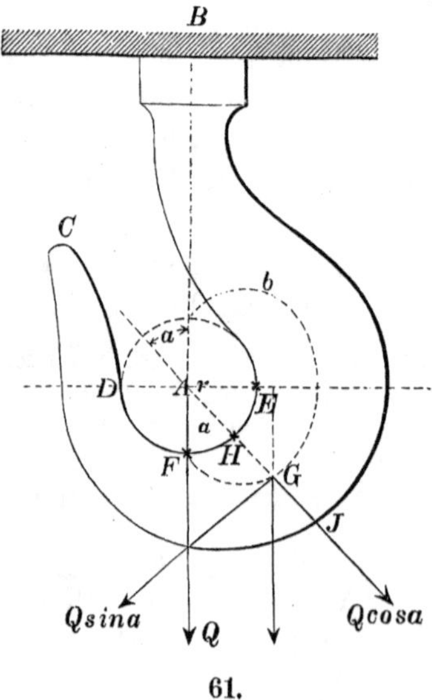


61.

$$\text{I)}\ \mathfrak{S} = \frac{Q \sin\alpha}{\frac{1}{4}\pi y^2} + \frac{\frac{y}{2} Q \left(r + \frac{y}{2}\right) \sin\alpha}{\frac{\pi}{64} y^4}$$

wobei die auf Abscheerung wirkende Componente $Q \cos\alpha$ vernachlässigt wurde.

Aus 1 reducirt sich aber leicht:

$$\sin\alpha = \frac{\mathfrak{S}\,.\,\pi}{16\,Q}\ \frac{y^3}{2\,r + 1{,}25\,y},$$

ein Werth, welchen Redtenbacher S. 135, Bd. I seines Werkes ‚Der Maschinenbau' angiebt.

Schärfere Berechnungen der vortheilhaftesten Hakenform haben später Grashof, ‚Elasticitäts- und Festigkeitslehre' (2. Aufl., S. 289) und Winkler, ‚Lehre von der Elasticität', S. 290, geliefert.

*werden kann*, deren Verdienste jedoch auch nicht unterschätzt werden dürfen.

Analog §. 29 nehmen wir wieder, als Leitfaden der geschichtlichen Folge, Nationalität und Zeit (die Geburt des Mannes) und gedenken zuerst, nach einander der Engländer Hodgkinson, W. Fairbairn, Whewell, R. Willis, Moseley und Rankine.

Hodgkinson[1]) (den wir bereits S. 360, Note 2 citiren mußten) erwarb sich besondere Verdienste um das ausführende Ingenieurwesen und zwar im Gebiete des Widerstandes der Materialien (Elasticität und Festigkeit der Körper) dadurch, daß er seine Theorien durch werthvolle Versuche unterstützte, wozu ihm der Bau englischer Kettenbrücken, der Conway- und Britannia-Röhrenbrücken, sowie seine Mitgliedschaft bei der Royal Commission to inquire into the properties of wrought and cast

---

1) Eaton Hodgkinson wurde am 26. Febr. 1789 zu Anderton in Cheshire geboren und starb am 18. Juni 1861 zu Eaglesfield House bei Manchester. Im Alter von 6 Jahren verlor Hodgkinson seinen Vater, der bei Anderton Gutspächter (Farmer) war, worauf seine Erziehung von einem Onkel in Berkshire geleitet wurde, der ihn in eine klassische Schule schickte mit der Hoffnung, daß Hodgkinson ein Prediger der Hochkirche werden sollte. Indeß zeigte der Knabe mehr Lust und Talent zur Mathematik und Physik, so daß er, als ihn seine Mutter im Jahre 1811 wieder zu sich nach Manchester nahm, dort bald ein Schüler des damals berühmten Physikers Dalton (geb. 1766; gest. 1844) wurde, der den jungen talentvollen Hodgkinson nicht nur selbst unterrichtete, sondern ihm auch Gelegenheit bot, die klassischen Werke der Bernoulli's, Euler's, Lagrange's und Laplace's studiren zu können.

Im Jahre 1822 begann Hodgkinson eine ganze Reihe von Arbeiten über verschiedene wichtige Gegenstände des Ingenieurwesens in den ‚Memoirs on the literary and philosophical society of Manchester' zu veröffentlichen, wobei ihm zugleich in der Maschinenfabrik von Phillips Lee (nachher W. Fairbairn und Lee) Gelegenheit geboten wurde, umfangreiche Versuche über Festigkeit der Körper anzustellen. Deshalb betheiligte man Hodgkinson auch bei den Berechnungen, welche die Constructionen der grossen Menai-Kettenbrücke, der englischen Eisenbahnen, sowie der Blechkasten-Brücken zu Conway und Bangor (Britannia Tubular Bridge) erforderlich machten.

Im Jahre 1847 wurde Hodgkinson als Professor of the mechanical principles of Engineering an die Universität London berufen, wo er so lange wirkte als dies seine schwache Gesundheit erlaubte. Hodgkinson war Mitglied der obengenannten Manchester Society, so wie der Britisch Association for the Advancement of Science und seit 1841 auch Fellow of the Royal Society of London. Hodgkinson war zwei Mal verheirathet.

(Eine ausführlichere Biographie findet sich abgedruckt in ‚Proceeding of the Royal Society of London', Bd. XII, im Anhange, pag. XI).

iron, and their application to railway structures, vielfache Gelegenheit bot.

Betreffende, noch heute höchst schätzbare Arbeiten Hodgkinson's finden sich in folgenden Quellen abgedruckt:

1. In den (bereits S. 431, Note 1 erwähnten) ,Manchester Memoirs', Vol. V, vom Jahre 1831:

a) On the forms of the catenary in suspension bridges (pag. 354).
b) On the chain bridge at Broughton (pag. 384).
c) A few remarks on the Menai bridge (pag. 398).
d) Theoretical and experimental researches to assertain the strength and best forms of iron beams (pag. 407—544).
e) Appendix to the paper on the chain bridge at Broughton, relating to its failure and restoration (pag. 545).

2. In dem ,Report of the fifth and seventh meeting of the British association for the advancement of science (1835 und 1838):

a) Impact upon beams, pag. 93. (London 1836).
b) On the relative strength and other mechanical properties of cast iron obtained by hot and cold blast, pag. 337. (London 1838).

(Hierbei eine schöne Kupfertafel, welche im Abschnitte „Mode of fracture" die Gestalten der zerdrückten gußeisernen, prismatischen Körper erkennen läßt).

3. In den ,Philosophical transactions of the royal society of London.

a. For the year 1840, p. 385 unter der Ueberschrift: „Experimental researches on the strength of pillars of cast iron, and other materials". (communicated by Peter Barlow. F. R. S.).
b. For the year 1857, p. 851 Fortsetzung dieses Gegenstandes unter derselben Ueberschrift (von Hodgkinson selbst veröffentlicht, nachdem er Mitglied der Royal Society geworden war).

Leider gestattet es der Raum nicht, auf den Inhalt aller dieser Arbeiten speciell einzugehen, vielmehr müssen wir uns auf nachstehende, besonders beachtungswerthe Dinge beschränken.

Nr. 1, Buchstabe d. In dieser Abhandlung bemühte sich Hodgkinson besonders seine Versuche bekannt und der Praxis brauchbar zu machen, welche er zur Bestimmung der Bruchfestigkeit gußeiserner Träger anstellte und zwar gestützt auf die Erfahrung, daß Gußeisen dem Zerdrücken besser widerstehe als dem Zerreißen[1]).

---

1) Von den gewonnenen Versuchsresultaten erregten namentlich folgende zwei die Aufmerksamkeit aller Betheiligten.

1. Ein auf zwei horizontale Stützen gelegter gußeiserner, in der Mitte belasteter prismatischer Stab, dessen Querschnitt ähnlich dem lateinischen Buchstaben T war, brach in vorstehender Lage bei einer viermal kleineren Belastung, als wenn derselbe in der Lage ⊥ der einwirkenden Kraft unterworfen wurde.

So sehr man anfänglich dies Ergebniß für die Praxis als höchst brauchbar bezeichnete, so erkannte man doch bald, daß es nicht die Absicht sein kann, einen Träger so zu construiren, dass seine Vorzüge erst im Augenblicke des Bruches zur Geltung kommen, sondern man den Träger nie stärker belasten will, als es die Erhaltung der vollkommenen Elasticität der Fasern erlaubt [1]).

Die Abhandlung (a) Nr. 2 ist vom Verfasser gegenwärtiger Geschichte bereits im Jahre 1848 in der Zeitschrift ‚Der Ingenieur' zu einer ausführlicheren Arbeit benutzt worden, welche die Ueberschrift trägt: „Festigkeit prismatischer Körper gegen Stoß und insbesondere die Arbeiten und Versuche von Eaton Hodgkinson über diesen Gegenstand" [2]).

Von größerer Bedeutung sind dafür die beiden Abhandlungen unter (a) und (b) Nr. 3, insofern sich darin die Resultate von Versuchen und daraus für die Praxis aufgestellte Formeln zur Berechnung eiserner Säulen finden, in welcher Beziehung bekanntlich die Theorie noch gegenwärtig als unzureichend (S. 362) bezeichnet werden muß [3]).

---

2. Für dieselben gußeisernen Balken von der Querschnittsform eines doppelten I, wenn diese gleichen Widerstand gegen Zug und Druck zeigen sollen, muß der Kopf schmäler und dünner sein, als der Fuß und zwar hat man dem Fuße 6 mal so viel Querschnitt als dem Kopfe zu geben.

Letzteres Resultat erhielt Hodgkinson, namentlich beim XIX seiner Versuche (‚Memoirs of Manchester', Vol. V, p. 477), wo der betreffende gußeiserne Träger auf 4 Fuß 6 Zoll (engl.) frei zwischen festen Stützen (horizontal) lag, in der Mitte belastet wurde und folgende Dimensionen hatte: Gesammthöhe = $5^1/_8$ Zoll, Kopffläche = 0,72, Fußfläche = 4,4, Dicke des vertikalen Schaftes = 0,266, ganze Querschnittsfläche $6^2/_5$ Quadratzoll, Gewicht des ganzen Trägers = 71 Pfund. Der Bruch in der Mitte erfolgte bei einer Belastung von 26096 Pfund oder von 11 Tons 13 Centner.

Bei der jetzt gebräuchlichen Berechnung von Trägern mit derselben Querschnittsform bleibt man ganz richtig innerhalb der Elasticitätsgränze.

Man sehe u. A. hierüber: Reuleaux' Werk ‚Der Constructeur', 4. Aufl. (1882), S. 25 unter der Ueberschrift: „Querschnitte von gleicher Festigkeit".

1) Nach Wissen des Verfassers wurde in Deutschland zuerst auf diesen wichtigen Umstand, im Jahre 1853 von Moll und Reuleaux in ihrem Werke ‚Constructionslehre für den Maschinenbau' aufmerksam gemacht und zwar S. 65 bis S. 67 daselbst.

2) Auszugsweise wird über Hodgkinson's ‚Festigkeits-Formeln und Versuche über den Widerstand prismatischer Körper gegen Stoß', auch in der 2. Auflage (1847) der ‚Geodynamik' des Verfassers berichtet.

3) Grashof in seiner ‚Festigkeitslehre' (Berlin 1866), sagt §. 148 „daß die

Wird (mit Hodgkinson) das, in der Achsenrichtung der Säule oder des Ständers, auf Zerknickung wirkende Gewicht durch $W$ in englischen Tonnen (à 2240 Pfund) ausgedrückt, mit $D$ der äußere Durchmesser, mit $d$ der innere (bei hohlen Säulen) oder die Seite des quadratischen Querschnittes (bei Balken) in englischen Zollen und $L$ die Länge in englischen Fußen bezeichnet, so lassen sich die gewonnenen Hauptresultate in folgende übersichtliche Tabelle bringen:

| Beschaffenheit der Säulen oder Balken. | Beide Enden sind abgerundet und die Länge übertrifft den 15fachen Durchmesser [1]). | Beide Enden sind flach (eben) und die Länge übertrifft den 30fachen Durchmesser. |
|---|---|---|
| Massive cylindrische Säule aus Gußeisen. | $W = 14{,}9 \frac{D^{3,76}}{L^{1,7}}$ | $W = 44{,}16 \frac{D^{3,55}}{L^{1,7}}$ |
| Hohle cylindrische Säule aus Gußeisen. | $W = 13 \frac{D^{3,76} - d^{3,76}}{L^{1,7}}$ | $W = 44{,}34 \frac{D^{3,55} - d^{3,55}}{L^{1,7}}$ |
| Massive cylindrische Säule aus Schmiedeeisen. | $W = 42{,}8 \frac{D^{3,76}}{L^2}$ | $W = 133{,}75 \frac{D^{3,55}}{L^2}$ |
| Quadratischer Balken aus trockenem Danziger Eichenholze. | | $W = 10{,}95 \frac{D^4}{L^2}$ |
| Quadratischer Balken aus trockenem Fichtenholze (Rothtanne). | | $W = 7{,}81 \frac{D^4}{L^2}$ |

---

von Hodgkinson in ausgedehntem Maaße ausgeführten Versuche über die Zerknickungsfestigkeit bei den Mängeln der Theorie von besonderer Wichtigkeit sind". In der zweiten erweiterten Auflage dieses Werkes, unter dem Titel ‚Theorie der Elasticität und Festigkeit' (Berlin 1878) werden §. 117 Hodgkinson's Versuche und daraus abgeleitete empirische Formeln nur erwähnt, dagegen wird §. 116 (Seite 172) in Bezug auf die betreffenden theoretischen Formeln, der Satz ausgesprochen: „Somit vermag auch die genaueste Analyse nicht zu hindern, daß die Theorie der Knickung eine schwache Seite der praktischen Elasticitätslehre ist".

1) Die Abrundung der Enden geschah deshalb, um die Säulen daselbst drehbar zu machen, weil in der Praxis (bei Lenkstangen, eisernen Dächern etc.) dergleichen um Zapfen oder Bolzen bewegliche prismatische Stäbe und Balken etc. Anwendung finden.

Wie in der Tabelle bemerkt ist, gelten diese Formeln nur für Säulen, deren Länge den Durchmesser der Querschnitte erheblich überschreitet. Für kürzere Säulen giebt Hodgkinson die empirische Formel[1]):

$$W_2 = \frac{W\,W_1}{W + \frac{3}{4}W_1}$$

worin $W$ nach vorstehender Tabelle berechnet ist, während $W_1$ die dem Querschnitte der Säule entsprechende rückwirkende Festigkeit bezeichnet.

Die vorher unter Nr. 3, b hervorgehobene Abhandlung (von 1857) enthält Versuche, welche Hodgkinson auf R. Stephenson's Veranlassung mit dem besten englischen Low-Moore-Eisen anstellte. Für dieses Eisen erhielt Hodgkinson (nach pag. 862):

$$W = 42{,}347\,\frac{D^{3,5} - d^{3,5}}{L^{1,63}}$$

Leider scheinen die Hodgkinson'schen Formeln bei manchen Autoren und Constructeuren mehr oder weniger in Vergessenheit gerathen zu sein!

Erwähnt zu werden verdient noch Hodgkinson's erfolgreiche Wirksamkeit bei den von William Fairbairn und Robert Stephenson veranlaßten (mathematisch-) theoretischen Erörterungen, welche die aus zahlreichen Versuchen gewonnenen Resultate, bei den Entwürfen zur Conway- und Britannia-Röhrenbrücken erforderlich machten und worüber in den unten notirten Werken ausführlich berichtet wird[2]).

Aus dem zweiten der unten citirten Werke erhellt, daß W. Fairbairn (a. a. O., p. 147) dem Hodgkinson seine Anerkennung in folgenden Worten ausgesprochen hat:

„In the pursuit of the experiments on the rectangular as well as other description of tubes, I have been most ably assisted

---

1) ‚Phil. Transact.', for the year 1840, pag. 405, Nr. 43, dann p. 416, Nr. 52 und pag. 426, Nr. 65. An diesen Stellen sind auch die von Hodgkinson für $W_1$ ermittelten Werthe verzeichnet.

Bemerkt zu werden verdient noch, daß unsere Quelle auch Abbildungen der von Hodgkinson in Anwendung gebrachten Versuchs-Maschinen und Zubehör, sowie der bei den Versuchen zerdrückten oder zerknickten Körper liefert.

2) W. Fairbairn, ‚An account of the construction of the Britannia and Conway Tubular Bridges'. London 1849. Hier finden sich namentlich p. 42 Hodgkinson's betreffender „Report", ferner Hodgkinson's „Letter relative to the experiments", p. 55 fl.

Edwin Clark, ‚The Britannia and Conway Tubular Bridges'. Published with the sanction, and under the supervision of Robert Stephenson. London 1850. 2 Vol.

Hier wird insbesondere (Vol. I, p. 307—318) der Versuche Hodgkinson's und seiner daraus abgeleiteten Formeln speciell gedacht.

28*

by my excellent friend Mr. Hodgkinson; his scientific and mathematical attainments render him well qualified for such researches etc.".

Endlich möchte der Verfasser noch der vergleichenden Berechnungen gedenken, welche seiner Zeit, bei Gelegenheit des Baues der steuerfreien Niederlage in Harburg, der damalige Eisenbahnbau-Conducteur (jetzige Geheime Finanzrath) Köpcke, mit Benutzung der Schwarz'schen Formeln (S. 364, Note 1) und der Hodgkinson's anstellte. Bei dem gedachten Baue wurden (mit Zugrundelegung einer 6fachen Sicherheit) die Werthe, wie sie sich aus den Hodgkinson'schen Formeln ergaben, zu Grunde gelegt[1]).

Der nächste Engländer in der vorher (S. 431) festgestellten Reihe ist William Fairbairn[2]), der sich vorzugsweise durch

---

1) Köpcke's vortreffliche Arbeit führt den bescheidenen Titel „Die steuerfreie Niederlage zu Harburg" und findet sich abgedruckt in der ‚Zeitschrift des Architekten- und Ingenieur-Vereins für das Königreich Hannover', Bd. VI (1860) von S. 222 bis mit S. 322.

2) William Fairbairn wurde am 19. Februar 1789 zu Kelso in Schottland geboren und starb am 18. August 1874 in Moor Park bei Farnham in Surrey. Nach höchst mangelhafter Elementarschulzeit mußte sich Fairbairn anfänglich sein Brod durch Handarbeit verdienen, bis er, etwa 16 Jahre alt als Lehrling in ein Steinkohlenbergwerk aufgenommen wurde, wo man ihn namentlich bei den Maschinen beschäftigte, was den jungen Mann veranlaßte, sich während der Freistunden energisch mit Studien für seine Ausbildung zu befassen. Nachdem er Gelegenheit gefunden hatte, die Bekanntschaft von Georg Stephenson und John Rennie zu machen, fand er namentlich Beschäftigung in der berühmten Maschinenfabrik von Penn in Greenwich. Nach einigen Jahren ging Fairbairn nach Manchester und etablirte sich hier (1814) als Civil-Engineer und Millwright (Mühlenbauer). Bald darauf verband er sich mit John Lillie und errichtete mit diesem eine Maschinenfabrik, die sich in kurzer Zeit für den Bau von Mühlen, Wasserrädern, Dampfmaschinen, eisernen Schiffen, Brücken, schmiedeeisernen Krahnen etc. einen weittragenden Ruf erwarb. Nach Lillie's Tode setzte Fairbairn das Geschäft in Manchester allein fort, bis er es später an eine Aktiengesellschaft verkaufte, welche die Direction einem seiner Söhne (Thomas mit Namen) übertrug.

Bereits 1830 wurde Fairbairn zum Mitgliede der Institution of Civil Engineers in London erwählt. 1847 ertheilte man ihm die Ehrenmitgliedschaft der Institution of Mechanical Engineers. Fairbairn war auch Mitbegründer der British Association for the advancement of science, welche Gesellschaft ihn auch für das Jahr 1861 zu ihrem Präsidenten machte. Bei der großen Londoner internationalen Kunst- und Industrie-Ausstellung im Jahre 1862 war Fairbairn einer der königlichen Commissäre und zugleich Präsident der Classe VII (Maschinen). Hier hatte Referent (als Deputy Chairman derselben Classe) vielfache Gelegenheit, Fairbairn sowohl als den ausgezeichneten Ingenieur, so wie als den humansten, liebenswürdigsten Menschen kennen zu lernen, dessen Erinnerung ihm unvergeßlich bleiben wird. Später wurde Fairbairn Mitglied der Royal Society

zahlreiche Ausführungen und Versuche im Gebiete des Bau- und Maschinen-Ingenieur-Wesens einen achtungswerthen Namen erwarb.

Nächst dem S. 321 (Note 3) genannten berühmten Ingenieur John Rennie, war es namentlich W. Fairbairn, der sich im Maschinen- und Schiffsbaufache bemühte, das vorzugsweise im gedachten Constructionsgebiete noch mehrfach gebräuchliche Holz durch Eisen zu ersetzen.

Vom Jahre 1845 an nahm Fairbairn mit R. Stephenson einen wesentlichen Antheil an den Vorarbeiten und großartigen Versuchen zu den Projecten der Conway- und Britannia-Röhrenbrücken, worüber bereits vorher (S. 435, Note 2) ausführlich beberichtet wurde.

Aus dem Gebiete der Literatur sind (außer dem genannten Werke über die beiden großen Röhrenbrücken) von W. Fairbairn hauptsächlich folgende (im Buchhandel erschienene) Arbeiten zu verzeichnen[1]):

1. ‚Report on the construction of fire-proof buildings‘. Liverpool 1844.

2. ‚Report on the consumtion of fuel and the prevention of smoke‘. London 1845.

3. ‚Two lectures on the construction of boilers, and on boilers explosions etc.‘ London 1851.

4. ‚On the application of cast and wrought iron to building purposes. London 1854. (Eine vierte Auflage datirt von 1870).

5. ‚Useful information for engineers: being a series of lectures delivered to the working engineers of Yorkshire and Lancashire‘. London 1856.

6. ‚Useful information for engineers, containing experimental researches on the collapse of boiler flues and the strength of materials‘. London 1860.

7. ‚Treatise on mills and millwork‘. Part I: „On the principles of mechanism and on prime movers“. Part II: „On machinery of transmission, and the construction and arrangement of mills“. 2 Vol. London 1861—63. (Dritte Auflage von 1871).

8. ‚Treatise on iron ship building; its history and progress etc‘. London 1865.

9. ‚Iron, its history, properties and manufacture‘, London 1865. (Zweite Auflage 1869).

---

in London, dann correspondirendes Mitglied der Pariser Akademie der Wissenschaften, bis er 1869 die letzte Auszeichnung damit empfing, daß er (auf Gladstone's Empfehlung) von der Königin Victoria zum Baronet ernannt wurde.

Ausführlichere Biographie Fairbairn's liefert die Zeitschrift ‚Engineering‘ vom 22. August 1874.

1) Ein vollständigeres Verzeichniß der literarischen Arbeiten Fairbairn's findet sich in dem ‚Catalogue of the library of the Institution of Civil Engineers‘. Second Edition. London 1866.

Der dritte Engländer in der S. 431 aufgestellten Reihe ist der namentlich durch seine ‚History of the inductive Sciences‘ [1]) auch in wissenschaftlich-technischen Kreisen (seiner Zeit) wohl bekannte Cambridge Professor William Whewell [2]). Kann sich auch der unparteiische Beurtheiler mit den von Whewell gemachten Schlüssen nicht überall einverstanden erklären [3]), so gehört doch das ganze Werk zu den in seiner Art unübertroffenen Arbeiten der ersten Hälfte des 19. Jahrhunderts, von dem nur eine Fortsetzung bis zur Gegenwart zu wünschen wäre [4]).

---

1) Whewell's ‚Geschichte der inductiven Wissenschaften (der Astronomie, Physik, Mechanik, Chemie, Geologie etc.) von den frühesten Zeiten bis zu unserer Zeit‘ erschien in London 1837, wurde 1840 von Littrow (Director der k. k. Sternwarte in Wien) ins Deutsche übersetzt und vom Uebersetzer durch mehrfache Zusätze, insbesondere durch Biographien der ausgezeichnetsten Männer vermehrt.

2) William Whewell wurde am 24. Mai 1794 zu Lancaster (Lancashire) geboren und starb zu Cambridge am 6. März 1866. Whewell erhielt seine höhere Bildung im Trinity College in Cambridge, war an letzterer Universität von 1828 bis 1832 Professor der Mineralogie und von 1838 bis 1855 Professor der Moral-Theologie daselbst. 1841 wurde Whewell Oberhaupt (Master) des genannten Trinity College und zuletzt Canzler der Universität Cambridge.

Seit 1820 war Whewell auch Mitglied der Royal Society zu London.

3) Man beachte z. B. Whewell's Behauptungen, S. 21, §. 5 unseres Buches.

4) Es dürfte für manche Leser von Nutzen sein, den wesentlichen Inhalt der drei Theile von Whewell's Geschichte hier verzeichnet zu finden.

Theil I.

Erstes Buch: „Geschichte der griechischen Schulphilosophie in Beziehung auf Physik"

Zweites Buch: „Geschichte der physischen Wissenschaften der alten Griechen".

Drittes Buch: „Geschichte der griechischen Astronomie".

Viertes Buch: „Geschichte der inductiven Wissenschaften im Mittelalter".

Fünftes Buch: „Geschichte der formellen Astronomie nach der stationären Periode".

Theil II.

Sechstes Buch: „Geschichte der mechanischen Wissenschaften."

Siebentes Buch: „Geschichte der physischen Astronomie".

Achtes Buch: „Geschichte der Akustik".

Neuntes Buch: „Geschichte der Optik".

Zehntes Buch: „Geschichte der Wärmelehre und der Meteorologie".

Theil III.

Elftes Buch: „Geschichte der Elektricität".

Zwölftes Buch: „Geschichte des Magnetismus".

Von den zahlreichen literarischen Arbeiten Whewell's, welche sich ziemlich vollständig bei Poggendorff (Bd. II, S. 1310) verzeichnet vorfinden, sind nachbemerkte auch von technisch-wissenschaftlichem Werthe:

1. ,An elementary treatise on mechanics'. (Cambridge 1823). Die fünfte Auflage wurde 1841 von Schnuse ins Deutsche übersetzt. Eine siebente englische Auflage erschien 1847.

2. „On the forms of teeth of wheels" in den ,Transact. of the Cambridge Society', Vol. I, 1828.

3. „On the results of observations made with a new anemometer". Ebendaselbst, Vol. VI, 1837.

4. ,The mechanics of engineering'. London 1841 [1]).

Der vierte der S. 431 genannten Engländer, Robert Willis [2]), machte sich in mechanisch-technisch-wissenschaftlichen

---

Dreizehntes Buch: „Geschichte des Galvanismus oder der Volta'schen Elektricität".

Vierzehntes Buch: „Geschichte der Chemie".

Fünfzehntes Buch: „Geschichte der Mineralogie".

Sechszehntes Buch: „Geschichte der systematischen Botanik und Zoologie".

Siebzehntes Buch: „Geschichte der Physiologie und der vergleichenden Anatomie.

Achtzehntes Buch: „Geschichte der Geologie".

1) Das erste Buch seiner Art unter dem Titel ,Ingenieur-Mechanik'. Dies Buch hätte seiner Zeit Schnuse übersetzen sollen, insofern, als Deutschland (damals) ein solches Hülfsmittel entbehrte, auch Weisbach in seinem ebenso betitelten Werke (leider) die Anwendung der Differenzial- und Integral-Rechnung ausschloß, was bei Whewell nicht der Fall war. Für den Anfänger ist Whewell's ,Mechanics of Engineering' noch heute ein empfehlenswerthes Buch, ungeachtet der oft zu weit getriebenen Kürze der Darstellung, namentlich der Abschnitte: Frames, Arches, Elasticity and Flexure of solid Material, sowie Power of Steam.

2) Robert Willis wurde am 27. Februar 1800 in London geboren und starb daselbst am 28. Februar 1875. Willis Vater war Arzt des Königs Georg III. Er selbst war ein so schwächliches Kind, daß er keine öffentliche Schule besuchen konnte. Nichtsdestoweniger offenbarte sich in diesem körperlich-schwachen Menschen schon frühzeitig ein reger Geist, ein Talent für Musik, für Zeichnen, in letzterer Beziehung zugleich mit besonderer Fähigkeit in der Aufnahme alter künstlerischer Bauwerke. Mit seinem 19. Jahre nahm der junge Willis bereits ein Patent für Verbesserungen der Pedal-Harfe. Im Jahre 1821 trat er, um sich zu höheren Studien vorzubereiten, in das Privat-Institut von Mr. Kidd und ein Jahr nachher in das Cains College zu Cambridge, worin er 1826 als 9. Wrangler (bester Student) graduirt wurde. 1829 wurde Willis selbst Mitglied der Universität Cambridge, wo er in den Transactions dieser Hochschule nach und nach schrieb ,On Vowel Sounds and on Reed Organ Pipes' und (1832) ,On the mechanism of the Larynx'. In demselben Jahre (1832) wurde Willis Fellow of the Royal Society und ein Jahr später Original Member

Kreisen besonders durch mehrere Arbeiten bekannt [1]), worunter ihm allein die ‚Principles of mechanism' ein bleibendes Andenken sichern würden.

Dies höchst werthvolle Buch erschien (in London) in erster Auflage 1841 und in zweiter (vermehrter) Auflage 1870. Dasselbe, ein wahrer Schatz an vortrefflichen praktischen Aufgaben und Darstellungen aus dem Gebiete der angewandten Kinematik (S. 326), ist zugleich als das erste größere Werk seiner Art zu betrachten, weshalb wir auch nicht verfehlen werden, in dem zweiten Haupttheile unserer Geschichte auf dasselbe zurückzukommen.

Der fünfte von den bezeichneten Engländern, Henry Moseley [2]), hat vor Allem das Verdienst, die Arbeiten Navier's

---

of the British Association. Im Jahre 1837 wurde Willis Jacksonian Professor, von welchem man verlangte zu sein: „Lecturer, Professor or Demonstrator shall be the person best qualified by his knowledge in natural experimental philosophy, and the practical part there of, and of chemistry, to instruct the students".

In dieser Thätigkeit fand er Zeit zur Abfassung einer auch in Deutschland berühmt gewordenen Abhandlung über „The Teeth of Wheels" (‚Report of the Britisch Association for 1837), zur Erfindung des Odontographen (‚Transact. Inst. of Civil Engineers', Vol. II, p. 89). Nach seiner Hochzeitsreise schrieb er das Buch: ‚Observations on the architecture on the middle ages especially of Italy' und 1842 verfaßte er die Schrift: ‚Essay on Gothic vaulting' und bald darauf eine zweite Arbeit: ‚On the architectural nomenclature of the middle ages'. Im Jahre 1845 veröffentlichte er das Elaborat ‚Architectural history of Canterbury cathedral'. Letzterer Arbeit folgte 1849 ‚The architectural history of the holy sepulchre of Jerusalem'.

Bereits 1838 wurde Willis zum Honorary Member of the Institution of Civil Engineers erwählt, sowie er auch durch Verleihung der goldenen Medaille des englischen Institutes of architects geehrt wurde. Sein Tod erfolgte 1875 nach einer Krankheit von nur wenigen Tagen.

Eine ausführlichere Biographie enthalten die ‚Minutes of proceedings of the Inst. of Civil Engineers', Vol. XLI (1875), p. 206—210.

1) Wir notiren hier noch:

Willis, ‚Essay on the effects produced by causing weights to travel over elastic beams' in Barlow's (S. 319 erwähnten Werke: ‚Treatise on the strength of materials' (Ausgabe von 1867) unter der Ueberschrift: ‚Report of the Commissioners appointed to inquire into the application of iron to rail-way structures'. Datirt vom 26. Juli 1849. Ferner

Willis, ‚A system of apparatus for the use of lectures and experimentes in mechanical philosophy'. With three plates. London 1851.

2) Henry Mosely wurde 1802, wahrscheinlich zu Newcastle-under-Lyme in Staffordshire, geboren und starb am 20. Januar 1872 zu Olveston unweit Bristol. Den ersten Unterricht erhielt Moseley in der Grammar School zu

und Poncelet's im Gebiete der technischen Mathematik den Engländern vorgeführt und von denselben in eigenthümlicher (meist origineller) Weise Gebrauch gemacht zu haben. Nächstdem sind noch andere, gleichfalls beachtenswerthe originelle schriftstellerische Arbeiten Moseley's zu nennen, weshalb wir hier ein desfallsiges Verzeichniß und zwar in chronologischer Ordnung folgen lassen:

1. „On the theorie of the arch[1]). (Aus den ‚Transactions of the Cambridge Society‘, vol. 5). Cambridge 1835.

2. ‚Illustrations of Mechanics‘. Dies Buch bildet den ersten Band einer ganzen Serie unter dem Titel ‚Illustrations of Science‘, by Professors of King's College. London. Die zweite Auflage datirt vom Jahre 1841. Eine vierte Auflage erschien 1848.

3. ‚The mechanical principles of engineering and architecture. London 1843[2]).

4. „Rolling of ships“, Veröffentlicht in den ‚Philosophical Transactions of the Royal Society of London for 1850.

Aus letzterer Quelle entlehnt und unter dem Titel veröffentlicht: ‚On the dynamical stability and on the oscillations of floating bodies‘.

---

Newcastle und besuchte dann die Schule zu Abbeville, woselbst er auch seine erste Bekanntschaft mit den Schriften der obengenannten französischen Mathematiker machte. Hiernach wurde er in St. John's College zu Cambridge aufgenommen, wo er wieder mit Erfolg studirte und 1826 (also 24 Jahre alt) als 6. Wrangler (einer der 12 besten Studenten) graduirt wurde. 1836 wurde Moseley als Professor der Astronomie und der mechanischen Wissenschaften an das King's College in London berufen, wo er mit großem Erfolge als Lehrer und mathematischer Schriftsteller wirkte.

Moseley's Leistungen wurden überdies noch dadurch anerkannt, daß man ihn zum Inspector of Schools ernannte, so wie er auch actives Mitglied des Council of Military Education wurde. Im Jahre 1853 erhielt Moseley die Stelle eines Domherrn (Canon's) zu Bristol, womit der Aufenthalt in Olveston verbunden war, in welchem letzteren Orte er auch sein Leben (70 Jahre alt) beschloß. Moseley war M. A. (Magister Artium), D. C. L. (Doctor der Rechte), F. R. S. (Fellow-Royal-Society) und langjähriger Vicepräsident der Institution of Naval Architects. In den ‚Transactions‘, Bd. XIII dieser letzteren Gesellschaft findet sich p. 328 ein ausführlicher Nekrolog.

1) Auch abgedruckt in der vom Londoner Buchhändler John Weale (59 High Holborn) herausgegebenen Sammlung ‚The Theorie, Practice and Architecture of Bridges etc.‘. London 1843, woselbst in Vol. I Professor Moseley's Arbeit unter der Ueberschrift abgedruckt ist: „Theoretical and Practical papers on bridges“. Moseley selbst datirt diese Schrift London „King's College“, November. 5. 1839.

2) In die deutsche Sprache übersetzt und mit Erläuterungen versehen vom Oberbaurath Scheffler in Braunschweig, woselbst es 1845 unter dem Titel erschien: ‚Die mechanischen Principien der Ingenieurkunst und Architectur‘.

Moseley's Arbeiten über wissenschaftliche Theile der ,Naval Architecture' gedenkt besonders der berühmte englische Schiffsbauer E. F. Reed in einem „Memoire of the Late Canon Moseley", pag. 329, welches sich, wie bereits am Ende der Biographie Moseley's erwähnt, in den ,Transactions of the Institution of Naval Architects', Bd. XIII abgedruckt vorfindet. Der Biograph selbst bemerkt über die Abhandlung „Rolling of ships" Folgendes:

„It contains the most complete investigation of the oscillatory motion of floating body that had at that time appeared. It is in this Paper that the idea of the dynamical stability of a ship was first given".

Im Gebiete der „Baumechanik" erregte Moseley seiner Zeit insofern besonderes Aufsehen, als er der Erste war, welcher in der Gewölbetheorie die „Mittellinie des Druckes" zur Grundlage machte und der ebenfalls der Erste war, welcher sich bemühte, die Unbestimmtheiten über „die wahre Drucklinie", unter der unendlichen Zahl von möglichen derartigen Curven in einem stabilen Gewölbe mit Hülfe eines neuen (?) Principes, nämlich des „vom kleinsten Widerstande" zu heben, indem er daraus die Forderung ableitete, daß der horizontale Gewölbe-Schub so klein sei, als nur irgend möglich, die wahre Drucklinie also dem möglichst kleinsten horizontalen Schube entspreche [1]).

1) Zum ersten Male hat Moseley sein „Principle of least Pressure" öffentlich im ,Londoner philosophical Magazine' vom Jahre 1833 (Vol. III, July-December, pag. 285) bekannt gemacht und dabei auch einen mathematischen Beweis geliefert. Daselbst lautet es (als a new principle in statics) Folgendermaßen:

„If there be any number of forces in equilibrium among which there enters a system of resistance, then are these resistances such, that their sum is a minimum; each being considered a function of the coordinates of its point of application, taken with a positive sign, and subjected to the conditions imposed by the equilibrium of the whole".

In Moseley's ,Mechanical principles of engineering' bildet dies Princip den §. 334 und wurde dasselbe auch unverändert in Scheffler's (bereits erwähnter) Uebersetzung wiedergegeben. In seinem eigenen Buche ,Theorie der Gewölbe und Futtermauern' (Braunschweig 1857) erklärt Scheffler (S. 1 fl.) den Moseley'schen Beweis dieses Gesetzes für mangelhaft, nicht streng genug und liefert einen anderen Beweis. Letzterer wurde jedoch ebenfalls für unzureichend erklärt, und worüber namentlich im ,Zeuner'schen Civil-Ingenieur', Bd. VII, S. 494 und Bd. VIII, S. 223 ein unerquicklicher, nutzloser Streit entstand.

Das neueste über Moseley's Princip des kleinsten Widerstandes lieferte Professor Herrmann in Weisbach's ,Ingenieur- und Maschinen-Mechanik', Th. II, 5. Aufl. Erste Abthl. „Statik der Bauwerke" S. 120. Für praktische

Anmerkung. Die Wichtigkeit der Drucklinienfrage (Widerstandslinie, Mittellinie des Druckes, auch Stützlinie genannt) für die Baumechanik, dürfte erfordern, dem Vorstehenden hier noch folgendes beizufügen.

In der vorher (S. 441, Note 1) erwähnten Arbeit Moseley's in der von John Weale veranstalteten Ausgabe des Werkes ‚The theorie and practice of bridges', eine Arbeit, welche Moseley vom November 1839 datirt, wird (der Hauptsache nach, über den fraglichen Gegenstand), mit Hinweis auf Figur 62 Folgendes gesagt:

Die ganze Frage über die Stabilität der Constructionen erstreckt sich auf die Untersuchung der beiden (bereits von Coulomb S. 240 erörterten) Bedingungen, daß ein aus geeigneten Steinen (Figur 62) gebildeter Bau $MKLN$ entweder dadurch aus dem statischen Gleichgewichte kommt, daß gewisse Berührungsflächen (Fugen) auf einander gleiten, oder daß sich die betreffenden Steine um ihre Kanten drehen. Nehmen wir nun hiernach an, daß der ganze Bau (Figur 62) aus einer einzigen Reihe ohne Mörtel in den Fugen verbundener Steine von beliebiger Gestalt besteht, auf welche irgend welche Druckkräfte wirken und wovon 1, 2 eine beliebige Fuge ist. Weiter sei $aA$ die resultirende aller auf den Theil $MN$ 2, 1 der Construction wirkenden Kräfte und werde ferner angenommen, daß sich die Durchschnittsfläche 1, 2 nach Gestalt und Lage derartig ändere, daß sie nach und nach den in unserer Figur angegebenen Fugen 3 4, 5 6, 7 8, 9 10 etc. entspreche, so wird man, analog $aA$, als Resultante der verschiedenen auf einander folgenden Durchschnittsflächen $bB$, $cC$, $dD$, $eE$ annehmen können.

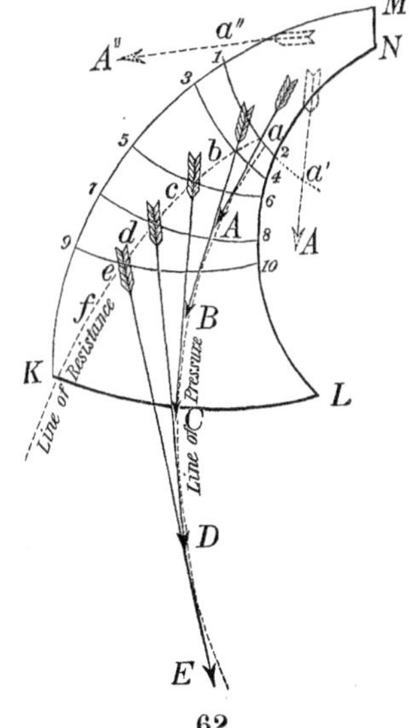

62.

In jeder dieser Lagen wird die betreffende Resultirende, entweder im Innern der Construction oder außerhalb derselben liegen. Liegt sie außerhalb, d. h. ist $a'A'$ die Resultirende und erfolgt der Durchschnitt in $a'$, in der nach innen verlängerten Fuge 1, 2, so wird der in der Richtung $a'A'$ wirkende Druck den Theil $NM$ 1, 2 offenbar um die Kante 2 der Fuge 1, 2 zu drehen streben. Selbstverständlich wird die Drehung um die äußere Kante 1 erfolgen, wenn $a''A''$ die Richtung der Resultirenden ist, sowie ebenfalls zweifellos keine Drehung weder um die Kante 1, noch um die 2 erfolgen wird, wenn $aA$ die Richtung der Resultirenden ist.

Stellt man sich nun vor, daß die Berührungsflächen (Fugen) der einzelnen Steine einander unendlich nahe liegen, so werden die Durchschnittspunkte $a$,

Zwecke scheint, außer Oberbaurath Scheffler, kein deutscher Ingenieur von Moseley's Principe Gebrauch gemacht zu haben.

*b*, *c*, *d* etc. dieser Flächen eine Curve *abcdef* bilden, die ich „Line of Resistance" nenne[1]).

Daß man durch Auffindung dieser Linie in einer bestimmten Construction die erste der vorbezeichneten Gleichgewichtsbedingungen ermitteln kann, bedarf keiner besonderen Erörterung.

Anlangend die zweite Bedingung, die Beurtheilung der Stabilität in Bezug auf mögliches Gleiten der Bausteine auf einander, so wird das betreffende Gleichgewicht jedenfalls eintreten, sobald die Richtung der Resultante überall innerhalb des sogenannten Reibungskegels zu liegen kommt.

Zur näheren Erörterung dieser zweiten Bedingung denken wir uns die Linie *ABCDE* als den geometrischen Ort aller aufeinanderfolgenden Durchschnittspunkte der Resultanten *aA*, *bB*, *cC*, *dD* etc. Diese Linie nenne ich „Line of Pressure"[2]) und ihre geometrische Gestalt läßt sich unter denselben Umständen bestimmen, wie die Line of Resistance. Eine gerade Linie *cC* vom Punkte *c* aus, wo die Line of Resistance *abcd* die Fuge 5, 6 der Construction schneidet, als Tangente an die Line of Pressure *ABCD* gezogen, bestimmt sonach die Richtung des resultirenden Druckes in der Fuge 5, 6. Liegt diese Linie innerhalb des genannten Reibungskegels, so wird kein Gleiten des Baues in dieser Fuge eintreten: liegt sie jedoch außerhalb, so wird das Gleiten erfolgen.

Wie bereits (kurz) oben S. 442, Note 1 erwähnt wurde, hat Moseley die Bestimmung der beiden Linien (Mittellinie und Richtungslinie des Druckes) auch auf analytischem Wege versucht und diese ausführliche Arbeit in den ‚Cambridge philosophical transactions', Bd. VI niedergelegt.

Der sechste (und letzte) der vorbenannten, in unserer Geschichte besonders zu beachtende Engländer ist der Civilingenieur und Professor Macquorn Rankine[3]), zugleich der talent-

---

1) Später folgende Schriftsteller, wie Schubert, Mery, Hagen, Scheffler u. A. nannten diese Linie Stützlinie, Mittellinie des Druckes etc.

2) Scheffler und andere Ingenieure pflegen diese Linie „die Richtungslinie des Drucks" zu nennen.

3) William John Macquorn Rankine wurde am 5. Juli 1820 zu Edinburg geboren und starb am 24. December 1872 zu Glasgow. Er erhielt seine Erziehung theilweis in der Academy zu Ayr (in Schottland), theilweis an der Hochschule zu Glasgow, von welcher letzteren Stelle aus er die Universität Edinburg bezog. Vor seinen Mitstudirenden zeichnete er sich durch große Selbständigkeit in der Auffassung und Reproducirung der gehörten Vorträge, sowie Verwendung des Inhaltes der letzteren auf Gegenstände des praktischen Lebens aus, so kam es, daß ihm bereits 1836 (also im Alter von 16 Jahren) eine goldene Medaille für eine Abhandlung über die „Undulatory Theorie of light" ertheilt und 1838 ein Extra-Preis für ein „Essay on methods of physical investigation" zuerkannt wurde.

Große Lust zur Praxis der induktiven Wissenschaften veranlaßten unseren Rankine, sich dem Fache eines Civil Engineers zu widmen, weshalb er Zög-

vollste, geistreichste und fruchtbarste unter den Vorbenannten, im Gebiete der technisch-wissenschaftlichen Mathematik.

In weiteren Kreisen wurde Rankine besonders durch eine Abhandlung „Ueber die mechanische Theorie der Wärme" bekannt, welche er bereits im December 1849 der Königlichen Gesellschaft (Royal Society) zu Edinburg übergeben, ihr jedoch erst im Februar 1850 vorgelesen hatte und die nachher in den ‚Transactions' dieser Gesellschaft, Vol. XX, S. 147, abgedruckt wurde [1]).

Rankine stellte darin die Hypothese auf, daß die Wärme in einer wirbelnden Bewegung der Molecüle bestehe, und leitete daraus in sehr geschickter Weise eine Reihe werthvoller Sätze über das Verhalten der Wärme ab.

Unter den Ergebnissen dieser Abhandlung sind mehrere, die auch für die Maschinentheorie von besonderer Wichtigkeit sind.

Dahin gehört vor Allem sein Nachweis der Condensation gesättigten Wasserdampfes während der adiabatischen [2]) Ausdehnung desselben.

---

ling (pupil) des damals berühmten Civil-Ingenieurs Sir John Mc. Neill wurde und unter dessen Direction von 1839 bis 1841 bei Ausführungen von Wasserwerken, Hafenbauten etc. in Nord-Irland und dann beim Baue der Dublin-Drogheda-Eisenbahn betheiligt werden konnte. Von 1844 bis 1848 wurde er, unter Locke und Errington, beim Baue der Clydesdale-Junction- und der Caledonean-Eisenbahn beschäftigt, bis er 1845 bis 1846 Ingenieur des projectirten Edinburg-Leith-Wasserwerkes wurde. Im Jahre 1852 berief man Rankine (zugleich mit John Thompson) zum Ingenieur der Bauten, welche erforderlich wurden, um Glasgow mit reinem Wasser aus den Gebirgen Schottlands (Loch Katrine) zu versorgen. Im November wurde er Lewis Gordon's Nachfolger in der Professur für Civil Engineering und Mechanics bei der Universität Glasgow, welche Stelle er auch bis zu seinem Tode (1872) bekleidete und hier gleich ausgezeichnet als Lehrer und Schriftsteller wirkte.

Rankine war (seit 1849) Fellow of the Royal Society of Edinburgh, (seit 1853) Fellow of the Royal Society of London. Im Jahre 1856 erhielt er den Doctor-Grad beider Rechte (L. L. D.) des Trinity College in Dublin. Ferner war er auch Associate Member of Council of the Institution of Naval Architects in deren ‚Transactions', Vol. XIV (1873), auch seine (ausführlichere, hier benutzte) Biographie enthalten ist.

Bei der Londoner Industrie-Ausstellung von 1862 war Rankine mein College in der Jury, wo ich den Mann der Wissenschaft auch als den liebenswürdigsten Menschen kennen zu lernen vielfach Gelegenheit hatte.

1) Im Jahre 1854, mit einigen Abänderungen noch einmal veröffentlicht und zwar im ‚Phil. Magazine', Jan. 1854 (Vol. VII, Fourth Series), pag. 1, 111, 172 und 239.

2) Adiabatisch, von διαβαίνειν hindurchgehen.

Rankine drückt diese Eigenschaft [1]) in folgenden Worten aus:

„A portion of the vapour will be liquefied, in order to supply the heat necessary for the expansion of the rest“ [2]).

Ebenso ist der Versuch Rankine's von Wichtigkeit, die Laplace-Poisson'sche Formel (S. 306)

$$\frac{p_1}{p_2} = \left(\frac{v_2}{v_1}\right)^n$$

für reine gesättigte Wasserdämpfe (das Gesetz zwischen Pressung und Volumen) dadurch brauchbar zu machen, daß er den Exponenten $n$ (des rechten Theiles der Gleichung) aus Resultaten bekannter Versuche, auf Rechnungswege bestimmte und erhielt:

$$\frac{p_1}{p_2} = \left(\frac{v_2}{v_1}\right)^{\frac{12}{11}}.$$

In seinem später (1859) erschienenen Buche ‚A manual of the steam engine‘ setzte er dafür (p. 385):

$$\left(\frac{p}{p_1}\right) = \left(\frac{v_1}{v}\right)^{\frac{10}{9}}.$$

Auch gab Rankine das Mittel an die Hand, für jede Temperatur und zugehörigen Druck die specifische Dampfmenge zu berechnen, was bei Dampfmaschinen von Wichtigkeit ist und worauf wir im zweiten Theile unserer Geschichte zurückzukommen Gelegenheit finden werden [3]).

Noch andere besonders zu beachtende Erörterungen Rankine's sind folgende:

---

1) ‚Phil. Magazine‘ a. a. O., pag. 118.

2) Clausius hat die nothwendige Condensation bei der Expansion (Ausdehnung) des gesättigten Wasserdampfes ebenfalls im Jahre 1850, unabhängig von Rankine, theoretisch nachgewiesen. Man sehe deshalb Clausius ‚Abhandlungen‘, Bd. I, S. 47, sowie die erste Auflage seiner ‚Mechanischen Wärmetheorie‘, S. 40. In der zweiten Auflage des letztgenannten Werkes lautet (S. 138) dieser Satz wie folgt: „Sollte ursprünglich gesättigter Dampf sich in einer für Wärme undurchdringlichen Hülle befinden, so würde er bei der Zusammendrückung überhitzt werden, bei der Ausdehnung sich theilweis niederschlagen“.

Später (‚Phil. Magazine‘, vol. VII, 1854, p. 251) ergänzte Rankine diesen Satz noch dadurch, daß er voraussetzte, daß dem Körper, während der Ausdehnung, weder Wärme mitgetheilt noch entzogen wird.

3) Clausius, ‚Mechanische Wärmetheorie‘, 2. Auflage, S. 164, ferner Zeuner's ‚Grundzüge der mechanischen Wärmetheorie‘, 2. Auflage, S. 322, sowie auch des Verfassers ‚Hydromechanik‘, 2. Auflage, S. 159.

In dem vorher erwähnten Buche ,Manual of the steam engine' hebt er §. 236 und §. 243 (und zwar wohl zum ersten Male in einem Lehrbuche) die sogenannten beiden Hauptsätze der mechanischen Wärmetheorie (von ihm first and second law of Thermodynamics genannt) in folgenden Worten hervor:

First law: „Heat and mechanical energy[1]) are mutually convertible; and heat requires for its production, and produces by its disappearance, mechanical energy in the proportion of 772[2]) foot-pounds for each British unit of heat"[3]).

Second law: „If the absolute temperature of any uniformly hot substance be divided into any number of equal parts, the effects of those parts in causing work to be performed are equal"[4]).

In der Abhandlung von 1850 hat übrigens Rankine den

---

1) Nach dem Vorgange des Thomas Young (S. 315. In dessen ,Nat. Phil. Lecture', VIII) wählte Rankine die Benennung „Energie" (von ενεργεία, Wirksamkeit oder Arbeitsfähigkeit) und betrachtete diese (die „Total-Energie") als die Summe zweier Größen, wovon er die eine potentielle Energie (Spannkraft, Energie der Lage), die andere actuelle Energie (lebendige Kraft, kinetische Energie) oder Energie der Bewegung nannte. Man sehe hierüber auch den Bericht von Helmholtz in den ,Fortschritten der Physik', Jahrgang 1853 (IX), S. 406.

2) Rankine setzt hier außer englischen Fußen und Pfunden auch Fahrenheit'sche Temperaturgrade voraus. Für Centigrade erhält man daher statt obiges Werthes 1389,6 Fußpfund $(= E = \frac{1}{A})$ nach der Bezeichnung in der Hydromechanik des Verfassers „der Arbeitswerth der Wärmeeinheit" oder das „mechanische Wärmeäquivalent". Für Centigrade, Meter und Kilogramme ergiebt sich $E = 423{,}55$ Meter-Kilogramm. Den Werth $A = \frac{1}{E} = \frac{1}{423{,}55}$ pflegt man den „Wärmewerth der Arbeitseinheit" zu nennen.

3) Clausius, der erste zu beachtende Concurrent Rankine's (im betreffenden Gebiete) (Clausius ,Mechanische Wärmetheorie', 2. Aufl., S. 24) nennt den ersten Hauptsatz „den Satz der Aequivalenz von Wärme und Arbeit" und drückt ihn folgendermaßen in Worten aus:

„In allen Fällen, wo durch Wärme Arbeit entsteht, wird eine der erzeugten Arbeit proportionale Wärmemenge verbraucht, und umgekehrt kann durch Verbrauch einer eben so großen Arbeit dieselbe Wärmemenge erzeugt werden".

4) Clausius nennt diesen zweiten Hauptsatz der mechanischen Wärmetheorie „den Satz von der Aequivalenz der Verwandlungen".

zweiten Hauptsatz der mechanischen Wärmetheorie noch nicht behandelt, sondern erst später (am 21. April 1851) in der Royal Society of Edinburgh vorgetragen. In größeren Kreisen bekannt wurde diese Arbeit durch das ‚Philosophical magazine', vol. VII (Fourth Series), January-June 1854, wo der betreffende Gegenstand, der wieder abgedruckten Abhandlung von 1850 als 5. Section (von pag. 249 an) unter der Ueberschrift beigefügt ist „On the oeconomy of heat in expansive machines".

Hieraus ist (hin und wieder) der Irrthum entstanden, als hätte Rankine gleichzeitig mit Clausius einen Beweis des zweiten Hauptsatzes geliefert, was nicht der Fall ist, vielmehr gebührt Clausius allein das Verdienst der Priorität [1]).

Ein zweiter, vor Allem technisch wichtiger Gegenstand, worin sich Rankine erfinderisch und originell zeigte, war eine neue,

---

1) Man sehe hierzu Clausius ‚Mechanische Wärmetheorie', Bd. I, S. 308, 315. Erste Auflage, sowie S. 357 und 369. Zweite Auflage.

Clausius basirte übrigens seinen Beweis des zweiten Hauptsatzes der mechanischen Wärmetheorie auf folgenden Grundsatz (a. a. O., S. 82. Zweite Auflage):

„Ein Wärmeübergang aus einem kälteren in einen wärmeren Körper kann nicht von selbst, d. h. nicht ohne Compensation stattfinden".

Statt der Rankine'schen Formeln (nach dem Urtheile neuerer Arbeiter im wissenschaftlichen Gebiete der mechanischen Wärmetheorie, mit verzwickter Terminologie und Symbolik ausgestattet) notirt der Verfasser hier diejenigen Formeln, welche zur Zeit in Deutschland üblich sind, und die sich auch theilweis in der zweiten Auflage seiner ‚Hydromechanik' vorfinden.

Der Satz von der Aequivalenz von Wärme und Arbeit. Für den ersten Hauptsatz $dQ = \frac{dU + dW}{E} = A(dU + dW)$,

oder $EQ = U_2 - U_1 + \int p\,dv$.

Der Satz von der Aequivalenz der Verwandlungen Für den zweiten Hauptsatz: $dQ = T.dS$,

oder $S = \int \frac{dQ}{T}$.

Hierin bezeichnet $dQ$ das Element des Wärmeaufwandes, $dU$ die Aenderung des inneren Arbeitsvermögens, $dW$ die Deformationsarbeit, $p$ Pressung oder Druck pr. Flächeneinheit, $v$ das specifische Volumen (Cubikmeter pr. 1 Kilogramm), $T$ die absolute Temperatur. Endlich ist $S$ eine Function, welche das wahre Temperaturmaaß darstellt, oder der Verwandlungswerth der einem Körper mitgetheilten Wärme.

Weiter unten, wenn der Verdienste der Franzosen Sadi Carnot und Clapeyron um die mechanische Wärmetheorie gedacht wird, kommen wir auf den zweiten Hauptsatz und auf letztere Gleichungen zurück.

eigenthümliche Auffassung der Theorie des Erddruckes. Die betreffende Abhandlung findet sich zuerst abgedruckt in den ‚Phil. Transactions', vol. 147 (1857), part I, pag. 9 bis 28 und zwar unter der Ueberschrift „On the stability of loose earth" [1]).

Bei der Aufstellung dieser Theorie ging Rankine von den allgemeinen Gesetzen der inneren Spannungen (internal stress) der Körper aus, nahm eine cohäsionslose Erdmasse, d. h. ein Aggregat von Molekülen an, die sich einander pressen, in ihren respectiven Positionen aber nur durch die gegenseitigen Reibungen erhalten.

Als allgemeines Grundgesetz stellte er zuerst (als Theorem I) Folgendes auf:

„It is necessary to the stability of granular mass, that the direction of the pressure between the portion into which it is divided by any plane should not any point make with the normal to that plane an angle exceeding the angle of repose".

Sind dann $p_1$ und $p_2$ beziehungsweise die größten und kleinsten Pressungen in einem beliebigen Punkte der Erdmasse, bezeichnet ferner $\delta$ den Winkel, welchen die Erddruckrichtung mit der Normale an demselben Punkte der betreffenden Trennungsebene einschließt und ist $\varphi$ der zugehörige Reibungs- oder Ruhewinkel (Winkel der natürlichen Böschung), so gelangt Rankine zu der Formel:

$$\text{(I)} \quad \frac{p_1 - p_2}{p_1 + p_2} = \sin\delta \leqq \sin\varphi, \text{ oder auch}$$

$$\frac{p_1}{p_2} \leqq \frac{1 + \sin\varphi}{1 - \sin\varphi}$$

Die Formel (I) drückt Rankine (als Theorem II) in Worten folgendermaßen aus:

„At each point in a mass of earth, the ratio of the difference of the greatest and least pressures to their sum cannot exceed the sine of the angle of repose".

Welchen praktischen Werth übrigens Rankine seiner Erddrucktheorie beilegt, dürfte aus folgendem von ihm selbst niedergeschriebenen Satze erhellen:

„There is a mathematical theory of the combined action of

---

1) In größeren Kreisen bekannt wurde diese Theorie des Erddruckes erst durch Rankine's Buch: ‚A Manual of applied mechanics', erste Auflage, 1858, woselbst es sich §. 194 unter der Ueberschrift findet: „Frictional Stability of Earth".

friction and adhesion in earth; but for want of precise experimental data its practical utility is doubtful"[1]).

## §. 38.

### Sadi Carnot — Clapeyron — Combes — Morin und Andere.

Entsprechend der auch im vorigen Paragraphen gefolgten Ordnung, der besonderen Verdienste ausgezeichneter Männer im Gebiete der mechanisch-technischen Wissenschaften nach Nationalität und Zeit zu gedenken, erörtern wir jetzt die betreffenden Leistungen der vorverzeichneten Franzosen, deren Geburtsjahre noch in das letzte Drittel (Ende) des 18. Jahrhunderts fallen.

Um zugleich in einem gewissen Zusammenhange mit den wichtigsten im vorigen Paragraphen geschichtlich notirten Gegenständen Rankine's, die mechanische Wärmetheorie betreffend, zu bleiben, beginnen wir mit Sadi Carnot[2]) und Clapeyron.

---

1) Diesem Ausspruche Rankine's stimmt auch der englische Ingenieur Baker in einer Abhandlung bei, welche sich abgedruckt findet in den ‚Minutes of Proceedings of the Institution of Civil Engineers'. Vol. LXV (1881) p. 140 und zwar unter der Ueberschrift: „The actual lateral pressure of earth work".

In derselben Quelle (p. 368) wird auch über Versuche eines Ingenieurs Darwin berichtet, welche derselbe zum Vergleiche der Rankine'schen Formeln mit andern von Baker aufgestellten ausführte und die leider den obigen Ausspruch Rankine's mehr oder weniger bestätigen.

Im Allgemeinen stimmen alle diese Urtheile mit jenen überein, welche bereits S. 404 unseres Buches (Note 1 und 2) gefällt wurden!

2) Nicolas-Léonhard-Sadi Carnot, Sohn des berühmten Mechanikers, Republikaners, Feldherrn etc. (dessen wir S. 261 etc. unserer Geschichte ausführlich gedachten) wurde am 1. Juni 1796 in Paris geboren, und erhielt frühzeitig von seinem Vater eine derartig sorgfältige Erziehung, dass er bereits 1811 in die Pariser Polytechnische Schule aufgenommen werden konnte. Ende März 1814 finden wir den jungen Mann bei der Vertheidigung von Paris gegen die Alliirten, in den Reihen der vergeblich kämpfenden Franzosen. Nach der Rückkehr Ludwig's XVIII, im Jahre 1818 war Sadi als Ingenieur-Unterlieutenant in verschiedenen französischen Festungen beschäftigt. Nach glücklich bestandenem Generalstabs-Examen wurde er 1819 zum Lieutenant d'etat-major ernannt. Als Sohn des einzigen der Minister Napoleon's I, welchen man auf die Proscriptionsliste gesetzt hatte, bereitete man der militairischen Laufbahn Sadi's mancherlei Hindernisse, sodaß er sich 1821 zur Disposition stellen ließ und Aufenthalt bei seinem

Sadi Carnot hat das Verdienst, einen großen Theil der wichtigsten Elemente geliefert zu haben, welche der heutigen mechanischen Wärmetheorie zur Grundlage dienen. Er würde als der eigentliche Begründer dieser auch für die technische Mechanik hochbedeutenden Wissenschaft anzusehen sein, wäre er nicht der damals (1824) allgemein verbreiteten Ansicht gefolgt, daß die Wärme ein besonderer (unwägbarer) Stoff sei und daß bei der Uebertragung derselben von einem Körper auf den andern, keine Wärme verloren gehe, sondern deren Quantität unveränderlich bleibe. Er machte zuerst darauf aufmerksam, daß bei Hervorbringung von mechanischer Wirkung (puissance motrice)[1]) Wärme aus einem wärmeren Körper in einen kälteren übergeht und daß umgekehrt, durch Verbrauch von mechanischer Wirkung, Wärme aus einem kälteren in einen wärmeren geschafft werden kann. Die Differenz der Temperaturen war ihm hierbei das Wesentliche und er verglich sogar die Wirkung des Wärmestoffes mit derjenigen des fallenden Wassers (spricht von einer chute du calorique und vergleicht dieselbe mit einer chute d'eau)[2]) dergestalt, dass bei diesem Vergleiche

---

in Magdeburg im Exil (S. 262) lebenden Vater nahm, um sich mathematisch-physikalischen Studien widmen zu können. In dieser Zeit verfaßte er sein 1824 (bei Bachelier in Paris) erschienenes Werk ‚Reflexions sur la puissance motrice du feu', wodurch er sich für alle Zeiten ein geschichtliches Denkmal setzte. Gegen Ende des Jahres 1826 wurde Sadi durch eine königliche Ordonnanz nach Paris zurückberufen und schon im folgenden Jahre (1827) zum Kapitän im französischen Generalstabe befördert. Mancherlei Umstände veranlaßten ihn jedoch bereits 1828 die militairische Carriere ganz aufzugeben und in das Privatleben zurückzukehren. Die Pariser Revolution, im Jahre 1830, schien unseren Sadi zuerst aus seinem beschaulichen Leben werfen zu wollen, als er sich jedoch früh genug gestehen mußte, daß er auch zu den Regierungsformen des neuen Königs Louis Philipp (des Sohnes von Philippe-Égalité) nicht paßte, kehrte er in die bescheidenen Kreise seines wissenschaftlichen Lebens zurück, wo bereits am 24. August 1832 ein Choleraanfall sein irdisches Leben endete.

Der zweiten 1878 mit allerlei Zusätzen versehenen, von seinem Bruder, dem Senator H. Carnot besorgten Ausgabe ‚der Reflexions etc.', ist auch eine ausführliche Biographie Sadi's beigefügt und diese mit einem Brustbilde begleitet, welches den 17 Jahr alten jungen Mann in der Uniform der Zöglinge der Pariser polytechnischen Schule darstellt.

1) Hier hätte überall mechanische Arbeit statt mechanische Wirkung gesetzt werden müssen. Allein der Begriff Arbeit wurde bekanntlich (S. 401) erst von Poncelet in die technische Mechanik eingeführt.

2) ‚Reflexions sur la puissance motrice du feu'. 2. Aufl. 1878. pag. 15.

der Uebergang der Wärme vom wärmeren zum kälteren Körper, je nach der Temperaturdifferenz dem Sinken des Wassergewichtes von einer größeren oder geringeren Höhe analog sein sollte [1]).

Von einem richtigen Gefühle geleitet, daß bei derartigen Zustandsänderungen der Körper sowohl innere als äußere Kräfte auftreten, die ersteren aber sich beim damaligen und noch jetzigen Stande der Wissenschaft jeder Bestimmung entziehen, kam Carnot auf die Idee, solche Beziehungen zwischen den mechanischen und theoretischen Eigenschaften der Körper aufzustellen, daß, wenn man derartige nach einander folgende Veränderungen betrachtet, der Anfangs- und Endzustand einander ganz gleich werden.

Einen Proceß letzterer Art nannte man später [2]) einen vollständigen Kreisproceß (cycle fermé).

Carnot gelangt hiernach überhaupt zu folgendem Schlusse, den man gewöhnlich den Carnot'schen Satz zu nennen pflegt.

„Die bewegende Kraft der Wärme ist unabhängig von den Wirkungsmitteln (agents mis en oeuvre), welche dazu dienen, dieselben hervorzubringen; ihre Menge ist lediglich durch die Temperatur der Körper

---

1) Von Clausius, W. Thomson und Rankine wurde später die Verbindung mit dem Satze von der Aequivalenz der Arbeit, durch die Gleichung aufgestellt: $\mathfrak{A} = \frac{Q}{A\,T_1}\,(T_1 - T_2)$ wo $T_1$ und $T_2$ beziehungsweise die absolute Maximal- und Minimaltemperatur bezeichnen, die übrigen Größen aber die bereits S. 448, Note 1 erörterte Bedeutung haben.

Der Werth $\mathfrak{A}$ kann also aufgefaßt werden als die mech. Arbeit, welche dem Niedersinken des Wärmegewichts $\frac{Q}{A\,T_1}$ (Zeuner ‚mech. Wärmetheorie', 2. Aufl., S. 68) von dem Wärmegefälle $T_1 - T_2$ entspricht, analog der natürlich vorhandenen Arbeit eines bestimmten Gewichtes Aufschlagwasser beim Niedersinken von einer Höhe gleich dem disponiblen Gefälle.

2) Nach Wissen des Verfassers hat einer derartigen Reihe von Veränderungen, bei welcher ein Körper schließlich wieder in seinen Anfangszustand zurückkehrt, zuerst in bestimmter Weise Clausius die Benennung ‚Kreisproceß' gegeben. Man sehe deshalb Clausius Abhandlung ‚Ueber eine unveränderte Form des zweiten Hauptsatzes der mechanischen Wärmetheorie' in Poggendorffs Annalen der Physik. Bd. 93. 1884. S. 485. Allerdings spricht auch schon Carnot an einer Stelle seiner Abhandlung (pag. 19) von einem „cercle d'opérations". Clausius unterschied (später) noch zwischen umkehrbaren und nicht umkehrbaren Kreisprocessen.

bestimmt, zwischen denen sich als letztes Ergebniß die Uebertragung der Wärme vollzieht" [1]).

Sämmtliche von Carnot aufgestellten Sätze [2]) und deren Beweise brachte zuerst der französische Bergwerk-Ingenieur Clapeyron [3]) im analytischen Gewande durch eine für alle Zeiten

---

1) ‚Reflexions etc.' (2. Ausgb. pag. 20) Carnot's Beweis des obigen Satzes gründet sich übrigens auch auf die Ungereimtheit, die es haben würde, anzunehmen, daß es möglich sei, aus Nichts bewegende Kraft oder Wärme (oder ein s. g. Perpetuum mobile) zu schaffen. ‚Reflexions etc.' pag. 12.

2) Clapeyron sagt ausdrücklich am Ende von §. 1 seiner Abhandlung: „Carnot évitant l'emploi de l'analyse mathématique, arrive par une série de raisonnements délicats et difficiles à saisir, à des resultats qui se déduisent sans peine d'une loi plus générale, que je vais chercher à etablir".

3) Benoit Pierre Emil Clapeyron wurde am 21. Febr. 1779 in Paris geboren und starb daselbst am 28. Januar 1864.

Nach Absolvirung seiner Studien in der Pariser école polytechnique und an der école des mines wurde er (wahrscheinlich 1819) Ingenieur-Eleve u. Aspirant im corps royal des mines. Bereits 1820 folgte er zugleich mit Lamé, dem ehrenvollen Rufe der russischen Regierung nach St Petersburg, um praktische Ingenieurarbeiten zu leiten und zugleich als Professor der reinen und angewandten Mathematik (an der Petersburger Schule für öffentliche Arbeiten) zu lehren. In ersterer Stellung wurde ihm der Umbau der St. Isaac-Kirche in Petersburg übertragen, was ihn zugleich veranlaßte, eine Theorie der Gewölbe zu schreiben welche 1823 in den ‚Annales des mines' (Tome VIII) veröffentlicht wurde.

Im Jahre 1830 kehrte Clapeyron nach Frankreich zurück, wo er namentlich den Bau der Eisenbahn von Paris nach St. Germain förderte und bald darauf Ingenieur der Versailler Eisenbahn (rechtes Ufer) wurde. In letzterer Eigenschaft betraute man ihn insbesondere mit der Beschaffung der Locomotiven, wobei er unter Anderen mit Robert Stephenson in Widerspruch gerieth, der keine Locomotiven für Bahnsteigungen von steiler als $^1/_{200}$ liefern wollte, sodaß schließlich diese Maschinen, nach Clapeyron's Construktion und Zeichnung, von der Firma Scharp und Roberts in Manchester ausgeführt wurden.

Von 1837—1845 wurde Clapeyron mit Studien und Projekten der Nordeisenbahn beschäftigt, deren Ausführungen er auch mit leitete und bei der er bis zu seinem Tode als Ingénieur-Conseil blieb. Später von 1852 an wurde er bei dem Baue der Chemins de Fer du midi, de Bordeaux à Cette et de Bordeaux à Bayonne betheiligt, sowie er auch eine wesentliche Rolle beim Projekte der athmosphärischen Eisenbahn von Paris nach St. Germain spielte. Fernere Projekte und Ausführungen Clapeyron's waren die großen Eisenbrücken über die Seine bei Asnières, über die Garonne, den Lot und den Tarn, bei welcher Gelegenheit er die oben genannte werthvolle Arbeit der Berechnungsmethode für continuirliche Träger lieferte. Schließlich hatten seine mathematischen Arbeiten in den wichtigen Gebieten der Ingenieurmechanik eine solche Bedeutung erlangt, daß er im Jahre 1858 zum Mitgliede der Akademie der Wissenschaften und zwar an des berühmten Mechanikers Cauchy Stelle gewählt wurde.

wichtige Abhandlung zu Stande, welche 1834 in dem ‚Journal de l'école polytechnique' t. XIV, 23. cahier p. 153 unter der Ueberschrift erschien:

„Mémoire sur la puissance motrice de la chaleur" (Ins Deutsche übersetzt in Poggendorff's ‚Annalen der Physik', Bd. 59 (1843), S. 446 u. S. 556).

In diesem Memoire verstand es Clapeyron, zunächst den Carnot'schen einfachen Kreisproceß graphisch darzustellen (wozu er die Idee wahrscheinlich dem Watt'schen Indicator-Diagramme entlehnte). Der Verfasser giebt hier in freier Uebersetzung und abgekürzt die Clapeyron'sche graphische Darstellung des einfachen Kreisprocesses unten in Note [1]) wieder, hebt jedoch ganz

---

Clapeyron hinterließ bei Freunden und Kollegen die Erinnerung an seine Tugenden, seine liebenswürdigen Eigenschaften und an seine Talente, welche ihn in so hohem Grade auszeichneten. (Ausführliche Biographie findet sich in dem französischen Journale: ‚Les mondes' Revue des Sciences. Tome IV. 1864. p 12).

1) Nach erforderlichen, einleitenden Bemerkungen beginnt Clapeyron (p. 156 des Originales) mit folgenden Erörterungen:

Ein bestimmtes Gas von der Temperatur $T$ besitzt ein ursprüngliches

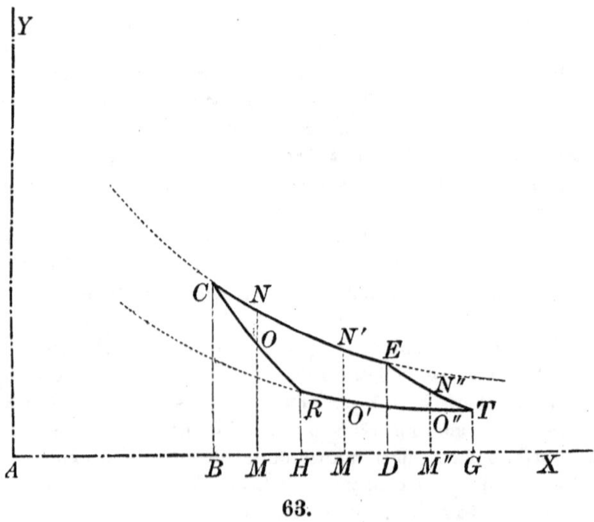


63.

Volumen $= v_0$, welches die Abszisse $AB$ in nebenstehender Figur 63 darstellt, während die zugehörige Pressung der Größe der Ordinate $CB = p_0$ entspricht.

besonders hervor, daß es Clapeyron auch verstand, dem Carnot'schen Gedanken ein analytisches Gewand zu geben und damit das gesammte mathematische Fundament (soweit es den formellen Theil angeht) der heutigen mechanischen Wärmetheorie zu legen.

Um die leicht zu deutende graphische Darstellung von Fig. 63 (Note), Volumen $= v$ (Abszisse), Druck $= p$ (Ordinate und Arbeit $=$ Fläche $CEFK$) benutzen zu können, hat Clapeyron (zunächst) $v$ und $p$ als unabhängige Variabele gewählt, sodaß er für die

---

Dies Gas dehnt sich nach dem Mariotte'schen Gesetze (isotherm) aus, sodaß die hierdurch erzeugte Wirkungsgröße durch das Integral $\int p\,dv$, d. h. durch eine Fläche $BCED$ dargestellt wird, welche zwischen den beiden Ordinaten $CB$, $DE$ und dem Hyperbelaste $CE$ liegt. Vorausgesetzt, daß eine entsprechende Wärmequelle so viel Wärme liefert, daß die Temperatur constant bleibt.

Von letzterem Zustande aus setze ich die Ausdehnung des Gases fort, wozu dasselbe in einer für die Wärme undurchdringlichen Hülle eingeschlossen gedacht werden mag. Ein Theil seiner fühlbaren Wärme werde latent, seine Temperatur vermindere sich und seine Pressung nehme in sehr schneller Weise nach einem unbekannten Gesetze (adiabatisch) ab, welches durch die Curve $EF$ ausgedrückt wird, deren Abszissen die Volumina des Gases und deren Ordinaten die correspondirenden Pressungen sind. Schließlich sei das Volumen wieder $AG$ und die zugehörig Pressung $FH$ geworden. Die Wirkungsgröße des Gases, während dieses zweiten Theiles seiner Ausdehnung, wird demnach durch das gemischtlinige Trapez $DEFG$ dargestellt werden.

Von hier ab wachse die Pressung wieder, während die Temperatur constant bleibt, d. h. die Pressung ändere sich abermals nach dem Mariotte'schen Gesetze, bis schließlich das Volumen zu $AH$ und die correspondirende Pressung zu $HK$ geworden ist. Die dieser Zustandsänderung correspondirende Wirkung wird dann, analog dem Vorhergehenden, durch die Fläche $HKFG$ ausgedrückt werden.

Die Pressung fahre fort zu wachsen, indem das wieder in undurchdringlicher Hülle eingeschlossene Gas comprimirt wird, sodaß sich das Volumen auf $AB$ reducirt, die Temperatur wieder $T$ geworden und die correspondirende Pressung zur ursprünglichen $BC$ zurückgekehrt ist.

Die Reduktion der Gasvolumina von $AG$ auf $AB$ wird aber sodann eine Wirkungsgröße verzehrt haben, welche durch die zwei gemischtlinigen Trapeze $FGHK$ und $KHBC$ ausgedrückt ist.

Wenn wir nun die beiden letzteren Trapeze von den beiden ersteren $CBDE$ und $EDFG$ abziehen, so wird die correspondirende Fläche, d. i. eine Art von krummlinigen Parallelogrammen $CEFK$ als Resultat des Kreisprocesses (cercle d'opération) verbleiben, nach welchem die Zustandsänderungen vor sich gingen und demzufolge das Gas schließlich wieder in seinen ursprünglichen Zustand zurückgekehrt ist.

Quantität (= $Q$) der von einem Gase absorbirten Wärme erhält (pag. 166 des Originals):

$$(\alpha) \quad dQ = \frac{dQ}{dv} dv + \frac{dQ}{dp} dp.$$

Für die **zweite** ebenfalls speciell für Gase gültigen Hauptgleichung (S. 448, Note) erhält **Carnot** (pag. 178) seines Mémoires:

$$\text{I)} \quad \frac{dQ}{dv} \cdot \frac{dT}{dp} - \frac{dQ}{dp} \cdot \frac{dT}{dv} = \text{C.},$$ [1]

---

1) **Clausius** giebt diese Gleichung in der ihm eigenthümlichen Weise, im Abschn. V, §. 5, unter Nr. 127, seiner mechanischen Wärmetheorie Bd. 1 S. 123 (zweite Aufl.).

**Zeuner** führt in seinem Buche ‚Grundzüge der mechanischen Wärmetheorie', ebenso wie **Clapeyron**, als unabhängige Variabeln das Volumen $v$ und den Druck $p$ ein und schreibt:

$$dQ = Xdp + Ydv.$$

Da der Ausdruck rechts ein unvollständiges Differential ist, so dividirt er denselben durch eine Funktion $S = f(p,v)$ und wählt dieselbe der Art, daß der Ausdruck integrabel wird.

Dies führt auf die Bezeichnung

$$S = Y\left(\frac{dS}{dp}\right) - X\left(\frac{dS}{dv}\right),$$

welche Gleichung **Zeuner** als die zweite Hauptgleichung der mechanischen Wärmetheorie bezeichnet.

Es wird nun die hohe Wahrscheinlichkeit nachgewiesen, daß $S$ auch als eine Funktion der Temperatur $t$ allein angesehen werden müsse und dann folgt aus vorstehender Gleichung:

$$\frac{S}{\left(\frac{ds}{dt}\right)} = Y\left(\frac{dt}{dp}\right) - X\left(\frac{dt}{dv}\right).$$

Der Ausdruck links ist wieder nur eine Funktion der Temperatur, bezeichnet man dieselbe mit $C$ (**Carnot**'sche Funktion), so ist

$$C = Y\left(\frac{dt}{dp}\right) - X\left(\frac{dt}{dv}\right),$$

identisch mit der **Clapeyron**'schen Gleichung I (oben im Texte).

Der Unterschied der Darstellung von **Zeuner** gegenüber der von **Clapeyron** besteht darin, daß **Clapeyron** setzt

$$X = \left(\frac{dQ}{dp}\right) \text{ und } Y = \left(\frac{dQ}{dv}\right)$$

und annimmt, die Gleichung $\alpha$ (oben im Texte) sei ein **vollständiges** Differential, könne also integrirt werden. Diese Annahme ist aber, wie **Clausius** zuerst nachgewiesen hat, unrichtig, vielmehr besteht nach **Zeuner**'s Schreibweise die Bezeichnung wobei $C$ eine Function der Temperatur $T$ und zwar für alle Körper gleich ist, die man auch später „die Carnot'sche Function" (Clausius mechanische Wärmethorie. Erster Band. Zweite Auflage, S. 127) genannt hat. Einzelne Zahlenwerthe für diese Function giebt schon Clapeyron[1]), während die Form derselben erst von Helmholtz[2]) erkannt, und nach Form und Werth von Clausius und experimentell von W. Thomson und Joule bestimmt wurde[3]). So groß auch das Verdienst Clapeyron's um die zweite Hauptgleichung der mechanischen Wärmetheorie[4])

---

$$1 = \left(\frac{dY}{dp}\right) - \left(\frac{dX}{dv}\right),$$

welche Gleichung Zeuner als die erste Hauptgleichung bezeichnet. Zufälliger Weise wird auch die falsche Annahme Clapeyron's dessen Gleichung, die vorhin als zweite Hauptgleichung bezeichnet wurde, nicht berührt, und daher findet sich schon bei Clapeyron das wichtigste und hervorragendste Resultat, auf welches die mechanische Wärmetheorie in ihrer Anwendung auf gesättigte Dämpfe geführt hat. Bezeichnet $k$ die latente Wärme der Dampfes, auf die Volumenreinheit bezogen, so findet Clapeyron (p. 173 des Originals oder Poggendorff's Annalen a. a. O. S. 567)

$$k = C\frac{dp}{dt}.$$

Ist $r$ die latente Wärme der Gewichtseinheit und $u = v - w$, wobei $v$ das specifische Volumen des Dampfes und $w$ das der Flüssigkeit ist und setzt man für $C$ den heute dafür bekannten Werth $A\,T$ ein, so schreibt sich vorstehende Gleichung in der Form

$$\frac{r}{u} = A\,T\frac{dp}{dt}$$

wie sie Clausius gegeben hat und wie sie jetzt allgemein geschrieben wird. Bei Zeuner finden sich die Werthe von $\frac{r}{u}$ für eine ganze Reihe von Dämpfen für verschidene Temperaturen tabellarisch zusammengestellt.

1) ‚Journal de l'école polytech'. T. XIV. (1834) und daraus in Poggendorff's Annalen Bd. 59 (1843) S. 576—582.

2) Helmholtz ‚Ueber die Erhaltung der Kraft'. Berlin 1847, S. 36.

3) Ausführlich berichtet hierüber Zeuner in der Note, S. 75 seiner mechanischen Wärmetheorie.

4) In Gestalt, wie S. 448 (Note) der zweite Hauptsatz der mechanischen Wärmetheorie durch die Gleichung $S = \int\frac{dQ}{T}$ gekleidet ist, wurde derselbe zuerst von Clausius und zwar unter Benutzung des Carnot-Clapeyron'schen Kreisprocesses gebracht. Die betreffende Arbeit befindet sich in Poggendorff's Annalen der Physik, Bd. 93 (1854) S. 481 pp. unter der Ueberschrift: „Ueber eine veränderte Form des zweiten Hauptsatzes der mechanischen Wärmetheorie".

genannt werden mag, für die Technik resultirte (damals) doch nicht der große Nutzen, welcher sich nach der Entdeckung des Satzes der Aequivalenz von Wärme und Arbeit und der Bestimmung des mechanischen Wärmeäquivalentes ($E = 425^{\text{mk.}}$) sofort herausstellte.

Dieser Mangel zeigte sich selbst auch noch in einem der Bibliothek der technischen Hochschule in Hannover gehörigen (lithographirten) Hefte Clapeyron's, welches die Grundzüge seiner Vorträge (im Jahre 1851) über die Dampfmaschine[1]) an der École des Ponts et Chausseés enthält und worin sich (leider) weit weniger vorfindet als in den bekannten Arbeiten Poncelet's aus den dreißiger Jahren. Von den vielen interessanten Sätzen, womit die Theorie der Dampfmaschine, der Ausfluß gesättigter Wasserdämpfe aus Gefäßmündungen etc., insbesondere durch Clausius und Zeuner, mit Hülfe der mechanischen Wärmetheorie, erweitert worden ist — findet sich daher bei Clapeyron keine Spur.

Eine zweite Arbeit, womit sich Clapeyron ein bleibendes Denkmal in der Geschichte der Ingenieur-Mechanik gesetzt hat, ist sein originelles, praktisches Verfahren, die Drücke eines continuirlichen Trägers auf seine Unterstützungspunkte analytisch zu entwickeln[2]).

Bekanntlich führte die ältere Methode dieser Bestimmungen (von Eytelwein, Navier u. A.) bei mehr als drei Stützpunkten auf so complicirte und unbequeme Rechnungen, daß man es häufig vorzog, ungenaue, aber vereinfachte Annahmen einzuführen, womit man freilich zu mehr oder weniger entstellten Resultaten gelangte.

Clapeyron erreichte eine vortreffliche Vereinfachung und verhältnißmäßig genaue Rechnungen dadurch, daß er anstatt der Stützendrücke die Biegungsmomente über die Mittelstützen als Unbekannte in die Rechnung einführte, übrigens aber mit Hülfe der Euler-Navier'schen Theorie zwischen den aufeinander-

---

1) Der vollständige Titel dieses (lithographirten) Heftes ist folgender: ‚École Nationale des Ponts et Chaussées'. „Notes prises par les Élèves aux Conférences sur les machines à vapeur fixes". Conférences de Mr. Clapeyron 1851.

2) Die Ueberschrift der betreffenden Abhandlung lautet im Originale: „Calcul d'une poutre élastique reposant librement sur des appuis inégalement espacés" (Comptes rendus T. 45 pag. 1076, vom 28 Decbr. 1857).

folgenden Biegungsmomenten eine allgemeine Beziehung ableitete, aus welchen die Integrations-Konstanten bereits eliminirt sind [1]).

Schließlich sind noch folgende Arbeiten Clapeyron's zu verzeichnen, die besonders genannt zu werden verdienen:

1. Sur les engrenages (coniques) und Sur les bateaux à vapeur. Beide in den Annales des Mines Tome V (1820), beziehungsweise pag. 113 u. 191.

2. Notice sur une nouvelle machine soufflante (Paternoster oder Kettengebläse [2]). Ebendaselbst Tome VII (1882), S. 3 fl.

3. „Mémoire sur la stabilité des voûtes". Redigé en Russie (mit Lamé gemeinschaftlich bearbeitet). Ebendaselbst Tome VIII (1823).

4. Sur le réglement des tiroirs dans les machines à vapeur. Comptes rendus XIV 1842 u. XVII 1843.

5. Sur l'équilibre, intérieur des corps solides homogènes. Mém. sav. étrang IV 1833 [3]).

Poncelet in seiner Abhandlung „Examen historique et critique des principales théories concernant l'équilibre des voûtes". Comptes rendus Tome XXXV (11. Oktober — 2. November 1852), lobt diese Arbeit sehr, obwohl die Autoren Clapeyron und Lamé nur den Fall behandelten, daß der Bruch eines (Tonnen- oder Kuppel-) Gewölbes allein zufolge eingetretener Rotation erfolgt, weshalb sie zwar auf die ähnlichen Resultate wie Coulomb

---

1) In Deutschland wurde merkwürdiger Weise die Clapeyron'sche Berechnungsmethode, in weiteren Kreisen, erst spät und zwar durch den jetzigen Baurath und Professor Mohr am Dresdener Polytechnikum (ehemaligen Studirenden der Hannoverschen Technischen Hochschule) bekannt, der es zugleich verstand, mehrere Mängel derselben zu beseitigen. Mohr veröffentlichte seine Arbeit in der ‚Zeitschrift des Architekten- u. Ingenieur-Vereins für das Königreich Hannover' Bd. VI. (1860) S. 323 u. S. 407. Eine später folgende empfehlenswerthe Arbeit des Professors Weyrauch in Stuttgart, denselben Gegenstand betreffend, findet sich in dessen Buche ‚Ueber continuirliche Träger' (1873) daselbst S. 8 unter der Ueberschrift: „Erweiterung der Clapeyron'schen Formeln".

2) Prechtl's ‚Encyklopädie' Bd. IV, Art. Gebläse und Weisbach ‚Ingenieur-Mechanik'. Dritter Theil, Zweite Abtheilung (Erste Auflage), S. 1176; in der zweiten Auflage (1880), S. 1267.

3) Diese letztere (mit Lamé gemeinsam gelieferte) Arbeit wird in der von Combes gehaltenen Rede am Grabe Clapeyron's (‚Les Mondes' Deuxième Année 1864. [Janvier — April] T. IV, pag. 214) als diejenige bezeichnet, aus welcher Clapeyron später die Fundamente zu seiner ‚Theorie der Maschinen- und Wagen-Federn' entlehnt haben soll.

und Audoy kamen, demungeachtet aber (in origineller Weise) manches Neue lieferten.

Den dritten der in der Ueberschrift genannten Franzosen Combes[1]), hat Hirn die dritte Auflage (Paris 1875) seines berühmten Werkes ‚Exposition analytique et experimentale de la théorie mécanique de la chaleur' mit folgenden Worten gewidmet und damit Combes richtig charakterisirt:

„A la mémoire de mon affectionné ami Charles Combes, A la mémoire du savant éminent et de l'homme de bien".

Mit schriftstellerischen Arbeiten machte sich Combes zuerst im Jahre 1837 durch die Abhandlung bekannt: ‚Sur le mouvement de l'air dans les tuyaux de conduite', welche sich in den Annales des mines T. XII pag. 373 abgedruckt vorfindet[2]),

---

1) Charles Combes geboren zu Cahors am 26. December 1801 und gestorben zu Paris 1872. Nach brillanten Studien am Collége Henri IV, wurde Combes, 17 Jahre alt, in die polytechnische Schule zu Paris aufgenommen, die er schon nach zwei Jahren als Eléve de l'École des mines verließ. Im Alter von 22 Jahren wurde er zum Ingénieur des mines ernannt und waren es die Bergwerke von Ferminy, welche sein Arbeitsfeld bildeten. Im Jahre 1823 wurde ihm die Stelle eines Assistenten und 1827 die Professur der École des mineurs de Saint-Etienne übertragen. Combes wurde bald eine bedeutende Größe im Gebiete der Wissenschaft und rationellen Praxis des französischen Staats-Bergwesens, weiterhin Ingénieur-en-chef des Mines und (1832) Professor d'exploitation an der École des Mines zu Paris. In dieser vielseitigen Thätigkeit fand Combes zugleich Gelegenheit zu dem oben (im Texte) hervorgehobenen schriftstellerischen Arbeiten. Im Jahre 1847 ernannte ihn die Pariser Akademie der Wissenschaften zu ihrem Mitgliede und zwar an die Stelle des berühmten Mechanikers Gambey.

Nach Dufrénoy's Tode (im Jahre 1857) wurde Combes die Direktion der École des mines in Paris übertragen,

In den Bereichen der Akademie der Wissenschaften, der École des mines, der Société d'encouragement und der Société centrale d'agriculture, war Combes bis zum letzten Tage seines Lebens thätig und zwar mit der Energie eines jungen Mannes, bis ihn der Tod im 71. Lebensjahre erreichte.

Eine ausführlichere Biographie (von Barral abgefaßt) findet sich abgedruckt im ‚Bulletin de la Société d'encouragement', 71 année (1872) von pag. 22—31, sowie pag. 210—215.

2) Fast dieselbe Formel für die secundliche Ausflußmenge $= Q$ atmosphärischer Luft (nach mehr oder weniger Combes'schem Rechnungsgange) entwickelte 1841 Weisbach in Hülse's ‚Maschinen-Encyklopädie', Erster Band S. 638. Bezeichnet $p$ die Pressung im Innern des Luftreservoirs, $p_1$ die äußere Pressung, $d$ den Mündungsdurchmesser, $d_1$ die Weite der Leitung, $s$ die Höhe, um welche letztere Röhre steigt oder fällt, $l$ die Länge der Leitung, ferner $\mu$ den

und welcher 1839 (gleichsam als Fortsetzung) seine ,Aerage des mines' folgte.

Am Meisten bekannt wurde Combes durch sein dreibändiges Werk ,Traité de l'exploitation des mines', dessen erster Band 1844 in Paris erschien und wovon der damals als Bücherübersetzer bekannte Hartmann eine deutsche Bearbeitung lieferte. Leider entbehrt diese Uebersetzung die Aufnahme der mehrfachen, von Combes aufgestellten oder mitgetheilten mathematischen Theorien betreffender Gebiete, die Herr Hartmann für überflüssig hielt, richtiger nicht verstand oder im Interesse des Herrn Verlegers wohl deshalb wegließ, damit das Werk im Ausbeutungssinne nicht vertheuert werden sollte.

In Bezug auf eine im Jahre 1843 in Paris von Combes veröffentlichte Arbeit ,Recherches théoriques expérimentales sur les roues à réaction ou à tuyaux', wird sich im zweiten Theile gegenwärtigen Buches Gelegenheit zur Besprechung finden, weshalb wir uns hier nur die Bemerkung gestatten, daß es das erste seiner Art war, in welchem auf die (Reibungs-)Widerstände bei der Bewegung des Wassers im Innern der Radkanäle der Turbinen (richtig) Bedacht genommen wurde.

Von Combes späteren schriftstellerischen Arbeiten verdient besonders noch erwähnt zu werden: ,Exposé des principes de la théorie mécanique de la chaleur et de ses applications principales', welche (zuerst) abgedruckt wurde in den Jahrgängen 1863 u. 1864 des ,Bulletin de la société d'encouragement pour l'industrie nationale'. Der betreffende Stoff ist hier wesentlich nach Zeuner's Vorgange bearbeitet und, abgesehen von manchen etwas umständlichen Darstellungen der Abhandlung, mit mehrfachen technischen Anwendungen ausgestattet.

Die bis zum Jahre 1848 reichenden Arbeiten sind ziemlich vollständig in Poggendorff's Biogr.-Liter. Handwörterbuche. Erster Band, S. 468 ff. verzeichnet.

---

Ausflußcoëfficienten, $\mu_1$ den Coëff. für den Eintritt der Luft aus dem Reservoir in die Leitung, und $k$ eine Constante, so findet Weisbach:

$$Q = \frac{\pi}{4} \sqrt{\frac{2g\left[k \; lognt. \left(\frac{p}{p_1}\right) \mp s\right]}{\left(\frac{1}{\mu^2} - \frac{1}{\mu_1{}^2}\right)\frac{1}{d^4} + \frac{1}{\mu_1{}^2 d_1{}^4} + 2g\,\frac{Bl}{d^5}}}.$$

Hierbei $B = 0{,}00130$ angenommen. Man sehe hierzu auch S. 678 der ,Hydromechanik' des Verfassers.

Morin [1]). Der Vierte vorgenannter, verdienstvoller Franzosen, im Gebiete der technischen Mechanik, zeichnete sich besonders

---

1) Arthur Morin wurde am 17. Oktober 1795 in Paris geboren und starb daselbst am 7. Febr. 1880. Seine erste Erziehung erhielt er in Italien, da seine Mutter zum Hofe der Prinzessin Elise Bonaparte (Großherzogin von Toscana) gehörte. 1814 nach Frankreich zurückgekehrt, wurde er bald darauf Zögling der Pariser polytechnischen Schule und schon vor Ende 1815 in der École d'Application in Metz aufgenommen. Aus dieser Anstalt trat Morin 1819 als Lieutenant in das erste Pontonnier-Bataillon. Ende der zwanziger Jahre wurde er zum Kapitain ernannt und 1839 Nachfolger Poncelets in der vorgenannten Metzer Artillerie- und Ingenieurschule. In dieser Stellung erwarb sich Morin sowohl den Ruf eines vortrefflichen Lehrers, als geschulten Experimentators, in welcher letzteren Beziehung seine Versuche über die Reibung fester Körper bei ihrer Bewegung auf einander noch heute die einzigen sind, mittels deren Resultaten die technische Welt fast ohne Ausnahme rechnet. Im Jahre 1843 wurde Morin zum Mitgliede der Akademie der Wissenschaften und zwar an die Stelle des am 19. September 1843 verstorbenen Coriolis erwählt. Die politischen Ereignisse des Jahres 1848 veranlaßten sein Avancement zum Oberstlieutnant und 1849 (nach dem Tode Poncelet's) seine Ernennung zum Direktor des Conservatoire des Arts et Métiers in Paris. Als besondere Auszeichnung erhielt er im Jahre 1858 den Grad eines Großofficiers der Ehrenlegion.

Im Jahre 1863 wurde Morin Divisionsgeneral und Mitglied der Commission de l'enseignement professionel in deren Auftrage er auch Deutschland bereiste und deren Arbeit bereits 1864 in zwei großen Quartbänden unter dem Titel ‚Enquête sur l'enseignement professionel' veröffentlicht wurde.

Bei den Pariser internationalen Ausstellungen von 1855 und 1867 war Morin besonders thätig. Im Jahre 1869 wurde er zum Präsidenten einer internationalen Commission ernannt, welcher die Herstellung von metrischen Normalmaaßen und Gewichten (étalons métriques) zur Aufgabe gestellt wurde und welcher Morin eine ebenso große Thätigkeit widmete wie seiner Stellung als Mitglied der Akademie der Wissenschaften und als Direktor des Conservatoire des Arts et Métiers. Die vortrefflichen und großartigen Modellsammlungen dieses letzteren Instituts (welchem Morin bis zu seinem Tode als Direktor vorstand) war er stets bestrebt in richtiger Weise zu vervollständigen und zu vermehren, so daß sich unter ihm der Werth dieser Sammlungen von 1 Million bis auf 3 Millionen Franken erhob.

Erwähnt zu werden verdient noch der von ihm verfaßte ‚Catalogue des Collections des Conservatoire', dessen sechste Auflage (mit einer von Paul Huguet verfaßten ‚Notice Historique' dieses Instituts) mir im Jahre 1878 von Morin selbst zum Geschenke gemacht wurde.

Ausführlichere Biographie Morin's liefert Tresca's Rede am Grabe Morin's, welche sich unter der Ueberschrift: „Nécrologie" im ‚Bulletin de la société d'encouragement', Tome VII, 1880, pag. 277 abgedruckt vorfindet und die von James Forrest redigirten ‚Minutes of Proceedings of the Institution of Civil Engineers', Vol. LXII, London 1880, pag. 349. Genannte Institution hatte Morin am 2. März 1875 zu ihrem Honorary Member gewählt.

durch seine Bemühungen aus, die wissenschaftlichen Arbeiten, seiner Lehrer Navier, Coriolis und Poncelet in vereinfachter, praktischer Weise noch größeren Kreisen zugänglich zu machen und mehrfach durch selbst angestellte Versuche zu ergänzen. In dieser Beziehung verdienen namentlich von seinen Schriften in der Geschichte folgende verzeichnet zu werden: ‚Aide-mémoire de mécanique practique‘ (welche in fünf Sprachen übersetzt wurde) und ‚Leçons de mécanique practique‘. Ein noch größeres, weiter reichendes Verdienst erwarb sich Morin durch seine Versuche über gleitende, drehende und rollende Reibung, deren Resultate von 1833 bis 1835 unter dem Titel veröffentlicht wurden: ‚Nouvelles expériences sur le frottement, faites à Metz. 1831 bis 1833. Ferner durch Versuche über Leistungen verticaler und horizontaler Wasserräder und ganz besonders durch seine ‚Expériences sur le tirage des voitures‘ (1840—1842), Versuche über die Zugwiderstände der Räderfuhrwerke auf Land- und Kunststraßen (Steinschlagbahnen, Steinpflaster etc.). Zu diesen verschiedenen Versuchen konstruirte Morin (unterstützt von Poncelet und dem Pariser Mechaniker Clair, Rue Duroc, Nr. 5) seine allbekannten Federdynamometer, von denen auch Clair schöne Exemplare für die Maschinenmodellsammlung der technischen Hochschule zu Hannover lieferte. Auf diese verschiedenen Reibungsversuche kommen wir in einem hier später folgenden Zusatzkapitel zurück. Schließlich sind noch seine Bemühungen um Ventilation öffentlicher und Privatgebäude zu gedenken, deren Resultate er in dem zweibändigen Werke niederlegte, welches 1863 in Paris unter dem Titel erschien: ‚Études sur la ventilation‘ und wozu, gleichsam als Ergänzung noch eine Abhandlung über Anemometer gezählt werden muß, die er 1865 in den ‚Annales du Conservatoire des arts et métiers‘ unter der Ueberschrift veröffentlichte ‚Anémomètre totaliseur à compteur électrique‘.

Von noch anderen Franzosen, denen mindestens ein indirektes Verdienst um die technische Mathematik nicht abgesprochen werden kann, sind besonders Duhamel und Delaunay zu erwähnen.

Duhamel[1]) machte sich in größeren Kreisen zuerst durch

1) Jean Marie Constant Duhamel, wurde gegen Ende des Jahres 1797 zu St. Malo geboren und starb zu Paris am 29. April 1872. Nach wahr-

eine Abhandlung über Roberval's Tangentenmethode (S. 82) bekannt, die 1834 im Bande V der ‚Mém. Sav. étrang.' abgedruckt wurde und der noch bedeutsamere aus dem Gebiete der mathem. Physik folgten. Duhamel's letztgenannte Arbeiten wurden insbesondere von 1832 an in dem ‚Journal de l'École polytechnique' veröffentlicht, welche in dieser Zeitschrift bis zum Jahre 1848 reichen. Noch andere beachtenswerthe Abhandlungen über Gegenstände der reinen und angewandten Mathematik, enthält, von 1839 an, ‚Liouville's Journal der Mathematik', ferner finden sich auch noch viele Berichte und Aufsätze Duhamel's in den ‚Comptes rendus' der Pariser Akademie der Wissenschaften etc. [1]), die mehr oder weniger als beachtenswerth zu bezeichnen sind.

In technisch-wissenschaftlichen Kreisen wurde Duhamel besonders durch sein Lehrbuch ‚Cours de mécanique de l'École polytechnique' bekannt, welches in zwei Bänden 1845—46 und 1853 von einem Dr. Eggers ins Deutsche übersetzt wurde. Leider ließ diese deutsche Ausgabe, trotz Schlömilch's (in Dresden) Bemühungen „Tausende von Fehlern" zu corrigiren [2]), noch Viel zu wünschen übrig, bis Schlömilch selbst, weil trotzdem die erste Auflage rasch vergriffen wurde, eine total umgearbeitete zweite Auflage lieferte.

---

haft brillanten Studien auf dem Lycée zu Rennes wurde Duhamel bereits 1813, im Alter von 16 Jahren in die Pariser polytechnische Schule aufgenommen, nachher aber zufolge politischer Ereignisse wieder ausgeschlossen, sodaß er nach Rennes zurückkehrte um sich dort an den Lehrcursen der École de droit zu betheiligen. Duhamel ging jedoch bald nach Paris zurück, wo er unter Poinsot, Ampère und Fourier namentlich seine Arbeiten über mathem. Akustik und andere Gegenstände der mathem. Physik begann. Diesen Arbeiten folgten bald jene, welche oben im Texte angegeben sind, sodaß wir Duhamel bereits 1840 unter die Mitglieder der Pariser Akademie der Wissenschaften aufgenommen finden. Bald nachher wird Duhamel Studien-Direktor der Ecole Polytechnique. Sowohl als Professor der höheren Analysis an der Faculté des Sciences, als auch an der École Normal und der École polytechn. zeichnete sich Duhamel durch Klarkeit und Eleganz seiner Vorträge aus, sodaß er sich stets von einem großen Kreis sehr befriedigter Hörer umgeben sah. Eine ausführliche Biographie Duhamel's liefert Jamin's ‚Discours' im XVII Bd. 1872, pag. 324 des Liouville'schen ‚Journals de Mathématiques'.

1) Ein ziemlich vollst. Verzeichniß dieser sämmtlichen Duhamel'schen Arbeiten findet sich in Poggendorff's ‚Biogr. Literr. Handwörterbuch'.

2) Vorwort der deutschen Bearbeitung von Schlömilch. Zweiter Band 1858.

Während Schlömilch das rasche Vergreifen der Egger-schen Uebersetzung als einen Beweis der Güte des Duhamel-schen Werkes betrachtete, wurde dasselbe von Dr. Dühring in der zweiten Auflage (1877) seiner ‚Kritischen Geschichte der allgemeinen Prinzipien der Mechanik', S. 533 ff. minder günstig beurtheilt. Referent vermeidet absichtlich jede Polemik über letztere Frage, muß jedoch erklären, daß er aus Duhamel's Mechanik recht viel gelernt hat und daß diesem Werke, gegenüber der zuweilen etwas weitschweifigen ‚Poisson'schen Mechanik' (S. 305) und der zu gedrängt abgefaßten ‚Mechanik Navier's' (S. 358), seiner Zeit jedenfalls (auch heute noch) eine gebührende Anerkennung nicht versagt werden darf.

Der bereits mitgenannte Delaunay[1]) wurde außerhalb Frankreich zuerst bekannt durch die Abhandlung: ‚Mémoire sur

1) Charles Delaunay wurde am 19. April 1816 zu Lusigny bei Troyes geboren und fand seinen Tod am 8. August 1872, bei einer Exkursionsfahrt an den Küsten der Normandie im atlantischen Ocean. Nach den gewöhnlichen Vorbereitungscursen ward Delaunay Ingenieur des mines, Repetitor an der École polytechnique und vertrat von 1841—48 den berühmten Physiker Biot in der Sorbonne. Nachdem er Professor der höheren Mathematik und der Mechanik der École polytechnique und an der Faculté des Sciences de Paris geworden war, ernannte ihn 1855 die Pariser Akademie zu ihrem Mitgliede, wozu noch mehr seine Arbeiten in verschiedenen Gebieten der Astronomie (insbesondere seine ‚Théorie des Mondes') beitrug und worüber v. Mädler in seiner ‚Geschichte der Himmelskunde nach ihrem ganzen Umfange' und Wolff in seiner ‚Geschichte der Astronomie' berichten.

Von 1854 ab ersetzte Delaunay den Entdecker des Planeten Neptun, Leverrier, als Direktor der Pariser Sternwarte, in welcher Stellung Delaunay nicht nur ebenfalls seinen guten Ruf als wissenschaftlicher und praktischer Astronom bewährte, sondern auch die werthvollen Sammlungen und Instrumente dieses Instituts in den schwierigen Zeiten der Belagerung von Paris durch die Deutschen und der Herrschaft der Petroleurs (1871), zu schützen verstand, obwohl letztere Banditen, auch der Sternwarte den Untergang geschworen hatten.

Ueber Delaunay's bereits erwähntes, trauriges Lebensende findet sich in Liouville's ‚Journal des Mathematiques' (Tome XVII, Année 1872, pag. 348) noch die ergänzende Notiz, daß Delaunay die bezeichnete Meerfahrt mit seinem Cousin (einem Marineoffizier mit Namen Millot) und zwei Matrosen auf der Rhede von Cherbourg gemacht habe, alle vier Insassen des Botes beim Umschlagen des letzteren verunglückten und nur der Körper des berühmten Gelehrten an dem Ufer der Insel Pélée wiedergefunden worden wäre.

Ein vom Präsidenten der Akademie, Herrn Faye, verfaßter Nachruf unter den beiden Ueberschriften „Funèrailles de M. Delaunay" und „Discours. de M. Faye", findet sich in dem vorher bezeichneten Liouville'schen Journale der Mathematik (Année 1872, pag. 348).

le calcul des variations présenté à l'academie des sciences pour le concours au grand prix des sciences mathématiques'. Als Ingénieur des Mines und Répétiteur à l'École polytechnique hatte Delaunay die Wichtigkeit guter, auf wissenschaftlicher Grundlage beruhender elementarer (populärer) Bücher für künftige Männer der Praxis erkannt und deshalb 1851 einen ‚Cours élémentaire de mécanique théorique et appliquée' in zwei Bändchen verfaßt, der bis 1870 nicht weniger als 7 Auflagen erlebte und dessen deutsche Bearbeitung bereits (nach der dritten Auflage) vom Civilingenieur Moll (seiner Zeit in Bonn) begonnen, aber nicht vollendet wurde. Letzteres gelang erst 1861 J. Bauschinger (dem damaligen Lehrer an der Gewerbeschule in Fürth), der Delaunay's Buch seiner ‚Schule der Mechanik' zu Grunde legte.

Bei weitem mehr Erfolg in Bezug auf Anerkennung im deutschen Vaterlande, hatte Delaunay's ‚Traité de mécanique rationelle', welches in erster Auflage 1856 erschien und wovon Dr. Krebs in Wiesbaden (die vierte Auflage) im Jahre 1868 Deutsch bearbeitete. Krebs hat ganz recht, wenn er in der Vorrede seiner Uebersetzung hervorhebt, daß sich Delaunay's Lehrbuch (der analytischen Mechanik, wie Krebs den Namen umgetauft hat) neben voller wissenschaftlicher Strenge, durch große Einfachheit und Klarheit der Darstellung auszeichnet. Selbst der sonst sehr streng und zuweilen mit viel zu wenig Nachsicht urtheilende Dr. E. Dühring (2. Auflage seiner kritischen Geschichte etc., S. 533) spricht sich über Delaunay's rationelle Mechanik dahin aus, „daß dies Buch mancherlei Vorzüge vor früheren oder gegenwärtigen Concurrenten hat, in der Erläuterung der Grundbegriffe sorgfältig verfährt und den bloßen Calcul nicht mehr anhäuft, als es eine analytische Mechanik durchaus mit sich bringt".

## §. 39.

### Steiner, Staudt und Culmann.

Von den drei hier genannten Männern, deutscher Zunge, haben sich die beiden ersten um die Ausbildung der sogenannten neueren Geometrie (S. 256 und S. 263), um die Wissenschaft als solche, der Dritte aber um die Anwendung dieser Wissenschaft auf das praktische Bauwesen, so bedeutende Verdienste erworben, daß ihre Namen für alle Zeit in der Geschichte der reinen und angewandten Mathematik verzeichnet bleiben werden.

Wenn man mit Recht Poncelet als den Begründer der ersten Periode unserer neuen synthetischen Geometrie bezeichnet (S. 389), so ist man verpflichtet, Steiner als den zu nennen, mit welchem die zweite Periode dieser (neueren) Geometrie beginnt.

Steiner's [1]) Hauptwerk erschien im Jahre 1832 und zwar

---

1) Jacob Steiner wurde am 18. März 1796 in der Schweiz und zwar zu Utzendorf zwischen Burgdorf und Solothurn geboren, woselbst sein Vater einen kleinen landwirthschaftlichen Betrieb hatte. Außer Memoriren aus dem Heidelberger Catechismus war sein Elementarunterricht derartig mangelhaft, daß er noch im späteren Alter es beklagt, erst mit 14 Jahren das Schreiben erlernt zu haben. Die Bekanntschaft mit Pestalozzi, dem Freunde der Menschheit, und als Erzieher einer der edelsten Menschen seiner Zeit, verdankt auch Steiner Gelegenheit und Mittel, in dessen Sammelschule zu Burgdorf versäumte Schulbildung nachzuholen; daher kam es auch, daß er Pestalozzi 1804 nach Yverdun (Ifferten) folgte, als dieser das ihm von der Regierung daselbst überlassene Schloß mit seinen Lehrern und Schülern bezog, wo ihn bald der Gedanke beherrschte, sich zum Lehrer der Mathematik auszubilden.

Er wandte sich deshalb zur Fortsetzung seiner Studien nach Heidelberg, wo er freilich seinen Unterhalt nur durch Privatstunden zu fristen im Stande war, indeß demungeachtet von 1818 bis 1821 dort verweilte. Bei dem damaligen Zustande der Mathematik auf fast allen deutschen Hochschulen, mit Ausnahme von Göttingen, wo Gauß bereits als gewaltige Größe glänzte, verließ Steiner Heidelberg, um eine Stelle als Lehrer in einer Privat-Erziehungsanstalt in Berlin anzunehmen. Hier führte ihn zugleich ein guter Stern in das Haus Wilhelm von Humboldt's, wo er durch eine glückliche Verkettung von Umständen zur vollen Geltung gelangte und zum Beginn einer eigentlichen wissenschaftlichen Laufbahn festen Fuß fassen konnte.

Die ersten wissenschaftlichen bemerkenswerthen Arbeiten Steiner's erschienen in den Annalen von Gergonne und in Crelle's Journal der Mathematik und bezogen sich wesentlich auf Gegenstände der Geometrie. Das erste umfangreichere Werk Steiner's ‚Systematische Entwickelung der Abhängigkeit geometrischer Gestalten von einander' erschien 1832 in Berlin. Der Hauptinhalt oder das Wesentliche der gesammten Resultate, die durch dieses Werk erzielt und erreicht werden sollen, besteht, wie Steiner am Ende der Vorrede selbst sagt: „In Untersuchungen über die Abhängigkeit der Gestalten (Figuren) von einander". Nachdem ist die im Jahre 1833 verfaßte kleinere Schrift zu verzeichnen, welche betitelt ist: „Die geometrische

betitelt: ‚Systematische Entwickelung der Abhängigkeit geometrischer Gestalten'. In dieser Schrift findet man diejenigen Fundamentaleigenschaften bezeichnet, die den Keim aller Sätze, Porismen und Aufgaben der Geometrie enthalten, womit uns die ältere und neuere Zeit so freigebig beschenkt

---

Konstruktion, ausgeführt mittelst der geraden Linie und eines festen Kreises".

Die damit gemachten Fortschritte traten jedoch erst in den nach Steiner's Tode veröffentlichten ‚Vorlesungen' vollkommen abgeschlossen zu Tage, was er selbst im Vorworte zu letzteren in folgender Weise charakterisirt: „Gegenwärtige Schrift hat es versucht, den Organismus aufzudecken, durch welche die verschiedenartigsten Erscheinungen in der Raumwelt mit einander verbunden sind. Es giebt eine geringe Zahl von ganz einfachen Fundamentalbeziehungen, worin sich der Schematismus ausspricht, nach welchem sich die übrige Masse von Sätzen folgerecht und ohne alle Schwierigkeiten entwickelt. Durch gehörige Aneignung der wenigen Grundbegriffe macht man sich zum Herrn des ganzen Gegenstandes, es tritt Ordnung in das Chaos ein und man sieht, wie alle Theile naturgemäß ineinandergreifen, in schönster Ordnung sich in Reihen stellen und verwandte zu wohlbegrenzten Gruppen sich vereinen. Man gelangt auf diese Weise gleichsam in den Besitz der Elemente, von welchen die Natur ausgeht, um mit möglichster Sparsamkeit und auf die einfachste Weise den Figuren unzählig viele Eigenschaften verleihen zu können". Die mannigfachen Schriften Steiner's über Curven in der Ebene und im Raume werden besonders in Professor Geiser's Vortrag ‚Zur Erinnerung an Jacob Steiner' (Schaffhausen 1874) von Seite 23 an übersichtlich besprochen, woselbst auch derjenigen Arbeiten gedacht wird, welche sich, wenn man so sagen darf, mit der Infinitesimalgeometrie beschäftigen. Hervorzuheben ist hierbei noch, daß im Jahre 1834 für Steiner in Berlin eine außerordentliche Professur an der Universität gegründet wurde und ihn gleichzeitig die Königlich Preußische Akademie der Wissenschaften zu ihrem Mitgliede erwählte.

Wenige Jahre vor seinem Tode ernannte ihn ebenfalls die Pariser Akademie der Wissenschaft zu ihrem korrespondirenden Mitgliede und setzte ihn auch bald darauf auf die Kandidatenliste für die Stelle eines auswärtigen Mitgliedes derselben.

Leider erschien Steiner in Berlin, unter dem nachmärzlichen Regimente als staatsgefährlicher Demokrat, wozu noch wirkliche und eingebildete Krankheiten kamen, die seinen Körper durchwühlten und untergruben, ferner Unzufriedenheit und Mißtrauen die ihm die Seele verdüsterten, bis den großen Geometer der Tod am 1. April 1863 in Bern ereilte*).

*) Specielleres über Steiner's Leben und Wirken liefert die vorhin citirte Schrift Geiser's (‚zur Erinnerung an Jacob Steiner') und Gerhardt's ‚Geschichte der Mechanik' S. 289—307.

Ein sehr vollständiges Verzeichniß seiner Schriften giebt Poggendorff im zweiten Bande seines ‚Biogr.-Litter. Wörterbuches'.

hat [1]). Namentlich ist mit Steiner's Werke die Lehre von den Kegelschnitten und den im Raume entsprechenden Gebilden, den Flächen zweiter Ordnung, sammt den hierzu gehörigen Theorien, im Wesentlichen abgeschlossen. In dem schönen Satze, daß ein Kegelschnitt durch den Durchschnitt zweier collinearer (projektivischer) Büschel erzeugt werden kann und dem dazu dualen, erkannte er das Fundamentalprincip aus dem sich alle die unzähligen bisher oft so wundersamen Eigenschaften dieser merkwürdigen Curven, wie von selbst, mit spielender Leichtigkeit ergeben [2]).

Der zweite der vorgenannten Geometer v. Staudt [3]) machte sich zuerst durch ein kleines Buch ‚Geometrie der Lage' (1847) bekannt, worin er sich die Aufgabe gestellt hatte, bei der Her-

---

1) Hankel in seinem bereits oben (S. 256, Note 1) genannten Buche ‚Elemente der projektivischen Geometrie', welches der Verfasser auch hier wieder mehrfach benutzte, nennt Steiner „das größte geometrische Genie", welches seit den Zeiten eines Appollonius (S. 12) aufgetreten ist.

Dühring in der zweiten Auflage seiner ‚Kritischen Geschichte der allgemeinen Prinzipien der Mechanik', (Leipzig 1877) bezeichnet (Seite 529) Steiner als denjenigen bedeutenden Mathematiker, der nächst Poncelet, an der neueren Geometrie den größten Antheil hat und bedauert (mit Recht), daß sich Steiner ungeachtet dieser Leistungen, als bloß außerordentlicher und mithin außerhalb der Facultät, belassener Professor, an der Berliner Universität, bis an das Ende seines Lebens behelfen mußte.

2) Weiteres hierüber bei Hankel a. a. O. S. 27 und in Steiner's ‚Vorlesungen über synthetische Geometrie'. Bd. I (Herausgegeben von Geiser) und Bd. II (Herausgegeben von Schröter).

Steiner's ‚Gesammelte Werke'. Zwei Quartbände, wurden von Weierstraß, im Auftrage der Königl. Preuß. Akademie der Wissenschaften, in den Jahren 1881 und 1882, herausgegeben.

3) Staudt wurde 1798 zu Rothenburg an der Tauber geboren und starb 1867 in Erlangen. Von Staudt's früheren Lebensjahren vermögen wir nichts zu berichten, da uns betreffende Quellen nicht zu Gebote standen. Demnach wissen wir nur, daß er von 1822 bis 1827 als Professor am Gymnasium zu Würzburg und Privatdozent an der Universität daselbst wirkte, dann als Professor an das Gymnasium und an die polytechnische Schule zu Nürnberg berufen wurde und schließlich als „von Staudt" ordentlicher Professor an der Universität Erlangen war.

Aufsehen erregte Staudt durch seine ‚Geometrie der Lage' auf die im Jahre 1866 Culmann in Zürich besonders seine graphische Statik stützte, wobei letzterer Schriftsteller die von Staudt eingeführten Ausdrücke brauchte, wie gerades Gebilde, Strahlenbüschel, Strahlenbündel, harmonische, involutorische Gebilde u. s. w.

leitung der geometrischen Sätze, alle Formeln und metrischen Beziehungen principiell auszuschließen, d. h. alle Betrachtungen lediglich auf Lagenverhältnisse zu gründen, überhaupt eine „Geometrie der Lage“ zu schaffen und zu einer selbstständigen Wissenschaft zu machen, wobei man des Messens nicht bedarf.

Ohne hier eine vollständige Sammlung von Urtheilen (pro und contra) über v. Staudt's ‚Geometrie der Lage‘ [1]) zu veranstalten, dürfte es genügen, die Kritiken von drei der Sache besonders gewachsenen Männern, Hankel, Paulus und Weyrauch, in Kürze wiederzugeben.

Hankel (a. a. O. S. 30), nennt zuerst v. Staudt's Buch „ein klassisches Meisterwerk“ hinsichtlich systematischer Einheit und Eleganz, bemerkt jedoch, es sei nicht zu leugnen, daß ihm eine gewisse Einseitigkeit anhängt „die sich selbst rächt“.

Paulus in seinem anerkannten Buche ‚Grundlinien der neueren, ebenen Geometrie‘ (Stuttgart 1853, S. VIII) bemerkt, nach dem Ausspruche mehrfachen Lobes, über v. Staudt's Arbeit (wörtlich) Folgendes:

„v. Staudt hat sich erstens dadurch enge Grenzen gesetzt, daß er den Begriff des Maßes ganz vermieden und eine reine Geometrie der Lage schreiben wollte.

Zweitens, daß ihm ein Ausdruck fehlt, der das bezeichnet, was Steiner projektivisch heißt und wofür Staudt keinen besonderen Ausdruck hat, welcher Mangel wesentlich dazu beiträgt, das Verständniß des Staudt'schen Werkes zu erschweren“.

Weyrauch [2]) spricht sich bei Gelegenheit einer kritisch orientirenden Besprechung der graphischen Methoden (beim

---

1) Der Verfasser hält es für angemessen, hier aus Cremona's ‚Elemente der projektivischen Geometrie‘ und zwar nach der Uebersetzung von Trautvetter (Stuttgart 1882), eine Stelle aus dem Vorworte (S. VI) des berühmten (leider 1884 verstorbenen) Fach-Professors, wiederzugeben, welche also lautet:

„Ich habe nicht den Titel ‚Geometrie der Lage‘, sondern den ‚Projektivische Geometrie‘ für mein Buch gewählt, da letzterer die wahre Natur der Methoden ausdrückt, die wesentlich auf der centralen oder perspektivischen Projektion beruhen. In dieser Wahl bin ich dadurch bestärkt worden, daß der große Poncelet, der Hauptschöpfer der neuen Methode, sein unsterbliches Buch (S. 389) mit ‚Traité des propriétés projectives des figures‘ bezeichnet hat“.

2) Zeitschrift für Mathematik u. Physik 1874, S. 381.

Rechnen, in der Statik etc.) über den fraglichen Gegenstand folgendermaaßen aus:

„Nach v. Staudt blieb die strenge Geometrie der Lage lange Zeit vernachlässigt. Ein Grund hierfür mag wohl darin liegen, daß die Mathematiker kein Interesse an solcher principiellen Selbstständigkeit der Geometrie haben, auf die auch die Analysis keinen Anspruch macht. Eine häufige Ursache war aber ohne Frage die außerordentlich knappe, fast systematische Darstellungsweise v. Staudt's, die nicht gerade auf Jeden ermuthigend wirkt [1])".

Der Dritte in der Ueberschrift des Paragraphen genannten Männer, Carl Culmann [2]), hat das große Verdienst, die neuere Geometrie als Fundament bei der Lösung statischer Probleme im Gebiete des Ingenieurwesens benutzt und alles (bis zum Jahre 1875) vorhandene Material in einer allgemeinen, selbstständigen und wissenschaftlich strengen Weise, unter den eigenthümlichen Namen ‚Graphische Statik' zusammengefaßt zu haben.

---

1) Professor Reye in Straßburg hat sich das Verdienst erworben, die von Staudt'sche Methode durch Figuren zu erläutern und zum Verständniß der interessanten, werthvollen Geometrischen Wahrheiten beizutragen. Man sehe deshalb dessen ‚Geometrie der Lage'. Zweite verbesserte Auflage, welche vom Jahre 1877 datirt.

2) Carl Culmann wurde 1821 in Bergzabern (Reinpfalz) geboren und starb am 9. December 1881. Von seinem Vater, der Pfarrer in Bergzabern war, erhielt er eine sorgfältige Erziehung, sodaß er, siebzehn Jahre alt, mit Umgehung der damals bestehenden beiden mathematischen Klassen, in die Ingenieurschule des Karlsruher Polytechnikums eintreten konnte. Nach glanzvoller Vollendung seiner Studien trat Culmann in den bayrischen Staatsdienst und wurde schon 1841 als Praktikant der Eisenbahnsektion Hof zugetheilt. In dieser Stellung blieb er bis zum Jahre 1847, wobei er vielfach Gelegenheit fand, am Entwurfe wichtiger Bauwerke theilzunehmen. Im Jahre 1849 unternahm er, zu seiner Ausbildung eine Instruktionsreise nach England, Irland und Nordamerika, kehrte 1852 nach Bayern zurück und wurde Sektions-Ingenieur im Staatsdienste für Eisenbahnbau.

Einige Jahre nachher erhielt Culmann einen Ruf an die 1854 gegründete polytechnische Schule in Zürich, wo er sich bald den Namen eines ausgezeichneten Lehrers im Ingenieurfache erwarb, den er besonders noch durch sein vortreffliches Werk ‚die graphische Statik' krönte.

Im Jahre 1868 lehnte er einen ehrenvollen Ruf an das Münchener Polytechnikum ab, blieb der Züricher Schule treu und endete sein thatenreiches Leben als eingebürgerter Schweizer.

Eine ausführlichere Biographie enthält die Züricher Zeitschrift für Bau- und Ingenieurwesen Nr. 25 vom 17. December 1881.

Wie bereits Seite 256 (Note 2) berichtet wurde, waren graphische Darstellungen für konstruktive technische Zwecke schon im 16. Jahrhundert, besonders bei Steinmetzen und Zimmerleuten bekannt, während im ersten Drittheile dieses Jahrhunderts, namentlich Lamé und Clapeyron[1]), Poncelet[2]), Mery[3]), u. A. beachtenswerthe graphische Lösungen bautechnischer Probleme lieferten.

Namentlich sind es aber die beiden Fundamentalsätze der modernen graphischen Statik, die vom Seilpolygone und vom Kräftepolygone, auf welche der Hauptsache nach, die meisten praktischen Lösungen Culmann's beruhen, welche zuerst Varignon in seiner ‚Nouvelle Mécanique ou Statique' deren Projekt bereits von 1687 datirt, aber erst 1725 nach seinem Tode erschien (S. 149, Note 2), erörterte und mit Nutzen in der Lehre von parallelen Kräften und für Kräfte mit verschiedenen Angriffspunkten in Anwendung brachte, deren Richtungen in derselben Ebene liegen[4]).

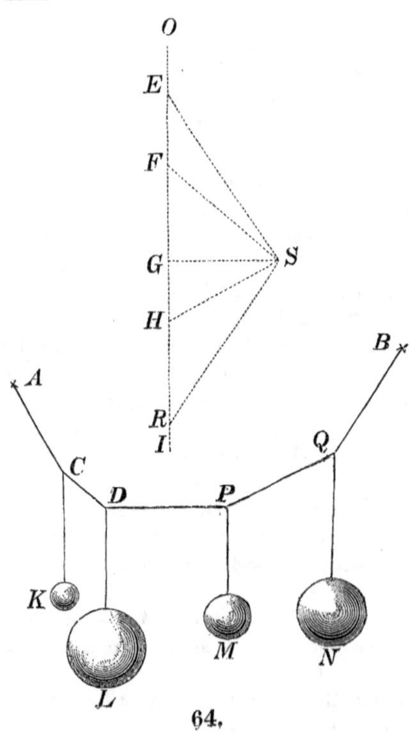

64.

1) St. Petersburger Zeitung ‚Journal des Voies de Communication', Decemberheft von 1826 (Nr. 6, pag. 35).

2) Memorial de L'officier du génie (1835) Nr. 12 (voûtes) und 1840 Nr. 13 (poussée et la buttée des terres).

3) Annales des ponts et chaussées 1840, 1e Semester, pag. 50 (Mémoire sur l'équilibre des voûtes en berceau).

4) Alle denen, welchen das (seltene) Varignon'sche Werk nicht zugänglich ist, wird es von Interesse sein, anbei die Copie betreffender Figuren zu finden, nämlich Fig. 64 des Seilpolygons $ACDPQB$, woran parallele Kräfte $K$, $L$, $M$ und $N$ wirken und des Kräftepolygons $ESR$ (mit $S$ als Pol). Diese Abbildung findet sich im Hauptwerk Tome I, auf Plan 11 und der zugehörige Text pag. 192 und 193.

Für Zwecke der Baukunst scheinen zuerst Lamé und Clapeyron das Seil- und Kräftepolygon (welche sie polygone secondaire nannten) in Anwendung gebracht zu haben und zwar bei der Construction von Kettenlinien, die sie bei den Kuppelgewölben der St. Jacobs-Kirche in St. Petersburg als erforderlich erachteten [1]).

Am Schlusse der betreffenden (unten notirten), interessanten Abhandlung bemerken die gelehrten und zugleich praktischen Ingenieure über den fraglichen Gegenstand noch Folgendes:

„La théorie sur les polygones secondaires et leurs pôles, nous parait jeter un nouveau jour sur la théorie des polygons funiculaires; c'est un de ces resultats simples, dont l'énoncé contient presque toute la démonstration, et qui sont infinement plus fertiles en applications que beaucoup d'autres théorêmes plus difficiles à démontrer [2])".

1) Das Petersburger ‚Journal des Voies de Communication' Janvier 1827, pag. 44, 46 etc.

2) Der Verfasser hält es für angemessen, hier noch folgende Stelle, aus vorbemerkter Abhandlung, (in dem wenig zugänglichen Petersburger Journale)

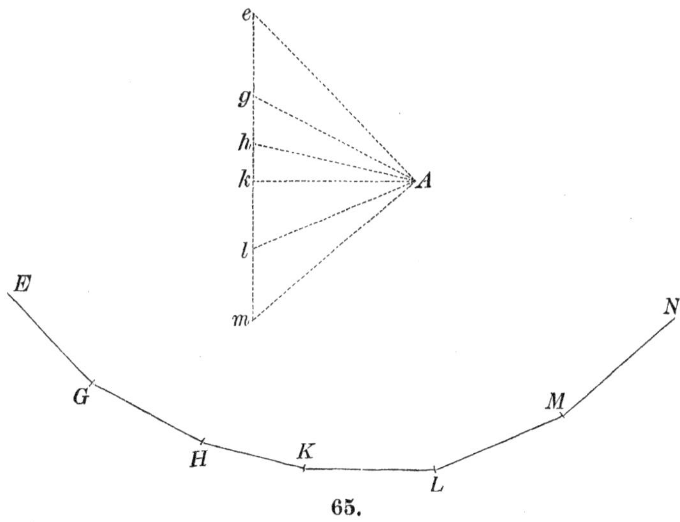


65.

aufzunehmen und mit der von Clapeyron und Lamé beigegebenen Figur 65 zu begleiten.

Der Verfasser bemerkt Folgendes:

In den technischen Lehrbüchern der damaligen Zeit findet sich die erste Anwendung der Fundamentalsätze von Seilpolygon und Kräfteplan, in dem von Poncelet verfaßten ‚Cours de Méchanique Industrielle‘. Professé de 1828 à 1829, 2e Partie, redigées par Capitaine Gosselin (Lithog. Ausgabe. Metz, im Mai 1829).

Mit Hülfe dieser Sätze behandelt Poncelet die Capitel (a. a. O. p. 77, 79) „Propriétés générales et Construction de la chainette“, sowie p. 85 „Les Ponts suspendus au-dessous des chaines, par des suspensoires équidistantes et verticale[1]).

In selbstständigen deutschen Lehrbüchern dürfte es Brix sein, welcher Seil- und Kräftepolygon (wie er selbst angiebt, nach Poncelet's Vorgange) zuerst (in seiner 1831 in Berlin erschienenen ‚Statik fester Körper‘) in Anwendung brachte, um ebenfalls die Spannungen im Seilpolygon auf graphischem Wege zu ermitteln, Kettenlinien geometrisch zu konstruiren u. d. m.

Noch ein anderer Fundamentalsatz auf S. 78 der ersten Auflage des Culmann'schen Werkes ‚die praktische Statik‘ lautet:

---

„Ainsi des lignes successives, proportionelles et parallèles aux forces qui agissent sur les sommets d'un polygone funiculaire, formeront un polygone secondaire, fermé ou non fermé qui jouira de cette propriété, que des lignes partant de ses extrémités et de ses sommets, et aboutissant en un même point ou pôle $A$ (Fig. 65) seront respectivement proportionelles et parallèles aux tractions eprouvées par les différens côtes du polygone funiculaire proposé. Ce théorême a lieu généralement, que la polygone funiculaire soit plan, ou qu'il soit gauche“.

Für den speciellen Fall, daß die Kräfte am Seilpolygone alle nach lothrechten Richtungen wirken, fahren die Verfasser wie folgt fort:

„Il suffira de mener, par un point quelconque $A$, des lignes indéfinies $Ae$, $Ag$, $Ah$, $Ak$, $Al$, $Am$ parallèles aux côtes $EG$, $GH$, $HK$, $KL$, $LM$ und $MN$ les couper par une verticale $em$; les parties $eg$, $gh$, $hk$, $kl$, $lm$, de cette transversale, interceptées entre les lignes $Ae$, $Ag$, $Ah$, $Ak$, $Al$, $Am$ seront proportionelles aux forces demandées, et les longueurs de ces lignes, comprises entre le pôle $A$ et la transversale, representeront les tractions ou les compressions qu'éprouveront les côtés qui leur sont parallèles, quand ces forces seront appliquées aux sommets $G$, $H$, $K$, $L$, $M$ du polygone donné“.

1) In der eben nicht besonders gelungenen deutschen Bearbeitung von Poncelet's ‚Industriellen Mechanik‘ von Hallbauer, Erster Theil, Nürnberg 1845, findet man diese Poncelet'schen Sätze von Seite 264 bis Seite 275.

„Bilden mehrere auf einen Punkt wirkende Kräfte einen geschlossenen Kräftezug und haben alle Pfeile dieselbe Richtung, so ist ihre Mittelkraft = Null und alle Kräfte sind im Gleichgewicht [1]).

Dieser Satz befindet sich bereits in der ersten Auflage der Duhamel'schen Mechanik Bd. 1 S. 1 u. 2 (Schlechte Egger'sche Uebersetzung).

Wie viel solcher Fundamentalsätze aber auch noch angeführt werden mögen, die bereits vor Culmann aufgestellt wurden, dennoch hat es die Geschichte der technisch-wissenschaftlichen Mathematik als ein entschiedenes Verdienst zu verzeichnen, daß es Culmann war, der nicht nur in neuer Methode zuerst eine vollständig wissenschaftliche graphische Statik aufzubauen verstand, sondern auch deren Sätze auf fast alle Theile des heutigen Bauingenieurwesens anzuwenden lehrte und durch zahlreiche Beispiele erläuterte [2]).

---

1) Der Verfasser benutzt die Gelegenheit, Anfänger im Studium der graphischen Statik, auf eine kurze, aber höchst verständlich abgefaßte „Entwickelung von Fundamentalsätzen der Culmann'schen graphischen Statik", aufmerksam zu machen, welche die Geometrie der Lage nicht voraussetzt und Herrn Professor Keck an der Hannoverschen Technischen Hochschule zum Verfasser hat. Diese Abhandlung ist abgedruckt im XVII. Bande (1870) S. 153 der Zeitschrift des Hannoverschen Architekten- und Ingenieur-Vereins. Auch auf Keck's Recension der 2. Auflage des Culmannschen Werkes, verdient aufmerksam gemacht zu werden, welche sich in derselben Zeitschrift, Jahrg. 1876, S. 214 vorfindet.

2) Zu bedauern ist es, daß Culmann (auch in der zweiten Auflage seiner ‚Graphischen Statik', von 1875) starr in der Ansicht beharrte, zum Verständniß derselben und zur Behandlung der betreffenden praktischen Aufgaben sei durchaus die ‚Geometrie der Lage' erforderlich.

Mit dieser Ansicht stimmen die ausgezeichnetsten technisch wissenschaftlichen Fachlehrer, welche ihren rechten Standpunkt erkennen, nicht überein.

Voran Bauschinger (an der Münchener Technischen Hochschule, in seiner ‚Graphischen Statik' von 1871, im Vorworte), der folgende Bemerkung macht:

„Vielleicht kann zur weiteren Verbreitung der graphischen Statik auch die Eigenschaft eines Buches mit beitragen, daß zu seinem Verständnisse die Kenntniß der sogenannten neueren Geometrie nicht erforderlich ist".

Winkler (an der Berliner Technischen Hochschule) äußert sich in seinem 1872 in Wien erschienenen ‚Vorträgen über Brückenbau' folgendermaßen:

„Durch die graphische Statik ist die Auffindung geometrischer Konstruktionen mehr dem Zufalle entrückt und für dieselbe eine wissenschaftliche Basis geschaffen. Immerhin wird hierdurch die analytische Behandlung nicht über-

## Erstes Zusatz-Capitel.

### §. 40.

### Geschichte des Parallelogramms der Kräfte.

Aristoteles ‚Mechanische Probleme' (Quaestiones Mechanicae) [1]) lassen keinen Zweifel übrig, daß diesem größten Philo-

---

flüssig, eines Theils weil die graphische Statik zur Zeit noch nicht soweit ausgebildet ist, daß sie in allen Fällen ausreicht, andererseits weil in einzelnen Fällen die analytische Methode einfacher und bequemer zum Ziele führt".

Noch eingehender für den Standpunkt, welchen namentlich die polytechnischen Hochschulen in der Sache einzunehmen haben, erörtert Mohr (an der Dresdener Technischen Hochschule) die betreffende Frage (1875 S. 229 in Hartig's ‚Civil-Ingenieur'), wobei der Verfasser nur bedauert, des Raummangels wegen, sich lediglich auf folgende Stelle beziehen zu müssen:

„Es sprechen wichtige Gründe dafür, den Vorrath von wissenschaftlichen Hilfsmitteln, welche jeder Techniker nothwendig sich anzueignen hat, auf das zulässige Minimum zu beschränken. Der obligatorische Unterricht hat an den meisten polytechnischen Schulen bereits einen Umfang erreicht, bei dem ein gründliches und selbstständiges Studium kaum noch bestehen kann. Man wird daher gut thun, nicht ohne die zwingendsten Gründe den obligatorischen Unterricht noch mehr zu erweitern. Hiermit wollen wir den Nutzen des Studiums der neueren Geometrie selbstverständlich nicht in Abrede stellen. Die Studirenden, welche Fähigkeit und Neigung zur Mathematik besitzen, müssen Gelegenheit erhalten, sich auch in der neueren Geometrie auszubilden; es erscheint uns aber nicht allein unnütz, sondern sogar schädlich, die große Mehrzahl der Minderbefähigten zu einer unnöthigen Erweiterung ihrer theoretischen Studien zu zwingen".

Mit letzterem Urtheile stimmt auch das überein, was einer meiner jüngeren Kollegen an der Hannoverschen Technischen Hochschule, Herr Professor Müller-Breslau, im Vorworte seines empfehlenswerthen Buches ‚Elemente der graphischen Statik, der Baukonstruktionen für Architekten und Ingenieure' (Berlin 1881) hierüber sagt und welches folgendermaßen lautet:

„Die Geometrie der Lage, welche dem ausführlichen, nach höheren Zielen gerichteten Studium der graphischen Statik zweckmäßig zu Grunde gelegt wird, wurde nicht angewendet, weil das Werk hauptsächlich dem Praktiker gewidmet ist und kein Grund vorliegt, diesem eine mit einfachen Hülfsmitteln lösbare Aufgabe, in ein gelehrtes Gewand gekleidet, vorzuführen".

Ohne hier noch betreffende Ansichten zu kritisiren, welche ganz mit Culmann's übereinstimmen und welche z. B. in den neuesten wissenschaftlichen Werken von Fiedler (in Zürich) und von Wiener (in Karlsruhe) ausgesprochen sind, schließen wir unsere Erörterungen, mit folgendem guten Rathe Culmann's (in der Vorrede, S. X zur 2. Auflage seiner ‚Graphischen Statik'), „Unumgänglich nothwendig ist es, diejenigen Lehrer, welche Techniker bilden sollen, an technischen Anstalten zu erziehen".

1) In der von mir besorgten deutschen Bearbeitung Poselger's, Kap. 2,

sophen, Physiker etc. (S. 8 u. S. 133) des Alterthums, der Satz vom „Parallelogramme der Bewegungen" bekannt war, wonach bei der Zusammensetzung zweier gleichzeitiger Bewegungen, sobald sich deren Richtungen unter irgend einen Winkel schneiden, die Resultirende dieser Bewegungen durch die Diagonale des mit diesen Richtungen konstruirten Parallelogramms, dargestellt wird.

Ist Aristoteles' Beweis dieses Satzes auch sehr schwach und unvollständig, so war er doch gleichsam das Samenkorn der späteren Weiterbildungen. Entschiedenen, zweifellosen Nachweis von der Richtigkeit des Parallelogramms der Bewegungen, sowie auch von dessen Benutzung für beliebig viel Bewegungen, zu welchem ein bestimmter Punkt gleichzeitig angeregt wird, lieferte fast erst tausend Jahre nach Aristoteles der französische Mathematiker Roberval, dessen wir bereits zweimal in unserer Geschichte und zwar S. 82 und S. 301 gedenken mußten [1]).

Roberval verfaßte seine betreffende Abhandlung unter der Ueberschrift „Observations sur la composition des mouvemens" wahrscheinlich Mitte des 17. Jahrhunderts, während sie erst nach seinem Tode (der 1657 erfolgte), im IV. Bande der Memoiren der Pariser Akademie der Wissenschaften 1693 gedruckt und sogar erst 1730 der Oeffentlichkeit übergeben wurde.

Vom Parallelogramme der Bewegungen ausgehend, gelangte man endlich, ungefähr 1687, zum Parallelogramme der Kräfte. Newton war es (S. 111) der letzteren Satz zuerst auf synthe-

S. 25, Fig. 3 und Kap. 24, Fig. 13 (Hannover bei Schmorl & von Seefeld). Die sonst vollständigen deutschen Ausgaben der Schriften des Aristoteles von Hoffmann in Stuttgart und von Metzler ebendaselbst, enthalten die Quaestiones Mechanicae nicht!

1) Wenn auch in der bereits wiederholt gedachten werthvollen Arbeit des Dr. Hermann Grothe ‚Leonardo da Vinci als Ingenieur und Philosoph' (S. 40, Note 1 und S. 50), diesem talentvollen Italiener allerlei Verdienste um die Mechanik, u. A. um die Gesetze des Herabziehens der Körper auf der schiefen Ebene (a. a. O. S. 123) u. s. w. nachgewiesen werden, so findet sich doch nirgends eine Spur vom Satze des Parallelogramms der Geschwindigkeiten oder der Kräfte. Was daher über die Erfindung des Satzes vom Parallelogramm der Kräfte durch Stevin (S. 51) und durch Galilei (S. 63) gesagt wurde, d. h. daß diesen beiden Männern diese Erfindung nicht gebührt, dies paßt nochmehr auf Leonardo da Vinci.

tischem Wege bewies, dem auch bald darauf Varignon[1]) folgte, der aber auch zugleich diesen Satz an die Spitze seiner Mechanik, richtiger Statik fester Körper stellte, die bekanntlich erst (1725) nach seinem Tode in zwei Bänden unter dem Titel erschien: ‚Nouvelle Mécanique ou Statique'[2]). Vom Satze des Parallelo-

---

1) Pierre Varignon wurde 1654 zu Caën geboren und starb 1722 in Paris. Sein Vater, ein wenig bemittelter Architekt, hatte drei Söhne, wovon sich zwei dem Geschäfte des Vaters widmeten und der dritte, unser Pierre, zum geistlichen Stande bestimmt wurde.

Um letzteres Ziel zu erreichen, besuchte Varignon das Jesuiten-Kollegium zu Caën, wo er, neben der Theologie, fleißig Philosophie studirte. Er wurde jedoch besonders zur Mathematik angeregt, als ihm eines Tages in dem Laden eines Bücher-Antiquars ein Exemplar der ‚Euklidischen Geometrie' in die Hände kam, was er sich auch verschaffte und mit großem Eifer studirte. Die Lust an der Geometrie führte ihn auf die Werke Descartes. Durch die Geldmittel des Abbé von St. Pierre war es Varignon möglich, von 1666 an, nach Paris zu gehen und daselbst sowohl seine philosophischen als auch mathematischen Studien fortzusetzen, wobei er sehr oft Essen und Trinken vergaß und meist nur vier Stunden schlief, worin ihm allerdings ein von Gott geschenkter kräftiger Körper zu Hülfe kam. Die Erweiterung seiner Kenntnisse wurde noch durch den häufigen Umgang befördert, den er mit Duhamel, de la Hire u. a. Akademikern hatte. Schon 1687 machte er sich durch sein bereits Seite 20 genanntes und benutztes Werk in größeren Kreisen bekannt: ‚Projet d'une Nouvelle Mécanique', welches er der Akademie der Wissenschaften widmete. Diese Arbeit verschaffte Varignon einen derartigen Ruf, daß er bereits 1688 zum Mitgliede der Akademie der Wissenschaften ernannt wurde und außerdem die Professur für Mathematik am Collège Mazarin erhielt. Hierauf folgte jene schätzbare Reihe von Arbeiten, über Gegenstände der Mathematik, der Physik, Hydraulik, Astronomie und der Philosophie, welche in den Memoiren der Pariser Akademie zu finden sind und die sich fast vollständig in Poggendorff's ‚Biographisch-literarischen Handwörterbuche' verzeichnet vorfinden. Leider wurde Varignon von 1720 an von Rheumatismus und Brustleiden gequält, was ihn jedoch nicht an der Erfüllung seiner Lehrpflicht am Collège Mazarin hinderte, so daß er noch am 22. December 1722 seine Vorlesungen gehalten hatte, als er in der darauf folgenden Nacht sein Leben endete. Sein hier mehrfach gerühmtes Hauptwerk ‚Nouvelle Mécanique' erschien erst drei Jahre nach seinem Tode 1725.

2) Zur Erinnerung an Varignon und als Vorrathsmittel für einen späteren Zweck entlehnt der Verfasser dem I. Bande vorbezeichneter Mechanik p. 85, folgenden Satz und benutzt hierzu genau die auf planche V von Varignon beigegebenen Abbildung Figur 37.

Fällt man nämlich von einem Punkte $S$ aus Normalen $\overline{SN}$, $\overline{SM}$ und $\overline{SG}$ beziehungsweise auf die Diagonale $AD$ und die Seiten $AB$ und $AC$ eines Parallelogrammes $ABCD$, so soll sein:

1) $\overline{AD}\cdot\overline{NS} = \overline{AB}\cdot\overline{SM} + \overline{AC}\cdot\overline{GS}$.

gramms der Kräfte ausgehend, ermittelte Varignon vornehmlich die statischen Gesetze der sogenannten einfachen Maschinen, wobei er bemerkt, daß Pappus deren nur fünf aufgezählt habe (S. 22), obwohl er sechs in Anwendung bringt, nämlich Hebel, Wellrad, Rolle, schiefe Ebene, Schraube und Keil. Varignon fügte diesen noch eine siebente zu, nämlich die Seilmaschine (von ihm Funiculaire genannt). Daher finden sich auch in seiner Statik alle auf das Seilpolygon bezughabenden Sätze, wie sie solche gegenwärtig alle Lehrbücher enthalten.

---

Um diesen Satz zu beweisen geht Varignon von der Gleichung aus:

2) $\Delta\, ASD = \Delta\, ASB + \Delta\, BAD + \Delta\, BSD.$

Nun ist aber $\Delta\, ASD = \frac{\overline{AD} \cdot \overline{NS}}{2}$; $\Delta\, ASB = \frac{\overline{AB} \cdot \overline{SM}}{2}$;

$$\Delta\, BAD = \frac{\overline{BD} \cdot \overline{GH}}{2} \text{ und } \Delta\, BSD = \frac{\overline{DB} \cdot \overline{HS}}{2}.$$

Daher wird aus (2):

3) $\overline{AD} \cdot \overline{NS} = \overline{AB} \cdot \overline{SM} + \overline{BD} \cdot \overline{GH} + \overline{DB} \cdot \overline{HS}.$

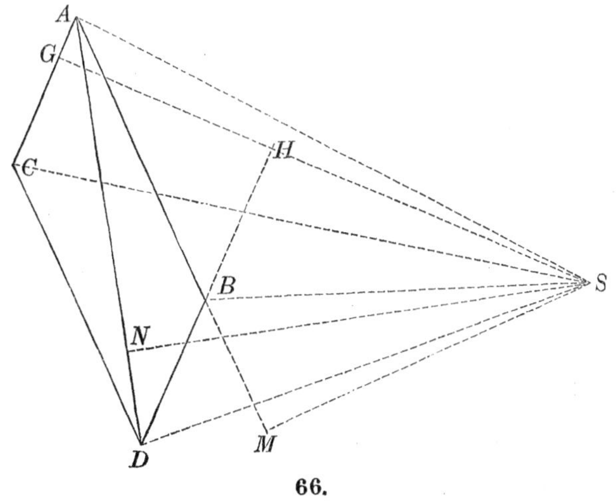


66.

Es ist aber auch

$$\overline{BD} \cdot \overline{GH} + \overline{BD} \cdot \overline{HS} = \overline{BD}\, [GH + HS] = \overline{BD} \cdot \overline{GS}$$

oder auch $= \overline{AC} \cdot \overline{GS}.$

Demnach wird aus (3) schließlich:

$\overline{AD} \cdot \overline{NS} = \overline{AB} \cdot \overline{SM} + \overline{AC} \cdot \overline{GS}.$, w. z. b. w.

Hiernach ist also das statische Moment der Resultirenden gleich den statischen Momenten der Composanten, bezogen auf denselben Punkt $S$ als Pol.

Varignon ist auch der erste, welcher den interessanten und nützlichen Zusammenhang von Seilpolygon und Kräftepolygon (a. a. O. Tome I von pag. 193 ab) nachweist (Sätze, welche jetzt die Fundamente der graphischen Statik bilden).

Ebenso war es Varignon, welcher zuerst eine aus Seilen gebildete Anordnung (die Seilwaage) angiebt, mit Hülfe deren man das Gewicht einer Waare zu ermitteln im Stande ist, sobald man sich nur im Besitze eines Gewichtes von zweifelloser aber beliebiger Größe befindet. (Man sehe hierzu von seinem Werke Tome I, pag. 179 und Tome II, pag. 213 und aus diesen Quellen, die dritte Auflage meiner ‚Geostatik', S. 234, Aufgabe 1). Noch vor Varignon's Tode (der 1722 erfolgte) übergab 1695 der Franzose de la Hire (oder Lahire)[1]) sein ‚Traité de Mécanique' der Pariser Akademie der Wissenschaften, welches Werk den ganzen Tome IX der Pariser Mémoiren (der Reihe von 1866 bis 1869) ausfüllt. Die genannte Ueberschrift begleitet Lahire mit dem Zusatze „Ou l'on explique tout ce qui est necessaire dans la pratique des Arts".

Auf synthetischem Wege wie Varignon behandelt Lahire in diesem dem Varignon'schen sehr nachstehenden Werke, nicht nur die sogenannten einfachen Maschinen, leider Alles sehr oberflächlich, sondern auch zusammengesetztere, beispielsweise Hebmaschinen, speciell Krahne, dann Krummzapfen, Stampfwerke

---

1) Lahire (Philippe de la Hire), wurde 1640 in Paris geboren und starb daselbst 1718. Sein Vater war ein geschickter Maler, weshalb sich auch der Sohn den schönen Künsten widmen wollte. In letzterer Absicht begab sich Lahire nach Italien, verblieb drei Jahre daselbst, war aber während dieser Zeit zu der Ueberzeugung gelangt, daß er mehr Talent zu den exacten Wissenschaften habe als zur Kunst.

Nach Paris zurückgekehrt, schrieb er 1672 ein Buch über die Kegelschnitte welches, obwohl im Style der Alten verfaßt, dennoch soviel Eigenthümliches und Neues enthielt, daß er damit seinen Ruf begründete und bereits 1678 zum Mitgliede der Akademie der Wissenschaften berufen wurde. In dieser Stellung nahm er sowohl an den Picard'schen Gradmessuugen (zwischen Amiens und Malvoisine) als an den Cassini'schen (von Dünkirchen bis Perpignan) Theil.

Lahire's Thätigkeit war eine außerordentliche, was schon allein daraus erhellt, daß er von 1672 bis 1718, nicht weniger als 244 Abhandlungen über fast alle Zweige der exacten Wissenschaften verfaßte, worunter für das Maschinenwesen besonders zwei von Bedeutung sind, nämlich seine Abhandlung über Abrundung der Radzähne nach Epicykloiden (Mem. der Pariser Acad. von 1695, Tome IX, pag. 341) und die Abhandlung über seine noch heute nach ihm benannte doppeltwirkende Pumpe (in den Pariser Mémoiren vom Jahre 1716, pag. 322).

durch epicykloidische Daumen bewegt, Windmühlen, Sägemaschinen u. d. m., hierbei schien es dem Verfasser unangemessen, die Mechanik auf etwas anderes als auf eine der einfachen Maschinen zu gründen, wozu er dann den Hebel am geeignetsten hielt.

Nachdem er wie Archimedes (Seite 14), vom doppelarmig gleicharmigen Hebel ausgehend, die Hauptsätze vom geradlinien ungleicharmigen Hebel abgeleitet und endlich auch die Eigenschaften des Winkelhebels nachgewiesen hat, gelangt er mittelst der Letzteren (pag. 47 a. a. O. Proposition XXI) zum Satze vom Parallelogramm der Kräfte.

Ebenfalls vom Hebel ausgehend, etwas über 50 Jahre später, bewies, in streng wissenschaftlicher Weise (halb synthetisch, halb analytisch), Kästner (S. 221) mit Hülfe des Winkelhebels den Satz vom Kräfteparallelogramm und zwar in seiner 1753 in Leipzig gedruckten Abhandlung ‚Theoria vectis et compositionis virium evidentius exposita‘ [1]). Selbstverständlich benutzte er auch

1) Es wird zuerst gezeigt, daß wenn von drei Kräften $P$, $Q$ und $R$, die gemeinschaftlich auf einen Punkt $C$ nach den Richtungen $C\alpha$, $C\beta$ und $C\gamma$ wirken, die eine $R$ den beiden andern $P$ und $Q$ das Gleichgewicht halten soll, die Richtung von $R$ den Winkel $ACB$ so theilen muß, daß

$$P \sin ACO = Q \sin BCO$$

oder, daß

$$P \sin \psi = Q \sin(\varphi - \psi) \text{ ist.}$$

Um dies nachzuweisen verlängere man die Richtung $C\gamma$ von $R$ willkürlich bis $O$ und fälle aus diesem Punkte die Normalen $OA$ und $OB$, beziehungsweise auf $C\alpha$ und $C\beta$. Sodann denke man sich $AOB$ als einen Winkelhebel mit $O$ als Drehpunkt und befestige $O$, so daß dieser Punkt von den Kräften $P$ und $Q$ einen Druck $R$ nach der Richtung $\gamma O$ erleidet.

Da nun das Gleichgewicht der Kräfte $P$ und $Q$ am Winkelhebel $AOB$ unter der Bedingung statt findet.

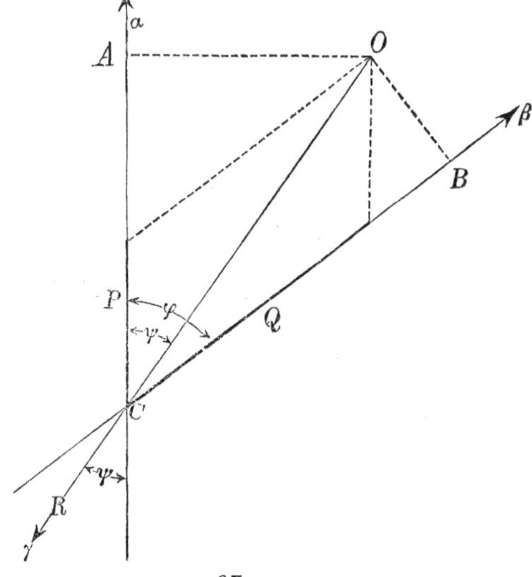


67.

$$P \cdot \overline{OA} = Q \cdot \overline{OB} \text{ und}$$

$$\overline{OA} = \overline{CO} \cdot \sin\psi, \text{ ferner}$$

$$\overline{OB} = \overline{CO} \sin(\varphi - \psi) \text{ ist, so hat man auch:}$$

diesen Beweis in seinen ‚Anfangsgründen der Mathematik' wovon die erste Auflage 1759 erschien.

In Deutschland scheint diesen Kästner'schen Beweis zuletzt Ide in seinem sehr gut verfaßten ‚Systeme der Mechanik fester Körper' (Berlin 1802) zum Parallelogramm der Kräfte benutzt zu haben, weshalb wir ihn nach Ide (möglichst abgekürzt) in der Note 1 aufgenommen haben.

Zu den vorzüglichsten Bemühungen den Beweis des Satzes vom Parallelogramme der Kräfte ohne Hülfe des Hebels zu führen, sind aus der Zeit des 18. Jahrhunderts, noch die von Daniel Bernoulli[1]) und Lambert[2]) zu zählen, vor Allem aber die von d'Alembert und Laplace. Den ersten analytischen Beweis vom Parallelogramme der Kräfte lieferte 1773 d'Alembert in den ‚Opuscules', Tome VI, pag. 360 (S. 191), wobei er

---

$$(1)\ P \sin\psi = Q \sin(\varphi-\psi),$$ w. z. b. w.

Um nun auch die Größe der Resultirenden $R$ zu finden verlängere man $AC$ über $C$ hinaus nach $N$ und betrachte $P$ als Resultirende, welche den beiden andern $Q$ und $R$ das Gleichgewicht hält. Diese Forderung ist aber nach (1) an die Bedingung geknüpft:

$$Q \sin BCN = R \sin\gamma CN, \text{ d. i. } Q \sin(180-\varphi) = R \sin\psi, \text{ d. i.}$$

$$(2)\ Q \sin\varphi = R \sin\psi$$

Da nun $P$ und $Q$, so wie der Winkel $ACB = \varphi$ gegeben sind, so enthalten die Gleichungen (1) und (2) nur zwei unbekannte Größen, nämlich $R$ und $\psi$, die sich aber ohne Weiteres finden lassen. Zuerst erhält man aus (1) wegen $P \sin\psi = Q\,[\sin\varphi \cos\psi - \sin\psi \cos\varphi]$:

$$(3)\ tg\ \psi = \frac{Q \sin\varphi}{P + Q \cos\varphi}.$$

Aus der Verbindung von (2) und (3) folgt ferner

$$R \sin\psi = (P + Q \cos\varphi)\ tg\ \psi \text{ und}$$

$$(4)\ R \cos\psi = P + Q \cos\varphi$$

Jetzt (2) und (4) quadrirt, giebt:

$$R^2 \sin^2\psi = Q^2 \sin^2\varphi$$

$$R^2 \cos^2\psi = P^2 + 2\ PQ \cos\varphi + Q^2 \cos^2\varphi$$

woraus durch Addition etc. folgt:

$$(5)\ R^2 = P^2 + Q^2 + 2\ PQ \cos\varphi$$

Für den Fall, daß $P = Q$ ist, erhält man aus (5) noch

$$(6)\ R = 2\ P \cos\frac{1}{2}\varphi.$$

1) ‚Examen principiorum mechanicae et demonstrationes Geometricae de compositione et resolutione virium'. Commentari-Acad. Petropol. Tom. I, 1724 pag. 26.

2) ‚Beiträge zum Gebrauche der Mathematik' 2. Theil 2, (Berlin 1770), S. 468.

sich sowohl der Differenzial- wie Integralrechnung bediente und von dem einfachen Falle ausging, daß zwei gleiche Kräfte unter einem beliebigen Winkel auf einen Punkt wirken [1]).

Verständlicher und kürzer, aber ebenfalls mit Hülfe der Differenzialrechnung und Integralrechnung, führte Laplace den Beweis in seinem ‚Traité de Mécanique Celeste', Tome I (1801 Deutsch übersetzt von Burkhardt), dabei von dem anderen einfachen Falle ausgehend, daß zwei ungleiche Kräfte auf einen Punkt wirken, ihre Richtungen aber einen rechten Winkel miteinander einschließen.

Einen analytischen Beweis unter alleiniger Anwendung der Differenzialrechnung gab zuerst Poisson in der ‚Correspondance sur l'école polytechnique', Nr. 9 vom Januar 1808, welchen Beweis er auch in seinem ‚Traité de Mécanique' (Seite 305) aufnahm.

Mit sogenannter niederer Analysis bewies (nach unserem Wissen zuerst) Cauchy (S. 228) den Satz vom Parallelogramme der Kräfte, am Anfange der zwanziger Jahre. Dieser Beweis (von demselben einfachen Falle wie Laplace ausgehend) findet sich abgedruckt im ersten Bande seiner ‚Exercises de Mathématiques' vom Jahre 1826, pag. 29 unter der Ueberschrift: „Sur la résultante et les projections de plusieurs forces appliquées a un seul point". Merkwürdig ist es, daß dieser sehr ansprechende Beweis ohne Beachtung für die Lehrbücher der Mechanik geblieben ist.

In den letzteren Büchern von besonderem Rufe, wie u. A. in den Vorlesungen über höhere Mathematik von Ettinghausen, Wien 1827 (Bd. 2, S. 245) und in Pontécoulant's ‚Théorie Analytique du Systéme du Monde', Paris 1829, wurden die analytischen Beweise nach Laplace geführt, jedoch mit Ausschluß der Integralrechnung, oder nach Poisson und Navier in seinem 1841 erschienenen ‚Résumé des leçons de Mécanique donnée à l'école polytechnique', Deutsch von Mejer in Hannover [2]).

---

1) d'Alembert gründete seinen Beweis auf die Gleichung

$$\varphi(x+z)+\varphi(x-z)=\varphi x\,.\,\varphi z,$$

deren Bedeutung und Bezeichnungen aus der folgenden Note 2 erhellt.

2) Bei dem großen Interesse, welches unsere Geschichte (von S. 353 bis mit S. 375) für Navier nehmen mußte und weil nicht allen Lesern die betreffende Mechanik zu Gebote stehen dürfte, copirt der Verfasser den Navierschen Beweis aus dem Originale wie folgt:

Der passenden Aneinanderreihung des Stoffes zufolge, konnte die chronologische Folge der verschiedenen Beweise für den Satz vom Parallelogramm nicht beibehalten werden, so daß wir jetzt zum Jahre 1804 zurück müssen, wo in der von Hachette redigirten ‚Correspondence sur l'École Impérial Polytechnique',

---

On peut aussi donner de la manière suivante une demonstration purement analytique du principe de la composition des forces.

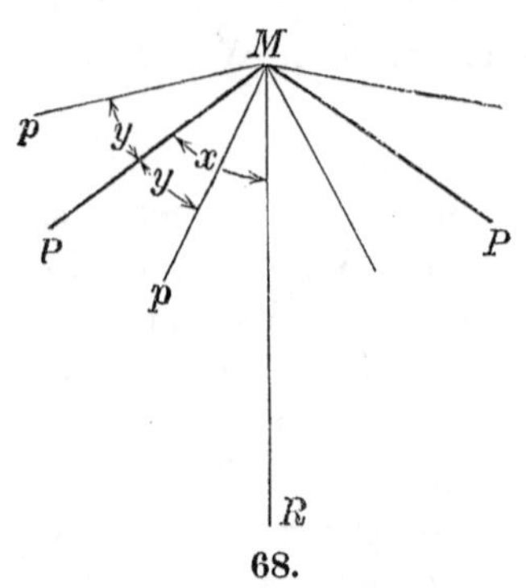

68.

Soient deux forces égales $P$ (Figur 68) appliquées au point $M$, dont les directions forment entre elles l'angle $2x$. La résultante $R$ de deux forces $P$ est évidemment dirigée dans le plan de ces forces, et suivant la ligne qui partage l'angle $2x$ en deux parties égales. De plus, la grandeur de cette résultante est toujours proportionnelle à celle des forces $P$. On peut donc écrire.

$$R = P \cdot f(x).$$

$f(x)$ désignant une function inconnue de l'angle $x$. Considérons maintenant chacune des forces $P$ comme la résultante de deux forces égales $p$ dont les directions forment un angle $y$ avec les directions des forces $P$:

on aura également

$$P = p \cdot f(y),$$

d'où l'on déduit

$$R = p \cdot f(x) \cdot f(y).$$

Or le système des deux forces $P$ pouvant être remplacé par celui des quatre forces $p$, la résultante $R$ peut être regardée comme la somme des résultantes des deux forces qui comprennent entre elles l'angle $2\ (x + y)$ et deux forces $p$ qui comprennent entre elles l'angle $2\ (x - y)$. Donc on a également

$$R = p \cdot f\ (x + y) + p \cdot f\ (x - y).$$

La comparaison de ces deux valeurs de $R$ donne

$$f(x) \cdot f(y) = f(x + y) + f(x - y) \ldots\ldots (a),$$

équation à laquelle doit satisfaire la fonction désignée par $f$, et au moyen de laquelle on peut reconnaître la nature de cette fonction.

En effet, différentitant deux fois de suite par rapport à la variable $y$, il viendra

$$f(x) \cdot f_1(y) = f_1(x + y) - f_1(x - y)$$
$$f(x) \cdot f_2(y) = f_2(x + y) + f_2(x - y);$$

et en supposant $y = 0$,

$$f(x) \cdot f\ (0) = 2f(x) \qquad \text{d'où } f\ (0) = 2$$
$$f(x) \cdot f_1(0) = 0 \qquad f_1(0) = 0$$
$$f(x) \cdot f_2(0) = 2f_2(x) \qquad \lambda^2 f(x) = f_2(x);$$

$\lambda^2$ désignant une constante quelconque, à laquelle on peut indifféremment donner le signe $+$ ou le signe $-$. Nous aurons donc successivement

Tome Premier (April 1804 — Mai 1808), p. 83 ein synthetischer Beweis erschien, der sich durch Einfachheit und Klarheit vor allen bis dahin Bekanntgewordenen auszeichnete.

Dieser Beweis wurde fast 40 Jahre hindurch als der betrachtet, welcher sich ganz besonders für Elementar-Lehrbücher eignet, sodaß wir ihn zu letzterem Zwecke in der That nicht nur bei den Franzosen [1]),

---

$$\begin{aligned} f_2(x) &= \pm \lambda^2 f(x) & \text{d'où } f_2(0) &= \pm \lambda^2 f(0) = \pm 2\lambda^2 \\ f_3(x) &= \pm \lambda^2 f_1(x) & f_3(0) &= \pm \lambda^2 f_1(0) = 0 \\ f_4(x) &= \pm \lambda^2 f_2(x) & f_4(0) &= \pm \lambda^2 f_2(0) = + 2\lambda^4 \\ f_5(x) &= \pm \lambda^2 f_3(x) & f_5(0) &= \pm \lambda^2 f_3(0) = 0 \\ f_6(x) &= \pm \lambda^2 f_4(x) & f_6(0) &= \pm \lambda^2 f_4(0) = \pm 2\lambda^6, \\ &\text{etc.} & &\text{etc.} \end{aligned}$$

Par conséquent, en formant le dévelloppement de $f(x)$ au moyen de la série de Maclaurin, on trouvera

$$f(x) = 2\left(1 \pm \frac{\lambda^2 x^2}{2} + \frac{\lambda^4 x^4}{2\,.\,3\,.\,4} \pm \frac{\lambda^6 x^6}{2\,.\,3\,.\,4\,.\,5\,.\,6} + \text{etc.}\right);$$

c'est-à-dire, en prenant les signes supérieurs,

$$f(x) = e^{\lambda x} + e^{-\lambda x};$$

et en prenant les signes inférieurs

$$f(x) = 2 \cos \lambda x.$$

L'un ou l'autre de ces resultats satisfait à la condition expérimée par l'equation $(a)$; mais le premier est exclu par la nature de la question dont il s'agit, parce qu'attribuant à la variable $x$ une valeur très-peu différente de zéro, il donnerait pour $f(x)$ une valeur plus grande que 2, d'où l'on conclurit $R > 2P$, ce qui est impossible.

Il résulte de ce qui précéde que la valeur de la résultante $R$ des deux forces $P$, dont les directions comprennet l'angle $2x$, est necessairement représentée par l'expression

$$R = 2 P \cos \lambda x,$$

$\lambda$ désignant une constante dont la valeur est encore indéterminée mais si l'on suppose $x = \frac{\pi}{2}$, les deux forces $P$ étant directement opposées l'une à l'autre $R = 0$.

Donc $0 = \cos \lambda \frac{\pi}{2}$; et par consequent $\lambda = 2i + 1$: de plus on doit prendre $i = 0$, sans quoi la résultante $R$ serait nulle dans cas de deux forces faisant entre elles l'angle aigu $\frac{\pi}{2i+1}$. Ainsi l'on à définitivement

$$R = 2 P \cos x,$$

conformément au principe démontré dans le $n^o$ (14). On passe facilement du cas de deux forces égales à celui a deux forces inégales dirigées perpendiculairement l'une à l'autre, puis au cas des deux forces inégales les directions comprennent une angle quelconque.

1) Francoeur ‚Traité Élémentaire de Mécanique'. In der vierten Auflage von 1814, pag. 11. Auch in der von Oppelt in Dresden (1825) besorgten Uebersetzung,

sondern auch bei den Deutschen [1]) und Engländern [2]) benutzt finden. Es wird der Sache angemessen sein, diesen Beweis im Originale aufzunehmen, woselbst derselbe wie folgt lautet:

Démonstration du parallélogramme des forces, par M. Duchayla, ancien élève de l'École polytechnique.

Lorsqu'on a trouvé la direction de la résultante de deux forces appliquées à un même point, sous un angle quelconque, il est facile d'achever la démonstration du parallélogramme des forces pour ce qui regarde l'intensité de la force résultante. L'auteur se borne donc à fair voir que la résultante de deux forces représentées en grandeurs et en directions par les deux côtés contigus d'un parallélogramme est dirigée suivant la diagonale de ce parallélogramme.

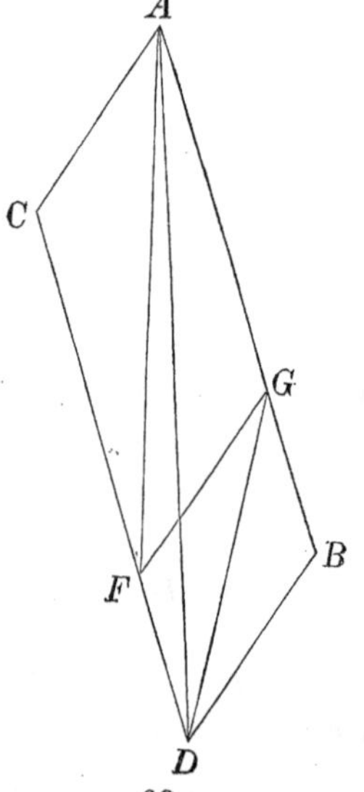

69.

Je suppose d'abord, dit M. Duchayla, que dans le cas d'un parallélogramme dont les côtés contigus soient $n$ et $m$, et dans le cas d'un autre parallélogramme dont les côtés soient $n$ et $p$, la résultante soit effectivement dirigée suivant la diagonale: je dis qu'elle sera pareillement dirigée suivant la diagonale dans le cas d'un parallélogramme dont les côtés seroient $n$ et $m + p$. Considérons un parallélogramme $ABCD$, Figur 69, dont les côtés $AB$, $AC$ représentent les forces. Soit $AC = n$, $AG = m$, $GB = p$. Supposons, au lieu de la force $AB = m + p$ agissant au point $A$, les deux forces $m$ et $p$ appliquées respectivement aux points $A$ et $G$ dans la direction de $AB$; cela posé, les deux forces $n$ et $m$ appliquées au point $A$ se composeront par hypothèse en une seule

1) Brewer in seinem Lehrbuche der ‚Statik fester Körper'. Düsseldorf und Elberfeld 1829, S. 19, §. 25. Hierbei wird S. 23 hervorgehoben, daß dieser von Duchayla erfundene Beweis an Gründlichkeit Nichts zu wünschen übrig läßt und an Einfachheit und Kürze alle bekannten Beweise des Satzes vom Parallelogramme der Kräfte übertrifft.

Brix in der ersten Auflage seines Elementar-Lehrbuches der ‚Statik fester Körper' (Berlin 1831), der Duchayla's Beweis einen construktiven nennt.

2) Earnshaw, ‚A Treatis on Statics'. (Die dem Referenten vorliegende 3. Ausgabe datirt Cambridge 1844).

suivant $AF$: au point $F$ de sa direction, je décompose cette résultante en ses deux composantes $n$ et $m$, l'une dans la droite $GF$ et dont l'origine pourra être transportée en $G$, l'autre dans la droite $FD$, et passant par conséquent au point $D$; il est visible maintenant que ces deux forces $n$ et $p$ appliquées au point $G$; se composant par hypothèse en une seule suivant la droite $GD$, la résultante des deux forces $AB$, $AC$ passe nécessairement par le point $D$, or elle passe aussi par le point $A$; ainsi elle est dirigée suivant la diagonale $AD$.

Lorsque les deux forces sont égales, la résultante est évidemment dirigée suivant la diagonale du rhombe. La proposition supposée a donc lieu dans le cas où les deux côtés du parallélogramme sont dans le rapport $1:1$; elle aura donc également lieu, lorsque les côtés seront dans les rapports $1:2$, $1:3$, $1:4$ etc. $1:g$; elle aura donc lieu enfin, lorsque les côtés seront dans les rapports de $g:2$, $g:3$, $g:4$ etc. $g:h$; c'est-a-dire, que la proposition sera vraie généralement pour les cas de deux forces commensurables. On démontrera ensuite par le raisonnement ordinaire de la réduction à l'absurde, que la proposition comprend aussi le cas de deux forces incommensurables.

Von ähnlichen Beweisen verdienen insbesondere noch zwei in der Geschichte der Mechanik notirt zu werden, welche beziehungsweise nacheinander Möbius[1]) und Ettingshausen[2]) lieferten.

Möbius brachte zuerst einen solchen Beweis in seinem 1837 erschienenen Lehrbuche der ‚Statik fester Körper' und dann später (1851) im 42 Bande, S. 179, des Crelle'schen ‚Journals für angewandte Mathematik'. An letzterer Stelle leitet er den Beweis durch die Bemerkung ein, daß er alle für einen so elementaren Gegenstand, aus der höheren Analysis entlehnten Kunst-

---

1) A. F. Möbius wurde 1790 in Schulpforta geboren und starb daselbst als Professor der Astronomie an der Universität Leipzig im Jahre 1868. Von seinen zahlreichen mathem., physikal. und astronomischen Arbeiten liefert Poggendorff im ‚Biographisch-Literarischen Handwörterbuche' ein Verzeichniß.

Besonders berühmt machte sich Möbius durch sein 1827 erschienenes Buch ‚der barycentrische Calcul', ein neues Hülfsmittel zur analytischen Behandlung der Geometrie.

2) Andreas von Ettingshausen wurde am 25. Nov. 1796 in Heidelberg geboren und starb am 25. Mai 1878 in Wien, als Professor der Physik und Director des physikalischen Instituts der Universität daselbst.

griffe (wie sie d'Alembert, Laplace und Poisson zuerst in Anwendung brachten) fremdartig und damit für unstatthaft [1]) halte.

Während es sowohl Möbius wie Ettinghausen, der erstere für ungenügend, der letztere für unangemessen hielt, in einem strengwissenschaftlichen Lehrgebäude den Beweis für das Parallelogramm der Kräfte auf Bewegungsgesetze zu gründen, wählte Weisbach diesen Weg bereits 1835 in seinem Erstlingswerke ‚Handbuch der Bergmaschinen-Mechanik'. Erster Band, für die rationelle technische Mechanik. Er fand es für vortheilhaft an die Spitze dieser Mechanik die Bewegungslehre (Phoronomie) zu stellen und zwar aus Gründen, die wörtlich folgende sind: „Man gewinnt bei diesem Gange viel an Kürze, denn man kann dann in der eigentlichen Mechanik das Parallelogramm der Kräfte aus dem in der Phorometrie vorgetragenen Parallelogramme der Geschwindigkeiten oder dem der Accelerationen unmittelbar ableiten und bekommt dadurch zugleich eine sehr in die Augen fallende Abhängigkeit zwischen Kraft und Acceleration".

Weisbach hat (zum Vortheile der studirenden technischen Jugend) diesen Beweisgang auch in seiner ‚Ingenieur-Mechanik' beibehalten. Entschieden gefolgt ist dieser Richtung die neuere französische Schule der rationellen Mechanik, insbesondere der leider zu früh aus dem Leben geschiedene Delaunay (Professor der Pariser Polytechnischen Schule und der Faculté des Sciences), dessen wir bereits S. 465 rühmlichst gedenken mußten.

Sein vortreffliches 1851 in erster Auflage erschienenes Lehrbuch ‚Traité de Mécanique Rationelle', hat gegenwärtig die 8. Auflage und auch bereits 1868 (nach der 4. Auflage) eine deutsche Bearbeitung von Dr. Krebs erlebt (unter dem etwas veränderten Titel: ‚Lehrbuch der analytischen Mechanik'). Zur Freude aller, welche unseren technischen Hochschulen zwar ein äußerst gründliches Fundament der Mechanik, aber keinen zu weit gehenden, rein theoretisch formellen Aufbau,

1) Um die Ansicht keines der bedeutendsten deutschen Mathematiker, technischer Hochschulen über den fraglichen Gegenstand unbeachtet zu lassen, empfiehlt Referent noch das Lesen eines beachtenswerthen Aufsatzes von O. Schlömilch, unter der Ueberschrift: „Ueber die analytischen Beweise des Satzes vom Parallelogramm der Kräfte", in der ‚Zeitschrift für Mathematik und Physik'. Zweiter Jahrgang, 1857, S. 84.

vorzugsweise nach Lagrange's Muster, wünschen müssen, hat auch hier (wenigstens theilweise, vorzugsweise in Hannover und Aachen) [1]) der Delaunay'sche Vorgang entsprechende Nachahmung gefunden [2]).

Schließlich benutzt der Verfasser noch den §. 101 des Delaunay'schen ,Traité de Mécanique Rationelle', welcher die Ueberschrift trägt: „Théorie des moments, dans le cas des forces appliquées à un même point matérial", zu einer besonders bemerkenswerthen geschichtlichen Notiz.

Lagrange in seiner ,Mécanique Analytique' (Première Partie, Statique, Sect. I, §. 12) wo er über das Prinzip von der Zusammensetzung der Kräfte handelt und die beiden auch vorher hier erörterten Methoden kritisirt, etweder die Lehre vom Hebel oder den Satz vom Porallelogramm der Kräfte an die Spitze der Mechanik zu stellen, weist darauf hin, daß man für die unmittelbare Vereinigung beider Principe das Theorème Varignon (,Nouvelle Mécanique', Sect. I, Lemme XVI, p. 84 ff.) benutzen kann. Merkwürdiger Weise fehlt bei Delaunay die Bemerkung gänzlich, daß dieser Oben, S. 479 (Note), nach dem Originale bewiesene Satz (das statische Moment der Resultirenden ist gleich der Summe der statischen Momente der Composanten, letztere bezogen auf einen und denselben Punkt, welcher irgend wo in der Ebene der Kraftrichtungen liegt) von Varignon herrührt.

Später hat man den Varignon'schen Satz zur Zusammensetzung zweier Drehgeschwindigkeiten, deren Achsen einander schneiden, oder zum Nachweise des Parallelogramms der Drehgeschwindigkeiten in der sogenannten geometrischen Mechanik

---

1) Referent kann nach Ueberzeugung und Erfahrung nicht genug insbesondere die Lehrbücher des Herrn Geh. Reg. Rath, Professor Ritter an der Technischen Hochschule in Aachen empfehlen, insbesondere das ,Lehrbuch der höheren Mechanik', welches bei völliger Selbständigkeit im Geiste Delaunay's verfaßt ist.

2) Delaunay hat seine Mechanik in vier Bücher getheilt, welche folgenden Stoff umfassen:

Livre I: Cinématique (Phoronomie).

II: Dynamique (erster Theil) Gleichgewicht und Bewegung des materiellen Punktes.

III: Dynamique (zweiter Theil) Gleichgewicht eines materiellen Systems

IV: Dynamique (dritter Theil) Bewegung eines materiellen Systems.

(Kinematik, S. 326) benutzt, ohne daß Referent im Stande ist anzugeben, wer dies zuerst ausgeführt hat. Der Verfasser gegenwärtiger Geschichte hat in letzterem Sinne und für gleichen Zweck, von dem Varignon'schen Satze in der dritten Auflage seiner Grundzüge der Mechanik (Geostatik) Gebrauch gemacht [1]), wie nachher Resal in seinem ‚Traité de Cinématique pure' [2]), ferner Ritter [3]) in seinem bereits erwähnten ‚Lehrbuche der analytischen Mechanik', Somoff in seiner ‚Kinematik' [4]) etc.

Es verbleibt nunmehr, als Schluß unserer Geschichte vom Parallelogramme der Kräfte, noch desjenigen Beweises zu gedenken, den man mit Hülfe des Prinzips der virtuellen Geschwindigkeit (S. 195) zu geben im Stande ist. Zu Ehren des für seine Leistungen im Gebiete der technischen Mechanik unvergeßlichen Redtenbacher, copiren wir in der unten folgenden Note [5])

1) Bezeichnet man mit Bezug auf Fig. 60, S. 486 die Winkelgeschwindigkeiten, womit die sich schneidenden $\overline{AB}$ und $\overline{AC}$ zur Drehung veranlaßt werden, mit $\omega_1 = (AB)$ und $\omega_2 = AC$, so ergiebt sich, wenn der Winkel $BAC = \alpha$ gesetzt wird, die resultirende Winkelgeschwindigkeit $AD = \omega$:

$$\omega = \sqrt{\omega_1{}^2 + \omega_2{}^2 + 2\,\omega_1\,\omega_2 \cos\alpha}$$

2) In der Pariser Ausgabe von 1862, §. 67 und §. 90.

3) ‚Lehrbuch der analytischen Mechanik'. (Ausgabe 1873) §. 17.

4) Aus dem Russischen übersetzt von A. Ziwet. Leipzig 1878, S. 294, Nr. 142.

5) Es mögen $X$ und $Y$, Fig. 70, zwei Kräfte sein, deren Richtungen sich unter rechtem Winkel schneiden und welche durch eine dritte Kraft $R$ im Gleichgewicht erhalten werden sollen.

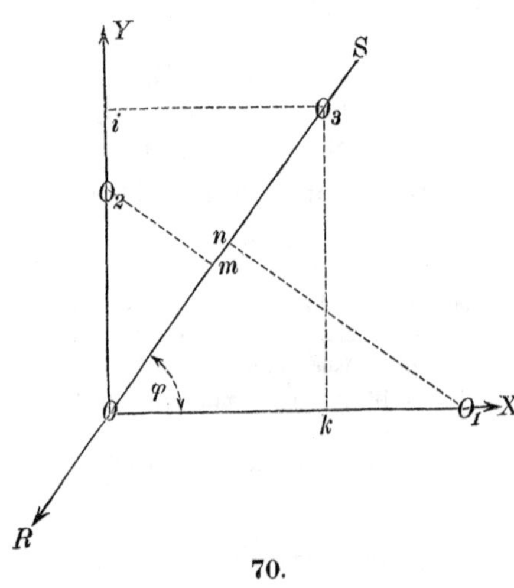


70.

Die Bedingungen, unter welchen das letztere erfolgen kann, lassen sich mit dem Prinzipe der virtuellen Geschwindigkeit leicht finden.

Wir denken uns zuerst eine allgemeine Verschiebung, wobei der allen Kräften gemeinschaftliche Angriffspunkt von $O$ nach $O_1$ um die willkürliche Größe $O\,O_1$ gebracht wird und wobei der Winkel $O_3\,O\,X = \varphi$ ist. Fällt man dann von $O_1$ auf die verlängerte von $R$, also auf $O\,S$ Richtung die Normale $O_1\,\overline{n}$, so hat man nach dem genannten Prinzipe:

das Wesentlichste der Sache aus seinem 1859 veröffentlichten Buche ‚Principien der Mechanik und des Maschinenbaues', S. 155 ff.

## Zweites Zusatz-Capitel.

## §. 41.

### Geschichte der Ermittlung des Steifheitswiderstandes der Seile.

Zweifellos hatte im 17. Jahrhundert die Erfahrung längst gelehrt, daß, wenn man ein Seil um eine Walze oder Rolle legt, ein Widerstand zu überwinden war, welcher sich der Biegung entgegenstellte und der sich um so größer zeigte, je kleiner der Walzen- oder Rollen-Radius und je dicker das Seil war [1]).

Versuche aus denen man ein bestimmtes Gesetz für diesen Widerstand (die Seilsteifigkeit) zu entnehmen und in Gewichtsgrößen auszudrücken im Stande gewesen wäre, wurden erst am Ende des 17. Jahrhunderts und zwar von dem französischen

---

$$0 = X \cdot \overline{OO_1} - R \cdot \overline{OO_1}\, cos\, \varphi, \text{ woraus folgt:}$$

$$(1)\ X = R\, cos\, \varphi.$$

Nimmt man eine eben solche Verschiebung in der Richtung $OY$ um $OO_2$ vor und fällt von $O_2$ die Normale $m\,O_2$, so ergiebt sich

$$0 = Y. \overline{OO_2} - R\, \overline{OO_2}\, sin\, \varphi, \text{ d. i.}$$

$$(2)\ Y = R\, sin\, \varphi.$$

Endlich liefert eine dritte Verschiebung um $OO_3$ in der Richtung $OS$, wenn man von $O_3$ die Normalen $O_3 k$ und $O_3 i$ auf die Richtungen von $X$ und $Y$ gefällt hat:

$$X \cdot \overline{OO_3}\, cos\, \varphi + Y \overline{OO_3} . sin\, \varphi - R \overline{OO_3} = 0.$$

Demnach

$$(3)\ R = X\, cos\, \varphi + Y\, sin\, \varphi.$$

Mit Zuziehung von (1) und (2) lassen sich die trigonometrischen Werthe entfernen indem man hat:

$$cos\, \varphi = \frac{X}{R} \text{ und } sin\, \varphi = \frac{Y}{R},$$

sodaß aus (1) wird

$$(4)\ R^2 = X^2 + Y^2.$$

Alles wie bereits Seite 482 in der Note gefunden wurde.

1) Werden Ketten statt der Seile als Zugorgane in Anwendung gebracht, so wird der Biegungswiderstand durch die Reibung der Kettenglieder an einander, an den An- und Ablaufstellen, gebildet, die sich theoretisch bestimmen läßt, sobald der betreffende Reibungscoefficient bekannt ist. Daher hierüber später im Capitel „Reibung".

Physiker und geschickten Experimentator Amontons[1]) angestellt und darüber unterm 19. December 1699 in den Pariser Mémoiren der Akademie der Wissenschaften (p. 206—227) ausführlich berichtet.

Leider waren seine Seile zu dünn, hatten nur 1,2 bis 3 Linien Dicke und die größte Belastung betrug nur 30 Pfund, sodaß man von den gefundenen Resultaten (ungeachtet daß Amontons zur Benutzung für praktische Rechnungen, besondere Tabellen berechnet hatte) nur wenig Gebrauch zu machen im Stande war.

Weit wichtiger sind die für denselben Zweck angestellten Versuche Coulomb's (S. 238—244). Dieser um die technische Mechanik überhaupt hochverdiente Mann, machte Versuche mit vier neuen, trockenen Hanfseilen, deren Durchmesser in französischen Linien ausgedrückt 3,98, 6,36, 8,91 und 8,14 betrugen,

---

1) Guillaume Amontons wurde 1663 zu Paris geboren und starb daselbst 1705 Sohn eines Advokaten in der Normandie, hatte er das Unglück noch während des Besuches der Elementarschule sein Gehör zu verlieren, was ihn jedoch nicht vom Lernen und wissenschaftlichen Studien (namentlich der Physik, reinen Mathematik und Mechanik) abhielt, vielmehr dazu trieb ärztliche Hülfe zur Heilung des Uebels abzuweisen, weil er in der Taubheit ein geeignetes Mittel fand, durch die Außenwelt von seinen wissenschaftlichen Arbeiten weniger abgezogen zu werden.

Von 1687 an machte sich Amontons durch allerhand Versuche, Verbesserungen und Erfindungen eigenthümlicher Hygrometer, Barometer und Thermometer in größeren Kreisen bekannt.

Im Jahre 1695 widmete er der Pariser Akademie der Wissenschaften sein erstes gedrucktes Buch, betitelt: ‚Remarques et Expériences physiques' etc., dem bald darauf seine Versuche über Seilbiegungswiderstand und Reibung fester Körper folgte, was zusammen 1699 seine Aufnahme in die Akademie veranlaßt haben mochte. Amontons besaß eine so große Fertigkeit im Experimentiren, daß man glaubte in ihm Mariotte wieder aufleben zu sehen.

Ueber eine Arbeit Amontons, welche ebenfalls 1699 in den Memoiren der Pariser Akademie (von p. 112 ab, auch mit Abbildungen begleitet) abgedruckt wurde, kommen wir im zweiten Theile unserer Geschichte zurück und beschränken uns daher auf Angabe der Ueberschrift, welche folgende ist: „Moyen de substituer commodement L'Action du Feu, à la Force des Hommes et des Chevaux".

(Ein p. 123 eingehängter Kupferstich stellt Amontons rotirende Feuermaschine unter der Benennung „Moulin à Feu" dar).

Obwohl sich Amontons einer vortrefflichen Gesundheit erfreute und er regelmäßig lebte, erlag er am 11. October 1705, im Alter von nur 42 Jahren einer Unterleibsentzündung.

wobei er sich jedoch des der Hauptsache nach wenig veränderten Amonton'schen Apparates Figur 71 und Figur 72 bediente.

An einem starken horizontalen Träger $AA'$ wurden zwei feste Rollen $aa'$ befestigt und über diese, sowie über einen kreisförmigen Cylinder $bb'$ ein Seil in der Art und Weise geschlagen wie unsere Abbildungen ohne Weiteres erkennen lassen. An den freien Enden des Seiles waren Haken $dd'$ angebracht, welche zum Aufhängen einer kräftigen hölzernen Plattform dienten, die mit gußeisernen Prismen (sogenannten Gänzen, gueuses) belastet

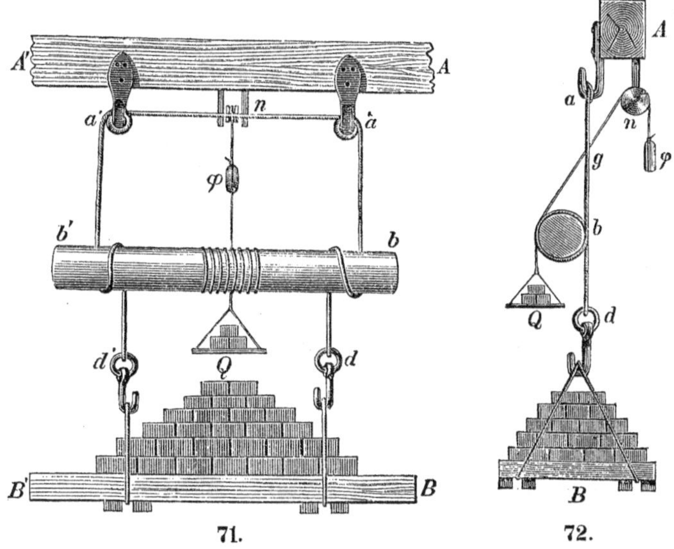


71. 72.

werden konnte. Eine kleine Schale hatte man zur Aufnahme geringerer Gewichte $Q$ angebracht und an einem sehr biegsamen Faden befestigt, der gleichzeitig mehreremal um den hölzernen Cylinder $bb'$ gewickelt war und wodurch ein Gegengewicht $\varphi$ in erforderlicher Spannung erhalten wurde.

Bei den Versuchen wurde die Schale $Q$ so lange belastet, bis der Cylinder zu sinken begann.

Recht sinnreich war der Weg, auf welchem Coulomb zu einer Formel gelangte, aus welcher schließlich der Seilbiegungswiderstand mittels der gewonnenen Versuchsresultate berechnet werden konnte.

An den freien Enden $D$ und $E$, Fig. 73, eines Seiles $DFE$ mögen Gewichte $W$ und $P$ aufgehangen $P > W$ und $P$ im Niedersinken, dagegen $W$ im Aufsteigen begriffen sein. Dabei bewirkt die Seilfestigkeit offenbar, daß das Gewicht (der Schwerpunkt) $W$ von der durch den Punkt $A$ gezogenen lothrechten Linie $Av$ abgelenkt und in eine andere nach links liegende ebenfalls lothrechte Linie $as$ gedrängt wird. Auf der Seite $B$ ergiebt sich die entgegengesetzte Wirkung, der Schwerpunkt des Gewichtes $P$ befindet sich in einer lothrechten Linie $br$, näher an dem Mittelpunkt $C$ der Rolle als der Punkt $B$.

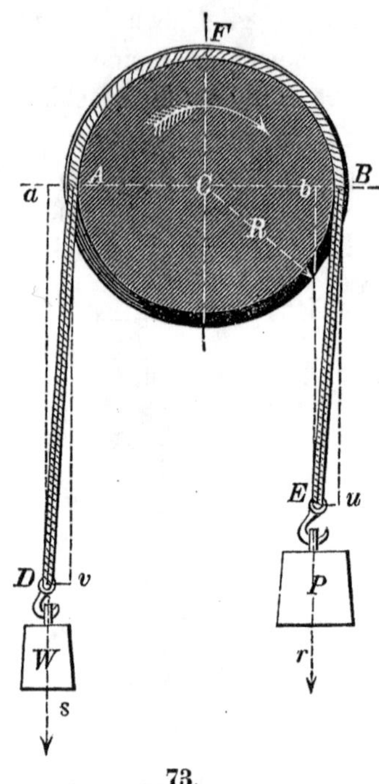

73.

Von solchen und ähnlichen Betrachtungen ausgehend, gelangt Coulomb[1]) zu der Momentengleichung:

$$P(\overline{CB} - \overline{bB}) = W(\overline{AC} + \overline{Aa}),$$

woraus sich ergiebt:

$$P - W = \frac{W.\overline{Aa} + P.\overline{bB}}{\overline{AC}}.$$

Nimmt man nun an, daß der Widerstand des Seiles bei seiner Abwickelung von der Rolle an dem Punkte $B$ in Vergleich mit seinem Widerstand bei der Aufwickelung an dem Punkte $A$ vernachlässigt werden kann, was nach Coulomb's Versuche zulässig ist, so erhält man, wenn der Rollenhalbmesser $\overline{AC} = R$ ist:

$$P - W = \frac{W.\overline{Aa}}{R},$$

wobei $P - W$ nichts anderes als die Seilsteifigkeit $= S$ darstellt. Da Coulomb ferner fand, daß sich $S$ einer Potenz $m$ des Seildurchmessers $= \delta$ proportional zeigte, so setzte er

$$(1)\quad S = \frac{b\,\delta^m}{R} \,.\, W,$$

wobei $b$ einen aus den Versuchen zu bestimmenden constanten Werth bezeichnete.

---

1) ‚Théorie des Machines Simples', pag. 161.

Da endlich das Seil schon durch seine Herstellung (Verflechtung, Verkürzung) der ursprünglichen Länge der Faden aus welchen es hergestellt wird, einen gewissen Grad von Steifigkeit ohne eine äußere Spannung $W$ besitzt, so fügte Coulomb dem Werthe für $S$ in (1) noch ein von der Spannung $W$ unabhängiges Glied von der Form $\frac{a\,\delta^m}{R}$ bei, sodaß aus (1) wird:

$$(2)\ S = \frac{\delta^m}{R}\,(a + b\,W).$$

Coulomb[1]) fand die Werthe

$m = 1{,}7$ für neue Seile und

$m = 1{,}4$ für alte Seile.

Für Metermaaße und Kilogramme bestimmt erst später Prony[2]) die Werthe der Coëfficienten $a$ und $b$ aus den Coulomb'schen Versuchen, wonach sich ergab:

$$(3)\ S = \frac{\delta^{1,7}}{R}\,(82{,}50 + 3{,}78\ W)\ \text{für neue Seile;}$$

$$(4)\ S = \frac{\delta^{1,4}}{R}\,(13{,}74 + 0{,}605\ W)\ \text{für alte Seile.}$$

Eytelwein war einer der ersten, welcher die Ungenauigkeit der Prony'schen Formeln (3 und 4) nachwies und es zugleich für das praktische Rechnen nothwendig erachtete, einen weniger zusammengesetzten Ausdruck für den Seilsteifigkeits-Widerstand zu besitzen.

Bereits im Jahre 1795 gelangte Eytelwein[3]) zu folgender den bezeichneten Wünschen genügenden Formel:

$$(5)\ S = 0{,}00344\,\frac{\delta^2}{d}\,.\,W,$$

wenn man $\delta$ und $d$ in rheinländischen Linien und $W$ in Berliner Pfunden ausdrückt, sodaß sich für Meter und Kilogramme ergiebt:

$$(6)\ S = 18{,}6\,\frac{\delta^2}{r}\,.\,W,$$

1) ‚Théorie des Machines Simples', pag. 114.

2) ‚Neue Architektura Hydraulika'. Erster Theil, §. 1180, S. 542 und ‚Leçons de Mécanique Analytique', Prémière Partie. pag. 304, Paris 1810.

3) ‚Aufgaben, größtentheils aus der angewandten Mathematik' etc., Berlin 1793, Seite 46 und ‚Handbuch der Statik fester Körper'. Zweiter Band, §. 320. Berlin 1808.

wenn $r = \frac{d}{2}$ den Rollenhalbmesser bezeichnet. Eytelwein hebt ganz besonders hervor, daß er den betreffenden Coëfficienten 0,0034441 aus 47 vortrefflichen Coulomb'schen Versuchen ermittelt habe.

Nachher bemühte sich Navier in seiner anerkennenswerthen Bearbeitung von Belidor's Arch. Hydraul. p. 178, Paris 1819, vorstehende Formeln für praktische Rechnungen geeigneter zu machen, indem er die Form

$$\frac{1}{D}(\alpha + \beta \,.\, W)$$

in Anwendung brachte, worin $D$ den Durchmesser des Seiles bezeichnete, $\alpha$ und $\beta$ aber aus besonders berechneten Tabellenwerthen zu entnehmen waren, bei deren Entwerfen die Zahl der Garnfäden (Bindfaden, fils de caret) in Betracht gezogen waren.

Diesen Weg Navier's behielt auch noch später Morin [1]) bei.

Redtenbacher[2]) bestimmte den genannten Coëfficienten ebenfalls aus Coulumb'schen Versuchen und gelangt zu der Formel

$$(7)\quad S = 0{,}26\,\frac{\delta^2}{D}\,W,$$

wenn man $\delta$ und $D$ (den Rollendurchmesser) in Centimetern und $W$ in Kilogrammen ausdrückt.

Redtenbacher begleitet das Capitel „Steifheit der Seile“ in Bezug auf Formel (7) noch mit folgenden wichtigen Bemerkungen:

„Diese Formel kann freilich nicht sehr genau sein und jedenfalls nur für Seile passen, die sich in jeder Hinsicht in einem gewöhnlichen mittleren Zustande befinden, denn diese Steifigkeit hängt streng genommen von sehr vielen Verhältnissen ab. Sie richtet sich nach der Beschaffenheit, Festigkeit, Elastizität, Länge der Elementarfasern des Hanfes, nach der Anfertigungsweise des Seiles, namentlich an der stärkeren Zwirnung der Schnüre [3]) und Leinen, ferner nach dem Alter des Seiles, nach den Substanzen, von welchen es mehr oder weniger durchdrungen ist,

1) ‚Leçons de Mêcanique practique‘. Tome I, Deuxième Édit., Paris 1855. §. 269 ff.

2) ‚Der Maschinenbau‘. Erster Band. Manheim 1862. Seite 295.

3) (Schnüre = Garnfäden = Bindfaden) nicht Fasern, welche letztere Redtenbacher „Leinen“ nennt.

z. B. von Wasser, Seife, Oel, Theer u. s. w., es ist also selbstverständlich, daß von einer genauen Berechnung der Steifigkeit keine Rede sein kann, daß aber auch eine genauere Berechnung keinen Werth haben kann, weil man ja doch bei Verwendung eines Seiles keine weitläufigen Prüfungen und Untersuchungen über alle seine Qualitäten anstellen kann noch anstellen will".

Nach diesen für die Anwendung (für die Praxis) höchst wichtigen Erörterungen bemerkt Redtenbacher noch Folgendes:

„Für den Steifigkeitswiderstand der Drahtseile habe ich aus eigenen Versuchen gefunden, daß derselbe durch die Formel:

$$(8)\ S_1 = 0{,}58\ Q \frac{\delta^2}{D}$$

ausgedrückt werden kann, wo $\delta$ wie $D$ wieder in Centimetern und $Q$ in Kilogramme auszudrücken sind".

„Da bei gleicher Festigkeit der Durchmesser eines Drahtseiles [1]) halb so groß ist als der eines Hanfseiles, so stellt sich heraus, daß der Steifigkeitswiderstand eines Drahtseiles kleiner ist, als der eines Hanfseiles" [2]).

---

1) Bezeichnet $AB = \delta$ den Durchmesser eines der Drähte des Drahtseiles (Figur 74) und ist $HZ = D$ der Seildurchmesser, so berechnet sich die durch das Schlagen einer Lietze (hier 4 Lietzen vorausgesetzt) bewirkte Verkürzung wie folgt:

Es ist $\overline{MA} = \sqrt{\overline{AJ}^2 + \overline{JM}^2} = \delta \sqrt{\frac{1}{2}}$, wenn $M$ die sogenannte Seele des Seiles darstellt. Dabei ist $MA$ der Halbmesser eines Cylinders, um welchen man sich die Achse eines Drahtes schraubenförmig gewunden denken kann. Ist nun $h$ die Schraubenganghöhe, so hat man für den Steigwinkel $\alpha : tg\alpha = \frac{h}{2\pi \overline{MA}} = \frac{h}{\pi\delta\sqrt{2}}$. Daher ist die wahre Länge $l$ eines Schraubenganges: $l = \sqrt{h^2 + 2\pi^2\delta^2}$.



74.

Als Annäherungswerth kann man setzen: $l = h + \frac{\pi^2\delta^2}{h}$. Hiernach ist die durch das Schlagen einer Lietze bewirkte Verkürzung: $l - h = \frac{\pi^2\delta^2}{h}$, relativ also $\frac{\pi^2\delta^2}{h^2}$.

Ist dann beispielsweise $\delta = 2^{mm},75$; $h = 80^{mm}$, so berechnet sich $\alpha = 81^0\ 19^1$ und die relative Verkürzung ergiebt sich $= \frac{\pi^2 . (2{,}75)^2}{(80)^2} = 0{,}0117$, d. h. reichlich zu 1 Procent.

Für Anfänger bestimmt und aus Weisbach's Versuchen über die Steifigkeit eiserner Treibseile (Zeitschrift ‚Der Ingenieur' Bd. 1, 1848, S. 7).

2) Redtenbacher hat sich auch um die theoretische Bestimmung des

## Drittes Zusatz-Capitel.

### §. 42.

### Geschichte der Reibungsversuche und der damit zusammenhängenden Rechnungen.

Leonardo da Vinci (S. 39—41) scheint der erste gewesen zu sein, der sich mit dem Studium des Widerstandes beschäftigte, welcher bei der Bewegung fester Körper aufeinander entsteht, der vorzugsweise von der Rauhigkeit der aufeinander gepreßten Oberflächen herrührt und mit dem Namen Reibung bezeichnet wird [1]).

Behauptet wird in unserer Quelle, daß Leonardo nicht nur über die gleitende Reibung unter vielen Variationen Versuche angestellt, sondern auch über drehende (Zapfen-)Reibung und für beide Fälle viele Skizzen gegeben habe. Letztere An-

---

Steifigkeitswiderstandes der Seile verdient gemacht, in welcher Beziehung auf Bd. I seines Werkes ‚Der Maschinenbau', S. 296 ff., verwiesen werden muß.

Weisbach stellte im Jahre 1845 Versuche über den Steifigkeitswiderstand der Seile an. Ein von ihm selbst verfaßter Bericht findet sich abgedruckt im ersten Bande der Zeitschrift ‚Der Ingenieur' Jahrgang 1848, S. 3—28. Es ist diese Arbeit ein werthvolles Aktenstück, welches die Schwierigkeit derartiger Versuche recht erkennen läßt und verdient deshalb namentlich von Maschineningenieuren gelesen zu werden.

Grashof bezeichnet im 2. Bande seiner ‚Theoretischen Maschinenlehre', S. 318, die Weisbach'schen Versuche als diejenigen, welche das meiste Vertrauen verdienen. Leider hat Weisbach die Beibehaltung des zweigliedrigen Ausdrucks $S = K + \frac{\alpha Q}{r}$ für nothwendig erachtet (wogegen sich für die Praxis schon Eytelwein und Redtenbacher aussprachen). Beispielsweise ergab sich für ein Drahtseil von $2r = 8$ Linien Dicke, welches aus 16 Drähten von je $1\frac{1}{2}$ Linien bestand und wovon jeder laufende Fuß 0,64 Pfd. wog, bei Rollen von 4 bis 6 Fuß Durchmesser für Kilogramme (Weisbach, Ing. Mechanik, Erster Theil, 5. Aufl., S. 372):

$$S = 0{,}49 + 0{,}00238\,\frac{Q}{r}.$$

1) Dr. Grothe ‚Leonardo da Vinci als Ingenieur und Philosoph'. Verhandlungen des Vereins zur Beförderung des Gewerbefleißes in Preußen, 53. Jahrgang (1875), Seite 131. Leider enthält diese einzige, dem Referenten bekannte Quelle, nicht eine der erwähnten sich auf Reibungsversuche beziehenden Skizzen.

gabe wird dadurch fast zur Gewißheit, daß sich in den weiteren Mittheilungen folgende von Leonardo gefundenen Sätze finden:

Erstens. „Die Reibungen der Körper sind von so verschiedener Gewalt als es Variationen der Schlüpfrigkeit der Körper giebt, welche sich reiben können. Die Körper, welche auf ihrer Oberfläche mehr geglättet sind, haben eine geringere Reibung" etc. etc.

Zweitens. „Jeder Körper widersteht bei der Reibung mit einem Viertheil seiner Schwere, vorausgesetzt eine glatte Ebene mit polirter Oberfläche".

Der zweite, welcher Beobachtungen und Versuche anstellte, war der bereits im vorigen Paragraphen genannte Franzose Amontons, der viele seiner Experimente in Gegenwart geeigneter Mitglieder der Pariser Akademie der Wissenschaften anstellte und worüber in der unten angegebenen Quelle ausführlich berichtet wird [1]).

Der von Amontons in Anwendung gebrachte, in der unten notirten Quelle abgebildete Apparat, war von ziemlich primitiver Beschaffenheit. Dennoch gelangte er als geschickter und sorgfältiger Experimentator zu folgenden Hauptresultaten:

1. Der Reibungswiderstand ist proportional der Pressung und unabhängig von der Größe der Berührungsfläche;

2. Dieser Widerstand ist für alle Körper, womit Versuche angestellt wurden, beinahe gleich groß und ungefähr $^1/_3$ der Pressung;

3. Bei bewegten Körpern steht dieser Widerstand im zusammengesetzten Verhältnisse der Pressung, der Zeit und Geschwindigkeit.

Letzteres Ergebniß bezieht Amontons (p. 210 der Original-Abhandlung) auf drehende und rollende Reibung mit folgender Bemerkung:

„Der Widerstand, welchen die Reibung einem Schlitten entgegenstellt, welcher auf einem festen, horizontalen Boden fortgezogen werden soll, beträgt ungefähr $^1/_3$ des Totalgewichts (Eigengewicht + Ladung)".

Dagegen ist dieser Widerstand bei einem Räderfuhrwerke (Charette, Karren) in dem Verhältnisse des Zapfenumfanges zum

---

1) ‚Mémoires de l'Académie Royale des Sciences', Année 1699, pag. 206. Hieraus in freier Bearbeitung durch Brix im 16. Jahrgange (1837), S. 130 der Verhandlungen des Vereins zur Beförderung des Gewerbefleißes in Preußen.

Radumfange geringer. Beispielsweise nimmt Amontons das Verhältniß vom Zapfenradius $= \varrho$ zum Radius des Rades $= r$, d. i.: $\frac{\varrho}{r} = \frac{1}{18}$ und findet demnach (bei $1/3$ des Reibungscoëfficienten) die Reibung gleich $1/54$ des Gesammtgewichtes vom Karren und seiner Ladung.

Amontons' Resultat, daß die Reibungsgröße von der Berührungsfläche unabhängig sei, erregte unter den damaligen Akademikern so großen Zweifel, daß sich Lahire für verpflichtet hielt, neue Versuche und zwar mit einem Apparate anzustellen, der im wesentlichen aus einem Tische mit horizontaler Platte bestand, auf welcher er die zum Versuche bestimmten Körper (hölzerne Prismen und Marmorblöcke) dadurch zu einer Horizontalbewegung veranlaßte, daß er an diese Körper eine Schnur befestigte, letztere über eine feste Rolle leitete und am freien Ende derselben geeignete Gewichte aufhing.

Stimmten die Resultate dieser Versuche auch im Allgemeinen mit denen Amontons überein, so glaubte Lahire doch auch ausnahmsweise gefunden zu haben, daß unter besonderen Umständen (beispielsweise, wenn die Unebenheiten der Berührungsflächen, durch deren Ineinandergreifen er sich den Reibungswiderstand erklärte, hart und unbiegsam sind), die Reibung mit der Berührungsfläche zunimmt.

Ein anderer französischer Mathematiker Parent [1]), der sich namentlich Verdienste um die Theorie der Wasserräder erwarb und ebenfalls Versuche über den Reibungswiderstand anstellte [2]), gelangte schließlich doch zu dem Resultate, daß weder die Größe der Berührungsfläche, noch die Geschwindigkeit der Bewegung irgend einen Einfluß auf die Größe der Reibung habe.

Parent war es auch der zuerst eine verstellbare schiefe Ebene zu gebrauchen lehrte, der man eine solche Neigung gegen den Horizont geben kann, daß ein darauf gelegter Körper, bloß durch die Reibung, eben am Herabgleiten verhindert wird.

---

1) Antoine Parent wurde 1666 in Paris geboren und starb daselbst 1716. Obwohl nur Privatlehrer der Mathematik, veranlaßten dennoch seine mehrfachen physikalischen und mathematischen Arbeiten im Jahre 1699 seine Aufnahme in die Akademie der Wissenschaften.

2) ‚Histoire de l'Académie' etc. Année 1700, pag. 145, und ‚Mémoire de l'Académie', Année 1704, pag. 173 u. 195.

Den Neigungswinkel bei welchem der Körper im Begriffe steht herabzugleiten, aber eben noch liegen bleibt, nennt Parent den Gleichgewichtswinkel (l'élévation d'équilibre), wofür man wohl auch die Namen „Ruhewinkel“ oder „Reibungswinkel“ wählte und zeigt, daß dessen trigonometrische Tangente das Verhältniß der Reibung zum Gewicht des Körpers (also den Reibungscoëfficienten) angiebt [1]).

Auch Leibniz (S. 118 ff.) widmete der Reibungsfrage eine kurze Erörterung (in den ‚Miscell. Berol.‘, Tome I [1710], pag. 307—317). Er erklärte (wie Lahire) die Entstehung der Reibung aus dem Ineinandergreifen der Erhöhungen und Vertiefungen der Berührungsflächen, welche bei der Bewegung entweder abgebrochen, gebogen oder auseinander gehoben werden müssen. Uebrigens stimmt er den Hypothesen und Versuchsresultaten Amontons bei, stellte jedoch „zum ersten Male“ bestimmt in Abrede, daß die physikalische Beschaffenheit der Berührungsflächen ohne Einfluß auf die Größe der Reibung sei, behauptet also, daß letzere für alle Substanzen nicht gleich groß, der Reibungscoëfficient daher nicht überall $^1/_3$ sein könne.

Da der Raum mangelt um alle Physiker, Mathematiker, Techniker etc., welche sich später mit den Reibungsfragen beschäftigten (wie u. A. Camus [2]), Leupold [3]), Bülfinger [4]), Desaguliers [5]), Belidor [6]) hier zu nennen und deren Ergebnisse zu erörtern, muß, in Bezug auf eine noch ausführlichere Geschichte des Gegenstandes, besonders auf die unten notirten Quellen [7]) verwiesen werden. Diejenigen welche beson-

1) Ist $P$ die parallel zur schiefen Ebene vom Neigungswinkel $\alpha$, wirkende Kraft, bezeichnet ferner $Q$ das Gewicht des Körpers und $f$ den Reibungscoëfficienten, so hat man bekanntlich, wenn $P$ den Körper auf der schiefen Ebene nur im Gleichgewicht erhalten soll:

$$P = Q \sin\alpha - fQ \cos\alpha. \quad \text{Daher für } P = \text{Null:}$$
$$f = tg.\ \alpha.$$

2) ‚Traité des forces mouvantes‘. Paris 1722.

3) ‚Theatrum machinarum‘. Leipzig 1744.

4) ‚Comment. Acad. Imp. Petrop.‘ T. II 1727.

5) ‚Course of expérim. philos.‘ 1734.

6) ‚Architectur hydraulique‘ 1737.

7) Gehler ‚Physikalisches Wörterbuch‘. Ausgaben von 1825 bis 1845. Artikel: Reibung, ferner Georg Rennie, Versuche über die Reibung und Abnutzung (Abreibung) der Oberflächen der Körper. Von A. Burg nach den ‚Phil. Transact.‘ von 1829 im 17. Bande der ‚Jahrbücher des Wiener Polytch. Instituts. Ferner Brix bereits oben empfohlene ausgezeichnete Arbeit in den Verhand-

dere Erwähnung verdienen, sollen jedoch hier kurz vermerkt werden.

In dieser Beziehung sind zuerst die Versuche des holländischen Physikers und Arztes Pieter van Musschenbroek[1]) insofern von besonderem Interesse, als es die ersten sind, welche lediglich die Drehende- oder Zapfenreibung betrafen. Der Experimentator bediente sich zu seinen Versuchen einer (kleinen) besonderen Maschine, Tribometer genannt, bestehend aus einer horizontal liegenden Holzwelle, die in stählernen Zapfen lief. Um diese Welle waren Schnüre so geschlagen, daß man an deren Enden Schalen zum Einlegen der Belastungsgewichte befestigen konnte, während eine besondere Schale zur Aufnahme der erforderlichen Uebergewichte diente.

Die verlangten Hauptresultate lehrten erstens, daß die Reibung der stählernen Zapfen verschieden war, wenn man nach einander Lagerschalen aus verschiedenen Metallen in Anwendung brachte. Zweitens, daß die Reibung nicht direkt dem Drucke proportional sei, sondern in einem höheren Verhältnisse wachse. Drittens, daß es für jeden Körper eine gewisse Größe der Berührungsfläche gebe, auf welcher die geringste Reibung stattfinde, die Annahme, daß die Ausdehnung der Berührungsfläche gar keinen Einfluß auf die Reibungsgröße habe, sei unstatthaft. Viertens, daß wenn die Körper sich mit geringen Geschwindigkeiten über einander bewegten, sich die Reibung fast wie die Geschwindigkeit verhalte, allein bei großen Geschwindigkeiten sie in beträchtlich höheren Verhältnissen wachse.

Der zweite, der hier noch genannt werden muß, ist der besonders um die mathematische Theorie rotirender Körper (S. 17) verdiente Professor Segner in Göttingen. Seine Arbeit über die Reibung, eine Dissertation, welche 1758 gedruckt wurde, ist betitelt: ‚De adfrictu solidorum in motu constitutorum'. v. Segner nimmt die Reibung während der Bewegung als eine ungleichförmig verzögernde Kraft an, die von der Geschwindigkeit abhängig ist und zwar leitet er (unter Zugrundelegung Musschenbroek'scher Versuche) auf mathematischem Wege das merk-

lungen des Vereins zur Beförderung des Gewerbefleißes in Preußen'. 16. Jahrgang 1837.

1) Pieter van Musschenbroek wurde 1692 zu Leyden geboren und starb daselbst 1761. Die betreffende Arbeit ist enthalten in der erst nach seinem Tode 1762 erschienenen ‚Introductio ad philosophiam naturalem'.

würdige Gesetz ab, daß sich die Unterschiede der Geschwindigkeiten wie die Logarithmen der zugehörigen Reibungsgrößen verhalten [1]). Leider geben die Versuche meist ganz abweichende Resultate. Uebrigens unterschied Segner ganz bestimmt die „Reibung der Ruhe" von der „Reibung der Bewegung".

Von größerem Werthe sind die Rechnungen, welche der Bergwerksingenieur Schober ausführte, um die Coëfficienten der Zapfenreibung aus von ihm sorgfältig angestellten Versuchen zu ermitteln [2]). Diese Arbeit ist (mit entsprechenden Correctionen) noch heute als Vorbild zu benutzen, obwohl sie eben so wenig frei von Fehlerquellen ist, wie andere später verfolgte Methoden zur Ermittelung der Zapfenreibungscoëfficienten [3]).

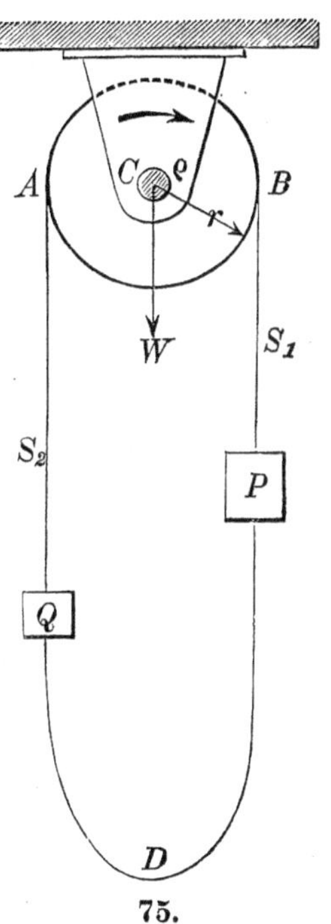

75.

Schober stellte seine Versuche im Jahre 1746 im Miro-Schachte des polnischen Salzwerkes Wieliczka an und zwar unter Benutzung des hier nebenbei, Figur 75, skizzirten Apparates (desselben, welchen man später, von 1784 an, die Atwoot'sche Fallmaschine nannte).

Die betreffenden Reibungscoëfficienten des jedesmaligen Zapfens vom Halbmesser $= \varrho$ [4]), wenn $r$ der Radius der

1) In einem guten Auszuge bei Brix a. a. O., S. 139.

2) Lambert (S. 222—224) hat später die Schober'schen Versuche einer neuen Berechnung unterzogen, wobei er zu dem merkwürdigen Schlusse gelangt, daß die Theorie vom Quadrate der Geschwindigkeit (bei Berechnungen des Widerstandes von Flüssigkeiten) auch bei der Reibung vollkommen Anwendung finde. Man sehe deshalb die ‚Memoiren der Berliner Akademie der Wissenschaften' vom Jahre 1772.

3) Der Titel der betreffenden Schrift ist folgender: ‚Versuch einer Theorie der Ueberwucht', aufgesetzt und gegen zuverlässige Experimente gehalten von C. G. Schober, Leipzig 1751. Diese Versuche wurden hauptsächlich deshalb gemacht, um die Verminderung der beschleunigenden Kraft der Schwere durch Gegengewichte, Massenträgheit und Reibung zu zeigen.

4) Der Weg zur Ableitung dieser Formel ist kurz folgender: Bezeichnet $\omega$ die veränderliche Winkel-Geschwindigkeit, $t$ die Zeit der Bewegung, $g$ die Be-

festen Rolle vom Gewichte $= W$ ist, wurden aus der Formel berechnet:

$$f_1 = \frac{r}{\varrho} \frac{(P - Q)\frac{g t^2}{2} - s\left(\frac{1}{2} W + P + Q\right)}{(W + P + Q)\frac{g t^2}{2} - s\,(P - Q)}.$$

Die von Schober gewählten Größen (Dimensionen und Belastungen) waren offenbar zu gering, um brauchbare Zapfenreibungs-Coëfficienten zu liefern, da er sich auch nicht darauf einließ seine Versuche zu analysiren, und daraus hinsichtlich der Natur und des Verhaltens der Reibung unter verschiedenen Umständen Folgerungen zu ziehen, so liegt der Werth vorstehenden Referates eigentlich nur in der Angabe des Verfahrens, Zapfenreibungscoëfficienten aus Beobachtungen zu berechnen.

Der berühmte Leonhard Euler (S. 167) beschäftigte sich wiederholt mit der Reibung aufeinander bewegter fester Körper,

---

schleunigung der Schwerkraft, sind ferner $S_1$ und $S_2$ die Spannungen der beiden Schnurtheile, woran man die Gewichte $P$ und $Q$ $(P > Q)$ befestigt hat und bezeichnet endlich $W$ das Gewicht der als volle Kreisscheibe angenommenen festen Rolle $AB$, so hat man nach VIII, S. 206:

$$(1)\quad \frac{d\omega}{dt} = g\,\frac{Pr - Qr - f_1\varrho\,(S_1 + S_2 + W)}{\frac{1}{2}\,Wr^2 + Pr^2 + Qr^2}$$

Bezeichnet sodann $v = r\omega$ die Geschwindigkeit der Bewegung am Ende einer Zeit $t$, so hat man (nach S. 186, Aufgabe 2)

$$S_1 = g\,\frac{P}{g} - \frac{dv}{dt}\,\frac{P}{g} \text{ und } S_2 = g\,\frac{Q}{g} + \frac{dv}{dt}\,\frac{Q}{g}$$

Letztere beide Werthe in (1) gesetzt und auf $v = r\omega$ reducirt giebt:

$$v = gt\,\frac{(P - Q)\,r - f_1\varrho\,(P + Q + W)}{\left(P + Q + \frac{W}{2}\right) r - f_1\varrho\,(P - Q)}$$

Demnach aber, wenn $s$ der Fallraum ist, welcher der Zeit $t$ entspricht:

$$s = \frac{1}{2}\,gt^2\,\frac{(P - Q)\,r - f_1\varrho\,(P + Q + W)}{\left(P + Q + \frac{W}{2}\right) r - f\varrho_1\,(P - Q)},$$

sowie hieraus schließlich, durch einfache Reduktion, obige Gleichung.

Nun war bei Schober $2\,r = 2^1/_6$ Zoll (Pariser), $2\,\varrho = {}^1/_{12}$ Zoll, $W = 1^1/_3$ Loth. Die beiden Gewichte $P$ und $Q$ hingen an einer endlosen Schnur von 8 Loth, sodaß, weil das kleinere Gewicht allein 64 Loth wog, $Q = 64 + 4 = 68$ Loth betrug. Hiernach ergab sich folgende Tabelle (die Lagerschale bestand aus Horn):

| $P$ in Lothen | $69^1/_2$ | 70 | $70^1/_2$ | 71 | $71^1/_2$ | 72 |
|---|---|---|---|---|---|---|
| $t$ in Secunden | 31 | 23 | 18 | 15 | 14 | 13 |
| Reibungscoëff. $f_1$ | 0,184 | 0,195 | 0,179 | 0,145 | 0,174 | 0,188 |

jedoch nur auf dem Wege der Speculation und zwar besonders in seinem 1765 erschienenen Hauptwerke über Mechanik: ‚Theoria motus corporum solidorum seu rigidorum' [1]). Indem er die Reibung der Bewegung als eine constant verzögerte Kraft voraussetzt, entwickelt er für den betreffenden Coëfficienten $f$ der gleitenden Reibung die Formel [2])

$$f = tg\alpha - \frac{2s}{gt^2 \cos\alpha},$$

worin $\alpha$ den Neigungswinkel der schiefen Ebene, $s$ den auf letzterer zurückgelegten Weg, $t$ die zugehörige Zeit in Secunden und $g$ die Beschleunigung der Schwerkraft bezeichnet.

Indem wir über andere interessante und werthvolle Berechnungen, die sich auf drehende oder Zapfenreibungen, unter den verschiedensten Umständen, beziehen, auf die angegebenen Quellen verweisen, berichten wir noch über L. Euler's Berechnung der Reibung eines um einen Cylinder geschlungenen und gespannten Seiles, eine Aufgabe, welche er nach dem Vorgange Sauveur's [3]), dadurch löst, daß er die Gleichung $P = Qe^{\pm f\varphi}$ analytisch entwickelt, worin $P$ die Kraft bezeichnet, welche erforderlich ist um eine Last $Q$ mit Benutzung der Reibung im Gleichgewichte zu erhalten, die am

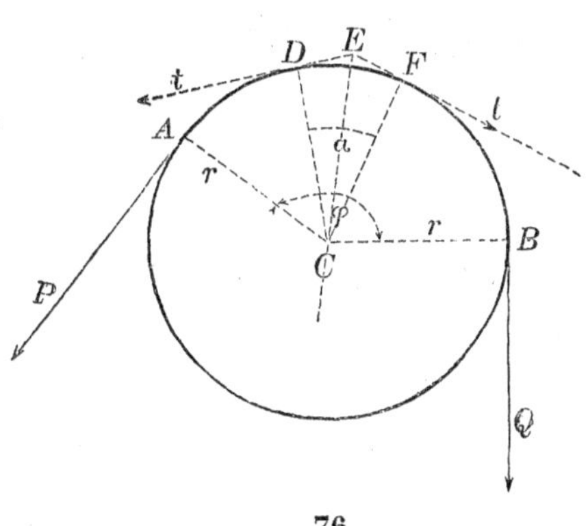


76.

1) Der Wolfer'schen Uebersetzung dritter Theil. 1853. S. 623 ff.

2) Bekanntlich hat man, wenn $Q$ das Gewicht des auf der schiefen Ebene gleitenden Körpers ist:

$$\frac{d^2 s}{dt^2} = \frac{\text{Kraft}}{\text{Masse}} = \frac{Q \sin\alpha - f Q \cos\alpha}{\frac{Q}{g}}$$

woraus durch Integration erst

$$s = (\sin\alpha - f\cos\alpha)\frac{gt^2}{2} \text{ und dann}$$

$$f = tg\alpha - \frac{2s}{gt^2 \cos\alpha} \text{ folgt.}$$

3) ‚Du Frottement d'une corde autour d'un cylindre immobile' in den Memoiren der Pariser Akademie vom Jahre 1703, pag. 305.

äußersten Ende eines Seiles $BA$, Figur 76, aufgehangen ist, welches einen Bogen $r\varphi$ des Cylinders $ABC$ bedeckt und wobei der Reibungscoëfficient zwischen Seil und Cylindermantel $= f$ ist [1]). Das Zeichen $+$ gilt, wenn die Kraft $P$ die Reibung mit zu überwinden hat. Ungeachtet fernerer Reibungsversuche, welche der Schotte Ferguson [2]) und der Engländer Vince [3]) anstellten, waren die Resultate doch derartig widersprechend, daß sie ebenso wenig der Wichtigkeit des Gegenstandes an sich, noch den Fortschritten der Wissenschaften und des Ingenieurwesens entsprachen.

Diese Thatsachen veranlaßten im Jahre 1779 die Akademie

---

1) Euler's etwas breite mathematische Behandlung des Gegenstandes in den ‚Berliner Memoiren' vom Jahre 1762, pag. 265 und zwar unter der Ueberschrift: „Remarques sur l'effet du frottement dans l'équilibre", kommt (vereinfacht) auf Folgendes hinaus:

Es sei $q$ der Normaldruck, welchen ein beliebiger Theil des Seiles, $DF$ auf den Umfang des Cylinders $ABC$ ausübt. Bezeichnet man dann mit $t$ die im Punkte $F$ erforderliche Spannung, welche dem Gewichte $Q$ und der Reibung am Theile $BD$ des Umfanges das Gleichgewicht hält, so hat man ohne Weiteres

$$t = Q + fq.$$

Wird dieser Ausdruck differenzirt, so fällt $Q$ als constante Größe weg und es folgt (1) $dt = f dq$.

Dabei wird $dq$ als der Druck betrachtet, welchen ein unendlich kleines Bogenstück $DF = r\alpha$ erfährt.

Da nun nach (Seite 485) $dq = 2t \cos\frac{1}{2}[\pi - \alpha] = 2t \sin\frac{1}{2}\alpha$ oder, genau genug, $dq = t \,.\, \alpha$ ist, so liefert (1) die Gleichung $dt = f \,.\, t \,.\, \alpha = ft\frac{ds}{r}$ oder

$$\frac{dt}{t} = f\frac{ds}{r}.$$ Daher durch Integration:

$$lgnt \,.\, t = f\frac{s}{r} + \text{Const.},$$ woraus

ferner folgt $lgnt \,.\, P = f\frac{s}{r} + \text{Const.}$

Für $P = Q$ wird aber $lgnt \,.\, Q = \text{Const.}$,

daher $lgnt \,.\, \frac{P}{Q} = f\frac{s}{r} = f\varphi$ und folglich:

$$P = Qe^{f\varphi}, \text{ wenn } e = 2{,}71828 \text{ ist.}$$

Für den zweiten Fall, wofür $f\varphi$ negativ wird, berücksichtigt Euler noch das Gewicht $W$ des Seiles von der Länge $L$ und erhält:

$$P = Qe^{-f\varphi} - f\frac{W}{L} \,.\, r \,.\, \frac{e^{-f\varphi}}{1 + f^2} + \frac{W}{L} \,.\, r \,.\, \frac{(\sin\varphi + f\cos\varphi)}{1 + f^2}.$$

2) ‚Tables and traits for several arts and sciences'. 1767.

3) ‚Cambridge Phil. Traract.' Vol. LXXV, for the year 1785.

der Wissenschaften in Paris einen Preis von 1000 Livres für die beste Arbeit über die Widerstände in den Maschinen auszusetzen, mit der Bedingung:

„Die Gesetze der Reibung und die von der Steifigkeit der Seile herrührenden Widerstände durch neue und im Großen angestellte Versuche zu bestimmen; auch zu berücksichtigen, daß die Versuche anwendbar seien, auf die in der Marine gebräuchlichen Maschinen, als: die Rolle, die Schiffswinde und die geneigte Ebene“.

Diesen Preis gewann der uns als Physiker, Mathematiker und Ingenieur rühmlichst bekannte Coulomb (S. 237—283), nachdem die Akademie, die Lösung der Aufgabe später, mit Ansetzung des doppelten Preises, bis zum Jahre 1781 verlängert hatte.

Coulomb's Versuche und deren Resultate wurden durch die beiden unten notirten Abhandlungen bekannt [1]), woraus wir in Kürze Folgendes entnehmen.

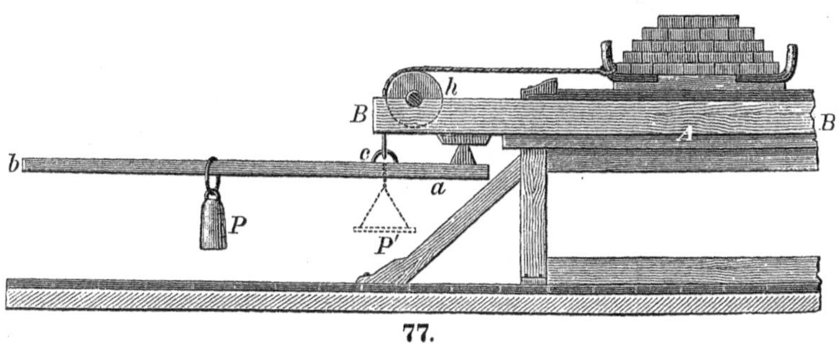

77.

Der benutzte in Figur 77 abgebildete Versuchsapparat bestand aus einem stark gebauten Tische $AB$, auf welchem der eine von den sich reibenden Körpern befestigt war, während der andere die Läufer oder Kufen eines Schlittens bildete, der beliebig belastet werden konnte. Um die Bewegung des Schlittens zu veranlassen, war eine Schnur entsprechend an letzterem befestigt, über eine feste Rolle $h$ geführt und am freien Ende mit einem Hebel $a, b$ in Verbindung gebracht, der mit verschiebbarem Ge-

1) Théorie des machines simples, en ayant égard au frottement de leurs parties et à la roideur des Cordages. Pièce qui a remporté le prix double de l'acad. des sciences pour l'année 1781. — ‚Mém. de mathem. et de physique presentées à l'académie‘. Tom. X, Paris 1785, pag. 161—332.

wichte $P$ versehen war. Während sich soweit der Apparat zu Versuchen über ruhende Reibung (für den Abgang der Bewegung) eignete, hatte man zur Beobachtung der Reibung während der Bewegung statt des Hebels $a\,b$ direkt eine Wagschale $P'$ angeordnet, welche zur Aufnahme der bewegenden Gewichte diente und die in eine geeignete Vertiefung vertikal abwärts hinabsinken konnte.

Die Reibung an der Leitrolle $h$ ließ Coulomb außer Acht, indem er gefunden haben wollte, daß sie kaum den $^1/_{150}$ Theil von der Reibung des Schlittens betrage.

In 36 Versuchsreihen, wobei die sich reibenden Körper aus Holz, Messing, Kupfer und Eisen bestanden, gewann er die entsprechenden verschiedenen Reibungscoëfficienten $\left(f = \frac{\text{Reibung}}{\text{Belastung}}\right)$, zugleich gelangte er dabei aber zu folgenden allgemeinen Sätzen:

1. Die Reibung wächst mit der Rauhigkeit der sich reibenden Flächen.

2. Die Reibung ist unter übrigens gleichen Umständen dem Normaldrucke proportional.

3. Bei gleichem Drucke ist unter übrigens gleichen Umständen die Größe der Reibung unabhängig von der Größe der reibenden Fläche.

4. Die Reibung der Ruhe ist größer als die Reibung der Bewegung, und die gleitende größer als die drehende.

(Zwischen diesen verschiedenen Reibungen ist aber nach Verschiedenheit der Körper und Schmiere das Verhältniß der Reibung verschieden).

5. Die verschiedene Geschwindigkeit der Körper bei der Reibung während der Bewegung hat auf diese bei manchen Materien gar keinen, und bei andern nur einen solchen Einfluß, daß derselbe in den meisten Fällen bei Seite gesetzt werden kann.

---

Beinah 40 Jahre lang wurden diese Coulomb'schen Versuche über gleitende Reibung als einzige für die Praxis brauchbaren Werthe betrachtet, bis Morin (S. 462) seine bei Weitem genaueren und umfangreicheren Versuche anstellte und am Anfange der 30er Jahre veröffentlichte, deren Resultate jedoch hinsichtlich der Größe der Reibungscoëfficienten, so sehr von den Coulomb'schen Werthen abwichen, daß die Angaben des einen manchmal das zwei-, drei- bis vierfache von denen des andern betragen [1]).

Bevor wir indess über Morin's betreffende Arbeiten berichten, sind wir verpflichtet der Coulomb'schen Versuche über drehende (Zapfen-) Reibung und über rollende (wälzende) Reibung zu gedenken.

Coulomb's Versuchsapparat zur Ermittlung von Zapfenreibungscoëfficienten glich im Allgemeinen der Anordnung von Figur 40 (S. 188), wobei er zu der betreffenden Berechnung jedoch weniger empfehlenswerthe Formeln in Anwendung brachte, als dies bereits früher von Schober (S. 503) in seiner ‚Theorie der Ueberwucht' und auch später von Morin geschah. Hinsichtlich einer Zusammenstellung der von Coulomb gefundenen Zapfenreibungscoëfficienten muß auf die unten angegebenen Quellen verwiesen werden [2]).

Werthvoller und zugleich für mathematische Theorien beachtenswerther sind Coulomb's Versuche und Theorien, welche sich auf Reibung vertikaler Spindeln beziehen. Man sehe deshalb in den angegebenen Quellen beziehungsweise bei Brix a. a. O. S. 331 und bei Coulomb selbst den Abschnitt „Du frottement de la pointe des pivots [3]).

---

1) Ausführlich hierüber handelt Brix a. a. O., Seite 184—189.

2) Brix a. a. O. S. 316 und Coulomb in seiner ‚Théorie des Machines simples'.

3) Bei Brix (S. 499, Note 1) findet sich keine Angabe über Coulomb's Bemühungen eine Formel aufzustellen, welche die Beziehungen zwischen Kraft $P$ und Last $Q$ beim Flaschenzuge ergiebt, wenn man sowohl Seilbiegung als Zapfenreibung, bei allen einzelnen Rollen in Betracht zieht.

Coulomb behandelt diesen Gegenstand (a. a. O. pag. 175) unter der Ueberschrift: „Calcul d'un palan composé d'un nombre quelconque de poulies, les directions de toutes les cordes étant parallèles et verticales" und gelangte schließlich zu der Formel:

$$Q = P \frac{C^{\mu} \pm {}^{1}\, 1}{C\mu\ (C-1)}$$

wofür man jetzt (nach Eytelwein, Statik II, S. 54) zu schreiben pflegt:

$$Q = P \frac{K^{2n} - 1}{K^{2n}\ (K-1)}$$

wobei $K = 1 + 0{,}26 \frac{\delta^2}{D} + 2 f_1 \frac{d}{D}$ ist.

Hierbei sind $2\,n$ parallele Seile ($n$ die Anzahl der Rollen einer Flasche) vorausgesetzt und es bezeichnet $D$ den (mittleren) Durchmesser der Rollen, $\delta$ die Seildicke, $d$ den Rollendurchmesser und $f_1$ den Coëfficienten der Zapfenreibung.

Auch über rollende oder wälzende Reibung hat Coulomb Versuche angestellt und darüber in seinem Werke ‚Théorie des Machines simples' pag. 126 unter der Ueberschrift „Frottement des rouleaux" berichtet. Der hierbei benutzte, in Figur 77 abgebildete Apparat bestand aus zwei horizontal auf festem Gestell parallel neben einander befestigten Unterlagen $DD'$ aus Eichenholz, auf welchem Walzen $A$ aus Guajac- (Pockholz) oder aus Ulmen-Holz laufen konnten. Der Abstand (normal zur Bildfläche von Figur 77) der Hölzer $DD'$ und ihrer Unterlagen war so groß, daß dünne Seile $BB$, an deren Enden zwei gleiche Gewichte $Q$ aufgehangen waren, sich frei vertikal auf- und abwärts bewegen konnten, sobald man das eine oder das andere dieser Gewichte durch Zulagen etwas vermehrte.

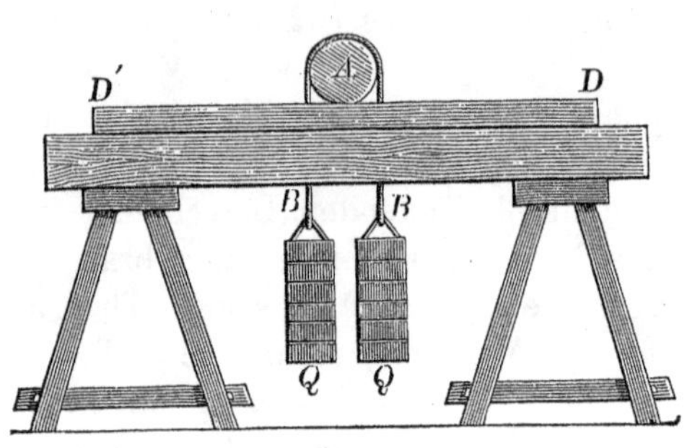

77.

Das Resultat von vier angestellten Versuchen ergab, daß sich der Widerstand, welcher sich der wälzenden oder rollenden Bewegung entgegenstellt, direct wie die Belastung und umgekehrt wie die Halbmesser der Walzen verhält, wenn die Körper von gleicher Substanz sind, daher diese Reibung $= F$ durch die Gleichung dargestellt werden kann:

$$F = \mu \,.\, \frac{W}{r},$$

wenn $W$ die gesammte Belastung der Walze vom Halbmesser $r$ und $\mu$ der betreffende Reibungscoëfficient ist.

Coulomb erhielt aus seinen Versuchen

$$\mu = 0{,}018 = \frac{1}{56} \text{ für Walzen aus Guajac auf Eichenholz}$$

und $\mu = 0{,}030 = \frac{1}{33}$ (circa) für Walzen aus Ulmen auf Eichenholz.

Ueber das Wesen der rollenden Reibung gab Coulomb keine Aufklärung, wozu freilich bemerkt werden muß, daß es trotz mancherlei älterer [1]) und neuer [2]) Bemühungen gegenwärtig noch nicht besser ist.

Bevor wir von den neueren, wichtigen und umfassenden Reibungsversuchen Morin's berichten, sind noch Versuche des bekannten englischen Ingenieurs Rennie (S. 321, Note 3) in Erinnerung zu bringen.

Rennie scheint seine Versuche von 1825 an bis 1829 angestellt zu haben, wenigstens veröffentlichte er die Resultate derselben in den ‚Philosophical Transactions of the Royal Society of London' vom Jahre 1829 [3]).

Der Hauptzweck dieser Versuche war die gegenseitige Abnutzung festzustellen, welche durch das Aneinander- oder Abreiben der Körper an deren Berührungsflächen stattfindet, nächstdem aber auch die Reibungswiderstände solcher Substanzen zu ermitteln, welche Coulomb außer Acht gelassen hatte. Hierher gehörten insbesondere Leder, wegen seiner Anwendbarkeit bei Pumpenkolben; Holz, wegen dessen Anwendung in der Zimmerkunst, beim Einrammen der Pfähle, beim Vom-Stapellassen der Schiffe etc., ferner Steine zum Gewölbebau; Metalle, wie sie namentlich beim Maschinenbaue in Anwendung kommen; endlich faserige Stoffe (insbesondere Tuch).

Der hauptsächlichste Apparat, dessen sich Rennie bei seinen Versuchen bediente, war eine ähnliche schiefe Ebene, wie sie bereits Parent in Anwendung gebracht hatte. Leider war dieser Apparat nicht vollkommen genug um genaue Resultate zu erhalten und aus ihnen bestimmte Gesetze entnehmen zu können, wozu noch kam, daß der Weg, welchen er die sich reibenden Körper durchlaufen ließ, nur $4\frac{1}{2}$ Zoll englisch betrug.

Uns gestattet der Raum nicht, auch nur die gewonnenen Reibungscoëfficienten ($= f$) hier zu verzeichnen, weshalb allein bemerkt werden mag, daß er, bei gleitender Reibung, für Wolltuch

---

1) Gerstner, ‚Theorie des Widerstandes von auf weichem Boden rollenden Cylindern', S. 276.

2) Reynold, Ueber rollende Bewegung. ‚Phil. Transact.' vom Mai 1875, nach Grashof's Berichte in der ‚Zeitschrift des Vereins deutscher Ingenieure', Jahrg. 1877, S. 417.

3) Frei bearbeitet von Burg im 17. Bande (1832) der ‚Jahrbücher des k. k. Polytechn. Inst.' in Wien von S. 44—95. Ferner in Brix bereits genannter Arbeit „Ueber die Reibung", im 16. Jahrgange (1837) der ‚Verhandlungen des Vereins zur Beförderung des Gewerbefleißes in Preußen', S. 182 und S. 210.

auf Wolltuch fand $f = 0{,}50$ (bei feiner Qualität), $f = 0{,}35$ (bei grober Qualität); für in Wasser erweichtes Leder auf Gußeisen $f = 0{,}315$ bei 7 Pfund englischer Belastung pro Quadratzoll, dagegen $f = 0{,}255$, wenn diese Belastung das Doppelte (14 Pfund) betrug.

Für Eis auf Eis erhielt er $f = 0{,}018$ bei 9 Pfund Belastung pro Quadratzoll; dagegen $f = 0{,}028$ bei nur $2\frac{1}{4}$ Pfund Belastung. Die kleinsten Coëfficienten gleitender Reibung, erhielt er bei Stahl auf Eis, nämlich $f = 0{,}027$ ($= \frac{1}{37}$) bei einer Belastung von $9\frac{1}{2}$ Pfund pro Quadratzoll, dagegen $f = 0{,}014$ ($= \frac{1}{71}$) bei der Belastung von 80 Pfund pro Quadratzoll.

---

Mit unserer Geschichte sind wir jetzt bis an das Ende der 20er Jahre des 19 Jahrhunderts gelangt, wobei wir die Wahrnehmung machen müssen, daß alle bis dahin angestellten Reibungsversuche, sowohl was deren Zahlenresultate, als auch die daraus entlehnten allgemeinen Gesetze betrifft, mehr oder weniger zu wünschen übrig lassen.

Coulomb hatte bei der sogenannten Reibung der Ruhe für nothwendig erachtet, auch die Adhäsion in Rechnung zu ziehen, hatte seine Versuche überhaupt auf kurze Zeiten (1 bis 2 Secunden) ausgedehnt und Versuchsapparate in Anwendung gebracht, gegen die sich (circa 40 Jahre später), zufolge der Fortschritte in der praktischen Mechanik und insbesondere der Verwendung und Bearbeitung der Metalle, mancherlei einwenden ließ.

Auch Rennie's Versuche genügten nicht hinlänglich, namentlich waren die, welche sich auf Zapfenreibung bezogen, eigentlich unbrauchbar [1]).

Die Versuche über gleitende Reibung ergaben wenigstens mancherlei Widersprüche, sowie überhaupt dieser Experimentator vorzugsweise die Frage der Abnutzung der sich reibenden Körperflächen im Auge hatte.

Deshalb war es eben so erfreulich wie anerkennenswerth, daß im Jahre 1830, der uns bereits (S. 462) bekannt gewordene französische General Morin (damals Artillerie-Kapitain in Metz) auf die Idee kam, Versuche über gleitende und drehende (Zapfen-)

---

1) Brix a. a. O. S. 182.

Reibung anzustellen, die sowohl an Umfang und Genauigkeit als hinsichtlich der Mittel (namentlich der dabei benutzten Instrumente) [1]) alles zu seiner Zeit dagewesene übertreffen sollten.

Zum Versuchslokale hatte der Artillerie-Director Oberst Evain das Lokal der alten Gießerei zu Metz zur Verfügung gestellt. Der dabei hauptsächlich angewandte Apparat ist in umstehender Figur 78 abgebildet.

*AA* sind zwei Balken aus kräftigem Eichenholze von 0,30 m ins Gevierte und 7,90 m Länge, die 0,80 m von einander entfernt lagen. Beide Balken ruhen auf sieben eichenen Querschwellen, die auf dem ebenen Fußboden gestreckt und mit ersterem verankert sind.

Auf den oberen horizontalen Flächen der Balken *AA* sind die Schienen *CC* befestigt, worauf man die zu untersuchenden (sich reibenden) Körper unmittelbar fortgleiten ließ.

Der zum Fortlaufe (zum Gleiten) bestimmte, mit Kanonenkugeln belastete Schlitten *D* besteht aus einem rostförmigen Rahmwerk, unter welchem Leisten oder Schienen derjenigen Substanzen befestigt sind, deren Reibung untersucht werden soll.

Zwischen vier senkrechten Pfosten *BB* war ein Eichenholzboden

---

1) Hierbei dürfte folgende Notiz von Interesse sein:

Im Jahre 1878 war Referent durch Sr. Excellenz den Königl. Preuß. General-Lieutenannt von Strubberg an die Generalstabsoffiziere von Metz, an den Herrn Oberst von Bardenwerfer und Major Riemann empfohlen, um an Ort und Stelle über die seiner Zeit von Poncelet und Lesbros angestellten großartigen hydrotechnischen Beobachtungen und Messungen, wegen etwa noch vorhandener Apparate, Instrumente u. s. w. Studien zu machen und Untersuchungen anzustellen, gleichzeitig aber auch über die von Morin bei seinen Reibungsversuchen benutzten Hülfsmittel (namentlich größere Instrumente) Auskunft zu erhalten und etwaige Ueberreste für die technische Hochschule in Hannover zu annectiren.

Leider war ungeachtet mehrtägigen eifrigen Forschens für die Geschichte der Hydrotechnik nur soviel zu gewinnen, als hierüber S. 203, Note 3 der zweiten Auflage meiner ‚Hydromechanik' berichtet wurde; in Betreff der Apparate und Zubehör, welche Morin zu seinen Reibungsversuchen benutzt hatte, war keine Spur aufzufinden.

Etwa 14 Tage nach dieser Zeit hatte ich in Paris die Ehre und Freude, dem General Morin an einer fröhlichen Gesellschaftstafel gegenüber zu sitzen. Als bald am Schlusse der Wein seine Wirksamkeit zu äußern begann und General Morin mich foppte, daß er als 84er doch besser zu trinken verstehe, wie ich als 67er, wagte ich es nach den Metzer Instrumenten zu fragen! Zu meinem Schrecken rief der General so laut, daß es die ganze Tischgesellschaft hören konnte: „Volé par les Prussiens".

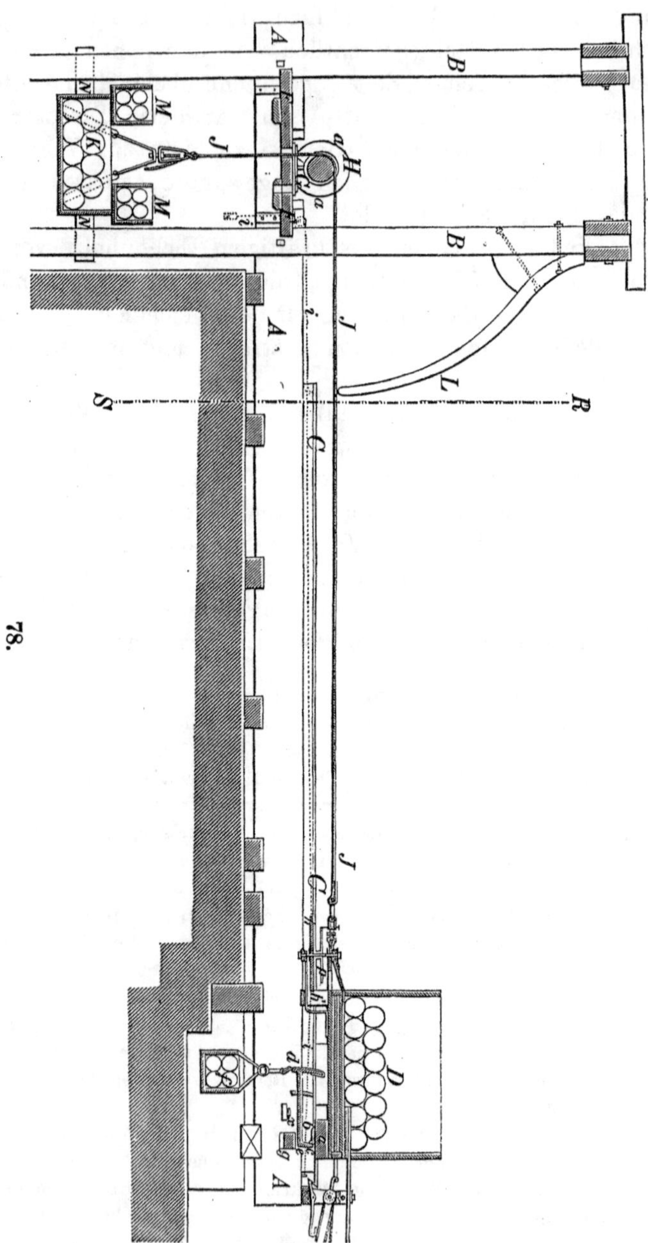


78.

eingesetzt, in dessen Mitte eine Oeffnung angebracht und zwei gußeiserne Gerüste *GG* aufgestellt sind, welche die Lager zur Aufnahme der eisernen Achse einer aus Eichenholz gefertigten Rolle *H* enthalten, die auch in der Figur 79 erkennbar sind, welche in größerem Maßstabe gezeichnet ist.

Ueber die Rolle *H* läuft ein Seil *J*, mit einem Ende am Schlitten *D* befestigt, am andern Ende einen Kasten *K* tragend, in dem sich die bewegenden Gewichte befinden.

Auf den niedersteigenden Kasten *K* wurden zwei kleine Kasten *MM* gesetzt, deren Länge so groß war, daß sie beim Herabsinken auf den, an den Pfosten *BB* seitwärts befestigten Riegelhölzern *NN* stehen bleiben konnten, während der Kasten *K* zwischendurch gehen konnte.

Später änderte Morin diese Anordnung noch in folgender Weise ab. Er befestigte unter dem Schlitten *D*, an dessen Rückseite, eine Holzknagge *a* in der Richtung der Mittellinie der Bank und schraubte auf dieser Knagge einen eisernen Ansatz *b* fest. Ein Querholz *p*, zwischen den Balken *AA*, in der Nähe ihrer hintern Enden fest eingestemmt, trägt zwei eiserne Zapfenlager, in welchen die Achse des rechtwinklig gebogenen Hebels *dec* ruht. Der vertikale Schenkel *ce*, welcher oberhalb durch einen Evolventenbogen begrenzt ist, drückt gegen den Ansatz *b*, während der andere horizontale Schenkel zwei aus *e* beschriebene Kreisbogen trägt, an deren einem oder anderem ein kleiner mit Gewichten beschwerter Kasten *f* vermittelst Gurte aufgehangen ist. Auf diese Weise konnte man mit geringer Belastung des kleinen Kastens *f* einen großen Druck gegen den Schlitten hervorbringen.

Ueber die Mittel zur Erhaltung des Schlittens in gerader Richtung und über manche andere Details muß auf die hier benutzten Quellen verwiesen werden.

Wir wenden uns daher sogleich zum Messen der Spannungen des Zugseiles *J*.

Diese Spannungen wurden durch ein Dynamometer gemessen, welches aus zwei nach Parabeln (schwach) gekrümmten Stahlstäben besteht (ähnlich Figur 135 und Figur 146, Bd. 1, S. 201 und S. 214 der 2. Auflage meiner ‚Allgem. Maschinenlehre‘) und wovon das eine Stahlblatt mit dem Zugseile *J*, das andere mit dem Schlitten *D* verbunden war [1]). Zum Registriren der Form-

1) In unseren Quellen durch schöne Abbildungen in größerem Maßstabe erläutert.

änderung der Stahlplatten beim jedesmaligen Versuche, war mit der Stahlplatte am Zugseile *J* ein Schreibstift verbunden, welcher Notirungen auf der Papierscheibe *p* machte, während diese durch eine auf ihre Achse gesteckte Schnurscheibe *h* in Umdrehung gesetzt wurde. Zu letzterem Zwecke ist die biegsame Schnur *i* in geeigneter Weise um die Scheibe *h* gelegt, während man sie mit dem hintern Ende am unbeweglichen Unterlagsbalken befestigte, am anderen freien (linken) Ende aber über eine auf dem Boden *FF* angebrachte feste Rolle gehen ließ und schließlich das freie Ende mit einem kleinen Spanngewicht beschwerte.

Ein anderer wichtiger Gegenstand war die Ermittelung des Gesetzes, nach welchem sich der Schlitten *D* bewegt, wozu Morin, nach Poncelet, das Mittel wählte eine bekannte gleichförmige Bewegung mit derjenigen ungleichförmigen Bewegung zu verbinden, deren Gesetz ermittelt werden soll [1]). Morin verband demgemäß die Bewegung der Seilrolle *H* des Zugseiles *J* mit einem Uhrwerke, Figur 79, welches auf dem Eichenholzboden *F* befestigt, durch eine gespannte Feder bewegt und durch einen mit Flügeln versehenen Windfang regulirt wird. Dieses Uhrwerk setzt ein kleines Schwungrad *c* in Umdrehung auf dessen Ebene rechtwinklich ein Schreibstift *e* befestigt ist, der wieder Markirungen auf einer vertikalen Papierscheibe *aa* macht, welche man auf der Achse der Seilrolle *H* festgekeilt hat.

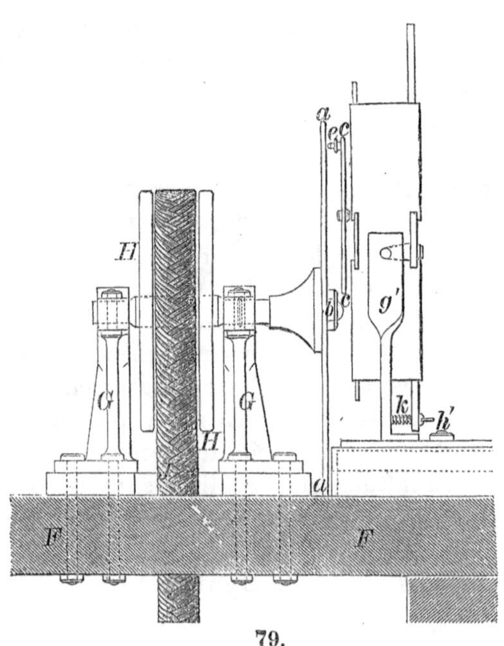

79.

1) ‚Allgemeine Maschinenlehre‘ des Verfassers. Bd. 1, S. 101 (§. 29), zweite Auflage.

Es bedarf nur geringer Ueberlegung um zu erkennen, daß die vom Stifte $e$ auf der Papierscheibe $aa$ dargestellte Curve entweder ein Kreis oder eine Art von Epicyloide ist, je nachdem sich die Scheibe $a$ in Ruhe oder in Bewegung befindet und welche letztere Curve dann das Bewegungsgesetz repräsentirt.

Morin überzeugte sich indeß bald durch geeignete Mittel, daß bei allen angestellten Versuchen die Bewegung eine gleichförmig beschleunigte und somit die Bewegungscurve eine Parabel sei [1]).

Vorstehendes reicht nun hin, um zur Morin'schen Berechnung der Coëfficienten für die gleitende Reibung aus den Versuchen schreiten zu können.

Wir beginnen mit der Berechnung der Spannung $= T$ des horizontalen Zugseiles $J$ durch die Belastung des niedersteigenden Kastens $KM$.

Morin führt dabei folgende Bezeichnungen ein: Er setzt $f_1$ den Coëfficienten der Reibung an den Zapfen vom Halbmesser $\varrho$, den von der Seilsteifigkeit herrührenden Widerstand $= R$, das Gewicht der Rolle $H = q$ und $dm$ ein Massenelement letzterer Rolle. Sodann erhält er die Gleichung:

$$(1)\quad \frac{d\omega}{dt} = \frac{Pr - Tr - Rr - f_1 N\varrho}{(dm \,.\, r^2) + \frac{P}{g}\, r^2},$$

worin der Druck auf die Achse von

$$H = N = \sqrt{\left(P + q - \frac{P}{q}\frac{r\,d\omega}{dt}\right)^2 + T^2}$$

und $g = 9^m,\ 8088$ ist [2]).

Für den Zapfendruck $N$ läßt sich aber nach dem bekannten Poncelet'schen Theorem (S. 393) setzen:

$$N = 0{,}96\left(P + q - \frac{P}{g}\,\frac{r\,d\omega}{dt}\right) + 0{,}4\ T.$$

1) Ist $2\,c$ der Parameter der Parabel und $e$ der in der Zeit $t$ durchlaufene Raum, so ist bekanntlich $t^2 = 2\,ce$ und daher $\frac{d^2 e}{dt^2} = \frac{r\,d\omega}{dt} = \frac{1}{c}$, wenn $\omega$ die Winkelgeschwindigkeit für einen Augenblick der Bewegung und $r$ der Halbmesser der Rolle $H$ ist.

2) Ganz wie S. 188 ergiebt sich (nach dem Principe d'Alembert's) die Spannung $= S$ des vertikal abwärts gehenden Seilendes

$$S = P - \frac{r\,d\omega}{dt}\cdot\frac{P}{g} \text{ und weil } N = \sqrt{(S + q)^2 + T^2} \text{ ist,}$$

der angegebene Werth für den Zapfendruck $= N$.

Demnach wird aus (1)

$$(2)\ \frac{d\omega}{dt}\left[\Sigma\,(dm\,.\,r^2)+\frac{P}{g}\,r^2\right]=$$

$$Pr-Tr-Rr-f_1\varrho\left\{0{,}96\left(P+q-\frac{P}{g}\frac{r\,d\omega}{dt}\right)+0{,}4\,T\right\}.$$

Morin ermittelte nun den Seilbiegungswiderstand $R$ aus den Coulomb'schen Versuchen, unter Vernachlässigung des ersten Gliedes der bekannten Gleichung für $S$ (Seite 495), d. h. er verfuhr wie vorher schon Eytelwein und erhielt $R = 0{,}032\ T$[1]). Ferner bestimmt er ganz auf dem Wege wie seiner Zeit Schober (S. 503) den Coëfficienten der Zapfenreibung $f_1 = 0{,}164$[2]).

Ohne letzteren Werth einzuführen erhielt er aus (2)

$$(3)\ T\left(1+0{,}032+0{,}4\,f_1\,\frac{\varrho}{r}\right)=$$

$$P\left(1-0{,}96\,f_1\,\frac{\varrho}{r}\right)-0{,}96\,f_1\,\frac{\varrho}{r}\,q-\frac{P}{g}\,\frac{r\,d\omega}{dt}\left(1-0{,}96\,f_1\,\frac{\varrho}{r}\right)-$$

$$\frac{r\,d\,\omega}{d\,t}\;\frac{\Sigma\,(dm\,.\,r^2)}{r^2}.$$

Hier endlich noch die ferner zu ermittelnden Zahlenwerthe eingesetzt, nämlich $\varrho = 0^m{,}0093$; $r = 0{,}111$; $\Sigma(dm\,r^2) = 0{,}00629$; ferner $\frac{r\,d\omega}{dt} = \frac{1}{c}$ und $\Sigma\,\frac{(dm\,r^2)}{r^2} = 0{,}51$, so ergiebt sich nach gehörigen Rechnungen aus (3) (a. a. O. pag. 43):

$$\text{I.}\ T = 0{,}95\left[P-\left(0{,}516+\frac{P}{g}\right)\frac{1}{c}\right]-0{,}086.$$

Betrachten wir nun mit Morin den einfachsten Fall, der bei den Versuchen am häufigsten stattfand, wo nämlich die Belastung $K$ des absteigenden Kastens allein hinreichte, die Bewegung des Schlittens zu veranlassen und zu unterhalten und wobei sich Spannung $T$ des horizontalen Seilendes $J$ während der ganzen Bewegungsdauer constant zeigte.

In diesem Falle läßt sich die Größe der Reibung ($= F$), der unter dem Schlitten befestigten Leisten, auf die zu versuchenden Schienen der Bahn, mit Hülfe des Principes der lebendigen Kräfte (S. 206) wie folgt ableiten.

---

1) Ausführlich hierüber in Morin's Originalwerke ‚Nouvelles Expériences' sur le Frottement (Metz 1831), pag. 41 und 42.

2) Dieselbe Quelle pag. 39. Resultat aus 10 Versuchen. Schmiedeeiserne Zapfen in Lagern von Vogelbeerholz laufend. Die sich reibenden Flächen gefettet.

Wir bezeichnen mit Morin durch $Q$ das Gewicht des Schlittens $D$ (Figur 78) einschließlich seiner ganzen Belastung mit $e$ den in einer beliebigen Zeit durchlaufenen Weg des Schlittens und behalten sonst die bisherigen Bezeichnungen bei, so ergiebt sich die Gleichung:

$$\frac{1}{2}\,\frac{Q}{g}\,\omega^2 r^2 = Te - \int F de,$$

oder indem man differenzirt und beachtet daß $r\omega = \frac{de}{dt}$ ist:

$$\frac{Q}{g}\,\frac{de}{dt}\,.\,r d\omega = Tde - Fde, \text{ also}$$

$$\frac{Q}{g}\,\frac{r d\omega}{dt} = T - F \text{ und somit}$$

$$\text{II. } F = T - \frac{Q}{g}\,\frac{r d\omega}{dt}.$$

Führt man hier den Werth für $T$ aus I ein, so ergiebt sich endlich (a. a. O. pag. 47)

$$\text{III. } F = 0{,}95\ P - \left[\left(0{,}516 + \frac{P}{g}\right).\,0{,}95 + \frac{Q}{g}\right]\frac{r d\omega}{dt} - 0{,}086\ ^{1)}.$$

Bei gleichförmiger Bewegung ist $\frac{r d\omega}{dt} = O$, folglich

$$\text{IV. } F = T = 0{,}95\ P,$$

d. h. der Reibungsbetrag ergiebt sich unmittelbar zu:

$$\text{V. } f = \frac{F}{Q} = \frac{0{,}95\ P}{Q}\ ^{2)}.$$

---

1) Als Zahlenspiel wählen wir mit Morin den Fall, wo sich Eichenholz auf Eichenholz ohne Schmiere und zwar so reibt, daß die Fasern in der Bewegungsrichtung liegen.

Hierbei war $P = \overset{\text{Kilo}}{92{,}22}$, $Q = \overset{\text{Kilo}}{133{,}86}$, $\frac{r d\omega}{dt} = \frac{1}{c} = 0{,}961$, daher aus II:

$$F = 78{,}45 - \frac{133{,}86}{9{,}8088}\,.\,0{,}961 = \overset{\text{Kilo}}{65{,}34}, \text{ folglich}$$

der betreffende Reibungscoëfficient $f = \frac{F}{Q} = \frac{65{,}34}{133{,}86} = 0{,}488.$

(Unsere Quelle pag. 56).

2) Das von Morin hier (a. a. O. pag. 56) beigefügte, seinen Versuchen entlehnte Beispiel, bezieht sich wieder auf die Reibung von Eiche auf Eiche ohne Schmiere, die Bewegung parallel den Fasern. Dabei ist $P = \overset{\text{Kilo}}{95{,}84}$; $Q = \overset{\text{Kilo}}{199{,}52}$, daher $F = \overset{\text{Kilo}}{91{,}04}$ und folglich:

$$f = \frac{F}{Q} = \frac{91{,}04}{199{,}52} = 0{,}456.$$

Zu erwähnen ist noch, daß, obgleich Morin die Beobachtungen bei beschleunigter Bewegung als das erste Mittel erkannte (namentlich um nachzuweisen, daß die Reibung von der Geschwindigkeit unabhängig ist), er dennoch der Vollständigkeit wegen, für erforderlich erachtete, auch Versuche bei verzögerter Bewegung anzustellen [1]).

Hierzu bestimmte Morin zuvörderst die Geschwindigkeiten $v$ und $v_1$, welche den vom Schlitten durchlaufenen Wegen, respt. $e$ und $e_1$ entsprechen und bildete sodann, nach dem Principe von der Erhaltung der lebendigen Kräfte die Gleichungen (die früheren Bezeichnungen beibehaltend):

$$\text{VI.}\ \frac{1}{2}\left\{\frac{P}{g} + \Sigma\,\frac{(dm\,.\,r^2)}{r^2}\right\}(v^2 - v_1{}^2) =$$

$$(e_1 - e)\left\{T - P + 0{,}032\ T + \frac{f\varrho}{r}\sqrt{(P+q)^2 + T^2}\right\}$$

und

$$\text{VII.}\ \frac{1}{2}\,\frac{Q}{g}\,(v^2 - v_1{}^2) = F\,(e_1 - e) - T\,(e_1 - e).$$

Worauf aus der Verbindung dieser beiden Gleichungen folgt, indem man $T$ eliminirt [2]):

$$\text{VIII.}\ F = \frac{v^2 - v_1{}^2}{2(e_1 - e)}\left\{\frac{Q}{g} + \frac{P + 0{,}51\,.\,g}{1{,}044\ g}\right\} + 0{,}946\ P - 0{,}11\ q,$$

sowie schließlich wieder:

$$\text{IX.}\ f = \frac{F}{Q}.$$

Sämmtliche 179 Versuchsreihen mit mehr als 1000 von Morin angestellten Versuchen, lieferten, ohne Ausnahme, folgende allgemeine Ergebnisse:

Die Reibung während der Bewegung (für die Fortsetzung einer Bewegung) ist

1. Proportional dem Drucke [3]),
2. Unabhängig von der Größe der Berührungsfläche [4]) und
3. Unabhängig von der Geschwindigkeit der Bewegung [5]).

---

1) A. a. O. pag. 98. (Versuche vom Jahre 1832) „Suite des nouvelles éxperiences sur le frottement".

2) In den Formeln VI—VIII wurde der Einfluß der Trägheit des niedersteigenden Kastens vom Gewichte $P$ auf den Druck der Zapfen der Rolle $H$ vernachlässigt und $\sqrt{(P+q)^2 + T^2}$ (approximativ, nach dem bekannten Satze Poncelet's S. 393) durch 0,83 $(P + q + T)$ ersetzt.

3) Die Drücke unter welchen Morin operirte variirten von 46 bis 1145 Kgr.

4) Die kleinste Berührungsfläche war 0,004, die größte 0,088 Quadratmeter.

5) Die größte Geschwindigkeit bei Morin's Versuchen überstieg niemals 3,5 m pro Secunde.

Da der Raum nicht gestattet eine ganze Tabelle hier aufzunehmen, welche die Reibungscoëfficienten für verschiedene Körper verzeichnet, so beschränken wir uns auf folgende specielle Angaben [1]).

Hier am Ende des Referats über die Morin'schen Versuche über drehende und (vorzugsweise) gleitende Reibung empfehlen wir nochmals unsern Lesern das Studium der fleißigen, rühmlichen Arbeit von Brix über den ganzen Gegenstand (im Jahrg. 1837 der ‚Verhandlungen des Vereins'), der sein Referat (a. a. O. S. 275) mit Worten schließt, denen Jedermann gern beistimmen wird und die also lauten:

„Uebrigens hat sich Morin durch diese mühsame und werthvolle Arbeit den gegründetesten Anspruch auf den Dank aller Techniker erworben. Nur durch Versuche, welche mit Hülfe eines solchen theoretischen Apparates, wie Herrn Morin zu Gebote steht, angeordnet und mit einer so seltenen Sorgfalt und Umsicht durchgeführt sind, kann Kunst und Wissenschaft wirksam gefördert werden. In dieser Beziehung scheinen die Versuche des Herrn Morin ganz geeignet, den Ausspruch seines be-

---

1) Die größten und kleinsten von Morin aus den Versuchen berechneten Reibungscoëfficienten für die Ruhe (am Anfang einer Bewegung), sowie für Bewegung selbst (Fortsetzung einer Bewegung), sind (hauptsächlich) folgende:

| Gleitende Reibung. | Bewegung | Ruhe |
|---|---|---|
| Größte Coëfficienten. | | |
| Auf Eichenholz bewegt sich Rindsleder (hochkantig und mit Wasser getränkt) | 0,290 | 0,793 |
| „ Eichenholz (ebenfalls) Eichenholz (trocken) | 0,478 | 0,604 |
| „ Gußeisen bewegt sich Rindsleder (mit Wasser getränkt) | 0,365 | 0,621 |
| „ Kalkstein (hart) auf Kalkstein (trocken) | 0,647 | 0,748 |
| „ Kalkstein (trocken) Ziegelstein | 0,645 | 0,665 |
| Kleinste Coëfficienten. | | |
| Auf Bronze bewegt sich Guajacholz (Oel) | 0,053 | — |
| „ Bronze bewegt sich Guajacholz (Talg) | 0,082 | — |
| „ Schmiedeeisen bewegt sich Bronze (Oel) | 0,077 | 0,164 |
| „ Eichenholz bewegt sich Ulmenholz (Fett) | 0,056 | 0,277 |
| „ Eichenholz bewegt sich Kupfer (Talg) | 0,069 | 0,095 |
| „ Ulmenholz bewegt sich Weisbuche (Talg) | 0,070 | 0,131 |
| „ Gußeisen bewegt sich Gußeisen (Schweinefett) | 0,007 | — |
| „ Schmiedeeisen bewegt sich Gußeisen (Talg) | 0,098 | 0,100 |
| „ Schmiedeeisen bewegt sich Gußeisen (Schweinefett) | 0,058 | 0,100 |

rühmten Landsmannes und militairischen Vorgesetzten [1]) zu bewahren:

„La practique ne saura marcher vers la veritable perfection sans le flambeau de la théorie“.

Im Jahre 1834 stellte Morin ausführlichere Versuche über Zapfenreibung an, als die auf Seite 518 erwähnten, wobei er (aus 188 Versuchen) zu folgenden Resultaten gelangte:

„Bei Zapfen aus Schmiede-Guss-Eisen oder Bronze, geschmiert mit Oel, Schweineschmalz oder Seife, sind die Reibungscoëfficienten dieselben und zwar:

bei continuirlichen Schmieren: $f_1 = 0{,}054$
bei gewöhnlichen Schmieren: $f_1 = 0{,}070$ bis $0{,}080$, nur wenig gefettet, trocken
oder mit Wasser benetzt: $f_1 = 0{,}140$ bis $0{,}160$.

Später (von 1847 ab) hat Morin auch Versuche über rollende Reibung, jedoch nur in der Weise angestellt, um für praktische Zwecke, den Widerstand von Räderfuhrwerken auf gewöhnlichen Straßen zu bestimmen [2]). Wir kommen im zweiten Bande unseres Buches auf diesen Gegenstand zurück, bemerken jedoch schon hier, daß Morin zuerst ohne Weiteres (nach Coulomb Seite 237) annahm, daß die rollende Reibung proportional dem Drucke und umgekehrt proportional dem Halbmesser der Kreiscylinder (der Räder) ist.

Beachtenswerthe Einwürfe gegen letztere Annahme machte zuerst ein Herr Dupuit, franz. Ingenieur des Ponts et Chaussées [3]). Dupuit stellte selbst in geringer Anzahl Versuche mit höchst dürftigen Apparaten und Instrumenten an [4]), durch welche er bewiesen

---

1) Poncelet.

2) Im Jahre 1842 erschien Morin's, für die wissenschaftliche Praxis werthvolle Arbeit: ‚Experiences sur le Tirage des Voitures‘, woselbst in der Vorrede (pag. XXIX) das Schlußurtheil der Akademie-Commission (bestehend aus Arago, Poncelet, Coriolis und Piobert) abgedruckt ist und welches im wesentlichsten Theile folgendermaaßen lautet:

„D'après l'examen circonstanciel que nous venons de faire des expériences remarquables que M. Morin entreprises à diverses époques nous pensons que, quoique ce travail ne l'ait pas conduit à une loi mathématique sur la résistance produite dans le roulement, il ne sera pas moins très utile pur la practique“.

3) Dupuit's betreffendes Buch ist betitelt: ‚Essai et Expériences sur le Tirage de Voitures et sur le Frottement de Seconde Espèse‘ (Paris 1837).

4) A. a. O. fünfzehn Versuche. Acht Versuche mit hölzernen Cylindern von 6,0 mm bis 62,5 mm Durchmesser auf Holzbohlen laufend, lieferten $\psi = 0{,}00159$; während er aus sieben anderen Versuchen, wobei eiserne Cylinder von

zu haben glaubte, daß man für den Widerstand $= F$ der rollenden oder wälzenden Reibung (oder wie Dupuit und Andere diese Reibung nennen: frottement de seconde espèce) eines geraden Kreiscylinders vom Durchmesser $d$ setzen müsse [1]):

$$F = \psi_1 \frac{Q}{\sqrt{d}}.$$

Leider vermißt man in der Dupuit'schen Schrift die wissenschaftliche Begründung dieses Gesetzes.

Nach dem Erscheinen der Dupuit'schen Schrift (worauf Dupuit gestützt später die sämmtlichen Morin'schen Versuche mit Räderfuhrwerken für verfehlt und für unbrauchbar erklärte) hielt sich Morin verpflichtet, darüber besondere Versuche anzustellen, ob das Glied seiner Formeln, welches den Widerstand der rollenden Reibung darstellt, die Coulomb'sche Form $\frac{\psi Q}{r}$ oder die Dupuit'sche $\psi_1 \frac{Q}{\sqrt{r}}$ haben muß. —

Die erhaltenen Werthe zeigten aber bei Benutzung der Dupuit'schen Form über viermal so große Abweichungen von den Versuchsresultaten [2]) als wenn man das Coulomb'sche Gesetz in Anwendung bringt, sodaß der Dupuit'sche Ausdruck unbedingt verworfen werden mußte.

Zu denselben Resultaten gelangte man auch bei Versuchen, welche von 1840 ab in dem Arsenale von Vincennes bei Paris angestellt wurden und worüber Morin ebenfalls ausführlich berichtet [3]).

---

65 mm bis 60 mm Durchmesser auf feuchtem Holzboden rollten $\psi = 0,00143$ erhielt.

1) Diese Formel erinnert offenbar an den Ausdruck $F_1 = Q\sqrt{\frac{2h}{r}}$ für die Größe der Kraft, welche ein Rad von $r$ Halbmesser beim Uebersteigen eines Hindernisses von $h$ Höhe zu überwinden hat. Man sehe deshalb meine ‚Allgem. Maschinenlehre‘ Bd. 3 (Zweite Auflage) Seite 141.

2) Besonders pag. 94 und 95 seiner ‚Expériences sur le Tirage des Voitures‘. Première Partie, pag. 94.

3) A. a. O. pag. 5—28. Hier ließ man u. A. Cylinder aus Eichenholz auf Gestängen (bandes) von Pappelholz laufen. Für Cylinder von 45 mm Halbmesser und bei einer Totalbelastung von 185,734 kg. ergab sich $\psi = 0,000932$, dagegen wurde für Cylinder von 181 mm Halbmesser und bei 197,542 kg. Totalbelastung erhalten: $\psi = 0,000891$. Auch andere Gestänge (Bahnen) aus Leder und aus Gyps gebildet wurden in Anwendung gebracht, worüber unsere Quelle ausführlich berichtet.

Auch im Pariser Conservatoire des Arts et Métiers wurden mit demselben Apparate Versuche angestellt, welche gleiche Ergebnisse lieferten, in Bezug auf deren Details ebenfalls unsere Quelle Auskunft ertheilt [1]).

Leider führten Versuche Morin's über den Widerstand hölzerner Kreiscylinder, welche man auf Kautschukbahnen laufen ließ, nicht zu Resultaten, um damit die Gerstner'sche Formel für das Rollen auf elastischen Bahnen (S. 278) vergleichen oder rectificiren zu können.

Morin's Hauptresultat bestand eigentlich nur darin, daß er für die Größe $= e$, um welche die elastische Masse beim Rollen zusammengedrückt wurde, den Werth $= e \frac{Q}{\sqrt{b}}$ ableitete, wenn $Q$ den vom Cylinder ausgeübten Druck und $b$ die Länge des Cylinders (bei Wagenrädern also die sogenannte Felgenbreite) bezeichnet [2]).

Aus allem bisher über die Theorie der rollenden oder wälzenden Reibung Dargelegten folgt zweifellos, daß dieser Theil der angewandten Mathematik noch auf sehr schwachen Füßen steht und hier eine große Lücke auszufüllen verbleibt!

Im Anfange der vierziger Jahre beginnen in Deutschland beachtenswerthe Erörterungen über die Principien bei Berechnung der Zapfenreibung und zwar eröffnete dieselbe Brix im 16. Jahrgange (1837) der ‚Verhandlungen des Vereins zur Beförderung des Gewerbefleisses in Preussen', S. 326, unter der Ueberschrift: „Neue Theorie der drehenden Reibung", mit Endzapfen (Stirnzapfen) liegender Wellen, wenn man (was bei neuen, nicht eingelaufenen Zapfen der Fall ist) voraussetzt, daß die Zapfen in allen Stellen ihrer Lagerschaale gleichmäßig anliegen.

Für den Fall, daß der Zapfen vom Radius $r$ zur Hälfte vom Lager umgeben wird, $Q$ der durch die Zapfenmitte gehende Druck und $f$ der betreffende Reibungscoëfficient ist, findet Brix die Größe der Reibung $F$ zu:

---

1) A. a. O. pag. 28 und ferner.

2) A. a. O. pag. 45. Zweifellos richtig ist das Gerstner'sche Resultat, daß der Wälzungswiderstand unter sonst gleichen Umständen grösser ist bei elastischen, als bei unelastischen Bahnen. Beispielsweise lieferten in der Stadt Hannover (mit Morin'schen guten Federdynanometern) angestellte Versuche folgende Widerstandscoëfficienten für Droschkenfuhrwerke:

Steinpflaster aus Basalt $= {}^1/_{75}$ bis ${}^1/_{95}$

Asphaltpflaster . . . $= {}^1/_{44}$ bis ${}^1/_{70}$.

$$\text{I.}\quad F = \frac{2}{\pi} f Q = \frac{7}{11} f Q.$$

Weisbach trat letzterem Resultate entschieden in einer Abhandlung entgegen, welche sich im ‚Polytechnischen Centraltralblatt' vom 28. November 1840 (Nr. 67, S. 1057) unter der Ueberschrift abgedruckt vorfindet: „Zusätze zur Theorie der Reibung". Weisbach findet (a. a. O. S. 1057) für das statische Moment $= M$ dieser Zapfenreibung: $M = \frac{\pi}{2} f Q r$, oder den Reibungswerth $= F$ (im Umfange des Zapfens wirksam angenommen) zu:

$$\text{II.}\quad F = \frac{\pi}{2} f Q = \frac{11}{7} f Q.$$

Die Ursache des Unterschiedes liegt in der Verschiedenheit des Vertheilungsgesetzes des Druckes und in der ebenfalls verschiedenen Kräftezerlegung.

Brix nimmt an, daß sich der ganze Druck $Q$ gleichmäßig über die kreisförmige Berührungsfläche (auf den Berührungsbogen) vertheilt, während Weisbach voraussetzt, daß auf gleiche Horizontalprojectionen des Bogens gleiche Theile dieses Druckes fallen.

Um den Unterschied in Bezug auf die Kraftzerlegung beider Autoren gehörig hervorheben zu können, theilen wir in der untenstehenden Note[1]) die Weisbach'sche Entwickelung

1) Unter der Voraussetzung, daß $Q$ der auf den Kugelzapfen (Figur 80) vom Radius $\overline{CD} = \overline{CA} = \overline{CB} = r$ wirkende Verticaldruck ist und der Zapfen soweit in die Lagerschaale taucht, daß $\sphericalangle DCB = 2\alpha$, also $\overline{DB} = 2a = 2r \sin\alpha$ ist, ergiebt sich zunächst der auf die Flächeneinheit kommende Druck $= q = \frac{Q}{a^2\pi} = \frac{Q}{\pi r^2 \sin^2\alpha}$.

Zerlegt man nun $q$ nach Weisbach (Parallelogram $HEKJ$) und nicht nach Brix (Parallelogram $FLSN$), so erhält man für den Druck ($= n$) in einem Punkte $E$, für welchen $\sphericalangle ACE = \varphi$ ist, $n = \overline{EK} = \frac{q}{\cos\varphi}$.

Das gedrückte Flächenelement be-

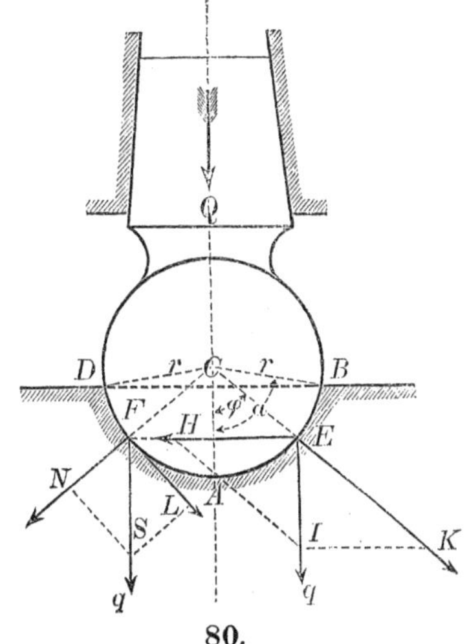

80.

des statischen Momentes der Reibung des Kugelzapfens einer vertikal stehenden Welle mit, wovon unsere Quelle nur die Endresultate enthält. Weisbach hielt es für angemessen, für diejenigen, welche seiner Annahme der Druckvertheilung nicht beistimmen wollen, die Theorie der Elasticität[1]) zu Hülfe

---

$E$ ist aber, $HE = x$ gesetzt, $2\pi x dx$ und demnach das Differenzial des Reibungsmomentes $= dM$:

$$dM = f.n.2\pi x^2 dx = f.2\pi.r^2 \sin^2\varphi \frac{q}{\cos\varphi}.ds.\cos\varphi,$$

wenn das Bogenelement bei $E$ mit $ds$ bezeichnet wird. Daher weil $ds = r d\varphi$, ist auch

$$dM = f.2\pi.\frac{Q}{\pi r^2 \sin^2\alpha}.r^3 \sin^2\varphi\, d\varphi = f.\frac{2Qr}{\sin^2\alpha}\sin^2\varphi\, d\varphi \text{ und integrirt:}$$

$$\text{I. } M = \frac{fQr}{\sin^2\alpha}(\varphi - \sin\varphi\cos\varphi).$$

Für den Fall, daß genau die Halbkugel eintaucht, wo $\varphi = \frac{\pi}{2}$ ist, ergiebt sich

$$\text{II. } M = f\frac{\pi}{2}Qr.$$

Die Werthe von I und II stimmen ganz mit denen überein, zu welchen (nach 43 Jahren) Grashoff, ‚Theoretische Maschinenlehre', Bd. 2, S. 253 und 254, gelangt.

1) Da kaum in einem anderen Falle die Gesetze der Elasticität fester Körper für die theoretische Maschinenlehre von so großer Wichtigkeit sein dürften, als zur Beantwortung der Druckvertheilungsfrage bei Berechnung von Zapfenreibungswiderständen in Lagerschaalen, so benutzt der Verfasser die Gelegenheit hier noch dreier Männer der Geschichte zu gedenken, welche sich um die Theorie der Elasticität fester Körper verdient gemacht haben. Es sind dies die Engländer Hooke und Maxwell und der Italiener Castigliano.

Robert Hooke (geb. 1635; gest. 1703), der Zeitgenosse Newton's und Huyghen's, mit denen er zwar nicht in eine Linie gestellt werden kann, war dennoch ein großes Talent, ausgerüstet mit großer Beobachtungs- und Erfindungsgabe, besonders in Dingen der praktischen Mechanik. Unter anderem erfand er die Weingeistlibelle, machte sich durch Vervollkommnung der Winkelmeßinstrumente verdient, erfand vor allem die Spiralfeder als Regulirungsmittel von Unruhuhren u. dgl. m., worüber u. a. Poggendorff in seiner ‚Geschichte der Physik' (S. 558—570) ausführlich berichtet. Was wir hier aber hervorzuheben haben, ist der Satz, worauf noch heute unsere ganze Theorie elastisch-fester Körper beruht, den Hooke zuerst aufstellte und welcher einfach lautet: „Ut tensio sic vis". Hooke's betreffende Abhandlung wurde unter der Ueberschrift ‚Lectures of Springs' in den Londoner ‚Phil. Transactions for 1679' abgedruckt. Auch in gegenwärtigem Buche wird dieser Fundamentalsatz, in der Note, S. 363, benutzt.

Clerk Maxwell (geb. 1830; gest. 1879, seiner Zeit Professor der Experimentalphysik an der Universität Cambridge, berühmt durch seine ‚Theorie of Heat', sein ‚Treatise on Electricity and Magneiism etc.' wird jetzt als der bezeichnet, der, früher als Professor Mohr in Dresden, das Princip der virtuellen

zu nehmen, wobei er für den Fall, dass der Zapfen genau zur Hälfte von der Lagerschaale umschlossen wird (a. a. O. S. 1059) findet:

$$F = \frac{32}{9\pi} \cdot fQ \text{ d. i. ungefähr } \frac{8}{7} fQ,$$

also immer noch einen Werth erhielt, welcher fast doppelt so groß ist als der von Brix gefundene.

Gegen Weisbach's Druckvertheilung sprach sich noch in der Einladungsschrift zu den Prüfungen der Schüler der technischen Lehranstalten in Augsburg am Schlusse des Studienjahres 1850/51 der Professor Decher aus. Weisbach wiess nicht nur die Haltlosigkeit der Decher'schen Annahmen in einem vortrefflich geschriebenen Artikel des ‚polytechnischen Centralblattes' vom 15. Febr. 1852, S. 193 ff. nach, sondern leitete

---

Geschwindigkeiten zur Begründung einer Theorie der Bogenfachwerksträger in Anwendung brachte. In der That kann nicht bestritten werden, daß Maxwell bereits im Aprilhefte des ‚Phil. Magaz.' für 1864 einen Aufsatz veröffentlichte, welcher die Ueberschrift trägt ‚On the Calculation of the Equilibrium and Stiffness of Frames', wobei das bezeichnete Princip den Ausgangspunkt bildete, allein es darf dabei nicht unerwähnt bleiben, dass auch bereits Lamé und Clapeyron in ähnlicher Weise vorangingen. Mohr hat sicher von dem Maxwell'schen Aufsatze keine Kenntniß gehabt, als er seine für die Praxis erst vollständig durchschlagende Weise in der ‚Zeitschr. d. Hannov. Archit.- u. Ing.-Vereins' (Jahrg. 1874, S. 232 u. Jahrg. 1876, S. 18) veröffentlichte.

Der dritte der oben genannten Männer, der italienische Ingenieur Alberto Castigliano (geb. 1847; gest. 1884) verschaffte sich besonders durch ein in französischer Sprache geschriebenes Werk ‚Theorie de l'équilibre des systèmes élastiques et ses applications' (Paris 1879) Ansehen und wohlverdiente, ehrende Anerkennung. Dieses Werk behandelt die sogenannte Deformationsarbeit, d. h. die bei der Formänderung elastischer Körper geleistete Arbeit. Dabei muß hervorgehoben werden, daß Castigliano das Princip der kleinsten Arbeit nicht bloß auf das Stabsystem, sondern auf die gesammte Festigkeitslehre ausdehnte. Castigliano sagt selbst in der Vorrede zu seinem Werke, daß er die Theorie des Gleichgewichtes elastischer Körper nach einer ganz neuen Methode behandle und zwar zum speciellen Zwecke der Untersuchung des Widerstandes der Materialien. Er glaubt ein hierauf gestütztes neues, rationelles Verfahren namentlich beim Unterrichte einzuführen und dadurch die älteren Methoden zu verdrängen. Merkwürdiger Weise geht ein vortrefflicher Aufsatz des Professor Fränkel in Dresden (‚Zeitschr. d. Hannov. Archit.- u. Ing.-Vereins', Jahrg. 1882, S. 63) über Lösung bautechnischer Aufgaben, ebenfalls vom Satze über die kleinste Deformationsarbeit (Princip der kleinsten Arbeit der inneren Kräfte) aus, ohne daß Fränkel von der Arbeit Castigliano's Kenntniß hatte. (Castigliano's Biographie enthält einen schönen Vortrag vom Professor Winkler, den dieser Herr im Berliner Archit.- u. Ing.-Verein gehalten hat).

auch, abermals mit Hülfe bekannter Sätze über Elasticität fester Körper (in ausführlicher Entwickelung) für die Reibung des (neuen) in der ganzen Lagerschaale überall gehörig anliegenden Tragzapfen, die Gleichung ab:

$$F = \frac{3 \sin \alpha + \frac{1}{3} \sin 3 \alpha}{\frac{3}{2} \alpha + \sin 2 \alpha + \frac{1}{8} \sin 4 \alpha} \cdot f Q,$$

woraus für $\alpha = \frac{\pi}{2}$, in der That

$$F = \frac{32}{9 \pi} f Q$$

folgt.

Wir haben jetzt noch auf eine Arbeit Weisbach's aufmerksam zu machen[1]), in welcher er zuerst ein von Mosely (S. 440) behandeltes Problem löst, welches dieser Engländer in dem bereits S. 140 (Nr. 3) genannten Werke ‚The Mechanical principles of engineering and architectur' ausführlich behandelte. Es besteht dies in der Entwickelung der Reibungsarbeit an Spurzapfen bei Pferdegöpeln, wobei die Auflösung (wie bereits S. 249 angedeutet wurde) schließlich auf ein elliptisches Integral (der Form I, S. 249) führt und wobei Mosely auch Gebrauch von Legendre's ebenfalls S. 249 erwähnten Tabellen macht. Diese Weisbach'sche Arbeit zeichnet sich wieder durch eine klare, einfache Darstellungsweise und durch solche Endformeln aus, womit man (ohne Erforderniss Legendre's Tabellen) zu für die Praxis höchst brauchbaren Resultaten gelangt.

Aus dem Anfange der fünfziger Jahre hat die Geschichte der Reibungswiderstände bei Maschinen und deren Theorien eine (anfänglich) nicht wenig aufregende Nachricht[2]), nämlich die zu verzeichnen, dass es dem Mechaniker Schiele in Manchester gelungen sein sollte, Zapfen für stehende Wellen (sowie Hähne und Ventile) von solcher Gestalt zu konstruiren, dass Form und Dimensionen der Zapfen dieselben bleiben, wie sich diese auch immer abnützen mögen. Schiele nannte deshalb die Erzeugende der Umdrehungsfläche, welche den Zapfen begrenzt, die Antifrictionscurve, d. h. die Curve, von solcher Eigenthümlichkeit, dass ihre Gestalt dem Reibungswiderstande entgegenwirkt,

---

1) Polytechnische Mittheilungen von Volz und Karmarch. Erster Band S. 73.

2) ‚Pract. Mech. Journal', Jahrg. 1852, pag. 152.

letztere unveränderlich bleibt, das Reibungsmoment also constant ist[1]).

Leider haben sich alle die Hoffnungen und Erwartungen nicht erfüllt, welche man seiner Zeit (und leider hin und wieder

1) Ist $ABC$ (Figur 81) die erzeugende Curve der Umdrehfläche, wird der größte und kleinste Radius des Rotationskörpers, d. $\overline{AE} = r$, sowie $\overline{DE} = \varrho$ gesetzt und ist $Q$ der gesammte Verticaldruck auf die völlig gleiche Unterlage (auf die Lagerschaale), so kann man für den specifischen Druck $= q$ auf irgend einen Punkt $B$ schreiben: $q = \frac{Q}{(r^2 - \varrho^2)\pi}$. Für den resultirenden Normaldruck

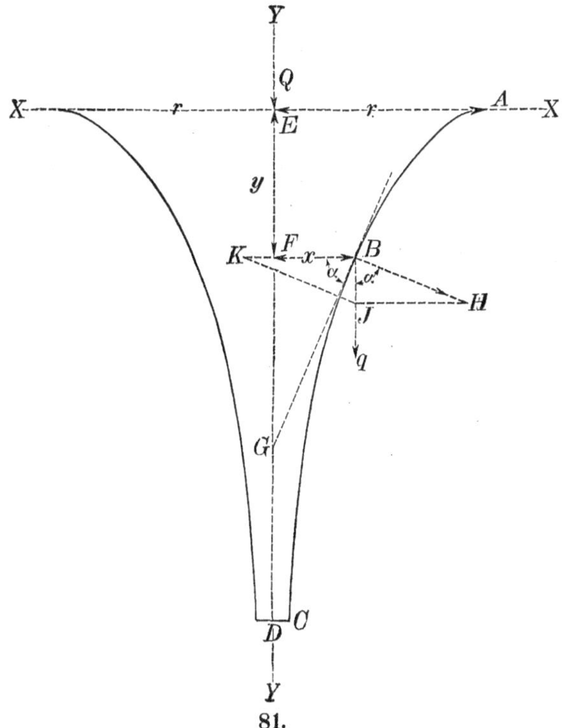


81.

$\overline{BH} = n$ ergiebt sich dann $n = \frac{q}{\cos\alpha}$, wenn der Winkel $GBF$ mit $\alpha$ bezeichnet wird. Das Reibungsmoment $= M$ erhält man aber, wenn man das Bogenelement bei $B$ mit $ds$ bezeichnet und die Länge $\overline{BG}$ der Tangente constant $= c$ setzt, wegen $c = \frac{x\,ds}{dx}$, und da ferner $\cos\alpha = \frac{dx}{ds}$ ist zu:

$$M = 2\pi f \int_{\varrho}^{r} \frac{q}{\cos\alpha} x^2 dx = 2\pi f q \int_{\varrho}^{r} x^2 dx \cdot \frac{c}{x} = 2\pi f \cdot \frac{Qc}{\pi(r^2 - \varrho^2)} \int_{\varrho}^{r} x\,dx = fcQ$$

noch jetzt) von der Verwendung der Antifrictionscurve auf nach ihr construirte Zapfen, Hähne, Ventile u. d. m. sich versprach. (Auch Drückenmüller empfahl in seiner unerörterten Abhandlung den Praktikern diese Zapfenform). Vielmehr stellte sich heraus, daß (was auch durch Rechuung nachgewiesen werden kann) die Reibung des ebenflächigen, kreisförmigen (cylindrischen) Zapfens, unter sonst gleichen Umständen, kleiner ist als bei den Schiele'schen Zapfen, daß überhaupt die von letzteren gemachte Annahme eine verfehlte ist und daher dem Redtenbacher'schen Ausspruch beigestimmt werden muß [1]), daß der Antifrictionszapfen auf einem Irrthum beruht und demnach zu verwerfen ist [2]).

Der Zeitfolge nach befinden wir uns mit den geschichtlichen Nachrichten über Reibungs-Theorien und entsprechenden Versuchen ungefähr in der Mitte der fünfziger Jahre, wo als das bedeutendste Ereigniß die Reihe von Versuchen zu nennen ist, welche Adolf Hirn [3]) hauptsächlich zur Bestimmung der Größe des mechanischen Wärmeaequivalentes (S. 447) anstellte.

---

= Constant. Die Gleichung der erzeugenden Linien $ABC$ findet sich leicht wie folgt:

Wegen $c dx = x ds$, ist $c = x\sqrt{1 + \left(\frac{dy}{dx}\right)^2}$, woraus sich $\frac{dy}{dx} = \frac{1}{x}\sqrt{c^2 - x^2}$, $dy = \frac{dx}{x}\sqrt{c^2 - x^2}$ und schließlich sich durch Integration ergiebt: $y = \sqrt{c^2 - x^2} - \frac{c^2}{2}\, lgnt. \left\{\frac{c^2 + \sqrt{c^2 + x^2}}{x}\right\} +$ Const.

Die fragliche Erzeugende ist demnach eine bekannte Trajectorie, welche früher mit dem Namen Lagoide bezeichnet wurde. (Man sehe deshalb Magnus, ‚Sammlung von Aufgaben und Lehrsätzen aus der analytischen Geometrie', Theil 1, pag. 551, unter Nr. I).

Wer sich für beachtenswerthe lehrreiche theoretische analytische Rechnungen interessirt, dem kann nicht genug eine Arbeit des früheren Directors des Berliner Gewerbeinstitutes, Herrn Druckenmüller, empfohlen werden, welche den fraglichen Gegenstand vollständig wissenschaftlich behandelt und der in Crelle's ‚Journal für Mathematik', Band 48 (1854) von Seite 276 bis 291 abgedruckt ist. Druckenmüller benutzt (a. a. O. S. 285) zur Lösung der Hauptaufgabe die Variationsrechnung und gelangt schließlich zu einem elliptischen Integrale von der Legendre'schen Form Nr. II, S. 249.

1) Im ersten Bande seines Werkes ‚Der Maschinenbauer' S. 276, wobei bemerkt werden muß, daß die Redaction dieses Bandes noch von Redtenbacher selbst beschafft wurde.

2) Mit ganz richtigem Zwecke wird dem nach der Antifrictions-Curve gebildeten Zapfen mit keiner Silbe gedacht, weder in Reuleaux, ‚Constructeur', noch in den Grove'schen (lithogr.) Tafeln über Maschinenbau.

3) Der Verfasser benutzt die Gelegenheit, Freunden der Geschichte hier

Hirn ermittelte dabei die mechanische Arbeit, welche durch die Reibung der Tragzapfen einer horizontalliegenden Welle in verschiedenen Lagern laufend (unter Anwendung verschiedener Oelsorten als Schmiermittel) verzehrt wurde. Hierzu bediente er sich eines Apparates, welcher, der Hauptsache nach, nicht anders als ein Bremsdynamometer (Prony'scher Zaum) war und von ihm Reibungswaage genannt wurde.

Hirn fand zunächst, daß die durch die mittelbare Reibung entwickelte absolute Wärmemenge direct und einfach proportional der von dieser Reibung verbrauchten mechanischen Arbeit ist und daß eine Reibung, welche eine mechanische Arbeit von 370 Meterkilogramm [1]) verbraucht, eine Calorie (eine Wärmeeinheit) zu erzeugen, d. h. ein Kilogramm Wasser um einen Grad des hunderttheiligen Thermometers zu erwärmen im Stande ist.

Die von Hirn über Zapfenreibung gewonnenen Resultate [2])

---

eine Aufklärung zu geben, die er dem Director des Elsaß-Lothringer-Eisenbahn-Maschinen-Departements, Herrn Wöhler, in Straßburg verdankt, darin bestehend, daß die rationnelle technische Mechanik zweier Brüder Hirn, nämlich Ferdinand und Adolf, anerkennend zu gedenken hat.

Beide sind Söhne des Herrn Jordan Hirn, früher Associé der Firma Hausmann, Hirn & Co. in Logelbach (bei Colmar), welcher als Dessinateur dieser ehemals sehr bedeutenden Indienne-Fabrik und als Blumen- und Fruchtmaler sehr berühmt war und wovon sich noch heute Gemälde im Museum zu Colmar befinden.

Sein ältester Sohn Ferdinand Hirn, ein sehr begabter Fachmann, war Director der jetzt noch bestehenden Logelbacher Spinnereien und Webereien und er ist derjenige, welcher, allerdings unter Mithülfe seines Bruders, die Drahtseil-Transmission zuerst in Logelbach erdachte und einführte; es wurde ihm deswegen das Ehrenlegion-Kreuz verliehen.

Ferdinand Hirn ist vor einigen Jahren verstorben. Sein Bruder Adolf Hirn, geb. 1815 in Logelbach, lebt noch in Colmar und ist der berühmte Gelehrte, der ein geschätztes Werk über mechanische Wärmetheorie (S. 460) geschrieben hat, so wie mehrere andere wissenschaftliche Arbeiten lieferte. Hirn ist Mitglied mehrerer gelehrter Gesellschaften, u. a. auch correspondirendes Mitglied der Preuß. Academie der Wissenschaften.

1) Dr. Mayer in Heilbronn fand vorher 1842 dieses mechanische Wärmeäquivalent zu 365 Meter-Kilogramm, während Joule in Manchester (1843) dasselbe erst zu 417, nachher zu 424,9 bestimmte.

Später ermittelte A. Hirn das mechanische Wärmeäquivalent noch durch bei Dampfmaschinen gemessene mechanische Arbeit und besonders durch das Zusammenpressen von Blei mittelst stoßender Körper. (Man sehe hierüber die ausführlichen Mittheilungen in meines Neffen ‚Handbuch der mechanischen Wärmetheorie', Bd. I, S. 200 und 281, sowie ‚Die Geschichte der mech. Wärmetheorie' als Schluss des II. Bandes.

2) ‚Bulletin de la soc. indust. de Muhlhouse'. Tome XXVI, pag. 95 und hieraus (auszugsweise) im ‚Polytech. Centralblatte', Jahrg. 1855, pag. 577.

(die zumeist auch auf das Probiren verschiedener Oelsorten hinausliefen) stießen fast ohne Ausnahme alle Gesetze um, welche bisher über die Reibung aufgestellt wurden.

Nur eins dieser Gesetze ließ er theilweise bestehen, nämlich das, daß die Reibung von der Geschwindigkeit unabhängig ist, wenn die sich reibenden Flächen trocken (also ohne Oel und Schmiere) aufeinander laufen, daß dagegen die Reibung nahezu der Geschwindigkeit proportional ist, wenn ein gutes Schmiermittel angewandt und continuirlich geschmiert wird.

Ungeachtet der Verdienste, welche sich Hirn um die mechanische Wärmetheorie erworben hat, gehören seine Versuche über Zapfenreibung nicht zu den Arbeiten, womit er sich Anerkennung verschaffte, wenn auch die seiner Zeit vom Professor Decher in Augsburg über denselben gefällten Urtheile als zu scharf bezeichnet werden müssen [1]).

Bessere Ergebnisse lieferte 1861 ein vom Maschinenfabrikanten Herrn Carstens Waltjen in Bremen [2]) angegebener und ausgeführter, auch in verschiedenen deutschen Staaten patentirter Apparat, Reibungswaage genannt, dessen Princip sich zwar auch auf das des Prony'schen Zaumes basirte, sich jedoch durch Einfachheit und Gedrängtheit auszeichnete, endlich auch dadurch empfiehlt, daß ein Lauf- oder Schieb-Gewicht, die sonst nothwendigen (auf eine Waagschaale zu bringenden) Gewichte, zum Abwiegen der Reibungswiderstände, ersetzt [3]).

Nach von Herrn Waltjen selbst angestellten Versuchen, ändert sich die Reibung bei einem und demselben Schmieröl und

---

1) Dingler's ‚Polyt. Journal', Band 136 (1855), S. 414 unter der Ueberschrift: „Ueber die Versuche des Herrn Hirn, die mittelbare Reibung betreffend und über das mechanische Aequivalent der Wärme".

2) Waltjen, der Gründer der großen Maschinenfabrik und Schiffsbauanstalt „Actiengesellschaft Weser", wurde 1814 in Bremen geboren und starb daselbst 1880.

3) Der Verfasser hat selbst mit der Waltjen'schen Reibungswaage Versuche angestellt und darüber, neben Beigabe einer mit Abbildungen begleiteten Beschreibung, berichtet in den ‚Mittheilungen des Gewerbe-Vereins für das Königreich Hannover,' Jahrgang 1861, S. 31 ff. Im Jahre 1870 stellte Herr Professor H. Fischer mit derselben Waage Versuche an, worüber in Dingler's ‚Polytech. Journal', Bd. 197, S. 389 berichtet wird. Dabei gelangte dieser Herr zu dem beachtenswerthen Schlusse, „daß die Reibungscoëfficienten von den Geschwindigkeiten in so hohem Maße abhängig sind, daß die Unterschiede der einzelnen Oelsorten hiergegen verschwinden". Im Allgemeinen zeigte sich auch hier wieder die Waage höchst brauchbar.

unter sonst gleichen Umständen mit der Geschwindigkeit der sich reibenden Flächen bedeutend und zwar giebt es für eine gewisse Geschwindigkeit ein Minimum des Reibungswiderstandes, bei zunehmender sowohl als auch bei abnehmender Geschwindigkeit eine Reibungszunahme. Die Geschwindigkeit, welche ein Reibungsminimum giebt, ist mit der Oelsorte verschieden, und lassen sich daher mit Hülfe der Reibungswaage diejenigen Schmieröle aussuchen, welche für vorgeschriebene Zwecke die geeignetsten sind [1]).

Ganz besonderes Aufsehen und Vertrauen erregten Zapfenreibungsversuche an Eisenbahnwagenachsen, welche 1861—1862 die General-Direction der Königl. Hannov. Eisenb. in Hannover durch Herrn Maschinen-Director Kirchweger anstellen ließ und wozu derselbe den in Figur 82 und 83 abgebildeten (von ihm angegebenen) Versuchsapparat in Anwendung brachte.

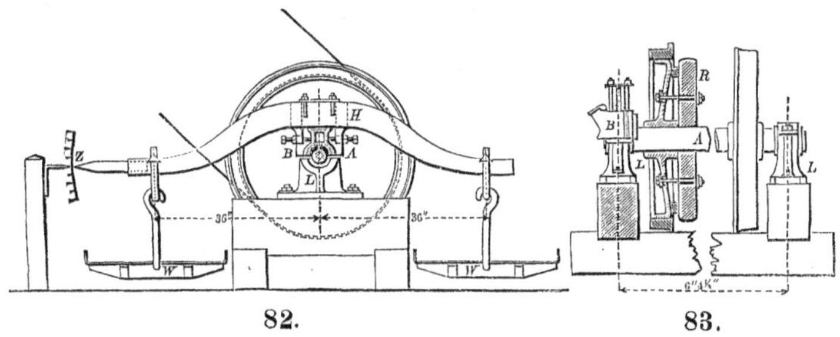


82. 83.

Eine gewöhnliche Eisenbahnwagenachse $A$ ruht in zwei Lagern $L\,L$, welche mit einer aus Schwellen hergestellten Unterlage verbunden sind. Das eine der beiden Lager $L$ ist durch einen Deckel nicht geschlossen, sondern es liegt auf der oberen Hälfte des Achsenschenkels eine gewöhnliche für Eisenbahnfahrzeuge gebräuchliche Achsbüchse $B$. Auf dieser Achsbüchse ist ein Hebel $H$ angebracht, welcher an den Enden Waagschalen $W\,W$ trägt, die zur Aufnahme von Belastungsgewichten dienen. Durch eine auf der Achse angebrachte Riemscheibe $R$ wird die Achse in Umdrehung gesetzt.

An den Enden des Hebels $H$ sind außerdem noch Gewichte angebracht (in unserer Abbildung nicht angegeben), durch welche die Lage des Schwerpunktes so bestimmt wurde, daß derselbe etwas unter dem Drehpunkte des Hebels liegt [2]).

1) ‚Mittheilungen des Gewerbe-Vereins für das Königr. Hannover‘. Jahrg. 1862, S. 229.

2) Bezeichnet $r$ den Radius des Achsenschenkels, $Q$ die Belastung des

Die sämmtlichen Versuche sind nun in der Weise durchgeführt, daß für jeden einzelnen Versuch die Achse nach beiden Richtungen umlief und von den beiden sich ergebenden Uebergewichten zur Bestimmung des Reibungscoëfficienten das arithmetische Mittel genommen wurde [1]).

Von den allgemeinen Ergebnissen der Versuche (außer den in Note [1]) angegebenen) sind folgende von besonderem Werthe:

1. Für die bei den Eisenbahnfuhrwerken vorkommenden Belastungen (bis zu 1421 Pfund pro Quadratzoll) hat die größere oder kleinere Tragfläche der Achsenschenkel keinen Einfluß auf die Grösse der Reibung.

2. Bei 360 Umdrehungen pro Minute, was einer Geschwindigkeit von $7\frac{1}{2}$ Minute pro deutsche Meile, oder $\frac{7500}{7{,}5 \,.\, 60} = 16\frac{2}{3}$ Meter pro Secunde entspricht, ist die Reibung unabhängig von der Geschwindigkeit.

3. Für Talg und Palmölschmiere ist, bei kleineren Belastungen, der **Reibungscoëfficient größer**, als für flüssige Schmiere. Bei größeren Belastungen dagegen, wo eine Erwärmung des Schenkels eintritt, nimmt der Reibungscoëfficient wieder ab.

---

letzteren, $f_1$ den Reibungscoëfficienten und $a$ den Hebelarm, an welchem das der Reibung entsprechende Uebergewicht $q$ wirkt, so hat man offenber die Gleichung: $f_1 (Q + q) r = q a$.

Läßt man die Achse in der entgegengesetzten Richtung umlaufen, so ist $f_1 (Q + q_1) r = q_1 a_1$. Verbindet man beide Gleichungen durch Addition, so ist $f_1 r (2 Q + q + q_1) = q a + q_1 a_1$; oder wegen $a = a_1$ und da man die Reibung, welche durch $q + q_1$ hervorgebracht wird, vernachlässigen kann, so ist $2 f_1 Q r = (q + q_1) a$, folglich

$$f_1 = \frac{q + q_1}{2} \cdot \frac{a}{Q r}.$$

Maaße und Beispiele finden sich in unserer Quelle.

1) Der kleinste von **Kirchweger** erhaltene Coëfficient war $f_1 = 0{,}0080$ bei Lastwagenachsen aus **Gußstahl**, Lager aus **Hartblei** (85 Theile Blei und 15 Theile Antimon), wobei Cohäsionsöl in Anwendnng gebracht wurde. Eine sogenannte **Zinncomposition** wurde auf folgende Weise zusammengesetzt. Es wurden zunächst 59 Theile Zinn, 13 Theile Antimon und $9\frac{1}{2}$ Theile Kupfer zusammengeschmolzen. Nach dem Wiedereinschmelzen wurden zu diesen $81\frac{1}{2}$ Theilen noch $88\frac{1}{2}$ Theile Zinn zugesetzt und zum zweiten Male geschmolzen.

Das End-Ergebniß aus allen Versuchen war Folgendes:

1. Der Reibungscoëfficient $= f_1$ liegt für eiserne und für Gußstahlachsen, für Rüböl und Cohäsionsöl, für Zinncomposition und für Hartblei zwischen 0,0090 und 0,0099.
2. Dagegen ist für Bronzelager $f_1 = 0{,}0141$, mithin um 50 Procent größer als für Zinncomposition und Hartblei.

Aus den Jahren 1860 und 1861 hat die neueste Geschichte zwei werthvolle Arbeiten über die Theorie der Zapfenreibung zu verzeichnen, welche sich namentlich mit Hypothesen über die Druckvertheilung auf die Reibungsfläche beschäftigten. Die eine der betreffenden Abhandlungen hat den (jetzigen) Professor Reye in Straßburg[1]), die andere Herrn Geheimrath Grashoff in Karlsruhe zum Verfasser[2]).

So höchst bemerkenswerth beide Abhandlungen sind, so ist doch zu bedauern, daß die Herren Autoren nicht die Beantwortung der ganzen Zapfenreibungsfrage (nach dem Vorgange von Weisbach[3]), ohne neue Hypothesen, lediglich auf die Elasticitätsgesetze fester Körper gründeten!

Ungefähr um dieselbe Zeit (1860) hatte der französische Ingenieur[4]) Bochet seine ersten, interessanten Versuche über gleitende Reibung mit Eisenbahnfahrzeugen bei festgestellten Rädern, mittelst besonderen aus verschiedenen Substanzen bekleideten Schuhen angestellt, die auf den Eisenbahnschienen gleitend fortbewegt wurden.

Aus diesen Versuchen leitete Bochet folgende Formel für den Coëfficienten $= f$ der gleitenden Reibung ab

$$f = p\left[\frac{k - \gamma}{1 + av} + \gamma\right],$$

worin $p$ den Druck normal zur gleitenden Fläche und $v$ die Geschwindigkeit des Fortlaufens bezeichnet, dagegen $k$, $\gamma$ und $a$ constante durch die Versuche bestimmte Coëfficienten bezeichnen.

Für $v =$ Null ist $f = pk$, d. h. es wäre dann $f$ die Zahl, welche man gewöhnlich den Coëfficienten der Ruhe nennt. Je größer $v$ wird, um so mehr nähert sich $f$ dem Werthe $p$.

Der Werth $a$ hat sich für alle Materialien so ziemlich con-

---

1) Man sehe hierüber Bornemann's Zeitschrift ‚Der Civil-Ingenieur'. Bd. 6, 1860, S. 235 unter der Ueberschrift: „Zur Theorie der Zapfenreibung vom Polytechniker Reye in Zürich".

2) Grashoff's Abhandlung ist abgedruckt in der ‚Zeitschrift des Vereins deutscher Ingenieure'. Bd. V, 1861, S. 200.

3) ‚Polytechn. Centralblatt', Jahrg. 1252, S. 200 ff.

4) Bochet, ‚Frottement de glissement'. Comptes rendus. T. 46, vom 17. Decbr. 1860, pag. 802 und dann später im T. 51, pag. 974 der ‚Annales des Mines', Tom. XIX (1861), pag. 27 und auch in den ‚Annales des Ponts et chaussées' vom Jahre 1861, 4e Serie, 1er Semestre, pag. 205 und hieraus in Erbkam's ‚Zeitschrift für Bauwesen', Jahrg. XII (1862), S. 281.

stant herausgestellt, nämlich zu $a = 0{,}30$, wenn $v$ in Metern pro Secunde gegeben ist[1]).

Im Jahre 1862 erschien endlich der erste Band von Redtenbacher's längst ersehntem Werke ‚Der Maschinenbau', in welchem man (vor allem) Auskunft über verschiedene Angaben und praktische Formeln erwartete, welche die Aufmerksamkeit aller Betheiligten, in seinen ‚Resultaten für den Maschinenbau' (die erste Auflage datirt von 1848) in nicht geringem Maaße erwartete.

Wir haben bereits (Seite 530) erwähnt, daß Redtenbacher in diesem Werke auch die Theorie der Anti-Frictions-Zapfen erörterte und diese als einen Irrthum bezeichnete. Daselbst behandelt er auch eine ähnliche Frage, nämlich die der Zapfenform, welche die geringste Erwärmung verursacht. Am Schlusse seiner sämmtlichen (interessanten) Rechnungen fügt er jedoch den Schluß bei: „daß seine ganze Theorie auf zwei Annahmen beruhe, deren Richtigkeit von vornherein nicht unbedingt behauptet werden könne", leider derselbe Ausspruch, welcher sich fast von Allen zur Zeit bekannten Zapfenreibungstheorien machen läßt. Mehr Werth hat dagegen der Abschnitt des Redtenbacher'schen Werkes, welcher das Kapitel des Widerstandes der Kettenreibung behandelt, welcher beim Legen einer Lastkette über die Welle einer Förder- (Heb- oder Senk-) Maschine dadurch entsteht, daß die Kettenglieder um gewisse Winkel gedreht werden müssen und dabei die Reibung an den Kettengliedern (Kettenschaken) zu überwinden ist.

Nach unserem Wissen war es Eytelwein, welcher bereits am Ende des vorigen Jahrhunderts diese Kettenreibungsfrage zuerst auf sachgemäße Weise behandelte[2]), jedoch zu einem Ausdrucke gelangte, der sich nicht ganz des Beifalls der Betheiligten erfreute, weshalb u. a. auch Weisbach[3]) im Jahre 1835 sich

---

1) Die größten Reibungswiderstände ergaben sich bei weichen Holzsorten, Leder, oder Guttapercha auf trockenen eisernen Schienen (ohne Schmiere), wobei $k = 0{,}6$ (im Mittel), $\gamma = 0{,}3$ erhalten wurde. Für die Reibung von hartem Holze auf eisernen Schienen fand man (als Mittelwerthe) $k = 0{,}58$ und $\gamma = 0{,}25$. Bei der Reibung von rauhem Eisen auf eisernen Schienen wurden (im Mittel) gefunden $k = 0{,}40$ und $\gamma = 0{,}10$. Bei glattem oder polirtem Eisen auf eisernen Schienen variirte $k$ gewöhnlich von 0,12 bis 0,40, im Mittel ergab sich $k = 0{,}19$, dagegen erhielt man $\gamma = 0{,}08$ bis 0,12.

2) ‚Aufgaben, größtentheils aus der angewandten Mathematik zur Uebung in der Analysis'. Berlin 1793, Seite 50 ff.

3) ‚Handbuch der Bergmaschinenmechanik'. Erster Band, Leipzig 1835, S. 144.

um eine für die Praxis geeignetere Formel bemühte, jedoch immerhin noch nicht zu dem Ausdrucke gelangte, den man jetzt allgemein anzuwenden pflegt[1]) und der nach unserem Wissen zuerst von Redtenbacher aufgestellt wurde. Sein Ableitungsweg ist folgender:

Es sei (Figur 84) der Durchmesser des Ketteneisens $= \delta$ und $D$ der Durchmesser der Welle, auf welche die Kette aufgewickelt wird; ferner sei $e$ die innere Länge eines Kettengliedes, $\alpha$ der Winkel, den die Richtungen zweier unmittelbar auf einander folgenden Kettenglieder des aufgewickelten Theiles der Kette mit einander bilden, $Q$ die Last, welche an dem Kettenstücke hängt, das aufgewickelt wird, $f$ der Reibungscoëfficient für die Reibung zwischen je zwei Kettengliedern, $d$ der Durchmesser des Zapfens der Rolle oder Welle, $f_1$ der Coëfficient der Zapfenreibung und endlich $P$ die Kraft, welche an dem sich abwickelnden Kettenstück wirken muß, um die Last und die Widerstände zu überwinden.

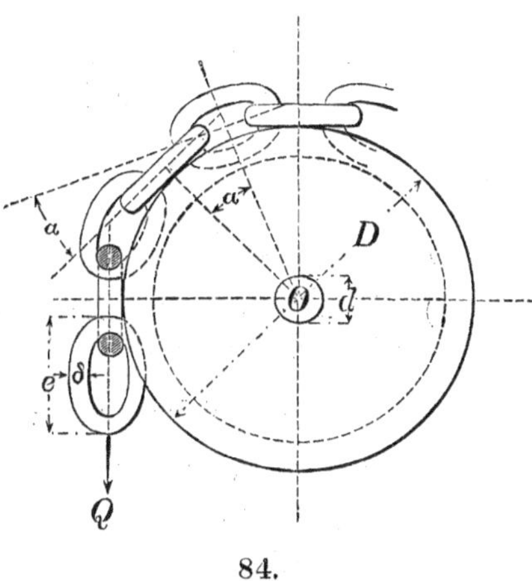

84.

Nun ist $e = \left(\frac{D}{2} + \frac{\delta}{2}\right)\alpha$, oder $\alpha = \frac{2e}{D + \delta}$.

Ist ferner $\alpha . \frac{\delta}{2} = \frac{2e}{D + \delta} \times \frac{\delta}{2} = \frac{e\delta}{D + \delta}$ der Weg, durch welchen die Reibung $fQ$ überwunden werden muß, wenn ein Kettenglied gegen das benachbarte um den Winkel $\alpha$ verstellt werden muß, so ist demnach $Qf \frac{e\delta}{D + \delta}$ die Wirkungsgröße, welche der Ueberwindung dieser Reibung entspricht. Nennt man jetzt für einen Augenblick $X$ die Kraft, welche in der Entfernung $\frac{D + \delta}{2}$ von der Achse continuirlich durch den Weg $e$

1) Des Verfassers ‚Allgemeine Maschinenlehre', Bd. IV. S. 381, „Hebezeuge", S. 9 u. a.

thätig sein muß, um jene Wirkung hervorzubringen, so hat man

$$Xe = fQ\frac{e\delta}{D+\delta},$$

$$\text{folglich:}\quad X = fQ\frac{\delta}{D+\delta}.$$

Dies ist also die Kraft, welche zur Aufwickelung der Kette nothwendig ist.

Wenn das eine Ende einer Kette aufgewickelt, das andere Ende aber gleichzeitig abgewickelt wird, ist der Widerstand doppelt so groß, als in dem Falle, wo nur Aufwickelung stattfindet.

Da jederzeit $S$ gegen $D$ vernachlässigt werden kann, so erhalten wir zur Berechnung des Kettenwiderstandes folgende Ausdrücke:

a) Wenn die Kette nur aufgewickelt wird: $fQ\frac{\delta}{D}$,

b) Wenn das eine Ende der Kette aufgewickelt, das andere Ende aber gleichzeitig abgewickelt wird: $2fQ\frac{\delta}{D}$,

Diese Widerstände sind klein und von der Länge der Kettenglieder nicht abhängig.

Berücksichtigt man bei einer Kette, die sich um eine Rolle auf- und abwickelt, nebst dem Kettenwiderstande auch die Zapfenreibung (mit $f_1$ als Reibungscoëfficienten), so ist die Kraft $P$, welche am Kettenende wirken muß, das sich abwickelt [1]):

$$P = Q\left(1 + 2f\frac{\delta}{D} + 2f_1\frac{d}{D}\right).$$

In allerjüngster Zeit haben sowohl Nordamerikaner wie Engländer neue Untersuchungen über die Coëfficienten und die Ge-

---

1) Redtenbacher vergleicht diesen Widerstand (a. a. O., S. 303) mit dem Steifigkeitswiderstand eines Hanfseiles von gleicher Tragkraft, welcher letztere Widerstand (S. 496) gleich $0{,}26\frac{\delta_1^2}{D_1}Q$ ist und bemerkt hierzu, daß wenn er $\delta_1 = 0{,}113\sqrt{Q}$ und $\delta = 0{,}028\sqrt{Q}$ nimmt, sich das Seil zur Kette verhält, wie $0{,}26\frac{Q}{D}(0{,}113)^2\, Q : 2Qf\frac{0{,}028\sqrt{Q}}{D} = 0{,}59\frac{D}{D_1}\sqrt{Q} : 1$. Ist $D = D_1$, so fällt der Seilwiderstand größer aus, als der Reibungswiderstand, wenn $\sqrt{Q} > \frac{1}{0{,}59}$, d. h. wenn $Q > 3$ Kilogramm. In allen Fällen der Anwendung ist aber $Q$ bedeutend größer als 3, demnach fällt auch der Seilwiderstand bedeutend größer aus als der Kettenwiderstand.

setze der Zapfenreibung angestellt, von denen folgende zwei (von Thurston und Tower) die beachtenswerthesten sind.

R. H. Thurston, Professor of Mechanical Engineering at the Stevens Institute of Technologie in Hoboken (New-York) construirte im Jahre 1878 auf Anregung eines Preisausschreibens einen Apparat zur Vornahme von Zapfenreibungsversuchen, dessen Haupttheil (nicht wie bei Kirchweger einen Prony'schen Bremsdynamometer), sondern ein materielles Pendel bildete. Thurston's Zwecke gingen dahin, die Gesetze der Zapfenreibungen und deren Coëfficienten für sehr weite Grenzen der Pressung, Geschwindigkeit und Temperatur zu ermitteln, ein Vorhaben, was gewiß Anerkennung verdiente.

Leider sind diese Hoffnungen nicht in Erfüllung gegangen, und zwar deshalb, weil trotz der zahlreichen Versuchsresultate erstens Thurston's Pendelapparate [1]) viel zu wünschen übrig lassen und die Quelle vieler Fehler werden können, ein anderes Mal, weil seine Pressungen (von 0 bis 1000 ℔ pro Quadratzoll) weit hinter den von Kirchweger angewandten Pressungen zurückbleiben und auch die Umlaufsgeschwindigkeiten seiner Zapfen (von 6,1 Meter pro Secunde) im Maximum über $2\frac{1}{2}$ mal kleiner waren als die sind, mit welchen Kirchweger operirte. Der Verfasser hat selbst vielfach Gelegenheit gehabt, sich von der Mangelhaftigkeit und Unzuverlässigkeit der Thurston'schen Pendelapparate zu überzeugen, indem er diese Apparate von einem der besten Londoner Mechaniker für die technische Hochschule in Hannover bezog und Versuche damit anstellen ließ [2]).

Hiernach wird es nicht als ein unberechtigtes Vorurtheil zu betrachten sein, wenn der Verfasser die aus den Thurston'schen Versuchen gezogenen Schlüsse weit hinter die Kirchweger'schen zurückstellt [3]).

1) Abgebildet und beschrieben, auch mit Tabellen der Versuchsresultate begleitet im Jahrgange 1878 des ‚Bayerischen Industrie- und Gewerbeblattes', S. 281—288.

2) In gleicher Weise ungünstig lautet das Urtheil über die Thurston-schen Versuchsapparate in der ‚Zeitschrift des Vereins deutscher Ingenieure', Jahrg. 1882, S. 175, in einer Abhandlung, welche die Ueberschrift trägt: Oelprobirmaschine von Klein, Schanzlei und Becker (nach Lux Verbesserungen der Thurston'schen Apparate).

3) Wenig Vertrauen kann man in gleicher Weise zu den von Thurston aus seinen Versuchen abgeleiteten Formeln hegen. Bei constanter Belastung von

Mehr Vertrauen scheinen die aller jüngsten Versuche über Zapfenreibung des Ingenieurs Beauchamp Tower in London zu verdienen, welche derselbe in Veranlassung des Committee of Friction der Institution of Mechanical Engineers anstellte und worüber in den November ‚Proceedings‘ von 1883 unter der Ueberschrift: „First Report of Experiments“ von pag. 632—667 Bericht erstattet wird[1]).

Tower's Versuchsapparat war dem von Hirn (S. 530) ähnlich, dabei jedoch (wie bei Kirchweger) eine derartige Anordnung getroffen, daß man die Zapfen nach zwei entgegengesetzten Richtungen umlaufen lassen konnte. Zapfen und Lagerschale waren durch die ölende Flüssigkeit vollständig getrennt, d. h. die Zapfen schwammen völlig im Oele[2]).

Die größte von Tower in Anwendung gebrachte Belastung betrug 625 Pfund pro Quadratzoll (1421 Pfund pro Quadratzoll bei Kirchweger).

Die größte Umlaufsgeschwindigkeit der Zapfen war 471 Fuß pro Minute, also 7,85 Fuß (2,39 Meter) pro Secunde (bei Kirchweger $16\frac{2}{3}$ Meter pro Secunde).

Als Hauptergebnisse erhielt man folgende[3]):

1. Die Reibungscoëfficienten sind im Vergleiche zu den Coëffi-

---

etwa 200 Pfund, bei Geschwindigkeiten ($= V$) zwischen den Grenzen von 100 bis 200 Fuß pro Minute findet er den Reibungscoëfficienten $f = 0{,}015 \sqrt[5]{V}$, gutes Oel (Spromöl) vorausgesetzt.

Sind Pressungen ($= P$) und Geschwindigkeit ($= V$) zugleich veränderlich, so soll man annährend setzen können: $f = k\frac{\sqrt[5]{V}}{\sqrt{P}}$, wo $k = 0{,}02$ bis $0{,}03$.

Die Temperatur ($= t$) der kleinsten Reibung, soll sich bei etwa 200 Pfund Belastung pro Quadratzoll ergeben zu: $t = 15\sqrt[3]{V}$.

1) Auszugsweise in Dingler's ‚Polytech. Journale‘, Band 225 (1885) S. 129, unter der Ueberschrift: „Ueber neuere Versuche zur Bestimmung der Zapfenreibung“. Die dazu gehörigen Beschreibungen und Abbildungen der Versuchsapparate finden sich ebenfalls in Dingler's ‚Polytech. Journale‘ Bd. 252 (1884), S. 12, Tafel 2.

2) Schöne Abbildungen enthält unsere Quelle auf Tafel 88.

3) Walter R. Browne, Secretär der oben genannten Gesellschaft, verfolgte die Tower'schen Versuche von Anfange an und stellte die im Texte angegebenen Hauptergebnisse in einem besonderen Artikel zusammen, welcher in der Juli-Nummer der englischen Zeitschrift: ‚The Engineer‘, vol. 58 (1884), pag. 57, unter der Ueberschrift enthalten ist: „On the friction of shafts or journals thorougly lubricated“.

cienten bei trockener Reibung (d. h. wo der Zapfen nicht in Oelbade schwimmt) außerordentlich niedrig; dieselben bewegen sich meist nur in Tausendtheilen.

2. Der Reibungswiderstand für die Flächeneinheit ist nahezu constant.

3. Der Reibungswiderstand wächst, bei gleichbleibendem Drucke, mit der Berührungsfläche, bei trockener Reibung ist derselbe unabhängig von der Fläche.

4. Bei einer secundlichen Umdrehungsgeschwindigkeit von 10 Fuß bis 100 Fuß pro Minute (0,05 m bis 0,50 m pro Secunde) vermindert sich der Reibungswiderstand und folglich bei einer unverändert bleibenden Belastung auch der Reibungscoëfficient; aber bei ungefähr 100 Fuß pro Minute (0,50 pro Secunde) tritt ein Wechsel ein und darüber hinaus wächst der Widerstand mit der Quadratwurzel aus der Geschwindigkeit.

5. Der Reibungscoëfficient verändert sich ungefähr proportional der Temperatur über den Nullpunkt.

Referent kann nicht umhin die Frage aufzustellen, wie viel in der Praxis wohl Wellzapfen laufen, welche vollständig in einem Oelbade schwimmen?

Bis auf Weiteres kommen überhaupt alle in jüngster Zeit bekannt gewordenen Versuche und Resultate über Wellzapfenreibungen an Genauigkeit und Zuverlässigkeit immer noch nicht denen von Kirchweger gleich, weshalb Referent räth, so lange die Kirchweger'schen Resultate zu benutzen, bis vollkommenere und vertrauenswerthere Versuche angestellt und bekannt geworden sein werden [1]).

1) Dem Schlusse dieses Artikels entnehmen wir noch folgende Tabelle der ‚Inft. of Mech. Engin. Proceedings', Nov. 1883, pag. 652, welche über den Einfluss der Schmiermittel eine werthvolle Auskunft giebt:

| Oelbäder bei 90⁰ Fahrenheit = 32⁰ C. Temperatur. | | |
|---|---|---|
| | Mittl. Wiederst. in engl. Pfund. | In Procenten. |
| Wallrathöl | 0,484 | 100 |
| Rüböl | 0,512 | 106 |
| Mineralöl | 0,623 | 129 |
| Schmalzöl | 0,652 | 135 |
| Olivenöl | 0,664 | 135 |
| Mineralfett | 1,048 | 217 |

Diese Darstellung wurde aus den Beobachtungsresultaten berechnet und es sind Mittel der wirklichen Reibungswiderstände an den Umflächen der Zapfen pro Quadratzoll der Lagerfläche, bei Geschwindigkeiten von 300 Umläufen pro Minute und bei Pressungen von 100 bis 310 Pfund pro Quadratzoll.

Trotzdem das Wallrathöl die grösste Schmierfähigkeit besitzt, hat dasselbe dennoch die kleinste Tragfähigkeit und ist deshalb den dicken Oelen (namentlich dem Mineralfette) bei grossen Pressungen nachzustellen.

Von Tabellen, welche Tower seiner Arbeit sonst noch beifügt, entlehnt der Verfasser nur folgende:

Oliven-Oelbad. Temperatur 90° F. (= 32° C.).
Zapfen von 4 Zoll Durchmesser und 6 Zoll Länge.

| Reibung der Zapfen in Pfunden englisch pro Quadratzoll englisch. | Reibungscoëfficienten für Geschwindigkeiten pro Minute von: | | | | | | |
|---|---|---|---|---|---|---|---|
| | 105 F. | 157 F. | 209 F. | 262 F. | 314 F. | 366 F. | 419 F. | 471 F. |
| 520 | | 0,0008 | 0,001 | 0,0012 | 0,0013 | 0,0014 | 0,0015 | 0,001 |
| 468 | | 0,0011 | 0,0013 | 0,0014 | 0,0015 | 0,0017 | 0,0018 | 0,002 |
| 415 | | 0,0012 | 0,0014 | 0,0015 | 0,0017 | 0,0019 | 0,0021 | 0,0024 |
| 363 | | 0,0013 | 0,0016 | 0,0017 | 0,0019 | 0,002 | 0,0022 | 0,0025 |
| 310 | | 0,0015 | 0,0017 | 0,0019 | 0,0021 | 0,0022 | 0,0024 | 0,0027 |
| 258 | 0,0014 | 0,0017 | 0,002 | 0,0023 | 0,0025 | 0,0026 | 0,0029 | 0,0031 |
| 205 | 0,0018 | 0,0021 | 0,0025 | 0,0028 | 0,0030 | 0,0033 | 0,0036 | 0,0040 |
| 153 | 0,0023 | 0,003 | 0,0035 | 0,004 | 0,0044 | 0,0047 | 0,0050 | 0,0057 |
| 100 | 0,0036 | 0,00 | 0,0055 | 0,0063 | 0,0069 | 0,0077 | 0,0082 | 0,0089 |

Bereits nach dem ersten Abdrucke vorstehender Erörterungen und Schlüsse (beim Lesen der ersten Correctur) gelangte der Verfasser zu den Nachrichten über Reibungsversuche von Marcel Deprez, dem bekannten Pariser Elektrotechniker, so wie von dem amerikanischen Ingenieur Woodbury.

Deprez Resultate werden im ‚Comtes rendus' vom 17. Nov. 1884 und daraus in ‚Dingler's Polytech. Journale' vom 3. Juni 1885, S. 379 mitgetheilt.

Woodbury's Apparat zur Prüfung der Schmieröle (der Hauptsache nach die alte Oelprobirmaschine Mac Naught's. ‚Dingler's Polytech. Journal' Bd. 70, S. 108) steht ebenfalls der Waltjen'schen „Reibungswaage" nach. Man sehe deshalb die engl. Zeitschrift ‚Engineering' vom 5. Decbr. 1884 und daraus die ‚Zeitschrift deutscher Ingenieure' Jahrg. 1885, S. 451.

Die Resultate beider Experimentatoren ändern nichts an den Seite 541 gemachten Endschlüssen.

# Besondere Anmerkung.

Der Verfasser benutzt hier am Ende der Geschichte über Reibungsversuche und Berechnungen die Gelegenheit einen Fehler zu berichtigen, welcher in der dritten Auflage seiner ‚Grundzüge der Mechanik' (Leipzig 1860) dadurch entstand, daß er bei Ermittellung der Bewegungsgesetze eines materiellen Punktes, welcher sich mit Reibung auf einer ebenen vertical gestellten Curve $ABC$, Figur 85, allein unter der Einwirkung der Schwerkraft bewegt, Lehmus in Berlin bei Auflösung folgte[1]) und wie dieser die Centrifugalkraft (ablenkende Kraft nach §. 9) vernachlässigte, welche der Reibung wegen zur Normalcomponente der Schwerkraft hinzukommen muß.

Herr Geheimer-Schulrath Schlömilch in Dresden hatte vor 25 Jahren die große Güte mich auf diesen Fehler aufmerksam zu machen, ohne dies Versehen in einer Kritik meines Buches hervorzuheben!

Da mich meine ‚Allgemeine Maschinenlehre', sowie gegenwärtiges ‚Geschichtsbuch' und viele andere Geschäfte seit jener Zeit in fortwährend angestrengter Thätigkeit erhielten, war mir eine neue Bearbeitung der gedachten Grundzüge unmöglich, daher auch die Gelegenheit genommen, Herrn Geh.-Rath Schlömilch für sein äußerst rücksichtsvolles Verfahren öffentlich zu danken. Indem ich dies letztere hiermit nachhole, bemerke ich zugleich, daß mir die Aufnahme der wichtigen Auflösung der fraglichen Aufgabe, im gegenwärtigen, vorzugsweise für Studirende bestimmten Buche, nicht ohne Nutzen erschien.

---

1) ‚Sammlungen von Aufgaben aus dem Gebiete der angewandten Mathematik'. Berlin 1828, S. 84, §. 38.

Die richtige Behandlung der Aufgabe ist folgende:

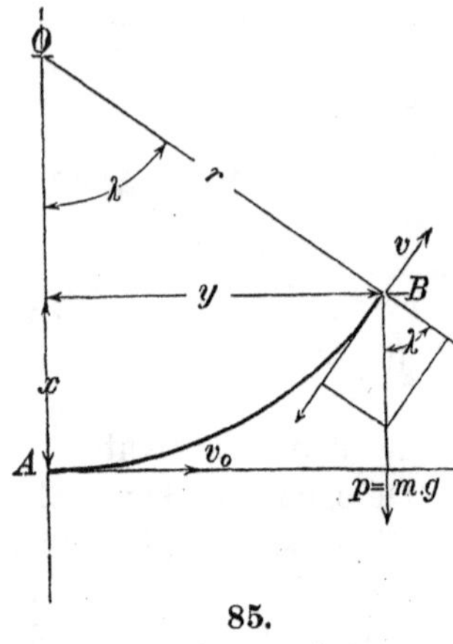

85.

Für den Fall daß die Curve $AB$, Figur 85, ein Kreisbogen vom Radius $r$ ist, $v$ die Geschwindigkeit in der Bahn an der Stelle $B$ $(x, y)$, $\lambda$ den Winkel und $f$ den constanten Coëfficienten der gleitenden Reibung auf der Bahn bezeichnet, erhält man nach bekannten Sätzen (S. 71) für die aufsteigende Bewegung:

$$1.\quad \frac{vdv}{ds} = -g\,(\sin\lambda + f\cos\lambda) - \frac{fv^2}{r},$$

woraus man findet, wenn $v_o$ die Anfangsgeschwindigkeit im tiefsten Punkt $A$ der Bahn bezeichnet:

$$2.\quad v^2 = \left(v_o{}^2 - 2gr\,\frac{1-2f^2}{1+4f^2}\right)e^{-2f\lambda} + 2gr\,\frac{(1-2f^2)\cos\lambda - 3f\sin\lambda}{1+4f^2}.$$

Nach $n$ Auf- und Abläufen, d. i. für $\lambda = 2n\pi$, geht $v^2$ über in:

$$3.\quad v^2{}_{2n\pi} = \left(v_o{}^2 - 2gr\,\frac{1-2f^2}{1+4f^2}\right)e^{-4fn\pi} + 2gr\,\frac{1-2f^2}{1+4f^2}.$$

Bei einigermaaßem großen $n$ wird $e^{-4fn\pi}$ sehr klein mithin nahezu:

$$4.\quad v^2{}_{2n\pi} = 2gr\,\frac{1-2f^2}{1+4f^2} < 2gr.$$

Nach einer Anfangsgeschwindigkeit $< \sqrt{2gr}$ sind schon ohne Reibung keine Oscillationen mehr möglich, mit Reibung also noch weniger, wenn man sich $v_{2n\pi}$ als neue Anfangsgeschwindigkeit denkt. Nach einer hinreichenden Anzahl von Oscillationen wird die Bewegung aufhören.

Bringt man den Luftwiderstand $kv^2$ in Rechnung, so kommt man auf eine Differenzialgleichung derselben Art (wie 1) und die Endresultate sind ganz ähnliche.

---

# Alphabetisches Namen- und Sachregister.

---

## Berichtigungen.

Seite 1, Zeile 2 ist „vorliegt" statt „niedergeschrieben wurde" zuzusetzen.
„ 2, Zeile 11 von oben, ist das Komma statt vor „ab", nach „ab" zu schreiben.
„ 12, Note 3 lies „Geschichte der Geometrie" statt a. a. O.
„ 20, Zeile 3 von unten ist die Jahrzahl 1787 in 1687 umzuändern.
„ 61, Note 3, Zeile 2 von unten ist zu schreiben: $t_3 = 2\sqrt{\frac{l}{g}}$.
„ 75, vierte Zeile von oben ist 77 Jahre statt 67 Jahre zu setzen.
„ 96, Note fehlt in Formel (2) und ferner der Buchstabe $g$ (= 9,81) als Faktor.
„ 196, Zeile 13 von unten ist „keine" statt kein zu schreiben.
„ 198, „ 1 von oben ist $\delta_q$ statt $\delta_\varrho$ zu setzen.
„ 198, „ 7 von unten muss es heissen: Turiner Memoiren.
„ 206, in der Note ist zu streichen: nach S. VI, S. 25 und zu schreiben Note 1, S. 203.
„ 209, in der Note, von unten Zeile 7 muss es heissen: S. 106 und 107 statt S. 167.
„ 235, Note 1, Zeile 14 von unten ist zu schreiben: „les boulets et les bombes etc."
„ 282, Zeile 5 von unten ist v statt V zu setzen.
„ 324, Note 1 ist Mallet statt Mullet zu lesen.
„ 363, Zeile 1 von unten ist Flächeneinheit statt Flächeninhalt zu setzen.
„ 393, in der Anmerkung 1, Zeile 10 von oben ist zu schreiben: $z = -1 + \sqrt{\alpha^2 + \beta^2}$.
„ 507, fehlt die Angabe, dass Coulomb mit zwei Italienern, Ximenes und Delanges um den von der Pariser Academie ausgesetzten Preis für die beste Abhandlung über Reibung für Körper zu concurriren hatte und worüber Brix in seiner (besonderen) Schrift ‚Ueber die Reibung'. Berlin 1850, S. 17 berichtet.
„ 522, Zeile 5 von oben, ist als Quelle der späteren „Expériences sur les Frottement des Tourillons", welche Morin anstellte, nachzutragen: Nouvelles Expériences sur l'Adhérence des Pierres et des Briques etc. Paris 1838, p. 13—95.

---

Druck von M. Bruhn in Braunschweig.

Technologie. **2. Auflage**, bearb. von *H. Richard*, Prof. an der techn. Hochschule zu Karlsruhe.

Bis jetzt erschienen: **Abtheilung Spinnerei und Weberei.** Erste Hälfte, Taf. 1—50 enthaltend. 1878—1880. Querfolio. brosch. Preis 12 *M.*

*Ferner erschienen in unserem Verlage:*

**Ritter, Dr. phil. A.**, Geh. Reg.-Rath u. Professor an der Kgl. technischen Hochschule zu Aachen. **Lehrbuch der technischen Mechanik.** 5. Auflage 1884. Mit über 750 Holzschn. Lex.-8. brosch. 16 *M*, eleg. geb. 18 *M.*

Inhalt: I. Grundbegriffe und Grundgesetze. II. Mechanik des materiellen Punktes. III. Statik fester Körper. IV. Dynamik fester Körper. V. Statik elastischer Körper. VI. Dynamik elastischer Körper. VII. Statik flüssiger Körper. VIII. Dynamik flüssiger Körper.

—, **Lehrbuch der analytischen Mechanik.** (Lehrbuch d. höheren Mechanik, Theil I.). 2. Aufl. 1883. Mit 193 Holzschnitten. Lex.-8. brosch. 8 *M*, eleg. geb. 10 *M.*

Inhalt: I. Geometrische Bewegungslehre. II. Mechanik des materiellen Punktes. III. Mechanik des Systems von materiellen Punkten.

—, **Lehrbuch der Ingenieur-Mechanik.** (Lehrbuch d. höheren Mechanik. Theil II.). 2. Aufl. 1885. Mit fast 600 Holzschn. Lex.-8. brosch. 14 *M*, eleg. geb. 16 *M.*

Inhalt: I. Theorie der elastischen Linien. II. Theorie der Abscheerungskräfte. III. Berechnung des Material-Aufwandes für Blech- und Gitterbrücken. IV. Theorie des Widerstandes gegen Zerknicken. V. Biegungstheorie krummer Balken. VI. Theorie des Erddruckes und Berechnung der Futtermauern. VII. Theorie der Stützlinien und Berechnung der Gewölbe. VIII. Hydraulik. IX. Mechanische Wärmetheorie.

—, **Anwendungen der mechanischen Wärmetheorie auf kosmologische Probleme.** Sechs Abhandlungen. Lex.-8. brosch. 1879. 2 *M.*

**Reye, Dr. Theodor**, ordentl. Professor an der Universität Strassburg. **Die Geometrie der Lage.** Vorträge. 2. vermehrte Auflage.
*I. Abth.* Mit 5 lith. Tafeln. Lex.-8. brosch. 1877. 5 *M.*
*II. Abth.* Mit 1 Aufgabensamml. u. 1 lith. Tafel. Lex.-8. brosch. 1880. 7 *M.*

**Müller-Breslau, H. F. B.**, Professor an der Kgl. technischen Hochschule zu Hannover, **Elemente der graphischen Statik der Bauconstructionen für Architekten und Ingenieure.** 9 Bogen Text in 8 nebst 1 Atlas von 18 Tafeln. (Text und Atlas getrennt).
Preis brosch. 6 *M*, gebdn. 7,50 *M*, eleg. gebd. 8,50 *M.*

**Krohn, R.**, Ingenieur u. Professor an der Kgl. technischen Hochschule zu Aachen, **Resultate aus der Theorie des Brückenbaues** und deren Anwendung, erläutert durch Beispiele.
Bd I: *Balkenbrücken.* Mit 188 Holzschn. und 12 lith. Taf. 1879. gr. 8. brosch. 15 *M.*
Bd II: *Bogenbrücken.* Mit 147 Holzschn. und 15 lith. Taf. 1873. gr. 8. brosch. 20 *M.*

**Böhlk, A.**, Ingenieur, **Statische Berechnung der Balkenbrücken einer Oeffnung mit durchbrochenen Wandungen.** Mit 20 lithogr. Tafeln und 130 Holzschnitten. Lexicon-Octav. Brosch. Zweite durch Beispiele der Berechnung continuirlicher Träger vermehrte Auflage. 1884. 6 *M.*

**Stevenson, Th.**, Civilingenieur, **Die Illumination der Leuchtthürme.** Nach der 2. Auflage des englischen Originals bearbeitet von Chr. Nehls, Wasserbaudirector. Mit 16 lithogr. Tafeln. Lex.-8. brosch. Neue wohlfeile Ausgabe 1885. 6 *M.*

**Nehls, Chr.**, Wasserbaudirector, **Ueber graphische Integration** und ihre Anwendung in der graphischen Statik. Mit 13 Figurentafeln. Lex.-8. brosch. Neue wohlfeile Ausgabe 1885. 6 *M.*